机电工人实用技术手册系列

钣金工实用技术手册

邱言龙 王 兵 赵 明 编著

上册

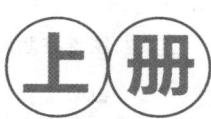

中国电力出版社
CHINA ELECTRIC POWER PRESS

内 容 提 要

为提高机电工人综合素质和实际操作能力，根据《国家职业标准》和《职业技能鉴定规范》，特组织编写了《机电工人实用技术手册》系列，以期为读者提供一套内容新、资料全、操作内容讲解详细的工具书。

本书为其中的一本，以图表为主要载体，以实用和够用为原则，大量介绍钣金计算、展开实例、钣金加工制造实例。内容浅显易懂。全书分为上、下两册，共18章，上册为基础理论部分，下册为专业技能部分。主要内容包括钣金工常用资料与计算，介绍三角函数的计算、常用数表的应用，常用几何图形计算，测量计算和计量单位换算等；金属材料及其热处理，简要介绍了常用金属材料的力学性能和焊接性能，金属材料的热处理；几何公差，极限与配合基础知识，钣金工常用量具、工具与夹具；钣金工常用设备。钣金作图与识图基础；钣金放样、号料与下料；特别介绍钣金展开计算，钣金展开作图实例等。重点介绍钣金加工工艺，包括钣金手工成形，钣金冲裁，钣金弯曲，钣金拉深，钣金模具成形，钣金校平与矫正；钣金焊接与热切割，钣金连接方法，钣金产品装配与制造等。

本书是机电工人必备的工具书，可供钣金加工技术人员和生产一线的中高级工人、技师使用，又可供下岗、求职工人进行转岗、上岗再就业培训用，还可供相关院校机械制造专业师生参考。

图书在版编目(CIP)数据

钣金工实用技术手册/邱言龙，王兵，赵明编著. —北京：中国电力出版社，2016.4

ISBN 978-7-5123-8651-8

Ⅰ.①钣… Ⅱ.①邱… ②王… ③赵… Ⅲ.①钣金工-技术手册 Ⅳ.①TG936-62

中国版本图书馆CIP数据核字(2015)第302736号

中国电力出版社出版、发行

(北京市东城区北京站西街19号 100005 http://www.cepp.sgcc.com.cn)

北京丰源印刷厂印刷

各地新华书店经售

*

2016年4月第一版 2016年4月北京第一次印刷

850毫米×1168毫米 32开本 33.75印张 1023千字

印数0001—2000册 定价**78.00**元(上、下册)

前 言

人类跨入21世纪以来，随着新一轮科技革命和产业变革的孕育兴起，全球科技创新呈现出新的发展态势和特征。这场变革是信息技术与制造业的深度融合，是以制造业数字化、网络化、智能化为核心，建立在物联网和务（服务）联网基础上，同时叠加新能源、新材料等方面的突破而引发的新一轮变革，给世界范围内的制造业带来了广泛而深刻的影响。

随着我国工业技术突飞猛进的发展，与世界先进科学技术形成高度融合，特别是加入WTO十几年以来，我国的汽车工业、农业机械、航天航空工业的高速发展，对钣金发展和要求提出了巨大的挑战。虽然数控技术发展迅速，但由于可以利用的数字化模型和数据采集的缺乏和严重滞后，迫使钣金加工制造大多还只能停留在手工加工和半自动化层面，同时钣金工业的发展日新月异，机电工业产品、石油化工企业生产、日常生活用品乃至汽车产品、动车高铁、船舶工业、大型飞机制造、航天航空工业生产以及空间站的建设等都必须依赖于钣金生产技术的开发、创新和应用，从而更进一步促使钣金加工制造技术向专业化、智能化、高效化方向发展。

钣金加工制造本是传统的手工加工技术，从金属加工的角度来看，钣金制造相比金属切削加工而言属于少、无切屑加工技术，在制造效率上占据优势地位，并且正向着高效、精密、大型、自动化方向发展，钣金数控加工技术的应用也日益广泛。其次钣金的发展也离不开与其相关的技术领域，包括钣金材料的热处理工艺、钣金产品零件成形工艺、钣金矫正所使用的设备及附属装置，钣金加工、装配、检测所使用的工、夹、量、刃、磨具及专业设备，以及产品零件的材料性能等。为帮助钣金工实现日常生产管理和培养钣金工的中、高级技术人才，加强工程实践能力和专业技能水平的提高，本书从钣金工基本理论着手，采用图表形式介绍了钣金工常用量具、工具、夹具与设备的使用，钣金放样、号料与下料；钣金展开计算与作图；钣金手工成形、钣金连接方法与装配工艺等知识。本书力求为基层生产者提供一套基础、全面、具有较强针对性和实用性的钣金工艺资料，处处以实例为主，加以简要的分析说明，辅以大量的图、表资料，提供实用便查的翔实数据。

本书是《机电工人实用技术手册》系列中的一本，全书共18章，主要内容包括钣金工常用资料与计算，介绍三角函数的计算、常用数表的应用，常用几何图形计算，测量计算和计量单位换算等；金属材料及其热处理，简要介绍了常用金属材料的力学性能和焊接性能，金属材料的热处理；几何公差，极限与配合基础知识，钣金工常用量具、工具与夹具；钣金工常用设备；钣金作图与识图基础，钣金放样、号料与下料；特别介绍钣金展开计算，钣金展开作图实例；重点介绍钣金加工工艺，包括钣金手工成形，钣金冲裁，钣金弯曲，钣金拉深，钣金模具成形，钣金校平与矫正；钣金焊接与热切割，钣金连接方法，钣金产品的装配与制造等。

本书根据《国家职业标准》和《职业技能鉴定规范》，由长期工作在生产一线，具有丰富实践经验的技术专家和高级技工学校、技师学院的高级教师、高级技师编写而成，旨在帮助广大钣金技术工人提高操作技能和实际工作的应变能力！

本书以图表为主要载体，介绍大量钣金计算、展开实例，钣金加工制造实例，形式不拘一格，内容浅显易懂 ，不过于追求系统和理论的深度和难度，以实用为原则，既是工人必备工具书，又可供钣金加工技术人员和生产一线的中高级工人、技师使用，还可供下岗、求职工人进行转岗、上岗再就业培训用。此外，相关院校机械制造专业师生也可以参考。

本书在资料搜集方面历时五年，几乎包括了除钣金旋压成形、高速（爆炸）成形、超塑成形等成形工艺以外的大部分成形技术，钣金放样、号料、下料方法，钣金展开计算、展开作图技巧，钣金焊接与热切割技术，钣金连接，钣金产品的装配与制造技术等。在资料搜集过程中，得到了许多钣金加工工具厂、钣金制品厂，特别是钣金车间，钣金设备维修厂许多钣金专业人员的大力帮助和热情支持，在此一并致谢。

本书由邱言龙、王兵、赵明编著，李文菱、雷振国、汪友英审稿，李文菱任主审。全书由邱言龙统稿。

由于编者水平有限，加上搜集资料方面的局限，所列钣金加工工艺、钣金先进加工制造技术各项参数和数据毕竟有限，加上钣金制造业的不断迅速发展，不足和错误之处在所难免，恳请广大读者批评指正，以利提高。欢迎读者通过 E-mail：qiuxm6769@sina.com 与作者联系。

编 者

2015.12

目 录

下 册

第一章

钣金工常用资料与计算

第一节 常用字母、代号与符号

一、常用字母与符号

1. 拉丁字母（见表 1-1）

表 1-1 拉丁字母

大写	小写	近似读音	大写	小写	近似读音	大写	小写	近似读音
A	*a*	爱	*J*	*j*	街	*S*	*s*	爱斯
B	*b*	比	*K*	*k*	克	*T*	*t*	提
C	*c*	西	*L*	*l*	爱耳	*U*	*u*	由
D	*d*	低	*M*	*m*	爱姆	*V*	*v*	维衣
E	*e*	衣	*N*	*n*	恩	*W*	*w*	打不留
F	*f*	爱福	*O*	*o*	喔	*X*	*x*	爱克斯
G	*g*	基	*P*	*p*	皮	*Y*	*y*	歪
H	*h*	爱曲	*Q*	*q*	克由	*Z*	*z*	挤
I	*i*	衰	*R*	*r*	啊耳			

2. 希腊字母（见表 1-2）

表 1-2 希腊字母

大写	小写	近似读音	大写	小写	近似读音	大写	小写	近似读音
Α	α	阿耳法	Ι	ι	约塔	Ρ	ρ	洛
Β	β	贝塔	Κ	κ	卡帕	Σ	σ	西格马
Γ	γ	伽马	Λ	λ	兰姆达	Τ	τ	滔
Δ	δ	德耳塔	Μ	μ	谬	Υ	υ	依普西龙
Ε	ε	艾普西龙	Ν	ν	纽	Φ	φ	费衣
Ζ	ζ	截塔	Ξ	ξ	克西	Χ	χ	喜
Η	η	衣塔	Ο	ο	奥密克戎	Ψ	ψ	普西
Θ	θ	西塔	Π	π	派	Ω	ω	欧米嘎

3. 罗马数字（见表1-3）

表1-3　　罗　马　数　字

数母	Ⅰ	Ⅱ	Ⅲ	Ⅳ	Ⅴ	Ⅵ	Ⅶ	Ⅷ	Ⅸ	Ⅹ	L	C	D	M
数	1	2	3	4	5	6	7	8	9	10	50	100	500	1000
汉字	壹	贰	叁	肆	伍	陆	柒	捌	玖	拾	伍拾	佰	伍佰	仟

注　罗马数字有七种基本符号Ⅰ、Ⅴ、Ⅹ、L、C、D和M，两种符号并列时：小数放在大数左边，表示大数和小数之差；小数放在大数右边，则表示小数与大数之和。在符号上面加一段横线，表示这个符号的数增加1000倍。

二、常用标准代号

1. 国家标准代号

国家标准代号及含义见表1-4。

表1-4　　国家标准代号及其含义

序号	代号	含　义	序号	代号	含　义
1	GB	国家强制性标准	5	GBW	国家卫生标准
2	GB/T	国家推荐性标准	6	GJB	国家军用标准
3	GBn	国家内部标准	7	GBJ	国家工程建设标准
4	GB/Z	国家标准化指导性技术文件	8	GSB	国家实物标准

2. 常用行业标准代号

常用行业标准代号见表1-5。

表1-5　　常用行业标准代号及其含义

序　号	代　号	含　　义	序　号	代　号	含　　义
1	AQ	安全	12	GA	公共安全
2	BB	包装	13	GY	广播电影电视
3	CB	船舶	14	HB	航空
4	CH	测绘	15	HG	化工
5	CJ	城镇建设	16	HJ	环境保护
6	CY	新闻出版	17	HY	海洋
7	DA	档案	18	JB	机械
8	DB	地方标准	19	JC	建筑材料
9	DL	电力	20	JG	建筑工业
10	DZ	地质矿产	21	JJG	国家计量（交通）
11	FZ	纺织	22	JR	金融

续表

序号	代号	含义	序号	代号	含义
23	JT	交通	41	SL	水利
24	JY	教育	42	SN	商检
25	LB	旅游	43	SY	石油天然气
26	LD	劳动和劳动安全	44	TB	铁路运输
27	LS	粮食	45	TY	体育
28	LY	林业	46	TD	土地
29	MH	民用航空	47	WB	物质
30	MT	煤炭	48	WH	文化
31	MZ	民政	49	WM	外贸
32	NY	农业	50	WS	卫生
33	QB	轻工	51	XB	稀土
34	QC	汽车	52	YB	黑色冶金
35	QJ	航天	53	YC	烟草
36	QX	气象	54	YD	邮电通信
37	SB	商业	55	YS	有色金属
38	SC	水产	56	YY	医药
39	SH	石油化工	57	YZ	邮政
40	SJ	电子	58	ZB	国家专业

注　行业标准也分为强制性标准、推荐性标准和指导性技术文件。表中给出的是强制性行业标准代号，推荐性行业标准的代号是在强制性行业标准代号后面加“T”，例如：JB/T 2055—2014；指导性技术文件是在强制性行业标准代号后面加“Z”，例如：CB/Z 280—2011。

三、电工常用符号

电工常用文字符号及单位符号见表1-6。

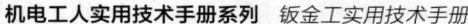

表 1-6 电工常用文字符号及单位符号

符 号	名 称	符 号	名 称	符 号	名 称
R	电阻(器)	KM	接触器	mA	毫安
L	电感(器)	A	安培	C	电容(器)
L	电抗(器)	A	调节器	W	瓦特
RP	电位(器)	V	晶体管	kW	千瓦
G	发电机	V	电子管	var	乏
M	电动机	U	整流器	Wh	瓦时
GE	励磁机	B	扬声器	Ah	安时
A	放大器(机)	Z	滤波器	varh	乏时
W	绕组或线圈	H	指示灯	Hz	赫率
T	变压器	W	母线	$\cos\varphi$	功率因数
P	测量仪表	μA	微安	Ω	欧姆
A	电桥	kA	千安	MΩ	兆欧
S	开关	V	伏特	φ	相位
Q	断路器	mV	毫伏	n	转速
F	熔断器	kV	千伏	T	温度
K	继电器				

四、主要金属元素的化学符号、相对原子质量和密度

主要金属元素的化学符号、相对原子质量和密度见表 1-7。

表 1-7 主要金属元素的化学符号、相对原子质量和密度

元素名称	化学符号	相对原子质量	密度/(g/cm³)	元素名称	化学符号	相对原子质量	密度/(g/cm³)
银	Ag	107.88	10.5	钼	Mo	95.95	10.2
铝	Al	26.97	2.7	钠	Na	22.997	0.97
砷	As	74.91	5.73	铌	Nb	92.91	8.6
金	Au	197.2	19.3	镍	Ni	58.69	8.9
硼	B	10.82	2.3	磷	P	30.98	1.82
钡	Ba	137.36	3.5	铅	Pb	207.21	11.34
铍	Be	9.02	1.9	铂	Pt	195.23	21.45
铋	Bi	209.00	9.8	镭	Ra	226.05	5
溴	Br	79.916	3.12	铷	Rb	85.48	1.53
碳	C	12.01	1.9～2.3	钌	Ru	101.7	12.2
钙	Ca	40.08	1.55	硫	S	32.06	2.07
镉	Cd	112.41	8.65	锑	Sb	121.76	6.67
钴	Co	58.94	8.8	硒	Se	78.96	4.81
铬	Cr	52.01	7.19	硅	Si	28.06	2.35
铜	Cu	63.54	8.93	锡	Sn	118.70	7.3
氟	F	19.00	1.11	锶	Sr	87.63	2.6
铁	Fe	55.85	7.87	钽	Ta	180.88	16.6
锗	Ge	72.60	5.36	钍	Th	232.12	11.5
汞	Hg	200.61	13.6	钛	Ti	47.90	4.54
碘	I	126.92	4.93	铀	U	238.07	18.7
铱	Ir	193.1	22.4	钒	V	50.95	5.6
钾	K	39.096	0.86	钨	W	183.92	19.15
镁	Mg	24.32	1.74	锌	Zn	65.38	7.17
锰	Mn	54.93	7.3				

第二节 常用数表

一、π的重要函数表（见表1-8）

表1-8 π的重要函数表

π	3.141 593	$\sqrt{2\pi}$	2.506 628
π^2	9.869 604	$\sqrt{\frac{\pi}{2}}$	1.253 314
$\sqrt{\pi}$	1.772 454	$\sqrt[3]{\pi}$	1.464 592
$\frac{1}{\pi}$	0.318 310	$\sqrt{\frac{1}{2\pi}}$	0.398 942
$\frac{1}{\pi^2}$	0.101 321	$\sqrt{\frac{2}{\pi}}$	0.797 885
$\sqrt{\frac{1}{\pi}}$	0.564 190	$\sqrt[3]{\frac{1}{\pi}}$	0.682 784

二、π的近似分数表（见表1-9）

表1-9 π的近似分数表

近似分数	误差	近似分数	误差
$\pi\approx3.140\,000\,0=\frac{157}{50}$	0.001 592 7	$\pi\approx3.141\,711\,2=\frac{25\times47}{22\times17}$	0.000 118 5
$\pi\approx3.142\,857\,1=\frac{22}{7}$	0.001 264 4	$\pi\approx3.141\,700\,4=\frac{8\times97}{13\times19}$	0.000 107 7
$\pi\approx3.141\,818\,1=\frac{32\times27}{25\times11}$	0.000 225 4	$\pi\approx3.141\,666\,6=\frac{13\times29}{4\times30}$	0.000 073 9
$\pi\approx3.141\,732\,2=\frac{19\times21}{127}$	0.000 139 5	$\pi\approx3.141\,592\,9=\frac{5\times71}{113}$	0.000 000 2

三、25.4 的近似分数表（见表 1-10）

表 1-10　　25.4 的近似分数表

近似分数	误差	近似分数	误差
$25.40000=\frac{127}{5}$	0	$25.39683=\frac{40\times40}{7\times9}$	0.00317
$25.41176=\frac{18\times24}{17}$	0.01176	$25.38461=\frac{11\times30}{13}$	0.01539

注　1in（英寸）＝25.4mm。

四、镀层金属的特性（见表 1-11）

表 1-11　　镀层金属的特性

种类	密度 ρ /（g/cm³）	熔解点 /℃	抗拉强度 σ_b /MPa	伸长率 δ /%	硬度 /HV
锌	7.133	419.5	100～130	65～50	35
铝	2.696	660	50～90	45～35	17～23
铅	11.36	372.4	11～20	50～30	3～5
锡	7.298	231.9	10～20	96～55	7～8
铬	7.19	1875	470～620	24	120～140

五、常用材料线膨胀系数（见表 1-12）

表 1-12　　常用材料线膨胀系数

材料	温度范围/℃					
	20～100	20～200	20～300	20～400	20～600	20～700
工程用铜	$(16.6\sim17.1)\times10^{-6}$	$(17.1\sim17.2)\times10^{-6}$	17.6×10^{-6}	$(18\sim18.1)\times10^{-6}$	18.6×10^{-6}	
纯铜	17.2×10^{-6}	17.5×10^{-6}	17.9×10^{-6}			
黄铜	17.8×10^{-6}	18.8×10^{-6}	20.9×10^{-6}			
锡青铜	17.6×10^{-6}	17.9×10^{-6}	18.2×10^{-6}			
铝青铜	17.6×10^{-6}	17.9×10^{-6}	19.2×10^{-6}			
碳钢	$(10.6\sim12.2)\times10^{-6}$	$(11.3\sim13)\times10^{-6}$	$(12.1\sim13.5)\times10^{-6}$	$(12.9\sim13.9)\times10^{-6}$	$(13.5\sim14.3)\times10^{-6}$	$(14.7\sim15)\times10^{-6}$
铬钢	11.2×10^{-6}	11.8×10^{-6}	12.4×10^{-6}	13×10^{-6}	13.6×10^{-6}	
40CrSi	11.7×10^{-6}					
30CrMnSiA	11×10^{-6}					
4Cr13	10.2×10^{-6}	11.1×10^{-6}	11.6×10^{-6}	11.9×10^{-6}	12.3×10^{-6}	12.8×10^{-6}
1Cr18Ni9Ti	16.6×10^{-6}	17.0×10^{-6}	17.2×10^{-6}	17.5×10^{-6}	17.9×10^{-6}	18.6×10^{-6}
铸铁	$(8.7\sim11.1)\times10^{-6}$	$(8.5\sim11.6)\times10^{-6}$	$(10.1\sim12.2)\times10^{-6}$	$(11.5\sim12.7)\times10^{-6}$	$(12.9\sim13.2)\times10^{-6}$	

第三节 常用三角函数计算

一、30°、45°、60°的三角函数值（见表 1-13）

表 1-13 30°、45°、60°的三角函数值

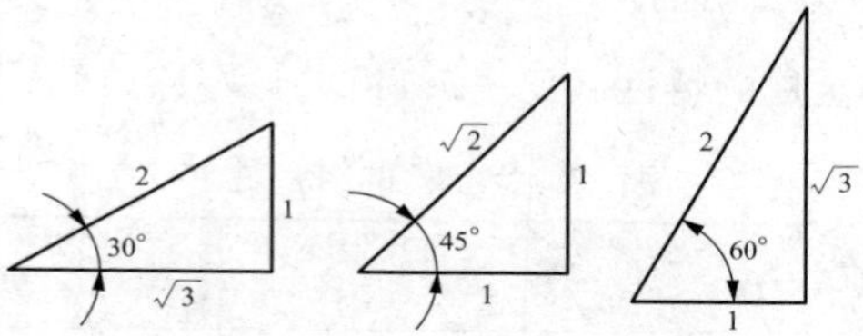

函数＼角	30°	45°	60°
sin	$\frac{1}{2}=0.5$	$\frac{1}{\sqrt{2}}=0.70711$	$\frac{\sqrt{3}}{2}=0.86603$
cos	$\frac{\sqrt{3}}{2}=0.86603$	$\frac{1}{\sqrt{2}}=0.70711$	$\frac{1}{2}=0.5$
tan	$\frac{1}{\sqrt{3}}=0.57735$	1	$\sqrt{3}=1.73205$
cot	$\sqrt{3}=1.73205$	1	$\frac{1}{\sqrt{3}}=0.57735$

二、常用三角函数的计算公式（见表 1-14）

表 1-14 常用三角函数的计算公式

名称	图形	计算公式
直角三角形	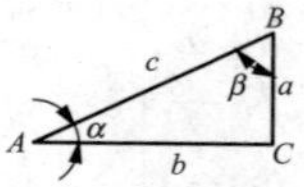	α 的正弦 $\sin\alpha=\frac{a}{c}$ α 的余弦 $\cos\alpha=\frac{b}{c}$ α 的正切 $\tan\alpha=\frac{a}{b}$ α 的余切 $\cot\alpha=\frac{b}{a}$ α 的正割 $\sec\alpha=\frac{c}{b}$ α 的余割 $\csc\alpha=\frac{c}{a}$ $\alpha+\beta=90°$　$c^2=a^2+b^2$

续表

名称	图形	计算公式
直角三角形	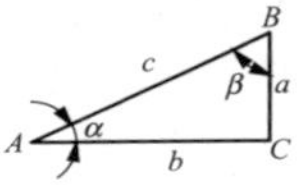	或$c=\sqrt{a^2+b^2}$；$a=\sqrt{c^2-b^2}$ $b=\sqrt{c^2-a^2}$ 余角函数：$\sin(90°-\alpha)=\cos\alpha$ $\cos(90°-\alpha)=\sin\alpha$ $\tan(90°-\alpha)=\cot\alpha$ $\cot(90°-\alpha)=\tan\alpha$ 反三角函数 $x=\sin\alpha$ 反函数为 $\alpha=\arcsin x$ $x=\cos\alpha$ 反函数为 $\alpha=\arccos x$ $x=\tan\alpha$ 反函数为 $\alpha=\arctan x$ $x=\cot\alpha$ 反函数为 $\alpha=\mathrm{arccot}\,x$
锐角三角形	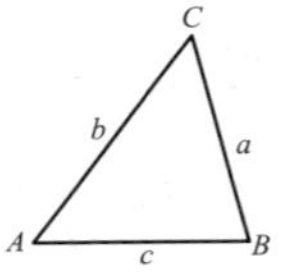	正弦定理：$\frac{a}{\sin A}=\frac{b}{\sin B}=\frac{c}{\sin C}$ 余弦定理：$a^2=b^2+c^2-2bc\cos A$ 即 $\cos A=\frac{b^2+c^2-a^2}{2bc}$ $b^2=a^2+c^2-2ac\cos B$ 即 $\cos B=\frac{a^2+c^2-b^2}{2ac}$ $c^2=a^2+b^2-2ab\cos C$ 即 $\cos C=\frac{a^2+b^2-c^2}{2ab}$
钝角三角形	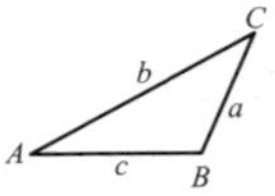	

第四节 常用几何图形的计算

一、常用几何图形的面积计算公式（见表 1-15）

表 1-15 常用几何图形的面积计算公式

名称	图形	计算公式
正方形	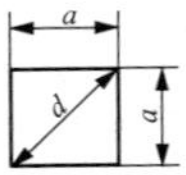	面积 $A=a^2$　$a=0.707d$ $d=1.414a$

续表

名称	图形	计算公式
长方形	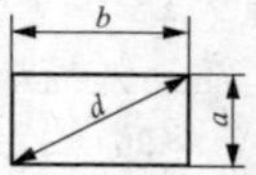	面积 $A=ab$ $d=\sqrt{a^2+b^2}$ $a=\sqrt{d^2-b^2}$ $b=\sqrt{d^2-a^2}$
平行四边形	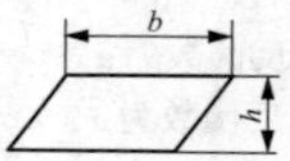	面积 $A=bh$ $h=\frac{A}{b}$ $b=\frac{A}{h}$
菱形	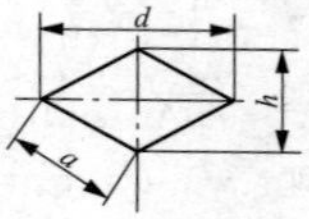	面积 $A=\frac{dh}{2}$ $a=\frac{1}{2}\sqrt{d^2+h^2}$ $h=\frac{2A}{d}$ $d=\frac{2A}{h}$
梯形	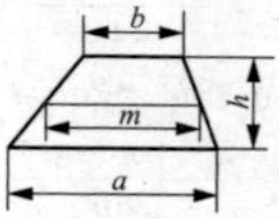	面积 $A=\frac{a+b}{2}h$ $m=\frac{a+b}{2}$ $h=\frac{2A}{a+b}$ $a=\frac{2A}{h}-b$ $b=\frac{2A}{h}-a$
斜梯形	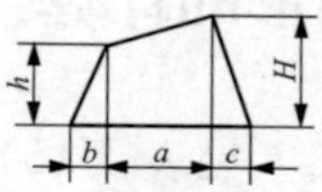	面积 $A=\frac{(H+h)\ a+bh+cH}{2}$
等边三角形	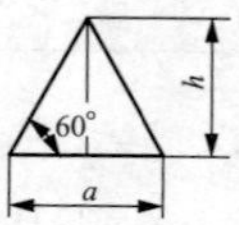	面积 $A=\frac{ah}{2}=0.433a^2=0.578h^2$ $a=1.155h$ $h=0.866a$

续表

名称	图　　形	计　算　公　式
直角三角形	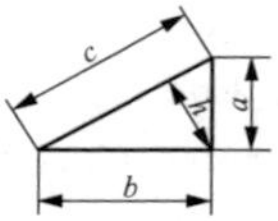	面积 $A=\frac{ab}{2}$　$c=\sqrt{a^2+b^2}$　$h=\frac{ab}{c}$
圆形	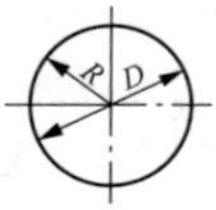	面积 $A=\frac{1}{4}\pi D^2$ $=0.7854D^2$ $=\pi R^2$　周长 $c=\pi D$　$D=0.318c$
椭圆形	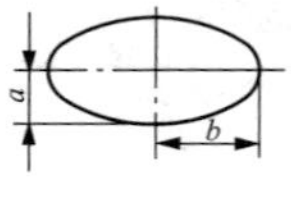	面积 $A=\pi ab$
圆环形	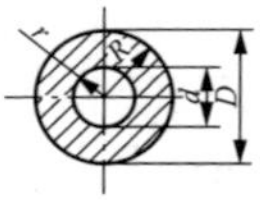	面积 $A=\frac{\pi}{4}(D^2-d^2)$ $=0.785(D^2-d^2)$ $=\pi(R^2-r^2)$
扇形	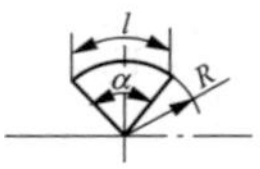	面积$A=\frac{\pi R^2\alpha}{360}=0.008\ 727\alpha R^2=\frac{Rl}{2}$　$l=\frac{\pi R\alpha}{180°}=0.017\ 45R\alpha$
弓形	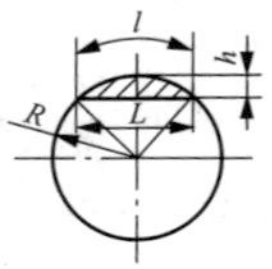	面积$A=\frac{lR}{2}-\frac{L(R-h)}{2}$　$R=\frac{L^2+4h^2}{8h}$　$h=R-\frac{1}{2}\sqrt{4R^2-L^2}$

续表

名称	图形	计算公式
局部圆环形	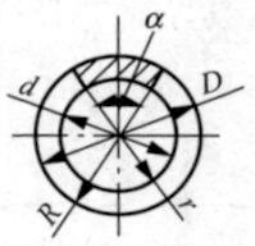	面积 $A=\frac{\pi\alpha}{360}(R^2-r^2)$ $=0.00873\alpha(R^2-r^2)$ $=\frac{\pi\alpha}{4\times360}(D^2-d^2)$ $=0.00218\alpha(D^2-d^2)$
抛物线弓形	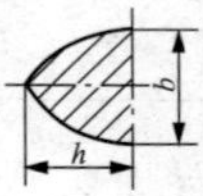	面积 $A=\frac{2}{3}bh$
角椽	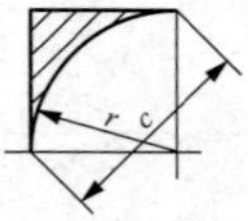	面积 $A=r^2-\frac{\pi r^2}{4}=0.215r^2$ $=0.1075c^2$
正多边形	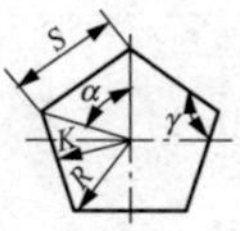	面积 $A=\frac{SK}{2}n=\frac{1}{2}nSR\cos\frac{\alpha}{2}$ 圆心角 $\alpha=\frac{360°}{n}$ 内角 $\gamma=180°-\frac{360°}{n}$ 式中 S——正多边形边长； n——正多边形边数
圆柱体	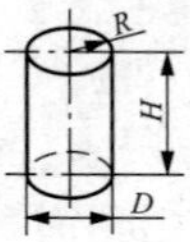	体积 $V=\pi R^2H=\frac{1}{4}\pi D^2H$ 侧表面积 $A_0=2\pi RH$

二、常用几何体的表面积和体积的计算公式（见表 1-16）

表 1-16　　常用几何体的表面积和体积的计算公式

名称	图　形	计　算　公　式
斜底圆柱体	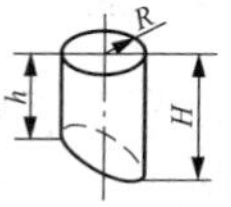	体积 $V=\pi R^2\dfrac{H+h}{2}$ 侧表面积 $A_0=\pi R(H+h)$
空心圆柱体	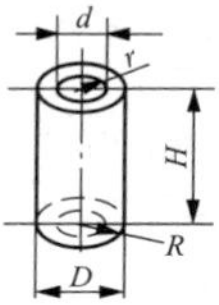	体积 $V=\pi H(R^2-r^2)$ $=\dfrac{1}{4}\pi H(D^2-d^2)$ 侧表面积 $A_0=2\pi H(R+r)$
圆锥体	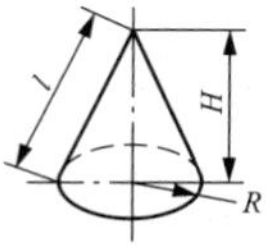	体积 $V=\dfrac{1}{3}\pi HR^2$ 侧表面积 $A_0=\pi Rl=\pi R\sqrt{R^2+H^2}$ 母线 $l=\sqrt{R^2+H^2}$
截顶圆锥体	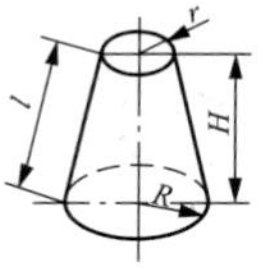	体积 $V=(R^2+r^2+Rr)\dfrac{\pi H}{3}$ 侧表面积 $A_0=\pi l(R+r)$ 母线 $l=\sqrt{H^2+(R-r)^2}$
正方体	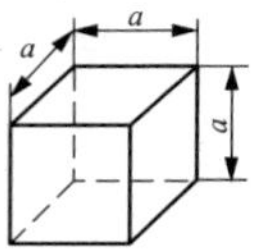	体积 $V=a^3$
长方体	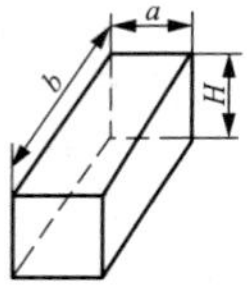	体积 $V=abH$

续表

名称	图　形	计　算　公　式
角锥体	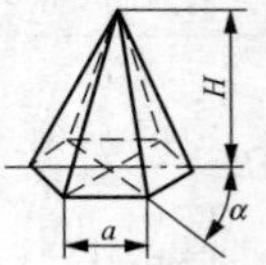	体积 $V=\frac{1}{3}H\times$底面积 $=\frac{na^2H}{12}\cot\frac{\alpha}{2}$ 式中　n——正多边形边数； $\alpha=\frac{360^\circ}{n}$
截顶角锥体	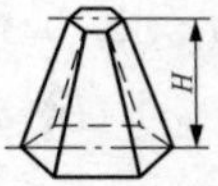	体积 $V=\frac{1}{3}H\ (A_1+A_2+\sqrt{A_1+A_2})$ 式中　A_1——顶面积； A_2——底面积
正方锥体	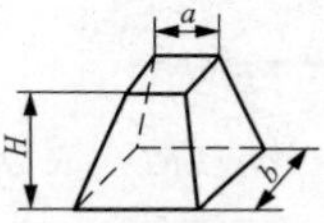	体积 $V=\frac{1}{3}H\ (a^2+b^2+ab)$
正六角体	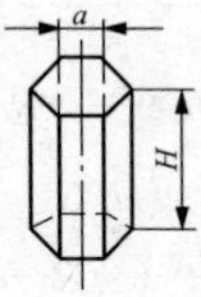	体积 $V=2.598a^2H$
球体		体积 $V=\frac{4}{3}\pi R^3=\frac{1}{6}\pi D^3$ 表面积 $A_n=12.57R^2=3.142D^2$
圆球环体	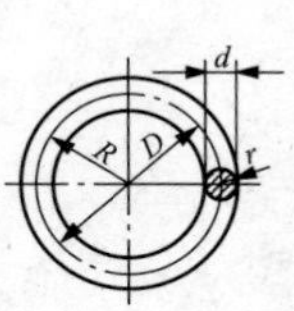	体积 $V=2\pi^2Rr^2=19.739Rr^2$ $=\frac{1}{4}\pi^2Dd^2$ $=2.4674Dd^2$ 表面积 $A_n=4\pi^2Rr=39.48Rr$

续表

名称	图　形	计　算　公　式
截球体	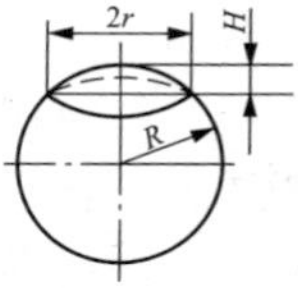	体积 $V=\frac{1}{6}\pi H\ (3r^2+H^2)$ $=\pi H^2\left(R-\frac{H}{3}\right)$ 侧表面积 $A_0=2\pi RH$
球台体	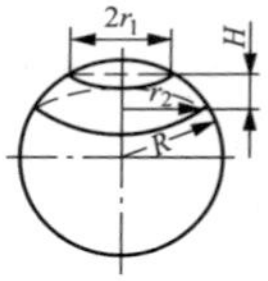	体积 $V=\frac{1}{6}\pi H\ [3\ (r_1^2+r_2^2)\ +H^2]$ 侧表面积 $A_0=2\pi RH$

三、内接正多边形的计算公式（见表 1-17）

表 1-17　　　　　　内接正多边形的计算公式

名称	图　形	计算公式
内接三角形	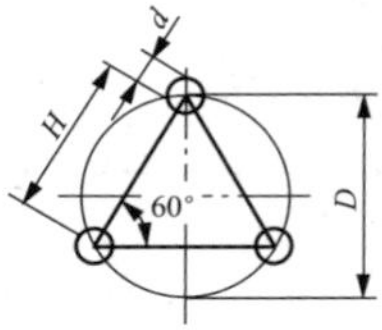	$D=\ (H+d)\ 1.155$ $H=\frac{D-1.155d}{1.155}$
	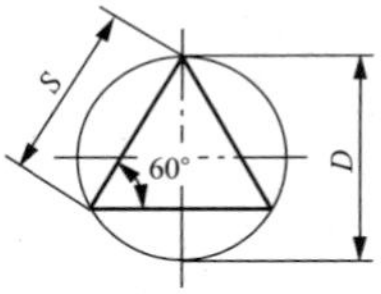	$D=1.154S$ $S=0.866D$

续表

名称	图形	计算公式
内接四边形	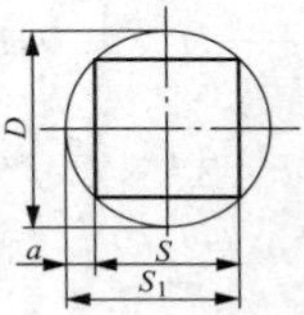	$D=1.414S$ $S=0.707D$ $S_1=0.854D$ $a=0.147D=\frac{D-S}{2}$
内接五边形	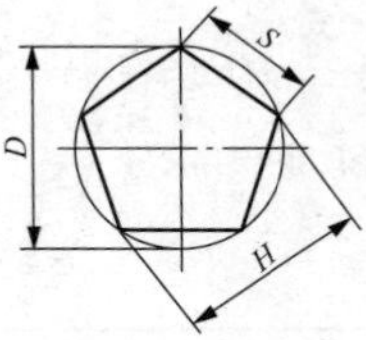	$D=1.701S$ $S=0.588D$ $H=0.951D=1.618S$
内接六边形	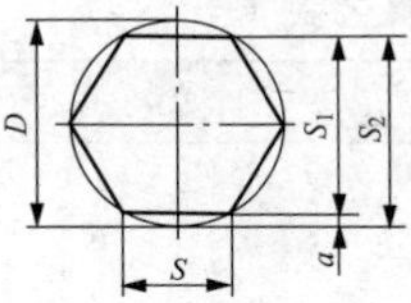	$D=2S=1.155S_1$ $S=\frac{1}{2}D$ $S_1=0.866D$ $S_2=0.933D$ $a=0.067D=\frac{D-S_1}{2}$

四、圆周等分系数表（见表 1-18）

表 1-18　　圆周等分系数表

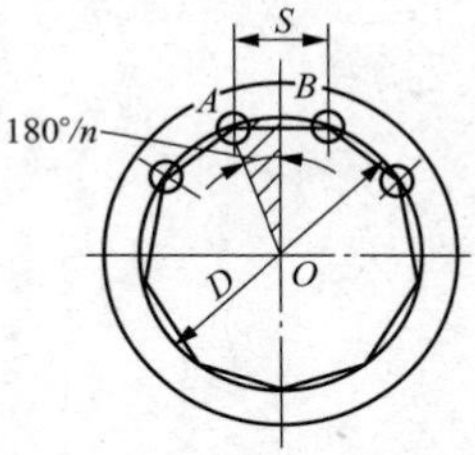

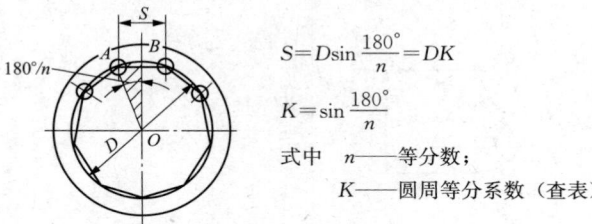

$$S=D\sin\frac{180^\circ}{n}=DK$$

$$K=\sin\frac{180^\circ}{n}$$

式中　n——等分数；

K——圆周等分系数（查表）

续表

等分数 n	系数 K	等分数 n	系数 K	等分数 n	系数 K	等分数 n	系数 K
3	0.866 03	28	0.111 97	53	0.059 240	78	0.040 265
4	0.707 11	29	0.108 12	54	0.058 145	79	0.039 757
5	0.587 79	30	0.104 53	55	0.057 090	80	0.039 260
6	0.500 00	31	0.101 17	56	0.056 071	81	0.038 775
7	0.433 88	32	0.098 015	57	0.055 087	82	0.038 302
8	0.382 68	33	0.095 056	58	0.054 138	83	0.037 841
9	0.342 02	34	0.092 269	59	0.053 222	84	0.037 391
10	0.309 02	35	0.089 640	60	0.052 336	85	0.036 951
11	0.281 73	36	0.087 156	61	0.051 478	86	0.036 522
12	0.258 82	37	0.084 805	62	0.050 649	87	0.036 102
13	0.239 32	38	0.082 580	63	0.049 845	88	0.035 692
14	0.222 52	39	0.080 466	64	0.049 067	89	0.035 291
15	0.207 91	40	0.078 460	65	0.048 313	90	0.034 899
16	0.195 09	41	0.076 549	66	0.047 581	91	0.034 516
17	0.183 75	42	0.074 731	67	0.046 872	92	0.034 141
18	0.173 65	43	0.072 995	68	0.046 183	93	0.033 774
19	0.164 59	44	0.071 339	69	0.045 514	94	0.033 415
20	0.156 43	45	0.069 756	70	0.044 864	95	0.033 064
21	0.149 04	46	0.068 243	71	0.044 233	96	0.032 719
22	0.142 32	47	0.066 792	72	0.043 619	97	0.032 881
23	0.136 17	48	0.065 403	73	0.043 022	98	0.032 051
24	0.130 53	49	0.064 073	74	0.042 441	99	0.031 728
25	0.125 33	50	0.062 791	75	0.041 875	100	0.031 410
26	0.120 54	51	0.061 560	76	0.041 325		
27	0.116 09	52	0.060 379	77	0.040 788		

五、角度与弧度换算表（见表 1-19）

表 1-19　　角度与弧度换算表

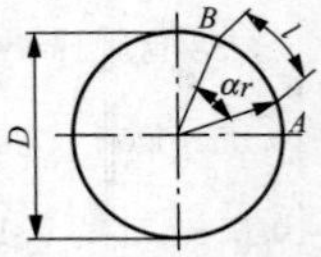

AB 弧长 $l=r\times$弧度数

或 $l=0.017\,453r\alpha$（弧度）

$=0.008\,727D\alpha$（弧度）

角度	弧　度	角度	弧　度	角度	弧　度
1″	0.000 005	6′	0.001 745	20°	0.349 066
2″	0.000 010	7′	0.002 036	30°	0.523 599
3″	0.000 015	8′	0.002 327	40°	0.698 132
4″	0.000 019	9′	0.002 618	50°	0.872 665
5″	0.000 024	10′	0.002 909	60°	1.047 198
6″	0.000 029	20′	0.005 818	70°	1.221 730
7″	0.000 034	30′	0.008 727	80°	1.396 263
8″	0.000 039	40′	0.011 636	90°	1.570 796
9″	0.000 044	50′	0.014 544	100°	1.745 329
10″	0.000 048	1°	0.017 453	120°	2.094 395
20″	0.000 097	2°	0.034 907	150°	2.617 994
30″	0.000 145	3°	0.052 360	180°	3.141 593
40″	0.000 194	4°	0.069 813	200°	3.490 659
50″	0.000 242	5°	0.087 266	250°	4.363 323
1′	0.000 291	6°	0.104 720	270°	4.712 389
2′	0.000 582	7°	0.122 173	300°	5.235 988
3′	0.000 873	8°	0.139 626	360°	6.283 185
4′	0.001 164	9°	0.157 080	1rad（弧度）=57°17′44.8″	
5′	0.001 454	10°	0.174 533		

第五节　常用测量计算公式

钣金加工制造中常用测量计算公式及应用示例见表 1-20。

表 1-20　　　　　　　常用测量计算公式

名称	图　形	计算公式	应　用　举　例
测量内圆弧	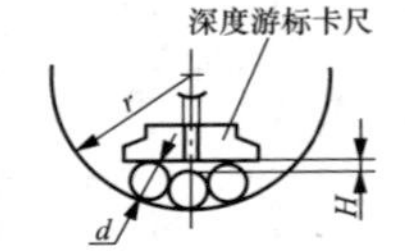	$r=\dfrac{d(d+H)}{2H}$ $H=\dfrac{d^2}{2\left(r-\dfrac{d}{2}\right)}$	［例］已知钢柱直径 $d=20$mm，深度游标卡尺读数 $H=2.3$mm，求圆弧工件的半径 r。 ［解］$r=\dfrac{20(20+2.3)}{2\times2.3}=96.96$(mm)
测量外圆弧	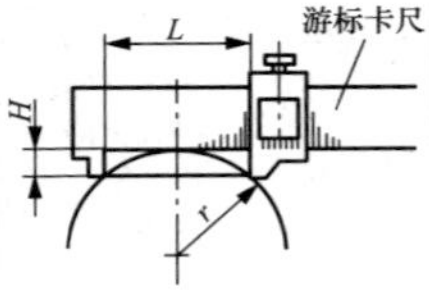	$L=2\sqrt{H(2r-H)}$ $r=\dfrac{L^2}{8H}+\dfrac{H}{2}$	［例］已知游标卡尺的 $H=22$mm，读数为 $L=122$mm，求圆弧工件的半径 r。 ［解］$r=\dfrac{122^2}{8\times22}+\dfrac{22}{2}=95.57$ (mm)
测量外圆锥斜角	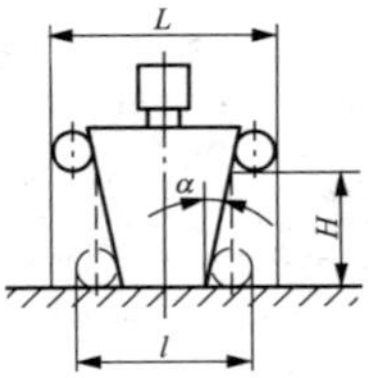	$\tan\alpha=\dfrac{L-l}{2H}$	［例］已知 $H=15$mm，游标卡尺读数 $L=32.7$mm，$l=28.5$mm，求斜角 α。 ［解］$\tan\alpha=\dfrac{32.7-28.5}{2\times15}=0.140\ 0$ $\alpha=7°58'$
测量内圆锥斜角	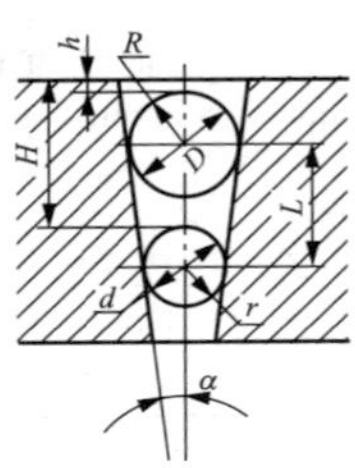	$\sin\alpha=\dfrac{R-r}{L}=\dfrac{R-r}{H+r-R-h}$	［例］已知大钢球半径 $R=10$mm，小钢球半径 $r=6$mm，深度游标卡尺读数 $H=24.5$mm，$h=2.2$mm，求斜角 α。 ［解］ $\sin\alpha=\dfrac{10-6}{24.5+6-10-2.2}=0.253\ 1$ $\alpha=12°38'$

续表

名称	图形	计算公式	应用举例
测量内圆锥斜角	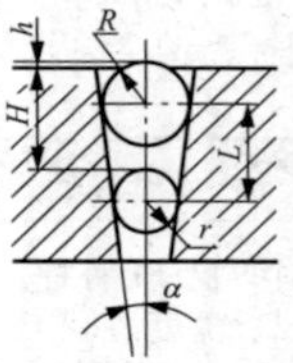	$\sin\alpha=\frac{R-r}{L}$ $=\frac{R-r}{H+h-R+r}$	［例］已知大钢球半径 $R=$10mm，小钢球半径 $r=6$mm，深度游标卡尺读数 $H=$18mm，$h=1.8$mm，求斜角 α。 ［解］ $\sin\alpha=\frac{10-6}{18+1.8-10+6}$ $=0.2532$ $\alpha=14°40'$
测量V形槽角度	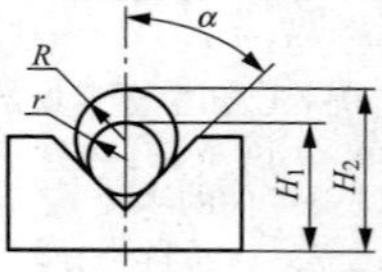	$\sin\alpha=\frac{R-r}{H_2-H_1(R-r)}$	［例］已知大钢柱半径 $R=15$mm，小钢柱半径 $r=10$mm，高度游标卡尺读数 $H_1=43.53$mm，$H_2=$55.6mm，求V形槽斜角 α。 ［解］ $\sin\alpha=\frac{15-10}{55.6-43.53-(15-10)}$ $=0.7071$ $\alpha=45°$
测量燕尾槽	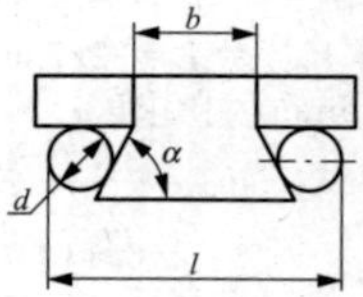	$l=b+d\left(1-\cot\frac{\alpha}{2}\right)$ $=b+k$① $b=l-d\left(1-\cot\frac{\alpha}{2}\right)$ $=L-k$①	［例］已知钢柱直径 $d=$10mm，$b=60$mm，$\alpha=55°$，求 l。 ［解］ $l=60+10\times(1+1.921)$ $=89.21$（mm）
	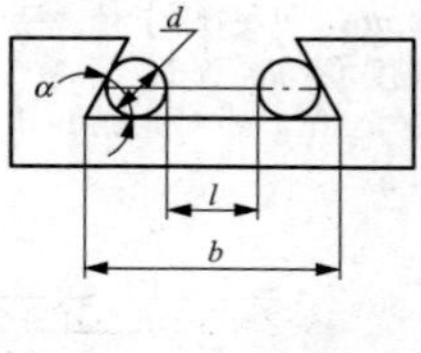	$l=b+d\left(1+\cot\frac{\alpha}{2}\right)$ $=b-k$① $b=l+d\left(1+\cot\frac{\alpha}{2}\right)$ $=L+k$①	［例］已知钢柱直径 $d=$10mm，$b=72$mm，$\alpha=55°$，求 l。 ［解］ $l=72-10\times(1+1.921)$ $=43.79$（mm）

① $k=d\left(1+\cot\frac{\alpha}{2}\right)$。

第六节 常用计量单位换算

一、长度单位换算（见表 1-21）

表 1-21 长度单位换算

米/m	厘米/cm	毫米/mm	英寸/in	英尺/ft	码/yd	市 尺
1	10^2	10^3	39.37	3.281	1.094	3
10^{-2}	1	10	0.394	3.281×10^{-2}	1.094×10^{-2}	3×10^{-2}
10^{-3}	0.1	1	3.937×10^{-3}	3.281×10^{-3}	1.094×10^{-3}	3×10^{-3}
2.54×10^{-2}	2.54	25.4	1	8.333×10^{-2}	2.778×10^{-2}	7.62×10^{-2}
0.305	30.48	3.048×10^2	12	1	0.333	0.914
0.914	91.44	9.10×10^2	36	3	1	2.743
0.333	33.333	3.333×10^2	13.123	1.094	0.366	1

二、面积单位换算（见表 1-22）

表 1-22 面 积 单 位 换 算

米²/m²	厘米²/cm²	毫米²/mm²	英寸²/in²	英尺²/ft²	码²/yd²	市尺²
1	10^4	10^6	1.550×10^3	10.764	1.196	9
10^{-4}	1	10^2	0.155	1.076×10^{-3}	1.196×10^{-4}	9×10^{-4}
10^{-6}	10^{-2}	1	1.55×10^{-3}	1.076×10^{-5}	1.196×10^{-6}	9×10^{-6}
6.452×10^{-4}	6.452	6.452×10^2	1	6.944×10^{-3}	7.617×10^{-4}	5.801×10^{-3}
9.290×10^{-2}	9.290×10^2	9.290×10^4	1.44×10^2	1	0.111	0.836
0.836	8361.3	0.836×10^6	1296	9	1	7.524
0.111	1.111×10^3	1.111×10^5	1.722×10^2	1.196	0.133	1

三、体积单位换算（见表 1-23）

表 1-23 体 积 单 位 换 算

米³ /m³	升 /L	厘米³ /cm³	英寸³ /in³	英尺³ /ft³	加仑 (USgal)美	加仑 (UKqal)英
1	10^3	10^6	6.102×10^4	35.315	2.642×10^2	2.200×10^2
10^{-3}	1	10^3	61.024	3.532×10^{-2}	0.264	0.220
10^{-6}	10^{-3}	1	6.102×10^{-2}	3.532×10^{-5}	2.642×10^{-4}	2.200×10^{-4}
1.639×10^{-5}	1.639×10^{-2}	16.387	1	5.787×10^{-4}	4.329×10^{-3}	3.605×10^{-3}
2.832×10^{-2}	28.317	2.832×10^4	1.728×10^3	1	7.481	6.229
3.785×10^{-3}	3.785	3.785×10^3	2.310×10^2	0.134	1	0.833
4.546×10^{-3}	4.546	4.546×10^3	2.775×10^2	0.161	1.201	1

四、质量单位换算（见表 1-24）

表 1-24 质量单位换算

千克/kg	克/g	毫克/mg	吨/t	英吨/ton	美吨/shton	磅/lb
1000			1	0.984 2	1.102 3	2204.6
1	1000		0.001			2.204 6
0.001	1	1000				
1016.05			1.016 1	1	1.12	2240
907.19			0.907 2	0.892 9	1	2000
0.453 6	453.59					1

五、力的单位换算（见表 1-25）

表 1-25 力的单位换算

牛顿/N	千克力/kgf	达因/dyn	磅力/lbf	磅达/pdl
1	0.102	10^5	0.224 8	7.233
9.806 65	1	$9.806\ 65\times10^5$	2.204 6	70.93
10^{-5}	1.02×10^{-6}	1	2.248×10^6	7.233×10^3
4.448	0.453 6	4.448×10^5	1	32.174
0.138 3	1.41×10^{-2}	1.383×10^4	3.108×10^{-2}	1

六、压力单位换算（见表 1-26）

表 1-26 压力单位换算

工程大气压 /at	标准大气压 /atm	千克力/毫米^2 /(kgf/mm^2)	毫米水柱 /(mmH_2O)	毫米汞柱 /(mmHg)	牛顿/米^2 /(N/m^2)
1	0.967 8	0.01	10^4	735.6	98 067
1.033	1		10 332	760	101 325
100	96.78	1	10^6	73 556	98.07×10^5
0.000 1	$0.967\ 8\times10^{-4}$		1	0.073 6	9.807
0.001 36	0.001 32		13.6	1	133.32
1.02×10^{-5}	0.99×10^{-5}	1.02×10^{-7}	0.102	0.007 5	1

七、功率单位换算（见表 1-27）

表 1-27　　功率单位换算

瓦 /W	千瓦 /kW	米制马力 /PS	英制马力 /hp	千克力·米/秒 /（kgf·m/s）	英尺·磅力/秒 /（ft·lbf/s）	千卡/秒 /（kcal/s）
1	10^{-3}	1.36×10^{-3}	1.341×10^{-3}	0.102	0.737 6	239×10^{-6}
1000	1	1.36	1.341	102	737.6	0.239
735.5	0.735 5	1	0.986 3	75	542.5	0.175 7
745.7	0.745 7	1.014	1	76.04	550	0.178 1
9.807	9.807×10^{-3}	13.33×10^{-3}	13.15×10^{-3}	1	7.233	2.342×10^{-3}
1.356	1.356×10^{-3}	1.843×10^{-3}	1.82×10^{-3}	0.138 3	1	0.324×10^{-3}
4186.8	4.187	5.692	5.614	426.935	3083	1

八、温度单位换算（见表 1-28）

表 1-28　　温度单位换算

摄氏度/℃	华氏度/℉	兰氏[①]度/°R	开尔文/K
℃	$\frac{5}{9}$℃+32	$\frac{5}{9}$℃+491.67	℃+273.15[②]
$\frac{5}{9}$(℉−32)	℉	℉+459.67	$\frac{5}{9}$(℉+459.67)
$\frac{5}{9}$(°R−491.67)	°R−459.67	°R	$\frac{5}{9}$°R
K−273.15[②]	$\frac{5}{9}$K−459.67	$\frac{5}{9}$K	K

① 原文是 Rankine，故也叫兰金度。

② 摄氏温度的标定是以水的冰点为一个参照点作为 0℃，相对于开尔文温度上的 273.15K。开尔文温度的标定是以水的三相点为一个参照点作为 273.15K，相对于摄氏 0.01℃（即水的三相点高于水的冰点 0.01℃）。

九、热导率单位换算（见表 1-29）

表 1-29 热导率单位换算

瓦/（米·K）/[W/(m·K)]	千卡/（米·时·℃）/[kcal/(m·h·℃)]	卡/（厘米·秒·℃）/[cal/(cm·s·℃)]	焦耳/（厘米·秒·℃）/[J/(cm·s·℃)]	英热单位/（英尺·时·°F）/[Btu/(ft·h·°F)]
1.16	1	0.002 78	0.011 6	0.672
418.68	360	1	4.186 8	242
1	0.859 8	0.002 39	0.01	0.578
100	85.98	0.239	1	57.8
1.73	1.49	0.004 13	0.017 3	1

十、速度单位换算（见表 1-30）

表 1-30 速度单位换算

米/秒/(m/s)	千米/时/(km/h)	英尺/秒/(ft/s)
1	3.600	3.281
0.278	1	0.911
0.305	1.097	1

十一、角速度单位换算（见表 1-31）

表 1-31 角速度单位换算

弧度/秒/(rad/s)	转/分/(r/min)	转/秒/(r/s)
1	9.554	0.159
0.105	1	0.017
6.283	60	1

第二章

金属材料及其热处理

第一节　常用金属材料的性能

一、金属材料的基本性能

金属材料的性能通常包括物理化学性能、力学性能及工艺性能等。金属材料的基本性能见表 2-1。

表 2-1　　金属材料的基本性能

物理化学性能	指与焊接、热切割有关的基本物理化学性能，如密度、导电性、导热性、热膨胀性、抗氧化性、耐腐蚀性等	密度	指物质单位体积所具有的质量，用 ρ 表示。常用金属材料的密度：铸钢为 7.8g/cm^3，灰铸铁为 7.2g/cm^3，黄铜为 8.63g/cm^3，铝为 2.7g/cm^3
		导电性	指金属传导电流的能力。金属的导电性各不相同，通常银的导电性最好，其次是铜和铝
		导热性	指金属传导热量的性能。若某些零件在使用时需要大量吸热或散热，需要用导热性好的材料
		热膨胀性	指金属受热时发生胀大的现象。被焊工件由于受热不均匀就会产生不均匀的热膨胀，从而导致焊件的变形和焊接应力
		抗氧化性	指金属材料在高温时抵抗氧化性气氛腐蚀作用的能力。热力设备中的高温部件，如锅炉的过热器、水冷壁管、汽轮机的汽缸、叶片等，易产生氧化腐蚀
		耐腐蚀性	指金属材料抵抗各种介质（如大气、酸、碱、盐等）侵蚀的能力。化工、热力等设备中许多部件是在苛刻的条件下长期工作的，所以选材时必须考虑焊接材料的耐腐蚀性，用时还要考虑设备及其附件的防腐措施

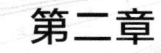

续表

力学性能	指金属材料在外部负荷作用下，从开始受力直至材料破坏的全部过程中所呈现的力学特性，是衡量金属材料使用性能的重要指标，如强度、硬度、塑性和韧性	强度	它代表金属材料对变形和断裂的抗力，用单位界面上所受的力（称为应力）表示。常用的强度指标有屈服强度及抗拉强度等	屈服强度	指钢材在拉伸过程中，当应力达到某一数值而不再增加时，其变形继续增加的拉力值，用 σ_S 表示，σ_S 值越高，材料强度越高
				抗拉强度	指金属材料在破坏前所承受的最大拉应力，用 σ_S 表示，单位 MPa。σ_S 越大，金属材料抗衡断裂的能力越大，强度越高
		塑性	指金属材料在外力作用下产生塑性变形的能力，表示金属材料塑性性能的指标有伸长率、断面收缩率及冷弯角等		
		冲击韧性	它是衡量金属材料抵抗动载荷或冲击力的能力，用冲击实验可以测定材料在突加载荷时对缺口的敏感性。冲击值是冲击韧性的一个指标，以 α_k 表示，α_k 大，材料的韧性大		
		硬度	它是金属材料抵抗表面变形的能力。常用的硬度有布氏硬度 HB、洛氏硬度 HR、维氏硬度 HV 三种		
工艺性能	指承受各种冷、热加工的能力	切削性能	指金属材料是否易于切削的性能。切削时，切削刀具不易磨损，切削力较小且被切削后工件表面质量好，则此材料的切削性能好，灰铸铁具有较好的切割性能		
		铸造性能	主要是指金属在液态时的流动性以及液态金属在凝固过程中的收缩和偏析程度。金属的铸造性能指保证铸件质量的重要性能之一		

续表

工艺性能	指承受各种冷、热加工的能力	焊接性能	指材料在限定的施工条件下，焊接成符合规定设计要求的构件，能满足预定使用要求的能力。焊接性能受材料、焊接方法、构件类型及使用要求等因素的影响。焊接性能有多种评定方法，其中广泛使用的方法是碳当量法，这种方法是基于合金元素对钢的焊接性能有不同程度的影响，将钢中合金元素（包括碳）的含量按其作用换算成碳的相当含量，可作为评定钢材焊接性能的一种参考指标

1. 常用金属材料的弹性模量

材料在弹性范围内，应力与应变的比值称为材料的弹性模量。根据材料的受力状况的不同，弹性模量可分为以下两种。

（1）材料拉伸（压缩）的弹性模量，计算公式为：

$$E=\frac{\sigma}{\varepsilon}$$

式中 E——拉伸（压缩）弹性模量，Pa；

σ——拉伸（压缩）的应力，Pa；

ε——材料轴向线应变。

（2）材料剪切的切变模量，计算公式为：

$$G=\frac{\tau}{\nu}$$

式中 G——切变模量，Pa；

τ——材料的剪切应力，Pa；

ν——材料轴向剪切应变。

常用材料的弹性模量见表 2-2。

表 2-2　　常用材料的弹性模量

名称	弹性模量 E/GPa	切变模量 G/GPa	名称	弹性模量 E/GPa	切变模量 G/GPa
灰铸铁、白口铸铁	115～160	45	镍铬钢、合金结构钢	210	81
可锻铸铁	155	—	铸钢	202	—
碳钢	200～220	81	轧制纯铜	108	39.2

续表

名称	弹性模量 E/GPa	切变模量 G/GPa	名称	弹性模量 E/GPa	切变模量 G/GPa
冷拔纯铜	127	48	铸铝青铜	105	42
轧制磷青铜	113	41.2	硬铝合金	70	26.5
冷拔黄铜	89～97	35～37	轧制锌	84	32
轧制锰青铜	108	39.2	铅	17	2
轧制铝	68	25.5～26.5	玻璃	55	1.92
拔制铝线	70	—	混凝土	13.7～39.2	4.9～15.7

2. 常用金属材料的熔点

金属或合金从固态向液态转变时的温度称为熔点。单质金属都有固定的熔点，常用金属的熔点见表 2-3。

合金的熔点取决于它们的成分，如钢和生铁都是以铁、碳为主的合金，但由于含碳量不同，熔点也不相同。熔点是金属或合金冶炼、铸造、焊接等工艺的重要参数。

3. 常用金属材料的线胀系数

金属材料随温度变化而膨胀、收缩的特性称为热膨胀性。一般来说，金属受热时膨胀而体积增大，冷却时收缩而体积减小。

热膨胀性的大小用线胀系数和体胀系数来表示。线胀系数计算公式如下：

$$\alpha_l = \frac{l_2 - l_1}{l_1 \Delta t}$$

式中 α_l ——线胀系数，K^{-1}或$℃^{-1}$；

l_1 ——膨胀前的长度，m；

l_2 ——膨胀后的长度，m；

Δt——温度变化量，K 或℃ 。

体胀系数近似为线胀系数的 3 倍。常用金属材料的线胀系数见表 2-3。

表 2-3 常用金属材料的线胀系数

金属名称	符号	密度(20℃) ρ/(kg/m³)	熔点/℃	热导率 λ /[W/(m·K)]	线胀系数 (0～100℃) α_l/(10^{-6}/℃)	电阻率(0℃)ρ /($10^{-6}\Omega\cdot$cm)
银	Ag	10.49×10^3	960.8	418.6	19.7	1.5
铜	Cu	8.96×10^3	1083	393.5	17	1.67～1.68(20℃)
铝	Al	2.7×10^3	660	221.9	23.6	2.655
镁	Mg	1.74×10^3	650	153.7	24.3	4.47
钨	W	19.3×10^3	3380	166.2	4.6(20℃)	5.1
镍	Ni	4.5×10^3	1453	92.1	13.4	6.84
铁	Fe	7.87×10^3	1538	75.4	11.76	9.7
锡	Sn	7.3×10^3	231.9	62.8	2.3	11.5
铬	Cr	7.19×10^3	1903	67	6.2	12.9
钛	Ti	4.508×10^3	1677	15.1	8.2	42.1～47.8
锰	Mn	7.45×10^3	1244	4.98(−192℃)	37	185(20℃)

二、钢的分类及其焊接性能

钢和铁都是以铁和碳为主要元素的合金。以铁为基础和碳及其他元素组成的合金，通常称为黑色金属，黑色金属又按铁中含碳量的多少分为生铁和钢两大类。含碳量在 2.11%以下的铁碳合金称为钢；含碳量为 2.11 %～6.67% 的铁碳合金称为铸铁。

（一）常用钢的分类、力学性能和用途

1. 按化学成分分类

按化学成分分为碳素结构钢、金属结构钢。

(1) 碳素结构钢。碳素结构钢中除铁以外，主要还含有碳、硅、锰、硫、磷等几种元素，这些元素的总量一般不超过 2% 。

碳素结构钢的牌号由代表屈服点的拼音字母“Q”、屈服点数值、质量等级符号和脱氧方法符号四部分按顺序组成，如图 2-1 所示。

Q 235 - A F

- F —— 表示沸腾钢（b— 半镇静钢，Z— 镇静钢，TZ— 特殊镇静钢，Z、T 可以省略）
- A —— 质量等级（A、B、C、D）
- 235 —— 屈服点（强度值）（MPa）
- Q —— 屈服点，“屈”字汉语拼音第一个字母

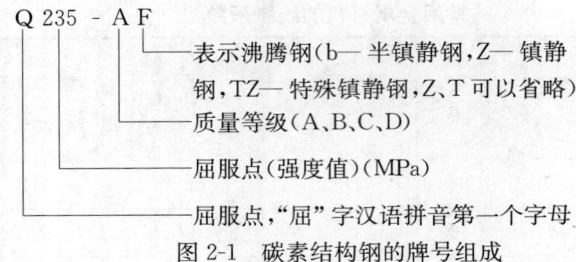

图 2-1 碳素结构钢的牌号组成

碳素结构钢的化学成分、力学性能、主要特性和用途见表 2-4～表 2-6。

表 2-4 碳素结构钢的牌号及化学成分（GB/T 700—2006）

牌号	统一数字代号	等级	厚度（或直径）/mm	脱氧方法	化学成分（质量分数，%）≤				
					C	Si	Mn	P	S
Q195	U11952	—	—	F、Z	0.12	0.30	0.50	0.035	0.040
Q215	U12152	A	—	F、Z	0.15	0.35	1.20	0.045	0.050
	U12155	B							0.045
Q235	U12352	A	—	F、Z	0.22	0.35	1.40	0.045	0.050
	U12355	B			0.20				0.045
	U12358	C		Z	0.17			0.040	0.040
	U12359	D		TZ				0.035	0.035
Q275	U12752	A	—	F、Z	0.24	0.35	1.50	0.045	0.050
	U12755	B	≤40	Z	0.21			0.045	0.045
			＞40		0.22				
	U12758	C	—	Z	0.20			0.040	0.040
	U12759	D		TZ				0.035	0.035

表 2-5　　碳素结构钢的力学性能（GB/T 700—2006）

牌号	等级	上屈服强度/MPa≥ 厚度（或直径）/mm						抗拉强度/MPa≥	断后伸长率（%）≥ 厚度（或直径）mm					冲击试验（V形缺口）	
		≤16	>16~40	>40~60	>60~100	>100~150	>150~200		≤40	>40~60	>60~100	>100~150	>150~200	温度/℃	冲击吸收能量（纵向）/J≥
Q195	—	195	185	—	—	—	—	315~430	33	—	—	—	—	—	—
Q215	A	215	205	195	185	175	165	335~450	31	30	29	27	26	—	—
	B													+20	27
Q235	A	235	225	215	215	195	185	370~500	26	25	24	22	31	—	—
	B													+20	27
	C													0	
	D													−20	
Q275	A	275	265	255	245	225	215	410~540	22	21	20	18	17	—	—
	B													+20	27
	C													0	
	D													−20	

表 2-6　　碳素结构钢的特性和用途

牌号	主要特性	用途举例
Q195	含碳、锰量低，强度不高，塑性好，韧性高，具有良好的工艺性能和焊接性能	广泛用于轻工、机械、运输车辆、建筑等一般结构件，自行车、农机配件、五金制品、焊管坯，输送水、煤气等用管，烟筒、屋面板、拉杆、支架及机械用一般结构零件
Q215	含碳、锰量较低，强度比Q195稍高，塑性好，具有良好的韧性、焊接性能和工艺性能	用于厂房、桥梁等大型结构件，建筑桁架、铁塔、井架及车船制造结构件，轻工、农业等机械零件，五金工具、金属制品等
Q235	含碳量适中，具有良好的塑性、韧性、焊接性能、冷加工性能以及一定的强度	大量生产钢板、型钢、钢筋，用以建造厂房房架、高压输电铁塔、桥架、车辆等。其C、D级钢含硫、磷量低，相当于优质碳素结构钢，质量好，适于制造对焊接性及韧性要求较高的工程结构机械零部件，如机座、支架，受力不大的拉杆、连杆、销、轴、螺钉（母）、轴、套圈等
Q275	碳及硅、锰含量高一些，具有较高的强度，较好的塑性，较高的硬度和耐磨性，一定的焊接性能和较好的切削加工性能。完全淬火后，其硬度可达270～400HBW	用于制造心轴、齿轮、销轴、链轮、螺栓（母）、垫圈、制动杆、鱼尾板、垫板，农机用型材、机架、耙齿、播种机开沟器架、输送链条等

（2）优质碳素结构钢。优质碳素结构钢的牌号用两位数表示，这两位数字表示该钢平均含碳量的万分数。优质碳素结构钢根据钢中的含锰量不同，分为普通含锰量钢（Mn的质量分数小于0.80%）和较高含锰量钢（Mn的质量分数为0.70%～1.2%）两组。较高含锰量钢在牌号后面标出元素符号“Mn”或汉字“锰”。

如：08 F

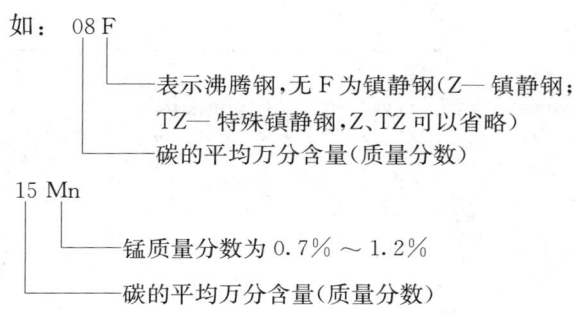

- F——表示沸腾钢，无 F 为镇静钢（Z— 镇静钢；TZ— 特殊镇静钢，Z、TZ 可以省略）
- 08——碳的平均万分含量（质量分数）

15 Mn

- Mn——锰质量分数为 0.7％～1.2％
- 15——碳的平均万分含量（质量分数）

优质碳素结构钢的力学性能及用途见表 2-7。

表 2-7　优质碳素结构钢的力学性能及用途（GB/T 699—1999）

牌号	力学性能							用　途
	σ /MPa	σ_k /MPa	δ /%	ψ /%	α_k /（J·cm^{-2}）	HBW10/1000 热轧钢	HBW10/1000 退火钢	
	≥	≥	≥	≥		≤	≤	
08F	175	295	35	60	—	131	—	用于制作冲压件，焊结构件及强度要求不高的机械零件和渗碳件。如深冲器件、压力容器、小轴、销子、法兰盘、螺钉和垫圈等
08	195	325	33	60	—	131	—	
10F	185	315	33	55	—	137	—	
10	205	335	31	55	—	137	—	
15F	205	355	29	55	—	143	—	
15	225	375	27	55	—	143	—	
20	245	410	25	55	—	156	—	
25	275	450	23	50	88.3	170	—	
30	295	490	21	50	78.5	179	—	
35	315	530	20	45	68.7	197	—	用于制造受力较大的机械零件，如连杆、曲轴、齿轮和联轴器等
40	335	570	19	45	58.8	217	187	
45	355	600	16	40	49	229	197	
50	375	630	14	40	39.2	241	207	
55	380	645	13	35	—	255	217	

续表

牌号	力学性能							用途
	σ /MPa	σ_k /MPa	δ	ψ	α_k / (J·cm^{-2})	HBW10/1000		
			/%			热轧钢	退火钢	
	≥				≤			
60	400	675	12	35	—	255	229	用于制造要求有较高硬度，耐磨性和弹性的零件，如气门弹簧、弹簧垫圈、板簧和螺旋弹簧等弹性元件及耐磨件
65	410	695	10	30	—	255	229	
70	420	715	9	30	—	269	229	
75	880	1080	7	30	—	285	241	
80	930	1080	6	30	—	285	241	
85	980	1130	6	30	—	302	255	
15Mn	245	410	26	55	—	163	—	锰钢用于制造较相同含碳量结构钢截面更大，力学性能稍高的机械零件
20Mn	275	450	24	50	—	197	—	
25Mn	295	490	22	50	88.3	207	—	
30Mn	315	540	20	45	78.5	217	187	
35Mn	335	560	18	45	68.7	229	197	
40Mn	355	590	17	45	58.8	229	207	
45Mn	375	620	15	40	49	241	217	
50Mn	390	645	13	40	39.2	255	217	
60Mn	410	695	11	35	—	269	229	
65Mn	430	735	9	30	—	285	229	
70Mn	450	785	8	30	—	285	229	

(3) 合金结构钢。合金结构钢中除碳素钢所含有的各元素外，尚有其他一些元素，如铬、镍、钛、钼、钨、钒、硼等。如果碳素钢中锰的含量超过 0.8%，或硅的含量超过 0.5%，则这种钢也称为合金结构钢。

根据合金元素的多少，合金结构钢又可分为：普通低合金结构钢（普低钢），合金元素总含量小于 5%；中合金结构钢，合金元素总含量为 5%～10%；高合金结构钢，合金元素总含量大于 10% 。

1）低合金结构钢。低合金结构钢是一种低碳（碳的质量分数小于 0.20%）、低合金的钢，由于合金元素的强化作用，这类钢较相同含碳量的碳素结构钢力学性能要好，一般焊成构件后不再进行热处理。低合金结构钢牌号含义如下：

10 Mn P Nb RE

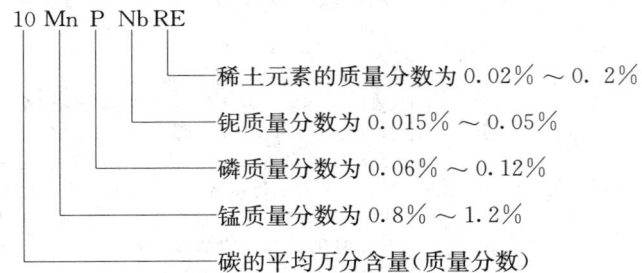

- RE——稀土元素的质量分数为 0.02% ～0. 2%
- Nb——铌质量分数为 0.015% ～0.05%
- P——磷质量分数为 0.06% ～0.12%
- Mn——锰质量分数为 0.8% ～1.2%
- 10——碳的平均万分含量(质量分数)

常用低合金结构钢的牌号、性能和用途见表 2-8。

表 2-8　　常用低合金结构钢的牌号、性能和用途

牌号	强度级别 /MPa	使用状态	主要特性	用途举例
09MnV 09MnNb	≥294	热轧或正火	塑性良好，韧性、冷弯性及焊接性也较好，但耐蚀性一般，09MnNb 钢可用于−50℃低温	车辆部门的冲压件、建筑金属构件、容器、拖拉机轮圈
09Mn2	≥294	热轧或正火	焊接性优良，塑性、韧性极高，薄板冲压性能好，低温性能亦可	低压锅炉汽包、中低压化工容器、薄板冲压件、输油管道、储油罐等
12Mn	≥294	热轧	综合性能良好（塑性、焊接性、冷热加工性、低中温性能都较好），成本较低	低压锅炉板以及用于金属结构、造船、容器、车辆和有低温要求的工程

续表

牌号	强度级别/MPa	使用状态	主要特性	用途举例
18Nb	⩾294	热轧	为含铌半镇静钢，钢材性能接近镇静钢，成本低于镇静钢，综合力学性能良好，低温性能亦可	用在起重机、鼓风机、原油油罐、化工容器、管道等方面，也可用于工业厂房的承重结构
09MnCuPTi	⩾343	热轧	耐大气腐蚀用钢，与Q235钢相比，耐大气腐蚀性能高1～1.5倍，强度高50%左右。此钢的塑性、韧性、冷变形性、焊接性均良好，在－50℃时仍具有一定的低温冲击韧度	用于潮湿多雨的地区和腐蚀气氛工业区制造厂房、工程、桥梁构件和焊接件，车辆、电站、矿井机械构件
10MnSiCu	⩾343	热轧	塑性、韧性、冷变形性、焊接性均良好，有一定的耐大气腐蚀性	用于潮湿多雨的地区和腐蚀气氛工业区制造桥梁、工程构件和焊接件
12MnV	⩾343	热轧或正火	强度、韧性高于12Mn钢，其他性能都和12Mn钢接近	车辆及一般金属结构件、机械零件（此钢为一般结构用钢）
14MnNb	⩾343	热轧或正火	综合力学性能良好，特别是塑性、焊接性能良好，低温韧性相当于16Mn钢	工作温度为－20～450℃的容器及其他焊接件
16Mn	⩾343	热轧或正火	综合力学性能、焊接性及低温韧性、冷冲压及切削性均好，与Q235A钢相比，强度提高50%，耐大气腐蚀能力提高20%～38%，低温冲击韧度也比Q235A钢优越，但缺口敏感性较碳素钢大，价廉，应用广泛	各种大型船舶、铁路车辆、桥梁、管道、锅炉、压力容器、石油储罐、起重及矿山机械、电站设备、厂房钢架等承受动负荷的各种焊接结构上，－40℃以下寒冷地区的各种金属构件，也可代15Mn钢作渗碳零件

续表

牌号	强度级别/MPa	使用状态	主要特性	用途举例
16MnRE	≥343	热轧或正火	性能同 16Mn 钢，但冲击韧度和冷弯形性能较高	和 16Mn 钢相同（汽车大梁用钢）
10MnPNbRE	≥392	热轧	综合力学性能、焊接性及耐蚀性良好，其耐海水腐蚀能力比 16Mn 钢高 60%，低温韧性也优于 16Mn 钢，冷弯性能特别好，强度高	为耐海水及大气腐蚀用钢，用作耐大气及海水腐蚀的港口码头设施、石油井架、车辆、船舶、桥梁等方面的金属结构件

2）合金结构钢。合金结构钢的牌号采用两位数字（碳的平均万分含量）加上元素符号（或汉字）加上数字来表示。合金结构钢牌号含义如下：

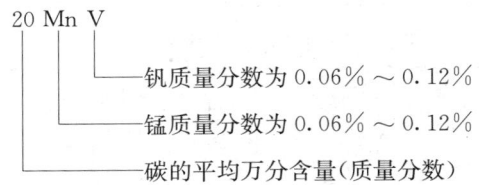

20 Mn V

V——钒质量分数为 0.06% ～ 0.12%

Mn——锰质量分数为 0.06% ～ 0.12%

20——碳的平均万分含量（质量分数）

A——高级优质钢。

其余——优质钢。

合金结构钢根据含碳量的不同又可分为合金渗碳钢和合金调质钢。常用合金渗碳钢的牌号、性能和用途见表 2-9，常用调质钢的牌号、热处理及力学性能见表 2-10。

表 2-9　　常用合金渗碳钢的牌号、性能和用途

牌号	试样毛坯尺寸/mm	力学性能					用　途
		σ_b/MPa	σ_s/MPa	δ_5/%	ψ/%	α_k/(J/cm²)	
		≥					
20Cr	15	835	540	10	40	60	齿轮、齿轮轴、凸轮、活塞销

续表

牌号	试样毛坯尺寸/mm	力学性能					用途
		σ_b/MPa	σ_s/MPa	δ_5/%	ψ/%	α_k/(J/cm²)	
		≥					
20Mn2B	15	980	785	10	45	70	齿轮、轴套、气阀挺杆、离合器
20MnVB	15	1080	885	10	45	70	重型机床的齿轮和轴、汽车后桥齿轮
20CrMnTi	15	1080	835	10	45	70	汽车、拖拉机上的变速齿轮、传动轴
12CrNi3	15	930	685	11	50	90	重负荷下工作的齿轮、轴、凸轮轴
20Cr2Ni4	15	1175	1080	10	45	80	大型齿轮和轴，也可用作调质件

表 2-10　常用调质钢的牌号、热处理及力学性能

牌号	热处理				力学性能					用途
	淬火		回火		σ_b/MPa	σ_s/MPa	δ/%	ψ/%	α_k/(J/cm²)	
	温度/℃	介质	温度/℃	介质	≥					
40Cr	850	油	520	水、油	980	785	9	45	60	齿轮、花键轴、后半轴、连杆、主轴
45Mn2	840	油	550	水、油	885	735	10	45	60	齿轮、齿轮油、连杆盖、螺栓
35CrMo	850	油	550	水、油	980	835	12	45	80	大电动机轴、锤杆、连杆、轧钢机曲轴

续表

牌号	热处理				力学性能					用途
	淬火		回火		σ_b /MPa	σ_s /MPa	δ /%	ψ /%	α_k /(J/cm²)	
	温度/℃	介质	温度/℃	介质	≥					
30CrMnSi	880	油	520	水、油	1080	835	10	45	50	飞机起落架、螺栓
40MnVB	850	油	520	水、油	980	785	10	45	60	代替 40Cr 制作汽车和机床上的轴、齿轮
30CrMnTi	850	油	220	水、空气	1470	—	9	40	60	汽车主动锥齿轮、后主齿轮、齿轮轴
38CrMoAlA	940	水、油	640	水、油	980	835	14	50	90	磨床主轴、精密丝杠、量规、样板

注 30CrMnTi 钢淬火前需加热到 880℃，进行第一次淬火或正火。

2. 按用途分类

常用钢按用途不同分类有结构钢、工具钢、特殊钢（如不锈钢、耐酸钢、耐热钢、低温钢等）。

(1) 弹簧钢。弹簧钢中碳的质量分数一般为 0.45%～0.70%，具有高的弹性极限（即有高的屈服点或屈强比）、高的疲劳极限与足够的塑性和韧性。

弹簧钢的牌号与结构钢牌号相似，含义如下：

60 Si 2 Mn

- Mn——锰元素(质量分数 0.6% ～ 0.9%)
- 2——硅的名义百分含量(质量分数)
- Si——硅的元素符号
- 60——碳的平均万分含量(质量分数)

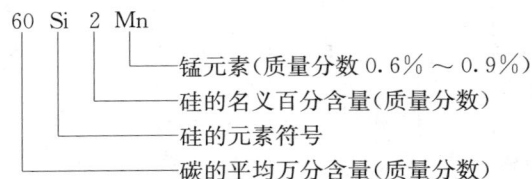

常用弹簧钢的牌号、化学成分、力学性能、交货硬度、特性及用途见表 2-11～表 2-14。常用弹簧材料的特性及用途见表 2-15。

表 2-11 常用弹簧钢的牌号及化学成分（GB/T 1222—2007）

序号	统一数字代号	牌号	化学成分（质量分数，%）										
			C	Si	Mn	Cr	V	W	B	Ni	Cu	P	S
										≤			
1	U20652	65	0.62～0.70	0.17～0.37	0.50～0.80	≤0.25	—	—	—	0.25	0.25	0.035	0.035
2	U20702	70	0.62～0.75	0.17～0.37	0.50～0.80	≤0.25	—	—	—	0.25	0.25	0.035	0.035
3	U20852	85	0.82～0.90	0.17～0.37	0.50～0.80	≤0.25	—	—	—	0.25	0.25	0.035	0.035
4	U21653	65Mn	0.62～0.70	0.17～0.37	0.90～1.20	≤0.25	—	—	—	0.25	0.25	0.035	0.035
5	A77552	55SiMnVB	0.52～0.60	0.70～1.00	1.00～1.30	≤0.35	0.08～0.16	—	0.000 5～0.003 5	0.35	0.25	0.035	0.035
6	A11602	60Si2Mn	0.54～0.64	1.50～2.00	0.70～1.00	≤0.35	—	—	—	0.35	0.25	0.035	0.035
7	A11603	60Si2MnA	0.56～0.64	1.60～2.00	0.70～1.00	≤0.35	—	—	—	0.35	0.25	0.025	0.025
8	A21603	60Si2CrA	0.56～0.64	1.40～1.80	0.40～0.70	0.70～1.00	—	—	—	0.35	0.25	0.025	0.025

续表

序号	统一数字代号	牌号	化学成分（质量分数,%）										
			C	Si	Mn	Cr	V	W	B	Ni	Cu	P	S
										≤			
9	A28603	60Si2CrVA	0.56～0.64	1.40～1.80	0.40～0.70	0.90～1.20	0.10～0.20	—	—	0.35	0.25	0.025	0.025
10	A21553	55SiCrA	0.51～0.59	1.20～1.60	0.50～0.80	0.50～0.80	—	—	—	0.35	0.25	0.025	0.025
11	A22553	55CrMnA	0.52～0.60	0.17～0.37	0.65～0.95	0.65～0.95	—	—	—	0.35	0.25	0.025	0.025
12	A22603	60CrMnA	0.56～0.64	0.17～0.37	0.70～1.00	0.70～1.00	—	—	—	0.35	0.25	0.025	0.025
13	A23503	50CrVA	0.46～0.54	0.17～0.37	0.50～0.80	0.80～1.10	0.10～0.20	—	—	0.35	0.25	0.025	0.025
14	A22613	60CrMnBA	0.56～0.64	0.17～0.37	0.70～1.00	0.70～1.00	—	—	0.000 5～0.004 0	0.35	0.25	0.025	0.025
15	A27303	30W4Cr2VA	0.26～0.34	0.17～0.37	≤0.40	2.00～2.50	0.50～0.80	4.00～4.50	—	0.35	0.25	0.025	0.025

注 1. 用平炉或转炉冶炼时，不带 A 的钢 S、P 的质量分数均不大于 0.04%，加 A 的钢 S、P 的质量分数均不大于 0.03%。

2. 当钢材不按淬透性交货时，在牌号上加“Z”。

表 2-12 常用弹簧钢的力学性能（GB/T 1222—2007）

序号	牌号	热处理制度			力学性能≥				
		淬火温度/℃	淬火冷却介质	回火温度/℃	抗拉强度/MPa	屈服强度/MPa	断后伸长率		断面收缩率（%）
							δ(%)	$\delta_{11.3}$(%)	
1	65	840	油	500	980	785	—	9	35
2	70	830	油	480	1030	835	—	8	30
3	85	820	油	480	1130	980	—	6	30
4	65Mn	830	油	540	980	785	—	8	30
5	55SiMnVB	860	油	460	1375	1225	—	5	30
6	60Si2Mn	870	油	480	1275	1180	—	5	25
7	60Si2MnA	870	油	440	1570	1375	—	5	20
8	60Si2CrA	870	油	420	1765	1570	6	—	20
9	60Si2CrVA	850	油	410	1860	1665	6	—	20
10	55SiCrA	860	油	450	1450～1750	1300($\sigma_{p0.2}$)	6	—	25
11	55CrMnA	830～860	油	460～510	1225	1080($\sigma_{p0.2}$)	9	—	20
12	60CrMnA	830～860	油	460～520	1225	1080($\sigma_{p0.2}$)	9	—	20
13	50CrVA	850	油	500	1275	1130	10	—	40
14	60CrMnBA	830～960	油	460～520	1225	1080($\sigma_{p0.2}$)	9	—	20
15	30W4Cr2VA	1050～1100	油	600	1470	1325	7	—	40

表 2-13　　常用合金弹簧钢的交货硬度（GB/T 1222—2007）

组号	牌　　号	交货状态	布氏硬度 HBW≤
1	65　70	热轧	285
2	85　65Mn	热轧	302
3	60Si2Mn　60Si2MnA　50CrVA 55SiMnVB　55CrMnA　60CrMnA	热轧	321
4	60Si2CrA　60Si2CrVA　60CrMnBA 55SiCrA　30W4Cr2VA	热轧	供需双方协商
4	60Si2CrA　60Si2CrVA　60CrMnBA 55SiCrA　30W4Cr2VA	热轧＋热处理	321
5	所有牌号	冷拉＋热处理	321
6	所有牌号	冷拉	供需双方协商

表 2-14　　常用弹簧钢的特性和用途

序号	系列	牌号	主要特性	用途举例
1	碳素钢	65	经适当热处理后强度与弹性相当高，回火脆性不敏感，切削加工性差，大尺寸工件淬火时易裂，宜采用正火，小尺寸工件可淬火	主要用于制造气门弹簧、弹簧圈、弹簧垫片、琴钢丝等
2	碳素钢	70	强度和弹性均较 65 钢稍高，其他性能相近，淬透性较低，弹簧线径超过 15mm 不能淬透	用于制造截面不大的弹簧以及扁弹簧、圆弹簧、阀门弹簧、琴钢丝等
3	碳素钢	85	强度较 70 钢稍高，弹性略低，淬透性较差	制造截面不大和承受强度不太高的振动弹簧，如铁道车辆、汽车、拖拉机及一般机械上的扁形板簧、圆形螺旋弹簧等
4	碳素钢	65Mn	强度高，淬透性较大，脱碳倾向小，有过热敏感性，易生淬火裂纹，有回火脆性	适宜制作较大尺寸的各种扁、圆弹簧、如座垫板簧、弹簧发条、弹簧环、气门弹簧、钢丝冷卷形弹簧、轻型载货汽车及小汽车的离合器弹簧与制动弹簧，热处理后可制作板簧片及螺旋弹簧与变截面弹簧等

续表

序号	系列	牌号	主要特性	用途举例
5	硅锰钒硼钢	55SiMnVB	有较好的淬透性，较好的综合力学性能和较长的疲劳寿命，过热敏感性小，耐回火性高	适用于制造中小型汽车及其他中等截面尺寸的板簧和螺旋弹簧
6	硅锰钢	60Si2Mn	强度和弹性极限比55Si2Mn钢稍高，其他性能相近，工艺性能稳定	用于制造铁道车辆、汽车和拖拉机上的板簧和螺旋弹簧、安全阀簧，各种重型机械上的减振器，仪表中的弹簧、摩擦片等
7	硅锰钢	60Si2MnA	钢质较60Si2Mn钢更纯净	均与60Si2Mn钢同，但用途更广泛
8	硅铬钢	60Si2CrA	淬透性和耐回火性高，过热敏感性较硅锰钢低，热处理工艺性和强度、屈强比均优于硅锰钢	可用作承受负载大、冲击振动负载较大、截面尺寸大的重要弹簧，如工作温度为200～300℃的汽轮机汽封阀簧、冷凝器支撑弹簧、高压水泵碟形弹簧等
9	硅铬钒钢	60Si2CrVA	铬、钒提高钢的淬透性和耐回火性，降低钢的过热敏感性和脱碳倾向，细化晶粒。因此该钢的热处理工艺性、强度、屈服比均优于硅锰钢	可用作承受负载大、冲击振动负载较大、截面尺寸大的重要弹簧，如工作温度小于或等于450℃的重要弹簧
10	硅铬钢	55SiCrA	抗弹性减退性能优良，强度高，耐回火性好	主要用于制造在较高工作温度下耐高应力的内燃机阀门及其他重要螺旋弹簧
11	铬锰钢	55CrMnA	具有较高的强度、塑性和韧性，淬透性优于硅锰钢，过热敏感性比硅锰钢高，比锰钢低，对回火脆性敏感，焊接性能低	制造负载较重、应力较大的板簧和直径较大的螺旋弹簧

续表

序号	系列	牌号	主要特性	用途举例
12	铬锰钢	60CrMnA	与 55CrMnA 钢基本相同	用于制造叠板弹簧、螺旋弹簧、扭转弹簧等
13	铬钒钢	50CrVA	经适当热处理后具有较好的韧性，高的比例极限，高的疲劳强度及较低的弹性模数，屈强比高，并有高的淬透性和较低的过热敏感性，冷变形塑性低，焊接性低	用于制造特别重要的承受大应力的各种尺寸的螺旋弹簧，发动机气门弹簧，大截面的及在 400℃以下工作的重要弹性零件
14	铬锰硼钢	60CrMnBA	与 55CrMnA 钢基本相同，但淬透性更好	用于制作大型叠板弹簧、扭转弹簧、螺旋弹簧等
15	钨铬钒钢	30W4Cr2VA	具有良好的室温及高温性能，强度高，淬透性好，高温抗松弛性能及热加工性能均良好	用于制造在 500℃以下工作的耐热弹簧，如汽轮机的主蒸汽阀弹簧、汽封弹簧片、锅炉的安全阀弹簧等

（2）工具钢。

工具钢分为碳素工具钢、合金工具钢和高速工具钢。

1）碳素工具钢。碳素工具钢的牌号以汉字“碳”或汉语拼音字母字头“T”后面标以阿拉伯数字表示，碳素工具钢的牌号含义如下：

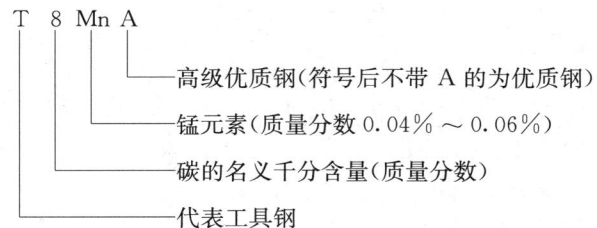

T　8　Mn　A

- A——高级优质钢(符号后不带 A 的为优质钢)
- Mn——锰元素(质量分数 0.04％～0.06％)
- 8——碳的名义千分含量(质量分数)
- T——代表工具钢

表 2-15　常用弹簧材料的特性和用途

材料名称	标准号	材料牌号	规格/mm	主要特性	用途举例
碳素弹簧钢丝	GB/T 4357—2009	25、30、35、40、45、50、55、60、65、70、75、80、40Mn、45Mn、50Mn、60Mn、65Mn、70Mn	A组：$\phi0.08 \sim \phi10$ B、C组：$\phi0.08 \sim \phi13$	强度高、性能好，适用温度为−40～130℃，价格低	A组用于一般用途弹簧，B组用于较低应力弹簧，C组用于较高应力弹簧
重要用途碳素弹簧钢丝	YB/T 5311—2010	60、65、70、75、80、T8Mn、T9、T9A、60Mn、65Mn、70Mn	G1，G2组：$\phi0.08 \sim \phi6$ F组：$\phi2 \sim \phi6$	强度高，韧性好，适用温度为−40～130℃	用于重要的小型弹簧，F组用于阀门弹簧
非机械弹簧用碳素弹簧钢丝	YB/T 5220—1993	优质碳素结构钢或碳素工具钢	$\phi0.2 \sim \phi7$	较高的强度和耐疲劳性能，成形性好	用于家具、汽车座靠垫、室内装饰
合金弹簧钢丝	YB/T 5318—2010	50CrVA、55SiCrA、60Si2MnA	$\phi0.5 \sim \phi14$	—	用于承受中、高应力的机械弹簧
油淬火+回火弹簧钢丝	GB/T 18983—2003	65、70、65Mn、50CrVA、60Cr2MnA、55SiCrA	$\phi0.5 \sim \phi17$	弹度高、弹性好	静态钢丝适用于一般用途钢丝 中疲劳强度钢丝用于离合器弹簧、悬架弹簧 高疲劳钢丝用于剧烈运动场合，如阀门弹簧等

续表

材料名称	标准号	材料牌号	规格/mm	主要特性	用途举例
闸门用铬钒弹簧钢丝	YB/T 5136—1993	50CrVA	ϕ0.5～ϕ12	较高的综合力学性能	适用于在中温、中应力条件下使用的弹簧
弹簧用不锈钢丝	YB(T)11—1983*	A组 1Cr18Ni9 0Cr19Ni10 0Cr17Ni12Mo2	ϕ0.08～ϕ12	耐腐蚀，耐高温，耐低温，适用温度为－200～300℃	用于有腐蚀介质，高温或低温环境中的小型弹簧
		B组 1Cr18Ni9 0Cr19Ni10			
		C组 0Cr17Ni18Al			
热轧弹簧钢	GB/T 1222—2007	65Mn	圆钢：ϕ5～ϕ80 薄板：0.7～4 钢板厚度：4.5～60	弹性好，工艺性好，价格低，油淬时可淬透ϕ12mm	用于普通机械弹簧、坐垫弹簧、发条弹簧
		60Si2Mn 60Si2MnA		强度高，弹性好，适用温度为－40～200℃	用于汽车、拖拉机、铁道车辆的板簧、螺旋弹簧、碟形弹簧等

续表

材料名称	标准号	材料牌号	规格/mm	主要特性	用途举例
热轧弹簧钢	GB/T 1222—2007	55CrMnA 60CrMnA	圆钢：ϕ5～ϕ80 薄板：0.7～4 钢板厚度：4.5～60	具有较高强度、塑性、韧性，油淬时可淬透ϕ30mm，适用温度为−40～250℃	用于较重负荷，应力较大的板簧和直径较大的螺旋弹簧
		50CrVA		有良好的综合力学性能，静强度、疲劳强度都高，淬透直径为ϕ45mm	用于较高温度下工作的较大弹簧
弹簧钢、工具钢冷轧钢带	YB/T 5058—2005 等	70Si2CrA 60Si2Mn T7～T13A 50CrVA	厚度：0.1～3.0	硬度高，成形后不再进行热处理	用于制造片弹簧、平面蜗卷弹簧和小型碟形弹簧
热处理弹簧钢带	YB/T 5063—2007	65Mn T7A～T10A 60Si2MnA 70Si2CrA	厚度<1.5	分Ⅰ、Ⅱ、Ⅲ级，Ⅲ级强度最高	用于制造片弹簧、平面蜗卷弹簧和小型碟形弹簧

续表

材料名称	标准号	材料牌号	规格/mm	主要特性	用途举例
弹簧用不锈冷轧钢带	YB/T 5310—2010	12Cr17Ni7 06Cr19Ni10 3Cr13 07Cr17Ni7Al	厚度：0.1～1.6	耐腐蚀、耐高温和耐低温	用于在高温、低温或腐蚀介质中工作的片弹簧、平面蜗卷弹簧
硅青铜线	GB/T 21652—2008	QSi3-1	ϕ0.1～ϕ6.0 丝带板厚度 0.05～1.2 0.4～12	有较好的耐腐蚀和防磁性能，适用温度为－40～120℃	用于机械或仪表中的弹性元件
锡青铜线	GB/T 21652—2008	QSn4-3 QSn6.5-0.1 QSn6.5-0.4 QSn7-0.2	ϕ0.1～ϕ6.0 带板厚度 0.05～1.50 0.2～10	有较高的耐腐蚀、耐磨损和防磁性能，适用温度为－250～120℃	用于机械或仪表中的弹性元件
铍青铜线	YS/T 571—2009	QBe2	ϕ0.03～ϕ6.0	有较高的耐腐蚀、耐磨损、防磁和导电性能，适用温度为－200～120℃	用于电气或仪表的精密弹性元件

* 该标准中的材料牌号过旧，但仍在使用，在应用过程中注意与 GB/T 20878—2007 中的牌号对应。

常用碳素工具钢的牌号、化学成分、硬度值、物理性能、特性和用途见表 2-16～表 2-19。

表 2-16　碳素工具钢的牌号及化学成分（GB/T 1298—2008）

<table>
<tr><th rowspan="2">序　号</th><th rowspan="2">牌　号</th><th colspan="3">化学成分（质量分数,%）</th></tr>
<tr><th>C</th><th>Mn</th><th>Si</th></tr>
<tr><td>1</td><td>T7</td><td>0.65～0.74</td><td rowspan="2">≤0.40</td><td rowspan="8">≤0.35</td></tr>
<tr><td>2</td><td>T8</td><td>0.75～0.84</td></tr>
<tr><td>3</td><td>T8Mn</td><td>0.80～0.90</td><td>0.40～0.60</td></tr>
<tr><td>4</td><td>T9</td><td>0.85～0.94</td><td rowspan="5">≤0.40</td></tr>
<tr><td>5</td><td>T10</td><td>0.95～1.04</td></tr>
<tr><td>6</td><td>T11</td><td>1.05～1.14</td></tr>
<tr><td>7</td><td>T12</td><td>1.15～1.24</td></tr>
<tr><td>8</td><td>T13</td><td>1.25～1.35</td></tr>
</table>

注　高级优质钢在牌号后加“A”。

表 2-17　碳素工具钢的硬度值（GB/T 1298—2008）

<table>
<tr><th rowspan="3">序号</th><th rowspan="3">牌号</th><th colspan="2">交货状态</th><th colspan="2">试样淬火</th></tr>
<tr><th>退火</th><th>退火后冷拉</th><th rowspan="2">淬火温度和冷却介质</th><th rowspan="2">洛氏硬度 HRC≥</th></tr>
<tr><th colspan="2">布氏硬度　HBW≤</th></tr>
<tr><td>1</td><td>T7</td><td rowspan="3">187</td><td rowspan="8">241</td><td>800～820℃，水</td><td rowspan="8">62</td></tr>
<tr><td>2</td><td>T8</td><td>700～800℃，水</td></tr>
<tr><td>3</td><td>T8Mn</td><td rowspan="6">760～780℃，水</td></tr>
<tr><td>4</td><td>T9</td><td>192</td></tr>
<tr><td>5</td><td>T10</td><td>197</td></tr>
<tr><td>6</td><td>T11</td><td rowspan="2">207</td></tr>
<tr><td>7</td><td>T12</td></tr>
<tr><td>8</td><td>T13</td><td>217</td></tr>
</table>

表 2-18　碳素工具钢的物理性能(参考数据)

<table>
<tr><th>序号</th><th>牌号</th><th colspan="12">物 理 性 能</th></tr>
<tr><td rowspan="6">1</td><td rowspan="6">T7</td><td colspan="7">临界温度/℃</td><td colspan="5">热导率</td></tr>
<tr><td>临界点</td><td colspan="2">Ac_1</td><td colspan="2">Ac_3</td><td colspan="2">Ar_1</td><td colspan="2">温度/℃</td><td>20</td><td>100</td><td>300</td></tr>
<tr><td>温度(近似值)</td><td colspan="2">730</td><td colspan="2">770</td><td colspan="2">700</td><td colspan="2">λ/[W/(m·K)]</td><td>44.0</td><td>44.0</td><td>41.9</td></tr>
<tr><td colspan="9">线胀系数</td><td>密度</td><td>比热容</td><td>弹性模量</td></tr>
<tr><td>温度/℃</td><td colspan="2">20～100</td><td colspan="2">20～200</td><td colspan="2">20～300</td><td colspan="2">20～400</td><td>ρ/(g/cm²)</td><td>c/[J/(kg·K)]</td><td>E/MPa</td></tr>
<tr><td>α_1/(10^{-6}/K)</td><td colspan="2">11.8</td><td colspan="2">12.6</td><td colspan="2">13.3</td><td colspan="2">14.0</td><td>7.80</td><td>—</td><td>—</td></tr>
<tr><td rowspan="6">2</td><td rowspan="6">T8</td><td colspan="5">临界温度/℃</td><td colspan="6">线胀系数</td><td>密度</td></tr>
<tr><td>临界点</td><td colspan="2">Ac_1</td><td colspan="2">Ar_1</td><td>温度/℃</td><td>20～100</td><td>20～200</td><td>20～300</td><td colspan="2">20～400</td><td>ρ(g/cm³)</td></tr>
<tr><td>温度(近似值)</td><td colspan="2">730</td><td colspan="2">700</td><td>α_1
(10^{-6}/K)</td><td>11.5</td><td>12.3</td><td>13.0</td><td colspan="2">13.8</td><td>—</td></tr>
<tr><td colspan="12">比热容</td></tr>
<tr><td>温度/℃</td><td>50～
100</td><td>150～
200</td><td>200～
250</td><td>250～
300</td><td>300～
350</td><td>350～
400</td><td>450～
500</td><td>550～
600</td><td>650～
700</td><td>700～
750</td><td>750～
800</td></tr>
<tr><td>c/[J/(kg·K)]</td><td>489.8</td><td>531.7</td><td>548.4</td><td>565.2</td><td>586.2</td><td>607.1</td><td>669.9</td><td>711.8</td><td>770.4</td><td>2080.9</td><td>615.5</td></tr>
</table>

续表

<table>
<tr><th>序号</th><th>牌号</th><th colspan="11">物 理 性 能</th></tr>
<tr><td rowspan="5">3</td><td rowspan="5">T10</td><td colspan="4">临界温度/℃</td><td colspan="6">热导率</td><td>密度</td></tr>
<tr><td>临界点</td><td>Ac_1</td><td>Ac_{cm}</td><td>Ar_1</td><td>温度/℃</td><td>20</td><td>100</td><td>330</td><td>600</td><td>900</td><td>ρ(g/cm^3)</td></tr>
<tr><td>温度(近似值)</td><td>730</td><td>800</td><td>700</td><td>λ/[W/(m·K)]</td><td>40.20</td><td>43.96</td><td>41.03</td><td>38.10</td><td>33.91</td><td>—</td></tr>
<tr><td colspan="11">线胀系数</td></tr>
<tr><td>温度/℃</td><td>20～100</td><td>20～200</td><td>20～300</td><td>20～400</td><td>20～500</td><td>20～600</td><td>20～700</td><td>20～800</td><td colspan="2">20～900</td></tr>
<tr><td></td><td></td><td>α_1/(10^{-6}/K)</td><td>11.5</td><td>13.0</td><td>14.3</td><td>14.8</td><td>15.1</td><td>16.0</td><td>15.8</td><td>32.1</td><td colspan="2">32.4</td></tr>
<tr><td rowspan="3">4</td><td rowspan="3">T11</td><td colspan="4">临界温度/℃</td><td colspan="4">密度</td><td colspan="3">热导率</td></tr>
<tr><td>临界点</td><td>Ac_1</td><td>Ac_{cm}</td><td>Ar_1</td><td colspan="4">ρ/(g/cm^3)</td><td colspan="3">λ/[W/(m·K)]</td></tr>
<tr><td>温度(近似值)</td><td>730</td><td>810</td><td>700</td><td colspan="4">7.80</td><td colspan="3">—</td></tr>
<tr><td rowspan="6">5</td><td rowspan="6">T12</td><td colspan="4">临界温度/℃</td><td colspan="7">比热容</td></tr>
<tr><td>临界点</td><td>Ac_1</td><td>Ac_{cm}</td><td>Ar_1</td><td>温度/℃</td><td>300</td><td>500</td><td colspan="2">700</td><td colspan="2">900</td></tr>
<tr><td>温度(近似值)</td><td>730</td><td>820</td><td>700</td><td>c/[J/(kg·)]</td><td>548.4</td><td>728.5</td><td colspan="2">649.0</td><td colspan="2">636.4</td></tr>
<tr><td colspan="7">线胀系数</td><td colspan="2">密度</td><td colspan="2">热导率</td></tr>
<tr><td>温度/℃</td><td>20～100</td><td>20～200</td><td>20～300</td><td>20～500</td><td>20～700</td><td>20～900</td><td colspan="2">ρ/(g/cm^3)</td><td colspan="2">λ[W/(m·K)]</td></tr>
<tr><td>α_1/(10^{-6}/K)</td><td>11.5</td><td>13.0</td><td>14.3</td><td>15.1</td><td>15.8</td><td>32.4</td><td colspan="2">7.80</td><td colspan="2">—</td></tr>
</table>

2）合金工具钢。合金工具钢包括：量具、刀具用钢，耐冲击工具用钢，冷作模具用钢，热作模具用钢，无磁模具钢和塑料模具钢等。其代号的含义如下：

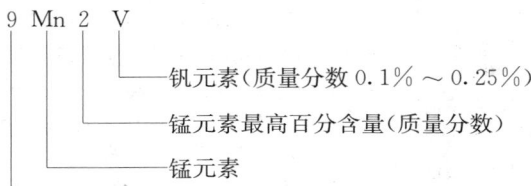

9 Mn 2 V

V——钒元素（质量分数 0.1%～0.25%）

2——锰元素最高百分含量（质量分数）

Mn——锰元素

9——碳的名义千分含量（质量分数，大于或等于 10 不算）

表 2-19　　碳素工具钢的特性和用途

序号	牌号	主要特性	用途举例
1	T7	亚共析钢，具有较好的韧性和硬度，用于制造刀具时切削能力稍差	用于制造能承受冲击负荷的工具（如錾子、冲头等）、木工用的锯和凿子、锻模、压模、铆钉模、机床顶尖、钳工工具、锤子、冲模、手用大锤的锤头、钢印、外科医疗用具等
2	T8	共析钢，淬火加热时容易过热，变形量也大，塑性及强度比较低，因此，不宜制造承受较大冲击的工具，但热处理后具有较高的硬度及耐磨性	用于制造切削刃口在工作时不变热的工具，如木工用的铣刀、埋头钻、斧、凿子、錾子、纵向手用锯、圆锯片、滚子、铝锡合金压铸板和型芯以及钳工装配工具、铆钉冲模、中心孔冲和冲模、切削钢材用的工具、轴承、刀具、台虎钳牙、煤矿用凿等
3	T8Mn	共析钢，硬度高，塑性和强度都较差，但淬透性比 T8 钢销好	用于制造断面较大的木工工具、手锯锯条、横纹锉刀、刻印工具、铆钉冲模、发条、带锯锯条、圆盘锯片、笔尖、复写钢板、石工和煤矿用凿
4	T9	过共析钢，具有高的硬度，但塑性和强度均比较差	用于制造具有一定韧性且要求有较高硬度的各种工具，如刻印工具、铆钉冲模、压床模、发条、带锯条、圆盘锯片、笔尖、复写钢板、锉和手锯，还可用于制作铸模的分流钉等

续表

序号	牌号	主要特性	用途举例
5	T10	过共析钢，晶粒细，在淬火加热时（温度达 800℃）不会过热，仍能保持细晶粒组织，淬火后钢中有未溶的过剩碳化物，所以比 T8 钢耐磨性高，但韧性差	可用于制造切削刃口在工作时不变热、不受冲击负荷且具有锋利刃口和有少许韧性的工具，如加工木材用的工具、手用模锯、手用细木工具、麻花钻、机用细木工具、拉丝模、冲模、冷镦模、扩孔刀具、刨刀、铣刀、货币用模、小尺寸断面均匀的冷切边模及冲孔模、低精度的形状简单的卡板、钳工刮刀、硬岩石用钻子，制铆钉和钉子用的工具、螺钉旋具、锉刀、刻纹用的凿子等
6	T11	过共析钢，碳的质量分数在 T10 钢和 12 钢之间，具有较好的综合力学性能，如硬度、耐磨性和韧性。该钢的晶料更细，而且在加热时对晶粒长大和形成网状碳化物的敏感性较小	用于制造在工作时切削刃口不变热的工具，如锯、錾子、丝锥、锉刀、刮刀、发条、仪规、尺寸不大和截面无急剧变化的冷冲模以及木工用刀具
7	T12	过共析钢，由于含碳量高，淬火后仍有较多的过剩碳化物，因此，硬度和耐磨性均高，但韧性低，淬透性差，而且淬火变形量大，所以，不适于制造切削速度高和受冲击负荷的工具	用来制造不受冲击负荷，切削速度不高、切削刃口不受热的工具，如车刀、铣刀、钻头、铰刀、扩孔钻、丝锥、板牙、刮刀、量规、刀片、小形冲头、钢锉、锯、发条、切烟草刀片以及断面尺寸小的冷切边模和冲模

常用低合金刀具钢的牌号、化学成分的质量分数、热处理及用途见表 2-20。

表 2-20 常用低合金刀具钢的牌号、化学成分及用途

牌号	质量分数/%					热处理					用途
						淬火			回火		
	C	Cr	Si	Mn	其他	温度/℃	介质	HCR(≥)	温度/℃	HRC	
9CrSi	0.85～0.95	1.20～1.60	0.30～0.60	0.95～1.25		820～860	油	62	180～200	60～62	冷冲模、板牙、丝锥、钻头、铰刀、拉刀、齿轮铣刀
8MnSi	0.75～0.85	0.30～0.60	0.80～1.10			800～820	油	60	180～200	58～60	木工凿子、锯条或其他工具
9Mn2V	0.85～0.95	≤0.40	1.70～2.40		V 0.10～0.25	780～810	油	62	150～200	60～62	量规、量块、精密丝杠、丝锥、板牙
CrWMn	0.90～1.05	≤0.40	0.80～1.10	0.90～1.20	W 1.20～1.60	800～830	油	62	140～160	62～65	用作淬火后变形小的刀具，如拉刀、长丝杠及量规、形状复杂的冲模

3）高速工具钢。高速工具钢可分为通用高速钢和高生产率高速钢；高生产率高速钢又可分为高碳高钒型、一般含钴型、高碳钒钴型、超硬型。高速工具钢的牌号与合金工具钢相似，含义如下：

W 9 Mn 3 Cr 4 V

- V——钒元素(质量分数 1.30% ～ 1.70%)
- 4——铬的平均万分含量(质量分数)
- Cr——铬元素
- 3——钼的平均万分含量(质量分数)
- Mn——钼元素
- 9——钨的平均万分含量(质量分数)
- W——钨元素

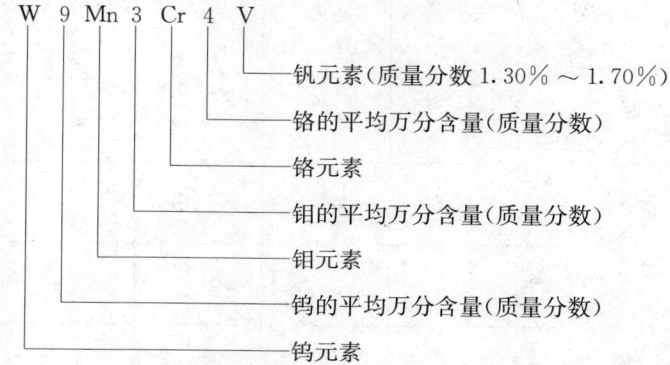

常用高速工具钢的分类、牌号、化学成分、特性和用途见表 2-21～表 2-23。

表 2-21 常用高速工具钢的分类（GB/T 9943—2008）

分类方法	分类名称
1. 按化学成分分	1）钨系高速工具钢
	2）钨钼系高速工具钢
2. 按性能分	1）低合金高速工具钢（HSS-L）
	2）普通高速工具钢（HSS）
	3）高性能高速工具钢（HSS-E）

（二）钢材的性能及焊接特点

1. 低碳钢的性能及焊接特点

低碳钢由于含碳量低，强度、硬度不高，塑性好，所以焊接性好，应用非常广泛。适于焊接常用的低碳钢有 Q235、20 钢、20g 和 20R 等。

低碳钢的焊接特点如下：

(1) 淬火倾向小，焊缝和近缝区不易产生冷裂纹，可制造各类大型构架及受压容器。

表 2-22　　常用高速工具钢的化学成分(GB/T 9943—2008)

序号	统一数字代号	牌号	化学成分(质量分数,%)									
			C	Mn	Si	S	P	Cr	V	W	Mo	Co
1	T63342	W3Mo3Cr4V2	0.95～1.03	≤0.40	≤0.45	≤0.030	≤0.030	3.80～4.50	2.20～2.50	2.70～3.00	2.50～2.90	—
2	T64340	W4Mo3Cr4VSi	0.83～0.93	0.20～0.40	0.70～1.00	≤0.030	≤0.030	3.80～4.40	1.20～1.80	3.50～4.50	2.50～3.50	—
3	T51841	W18Cr4V	0.73～0.83	0.10～0.40	0.20～0.40	≤0.030	≤0.030	3.80～4.50	1.00～1.20	17.20～18.70	—	—
4	T62841	W2Mo8Cr4V	0.77～0.87	≤0.40	≤0.70	≤0.030	≤0.030	3.50～4.50	1.00～1.40	1.40～2.00	8.00～9.00	—
5	T62942	W2Mo9Cr4V2	0.95～1.05	0.15～0.40	≤0.70	≤0.030	≤0.030	3.50～4.50	1.75～2.20	1.50～2.10	8.20～9.20	—
6	T66541	W6Mo5Cr4V2	0.80～0.90	0.15～0.40	0.20～0.45	≤0.03	≤0.030	3.80～4.40	1.75～2.20	5.50～6.75	4.50～5.50	—
7	T66542	CW6Mo5Cr4V2	0.86～0.94	0.15～0.40	0.20～0.45	≤0.030	≤0.030	3.80～4.50	1.75～2.10	5.90～6.70	4.70～5.20	—
8	T66642	W6Mo6Cr4V2	1.00～1.10	≤0.40	≤0.45	≤0.030	≤0.030	3.80～4.50	2.30～2.60	5.90～6.70	5.50～6.50	—
9	T69341	W9Mo3Cr4V	0.77～0.87	0.20～0.40	0.20～0.40	≤0.030	≤0.030	3.80～4.40	1.30～1.70	8.50～9.50	2.70～3.30	—
10	T66543	W6Mo5Cr4V3	1.15～1.25	0.15～0.40	0.20～0.45	≤0.030	≤0.030	3.80～4.50	2.70～3.20	5.90～6.70	4.70～5.20	—

续表

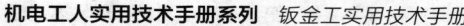

序号	统一数字代号	牌号	化学成分(质量分数,%)									
			C	Mn	Si	S	P	Cr	V	W	Mo	Co
11	T66545	CW6Mo5Cr4V3	1.25～1.32	0.15～0.40	≤0.70	≤0.030	≤0.030	3.75～4.50	2.70～3.20	5.90～6.70	4.70～5.20	—
12	T66544	W6Mo5Cr4V4	1.25～1.40	≤0.40	≤0.45	≤0.030	≤0.030	3.80～4.50	3.70～4.20	5.20～6.00	4.20～5.00	—
13	T66546	W6Mo5Cr4V2Al	1.05～1.15	0.15～0.40	0.20～0.60	≤0.030	≤0.030	3.80～4.40	1.75～2.20	5.50～6.75	4.50～5.50	Al:0.80～1.20
14	T71245	W12Cr4V5Co5	1.50～1.60	0.15～0.40	0.15～0.40	≤0.030	≤0.030	3.75～5.00	4.50～5.25	11.75～13.00	—	4.75～5.25
15	T76545	W6Mo5Cr4V2Co5	0.87～0.95	0.15～0.40	0.20～0.45	≤0.030	≤0.030	3.80～4.50	1.70～2.10	5.90～6.70	4.70～5.20	4.50～5.00
16	T76438	W6Mo5Cr4V3Co8	1.23～1.33	≤0.40	≤0.70	≤0.030	≤0.030	3.80～4.50	2.70～3.20	5.90～6.70	4.70～5.30	8.00～8.80
17	T77445	W7Mo4Cr4V2Co5	1.05～1.15	0.20～0.60	0.15～0.50	≤0.030	≤0.030	3.75～4.50	1.75～2.25	6.25～7.00	3.25～4.25	4.75～5.75
18	T72948	W2Mo9Cr4VCo8	1.05～1.15	0.15～0.40	0.15～0.65	≤0.030	≤0.030	3.5～4.25	0.95～1.35	1.15～1.85	9.00～10.00	7.75～8.75
19	T71010	W10Mo4Cr4V3Co10	1.20～1.35	≤0.40	≤0.45	≤0.030	≤0.030	3.80～4.50	3.00～3.50	9.00～10.00	3.20～3.90	9.50～10.50

表 2-23　　常用高速工具钢的特性和用途

表 6-14 中的序号	牌号	主要特性	用途举例
3	W18C14V	钨系高速工具钢，具有较高的硬度、热硬性和高温强度，在 500℃及 600℃时硬度值仍能分别保持在 57～58HRC 和 52～53HRC。其热处理范围较宽，淬火时不易过热，易于磨削加工，在热加工及热处理过程中不易氧化脱碳。W18Cr4V 钢的碳化物不均匀度，高温塑性比钼系高速钢的差，但其耐磨性好	用于制造各种切削刀具，如车刀、刨刀、铣刀、拉刀、铰刀、钻头、锯条、插齿刀、丝锥和板牙等。由于 W18C14V 钢的高温强度和耐磨性好，所以也可用于制造高温下耐磨损的零件，如高温轴承、高温弹簧等，还可以用于制造冷作模具，但不宜制造大型刀具和热塑成形的刀具
5	W2Mo9Cr4V2	是一种钼系通用的高速工具钢，容易热处理，较耐磨，热硬性及韧性较高，密度小，可磨削性优良。用该钢制造的切削工具在切削一般硬度的材料时，可获得良好的效果，基本上可代替 W18Cr4V 钢。由于钼的含量高，易于氧化脱碳，所以在进行热加工和热处理时应注意保护	用来制造钻头、铣刀、刀片、成形刀具、车削及刨削刀具、丝锥，特别适用于制造机用丝锥和板牙、锯条以及各种冷冲模具等
6	W6Mo5Cr4V2	钨钼系常用的高速工具钢，碳化物细小均匀，韧性高，热塑性好，是代替 W18Cr4V 钢的较理想的牌号，通常称为 6542。其韧性、耐磨性、热塑性均比 W18Cr4V 钢好，而硬度、热硬性、高温硬度与 W18Cr4V 钢相当。该钢由于热塑性好，所以可热塑成形，但由于容易氧化脱碳，加热时必须注意保护	除用于制造各种类型的一般工具外，还可用于制造大型刀具。由于热塑性好，所以制造工具时可以热塑成形，如热塑成形钻头和要求韧性好的刀具。因为其强度高、耐磨性好，所以还可用于制造高负荷条件下使用的耐磨损的零件，如冷挤压模具等，但必须注意适当降低淬火温度，以满足强度和韧性的配合

续表

表 6-14 中的序号	牌号	主要特性	用途举例
7	CW6Mo5Cr4V2	其特性与 W6Mo5Cr4V2 钢相似，但因含碳量高，所以其硬度和耐磨性比 W6Mo5Cr4V2 钢好。此钢较难磨削，而且更容易脱碳，在热加工时，应注意保护	用途基本与 W6Mo5Cr4V2 钢相同，但由于其硬度和耐磨性好，所以多用来制造切削较难切削材料的刀具
9	W9Mo3Cr4V	具有较高的硬度和力学性能，热处理稳定性好，经 1220～1240℃淬火，540℃～560℃回火，硬度、晶粒度、热硬性均能满足一般刀具的使用要求。与 W6Mo5Cr4V2 钢比，其热塑性好，可加工性、可磨削性好，特别是摩擦焊可适应的工艺参数范围比较宽，焊接成品率高，切削性能与 W6Mo5Cr4V2 钢相当或略高，热处理工艺制度与 W6Mo5Cr4V2 钢相同，便于大生产管理。W9Mo3Cr4V 钢的脱碳敏感性小，可不用盐浴炉处理	用于制造各种类型的一般刀具，如车刀、刨刀、钻头、铣刀等。这种钢可以用来代替 W6Mo5Cr4V2 钢，而且成本较低
10	W6Mo5Cr4V3	高碳、高钒型高速工具钢。此钢的碳化物细小、均匀。此钢的韧性高、热塑性好，耐磨性比 W6Mo5Cr4V2 钢好，但可磨削性差。在热加工和热处理时，应注意防氧化脱碳	用于制造各种类型一般工具，如拉刀、成形铣刀、滚刀、钻头、螺纹梳刀、丝锥、车刀、刨刀等。用这种钢制造的刀具，可切削难切削的材料，但由于其可磨削性差，不宜用于制造复杂刀具

续表

表 6-14 中的序号	牌号	主要特性	用途举例
11	CW6Mo5Cr4V3	其特性基本与 W6Mo5Cr4V3 钢相似。因含碳量高，其硬度和耐磨性均比 W6Mo5Cr4V3 钢好，但可磨削性能较差，热加工时更容易脱碳，所以应注意防氧化脱碳	用途与 W6Mo5Cr4V3 钢基本相同，但由于它的碳含量高，硬度高，耐磨性好，多用来制造切削难切削材料的刀具。其由于可磨削性差，所以不宜用于制造复杂的刀具
12	W6Mo5Cr4V2A1	超硬型高速工具钢，硬度高，可达 68～69HRC，耐磨性、热硬性好，高温强度高，热塑性好，但可磨削性差，且极易氧化脱碳，因此在热加工和热处理时，应注意采取保护措施	用于制造刨刀、滚刀、拉刀等切削工具，也可制造用于加工高温合金、超高强度钢等难切削材料的刀具
14	W12Cr4V5Co5	钨系高碳高钒含钴的高速工具钢，因含有较多的碳和钒，并形成大量的硬度极高的碳化钒，从而具有很高的耐磨性、硬度和耐回火性。质量分数为 5%的钴提高了钢的高温硬度和热硬性，因此，此钢可在较高的温度下使用。由于含碳量和含钒量都很高，所以其可磨削性能差	用于制造钻削工具、螺纹梳刀、车刀、铣削工具、成形刀具、滚刀、刮刀刀片、丝锥等切削工具，还可用于制造冷作模具等，但不宜制造高精度复杂刀具。用 W12Cr4V5Co5 钢制造的工具，可以加工中高强度钢、冷轧钢、铸造合金钢、低合金超高强度钢等较难加工的材料

续表

表 6-14 中的序号	牌号	主要特性	用途举例
15	W6Mo5Cr4V2Co5	含钴高速工具钢，在W6Mo5Cr4V2钢的基础上增加质量分数为5%的钴，并将钒的质量分数提高0.05%而形成，从而提高了钢的热硬性和高温硬度，改善了耐磨性。W6Mo5Cr4V2Co5钢容易氧化脱碳，在进行热加工和热处理时，应注意采取保护措施	用来制造齿轮刀具、铣削工具以及冲头、刀头等。用该钢制造的切削工具，多数用于加工硬质材料，特别适用于切削耐热合金和制造高速切削工具
17	W7Mo4Cr4V2Co5	钨钼系含钴高速工具钢，由于钴的质量分数为4.75%~5.75%，所以提高了钢的高温硬度和热硬性，在较高温度下切削时刀具不变形，而且耐磨性能好。该钢的磨削性能差	用来制造切削最难切削材料用的刀具、刃具，如用于制造切削高温合金、钛合金和超高强度钢等难切削材料的车刀、刨刀、铣刀等
18	W2Mo9Cr4VCo8	钼系高碳含钴超硬型高速工具钢，硬度高，可达70HRC，热硬性好，高温硬度高，容易磨削。用该钢制造的切削工具，可以切削铁基高温合金、铸造高温合金、钛合金和超高强度钢等，但韧性稍差，淬火时温度应采用下限	由于可磨削性能好，所以可用来制造各种高精度复杂刀具，如成形铣刀、精密拉刀等，还可用来制造专用钻头、车刀以及各种高硬度刀头和刀片等

（2）焊前一般不需预热，但对大厚度结构或在寒冷地区焊接时，需将焊件预热至100～150℃。

（3）镇静钢杂质很少，偏析很小，不易形成低熔点共晶，所以对热裂纹不敏感；沸腾钢中硫（S）、磷（P）等杂质较多，产生热裂纹的可能性要大些。

（4）如工艺选择不当，可能出现热影响区晶粒长大现象，而且温度越高，热影响区在高温停留时间越长，则晶粒长大越严重。

（5）对焊接电源没有特殊要求，工艺简单，可采用交、直流弧焊机进行全位置焊接。

2. 中碳钢的性能及焊接特点

中碳钢含碳量比低碳钢高，强度较高，焊接性较差。常用的有35、45、55钢。中碳钢焊条电弧焊及其铸件焊补的特点如下：

（1）热影响区容易产生淬硬组织。含碳量越高，板厚越大，这种倾向也越大。如果焊接材料和工艺参数选用不当，容易产生冷裂纹。

（2）基体金属含碳量较高，故焊缝的含碳量也较高，容易产生热裂纹。

（3）由于含碳量增大，对气孔的敏感性增加，因此对焊接材料的脱氧性，基体金属的除油、除锈，焊接材料的烘干等，要求更加严格。

3. 高碳钢的性能及焊接特点

高碳钢因含碳量高，强度、硬度更高，塑性、韧性更差，因此焊接性能很差。高碳钢的焊接特点如下：

（1）导热性差，焊接区和未加热部分之间存在显著的温差，当熔池急剧冷却时，在焊缝中引起的内应力很容易形成裂纹。

（2）对淬火更加敏感，近缝区极易形成马氏体组织。由于组织应力的作用，近缝区易产生冷裂纹。

（3）由于焊接高温的影响，晶粒长大快，碳化物容易在晶界上积聚、长大，使得焊缝脆弱，焊接接头强度降低。

（4）高碳钢焊接时比中碳钢更容易产生热裂纹。

4. 普通低合金结构钢的性能及焊接特点

普通低合金高强度钢俗称普低钢。与碳素钢相比，钢中含有少量合金元素，如锰、硅、钒、钼、钛、铝、铌、铜、硼、磷、稀土等。钢中有了一种或几种这样的元素后，具有强度高、韧性好等优点。由于加入的合金元素不多，故称为低合金高强度钢。常用的普通低合金高强度钢有 16Mn、16MnR 等。

普通低合金结构钢的焊接特点如下：

（1）热影响区的淬硬倾向是普低钢焊接的重要特点之一。随着强度等级的提高，热影响区的淬硬倾向也随着变大。影响热影响区淬硬程度的因素有材料因素、结构形式和工艺条件等。焊接施工应通过选择合适的工艺参数，例如增大焊接电流、减小焊接速度等措施来避免或减缓热影响区的淬硬。

（2）焊接接头易产生裂纹。焊接裂纹是危害性最大的焊接缺陷，冷裂纹、再热裂纹、热裂纹、层状撕裂和应力腐蚀裂纹是焊接中常见的几种缺陷。

某些钢材淬硬倾向大，焊后冷却过程中，由于相变产生很脆的马氏体，在焊接应力和氢的共同作用下引起开裂，形成冷裂纹。延迟裂纹是钢的焊接接头冷却到室温后，经一定时间才出现的焊接冷裂纹，因此具有很大的危险性。防止延迟裂纹可以从焊接材料的选择及严格烘干、工件清理、预热及层间保温、焊后及时热处理等方面加以控制。

三、有色金属的分类及其焊接特点

有色金属是指钢铁材料以外的各种金属材料，所以又称非铁金属材料。有色金属及其合金具有许多独特的性能，例如强度高、导电性好、耐蚀性及导热性好等。所以有色金属材料在航空、航天、航海等工业中具有重要的作用，并在机电、仪表工业中广泛应用。

（一）铝及铝合金的分类和焊接特点

1. 铝

纯铝是银白色的金属，是自然界储量最为丰富的金属元素。其性能如下：

（1）密度为 $2.69g/cm^3$，仅为铁的 1/3，是一种轻型金属。

（2）导电性好，仅次于铜、银。

（3）铝表面能形成致密的氧化膜，具有较好的抗大气腐蚀的能力。

（4）铝的塑性好，可以冷、热变形加工，还可以通过热处理强化提高铝的强度，也就是说具有较好的工艺性能。

铝的物理性能和力学性能见表 2-24 。

表 2-24　　铝的物理性能和力学性能

物理性能				力学性能	
项目	数值	项目	数值	项目	数值
密度 γ/(g/cm^3)(20℃)	2.69	比热容 c/[J/(kg·K)](20℃)	900	抗拉强度 σ_b/MPa	40～50
熔点/℃	600.4	线胀系数 α_1(10^{-6}/K)	23.6	屈服强度 $\sigma_{0.2}$/MPa	15～20
沸点/℃	2494	热导率 λ/[W/(m·K)]	247	断后伸长率 δ(%)	50～70
熔化热/(kJ/mol)	10.47	电阻率 ρ/(nΩ·m)	26.55	硬度 HBW	20～35
汽化热/(kJ/mol)	291.4①	电导率 K(%IACS)	64.96	弹性模量(拉伸)E/GPa	62

① 估算值。

铝及铝合金的性能特点见表 2-25。

GB/T 16474—2011《变形铝及铝合金牌号表示方法》中规定铝的牌号采用国际四位数字体系牌号和四位字符体系牌号两种命名。牌号的第一位数字表示铝及铝合金的组别，1×××，2×××，3×××，……，8×××，分别按顺序代表纯铝（含铝量大于99.00%），以铜为主要合金元素的铝合金，以锰、硅、镁、镁和硅、锌，以及其他合金元素为主要合金元素的铝合金及备用合金组；牌号的第二位数字（国际四位数字体系）或字母（四位数字体系）表示原始纯铝或铝合金的改型情况，数字 0 或字母 A 表示原始纯铝和原始合金，如果 1～8 或 B～Y 中的一个，则表示为改型情况；最后两位数字用以标识同一组中不同的铝合金，纯铝则表示铝的最低质量分数中小数点后面的两位。变形铝合金的特性和用途见表 2-26。

表 2-25 铝及铝合金的性能特点

分类		合金名称	合金系	性能特点	牌号举例
加工铝合金	不可热处理强化的铝合金	防锈铝	Al-Mn	耐蚀性、压力加工性和焊接性能好，但强度较低	3A21
			Al-Mg		5A05
	可热处理强化的铝合金	硬铝	Al-Cu-Mg	耐蚀性差，力学性能高	2A11、2A12
		超硬铝	Al-Cu-Mg-Zn	室温强度最高的铝合金，耐蚀性差	7A04
		锻铝	Al-Mg-Si-Cu	锻造性能和耐热性能好	2A50、2A14
			Al-Cu-Mg-Fe-Ni		2A80、2A70
铸造铝合金		简单铝硅合金	Al-Si	铸造性能好，不能热处理强化，力学性能低	ZL101
		特殊铝硅合金	Al-Si-Mg	铸造性能良好，可热处理强化，力学性能较高	ZL102
			Al-Si-Cu		ZL107
			Al-Si-Mg-Cu		ZL105
			Al-Si-Mg-Cu-Ni		ZL109
		铝铜铸造合金	Al-Cu	耐热性能好，但铸造性能和耐蚀性能差	ZL201
		铝镁铸造合金	Al-Mg	耐蚀性好，力学性能尚可	ZL301
		铝锌铸造合金	Al-Zn	能自动淬火、适宜压铸	ZL401
		铝稀土铸造合金	Al-RE	耐热性能好	—

表 2-26　　变形铝合金的特性和用途

大类		类别	典型合金	主要特性	用途举例
变形铝	不可热处理强化	工业纯铝	1060、1050A、1100	强度低，塑性高，易加工，热导率、电导率高，耐蚀性好，易焊接，但可加工性差	导电体、化工储存罐、反光板、炊具、焊条、热交换器、装饰材料
变形铝合金	不可热处理强化	防锈铝	3A21、5A02、5A03、5083	不能热处理强化，退火状态塑性好，加工硬化后强度比工业纯铝高，耐蚀性能和焊接性能好，可加工性较好	飞机的油箱和导油管、船舶、化工设备，其他中等强度耐蚀、可焊接零件 3A21 可用于饮料罐
变形铝合金	可热处理强化	锻铝	2A14、2A70、6061、6063、6A02	热状态下有高的塑性，易于锻造，淬火、人工时效后强度高，但有晶间腐蚀倾向。2A70 耐热性能好	航空、航海、交通、建筑行业中要求中等强度的锻件或模锻件 2A70 用于耐热零件
变形铝合金	可热处理强化	硬铝	2A01、2A11、2B11、2A12、2A16	退火、刚淬火状态下塑性尚好，有中等以上强度，可进行氩弧焊，但耐蚀性能不高。2A12 为用量最大的铝合金，2A16 耐热	航空、交通工业的中等以上强度的结构件，如飞机骨架、蒙皮等
变形铝合金	可热处理强化	超硬铝	7A04、7A09、7A10	强度高，退火或淬火状态下塑性尚可，耐蚀性能不好，特别是耐应力腐蚀性能差，硬状态下的可加工性好	飞机上的主受力件，如大梁、桁条、起落架等，其他工业中的高强度结构件

铝中常见的杂质是铁和硅，杂质越多，铝的导电性、耐蚀性及塑性越低。工业纯铝按杂质的含量分为一号铝、二号铝、……

工业用铝的牌号、化学成分和用途见表2-27。

表2-27　工业用铝的牌号、化学成分和用途

旧牌号	新牌号	化学成分/%		用途
		Al	杂质总量（≤）	
L1	1070	99.7	0.3	垫片、电容、电子管隔罩、电缆、导电体和装饰件
L2	1060	99.6	0.4	
L3	1050	99.5	0.5	
L4	1035	99.4	1.00	
L5	1200	99.0	1.00	不受力而具有某种特性的零件，如电线保护导管、通信系统零件、垫片
L6	8A06	98.8	1.20	

2．铝合金

纯铝的强度很低，但加入适量的硅、铜、镁、锌、锰等合金元素，形成铝合金，再经过冷变形和热处理后，强度可大大提高。

铝合金按其成分和工艺特点不同分为变形铝合金和铸造铝合金。

（1）变形铝合金。GB 3190—1996将变形铝合金分为防锈铝合金（LF）、硬铝合金（LY）、超硬铝合金（LC）、锻铝合金（LD）四类。GB/T 3190—2008《变形铝及铝合金化学成分》规定了新的牌号，现将新旧铝合金的牌号、力学性能及用途列于表2-28。

（2）铸造铝合金。其种类很多，常用的有铝硅系、铝铜系、铝镁系和铝锌系合金。

铸造铝合金按GB/T 1173—1995《铸造铝合金》标准规定，其代号用“铸铝”两字的汉语拼音字母的字头“ZL”及后面三位数字表示。第一位数字表示铝合金的类别（1为铝硅合金，2为铝铜合金，3为铝镁合金，4为铝锌合金）；后两位数字表示合金的顺序号。

常用铸造铝合金的牌号、化学成分、力学性能和用途见表2-29。

（3）压铸铝合金。压铸的特点是生产效率高，铸件的精度高、合金的强度、硬度高，是少切削和无切削加工的重要工艺。发展压铸是降低生产成本的重要途径。

压铸铝合金在汽车、拖拉机、航空、仪表、纺织、国防等工业得到了广泛的应用。

压铸铝合金的化学成分及力学性能见表2-30、表2-31。

表 2-28 常用变形铝合金的牌号、力学性能和用途(GB/T 3190—2008)

类别	原牌号	新牌号	半成品种类	状态①	力学性能		用途举例
					σ_b/MPa	δ/%	
防锈铝合金	LF2	5A02	冷扎板材 热扎板材 挤压板材	O H112 O	167～226 117～157 ≤226	16～18 7～6 10	在液体中工作的中等强度的焊接件、冷冲压件和容器、骨架零件等
	LF21	3A21	冷扎板材 热扎板材 挤制厚壁管材	O H112 H112	98～147 108～118 ≤167	18～20 15～12 —	要求高的很好的焊接性、在液体或介质中工作的低载荷零件，如油箱、油管等
硬铝合金	LY11	2A11	冷扎板材(包铝) 挤压棒材 拉挤制管材	O T4 O	226～235 353～373 245	12 10～12 10	用作各种要求中等强度的零件和构件、冲压的连接部件、空气螺旋桨叶片，如螺栓、铆钉等
	LY12	2A12	铆钉线材 挤压棒材 拉挤制管材	T4 T4 O	407～427 255～275 ≤245	10～13 8～12 10	用作各种要求高的载荷零件和构件(但不包括冲压件的锻件)如飞机上的蒙皮、骨架、翼梁、铆钉等
	LY8	2B11	铆钉线材	T4	J225	—	主要用作铆钉材料

续表

类别	原牌号	新牌号	半成品种类	状态①	力学性能		用途举例
					σ_b/MPa	δ/%	
超硬铝合金	LC3	7A03	铆钉线材	T6	J284	—	受力结构的铆钉
	LC4 LC9	7A04 7A09	挤压棒材 冷扎板材 热扎板材	T6 O T6	490～510 ≤240 490	5～7 10 3～6	用作承力构件和高载荷零件，如飞机上的大梁、桁条、加强框、起落架零件，通常多用以取代2A12
锻铝合金	LD5 LD7 LD8	2A50 2A70 2A80	挤压棒材 冷扎板材 挤压棒材	T6 T6 T6	353 353 441～432	12 8 8～15	用作形状复杂和中等强度的锻件和冲压件，内燃机活塞、压气机叶片、叶轮等
	LD10	2A14	热扎板材	T6	432	5	高负荷和形状简单的锻件和模锻件

① 状态符号采用GB/T 16475—2008《变形铝合金状态代号》规定代号：O—退火；T4—淬火＋自然时效；T6—淬火＋人工时效；H112—热加工。

表 2-29 常用铸造铝合金的牌号、化学成分、力学性能和用途(GB/T 1173—1995)

牌号	化学成分/%				铸造方法与合金状态	力学性能(≥)			用途
	Si	Cu	Mg	其他		σ_b /MPa	δ/%	HBS	
ZL105	4.5～5.5	1.0～1.5	0.4～0.6		J，T5 S，T5 S，T6	231 212 222	0.5 1.0 0.5	70 70 70	形状复杂，在<225℃下工作的零件。如机匣、油泵体
ZL108	11.0～13.0	1.0～2.0	0.4～1.0		J，T1 J，T6	192 251	— —	85 90	要求高温强度及低膨胀系数的零件，如高速内燃机活塞
ZL201		4.5～5.3		0.6～1.0 Mn 0.15～0.35 Ti	S，T4 S，T5	290 330	8 4	70 90	在175～300℃以下工作的零件，如活塞、支臂、汽缸
ZL202		9.0～11.0	9.0～11.5		S，J S，J，T6	104 163	— —	50 100	形状简单、要求表面光洁的中等承载零件
ZL301			0.1～0.3		J，S T4	280	9	60	工作温度<150℃的大气或海水中工作，承受大振动载负的零件
ZL401	6.0～8.0			9.0～13.0 Zn	J，T1 S，T1	241 192	1.5 2	90 80	工作温度<200℃，形状复杂的汽车、飞机零件

注 铸造方法与合金状态的符号：J—金属型铸造；S—砂型铸造；T1—人工时效(不进行淬火)；T4—淬火＋自然时效；T5—淬火＋不完全时效(时效温度低或时间短)；T6—淬火＋人工时效(180℃下，时间较长)。

表 2-30 压铸铝合金的牌号及化学成分(GB/T 15115—2009)

牌号	代号	化学成分(质量分数,%)										
		Si	Cu	Mn	Mg	Fe	Ni	Ti	Zn	Pb	Sn	Al
YZAlSi10Mg	YL101	9.0～10.0	≤0.6	≤0.35	0.45～0.65	≤1.0	≤0.50	—	≤0.40	≤0.10	≤0.15	余量
YZAlSi12	YL102	10.0～13.0	≤1.0	≤0.35	≤0.10	≤1.0	≤0.50	—	≤0.40	≤0.10	≤0.15	余量
YZAlSi10	YL104	8.0～10.5	≤0.3	0.2～0.5	0.30～0.50	0.5～0.8	≤0.10	—	≤0.30	≤0.05	≤0.01	余量
YZAlSi9Cu4	YL112	7.5～9.5	3.0～4.0	≤0.50	≤0.10	≤1.0	≤0.50	—	≤2.90	≤0.10	≤0.15	余量
YZAlSi11Cu3	YL113	9.5～11.5	2.0～3.0	≤0.50	≤0.10	≤1.0	≤0.30	—	≤2.90	≤0.10	—	余量
YZAlSi17Cu5Mg	YL117	16.0～18.0	4.0～5.0	≤0.50	0.50～0.70	≤1.0	≤0.10	≤0.20	≤1.40	≤0.10	—	余量
YZAlMg5Si1	YL302	≤0.35	≤0.25	≤0.35	7.60～8.60	≤1.1	≤0.15	—	≤0.15	≤0.10	≤0.15	余量

表 2-31 压铸铝合金的力学性能

牌号	代号	抗拉强度/MPa	断后伸长率/% (L_0=50)	布氏硬度 HBW
YZAlSi10Mg	YL101	200	2.0	70
YZAlSi12	YL102	220	2.0	60
YZAlSi10	YL104	220	2.0	70
YZAlSi9Cu4	YL112	320	3.5	85
YZAlSi11Cu3	YL113	230	1.0	80
YZAlSi17Cu5Mg	YL117	220	<1.0	—
YZAlMg5Si1	YL302	220	2.0	70

注 表中未特殊说明的数值均为最小值。

3. 铝及铝合金的焊接特点

(1) 铝及铝合金的可焊性。工业纯铝、非热处理强化变形铝镁和铝锰合金，以及铸造合金中的铝硅和铝镁合金具有良好的可焊性；可热处理强化变形铝合金的可焊性较差，如超硬铝合金 LC4 (7A04)，因焊后的热影响区变脆，故不推荐弧焊。铸造铝合金 ZL1、ZL4 及 ZL5 可焊性较差。几种铝及铝合金的可焊性见表 2-32。

表 2-32 几种铝及铝合金的可焊性

焊接方式	材料牌号和铝合金的可焊性					适用厚度范围/mm
	L1L6	LF21	LF5 LF6	LF2 LF3	LY11 LY12 LY16	
钨极氩弧焊（手工、自动）	好	好	好	好	差	1～25①
熔化极氩弧焊（半自动，自动）	好	好	好	好	尚可	≥3
熔化极脉冲氩弧焊（半自动，自动）	好	好	好	好	尚可	≥0.8
电阻焊（点焊、缝焊）	较好	较好	好	好	较好	≤4
气焊	好	好	差	尚可	差	0.5～0.25①
碳弧焊	较好	较好	差	差	差	1～10
焊条电弧焊	较好	较好	差	差	差	3～8
电子束焊	好	好	好	好	较好	3～75
等离子焊	好	好	好	好	尚可	1～10

①厚度大于 10mm 时，推荐采用熔化极氩弧焊。

(2) 铝及铝合金的焊接特点。

1) 表面容易氧化，生成致密的氧化铝（Al_2O_3）薄膜，影响焊接。

2) 氧化铝（Al_2O_3）熔点高（约 2025℃），焊接时，它对母材与母材之间的熔合起阻碍作用，影响操作者对熔池金属熔化情况的判断，还会造成焊缝金属夹渣和气孔等缺陷，影响焊接质量。

3) 铝及其合金熔点低，高温时强度和塑性低（纯铝在 640～656℃之间的伸长率小于 0.69%），高温液态无显著颜色变化，焊接操作不慎时会出现烧穿、焊缝反面焊瘤等缺陷。

4) 铝及其合金线膨胀系数（23.5×10^{-6}℃）和结晶收缩率大，焊接时变形较大；对厚度大或刚性较大的结构，大的收缩应力可能导致焊接接头产生裂纹。

5) 液态可大量溶解氢，而固态铝几乎不溶解氢。氢在焊接熔池快速冷却和凝固过程中易在焊缝中聚集形成气孔。

6) 冷硬铝和热处理强化铝合金的焊接接头强度低于母材，焊接接头易发生软化，给焊接生产造成一定困难。

铝及铝合金焊接主要采用氩弧焊、气焊、电阻焊等方式，其中氩弧焊（钨极氩弧焊和熔化极氩弧焊）应用最广泛。

铝及铝合金焊前应用机械法或化学清洗法去除工件表面氧化膜。焊接时钨极氩弧焊（TIG 焊）采用交流电源，熔化极氩弧焊（MIG 焊）采用直流反接，以获得“阴极雾化”作用，清除氧化膜。

（二）铜及铜合金的分类和焊接特点

在金属材料中，铜及铜合金的应用范围仅次于钢铁。在非铁金属材料中，铜的产量仅次于铝。

铜的物理性能和力学性能见表 2-33。

习惯上将铜及铜合金分为纯铜、黄铜、青铜和白铜，以铸造和压力加工产品（棒、线、板、带、箔、管）提供使用，广泛应用于电气、电子、仪表、机械、交通、建筑、化工、兵器、海洋工程等几乎所有的工业和民用部门。

铜合金分为加工铜合金和铸造铜合金，其总分类及化学成分、铜及铜合金的组成、加工铜的化学成分、加工铜的工艺性能、加工铜的特性和用途见表 2-34～表 2-38。

表 2-33　　铜的物理性能和力学性能

物理性能				力学性能	
项目	数值	项目	数值	项目	数值
密度 γ/(g/cm^3)(20℃)	8.93	比热容 c/[J/(kg·K)](20℃)	386	抗拉强度 σ_b/MPa	209
熔点/℃	1084.88	线胀系数 α_1 (10^{-6}/K)	16.7	屈服强度 $\sigma_{0.2}$/MPa	33.3
沸点/℃	2595	热导率 λ/[W/(m·K)]	398	伸长率 δ(%)	60
熔化热/(kJ/mol)	13.02	电阻率 ρ (nΩ·m)	16.73	硬度 HBW	37
汽化热/(kJ/mol)	304.8	电导率 K (%IACS)	103.06	弹性模量(拉伸)E/GPa	128

表 2-34　　铜合金总分类及化学成分

类型	名称	化学成分
加工铜合金	纯铜	w (Cu) >99%
	高铜合金	w (Cu) >96%
	黄铜	Cu-Zn
	加铅黄铜	Cu-Zn-Pb
	锡黄铜	Cu-Zn-Sn-Pb
	磷青铜	Cu-Sn-P
	加铅磷青铜	Cu-Sn-Pb-P
	铜-银-磷合金	Cu-Ag-P
	铝青铜	Cu-Al-Fe-Ni
	硅青铜	Cu-Si
	其他铜合金	…
	普通白铜	Cu-Ni-Fe
	锌白铜	Cu-Ni-Zn

续表

类型	名称	化学成分
铸造铜合金	纯钢	w（Cu）＞99％
	高铜合金	w（Cu）＞94％
	红色黄铜和加铅红色黄铜	Cu-Zn-Sn-Pb［w（Cu）＝75％～89％］
	黄色黄铜及加铅黄色黄铜	Cu-Zn-Sn-Pb［w（Cu）＝57％～74％］
	锰黄铜和加铅锰黄铜	Cu-Zn-Mn-Fe-Pb
	硅青铜、硅黄铜	Cu-Zn-Si
	锡青铜和加铅锡青铜	Cu-Sn-Zn-Pb
	镍-锡青铜	Cu-Ni-Sn-Zn-Pb
	铝青铜	Cu-Al-Fe-Ni
	普通白铜	Cu-Ni-Fe
	锌白铜	Cu-Ni-Zn-Pb-Sn
	加铅铜	Cu-Pb
	其他铜合金	…

表 2-35　　铜及铜合金的组成

名称	组成	分组	成分与用途
黄铜	以锌为主要合金元素的铜合金	普通黄铜	铜锌二元合金，其锌的质量分数小于50％
		特殊黄铜	在普通黄铜的基础上加入了Fe、Zn、Mn、Al等辅助合金元素的铜合金
青铜	以除锌和镍以外的其他元素为主要合金元素的铜合金	锡青铜	锡的含量是决定锡青铜性能的关键，锡质量分数为5％～7％的锡青铜塑性最好，适于冷、热加工；而当锡的质量分数大于10％时，合金强度升高，但塑性却很低，只适于做铸造用材
		铝青铜	铝青铜中铝的质量分数一般控制在12％以内。工业上压力加工用铝青铜中铝的质量分数一般低于5％～7％；铝质量分数为10％左右的合金，强度高，可用于热加工或铸造用材
		铍青铜	铍质量分数为1.7％～2.5％的铜合金，其时效硬化效果极为明显，通过淬火时效，可获得很高的强度和硬度，抗拉强度可达：$\sigma_b=1250\sim1500$MPa，硬度为350～400HBW，远远超过其他铜合金，且可与高强度合金钢相媲美。由于铍青铜没有自然时效效应，故其一般以淬火态供应，易于加工成形，可直接制成零件后再时效强化
白铜	以镍为主要合金元素（质量分数低于50％）的铜合金	简单白铜	铜镍二元合金
		特殊白铜	在简单白铜的基础上加入了Fe、Zn、Mn、Al等辅助合金元素的铜合金

表 2-36　　加工铜的化学成分(GB/T 5231—2001)

组别	序号	牌号		化学成分(质量分数,%)												产品形状
		名称	代号	Cu+Ag	P	Ag	Bi	Sb	Aa	Fe	Ni	Pb	Sn	S	Zn	O	
纯铜	1	一号铜	T1	99.95	0.001	—	0.001	0.002	0.002	0.005	0.002	0.003	0.002	0.005	0.005	0.02	板、带、箔、管
	2	二号铜	T2	99.90	—	—	0.001	0.002	0.002	0.005	—	0.005	—	0.005	—	—	板、带、箔、管、棒、线
	3	三号铜	T3	99.70	—	—	0.002	—	—	—	—	0.01	—	—	—	—	板、带、箔、管、棒、线
无氧铜	4	零号无氧铜	TU0 [C10100]	Cu 99.99	0.000 3	0.002 5	0.000 1	0.000 4	0.000 5	0.001 0	0.001 0	0.000 5	0.000 2	0.001 5	0.000 1	0.000 5	板、带、箔、管、棒、线
				Se:0.000 3　Te:0.000 2　Mn:0.000 05　Cd:0.000 1													
	5	一号无氧铜	TU1	99.97	0.002	—	0.001	0.002	0.002	0.004	0.002	0.003	0.002	0.004	0.003	0.002	板、带、箔、管、棒、线
	6	二号无氧铜	TU2	99.95	0.002	—	0.001	0.002	0.002	0.004	0.002	0.004	0.002	0.004	0.003	0.003	板、带、管、棒、线
磷脱氧铜	7	一号脱氧铜	TP1 [C12000]	99.90	0.004～0.012	—	—	—	—	—	—	—	—	—	—	—	板、带、管
	8	二号脱氧铜	TP2 [C12200]	99.9	0.015～0.040	—	—	—	—	—	—	—	—	—	—	—	板、带、管
银铜	9	0.1银铜	TAg0.1	Cu 99.5	—	0.06～0.12	0.002	0.005	0.01	0.05	0.2	0.01	0.05	0.01	—	0.1	板、带、管

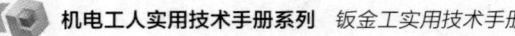

表 2-37 加工铜的工艺性能

合金	熔炼与铸造工艺	成形性能	焊接性能	可切削性（HPb63-3 的切削性为 100%）/%
纯铜	采用反射炉熔炼或工频有芯感应炉熔炼。采用铜模或铁模浇注，熔炼过程中应尽可能减少气体来源，并使用经过煅烧的木炭作溶剂，也可用磷作脱氧剂。浇注过程在氮气保护或覆盖烟灰下进行，建议铸造温度为 1150～1230℃，线收缩率为 2.1%	有极好的冷、热加工性能，能用各种传统的加工工艺加工，如拉伸、压延、深冲、弯曲、精压和旋压等。热加工时应控制加热介质气氛，使之呈微氧化性。热加工温度为 800～950℃	易于锡焊、铜焊，也能进行气体保护焊、闪光焊、电子束焊和气焊，但不宜进行接触点焊、对焊和埋弧焊	20
无氧铜	使用工频有芯感应电炉熔炼，原料选用 w（Cu）＞99.97% 及 w（Zn）＜0.003% 的电解铜。熔炼时应尽量减少气体来源，并使用经过煅烧的木炭作溶剂，也可用磷作脱氧剂。浇注过程在氮气保护或覆盖烟灰下进行，铸造温度为 1150～1180℃	有极好的冷、热加工性能，能用种种传统的加工工艺加工，如拉伸、压延、抗压、弯曲、冲压、剪切、镦煅、旋煅、滚花、缠绕、旋压、螺纹轧制等。可煅性极好，为锻造黄铜的 65%，热加工温度为 800～900℃	易于熔焊、钎焊、气体保护焊，但不宜进行金属弧焊和大多数电阻焊	20

续表

合金	熔炼与铸造工艺	成形性能	焊接性能	可切削性（HPb63-3的切削性为100%）/%
磷脱氧铜	使用工频有芯感应电炉熔炼。高温下纯铜吸气性强，熔炼时应尽量减少气体来源，并使用经过煅烧的木炭作溶剂，也可用磷作脱氧剂。浇注过程在氮气保护或覆盖烟灰下进行，锻造温度为1150～1180℃	有优良的冷、热加工性能，可以进行精冲、拉伸、墩铆、挤压、深冲、弯曲和旋压等。热加工温度为800～900℃	易于熔焊、钎焊、气体保护焊，但不宜进行电阻对焊	20

1. 铜

按化学成分不同，铜加工产品分为纯铜和无氧铜两类，纯铜呈紫红色，故又称为紫铜。其密度为 8.96×10^3 kg/m^3，熔点为1083℃，它的导电性和导热性仅次于金和银，是最常用的导电、导热材料。纯铜的塑性非常好，易于冷、热加工。在大气及淡水中有很好的抗腐蚀性能。

表 2-38　加工铜的特性和用途

代号	主要特性	用途举例
T1 T2	有良好的导电、导热、耐蚀和加工性能，可以焊接和钎焊。含降低导电、导热性的杂质较少，微量的氧对导电、导热和加工等性能影响不大，但易引起氢脆，不宜在高温（>370℃）还原性气氛中加工（退火、焊接等）和使用	除标准圆管外，其他材料可用作建筑物正面装饰、密封垫片、汽车散热器、母线、电线电缆、绞线、触点、无线电元件、开关、接线柱、浮球、铰链、扁销、钉子、铆钉、烙铁、平头钉、化工设备、铜壶、锅、印刷滚筒、膨胀板、容器。在还原性气氛中加热到370℃以上，例如在退火、硬钎焊或焊接时，材料会变脆。若还原气氛中有 H_2 或CO存在，则会加速脆化

续表

代号	主要特性	用途举例
T3	有较好的导电、导热、耐蚀和加工性能，可以焊接和钎焊，但含降低导电、导热性的杂质较多，含氧量更高，更易引起氢脆，不能在高温还原性气氛中加工和使用	建筑方面：正面板、落水管、防雨板、流槽、屋顶材料、网、流道；汽车方面：密封圈、散热器；电工方面：汇流排、触点、无线电元件、整流器扇形片、开关、端子；其他方面：化工设备、釜、锅、印染辊、旋转带、路基膨胀板、容器。在370℃以上退火、硬钎焊或焊接时，若为还原性气氛，则易发脆，如有H_2或CO存在，则会加速脆化
TU1、TU2	纯度高，导电、导热性极好，无氢脆或极少氢脆，加工性能和焊接、耐蚀、耐寒性均好	母线、波导管、阳极、引入线、真空密封、晶体管元件、玻璃金属密封、同轴电缆、速度调制电子管、微波管
TP1 TP2	焊接性能和冷弯性能好，一般无氢脆倾向，可在还原性气氛中加工和使用，但不宜在氧化性气氛中加工和使用。TP1的残留磷量比TP2少，故其导电、导热性较TP2高	主要以管材应用，也可以板、带或棒、线供应，用作汽油或气体输送管、排水管、冷凝管、水雷用管、冷凝器、蒸发器、热交换器、火车车厢零件
TAg0.1	铜中加入少量的银，可显著提高软化温度（再结晶温度）和蠕变强度，而很少降低铜的导电、导热性和塑性。实用的银铜时效硬化效果不显著，一般采用冷作硬化来提高强度。它具有很好的耐磨性、电接触性和耐蚀性，在制成电车线时，使用寿命比一般硬铜高2～4倍	用于耐热、导电器材，如电动机换向器片、发电机转子用导体、点焊电极、通信线、引线、导线、电子管材料等

2. 铜合金

工业上广泛采用的多是铜合金。常用的铜合金可分为高铜合金、黄铜、青铜和白铜（又分为普通白铜和锌白铜）等几大类。

（1）黄铜。黄铜可分为普通黄铜和特殊黄铜，普通黄铜的牌号用“黄”字汉语拼音字母的字头“H”＋数字表示。数字表示平均含铜量的百分数，按照化学成分的不同。

在普通黄铜中加入其他合金元素所组成的合金，称为特殊黄铜。特殊黄铜的代号由“H”＋主加元素的元素的符号（除锌外）＋铜含量的百分数＋主元素含量的百分数组成。例如 HPb59-1，则表示铜含量为 59％，铅含量为 1％的铅黄铜。

常用黄铜的牌号、化学成分、力学性能和用途见表 2-39。

（2）青铜。除了黄铜和白铜（铜和镍的合金）外，所有的铜基合金都称为青铜。参考 GB/T 5231—2001《加工青铜的牌号和化学成分》标准，按主加元素种类的不同，青铜主要可分为锡青铜、铝青铜、硅青铜和铍青铜等。按加工工艺可分为普通青铜和铸造青铜。

青铜的代号由“青”字的汉语拼音的第一个字母“Q”＋主加元素的元素符号及含量＋其了加入元素的含量组成。例如 QSn4－3 表示含锡 4％，含锌 3％，其余为铜的锡青铜。QAl7 表示含铝 7％，其余为铜的铝青铜。铸造青铜的牌号的表示方法和铸造黄铜的表示方法相同。常用青铜和铸造青铜的牌号、化学成分、力学性能和用途见表 2-40 和表 2-41。

3. 铜及铜合金的焊接特点

（1）铜的导热系数大，焊接时有大量的热量被传导损失，容易产生未熔合和未焊透等缺陷，因此焊接时必须采用大功率热源，焊件厚度大于 4 mm 时，要采取预热措施。

（2）由于铜的热导率高，要获得成形均匀的焊缝宜采用对接接头，而丁字接头和搭接接头不推荐。

（3）铜的线膨胀系数大，凝固收缩率也大，焊接构件易产生变形，当焊件刚度较大时，则有可能引起焊接裂纹。

表 2-39　　常用黄铜的牌号、化学成分、力学性能和用途

组别	牌号	化学成分 /%		力学性能			用途
		Cu	其他	σ_b/MPa	δ/%	HBS	
普通黄铜	H90	88.0～91.0	余量 Zn	260/480	45/4	53/130	双金属片、供水和排水管、艺术品、证章
	H68	67.0～70.0	余量 Zn	320/660	55/3	/150	复杂的冲压件、轴套、散热器外壳、波纹管、弹壳
	H62	60.5～63.5	余量 Zn	330/600	49/3	56/140	销钉、铆钉、螺钉、螺母、垫圈、夹线板、弹簧
特殊黄铜	HSn90-1	88.0～91.0	0.25～0.75Sn 余量 Zn	280/520	45/5	/82	船舶零件、汽车和拖拉机的弹性套管
	HSi80-3	79.0～81.0	2.5～4.0Sn 余量 Zn	300/600	58/4	90/110	船舶零件、蒸汽(<265℃)条件下工作的零件
	HMn58-2	57.0～60.0	1.0～2.0Si 余量 Zn	400/700	40/10	85/175	弱电电路用的零件
	HPb59-1	57.0～60.0	0.8～1.9Pb 余量 Zn	400/650	45/16	44/80	热冲压及切削加工零件，如销、螺钉、轴套等
	HAl59-3-2	57.0～60.0	2.5～3.5Al 2.0～3.0Ni 余量 Zn	380/650	50/15	75/155	船舶、电动机及其他在常温下工作的高强度、耐蚀零件

注　力学性能数值中分母数值为 50%变形程度的硬化状态测定，分子数值为 600℃下退火状态下测定。

表 2-40 普通青铜的牌号、化学成分、力学性能和用途

牌号	化学成分(质量分数%)		力学性能			用途
	第一主加元素	其他	σ_b/MPa	δ/%	HBS	
QSn4-3	Sn 3.5~4.5	2.7~3.3Zn 余量 Cu	350/350	40/4	60/160	弹性元件、管配件、化工机械中耐磨零件及抗磁零件
QSn6.5-0.1	Sn 6.0~7.0	1.0~0.25P 余量 Cu	350/450 700/800	60/70 7.5/12	70/90 160/200	弹簧、接触片、振动片、精密仪器中的耐磨零件
QSn4-4-4	Sn 3.0~5.0	3.5~4.5Pb 3.0~5.0Zn 余量 Cu	220/250	3/5	890/90	重要的耐磨零件,如轴承、轴套、蜗轮、丝杠、螺母
QAl 7	Al 6.0~8.0	余量 Cu	470/980	3/70	70/154	重要用途的弹性元件
QAl9-4	Al 8.0~10.0	2.0~4.0Fe 余量 Cu	550/900	4/5	110/180	耐磨零件和在蒸汽及海水中工作的高强度、耐蚀零件
QBe2	Be 1.8~2.1	0.2~0.5Ni 余量 Cu	500/850	3/40	84/247	重要的弹性元件,耐磨件及在高速、高压、高温下工作的轴承
QSi3-1	Si 2.7~3.5	1.0~1.5Mn 余量 Cu	370/700	3/55	80/180	弹性元件;在腐蚀介质下工作的耐磨零件,如齿轮

注 力学性能数值中分母数值为50%变形程度的硬化状态测定,分子数值为600℃下退火状态下测定。

表 2-41 铸造青铜的牌号、化学成分、力学性能和用途

牌号	化学成分（质量分数，%）		力学性能			用途
	第一主加元素	其他	σ_b/MPa	σ/%	HBS	
ZCuSn5Pb5Zn5	Sn 4.0～6.0	4.0～6.0Zn 4.0～6.0Pb 余量 Cu	$\frac{200}{200}$	13/3	60/60	较高负荷、中速的耐磨、耐蚀零件，如轴瓦、缸套、蜗轮
ZCuSn10Pb1	Sn 9.0～11.5	0.5～1.0Pb 余量 Cu	$\frac{200}{310}$	3/2	80/90	高负荷、高速的耐磨零件，如轴瓦、衬套、齿轮
ZCuPb30	Pb 27.0～33.0	余量 Cu			/25	高速双金属轴瓦
ZCuAl9Mn2	Al 8.0～10.0	1.5～2.5Mn 余量 Cu	$\frac{390}{440}$	20/20	85/95	耐蚀、耐磨零件，如齿轮、衬套、蜗轮

注 力学性能中分子为砂型铸造试样测定，分母为金属型铸造测定。

（4）铜的吸气性很强，氢在焊缝凝固过程中溶解度变化大（液固态转变时的最大溶解度之比达 3.7，而铁仅为 1.4），来不及逸出，易使焊缝中产生气孔。氧化物及其他杂质与铜生成低熔点共晶体，分布于晶粒边界，易产生热裂纹。

（5）焊接黄铜时，由于锌沸点低，易蒸发和烧损，会使焊缝中含锌量低，从而降低接头的强度和耐蚀性。向焊缝中加入硅和锰，可减少锌的损失。

（6）铜及铜合金在熔焊过程中，晶粒会严重长大，使接头塑性和韧性显著下降。

铜及铜合金焊接主要采用气焊、惰性气体保护焊、埋弧焊、钎焊等方法。铜及铜合金导热性能好，所以焊接前一般应预热。钨极氩弧焊采用直流正接。气焊时，纯铜采用中性焰或弱碳化焰，黄铜则采用弱氧化焰，以防止锌的蒸发。

（三）钛及钛合金的分类和焊接特点

钛及其合金是20世纪50年代出现的一种新型结构材料。由于它的密度小（约为钢的1/2）、强度高、耐高温、抗腐蚀、资源丰富，现在已成为机械、医疗、航天、化工、造船和国防工业生产中广泛应用的材料。

1. 钛

纯钛是银白色的，密度小（4.5g/cm^3），熔点高（1667℃），热膨胀系数小。钛有塑性好，强度低，容易加工成形，可制成细丝、薄片；在550℃以下有很好的抗腐蚀性，不易氧化，在海水和水蒸气的抗腐蚀能力比铝合金、不锈钢和镍合金还高。

钛的物理性能、力学性能，钛及钛合金的分类及特点、钛合金的有关术语、钛合金的特性和用途见表2-42～表2-45。

加工钛及钛合金的化学成分参见GB/T 3620.1—2007。

工业纯钛的牌号、力学性能和用途见表2-46。

2. 钛合金

（1）加工钛及钛合金。钛具有同素异构现象，在882℃以下为密排六方晶格，称为α—钛（α—Ti），在882℃以上为体心立方晶体，称为β—钛（β—Ti）。因此钛合金有三种类型：α—钛合金，β—钛合金，$\alpha+\beta$—钛合金。

表 2-42 钛的物理性能和力学性能

物理性能				力学性能	
项目	数据	项目	数据	项目	数据
密度 γ/(g/cm^3)(20℃)	4.507	比热容 c/[J/(kg·K)](20℃)	522.3	抗拉强度 σ_b/MPa	235
熔点/℃	1668±10	线胀系数 α_1 (10^{-6}/K)	10.2	屈服强度 $\sigma_{0.2}$/MPa	140
沸点/℃	3260	热导率 λ/[W/(m·K)]	11.4	断后伸长率 δ(%)	54
熔化热/(kJ/mol)	18.8①	电阻率 ρ (nΩ·m)	420	硬度 HBW	60～74
汽化热/(kJ/mol)	425.8	电导率 κ (%IACS)	—	弹性模量(拉伸)E/GPa	106

① 估算值。

表 2-43 钛及钛合金的分类及特点

分类		成分特点	显微组织特点	性能特点	典型合金
α型钛合金	全α合金	含有质量分数在6%以下的铝和少量的中性元素	退火后，除杂质元素造成的少量β相外，几乎全部是α相	密度小，热强性好，焊接性能好，低间隙元素含量及有好的超低温韧性	TA4、TA5 TA6、TA7
	近α合金	除铝和中性元素外，还有少量（质量分数不超过4%）的β稳定元素	退火后，除大量α相外，还有少量的（体积分数为10%左右）β相	可热处理强化，有很好的热强性和热稳定性，焊接性能良好	—
	α+化合物合金	在全α合金的基础上添加少量活性共析元素	退火后，除大量α相外，还有少量的β相及金属间化合物	有沉淀硬化效应，提高了室温及高温抗拉强度和蠕变强度，焊接性良好	TA8及TA13

续表

分类		成分特点	显微组织特点	性能特点	典型合金
α+β型钛合金		含有一定量的铝（质量分数在6%以下）和不同量的β稳定元素及中性元素	退火后，有不同比例的α相及β相	可热处理强化，强度及淬透性随着β稳定元素含量的增加而提高，可焊性较好，一般冷成形及切削加工性能差。TC4合金在低间隙元素含量时具有良好的超低温韧性	TC1、TC2、TC3、TC4、TC6、TC8、TC9、TC10、TC11、TC12
β型钛合金	热稳定β合金	含有大量β稳定元素，有时还有少量其他元素	退火后全部为β相	室温强度较低，冷成形和切削加工性能强，在还原性介质中耐蚀性较好，热稳定性、可焊性好	TB7
	亚稳定β合金	含有临界含量以上的β稳定元素，少量的铝（一般质量分数不大于3%）和中性元素	从β相区固溶处理（水淬或空冷）后，几乎全部为亚稳定β相。在提高温度进行时效后的组织为α相、β相，有时还有少量化合物相	固溶处理后，室温强度低，冷成形和切削加工性能强，焊接性好。经时效后，室温强度高。在高屈服强度下具有高的断裂韧性，在350℃以上热稳定性差。此类合金淬透性好	TB2 TB3
	近β合金	含有临界含量左右的β稳定元素和一定量的中性元素及铝	从β相区固溶处理后有大量亚稳定β相，可能有少量其他亚稳定相（α′相或ω相），时效后，主要是α相和β相，此外，亚稳定β相可发生应变转变	除有亚稳定β合金的特点外，在固溶处理后，屈服强度低，均匀伸长率高，时效后，断裂韧性及锻件塑性较高	TB6

表 2-44 钛及钛合金的有关术语

名　称	说　　明
海绵钛	用 Mg 或 Na 还原 $TiCl_4$ 获得的非致密金属钛
碘法钛	用碘作载体从海绵钛提纯得到的纯度较高的致密金属钛，钛的质量分数可达 99.9%
工业纯钛	钛的质量分数不低于 99%并含有少量 Fe、C、O、N 和 H 等杂质的致密金属钛
钛合金	以钛为基体金属，含有其他元素及杂质的合金
α 钛合金	含有 α 稳定剂，在室温稳定状态基本为 α 相的钛合金
近 α 钛合金	α 合金中加入少量 β 稳定剂，在室温稳定状态 β 相的质量分数一般小于 10%的钛合金
α-β 钛合金	含有较多的 β 稳定剂，在室温稳定状态由 α 及 β 相所组成的钛合金，β 相的质量分数一般为 10%～50%
β 钛合金	含有足够多的 β 稳定剂，在适当的冷却速度下能使其室温组织全部为 β 相的钛合金

表 2-45 钛合金的特性和用途

名　称	特性和用途
α 型钛合金	室温强度较低，但高温强度和蠕变强度却居钛合金之首，且该类合金组织稳定，耐蚀性优良，塑性及加工成形性好，还具有优良的焊接性能和低温性能，常用于制作飞机蒙皮、骨架、发动机压缩机盘和叶片、涡轮壳以及超低温容器等
β 型钛合金	在淬火态塑性、韧性很好，冷成形性好。但由于这种合金密度大，组织不够稳定，耐热性差，因此使用不太广泛，主要是用来制造飞机中使用温度不高但强度要求高的零部件，如弹簧、紧固件及厚截面构件等
α+β 型钛合金	兼有 α 型及 β 型钛合金的特点，有非常好的综合力学性能，是应用最广泛的钛合金，在航空航天工业及其他工业部门都得到了广泛的应用

表 2-46 工业纯钛的牌号、力学性能和用途

牌号	材料状态	力学性能			用途
		σ_b/MPa	δ_5/%	α_k/(J/cm^2)	
TA1	板材	350～500	30～40	—	航空：飞机骨架、发动机部件 化工：热交换机、泵体、搅拌器 造船：耐海水腐蚀的管道、阀门、泵、柴油发动机活塞、连杆 机械：低于 350℃ 条件下工作且受力较小的零件
	棒板	343	25	80	
TA2	板材	450～600	25～30	—	
	棒板	441	20	75	
TA3	板材	550～700	20～25	—	
	棒板	539	15	50	

常温下 α—钛合金的硬度低于其他钛合金，但高温（500～600℃）条件下其强度最高，它的组织稳定，焊接性良好；β—钛合金具有很好的塑性，在 540℃以下具有较高的强度，但其生产工艺复杂，合金密度大，故在生产中用途不广；α+β—钛合金的强度、耐热性和塑性都比较好，并可以热处理强化，应用范围较广。应用最多的是 TC4（钛铝钒合金），它具有较高的强度和很好的塑性。在 400℃时，组织稳定，强度较高，抗海水腐蚀的能力强。

常用钛合金、α+β—钛合金的牌号、力学性能和用途见表 2-47、表 2-48。

表 2-47 常用钛合金的牌号、力学性能和用途

牌号	力学性能		用 途
	σ_b/MPa	δ_5/%	
TA5	686	15	与 TA1 和 TA2 等用途相似
TA6	686	20	飞机骨架、气压泵体、叶片，温度小于 400℃环境下工作的焊接零件
TA7	785	20	温度小于 500℃环境下长期工作的零件和各种模锻件

注 伸长率值指板材厚度在 0.8～1.5mm 状态下。

表 2-48 α+β—钛合金的牌号、力学性能和用途

牌号	力学性能		用途
	σ_b/MPa	δ_5/%	
TC1	588	25	低于400℃环境下工作的冲压零件和焊接件
TC2	686	15	低于500℃环境下工作的焊接件和模锻件
TC4	902	12	低于400℃环境下长期工作的零件，各种锻件、各种容器、泵、坦克履带、舰船耐压的壳体
TC6	981	10	低于350℃环境下工作的零件
TC10	1059	10	低于450℃环境下长期工作的零件，如飞机结构件、导弹发动机外壳、武器结构件

注 伸长率值指板材厚度在1.0～2.0mm的状态下。

钛及钛合金的应用情况见表2-49。

表 2-49 钛及钛合金的应用情况

产业	应用领域	具体的使用部位
航空、宇宙航行	喷气发动机部件、机身部件、火箭、人造卫星、导弹等部件	压气机和风扇叶片、盘、机匣、导向叶片、轴、起落架、襟翼、阻流板、发动机舱、隔板、翼梁、燃料箱、火箭燃烧室、助推器
化学、石油化工及其他一般工业	尿素、乙酸、丙酮、三聚氰酰胺、硝酸、IPA、PO、己二酸、对苯二甲酸、丙烯腈、丙烯丙酰胺、丙烯酸酯、无水马来酸、谷氨酸、浓漂白粉、造纸、纸浆	热交换器、反应槽、反应塔、压力釜、蒸馏塔、凝缩器、离心分离机、搅拌器、鼓风机、阀、泵、管道、计测器

续表

产业	应用领域	具体的使用部位
化学、石油化工及其他一般工业	苏打、氯气	电极基板、电解槽
	表面处理	电镀用夹具、电极
	冶金	铜箔用滚筒、电解精炼用电极、EGL电镀电极
	环保（排气、排液、除尘）	粪尿处理设备
发电、海水淡化	原子能、火力、地热发电、蒸发式海水淡化装置	透平冷凝器、冷凝器、管板、透平叶片、传热管
海洋开发、能源	石油、天然气开采	提升管
	石油精炼、LNG	热交换器
	深海潜艇、海洋温差发电	耐压壳体
	水产养殖	渔网
	核废物处理/再处理/浓缩	离心分离机、磁体外套
土木建筑	屋顶、大厦的外装、港湾设施（如桥梁、海底隧道）	屋顶、外壁、装饰物、小配件类、立柱装饰、外装、纪念碑、标牌、门牌、栏杆、管道、耐蚀被覆、工具类
运输机械	汽车部件（四轮车、二轮车）	连杆、阀门、护圈、弹簧、螺栓、螺母、油箱
	船用部件	热交换器、喷射簧片、水翼、通气管、螺旋桨
	铁路（直线性电机车及其他）	架式受电弓、低温恒温器、超导电动机
医疗及其他	通信、光学仪器	照相机、曝光装置、印相装置、电池、海底中继器
	音响设备	振动板
	医疗、保健、福利	人工关节、齿科材料、手术器具、起波器、轮椅、手杖、碱离子净水器

续表

产业	应用领域	具体的使用部位
体育用品	自行车零件	构架、胎圈、辐条、脚踏
	装饰品、佩戴物	手表、眼镜框架、装饰品、剪子、剃须刀、打火机
	体育娱乐用品及其他	高尔夫球头、网球拍、登山工具、滑雪板、套架、雪橇、雪铲、马掌铁、击剑面具、钓具、游艇部件、氧气瓶、潜水刀、热水瓶、炒锅、家具、记录用具、印章、玩具

（2）铸造钛及钛合金。铸造钛及钛合金的化学成分、特性和用途见表 2-50、表 2-51。

3. 钛及钛合金的焊接特点

（1）易受气体等杂质污染而脆化。常温下钛及钛合金比较稳定，与氧生成致密的氧化膜具有较高的耐腐蚀性能。但在 540℃以上高温生成的氧化膜则不致密，随着温度的升高，容易被空气、水分、油脂等污染，吸收氧、氢、碳等，降低了焊接接头的塑性和韧性，在熔化状态下尤为严重。因此，焊接时对熔池及温度超过 400℃的焊缝和热影响区（包括熔池背面）都要加以妥善保护。

在焊接工业纯钛时，为了保证焊缝质量，对杂质的控制均应小于国家现行技术条件 GB/T 3621—2007《钛及钛合金板材》规定的钛合金母材的杂质含量。

（2）焊接接头晶粒易粗化。由于钛的熔点高，热容量大，导热性差，焊缝及近缝区容易产生晶粒粗大，引起塑性和断裂韧度下降。因此，对焊接热输入要严格控制，焊接时通常用小电流、快速焊。

（3）焊缝有易形成气孔的倾向。钛及钛合金焊接，气孔是较为常见的工艺性缺陷。形成的因素很多，也很复杂，O_2、N_2、H_2、CO 和 H_2O 都可能引起气孔。但一般认为氢气是引起气孔的主要原因。气孔大多集中在熔合线附近，有时也发生在焊缝中心线附

表 2-50 铸造钛及钛合金的化学成分(GB/T 15073—1994)

铸造钛及钛合金		化学成分(质量分数,%)													
		主要成分						杂质≤							
牌号	代号	Ti	Al	Sn	Mo	V	Nb	Fe	Si	C	N	H	O	其他元素 单个	其他元素 总和
ZTi1	ZTA1	基	—	—	—	—	—	0.25	0.10	0.10	0.03	0.015	0.25	0.10	0.40
ZTi2	ZTA2	基	—	—	—	—	—	0.30	0.15	0.10	0.05	0.015	0.35	0.10	0.40
ZTi3	ZTA3	基	—	—	—	—	—	0.40	0.15	0.10	0.05	0.015	0.40	0.10	0.40
ZTiAl4	ZTA5	基	3.3～4.7	—	—	—	—	0.30	0.15	0.10	0.04	0.015	0.20	0.10	0.40
ZTiAl5Sn2.5	ZTA7	基	4.0～6.0	2.0～3.0	—	—	—	0.50	0.15	0.10	0.05	0.015	0.20	0.10	0.40
ZTiMo32	ZTB32	基	—	—	30.0～34.0	—	—	0.30	0.15	0.10	0.05	0.015	0.15	0.10	0.40
ZTiAl6V4	ZTC4	基	5.5～6.8	—	—	3.5～4.5	—	0.40	0.15	0.10	0.05	0.015	0.25	0.10	0.40
ZTiAl6Sn4.5Nb2Mo1.5	ZTC21	基	5.5～6.5	4.0～5.0	1.0～2.0	—	1.5～2.0	0.30	0.15	0.10	0.05	0.015	0.20	0.10	0.40

表 2-51 铸造钛及钛合金的特性和用途

代号	牌号	主要特性	用途举例
ZTA1	ZTi1	与 TA1 相似	与 TA1 相近
ZTA2	ZTi2	与 TA2 相似	与 TA2 相近
ZTA3	ZTi3	与 TA3 相似	与 TA3 相近
ZTA5	ZTiAl4	与 TA5 相似	与 TA5 相近
ZTA7	ZTiAl5Sn2.5	与 TA7 相似	与 TA7 相近
ZTC4	ZTiAl6V4	与 TC4 相似	与 TC4 相近
ZTB32	ZTiMo32	耐蚀性高，在沸腾的体积分数为40%硫酸和体积分数为20%的盐酸溶液中的耐蚀性能比工业纯钛有显著提高，是目前最耐还原性介质腐蚀的钛合金之一，但在氧化性介质中的耐蚀性能很低 随着含钼量提高（过高），合金将变脆，加工工艺性能变差	主要用于化学工业中制作受还原性介质腐蚀的各种化工容器和化工机器结构件

近。氢在钛中的溶解度随着温度的升高而降低，在凝固温度处就有跃变。熔池中部比熔池边缘温度高，故熔池中部的氢易向熔池边缘扩散富集。

防止焊缝气孔的关键是杜绝有害气体的一切来源，防止焊接区域被污染。

（4）易形成冷裂纹。由于钛及钛合金中的硫、磷、碳等杂质很少，低熔点共晶难以在晶界出现，而且结晶温度区较窄和焊缝凝固时收缩量小时，所以很少会产生热裂纹。但是焊接钛及钛合金时极易受到氧、氢、氮等杂质污染，当这些杂质含量较高时，焊缝和热影响区性能变脆，在焊接应力作用下易产生冷裂纹。其中氢是产生冷裂纹的主要原因。氢从高温熔池向较低温度的热影响区扩散，当该区氢富集到一定程度将从固溶体中析出 TiH_2 使之脆化；随着 TiH_2 析出将产生较大的体积变化而引起较大的内应力。这些因素，促成了冷裂纹的生成，而且具有延迟性质。

防止钛及钛合金焊接冷裂纹的重要措施，主要是避免氢的有害作用，减少和消除焊接应力。

（四）轴承钢及轴承合金

1. 轴承钢

轴承钢具有高的硬度、抗压强度、接触疲劳强度和耐磨性，必要的韧性，以及能够满足某些条件下的耐蚀性、耐高温性能要求。从成分和特性上看，轴承钢分为高碳铬轴承钢、渗碳轴承钢、不锈轴承钢和高温轴承钢。

（1）高碳铬轴承钢。高碳铬轴承钢淬透性好，淬火后可获得高而均匀的硬度，耐磨性好，组织均匀，疲劳寿命长，但大载荷冲击时的韧性较差，主要用作一般使用条件下滚动轴承的套圈和滚动体。高碳铬轴承钢的化学成分、硬度、特性及用途见表 2-52～表 2-54。

（2）高碳铬不锈轴承钢。95Cr18 钢是高碳、高铬马氏体不锈钢，淬火后有高硬度和高耐蚀性。102Cr17Mo 钢是在 95Cr18 钢中加入钼发展起来的。和 95Cr18 钢相比，102Cr17Mo 钢淬火后的硬度和稳定性更好。这两种不锈钢可用于制造在腐蚀环境下及无润滑的强氧化气氛中工作的轴承，如船舶、化工、石油机械中的轴承及航海仪表上的轴承等，也可作为耐蚀高温轴承材料，但使用温度不能超过 250℃。此外，它们还可以用作医疗手术刀具。

高碳铬不锈轴承钢的牌号、化学成分、力学性能、特性和用途见表 2-55～表 2-57。

（3）渗碳轴承钢。渗碳轴承钢的含碳量低，经表面渗碳后心部仍具有良好的韧性，能够承受较大的冲击载荷，表面硬度高、耐磨，主要用作大型机械、受冲击载荷较大的轴承。

渗碳轴承钢的牌号、化学成分、力学性能、特性和用途见表 2-58～表 2-60。

2. 轴承合金

（1）轴承合金的性能。轴承合金是用来制造滑动轴承的材料，滑动材料是机床、汽车和拖拉机的重要零件，在工作中要承受较大的交变载荷，因此轴承合金应具有下列性能：

表 2-52 高碳铬轴承钢的化学成分(GB/T 18254—2002)

牌号	化学成分(质量分数,%)											
	C	Si	Mn	Cr	Mo	P	S	Ni	Cu	Ni+Cu	O	
											模铸钢	连铸钢
						≤						
GCr4	0.95～1.05	0.15～0.30	0.15～0.30	0.35～0.50	≤0.08	0.025	0.020	0.25	0.20	—	15×10^{-6}	12×10^{-6}
GCr15	0.95～1.05	0.15～0.35	0.25～0.45	1.40～1.65	≤0.10	0.025	0.025	0.30	0.25	0.50	15×10^{-6}	12×10^{-6}
GCr15SiMo	0.95～1.05	0.45～0.75	0.95～1.25	1.40～1.65	≤0.10	0.025	0.025	0.30	0.25	0.50	15×10^{-6}	12×10^{-6}
GCr15SiMo	0.95～1.05	0.65～0.85	0.20～0.40	1.40～1.70	0.30～0.40	0.027	0.020	0.30	0.25	—	15×10^{-6}	12×10^{-6}
GCr18Mo	0.95～1.05	0.20～0.40	0.25～0.40	1.65～1.95	0.15～0.25	0.025	0.020	0.25	0.25	—	15×10^{-6}	12×10^{-6}

表 2-53　　高碳铬轴承钢的球化和软化退火钢材硬度（GB/T 18254—2002）

牌　号	布氏硬度 HBW
GCr4	179～207
GCr15	179～207
GCr15SiMn	179～217
GCr15SiMo	179～217
GCr18Mo	179～207

表 2-54　　高碳铬轴承钢的特性和用途

牌号	主要特性	用途举例
GCr4	国内研制的新牌号，是一种节能、节资源（Cr、Mn、Si、Mo）、抗冲击的低淬透性轴承钢。采用全淬透热处理的整体感应淬火处理方法，既可使材料表层具有全淬硬高碳铬轴承钢的高硬度、高耐磨性优点，又可使心部获得高韧性、抗冲击的特性	成功应用于铁道车辆的轴箱轴承，改善了用 GCr15SiMn 钢或 GCr15 钢制造轴承内圈及挡边时因脆断而造成的轴承失效，使轴承寿命较原来提高一倍
GCr15	综合性能良好；淬火和回火后硬度高而均匀，耐磨性、接触疲劳强度高；热加工性好，球化退火后有良好的可加工性，但对形成白点敏感	制造内燃机、电机车、机床、拖拉机、轧钢设备、钻探机、铁道车辆以及矿山机械等传动轴上的钢球、滚子和轴套等
GCr15SiMn	该牌号是在 GCr15 钢的基础上适当提高 Si、Mn 的含量制成的，改善了淬透性和弹性极限，耐磨性也较 GCr15 好，但白点形成敏感，有回火脆性，冷加工塑性变形中等	制造大型轴承、钢球和滚子等

续表

牌号	主要特性	用途举例
GCr15SiMo	新型高淬透性轴承材料，具有良好的淬透性、淬硬性及高的抗接触疲劳性能	用于制造特大型重载轴承
GCr18Mo	新型高淬透性轴承材料，与GCr15钢、GCr15SiMn钢比，明显提高了Cr的含量，添加了适量的Mo元素。采用下贝氏体等温淬火热处理工艺，可获得下贝氏体组织和较低的残留奥氏体含量，与具有贝氏体组织的GCr15钢相比，具有更高的冲击韧度和断裂韧度	用于制造铁道车辆等重型机械的大型轴承

表 2-55　高碳铬不锈轴承钢的化学成分（GB/T 3086—2008）

新牌号	旧牌号	化学成分（质量分数,%）									
		C	Si	Mn	P	S	Cr	Mo	Ni	Cu	Ni+Cu
			≤						≤		
G95Cr18	9Cr18	0.90～1.00	0.80	0.80	0.035	0.030	17.00～19.00	—	0.30	0.25	0.50
G102Cr18Mo	9Cr18Mo	0.95～1.10	0.80	0.80	0.035	0.030	16.00～18.00	0.40～0.70	0.30	0.25	0.50
G65Cr14Mo	—	0.60～0.70	0.80	0.80	0.035	0.030	13.00～15.00	0.50～0.80	0.30	0.25	0.50

表 2-56 高碳铬不锈轴承钢的力学性能（GB/T 3086—2008）

序号	指 标
1	直径大于 16mm 的钢材退火状态的布氏硬度应为 197～255HBW
2	直径不大于 16mm 的钢材退火状态的抗拉强度应为 590～835MPa
3	磨光状态的钢材力学性能允许比退火状态波动＋10％

表 2-57 高碳铬不锈轴承钢的特性和用途

牌号	主要特性	用途举例
G95Cr18	高碳马氏体不锈钢，淬火后具有较高的硬度和耐磨性，在大气、水以及某些酸类和盐类的水溶液中具有优良的耐蚀性	用于制造在腐蚀条件下承受高度摩擦的轴承等零件
G102Cr18Mo	高碳高铬马氏体不锈钢，具有较高的硬度和耐回火性，良好的耐蚀性	制造在腐蚀环境和无润滑强氧化气氛中工作的轴承零件，如船舶、石油、化工机械中的轴承、航海仪表轴承等

表 2-58 渗碳轴承钢的化学成分（GB/T 3203—1982）

<table>
<tr><th rowspan="3">牌号</th><th colspan="9">化学成分（质量分数,%）</th></tr>
<tr><th rowspan="2">C</th><th rowspan="2">Si</th><th rowspan="2">Mn</th><th rowspan="2">Cr</th><th rowspan="2">Ni</th><th rowspan="2">Mo</th><th>Cu</th><th>P</th><th>S</th></tr>
<tr><th colspan="3">≤</th></tr>
<tr><td>G20CrMo</td><td rowspan="4">0.17～0.23</td><td>0.20～0.35</td><td>0.65～0.95</td><td rowspan="3">0.35～0.65</td><td>—</td><td>0.08～0.15</td><td rowspan="6">0.25</td><td rowspan="6">0.030</td><td rowspan="6">0.030</td></tr>
<tr><td>G20CrNiMo</td><td rowspan="5">0.15～0.40</td><td>0.60～0.90</td><td>0.40～0.70</td><td>0.15～0.30</td></tr>
<tr><td>G20CrNi2Mo</td><td>0.40～0.70</td><td>1.60～2.00</td><td>0.20～0.30</td></tr>
<tr><td>G20Cr2Ni4</td><td>0.30～0.60</td><td>1.25～1.75</td><td>3.25～3.75</td><td>—</td></tr>
<tr><td>G10CrNi3Mo</td><td>0.08～0.13</td><td>0.40～0.70</td><td>1.00～1.40</td><td>3.00～3.50</td><td>0.08～0.15</td></tr>
<tr><td>G20Cr2Mn2Mo</td><td>0.17～0.23</td><td>1.30～1.60</td><td>1.70～2.00</td><td>≤0.30</td><td>0.20～0.30</td></tr>
</table>

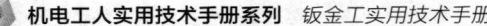

表 2-59 渗碳轴承钢的纵向力学性能(GB/T 3203—1982)

<table>
<tr><th rowspan="3">牌号</th><th rowspan="3">试样毛坯直径/mm</th><th colspan="3">淬火</th><th colspan="2">回火</th><th colspan="4">力学性能</th></tr>
<tr><th colspan="2">温度/℃</th><th rowspan="2">淬火冷却介质</th><th rowspan="3">温度/℃</th><th rowspan="3">冷却介质</th><th>抗拉强度 σ_b/MPa</th><th>断后伸长率 δ_5/%</th><th>断面收缩率 /ψ/%</th><th>冲击韧度 α_k k/(kJ/m^2)</th></tr>
<tr><th>第一次淬火</th><th>第二次淬火</th><th colspan="4">≥</th></tr>
<tr><td>G20CrNiMo</td><td>15</td><td rowspan="2">880±20</td><td>790±20</td><td rowspan="5">油</td><td rowspan="4">150~200</td><td rowspan="5">空气</td><td>1176</td><td>9</td><td rowspan="4">45</td><td rowspan="4">784</td></tr>
<tr><td>G20CrNi2Mo</td><td>25</td><td>800±20</td><td>980</td><td>13</td></tr>
<tr><td>G20Cr2Ni4</td><td rowspan="3">15</td><td>870±20</td><td>790±20</td><td>1176</td><td>10</td></tr>
<tr><td>G10CrNi3Mo</td><td rowspan="2">880±20</td><td rowspan="2">810±20</td><td>1078</td><td rowspan="2">9</td></tr>
<tr><td>G20Cr2Mn2Mo</td><td>180~200</td><td>1274</td><td>40</td><td>686</td></tr>
</table>

表 2-60 渗碳轴承钢的特性和用途

牌号	主要特性	用途举例
G20CrMo	G20CrMo 钢为低合金渗碳钢，经过渗碳、淬火、回火之后，表层硬度较高、耐磨性较好，而心部硬度低、韧性好	适于制作耐冲击载荷的机械零件，如汽车齿轮、活塞杆、螺栓、滚动轴承等
G20CrNiMo	G20CrNiMo 钢有良好的塑性、韧性和强度。在渗碳或碳氮共渗后，其疲劳强度比 GCr15 钢高很多，淬火后表面耐磨性与 GCr15 钢相近，二次淬火后表面耐磨性比 GCr15 钢高得多，而心部韧性好	用于制作受冲击载荷的汽车轴承及其他用途的中小型轴承，也可制作汽车、拖拉机用的齿轮及钻探用牙轮钻头的牙爪及牙轮体
G20CrNi2Mo	G20CrNi2Mo 钢的表面硬化性能中等，冷加工和热加工塑性较好，可制成棒材、板材、钢带及无缝钢管	适于制作汽车齿轮、活塞杆、圆头螺栓、万向联轴器及滚动轴承等
G20Cr2Ni4	G20Cr2Ni4 钢是常用的渗碳合金结构钢。在渗碳、淬火、回火后，其表面有高硬度、高耐磨性及高接触疲劳强度，而心部有良好的韧性，可承受强烈的冲击载荷。其焊接性中等，焊前需预热至 150℃。G20Cr2Ni4 钢对白点有敏感性，有回火脆性	用于制作耐冲击载荷的大型轴承，如轧钢机轴承，也用于制作坦克、推土机上的轴、齿轮等
G10CrNi3Mo	—	用于制作承受冲击载荷大的大中型轴承
G20Cr2Mn2Mo	G20Cr2Mn2Mo 钢是优质低碳合金钢，在渗碳、淬火、回火后有相当高的硬度、耐磨性和高接触疲劳强度，同时心部又有较高的韧性。与 G20Cr2Ni4 钢相比，两者基本性能相近，工艺性各有特点	制造高冲击载荷的特大型轴承，如轧钢机、矿山机械的轴承，也用于制造承受冲击载荷大、安全性要求高的中小型轴承，是适应我国资源特点创新的新钢种

1）足够的强度和硬度，以承受轴颈较大有压力。

2）高的耐磨性和小的摩擦因数，以减小轴颈的磨损。

3）足够的塑性和韧性，较高抗疲劳强度，以承受轴颈交变载荷，并抵抗冲击和振动。

4）良好的导热性和耐蚀性，以利于热量的散失和抵抗润滑油的腐蚀。

5）良好的磨合性，使其与轴颈能较快地紧密配合。

（2）轴承合金的分类。常用的轴承合金有锡基轴承合金、铅基轴承合金和铝基轴承合金三类。

1）锡基轴承合金。锡基轴承合金也叫锡基巴氏合金，简称巴氏合金，它是以锡为基，加入了锑、铜等元素组成的合金。这种合金具有适中的硬度，小的摩擦因数，较好的塑性及韧性，优良的导热性和耐蚀性等优点，常用于重要的轴承。

这类合金的代号表示方法为："Zch"（"铸"及"承"两字的汉语拼音字母字头）＋基体元素和主加元素符号＋主加元素与辅加元素的含量。如 ZchSnSb11-6 为锡基轴承合金，主加元素锑的含量为 11%，辅加元素铜的含量为 6%，其余为锡。

锡基轴承合金的牌号、化学成分、力学性能和用途见表 2-61。

表 2-61　锡基轴承合金的牌号、化学成分、力学性能和用途

牌号	化学成分/%					HBS (≥)	用途
	Sb	Cu	Pb	杂质	Sn		
ZchSnSb12-4-10	11.0～13.0	2.5～5.0	9.0～11.0	0.55	量余	29	一般发动机的主轴承，但不适于高温条件
ZchSnSb11-6	10.0～12.0	5.5～6.5	—	0.55	量余	27	1500kW 以上蒸汽机、3700kW 涡轮压缩机、涡轮泵及高速内燃机的轴承
ZchSnSb8-4	7.0～8.0	3.0～4.0	—	0.55	量余	24	大型机器轴承及载货汽车发动机轴承
ZchSnSb4-4	4.0～5.0	4.0～5.0	—	0.50	量余	20	涡轮内燃机的高速轴承及轴承衬套

2）铅基轴承合金。铅基轴承合金也叫铅基巴氏合金，它通常是以铅锑为基，加入锡、铜元素组成的轴承合金。它的强度、硬度、韧性低于锡基轴承合金，且摩擦因数较大，故只用于中等负荷的轴承，由于其价格便宜，在可能的情况下应尽量用其代替锡基轴承合金。

铅基轴承合金的牌号表示方法与锡基轴承合金的表示方法相同，见表 2-62。

表 2-62　铅基轴承合金的牌号、化学成分、力学性能和用途

牌号	化学成分/%					HBS（≥）	用途
	Sb	Cu	Sn	杂质	Pb		
ZchSnSb 16-16-2	15.0～17.0	1.5～2.0	1.5～17.0	0.60	量余	30	110～880kW 蒸汽涡轮机、150～750kW 电动机和小于 1500kW 起重机中重载推力轴承
ZchSnSb 15-5-3	14.0～16.0	2.5～3.0	5.0～6.0	0.40	Cd 1.75～2.25 As 0.6～1.0 Pb 量余	32	船舶机械、小于 250kW 电动机、水泵轴承
ZchSnSb 15-10	14.0～16.0	—	9.0～11.0	0.50	余量	24	高温、中等压力下机械轴承
ZchSnSb 15-5	14.0～15.5	0.5～1.0	4.0～5.5	0.75	量余	20	低速、轻压力下机械轴承
ZchSnSb 10-6	9.0～11.0	—	5.0～7.0	0.75	量余	18	重载、耐蚀、耐磨轴承

3）铝基轴承合金。目前采用的铝基轴承合金有铝锑镁轴承合

金和高锡铝基轴承合金。这类合金不是直接浇铸成形的，而是采用铝基轴承合金带与低碳钢带（08 钢）一起轧成双金属带然后制成轴承。

铝锑镁轴承合金以铝为基，加入了锑（3.5%～4.5%）和镁（0.3%～0.7%）。由于镁的加入改善了合金的塑性和韧性，提高了屈服点。目前这种合金已大量应用在低速柴油机等轴承上。

高锡铝基轴承合金以铝为基，加入了约 20%的锡和 1%的铜。这种合金具有较高的抗疲劳强度，良好的耐热、耐磨和抗蚀性。已在汽车、拖拉机、内燃机车上推广应用。

（五）硬质合金

硬质合金由硬度和熔点均很高的碳化钨、碳化钛和金属黏结剂钴（Co）用粉末冶金技术烧结制成的材料，与由冶炼技术制成的钢材性质完全不同。其特点是硬度高、红硬性高、耐磨性好、抗压强度高，是热膨胀系数很小的一种工具材料，因而将硬质合金与工具钢可以归于同一体系。但其性脆不耐冲击，其工艺性也较差。

硬质合金按其成分和性能可分为三类：钨钴类硬质合金、钨钛钴类硬质合金、钨钛钽（铌）钴类硬质合金。由于这三类硬质合金中，主要硬质相均为 WC，称为 WC 基硬质合金。

（1）钨钴类（WC-Co）硬质合金。合金中的硬质相是 WC，黏结相是 Co，代号为“K”。旧标准中用“YG”（“硬”“钴”两字的汉语拼音字母字头）+数字（含钴量的百分数）来表示。如 YG8，表示钨钴类硬质合金，含钴量为 8%。

（2）钨钛钴类（WC-TiC-Co）硬质合金。合金中的硬质相是 WC，TiC，粘结相是 Co，代号为“P”。旧标准中用“YT”（“硬”“钛”两字的汉语拼音字母字头）+数字（含钛量的百分数）来表示。

（3）钨钛钽（铌）钴类［WC-TiC-TaC（NbC）-Co］硬质合金。它是在 P 类合金中加 TaC（NbC）烧结出来的，其代号为“M”。旧标准又称“通用硬质合金”，用“YW”（“硬”“万”两字的汉语拼音字母字头）+数字（顺序号）来表示。

常用硬质合金的牌号、化学成分和力学性能见表 2-63。

表 2-63 常用硬质合金的牌号、化学成分和力学性能

类别	牌号	化学成分（质量分数，%）				物理性能			力学性能				
		WC	TiC	TaC（NbC）	Co	密度 /（g/cm³）	热导率 /[W/（m·K）]	线胀系数 /（10⁻⁶/K）	硬度 HRA	抗弯强度 /MPa	抗压强度 /MPa	弹性模量 /GPa	冲击韧度 /（kJ/m²）
钨钴类	K01（YG3）	97	—	—	3	14.9～15.3	87.9	—	91	1200	—	680～690	—
	K01（YG3X）	96.5	—	<0.5	3	15.0～15.3	—	4.1	91.5	1100	5400～5630	—	—
	K20（YG6）	94	—	—	6	14.6～15.0	79.6	4.5	89.5	1450	4600	630～640	约 30
	K10（YG6X）	93.5	—	<0.5	6	14.6～15.0	79.6	4.4	91	1400	4700～5100	—	约 20
	K30（YG8）	92	—	—	8	14.5～14.9	75.4	4.5	89	1500	4470	600～610	约 40
	K30（YG8C）	92	—	—	8	14.5～14.9	75.4	4.8	88	1750	3900	—	约 60
	K10（YG6A）	91	—	3	6	14.9～15.3	—	—	91.5	1400	—	—	—
	K20，K30（YG8N）	91	—	1	8	14.5～14.9	—	—	89.5	1500	—	—	—

续表

类别	牌号	化学成分（质量分数，%）				物理性能			力学性能				
		WC	TiC	TaC（NbC）	Co	密度/(g/cm³)	热导率/[W/(m·K)]	线胀系数/(10^{-6}/K)	硬度 HRA	抗弯强度/MPa	抗压强度/MPa	弹性模量/GPa	冲击韧度/(kJ/m²)
钨钛钴类	P01（YT30）	66	30	—	4	9.3～9.7	20.9	7.0	92.5	900	—	400～410	3
	P10（YT15）	79	15	—	6	11.0～11.7	33.5	6.51	91	1150	3900	520～530	—
	P20（YT14）	78	14	—	8	11.2～12.0	33.5	6.21	90.5	1200	4200	—	7
	P30（YT5）	85	5	—	10	12.5～13.2	62.8	6.06	89.5	1400	4600	590～600	—
钨钛钽（铌）钴类	M10（YW1）	84	6	4	6	12.6～13.5	—	—	91.5	1200	—	—	—
	M20（YW2）	82	6	4	8	12.4～13.5	—	—	90.5	1350	—	—	—

注 “牌号”栏中，括号内为旧牌号。

常用硬质合金的主要特性和用途举例见表 2-64，切削加工用硬质合金的分类和用途见表 2-65 和表 2-66，切削加工用硬质合金的基本成分和力学性能见表 2-67。

表 2-64　　　　常用硬质合金的主要特性和用途举例

牌号	主要特性	用途举例
K01（YG3）	属于中晶粒合金，在 K 类合金中，耐磨性仅次于 K01、K10 合金，能使用较高的切削速度，对冲击和振动比较敏感	适于铸铁、非铁金属及其合金、非金属材料（橡胶、纤维、塑料、板岩、玻璃、石墨电极等）连续切削时的精车、半精车及精车螺纹
K01（YG3X）	属于细晶粒合金，是 K 类合金中耐磨性最好的一种，但冲击韧度较差	适于铸铁、非铁金属及其合金的精车、精镗等，也可用于合金钢、淬硬钢及钨、钼材料的精加工
K20（YG6）	属于中晶粒合金，耐磨性较高，但低于 K10、K01 合金，可使用较 K30 合金高的切削速度	适于铸铁、非铁金属及其合金、非金属材料连续切削时的粗车，间断切削时的半精车、精车，小端面精车，粗车螺纹，旋风车丝，连续端面的半精铣与精铣，孔的粗扩和精扩
K10（YG6X）	属于细晶粒合金，其耐磨性较 K20 合金高，而使用强度接近 K20 合金	适于冷硬铸铁、耐热钢及合金钢的加工，也适于普通铸铁的精加工，并可用于仪器仪表工业小型刀具及小模数滚刀
K30（YG8）	属于中晶粒合金，使用强度较高，抗冲击和抗振动性能较 K20 合金好，耐磨性和允许的切削速度较低	适于铸铁、非铁金属及其合金、非金属材料加工中的不平整端面和间断切削时的粗车、粗刨、粗铣，一般孔和深孔的钻孔、扩孔
K30（YG8C）	属于粗晶粒合金，使用强度较高，接近于 K40 合金	适于重载切削下的车刀、刨刀等

续表

牌号	主要特性	用途举例
K10 (YG6A) (YA6)	属于细晶粒合金，耐磨性和使用强度与K10（YG6X）合金相似	适于冷硬铸铁、灰铸铁、球墨铸铁、非铁金属及其合金、耐热合金钢的半精加工，也可用于高锰钢、淬硬钢及合金钢的半精加工和精加工
K20 K30 (YG8N)	属于中晶粒合金，其抗弯强度与K30合金相同，而硬度和K20合金相同，高温切削时热稳定性较好	适于冷硬铸铁、灰铸铁、球墨铸铁、白口铸铁和非铁金属的粗加工，也适于不锈钢的粗加工和半精加工
P30 (YT5)	在P类合金中，强度最高，抗冲击和抗震动性能最好，不易崩刀，但耐磨性较差	适于碳素钢及合金钢，包括钢铸件、冲压件及铸件的表皮加工，以及不平整断面和间断切削时的粗车、粗刨、半精刨，不连续面的粗铣、钻孔等
P20 (YT14)	使用强度高，抗冲击性能和抗振动性能好，但较P30合金稍差，耐磨性及允许的切削速度较P30合金高	适于在碳素钢和合金钢加工中不平整断面和连续切削时的粗车，间断切削时的半精车和精车，连续面的粗铣，铸孔的扩钻与粗扩
P10 (YT15)	耐磨性优于P20合金，但冲击韧度较P20合金差	适于碳素钢和合金钢加工中连续切削时的精车、半精车、间断切削时的小断面精车，旋风车丝，连续面的半精铣与精铣，孔的粗扩与精扩
P01 (YT30)	耐磨性及允许的切削速度较P10合金高，但使用强度及冲击韧度较差，焊接及刃磨时极易产生裂纹	适于碳素钢及合金钢的精加工，如小断面精车、精镗、精扩等

续表

牌号	主要特性	用途举例
M10 （YW1）	热稳定性较好，能承受一定的冲击负荷，通用性较好	适于耐热钢、高锰钢、不锈钢等难加工钢材的精加工和半精加工，也适于一般钢材、铸铁及非铁金属的精加工
M20 （YW2）	耐磨性稍次于 M10 合金，但使用强度较高，能承受较大的冲击负荷	适于耐热钢、高锰钢、不锈钢及高级合金钢等难加工钢材的精加工、半精加工，也适于一般钢材和铸铁及非铁金属的加工

注　“牌号”栏中，括号内的代号为旧牌号。

表 2-65　切削加工用硬质合金的分类和用途（GB/T 2075—2007）

用途大组			用途小组			
字母符号	识别颜色	被加工材料	硬切削材料			
P	蓝色	钢：除不锈钢外所有带奥氏体结构的钢和铸钢	P01 P10 P20 P30 P40 P50	P05 P15 P25 P35 P45	↑①	↓②
M	黄色	不锈钢：不锈奥氏体钢或铁素体钢、铸钢	M01 M10 M20 M30 M40	M05 M15 M25 M35	↑①	↓②
K	红色	铸铁：灰铸铁、球墨铸铁、可锻铸铁	K01 K10 K20 K30 K40	K05 K15 K25 K35	↑①	↓②

续表

用途大组			用途小组			
字母符号	识别颜色	被加工材料	硬切削材料			
N	绿色	非铁金属：铝、其他非铁金属、非金属材料	N01 N10 N20 M30	N05 N15 N25	↑①	↓②
S	褐色	超级合金和钛：基于铁的耐热特种合金、镍、钴、钛、钛合金	S01 S10 S20 S30	S05 S15 S25	↑①	↓②
H	灰色	硬材料：硬化钢、硬化铸铁材料、冷硬铸铁	H01 H10 H20 H30	H05 H15 H25	↑①	↓②

① 增加速度后，切削材料的耐磨性增加。

② 增加进给量后，切削材料的韧性增加。

表 2-66 切削加工用硬质合金的类型（GB/T 18376.1—2008）

类别	使用领域
P	长切屑材料的加工，如钢、铸钢、长切削可锻铸铁等的加工
M	通用合金，用于不锈钢、铸钢、锰钢、可锻铸铁、合金钢、合金铸铁等的加工
K	短切屑材料的加工，如铸铁、冷硬铸铁、短切屑可锻铸铁、灰铸铁等的加工
N	非铁金属、非金属材料的加工，如铝、镁、塑料、木材等的加工
S	耐热和优质合金材料的加工，如耐热钢，含镍、钴、钛的各类合金材料的加工
H	硬切削材料的加工，如淬硬钢、冷硬铸铁等材料的加工

表 2-67 切削加工用硬质合金的基本成分和力学性能（GB/T 18376.1—2008）

组别		基本成分	力学性能		
类别	分组号		洛氏硬度 HRA ≥	维氏硬度 HV3 ≥	抗弯强度 /MPa ≥
P	01	以 TiC、WC 为基，以 Co（Ni+Mo、Ni+Co）作粘结剂的合金/涂层合金	92.3	1750	700
	10		91.7	1680	1200
	20		91.0	1600	1400
	30		90.2	1500	1500
	40		89.5	1400	1750
M	01	以 WC 为基，以 Co 作粘结剂，添加少量 TiC（TaC、NbC）的合金/涂层合金	92.3	1730	1200
	10		91.0	1600	1350
	20		90.2	1500	1500
	30		89.9	1450	1650
	40		88.9	1300	1800
K	01	以 WC 为基，以 Co 作粘结剂，或添加少量 TaC、NbC 的合金/涂层合金	92.3	1750	1350
	10		91.7	1680	1460
	20		91.0	1600	1550
	30		89.5	1400	1650
	40		88.5	1250	1800
N	01	以 WC 为基，以 Co 作粘结剂，或添加少量 TaC、NbC 或 CrC 的合金/涂层合金	92.3	1750	1450
	10		91.7	1680	1560
	20		91.0	1600	1650
	30		90.0	1450	1700
S	01	以 WC 为基，以 Co 作粘结剂，或添加少量 TaC、NbC 或 TiC 的合金/涂层合金	92.3	1730	1500
	10		91.5	1650	1580
	20		91.0	1600	1650
	30		90.5	1550	1750

续表

组别		基本成分	力学性能		
类别	分组别		洛氏硬度 HRA ≥	维氏硬度 HV3 ≥	抗弯强度 /MPa ≥
H	01	以 WC 为基，以 Co 作粘结剂，或添加少量 TaC、NbC 或 TiC 的合金/涂层合金	92.3	1730	1000
	10		91.7	1680	1300
	20		91.0	1600	1650
	30		90.5	1520	1500

第二节　金属材料的热处理知识

一、钢的热处理种类和目的

1. 热处理的目的

热处理是使固态金属通过加热、保温、冷却工序来改变其内部组织结构，以获得预期性能的一种工艺方法。

要使金属材料获得优良的力学、工艺、物理和化学等性能，除了在冶炼时保证所要求的化学成分外，往往还需要通过热处理才能实现。正确地进行热处理，可以成倍、甚至数十倍地提高零件的使用寿命。如用软氮化法处理的 3Cr2W8V 压铸模，使模具变形大为减少，热疲劳强度和耐磨性显著提高，由原来每个模具生产 400 个工件提高到可生产 30000 个工件。在机械产品中多数零件都要进行热处理，机床中需进行热处理的零件占 60%～70%，在汽车、拖拉机中占 70%～80%，而在轴承和各种工具、模具、量具中，则几乎占 100%。

热处理工艺在机械制造业中应用极为广泛，它能提高工件的使用性能，充分发挥钢材的潜力，延长工件的使用寿命。此外，热处理还可以改善工件的加工工艺性，提高加工质量。焊接工艺中也常通过热处理方法来减少或消除焊接应力，防止变形和产生裂缝。

2. 热处理的种类

根据工艺不同，钢的热处理方法可分为退火、正火、淬火、回火及表面热处理等，具体种类如图 2-2 所示。

- 热处理
  - 性能热处理
    - 退火
      - 完全退火
      - 球化退火
      - 去应力退火(低温退火)
    - 正火
    - 淬火
      - 单液淬火
      - 双液淬火
      - 分级淬火
      - 等温淬火
    - 回火
      - 低温回火
      - 中温回火
      - 高温回火(调质处理)
  - 表面热处理
    - 表面淬火
      - 火焰加热
      - 电感应加热
        - 高频
        - 中频
        - 工频
    - 化学热处理
      - 渗碳
      - 渗氮
      - 碳氮共渗(氰化)
      - 其他化学热处理

图 2-2　热处理的种类

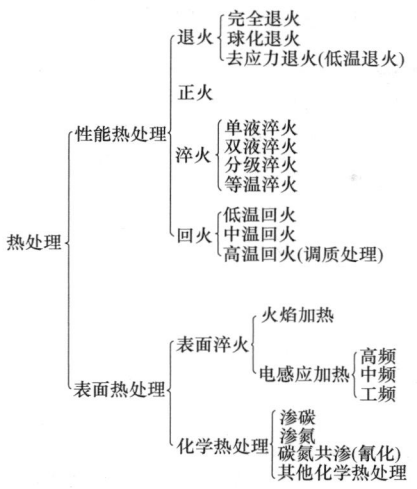

热处理方法虽然很多，但任何一种热处理工艺都是由加热、保温和冷却三个阶段组成的。因此，热处理工艺过程可用“温度—时间”为坐标的曲线图表示，如图 2-3 所示，此曲线称为热处理工艺曲线。

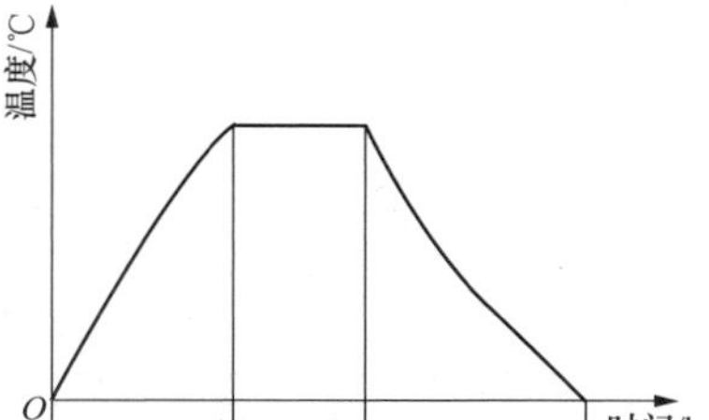

图 2-3　热处理工艺曲线图

热处理之所以能使钢的性能发生变化，其根本原因是由于铁有同素异构转变，从而使钢在加热和冷却过程中，其内部发生了组织与结构变化的结果。

（1）退火。将工件加热到临界点 Ac_1（或 Ac_3）以上 30～50℃，停留一定时间（保温），然后缓慢冷却到室温，这一热处理工艺称为退火。

退火的目的：

1）降低钢的硬度，使工件易于切削加工。

2）提高工件的塑性和韧性，以便于压力加工（如冷冲及冷拔）。

3）细化晶粒，均匀钢的组织及成分，改善钢的性能或为以后的热处理作准备。

4）消除钢中的残余应力，以防止变形和开裂。

常用退火工艺分类及应用见表 2-68。

表 2-68　　常用退火工艺的分类及应用

分类	退火工艺	应用
完全退火	加热到 Ac_3 以上 20～60℃保温缓冷	用于低碳钢和低碳合金结构钢
等温退火	将钢奥氏体化后缓冷至600℃以下空冷到常温	用于各种碳素钢和合金结构钢以缩短退火时间
扩散退火	将铸锭或铸件加热到 Ac_3 以上 150～250℃（通常是 1000～1200℃）保温 10～15h，炉冷至常温	主要用于消除铸造过程中产生的枝晶偏析现象
球化退火	将共析钢或过共析钢加热到 Ac_1 以上 20～40℃，保温一定时间，缓冷到 600℃以下出炉空冷至常温	用于共析钢和过共析钢的退火
去应力退火	缓慢加热到 600～650℃保温一定时间，然后随炉缓慢冷却（≤100℃/h）至 200℃出炉空冷	去除工件的残余应力

（2）正火。正火是将工件加热到 Ac_3（或 Ac_m）以上 30～50℃，经保温后，从炉中取出，放在空气中冷却的一种热处理方法。

正火后钢材的强度、硬度较退火要高一些，塑性稍低一些，主要因为正火的冷却速度增加，能得到索氏体组织。

正火是在空气中冷却的，故缩短了冷却时间，提高了生产效率和设备利用率，是一种比较经济的方法，因此其应用较广泛。

正火的目的：

1）消除晶粒粗大、网状渗碳体组织等缺陷，得到细密的结构组织，提高钢的力学性能。

2）提高低碳钢硬度，改善切削加工性能。

3）增加强度和韧性。

4）减少内应力。

（3）淬火。钢加热到 Ac_1（或 Ac_3）以上 30～50℃，保温一定时间，然后以大于钢的临界冷却速度 $V_{临}$ 冷却时，奥氏体将被过冷到 M_s 以下并发生马氏体转变，然后获得马氏体组织，从而提高钢的硬度和耐磨性的热处理方法，称为淬火。

淬火的目的：

1）提高材料的硬度和强度。

2）增加耐磨性。如各种刀具、量具、渗碳件及某些要求表面耐磨的零件都需要用淬火方法来提高硬度及耐磨性。

3）将奥氏体化的钢淬成马氏体，配以不同的回火，获得所需的其他性能。

通过淬火和随后的高温回火能使工件获得良好的综合性能，同时提高强度和塑性，特别是提高钢的力学性能。

淬火常用的冷却介质和冷却烈度见表 2-69。

表 2-69　　常用介质的冷却烈度

搅动情况	淬火冷却烈度（H 值）			
	空气	油	水	盐水
静止	0.02	0.25～0.30	0.9～1.0	2.0
中等	—	0.35～0.40	1.1～1.2	—
强	—	0.50～0.80	1.6～2.0	—
强烈	0.08	0.18～1.0	4.0	5.0

常用淬火方法及冷却方式如图 2-4 所示。

(4) 回火。将淬火或正火后的钢加热到低于 Ac_1 的某一选定温度，并保温一定的时间，然后以适宜的速度冷却到室温的热处理工艺，称为回火。

回火的目的：

1）获得所需要的力学性能。在通常情况下，零件淬火后强度和硬度有很大的提高，但塑性和韧性却有明显降低，而零件的实际工作条件要求有良好的强度和韧性。选择适当的温度进行回火后，提高钢的韧性，适当调整钢的强度和硬度，可以获得所需要的力学性能。

2）稳定组织、稳定尺寸。淬火组织中的马氏体和残余奥氏体有自发转化的趋势，只有经回火后才能稳定组织，使零件的性能与尺寸得到稳定，保证工件的精度。

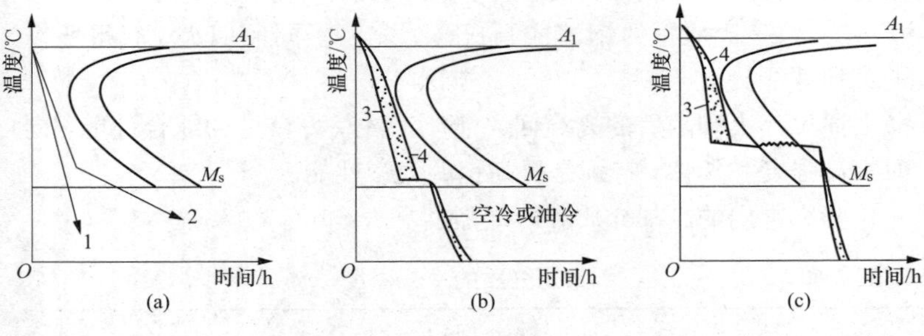

图 2-4　常用淬火方法的冷却示意图

(a) 介质淬火；(b) 马氏体分级淬火；(c) 下贝氏体等温淬火

1—单介质淬火；2—双介质淬火；3—表面；4—心部

3）消除内应力。一般淬火钢内部存在很大的内应力，如不及时消除，也将引起零件的变形和开裂。因此，回火是淬火后不可缺少的后续工艺。焊接结构回火处理后，能减少和消除焊接应力，防止裂缝。

回火工艺的种类、组织及应用见表 2-70。

表 2-70　　回火的种类、组织及应用

种类	温度范围 /℃	组织及性能	应　用
低温回火	150～250	回火马氏体 硬度 58～64HRC	用于刃具、量具、拉丝模等高硬度高耐磨性的零件
中温回火	350～500	回火托氏体 硬度 40～50HRC	用于弹性零件及热锻模等
高温回火	500～600	回火索氏体 硬度 25～40HRC	螺栓、连杆、齿轮、曲轴等

（5）调质处理。调质是指生产中将淬火和高温回火复合的热处理工艺。

调质处理的目的：使材料得到高的韧性和足够的强度，即具有良好的综合力学性能。

（6）表面淬火。在机械设备中，有许多零件（如齿轮、活塞销、曲轴等）是在冲击载荷及表面摩擦条件下工作的。这类零件表面要求高的硬度和耐磨性，而心部应要求具有足够的塑性和韧性，为满足这类零件的性能要求，应进行表面热处理。

表面淬火是仅对工件表面淬火的热处理工艺。根据加热方式的不同可分为火焰淬火、感应淬火和加热淬火等几种。

表面淬火的目的：使工件表面有较高的硬度和耐磨性，而心部仍保持原有的强度和良好的韧性。

（7）时效处理。根据时效的方式不同可分为：自然时效和人工时效。

1）自然时效是将工件在空气中长期存放，利用温度的自然变化，多次热胀冷缩，使工件的内应力逐渐消失、达到尺寸稳定目的的时效方法。

2）人工时效是将工件放在炉内加热到一定温度（钢加热到100～150℃，铸铁加热到 500～600℃），进行长时间（8～15h）的保温，再随炉缓慢冷却到室温，以达到消除内应力和稳定尺寸目的的时效方法。

时效的目的：消除毛坯制造和机械加工过程中所产生的内应力，以减少工件在加工和使用时的变形，从而稳定工件的形状和尺寸，使工件在长期使用过程中保持一定的几何精度。

二、钢的化学热处理常用方法和用途

（一）化学热处理的分类

化学热处理的种类很多，根据渗入的元素不同，可分为渗碳、渗氮、碳氮共渗、渗金属等多种。常用的渗入元素及作用见表2-71。

表 2-71　化学热处理常用的渗入元素及其作用

渗入元素	渗层深度/mm	表面硬度	作用
C	0.3～1.6	57～63HRC	提高钢件的耐磨性、硬度及疲劳极限
N	0.1～0.6	700～900HV	提高钢件的耐磨性、硬度、疲劳极限、抗蚀性及抗咬合性，零件变形小
C、N（共渗）	0.25～0.6	58～63HRC	提高钢件的耐磨性、硬度和疲劳极限
S	0.006～0.08	70HV	减摩，提高抗咬合性能
S、N（共渗）	硫化物<0.01 氮化物 0.01～0.03	300～1200HV	提高钢件的耐磨性及疲劳极限
S、C、N（共渗）	硫化物<0.01 碳氮化合物 0.01～0.03	600～1200HV	提高钢件的耐磨性及疲劳极限
B	0.1～0.3	1200～1800HV	提高钢件的耐磨性、红硬性及抗蚀性

（二）钢的化学热处理的工艺方法

1. 钢的渗碳

（1）渗碳的目的及用钢。渗碳是将钢置于渗碳介质（称为渗碳剂）中，加热到单相奥氏体区，保温一定时间，使碳原子渗入钢表层的化学热处理工艺。

渗碳的目的：提高钢件表层的含碳量和一定的碳浓度梯度。使工件渗碳后，经淬火及低温回火，表面获得高硬度，而其内部又具有良好的韧性。

渗碳件的材料一般是低碳钢或低碳合金钢。

（2）渗碳的方式。渗碳的方法根据渗碳介质的不同可分为固体渗碳、盐浴渗碳和气体渗碳三种。

1）固体渗碳：对加热炉要求不高，渗碳时间最长，劳动条件较差，工件表面的碳浓度不易控制。适用于小批量生产。

2）盐浴渗碳：操作简单，渗碳时间短，可直接淬火；多数渗剂有毒，工件表面留有残盐，不易清洗，已限制使用。适用于小批量生产。

3）气体渗碳：生产效率高，易于机械化、自动化和控制渗碳质量，渗碳后便于直接淬火。适用于大批量生产。

各种渗碳的方式及渗碳剂的使用见表 2-72～表 2-74。

表 2-72　　钢的固体渗碳方式和渗碳剂的使用

<table>
<tr><th>渗剂质量分数/%</th><th>使用方法与效果</th></tr>
<tr><td>Na_2CO_3 10
木炭 90</td><td rowspan="2">根据使用中渗剂损耗情况，添加一定比例的新剂，混合均匀后重复使用</td></tr>
<tr><td>$BaCO_3$ 10
木炭 90</td></tr>
<tr><td>$BaCO_3$ 15
Na_2CO_3 5
木炭 80</td><td>新旧渗剂的比例为 3∶7，920℃渗碳层深 1.0～1.5mm 时，平均渗速为 0.11mm/h，表面碳质量分数为 1%</td></tr>
<tr><td>Na_2CO_3 10
焦炭 30～50
木炭 55～60
重油 2～3</td><td rowspan="2">由于含碳酸钠（或醋酸钠），渗碳活性较高，速度较快，表面碳浓度高；含有焦炭时，渗剂强度高，抗烧结性能好，适于深层的大零件</td></tr>
<tr><td>Na_2CO_3 10
焦炭 75～80
木炭 10～15</td></tr>
</table>

续表

渗剂质量分数/%	使用方法与效果
0.154mm 木炭粉 50 NaCl 5 KCl 10 Na_2CO_3 15 $(NH_3)CO_3$ 20	"603"渗碳剂，用作液体渗碳盐浴的渗剂

表 2-73 钢的盐浴渗碳方式和渗碳剂的使用

盐浴质量分数/%	使用方法和效果
渗碳剂 10 NaCl 40 KCl 40 Na_2CO_3 （渗碳剂中含 0.154～0.280mm 木炭粉，质量分数为 70%，NaCl 质量分数为 30%）	20Cr 在 920～940℃的渗碳速度 渗碳时间/h 渗碳层深度/mm 1 0.55～0.65 2 0.90～1.00 3 1.40～1.50 4 1.56～1.62
Na_2CO_3 78～85 NaCl 10～15 SiC 6～8	800～900℃渗碳 30min，总层深 0.15～0.20mm，共析层 0.07～0.10mm，硬度达 72～78HRA
"603"渗碳剂 10 KCl 40～45 NaCl 30～40 Na_2CO_3 10	在 920～940℃，装炉量为盐浴总量的 50%～70%，20 钢随炉渗碳试棒的渗碳速度 保温时间/h 渗碳层深度/mm 1 >0.5 2 >0.7 3 >0.9
NaCN 4～6 $BaCl_2$ 80 NaCl 14～16	低氰盐浴较易控制，渗碳零件表面含碳量较稳定，如 20CrMnTi 和 20Cr 钢齿轮零件在 920℃渗碳 3.8～4.5h，表面碳的质量分数为 83%～87%

表 2-74　　钢的气体渗碳方式和渗碳剂的使用

渗剂质量分数	使用方法
煤油，硫的质量分数在0.04%者均可	滴入或用泵喷入渗碳炉内
甲醇与丙酮，或甲醇与醋酸乙酯按比例混合	
天然气主要成分为甲烷，含有少量的乙烷及氮气等	直接通入炉内裂解
工业丙烷及丁烷是炼油厂副产品	直接通入炉内或添加少量空气在炉内裂解
由天然气或工业内烷、丁烷或焦炉煤气与空气按一定比例混合后在高温下进行裂解	一般用吸热式气作运载气体，用天然气或丙烷作为富化气，以调整炉气碳势

（3）渗碳后的组织及热处理。零件渗碳后，其表面碳的质量分数可达0.85%～1.05%。含碳量从表面到心部逐渐减少，心部仍保持原来的含碳量。在缓冷的条件下，渗碳层的组织由表向里依次为：过共析区、共析区、亚共析区（过渡层）。中心仍为原来的组织。

渗碳只改变了工件表面的化学成分，要使其表层有高硬度、高耐磨性和心部良好的韧性相配合，渗碳后必须使零件淬火及低温回火。回火后表层显微组织为细针状马氏体和均匀分布的细粒渗碳体，硬度高达58～64HRC。心部因是低碳钢，其显微组织仍为铁素体和珠光体（某些低碳合金钢的心部组织为低碳马氏体及铁素体），所以心部有较高的韧性和适当的强度。

2. 钢的渗氮

（1）渗氮工艺及目的。渗氮是指在一定温度下，使活性氮原子渗入工件表面的化学热处理工艺。

渗氮的目的是为了提高零件表面硬度、耐磨性、耐蚀性及疲劳强度。

（2）渗氮的方法。常用的渗氮方法有：气体渗氮和离子渗氮。

渗氮的方法和特点见表2-75。

表 2-75 常用渗氮方法及特点

方法	工艺	特点
气体渗氮	将工件放在密闭的炉内，加热到 500～600℃通入氨气（NH_3），氨气分解出活性氮原子 $2NH_3 \rightarrow 2[N]+3H_2$ 活性氮原子被工件表面吸收，与工件表层 Al、Cr 、Mo 等元素形成氮化物并向心部扩散，形成 0.1～0.6mm 的氮化层	渗氮层硬度高，工件变形小，工件渗氮后具有良好的耐蚀性。但生产周期长，成本高
离子渗氮	在低于 0.1MPa 的渗氮气氛中利用工件（阴极）和阳极之间产生的辉光放电进行渗氮	除具气体渗氮的优点外，还具有速度快，生产周期短，渗氮质量高，对材料适应性强等优点

3. 碳氮共渗

(1) 碳氮共渗及特点。碳氮共渗是指在一定温度下，将碳、氮同时渗入工件表层奥氏体中，并以渗碳为主的化学热处理工艺。

碳氮共渗的方法有：固体碳氮共渗、液体碳氮共渗和气体碳氮共渗。目前使用最广泛的是气体碳氮共渗，目的在于提高钢的疲劳极限和表面硬度与耐磨性。

气体碳氮共渗的温度为 820～870℃，共渗层表面碳的质量分数为 0.7%～1.0%，氮的质量分数为 0.15%～0.5% 。热处理后，表层组织为含碳、氮的马氏体及呈细小分布的碳氮化合物。

1) 碳氮共渗的特点：加热温度低，零件变形小，生产周期短，渗层有较高的硬度、耐磨性和疲劳强度。

2) 用途：碳氮共渗目前主要用来处理汽车和机床上的齿轮、蜗杆和轴类等零件。

(2) 软氮化。软氮化是以渗氮为主的液体碳氮共渗。其常用的共渗介质是尿素［$(NH_2)_2CO$］。处理温度一般不超过 570℃，处理时间仅为 1～3h 。与一般渗氮相比，渗层硬度低，脆性小。软氮化常用于处理模具、量具、高速钢刀具等。

4. 其他化学热处理

根据使用要求不同，工件还采用其他化学热处理方法。如渗铝可提高零件抗高温氧化性；渗硼可提高工件的耐磨性、硬度及耐蚀性；渗铬可提高工件的抗腐蚀性、抗高温氧化及耐磨性等。此外化学热处理还有多元素复合渗，使工件表面具有综合的优良性能。

三、钢的热处理分类及代号

参照 GB/T 12603—2005《金属热处理工艺分类及代号》标准，钢的热处理工艺分类及代号说明如下。

1. 分类

热处理分类由基础分类和附加分类组成。

（1）基础分类。根据工艺类型、工艺名称和实现工艺的加热方法，将热处理工艺按三个层次进行分类，见表 2-76。

表 2-76　热处理工艺分类及代号（GB/T 12603—2005）

工艺总称	代号	工艺类型	代号	工艺名称	代号
热处理	5	整体热处理	1	退火	1
				正火	2
				淬火	3
				淬火和回火	4
				调质	5
				稳定化处理	6
				固溶处理，水韧处理	7
				固溶处理+时效	8
		表面热处理	2	表面淬火和回火	1
				物理气相沉积	2
				化学气相沉积	3
				等离子体增强化学气相沉积	4
				离子注入	5
		化学热处理	3	渗碳	1
				碳氮共渗	2
				渗氮	3
				氮碳共渗	4
				渗其他非金属	5
				渗金属	6
				多元共渗	7

（2）附加分类。对基础分类中某些工艺的具体条件进一步分类。包括退火、正火、淬火、化学热处理工艺的加热介质（见表 2-77）；退火工艺方法（见表 2-78）；淬火介质和冷却方法（见表 2-79）；渗碳和碳氮共渗的后续冷却工艺，以及化学热处理中非金属、渗金属、多元共渗、熔渗四种工艺按渗入元素的分类。

表 2-77　　加热介质及代号

加热方式	可控气氛（气体）	真空	盐浴（液体）	感应	火焰	激光	电子束	等离子体	固体装箱	流态床	电接触
代号	01	02	03	04	05	06	07	08	09	10	11

表 2-78　　退火工艺及代号

退火工艺	去应力退火	均匀化退火	再结晶退火	石墨化退火	脱氢处理	球化退火	等温退火	完全退火	不完全退火
代号	St	H	R	G	D	Sp	I	F	P

表 2-79　　淬火介质和冷却方法及代号

冷却介质和方法	空气	油	水	盐水	有机聚合物水溶液	盐浴	加压淬火	双介质淬火	分级淬火	等温淬火	形变淬火	气冷淬火	冷处理
代号	A	O	W	B	Po	H	Pr	I	M	At	Af	G	C

2. 代号

（1）热处理工艺代号。热处理工艺代号由以下几部分组成：基础分类工艺代号由三位数组成，附加分类工艺代号与基础分类工艺代号之间用半字线连接，采用两位数和英文字头做后缀的方法。

热处理工艺代号标记规定如下：

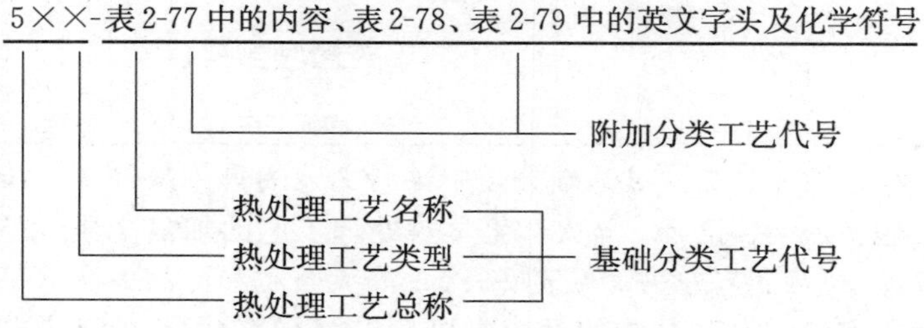

（2）基础分类工艺代号。基础分类工艺代号由三位数组成，三

位数均为JB/T 5992.7中表示热处理的工艺代号。第一位数字“5”为机械制造工艺分类与代号中表示热处理的工艺代号；第二、三位数分别代表基础分类中的第二、三层次中的分类代号。

（3）附加分类工艺代号。

1）当对基础工艺中的某些具体实施条件有明确要求时，使用附加分类工艺代号。

附加分类工艺代号接在基础分类工艺代号后面。其中加热方式采用两位数字，退火工艺和淬火冷却介质和冷却方法则采用英文字头表示。具体代号见表2-77～表2-79。

2）附加分类工艺代号，按表2-77～表2-79顺序标注。当工艺在某个层次不需要分类时，该层次用阿拉伯数字“0”代替。

3）当对冷却介质和冷却方法需要用表2-79中两个以上字母表示时，用加号将两个或几个字母连接起来，如H＋M代表盐浴分级淬火。

4）化学热处理中，没有表明渗入元素的各种工艺，如多元共渗、渗金属、渗其他非金属，可在其代号后用括号表示出渗入元素的化学符号。

（4）多工序热处理工艺代号。多工序热处理工艺代号用破折号将各工艺代号连接组成，但除第一工艺外，后面的工艺均省略第一位数字“5”，如5151-33-01表示调质和气体渗碳。

（5）常用热处理的工艺代号见表2-80。

表2-80　　常用热处理工艺代号（GB/T 12603—2005）

工　艺	代号	工　艺	代号
热处理	500	激光热处理	500-06
可控气氛热处理	500-01	电子束热处理	500-07
真空热处理	500-02	离子轰击热处理	500-08
盐浴热处理	500-03	流态床热处理	500-10
感应热处理	500-04	整体热处理	510
火焰热处理	500-05	退火	511

续表

工　艺	代号	工　艺	代号
去应力退火	511-St	感应加热淬火	513-04
均匀化退火	5111-H	流态床加热淬火	513-10
再结晶退火	511-R	流态床加热分级淬火	513-10M
石墨化退火	511-G	流态床加热盐浴分级淬火	513-10H+M
脱氢退火	511-D	淬火和回火	514
球化退火	511-Sp	调质	515
等温退火	511-I	稳定化处理	516
完全退火	511-F	固溶处理，水韧化处理	517
不完全退火	511-P	固溶处理+时效	518
正火	512	表面热处理	520
淬火	513	表面淬火和回火	521
空冷淬火	513-A	感应淬火和回火	521-04
油冷淬火	513-O	火焰淬火和回火	521-05
水冷淬火	513-W	激光淬火和回火	521-06
盐水淬火	513-B	电子束淬火和回火	521-07
有机水溶液淬火	513-Po	电接触淬火和回火	521-11
盐浴淬火	513-H	物理气相沉积	522
加压淬火	513-Pr	化学气相沉积	523
双介质淬火	513-I	等离子体增强化学气相沉积	524
分级淬火	513-M		
等温淬火	513-At	离子注入	525
形变淬火	513-Af	化学热处理	530
气冷淬火	513-G	渗碳	531
淬火及冷处理	513-C	可控气氛渗碳	531-01
可控气氛加热淬火	513-01	真空渗碳	531-02
真空加热淬火	513-02	盐浴渗碳	531-03
盐浴加热淬火	513-03	离子渗碳	531-08

续表

工　艺	代号	工　艺	代号
固体渗碳	531-09	渗硫	535(S)
流态床渗碳	531-10	渗金属	536
碳氮共渗	532	渗铝	536(Al)
渗氮	533	渗铬	536(Cr)
气体渗氮	533-01	渗锌	536(Zn)
液体渗氮	533-03	渗钒	536(V)
离子渗氮	533-08	多元共渗	537
流态床渗氮	533-10	硫氮共渗	537(S-N)
氮碳共渗	534	氧氮共渗	537(O-N)
渗其他非金属	535	铬硼共渗	537(Cr-B)
渗硼	535(B)	钒硼共渗	537(V-B)
气体渗硼	535-01(B)	铬硅共渗	537(Cr-Si)
液体渗硼	535-03(B)	铬铝共渗	537(Cr-Al)
离子渗硼	535-08(B)	硫氮碳共渗	537(S-N-C)
固体渗硼	535-09(B)	氧氮碳共渗	537(O-N-C)
渗硅	535(Si)	铬铝硅共渗	537(Cr-Al-Si)

四、非铁金属材料热处理知识

1. 常用非铁金属材料的主要特性

常用非铁金属材料的主要特性见表 2-81。

表 2-81　　常用非铁金属材料的主要特性

名　称	主　要　特　性
铜及铜合金	有优良的导电、导热性，有较好的耐蚀性，有较高的强度和好的塑性，易加工成材和铸造各种零件
铝及铝合金	密度小（约 2.7g/cm³），比强度大，耐蚀性好，导电、导热，无铁磁性，反光能力强，塑性大，易加工成材和铸造各种零件
钛及钛合金	密度小（约 4.5g/cm³），比强度大，高、低温性能好，有优良的耐蚀性

续表

名称	主要特性
镍及镍合金	有高的力学性能和耐热性能，有好的耐蚀性以及特殊的电、磁、热胀等物理性能
镁及镁合金	密度小（约 1.7g/cm³），比强度和比刚度大，能承受大的冲击载荷，有良好的切削加工和抛光性能，对有机酸、碱类和液体燃料有较高的耐蚀性
锌及锌合金	有较高的力学性能，熔点低，易加工成材及进行压力铸造
锡及锡合金、铅及铅合金	熔点低，导热性好，耐磨。铅合金耐蚀，密度大（约 11g/cm³），X射线和γ射线的穿透率低

2. 非铁金属材料的常用热处理规范

非铁金属材料的常用热处理规范见表 2-82。

表 2-82　非铁金属材料的常用热处理规范

热处理类型			工艺方法	目的及应用
退火	均匀化退火		加热温度为合金熔化温度下 20～30℃，保温时间不宜过长，加热速度和冷却速度一般不作严格要求（有相变的合金必须缓冷）	铸造后或加工前用于消除应力、降低硬度和提高塑性
	再结晶退火		加热温度高于再结晶温度，保温时间不宜过长，冷却可在空气中或水中进行，但有相变的合金不宜急冷	改变材料的力学性能和物理性能，在某些情况下是恢复到原来的性能
	低温退火	回复退火	加热温度低于再结晶温度	消除应力
		部分软化退火	加热温度在合金再结晶开始和终止温度之间	消除应力和控制半硬产品（HX6、HX4、HX2）的性能，避免应力腐蚀
	光亮退火		在保护气氛中或真空炉中退火 纯铜退火，气体中氢的体积分数不应超过 3%	防止氧化，获得光亮表面 多用于铜和铜合金

续表

热处理类型			工艺方法	目的及应用
淬火-时效	淬火		加热温度高于溶解度曲线且接近于共晶温度或固相线温度，可采用快速加热，冷却一般采用水，有些合金（如铸造铝合金）也有采用油淬或其他淬火冷却介质	淬火和时效是提高非铁合金强度和硬度的一种有效方法（即可热处理强化），淬火和时效应连续进行，多用于铝、硅、镁和铝铜合金以及铍青铜
	时效	自然时效	淬火后在室温下停留较长时间	对于淬火和时效效果不明显的合金（如黄铜、锡青铜和铝镁合金），工业上不采用热处理进行强化
		人工时效	淬火后再将合金加热到100～200℃范围内保温一段时间	

3. 铜合金的热处理规范

铜合金的热处理规范见表 2-83。

表 2-83　　铜合金的热处理规范

热处理类型	目　的	适用合金	备　注
退火（再结晶退火）	消除应力及冷作硬化，恢复组织，降低硬度，提高塑性 消除铸造应力，均匀组织、成分，改善加工性	除铍青铜外所有的铜合金	可作为黄铜压力加工件的中间热处理，青铜件毛坯的中间热处理 退火温度：黄铜一般为500～700℃，铝青铜为600～750℃，变形锡青铜为600～650℃，铸造锡青铜约为420℃
去应力退火（低温退火）	消除内应力，提高黄铜件（特别是薄冲压件）耐腐蚀破裂（季裂）的能力	黄铜，如H62、H68、HPb59-1等	一般作为机械加工或冲压后的热处理工序，加热温度为260～300℃
致密化退火	消除铸件的显微疏散，提高其致密性	锡青铜、硅青铜	—

续表

热处理类型	目　的	适用合金	备　注
淬火	获得过饱和固溶体并保持良好的塑性	铍青铜	铍青铜淬火温度一般为780～800℃，水冷，硬度为120HBW，断后伸长率可以达25%～50%
淬火＋时效	淬火后的铍青铜经冷变形后再进行时效，更好地提高硬度、强度、弹性极限和屈服极限	铍青铜加QBe1.7、QBe1.9等	冷压成形零件加热至300～350℃，保温2h，铍青铜抗拉强度可达到1250～1400MPa，硬度为330～400HBW，但断后伸长率仅为2%～4%
淬火＋回火	提高青铜铸件和零件的硬度、强度和屈服强度	QAl9-2、QAl9-4、QAl10-3-1.5，QAl10-4-4	—
回火	消除应力，恢复和提高弹性极限	QSn6.5-0.1、QSn4-3、QSi3-1、QAl7	一般作为弹性元件成品的热处理工序
	稳定尺寸	HPb59-1	可作为成品的热处理工序

4. 变形铝合金的热处理规范

变形铝合金的热处理规范见表2-84。

表2-84　　变形铝合金的热处理规范

热处理类型	合金类型	目　的	备　注
高温退火	热处理不强化的铝合金，如1070A、1060、1050A、1035、1200、5A02、5A03、5A05、3A21等	降低硬度，提高塑性，达到充分软化的目的，以便进行变形程度较大的深冲压加工	一般在制作半成品板材时进行，如铝板坯的热处理或高温压延，3A21合金的适宜温度为350～400℃
低温退火		为保持一定程度的加工硬化效果，提高塑性，消除应力，稳定尺寸	在最终冷变形后进行，3A21合金的加热温度为250～280℃，保温60～150min，空冷

续表

热处理类型	合金类型	目　的	备　注
完全退火	热处理强化的铝合金，如2A02、2A06、2A11、2A12、2A13、2A16、7A04、7A09、6A02、2A50、2B50、2A70、2A80、2A90、2A14	用于消除原材料淬火、时效状态的硬度，或当退火不良未达到完全软化而用它制造形状复杂的零件时，也可消除内应力和冷作硬化，适用于变形量很大的冷压加工	变形量不大，冷作硬化程度不超过10%的2A11、2A12、7A04等板材不宜使用，以免引起晶粒粗大 一般加热到强化相溶解温度（400～450℃），保温、慢冷（30～50℃/h）到一定温度（硬铝为250～300℃）后，空冷
中间退火（再结晶退火）		消除加工硬化，提高塑性，以便进行冷变形的下一工序，也用于无淬火、时效强化后的半成品及零件的软化，部分消除内应力	对于2A06、2A11、2A12合金，可在硝盐槽中加热，保温1～2h，然后水冷；对于飞机制造中形状复杂的零件，冷变形-退火要交替多次进行
淬火		将高温下的固溶体固定到室温，得到均匀的过饱和固溶体，以便在随后的时效过程中使合金强化 淬火后强度有提高，但塑性也相当高，可进行铆接、弯边、拉深和校正等冷塑性变形工序；不过对自然时效的零件，只能在短时间保持良好塑性，超过一定时间，强度、硬度急剧增长，故变形工序应在淬火后的短时间内进行	淬火加热的温度，上下限一般只有±5℃，为此应采用硝盐槽或空气循环炉加热，以便准确地控制温度 自然时效铝合金，淬火后能保持良好塑性的时间：2A12为1.5h，2A11、2A02、2A06、6A02、2A50、2A70、2A80、2A11等为2～3h，7A04、2A80、2A14等为2～3h，7A04、7A09则为6h。变形工序应在淬火后这段时间内完成，如不能如期完成，则应在淬火后低温（如－50℃）状态下保存

续表

热处理类型	合金类型	目的	备注
时效	—	将淬火得到的过饱和固溶体在低温（人工时效）或室温（自然时效）保持一定时间，使强化相从固溶体中呈弥散质点析出，从而使合金进一步强化，获得较高的力学性能	一般硬铝采用自然时效，超硬铝及锻铝采用人工时效；但硬铝在高于150℃的温度下使用时则进行人工时效，锻铝6A02、2A50、2A14也可采用自然时效
稳定化处理（回火）		消除切削加工应力与稳定尺寸，用于精密零件的切削工序间，有时需进行多次	回火温度不高于人工时效的温度，时间为5～10h;对自然时效的硬铝,可采用90℃±10℃，时间为2h
回归处理		使自然时效的铝合金恢复塑性，以便继续加工或适应修理时变形的需要	重新加热到200～270℃，经短时间保温，然后在水中急冷，但每次处理后，强度有所下降

注 表中淬火也称为固溶处理。

5. 铸造铝合金的热处理规范

铸造铝合金的热处理规范见表2-85。

表2-85 铸造铝合金的热处理规范

热处理类型及代号	目的及用途	适用合金	备注
不预先淬火的人工时效（T1）	改善铸件切削加工性，提高某些合金（如ZL105）零件的硬度和强度（约30%） 用来处理承受载荷不大的硬模铸造零件	ZL104 ZL105 ZL401	用湿砂型或金属型铸造时，可获得部分淬火效果，即固溶体有着不同程度的过饱和度。时效温度为150～180℃，保温1～24h

续表

热处理类型及代号	目的及用途	适用合金	备注
退火（T2）	消除铸件的铸造应力和由机械加工引起的冷作硬化，提高塑性 用于要求使用过程中尺寸很稳定的零件	ZL101 ZL102	一般铸件在铸造后或粗加工后常进行此处理。退火温度为280～300℃，保温2～4h
淬火，自然时效(T4)	提高零件的强度并保持高的塑性，提高100℃以下工作零件的耐蚀性 用于受到载荷冲击作用的零件	ZL101 ZL201 ZL203 ZL301	这种处理也称为固溶化处理，对具有自然时效特性的合金T4也表示淬火并自然时效。淬火温度为500～535℃，铝镁系合金为435℃
淬火后短时间不完全人工时效(T5)	获得足够高的强度（较T4为高）并保持较高的屈服强度 用于承受高静载荷及在不很高温度下工作的零件	ZL101 ZL105 ZL201 ZL203	在低温或瞬时保温条件下进行人工时效，时效温度为150～170℃
淬火后完全时效至最高硬度(T6)	使合金获得最高强度而塑性稍有降低 用于承受高静载荷而不受冲击作用的零件	ZL101 ZL104 ZL204A	在较高温度和长时间保温条件下进行人工时效，时效温度为175～185℃
淬火后稳定回火(T7)	获得足够的强度和较高的稳定性，防止零件高温工作时力学性能下降和尺寸变化 适用于高温工作的零件	ZL101 ZL105 ZL207	最好在接近零件工作温度（超过T5和T6的回火温度）下进行回火，回火温度为190～230℃，保温4～9h
淬火后软化回火(T8)	获得较高的塑性，但强度特性有所降低 适用于要求高塑性的零件	ZL101	回火温度比T7更高，一般为230～270℃，保温时间为4～9h
冷处理或循环处理(冷后又热)(T9)	使零件几何尺寸进一步稳定，适用于仪表的壳体等精密零件	ZL101 ZL102	机械加工后冷处理是在−50℃、−70℃或−195℃保持3～6h 循环处理是冷至−70～−196℃，然后加热到350℃，根据具体要求多次循环

注 热处理类型中的淬火也称固溶处理。

五、热处理工序的安排

1. 热处理工序安排诀窍

热处理是为了改善工件材料的工艺性能或提高其力学性能和减小内应力，但热处理后的零件也会产生变形、脱碳、氮化等现象，所以热处理工序在加工过程中的位置就有着十分重要的作用，热处理工序位置的安排主要取决于零件材料和热处理的目的与要求。一般热处理工序的安排参见表 2-86。

表 2-86 热处理工序的安排

热处理项目	目的和要求	应用场合	工序位置安排
退火	降低材料硬度，改善切削性能，消除内应力，细化组织使其均匀	用于铸、锻件及焊接件	在切削加工前
正火	改善组织，细化晶粒，消除内应力，改善切削性能	低碳钢及中碳钢	在切削加工之前或粗加工之后
调质	提高材料硬度、塑性和韧性等综合力学性能	中碳钢结构	粗加工之后，精加工之前
淬火	提高材料的硬度、强度和耐磨性	中等含碳量以上的结构钢和工具钢	半精加工之后，磨削之前
感应淬火	提高零件的表面硬度和耐磨性	含碳量较高的结构钢	半精加工之后，部分除碳后再淬火
渗碳淬火	增加低碳钢表层含碳量，然后经淬火、回火处理，进一步提高其表层的硬度、耐磨性、疲劳强度等，而其内部仍保持着原来的塑性和韧性	低碳钢和低碳合金钢	精磨削或研磨之前
氮化	使钢件表层形成高硬度的氮化层，增加其耐磨性、耐蚀性和疲劳强度等	38CrMoAlA 和 25Cr2MoV 等氮化钢	半精车后或粗磨、半精磨之后，精磨之前

2. 焊后热处理工艺技巧与诀窍

焊后加热处理与焊后热处理有着本质的区别，焊后加热处理是指对冷裂敏感性较大的低合金钢和拘束度较大的焊件，焊接结束和焊完一条焊缝后，立即将焊件或焊接区加热。强度级别较高的低合金和大厚度的焊接结构，焊后加热处理温度一般在200～350℃范围内。保温时间也与焊件厚度有关，不能低于0.5h，一般为2～6h。焊后加热处理也叫“消氢处理”。焊后加热处理的主要目的是防止焊缝金属或热影响区内形成冷裂纹。如果焊接技术要求中已经明确要焊后加热处理，焊后应立即进行加热处理，否则可不做焊后加热处理。

焊后热处理则是把焊接接头按不同钢种所严格规定的温度和保温时间均匀加热，然后按规定条件冷却。焊后热处理的类型、目的及效果见表2-87。

焊后热处理规范主要包括：升温速度、热处理温度、保温时间、冷却速度等。常用钢号焊后热处理规范见表2-88。

表2-87　　焊后热处理的类型、目的及效果

<table>
<tr><th colspan="2">热处理类型</th><th>控制温度范围</th><th>热处理目的及效果</th></tr>
<tr><td colspan="2">淬火</td><td>亚共析钢加热到 A_3 线以上30～50℃；共析钢或过共析钢加热到 A_1 线以上30～50℃</td><td>淬火后的钢得到高硬度马氏体。主要用于提高钢的硬度，但焊接接头要防止淬火</td></tr>
<tr><td rowspan="3">回火</td><td>低温回火</td><td>回火温度为150～200℃</td><td>得到回火马氏体。主要用于要求高硬度和高耐磨性的刀具及量具等</td></tr>
<tr><td>中温回火</td><td>回火温度为300～450℃</td><td>得到回火屈氏体（铁素体与渗碳体极细的机械混合物），主要用于弹簧和锻模的回火</td></tr>
<tr><td>高温回火</td><td>回火温度为500～650℃</td><td rowspan="2">得到回火索氏体（铁素体和细粒渗碳体的混合组织），主要用于综合力学性能好的重要零件和焊件以及消除焊接残余应力</td></tr>
<tr><td colspan="2">调质</td><td>淬火后又进行高温回火</td></tr>
<tr><td colspan="2">退火</td><td>亚共析钢加热到 A_3 线以上20～30℃，共析钢或过共析钢加热到 A_1 线以上20～30℃</td><td>降低钢得硬度，细化晶粒并消除内应力</td></tr>
<tr><td colspan="2">正火</td><td>亚共析钢加热到 A_3 线以上30～50℃，共析钢或过共析钢加热到 A_{cm} 线以上30～50℃</td><td>主要用于破坏网状渗碳体以改善切削加工性能。对亚共析钢常用正火代替退火，但对过共析钢应用较少</td></tr>
</table>

表 2-88　　常用钢号焊后热处理的工艺规范

钢　号	焊后热处理温度/℃		最短保温时间/h
	电弧焊	电渣焊	
10、20G、20、20R、20g、Q235-A、Q235-B、Q235-C	600～640	—	(1)当焊后热处理厚度 $\delta_{PWHT} \leqslant 50mm$ 时，保温时间为 $\frac{\delta_{PWHT}}{25}$ h，且不低于 $\frac{1}{4}$ h； (2)当 $\delta_{PWHT} > 50mm$ 时，保温时间为 $\left(2+\frac{1}{4}\times\frac{\delta_{PWHT}-50}{25}\right)$ h
09MnD	580～620	—	
16MnR	600～640	900～930 正火后，600～640 回火	
16Mn、16MnD、16MnDR		—	
15MnVR、15MnNbR	540～580	—	
20MnMo、20MnMoD	580～620	—	
18MnNoNbR、13MnNiMoNbR、	600～640	950～980 正火后，600～640 回火	
20MnMoNb		—	
07MnCrMoVR、07MnNiCrMoVDR、08MnNiCrMoVD	550～590	—	
09MnNiD、09MnMiDR、15MnNiDR、	540～580	—	
12CrMo、12CrMoG	≥600	—	(1)当焊后热处理厚度 $\delta_{PWHT} \leqslant 125mm$ 时，保温时间为 $\frac{\delta_{PWHT}}{25}$ h，且不低于 $\frac{1}{4}$ h； (2)当 $\delta_{PWHT} > 125mm$ 时，保温时间为 $\left(5+\frac{1}{4}\times\frac{\delta_{PWHT}-125}{25}\right)$ h
15CrMo、15CrMoG	≥600	—	
15CrMoR		800～950 正火后，≥600 回火	
12Cr1MoV、12Cr1MoVG、14Cr1MoR、14Cr1Mo	≥640	—	
12Cr2Mo、12Cr2Mo1、12Cr2MoG、12Cr2Mo1R	≥660	—	
1Cr5Mo	≥660	—	

第三章

几何公差、极限与配合基础知识

第一节 极限与配合基础

一、互换性概述

1. 互换性的含义

在日常生活中有大量的现象涉及互换性。例如，自行车、手表、汽车、拖拉机、机床等的某个零件若损坏了，可按相同规格购买一个装上，并且在更换与装配后，能很好地满足使用要求。之所以这样方便，就因为这些零件都具有互换性。

互换性是指同规格一批产品（包括零件、部件、构件）在尺寸、功能上能够彼此互相替换的功能。机械制造业中的互换性是指按规定的几何、物理及其他质量参数的公差，来分别制造机器的各个组成部分，使其在装配与更换时不需要挑选、辅助加工或修配，便能很好地满足使用和生产上要求的特性。

要使零件间具有互换性，不必要也不可能使零件质量参数的实际值完全相同，而只要将它们的差异控制在一定的范围内，即应按"公差"来制造。公差是指允许实际质量参数值的变动量。

2. 互换性分类及作用

(1) 互换性的种类。互换性按其程度和范围的不同可分为完全互换性（绝对互换）和不完全互换性（有限互换）。

若零件在装配或更换时，不需要选择、辅助加工与修配，就能满足预定的使用要求，则其互换性为完全互换性。不完全互换性是指在装配前允许有附加的选择，装配时允许有附加的调整，但不允许修配，装配后能满足预期的使用要求。

(2) 互换性的作用。互换性是机械产品设计和制造的重要原则。按互换性原则组织生产的重要目标是获得产品功能与经济效益的综合最佳效应。互换性是实现生产分工、协作的必要条件，它不仅使专业化生产成为可能，有效提高生产率、保证产品质量、降低生产成本，而且能大大地缩短设计、制造周期。在当今市场竞争日趋激烈、科学技术迅猛发展、产品更新周期越来越短的时代，互换性对于提高产品的竞争能力，从而获得更大的经济效益，尤其具有重要的作用。

3. 标准化的实用意义

要实现互换性，则要求设计、制造、检验等项工作按照统一的标准进行。现代工业生产的特点是规模大、分工细、协作单位多、互换性要求高。为了适应各部门的协调和各生产环节的衔接，必须有统一的标准，才能使分散的、局部的生产部门和生产环节保持必要的技术统一，使之成为一个有机的整体，以实现互换性生产。

标准化是指为在一定的范围内获得最佳秩序，对实际的或潜在的问题制定共同的和重复使用的规则的活动。标准化是用以改造客观物质世界的社会性活动，它包括制定、发布及实施标准的全过程。这种活动的意义在于改进产品、过程及服务的适用性，并促进技术合作。标准化的实现对经济全球化和信息社会化有着深远的意义。

在机械制造业中，标准化是实现互换性生产、组织专业化生产的前提条件；是提高产品质量、降低产品成本和提高产品竞争力的重要保证；是扩大国际贸易、使产品打进国际市场的必要条件。同时，标准化作为科学管理手段，可以获得显著的经济效益。

二、基本术语及其定义

1. 公差与配合最新标准及实用意义

为了保证互换性，统一设计、制造、检验和使用者的认识，在公差与配合标准中，首先对与组织互换性生产密切相关、带有共同性的常用术语和定义，如有关尺寸、公差、偏差和配合、标准公差和基本偏差等的基本术语及数值表等做出了明确的规定。

公差与配合标准最新标准及实用意义如下：

(1)《产品几何技术规范（GPS）极限与配合　第1部分：公差、偏差和配合的基础》的国家标准代号为 GB/T 1800.1—2009，代替了 GB/T1800. 1—1997、GB/T 1800. 2—1998 和 GB/T 1800. 3—1997。

(2)《产品几何技术规范 (GPS) 极限与配合 第 2 部分：标准公差等级和孔、轴极限偏差》的国家标准代号为 GB/T 1800. 2—2009，代替了 GB/T 1800. 4—1997 。

(3)《产品几何技术规范 (GPS) 极限与配合公差带和配合的选择》的国家标准代号为 GB/T 1801—2009，代替了 GB/T 1801—1999。

(4)《机械制图尺寸公差与配合标注》的国家标准代号为 GB/T 4458. 5—2003，代替了 GB/T 4458. 5—1984。

(5)《产品几何量技术规范 (GPS) 几何要素 第 1 部分：基本术语和定义》GB/T 18780. 1—2002。

(6)《产品几何量技术规范 (GPS) 几何要素 第 2 部分：圆柱面和圆锥面的提取中心线、平行平面的提取中心面、提取要素的局部尺寸》GB/T 18780. 2—2003。

2. 尺寸的术语和定义

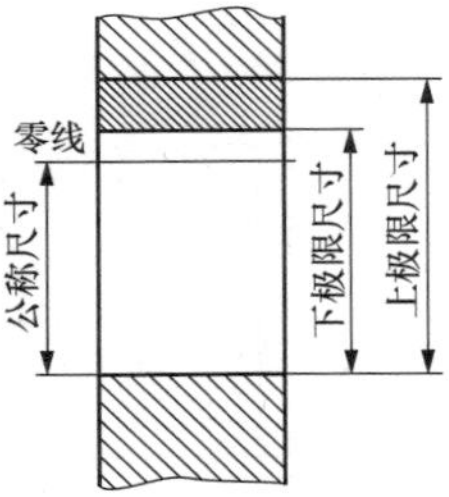

图 3-1 公称尺寸、上极限尺寸和下极限尺寸

(1) 尺寸。尺寸是指以特定单位表示线性尺寸值的数值，如图 3-1 所示。线性尺寸值包括直径、半径、宽度、高度、深度、厚度及中心距等。技术图样上尺寸数值的特定单位为 mm，一般可省略不写。

(2) 公称尺寸。由图样规范确定的理想形状要素的尺寸，如图 3-1 所示。例如设计给定的一个孔或轴的直径尺寸，如图 3-2 所示孔或轴的直径尺寸 ϕ65 即为公称尺寸。公称尺寸由设计时给定，是在设计时考虑了零件的强度、刚度、工艺及结构等方面的因素，通过计算或依据经验确定的。通过它应用上、下极限偏差可以计算出极限尺寸。公称尺寸可以是一个整数或一个小数值，如 36、25.5、68、0.5……孔和轴的公称尺寸分别以字母 D 和 d 表示。

(3) 极限尺寸。尺寸要素允许尺寸的两个极端。设计中规定极限尺寸是为了限制工件尺寸的变动，以满足预定的使用要求，如图

3-3 所示。

1）上极限尺寸。尺寸要素允许的最大尺寸。如图 3-2（a）所示轴的上极限尺寸是 ϕ65.021。

2）下极限尺寸。尺寸要素允许的最小尺寸。如图 3-2（a）所示轴的下极限尺寸是 ϕ65.002。

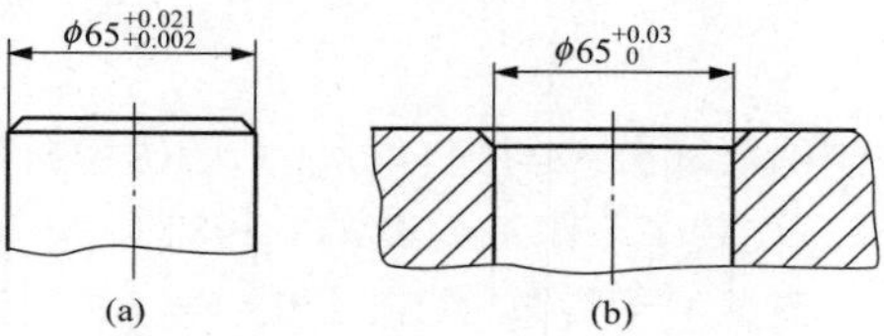

图 3-2　孔、轴公称尺寸和极限偏差

（a）轴；（b）孔

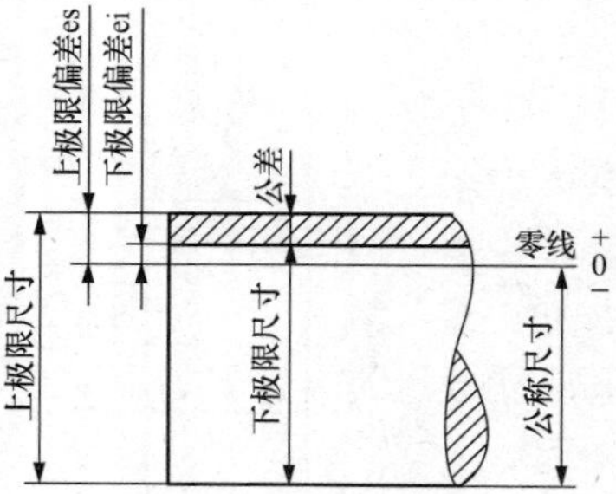

图 3-3　极限尺寸和极限偏差

（4）实际（组成）要素。由实际（组成）要素所限定的工件实际表面组成要素部分。

（5）提取（组成）要素。按规定方法，由实际（组成）要素提取有限数目的点所形成的实际（组成）要素的近似替代。

（6）拟合（组成）要素。按规定方法，由提取（组成）要素所形成的并具有理想形状的组成要素。

3. 公差与偏差的术语和定义

（1）轴。通常指工件的圆柱形外尺寸要素，也包括非圆柱形外尺寸要素（由两平行平面或切面形成的被包容面）。

基准轴。在基轴制配合中选作基准的轴。对本标准极限与配合制，即上极限偏差为零的轴。

（2）孔。通常指工件的圆柱形内尺寸要素，也包括非圆柱形内尺寸要素（由两平行平面或切面形成的包容面）。

基准孔。在基孔制配合中选作基准的孔。对本标准极限与配合制，即下极限偏差为零的孔。

（3）零线。在极限与配合图解中表示公称尺寸的一条直线，以它为基准确定偏差和公差。通常零线沿水平方向绘制，正偏差位于其上，负偏差位于其下，如图 3-4 所示。

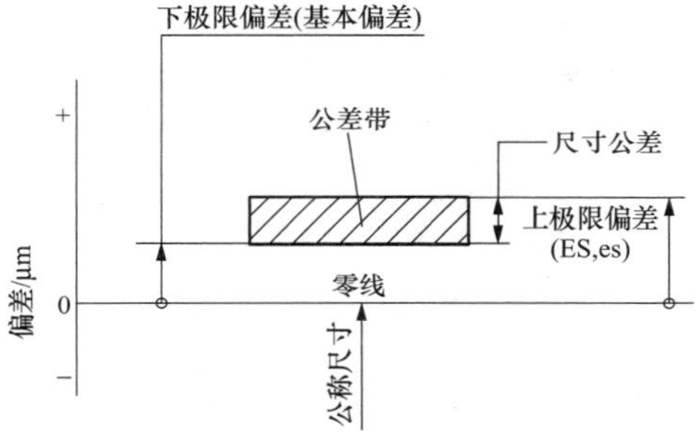

图 3-4　极限与配合图解

（4）偏差。某一尺寸减其公称尺寸所得的代数差。

1）极限偏差：极限尺寸减公称尺寸所得的代数差，有上极限偏差和下极限偏差之分，如图 3-3 所示。轴的上、下极限偏差代号用小写字母 es、ei；孔的上、下极限偏差代号用大写字母 ES、EI。

上极限尺寸－公称尺寸＝上极限偏差（孔为 ES，轴为 es）

下极限尺寸－公称尺寸＝下极限偏差（孔为 E I，轴为 ei）

上、下极限偏差可以是正值、负值或“零”。例如图 3-2（b）所示 $\phi65$ 孔的上极限偏差为正值（＋0.03），下极限偏差为“零”。

2）基本偏差：在本标准极限与配合制中，确定公差带相对零线位置的那个极限偏差，它可以是上极限偏差或下极限偏差，一般是靠近零线的那个偏差，如图 3-4 所示的下极限偏差为基本偏差。

（5）尺寸公差（简称公差）。允许尺寸的变动量。

上极限偏差－下极限偏差＝公差

上极限尺寸－下极限尺寸＝公差

尺寸公差是一个没有符号的绝对值。

1）标准公差（IT）：本标准极限与配合制中，所规定的任一公差（字母“IT”为“国际公差”的符号）。

2）标准公差等级：本标准极限与配合制中，同一公差等级（例如“IT7”）对所有一组公称尺寸的一组公差被认为具有同等精确程度。

（6）公差带。在极限与配合图解中，由代表上极限偏差和下极限偏差或上极限尺寸和下极限尺寸的两条直线之间的一个区域，实际上也就是尺寸公差所表示的那个区域，它是由公差大小和其相对零线的位置如基本偏差来确定，如图 3-4 所示。

4. 配合及配合种类

公称尺寸相同的孔和轴结合时，用于表示孔和轴公差带之间的关系称为配合。相配合孔和轴的公称尺寸必须相同。由于配合是指一批孔和轴的装配关系，而不是指单个孔和轴的装配关系，所以用公差带关系来反映配合比较确切。

根据孔、轴公差带相对位置关系不同，配合分为间隙配合、过盈配合和过渡配合三种情况，如图 3-6、图 3-8 和图 3-9 所示。

（1）间隙与间隙配合。

1）间隙：孔的尺寸减去相配合轴的尺寸之差为正值，称为间隙，如图 3-5 所示。

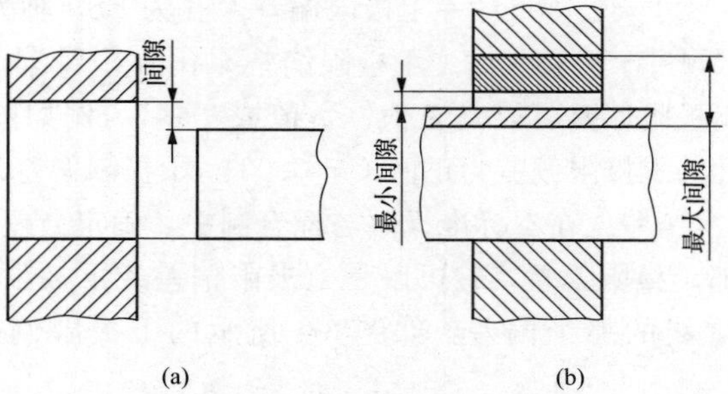

图 3-5 间隙与间隙配合
（a）间隙；（b）间隙配合

孔的下极限尺寸－轴的上极限尺寸＝最小间隙

孔的上极限尺寸－轴的下极限尺寸＝最大间隙

2）间隙配合：孔的公差带在轴的公差带之上。实际孔的尺寸一定大于实际轴的尺寸，孔、轴之间产生间隙（包括最小间隙等于零），如图 3-6 所示。

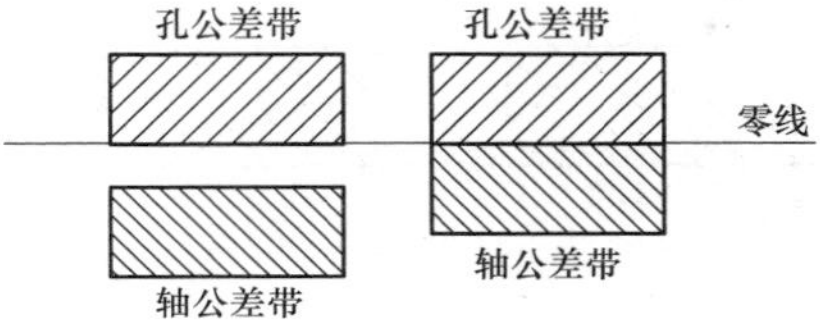

图 3-6　间隙配合示意图

（2）过盈与过盈配合。

1）过盈：孔的尺寸减去相配合轴的尺寸之差为负值，称为过盈，如图 3-7 所示。

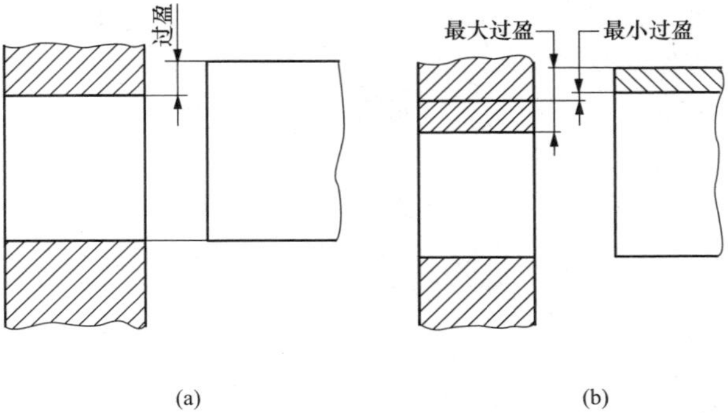

图 3-7　过盈与过盈配合

（a）过盈；（b）过盈配合

孔的上极限尺寸－轴的下极限尺寸＝最小过盈

孔的下极限尺寸－轴的上极限尺寸＝最大过盈

2）过盈配合：孔的公差带在轴的公差带之下。实际孔的尺寸一定小于实际轴的尺寸，孔、轴之间产生过盈，需在外力作用下孔与轴才能结合，如图 3-8 所示。

3）过渡配合：孔的公差带与轴的公差带相互交叠。孔、轴结合时既可能产生间隙，也可能产生过盈，如图 3-9 所示。

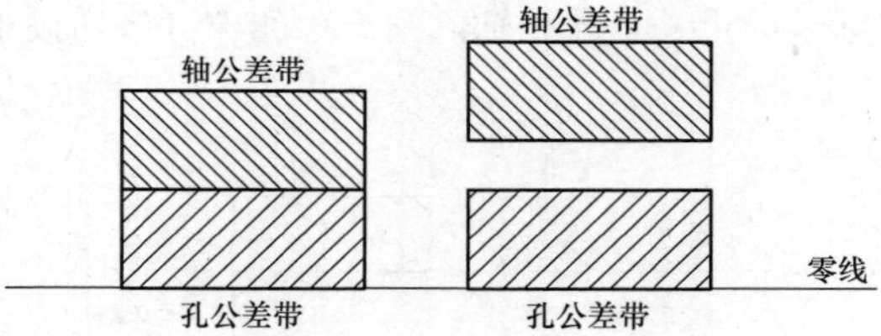

图 3-8 过盈配合示意图

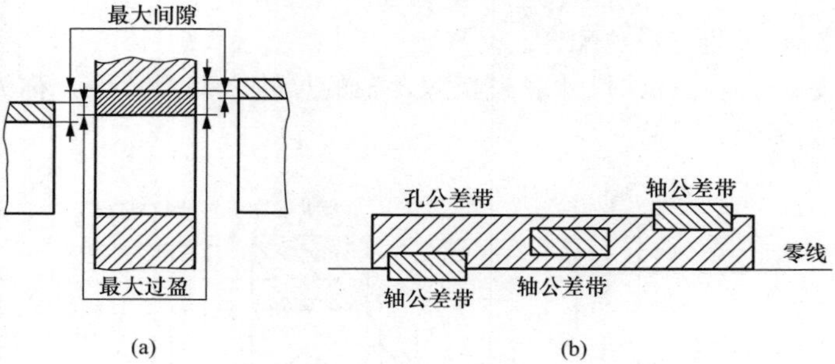

图 3-9 过渡配合示意图
(a) 过渡配合；(b) 过渡配合示意图

5. 配合制

配合制是指同一极限制的孔和轴组成配合的一种制度。

根据配合的定义和三类配合的公差带图解可以知道，配合的性质由孔、轴公差带的相对位置决定，因而改变孔和（或）轴的公差带位置，就可以得到不同性质的配合。配合制分为基孔制配合和基轴制配合。

(1) 基孔制配合。基本偏差为一定的孔的公差带，与基本偏差不同的轴的公差带形成各种配合的制度，如图 3-10 所示。这时孔为基准件，称为基准孔。对本标准极限与配合制，是孔的下极限尺寸与公称尺寸相等，它的基本偏差代号为 H（下极限偏差为零）。采用基孔制时的轴为非基准件，或称为配合件。

(2) 基轴制配合。基本偏差为一定的轴的公差带，与基本偏差

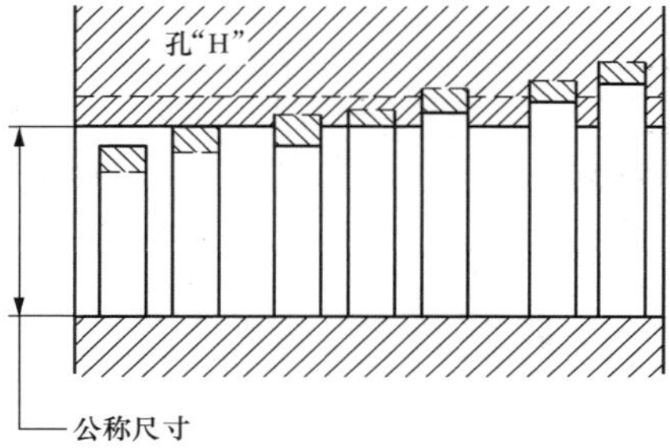

注：水平实线代表孔或轴的基本偏差。虚线代表另一个极限，表示孔与轴之间可能的不同组合与它们的公差等级有关。

图 3-10　基孔制配合

不同的孔的公差带形成各种配合的制度，如图 3-11 所示。这时轴为基准件，称为基准轴。对本标准极限与配合制，是轴的上极限尺寸与公称尺寸相等，它的基本偏差代号为 h（ 上极限偏差为零 ）。采用基轴制时的孔为非基准件，或称为配合件。

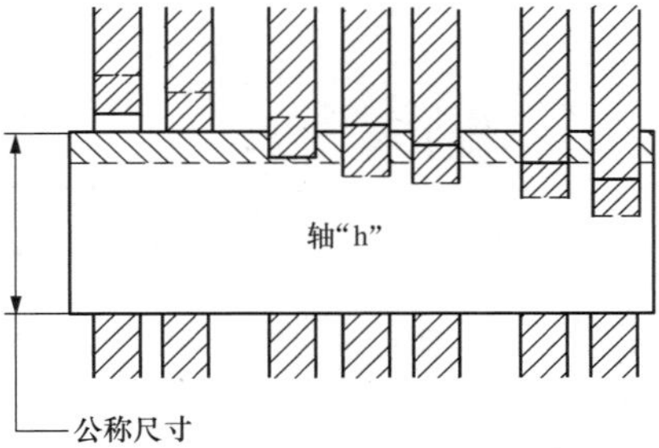

注：水平实线代表孔或轴的基本偏差。虚线代表另一个极限，表示孔与轴之间可能的不同组合与它们的公差等级有关。

图 3-11　基轴制配合

三、基本规定

1. 基本偏差代号

基本偏差的代号用拉丁字母表示，大写的为孔，小写的为轴，各 28 个，如图 3-12 所示。

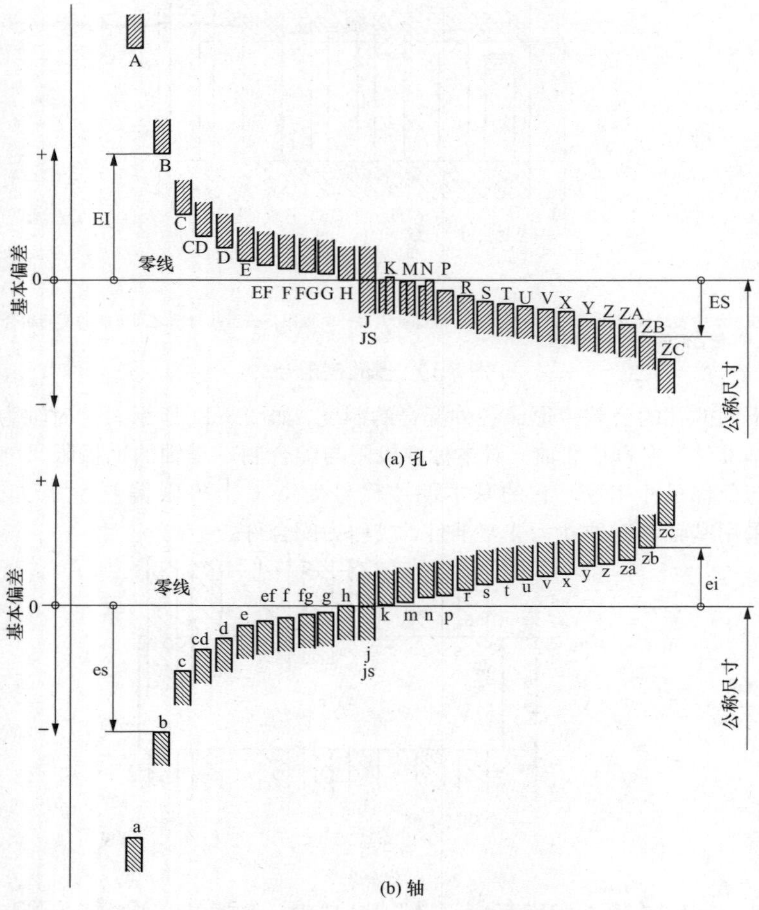

图 3-12 基本偏差示意图

(a) 孔的基本偏差；(b) 轴的基本偏差

2. 偏差代号

偏差代号规定如下：孔的上极限偏差 ES，孔的下极限偏差 EI；轴的上极限偏差 es，轴的下极限偏差 ei。

3. 公差带代号和配合代号

（1）公差带代号。由表示基本偏差代号的拉丁字母和表示标准公差等级的阿拉伯数字组合而成，大写字母表示孔的基本偏差，小写字母表示轴的基本偏差，如图 3-13 所示的“H7”和“k6”。

根据公称尺寸和公差带代号，查阅国家标准 GB/T 1800.2—2009，可获得该尺寸的上、下极限偏差值。例如图 3-13 所示的孔“ϕ65H7”查表可得上极限偏差为“+0.03”、下极限偏差为“0”；轴“ϕ65k6”查表可得上极限偏差为“+ 0.021”、下极限偏差为“+0.002”。

（2）配合代号。由孔、轴的公差带代号以分数形式（分子为孔的公差带、分母为轴的公差带）组成配合代号，例如 ϕ85H8/f7 或 $\phi 85\,\frac{H8}{f7}$，如图 3-13 所示的孔与轴结合时组成的配合代号应当是“H7/k6”。

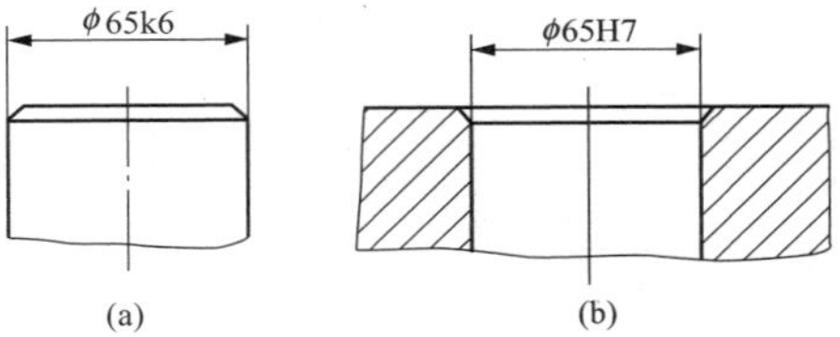

图 3-13　公差带代号标注

4. 基孔制和基轴制优先、常用配合

GB/T 1801—2009 给出了基孔制优先、常用配合和基轴制优先、常用配合，见表 3-1 和表 3-2。选择时，应首先选用优先配合。

5. 在装配图中标注配合关系的方法

在装配图中一般标注线性尺寸的配合代号或分别标出孔和轴的极限偏差值。

（1）在装配图中标注线性尺寸的配合代号时，可在尺寸线的上方用分数形式标注，分子为孔的公差带代号，分母为轴的公差带代号，如图 3-14（a）所示。

必要时（例如尺寸较多或地位较狭小）也可将公称尺寸和配合代号标注在尺寸线中断处，如图3-14(b)所示。或将配合代号

表 3-1 基孔制优先、常用配合

基准孔	轴																				
	a	b	c	d	e	f	g	h	js	k	m	n	p	r	s	t	u	v	x	y	z
	间隙配合								过渡配合			过盈配合									
H6						$\frac{H6}{f5}$	$\frac{H6}{g5}$	$\frac{H6}{h5}$	$\frac{H6}{ia5}$	$\frac{H6}{k5}$	$\frac{H6}{m5}$	$\frac{H6}{n5}$	$\frac{H6}{p5}$	$\frac{H6}{r5}$	$\frac{H6}{s5}$	$\frac{H6}{t5}$					
H7						$\frac{H7}{f6}$	$\frac{^*H7}{g6}$	$\frac{^*H7}{h6}$	$\frac{H7}{js6}$	$\frac{^*H7}{k6}$	$\frac{^*H7}{m6}$	$\frac{^*H7}{n6}$	$\frac{^*H7}{p6}$	$\frac{H7}{r6}$	$\frac{^*H7}{s6}$	$\frac{H7}{t6}$	$\frac{^*H7}{u6}$	$\frac{H7}{v6}$	$\frac{H7}{x6}$	$\frac{H7}{y6}$	$\frac{H7}{z6}$
H8					$\frac{H8}{e7}$	$\frac{^*H8}{f7}$	$\frac{H8}{g7}$	$\frac{^*H8}{h7}$	$\frac{H8}{js7}$	$\frac{H8}{k7}$	$\frac{H8}{m7}$	$\frac{H8}{n7}$	$\frac{H8}{p7}$	$\frac{H8}{r7}$	$\frac{H8}{s7}$	$\frac{H8}{t7}$	$\frac{H8}{u7}$				
				$\frac{H8}{d8}$	$\frac{H8}{e8}$	$\frac{H8}{f8}$		$\frac{H8}{h8}$													
H9			$\frac{H9}{c9}$	$\frac{^*H9}{d9}$	$\frac{H9}{e9}$	$\frac{H9}{f9}$		$\frac{^*H9}{h9}$													
H10			$\frac{H10}{c10}$	$\frac{H10}{d10}$				$\frac{H10}{h10}$													
H11	$\frac{H11}{a11}$	$\frac{H11}{b11}$	$\frac{^*H11}{c11}$	$\frac{H11}{d11}$				$\frac{^*H11}{h11}$													
H12		$\frac{H12}{b12}$						$\frac{H12}{h12}$													

注 1. $\frac{H6}{n5}$、$\frac{H7}{p6}$在公称尺寸小于或等于 3mm 和$\frac{H8}{r7}$在公称尺寸小于或等于 100mm 时，为过渡配合。

2. 标注 * 的配合为优先配合。

表 3-2　基轴制优先、常用配合

基准轴	孔																				
	A	B	C	D	E	F	G	H	JS	K	M	N	P	R	S	T	U	V	X	Y	Z
	间隙配合								过渡配合			过盈配合									
h5						$\frac{F6}{h5}$	$\frac{G6}{h5}$	$\frac{H6}{h5}$	$\frac{JS6}{h5}$	$\frac{K6}{h5}$	$\frac{M6}{h5}$	$\frac{N6}{h5}$	$\frac{P6}{h5}$	$\frac{R6}{h5}$	$\frac{S6}{h5}$	$\frac{T6}{h5}$					
h6						$\frac{F7}{h6}$	$\frac{*G7}{h6}$	$\frac{*H7}{h6}$	$\frac{JS7}{h6}$	$\frac{*K7}{h6}$	$\frac{M7}{h6}$	$\frac{*N7}{h6}$	$\frac{*P7}{h6}$	$\frac{R7}{h6}$	$\frac{*S7}{h6}$	$\frac{T7}{h6}$	$\frac{*U7}{h6}$				
h7					$\frac{E8}{h7}$	$\frac{*F8}{h7}$		$\frac{*H8}{h7}$	$\frac{JS8}{h7}$	$\frac{K8}{h7}$	$\frac{M8}{h7}$	$\frac{N8}{h7}$									
h8				$\frac{D8}{h8}$	$\frac{E8}{h8}$	$\frac{F8}{h8}$		$\frac{H8}{h8}$													
h9				$\frac{*D9}{h9}$	$\frac{E9}{h9}$	$\frac{F9}{h9}$		$\frac{*H9}{h9}$													
h10				$\frac{D10}{h10}$				$\frac{H10}{h10}$													
h11	$\frac{A11}{h11}$	$\frac{B11}{h11}$	$\frac{*G11}{h11}$	$\frac{D11}{h11}$				$\frac{*H11}{h11}$													
h12		$\frac{B12}{h12}$						$\frac{H12}{h12}$													

注　标注 * 的配合为优先配合。

写成分子与分母用斜线隔开的形式，并注写在尺寸线上方，如图 3-14（c）所示。

（2）在装配图中标注相配合零件的极限偏差时，一般将孔的公称尺寸和极限偏差注写在尺寸线的上方，轴的公称尺寸和极限偏差注写在尺寸线的下方，如图 3-14（d）所示。

也允许按图 3-14（e）所示的方式，公称尺寸只注写一次，孔的极限偏差注写在尺寸线的上方，轴的极限偏差则注写在尺寸线的下方。

若需要明确指出装配件的序号，例如同一轴（或孔）和几个零件的孔（或轴）相配合且有不同的配合要求，如果采用引出标注时，为了明确表达所注配合是哪两个零件的关系，可按图 3-14（f）所示的形式注出装配件的序号。

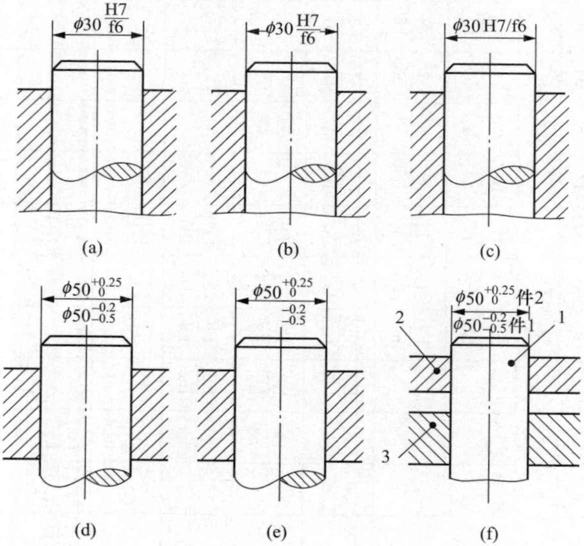

图 3-14 一般配合标注

（3）标注与标准件配合的要求时，可只标注该零件的公差带代号，如图 3-15 所示与滚动轴承相配合的轴与孔，只标出了它们自身的公差带代号。

四、公差带与配合种类的选用

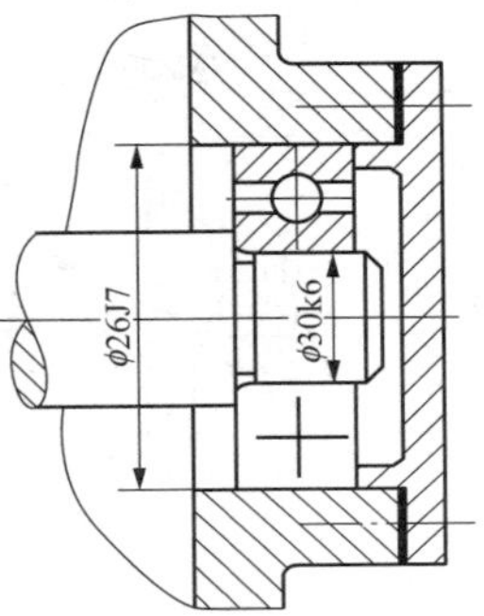

图 3-15　与标准件配合的标注

1. 配合制、公差等级和配合种类的选择依据

公差与配合（极限与配合）国家标准（GB/T 1801—2009）的应用，实际上就是如何根据使用要求正确合理地选择符合标准规定的孔、轴的公差带大小和公差带位置。在公称尺寸确定以后，就是配合制、公差等级和配合种类的选择问题。

国家标准规定的孔、轴基本偏差数值，可以保证在一定条件下基孔制的配合与相应的基轴制配合性质相同。所以，在一般情况下，无论选用基孔制配合还是基轴制配合，都可以满足同样的使用要求。可以说，配合制的选择基本上与使用要求无关，主要的考虑因素是生产的经济性和结构的合理性。

2. 一般情况下优先选用基孔制配合

从工艺上看，对较高精度的中、小尺寸孔，广泛采用定值刀、量具（钻头、铰刀、拉刀、塞规等）加工和检验，且每把刀具只能加工一种尺寸的孔。加工轴则不然，不同尺寸的轴只需要用某种刀具通过调整其与工件的相对位置加工即可。因此，采用基孔制可减少定值刀、量具的规格和数量，经济性较好。

3. 特殊情况选用基轴制配合

（1）直接采用冷拉钢材做轴，不再切削加工，宜采用基轴制。如农机、纺机和仪表等机械产品中，一些精度要求不高的配合，常用冷拉钢材直接做轴，而不必加工，此时可用基轴制。

（2）有些零件由于结构或工艺上的原因，必须采用基轴制。例如，如图 3-16（a）所示活塞连杆机构，工作时活塞销与连杆小头孔需有相对运动，而与活塞孔无相对运动。因此，前者应采用间隙配合，后者采用较紧的过渡配合便可。当采用基孔制配合时［见图 3-16（b）］，活塞销要制成两头大、中间小的阶梯形。这样不仅不便于加工，更重要的是装配时会挤伤连杆小头孔表面。当采用基轴制配合时［见图 3-16（c）］，则不存在这种情况。

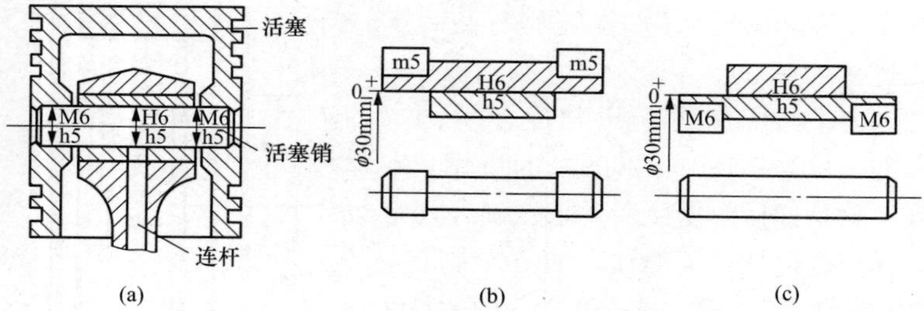

图 3-16　活塞连杆机构

（a）活塞连杆机构；（b）基孔制配合；（c）基轴制配合

4．与标准件配合时配合制的选择

（1）与标准件配合时应按标准件确定。例如，为了获得所要求的配合性质，滚动轴承内圈与轴的配合应采用基孔制配合，而滚动轴承外圈与壳体孔的配合应采用基轴制配合，因为滚动轴承是标准件，所以轴和壳体孔应按滚动轴承确定配合制。

（2）特殊需要时需采用非基准件配合。例如图 3-17 所示的隔套是将两个滚动轴承隔开以提高刚性作轴向定位用的。为使安装方便，隔套与齿轮轴筒的配合应选用间隙配合。由于齿轮轴筒与滚动轴承的配合已按基孔制选定了 js6 公差带，因此隔套内孔公差带只好选用非基准孔公差带［见图 3-17（b）］才能得到间隙配合。

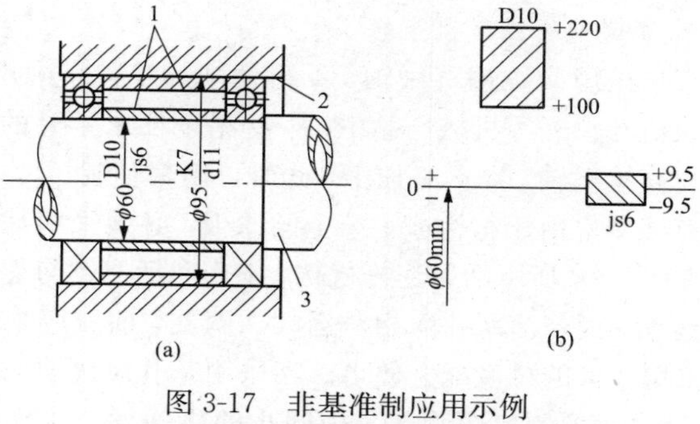

图 3-17　非基准制应用示例

1—隔套；2—主轴箱孔；3—齿轮轴筒

5. 配合种类的选用

选择配合种类的主要依据是使用要求，应该按照工作条件要求的松紧程度（由配合的孔、轴公差带相对位置决定）来选择适当的配合。

选择基本偏差代号通常有以下三种方法：

（1）计算法。计算法是根据一定的理论和公式，计算出所需间隙和过盈，然后对照国家标准选择适当配合的方法。例如，对高速旋转运动的间隙配合，可用流体润滑理论计算，保证滑动轴承处于液体摩擦状态所需的间隙；对不加辅助件（如键、销等）传递转矩的过盈配合，可用弹塑性变形理论算出所需的最小过盈。计算法虽然麻烦，但是理论根据较充分，方法较科学。由于影响配合间隙或过盈的因素很多，所以在实际应用时还需经过试验来确定。

（2）试验法。试验法是根据多次试验的结果，寻求最合理的间隙或过盈，从而确定配合的一种方法。这种方法主要用于重要的、关键性的一些配合。例如，机车车轴与轴轮的配合，就是用试验方法来确定的。一般采用试验法的结果较为准确可靠，但试验工作量大，费用昂贵。

（3）类比法。类比法是指在同类型机器或机构中，经过生产实践验证的已用配合的实例，再考虑所设计机器的使用要求，并进行分析对比确定所需配合的方法。在生产实践中，广泛使用选择配合的方法就是类比法。

要掌握类比法这种方法，应该做到以下两点：

1）分析零件的工作条件和使用要求。用类比法选择配合种类时，要先根据工作条件要求确定配合类别。若工作时相配孔、轴有相对运动，或虽无相对运动却要求装拆方便，则应选用间隙配合；主要靠过盈来保证相对静止或传递负荷的相配孔、轴，应该选用过盈配合；若相配孔、轴既要求对准中心（同轴），又要求装拆方便，则应选用过渡配合。

配合类别确定后，再进一步选择配合的松紧程度。表 3-3 供分析时参考。

表 3-3 工作条件对配合松紧程度的要求

工作条件	配合松紧程度
经常拆卸	松
工作时孔的温度比轴低	
形状和位置误差较大	
有冲击和振动	紧
表面较粗糙	
对中性要求高	

2）了解各配合的特性与应用。基准制选定后，配合的松紧程度的选择就是选取非基准件的基本偏差代号。为此，必须了解各基本偏差代号的配合特性。表 3-4 列出了按基孔制配合的轴的基本偏差特性和应用（对基轴制配合的同名的孔的基本偏差也同样适用）。

另外，在实际工作中，应根据工作条件的要求，首先从标准规定的优先配合中选用，不能满足要求时，再从常用配合中选用。若常用配合还不能满足要求，则可依次由优先公差带、常用公差带以及一般用途公差带中选择适当的孔、轴组成要求的配合。在个别特殊情况下，也允许根据国家标准规定的标准公差系列和基本偏差系列，组成孔、轴公差带，获得适当的配合。表 3-5 列出了标准规定的基孔制和基轴制各 10 种优先配合的选用说明，可供参考。

第二节 几 何 公 差

一、几何误差的产生及其对零件使用性能的影响

任何机械产品均是按照产品设计图样，经过机械加工和装配而获得。不论加工设备和方法如何精密、可靠，功能如何齐全，除了尺寸的误差以外，所加工的零件和由零件装配而成的组件和成品也都不可能完全达到图样所要求的理想形状和相互间的准确位置。在实际加工中所得到的形状和相互间的位置相对于其理想形状和位置的差异就是形状和位置的误差（简称几何误差）。

表 3-4　　轴的基本偏差选用说明

配合	基本偏差	特性及应用
间隙配合	a，b	可得到特别大的间隙，应用很少
	c	可得到很大的间隙，一般适用于缓慢、松弛的动配合。用于工作条件较差（如农业机械），受力变形，或为了便于装配，而必须保证有较大的间隙时，推荐配合为 H11/c11。其较高等级的 H8/c7 配合，适用于轴在高温工作的紧密配合，例如内燃机排气阀和导管
	d	一般用于 IT7～IT11 级，适用于松的转动配合，如密封盖、滑轮、空转皮带轮等与轴的配合。也适用于对大直径滑动轴承配合，如透平机、球磨机、轧滚成型和重型弯曲机，以及其他重型机械中的一些滑动轴承
	e	多用于 IT7～IT9 级，通常用于要求有明显间隙，易于转动的轴承配合，如大跨距轴承、多支点轴承等配合。高等级的 e 轴适用于大的、高速、重载支撑，如涡轮发电机、大型电动机及内燃机主要轴承、凸轮轴轴承等配合
	f	多用于 IT6～IT8 级的一般转动配合。当温度影响不大时，被广泛用于普通润滑油（或润滑脂）润滑的支撑，如齿轮箱、小电动机、泵等的转轴与滑动轴承的配合
	g	配合间隙很小，制造成本高，除负荷很轻的精密装置外，不推荐用于转动配合。多用于 IT5～IT7 级，最适合不回转的精密滑动配合，也用于插销等定位配合，如精密连杆轴承、活塞及滑阀、连杆销等
	h	多用于 IT4～IT11 级。广泛用于无相对转动的零件，作为一般的定位配合。若没有温度、变形影响，也用于精密滑动配合
过渡配合	js	偏差完全对称（±IT/2），平均间隙较小的配合，多用于 IT4～IT7 级，要求间隙比 h 轴小，并允许略有过盈的定位配合，如联轴器、齿圈与钢制轮毂，可用木槌装配
	k	平均间隙接近于零的配合，适用于 IT4～IT7 级，推荐用于稍有过盈的定位配合，例如为了消除振动用的定位配合，一般用木槌装配
	m	平均过盈较小的配合，适用于 IT4～IT7 级，一般可用木槌装配，但在最大过盈时，要求相当的压入力
	n	平均过盈比 m 轴稍大，很少得到间隙，适用于 IT4～IT7 级，用锤或压入机装配，通常推荐用于紧密的组件配合。H6/n5 配合时为过盈配合

续表

配合	基本偏差	特性及应用
过盈配合	p	与 H6 或 H7 孔配合时是过盈配合，与 H8 孔配合时则为过渡配合。对非铁类零件，为较轻的压入配合，当需要时易于拆卸。对钢、铸铁或铜、钢组件装配是标准压入配合
	r	对钢铁类零件为中等打入配合，对非铁类零件，为轻打入的配合，当需要时可以拆卸。与 H8 孔配合，直径在 100mm 以上时为过盈配合，直径小时为过渡配合
	s	用于钢铁类零件的永久性和半永久性装配，可产生相当大的结合力。当用弹性材料，如轻合金时，配合性质与钢铁类零件的 p 轴相当。例如套环压装在轴上、阀座等的配合。尺寸较大时，为了避免损伤配合表面，需用热胀或冷缩法装配
	t	过盈较大的配合。对钢和铸铁零件适用于作永久性结合，不用键可传递转矩，需用热胀或冷缩法装配，例如联轴器与轴的配合
	u	这种配合过盈大，一般应验算在最大过盈时，工件材料是否损坏，要用热胀或冷缩法装配，例如火车轮毂和轴的配合
	v，x，y，z	这些基本偏差所组成的配合过盈量更大，目前能参考的经验和资料还很少，须经试验后才应用，一般不推荐

表 3-5　　优先配合的选用说明

优先配合	说　明
$\frac{H11}{c11}$，$\frac{C11}{h11}$	间隙极大。用于转速很高，轴、孔温差很大的滑动轴承；要求大公差、大间隙的外露部分；要求装配极方便的配合
$\frac{H9}{d9}$，$\frac{D9}{h9}$	间隙很大。用于转速较高、轴颈压力较大、精度要求不高的滑动轴承
$\frac{H8}{f7}$，$\frac{F8}{h7}$	间隙不大。用于中等转速、中等轴颈压力、有一定精度要求的一般滑动轴承；要求装配方便的中等定位精度的配合
$\frac{H7}{g6}$，$\frac{G7}{h6}$	间隙很小。用于低速转动或轴向移动的精密定位的配合；需要精确定位又经常装拆的不动配合
$\frac{H7}{h6}$，$\frac{H8}{h7}$，$\frac{H9}{h9}$，$\frac{H11}{h11}$	最小间隙为零。用于间隙定位配合，工作时一般无相对运动；也用于高精度低速轴向移动的配合。公差等级由定位精度决定

续表

优先配合	说　明
$\frac{H7}{k6}$，$\frac{K7}{h6}$	平均间隙接近于零。用于要求装拆的精密定位的配合
$\frac{H7}{n6}$，$\frac{N7}{h6}$	较紧的过渡配合。用于一般不拆卸的更精密定位的配合
$\frac{H7}{p6}$，$\frac{P7}{h6}$	过盈很小。用于要求定位精度高、配合刚性好的配合；不能只靠过盈传递载荷
$\frac{H7}{s6}$，$\frac{S7}{h6}$	过盈适中。用于靠过盈传递中等载荷的配合
$\frac{H7}{u6}$，$\frac{U7}{h6}$	过盈较大。用于靠过盈传递较大载荷的配合。装配时需加热孔或冷却轴

零件上存在的各种几何误差，一般是由加工设备、刀具、夹具、原材料的内应力、切削力等各种因素造成的。

几何误差对零件的使用性能影响很大，归纳起来主要是以下三个方面：

(1) 影响工作精度。机床导轨的直线度误差，会影响加工精度；齿轮箱上各轴承座的位置误差，将影响齿轮传动的齿面接触精度和齿侧间隙。

(2) 影响工作寿命。连杆的大、小头孔轴线的平行度误差，会加速活塞环的磨损而影响密封性，使活塞环的寿命缩短。

(3) 影响可装配性。轴承盖上各螺钉孔的位置不正确，当用螺栓往机座上紧固时，有可能影响其自由装配。

二、几何公差标准

零件的几何误差对其工作性能的影响不容忽视，当零件上需要控制实际存在的某些几何要素的形状、方向、位置和跳动公差时，必须予以必要而合理的限制，即规定形状和位置公差（简称几何公差）。我国关于几何公差的标准有 GB/T 1184—1996《形状和位置公差未注公差值》、GB/T 4249—1996《公差原则》和 GB/T

16671—1996《形状和位置公差最大实体要求、最小实体要求和可逆要求》等。《产品几何技术规范（GPS）几何公差形状、方向、位置和跳动公差标注》的国家标准代号为 GB/T 1182—2008，等同采用国际标准 ISO 1101：2004，代替了 GB/T 1182—1996《形状和位置公差通则、定义、符号和图样表示法》。

1. 要素

为了保证合格零件之间的可装配性，除了对零件上某些关键要素给出尺寸公差外，还需要对一些要素给出几何公差。

要素是指零件上的特定部位——点、线或面。这些要素可以是组成要素（例如圆柱体的外表面），也可以是导出要素（例如中心线或中心面）。

按照几何公差的要求、要素可分为：

（1）拟合组成要素和实际（组成）要素。拟合组成要素就是按规定方法，由提取（组成）要素所形成的并具有理想形状的组成要素；实际要素是由实际（组成）要素所限定的工件实际表面组成要素部分。由于存在测量误差，所以完全符合定义的实际要素是测量不到的，在生产实际中，通常由测得的要素代替实际要素。当然，它并非是该要素的真实状态。

（2）被测要素和基准要素。被测要素就是给出了几何公差的要素。基准要素就是用来确定提取要素的方向、位置的要素。

（3）单一要素和关联要素。单一要素是指仅对其要素本身提出形状公差要求的要素；关联要素是指与其他要素有功能关系的要素，即在图样上给出位置公差的要素。

（4）组成要素和导出要素。组成要素是指构成零件外表面并能直接为人们所感觉到的点、线、面；导出要素是指对称轮廓的中心点、线或面。

2. 公差带的主要形状

公差带是由一个或几个理想的几何线或面所限定的，由线性公差值表示其大小的区域。

根据公差的几何特征及其标注形式，公差带的主要形状见表3-6。

表 3-6　　几何公差带的主要形式

一个圆内的区域	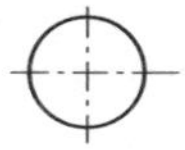
两同心圆之间的区域	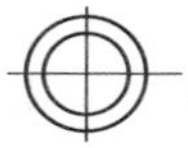
两同轴圆柱面之间的区域	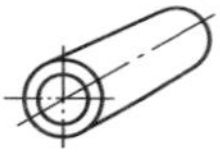
两等距线或两平行直线之间的区域	 或 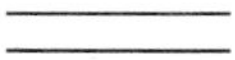
一个圆柱面内的区域	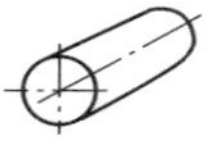
两等距面或两平行平面之间的区域	 或 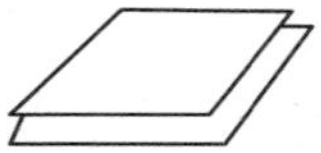
一个圆球内的区域	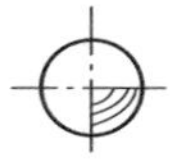

3. 几何公差基本要求

几何公差基本要求如下：

（1）按功能要求给定几何公差，同时考虑制造和检测的要求。

（2）对要素规定的几何公差确定了公差带，该要素应限定在公差带之内。

（3）提取（组成）要素在公差带内可以具有任何形状、方向或位置，若需要限制提取要素在公差带内的形状等，应标注附加性说明。

（4）所注公差适用于整个提取要素，否则应另有规定。

（5）基准要素的几何公差可另行规定。

（6）图样上给定的尺寸公差和几何公差应分别满足要求，这是尺寸公差和几何公差的相互关系所遵循的基本原则。当两者之间的相互关系有特定要求时，应在图样上给出规定。

几何公差的几何特征、符号和附加符号见表 3-7、表 3-8。

表 3-7　　几何特征符号

公差类型	几何特征	符　号	有无基准
形状公差	直线度	—	无
	平面度	▱	无
	圆度	○	无
	圆柱度	⌭	无
	线轮廓度	⌒	无
	面轮廓度	⌓	无
方向公差	平行度	//	有
	垂直度	⊥	有
	倾斜度	∠	有
	线轮廓度	⌒	有
	面轮廓度	⌓	有

续表

公差类型	几何特征	符　号	有无基准
位置公差	位置度	⌖	有或无
	同心度（用于中心点）	◎	有
	同轴度（用于轴线）	◎	有
	对称度	⌯	有
	线轮廓度	⌒	有
	面轮廓度	⌓	有
跳动公差	圆跳动	↗	有
	全跳动	⌰	有

表 3-8　　　　　　　　　　附　加　符　号

说　明	符　号
被测要素	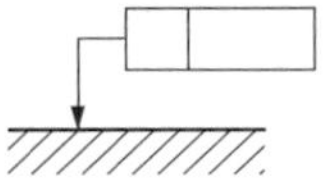
基准要素	
基准目标	$\phi2$ / $A1$（圆圈内）
理论正确尺寸	50（方框内）
延伸公差带	Ⓟ
最大实体要求	Ⓜ
最小实体要求	Ⓛ

续表

说　明	符　号
自由状态条件（非刚性零件）	Ⓕ
全周（轮廓）	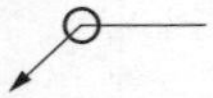
包容要求	Ⓔ
公共公差带	CZ
小径	LD
大径	MD
中径、节径	PD
线素	LE
不凸起	NC
任意横截面	ACS

注　1. GB/T 1182—1996 中规定的基准符号为 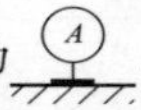 。

2. 如需标注可逆要求，可采用符号Ⓡ，见 GB/T 16671。

4. 用公差框格标注几何公差的基本要求

（1）用公差框格标注几何公差的基本要求，见表 3-9。

表 3-9　　用公差框格标注几何公差的基本要求

标注方法及要求	图　示
用公差框格标注几何公差时，公差要求注写在划分成两格或多格的矩形框格内，各格从左至右顺序填写： 第一格填写公差符号 第二格填写公差值及有关符号，以线性尺寸单位表示的量值，如果公差带是圆形或圆柱形，则在公差值前加注 φ，如是球形则加注 Sφ 第三格及以后填写基准代号	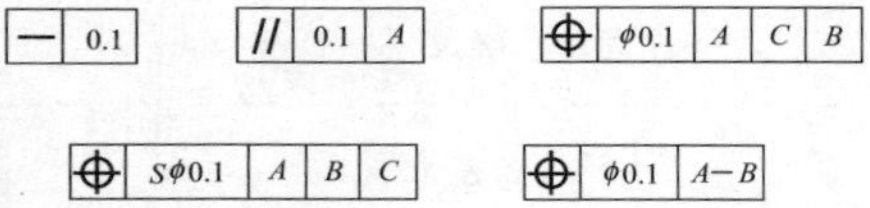

续表

标注方法及要求	图　示
当某项公差应用于几个相同要素时，应在公差框格的上方、被测要素的尺寸之前注明要素的个数，并在两者之间加上符号“×”	
如果需要限制被测要素在公差带内的形状，应在公差框格的下方注明	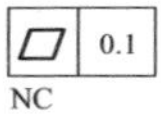
如果需要就某个要素给出几种几何特征的公差，可将一个公差框格放在另一个的下面	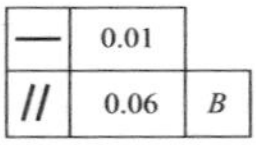

（2）几何公差框格标注示例。几何公差应标注在矩形框格内，如图 3-18 所示。

矩形公差框格由两格或多格组成，框格自左至右填写，各格内容如图 3-19 所示。

公差框格的推荐宽度为：第一格等于框格高度，第二格与标注内容的长度相适应，第三格及其后各格也应与有关的字母尺寸相适应。

公差框格的第二格内填写的公差值用线性值，公差带是圆形或圆柱形时，应在公差值前加注“ϕ”，若是球形则加注“$S\phi$”。

当一个以上要素作为该项几何公差的被测要素时，应在公差框格的上方注明，如图 3-20 所示。

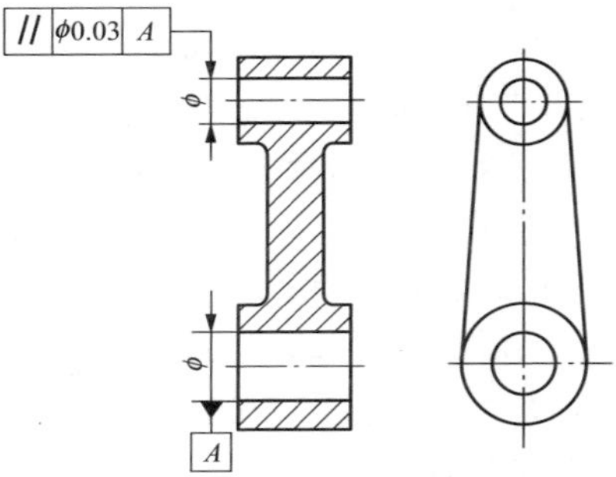

图 3-18　几何公差标注示例

对同一要素有一个以上公差特征项目要求时，为了简化可将两个框格叠在一起标注，如图 3-21 所示。

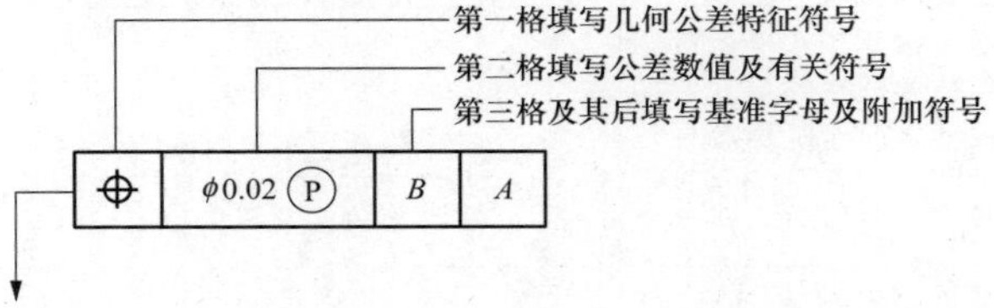

图 3-19　公差框格填写内容

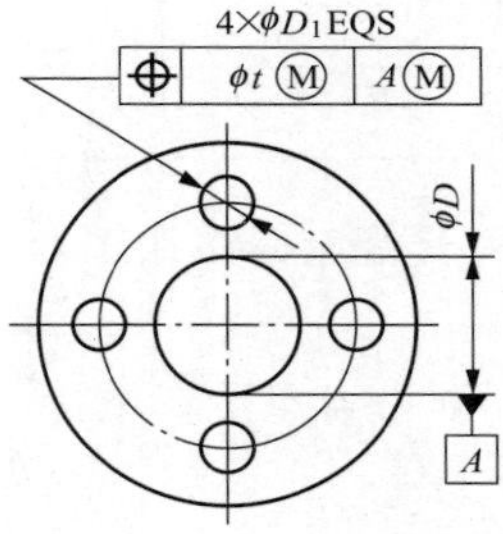

图 3-20　多个要素同一公差特征项目

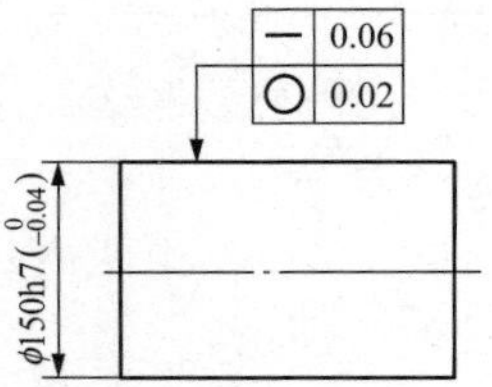

图 3-21　同一要素多个公差特征项目

5. GB/T 1182—2008 与 GB/T 1182—1996 相比较主要变化

GB/T 1182—2008 与 GB/T 1182—1996 相比较，主要有以下几个方面的变化：

(1) 旧标准中的“形状和位置公差”，在新标准中称为“几何公差”（细分为形状、方向、位置和跳动）。

(2) 旧标准中的“中心要素”，在新标准中称为“导出要素”。

旧标准中的“轮廓要素”，在新标准中称为“组成要素”。

旧标准中的“测得要素”，在新标准中称为“提取要素”。

(3) 增加了“CZ”（公共公差带）、“LD”（小径）、“MD”（大径）、“PD”（中径、节径）、“LE”（线素）、“NC”（不凸起)、“ACS”（任意横截面）等附加符号，见表 3-8。其中符号“CZ”，可在公差框格内的公差值后面标注，余下的几种附加符号，一般可在公差框格下方标注。

（4）基准符号由旧标准中的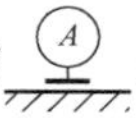

，变为新标准中的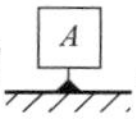

。原来小圆圈中的字母 A 应水平方向书写，现在改成小方框后，基准符号只有在垂直或水平方向时字母 A 才能保持正的位置。若符号成倾斜方向，就无法注写字母了，这时应将符号中黑色三角形与小方框之间的连线改成折线，使小方框各边保持铅垂或水平状态方可标注字母，如图 3-22 所示的注法，图 3-22（a）基准符号标注在用圆点从轮廓表面引出的基准线上，图 3-22（b）基准符号表示以孔的轴线为基准。

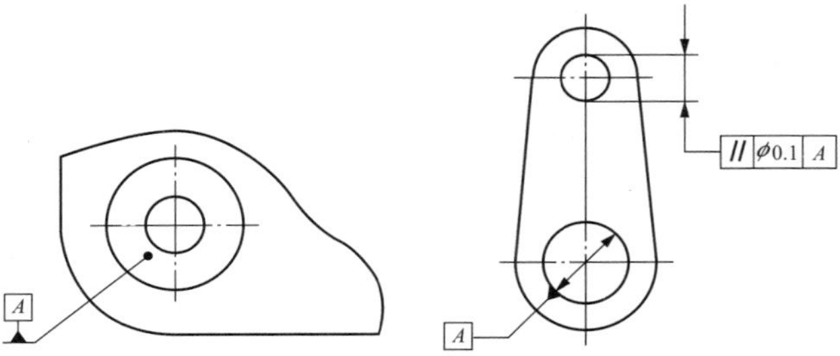

(a)　　(b)

图 3-22　基准标注示例

（a）轮廓表面为基准；（b）孔的轴线为基准

（5）新标准中理论正确尺寸外的小框与尺寸线完全脱离，而在旧标准中则是小框的下边线与尺寸线相重合。

（6）几何特征符号及附加符号的具体画法和尺寸，仍可参考 GB/T 1182—1996 中的规定。

（7）当公差涉及单个轴线、单个中心平面或公共轴线、公共中心平面时，曾经用过的如图 3-23 所示的方法已经取消。

（8）用指引线直接连接公差框格和基准要素的方法，如图 3-24 所示，也已被取消，基准必须注出基准符号，不得与公差框格直接相连，即被测要素与基准要素应分别标注。

6. 被测要素的标注示例

按 GB/T 1182—2008 标准，在图样中，被测要素按表 3-10 中

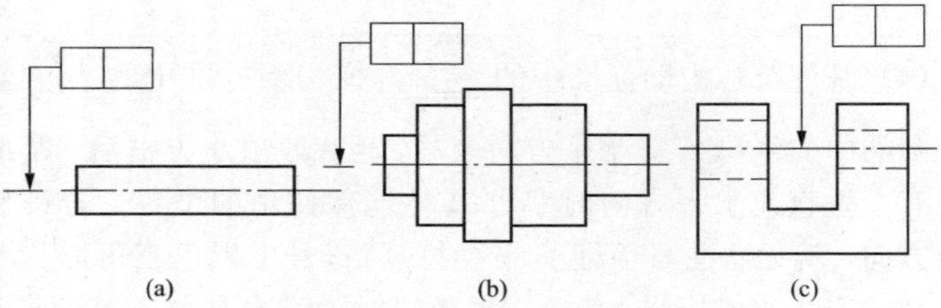

图 3-23 已经取消的公差框格标注方法（一）

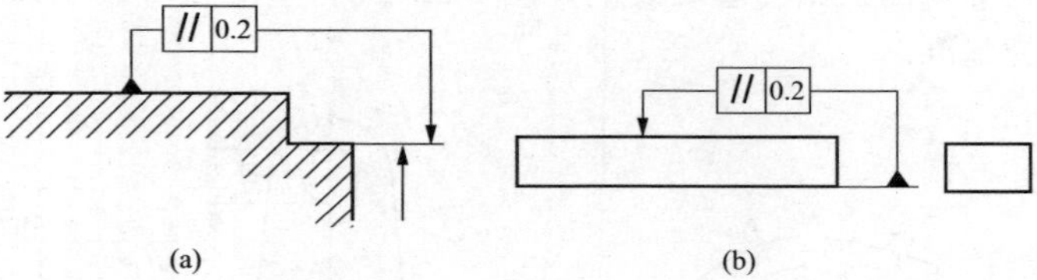

图 3-24 已经取消的公差框格标注方法（二）

的方式标注。

表 3-10　　被测要素的标注方式

标注类别		标注图示	说　明
被测要素	为轮廓要素时	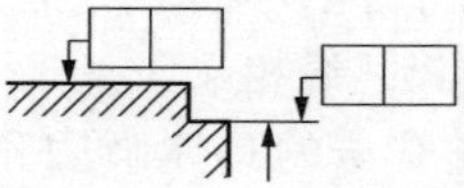	指引线的箭头在被测要素的可见轮廓线上，也可在轮廓线的延长线上，但必须与尺寸线错开
		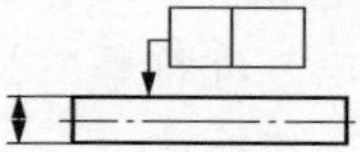	

续表

标注类别		标注图示	说　明
被测要素	为中心要素时	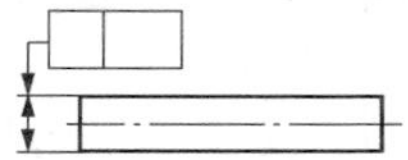	中心要素是指中心点、圆心、轴线、中心线与中心平面。指引线的箭头应与尺寸线的延长线相重合
		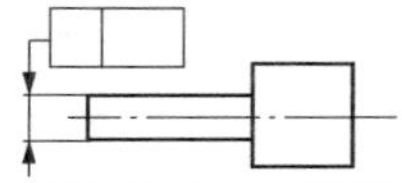	
		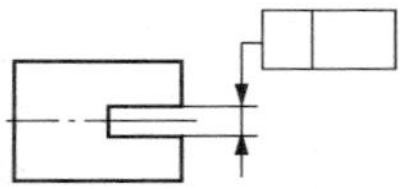	
	指向实际表面时	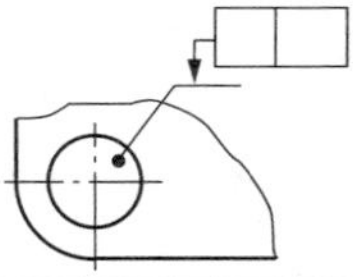	可在实际表面上用小黑点引出参考线，指引线的箭头指在参考线上
基准要素	基准为轮廓要素时	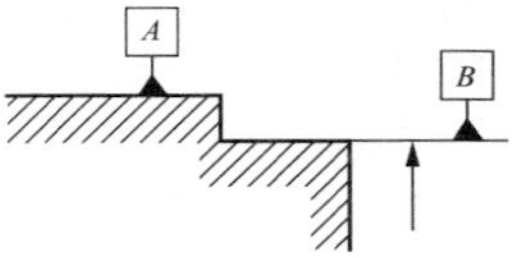	基准符号中的三角形底边应靠近基准要素的轮廓线或轮廓面，也可靠近轮廓的延长线，但不能与尺寸线对齐
	基准要素为中心要素时	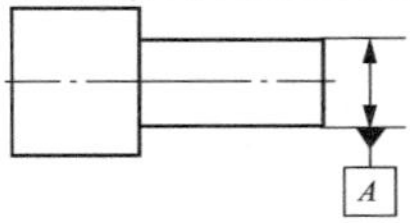	基准符号中的细实线应与尺寸线对齐，基准符号中的三角形可代替尺寸线的箭头
		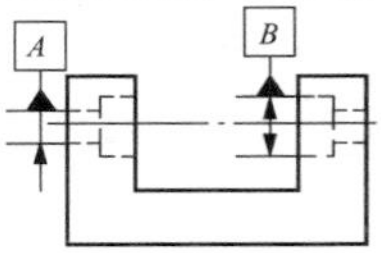	
		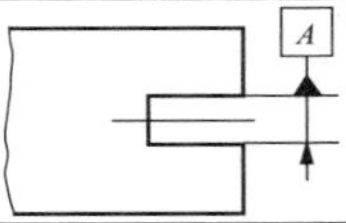	
	基准符号必须在某个面时	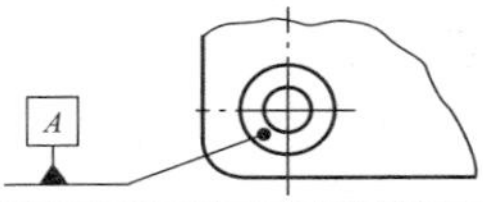	可在面上画出小黑点，从黑点引出参考线，基准代号置于参考线上

续表

标注类别	标注图示	说明
两个要素组成的公共基准	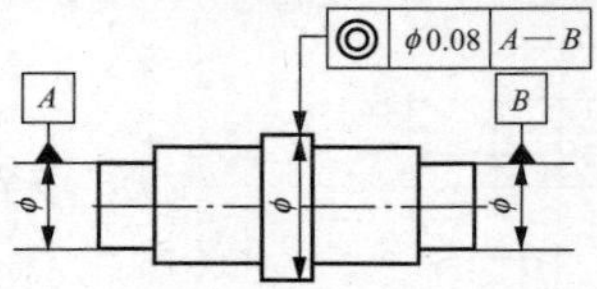	在公差框格中标注用横线隔开的两个大写字母，如图中标注的“A—B”
两个或三个要素组成有基准体系	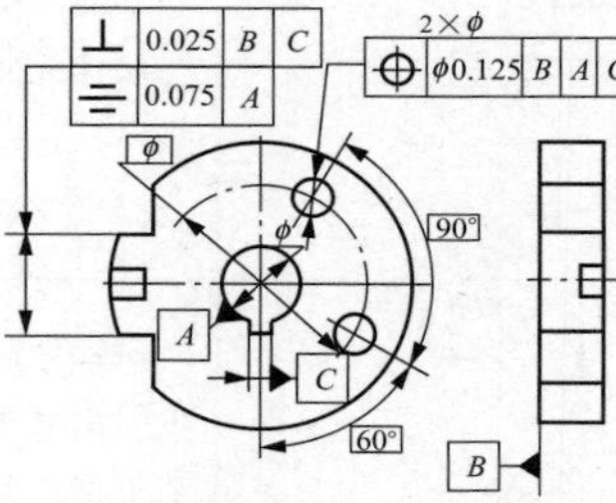	在公差框格中标注出代表基准的大写字母，并按基准的优先顺序从左至右注写在各格中。为不引起误解，表示基准的大写字母不能采用 E、F、I、J、L、M、O、P、R 等
任选基准	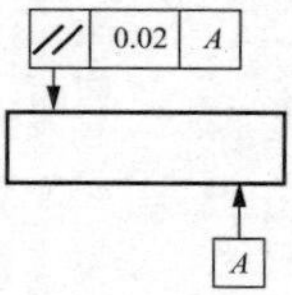	所谓任选基准，表示被测要素与基准要素可以相互交换，因此，基准符号中的短横改用箭头，表示亦可当成被测要素
限定范围 被测要素为局部时	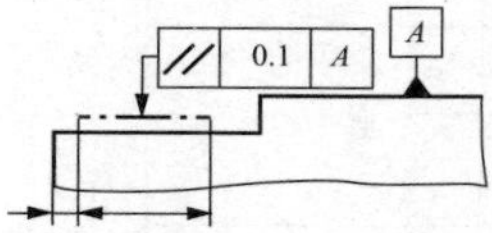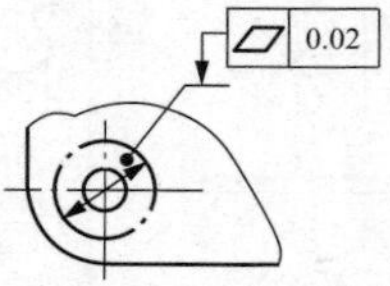	如对被测要素的某一部分给定形位公差要求或以要素的某一部分作为基准，则用粗点画线表示其范围，并加注尺寸
限定范围 基准要素为局部时	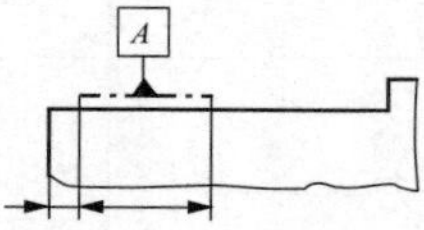	

续表

标注类别	标注图示	说　明
对形位公差值有附加说明时	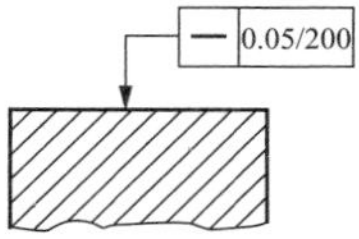	表示在任一 200mm 长度上，直线度公差为0.05mm
	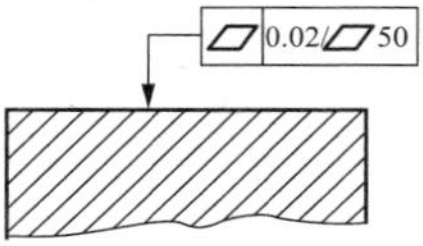	表示在任一 50mm × 50mm 的正方形表面上，平面度公差为 0.02mm
同一被测要素有多项形位公差要求时	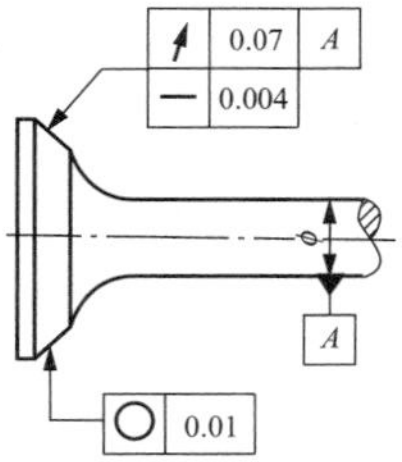	同一要素有多项形位公差要求时，可在一条指引线的末端画出多个框格标注。若测量方向不一致时，不能使用一条指引线时应分开标注
理论正确尺寸	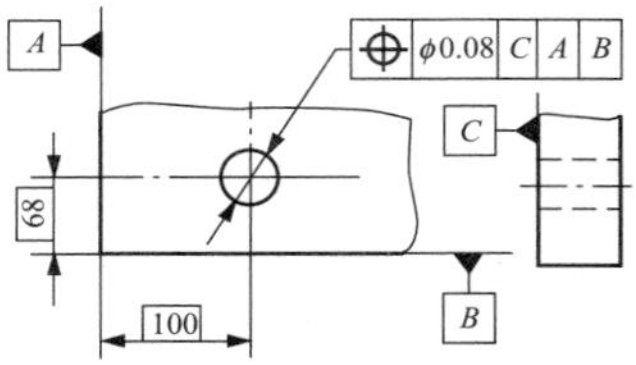	对于要素的位置度、轮廓度、倾斜度，其尺寸由不带公差的理论正确位置、轮廓、角度确定时，这种尺寸称为“理论正确尺寸”。在图样上理论正确尺寸用方框围住
全周符号法	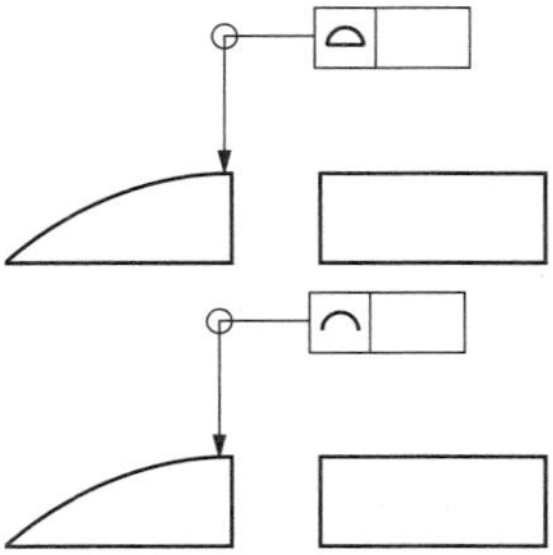	若形位公差特征项目（如轮廓度公差）适用于横截面内的整个外轮廓或整个外轮廓面时，应采用全周符号。可在公差框格指引线的弯折处画一个小圆圈

续表

标注类别	标注图示	说明
公差框格处加文字说明	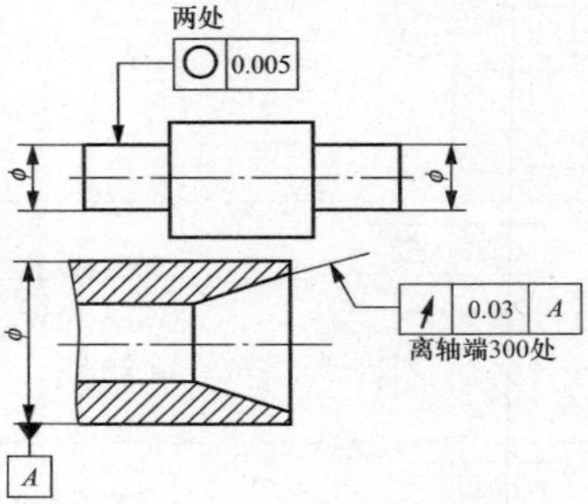	为说明公差框格中所标注的形位公差的附加要求或为了简化标注方法，可在公差框格的上方或下方附加文字说明。属于被测要素数量的说明应写在公差框格的上方，属于解释性说明的写在下方
延伸公差带	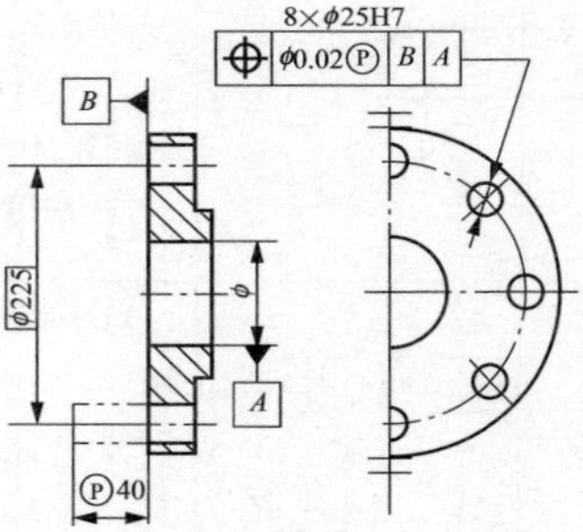	延伸公差带是将被测要素的公差带延伸到工件实体之外，控制工件外部的公差带，以保证零件与该零件配合时能顺利装入。延伸公差带用“Ⓟ”表示，并用点画线绘出延伸部分，标出其长度尺寸
最大实体要求	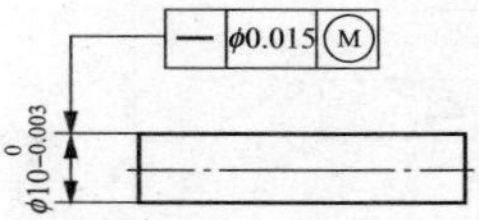	最大实体要求用符号“Ⓜ”表示，放在框格中公差值后面。圆柱体轴线的直线度公差若为φ0.015，其最大实体实效边界尺寸为φ10.015
	⌖ | φ0.04 | AⓂ ⌖ | φ0.04Ⓜ | AⓂ	若基准要素也有最大实体要求，则在基准要素字母后加符号“Ⓜ”

第三节　表　面　结　构

一、表面结构评定常用参数

1. 表面结构评定参数

在零件图上每个表面都应根据使用要求标注出它的表面结构要求，以明确该表面完工后的状况，便于安排生产工序，保证产品质量。

国家标准规定在零件图上标注出零件各表面的表面结构要求，其中不仅包括直接反映表面微观几何形状特性的参数值，而且还可以包含说明加工方法，加工纹理方向（即加工痕迹的走向）以及表面镀覆前后的表面结构要求等其他更为广泛的内容，这就更加确切和全面地反映了对表面的要求。

若将表面横向剖切，把剖切面和表面相交得到的交线放大若干倍就是一条有峰有谷的曲线，可称为“表面轮廓”，如图 3-25 所示。

通常用三大类参数评定零件表面结构状况：轮廓参数（由 GB/T 3505—2009 定义）、图形参数（由 GB/T 18618—2002 定义）、支承率曲线参数（由 GB/T 18778.2—2003 定义）。其中轮廓参数是我国机械图样中最常用的评定参数。GB/T 3505—2009 代替 GB/T 3505—2000 表面粗糙度评定常用参数，最常用评定粗糙度轮廓（R 轮廓）中的两个高度参数是 Ra 和 Rz。

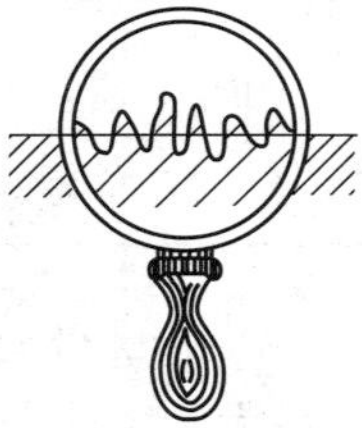

图 3-25　表面轮廓放大图

(1) 轮廓算术平均偏差 Ra。轮廓算术平均偏差 Ra 是在取样长度内，轮廓偏距绝对值的算术平均值，如图 3-26 所示。

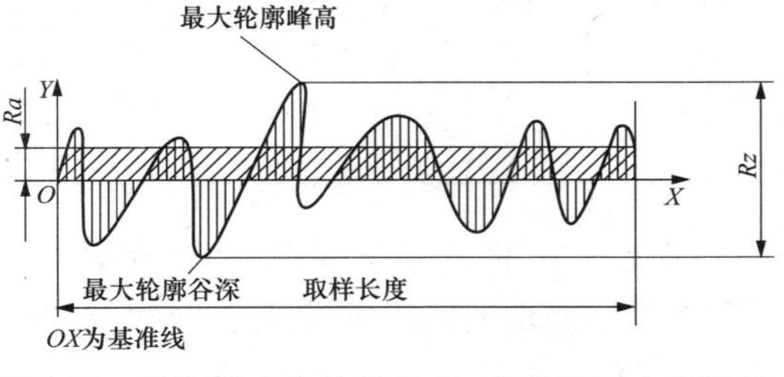

图3-26　轮廓算术平均偏差 Ra 和轮廓最大高度 Rz

轮廓算术平均偏差 *Ra* 的数值一般在表 3-11 中选取。

表 3-11　*Ra* 的数值　（μm）

Ra	0.012 0.025 0.05 0.1	0.2 0.4 0.8 1.6	3.2 6.3 12.5 25	50 100

当选用表 3-11 中规定的 *Ra* 系列数值不能满足要求时，可选用表 3-12 中规定的补充系列值。

表 3-12　*Ra* 的补充系列值　（μm）

Ra	0.008 0.01 0.016 0.02 0.032 0.04 0.063	0.08 0.125 0.16 0.25 0.32 0.5 0.63	1 1.25 2 2.5 4 5 8	10 16 20 32 40 63 80

（2）轮廓最大高度 *Rz*。轮廓最大高度 *Rz* 是指在同一取样长度内，最大轮廓峰高与最大轮廓谷深之间的距离，如图 3-26 所示。*Rz* 的常用数值有：0.2、0.4、0.8、1.6、3.2、6.3、12.5、25、50μm。*Rz* 数值一般在表 3-13 中选取。

表 3-13　*Rz* 的数值　（μm）

Rz	0.025 0.05 0.1 0.2	0.4 0.8 1.6 3.2	6.3 12.5 25 50	100 200 400 800	1600

根据表面功能和生产的经济合理性，当选用表 3-13 中规定的 Rz 系列数值不能满足要求时，亦可选用表 3-14 中规定的补充系列值。

表 3-14　　**Rz 的补充系列值**　　（μm）

Rz	0.032	0.5	8	125
	0.04	0.63	10	160
	0.063	1	16	250
	0.08	1.25	20	320
	0.125	2	32	500
	0.16	2.25	40	630
	0.25	4	63	1000
	0.32	5	80	1250

特别提示：原来的表面粗糙度参数 R_z 的定义不再使用。新的 Rz 为原 R_y 定义，原 R_y 的符号也不再使用。

（3）取样长度（lr）。取样长度是指用于判别被评定轮廓不规则特征的 X 轴上的长度，代号为 lr。

为了在测量范围内较好地反映粗糙度的情况，标准规定取样长度按表面粗糙度选取相应的数值，在取样长度范围内，一般至少包含 5 个的轮廓峰和轮廓谷。规定和选取取样长度目的是为了限制和削弱其他几何形状误差，尤其是表面波度对测量结果的影响。取样长度的数值见表 3-15。

表 3-15　　**取样长度的数值系列 lr**　　（mm）

lr	0.08	0.25	0.8	2.5	8	25

（4）评定长度 ln。评定长度是指用于判别被评定轮廓的 x 轴上方向的长度，代号为 ln。它可以包含一个或几个取样长度。

为了较充分和客观地反映被测表面的粗糙度的，须连续取几个取样长度的平均值作为取样测量结果。国家标准规定，$ln=5lr$ 为默认值。选取评定长度目的是为了减少被测表面上表面粗糙度不均匀性的影响。

取样长度与幅度参数之间有一定的联系，一般情况下，在测量 Ra、Rz 数值时推荐按表 3-16 选取对应的取样长度值。

表 3-16　取样长度（*lr*）*T* 和评定长度（*ln*）的数值　(mm)

Ra/μm	*Rz*/μm	*lr*	*ln*(*ln*＝5*lr*)
＞（0.008）～0.02	＞（0.025）～0.1	0.08	0.4
＞0.02～0.1	＞0.1～0.5	0.25	1.25
＞0.1～2	＞0.5～10	0.8	4
＞2～10	＞10～50	2.5	12.5
＞10～80	＞50～200	8	40

2. 基本术语新旧标准对照

基本术语新旧标准对照见表 3-17。

表 3-17　基本术语新旧标准对照

基本术语（GB/T 3505—2009）	GB/T 3505—1983	GB/T 3505—2009
取样长度	l	lp、lw、lr①
评定长度	l_n	ln
纵坐标值	y	$Z(x)$
局部斜率		$\frac{dZ}{dX}$
轮廓峰高	y_P	Z_P
轮廓谷深	y_v	Zv
轮廓单元高度		Zt
轮廓单元宽度		Xs
在水平截面高度 c 位置上轮廓的实体材料长度	η_p	$Ml(c)$

① 给定的三种不同轮廓的取样长度。

3. 表面结构参数新旧标准对照

表面结构参数新旧标准对照见表 3-18。

表 3-18　表面结构参数新旧标准对照

参数（GB/T 3505—2009）	GB/T 3505—1983	GB/T 3505—2009	在测量范围内	
			评定长度 *ln*	取样长度
最大轮廓峰高	R_p	Rp		✓
最大轮廓谷深	R_v	Rv		✓

续表

参数（GB/T 3505—2009）	GB/T 3505—1983	GB/T 3505—2009	在测量范围内	
			评定长度 *ln*	取样长度
轮廓最大高度	R_y	*Rz*		√
轮廓单元的平均高度	R_c	*Rc*		√
轮廓总高度	—	*Rt*	√	
评定轮廓的算术平均偏差	R_a	*Ra*		√
评定轮廓的均方根偏差	R_q	*Rq*		√
评定轮廓的偏斜度	S_k	*Rsk*		√
评定轮廓的陡度	—	*Rku*		√
轮廓单元的平均宽度	S_m	*Rsm*		√
评定轮廓的均方根斜率	Δ_q	$R\Delta q$		
轮廓支承长度率	—	*Rmr*(*c*)	√	
轮廓水平截面高度	—	$R\delta c$	√	
相对支承长度率	t_p	*Rmr*	√	
十点高度	R_z	—		

注　1. √符号表示在测量范围内，现采用的评定长度和取样长度。

2. 表中取样长度是 *lr*、*lw* 和 *lp*，分别对应于 *R*、*W* 和 *P* 参数。*lp*=*ln*。

3. 在规定的三个轮廓参数中，表中只列出了粗糙度轮廓参数。例如：三个参数分别为：*Pa*（原始轮廓）、*Ra*（粗糙度轮廓）、*Wa*（波纹度轮廓）。

GB/T 131 的三个版本对照特别提示如下：

(1) GB/T 131—2006 新标准规定的 *Ra* 和 *Rz* 的写法是大小写斜体字母，*a* 和 *z* 不是下角标。而 GB/T 131—1996 旧标准规定的 *a*、*y* 和 *z* 的写法是正体下角标，如 R_a、R_y。

(2) GB/T 131—2006 新标准中必须标出 *Ra* 和 *Rz* 等参数代号，不得省略。而在 GB/T 131—1996 等旧标准中 R_a 可省略不写。

(3) GB/T 131—2006 新标准在图形上标注表面结构要求时，要用完整符号，所以如底面和右侧面的标注，需通过指引线引出标注。

(4) 新标准中对所谓的“其余”和“全部”的注写方式和位置

都已改变。

(5) 除加工方法“车”或“铣”等仍用汉字标注外，别的内容都可用符号、数字等标注，减少了注写汉字的概率。

(6) GB/T 131—1996 旧标准中的符号 R_y 不再使用。新标准中的 R_z 是原标准中的 R_y 的定义，所以新标准中已不存在旧标准中的符号 R_z（十点高度）

二、表面结构符号、代号及标注

1. 表面结构要求图形符号的画法与含义

国家标准 GB/T 131—2006 规定了表面结构要求的图形符号、代号及其画法，其说明见表 3-19。表面结构要求的单位为 μm（微米）。

表 3-19　表面结构要求的画法与含义

符　号	意义及说明
	基本符号，表示表面可用任何方法获得。当不加注表面结构要求参数值或有关说明（例如：表面处理、局部热处理状况等）时，仅适用于简化代号标注
	表示表面是用去除材料的方法获得。如车、铣、钻、磨、剪切、抛光、腐蚀、电火花加工、气割等
	表示表面是用不去除材料的方法获得。如铸、锻、冲压变形、热轧、冷轧、粉末冶金等，或者是用保持原供应状况的表面（包括上道工序的状况）
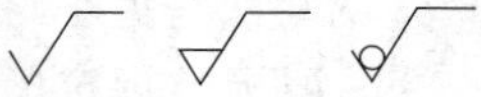	完整图形符号，可标注有关参数和说明
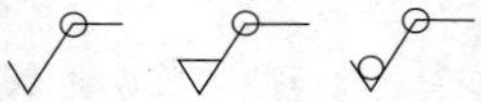	表示部分或全部表面具有相同的表面结构要求

国家标准 GB/T 131—2006 中规定，在报告和合同的文本中时以用文字“APA”表示允许用任何工艺获得表面，用文字“MRR”表示允许用去除材料的方法获得表面，用文字“NMR”表示允许用不去除材料的方法获得表面。

2. 表面结构完整符号注写规定

在完整符号中，对表面结构的单一要求和补充要求注写在图 3-27 所示的指定位置。

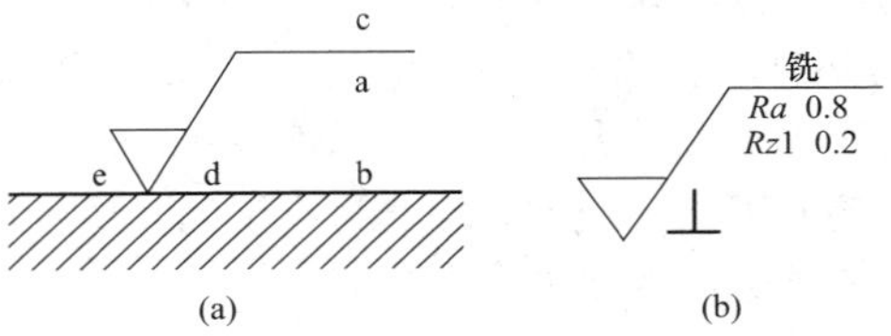

图 3-27　补充要求的注写位置

(a) 位置分布；(b) 注写示例

(1) 位置 a 注写表面结构的单一要求：标注表面粗糙度参数代号、极限值和取样长度。为了避免误解，在参数代号和极限值间应插入空格。取样长度后应有一斜线"/"，之后是表面粗糙度参数符号，最后是数值，如：—0.8/*Rz*6.3。

(2) 位置 a 和 b 注写两个或多个表面结构要求：在位置 a 注写一个表面表面粗糙度要求，方法同 (a)。在位置 b 注写第二个表面表面粗糙度要求。如果要注写第三个或更多表面粗糙度要求，图形符号应在垂直方向扩大，以空出足够的空间。扩大图形符号时，a、b 的位置随之上移。

(3) 位置 c 注写加工方法、表面处理、涂层或其他加工工艺要求，如车、铣、磨、镀等。

(4) 位置 d 注写表面纹理和纹理方向。

(5) 位置 e 注写所要求的加工余量，以 mm 为单位给出数值。

表面结构要求符号的比例画法如图 3-28 所示。

表面结构具体标注示例及意义见表 3-20。

3. 表面纹理的标注

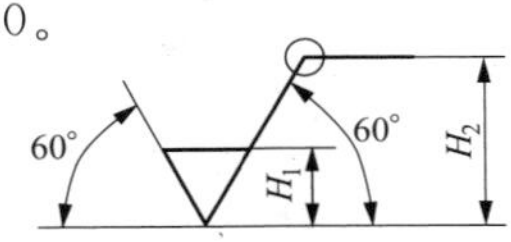

图 3-28　表面结构要求符号的比例

表面加工后留下的痕迹走向称为纹理方向，不同的加工工艺往往决定了纹理的走向，一般表面不需标注。对于有特殊要求的表面，需要标注纹理方向时，可用表

3-21 所列的符号标注在完整图形符号中相应的位置，如图 3-27（b）所示。

4. 表面结构标注方法新旧标准对照

表面结构标注方法新旧标准对照见表 3-22。

5. 表面结构要求在图样上的标注

表面结构要求对每一表面一般只标注一次，产尽可能标注在相应的尺寸及公差的同一视图上。除非另有说明，所标注的表面结构要求是对完工零件表面的要求。

表 3-20　　表面结构代号的标注示例及意义

符　号	含义/解释
Rz 0.4	表示不允许去除材料，单向上限值，粗糙度的最大高度为 0.4μm，评定长度为 5 个取样长度（默认），“16%规则”（默认）
*Rz*max 0.2	表示去除材料，单向上限值，粗糙度最大高度的最大值为 0.2μm，评定长度为 5 个取样长度（默认），“最大规则”（默认）
-0.8/*Ra* 3.2	表示去除材料，单向上限值，取样长度 0.8μm，算术平均偏差 3.2μm，评定长度包含 3 个取样长度，“16%规则”（默认）
U *Ra*max 3.2 L *Ra* 0.8	表示不允许去除材料，双向极限值，上限值：算术平均偏差 3.2μm，评定长度为 5 个取样长度（默认），“最大规则”，下限值：算术平均偏差 0.8μm，评定长度为 5 个取样长度（默认），“16%规则”（默认）
车 *Rz* 3.2	零件的加工表面的粗糙度要求由指定的加工方法获得时，用文字标注在符号上边的横线上
Fe/Ep•Ni15pCr0.3r *Rz* 0.8	在符号的横线上面可注写镀（涂）覆或其他表面处要求。镀覆后达到的参数值这些要求也可在图样的技术要求中说明
铣 *Ra* 0.8 ⊥ *Rz*1 3.2	需要控制表面加工纹理方向时，可在完整符号的右下角加注加工纹理方向符号

续表

符　号	含义/解释
	在同一图样中，有多道加工工序的表面可标注加工余量时，加工余量标注在完整符号的左下方，单位为 mm

注　评定长度的（ln）的标注：若所标注的参数代号没有“max”，表明采用的是有关标准中默认的评定长度。若不存在默认的评定长度时，参数代号中应标注取样长度的个数，如 $Ra3$，$Rz3$，$RSm3$……（要求评定长度为 3 个取样长度）。

表 3-21　　　　常见表面加工的纹理方向

符号	说　明	示　意　图
=	纹理平行于视图所在的投影面	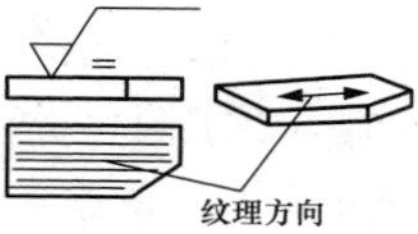
⊥	纹理垂直于视图所在的投影面	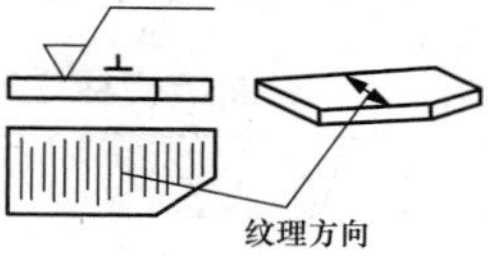
×	纹理呈两斜向交叉且与视图所在的投影面相交	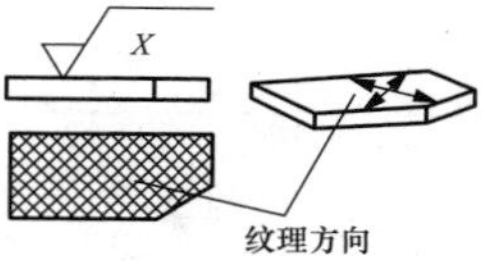
M	纹理呈多方向	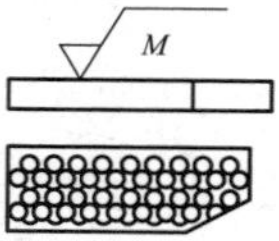
C	纹理呈近似同心圆且圆心与表面中心相关	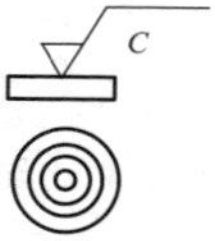

续表

符号	说　明	示　意　图
R	纹理呈近似的放射状与表面圆心相关	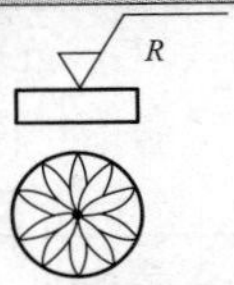
P	纹理呈微粒、凸起，无方向	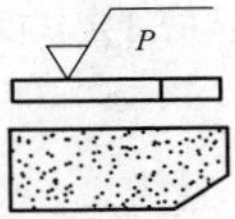

注　如果表面纹理不能清楚地用这些符号表示，必要时，可以在图样上加注说明。

（1）表面结构要求在图样上标注方法示例，见表3-23。

（2）表面结构要求简化标注方法示例，见表3-24。

6. 各级表面结构的表面特征及应用举例

表面结构的表面特征及应用举例，见表3-25。

表3-22　　表面结构标注方法新旧标准对照

GB/T 131—1983	GB/T 131—1993	GB/T 131—2006	说明主要问题的示例
1.6	1.6　1.6	*Ra* 1.6	*Ra* 只采用"16%规则"
*Ry*3.2	*Ry*3.2　*Ry*3.2	*Rz* 3.2	除了 *Ra*"16%规则"的参数
—	1.6max	*Ra* max 1.6	"最大规则"
1.6　0.8	1.6　0.8	–0.8/*Ra* 1.6	*Ra* 加取样长度
*Ry*3.2　0.8	*Ry*3.2　0.8	–0.8/*Ra* 6.3	除 *Ra* 外其他参数及取样长度

续表

GB/T 131—1983	GB/T 131—1993	GB/T 131—2006	说明主要问题的示例
$\begin{smallmatrix}1.6\\Ry6.3\end{smallmatrix}$▽	$\begin{smallmatrix}1.6\\Ry6.3\end{smallmatrix}$▽	√ $Ra\,1.6$ $Rz\,6.3$	Ra 及其他参数
—	$Ry3.2$/	√ $Ra3\,6.3$	评定长度中的取样长度个数如果不是 5，则要注明个数（此例表示比例取样长度个数为 3）
—	—	√ $L\,Rz\,1.6$	下限值
$\begin{smallmatrix}3.2\\1.6\end{smallmatrix}$▽	$\begin{smallmatrix}3.2\\1.6\end{smallmatrix}$▽	√ $U\,Ra\,3.2$ $L\,Rz\,1.6$	上、上限值

表 3-23　　　　表面结构要求在图样上标注方法示例

图　　示	标注方法说明
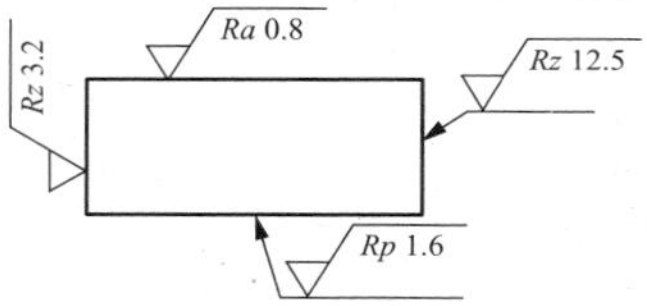 $Rz\,3.2$　$Ra\,0.8$　$Rz\,12.5$ $Rp\,1.6$	表面粗糙度的注写和读取方向与尺寸的注写和读取方向一致
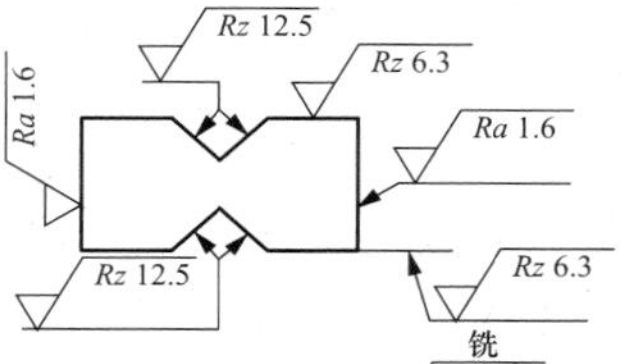 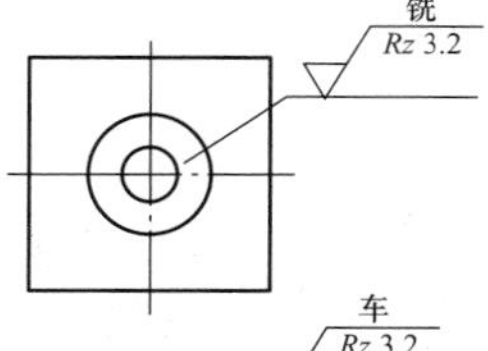 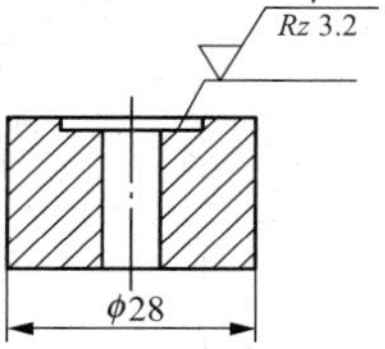 $Ra\,1.6$　$Rz\,12.5$　$Rz\,6.3$　$Ra\,1.6$ $Rz\,12.5$　$Rz\,6.3$　铣 $Rz\,3.2$　车 $Rz\,3.2$　$\phi28$	表面粗糙度要求可标注在轮廓线上，其符号应从材料外指向并接触表面。必要时，表面粗糙度符号也可用带箭头或黑点的指引线引出标注

续表

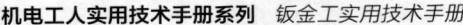

图　示	标注方法说明
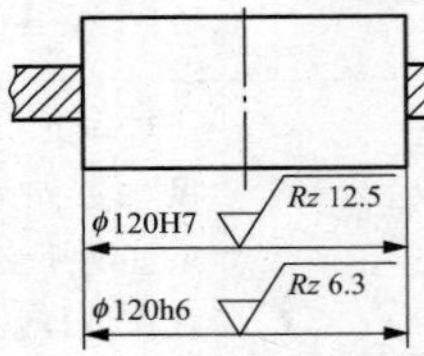	在不致引起误解时，表面粗糙度要求可以标注在给定的尺寸线上
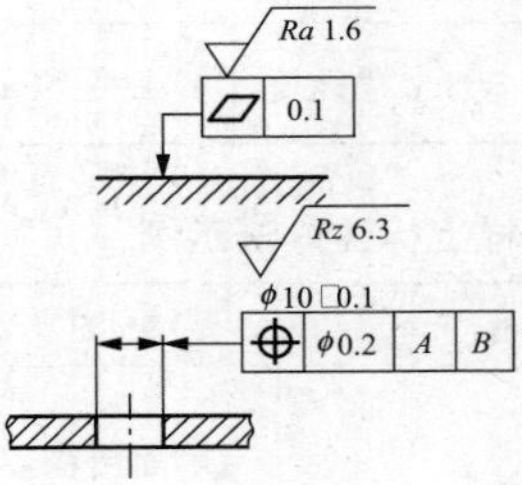	表面粗糙度要求可标注在形位公差框格的上方
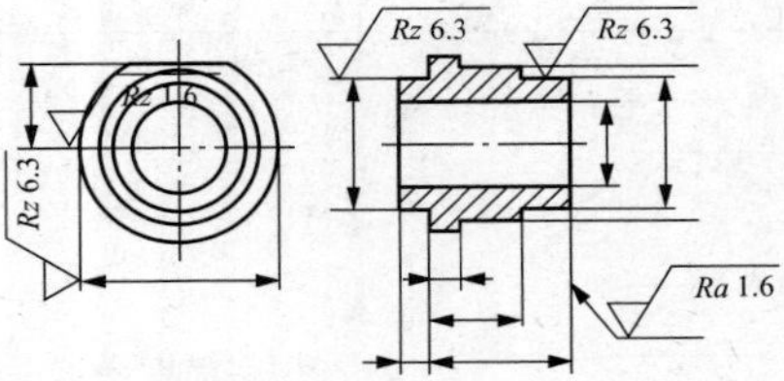	表面粗糙度要求可以直接标注在延长线上
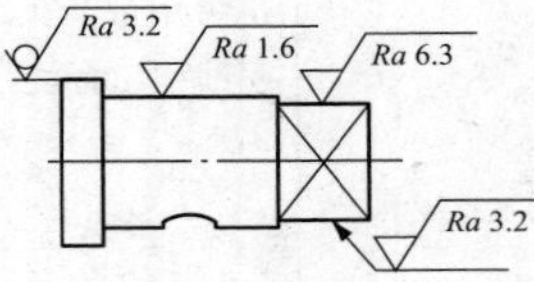	圆柱和棱柱表面的表面粗糙度要求只标注一次，如果每个棱柱表面有不同的表面粗糙度要求，则应分别单独标注

续表

图　　示	标注方法说明
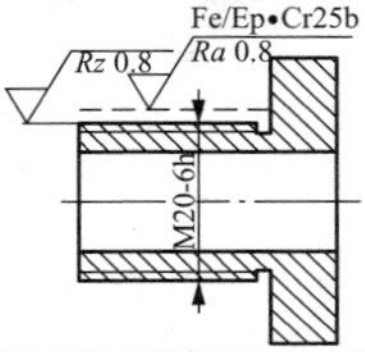	由几种不同的工艺方法获得的同一表面，当需要明确每种工艺方法的表面粗糙度要求时的标注方法

表 3-24　　表面结构要求简化标注方法示例

图　　示	标注方法说明
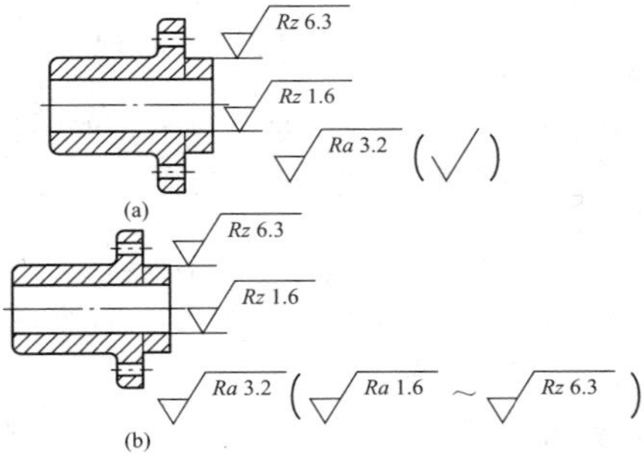	有相同表面粗糙度要求的简化注法 如果在工件的多数（包括全部）表面有相同的表面粗糙度要求，则其表面粗糙度要求可统一标注在图样的标题栏附近 除全部表面有相同要求的情况外，表面粗糙度要求在符号后面应有： （1）在圆括号内给出无任何其他标注的基本符号（图 a） （2）在圆括号内给出不同的表面粗糙度要求（图 b） 不同表面粗糙度要求应直接标注在图形中
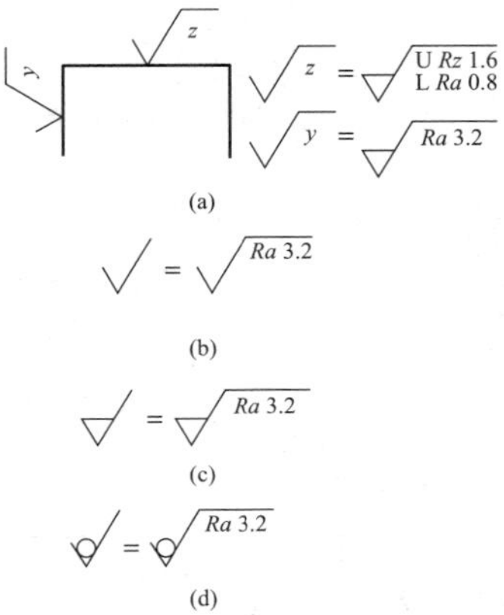	多个表面有共同要求的注法 当多个表面具有相同的表面粗糙度要求或图样空间有限时的简化注法 （1）图样空间有限时，可用带字母的完整符号，以等式的形式，在图形或标题栏附近，对有相同表面结构要求的表面进行简化标注（图 a） （2）只用表面粗糙度符号的简化注法 可用基本和扩展的表面粗糙度符号，以等式的形式给出对多个表面共同的表面粗糙度要求 1）未指定工艺方法的多个表面粗糙度要求的简化注法（图 b） 2）要求去除材料的多个表面粗糙度要求的简化注法（图 c） 3）不允许去除材料的多个表面粗糙度要求的简化注法（图 d）

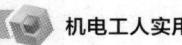

表 3-25　　表面结构的表面特征及应用举例

表面特征		$Ra/\mu m$	$Rz/\mu m$	应用举例
粗糙表面	可见刀痕	＞20～40	＞80～160	半成品粗加工过的表面，非配合的加工表面，如轴端面、倒角、钻孔、齿轮和带轮侧面、键槽底面、垫圈接触面等
	微见刀痕	＞10～20	＞40～80	
半光表面	微见加工痕迹	＞5～10	＞20～40	轴上不安装轴承或齿轮处的非配合表面、紧固件的自由装配表面、轴和孔的退刀槽等
	微辨加工痕迹	＞2.5～5	＞10～20	半精加工表面，箱体、支架、端盖、套筒等和其他零件地合而无配合要求的表面，需要发蓝的表面等
	看不清加工痕迹	＞1.25～25	＞6.3～10	接近于精加工表面、箱体上安装轴承的镗孔表面、齿轮的工作面
光表面	可辨加工痕迹方向	＞0.63～1.25	＞3.2～6.3	圆柱销、圆锥销，与滚动轴承配合的表面，普通车床导轨面，内、外花键定心表面等
	微辨加工痕迹方向	＞0.32～0.63	＞1.6～3.2	要求配合性质稳定的配合表面，工作时受交变应力的重要零件，较高精度车床的导轨面
	不可辨加工痕迹方向	＞0.16～0.32	＞0.8～1.6	精密机床主轴锥孔，顶尖圆锥面，发动机曲轴、凸轮轴工作表面，高精度齿轮齿面
极光表面	暗光泽面	＞0.08～0.16	＞0.4～0.8	精度机床主轴颈表面、一般量规工作表面、汽缸套内表面、活塞销表面等
	亮光泽面	＞0.04～0.08	＞0.2～0.4	精度机床主轴颈表面、滚动轴承的滚动体、高压油泵中柱塞和柱塞套配合的表面
	镜状光泽面	＞0.01～0.04	＞0.05～0.2	
	镜面	≤0.01	≤0.05	高精度量仪、量块的工作表面，光学仪器中的金属镜面

第四章

钣金工常用量具、 工具与夹具

第一节　钣金工常用测量量具

一、技术测量的一般概念

要实现互换性，除了合理地规定公差，还需要在加工的过程中进行正确的测量或检验，只有通过测量和检验判定为合格的零件，才具有互换性。钣金工测量技术基础主要介绍零件几何量的测量和检验。

“测量”是指以确定被测对象量值为目的的全部操作。实质上是将被测几何量与作为计量单位的标准进行比较，从而确定被测几何量是计量单位的倍数或分数的过程。一个完整的测量过程应包括测量对象、计量单位、测量方法和测量精度四个方面要素。

“检验”只确定被测几何量是否在规定的极限范围之内，从而判断被测对象是否合格，而无须得出具体的数值。

测量过程包括的四个方面要素如下。

1. 测量对象

测量对象主要指几何量，包括长度、角度、表面粗糙度、几何形状和相互位置等。由于几何量的种类较多，形式各异，因此应熟悉和掌握它们的定义及各自的特点，以便进行测量。

2. 计量单位

为了保证测量的正确性，必须保证测量过程中单位的统一，为此我国以国际单位制为基础确定了法定计量单位。我国的法定计量单位中，长度计量单位为米（m），平面角的角度计量单位为弧度（rad）及度（°）、分（′）、秒（″）。机械制造中常用的长度计量单位为毫米（mm），$1mm=10^{-3}m$。在精密测量中，长度计量单位采用微米（μm），$1\mu m=10^{-3}mm$。在超精密测量中，长度计量单位采用纳米（nm），1nm＝10^{-3} μm。机械制造中常用的角度计量单位为弧度、微弧度（μrad）和度、分、秒。1μrad＝10^{-6} μrad，1°＝0.0174533rad。度、分、秒的关系采用60进制，即1°＝60′，1′＝60″。

确定了计量单位后，要取得准确的量值，还必须建立长度基准。1983年第十七届国际计量大会规定“米”的定义：1m是光在真空中1/299792458s的时间间隔内所经路径的长度。按此定义确定的基准称为自然基准。

在机械制造中，自然基准不便于直接应用。为了保证量值的统一，必须把国家基准所复现的长度计量单位量值经计量标准逐级传递到生产中的计量器具和工件上去，以保证测量所得的量值的准确和一致，为此需要建立严密的长度量值传递系统。在技术上，长度量值通过两个平行的系统向下传递：一个系统是由自然基准过渡到国家基准米尺、工作基准米尺，再传递到工程技术中应用的各种刻线纹尺，直至工件尺寸。这一系统称为刻线量具系统。另一系统是由自然基准过渡到基准组量块，再传递到各等级工作量块及各种计量器具，直至工件尺寸。这一系统称为端面量具系统。

3. 测量方法

测量方法是指测量时所采用的计量器具和测量条件的综合。测量前应根据被测对象的特点，如精度、形状、质量、材质和数量等来确定需用的计量器具，分析研究被测参数的特点及与其他参数的关系，以确定最佳的测量方法。

4. 测量精度

测量精度是指测量结果与真值的一致程度。任何测量过程总不可避免出现测量误差，误差大，说明测量结果离真值远，精度低；反之，误差小，精度高。因此精度和误差是两个相对的概念。由于存在测量误差，任何测量结果都只能是要素真值的近似值。以上说明测量结果有效值的准确性是由测量精度确定的。

二、计量器具的分类

计量器具按结构特点可以分为以下四类。

1. 量具

量具是以固定形式复现量值的计量器具，一般结构比较简单，没有传动放大系统。量具中有的可以单独使用，有的也可以与其他计量器具配合使用。

量具又可分为单值量具和多值量量具两种。单值量具是用来复现单一量值的量具，又称为标准量具，如量块、直角尺等。多值量具是用来复现一定范围内的一系列不同量值的量具，又称为通用量具。通用量具按其结构特点划分有以下几种：固定刻线量具，如钢尺、卷尺等；游标量具，如游标卡尺、万能角度尺等；螺旋测微量具，如内径千分尺、外径千分尺和螺纹千分尺等。

2. 量规

量规是把没有刻度的专用计量器具，用于检验零件要素的实际尺寸及形状、位置的实际情况所形成的综合结果是否在规定的范围内，从而判断零件被测的几何量是否合格。量规检验不能获得被测几何量的具体数值。如用光滑极限量规检验光滑圆柱形工件的合格性；用螺纹量规综合检验螺纹的合格性等。

3. 量仪

量仪是能将被测几何量的量值转换成可直接观察的指示值或等效信息的计量器具。量仪一般具有传动放大系统。按原始信号转换原理的不同，量仪又可分为如下四种。

(1) 机械式量仪。机械式量仪是指用机械方法实现原始信号转换的量仪，如指示表、杠杆比较仪和扭簧比较仪等。这种量仪结构简单，性能稳定，使用方便，因而应用广泛。

(2) 光学式量仪。光学式量仪是指用光学方法实现原始信号转换的量仪，具有放大比较大的光学放大系统。如万能测长仪、立式光学计、工具显微镜、干涉仪等。这种量仪精度高，性能稳定。

(3) 电动式量仪。电动式量仪是指将原始信号转换成电量形式信息的量仪。这种量仪具有放大和运算电路，可将测量结果用指示表或记录器显示出来。如电感式测微仪、电容式测微仪、电动轮廓仪、圆度仪等。这种量仪精度高，易于实现数据自动化处理和显示，还可实现计算机辅助测量和检测自动化。

(4) 气动式量仪。气动式量仪是指以压缩空气为介质，通过其流量或压力的变化来实现原始信号转换的量仪。如水柱式气动量仪、浮标式气动量仪等。这种量仪结构简单，可进行远距离测量，也可对难以用其他计量器具测量的部位（如深孔部位）进行测量；但示值范围小，对不同的被测参数需要不同的测头。

4. 计量装置

计量装置是指为确定被测几何量值所必需的计量器具和辅助设备的总体。它能够测量较多的几何量和较复杂的零件，有助于实现检测自动化或半自动化，一般用于大批量生产中，以提高检测效率和检测精度。

三、测量方法的分类

广义的测量方法是指测量时所采用的测量器具和测量条件的综合，而在实际工作中往往从获得测量结果的方式来理解测量方法，即按照不同的出发点，测量方法有各种不同的分类。

1. 根据所测的几何量是否为要求被测的几何量分类

测量方法可分为以下两种：

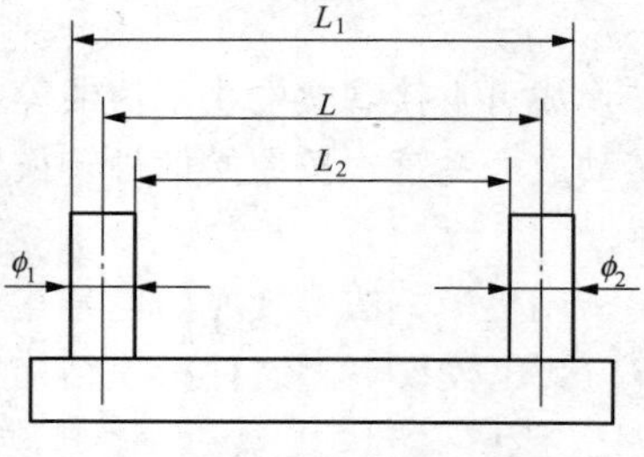

图 4-1 用间接测量法测两轴中心距

(1) 直接测量。直接用量具和量仪测出零件被测几何量值的方法。例如，用游标卡尺或比较仪直接测量轴的直径。

(2) 间接测量。通过测量与被测尺寸有一定函数关系的其他尺寸，然后通过计算获得被测尺寸量值的方法。如对图 4-1 所示零件，显然无法直接测出中心距 L，但可通过测量 L_1（或 L_2）、ϕ_1 和 ϕ_2 的值，并根据关系式

$$L = L_1 - \frac{\phi_1 + \phi_2}{2} \text{ 或 } L = L_2 + \frac{\phi_1 + \phi_2}{2}$$

计算，间接得到 L 的值。间接测量法存在着基准不重合误差，故仅在不能或不宜采用直接测量的场合使用。

2. 根据被测量值获得方式分类

根据被测量值是直接由计量器具的读数装置获得，还是通过对

某个标准值的偏差值计算得到，测量方法可分为以下两种：

（1）绝对测量。测量时，被测量的全值可以直接从计量器具的读数装置获得。例如用游标卡尺或测长仪测量轴颈。

（2）相对测量（又称比较测量或微差测量）。将被测量与同它只有微小差别的已知同种量（一般为标准量）相比较，通过测量这两个量值间的差值以确定被测量值。例如用图 4-2 所示的机械式比较仪测量轴颈，测量时先用量块调整零位，再将轴颈放在工作台上测量。此时指示出的示值为被测轴颈相对于量块尺寸的微差，即轴颈的尺寸等于量块的尺寸与微差的代数和（微差可以为正或为负）。

3. 根据工件上同时测量的几何量的多少分类

根据工件上同时测量的几何量的多少，测量方法可分为以下两种：

（1）单项测量。对工件上的每一几何量分别进行测量的方法，一次测量仅能获得一个几何量的量值。例如用工具显微镜分别测量螺纹单一中径、螺距和牙侧角的实际值，分别判断它们是否合格。

（2）综合测量。能得到工件上几个有关几何量的综合结果，以判断工件是否合格，而不要求得到单项几何量值。例如用螺纹通规检验螺纹的作用中径是否合格。实质上综合测量一般属于检验。

单项测量便于进行工艺分析，找出误差产生的原因，而综合测量只能判断零件合格与否，但综合测量的效率比单项测量高。

4. 根据被测工件表面是否与计量器具的测量元件接触分类

测量方法可分为以下两种：

（1）接触测量。测量时计量器具的测量元件与工件被测表面接触，并有机械作用的测量力。例如用机械式比较仪测量轴颈，测头在弹簧力的作用下与轴颈接触。

（2）非接触测量。测量时计量器具的测量元件不与工件接触。例如，用光切显微镜测量表面粗糙度。

接触测量会引起被测表面和计量器具的有关部分产生弹性变形，因而影响测量精度，非接触测量则无此影响。

5. 根据测量在加工过程中所起的作用分类

测量方法可分为以下两种：

（1）主动测量。是指在加工过程中对工件的测量，测量的目的是控制加工过程，及时防止废品的产生。

（2）被动测量。是指在工件加工完后对其进行的测量，测量的目的是发现并剔除废品。

主动测量常应用在生产线上，使测量与加工过程紧密结合，根据测量结果随时调整机床，以最大限度地提高生产效率和产品合格率，因而是检测技术发展的方向。

6. 根据测量时工件是否运动分类

测量方法可分为以下两种：

（1）静态测量。在测量过程中，工件的被测表面与计量器具的测量元件处于相对静止状态，被测量的量值是固定的。例如，用游标卡尺测量轴颈。

（2）动态测量。在测量过程中，工件被测表面与计量器具的测量元件处于相对运动状态，被测量的量值是变动的。例如，用圆度仪测量圆度误差和用偏摆仪测量跳动误差等。

动态测量可测出工件某些参数连续变化的情况，经常用于测量工件的运动精度参数。

四、计量器具的基本计量参数

计量器具的计量参数是表征计量器具性能和功用的指标，是选择和使用计量器具的主要依据。基本计量参数如下。

1. 刻度间距

刻度间距是指标尺或刻度盘上两相邻刻线中心的距离。一般刻度间距在 1～2.5mm 之间，刻度间距太小，会影响估读精度；刻度间距太大，会加大读数装置的轮廓尺寸。

2. 分度值

分度值又称刻度值，是指标尺或刻度盘上每一刻度间距所代表的量值。常用的分度值有 0.1、0.05、0.02、0.01、0.002mm 和 0.001mm 等。一般来说，分度值越小，计量器具的精度越高。

3. 示值范围

示值范围是指计量器具标尺或刻度盘所指示的起始值到终止值的范围。

4. 测量范围

测量范围是指计量器具能够测出的被测尺寸的最小值到最大值的范围，如千分尺的测量范围就有 0～25mm，25～50mm，50～75mm，75～100mm 等多种。

图 4-2 以机械式比较仪为例说明了以上 4 个参数。该量仪的刻度间距是图中两条相邻刻线间的距离 c，分度值为 $1\mu m$，即 0.001mm，标尺的示值范围为 $\pm 15\mu m$，测量范围如图中标注所示，其数值一般为 0～180mm。

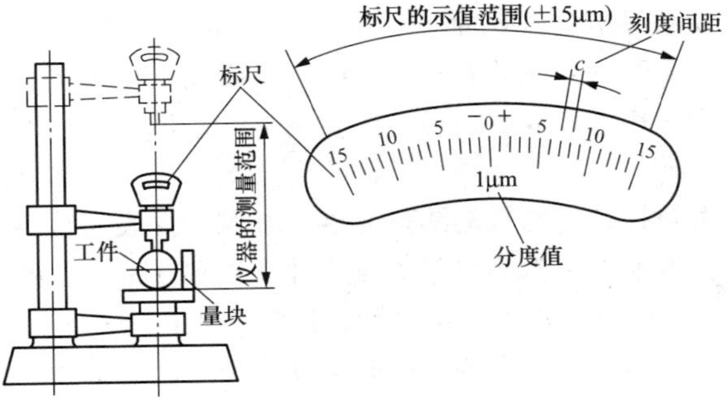

图 4-2　刻度间距、分度值、示值范围、测量范围的比较

5. 示值误差

示值误差是指计量器具的指示值与被测尺寸真值之差。示值误差由仪器设计原理误差、分度误差、传动机构的失真等因素产生，可通过对计量器具的校验测得。

6. 示值稳定性

在工作条件一定的情况下，对同一参数进行多次测量所得示值的最大变化范围称为示值的稳定性，又可称为测量的重复性。

7. 校正值

校正值又称为修正值。为消除示值误差所引起的测量误差，常在测量结果中加上一个与示值误差大小相等符号相反的量值，这个量值就称为校正值。

8. 灵敏阈

能够引起计量器具示值变动的被测尺寸的最小变动量称为该计

量器具的灵敏阈。灵敏阈的高低取决计量器具自身的反应能力。灵敏阈又称为鉴别力。

9. 灵敏度

灵敏度是指计量器具反映被测量变化的能力。对于给定的被测量值，计量器具的灵敏度用被观察变量（即指示量）的增量 ΔL 与其相应的被测量的增量 ΔX 之比表示，即 $\Delta L/\Delta X$。当 ΔL 与 ΔX 为同一类量时，灵敏度也称为放大比，它等于刻度间距与分度值之比。

灵敏度和灵敏阈是两个不同的概念。如分度值均为 0.001mm 的齿轮式千分表与扭簧比较仪，它们的灵敏度基本相同，但就灵敏阈来说，后者比前者高。

10. 测量力

测量力是指计量器具的测量元件与被测工件表面接触时产生的机械压力。测量力过大会引起被测工件表面和计量器具的有关部分变形，在一定程度上降低测量精度；但测量力过小，也可能降低接触的可靠性而引起测量误差。因此必须合理控制测量力的大小。

五、常用测量量具

（一）游标量具

1. 常用游标卡尺的结构和用途

游标卡尺的结构种类较多，最常用的三种游标卡尺的结构和测量指标见表 4-1。

表 4-1　常用游标卡尺的结构和测量指标

种类	结构图	测量范围/mm	游标读数值/mm
三用卡尺（Ⅰ型）	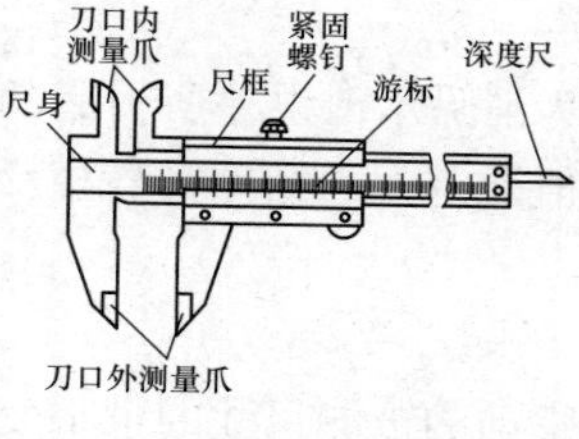	0～125 0～150	0.02 0.05

续表

种类	结构图	测量范围/mm	游标读数值/mm
双面卡尺（Ⅲ型）	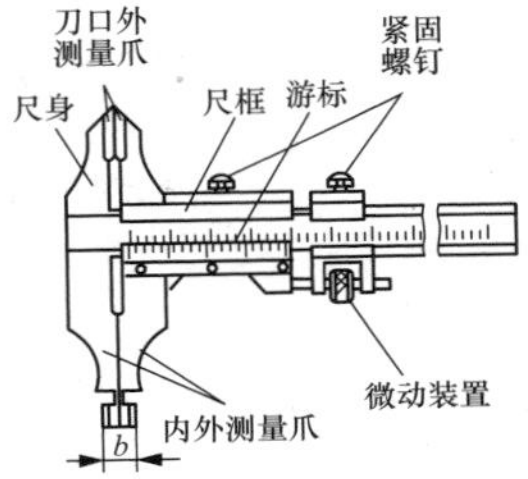	0～200 0～300	0.02 0.05
单面卡尺（Ⅳ型）	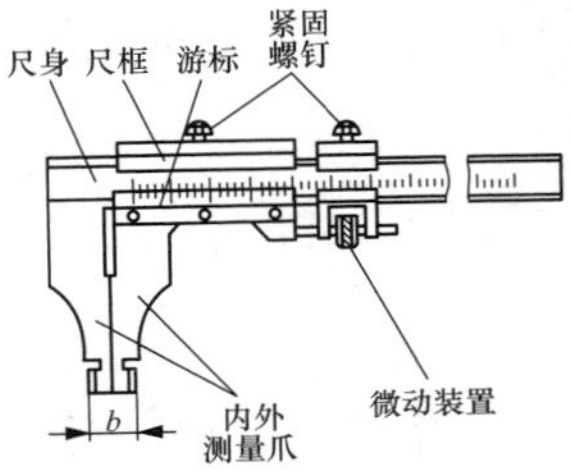	0～200 0～300	0.02 0.05
		0～500	0.02 0.05 0.1
		0～1000	0.05 0.1

从结构图中可以看出，游标卡尺的主体是一个刻有刻度的尺身，其上有固定量爪。有刻度的部分称为尺身，沿着尺身可移动的部分称为尺框。尺框上有活动量爪，并装有游标和紧固螺钉。有的游标卡尺上为调节方便还装有微动装置。在尺身上滑动尺框，可使两量爪的距离改变，以完成不同尺寸的测量工作。游标卡尺通常用来测量内外径尺寸、孔距、壁厚、沟槽及深度等。由于游标卡尺结构简单，使用方便，因此生产中使用极为广泛。

2. 其他游标量具的类型及作用

其他游标量具的类型及作用见表4-2。

表4-2　其他游标量具的类型及作用

种类	结构图	使用特点
游标深度尺	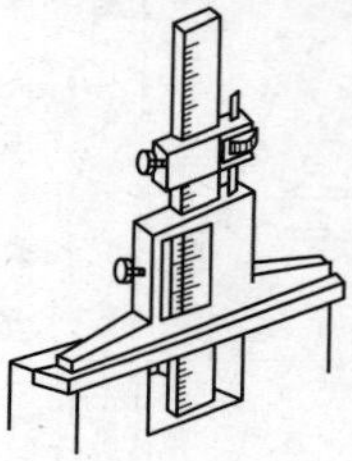	游标深度尺（也叫深度游标尺），主要用于测量孔、槽的深度和阶台的高度
游标高度尺	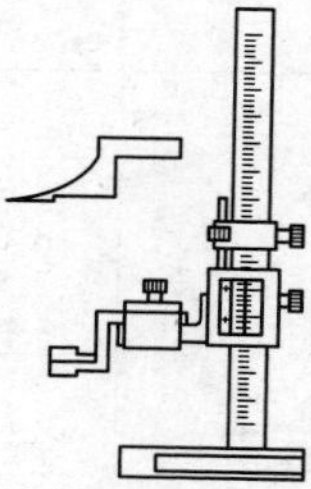	游标高度尺（也叫高度游标尺），主要用于测量工件的高度尺寸或进行划线
游标齿厚尺	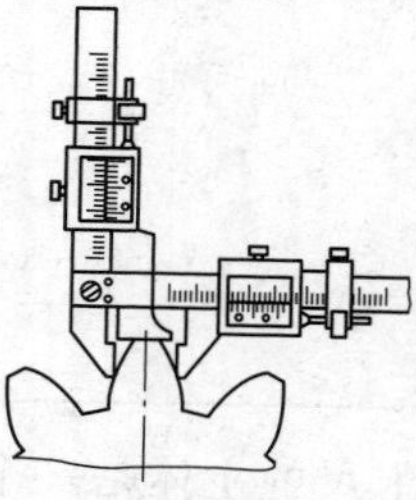	游标齿厚尺，结构上是由两把互相垂直的游标卡尺组成，用于测量直齿、斜齿圆柱齿轮的固定弦齿厚
带表卡尺	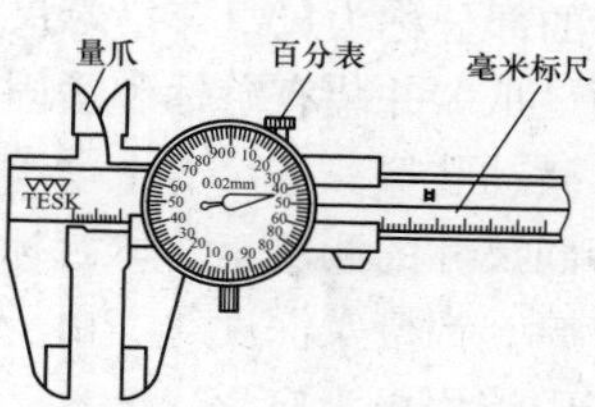	有的卡尺上还装有百分表，成为带表卡尺。由于这种卡尺采用了新的更准确的百分表读数装置，因而减小了测量误差，提高了测量的准确性

续表

种类	结构图	使　用　特　点
数显卡尺	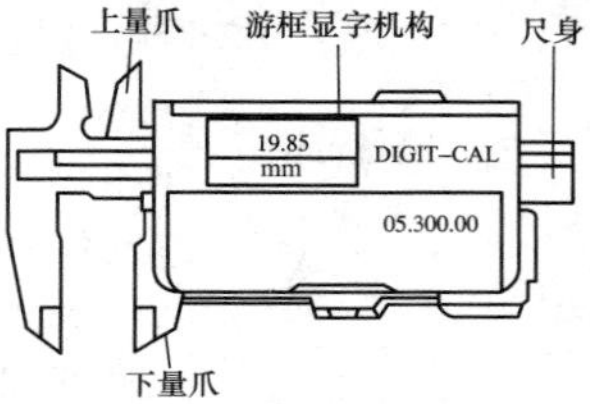	有的卡尺上还装有数显装置，成为数显卡尺。由于这种卡尺采用了新的更准确的数显读数装置，因而减小了测量误差，提高了测量的准确性

（二）钣金工常用量具

钣金工常用的普通量具种类很多，主要有钢直尺、钢卷尺、卡钳、90°角尺、游标卡尺和万能角尺等，见表 4-3。

表 4-3　　钣金工常用量具　　（mm）

名　称	简　　图	规　格	说　　明
钢直尺		测量范围：150，300，500，1000 测量精度值：0.5	用来测量较短工件的长度、内外径等尺寸。通常钢直尺正面刻度为米制单位，背面有米、英制换算。 钢尺尾端有孔，用后擦净尺面，把钢直尺悬挂，防止变形
钢卷尺		测量范围：1m，2m，3m，5m，…，100m 测量精度值：1	用来测量较长工件的尺寸与距离，条带上刻度以米制单位为多，也有米英制并存的。使用和携带方便
游标卡尺	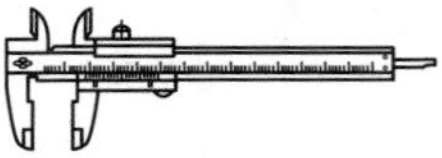	测量范围：0～200 测量精度值：0.02	游标卡尺属中等测量精度的量具。常用来测量工件的内外径，带深度尺的还可测量深度，带划线脚的既可测得内孔尺寸，还可用脚尖作少量的划线

续表

名称	简图	规格	说明
深度游标尺	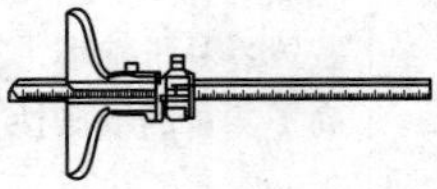	测量范围： 0～200， 0～300， 0～500 测量精度值： 0.02，0.05	深度游标卡尺是利用游标原理，对尺框测量面和尺身测量面相对移动分隔的距离进行读数的一种测量工具。 用来测量孔的深度、阶台的高低和槽的深度，其读数方法和读数值与游标卡尺相同
高度游标尺	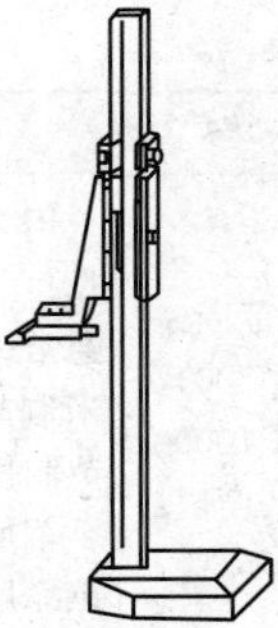	测量范围： 0～200， 0～300， 0～500， 0～1000 测量精度值： 0.02，0.05	高度游标卡尺是利用游标原理，对装置在尺框上的划线量爪工作面与底座工作面相对移动分隔的距离进行读数的一种测量工具。 用来测量零件高度或对零件划线，其读数方法和读数值与游标卡尺相同
卡钳		100～600	卡钳是一种间接测量的量具。与钢直尺配合测量工件的内外尺寸
90°角尺	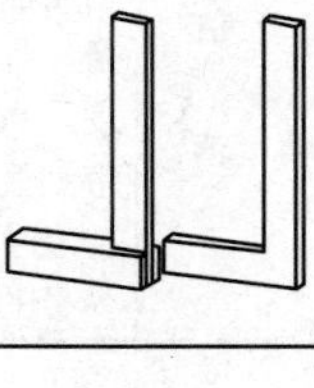	测量范围： 0～300 测量精度值： 0.5	90°角尺是一种定值的角尺量具。常用于测量、检验工件的垂直度和划垂线

续表

名　称	简　　图	规　格	说　　明
万能角尺（Ⅰ型）	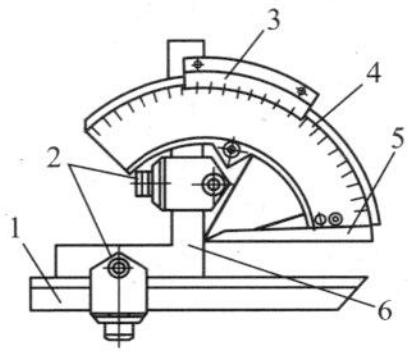 1，5—直尺；2—支架； 3—游标；4—主尺； 6—直角尺	测量范围： 外角： 0°～180° 内角： 40°～130° 测量精度值： 2′或5′	万能角尺属中等测量精度的量具。主刻线刻在主尺上，每一小格为1°。游标上刻线共30格，此30格的总角度为29°，所以游标上每格为29°/30＝58′，主尺上1格和游标上1格相差1°－58′＝2′，即得读数值为2′
活动量角器	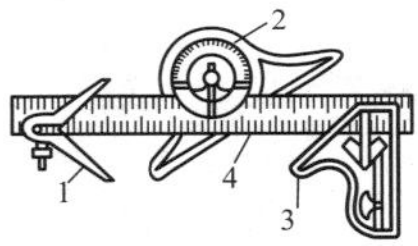 1—中心角规；2—活动量角器； 3—固定角规；4—钢直尺	测量范围： 钢直尺： 0～300 活动量角器： 0°～180° 固定角规：45°； 90°附水准器 测量精度： 1或1°	活动量角器由钢直尺、活动量角器、中心角规和固定角规组成，用来测量一般的角度、长度、深度、水平度及在圆形工件上定中心等

第二节　钣金工常用工具和夹具

一、成形工具及其使用

1. 锤子

钣金工常用锤子有钣金锤、钳工锤和大锤等，其规格和用途见表4-4。

表4-4　　　　　　　　**锤　　子**

名称	简　　图	规格/kg	用　途
圆头锤		0.25、0.5、0.75、1、1.25、1.5	作一般锤击用，如錾削、矫正、铆接等

续表

名称	简图	规格/kg	用途
斩口锤		0.062 5、0.125、0.25、0.5	用于金属薄板的敲平及翻边等
八角锤	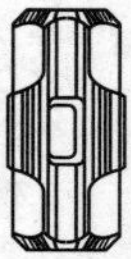	0.9～10.9	用于手工自由锻锤击工件，如原材料的矫正、弯形等
钣金锤	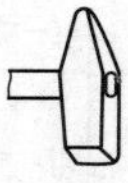	0.25～0.75	用于金属薄板的放边与收边加工
专用手锤	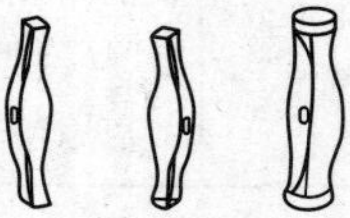	0.25～0.75	用于薄板的弯曲、放边、收边、拔缘和拱曲加工
铜锤	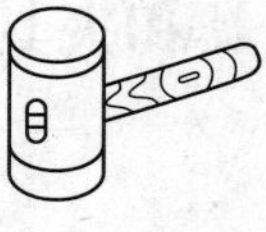	0.25、0.5、0.75、1.0、1.25	用于零部件组装和模具装配等
木槌		0.25～1.5	用于锤击薄钢板、有色金属板材及表面粗糙度要求较高的金属表面，可防止产生锤痕
方木槌		45mm×400mm	用于金属薄板的卷边与咬缝连接

2. 衬垫工具

钣金工常用的衬垫工具主要有方杠、圆杠、型胎和平台等，其用途见表 4-5。

3. 手锻工具

钣金工常用的手锻工具可分为打击工具，如大锤和手锤（见表 4-4 中的圆头锤）；成形工具，如冲子、摔子等；支持工具，如铁砧等。钣金工常用的手锻工具见表 4-6。

表 4-5 钣金工常用的衬垫工具

<table>
<tr><th colspan="2">名称</th><th>简图</th><th>用途</th></tr>
<tr><td colspan="2">方杠</td><td>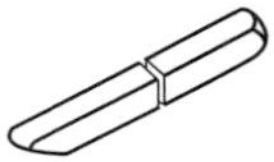</td><td>用于薄板弯曲成形、咬缝等，其端部用于板边的放边、拔缘等</td></tr>
<tr><td colspan="2">圆杠</td><td>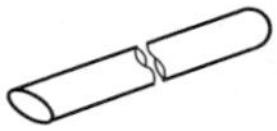</td><td>用于薄板弯曲成形等，其端部用于拱曲等</td></tr>
<tr><td colspan="2">型胎</td><td>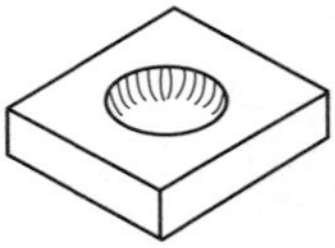</td><td>用于薄板拱曲等</td></tr>
<tr><td rowspan="2">平台</td><td>平台</td><td>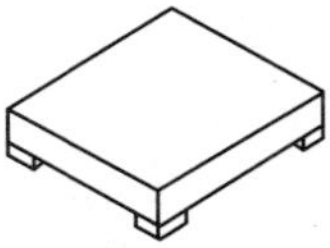</td><td>用于工件的矫形或装配</td></tr>
<tr><td>带孔平台</td><td>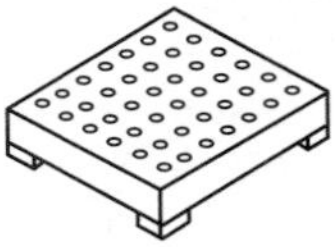</td><td>在孔中插入卡子，固定工件，用于型材或管材的矫形或成形</td></tr>
</table>

续表

名称		简图	用途
平台	带T形槽平台	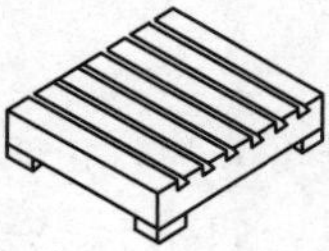	在T形槽中，插入螺栓固定工件，用于工件矫形或成形及装配、焊接等

表 4-6　　钣金工常用手锻工具

名称		简图	规格	用途
大锤	直头	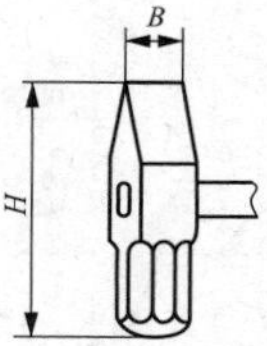		
	横头	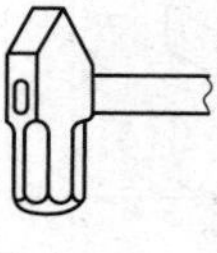	一般是3.6～7.2kg B=60～80mm H=（2～2.5）B	打击
	平头	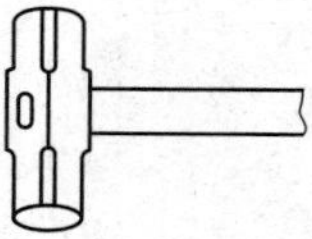		

续表

名　称		简　　图	规　　格	用　　途
型锤	平面型锤		0.75～2kg	用于表面质量要求较高工件的矫形或成型，可防止产生锤痕
	外圆型锤			
	内圆型锤			
	上型锤	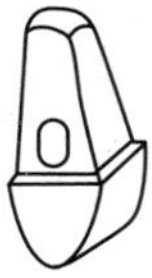		卡脖压槽
	下型锤			

续表

名称		简图	规格	用途
冲型锤	冲子	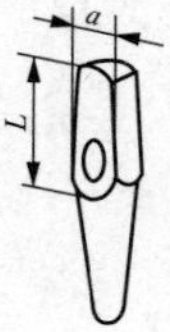	a=32mm L=90mm	冲孔
	窝子	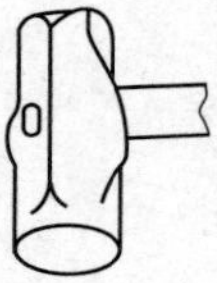		导角
	埋头冲	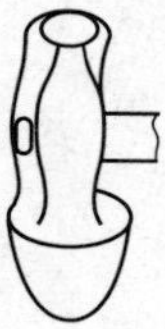		锻埋头螺钉
	摔子	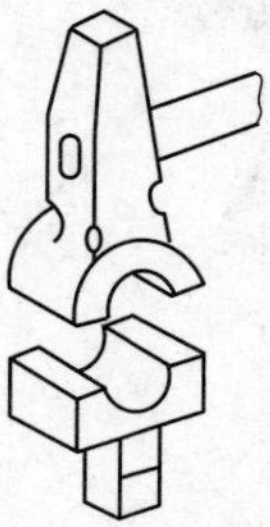		摔圆修光

续表

名称		简图	规格	用途
剁子	冷剁		$\alpha_1=45°\sim60°$ $\alpha_2=70°\sim80°$ （有时不制成角度，直接制成 2mm 宽的平口刃）	切断
	热剁			
	圆弧剁			
铁砧	羊角砧	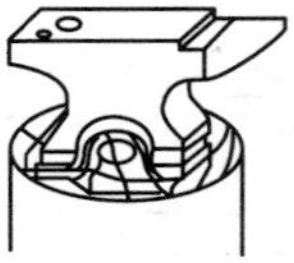	一般是 100～150kg	支承锻造毛坯
	双角砧	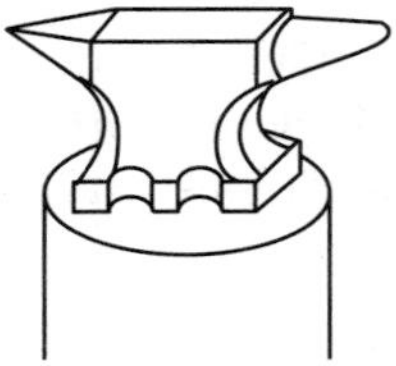		

续表

名称		简图	规格	用途
铁砧	球面砧		一般是100～150kg	支承锻造毛坯
	花砧	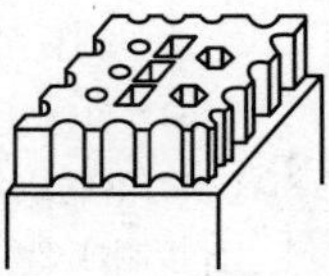		

钣金工手锻用的钳子形状是多种多样的，图 4-3 所示是最常用的几种形状，钳子的材料一般采用 Q255 或 40 钢，手锻用的钳杆长度一般为 500～800mm。

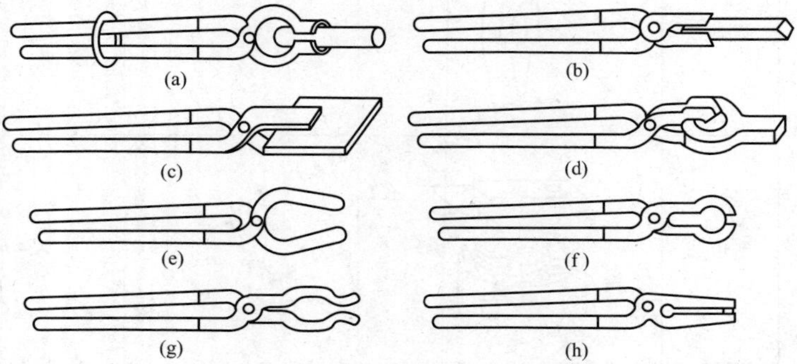

图 4-3 锻造用的钳子

(a) 圆钳子；(b) 方钳子；(c) 扁钳子；(d) 方钩钳子；(e) 大口尖钳子；(f) 圆钩钳子；(g) 小尖口钳子；(h) 圆尖口钳子

二、划线工具及其应用

钣金工在划线过程中常用的划线工具包括划针、划规、样冲、划针盘及弓形夹头等，其应用见表 4-7。

表 4-7　　　　划线工具及其应用

名　称	简　图	用　途
划针	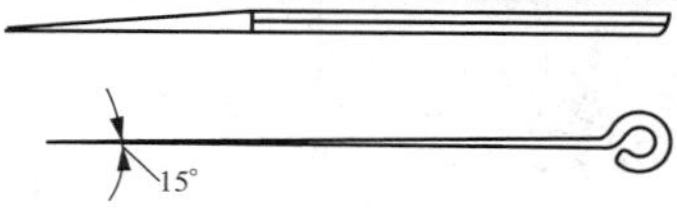	在原材料上划直线或曲线
粉线		在板料上弹出白色的长直线
墨斗		在板料上弹出黑色或彩色的长直线
样冲	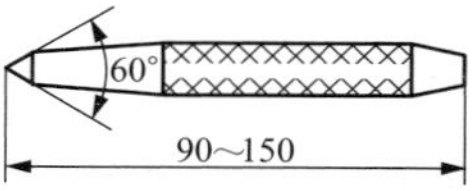	划线后为了防止线被抹掉，用样冲在划好的线上打出一些小而均匀的冲眼作为标记；钻孔时在孔的中心处也要打冲眼，便于钻头对准，防止滑移
划规		划中小直径的圆、弧线或等分线段 规格有：100、150、200、250、300、350、400mm 等
长杆划规	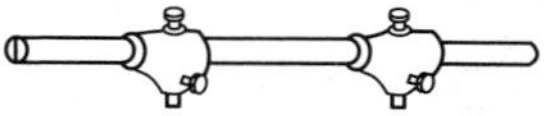	划大直径的圆或弧线
划线盘		在制件的几个不同表面上划线或校正位置，规格有 200、250、300、400、500mm 等

续表

名称		简图	用途
划线规	固定划线规	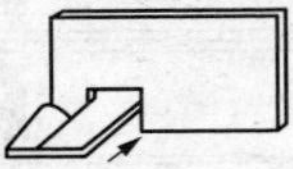	用于划平行于边缘的平行线
	可调划线规	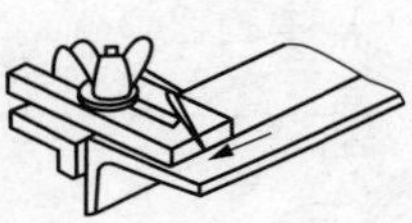	
弓形夹头		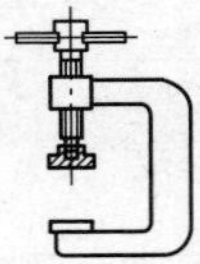	夹持工件用
V形块		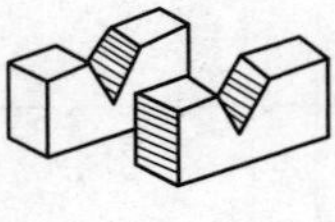	用于安放圆柱形工件，以便找中心和划线，通常成对使用
划线平台			作为划线的基准面，或放样用，通常用铸铁或厚钢板拼焊而成，表面经切削加工

三、风动工具及其应用

钣金工常用风动工具又称气动工具，是以压缩空气为动力的工具，包括风砂轮、风钻、风铲（镐）、风剪、风动扳手和拉铆枪等，其应用见表 4-8。

表 4-8　　风动工具及其应用

名称	简图	使用特点
风砂轮		磨修焊缝、除锈、抛光等
风砂轮（直角携带式）		修磨大型机件、模具、焊缝和钢材边缘的飞边、毛刺和浮锈等
风钻		钻孔、扩孔、攻螺纹、胀管等，风钻适用于易燃、易爆等特殊场合
风铲		开焊缝坡口、挑焊根
铆钉枪		铆接作业用
拉铆枪	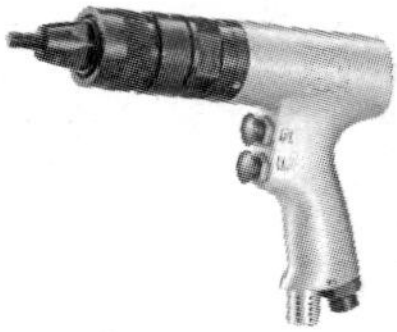	铆接作业用

续表

名称	简图	使用特点
风剪	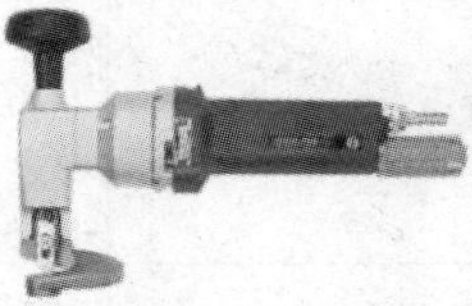	剪切薄板用
风动扳手		拧紧或拆卸螺栓、螺母用

四、电动工具及其应用

钣金工常用电动工具包括电动螺钉旋具、电钻、电剪刀、电动扳手、电动型材切割机和角向磨光机等，其应用见表 4-9。

表 4-9　　电动工具及其应用

名称	简　图	使用特点
电钻		钻孔、扩孔、铰孔、攻螺纹用
角向磨光机		金属铸件、零部件的清理，去毛刺、焊缝的打磨、抛光、砂光和除锈等
电动扳手		扳旋螺栓、螺母

续表

名称	简　图	使用特点
电动螺钉旋具		扳拆螺钉
电剪刀		剪切薄钢板或其他金属板材
电动型材切割机		切割各种型材、管材
电动割管机		切割大尺寸管子

五、起重工具及其应用

1. 起重工具的作用

起重工具是指起吊和提升重物时所用的工具。钣金工常用的起重工具有千斤顶与起重滑车、起重绳索和吊具等，其应用见表 4-10～表 4-12。

表 4-10　　　　　千斤顶与起重滑车

名称	简图	用途与规格
螺旋式千斤顶		用于顶举重物；型号为“LQ”，起重量（5～50）×10^3kg
齿条式千斤顶		齿条式千斤顶具有导杆顶和钩脚。导杆顶用于顶升离地面较高的重物，钩脚用于顶升离地面较低的重物 起重量 3×10^3kg/15×10^3kg 的齿条式千斤顶即导杆顶起重量 15×10^3kg，钩脚起重量 3×10^3kg
液压式千斤顶		型号为“YQ”，起重量(3～320）×10^3kg
分离式液压起顶机	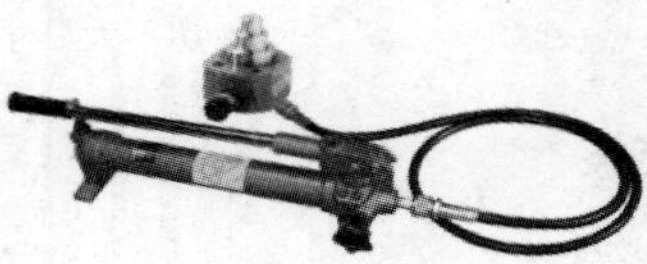	它由主体和油泵两部分组成，可远离重物 1.5m 左右进行操作，可用于起重，安装附件后还可作拉、压、扩张及夹紧等动作，有 5×10^3kg 和 10×10^3kg 两种
起重滑车	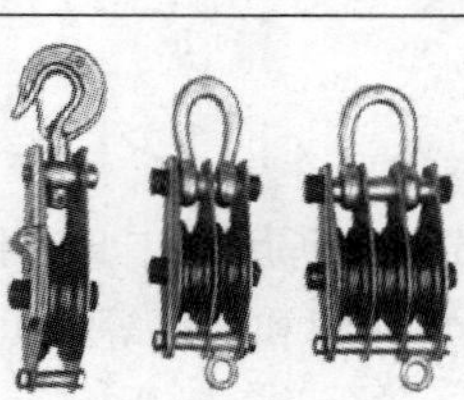	有吊钩型、吊环型、链环型和吊梁型。应用时与其他起重机械配合使用

2. 起重时的注意事项与操作禁忌

(1) 检查索具和吊具是否完好无损，当发现有裂纹、变形、锈蚀等缺陷时，应禁止使用。

(2) 按重物的形状采用合理的捆绑方式，未牢固捆绑的重物严禁挂钩起吊。

(3) 严禁绳索与重物的棱角相接触，以避免绳索受力而被切断。吊运带有棱角的重物时，可在棱角与绳索之间用木板衬垫。

(4) 吊运已精加工的工件时，为防止加工表面被擦伤，可用麻袋布或橡胶衬垫在工件与绳索之间。

(5) 吊运途中要避开人和障碍物，提升或下降要平稳，不要产生冲击振动等现象，重物严禁悬空过夜。

(6) 对有防火、防爆、防振等特殊要求的部件的吊运，要有专人负责，要严格听从指挥，并做好防火、防爆等准备工作。

表 4-11　　起重绳索与附件

名称	简　图	使用特点
麻绳	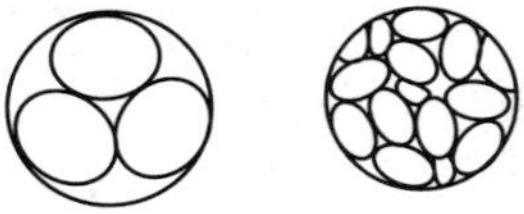	按使用的原材料不同，分印尼棕绳、白棕绳、混合绳和线麻绳四种。麻绳具有轻便、容易捆绑等优点，但强度低、容易磨损和腐蚀，可用于吊运质量小于 500kg 的工件
钢丝绳		具有强度高、耐磨损、工作可靠、成本低等优点。其缺点是不能折弯，吊运温度较高的工件 型号含义：如 6×19+1 表示共有 6 股，每股有 19 根钢丝，1 根绳芯
吊索	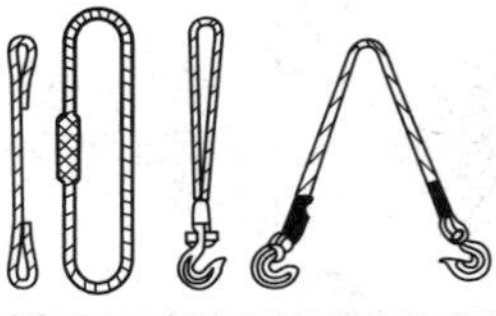	按结构不同分万能吊索、单钩吊索、双钩吊索等 钢丝绳吊索具有牢固、经济、使用方便等优点，应用较广

续表

名称	简　图	使用特点
吊链	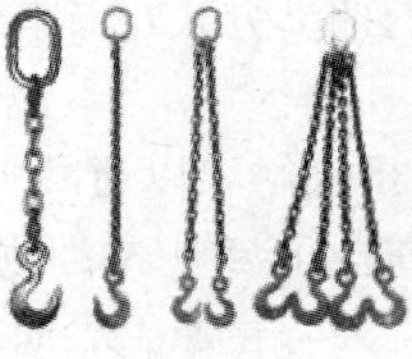	按结构不同分万能吊链、单钩吊链、双钩吊链及多钩吊链等 吊链自重大、挠性好，在不便于使用钢丝绳的条件下代替钢丝绳吊索，用于起吊沉重和高温的重物。使用吊链时，应定期检查链环的磨损程度
钢丝绳夹		用于夹紧钢丝绳末端的一种绳索附件，其特点是夹持牢固、装拆方便，使用钢丝绳夹时，其数目不得少于 3 个，不能超过 6 个
卸扣		用于连接被吊重物和吊索，卸扣的横销以螺纹形式最常用，连接后要卸开非常容易
索具螺旋扣（花篮螺丝）	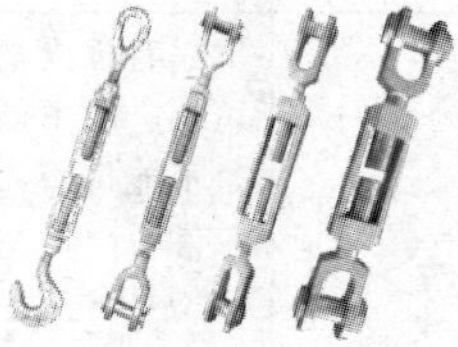	在受静止、固定拉力的场合，作调节绳索拉伸的松紧程度之用
钢丝绳用套环		装置在钢丝绳的连接端，保护钢丝绳索不致被磨损和折损

表 4-12　　　　　　　　**常　用　吊　具**

名称	简　图	使用特点
偏心吊具	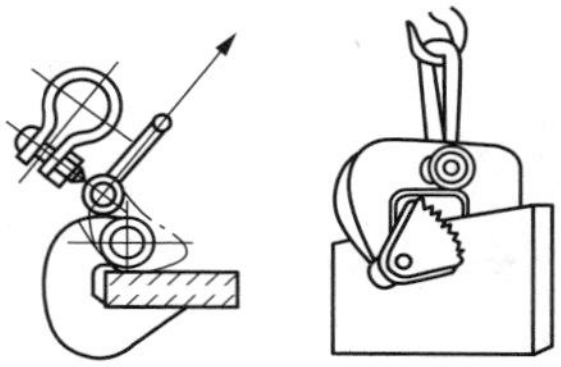 (a)　　(b)	结构形式如图（a）、（b）所示，主要用于吊运垂直或水平钢板。为减小吊索起吊时的受力，两吊索的夹角越小越好，最好不大于120°
槽钢吊具		吊运单根的槽钢。吊具上的缺口挂住槽钢的翼板，可回转的安全挡铁挡住槽钢，防止它从缺口中滑出
工字钢吊具	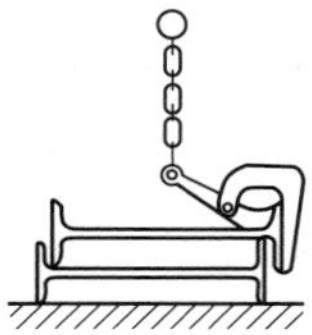	吊运单根的工字钢。将吊钩吊住工字钢翼板的下端，起吊杠杆受力旋转时，其弯部的两点与工字钢接触，使其顶牢在吊具上被吊起
厚钢板吊具	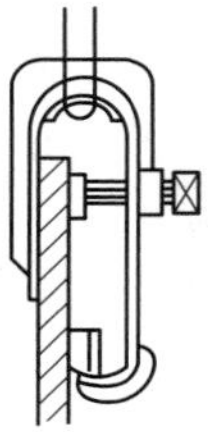	吊运厚钢板时，先将槽形板点焊在钢板上，吊环的一端钩住槽形板，钢丝绳穿入吊环另一端，拧紧压紧螺杆后，即可将钢板吊起

续表

名称	简　图	使用特点
平衡梁		吊运各种长尺寸的型钢、管子和轴类等零件。吊运中具有保持物体平衡和不被绳索擦坏及无须捆绑等优点
手拉葫芦	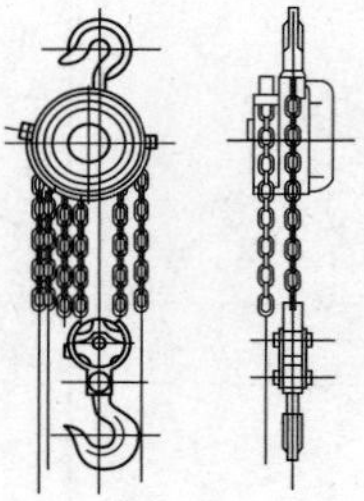	是一种以索链为挠性零件的手动起重机具，主要用在野外和工地等无起重设备的场合，用于起升重物。其特点是质量轻、体积小，便于携带并且使用方便。起重量为（0.5～10）$\times 10^3$ kg，起升高度在2.5～5m之间
电动葫芦		一般安装在直线或曲线工字梁轨道上，用以起升和运输重物。起重量为（0.5～10）$\times 10^3$ kg，起升高度在6m以上
卷扬机		当卷扬机上的电动机运转时，经减速后带动卷筒旋转，卷筒上的钢丝绳产生牵引力，以起升和运移重物

第三节　钣金工常用夹具

钣金工在划线、装配和焊接工作中，夹具用于工件的定位和夹紧等。按夹具的动作分类，可分为手动夹具和动力夹具两大类。钣金工常用夹具使用方法与技巧见“第十六章钣金产品的装配与制造”。

一、钣金工常用手动夹具

钣金工常用手动夹具有杠杆式、楔条式、螺旋式、肘节式和偏心式等，见表 4-13。

二、钣金工常用动力夹具

除手动夹具外，钣金工常用夹具还有其他方式驱动的动力夹具，如气动、液压和磁力夹具等，见表 4-14。

表 4-13　　手　动　夹　具

名称	简　　图	用　　途
杠杆夹具	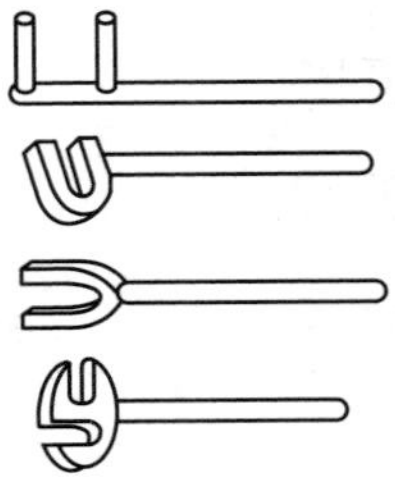	利用杠杆原理夹紧工件，又能用于矫形和翻转工件
楔条夹具	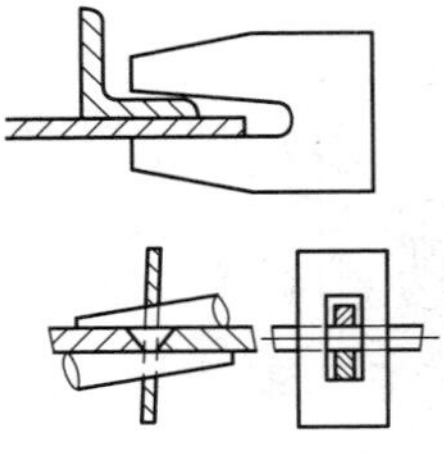	利用开口或开孔的夹板和楔条配合，将工件夹紧。将楔条打入时，楔条的斜面可产生夹紧力，从而达到夹紧的目的

续表

名称	简　　图	用　　途
螺旋夹具	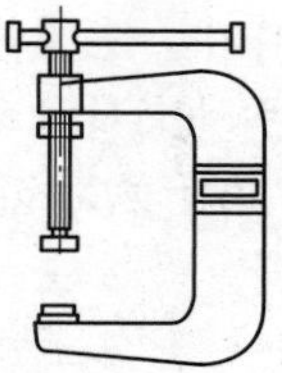	利用螺杆的作用起到夹、拉、顶、撑等多种功能。弓形螺旋夹具是夹紧器中常用的一种
	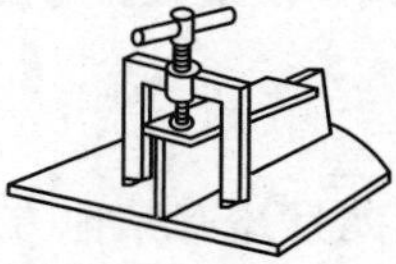	借助Ⅱ形和L形铁及螺杆起压紧作用
	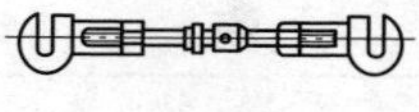	利用螺栓两端相反方向的螺纹，旋转螺栓时，只要改变两弯头的距离，即可达到拉紧目的
	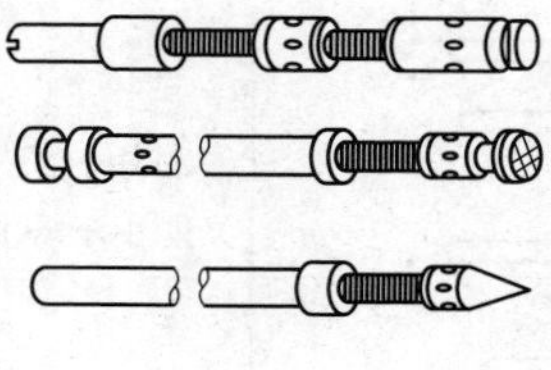	推撑器螺杆具有正反方向的螺纹，旋转螺杆时，起到顶紧或撑开的作用
肘节夹具	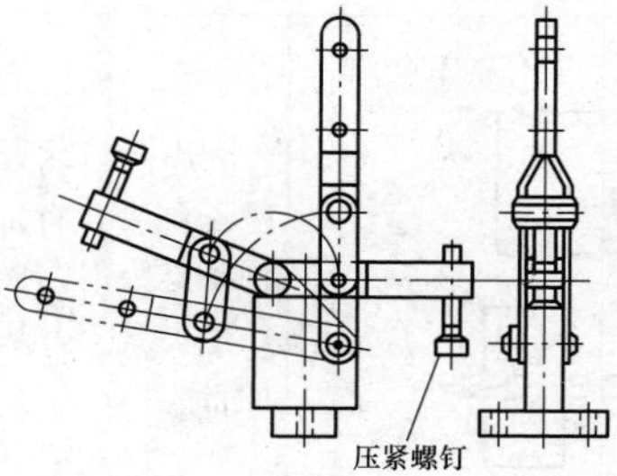	用于中、薄板的拼装，其特点是夹紧快、夹紧厚度的调节范围大

续表

名称	简　图	用　途
偏心夹具	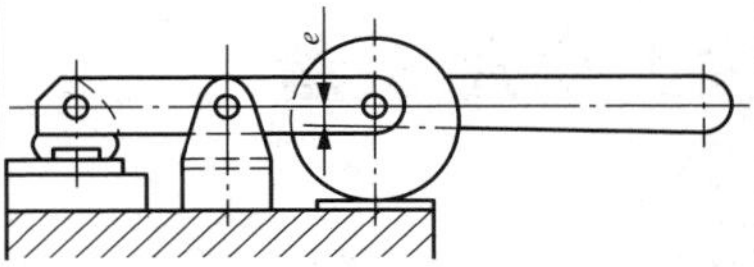	用手柄旋转偏心轮，从而改变偏心距 e，达到夹紧目的 偏心夹具的优点是动作快，缺点是夹紧力小

表 4-14　　动 力 夹 具

名称	简　图	用　途
气动夹具	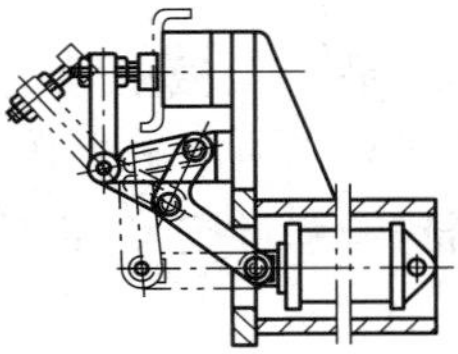	气动夹具利用压缩空气的压力，推动活塞杆往复移动，从而达到夹紧目的。适用于中、薄板构件的夹紧
液压夹具	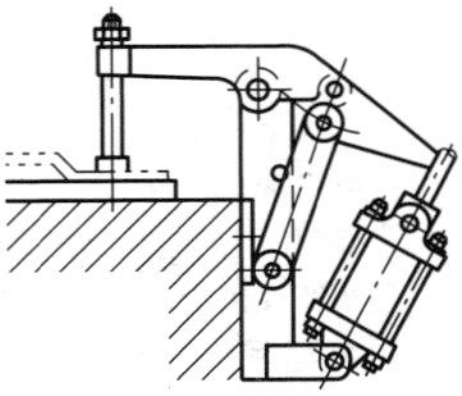	液压夹具主要由液压缸、活塞和活塞杆等组成。液压缸使活塞杆产生直线运动，推动杠杆装置来夹紧工件 液压夹具的优点是夹紧力大，工作可靠；缺点是液体易泄漏，维修不便
磁力夹具	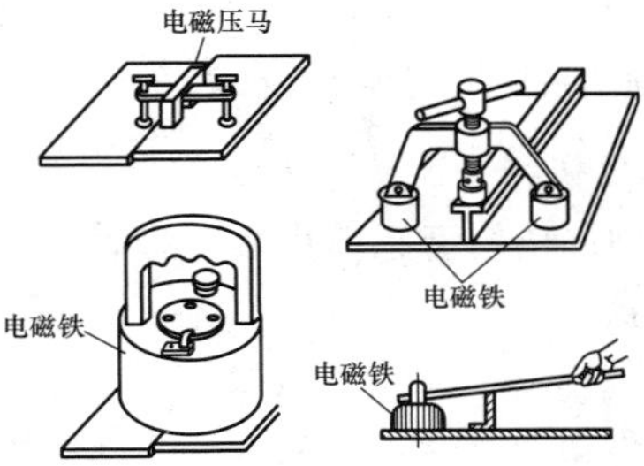	磁力夹具有永磁式和电磁式两种类型，如图所示为磁力夹具的应用情况。这种夹具是利用磁铁吸住钢板，依靠磁力或旋转压马上的丝杆或杠杆来夹紧工件

第五章

钣金工常用设备

第一节　常用锻压机械型号编制方法

一、锻压机械型号的类型和构成

锻压机械型号分为通用产品型号、专用产品型号、生产线型号、联动产品型号等。专用产品和生产线类型由生产厂自定。

按照 JB/T 9965—1999 规定，锻压机械型号是锻压机械名称、主参数、结构特征及工艺用途的代号，由汉语拼音正楷大写字母和阿拉伯数字组成。型号中的汉语拼音字母按其名称读音。

二、通用锻压机械型号

1. 通用锻压机械型号表示方法

通用锻压机械型号表示方法如图 5-1 所示。

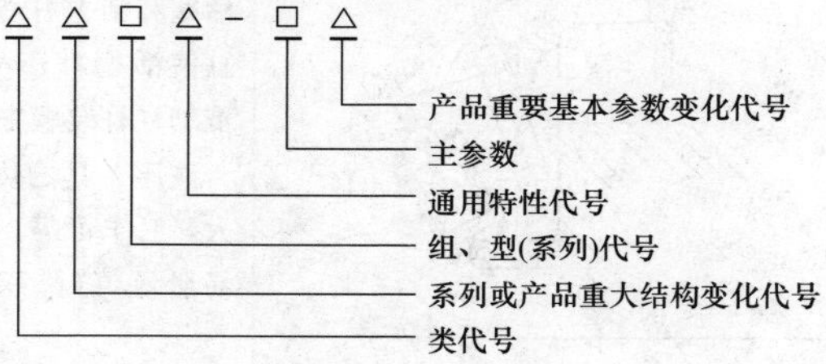

图 5-1　通用锻压机械型号表示方法

2. 锻压机械分类及其类代号

锻压机械分为 8 类，用汉语拼音正楷大写字母表示。锻压机械分类及其字母代号见表 5-1。

3. 锻压机械系列或产品重大结构变化代号

凡属产品重大结构变化和主要结构不同者，分别用正楷大写字母 A、B、C、D……区别，位于类代号之后。

表 5-1　　锻压机械的分类及代号

（摘自 JB/T 9965—1999）

类别名称	汉语简称	拼音代号	类别名称	汉语简称	拼音代号
机械压力机	机	J	自动锻压机	自	Z
液压机	液	Y	锤	锤	C
剪切机	剪	Q	锻机	锻	D
弯曲校正机	弯	W	其他	他	T

4. 锻压机械的组、型（系列）代号及主参数

（1）每类锻压机械分为 10 组，每组分为 10 个型（系列），用两位数表示，位于类代号或结构变化代号之后。

（2）主参数采用实际数值或实际数值的 1/10（仅限于公称力 kN 或能量 kJ）表示，位于组、型（系列）或特性代号之后，并用短横线“-”隔开。

（3）组、型（系列）的划分及型号中主参数的表示方法必须符合表 5-4～表 5-11 中的相关要求。

5. 锻压机械通用特性代号

（1）通用特性代号的定义。

K：数字控制或计算机控制（含微机）代号。

Z：自动代号，带自动送卸料装置的代号。

Y：液压传动代号，是指机器的主传动采用液压装置。

Q：气动代号，是指机器的主传动（力、能的来源）采用气动装置。

G：高速代号，是指机器每分钟行程次数或速度显著高于同规格产品。

M：精密代号，是指机器精度显著高于同规格产品。

（2）通用特性代号位于组、型（系列）代号之后。

（3）凡产品与基型产品比较，除了具有普通形式之外，还另有下列某种通用特性（见表 5-2），应在基本型号中加注正楷大写特性代号字母。通用特性代号在各类锻压机械设备型号中所表示的意义相同。

（4）在一个产品型号中，只表示一个最主要的通用特性。产品的名称中可以加写通用特性名称。

表 5-2　通用特性名称及字母代号（摘自 JB/T 9965—1999）

通用特性名称	数 控	自 动	液 压	气 动	高 速	精 密
字母代号	K	Z	Y	Q	G	M

6. 产品重要基本参数变化代号

（1）凡是主参数相同而重要的基本参数不同者，用正楷大写字母 A、B、C、D……加以区别，位于主参数之后。

（2）凡是次要基本参数约有变化的，可不改变其原型号。

三、专用锻压机械型号

专用锻压机械型号表示方法如图 5-2 所示。

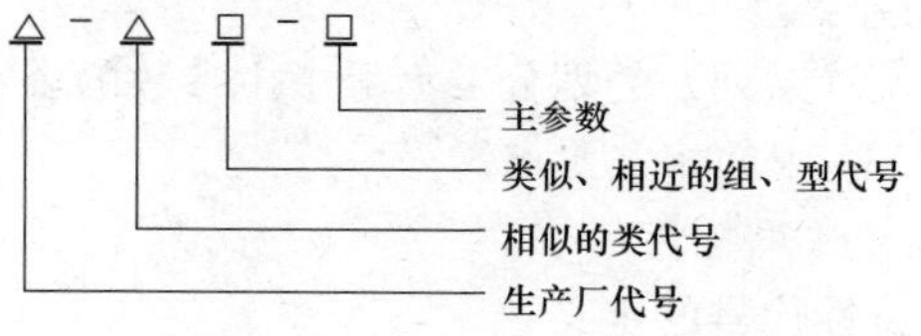

图 5-2　专用锻压机械型号表示方法

（1）专用产品系指为完成某项特定工艺、生产加工某种专门产品而设计制造的机器。

（2）专用产品代号由生产厂代号、相近的类代号及类似、相近的组、型代号和主参数组成，在名称中可加“专用”二字。

（3）专用锻压机械生产厂代号见表 5-12。

【例 5-1】湖州机床厂生产的钻头热挤压压力机。

型号：HJ-61W-125。

名称：1250kN 专用钻头热挤压压力机。

【例 5-2】济南第二机床厂生产的专用冷挤压机。

型号：J2-J87-500。

名称：5000kN 专用冷挤压机。

四、锻压生产线型号

1. 锻压生产线型号表示方法

锻压生产线型号表示方法如图 5-3 所示。

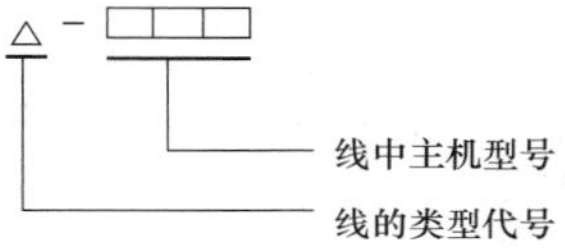

图 5-3　锻压生产线型号表示方法

2. 锻压生产线类型代号

锻压生产线类型代号见表 5-3。

表 5-3　　**锻压生产线类型代号**

（摘自 JB/T 9965—1999）

锻压生产线名称	生产线	半自动生产线	自动生产线	柔性单元	柔性系统
锻压生产线代号	S	BS	ZS	RD	RS

3. 锻压生产线的构成

锻压生产线、半自动生产线及自动生产线（机组）的型号，由该线类代号、线中主要单机型号组成。线中单机型号仍用原型号。

五、数台单机组成的联动产品型号

由两台或两台以上锻压机械相同产品组成的同步联动产品，其型号由组成的台数及相应单机的通用产品型号组成。

【例 5-3】 上海冲剪机床厂生产的两台联动液压板类折弯机。

型号：2-WC67Y-61W-250/4000。

名称：2-2500kN/4000mm 两台联动液压板类折弯机。

【例 5-4】 合肥锻压机床厂生产的 4 台联动四柱锻压机。

型号：4-YA32-50。

名称：4-5000kN 联动四柱锻压机。

六、锻压机械类、组、型（系列）的划分

锻压机械分为八大类，每一类中组、型（系列）的划分见表 5-4～表 5-11。

表 5-4 机械压力机（代号 J）

（摘自 JB/T 9965—1999）

组	型	锻压机械名称	主参数名称	单 位
手动及台式压力机	00			
	01	齿条式压力机	公称力	kN
	02	螺旋压力机	公称力	kN
	03	杠杆式压力机	公称力	kN
	04	台式压力机	公称力	kN
	05			
	06			
	07			
	08			
	09			
单柱压力机	10			
	11	单柱固定台压力机	公称力	kN
	12	单柱活动台压力机	公称力	kN
	13	单柱柱形台压力机	公称力	kN
	14			
	15			
	16			
	17			
	18			
	19			
开式压力机	20			
	21	开式固定台压力机	公称力	kN
	22	开式活动台压力机	公称力	kN
	23	开式可倾压力机	公称力	kN
	24			
	25	开式双点压力机	公称力	kN
	26			
	27			
	28			
	29	开式底传动压力机	公称力	kN

续表

组	型	锻压机械名称	主参数名称	单 位
闭式压力机	30			
	31	闭式单点压力机	公称力	kN
	32	闭式单点切边压力机	公称力	kN
	33	闭式侧滑块压力机	主滑块公称力	kN
	34			
	35			
	36	闭式双点压力机	公称力	kN
	37	闭式双点切边压力机	公称力	kN
	38			
	39	闭式四点压力机	公称力	kN
拉伸压力机	40			
	41	闭式单点单动拉伸压力机	公称力	kN
	42	闭式双点单动拉伸压力机	公称力	kN
	43	开式双动拉伸压力机	公称拉伸力/压边力	kN/kN
	44	底传动双动拉伸压力机	公称拉伸力	kN
	45	闭式单点双动拉伸压力机	公称拉伸力/压边力	kN/kN
	46	闭式双点双动拉伸压力机	公称拉伸力/压边力	kN/kN
	47	闭式四点双动拉伸压力机	公称拉伸力/压边力	kN/kN
	48	闭式三动拉伸压力机	公称拉伸力/压边力	kN/kN
	49			
螺旋压力机	50			
	51			
	52			
	53	双盘摩擦压力机	公称力	kN
	54			
	55	离合器式螺旋压力机	公称力	kN
	56			
	57	液压螺旋压力机	公称力	kN
	58	电动螺旋压力机	公称力	kN
	59	气液螺旋压力机	公称力	kN

续表

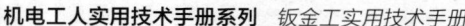

组	型	锻压机械名称	主参数名称	单位
压制压力机	60			
	61	单面粉末制品压力机	公称力	kN
	62	双面粉末制品压力机	公称力	kN
	63	轮转式粉末制品压力机	公称力	kN
	64			
	65			
	66			
	67	摩擦式压砖机	公称力	kN
	68			
	69			
板料自动压力机	70			
	71	闭式多工位压力机	公称力	kN
	72	开式多工位压力机	公称力	kN
	73			
	74			
	75	闭式高速精密压力机	公称力	kN
	76	开式高速精密压力机	公称力	kN
	77			
	78			
	79			
精压、挤压压力机	80			
	81			
	82	多工位挤压机	公称力	kN
	83			
	84	精压机	公称力	kN
	85			
	86			
	87	立式曲杆挤压机	公称力	kN
	88	卧式肘杆挤压机	公称力	kN
	89	立式肘杆挤压机	公称力	kN

续表

组	型	锻压机械名称	主参数名称	单　位
其他压力机	90			
	91	分度台压力机	公称力	kN
	92	冲模回转头压力机	公称力	kN
	93	多冲模压力机	公称力	kN
	94	底传动精密压力机	公称力	kN
	95	步冲压力机	公称力	kN
	96			
	97			
	98			
	99	冲孔切割复合机	公称力/切割功率	kN/W

表 5-5　　液压机类（代号 Y）（摘自 JB/T 9965—1999）

组	型	锻压机械名称	主参数名称	单　位
手动液压机	00			
	01			
	02			
	03			
	04	手动液压机	公称力	kN
	05			
	06			
	07			
	08			
	09			
	10			
	11			
	12			
	13			
	14			
	15			
	16			
	17			
	18			
	19			

续表

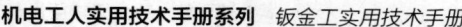

组	型	锻压机械名称	主参数名称	单 位
冲压拉伸液压机	20	单柱单动拉伸液压机	公称力	kN
	21	单柱冲压液压机	公称力	kN
	22			
	23			
	24			
	25			
	26	精密冲裁液压机	总力	kN
	27	单动薄板冲压液压机	公称力	kN
	28	双动薄板拉伸液压机	公称拉伸力/总力	kN/kN
	29			
一般用途液压机	30	单柱液压机	公称力	kN
	31	双柱液压机	公称力	kN
	32	四柱液压机	公称力	kN
	33	四柱上移式液压机	公称力	kN
	34	框架液压机	公称力	kN
	35			
	36	切边液压机	公称力	kN
	37			
	38	单柱冲孔液压机	公称力	kN
	39			
校正、压装液压机	40	单柱校直液压机	公称力	kN
	41	单柱校正压装液压机	公称力	kN
	42	双柱校直液压机	公称力	kN
	43	四柱校直液压机	公称力	kN
	44			
	45	龙门移动式液压机	公称力/工作台长×宽	kN/mm×mm
	46			
	47	单柱压装液压机	公称力	kN
	48			
	49			

续表

组	型	锻压机械名称	主参数名称	单 位
层压液压机	50			
	51	胶合板热压机	公称力/热板尺寸	kN/mm
	52	刨花板热压机	公称力/热板尺寸	kN/mm
	53	纤维板热压机	公称力/热板尺寸	kN/mm
	54			
	55	塑料贴面板热压机	公称力/热板尺寸	kN/mm
	56			
	57			
	58			
	59			
挤压液压机	60			
	61	金属挤压液压机	公称力	kN
	62			
	63			
	64			
	65	碳极挤压液压机	公称力	kN
	66			
	67			
	68	模膛挤压液压机	公称力	kN
	69			
压制液压机	70	侧压式粉末制品液压机	公称力	kN
	71	塑料制品液压机	公称力	kN
	72	磁性材料液压机	公称力	kN
	73			
	74	陶瓷砖压制液压机	公称力	kN
	75	超硬材料压制液压机	公称力	kN
	76	耐火砖液压机	公称力	kN
	77			
	78	磨料制品液压机	公称力	kN
	79	粉末制品液压机	公称力	kN

续表

组	型	锻压机械名称	主参数名称	单　位
打包、压块液压机	80			
	81	金属打包液压机	公称力	kN
	82	非金属打包液压机	公称力	kN
	83	金属屑压块液压机	公称力	kN
	84			
	85			
	86			
	87			
	88			
	89			
其他液压机	90	金属压印液压机	公称力	kN
	91			
	92	轮轴压装液压机	公称力	kN
	93	等静压液压机	公称力	kN
	94			
	95			
	96			
	97			
	98	模具研配液压机	公称力	kN
	99			

表 5-6　自动锻压机类（代号 Z）（摘自 JB/T 9965—1999）

组	型	锻压机械名称	主参数名称	单　位
自动锻机	00			
	01			
	02			
	03			
	04			
	05			
	06			
	07			
	08			
	09			

续表

组	型	锻压机械名称	主参数名称	单 位
自动锻机	10			
	11	单击整模自动冷锻机	制件杆部最大直径	mm
	12	双击整模自动冷锻机	制件杆部最大直径	mm
	13	三击整模自动冷锻机	制件杆部最大直径	mm
	14	单击分模自动冷锻机	制件杆部最大直径	mm
	15	双击分模自动冷锻机	制件杆部最大直径	mm
	16	三击分模自动冷锻机	制件杆部最大直径	mm
	17			
	18			
	19	三击双工位自动冷锻机	制件杆部最大直径	mm
自动切边、滚丝机	20			
	21			
	22			
	23	自动切边机	制件杆部最大直径	mm
	24			
	25	自动搓丝机	加工螺纹最大直径	mm
	26			
	27			
	28	滚丝机	最大液压力	kN
	29	行星式滚丝机	加工螺纹最大直径	mm
滚柱、钢球自动冷锻机	30			
	31	滚柱自动冷锻机	制件最大直径	mm
	32	钢球自动冷锻机	制件最大直径	mm
	33			
	34			
	35			
	36			
	37	滚柱钢球联合冷锻机	制件最大直径/工位数	mm/工位数
	38			
	39			

续表

组	型	锻压机械名称	主参数名称	单　位
多工位自动镦锻机	40			
	41	多工位螺母冷锻机	螺母螺纹最大直径/工位数	mm/工位数
	42	多工位筒形件冷成形机	公称镦锻力/工位数	kN/工位数
	43			
	44			
	45	多工位杆形件冷成形机	公称镦锻力/工位数	kN/工位数
	46	多工位螺栓冷锻机	制件杆部最大直径/工位数	mm/工位数
	47	螺栓联合自动机	加工螺纹最大直径/工位数	mm/工位数
	48			
	49	多工位自动热成形机	公称镦锻力/工位数	kN/工位数
自动制弹簧机	50			
	51			
	52			
	53	自动卷簧机	钢丝最大直径	mm
	54	热绕弹簧机	钢丝最大直径	mm
	55			
	56			
	57			
	58	弹簧端部弯曲机	钢丝最大直径	mm
	59			
自动制链条机	60			
	61	自动制链条机	钢丝最大直径	mm
	62	链条对焊机	钢丝最大直径	mm
	63			
	64			
	65			
	66			
	67			
	68			
	69	链条精整机	钢丝最大直径	mm

续表

组	型	锻压机械名称	主参数名称	单　位
自动弯曲机	70			
	71	自动弯曲机	线材直径	mm
	72			
	73			
	74			
	75			
	76			
	77			
	78			
	79			
其他自动机	90			
	91	弹簧垫圈自动机	垫圈最大截面	mm
	92	开口销自动机	制件最大直径	mm
	93	道钉自动机	制作杆部最大尺寸	mm
	94	制钉自动机	圆钢钉最大直径	mm
	95			
	96	鞋钉自动机	钉子最大长度	mm
	97			
	98			
	99			

表 5-7　　　锤类（代号 C）（摘自 JB/T 9965—1999）

组	型	锻压机械名称	主参数名称	单　位
蒸汽、空气自由锻锤	10			
	11	单臂自由锻锤	落下部分公称质量	t
	12			
	13			
	14			
	15			
	16			
	17			
	18			
	19			

组	型	锻压机械名称	主参数名称	单位
蒸汽、空气模锻锤	20			
	21			
	22			
	23			
	24			
	25			
	26			
	27	气动薄板模锻锤	上模最大质量	t
	28			
	29			
空气锤	40			
	41	空气锤	落下部分公称质量	kg
	42			
	43	模锻空气锤	落下部分公称质量	kg
	44			
	45			
	46			
	47			
	48			
	49			
落锤	50			
	51			
	52			
	53			
	54			
	55	电磁锤	落下部分质量	kg
	56			
	57			
	58			
	59			

续表

组	型	锻压机械名称	主参数名称	单　位
对击式模锻锤	70			
	71			
	72			
	73	高速锤	打击能量	kJ
	74			
	75			
	76			
	77			
	78			
	79			
气动、液压模锻锤	80			
	81			
	82	液压模锻锤	打击能量	kJ
	83	消振液压模锻锤	打击能量	kJ
	84			
	85			
	86			
	87			
	88			
	89			

表 5-8　　　锻机类（代号 D）（摘自 JB/T 9965—1999）

组	型	锻压机械名称	主参数名称	单位
热模锻压力机	20			
	21	曲轴式热模锻压力机	公称力	kN
	22			
	23			
	24			
	25			
	26	多工位热模锻压力机	公称力/工位数	kN/工位数
	27			
	28			
	29			

续表

组	型	锻压机械名称	主参数名称	单位
辊锻、横轧机	40			
	41	悬臂式辊锻机	锻模公称直径	mm
	42	双支承辊锻机	锻模公称直径	mm
	43	复合式辊锻机	锻模公称直径	mm
	44			
	45			
	46	双辊楔模轧机	毛坯最大直径×轧板工作宽度	mm×mm
	47	平板楔横轧机	坯料最大直径×轧板工作宽度	mm×mm
	48	三辊楔模轧机	坯料最大直径×轧辊工作宽度	mm×mm
	49			
辗环机	50			
	51	立式辗环机	制件最大外径×高度	mm×mm
	52	卧式辗环机	制件最大外径×高度	mm×mm
	53	径向轴向辗环机	最大径向、轴向辗压力	kN
	54			
	55			
	56			
	57			
	58			
	59			
径向锻机	60			
	61	立式径向锻机	制件最大直径/锤头数	mm/锤头数
	62			
	63			
	64			
	65	卧式径向锻机	制件最大直径/锤头数	mm/锤头数
	66			
	67			
	68	轮转锻机	毛坯最大直径	mm
	69			

续表

组	型	锻压机械名称	主参数名称	单位
其他锻机	90			
	91	立式电热镦机	毛坯最大直径	mm
	92	卧式电热镦机	毛坯最大直径	mm
	93	多工位电热镦机	毛坯最大直径/工位数	mm/工位数
	94			
	95			
	96			
	97			
	98			
	99	热锻型摆动辗压机	最大辗压力	kN

表 5-9　　剪切机类（代号 Q）（摘自 JB/T 9965—1999）

组	型	锻压机械名称	主参数名称	单位
手动剪切机	00			
	01	手动剪板机	可剪板厚×可剪板宽	mm×mm
	02			
	03			
	04			
	05			
	06			
	07			
	08			
	09			
板料直线剪切机	10			
	11	剪板机	可剪板厚×可剪板宽	mm×mm
	12	摆式剪板机	可剪板厚×可剪板室	mm×mm
	13	直角剪板机	可剪板厚×板宽×板长	mm×mm×mm
	14			
	15	板坯剪切机	可剪板厚×可剪板宽	mm×mm
	16	多条带料剪切机	可剪带料厚度×宽度	mm×mm
	17			
	18	多条板料剪切机	可剪板料厚度×宽度	mm×mm
	19			

续表

组	型	锻压机械名称	主参数名称	单位
板料曲线剪切机	20			
	21	冲型剪切机	可剪板厚	mm
	22			
	23	双盘剪切机	可剪板厚	mm
	24			
	25			
	26			
	27			
	28	角度剪切机	可剪板厚×边长	mm×mm
	29			
联合冲剪机	30			
	31	冲孔与型材剪切机	最大冲孔力	kN
	32	板料与型材剪切机	可剪板厚	mm
	33			
	34	联合冲剪机	可剪板厚	mm
	35	带模剪联合冲剪机	可剪板厚	mm
	36			
	37			
	38			
	39			
型材、棒料剪断机	40			
	41	型钢剪断机	公称力	kN
	42	棒料剪断机	公称力	kN
	43	鳄鱼式剪断机	可剪圆料最大直径	mm
	44	钢筋剪断机	可剪坯料最大直径	mm
	45	高速精密棒料剪断机	可剪圆料最大直径	mm
	46			
	47			
	48			
	49			

续表

组	型	锻压机械名称	主参数名称	单位
其他剪切机	60			
	61	废钢剪断机	公称力	kN
	62			
	63			
	64			
	65	钢坯剪断机	公称力	kN
	66			
	67			
	68			
	69			

表 5-10　弯曲校正机类（代号 W）（摘自 JB/T 9965—1999）

组	型	锻压机械名称	主参数名称	单位
手动弯曲校正机	00			
	01	手动三辊卷板机	可卷板厚×板宽	mm×mm
	02			
	03			
	04			
	05			
	06	手动折边机	可折板厚×板宽	mm×mm
	07			
	08			
	09	手动折弯卷圆剪切机	可折板厚×可折板宽	mm×mm

续表

组	型	锻压机械名称	主参数名称	单位
板料弯曲机	10	双辊卷板机	可卷板厚×可卷板宽	mm×mm
	11	三辊卷板机	可卷板厚×可卷板宽	mm×mm
	12	四辊卷板机	可卷板厚×可卷板宽	mm×mm
	13	多辊校平卷板机	最大板厚×板宽	mm×mm
	14			
	15			
	16	多辊卷型机	可卷带料最大厚度	mm
	17			
	18			
	19			
型材弯曲机	20			
	21			
	22			
	23	卧式弯曲机	公称力	kN
	24	三辊型材卷弯机	辊子最大压紧力	kN
	25	四辊型材卷弯机	辊子最大压紧力	kN
	26			
	27	弯管机	弯管最大外径×壁厚	mm×mm
	28	立体弯管机	弯管最大直径×壁厚	mm×mm
	29			
校正弯曲机	30			
	31	卧式校正弯曲压力机	公称力	kN
	32			
	33			
	34	单面校正弯曲压力机	公称力	kN
	35	双面校正弯曲压力机	公称力	kN
	36			
	37			
	38			
	39			

续表

组	型	锻压机械名称	主参数名称	单位
板料校平机	40			
	41			
	42			
	43	多辊板料校平机	可校板厚×可校板宽	mm×mm
	44			
	45			
	46	板料拉伸校平机	公称拉伸力	kN
	47			
	48			
	49			
型材校直机	50			
	51	多辊型材校直机	可校杆料最大直径	mm
	52			
	53			
	54	型材拉伸校直机	公称拉伸力	kN
	55			
	56	双曲线辊子圆材校直机	可校圆料最大直径	mm
	57			
	58	圆材校直切断机	可校圆料最大直径	mm
	59			
板料折压机	60			
	61			
	62	折边机	可折板厚×可折板宽	mm×mm
	63	多边折边板	可折板厚×可折板宽	mm×mm
	64	滚波纹机	板料最大厚度	mm
	65			
	66			
	67	板料折弯机	公称力/可折最大宽度	kN/mm
	68	板料折弯剪切机	公称力/可剪板厚×板宽	kN/mm×mm
	69	三点式板料折弯机	公称力/最大可折板宽	kN/mm

续表

组	型	锻压机械名称	主参数名称	单位
旋压机	80			
	81	旋压机	旋压件最大直径	mm
	82	卧式强力旋压机	旋压件最大直径	mm
	83	卧式封头旋压机	旋压件最大直径×板厚	mm×mm
	84			
	85			
	86			
	87	立式强力旋压机	旋压件最大直径	mm
	88	立式封头旋压机	旋压件最大直径×板厚	mm×mm
	89			
其他弯曲校正机	90	多功能折弯机	折弯力/最大宽度	kN/mm
	91	板料拉型机	公称张拉力	kN
	92			
	93			
	94			
	95			
	96			
	97	管端成形机	公称力	kN
	98			
	99			

表 5-11　其他类（代号 T）（摘自 JB/T 9965—1999）

组	型	锻压机械名称	主参数名称	单位
轧制机	10			
	11			
	12			
	13	齿形冷滚轧机	可轧齿形最大模数	mm
	14			
	15	滚针冷轧机	可轧滚针最大直径	mm
	16			
	17			
	18			
	19			

续表

组	型	锻压机械名称	主参数名称	单位
锻造操作机	30			
	31	有轨锻造操作机	公称载质量	t
	32	无轨锻造操作机	公称载质量	t
	33			
	34			
	35			
	36			
	37			
	38			
	39			
卷料板材开卷校平装置	40			
	41			
	42			
	43			
	44	开卷校平装置	可校板厚×板宽	mm×mm
	45	卷料架	料架宽度	mm
	46			
	47			
	48			
	49			
板料自动送卸料装置	50			
	51	辊式送料装置	最大板宽×送料长度	mm×mm
	52	钳式送料装置	最大板宽×送料长度	mm×mm
	53			
	54			
	55			
	56			
	57			
	58			
	59	机械手	夹持最大重量	kg

续表

组	型	锻压机械名称	主参数名称	单位
专门用途设备	60			
	61			
	62	钳式铆接机	最大铆接力	kN
	63			
	64			
	65			
	66			
	67			
	68			
	69	摆辗式铆接机	最大辗压力	kN

表 5-12 锻压机械生产厂字母代号（摘自 JB/T 9965—1999）

生产厂名称	代号	生产厂名称	代号
安阳锻压设备厂	AD	广东锻压机床厂	GDD
安阳第二锻压设备厂	AD2	桂林第三机床厂	GJ3
鞍山锻压机床厂	ASD	桂林锻压设备厂	GLD
北京锻压机床厂	BD	高密锻压机床厂	GMD
本溪第三机床厂	BJ3	海安锻压机床厂	HAD
长治锻压机床厂	CD	海安重型剪床厂	HAJ
重庆锻压机床厂	CQD	湖北锻压机床厂	HBD
重庆液压机厂	CQY	汉中冲剪机床厂	HC
长沙锻压机床厂	CSD	海城锻压机床厂	HCD
成都液压机厂	CY	合肥锻压机床厂	HD
沧州长锻压机械厂	CZD	汉阳锻压设备厂	HID
丹东锻压机床厂	DD	湖州机床厂	HJ
丹阳锻坟机床厂	DYD	邗江机床厂	HJJ
鄂州锻压机床厂	ED	黑龙江锻压机床厂	HLD
福州锻压机床厂	FD	哈尔滨锻压机床厂	HRD
广州锻压机床厂	GD	黄石锻压机床厂	HSD

续表

生产厂名称	代号	生产厂名称	代号
海阳锻压机床厂	HYD	荣城第二锻压机床厂	RD2
杭州锻压机床厂	HZD	上海冲剪机床厂	SC
济南第二机床厂	J2	上海长江锻压机床厂	SCD
靖江锻压机床厂	JD	上海长江机械厂	SCJ
江都机床总厂	JJ	上海锻压机床厂	SD
佳木斯锻压机床厂	JMD	上海第二锻压机床厂	SD2
佳木斯机床厂	JMJ	山西第二锻压机床厂	SXD
佳木斯锻压设备厂	JMS	上海新力机器厂	SXJ
九台锻压机床厂	JTD	沈阳液压机厂	SY
江西锻压机床厂	JXD	沈阳锻压机床厂	SYD
江阴机械厂	JYJ	上海自立机械厂	SZL
江西重型机床厂	JZJ	泰安锻压机床厂	TAD
辽阳锻压机床厂	LD	天津第二锻压机床厂	TD2
洛阳机床厂	LJ	天水锻压机床厂	TD
鲁南锻压机床厂	LND	天津锻压机床厂	THP
马鞍山锻压设备厂	MD	通辽锻压机床厂	TLD
南京冲剪机床厂	NC	温州冲剪机床厂	WC
内江锻压机床厂	ND	梧州锻压机床厂	WD
内江机床厂	NJ	无锡大桥锻压机床厂	WDD
内蒙古锻压机床厂	NMD	无锡冶金机械厂	WJ
宁波锻压机床厂	NPD	武林机器厂	WL
齐齐哈尔第二机床厂	Q2	无锡锻压机床厂	WXD
青岛锻压机械厂	QD	西安锻压机床厂	XAD
齐齐哈尔锻压机床厂	QHD	西安冲剪机床厂	XC
黔南锻压机床厂	QND	徐州锻压机床厂	XD
青岛生建机械厂	QS	忻州锻压机床厂	XDJ
荣城锻压机床厂	RD	险峰机床厂	XF

续表

生产厂名称	代号	生产厂名称	代号
厦门锻压机床总厂	XMD	温博锻压机床厂	ZBD
萧山精密压力机厂	XY	诸城锻压机床厂	ZCD
徐州锻压设备制造厂	XZD	浙江锻压机床厂	ZD
营口锻压机床厂	YD	肇源锻压机床厂	ZYD
宣昌机床工业公司	YJ	株洲锻压机床厂	ZZD

第二节　钣金工常用设备

钣金加工制作中常用的机械设备主要有压力机床、剪切机及弯曲校正机、刨边机和锻机等锻压机械，各类锻压机械设备名称及其字母代号见表 5-4～表 5-11。

一、压力机

压力机床，简称压力机或冲床，主要用于将板料压弯成各种形状，也可用于压延、冲裁、落料、切边等工作。压力机有机械压力机、液压压力机和数控转塔冲床等。

（一）机械压力机

机械压力机中最常用的有曲柄压力机、偏心压力机（冲床）和折弯压力机（折边机）。

1. 曲柄压力机和偏心压力机（冲床）

曲柄压力机按其机架形式可分为开式和闭式两种。开式压力机的工作台结构有固定式、可倾式和升降台三种（见图 5-4）。开式固定台压力机的刚性和抗震稳定性好，适用于较大吨位；可倾式压力机的工作台可倾斜 20°～30°，工件或废料可自动滑下；升降台压力机适用于模具高度变化的冲压作业。

开式曲柄压力机在受力时会产生角变形，所以吨位不能太大，一般公称压力为 40～4000kN。闭式曲柄压力机所受的负荷较均匀，所以能承受较大的冲压力，一般压料力为 1600～20 000kN。

这两种压力机的主要功能是落料、冲裁、压延、压弯等。曲

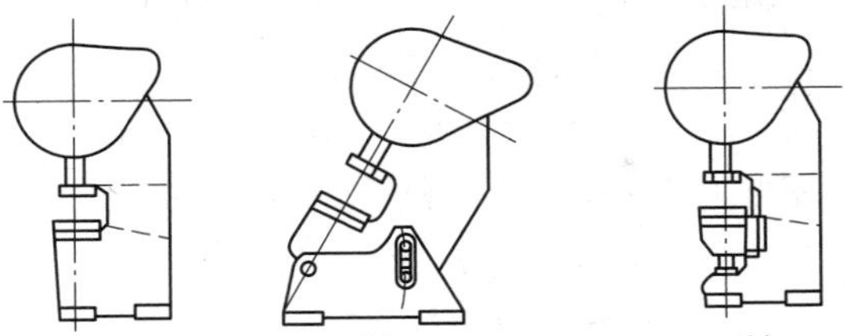

图 5-4 开式曲柄压力机

(a) 固定台；(b) 可倾式；(c) 升降台（活动台）

柄压力机的外形、结构如图 5-5 所示；偏心压力机的结构、外形如图 5-6 所示。两种压力机的主要差异在于曲柄压力机的滑块运动是由曲轴带动，而偏心压力机的滑块运动则由偏心轴的回转而得到。

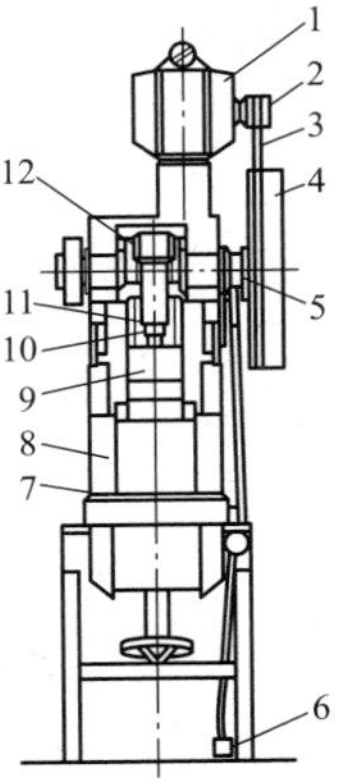

图 5-5 曲柄压力机

1—电动机；2—减速带轮；3—传动带；4—飞轮；5—离合器；6—脚踏操纵系统；7—台面；8—床身；9—滑块；10—连杆；11—滑块导轨；12—曲轴

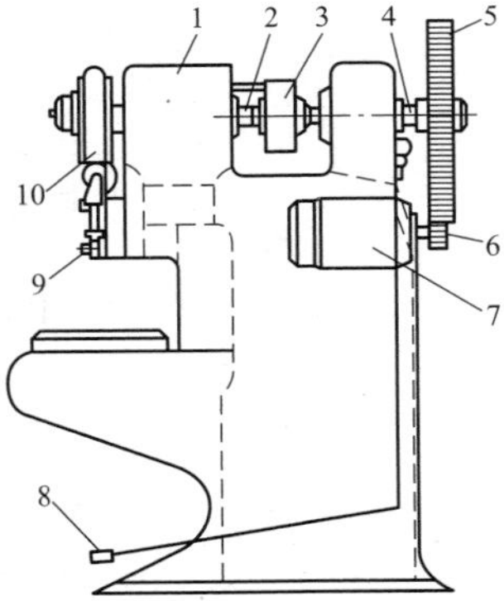

图 5-6 偏心压力机

1—床身；2—主轴；3—制动装置；4—离合器；5—飞轮；6—减速轮；7—电动机；8—脚踏操作系统；9—滑块；10—连杆

(1) 开式压力机。图 5-7 所示是 JB23-63 压力机传动原理图。电动机通过 V 带传动把运动传给大带轮 3，再经小齿轮 4、大齿轮

5 传给曲轴 7。连杆上端装在曲轴上，下端与滑块 10 相连接，把曲轴的旋转运动变为滑块的直线往复运动。上模 11 装在滑块上，下模口装在垫板 13 上。因此，当板料在上下模之间时，能进行冲裁或其他冲压变形工艺。离合器 6 和制动器 8 能够有效地控制滑块的运动、停止。飞轮（即大带轮 3）能够使电动机的负荷均匀，有效地利用能量。这种压力机叫开式压力机，就是机身三面敞开，操作者能够从压力机的前方和左右两侧接近模具。

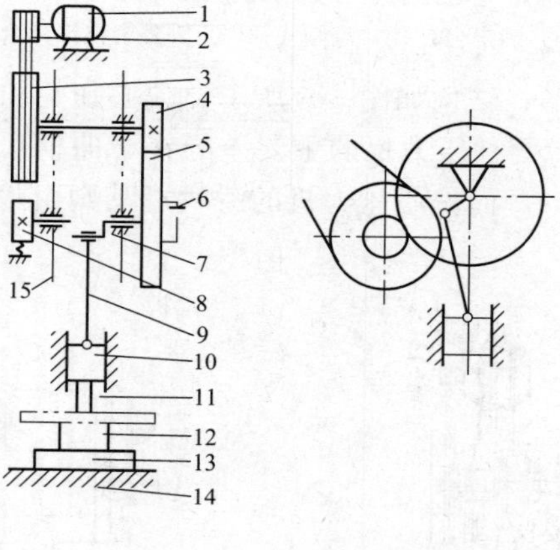

图 5-7　JB23-63 压力机传动原理图

1—电动机；2—小带轮；3—大带轮；4—小齿轮；5—大齿轮；6—离合器；7—曲柄；8—制动器；9—连杆；10—滑块；11—上模；12—下模；13—垫板；14—工作台；15—机身

（2）闭式压力机。图 5-8 所示是 J31-315 压力机传动原理图。它的工作原理与 JB23-63 压力机相同，只是它的工作机构采用了偏心齿轮 9 驱动的曲轴连杆机构，即在最末的一个齿轮上铸有一个偏心轮，构成偏心齿轮 9。连杆 12 套在偏心轮上。偏心轮可以在心轴 10 上旋转。心轴两端固定在机身 11 上。因此当小齿轮 8 带动偏心齿轮旋转时，连杆即可摆动，带动滑块 13 上下运动。18 为安装在工作台上的液压气垫，可作顶出工件的顶出器用。

2. 折弯压力机（折边机）

折弯压力机主要是用来对条料或板料进行直线弯曲的机床，其构造如图 5-9 所示。折弯压力机上用的弯曲模可分为通用模和专用模两类。常用的通用弯曲模端面形状如图 5-10 所示。上模一般是 V 形的，有直臂式和曲臂式两种。

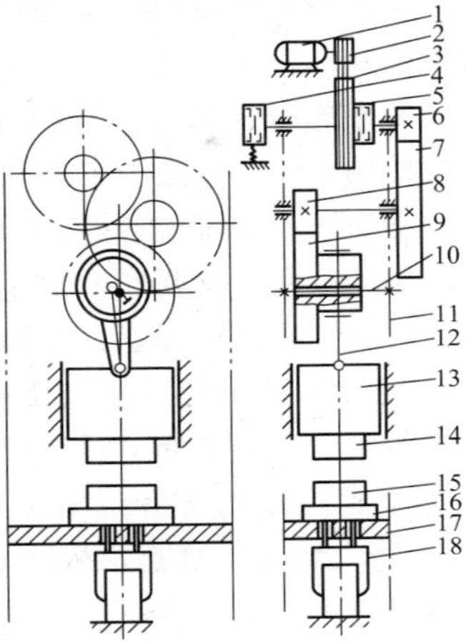

图 5-8　J31-315 压力机传动原理图

1—电动机；2—小带轮；3—大带轮；4—制动器；5—离合器；6、8—小齿轮；7—大齿轮；9—偏心齿轮；10—心轴；11—机身；12—连杆；13—滑块；14—上模；15—下模；16—垫板；17—工作台；18—液压气垫

利用折弯压力机可以弯折各种几何形状的金属箱、柜、盒壳、翼板、肋板、矩形管、U 形梁和屏板等薄板制件，以提高结构的强度和刚度，广泛应用于各种钣金加工。

常用的折边设备按驱动方式分为三类，即机械折弯机、液压折弯机和气动折弯机。机械折弯机又可分为机械式折板机和机械式板料折弯机（或板料折弯压力机）。前者简称折板机，结构比较简单，适用于简单、小型零件的生产；后者简称压弯机，结构比较复杂，适用于复杂、大中型零件的生产。

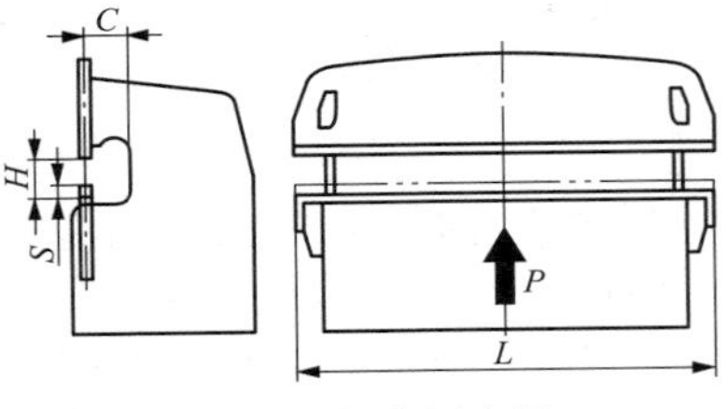

图 5-9　折弯压力机

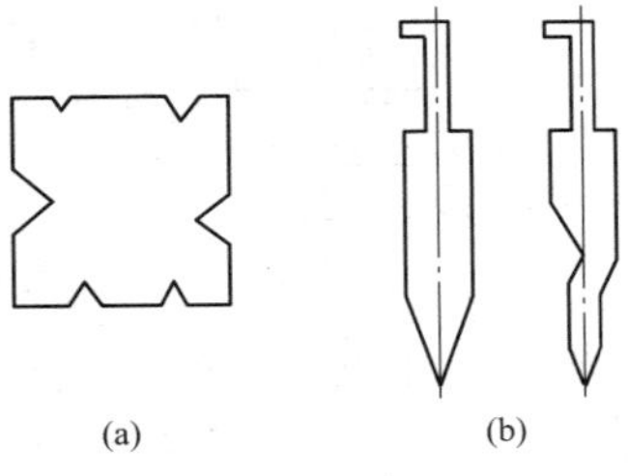

图 5-10　通用弯曲模

（a）下模；（b）上模

（1）折板机。按传动方式可分为手动和机动两种，一般都使用机动折板机。

机动折板机由床架、传动丝杆、上台面、下台面和折板等组成。折板机的工作部分是固定在台面和折板上的镶条，其安装情况如图 5-11 所示。上台面和折板镶条一般是成套的，具有不同角度和弯曲半径，可根据需要选用。

折板机的操作过程如下：

1）升起上台面，将选好的镶条装在台面和折板上。若所弯制零件的弯曲半径比现在的镶条稍大时，可加特种垫板，如图 5-12 所示。这时在工作时，垫板要垫在坯料的下边。

2）下降上台面，翻起角板至 90°角，调整折板与台面的间隙，以适应材料厚度和弯曲半径。为以免折弯时擦伤坯料，间隙应稍大些。

3）退回折板，升起上台面，放入的坯料靠紧后挡板。若弯折较窄的零件或不用挡板时，坯料的弯折线应对准上台面的外缘线。

4）下降上台面，压住坯料。

5）翻转折板，弯折至要求的角度。为得到尺寸准确的零件，应考虑回弹，必须控制好弯折角度。

6）退回折板，升起上台面，取下零件。

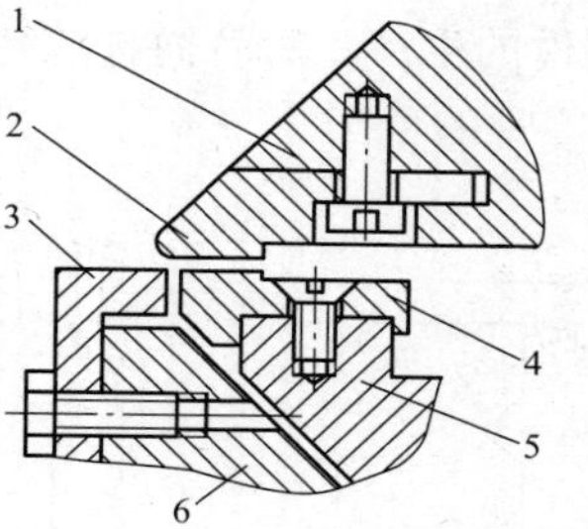

图 5-11　折板机上镶条的安装情况

1—上台面；2—上台面镶条；3—折板镶条；4—下台面镶条；5—上台面；6—折板

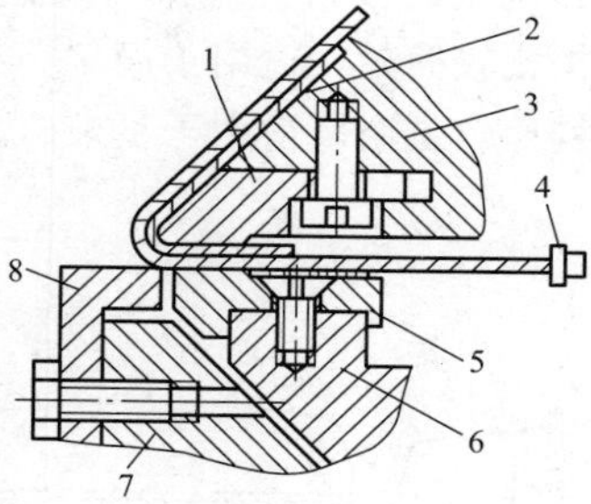

图 5-12　折板机上镶条的使用情况

1—上台面镶条；2—特种垫板；3—上台面；4—挡板；5—下台面镶条；6—下台面；7—折板；8—折板镶条

（2）机械式板料折弯机。机械式板料折弯机采用曲柄连杆滑块机构，将电动机的旋转运动变为滑块的往复运动。只要传动系统和机构具有足够的刚度和精度，应能保证加工出来的工件具有相当高的尺寸重复精度。它的每分钟行程次数较高，维护简单，但体积庞大，制造成本较高，多半用于中、小型工件的折弯加工。

机械式板料折弯机的结构类似于普通开式双柱双点压力机，其一般传动系统如图 5-13 所示。工作时，滑板的起落和上下位置的调节，是两个独立的传动系统。滑板位置的调整，是由电动机 21，通过齿轮 22、20、19、23 带动轴 25 转动，装在轴 25 上的蜗杆 25 使连杆螺纹 2 旋入连杆 3 内，通过电动机换向，可上下调节滑板位置。滑板的起落是靠电动机 13，通过带轮 16、齿轮 10、8 带动传

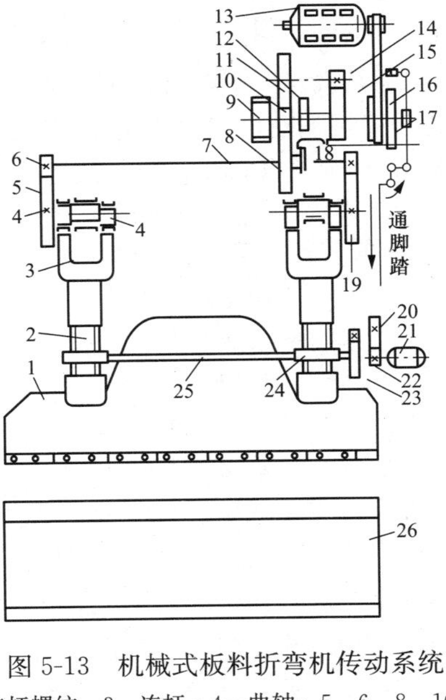

图 5-13　机械式板料折弯机传动系统

1—滑板；2—连杆螺纹；3—连杆；4—曲轴；5、6、8、10—齿轮；7—传动轴；9—止动器；11、12、14、15—变速箱齿轮；13—电动机；16—带轮；17—主轴；18—齿轮变速齿条；19、20、22、23—齿轮；21—电动机；24—蜗杆；25—轴；26—工作台

动轴 7 转动，通过齿轮 6 和 5 带动曲轴 4 转动，使连杆 3 带动滑板起落，进行工件折弯。

机械式板料折弯机的操作过程如下：

1）将滑板降到最低位置，调整滑板的最低点到工作台面的垂直距离（即闭合高度）比上下两个弯曲模总高度大 20～50mm。

2）升起滑板，安装上模和下模，一般先把下模放在工作台上，然后下降滑板再装上模。在安装上模时，从滑板固模槽的一端，一边活动一边往里推至滑板的中间位置，使板料折弯机受力均衡，并用螺钉紧固。

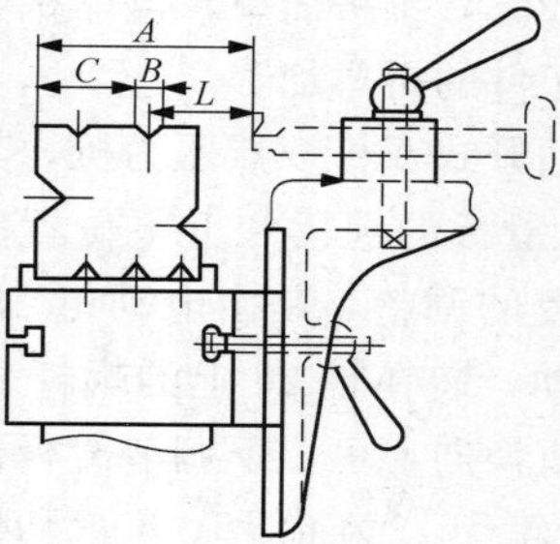

图 5-14　挡板位置的调整与确定

3）开动滑板的调整机构，使上模进入下模槽口，并移动下模，使上模顶点的中心线对正下模口的中心线，固定下模。

4）升起滑板，按弯曲尺寸调整挡板，如图 5-14 所示。

$$A = L + \frac{B}{2} + C \quad \text{(mm)}$$

式中　A——下模侧面至挡板距离（mm）；

B——下模槽口宽度（mm）；

C——下模侧面至下模槽口边缘的距离（mm）；

L——弯曲线至坯料边缘线的距离（mm）。

工作时，一般标出 A 值，经过试弯作适当调整后确定下来。

5）按要求调整弯曲角度，根据弯曲角度选用对应的上、下模，然后只需调整上模进入下模的深度，就能很容易地达到要求。

（3）液压板料折弯机。液压板料折弯机采用液压泵驱动，由于液压系统能在整个行程中对板料施加压力，能在过载时自动卸荷保护，自动化程度很高，使用方便，因此液压板料折弯机是一种常用的折弯设备。一般它由两个竖直液压缸推动滑块运动，为了防止滑块在运动过程中产生过大偏斜，设有同步控制系统。

液压板料折弯机有下列三种结构形式：

1）液压下传动式折板机。这种结构的折板机，最适合加工金属箱体。它的液压系统一般都安装在底座内，如图 5-15 所示，这使得它在实施"包围式弯折"，即加工只有一个接头箱体时不致受到液压装置的阻碍。

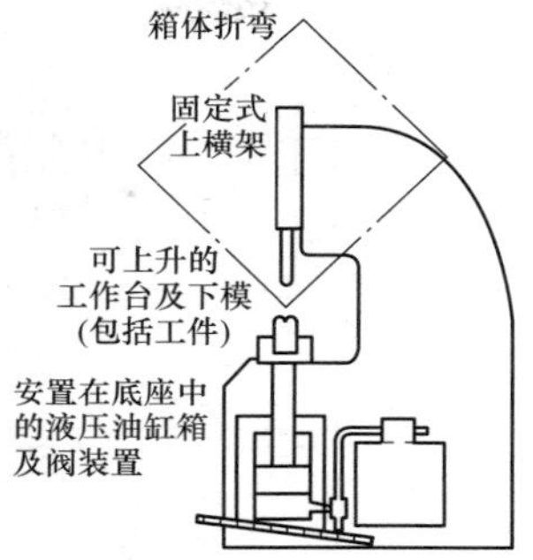

图 5-15　液压下传动式折板机

这种下传动式折板机上横梁是固定不动的，工作台往上升而完成任务闭合行程，工件随着工作台一起上升。液压装置在应用单面作用液压缸的底座中。工作台依靠自身的质量完成返回行程。因而，这种折弯机由于缺少可脱卸的上模，一般不能用来实施各种冲切加工。

这类折弯机比较擅长加工小规格的材料，与同等规格的其他折板机相比，操作方便、灵巧。

2）液压上传动式折板机——机械挡块结构。液压上传动式折板机比下传动式折板机应用范围要广泛得多，从 15～2000t 压力规格的上传动式折板机都具有精确的控制机构。上传动式折板机采用了能操纵闭合和开启行程的双向作用缸，因而它具备了脱模功能，适应于在额定压力范围内的冲切加工。

在折弯各种角度时，机械挡块结构能够精确地控制上模插入下模槽的深度，以得到准确的折弯角度。

挡块装置有两种式样，一种是外装式，另一种是内装式，如图 5-16 所示。小吨位折板机采用手动调节，大吨位折板机采用机械调节。调节装置一般采用蜗轮副或锥齿轮副。

3）液压机械折板机。液压机械折板机结构如图 5-17 所示。它汇集了机械式和液压式折板机的各自优点，特别是在平行度、压力吨位控制和可变行程机构上，更具有优越性。

液压机械折板机滑块由液压系统操纵，具有快速趋近、慢速折弯和控制压力吨位等功能。滑块通过坚固的枢轴结构与机架连接，

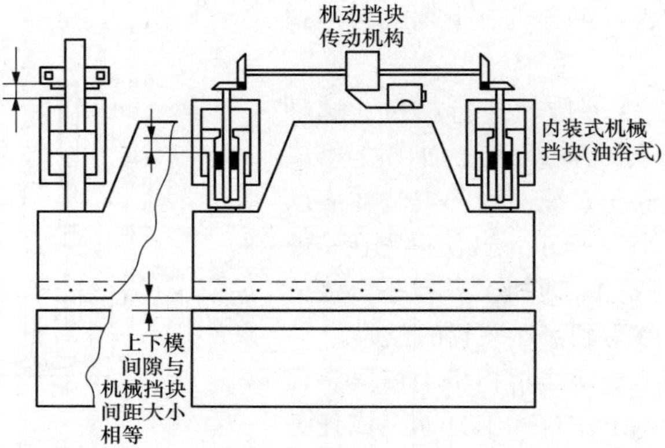

图 5-16　液压上传动式折板机（机械挡块结构）

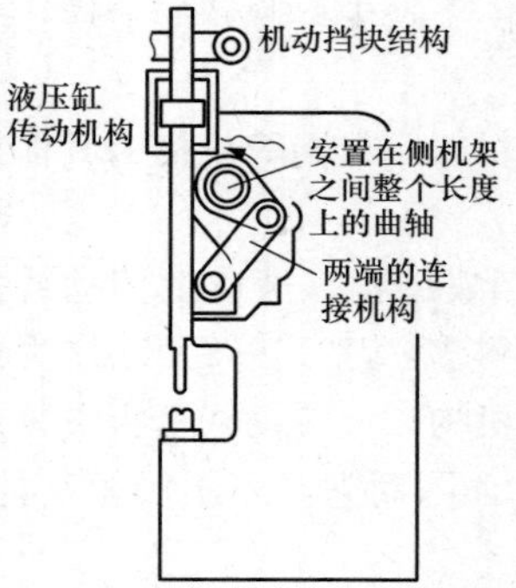

图 5-17　液压机械折板机结构

从而保证了它上下运动的平行性，不再需要安装一个复杂且效果不理想的液压缸平衡系统。

“肘杆式折弯机”结构如图 5-18 所示，在通过机械装置保证滑块平行度的同时，联动机械还能有力地驱动滑块，以较小规格的液压缸产生足够大的工作压力，从而节约了成本。

（4）电子控制折板机。电子控制折板机结构如图 5-19 所示，其整体式开关以其瞬时反应的灵敏度及交替控制的可靠性代替了继电器和限位开关。在最新的电子控制折板机上，其控制机构已能与精确度极高、运转速度很快的 CNC（计算机数字控制系统）相匹配。电子控制器使液压折板机成了一种可靠性好、调节简单、生产效率高的精密加工设备。

电子控制折板机的主特点是它能够通过输入数据，用电子装置操纵滑块定位。达到平行度很高的控制程度，以保证准确的折弯角度。

此系统有一个装在折板机床身两端的扫描装置，它的扫描范围

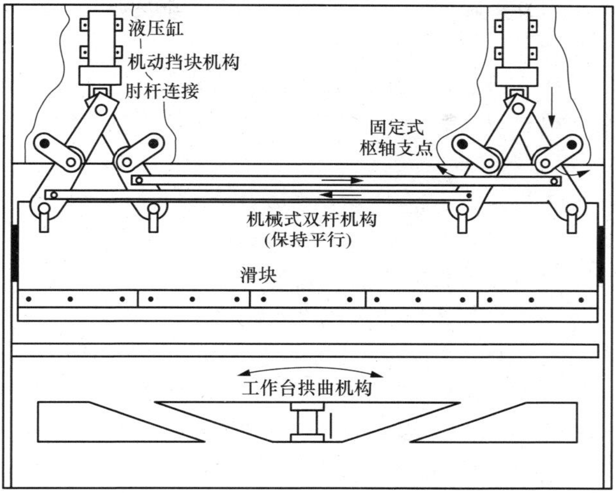

图 5-18 肘杆式折弯机结构

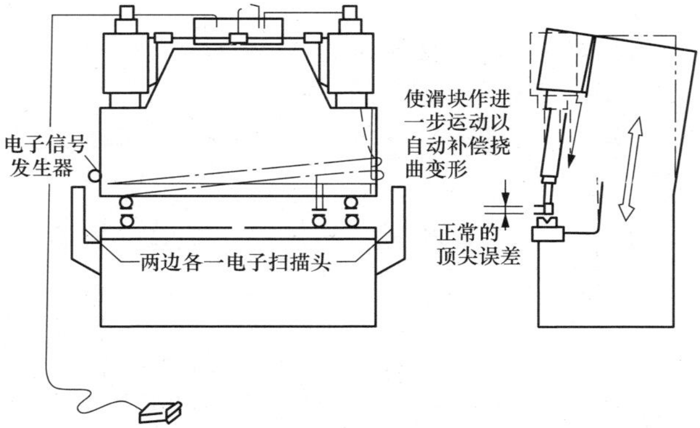

图 5-19 电子控制折板机结构

就是模具的周围区域。这些扫描头由一个附装在滑块上的电子控制器构成，并随着滑块一起上下运动。扫描头工作时，通过一个装置把信号传递给液压阀，滑块会立即停止运动。此阀为特殊结构，由控制器操纵，动作反应极为灵敏。此系统能测量和控制滑块和工作台之间的距离。工作时，它不受机架产生挠曲的影响，照样能达到精确测量和控制折弯深度的目的。

由于液压机械折板机滑块联动装置提供了一种正确的模式，每台板料折弯机上只需装一个扫描头，因此降低了电器的成本。

（二）液压压力机

液压压力机如图 5-20 所示，主要用于中（厚）钢板的冷（热）弯曲、成形、压制封头、折边、拉延和板材与结构件矫正等工作。单臂冲压液压机主要技术参数见表 5-23。

液压压力机分油压机和水压机两大类。

油压机主要用于成形类的冲压工艺，其优点是结构简单、使用方便。单缸油压机适用汽车等的钣金维修，大吨位的油压机在汽车制造业常用于压制门板等大型钣金件。油压机的构造如图 5-21 所示。

（三）数控转塔冲床

数控转塔冲床是一种由计算机控制的高效、高精度、高自动化的板材加工设备，如图 5-22 所示。板材自动送进，只要输入简单的工件加工程序，即可在计算机的控制下自动加工，也可采用步冲的方式，用小冲模冲出大的圆孔、方孔及任意形状的曲线孔。广泛用于电器开关、电子电工仪表、家用电器、纺织机械、粮食机械及计算机等行业，特别适用于多

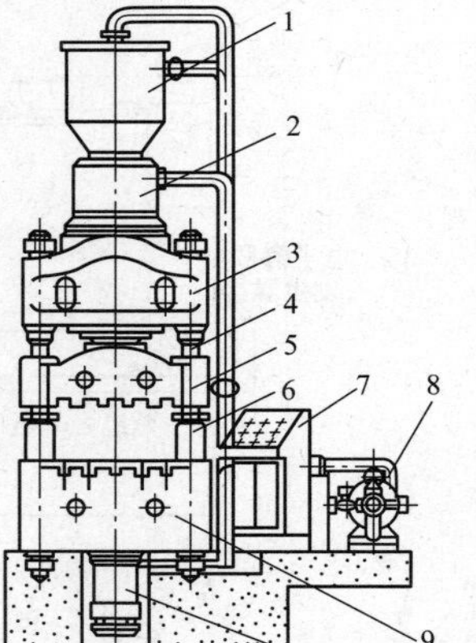

图 5-21　油压机构造

1—充油缸；2—工作缸；3—上横梁；4—立柱；5—活动横梁；6—限位套；7—操纵箱；8—高压油泵；9—工作平台；10—顶出缸

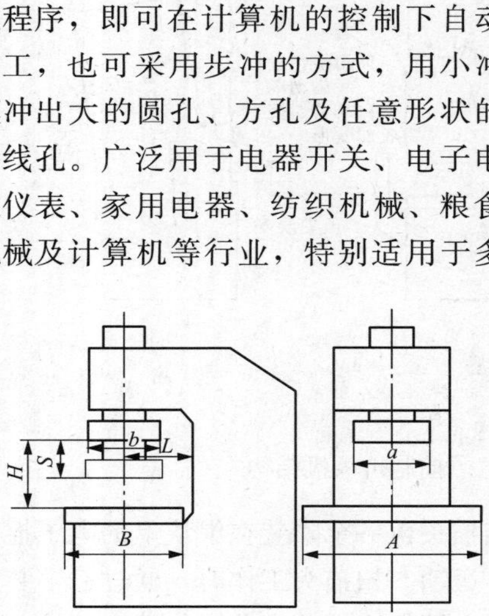

图 5-20　单臂冲压液压机

品种、中小批量复杂多孔板件的冲裁加工。

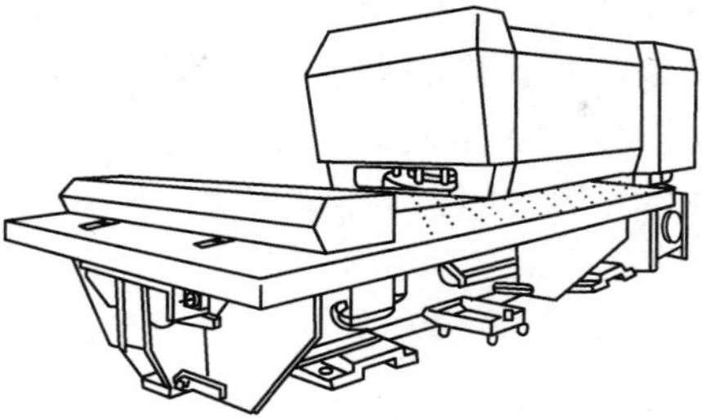

图 5-22　数控转塔冲床

二、剪板机

剪板机的结构形式很多，按传动方式分为机械式和液压式两种；按其工作性质又可分为剪直线和剪曲线两大类。剪板机的生产效率高，切口光洁，是应用广泛的一种切割方法。

机械剪板机有剪切直线的龙门剪板机以及既可剪切直线又可剪切曲线的振动剪床和圆盘剪切机等，此外，还有数控液压剪板机。

1. 龙门剪板机

龙门剪板机是最常用的一种机械式剪切设备，如图 5-23 所示，主要用于板料的直线剪切，剪切板厚受剪切设备功率的限制，剪切板宽受剪刀刃长度的限制。机床型号有 Q11-3×1200、Q11-4 × 2000、Q11-13 × 2500等。例如，型号为 Q11-4×2500的剪板机表示可剪钢板厚度为 4mm，可剪钢板宽度为 2500mm。

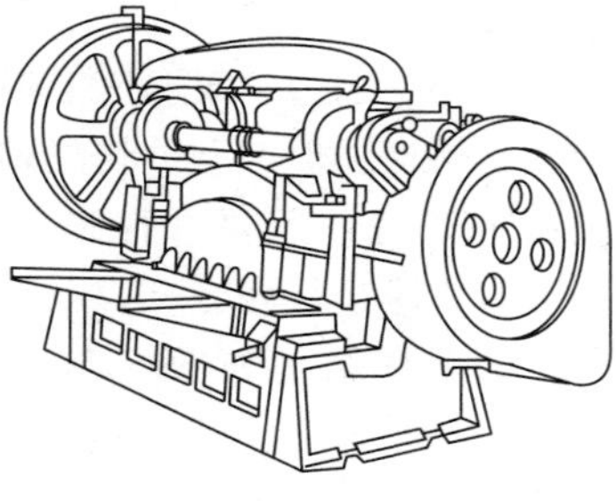

图 5-23　龙门剪板机

剪板机的使用和维护应注意以下几点：

（1）剪板机必须有专人负责使用和维护，操作人员必须熟悉设备的技术性能和特点。

（2）剪板机切片刃口应保持锋利，发现损坏应及时调换。

（3）开机前应检查板料表面质量，如果有硬疤、电焊渣等缺陷，则不能进行剪切。

（4）使用剪板机应严格遵守操作规程，严禁过载剪切。

（5）使用中如发生不正常现象，应立即停车并检查修理。

（6）使用完毕后，应立即切断电源。

（7）机器检修完毕后，应开车试运行，并注意电动机转向和规定转向是否一致。

2. 冲型剪切机（振动剪床）

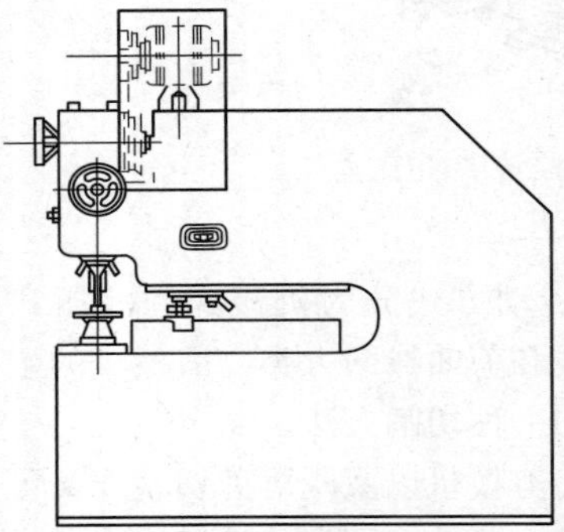

图 5-24 冲型剪切机外形

冲型剪切机简称冲型剪，又名振动剪（或振动剪床），外形结构如图 5-24 所示。它是利用高速往复运动的冲头（每分钟行程次数最高可达数千次）对被加工的板料进行逐步冲切，以获得所需要轮廓形状的零件。冲型剪切机除用于直线、曲线或圆的剪切外，还可以用来切除零件内外余边、冲孔、冲型、冲槽、切口、翻边、成形等工序，用途相当广泛，是一种万能性的钣金加工机械。但冲型剪切机剪切的板料，其断面一般比较粗糙，所以在剪切后还需要进行修边，即对边缘进行修光。

振动剪床结构如图 5-25 所示，振动剪床的规格是以最大剪切厚度表示的，例如，Q21-2A×1040 的振动剪床，最大剪切厚度为 2mm，最大剪切直径为 1040mm。

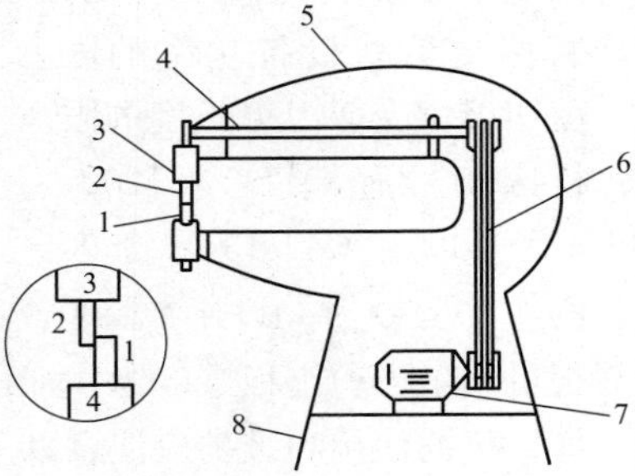

图 5-25 振动剪床结构

1—下刀头；2—上刀头；3—滑块；4—偏心轴；5—外壳；6—传动带；7—电动机；8—底座

冲型剪切机的使用和维护应注意以下几点：

（1）工作前应清理场地，将与工作无关的物件收拾干净。

（2）检查机床配合部位的润滑情况，加足润滑油。

（3）开机前要紧固上下刀片，并使上刀片与下刀片相对倾斜成20°～30°的夹角。上刀片走到下止点时应与下刀片重叠0.2～0.1mm，并应根据板料厚度进行调整。重叠量过小则板料剪不断，重叠量过大，则会使送料费力。同时，上、下刀片的侧面之间，应保持相当于板料厚度2.5%的间隙。调好后，应作空载试车。

（4）振动剪床不得剪切超过技术参数中规定的最大剪切厚度的板料。

（5）使用中如发生不正常现象，应立即停车并检查修理。

（6）剪切内孔时，需操纵杠杆系统，将上刀片提起，板料放入后再对合上、下刀片。

（7）剪切一般工件时，应先在板料上划线。开动剪床后，两手应平稳地把握板料，按照划线方向保持板料沿水平面平行移动。

（8）工作完毕后，应立即关闭电源，清理场地，并将剪切下来的废料进行妥善处理。

（9）将工件码放整齐，并擦拭维护好机床。

3. 圆盘剪切机（滚剪机）

圆盘剪切机由剪切轮盘形成两剪切刃，所以又称为圆盘滚剪机，或称为双盘滚剪机，主要用于剪切直线、圆、圆弧或曲线钣金件。双圆盘剪切机外形如图5-26所示。

圆盘剪切机的剪切轮盘通常有水平轮和倾斜轮两种，其操作如图5-27所示。圆盘剪切机的规格是以剪切钢板的最大厚度和剪切

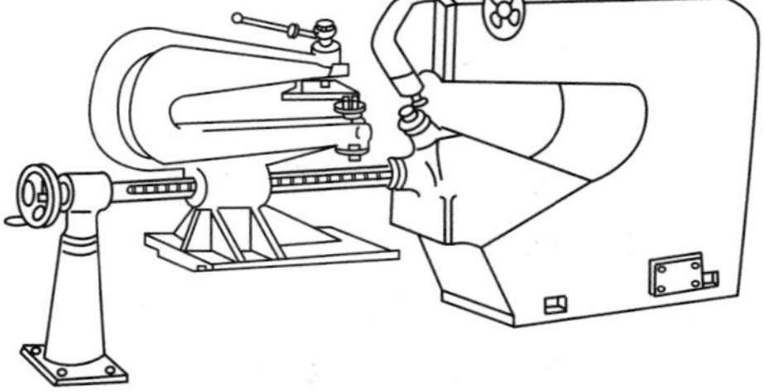

图5-26　双圆盘剪切机外形

直径表示的。例如，型号为 Q23-3×1500 的圆盘剪切机的剪板厚度为 3mm，剪切板料的最大直径为 1500mm。

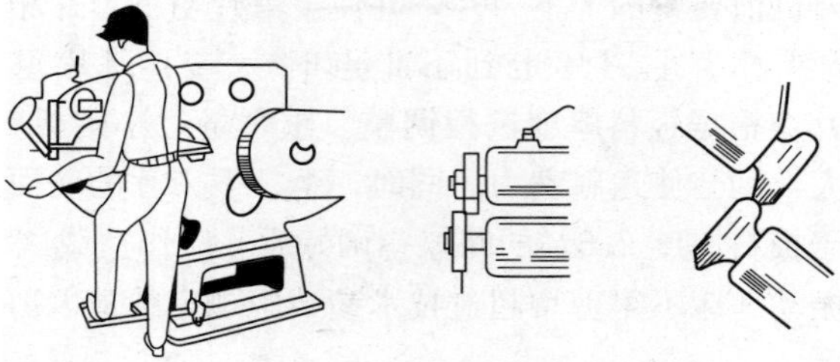

图 5-27　圆盘剪切机操作

(a) 圆盘剪切机；(b) 水平轮；(c) 倾斜轮

（1）圆盘剪切机的操作方法和技巧。

1）根据被剪切钢板的厚度调整剪切刃间隙和重叠量。剪切刃间隙根据被剪切钢板厚度进行调整；剪切刃重叠量则要根据被剪切圆弧曲线的曲率来确定：曲线的曲率小，剪切刃的重叠量可取大一些；曲线的曲率大，则剪切刃的重叠量应取小一些，这样可使转动操作灵活。

实际工作中，常用试剪切的方法来调整剪切刃间隙和剪切刃重叠量，即取一块与被剪工件等厚的钢板进行试剪，检查钢板剪口有无飞边、毛刺，是否平齐，转动钢板进行圆弧剪切是否灵活等。如果都合乎要求，即可认为调整合适。

2）用工件进行试剪切。双手持平钢板，板边搭在下剪刀的前部，使用划好的剪切线对准刃口，向前推进。当上、下剪切刃剪住钢板后，由于具有自动进料功能，不必再向前推进。只要控制进料方向，使剪刃始终沿划好的剪切线剪进即可。检查最初几件钣金件，各方面都符合要求时，就可进行正式生产了。

3）进料技巧。手工操作进料时，站立姿势要平稳，钢板要端平。一旦钢板停止进给时，可稍向前用力推进并上下掀动钢板；切不可左右晃动，以免剪进后偏离剪切线。

4）注意操作安全。手工操作圆盘剪切机剪切，对操作技能要求较高。安全方面也应特别注意，如劳保手套，既要厚实，可防止工件棱边、毛刺划伤手；又要宽大，当被行进的钢板毛刺钩住时，可使手顺利脱开。

5）批量剪切整圆钢板技巧。批量剪切整圆钢板时，可采用辅助机架进行定位。当不允许在圆钢板工件中心开孔时，可用顶尖或其他方法将其压紧在转动轴上。当圆钢板工件中心需要开孔时，可利用中心孔或先钻合适的中心孔，用螺栓定位。对辅助机架的要求是：使被剪切钢板转动自如，不能产生水平方向的位移。使用辅助机架时，为了将钢板顺利地放进剪切刃间，可预先在钢板的剪切线上切出一个口来。如果辅助机架使用得当，就可以获得较高的剪切质量。

(2) 圆盘剪切机使用和维护注意事项。

1）剪切机要有专人负责使用和维护，操作人员必须熟悉设备的技术性能和特点。

2）工作前应清理场地，清除与工作无关的物件。

3）检查机床配合部位的润滑情况，定期加注润滑油。

4）工作前应检查剪切刃口是否保持锋利，发现损坏应及时调换。

5）检查板料牌号、厚度和质量是否符合工艺要求。板料表面如果有硬疤、电焊渣等缺陷，则不能进行剪切。

6）应根据板料厚度调整机床转速和滚刀间隙。

7）剪切时，虽然滚刀在滚动剪切过程中也起着自动送料的作用，但操作者仍要平稳托住板料，按划线方向严格控制进料方向。否则，易使所剪切工件报废。

8）两人或两人以上进行操作时，要注意密切配合。

9）在使用过程中如发生不正常现象，应立即停车并检查修理。

10）机床使用完毕后，应立即切断电源，将工件码放整齐，清理场地，并擦拭维护好机床。

4. 联合冲剪机

联合冲剪机主要用于板材或型材的剪切和冲孔。联合冲剪机型号主要有 Q34-10、Q34-16 和 Q34-25 等几种，联合冲剪机外形结构如图 5-28 所示。

5. 数控液压剪板机

数控液压剪板机，如图 5-29 所示，是传统的机械式剪板机的更新换代产品。其机架、刀架采用整体焊接结构，经振动消除应力，确保机架的刚性和加工精度。该剪板机采用先进的集成式液压控制系统，提高了整体的稳定性与可靠性。同时采用先进的数控系统，剪切角和刀片可以无级调节，使工件的切口平整、均匀且无毛刺，能取得最佳的剪切效果。

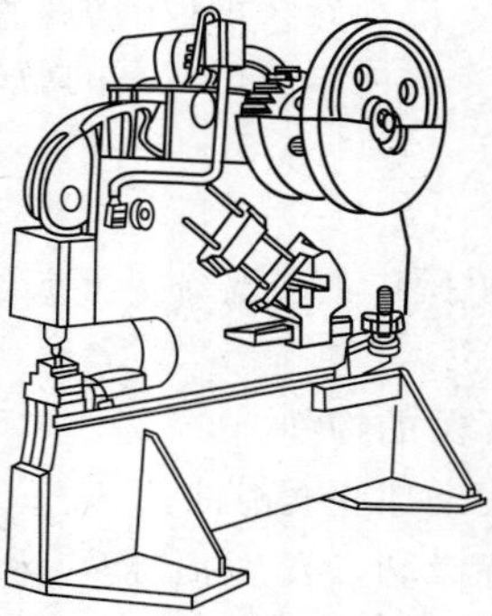

图 5-28　联合冲剪机外形结构

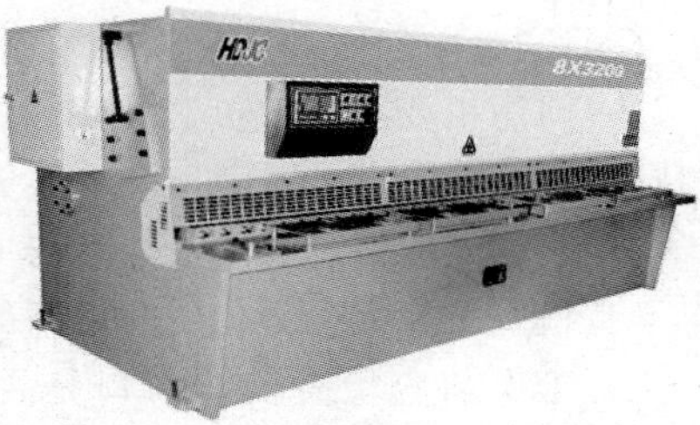

图 5-29　数控液压剪板机

三、卷板机与钢板矫正机

1. 卷板机

卷板机主要用于将板材卷弯成单向曲率或双向曲率的制件，也可将板材卷弯成任意形状的柱面，如圆柱面、圆锥面等，常用的三辊卷板机如图 5-30 所示。

卷板机按辊筒的数目及布置形式可分为三辊卷板机和四辊卷板机两类；三辊卷板机又分为对称式与不对称式两种。卷板机的规格是以所能卷弯钢板的最大厚度和宽度表示的，例如，19×2000 型三辊卷板机能卷钢板的最大厚度为 19mm，卷弯钢板的最大宽度为 2000mm。机械调节的对称式三辊卷板机如图 5-31 所示。

2. 钢板矫正机

钢板矫正机通过重复进行正、反弯曲，用形成的波浪来消除板

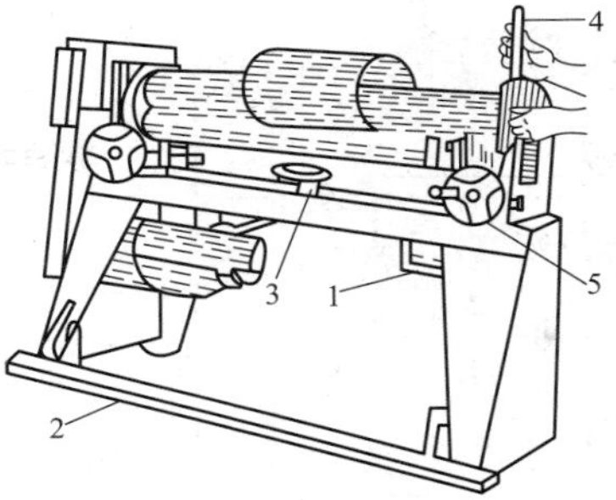

图 5-30　三辊卷板机

1—前进、停止、后退按钮；2—安全杆（脚踏板）；3—底辊调整轮；4—放松端轴承；5—成形辊调整轮

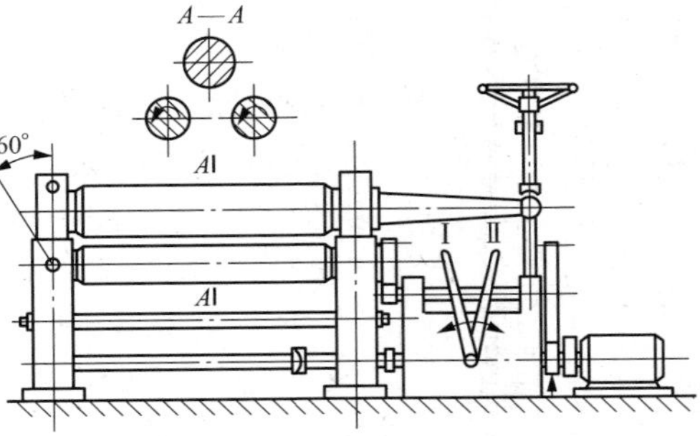

图 5-31　机械调节对称三辊卷板机

材的凹凸不平，是矫正较大面积、较厚钢板平直度的大型矫正设备。其种类很多，一般按工作辊轴的数目区分，有 5 个工作辊轴的称为五轴辊平机，有 7 个工作辊轴的称为七轴辊平机，目前使用最多的为 29 个辊轴的。钢板矫正机的构造如图 5-32 所示。

钢板矫正机的规格是以所能矫正钢板的最大厚度和宽度表示的。例如，型号为 W43-10×2000 的 13 辊轴钢板矫正机，所能矫正板料的厚度为 10mm，宽度为 2000mm。

3. 板料矫平机

板料矫平机，如图 5-33 所示，是金属板材、带材的冷态矫平

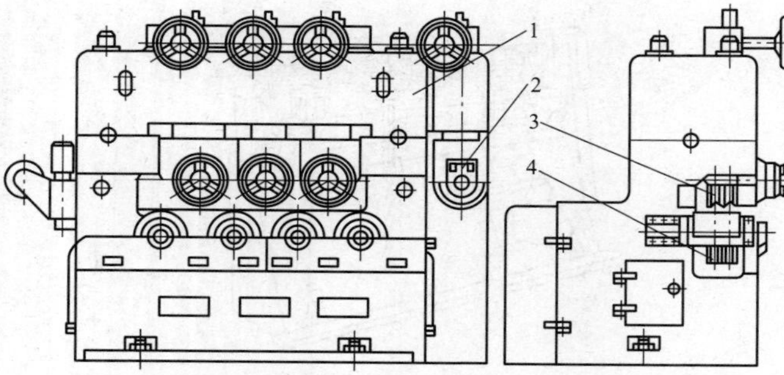

图 5-32 钢板矫正机

1—机体；2—压辊轮；3—下矫正辊；4—上矫正辊

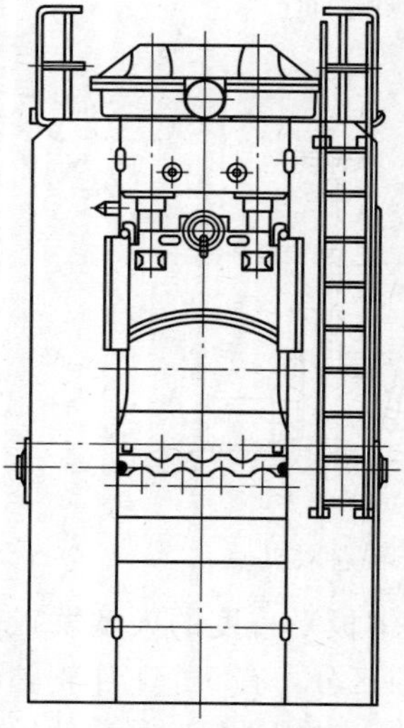

图 5-33 板料矫平机

设备。当板料经多对呈交叉布置的轴辊时，板料会发生多次反复弯曲，使短的纤维在弯曲过程中伸长，从而达到矫平的目的。根据矫平机辊轴数目不同，轴辊有 3、5、7、9、11 辊或更多的形式。一般轴辊数目越多，矫平质量越好。通常 5～11 辊用于矫平中、厚板；11～29 辊用于矫平薄板。

4. 管材矫正机

管材及棒材矫正可用斜辊机、正辊机和压力机矫正，其中斜辊机矫正效率和精度最高，应用最广泛。

5. 型材矫直机

型材矫直机用于矫角钢、圆钢、方钢和扁钢等型材。型材可用带成形辊的多辊型材矫直机或弯曲压力矫正机矫正。

图 5-34 为 W51-63 型多辊型材矫直机，其主要技术参数如下：

可矫杆（棒）料（最大直径/最小直径）/mm	63/20
可矫方钢（最大边长/最小边长）/mm	63/20
可矫六角钢（最大内切圆直径/最小内切圆直径）/mm	63/25

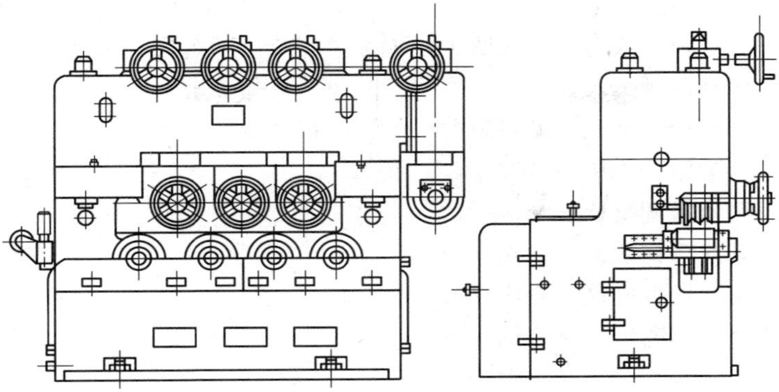

图 5-34　W51-63 型多辊型材矫直机

可矫扁钢（最大厚度×宽度/最小厚度×宽度）/mm　20×63/16×120

矫直速度/（mm/min）　38

电动机功率/kW　30

四、弯曲机和刨边机

1. 型材弯曲机

型材弯曲机（也称卷弯机）用于将型材弯曲成各种形状。卷弯机的工作原理与卷板机基本相同，工作部分通常采用 3 或 4 只辊轮。三辊型材卷弯机的工作原理如图 5-35 所示，弯曲时只需调节中间辊轮的位置，即可将型材弯曲成不同的曲率半径。

型材弯曲机结构如图 5-36 所示，是一种专用于卷弯角钢、槽

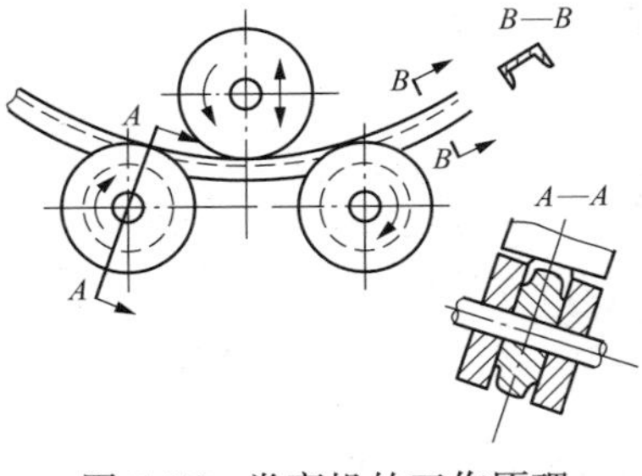

图 5-35　卷弯机的工作原理

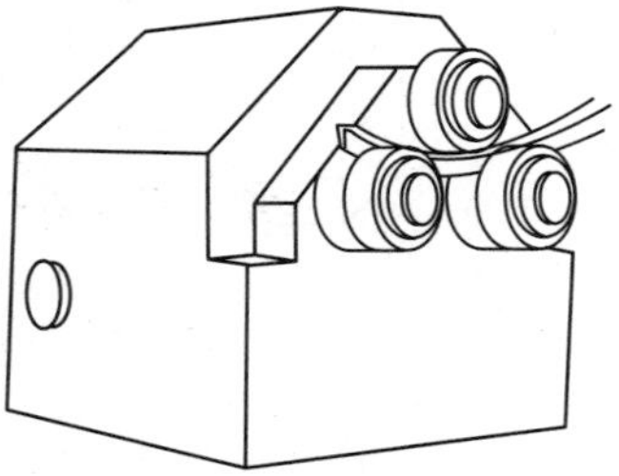

图 5-36　型材弯曲机结构

钢、工字钢、扁钢、方钢和圆钢等各种异型钢材的高效加工设备，可一次上料完成卷圆、校圆工序加工，广泛用于石化、水电、造船及机械制造等行业。

W24-160 型三辊型材弯曲机的主要技术参数如下：

压紧辊公称压力/kN	1600
压紧辊调整行程/mm	90
弯曲角钢的最大规格/mm	75×8
弯曲槽钢的最大规格/mm	140×58
最小卷曲半径：角钢/mm	500
槽钢/mm	500
压紧辊调整量/mm	90
电动机功率/kW	15

2. 弯管机

弯管机用于管材的弯形。弯管机按传动方式可分为机械传动、液压传动；按控制方式分为半自动、自动控制和数控。

机械传动弯管机如图 5-37 所示，是在常温下对金属管材进行有芯或无芯弯曲的缠绕式弯管设备。广泛用于现代航空、航天、汽车、造船、锅炉、石化、水电、金属结构及机械制造等行业。

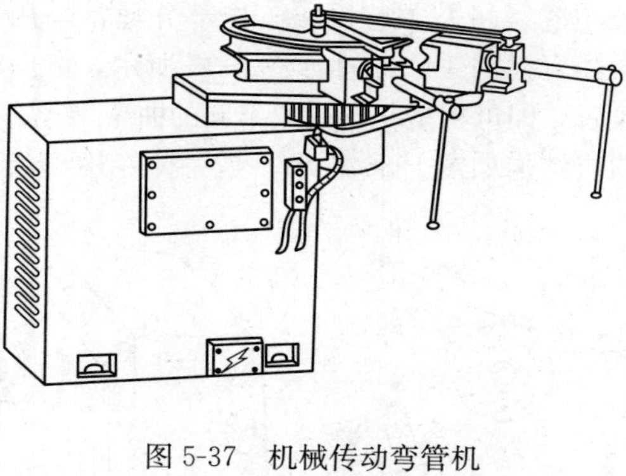

图 5-37　机械传动弯管机

3. 板料折弯机

板料折弯机如图 5-38 所示，用于对板料弯曲成各种形状，还可用于剪切、压平和冲孔等工序加工。板料折弯机通常有机械折弯机、液压折弯机和数控折弯机等类型。

4. 刨边机

刨边机如图 5-39 所示，用于板料边缘的加工，如加工焊接坡口，刨掉钢板边缘毛刺、飞边和硬化层等。

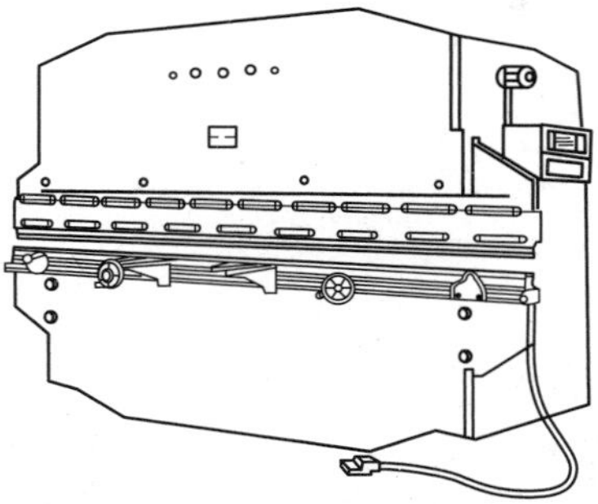

图 5-38　板料折弯机

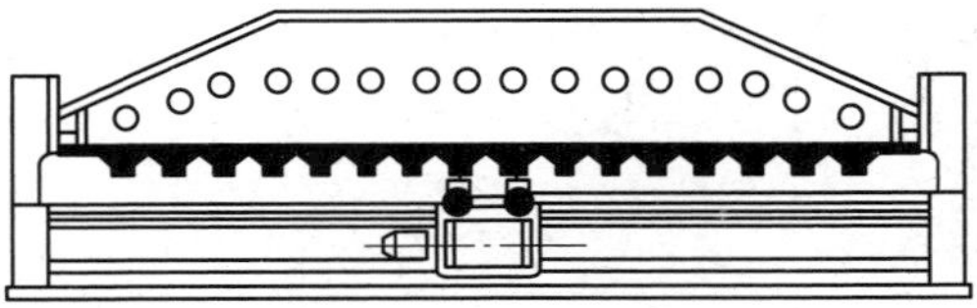

图 5-39　刨边机

五、常用机械设备的技术参数

钣金工常用机械设备的型号和主要技术参数见表 5-13～表 5-43。

六、常用压力机使用维护诀窍与禁忌

（一）压力机的正确使用及维护诀窍

曲柄压力机同其他机械设备一样，只有操作者正确使用和切实地做好维护工作，才能减少机械故障，延长其使用寿命，同时充分发挥其功能，保证产品质量，并最大限度地避免事故的发生。

表 5-13　　台式压力机的型号和技术参数

型　号	公称压力/kN	滑块行程/mm	行程次数/(次/min)	最大封闭高度/mm	封闭高度调节量/mm	滑块中心到机身距离/mm	工作尺寸长×宽/(mm×mm)	滑块底面尺寸(前后×左右)/(mm×mm)	工作台垫板厚度/mm	电动机功率/kW	质量/t	外形尺寸长×宽×高/(mm×mm×mm)
J04-0.5	5	50		200	150						0.095	510×300×940
JB04-0.5	5	26	260	115	115	252×252				0.25	0.065	460×305×450
J04-1	10	40	250	150			270×270	48×54	60	0.37	0.085	500×320×450
JB04-1	10	40	250	150	150	58	270×270	56×86		0.37	0.089	320×500×540
JB04-1	10	40	250	150	150		270×270			0.37	0.089	470×320×540
J04-1.5	15	40	175	180	40	80	200×140	80×60	200×140	0.37	0.085	465×425×610
JC04-3.15	315	10～40	200	160	25		280×180			0.37	0.185	660×475×750
JD04-0.5A	5	26	250	100	10	23.5	250×305	46×54		0.25	0.061	455×285×470
JD04-0.8	8	40	200	120	25	42	270×170	68×255		0.37	0.087	352×320×577
JD04-1A	10	40	270	140	10	26	270×290	52×60		0.37	0.085	500×310×535

表 5-14　手动冲压机的型号和技术参数

型　号	公称压力/kN	滑块行程/mm	行程次数/(次/min)	最大封闭高度/mm	封闭高度调节量/mm	滑块中心到机身距离/mm	工作尺寸长×宽/(mm×mm)	滑块底面尺寸(前后×左右)/(mm×mm)	工作台垫板厚度/mm	电动机功率/kW	质量/t	外形尺寸长×宽×高/(mm×mm×mm)
JH-1		134		118		100			19		0.019	286×198×312
JH-2		209		196		150			25		0.032	414×247×449
JH-3		319		297		175			30		0.048	456×290×5095
JH-40		32		72		72	80×166				0.020	285×272×378
JH-50		32		76		75	90×180				0.025	300×283×380
JH-60		32		80		77	90×180				0.030	330×283×409
JH-80		38.2		80		80	195×105				0.040	350×323×439
JH-100		38.2		88		92	210×120				0.050	380×344×480
JH-120		45		100		100	225×130				0.060	430×369×533
JH-160		51		120		110	240×140				0.080	460×405×586.5

表 5-15　　方齿条冲压机的型号和技术参数

型　号	公称压力/kN	滑块行程/mm	行程次数/(次/min)	最大封闭高度/mm	封闭高度调节量/mm	滑块中心到机身距离/mm	工作尺寸长×宽/(mm×mm)	滑块底面尺寸(前后×左右)/(mm×mm)	工作台垫板厚度/mm	电动机功率/kW	质量/t	外形尺寸长×宽×高/(mm×mm×mm)
JS-28		96		27		73	175×100				0.015	213×216×403
JS-36		70		60		70	180×100				0.022	218×180×384
JS-32		70		235		111	172×150				0.021	272×196×780

表 5-16　　圆齿条冲压机的型号和技术参数

型　号	公称压力/kN	滑块行程/mm	行程次数/(次/min)	最大封闭高度/mm	封闭高度调节量/mm	滑块中心到机身距离/mm	工作尺寸长×宽/(mm×mm)	滑块底面尺寸(前后×左右)/(mm×mm)	工作台垫板厚度/mm	电动机功率/kW	质量/t	外形尺寸长×宽×高/(mm×mm×mm)
JR-26		40		60		60	165×95				0.010	200×165×373
JR-32		70		235		111	172×150				0.020	272×196×780

表 5-17　单柱固定台式压力机的型号和技术参数

型　号	公称压力/kN	滑块行程/mm	行程次数/(次/min)	最大封闭高度/mm	封闭高度调节量/mm	滑块中心到机身距离/mm	工作尺寸长×宽/(mm×mm)	滑块底面尺寸(前后×左右)/(mm×mm)	工作台垫板厚度/mm	电动机功率/kW	质量/t	外形尺寸长×宽×高/(mm×mm×mm)
JH11-25	250	80		220						3	2.61	1880×1110×2060
JH11-40	400	80		260						4	5	2260×1250×2420
JH11-63	630	120		310						5.5	5.76	2650×1460×2670
JH11-80	800	120		330						7.5	8.24	2870×1530×2860
JH11-100	1000	130		350						11	11.14	2730×1780×2940

表 5-18　单柱柱形台式压力机的型号和技术参数

型　号	公称压力/kN	滑块行程/mm	行程次数/(次/min)	最大封闭高度/mm	封闭高度调节量/mm	滑块中心到机身距离/mm	工作尺寸长×宽/(mm×mm)	滑块底面尺寸(前后×左右)/(mm×mm)	工作台垫板厚度/mm	电动机功率/kW	质量/t	外形尺寸长×宽×高/(mm×mm×mm)
J13-80	800	90	38	310	85	480	600×300		320×420	9	4.5	
J13-100	1000	140	35	400	110	320	420×380	350×460		11	10.8	1160×2060×3410
J13-315	3150	150	30	400	160	340	420×380	400×760		30	27	1890×2756×4360

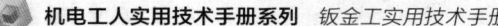

表 5-19 开式固定台式压力机的型号和技术参数

型号	公称压力/kN	滑块行程/mm	行程次数/(次/min)	最大封闭高度/mm	封闭高度调节量/mm	滑块中心到机身距离/mm	工作尺寸长×宽/(mm×mm)	滑块底面尺寸(前后×左右)/(mm×mm)	工作台垫板厚度/mm	电动机功率/kW	质量/t	外形尺寸长×宽×高/(mm×mm×mm)
JA21-2	20	35	216	180	25	90	240×160	75×80	25	0.55	0.10	730×340×685
JG21-10	100	50	90；110	180	40	110	200×310	150×170	35	1.1	0.7	1820×815×1585
JG21-14	140	50	80；100	175	40	130	225×370	185×190	40	1.5	1.0	1825×900×1700
JA21-25A	250	80	120	200	60	190	360×560	220×270	70	2.2	2.15	1280×1310×2125
JH21-25	250	80	100	250	50	210	440×700	250×360		2.2	2.3	1346×830×2120
TH21-45	450	120	80	270	60	225	440×810	340×410	440	5.5	3.4	1435×1075×2391
JZ21-45A	450	80	100	250	60	190	360×810	340×400		5.5	4	1850×1110×2300
JZ21-60	600	90	60～120	300	70	210	400×870	400×475		5.5	5	1970×1210×2640
J21-63	630	120	55	345	90	260	480×710	325×360	90	7.5	4	1750×1340×2490
J21-63	630	100	45	400	80	250	480×710	250×280	80	5.5	4.3	1750×1330×2310
J21-63A	630	100	50～100	300	70	260	850×480	400×480	130	5.5	5.9	2100×1125×2620
J21S-63A	630	100	40	300	80	700	570×860	360×400	80	7.5	4.5	2215×1490×2610

续表

型号	公称压力/kN	滑块行程/mm	行程次数/(次/min)	最大封闭高度/mm	封闭高度调节量/mm	滑块中心到机身距离/mm	工作尺寸长×宽/(mm×mm)	滑块底面尺寸(前后×左右)/(mm×mm)	工作台垫板厚度/mm	电动机功率/kW	质量/t	外形尺寸长×宽×高/(mm×mm×mm)
JB21-63A	630	20、50、80	65	350	70	260	480×710	240×300	90	5.5	3.5	1430×1050×2350
J21-80	800	140	45;70	320	90	290	560×1000	430×560	140	6.5/8	7.5	1915×1385×2820
J21-80	800	130	45	380	90	290	540×800	350×370	100	7.5	7.5	1895×1360×2680
JH21-80	800	160	40～75	320	80	310	600×950	460×540	600	7.5	7.5	1915×1280×2800
JH21-80	800	160	60/40～75	320	80	310	600×950	460×540	600	7.5	7.5	1915×1280×2800
J21S-100A	1000	130	38	360	100	900	710×1080	370×430	100	11	9.5	2800×1740×2900
JB21-100	1000	20、72、100	70	390	85	325	600×900	260×335	100	7.5	6.31	1812×1250×2632
JR21-100	1000	180	30～60	350	90	3360	680×1070	520×630	155	7.5		2145×680×3040
JR21-100	1000	20、70、100	70	390	85	325	600×900	260×335	80	7.5	5	1812×1276×2635
JB21-100A	1000	100	70	390	85	325	600×900	260×340	80	7.5	5	1812×1270×2635

续表

型　号	公称压力/kN	滑块行程/mm	行程次数/(次/min)	最大封闭高度/mm	封闭高度调节量/mm	滑块中心到机身距离/mm	工作尺寸长×宽/(mm×mm)	滑块底面尺寸(前后×左右)/(mm×mm)	工作台垫板厚度/mm	电动机功率/kW	质量/t	外形尺寸长×宽×高/(mm×mm×mm)
JB21-100A	1000	20、70、100	70	390	85	325	600×900	260×335	100	7.5	6.31	1812×1250×2632
JB21-100B	1000	20、100	70	390	85	325	600×900	260×340	90	7.5	7.85	1830×1270×2640
JF21-100B	1000	160	65	515	100	385	750×1060	450×560	140	7.5	9	1940×1520×3100
JF21-100B	1000	160	65	375	100	385	600×1000	450×560	140	7.5	8.3	2250×1500×3100
JG21-100	1000	130	30	760	60	240				11	8	2370×1636×3012
JG21-100	1000	140	60	400	110		600×900	400×490	110	11	10	1630×1180×3080
JH21-110	1100	180	50/35～65	350	90	350	680×1070	520×620		7.5	8.61	1833×1500×3130
JH21-110A	1100	110	70	350	90	270	520×1070	520×620		11	8.6	2010×1400×2890
J21-125A	1250	130	38	480	100	380	710×1080	370×430	100	11	10	2320×1735×3110

续表

型号	公称压力/kN	滑块行程/mm	行程次数/(次/min)	最大封闭高度/mm	封闭高度调节量/mm	滑块中心到机身距离/mm	工作尺寸长×宽/(mm×mm)	滑块底面尺寸(前后×左右)/(mm×mm)	工作台垫板厚度/mm	电动机功率/kW	质量/t	外形尺寸长×宽×高/(mm×mm×mm)
JH21-150	1500	200	30～55	400	100	390	760×1170	580×700		11	13	2355×1875×3250
JZ21-150A	1500	130	42～65	400	100	310	600×1170	580×700		13/16	12	2050×1370×3090
JB21-160	1600	40、160	50	450	120	380	710×1120	380×510	120	15	14	2170×1290×3050
JB21-160	1600	40、117 160	50	450	120	380	710×1120	370×510	120	13	9	2175×1388×3047
JB21-160	1600	40、117 160	50	450	120	380	710×1120	370×510	120	13	9	2175×1288×3047
JC21-160A	1600	160	45	450	130	380	710×1120	440×600	130	15	13	2185×1420×3070
JE21-160	1600	160	50	430	130	410	800×1250	750×600	160	15	9.5	2350×1550×3410
J21-200M	2000	160	35～70	410			1400×680	650×880		15	21	2160×1440
JZ21-200	2000	160	35～70	450	110	350	680×1400	650×880		18.5	17	2700×1570×3702
JA21-250	2500	180	30	500	120	425	800×1250	580×740	150	22	21.5	2550×1600×4500
J21-400B	4000	2000	25	550	150	480	900×1400	600×800	170	30	22.9	2600×1700×3825

表 5-20　开式双点压力机的主要技术参数

型　号	公称压力/kN	滑块行程/mm	行程次数/(次/min)	最大封闭高度/mm	封闭高度调节量/mm	滑块中心到机身距离/mm	工作台尺寸长前后×左右/(mm×mm)	滑块底面尺寸(前后×左右)/(mm×mm)	工作台垫板厚度/mm	电动机功率/kW	质量/t	外形尺寸长×宽×高/(mm×mm×mm)
J25-125	1250	180	35～65	400	90		680×1880	520×1360	155	11	16.2	2500×2180×3000
J25-160	1600	130	40～80	400			600×2040	510×1500		15	20.6	3090×2121(前后×左右)

表 5-21　开式柱形压力机的主要技术参数

型　号	公称压力/kN	滑块行程/mm	行程次数/(次/min)	最大封闭高度/mm	封闭高度调节量/mm	滑块中心到机身距离/mm	工作尺寸前后×左右/(mm×mm)	滑块底面尺寸(前后×左右)/(mm×mm)	工作台垫板厚度/mm	电动机功率/kW	质量/t	外形尺寸长×宽×高/(mm×mm×mm)
J28-63	630	120	55	34.5	90	260	300×470	325×360		7.5	4	1750×1360×2490
J28-100	1000	20、100	70	390	85	325		260×335			7.8	1830×1270×2680
J28-160	1600	40、100	50		120	380	470×300	380×510		15	14	2080×1290×3050
JA28-250	2500	180	30	450		425	340×600	580×740		22	21.5	2550×1600×4500

表 5-22 开式曲柄压力机的型号和技术参数

技术参数	型号			
	J21-40	J21-63	J21-80	JA21-100
公称力/kN	400	630	800	1000
滑块行程/mm	80	100	130	130
行程次数/(次/min)	80	45	45	38
最大闭合高度/mm	330	400	380	480
连杆调节长度/mm	70	80	90	100
工作台(前后×左右)/(mm×mm)	460×700	480×710	540×800	710×1080
电动机功率/kW	5.5	5.5	7.5	7.5
技术参数	型号			
	JB21-100	J29-160	JA11-20	J21-400
公称力/kN	1000	1600	2500	4000
滑块行程/mm	(20～60)～100	117	120	200
行程次数/(次/min)	70	40	370	25
最大闭合高度/mm	390	480	450	550
连杆调节长度/mm	85	80	80	150
工作台(前后×左右)/(mm×mm)	600×850	650×1000	630×1100	900×14 000
电动机功率/kW	7.5	10	17	30

表 5-23 单臂冲压液压机的规格和技术参数

技术参数	型号				
	1600	3150	5000	8000	12 500
垂直缸公称力/kN	1600	3150	5000	8000	12 500
回程缸公称力/kN	20	40	63	100	160
垂直缸工作行程 S/mm	600	800	1000	1200	1400
压头下平面至工作台面最大距离 H/mm	1100	1500	1900	2300	2600
压头中心至机壁距离 L/mm	1000	1300	1600	1800	2000
压头尺寸 $a\times b$/(mm×mm)	850×600	1200×1000	1500×1200	1600×1800	2000×2200
工作台面尺寸 $A\times B$/(mm×mm)	1200×1200	1800×1800	2300×2500	2600×3000	3200×3600
最大工作速度/(mm/s)	10	10	10	10	10
空程下降速度/(mm/s)	100	100	100	100	100
回程速度/(mm/s)	80	80	80	80	80
工作液体压力/MPa	20	20	20	25	25
水平缸公称力/kN		630	1000	1600	2500
水平缸工作行程/mm		700	800	900	1000
主电动机功率/kW	18.5	45	75	2×55	2×90

表 5-24 板料折弯压力机的型号和技术参数

型号	公称压力/kN	工作台长度/mm	立柱间距离/mm	喉口深度/mm	滑块行程/mm	滑块调节量/mm	行程速度/(mm/s)	最大开启高度/mm	电动机功率/kW	质量/t	外形尺寸 长×宽×高/(mm×mm×mm)
WB67Y-25/1600	2500	1600	1360	20	100	0～100	20	300	3	1.8	1735×1501×1870
WB67Y-40/2000	400	2000	1650	200	100	0～100	16.6	300	5.5	2.5	2085×1510×1910
WC67Y-15/3600	1250	3600	3000	320	150	120	8	78	7.5	9.5	3690×1920×2450
WC67Y-125/3600	1250	7200		320	150	120	7	78	15	19.5	7290×1980×2450
WD67Y-160/4000	1600	4000	3320	320	150	0～150	8	450	15	12.9	4080×1900×2800
WB67Y-160/4000	1600	4000	3250	400	152	75	6	76	11	11.15	4100×2200×2600
W67Y-250/500	2500	5000	4100	400	250	0～250	7.5	560	22	27	5100×2525×4460
W67-400/6000	4000	6000	5000	400	320	0～280	6	630	30	45	6100×3232×5540
WC67Y-63/2500	630	2500	2100	250	100	80	80	360	5.5	5	2560×1690×2180
WC67Y-63/2500	630	2500	2050	250	100	80	8	710	5.5	4.5	2597×1725×2345
WC67Y-100/2000	1000	3200	2600	320	150	120	60	450	7.5	8	3290×1770×2450
WC67Y-100/3200	1000	3200	3000	320	100	80	8	78	7.5	8.5	3290×1920×2450
WD67Y-100/3200	1000	3200	2860	320	100	0～100	9	320	11	8.5	3200×1800×2450
WB67Y-100/3200	1000	3200	2550	400	100	75	6	78	7.5	6.5	3330×1976×2300

续表

型号	公称压力 /kN	工作台长度 /mm	立柱间距离 /mm	喉口深度 /mm	滑块行程 /mm	滑块调节量 /mm	行程速度 /(mm/s)	最大开启高度 /mm	电动机功率 /kW	质量 /t	外形尺寸 长×宽×高 /(mm×mm×mm)
WD67Y-160/4000	1600	4000	3300	320	200	160	8	500	11	13	4080×1930×2800
WC67Y-100/3200	100	3200	2600	320	150			450	7.5	8	3260×1300×2500
W67-Y100/3200	100	3200	2680	200	150	80	32	450	7.5	8	3290×1770×2450
PPV90/30	900	3000	2550	200	120	100	90	300	5.5	7.3	3133×1740×2545
WS67Y-100/3200	1000	3200	2600	400	100		10	335	11	6.5	3246×2355×2125
WS67Y-100/3200	1000 (100)	3200	2600	320	100		8	320	11	7.5	3220×1590×2550
W67Y-100/3200	1600	3200		320					11		3240×1500×2510
WC67Y-100×3200	1000	3200	2600	320	150	120	60	450	7.5	8	3290×1760×2375
PPT100/30	1000	3000	2550	200	130	100	100	310	5.5	6	3145×1160×2420
PPN125/30	1250	3000	2550	250	175	120	90	350	7.5	10.8	3150×2180×2950
PPN150/30	1500	3000	2550	250	150	120	90	350	11	10.8	3150×2180×2950
WC67Y-160/2500	1600	2500	2100	320	200	160	8	500	11	9	2580×1930×2750
WC67Y-160/4000	16000	4000	3300	320	200	160	8	500	11	13	4080×1930×2800
WC67K-160/400DNC	1600	4000	3300	320	200	160	8	500	11	13	4080×1930×2800

表 5-25 数控板料折弯压力机的型号和技术参数

型号	公称压力/kN	工作台长度/mm	立柱间距离/mm	喉口深度/mm	滑块行程/mm	滑块调节量/mm	行程速度/(mm/s)	最大开启高度/mm	电动机功率/kW	质量/t	外形尺寸 长×宽×高/(mm×mm×mm)
WC67K-40/2000	400	2000	1650	200	100	80	8	711	4	2.9	2158×1469×2130
WC67K-63/2500	630	2500	2050	250	100	80	8	710	5.5	4.7	2597×1725×2345
WC67K-100/3200	1000	3200	2600	320	150	120	60	450	7.5	8	2450×1770×3290
W67K-100/3100	1000	3100	2800	300	145	80	80	750	15	15	4879×2721×3080
WC67K-100/3200	1000	3200	3000	320	100	80	8	78	7.5	8.6	3290×1920×2450
WC67K-125/3600	1250	3600	3000	320	150	120	8	78	7.5	9.6	3690×1920×2450
WC67K-160/4000	1600	4000	3300	320	200	160	8	78	11	12.5	4080×1930×2800
W67K-630/840	6300	840			145				7.5	4.3	1600×1280×2933
W67K-23/1600	250	1600	1300	200	100	75	可调节	300	4	2.5	1660×1090×1960
WC67K-63/2500	630	2500	2100	250	100	80	8	360	5.5	5	2560×1690×2180
W67K-90/3000	900	3000	2550	200	120	100	90	300	5.5	7.8	3133×1740×2545
WC67K-100/3200CNC	1000	3200	2600	320	150	120	8	450	7.5	8	3290×1770×2450
W67K-125/3000	1250	3000	2550	250	175	120	90	350	7.5	11.8	3150×2180×2950
WC67K-160/4000CNC	1600	4000	3300	320	200	160	8	500	11	13	4080×1930×2800
WS67K-160/3200	1600	3200	2700	320	200		60	470	11	13	3250×2535×2920
W67K-180/40	1800	4000	3150	250	170	135	90	425	11	16.5	4050×2180×3320
WC67K-250/4000	2500	4000	3300	400	250	200	6	560	15	20	4240×2550×4265
WC67K-250/5000CNC	2500	5000	4100	400	250	200	6	560	15	22	5240×2550×4265

表 5-26 **双机联动板料折弯压力机的型号和技术参数**

型号	公称压力/kN	工作台长度/mm	立柱间距离/mm	喉口深度/mm	滑块行程/mm	滑块调节量/mm	行程速度/(mm/s)	最大开启高度/mm	电动机功率/kW	质量/t	外形尺寸长×宽×高/(mm×mm×mm)
2-WC67Y-250/4000	5000	8000	33 000	400	250	200	6	560	30	40	8480×2550×4265
2-WC67Y-250/5000	5000	10 000	4100	400	250	200	6	560	30	44	10 480×2550×4265
2-WC67Y-250/4000	5000	8000		300	250	180	80	500	15×2	40	8100×2733×3730
2-W67Y-300/5000	6000	10 000		250	300	220	80	550	22×2	60	
2-W67Y-300/6000	6000	12 000		250	300	320	80	550			
2-W67Y-500/6000	10 000	12 000		300	300	220	80	600	33×2	111	14 530×3000×5590
WA68Y-63/4×2000	630	2500	2385	250				320	7.5	6.5	2800×2082×2230
WA68Y-100/6×2500	1000	3200	3050	320				320	11	9	3460×2380×2490

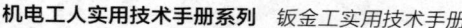

表 5-27 龙门剪板机的型号和技术参数

型号	剪板尺寸/mm	剪切行程/mm	剪刀往复次数/(次/min)	挡板调整范围/mm	剪切角度	压料力/kN	刀片长/mm	电动机功率/kW
Q11-3×1200	3×1200	65	56	350×920	2°25′	2	1245	2.2
Q11-4×2000	4×2000	62	45	500	1°30′	20	2040	4.5
Q11-6×2500	6×2500	150	36	650	2°30′	22	2540	7.5
Q11-13×2500	13×2500	180	28	700	3°	20.7	2540	15
Q11-16×3200	16×3200	166	25	750	2°30′	118	3300	30
Q11-20×3200	20×3200	200	20	750	3°	142	3300	40
QY11-20×4000	20×4000		5	750	2°30′	450	4080	40

表 5-28　　数控液压剪板机的型号和技术参数

技术参数	型号			
	QC11K 6×2500	QC11K 8×5000	QC11K 12×8000	QC12K 4×2500
可剪最大板厚/mm	6	8	12	4
被剪板料强度/MPa	≤450	≤450	≤450	≤450
可剪最大板宽/mm	2500	5000	8000	2500
剪切角	0.5°~2.5°	50′~1°50′	1°~2°	1.5°
后挡料最大行程/mm	660	800	800	600
主电动机功率/kW	7.5	18.5	45	5.5
外形尺寸(长×宽×高)/(mm×mm×mm)	3700×1850×1850	5790×2420×2450	8800×3200×3200	3100×1450×1550
机器质量/(×10³kg)	5.5	17	70	4

表 5-29　　常用卷板机的型号和技术参数

技术参数	三辊					四辊 W12NC	
	W11(机械式)			W11NC(液压)			
	1.5×1250	6×1500	20×2000B	32×3200	100×4000	25×2000	90×4000
最大卷板宽度/mm	1250	1500	2000	3200	4000	2000	4000
最大卷板厚度/mm	1.5	6	20	32	100	25	90
最大预弯厚度/mm						20	80
板材屈服点/MPa	245	245	245	245	245	245	245
最大板宽、最大板厚时最小卷筒直径/mm	200	350	700	1100	2500	800	3000
工作辊直径(上辊)/mm	75	170	280	440	950	380	900
工作辊直径(下辊)/mm	75	150	220	360	750	340	880
侧辊直径/mm						280	700
两下辊中心距/mm		210	360	580	1200		
卷板速度/(m/min)	8.5	5.5	5.5	4.2	3	4.5	3
液压系统工作压力/MPa				16	16	20	16
电动机功率/kW	0.75	5.5	30	45	120	30	180
外形尺寸(长×宽×高)/(mm×mm×mm)	1.68×0.51×0.98	3.55×1×1.4	4.5×1.56×1.8	8.23×1.7×1.79	15.3×4.1×4.3	5.56×2×2.2	15×3.8×4.2

表 5-30 冷矫钢板宽度 1000mm 以上矫平机主要技术参数

辊数	辊距/mm	辊径/mm	钢板最小厚度/mm	辊身有效长度/mm								最大矫正速度/(m/s)	主电动机最大功率/kW
				1200	1450	1700	2000	2300	2800	3500	4200		
				钢板宽度/mm									
				1000	1250	1500	1800	2000	2500	3200	4000		
				钢板最大厚度/mm									
23	25	23	0.2	0.6								1	13
23	32	30	0.3	1.2	1	0.9						1	30
23	40	38	0.4	2	1.6	1.5	1.4					1	55
21	50	48	0.5	2.8	2.5	2.2	2	2				1	80
17	63	60	0.8	4	3.8	3.5	3.2	3				1	95
17	80	75	1	5.5	5	4.5	4	4				1	130
13	100	95	1.5	8	7	7	6	6				1	155
13	125	120	2		10	9	8	8				0.5	130
11	160	150	3		15	14	13	12				0.5	130
11	200	180	4			19	18	17	16			0.3	245
9	250	220	5					25	22	20		0.3	180
9	300	260	6					32	28	25		0.3	210
7	400	340	10						40	36	32	0.2	180
7	500	420	16						50	45	40	0.1	110

表 5-31　冷矫钢带宽度 600mm 以下矫平机主要技术参数

辊数	辊距/mm	辊径/mm	钢板最小厚度/mm	辊身有效长度/mm 500 钢板宽度/mm 400	辊身有效长度/mm 800 钢板宽度/mm 600	最大矫正速度/(m/s)	主电动机功率/kW
				钢板最大厚度/mm			
17	25	23	0.2	1	0.8	1	7.5
17	32	30	0.3	1.5	1.2	1	17
13	50	48	0.5	2.5	2	1	22
11	80	75	1	5	4	1	30
9	125	120	2	10	8	0.5	22

表 5-32　　冷矫有色金属板材矫平机主要技术参数

辊数	辊距/mm	辊径/mm	钢板最小厚度/mm	辊身有效长度/mm					最大矫正速度/(m/s)	主电动机最大功率/kW
				1200	1450	1700	2300	2800		
				钢材宽度/mm						
				1000	1250	1500	2000	2500		
				钢板最大厚度/mm						
23	25	23	0.3	0.7					1	13
23	32	30	0.4	1.2	1	1			1	30
23	40	38	0.5	2	1.8	1.5			1	55
21	50	48	0.6	3	2.5	2.5	2		1	80
21	63	60	1	4.5	4	4	3.5	3	1	110
17	80	75	1.5	6	5.5	5	4.5	4	1	130
17	100	95	2	8	8	6.5	6	1	180	
13	125	120	3		11	10	9	8	0.5	130
11	160	150	4		17	16	13	12	0.5	130
11	200	180	5			23	20	18	0.5	245

表 5-33 常用型材压力矫正机主要技术参数

设备型号与名称	矫正能力、矫直速度			支点距离/mm	功率/kW
	工字钢	槽钢	/(次/min)		
3150kN 机械弯曲矫正压力机	10～55	40	25	350～2300	28
2000kN 液压弯曲矫正压力机	45	45	40	300～1800	13
WA34～200 型 2000kN 立式单面弯曲矫正压力机	30	10～30	30	440～1800	14
WA35～60 型 600kN 双面弯曲矫正压力机	14	16	60		4.5

表 5-34 常用管材辊压矫正机主要技术参数

型号	型式	矫正管材外径/mm	矫正速度≤/(m/min)	主电动机总功率≤/kW
CJ20-1	斜辊式 2-2-2-1	5～20	20～60	4×2
CJ40-1	斜辊式 2-2-2-1	10～40	30～80	7×2
CJ80-1	斜辊式 2-2-2-1	20～80	30～90	20×2
CJ120-1	斜辊式 2-2-2-1	30～120	40～160	30×2
CJ180-1	斜辊式 2-2-2	60～180	30～90	40×2
CJ250-1	斜辊式 2-2-2	80～250	20～80	55×2
CJ350-1	斜辊式 2-2-2	110～350	18～70	7×2
CJ500-1	斜辊式 2-2-2	114～500	18～70	125×2

表 5-35 常用卷板机的型号和主要技术参数

名称	型号	卷板最大尺寸（厚度×宽度）/(mm×mm)	卷板速度/(m/min)	滚卷最大规格时最小弯曲直径/mm	材料屈服点/MPa	电动机功率/kW
三辊卷板机	W11-2×1600	2×1600	11.1	250	250	3
	W11-5×2000	5×2000	7	380	250	11/3
	W11-6×1600	6×1600	7	380	250	11/3
	W11-8×2000	8×2000	7	500	250	11/3
	W11-8×2500A	8×2500	5.5	600	250	11
	W11-12×2000	12×2000	6	600	250	16/7.5
	W11-12×3200A	12×3200	5.5	700	250	22
	W11-16×2000A	16×2000	5.5	700	250	22
	W11-20×2500	20×2500	5	850	250	30
	W11-25×2000	25×2000	5	850	250	30
四辊卷板机	W12-20×2500	20×2500	5	750	250	45
	W12-25×2000	25×2000	4.5	800	250	45

表 5-36　　常用弯管机的型号和主要技术参数

名　　称	型　　号	允许弯曲管径/mm	弯管速度/(r/min)	最大弯曲半径/mm	最小弯曲半径/mm	最大弯曲角度/(°)	电动机功率/kW
机械弯管机	WC27-108	38～108	0.52	500	150	190	7.5
液压弯管机	WA27Y-60	25～60	1～2	300	75	190	5.5
	WA27Y-114	114	0.5	600	150	195	11
	WA27Y-159	76～159	0.43	800	200	190	18.5
数控弯管机	WK27Y-60	25～60	1～2	300	75	—	5.5
中频弯管机	W37-219	108～219	0.375～3.75	800	280	180	晶闸管中频装置 10kW、1000Hz

表 5-37　　板料折弯机的主要技术参数

名称	型　　号	公称压力/kN	工作台长度/mm	立柱间距离/mm	喉口深度/mm	滑块行程/mm	工作台面与滑块间最大开启高度/mm	滑块行程调节量/mm	主电动机功率/kW
液压板料折弯机	WC67Y-63/2500	630	2500	2100	250	100	360	80	5.5
	WC67Y-100/3200	1000	3200	2600	320	150	450	120	7.5
	WC67Y-160/4000	1600	4000	3300	320	200	500	160	11
	WC67Y-250/4000	2500	4000	3300	400	250	560	200	15
	WCK67Y-63/2500	630	2500	2100	250	100	360	80	5.5
	WCK67Y-100/3200	1000	3200	2600	320	150	450	120	7.5
数控折弯机	2-WC67-250/4000	5000	8000	3300	400	250	560	200	30

表 5-38 常用折边机的主要技术参数

型　　号	折板尺寸（厚×宽）（mm×mm）	最大厚度时最小折曲长度/mm	最大厚度时最小折曲半径/mm	上梁升程/mm	电动机功率/kW
W62-2.5×1250	2.5×1250	20	2.5～4.5	150	3
W62-2.5×1500	2.5×1500	20	2.5～4.5	150	3
W62-2.5×2000	2.5×2000	6	1～1.5	200	1.5/4
W62-4×2000	4×2000	20	6	200	5.5
W62-4×2500	4×2500	20	6	200	5.5
W62-6.3×2500	6.3×2500	45	9	315	15

表 5-39 常用冲型剪切机的主要技术参数

型　　号	被剪板料最大厚度/mm	被剪板料抗剪强度≤/MPa	行程次数/（次/min）	行程长度/mm	电动机功率/kW
Q21-2.5	2.5	400	1420	5.6	1
Q21-4	4	400	850/1200	7	2.8
Q21-5	5	400	1400/2800	1.7/3.5	1.5
Q21-6.3	6.3	400	1000/2000	6/1.7	1.9

表 5-40　常用双盘剪切机的主要技术参数

型号	被剪板料最大厚度/mm	被剪板料抗剪强度≤/MPa	主机悬臂长(喉口)/mm	尾架悬臂长/mm	剪刀直径/mm	板料剪切直径（四角形坯料）/mm		板料直线剪切宽度/mm		电动机功率/kW
						最小	最大	最小	最大	
Q23-2.5×1000	2.5	450	1000	745	70	300	1000	120	720	1.5
Q23-3×1500	3	450	1500	1075	60	400	1500	150	1200	1.5
Q23-4×1000	4	450	1000	740	80	350	1000	150	750	2.2

表 5-41　联合冲剪机的主要技术参数

型号	公称剪板厚/mm	剪切条料最大尺寸(宽×厚)/(mm×mm)	剪切型材最大尺寸							冲孔			行程次数/(次/min)	最大冲孔力/kN	主电动机功率/kW
			方钢边长/mm	圆钢/mm	等边角钢90°直切	等边角钢45°斜切/mm	不等边角钢/mm	工字钢	槽钢	最大截面/mm²	板厚/mm	最大孔径/mm			
Q34-10	10	110×16	28×28	ϕ35	80×8	60×6	60×55×10	—	—	690	10	22	40	35	2.2
Q34-16	16	140×20	40×40	ϕ45	100×12	80×8	120×80×12	18号	18号	1300	16	26	27	550	5.5
QA34-25	25	160×28	55×55	ϕ65	150×18	110×14		30号	30号	2740	25	35	25		7.5

表 5-42 四柱万能液压机的主要技术参数

型　号	公称压力/kN	滑块行程/mm	顶出力/kN	工作台尺寸(前后×左右×距地面高)/(mm×mm×mm)	工作行程速度/(mm/s)	活动横梁至工作台最大距离/mm	液体工作压力/MPa
Y32-50	500	400	75	490×520×800	16	600	20
YB32-63	630	400	95	490×520×800	6	600	25
Y32-100A	1000	600	165	600×600×700	20	850	21
Y32-20	2000	700	300	760×710×900	6	1100	20
Y32-300	3000	800	300	1140×1210×700	4.3	1240	20
YA32-315	3150	800	630	1160×1260	8	1250	25
Y32-500	5000	900	1000	1400×1400	10	1500	25
Y32-2000	20 000	1200	1000	2400×2000	5	800～2000	26

表 5-43 常用刨边机的主要技术参数

型　号	最大刨削尺寸 长×宽(mm×mm)	最大牵引力/kN	刀架数及回转角调整范围	工作精度 直线度/mm	主电动机功率/kW
B81060A	6000×80	60	2个；±25°	0.04/1000 全长<0.2	17
B81090A	9000×80	60	2个；±25°	0.04/1000 全长<0.2	17
B81120A	12 000×80	60	2个；±25°	0.04/1000 全长<0.2	17

1. 压力机的正确使用方法与诀窍

（1）钣金冲压工必须了解所操作冲床的型号、规格、性能及主要构造。曲柄压力机滑块的压力在整个行程中不是一个常数，而是随曲轴转角的变化而变化的。选用压力机时，必须使所用压力机的公称压力大于冲压工序所需压力。当进行钣金弯曲或拉深时，其压力曲线应位于压力机滑块允许负荷曲线的安全区内。图 5-40 所示为曲柄压力机滑块所允许的负荷曲线。

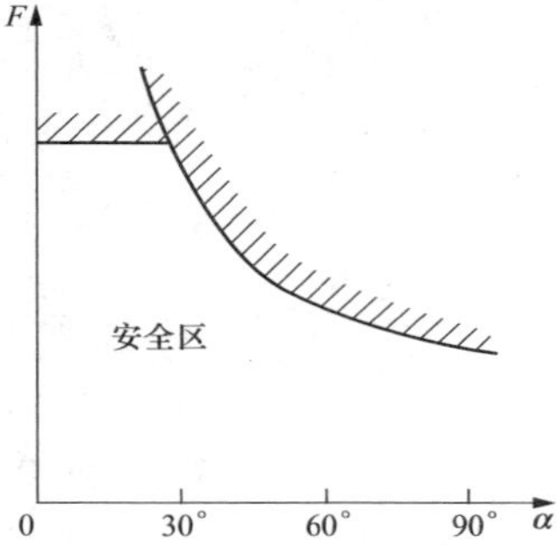

图 5-40　曲柄压力机滑块允许的负荷曲线

超负荷使用压力机，对压力机、模具及工件等均有不良影响。操作人员可根据加工中是否出现了以下现象来判断使用的设备是否出现了超负荷：作业声音异常高、振动大；曲柄弯曲变形，连杆破损，机身出现裂纹；有过载保护装置的，则保护装置产生动作。出现上述超负荷现象时应立即停机，并停止手中零件的加工，同时告知车间主管领导及技术人员，并立即向设备维修主管部门汇报。对所加工的冲压件，经技术人员分析处理可调整到其他压力机上加工。

（2）压力机滑块行程应满足工件高度上能获得所需尺寸，并在冲压后能顺利地从模具上取出工件。

（3）压力机的闭合高度、工作台尺寸和滑块尺寸等应满足模具的正确安装，尤其是压力机的闭合高度应与冲模的闭合高度相适应。

模具的闭合高度 H_0 是指上模在最低的工作位置时，下模板的底面到上模板顶面的距离。

我国目前生产的大多数压力机连杆长短均能调节，也就是说压力机的闭合高度能调节，因此压力机就有最大闭合高度 H_{max} 和最小闭合高度 H_{min} 两个参数。

设计模具时，模具的闭合高度 H_0 的数值应满足：

$$H_{min}+10\leqslant H_0\leqslant H_{max}-5$$

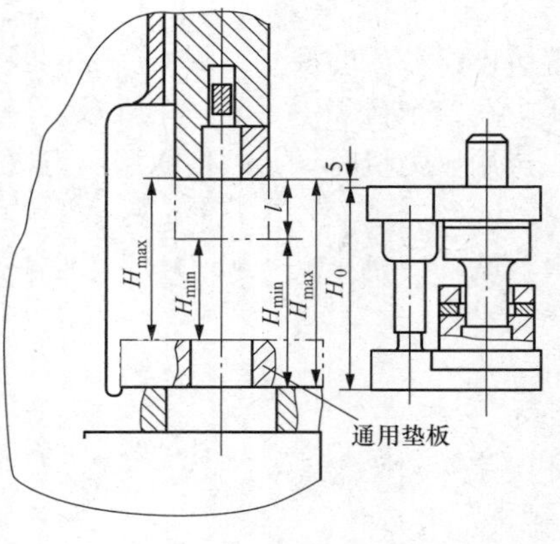

图 5-41 压力机和模具的闭合高度

如果连杆调节过长，会导致螺纹接触面积过小而被压坏。如果模具闭合高度实在太小，可以在压力机台面上加一个磨平的垫板。一般工厂都预先制作了用于解决该类问题的通用垫板，如图 5-41 所示。图中所示尺寸 l 即为连杆的调节量，又称封闭高度调节量或装模高度调节量。

（4）单点压力机在偏心载荷的作用下会使滑块承受附加力矩，附加力矩使滑块倾斜，加快了滑块与导轨间的不均匀磨损。因此，进行偏心负荷较大的冲压加工时，应避免使用单点压力机，而应使用双点压力机。

压力机各活动连接处的间隙不能太大，否则将降低精度。间隙是否合理可用下面的方法检验：在滑块向下行程进行冲压时，用手指触摸滑块侧面，在下止点如有振动，说明间隙过大，必须进行调整。进行滑块导向间隙调整时，注意不要过分追求精度而使滑块过紧，过紧将发热磨损。而且适当的间隙，对改善润滑、延长使用寿命是必要的。

（5）离合器、制动器是确保压力机安全运转的重要部件。离合器、制动器发生故障，必然会导致大的事故发生。因此，操作者应充分了解所使用压力机离合器、制动器的结构，每天开机前都要检查离合器、制动器及其控制装置是否灵敏可靠，气动摩擦离合器、制动器使用的压缩空气是否达到要求的压力标准。如果压力不足：对离合器来说，将产生传递转矩不足；对制动器来说，将产生摩擦盘脱离不准确，造成发热和磨损加剧。

2. 压力机的维护诀窍

压力机维护的目的就是通过每日、每周、每月、每季、每年的检查和维修，使压力机始终保持良好的状态，以保证压力机的正常运转并确保操作者的人身安全。

(1) 离合器、制动器的维护诀窍。要保证离合器、制动器动作顺利准确，摩擦盘的间隙必须调准。间隙过大将使动作时间延迟，密封件磨损，需气量增大，造成不良影响；间隙过小或摩擦盘的齿轮花键轴滑动不良、返回弹簧破损等，将造成离合器、制动器脱开时，摩擦盘相互碰撞，产生摩擦声，引起发热，使摩擦片磨损，甚至会出现滑块两次下落现象。

离合器、制动器动作要准确，制动停止位置的误差在±5°以内，如果超出就必须调整。这时就应该检查：制动器摩擦片有无磨损，动作是否不良，离合器、制动器摩擦片是否附着油污。

(2) 拉紧螺栓的检修技巧。经过长时间使用或超负荷工作，会使拉紧螺栓松动。此时只要在压力机接受负荷后，观察机架的底座和立柱的结合面是否有油渗出，如果有油渗出，说明拉紧螺栓松动。在拉紧螺栓松动的状态下进行压力机作业是很危险的，必须重新紧固。

(3) 给油装置的检修技巧。压力机各相对旋转和滑动部分如果给油不足，易引起烧损，出现故障。因此，应该经常认真检查给油情况，使其保持良好状态。

首先应检查油箱、油池、油杯和液压泵等油量是否充足，有无污物。其次，检查各注油部位、输油管和接头有无漏油，如有漏油需立即更换密封件。

(4) 供气系统的检修技巧。供气系统一旦漏气，必使气压降低，导致气动部分动作不良。因此，要经常检查并更换密封件，保持空气管路正常。

(5) 压力机的润滑维护技巧。冲床各活动部位都需要添加和保持润滑剂，以进行润滑。润滑维护是压力机维护的重要内容之一。润滑的作用是减少摩擦面之间的摩擦阻力和金属表面之间的磨损。有的冲床采用循环稀油润滑（例如滑块导轨处），同时起到冲洗摩擦面间固体杂质和冷却摩擦表面的作用。润滑对保持设备精度和延长使用寿命有一定作用。

润滑方式分为集中润滑和分散润滑两种。小型曲柄冲床多采用

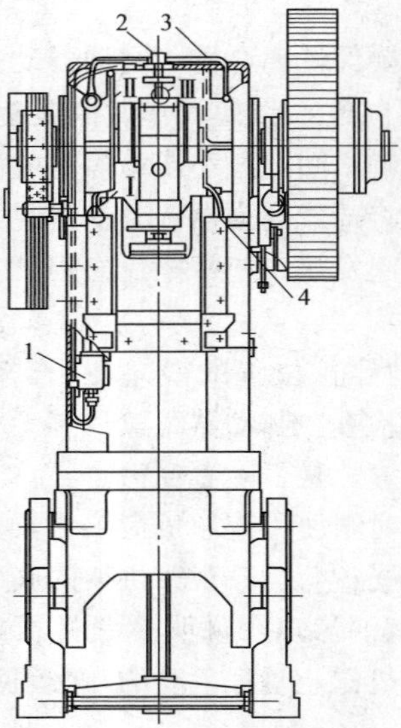

图 5-42 J23-40 型冲床润滑系统图

1—手揿式液压泵；2—配油器；3—输油管；4—直通式注油器

分散润滑的方式，利用油枪、油杯或分散式液压泵对各润滑点供油，中、大型曲柄冲床和高速冲床常采用集中润滑的方式，用手揿式或机动液压泵供油。

各类冲床的润滑点、使用的润滑剂和润滑方式，在冲床使用说明书内有详细的规定。图 5-42 为 J23-40 型冲床润滑系统图，它由手揿式液压泵 1、配油器 2、输油管 3 及直通式注油器 4 等组成，以对滑块导轨Ⅰ、曲柄支承轴瓦Ⅱ和曲柄轴瓦Ⅲ进行润滑。而对离合器、传动齿轮、传动轴承和调节螺杆等处的润滑，则需冲床操作人员按说明书的要求定时给予人工润滑、床面擦拭及日常维护。

润滑剂分稀油（润滑油）和浓油（干油、润滑脂）两大类。冲床多数活动部位的速度较低、负载较大并经常起动或停止，所以常选用润滑脂或黏度较大的润滑油，有时也采用稀油和改油的混合润滑剂。

冲床上常用的润滑油为 40 号、50 号、70 号全损耗系统用油，常用润滑脂为 1 号、2 号、3 号钙基润滑脂和 2 号、3 号锂基润滑脂。润滑剂具有以下性质：

1）能形成有一定强度而不破裂的油膜层，用以担负相当的压力。

2）不会损伤润滑表面。

3）能很均匀地附着在润滑表面。

4）容易清洗干净。

5）有很好的物理化学稳定性。

6）无毒，不会造成人身伤害。

（二）压力机常见故障维修诀窍与禁忌

压力机在使用中，由于维护不当或正常的损耗，常会出现一些故障，影响正常的工作。一般来讲，冲床的故障维修是由机械或电气修理技术人员及操作人员（简称机修人员）共同完成的。设备操作人员并不具有维修的资质，但作为与设备接触最多的操作人员，熟悉机床常见的一些故障及基本维修知识，无疑能增加设备使用的安全性，并有利于设备的维护。在出现故障后，也能迅速将故障详情准确地反应给机修人员，为设备的快速维修创造条件。

曲柄压力机常见的故障和排除方法，维修诀窍与禁忌如下：

（1）轴承（连杆支承、曲轴支承）发热。原因是轴承配合间隙太小或润滑不良，应重新调整配合间隙或刮研轴承，检查润滑情况。

（2）连杆球头配合松动。应拧紧连杆球头处的调整螺母，控制配合间隙到正常值。

（3）滑块导轨发热。原因是润滑不良，导轨面拉毛或配合间隙太小，应检查润滑情况，调整配合间隙到正常值，并将拉毛的导轨面重新刮研修理。

（4）停机后滑块自动下滑。原因是滑块导轨间隙太大或制动力不足，应调整间隙或制动力。

（5）开、停机时滑块动作不灵，或停机位置不准。主要原因是离合器和制动器失灵，或是调整不适当，或是摩擦面有油污（对摩擦式结构而言），或是易损件（如刚性离合器中的转键和抽键，摩擦离合器中的摩擦片、块）损坏，应分析原因加以解决。

（6）冲压过程中，滑块速度明显下降。主要原因是润滑不足，导轨压得太紧，电动机功率不足。此时应加足润滑油，放松导轨重新调整或维修电动机。

（7）润滑点流出的油发黑或有青铜屑。主要原因是润滑不足，此时应检查润滑油流动情况，清理油路、油槽及刮研轴瓦。

（8）连杆球头部分有响声。原因可能为球形盖板松动，压力机超载，压塌块损坏，此时应旋紧球形盖板的螺钉，或更换新的压塌块。

(9) 调节闭合高度时，滑块无止境地上升或下降。原因可能为限位开关失灵，此时应修理限位开关，但必须注意调节闭合高度的上限位和下限位行程开关的位置，不能任意拆掉，否则可能发生大事故。

(10) 挡头螺钉和挡头座被顶弯或顶断。产生原因可能是调节闭合高度时，挡头螺钉没有做相应的调整，此时应更换损坏的零件。同时注意以后调节闭合高度时，首先将挡头螺钉调到最高位置，待闭合高度调好之后，再降低挡头螺钉到需要的位置。

(11) 气垫柱塞不上升或上升不到顶点。产生原因可能是密封圈太紧，压紧密封圈的力不均，气压不足，导轨太紧，废料或顶杆卡在托板与工作台板之间等。此时排除的方法分别为放松压紧螺钉或更换密封圈，将压紧密封圈的力量调整均匀，放大导轨间隙，消除废料，用堵头堵上工作台上不用的孔。

(12) 气垫柱塞不下降。产生原因可能是密封圈压紧力不均匀或太紧，气垫缸内的气排不出，以及托板导轨太紧等。排除方法主要是：调整密封圈的压紧力，修理气垫缸，调整托板导轨的间隙。

(13) 气垫柱塞上升不平稳，甚至有冲击上升。产生原因可能是缸壁与活塞润滑不良，摩擦力大或液压气垫油液中混入过多的冷凝水而变质，以及密封圈压紧力不均匀等。排除方法主要是：清洗除锈，加强润滑，更换油液，并加强日常检查和放水，以及调整密封圈的压紧力。

(14) 液压气垫得不到所需的压料力。产生原因可能是油不够、控制缸活塞卡住不动或气缸不进气等。排除方法主要是：加油，清洗气缸并检查气管路或气阀。

(15) 液压气垫能产生压紧力，但拉深不出合格的零件。产生原因可能是控制凸轮位置不对，压紧力产生不及时；气垫托板与模具的压边圈不平行，压料力不均匀。排除方法主要是：调整凸轮位置，调整气垫托板与模具压边圈的平行度。

第六章

钣金作图与识图基础

第一节　图样表示方法

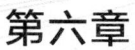

一、投影法（GB/T 14692—2008）

1. 投影分类

投影法是图样表达的基础，空间机件也是通过采用不同的投影法所获得的图形来表达其形状的，不同的需要可采用不同的投影法。为此投影法也是技术制图的基础。

投影法将按投射线的类型（平行或汇交）、投影面与投射线的相对位置（垂直或倾斜）及物体的主要轮廓与投影面的相对关系（平行、垂直或倾斜）进行分类，其基本分类如图 6-1 所示。

绘制技术图样时，应以采用正投影法为主，以轴测投影法及透

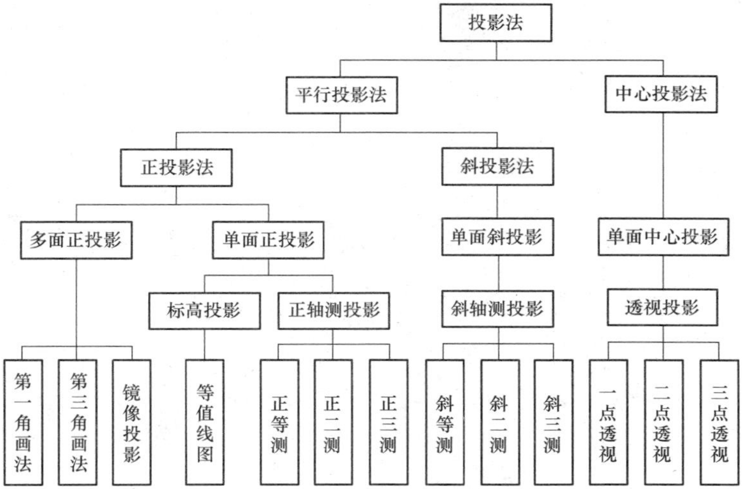

图 6-1　投影分类

视投影法为辅。

2. 正投影法

正投影法有单面和多面之分。如六面基本视图属于多面正投影，轴测投影图则是单面正投影。多面正投影又有第一角画法、第三角画法及镜像投影之分。而在正投影法中，应采用第一角画法。必要时，才允许使用第三角画法。正投影法中三种方法的区别见表 6-1。

表 6-1　　正投影法（摘自 GB/T 14692—2008）

投影法 区别	第一角画法	第三角画法	镜像投影
视线、机件及投影平面之间相对位置	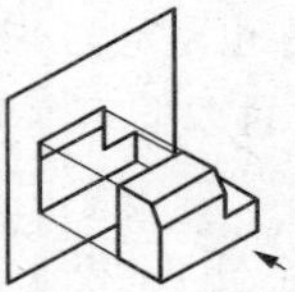	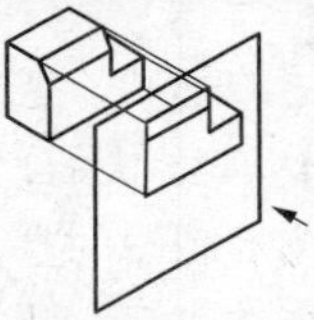 投影平面是透明的	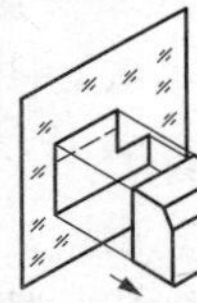 投影平面是镜子
六面展开的方向	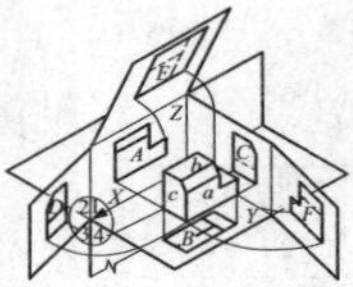	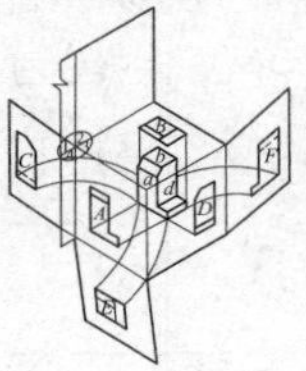	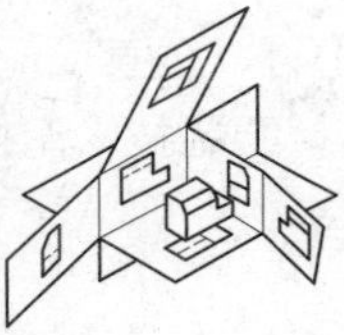
六面基本视图的配置	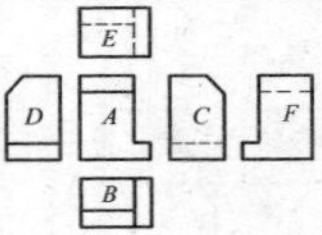	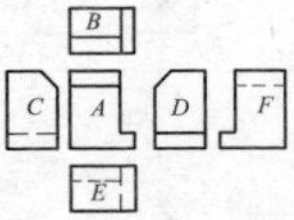	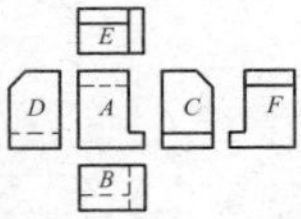
图样上的识别符号	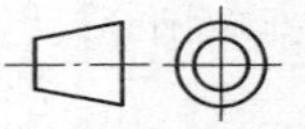	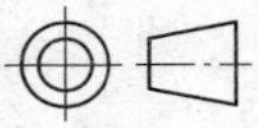	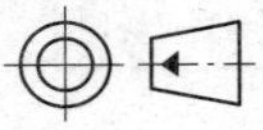
视图上的标注	当不按基本视图配置时可用两种表达方法： a. 在视图的上方标出“×向” b. 在视图的下方标出图名	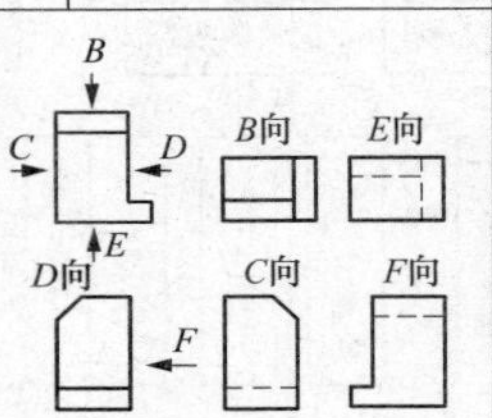	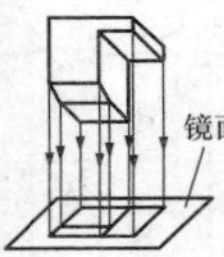 a  平面图(镜像) b

3. 轴测投影

轴测投影是将物体连同其参考直角坐标系，沿不平行于任一坐标面的方向，用平行投影法将其投射在单一投影面上所得的具有立体感的图形。常用的轴测投影见表 6-2。

表 6-2　　常用的轴测投影（摘自 GB/T 14692—2008）

	正轴测投影			斜轴测投影		
特性	投影线与轴测投影面垂直			投影线与轴测投影面倾斜		
轴测类型	等测投影	二测投影	三测投影	等测投影	二测投影	三测投影
简　称	正等测	正二测	正三测	斜等测	斜二测	斜三侧
应用举例 伸缩系数	$p_1=q_1=r_1$ -0.82	$p_1=r_1$ $=0.94$ $q_1=\frac{p_1}{2}$ $=0.47$	视具体要求选用	视具体要求选用	$p_1=r_1=1$ $q_1=0.5$	视具体要求选用
应用举例 简化系数	$p=q=r=1$	$p=r=1$ $q=0.5$			无	
应用举例 轴间角	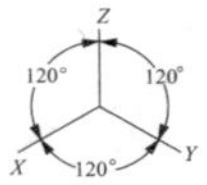	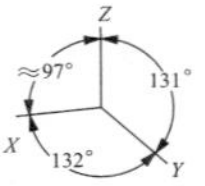			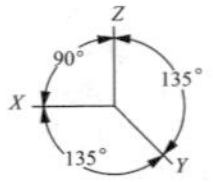	
应用举例 例图	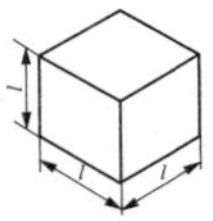				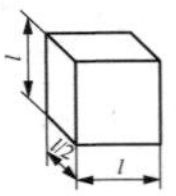	

4. 透视投影

透视投影是用中心投影法将物体投射在单一投影面上所得到的具有立体感的图形。透视图中，观察者眼睛所在的位置，即投影中心称为视点。透视视点的位置应符合人眼观看物体时的位置。视点离开物体的距离一般应使物体位于正常视锥范围内，正常视锥的顶角约为 60°。透视投影的分类及其画法见表 6-3。

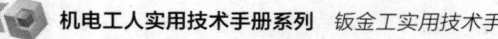

表 6-3　　透视投影的分类及其画法（摘自 GB/T 14692—2008）

说明 分类	图　　例	说　　明
一点透视	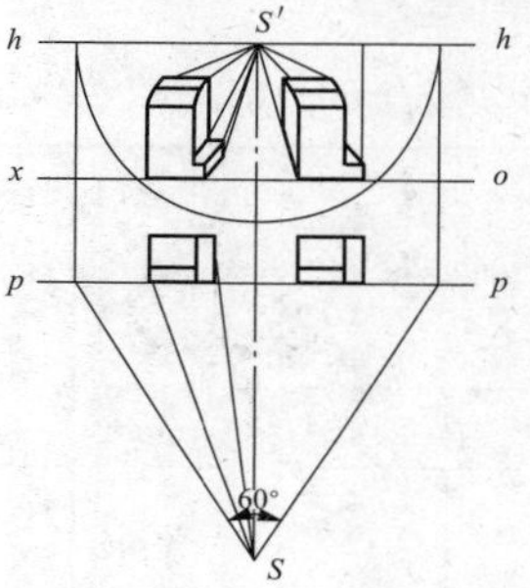	1. 一点透视中画面应与物体的长度和高度两组棱线的方向平行。 2. 物体宽度主方向的棱线与画面垂直，其灭点就是主点。 3. 画一点透视时，可用视线迹点法或距离点法作图
二点透视	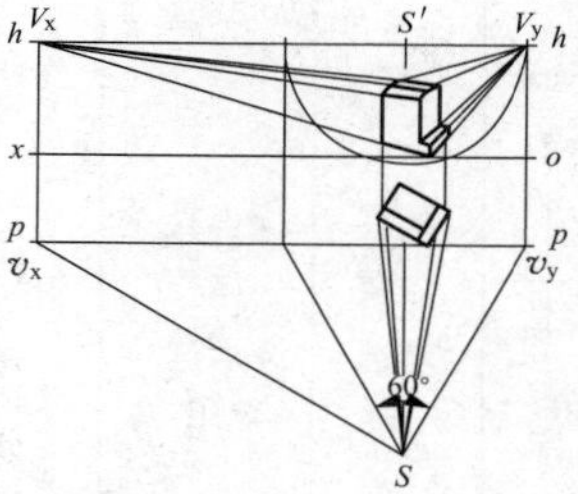	1. 两点透视中，画面应与物体高度方向的棱线平行。 2. 画面与物体的主要立面的偏角以 20°～40°为宜。 3. 物体的长度和宽度两组主方向的棱线与画面相交，有两个灭点，均位于视平线 *h*-*h* 上。 4. 可用迹点灭点法或量点法画二点透视
三点透视	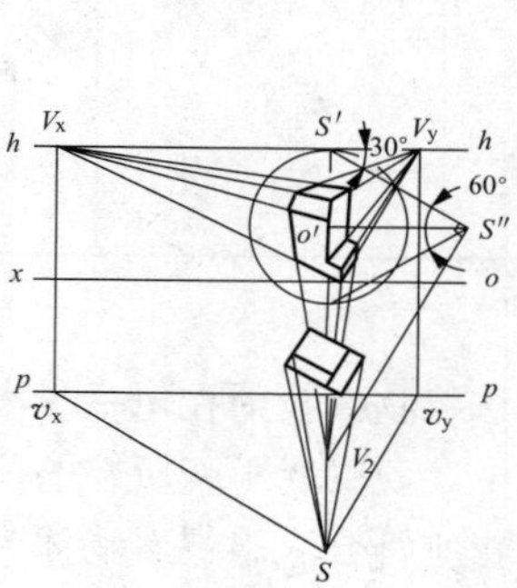	1. 三点透视中画面应与物体的长、宽和高三组棱线均倾斜。 2. 物体的长、宽和高三组主方向棱线各有一个灭点，共有三个灭点。 3. 画面与物体高度方向的棱线的倾斜角度以15°～30°为宜。 4. 画水平投影的透视与二点透视相同，高度方向的尺寸可用量点法量取

二、剖视图与断面图的具体规定

剖视图与断面图的具体规定比较见表 6-4。

表 6-4　　　　剖视图与断面图的具体规定比较

序号	剖　视　图	断　面　图
1	剖视图可以配置在基本视图的位置，或按投影关系配置，也可配置在图样适当的位置上	断面图可以放在基本视图之外任何适当位置——移出断面，也可放在基本视图之内（用细实线画出）——重合断面 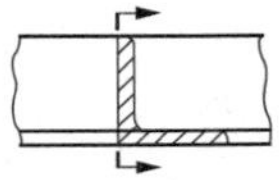
2	剖切符号用断开的粗实线画出，以表示剖切面的位置 剖切平面是两粗短画线 剖切柱面为粗的短圆弧 	剖切面的位置可用剖切符号（与剖视图中的相同），也可用剖切平面迹线（点画线）表示 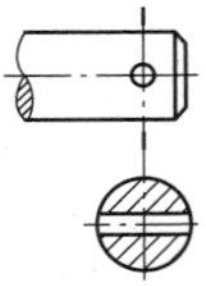
3	当画由两个或两个以上的相交的剖切面剖切的剖视图时，可按旋转剖或采用展开画法，并应标注“×—×”展开，此展开图可看作是完整的全剖视图	由两个或多个相交的剖切平面剖切得出的移出断面，中间一般应断开 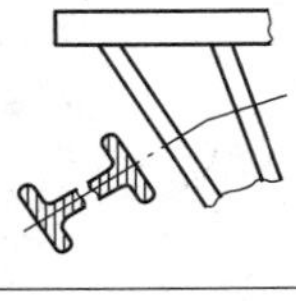
4		当剖切平面通过回转面形成的孔或凹坑的轴线时，或当剖切平面通过非圆孔会导致出现完全分离的两个断面时，这些结构应按剖视绘制 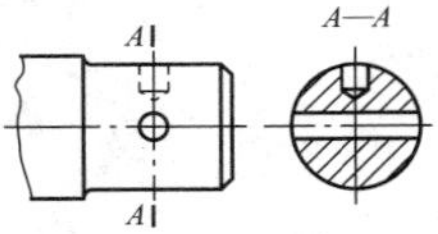

续表

序号	剖视图	断面图
5	省略箭头的情况	
	当剖视图按投影关系配置，中间又没有其他图形隔开时可省略箭头	对称移出断面、按投影关系配置的不对称移出断面及对称重合断面 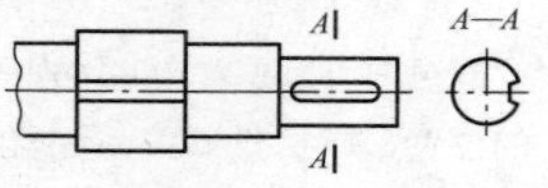
	省略字母的情况	
	一般不单独省略字母，对几个平行的剖切平面中转角处的字母，当地位不够或不易被误解时允许省略	配置在剖切符号延长线上的移出断面以及配置在剖切符号上的重合断面 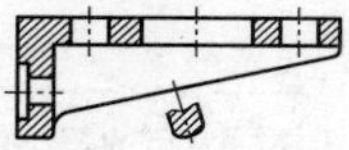
6	当单一剖切平面通过机件的对称平面或基本对称的平面，且剖视图按投影关系配置，中间又没有其他图形隔开时可省略标注。当单一剖切面的剖切位置明显时，局部剖视图的标注也可省略	对称的重合断面，配置在视图中断处的对称移出断面均不必标注 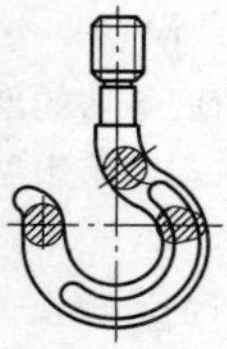
7	剖视图一般不允许旋转后画出，除用斜剖视所得到的剖视图之外	对移出断面，在不致引起误解时允许将图形旋转，并应标注“⌒×-×” 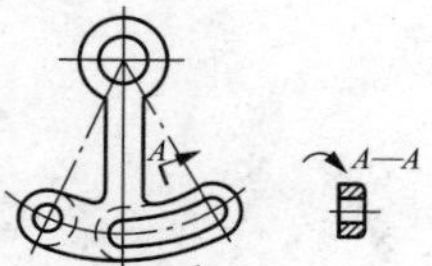

第二节　尺寸与公差的标注

一、尺寸标注的基本规则

GB/T 458.4—2003《机械制图　尺寸标注》标准中规定了有关标注尺寸的基本规则和标注方法，在画图时必须遵守这些规定，否则就会引起混乱，并给生产带来不必要的损失。表 6-5 中列出了尺寸标注的基本规则，并适当地加以了说明。

表 6-5　　尺寸标注的基本规则（GB/T 458.4—2003）

项目	说　明	图　　例
总则	1. 完整的尺寸，由下列内容组成： (1) 尺寸线（细实线）和箭头 (2) 尺寸界线（细实线） (3) 尺寸数字 2. 图上所注尺寸数值为零件的真实大小，与图形的比例及绘图的准确度无关 3. 尺寸单位是毫米时不需注明，采用其他单位时必须注明单位的代号或名称。在同一图样中，每一尺寸一般只标注一次	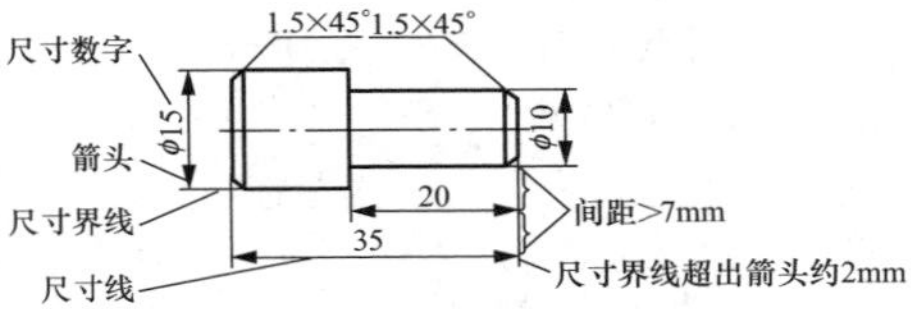
尺寸数字	尺寸数字一般标注在尺寸线的上方或中断处	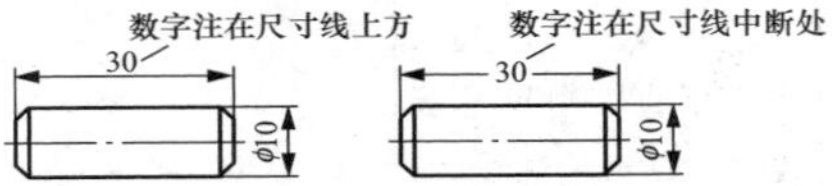
	直线尺寸的数字应按图（a）所示的方向填写，并尽量避免在图示 30°范围内标注尺寸。当无法避免时可按图（b）标注。非水平方向的尺寸还可按图（c）标注	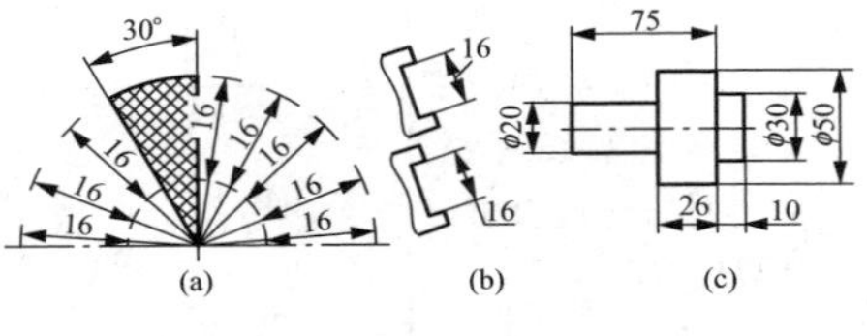

续表

项目	说明	图例
尺寸数字	数字不可被任何图线所通过。当不可避免时，必须把图线断开	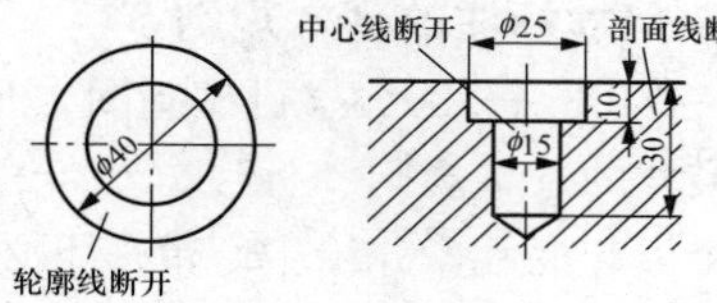
尺寸线	1. 尺寸线必须用细实线单独画出。轮廓线、中心线或它们的延长线均不可作尺寸线使用 2. 标注直线尺寸时，尺寸线必须与所标注的线段平行	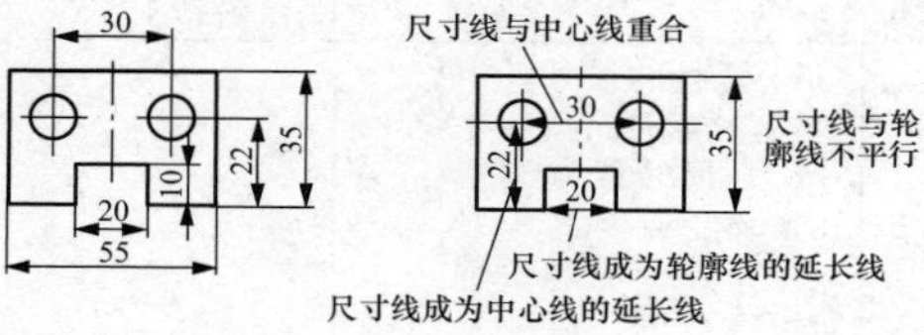 正确　　错误
尺寸界线	1. 尺寸界线用细实线绘制，也可以利用轮廓线（图 a）或中心线（图 b）作尺寸界线 2. 尺寸界线应与尺寸线垂直。当尺寸界线过于贴近轮廓线时，允许倾斜画出（图 c） 3. 在光滑过渡处标注尺寸时，必须用细实线将轮廓线延长，从它们的交点引出尺寸界线（图 d）	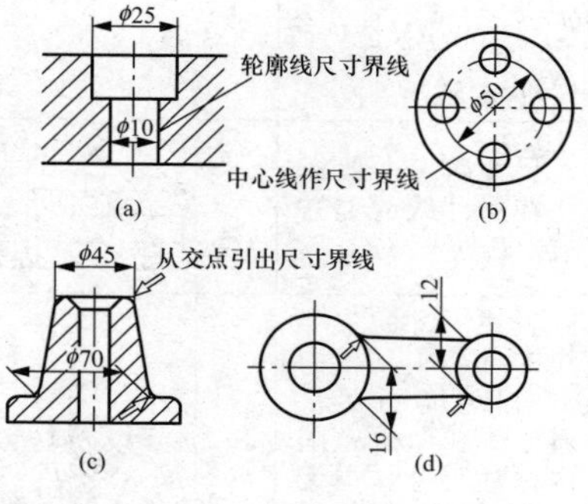

续表

项目	说　明	图　　例
直径与半径	1. 标注直径尺寸时，应在尺寸数字前加注直径符号“ϕ”，标注半径尺寸时，加注半径符号“R” 2. 半径尺寸必须注在投影为圆弧处，且尺寸线应通过圆心	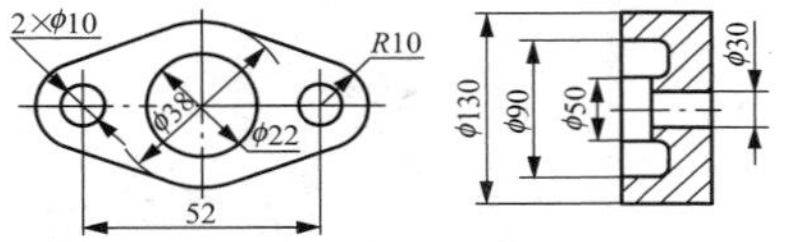
狭小部位	1. 当没有足够位置画箭头或写数字时，可将其中之一布置在外画 2. 位置更小时箭头和数字可以都布置在外面 3. 标注一连串小尺寸时，可用小圆点或斜线代替箭头，但两端箭头仍应画出	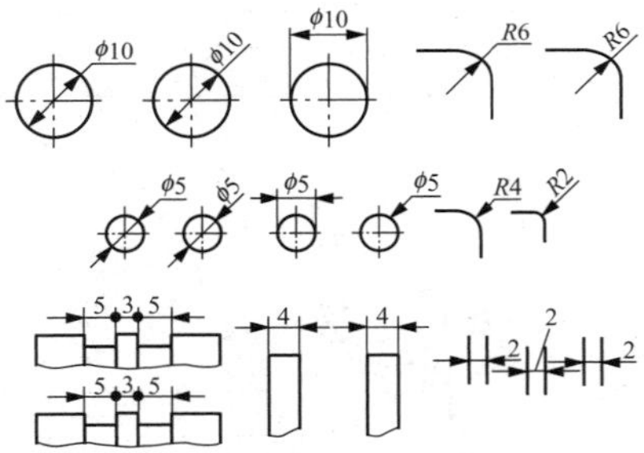
角度	1. 角度的尺寸界线必须沿径向引出 2. 角度的数字一律水平填写 3. 角度的数字应写在尺寸线的中断处，必要时允许写在外面，或引出标注	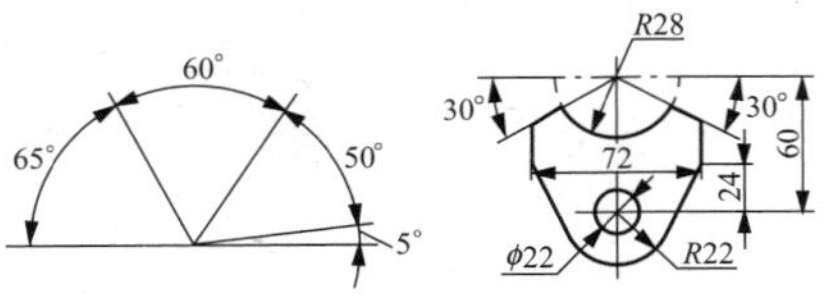

二、尺寸与公差简化标注法

在很多情况下，作图时只要不产生误解，也可以用简化形式标注尺寸。在 GB/T 16675. 2—2012《技术制图　简化表示法　第 2 部分　尺寸标注》标准中就明确规定了各种尺寸标注的简化形式，见表 6-6。

表 6-6 各种尺寸标注的简化形式（GB/T 16675.2—2012）

标注要求	简化示例	说明
全部相同的尺寸	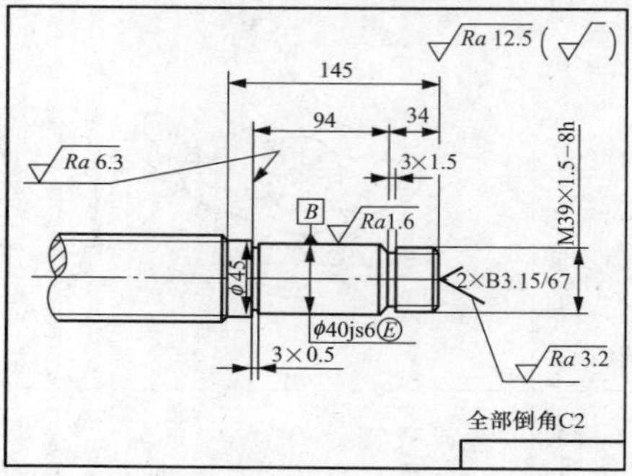	在图样空白处（一般在右下角）作总的说明，如"全部倒角 C2"
大部分相同的尺寸	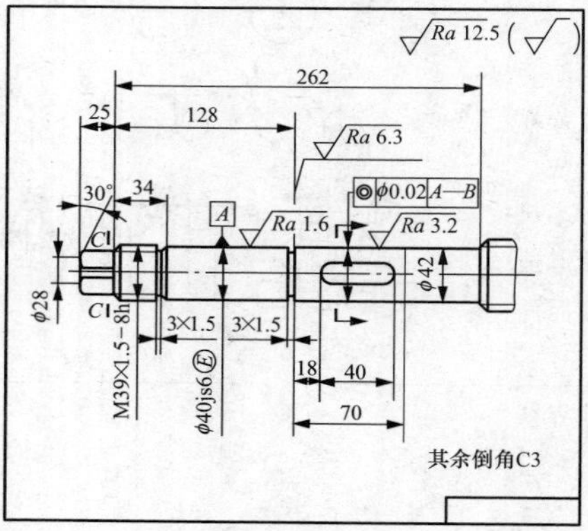	将不同部分注出，相同部分统一在图样空白处（一般在右下角）说明，如"其余倒角 C3"
相同的重复要素的尺寸	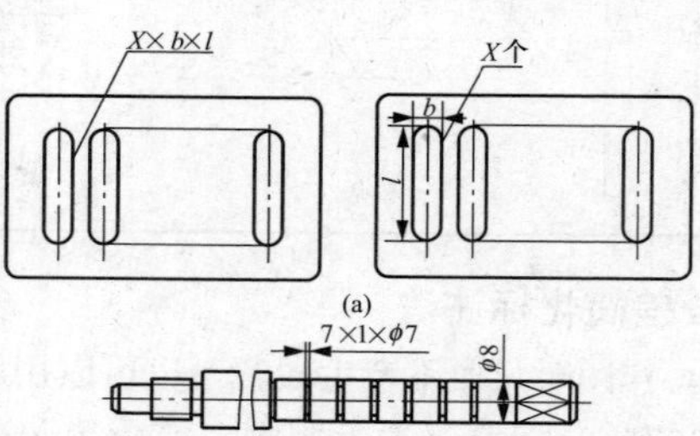(a) (b)	仅在一个要素上注清楚其尺寸和数量

续表

标注要求	简 化 示 例	说　明
均布要素尺寸	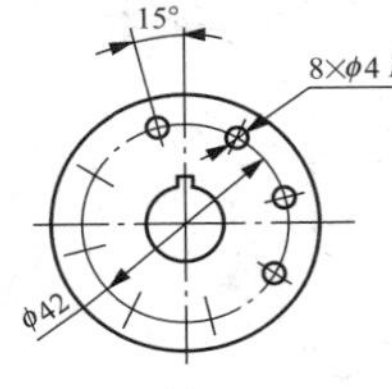 (a) 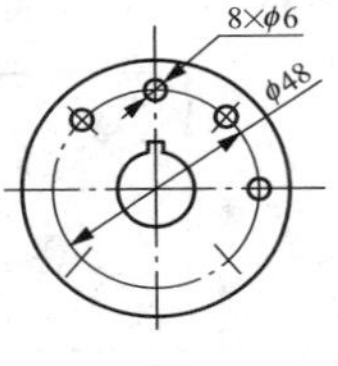 (b)	相同要素均布者，需标均布符号“EQS”（图 a）。均布明显者，不需标注符号“EQS”（图 b）
尺寸数值相近，不易分辨的成组要素的尺寸	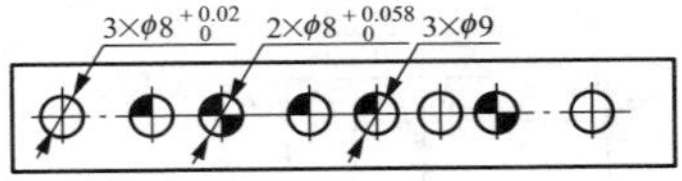 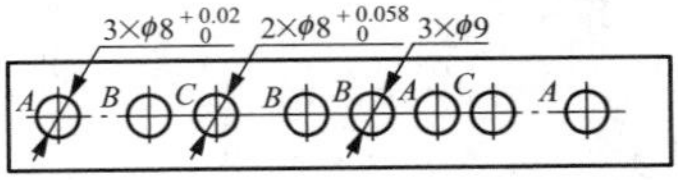	采用不同标记的方法加以区别，也可采用标注字母的方法 当字母或标记过多时，也可另列表说明而不直接标注在图形上
同一基准出发的尺寸	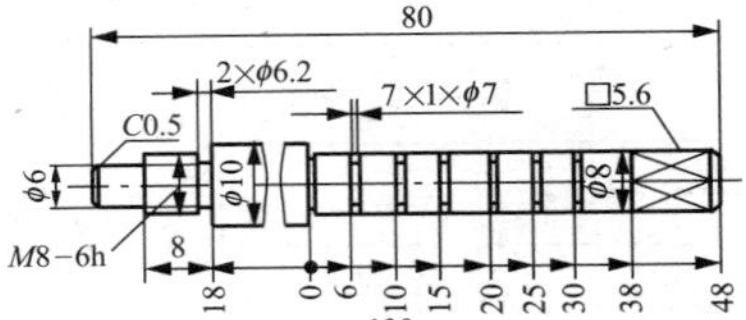 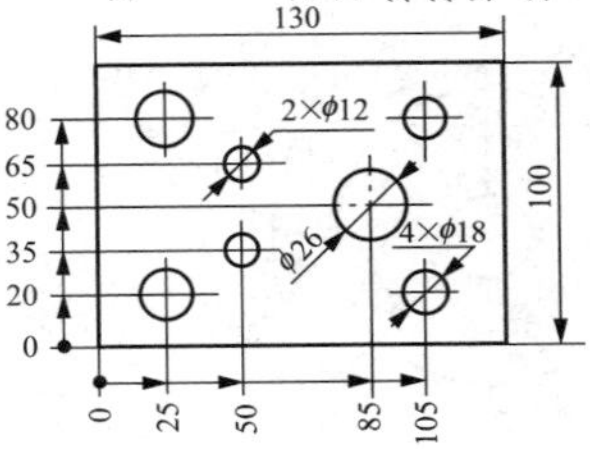 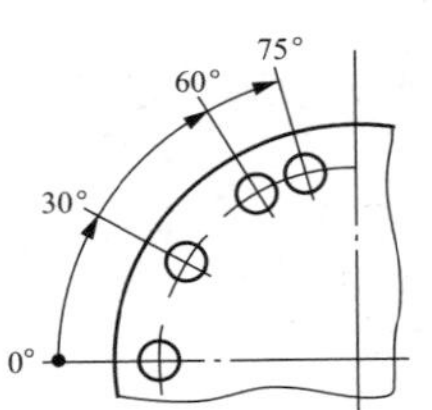 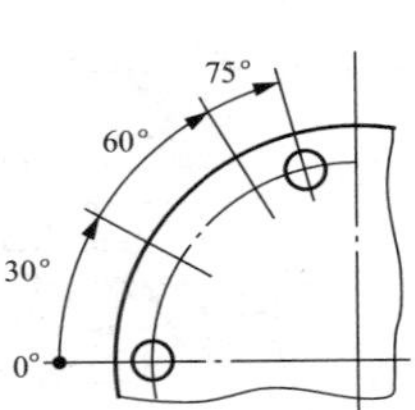	标明基准，用单箭头标注相对于基准的尺寸数字

续表

<table>
<tr><th>标注要求</th><th>简化示例</th><th>说明</th></tr>
<tr><td>同一基准出发的尺寸</td><td>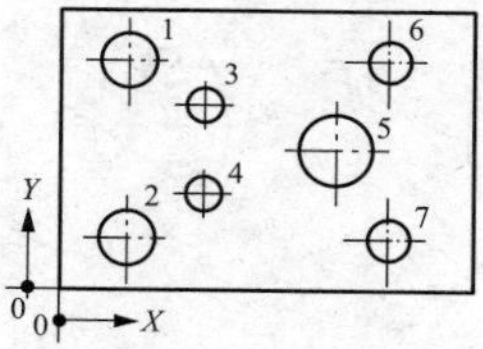

孔的编号	X	Y	φ
1	25	80	18
2	25	20	18
3	50	65	12
4	50	35	12
5	85	50	26
6	105	80	18
7	105	20	18
</td><td>也可用坐标形式列表标注与基准的关系</td></tr>
<tr><td>间隔相等的链式尺寸</td><td>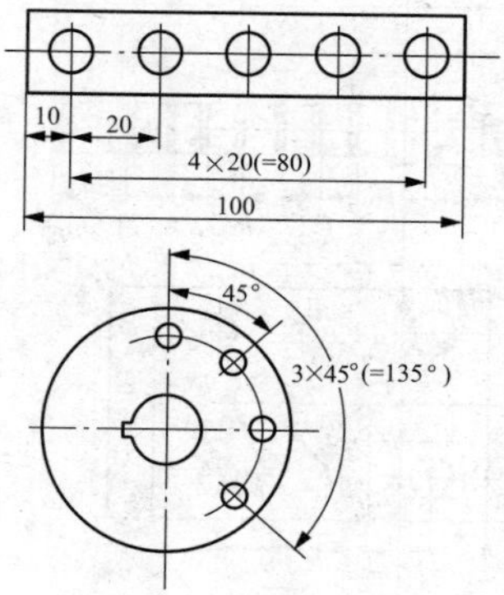
</td><td>括号中的尺寸为参考尺寸</td></tr>
<tr><td>不连续的同一表面的尺寸</td><td>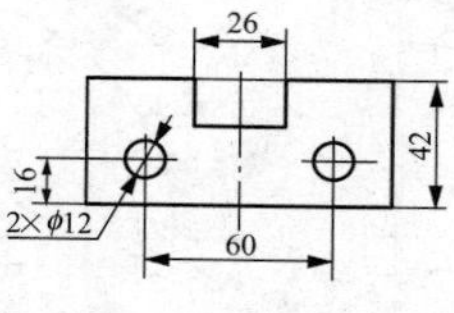
</td><td>用细实线将不连续的表面相连，标注一次尺寸</td></tr>
</table>

续表

标注要求	简化示例	说明
两个形状相同但尺寸不同的零件的尺寸	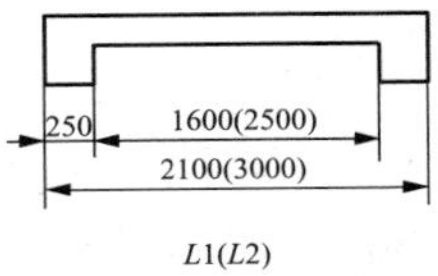	用一张图表示，将另一件的名称或代号及不同的尺寸列入括号内
45°倒角	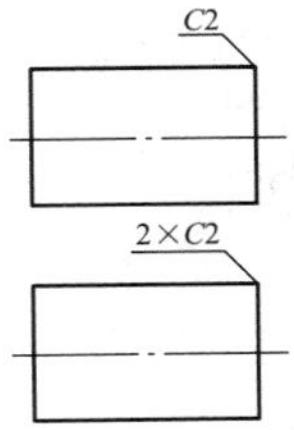	用符号 C 表示 45°，不必画出倒角，如两边均有 45°倒角，可用 2×C2 表示
滚花规格	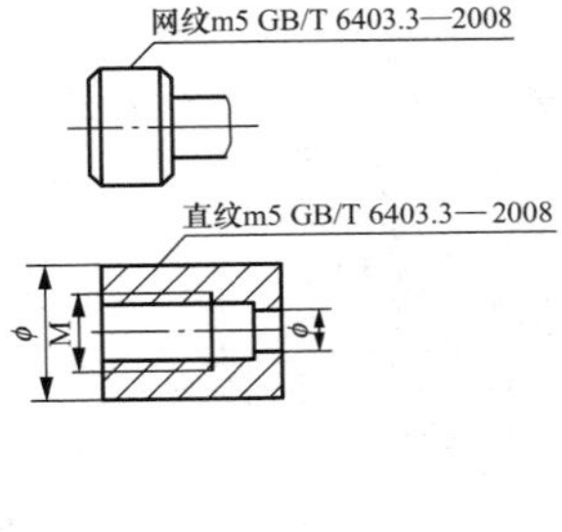	将网纹形式、规格及标准号标注在滚花表面上，外形圆不必画出滚花符号

续表

标注要求	简化示例	说明
同心圆弧或同心圆的尺寸	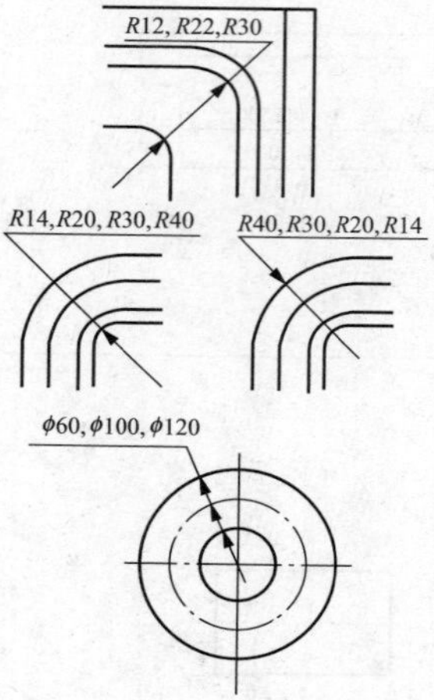	用箭头指向圆弧并依次标出半径值，在不致引起误解时，除起始第一个箭头外，其余箭头可省略，但尺寸仍应以第一个箭头为首，依次表示
阶梯孔的尺寸	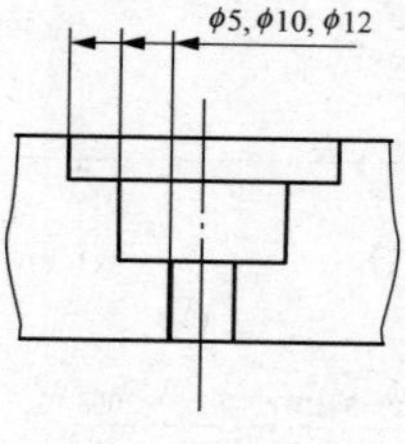	几个阶梯孔可共用一个尺寸线，并以箭头指向不同的尺寸界线，同时以第一个箭头为首，依次标出直径
不同直径的阶梯轴的尺寸	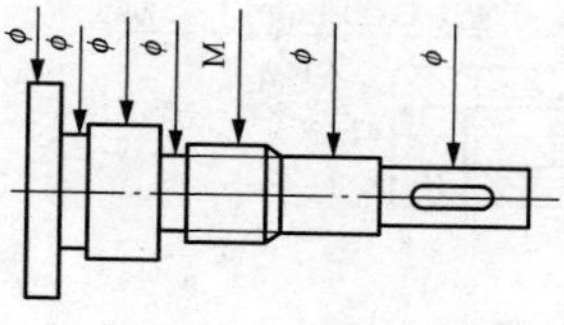	用带箭头的指引线指向各个不同直径的圆柱表面，并标出相应的尺寸

续表

标注要求	简 化 示 例	说 明
尺寸线终端形式	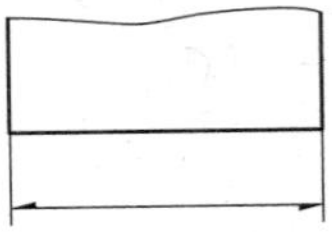	可使用单边箭头
不反映真实大小的投影面上的要素尺寸	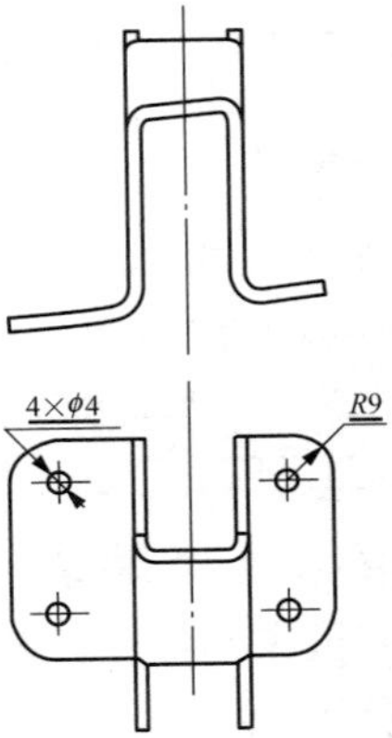	用真实尺寸标注。由于该投影面上的要素已失真，尺寸与图形不一致，因此在真实尺寸下面加画粗短划，以示与一般情况的区别
光孔、螺孔、沉孔等各类孔的尺寸	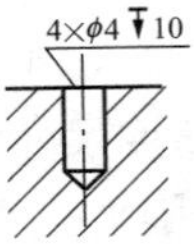 或 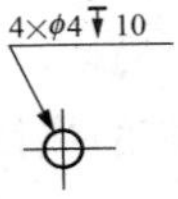	深度（符号“↧”）为10的4个圆销孔
	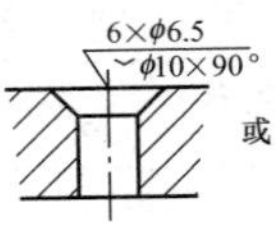 或 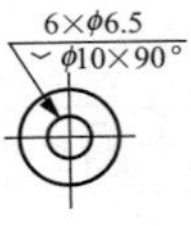	符号“∨”表示埋头孔，埋头孔的尺寸为φ10×90°

续表

<table>
<tr><th>标注要求</th><th>简化示例</th><th>说明</th></tr>
<tr><td>光孔、螺孔、沉孔等各类孔的尺寸</td><td>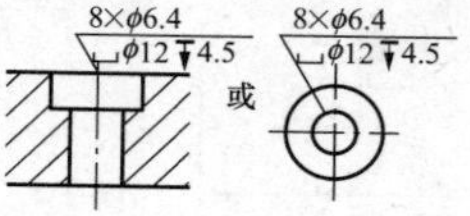</td><td>符号“⌴”表示沉孔或锪平，此处有沉孔 φ12 深 4.5</td></tr>
<tr><td>同类型或同系列的零件或构件尺寸</td><td>在图中标注零件代号，用表列出尺寸
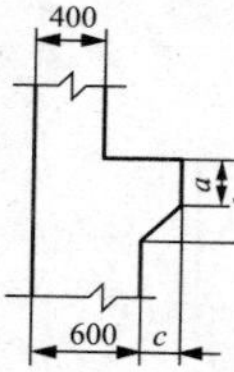
<table>
<tr><th>No</th><th>a</th><th>b</th><th>c</th></tr>
<tr><td>1</td><td>200</td><td>400</td><td>200</td></tr>
<tr><td>2</td><td>250</td><td>450</td><td>200</td></tr>
<tr><td>3</td><td>200</td><td>450</td><td>250</td></tr>
</table></td><td>所示部位中 a、b、c 三个尺寸随零件代号而异，其余均相同</td></tr>
</table>

三、尺寸的未注公差值（GB/T 1804—2000）

“未注公差”系指车间的机床设备在一般工艺条件下能达到的公差值。尺寸的未注公差包括线性尺寸、倒圆倒角和角度三部分的未注公差值。

（1）线性尺寸的未注公差值。

1）未注公差值。线性尺寸的未注公差值应采用 GB/T 1804—2000《一般公差　未注公差的线性和角度尺寸的公差》中规定的未注公差值，见表 6-7。它适用于金属切削加工零件的非配合尺寸。

表 6-7　　线性尺寸的极限偏差值　　(mm)

公差等级	公称尺寸分段							
	0.5～3	>3～6	>6～30	>30～120	>120～400	>400～1000	>1000～2000	>2000～4000
精密 f	±0.05	±0.05	±0.1	±0.15	±0.2	±0.3	±0.5	—
中等 m	±0.1	±0.1	±0.2	±0.3	±0.5	±0.8	±1.2	±2.0
粗糙 c	±0.2	±0.3	±0.5	±0.8	±1.2	±2.0	±3.0	±4.0
最粗 v	—	±0.5	±1.0	±0.15	±2.5	±4.0	±6.0	±8.0

2）表示方法。采用未注公差时，必须在图样空白处或技术文件中用标准规定的方法标注，如：“未注公差的尺寸按 GB/T 1804—m”或“GB/T 1804—m”。

（2）倒圆半径与倒角高度尺寸未注公差值。倒圆半径与倒角高度尺寸的未注公差值应采用 GB/T 1804—2000 中规定的数值，见表 6-8。

（3）角度的未注公差值。

1）未注公差值。角度的未注公差值应采用 GB/T 1804—2000 中的有关规定，见表 6-9。

2）表示方法。采用未注公差的图样，应在图样空白处或技术文件中用标准规定的方法表示，如：“未注公差的角度按 GB/T 1804—m”。

表 6-8　倒圆半径和倒角高度尺寸的极限偏差值　（mm）

公差等级	公称尺寸分段			
	0.5～3	＞3～6	＞6～30	＞30
精密 f	±0.2	±0.5	±1.0	±2.0
中等 m	±0.2	±0.5	±1.0	±2.0
粗糙 c	±0.4	±1.0	±2.0	±4.0
最粗 v	±0.4	±1.0	±2.0	±4.0

表 6-9　角度尺寸的极限偏差值

公差等级	长度分段/mm				
	～10	＞10～50	＞50～100	＞120～400	＞400
精密 f	±1°	±30′	±20′	±10′	±5′
中等 m	±1°	±30′	±20′	±10′	±5′
粗糙 c	±1°30′	±1°	±30′	±15′	±10′
最粗 v	±3°	±2°	±1°	±30′	±20′

注　长度值按角度短边的长度确定，圆锥角按素线长度确定。

第三节 钣金基本几何作图法

按几何学上各种不同线条的作图方法和连接规则作图，称为几何作图。

几何作图的准确度，取决于作图方法的正确性、工具质量、工作条件、作图技巧、经验、视觉的敏锐程度和工作的责任心等因素。正确的作图方法必须符合几何学原理。

一、直线的画法

直线长不超过1m时，可用直尺画；直线长不超过8m时，可用粉盒或墨斗弹线法画；直线长超过8m时，用拉钢丝的方法画。

二、垂线的画法

垂线的画法见表6-10。

表6-10 垂线的画法

已知条件和作图要求	图示	作图步骤
作过已知$\overline{AB}$上任意点C的垂线	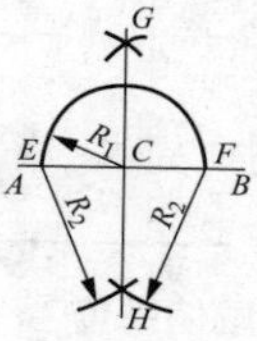	(1) 以C点为圆心，取R_1（$<\overline{AC}$或$<\overline{BC}$）为半径画弧，交AB于E、F点 (2) 分别以E、F点为圆心，取R_2（$>R_1$）为半径画弧，两弧相交得G、H点 (3) 连接H、G点，则$\overline{HG}$为过$\overline{AB}$上C点垂线（C点即为垂足点）
作过$\overline{AB}$任一端点的边垂线（图中为过A点）	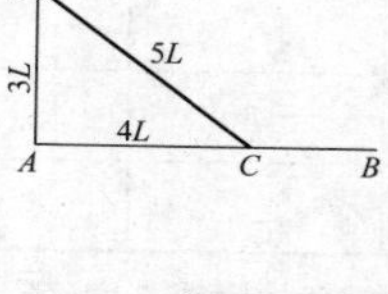	(1) 以A点为端点量取$\overline{AC}=4L$（L——任意计量长度单位） (2) 以点A、C为圆心，分别取长为$3L$与$5L$为半径画弧，两弧相交于D点，连接AD，则$\overline{AD}\perp\overline{AB}$，即得过$A$点的边垂线（勾三股四弦五法）

续表

已知条件和作图要求	图　　示	作图步骤
作过$\overline{AB}$外任意点C的垂线	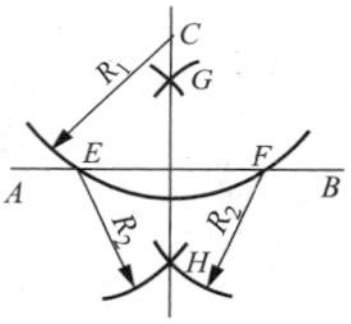	(1) 以C点为圆心，取R_1（大于C点到$\overline{AB}$的垂直距离）为半径画弧，交$\overline{AB}$于E、F点 (2) 分别以E、F点为圆心，另取R_2为半径画弧，相交两弧得H、G点 (3) 连接H、G点，则$\overline{HG}\perp\overline{AB}$，且过线外$C$点
作过$\overline{AB}$外（单边）任意C点的垂线，又称半圆法	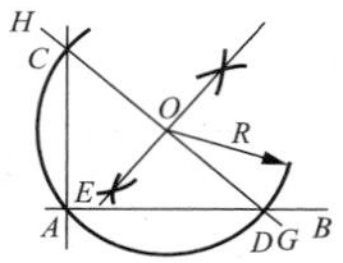	(1) 过C点作$\overline{AB}$的任意倾斜线$\overline{HG}$，交$\overline{AB}$于D点 (2) 作CD的中垂线，得垂足点O (3) 以O点为圆心，取$R=\overline{CO}$画弧，交$\overline{AB}$于E点 (4) 连接CE，则$\overline{CE}\perp\overline{AB}$，且过$\overline{AB}$外$C$点

三、平行线的画法

平行线的画法见表6-11。

表 6-11　　　　平行线的画法

已知条件和作图要求	图　　示	作图步骤
作$\overline{AB}$的平行线，相距为R R	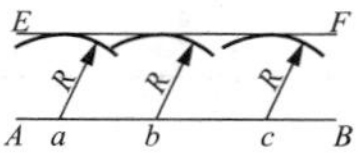	(1) 在$\overline{AB}$上任取三点a、b、c (2) 分别以a、b、c点为圆心，取R为半径向同一侧画弧 (3) 作三圆弧的公切线$\overline{EF}$，则$\overline{EF}//\overline{AB}$

续表

已知条件和作图要求	图示	作图步骤
作过$\overline{AB}$外任意点 O 的平行线（画法一）	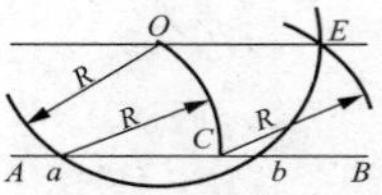	（1）以 O 点为圆心，取 R（大于 O 点到$\overline{AB}$的垂直距离）为半径画弧，交$\overline{AB}$于 a、b 点 （2）以 a 点为圆心，以$\overline{aO}$（R）为半径画弧交$\overline{AB}$于 C 点 （3）以 C 点为圆心，仍取 R 为半径画弧交原弧于 E 点 （4）连接 OE，则$\overline{OE}//\overline{AB}$ （5）图中 $Oa=aC=CE=EO$，Oa 为菱形，即称菱形法作平行线
作过$\overline{AB}$外任意点 O 的平行线（画法二）	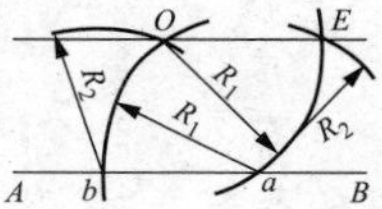	（1）以 O 点为圆心，取 R_1（大于 O 点到$\overline{AB}$的垂直距离）为半径画弧交$\overline{AB}$于 a 点 （2）以 a 点为圆心，同取 R_1 为半径画弧交$\overline{AB}$外任意点 O （3）以 a 点为圆心，取 R_2 等于$\overline{Ob}$为半径画弧交于 E 点 （4）连接 OE，则$\overline{OE}//\overline{AB}$ （5）图中 $OE=ba$、$Ob=Ea$，$ObaE$ 为平行四边形，即称平行四边形法作平行线

四、角和三角形的画法

角和三角形的画法见表 6-12。

表 6-12　　角和三角形的画法

已知条件和作图要求	图　示	作图步骤
作一角等于$\angle bac$	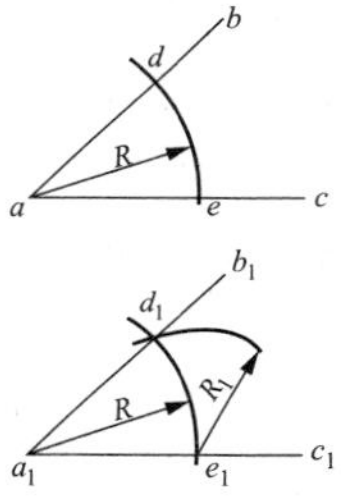	(1) 取点 a_1 为角的顶点，且过 a_1 点作$\overline{a_1c_1}$ (2) 以 a 点为圆心，任意长（R）为半径画弧交两角边于 d、e 点 (3) 以 a_1 为圆心，R 为半径，画弧与 $\overline{a_1c_1}$ 交于 e_1 点 (4) 以 e_1 为圆心，取$\overline{ed}$（$=R_1$）为半径，画弧交于 d_1 点 (5) 连接 a_1b_1，则得$\angle b_1a_1c_1=\angle bac$
已知三角形的三边长，求作三角形	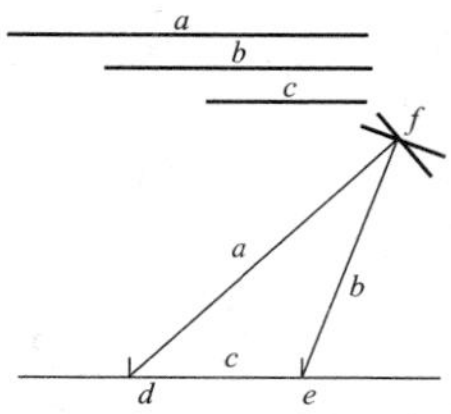	(1) 任作线段$\overline{de}$等于边长 c (2) 分别以 d、e 点为圆心，a、b 边长为半径画弧，两弧相交得交点 f (3) 连接 df 和 ef，即得$\triangle def$，其边长：$\overline{fd}=a$，$\overline{de}=c$，$\overline{ef}=b$
已知三角形的二边长和夹角(60°)，求作三角形	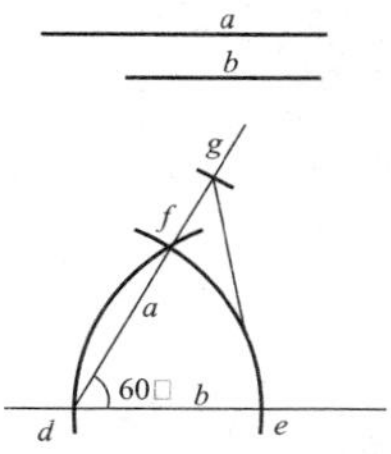	(1) 任作线段$\overline{de}$等于边长 b (2) 分别以 d、e 点为圆心，$\overline{de}$为半径画弧，得交点 f (3) 连接 df，并延长，得$\angle fde=60°$ (4) 以 d 为圆心，在 df 延长线上量取 a 边长交点 g (5) 连接 eg，即得$\triangle deg$

续表

已知条件和作图要求	图　　示	作图步骤
已知三角形一边长（a）和二夹角（30°、45°），求作三角形	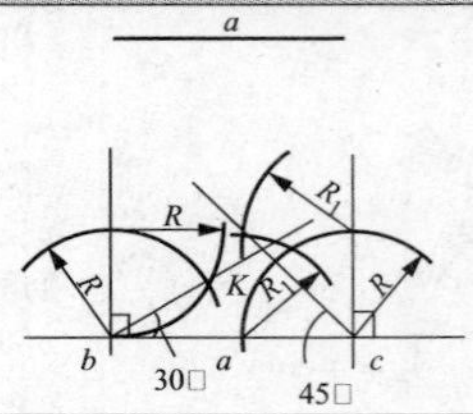	（1）任作线段$\overline{bc}$等于边长a （2）分别过b、c点作30°、45°，得点K （3）连接bK、cK，即得三角形bcK
用经验角作图法作任意角度（图中为17°）	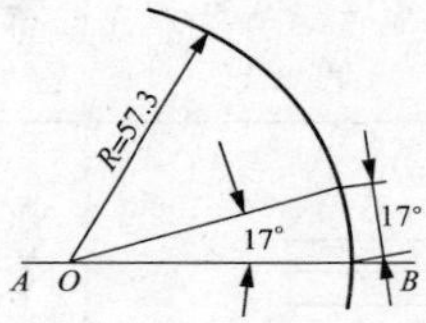	（1）以$\overline{AB}$上O点为圆心，取$R=57.3$mm长为半径画弧 （2）由于弧线上每1mm与O点的连线，其夹角为1°（理由：57.3×2×3.1416≈360°），所以在弧线上量取17mm，即得夹角17° （3）作其他任意角度，均可用此方法 （4）若取$R=57.3$mm画弧，弧长10mm，其中心角仍为1°，作任意角更准确

五、圆弧的画法

各种圆弧的画法见表6-13。

表6-13　　圆弧的画法

已知条件和作图要求	图　　示	作图步骤
已知圆弧的弦长和弦高，画圆弧（用小直径圆弧画法）	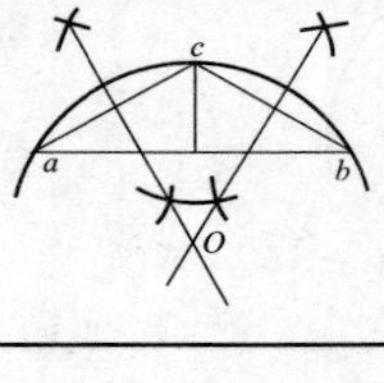	（1）连接ac、bc，且作其中垂线，得交点O （2）以O点为圆心，$\overline{Oa}$长为半径画弧即成

续表

已知条件和作图要求	图　　示	作图步骤
已知圆弧的弦长和弦高，画圆弧（准确画法，大直径圆弧画法之一）	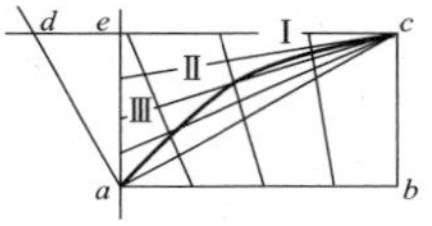	（1）连接 ab、bc、ac （2）过 a 点作 $\overline{ab}$、$\overline{ac}$ 的边垂线 （3）过 c 点作 $\overline{ab}$ 的平行线，且与边垂线相交于 d、e 点 （4）将线段 $\overline{ab}$、$\overline{ae}$、$\overline{cd}$ 各取相同的等分（图中四等分），按图连线，得交点Ⅰ、Ⅱ、Ⅲ （5）圆滑连接 c、Ⅰ、Ⅱ、Ⅲ、a 点即得圆弧
已知圆弧的弦长和弦高，画圆弧（1/4 弧画法，大直径圆弧画法之二）	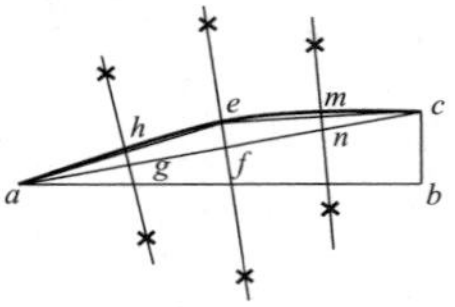	（1）线段 $\overline{ef}$、$\overline{hg}$ 和 $\overline{mn}$ 均为弦垂直等分线 （2）使 $\overline{ef}=(1/4)\ \overline{bc}$，$\overline{hg}=\overline{mn}=(1/4)\ \overline{ef}$，…… （3）无限地画折线，此折线接近圆弧 （4）此法适用弦长与弦高之比大于 10
已知圆弧的弦长和弦高，画圆弧（近似画法，大直径圆弧画法之三）	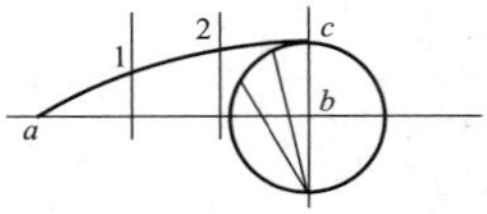	（1）以 b 点为圆心，弦高 $\overline{bc}$ 为半径画圆 （2）将 1/4 圆周和 1/2 弦长（$\overline{ab}$）取相同等分（图中三等分）得点 1、2 （3）圆滑连接各点即得所求圆弧（图中只画一半）

六、椭圆的画法

椭圆的画法见表 6-14。

表 6-14　　椭圆的画法

已知条件和作图要求	图　　示	操 作 要 点
已知长轴$\overline{ab}$和短轴$\overline{cd}$，作椭圆（用四心作法）	见下图 1	（1）作$\overline{cd}$垂直平分$\overline{ab}$，并交于O点 （2）连接$\overline{ac}$，以O为圆心，取$\overline{aO}$为半径画弧交$\overline{Oc}$延长线于e点 （3）以c为圆心，$\overline{ce}$为半径画弧交$\overline{ac}$于f点 （4）作$\overline{af}$的垂直平分线，并分别交$\overline{ab}$于点 1、$\overline{cd}$于点 2 （5）在$\overline{Ob}$和$\overline{Oc}$线上，分别截取$\overline{O1}$、$\overline{O2}$的长度得 3、4 两点 （6）分别以点 2、4 为圆心，以$\overline{c2}$为半径画弧得$\overset{\frown}{56}$和$\overset{\frown}{78}$。分别以点 1、3 为圆心，以$\overline{a1}$为半径画弧得$\overset{\frown}{56}$和$\overset{\frown}{78}$，即完成所做的椭圆
已知长轴$\overline{ab}$和短轴$\overline{cd}$，作椭圆（用同心作法）	见下图 2	（1）以O为圆心，$\overline{Oa}$和$\overline{Oc}$为半径作两个同心圆 （2）将大圆等分（图中 12 等分）并做对称连线 （3）将大圆上各点分别向$\overline{ab}$作垂线与小圆周上对应各点做$\overline{ab}$的平行线相交 （4）用圆滑曲线连接各交点得所求的椭圆

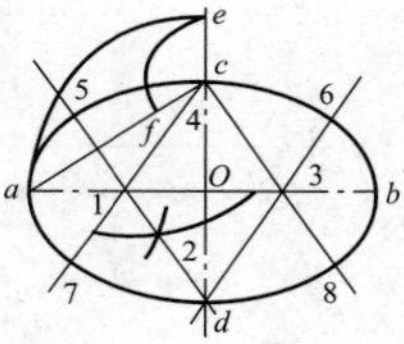

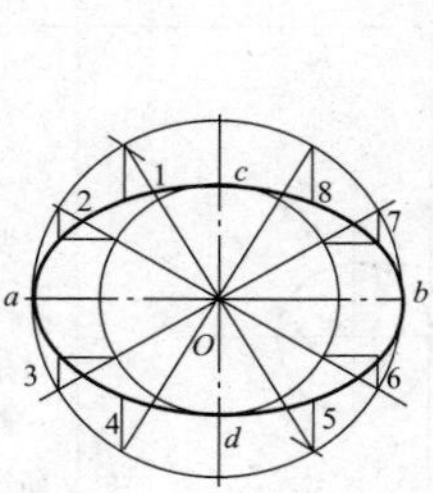

续表

已知条件 和作图要求	图 示	操 作 要 点
已知长轴$\overline{ab}$作椭圆（长轴 3 等分法）	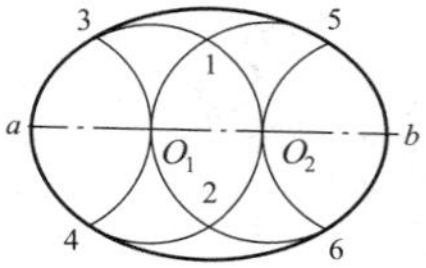	(1) 将$\overline{ab}$三等分。等分点为 O_1 和 O_2，分别以 O_1 和 O_2 为圆心，取$\overline{aO_1}$为半径画两圆，且相交于 1、2 两点 (2) 分别以 a 和 b 为圆心，仍取$\overline{aO_1}$为半径画弧交两圆于 3、4、5、6 各点 (3) 分别以 1 和 2 为圆心，取$\overline{25}$线段长为半径画弧$\overset{\frown}{35}$、$\overset{\frown}{46}$，即为所求的椭圆
已知长轴$\overline{ab}$作椭圆（长轴 4 等分法）	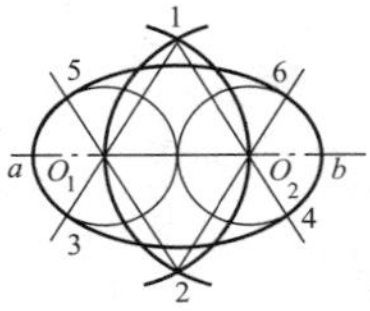	(1) 将$\overline{ab}$4 等分并分别以 O_1 和 O_2 为圆心，取$1/4\overline{ab}$长轴为半径，做两圆 (2) 分别以 O_1 和 O_2 为圆心，取$\overline{O_1O_2}$为半径画弧相交于 1、2 两点 (3) 连接$\overline{1O_1}$并延长交圆周于点 3，同理求出 4、5、6 三点 (4) 分别以 1 和 2 为圆心，取$\overline{13}$为半径画圆弧$\overset{\frown}{34}$和$\overset{\frown}{56}$，即得所求的椭圆

续表

已知条件和作图要求	图示	操作要点
已知短轴 $\overline{cd}$ 作椭圆	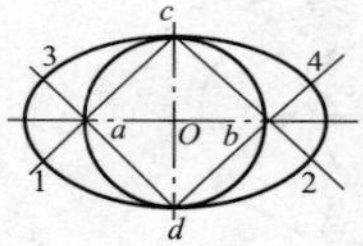	(1) 取$\overline{cd}$的中点为O，过O作$\overline{cb}$的垂线与以O为圆心、$\overline{cO}$为半径的圆相交于a、b两点 (2) 分别以c和d为圆心，取$\overline{cd}$为半径画弧交$\overline{ca}$、$\overline{cb}$和$\overline{da}$、$\overline{db}$的延长线于1、2、3、4各点 (3) 分别以a和b为圆心，取$\overline{a1}$为半径画弧$\overset{\frown}{13}$和$\overset{\frown}{24}$，即完成所求之椭圆
已知大小圆半径R、r，作心形圆	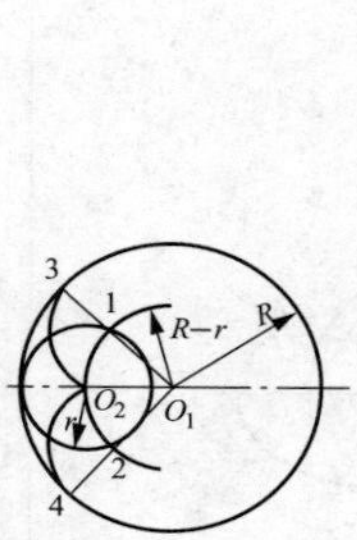	(1) 以O_1为圆心，取$R-r$为半径画弧交圆O_2于1、2两点 (2) 连接$O_1 1$和$O_1 2$并延长与圆O_1交于3、4两点 (3) 分别以1和2为圆心，取r为半径画弧$\overset{\frown}{3O_2}$、$\overset{\frown}{4O_2}$，即由$\overset{\frown}{34}$、$\overset{\frown}{4O_2}$、$\overset{\frown}{3O_2}$组成一个心形圆

续表

已知条件和作图要求	图　　示	操 作 要 点
已知两圆心距 $\overline{O_1O_2}$，半径为 r、R 作蛋形圆	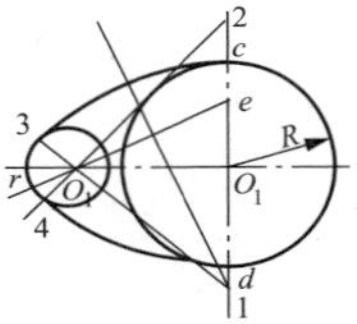	（1）过 O_2 作 $\overline{O_1O_2}$ 垂线交圆 O_2 圆周于 c、d 两点 （2）截取 $\overline{ce}=r$，连接 $\overline{eO_1}$ 的垂直平分线交 $\overline{cd}$ 延长线于点 1。同理得点 2 （3）连接 $\overline{1O_1}$ 和 $\overline{2O_1}$ 并延长交圆 O_1 于 3、4 两点 （4）分别以 1 和 2 为圆心，取 $\overline{1c}$ 为半径画弧 $\overset{\frown}{3c}$、$\overset{\frown}{4d}$，即得所求蛋形圆
已知长轴 $\overline{ab}$，短轴 $\overline{cd}$ 作椭圆	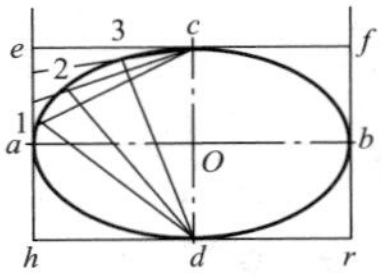	（1）长轴 $\overline{ab}$ 和短轴 $\overline{cd}$ 相交于 O 点 （2）分别过 a、b 和 c、d 点作 $\overline{cd}$ 和 $\overline{ab}$ 的平行线，交成矩形，交点为 e、f、g、h （3）把 $\overline{aO}$ 和 $\overline{ae}$ 线上各等分点的连线和从 d 点作 $\overline{aO}$ 线上的各等分点的连线并延长，各对连线交于 1、2、3 各点 （4）用光滑曲线连接各点得 1/4 的椭圆，同理求出其他三边曲线

七、其他曲线的画法

其他曲线的画法见表6-15。

表6-15　其他曲线的画法

已知条件和作图要求	图示	操作要点
已知导线和焦点求作抛物线	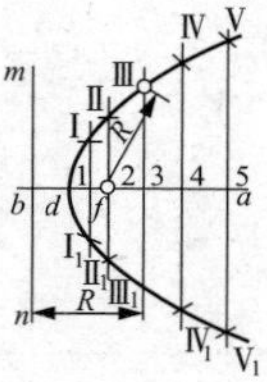	如图所示，通过焦点 f 作垂直于直线 mn 的轴线且与 mn 相交于点 b；求出 bf 的中点 d，则 d 点就是抛物线的顶点；从 d 点沿焦点方向取任意数目的点1、2、3……（图中为1～5点），并通过这些点作 mn 的平行线；再以f点为圆心，以 $b1$、$b2$、$b3$……的距离为半径画圆弧与上述的平行线对应相交于Ⅰ、$Ⅰ_1$、Ⅱ、$Ⅱ_1$、Ⅲ、$Ⅲ_1$……把所得各交点圆滑连接即为所求抛物线
已知宽和高求作抛物线	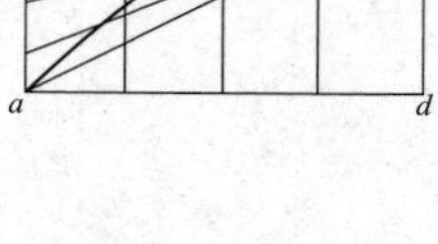	如图所示，图中只作抛物线的一半。过 a 和 c 点作 ad 和 cd 的平行线得一矩形，交点为 e；分别将 ad、ce 和 ae 线作相同的等分，把 ad 和 ce 上的等分点对应相连且与从 c 点到 ae 上等分点的连线对应相交得出各点；用曲线将这些点圆滑连接，即得出所求的抛物线

续表

已知条件和作图要求	图　示	操　作　要　点
已知任意角求做抛物线	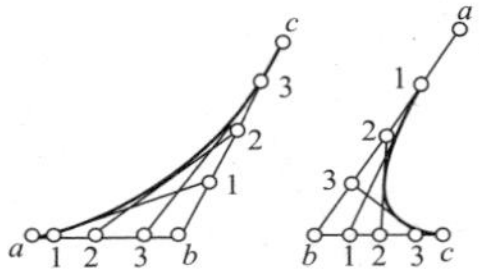	如图所示，把角的两边作相同等分，并按图上位置依次记入各等分点的数字，如1、2、3……用直线连接号数相同的点，即1-1、2-2、3-3……从 c 点到 a 点画曲线同所有的直线段相切，所得曲线就是已知角两边且相切于 a、c 两点的抛物线
已知双曲线顶点间和焦点间的距离，双曲线的画法	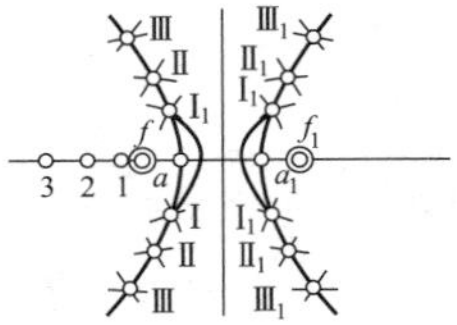	如图所示，先沿着轴线在焦点 f 的左面任意截取1、2、3……各点，离焦点越远，截点间隔应越大。再以焦点 f 和 f_1 为圆心，分别用 $a1$ 和 $a_1 1$ 为半径画两次圆弧，其交点Ⅰ、Ⅰ、$Ⅰ_1$、$Ⅰ_1$就是双曲线上的点；用同样的方法还可求出Ⅱ、Ⅱ和$Ⅱ_1$、$Ⅱ_1$及Ⅲ、Ⅲ和$Ⅲ_1$、$Ⅲ_1$等点。用曲线圆滑连接上述各点，即完成所求双曲线

续表

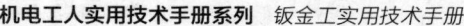

已知条件和作图要求	图　示	操作要点
已知转圆半径和导线长画普通摆线	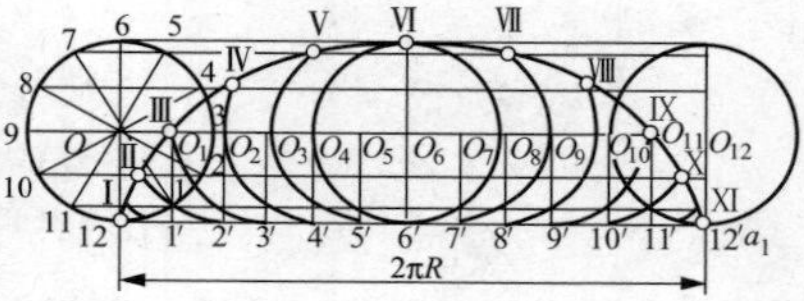	如图所示，以 O 为圆心，以 R 为半径作转圆，与直线 aa_1 相切在 a 点；从 a 点起将圆周适当等分（图中 $n=12$），得等分点 1、2、……、12；在直线上截取 aa_1 等于圆周伸直长度，同时把 aa_1 作 12 等分，得等分点 $1'$、$2'$、……、$12'$。通过转圆圆心 O 作直线的平行线 OO_{12}，并从直线上各等分点向上作直线的垂线，与直线 OO_{12} 相交为 O_1、O_2、…、O_{12} 等点；过转圆的各等分点向右引直线的平行线，然后以 O_1 为圆心以 R 为半径画圆弧，同经过点 1 所作的直线的平行线交于点 Ⅰ；同理可求出Ⅱ、Ⅲ、…、Ⅺ各点，将所求各点圆滑连接，即得出所求的普通摆线

续表

已知条件和作图要求	图　示	操　作　要　点
已知转圆半径 R 和导圆半径 R' 画外摆线	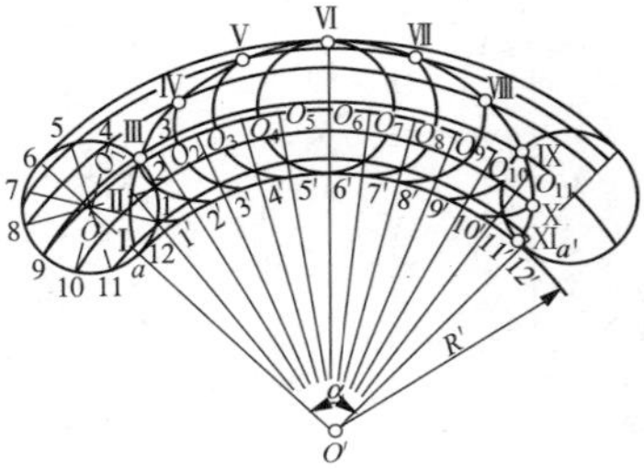	如图所示，以 O' 为圆心，以 R' 为半径画导圆圆弧，并在周弧上任取一点 a，连接 $O'a$ 并延长，在 $O'a$ 延长线上截取 $Oa=R$（转圆半径）；以 O 为圆心、R 为半径画转圆，且从 a 点起把转圆周适当等分（图中 $n=12$ 等分），得等分点 1、2、3、……、12。画 O' 的中心角 $\alpha=\frac{360R}{R'}$，可得到导圆弧 aa'；并把圆弧 aa'分 12 等分，得等分点为 $1'$、$2'$、$3'$、……、$12'$。用直线将 O' 点与各等分点（$1'$～$12'$点）相连并延长，与以 O' 为圆心，$OO'=R'+R$ 为半径所画圆弧相交于点 O_1、O_2、…、O_{12} 等。再以 O' 为圆心，作通过转圆上各等分点的辅助圆弧；然后以 O_1 为圆心，R 为半径画圆弧，与通过点 1 的辅助圆弧相交在 Ⅰ 点；用 O_2 作中心，R 作半径画圆弧同通过点 2 的辅助圆相交于 Ⅱ 点；用同样的方法可求得 Ⅲ、Ⅳ … Ⅺ 点。将各点圆滑连接，即为外摆线

续表

已知条件和作图要求	图　示	操 作 要 点
已知转圆半径 R 和导圆半径 R' 画内摆线	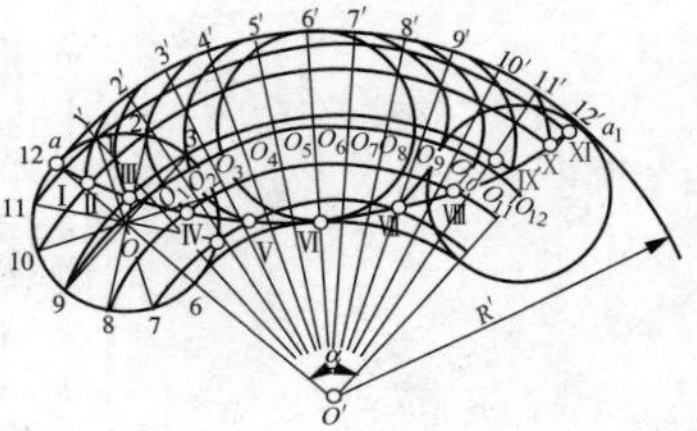	如图所示，内摆线的求法与外摆线的求法是相仿的，只是转圆各位置的圆心 O_1、O_2、…、O_{12}，是以 O' 为圆心，用 $OO'=R'-R$ 为半径画圆弧来求取的；其余作法均同外摆线
渐开线画法	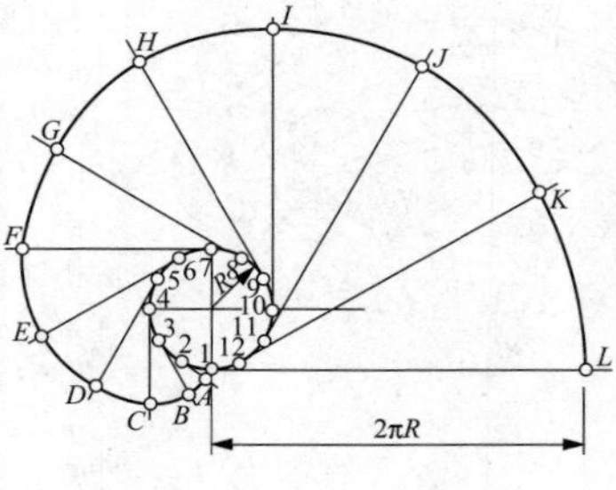	如图作圆的等分，过 1、2…各等分点作圆的切线 $1L$、$2A$…，在切线上截取对应弧长的同样长度，得到 A、B…各点，光滑连接各点即得到圆的渐开线
阿基米德螺旋线画法	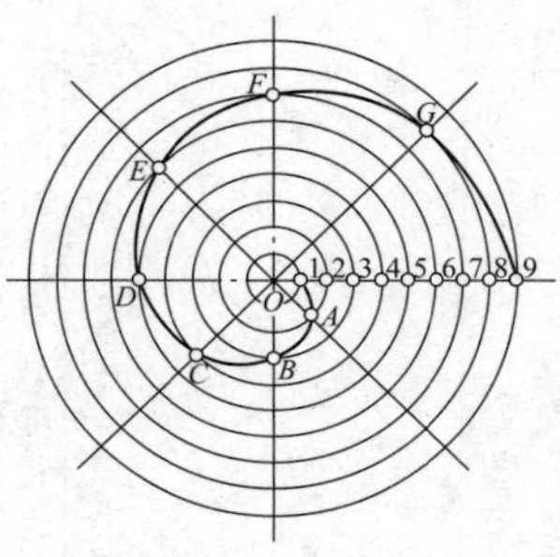	如图所示，以 O 为圆心以 O_1 和 O_9 为半径画同心圆，同样等分线段 19 和圆周，再以曲线光滑连接对应交点得阿基米德螺线，它也是圆锥螺旋线的平面投影

八、各种圆弧连接的做法

各种圆弧连接的做法见表 6-16。

表 6-16　　圆弧连接的做法

已知条件与要求	图　示	操作要点
用已知半径为 R 的圆弧连接锐角两边	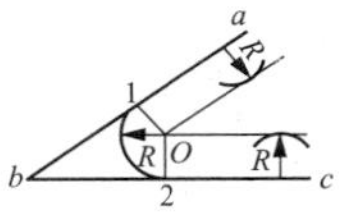	（1）分别在两边内侧作与两边相距为 R 的平行线，得交点 O （2）过 O 点分别作两边的垂线得点 1、2 （3）以 O 为圆心，用已知的 R 为半径画圆弧 $\overset{\frown}{12}$，即得到连接圆弧
用半径为 R 的圆弧连接直角边	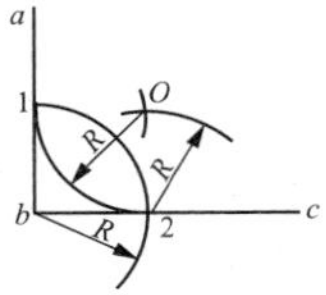	（1）以 b 为圆心，用已知 R 为半径画圆弧交 ab、bc 于 1、2 两交点 （2）分别以 1、2 为圆心，以 R 为半径画弧交于 O 点，再以 O 为圆心，以 R 为半径画弧 $\overset{\frown}{12}$ 即得
用半径为 R 的圆弧连接半径为 R_1 的圆弧和 ab 直线	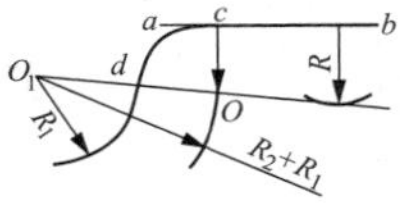	（1）以 O_1 为圆心，R_1+R 为半径画弧与距 ab 线为 R 的平行线相交于 O 点 （2）连接 O_1O 且过 O 作 ab 的垂线，得 b、c 两交点 （3）以 O 为圆心，R 为半径画弧 $\overset{\frown}{cd}$ 即得

续表

已知条件与要求	图　示	操 作 要 点
用半径为 R 的圆弧连接已知的半径为 R_1 和 R_2 的两圆弧（两外弧连接）	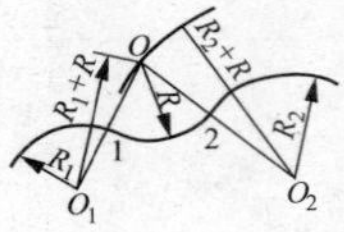	（1）分别以 O_1 和 O_2 为圆心，以 R_1+R 和 R_2+R 为半径画圆弧相交于 O 点，分别连接 OO_1 和 OO_2 得 1、2 两交点 （2）以 O 为圆心，以 R 为半径画圆弧 $\overset{\frown}{12}$，即得到外连接弧
用半径为 R 的圆弧连接两已知圆弧（内、外弧连接）	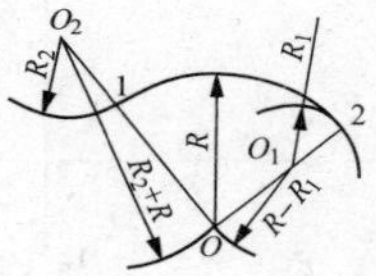	（1）分别以 O_1 和 O_2 为圆心，以 $R-R_1$ 和 $R+R_2$ 为半径画圆弧相交于 O 点，分别连接 OO_1 和 OO_2 得 1、2 两交点 （2）以 O 为圆心，以 R 为半径画圆弧 $\overset{\frown}{12}$，即得到用半径为 R 的圆弧连接两圆弧的外连接弧
用半径为 R 的圆弧连接两已知圆弧（两内弧连接）	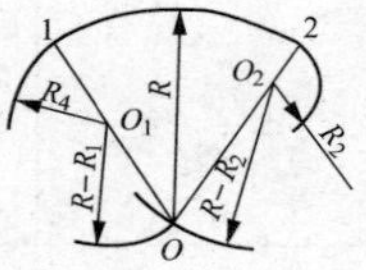	（1）分别以 O_1 和 O_2 为圆心，以 $R-R_1$ 和 $R-R_2$ 为半径画圆弧相交于 O 点，分别连接 OO_1 和 OO_2 得 1、2 两交点 （2）以 O 为圆心，以 R 为半径画圆弧 $\overset{\frown}{12}$，即得到用半径为 R 的圆弧连接两圆弧的外连接弧
从圆外一点 P 作圆的切线	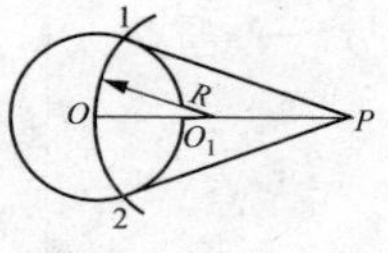	（1）连接 OP，取 OP 的中点为 O_1，再以 O_1 为圆心，OO_1 为半径画圆弧交圆 O 于点 1 和 2 （2）连接 $P1$、$P2$，即得

续表

<table>
<tr><th>已知条件与要求</th><th>图　　示</th><th>操 作 要 点</th></tr>
<tr><td rowspan="2">作圆 O_1 和圆 O_2 的切线</td><td>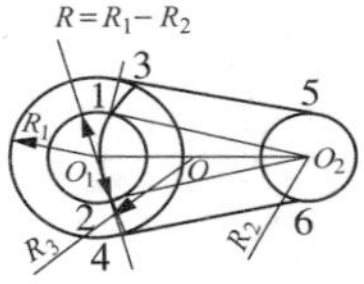
</td><td>(1) 以 O_1 为圆心，取 $R=R_1-R_2$ 为半径画圆
(2) 连接 O_1O_2 并取中点 O，再以 O 为圆心，O_1O 为半径画弧得 1、2 两交点
(3) 连接 $1O_1$、$2O_1$ 并反向延长得 3、4 两点
(4) 分别过 3、4 两点作 $1O_2$ 和 $2O_2$ 的平行线 3-5、4-6，即为所求切线</td></tr>
<tr><td>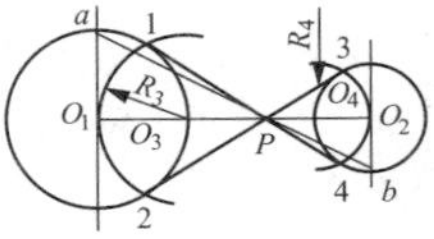
</td><td>(1) 连接 O_1O_2 且过这两点作其垂线得 a、b 两交点，再连接 ab 交 O_1O_2 于 P 点
(2) 分别取 PO_1 和 PO_2 的中点为 O_3、O_4 两点，分别以 O_3 和 O_4 为圆心，以 O_1O_3 和 O_4O_2 为半径画圆弧得点 1、2、3、4
(3) 连接 1-4、2-3 即为所求</td></tr>
</table>

九、线段和角的等分方法

线段和角的等分见表 6-17。

表 6-17　　线段和角的等分

<table>
<tr><th>名称</th><th>作图条件与要求</th><th>图　　示</th><th>操 作 要 点</th></tr>
<tr><td>线段的等分</td><td>作 $\overline{ab}$ 的 2 等分</td><td>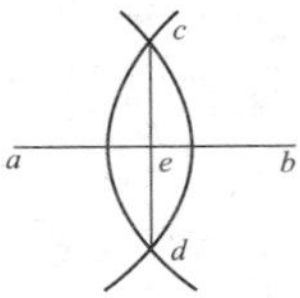
</td><td>(1) 分别以 a、b 为圆心，任取 $R\left(>\frac{1}{2}\overline{ab}\right)$ 为半径画弧，得交点 c、d 两点
(2) 连接 $\overline{cd}$ 并与 $\overline{ab}$ 交于 e，则 $ce=be$，即 $\overline{cd}\perp$ 平分 $\overline{ab}$</td></tr>
</table>

续表

名称	作图条件与要求	图示	操作要点
线段的等分	作$\overline{ab}$的任意等分（本例为 5 等分）	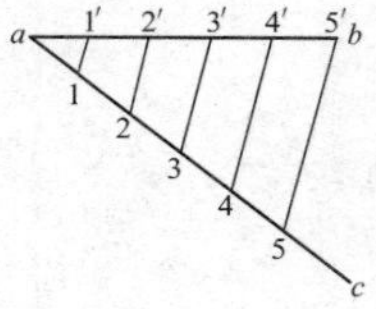	（1）过 a 作倾斜线$\overline{ac}$，以适当长在$\overline{ac}$上截取 5 等分，得 1、2、3、4、5 各点 （2）连接 $b5$ 两点，过$\overline{ac}$线上 4、3、2、1 各点，分别作 $b5$ 的平行线交$\overline{ab}$于 $4'$、$3'$、$2'$、$1'$各点，即把 ab 5 等分
角度的等分	$\angle abc$ 的 2 等分	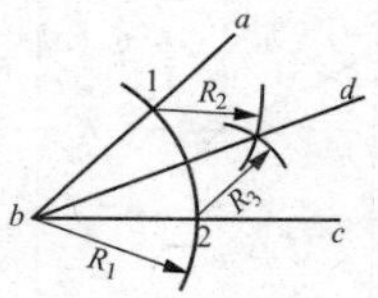	（1）以 b 为圆心，适当长 R_1 为半径，画弧交角的两边于 1、2 两点 （2）分别以 1、2 两点为圆心，任意长 $R_2\left(>\frac{1}{2}\overline{12}\right.$ 距离$\left.\right)$为半径相交于 d 点 （3）连接$\overline{bd}$，则$\overline{bd}$即为$\angle abc$ 的角平分线
	作无顶点角的角平分线	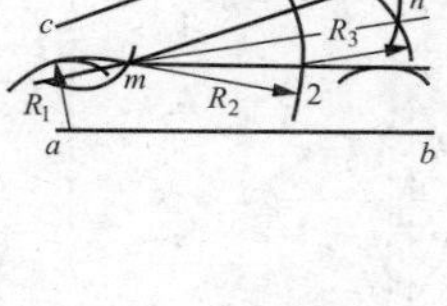	（1）取适当长 R_1 为半径，作$\overline{ab}$和$\overline{cd}$的平行线交于 m 点 （2）以 m 为圆心，适当长 R_2 为半径画弧交两平行线于 1、2 两点 （3）以 1、2 两点为圆心，适当长 R_3 为半径画弧交于 n 点 （4）连接$\overline{mn}$，则$\overline{mn}$即为$\overline{ab}$和$\overline{cd}$两角边的角平分线

续表

名称	作图条件与要求	图示	操作要点
角度的等分	90°角∠abc的3等分	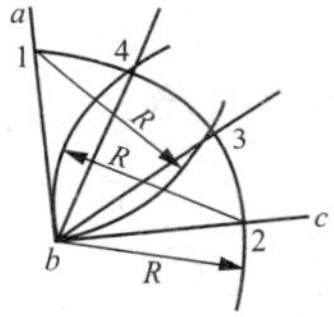	（1）以b为圆心，任意长R为半径画弧，交两直角边于1、2两点 （2）分别以1、2点为圆心，用同样R为半径画弧得3、4点 （3）连接$b3$、$b4$即为3等分90°角
	∠abc的3等分	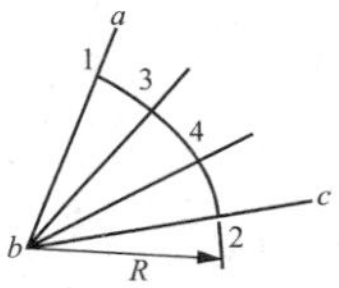	（1）以b为圆心，适当长R为半径画弧交角边于1、2两点 （2）将$\overset{\frown}{12}$用量规截取3等分为3、4两点 （3）连接$b3$、$b4$即为3等分∠abc
	90°角5等分	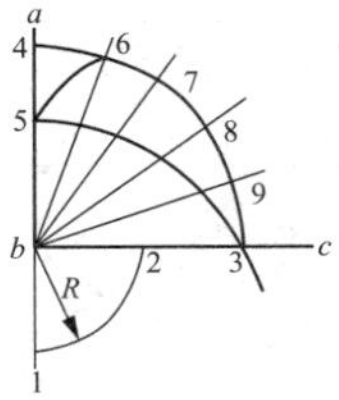	（1）以b为圆心，取适当长R半径画弧交$\overline{ab}$延长线于点1和$\overline{bc}$于点2，量取点3使$\overline{23}=\overline{b2}$ （2）以b为圆心，$\overline{b3}$为半径画弧交$\overline{ab}$于点4 （3）以点1为圆心，$\overline{13}$为半径画弧交$\overline{ab}$于点5 （4）以点3为圆心，$\overline{35}$为半径画弧交$\overset{\frown}{34}$于点6 （5）以$\overset{\frown}{a6}$长在$\overset{\frown}{34}$上量取7、8、9各点 （6）连接$b6$、$b7$、$b8$、$b9$即为5等分90°角∠abc

十、圆的等分

圆的等分见表6-18。

表 6-18　　圆的等分

<table>
<tr><th>作图条件与要求</th><th>图　示</th><th>操　作　要　点</th></tr>
<tr><td>求圆的3、4、5、6、7、9、12等分的长度</td><td>
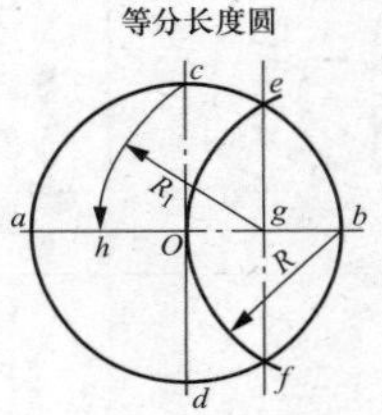

</td><td>(1) 过圆心 O 作$\overline{ab}\perp\overline{cd}$的两条直径线
(2) 以 b 为圆心、R 为半径画弧交圆周于 e、f，连接$\overline{ef}$并交$\overline{ab}$于 g 点
(3) 以 g 为圆心，$R_1=\overline{cg}$为半径画弧交$\overline{ab}$于 h
(4) 则 $\overline{ef}$、$\overline{bc}$、$\overline{ch}$、$\overline{bO}$、$\overline{eg}$、$\overline{hO}$、$\overline{ce}$长分别等分该圆周的3、4、5、6、7、9、12等分长</td></tr>
<tr><td>作圆 O 的任意等分（图中7等分）</td><td>
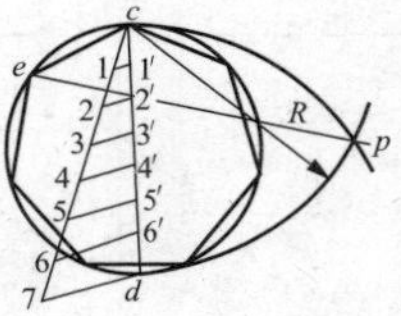

</td><td>(1) 把圆的直径$\overline{cd}$七等分
(2) 分别以 c、d 为圆心，取 $R=\overline{cd}$为半径画弧得 p 点
(3) p 点与直径等分的偶数点 $2'$连接，并延长与圆周交于 e 点，则$\overline{ce}$即是所求的等分长
(4) 用$\overline{ce}$长等分圆周，然后连接各点，即为正七边形</td></tr>
<tr><td>作$\overset{\frown}{ab}$半圆弧的任意等分（图中5等分）</td><td>
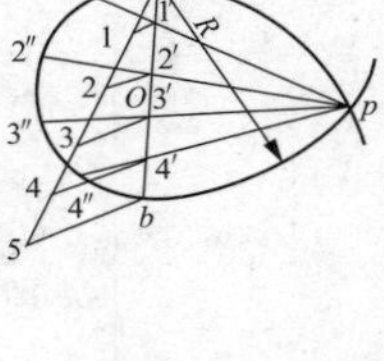

</td><td>(1) 将直径$\overline{ab}$五等分
(2) 分别以 a、b 为圆心，以 $R=\overline{ab}$为半径，画弧得 p 点
(3) 分别连接 $p1'$、$p2'$、$p3'$、$p4'$，并延长与圆周得交点为 $1''$、$2''$、$3''$、$4''$点，即各点将半圆弧5等分</td></tr>
</table>

圆的等分也可用计算法求得，其计算的公式如下

$$S = KD$$

式中　S——等分圆周的弦长；

K——圆周等分的系数；

D——圆的直径。

K 的数值是随正多边形的边数的增减而变化的，如果边数由少变多，K 的数值就由大变小。正多边形的边数（用 N 代表）与系数（K）的关系，查表 6-19。

表 6-19　圆内接正多边形的边数（*N*）与系数（*K*）的关系

N	K	N	K	N	K	N	K	N	K
1	—	21	0.149 04	41	0.076 55	61	0.051 48	81	0.038 78
2	—	22	0.142 31	42	0.074 73	62	0.050 65	82	0.038 30
3	0.866 03	23	0.136 17	43	0.073 00	63	0.049 85	83	0.037 84
4	0.707 11	24	0.130 53	44	0.071 34	64	0.049 07	84	0.037 39
5	0.587 79	25	0.125 33	45	0.069 76	65	0.048 31	85	0.036 93
6	0.500 00	26	0.120 54	46	0.068 24	66	0.047 58	86	0.036 52
7	0.433 88	27	0.116 09	47	0.066 79	67	0.046 87	87	0.036 10
8	0.382 68	28	0.111 96	48	0.065 40	68	0.046 18	88	0.035 59
9	0.342 02	29	0.108 12	49	0.064 07	69	0.045 51	89	0.035 29
10	0.309 02	30	0.104 53	50	0.062 79	70	0.044 86	90	0.034 90
11	0.281 73	31	0.101 17	51	0.061 56	71	0.044 23	91	0.034 52
12	0.258 82	32	0.098 02	52	0.060 38	72	0.043 62	92	0.034 14
13	0.239 32	33	0.095 06	53	0.059 24	73	0.043 02	93	0.033 77
14	0.222 52	34	0.092 27	54	0.058 14	74	0.042 44	94	0.033 41
15	0.207 91	35	0.089 64	55	0.057 00	75	0.041 88	95	0.033 06
16	0.195 09	36	0.087 16	56	0.056 07	76	0.041 32	96	0.032 72
17	0.183 75	37	0.084 81	57	0.055 09	77	0.040 79	97	0.032 38
18	0.173 65	38	0.082 58	58	0.054 14	78	0.040 27	98	0.032 05
19	0.164 59	39	0.080 47	59	0.053 22	79	0.039 76	99	0.031 73
20	0.156 43	40	0.078 46	60	0.052 34	80	0.039 26	100	0.031 41

注　$K=\sin\frac{180^\circ}{N}$。

十一、正多边形的做法与技巧

正多边形的做法见表 6-20。

表 6-20　　　　正多边形的做法

<table>
<tr><th>已知条件和作图要求</th><th>图　示</th><th>操作要点</th></tr>
<tr><td>圆内接正四边形边长的求作</td><td>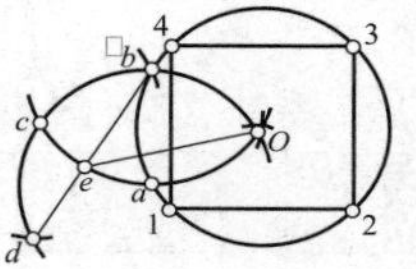
</td><td>如图所示，以圆的半径为半径，以圆周上任意一点 a 为圆心画圆弧交圆周于 b 点；再以 b 为圆心，同样的半径画圆弧可得到 c 点；又以 c 为圆心，并以相同的半径画圆弧而得到 d 点；然后连接 bd，可得 e 点；Oe 则为所求的边长</td></tr>
<tr><td>已知边长作正五边形</td><td>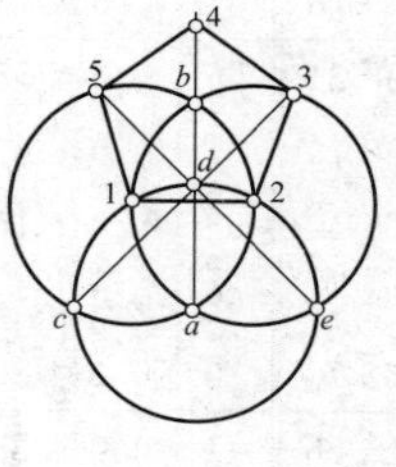
</td><td>如图所示，画一条直线 1-2 为已知边长，以其为半径，分别以 1、2 为圆心作两个圆，得交点 a、b；再以 a 为圆心，以相同的半径画圆得交点 c、e；连接直线 ab 得交点 d，然后连接 cd、ed 且延长得交点 3 和 5；以 3、5 点为圆心，1-2 长为半径画圆弧可得到 4 点；将所求的数字各点依次用直线连接，即完成所求五边形</td></tr>
<tr><td>作圆的内接正五边形（边长求法Ⅰ）</td><td>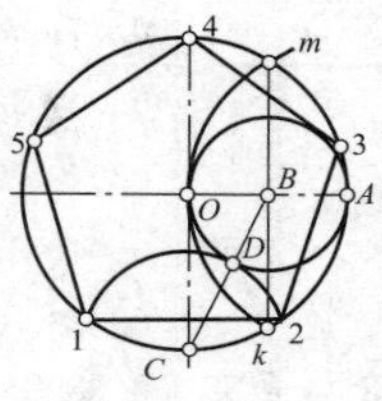
</td><td>如图所示，以圆 O 的横轴一端 A 点为圆心，OA 为半径画圆弧交于 m、k 两点，连接 mk 交 OA 于 B 点，即为 OA 的中心；以 B 点为圆心，OB 为半径画圆，与 CB 的连线交于 D 点；以 C 为圆心，CD 为半径画圆弧可得 1、2 两点；则 1、2 两点的连线即为正五边形的边长</td></tr>
</table>

续表

已知条件和作图要求	图　示	操作要点
作圆的内接正五边形（边长求法Ⅱ）	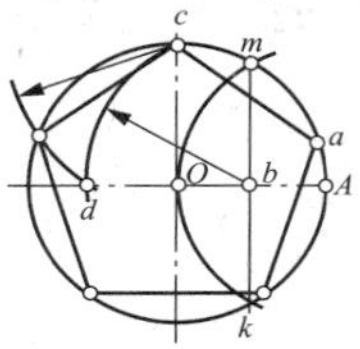	如图所示，用同上例一样的方法求出 OA 的中点 b；以为圆心，bc 为半径画圆弧可得 d 点，cd 即为所求的边长
作任意正多边形	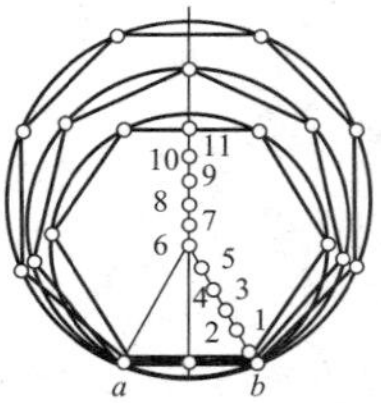	如左图所示，分别以已知边 ab 线上的 a、b 点为圆心，以 ab 长为半径画圆弧与曲线的垂直平分线交于点6；连接 $b6$ 且将其6等分，得等分点1、2、3、4、5；从6点起，沿垂直平分线向上截取 $b6$ 线上1等分的长度（如 $b1$），依次而为可得7、8、9、10……各点。如要作正六边形，则以点6为圆心，以 $a6$ 为半径画圆；如要作正七边形，则以点7为圆心，以 $a7$ 为半径画圆，以此类推。然后用长等分圆周，连接各等分点，即为所求的正多边形

第七章

钣金放样、号料与下料

第一节 钣金放样技巧

一、钣金放样分类及其作用

1. 钣金放样及分类

钣金放样是根据钣金产品总图样或零、部件图样要求的形状和尺寸，还要在施工图的基础上，结合产品的结构特点、施工需要等条件，按照1∶1的比例关系把产品或零、部件的实形划在放样台上（或平板上）的过程，有时还要进行展开和必要的计算，最后获得施工所需要的数据、样板、样杆和草图。

对比较复杂的壳体、部件，还要展开作图，有时也可用计算展开法。展开是将各种形状零、部件的表面，按其实际形状和大小，摊开在一个平面上的过程。

按照不同产品的结构特点，放样可分为结构放样和展开放样两大类，且后者是在前者基础上进行的。结构放样，就是在绘制出投影线图的基础上，只进行工艺性处理和必要的计算，而不需要做展开，例如椅架类构件的放样等。展开放样，就是在结构放样的基础上，再对构件进行展开处理的放样。

在实际工作中，大部分构件的放样过程是两者兼有，并无严格分界。

2. 钣金放样的作用

钣金放样（展开）是冷作钣金工的第一道工序。钣金放样的主要作用如下：

（1）根据放样所得的零、部件的实际形状和尺寸直接在钢材上号料。

（2）根据放样所得的零、部件的实际形状和尺寸制作划线用的样板，用样板去号料，样板可用来检查零、部件或产品的形状和尺寸。

（3）利用放样图样装配部件或产品。

（4）利用放样图线检查零、部件的形状和尺寸。

3. 钣金放样的任务

钣金工通过放样，一般要完成如下任务：

（1）详细复核施工图。详细复核施工图所表现的构件各部分投影关系、尺寸及外部轮廓形状（曲线或曲面）是否正确，并符合设计要求。

施工图一般是按缩小比例绘成的，各部分投影及尺寸关系未必十分准确，外部轮廓形状（尤其为一般曲面时）能否完全符合设计要求较难确定。而放样图因可采用 1∶1 比例绘制，剖切面多少亦不受限制，故设计中的问题将充分显露出来，并得到解决。这类问题在大型产品放样和新产品试制中比较突出。

（2）必要的结构处理。在不违背原设计要求的前提下，依工艺要求进行结构处理，这是每一产品放样时都必须要解决的问题。

结构处理主要是考虑原设计结构从工艺性看是否合理、是否优越，并处理因受所用材料、设备能力和施工条件等因素影响而出现的结构问题。结构处理涉及面较广，有时还很复杂。放样过程中的结构处理实例见表 7-1。

（3）利用放样图，确定复杂构件在缩小比例图样中无法表达，而在实际制造中又必须明确的尺寸。

（4）利用放样图，结合必要的计算，求出构件用料的真实形状和尺寸，有时还要画出与之连接的构件的位置线（即算料与展开）。

（5）依据构件的工艺需要，利用放样图设计加工或装配所需的胎具和模具。为后续供需提供施工依据，即绘制供号料划线用的草图，为制作各类样板、样杆和样箱准备数据资料等。

（6）某些构件还可以直接利用放样图进行装配时的定位，即所谓的“地样装配”。桁架类构件和某些组合框架的装配，经常采用这种方法。这时，放样图就可直接画在钢质的装配平台上。

表 7-1　　放样过程中的结构处理实例

实例	图示		处理说明
容器局部结构处理	改进前	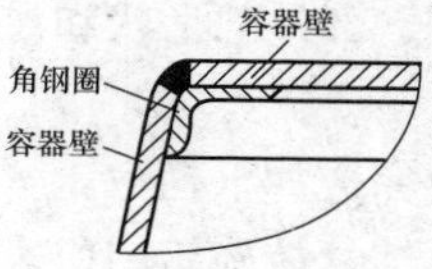	圆锥台容器的端部结构，用角钢圈内衬对角部焊缝内侧进行加固连接，但须将角钢圈断面进行“劈八字”形状处理，而这种处理只有在加工时进行加热才能弯曲成形。若将角钢圈改为两件焊接组合形式，就可在机器上进行冷加工成形，节省了加热工艺，提高了效率
	改进后	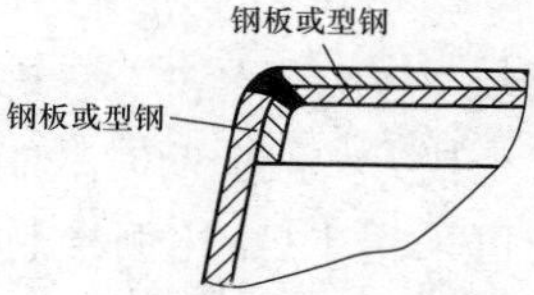	
大圆筒件结构处理	视图	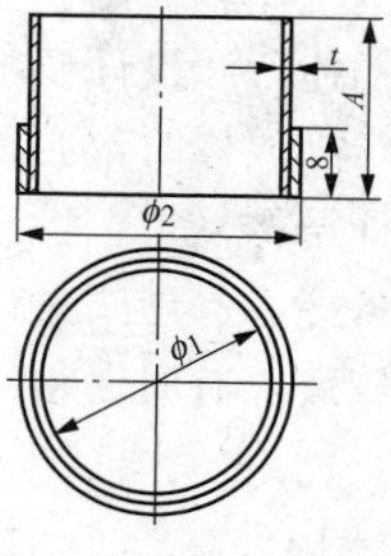	产品原设计中只给出了各部件尺寸要求，但由于此圆筒部件尺寸较大，需由几块拼制而成，所以在放样时采用焊缝Ⅰ、Ⅱ、Ⅲ的拼接位置及坡口形式，并考虑其中性层位置、接口线及展开形状等问题，同时还要根据产品的具体情况和工厂条件进行妥善处理
	拼接位置与坡口形式	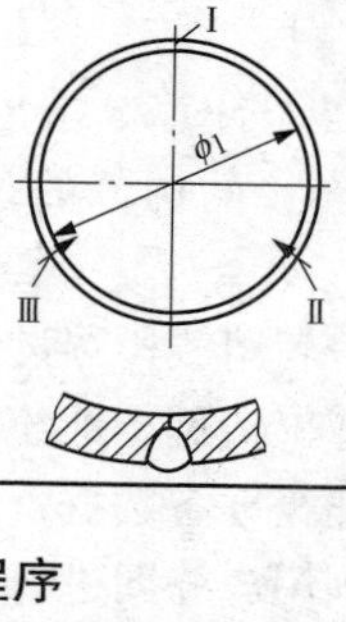	

二、钣金放样程序

在长期的生产实践中，钣金放样形成了以实尺放样为主的多种放样方法。随着科学技术的发展，又出现了光学比例放样、电子计算机放样等新工艺，并且逐步得到推广应用。但目前广泛应用的仍然是实尺放样。

1. 放样间与放样台

（1）实尺放样要在放样间的放样台上进行。放样台有钢质的和木质的两种：

1）钢质放样台是用铸铁或由厚度 12mm 以上的低碳钢板所制成的。钢板接缝处应铲平磨光，板面要平整，板下面需用枕木或型钢垫起。放样时，为使线型清晰，常在板面涂上带胶的白粉。

2）木质放样台是用厚木板拼制的，要求表面光滑平整，无裂缝；木材纹理要细，疤节少。为使木板具有足够的刚度，以保证放样精度，木板厚度要求为 70～100mm，接缝错开，连接紧密。放样台使用时，表面要涂上二三道底漆，最后涂以暗灰色的无光漆，以免台面反光刺眼，同时该面漆应能鲜明地衬出多种颜色的线条。

3）放样台局部平面度，在 $5m^2$ 面积允许误差在±3mm 以内。

（2）放样间应光线充足，便于看图和划线。其采光或照明应保证在任何位置划线时都不致出现阴影。

放样间除样台外，一般还备有加工样板时所需的工具和其他设备。

2. 实尺放样程序与注意事项

实尺放样就是采用 1∶1 的比例进行放样。对于不同的行业，如机械、船舶、车辆、化工、冶金、飞机制造等，所采用的实尺放样工艺各具特色，但就其基本程序而言，却大体相同。这里以普通金属结构件为主，介绍实尺放样的程序如下。

（1）线型放样技巧。线型放样就是根据施工需要，绘制构件整体或局部轮廓的投影基本线型。

钣金工进行线型放样要注意以下几点：

1）根据所要绘制的图样的大小和数量多少，安排好各图在放样台上的位置。为了节省放样台面积和减轻放样劳动量，大型结构的放样也允许采用部分视图重叠或单向缩小比例的方法。

2）选定放样划线基准的技巧。放样划线基准就是放样划线时，用以确定其他点、线、面的位置的依据。施工图上本身就有确定点、线、面相对位置的基准，称为设计基准。放样划线基准通常与设计基准一致。

a. 对称件放样时一般先划中心线和垂直线，作为其他划线的基准。如图 7-1 所示的零件，圆柱尺寸以中心线对称分布，两个线性尺寸以底面为基准，则将中心线和底面为作为放样基准。

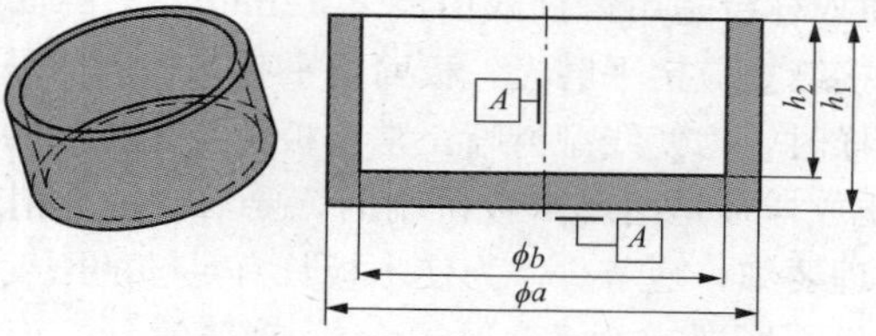

图 7-1　对称件放样实例

b. 非对称件加工至少要画出两个方向的基准线，如图 7-2 所示的零件，尺寸由两个相互垂直的平面确定，则将这两个平面作为放样基准。

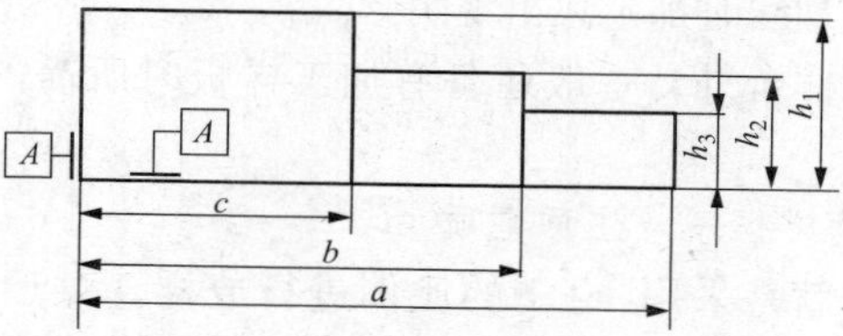

图 7-2　非对称件放样实例

应当指出，较短的基准线可以直接用钢尺或弹粉线划出，而对于外形尺寸长达几十米甚至超百米的大型金属结构，可用拉钢丝配合角尺或悬挂线锤的方法划出基准线。目前有些工厂和企业已采用激光经纬仪做出大型构件的放样基准线，可以获得较高的精确度。无论采用何种方法，各视图中的基准线必须作得十分准确，保证必要的精确度。作好的基准线要经过必要的检验。

3）线型放样以划出设计要求必须保证的轮廓（或其他）线型为主，而那些因工艺要求而可能变动的线型则可暂时不划。

4）放样图线条的粗细无关紧要，但常需要添加各种与展开有关的必要辅助线条，而去掉视图中与放样无关的线条，甚至可以去掉与展开下料无关的视图。

如图 7-3 所示的锥管放样图与施工图，其差别就很大，在放样图主视图上添加划出了圆锥管头部的圆锥顶点，并按照中性层法将锥管主、俯视图仅划成了单线图并标注必要的尺寸。尤其在展开图上去掉了与展开下料无关的俯视图，并仅标注锥管的展开长度尺寸。

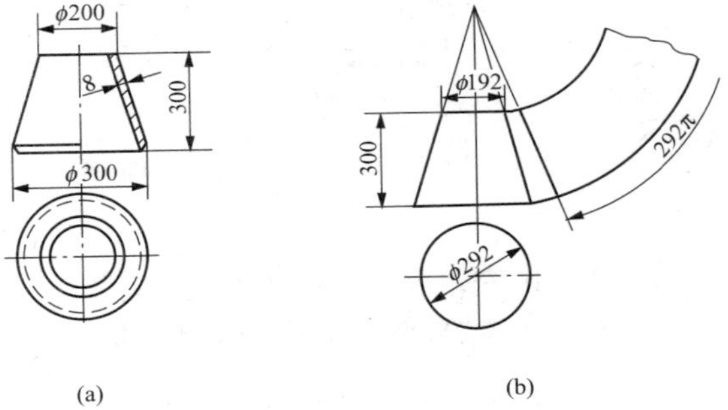

图 7-3 圆锥管的放样与展开图

（a）施工图；（b）放样图与展开图

5）进行线型放样，必须严格遵循正投影规律。放样时，究竟划出构件的整体还是局部，可依施工需要决定。但无论整体还是局部，所划出的几何投影必须符合正投影关系，就是所谓保证投影的一致性。否则，将不能正确反映构件的形状和大小，更谈不上进行结构放样和展开放样了。

a. 放样图是以 1∶1 的实尺比例进行绘制，并按构件中性层弯曲半径或里皮尺寸进行必要的计算及展开，以获得产品制造过程中所需要的放样图、数据、样杆、样板和草图等，然后完成在钢板或型钢上的划线号料等工作。它依据的施工图是将产品立体形状按一定比例放大或缩小绘制，如图 7-4（a）所示。

b. 放样图上 1∶1 的比例不仅能精确反映实物的尺寸和形状，还可直接用于展开，而且不必标注中性层、里皮以外的尺寸，也无须划出板厚，如图 7-4（b）所示。

c. 施工图上不仅需表明投影关系，内部或局部的关系，绘画两个以上视图或剖视图及局部放大图等，还需标注构件的全部尺寸与形位公差、表面粗糙度、标题栏及有关技术说明等才能加工成形。

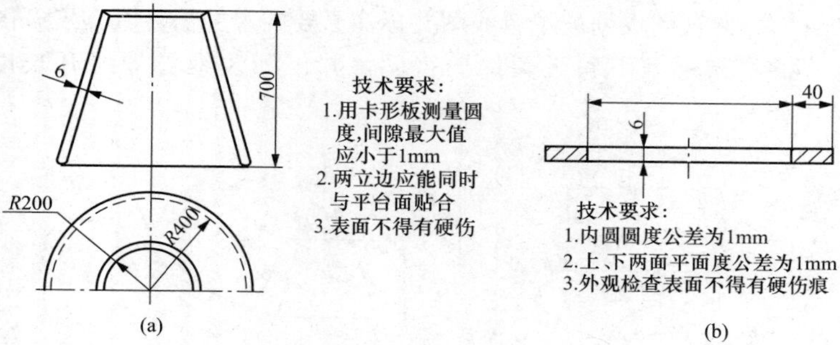

图 7-4　简单曲面构件的放样施工图

(a) 圆锥管接头；(b) 扁钢圆环

6）对于具有复杂曲面的金属结构，如船舶、飞行器、车辆等，则往往采用平行于投影面进行剖切，划出一组或几组线型来表示结构的完整形状和尺寸。所划出的线型图必须满足光顺性和协调性的要求。

（2）结构放样技巧。结构放样就是在线型放样的基础上，依施工要求进行工艺性结构处理的过程。结构放样一般包含的内容及注意事项：

1）确定各种结合位置及连接形式。在实际生产中，由于材料规格及加工条件等限制，往往需要将原设计中的整件分为几部分加工、组合（或拼接）。这时，就需要施工者根据构件实际情况，正确、合理地确定结合部位置及连接形式。此外，对原设计中的连接部位结构形式也要进行工艺分析，其不合理的部分应加以修改。

2）根据加工工艺及工厂实际生产加工能力，对结构中的某些部位或部件给以必要的改动。

3）计算或量取零部件料长及平面零件的实际形状，绘制号料草图，制作号料样板、样杆及样箱；或按一定格式填写数据，供数控切割使用。

4）根据各加工工序的需要，设计胎具或胎架，绘制各类加工、装配草图，制作各类加工、装配用样板。

这里要强调的是：进行结构的工艺性处理，一定要在不违背原设计要求的前提下进行。对设计上有特殊要求的结构或结构上的某些部位，即便加工有困难，也要尽量满足设计要求。还需指出：凡是对结构做较大的改动，须经设计部门或产品使用单位有关技术部门同意，并由本单位技术负责人批准，方可进行。

（3）展开放样技巧。展开放样是在结构放样的基础上，对不反映实形或需展开的部件进行展开，以求取实形的过程。其具体包括如下内容：

1）板厚处理。根据施工中的各种因素合理考虑板厚的影响，划出欲展开构件的单线图（即所谓理论线），以便据此作展开图。

2）展开作图。即利用已划出的构件单线投影图，运用投影理论和钣金展开的基本方法，做出构件的展开图。

3）根据已做出的构件展开图，制作号料样板。

3. 钣金放样基准的选择技巧

钣金图样放样时，划线要遵守这样一个基本规则：从基准开始。在设计图样上，用来确定其他点、线、面位置的基准，称为设计基准。放样时，通常也都是选择图样的设计基准来做放样基准的。

放样划线基准一般有三种类型：

（1）以两个相互垂直的平面（或直线）为基准，如图 7-5（a）所示，该零件上有垂直两个方向的尺寸，外缘线为确定这两个方向的划线基准。

（2）以一个平面（或直线）和一条中心线为基准，如图 7-5（b）所示。该工件上高度方向的尺寸是以底面为依据的，而宽度方向的尺寸对称于中心线，所以，底平面和中心线分别为该零件两个方向上的划线基准。

（3）以两条相互垂直的中心线为基准，如图 7-5（c）所示。该工件上两个方向的尺寸与其中心线具有对称性，并且其他尺寸也从

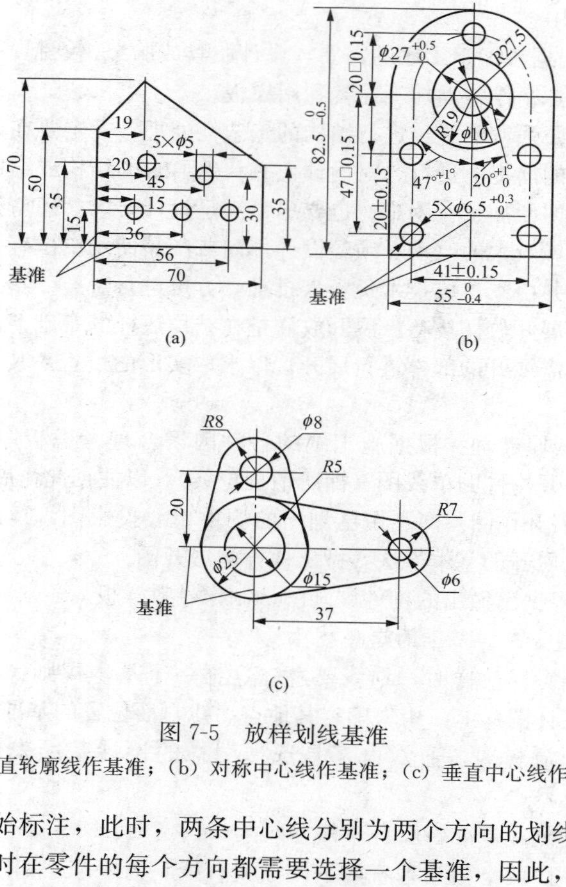

图 7-5　放样划线基准

（a）垂直轮廓线作基准；（b）对称中心线作基准；（c）垂直中心线作基准

中心线起始标注，此时，两条中心线分别为两个方向的划线基准。

划线时在零件的每个方向都需要选择一个基准，因此，平面划线时要选择两个划线基准，立体划线时要选择三个划线基准。

4. 工艺余量与放样允许误差的选择诀窍

（1）工艺余量的选择诀窍。产品在制造过程中，要经过许多工序。由于产品结构的复杂程度、参与作业的工种多少、施工设备的先进程度、操作者的技术水平和所采取的工艺措施都不会完全相同，因此在各道工序中都会存在一定的施工误差。此外，某些产品在制造过程中还不可避免地产生一定的加工损耗和结构变形。为了消除这些误差、变形和损耗对施工的影响，保证产品制成后的形状和尺寸达到规定的精度，就要在施工过程中，采取加放余量的措施，即所谓的工艺余量。

在确定工艺余量时，主要考虑的因素及注意事项。

1）放样误差的影响。包括放样过程和号料过程中的误差。

2）零件加工过程中误差的影响。包括切割、边缘加工及各种成形加工过程中的误差。

3）装配误差的影响。包括装配边缘的修整、装配间隙的控制、部件装配和总装的装配公差以及必要的反变形值等。

4）焊接变形的影响。拼接板的焊缝收缩量、构件之间的焊缝收缩量，以及焊后引起的各种变形。

5）火焰矫正的影响。进行火焰矫正变形时所产生的收缩量。

放样时，应全面考虑上述因素并参照经验合理确定余量应放的部位、方向及数值。

（2）放样允许误差的选择诀窍。放样过程中，由于受到放样量具及工具精度以及操作水平等因素的影响，实样图会出现一定的尺寸偏差。把这种偏差限制在一定的范围内，就叫作放样的允许误差。

实际生产中，放样允许误差值往往随产品类型、尺度大小和精度要求而异。表 7-2 给出的允许误差值可供参考。

表 7-2　　常用放样允许误差值

序号	名　　称	允许误差/mm
1	十字线	±0.5
2	平行线和基准线	±（0.5～1）
3	轮廓线	±（0.5～1）
4	结构线	±1
5	样板和地样	±1
6	两孔之间	±0.5
7	样杆、样条和地样	±1
8	度板和地样	±1
9	加工样板	±（1～2）
10	装配用样杆、样条	±1

三、钣金放样作业技巧

1. 平面图形的放样技巧

平面图形放样可直接在坯料上号料或进行样板制作。放样时，要结合零件的使用及加工方法，按前面介绍的判断图样设计基准的方法来确定放样基准。

（1）加强肋板的放样技巧。图 7-6 所示为钢板制加强肋板的图样和放样顺序。从图样显示的零件形状及实际应用情况分析，并结合判断图样的设计基准，其轮廓线 AOB 段显然是放样基准。其放样步骤如下：

1）划出放样基准线 $AO \perp OB$，如图 7-6（b）所示。

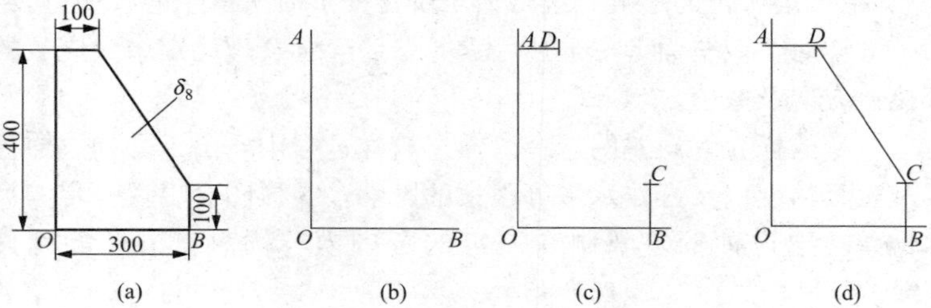

图 7-6 加强肋板的放样划线实例

（a）图样；（b）划基准线；（c）截取各线段；（d）完成放样

2）在 AO 上截取 $AO=450$mm，在 OB 上截取 $OB=300$mm。过 A 点作 AO 的垂线并截 $AD=100$mm；过 B 点作 OB 的垂线并截 $BC=100$mm，如图 7-6（c）所示。

3）连接 CD，即完成该零件的放样，如图 7-6（d）所示。

（2）圆盖板的放样技巧。图 7-7 所示为一钢板制圆盖板图样和放样顺序。一般情况下，圆形零件的图样设计基准和放样基准就是圆的十字中心线。其放样步骤如下：

1）划出十字中心线作放样基准，如图 7-7（b）所示。

2）划同心圆 D、D_1，并对 D_1 圆周进行等分，如图 7-7（c）所示。在各等分点打上样冲眼。

3）以十字中心线为基准，划出 A、B 孔的位置并打上中心样

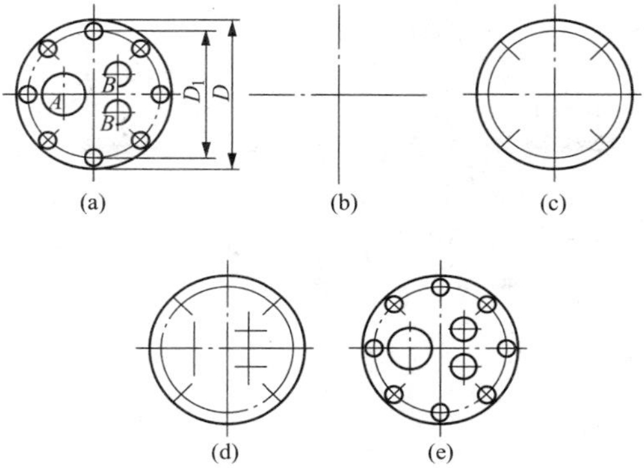

图 7-7　圆盖板的放样实例

（a）图样；（b）划十字线作放样基准；（c）划外轮廓；
（d）确定各小孔的位置；（e）完成放样

冲眼，如图 7-7（d）所示。

4）由大至小依次划出 A、B 孔和 D_1 圆周上各小孔，即完成放样，如图7-7（e)所示。

（3）对称图样的放样图。图 7-8 所示为一钢板翻座板的图样和放样顺序。从其形状特点和尺寸标注的情况分析，其底边轮廓线和与其垂直的中心线是图样的设计基准，也是放样基准。其放样步骤如下：

1）划出零件的底边轮廓线和垂直中心线作为放样基准，如图 7-8（b）所示。

2）量取决定零件外轮廓的几个尺寸：在底边轮廓线上对称量取线段长 500mm，过线段两端划垂线并量取高 240mm 的点，在中心线上量取高 600mm 的点，如图 7-8（c）所示。

3）划半圆弧 $R100$，垂直底边划 $R100$ 半圆弧的两条切线，再确定 $R150$ 圆弧的圆心并划 $R150$ 圆弧；确定 90mm×300mm 方孔的位置，如图 7-8（d）所示。

4）划出方孔、划出 $\phi 90$ 小孔，完成该零件图样的放样。

2. 展开基准图样的放样技巧

许多构件是由钢板制成的单一几何形体或由多个几何形体相贯而构成的。制作时，必须对几何体的表面进行展开，取得其展开后

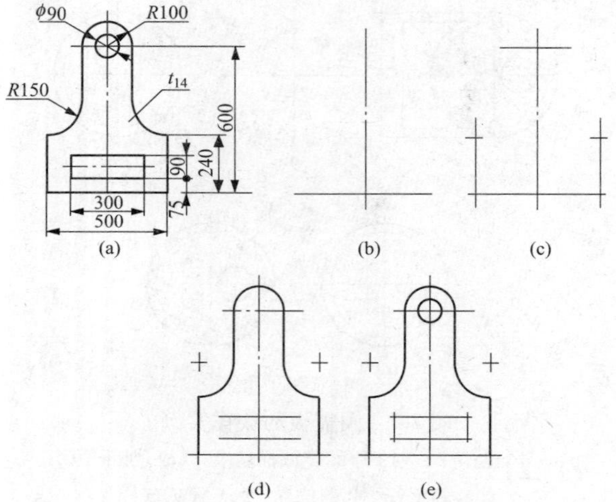

图 7-8　座板的放样实例

（a）图样；（b）划垂线作放样基准；（c）截取外轮廓特殊点；（d）划出外轮廓；（e）完成放样

的平面形状和尺寸，才能制取样板和号料。展开前，又必须先划出几何体的实样来，以作为展开的依据。

展开基准图的放样，除要遵循前面介绍的选择放样基准外，还要根据所用展开方法的特点来选择视图和精简划图，以提高展开图的精确度。

（1）等径圆管直交弯头的放样技巧。图 7-9 所示为等径圆管直交弯头的图样及放样顺序。因两节圆管相同，故只划出一节。由于展开方法用的是平行线法，还需要划出圆管的口形图，这里取俯视图的一半，并直接在管底口处划出。这样做可减少划线的工作量，

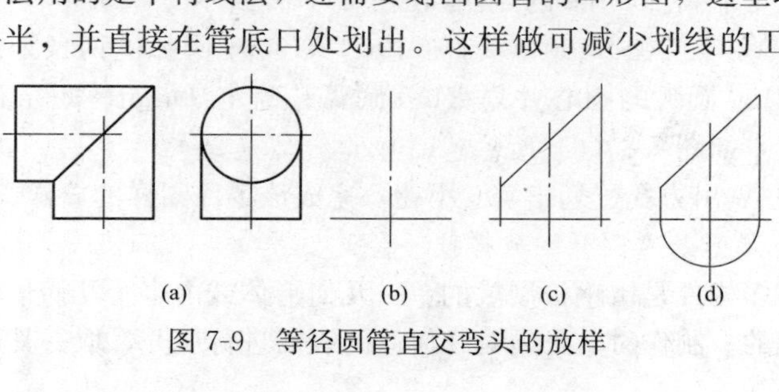

图 7-9　等径圆管直交弯头的放样

有利于提高展开图的精度。

其放样步骤如下：

1）划十字基准线，如图 7-9（b）所示。

2）以十字线为基准，划出单节圆管的轮廓线，如图 7-9（c）所示（这里略去了圆管的壁厚因素，以下各图同）。

3）在单节管的底口上，划出其俯视图的一半（也称划出圆管的截面、口形），即完成等径圆管直交弯头的放样。此实样即可作为展开基准图样，如图 7-9（d）所示。

（2）斜截正圆锥台的放样技巧。图 7-10 所示为斜截正圆锥台的图样及放样顺序。圆锥底口与圆锥轴线互相垂直，是该形体的设计基准和放样基准。但上斜口的倾斜角度将直接影响到展开图的形状，故也应加以重视。

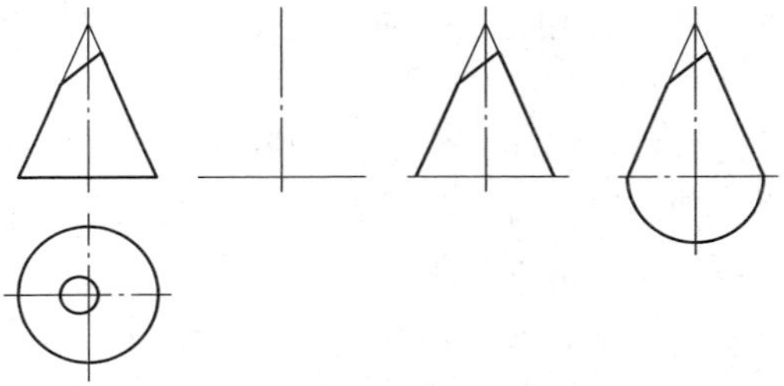

(a)　(b)　(c)　(d)

图 7-10　斜截正圆锥台的放样

该形体采用的展开方法为放射线法，也需划出底口的口形，这里也是选其俯视图大口的一半，直接在圆锥底口上划出。俯视图中小口的图形在展开过程中无用，故省略不划。其放样步骤如下：

1）划十字线作放样基准线，如图 7-10（b）所示。

2）以十字线为基准，划出圆锥台的轮廓线，如图 7-10（c）所示。

3）在圆锥台的底口上，划出俯视图大口的一半，即完成斜截正圆锥台的放样。此实样即可作为展开基准图样，如图 7-10（d）所示。

（3）上圆下方（天圆地方）接头的放样技巧。图 7-11 所示为上圆下方接头的图样和放样顺序。因本例采用三角形法展开，需用图样中的俯视图和主视图中的高 h。又由于该形体的俯视图前、后

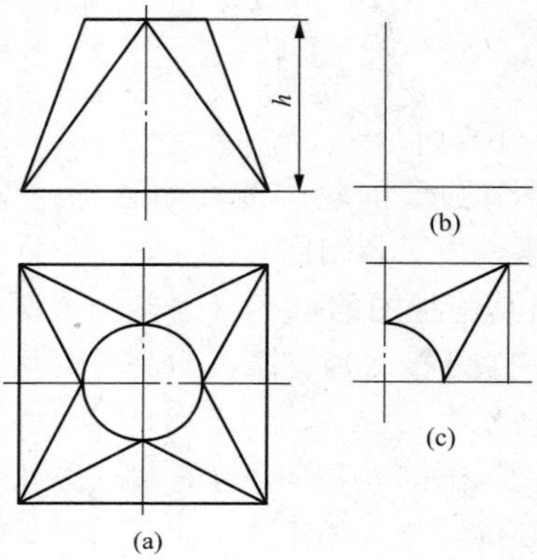

图 7-11　上圆下方接头的放样

对称，左、右也对称，故只划出俯视图的 1/4，高 h 可直接根据图样给定的尺寸量取。其放样步骤如下：

1）划一直角，以其两直角边作放样基准，如图 7-11（b）所示。

2）以两直角边作基准，划出俯视图的 1/4，即完成上圆下方接头展开基准图的放样，如图 7-11（c）所示。

3. 装配基准的放样技巧

装配基准放样的作用之一，就是将划出的实样作为装配基准使用。

装配基准的放样，多在工作平台上用石笔来划，当实样图使用时间较长或重复使用时，可在基准点、划线处以及重要的轮廓线上打上样冲眼，以便看不清时重新描划。

装配基准的放样划法与前面介绍过的放样划法一样，也是先判断出图样的设计基准，作放样基准，再依先外后内、先大后小的顺序来划线。

图 7-12 所示为一构件底座的图样和放样顺序。该底座由槽钢构成，从其图样标注的尺寸和图样特点来看，其右框轮廓边和水平中心线是图样的设计基准和放样基准。这类构件往往采用地样装配法来进行装配。即在平台上划出构件的实样，然后将各槽钢件按轮廓线和结合位置进行拼装。放样步骤如下：

（1）划出右框轮廓边和与之垂直的水平中心线，作放样基准，并依据此基准划出方框的外轮廓线，如图 7-12（b）所示。

（2）以右框轮廓边和水平中心线为基准，划出框内各槽钢的位置，如图 7-12（c）所示。

（3）划出槽钢的朝向，划清楚所有交接位置的交接关系，即完成该框架装配基准的放样，如图 7-12（d）所示。

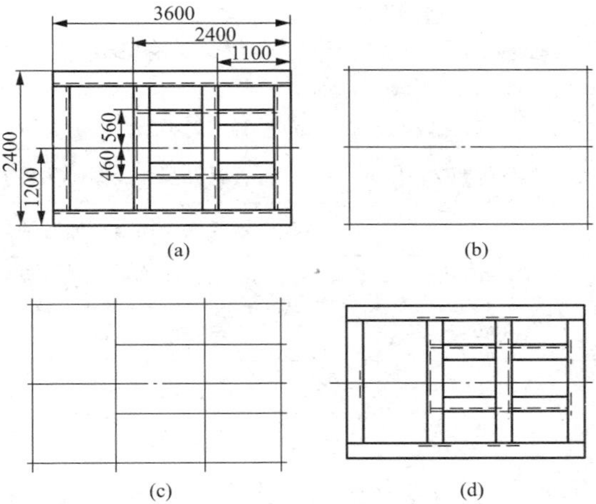

图 7-12　槽钢底座的放样

四、钣金放样注意事项与操作禁忌

1. 钣金放样注意事项

(1) 放样一般是在放样工作台上进行，放样前首先熟悉图样，核对图样各部尺寸是否正确，如无问题方可进行放样工作。

(2) 放样时准备好划线工具，应考虑需要划几个投影面才能反映出其零部件的形状和大小，根据施工图中具体的技术要求，按照1∶1的比例和划线基准以及正投影的作图步骤，划出零部件或构件相互之间的尺寸和真实图形，完成放样工作。图形经检查核对无差错后，即用0.32～1mm的薄钢板（镀锌板、马口铁），以实样为依据制作出零部件的样板。

(3) 样板制作后，必须在样板上标明图号、名称、件数、库存编号等，以便于管理和下料时使用。零部件的形状不同，所制做出的样板的用途也就不同。表7-3列出了几种常用样板的名称和用途。

(4) 对于一些比较复杂的零件，如在三面视图中不能反映出真实尺寸和形状，则需要增加辅助线，按几何作图、几何展开及近似展开法，求出零部件的实际尺寸和形状。

表 7-3 常用样板的名称和用途

序号	样板名称	用　途
1	平面样板	在板料及型材上一个平面进行划线下料
2	弧形样板	检查各种圆弧及圆的曲率大小
3	切口样板	各种角钢及槽钢切口、煨弯的划线标准
4	展开样板	各种板料及型材展开零件的实际料长和形状
5	号孔样板	确定零部件全部孔的位置
6	弯曲样板	各种压型零件及制作胎模零件的检查标准

2. 钣金放样操作禁忌

(1) 量具要保持规定的精度，否则将直接影响产品质量。因此，除按规定定期检查量具精度外，在进行质量要求较高的重要构件施工前，还要进行量具精度的检验。

(2) 要依据产品的不同精度要求，选择相应精度等级的量具。对于尺寸较大而相对精度又较高的结构，还要求在同一产品的整个放样过程中使用同一套量具。

(3) 要学会正确的测量方法，减少测量操作误差。

(4) 在使用划针时，划针的尖部必须进行淬火，以便提高硬度。为使所划线条清晰准确，划针尖必须磨得锋利，其角度为15°～20°，划针用钝后重磨时，要注意不使针尖退火变软。

(5) 弹划粉线不能在大风中进行，防止风吹线斜造成划线误差。

第二节　钣金号料技巧

一、钣金号料技术要求

1. 钣金号料方法

钣金号料就是根据图样在钢材（板料、型钢、管子等）上面划出构件形状的剪切或气割线，为钢材切割下料做好准备。号料时除划出切割线外，还要划出零件成形时的加工符号，如弯曲符号、中心线符号等。常用的放样号料符号见表 7-4。

表 7-4　　　　常用的放样号料符号

序号	名　称	符　号
1	板缝线	
2	中心线	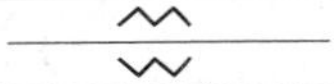
3	R 曲线	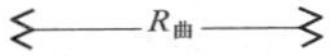
4	切断线	
5	余料切线（斜线为余料）	
6	弯曲线	
7	结构线	
8	刨边加工	

批量生产的零件都采用样板号料的办法，样板号料可以大大提高号料的效率。号料通常由手工操作完成，如图 7-13 所示。

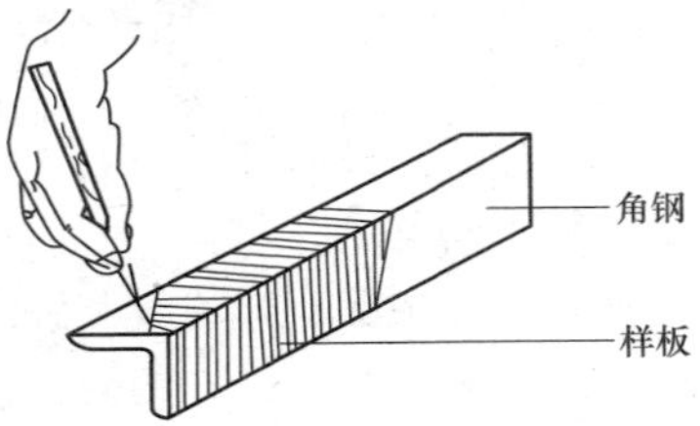

图 7-13　手工号料

号料时为提高材料的利用率，节约钢材，应该采取最合理的号料方法。号料方法有集中号料法、巧裁套料法等。巧裁套料法是应用最广泛的号料方法。目前，光学投影号料、数控号料等一些先进的号料方法在被逐步采用，以代替手工号料。

号料是一项细致而重要的工作，必须按有关的技术要求进行。同时，还要着眼于产品的整个制造工艺，充分考虑合理用料问题，灵活而准确地在各种板料、型钢及成形零件上进行号料划线。

2. 钣金号料的技术要求

（1）熟悉产品图样和制造工艺，合理安排各种零件号料的先后顺序，零件在材料上位置的排布应符合制造工艺的要求。例如，某些需经弯曲加工的零件，要求弯曲线与材料的纤维方向垂直；需要在剪床上剪切的零件，其零件位置的排布应保证剪切加工的可能性。

（2）根据产品图样，验明样板、样杆、草图及号料数据；核对钢材牌号、规格，保证图样、样板、材料三者的一致。对重要产品所用材料，还要核对其检验合格证书。

（3）号料前，检查材料有无裂缝、夹层、表面疤痕或厚度不均匀等缺陷，并根据产品的技术要求酌情处理。当材料有较大变形，影响号料精度时，应先进行矫正。

（4）号料前应将材料垫放平稳，既要有利于号料划线并保证划线精度，又要保证安全且不影响他人工作。

（5）正确使用号料工具、量具、样板和样杆，尽量减小操作引起的号料偏差。例如，弹画粉线时，拽起的粉线应在欲画线的垂直平面内，不得偏斜；用石笔画出的线不应过粗。

（6）号料划线后，在零件的加工线、接缝线及孔的中心位置等处，应根据加工需要打上錾印或样冲眼。同时，按样板上的技术说明，应用白铅油或瓷漆等涂料标注清楚，为下道工序提供方便。文字、符号、线条应端正、清晰。

二、钣金号料的操作要点

1. 弹线和划线技巧

（1）弹线（弹直线）技巧。号料与下料中弹直线工作量很大，也是下料工的基本技术。

弹直线，主要有弹粉线和弹油线两种。在号料中，由两人将粉线或油线拉紧，按在已知的要连接的两个点上，一人弹出。具体操作是用大拇指和食指掐住粉线，曲臂向上垂直提起，距钢板 100～200mm 高，两指松开，便弹出一条直线。

（2）划线技巧。实际下料时必须在钢板上按样板进行划线。划线一般用石笔、划线油笔，较精密的产品用钢划针划线。在钢板上的样板的轮廓线用笔或针垂直地把样板的形状划出来。划线工具同所划线的方向成 60°前倾角，与样板之间不要内倾和外倾。由于样板有厚度，以及钢板和样板不平直，如内倾划线，划出的料就比样板小，因此要垂直于钢板划线。

2. 号料与下料标记技巧

（1）打样冲技巧。在下料弹线和划线结束后，要在钢板上把零件的轮廓线打上样冲眼，用来表示剪切和气割的线条。剪切线打样冲眼有两个作用：

1）因为弹线用的白粉和划线用的石笔所划线条都不能保持长久，打上样冲眼，标上剪割符号后，可以存放，随时剪割。

2）检验下料剪割正确与否。如剪割的料在样冲眼中心，证明剪割正确，如果剪割不在样冲中心，则说明剪割不准确。

有的单位用油笔划线，就可以同时起到以上两个作用。除了需要钻孔的孔心和各种开孔中心打上样冲眼，其他剪割线可以不打。在剪割线打样冲眼时，样冲眼中心距离一般为 40～60mm。样冲眼要打在线的中心上，不能打偏。

（2）打扁铲技巧。实际号料与下料时不仅要把零件轮廓线划出来，而且同该零件有连接的结构线，有裕量时的实料线以及中心线、检查线和有关文字等，均须用扁铲打上专用标记。在主线上打出的扁铲痕迹应同划出的线重合，使以后装配工作按该标记正确施工。打扁铲的操作技巧，全靠手指灵活转动扁铲，眼睛注意扁铲刃的运动，有节奏地打出所需要的标记。尤其对号码、文字一定要打得清楚易懂，防止给下道工序造成麻烦。

（3）写字技巧。当以上工作结束后，要用油笔写字和对专用标记圈上示意符号。注意所号料和下料的零件名称、件号、位置、加工工艺过程及扼要的文字说明等不要搞错。写字，一般在零件的上部平写。对于分不出上下和内外方向的较小的零件，写字可以因地制宜。

三、号料时合理用料及二次号料技巧

1. 号料时合理用料技巧与诀窍

利用各种方法、技巧、合理铺排零件在材料上的位置，最大限度地提高材料的利用率，是号料的一项重要内容。

（1）集中套排技巧与诀窍。由于零件材料的材质、规格多种多样，为了做到合理使用原材料，在零件数量较多时，可将使用相同牌号材料且厚度相同的零件集中在一起，统筹安排，长短搭配，凸凹相对。这样便可充分利用原材料，提高材料的利用率，集中套排号料方法如图 7-14 所示。

在生产中巧裁套料法是应用最广泛的号料与下料方法。

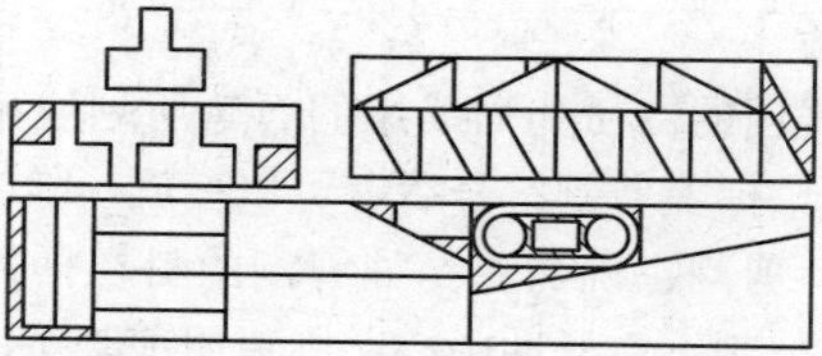

图 7-14 集中套排号料

套料法有两种形式：

1）在下料前预先进行排板，把排列好的板面图形绘制成套料卡片（图形为主），下料时就按照这种卡片进行号料。具体做法是：把同厚度的结构零件集中在一起，在样台或在所备料的规格钢板上进行。如在样台上，首先把备料规格方框划出来，把下的料按形状排列起来，先大后小依次移动调整，把整张板面排满，以达到最大的利用程度为止。然后划在套料卡片上，注明零件名称、零件号码即可，如图 7-15 所示。这种方法的优点是能最大程度地利用钢板，缺点是需要预先排板，等于多号一次，时间要长。另外，到实际下料时，由于下料的零件数量不都是相等的，所以下料时数量容易混乱。

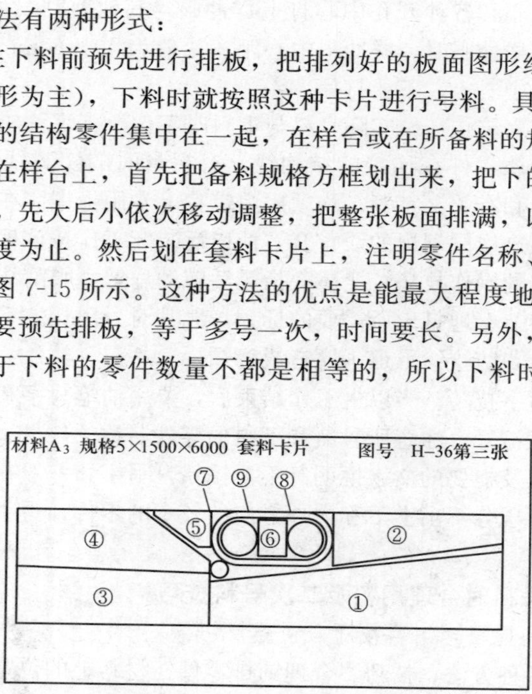

图 7-15 套料卡片

2）套料法，对于熟练的下料工人来说，可以按经验一次直接地号在钢板上。其步骤一般是先号大、后号小，先号直、后号曲，先号多、后号少。但是对于初学者，却不能一下子掌握得很熟练，需要多考虑，多实践。常见的排列方法有单行直排、单行斜排、对排、组合排列、错综排列和环形排列等形式，如图 7-16 所示。

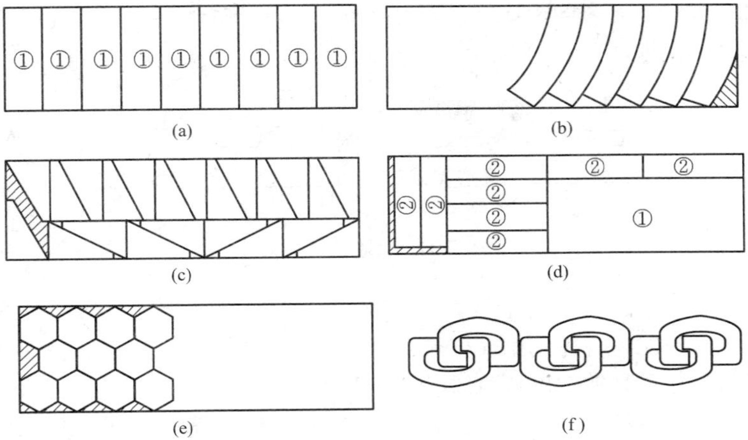

图 7-16　零件在钢板上的排列形式

(a) 单行直排；(b) 单行斜排；(c) 对排；(d) 组合排列；
(e) 错综排列；(f) 环形排列

钢板下料还应当注意板面的排列尽可能便于剪切，不能一味只顾省料，把板面排列得拥挤杂乱，使剪床无法下刀剪切。还要注意到有许多曲线和不可剪切线，只有用气割的方法才能裁割下来。

另外，有些零件左右完全对称，它的样板只需要做一半就可以了。遇到这种样板，在下料时把样板翻转180°再划线，就能号出整个形状。用这种样板号料时，应预先把样板上的基准线在钢板上进行延长，当翻转过去时，样板上的基准线要对准钢板上的基准线，这样才能保证整个零件形状的误差较小。

(2) 余料利用技巧。由于每一张钢板或每一根型钢号料后，经常会出现一些形状和长度大小不同的余料，将这些余料按牌号、规格集中在一起，用于小型零件的号料，可最大限度地提高材料的利用率。

2. 型材号料技巧

因型钢截面形状多种多样，故其号料方法也有特殊之处。

(1) 整齐端口长度号料技巧。当型钢零件端口整齐，只需确定其长度时，一般采用样杆或卷尺号出其长度尺寸，再利用过线板用划针划出端线[图 7-17(a)]。

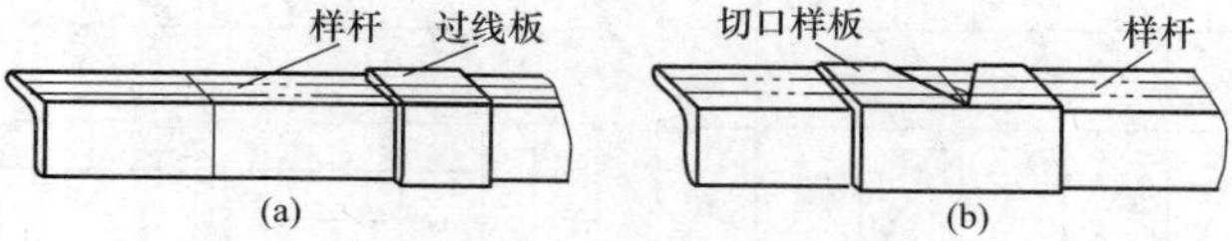

图 7-17　型钢上号料

(2) 中间切口或异形端口号料技巧。有中间切口或异形端口的型钢号料时，首先利用样杆或卷尺确定切口位置，然后利用切口处形状样板用划针划出切口线[图 7-17(b)]。

(3) 在型钢上号孔的位置。这时，一般先用勒子划出边心线，再利用样杆确定长度方向孔的位置，然后利用过线板和划针划线，有时也用号孔样板来号孔的位置。

3. 二次号料技巧

对于某些加工前无法准确下料的零件（如某些热加工零件、有余量装配要求等），往往在一次号料时留有充分的余量，待加工后或装配时再进行二次号料。在进行二次号料前，结构的形状必须矫正准确，消除结构存在的变形，并进行精确定位。中、小型零件可直接在平台上定位划线，如图 7-18 所示。大型结构则在现场用常规划线工具，并配合经纬仪等进行二次号料划线。

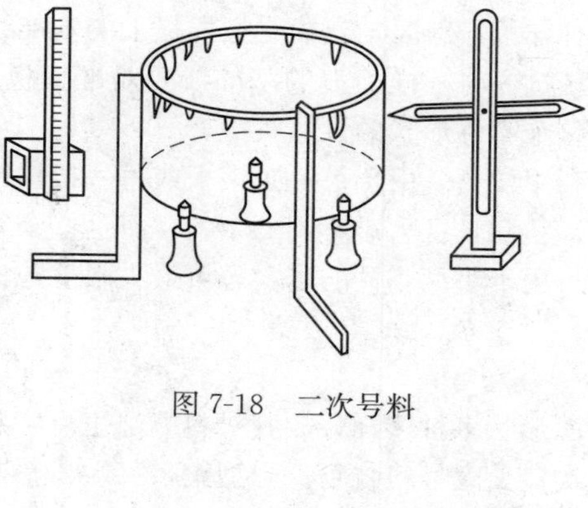

图 7-18　二次号料

四、号料的允许误差及注意事项

1. 号料允许误差

号料划线，主要是为加工提供直接依据。为保证产品质量，号料划线偏差要加以限制。常用的号料划线允许误差值见表 7-5。

表 7-5　　常用号料允许误差　　(mm)

序号	名　称	允许误差	序号	名　称	允许误差
1	直线	±0.5	6	料宽和长	±1
2	曲线	±（0.5～1）	7	两孔（钻孔）距离	±（0.5～1）
3	结构线	±1	8	铆接孔距	±0.5
4	钻孔	±0.5	9	样冲眼和线间	±0.5
5	减轻孔	±（2～5）	10	扁铲	±0.5

2. 号料注意事项

无论是板材号料还是型材号料，为使号料工作顺利进行，在号料前应特别注意以下事项：

（1）准备好号料所用的工具、量具，如锤子、样冲、划规、石笔等。并按安全文明生产要求，将工、量具摆放在指定的位置上。

（2）摆放原材料要符合安全生产要求。对于大规格的型钢要垫放稳妥，防止发生事故。

（3）检查样板并核对工作任务单，核对材料的牌号、规格及工件数量等。根据图样尺寸直接在原材料上号料的，划完线后要复查，防止发生错误。

（4）检查原材料，如发现材料有裂纹、夹层、锈蚀严重及厚度超差等缺陷，应事先告知有关技术人员处理。钢材变形严重的，应事先进行矫正。

（5）根据工件的具体情况，合理地确定其在原材料上的位置。如注意弯曲件对材料轧制方向的要求，考虑剪切工艺顺序等。

（6）号料完成后，要视具体情况，如分离手段、工件的进一步加工方法等，在工件的轮廓线、折弯线、中心线上打上样冲眼，并将相关的内容移标到坯料上。

第三节 钣金剪切下料技巧

一、钣金常用下料方法及选择

钣金下料就是按照号料时划出的切割线对钢材进行切割。

切割方法有剪切、气割、锯割、等离子弧切割、电火花线切割、激光切割等。剪切有龙门剪床剪切、振动剪切、滚剪切等。气割应用最广泛的是氧-乙炔焰切割，有手工气割、半自动切割、仿形切割、数控切割等。锯割有手工锯割、机械圆盘锯割、弓形锯床锯割等。

等离子弧切割能够切割不锈钢、铝、铜、铸铁以及其他难熔金属材料和非金属材料。钣金气割和等离子弧切割见第十六章。

钣金常用下料方法及其选择见表 7-6。

表 7-6 钣金下料方法及其选择

分类		方法	工装	应用与说明
热切割	火焰切割	氧-乙炔	气割机、割炬	$t=3\sim3600$mm 板材、型材；纯铁、低碳钢、中碳钢及部分低合金钢；内外形、修边，精度达±1mm
		氧-丙烷	气割机、割炬	$t=3\sim3600$mm 板材、型材；纯铁、低碳钢、中碳钢及部分低合金钢；内外形、修边，精度达±1mm，成本低，切口质量好
		氧-天然气	气割机、割炬	$t=3\sim3600$mm 板材、型材；纯铁、低碳钢、中碳钢及部分低合金钢；内外形、修边，精度达±1mm，切割速度低于氧丙烷
		氧-熔剂	气割机、割炬，加送粉器	铜合金（要预热）、不锈钢、铸铁

续表

分类		方法	工　装	应用与说明
热切割	电弧电火花切割	等离子弧	切割设备、割炬	碳钢、不锈钢、高合金钢、钛合金、铝、铜及其合金、非金属，切口较窄、切厚达 200mm，精度达±0.5mm，可水下切割
		碳弧气刨	直流焊机、气刨钳	高合金钢、铝、铜及其合金，切割、修边、开坡口、去大毛刺
		电火花线切割	电火花线切割机床	各种导电材料的精密切割，切厚可达 300mm 以上，精度达±0.01mm，可切出任意形状平面曲线和<30°斜度（侧壁），尤其适于冲裁模制造
	激光切割		激光切割机	各种材料的精密切割，切厚可超过 10mm，切缝 0.1～0.5mm，精度≤0.1mm，但设备昂贵
剪切	板料	手工作业	手剪、手提振动剪	低碳钢、铝、铜及其合金，纸板、胶木板、塑料板；精度低、成本低、生产率低；只适宜 $t\leqslant 4$mm 薄板、直线、曲线
			手动剪板机	低碳钢、铝、铜及其合金，纸板、胶木板、塑料板；精度低、成本低、生产率低；只适宜 $t\leqslant 4$mm 薄板、直线、曲线
		闸式刀架龙门剪剪切	平口剪床	剪切力大，宜条料，直线外形，中、大件生产率高，材料同上
			斜口剪床	剪切力较小，宜中大件直线、大圆弧及坡口，剪厚达 40mm，材料同上
		圆盘滚刀剪切	直圆滚剪	剪切条料、直线、圆弧，精度较低，切口有毛刺，宜中小件小批生产，材料同上，剪切厚度达 30mm
			下斜式圆滚剪	剪直线、圆弧（R 较小），其余同上，剪切厚度达 30mm

续表

分类		方法	工　装	应用与说明
剪切	板料	圆盘滚刀剪切	全斜式圆滚剪	复杂曲线，其余同上，剪切厚度达20mm，精度±1mm
剪切	板料	短步剪切	振动剪床	复杂曲线、穿孔、切口、翻边，还可剪钛合金，材料同上
冲裁（落料冲孔切断切口）			冲裁设备	$t \leqslant 10$mm，精度高（落料IT10，冲孔IT9），生产率高，宜中大量生产
切削加工		手工作业	弓锯	各种型材、棒材、管材、板材，工具廉价、劳动强度大，生产率低，操作简单，可锯槽、锯硬料、各种金属非金属材料
切削加工		手工作业	手持动力锯	各种型棒管板，生产率高，噪声大，各种未淬硬金属、非金属
切削加工		手工作业	手控锯动机	同手持动力锯
切削加工		手工作业	电动割管机	$\phi 200 \sim \phi 1000$mm金属、塑料管材
切削加工		手工作业	切管架	中小径管材，劳动强度大，材料同上
切削加工		手工作业	手控砂轮切割机	型棒管、各种金属非金属（有色金属、橡塑材料除外）
切削加工		机床作业	锯床	型棒管、未淬硬金属、塑料、木材，生产率高
切削加工		机床作业	刨边机、刨床	板材切割、修边、开坡口，精度高、材料同锯床
切削加工		机床作业	钣金铣床、铣床	板材切割、修边、精度高，可切复杂曲线，材料同上
切削加工		机床作业	车床、镗床	棒管切断、开坡口、修边、精度高，各种材料

续表

分类	方法	工 装	应用与说明
高压水切割		超高压（≥400MPa）水割设备	各种金属、非金属（如玻璃、陶瓷、岩石），可配入磨料，精度高，切陶瓷厚达 10mm 以上，但设备昂贵

二、板料的手工剪切技巧

板料的手工剪切是利用手动剪切工具，如钣金剪刀和虎钳等将板料剪切成所需毛坯的操作过程，剪切方法与技巧见表 7-7。这种方法主要用于单件、少量生产。

表 7-7 板料的手工剪切方法

剪切工作	图 示	方 法
剪外圆	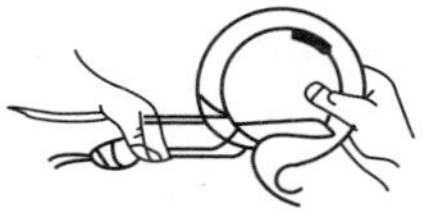	剪大圆或大圆弧时，用顺时针剪切；剪小圆或小圆弧时，用逆时针剪切
剪内圆或内圆弧		用弯头剪刀剪切较方便
剪短直料	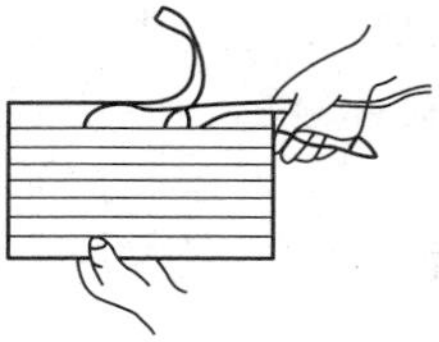	被剪掉的部分位于剪切的右边，每剪一次，剪刀张开约 2/3 刀刃长，两刀刃间不能有空隙
剪长直料		被剪掉的部分位于剪刀的左边，使之向上弯曲，便于剪切

续表

剪切工作	图　示	方　法
台虎钳上剪切	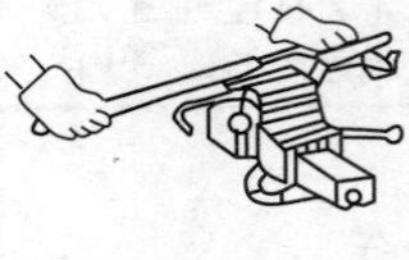	将剪刀的下柄用台虎钳夹住，上柄可套 1 根管子，以增大剪切力，这样剪切省力
剁切	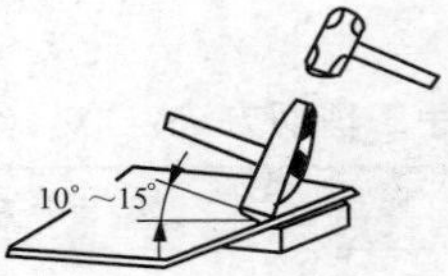	将钢板置于铁砧或平台的棱角处，作为下刀刃，用带柄或不带柄的剁子作为上刀刃，剁子的刃口倾斜 10°～15°，用大锤锤击剁子进行剪切

三、板料的机械剪切技巧

1. 剪切机下料技巧

剪切机也称龙门剪床，常用来剪裁直线边缘的板料毛坯。对被剪板料，剪切工艺应能保证剪切表面的直线度和平行度要求，并尽量减少板材扭曲，以获得较高质量的制件。

(1) 剪切机工作原理。如图 7-19 所示，上刀片 6 固定在托板 5 上，下刀片 11 固定在床面 2 上，前挡料板 1 用螺栓固定，后挡料板 8 用于板料定位，位置由螺杆 9 进行调节。压料机构 3 由工作曲轴带动，用于上刀片与板料接触前压紧板料，防止板料在剪切时移动或翻转，完成自动压料；也可以利用手动偏心轮等达到压紧目的，而成为手动压料式。栅板 4 是安全装置，以防工伤事故。

挡料板的调整可用手动或机动的方法。按样板手动调节的方法如图 7-20 所示，图 7-20（a）表示利用后挡板剪切矩形板料，图 7-20（b）表示利用前挡板剪切矩形板料，图 7-20（c）表示利用后挡板剪切平行四边形板料，图 7-20（d）表示利用角挡板剪切不规则四边形板料，图 7-20（e）表示利用角挡板和后挡板剪切不规则四

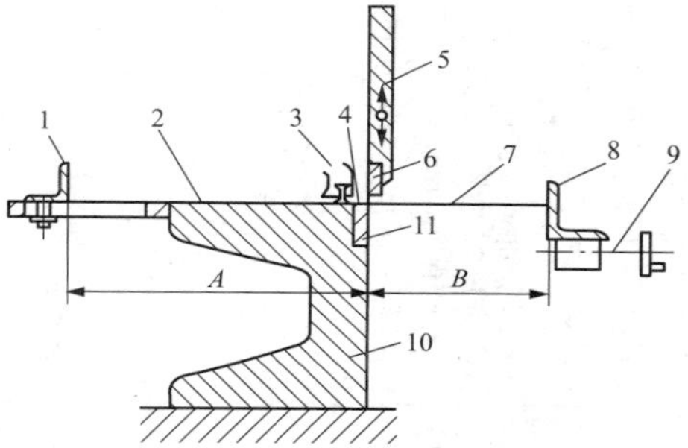

图 7-19　龙门斜口剪切机工作原理

1—前挡料板；2—床面；3—压料机构；4—栅板；5—托板；6—上刀片；7—板料；8—后挡料板；9—螺杆；10—床身；11—下刀片

边形板料，图 7-20（f）表示利用角挡板在矩形板料上剪切一角的方法。

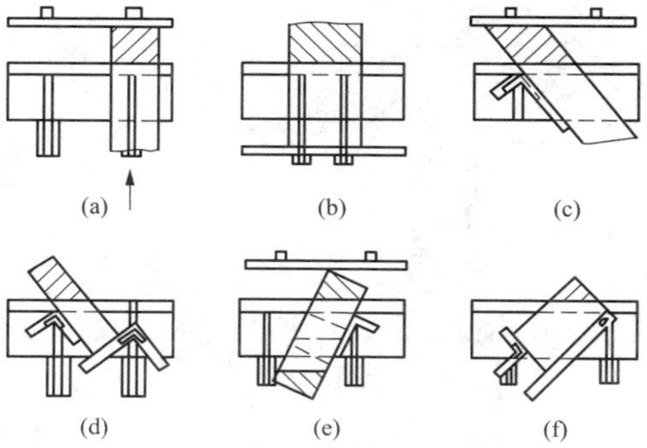

图 7-20　利用挡板剪料

（a）用后挡板；（b）用前挡板；（c）用角挡板和后挡板；（d）用两个角挡板；（e）用后挡板及角挡板；（f）用角挡板及前挡板

（2）剪刃参数及剪切力的计算。不同剪切设备及剪切方法的剪刃参数与剪切力的计算公式见表 7-8。

表 7-8 不同剪切方法及剪切力的计算公式

方法	简图	剪刃参数	用途	剪切力 $F_{剪}/N$
龙门剪及杠杆剪	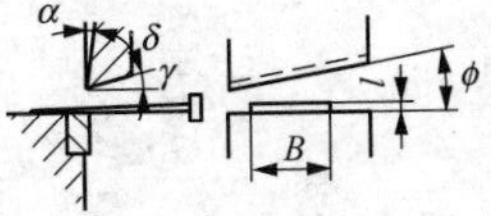	龙门剪剪刃斜角 $\phi=2°\sim6°$ 平口剪为 0°，杆杠剪 $\phi=7°\sim12°$ 料厚 $t=3\sim10$，取 $\phi=1°\sim3°$ $t=12\sim35$，取 $\phi=3°\sim6°$ 前角 $\gamma=5°\sim15°$ 后角 $\alpha=1.5°\sim3°$ 楔角 $\delta=75°\sim80°$ 为便于刃磨常取 $\alpha=0$	板料裁条或剪单个坯料一般 $t_{max}\leqslant40mm$	平口（$\phi=0°$）： $F_{剪}=1.3Bt\tau$ 斜口： $F_{剪}=0.65\dfrac{t^2\tau}{\tan\phi}$ t——板厚（mm）； τ——坯料剪切强度（MPa）
直滚剪	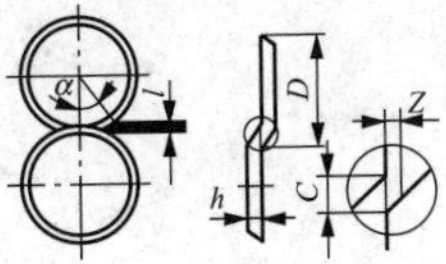	咬角 $\alpha\leqslant4°$ 重叠高 $C=(0.2\sim0.3)t$， 剪盘尺寸： $t>10$，厚料 $D=(25\sim30)t$ $h=50\sim90mm$， $t<3$，薄料 $D=(35\sim50)t$ $h=20\sim25mm$， 间隙 $Z=(0.05\sim0.07)t$	板料裁条或由板边向内裁圆坯 $t_{max}\leqslant30mm$	

续表

方法	简图	剪刃参数	用途	剪切力 $F_{剪}$/N
圆盘剪	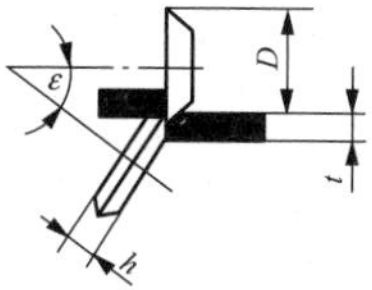	斜角 $\varepsilon=30^\circ\sim40^\circ$， 剪盘尺寸： 厚料 $t>10$，$D=20t$， $h=50\sim80$mm 薄料 $t<3$，$D=28t$， $h=15\sim20$mm	板料裁条、裁圆或环状坯料 $t_{max}\leqslant30$mm	$F_{剪}=0.65\dfrac{h_0\tau}{\tan\alpha}\cdot\tau$ $\tan\alpha=\sqrt{\left(\dfrac{D}{D-t-6}\right)^2-1}$ 材料发生剪切裂缝时的绝对挤入深度 h_0 的值如下： 软钢：$\sigma_b=249\sim392$MPa $\tau=245\sim343$MPa $h_0=(0.64\sim0.04t)t$ 硬钢：$\sigma_b=539\sim739$MPa $\tau=490\sim680$MPa $h_0=0.45t^{0.02}$ 纯铜、铝（退火）：$h_0=(1-0.05t)t$ 非金属材料：$h_0=1.0$
斜滚剪	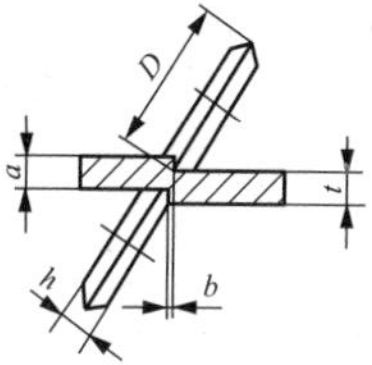	间隙 $a\leqslant0.2t$，$b\leqslant0.3t$， 剪盘尺寸： 厚料 $t>10$，$D=12t$， $h=40\sim60$mm 薄料 $t<5$，$D=20t$， $h=10\sim15$mm	裁半径不大的圆、环状曲线 $t_{max}\leqslant20$mm，精度±2mm	

续表

方法	简图	剪刃参数	用途	剪切力 $F_{剪}/N$
振动剪	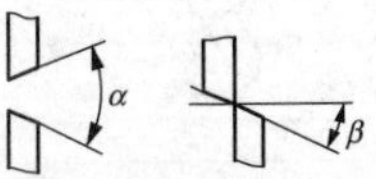	$\alpha=24°\sim30°$ $\beta=6°\sim7°$ 剪刃行程 2～3mm 重叠量 0.2～1.0mm 剪刀间隙（6%～7%）t	按样板或划线剪切小半径曲线轮廓坯料	同斜滚剪
蚕食冲剪	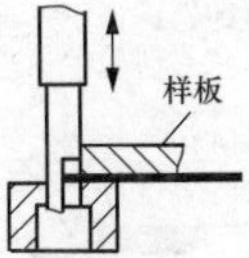	冲头直径 $\phi=8mm$、$\phi=25mm$ 冲头在凹模内的最小长度 1.5～2mm	黑色板材曲线外形仿形下料，单件小批生产	$F_{剪}=1.3A\tau$ A——剪断面积（mm^2）
型材剪切			剪切各种型材	$F_{剪}=1.3A\tau$ A——剪断面积（mm^2）

注　金属材料可取 $\tau=\sigma_b/1.3$ 代入表中公式计算。

（3）剪切工具与设备。钣金下料常用剪切工具与设备见表 7-9。

表 7-9　　　　　　钣金下料常用剪切工具与设备

名称	工作原理简图
手动剪板机（台剪）	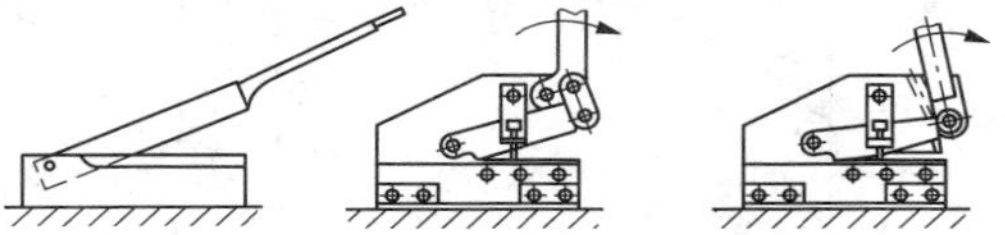 (a)　(b)　(c) 手动剪板机（台剪） （a）小型台剪；（b）杠杆式大型台剪；（c）齿轮杠杆式大型台剪
风动振动剪	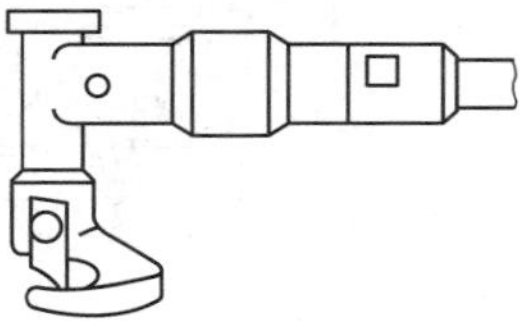 风动振动剪
砂轮切割机	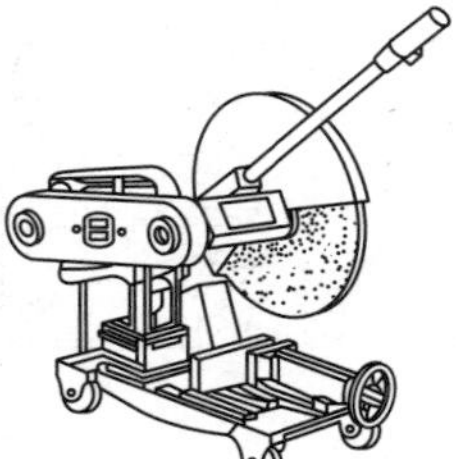 砂轮切割机
风动锯	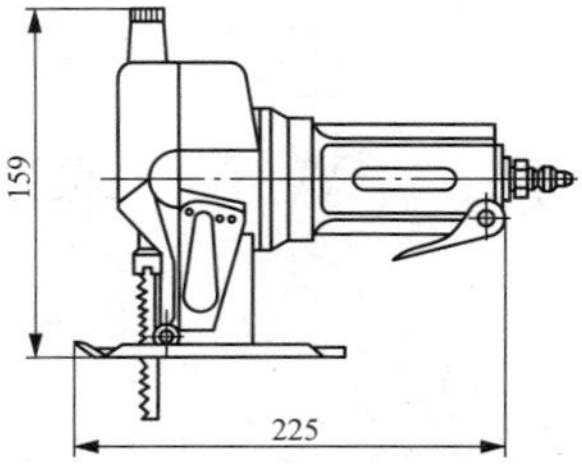 风动锯

续表

名称	工作原理简图
简单冲裁模（冲孔、落料）	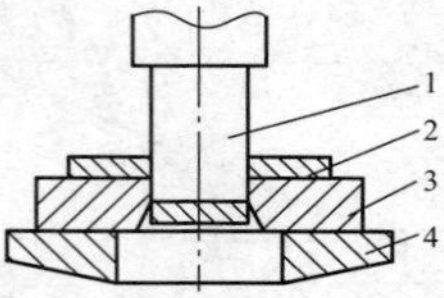 简单冲裁模 1—凸模；2—板料；3—凹模；4—冲床工作台
弓锯床	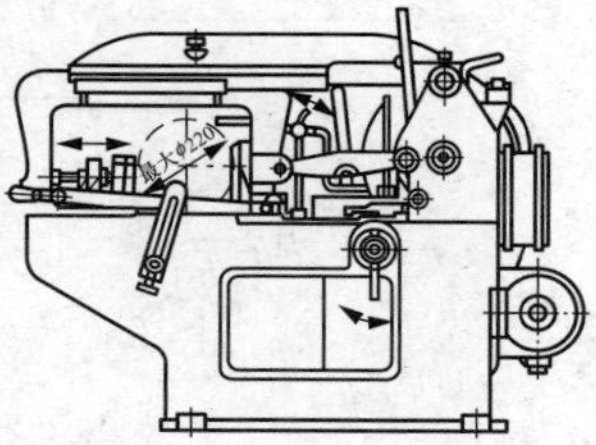 弓锯床
双盘剪切机	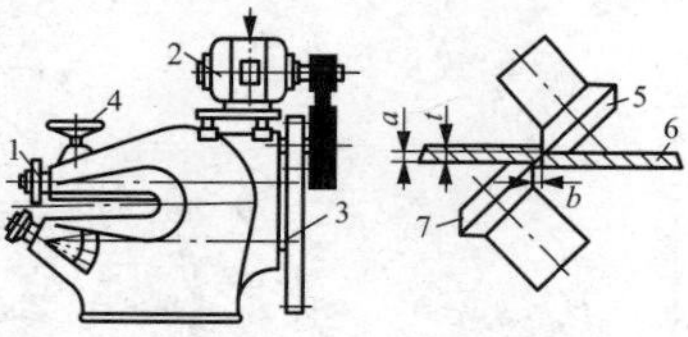 双盘剪切机 （a）下滚刀倾斜；（b）上下滚刀轴线平行 1—圆盘上滚刀；2—电动机；3—齿轮； 4—手轮；5—上滚刀；6—工件；7—下滚刀
冲型剪切机	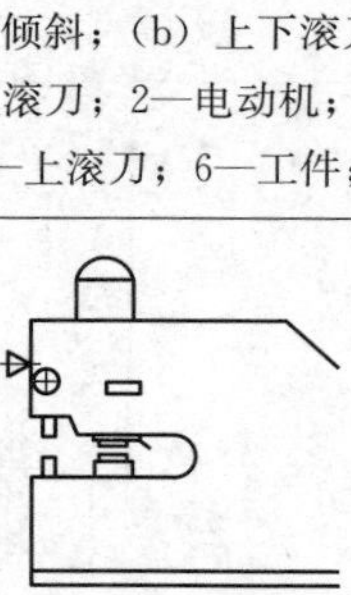 冲型剪切机

续表

名称	工作原理简图
振动剪切机	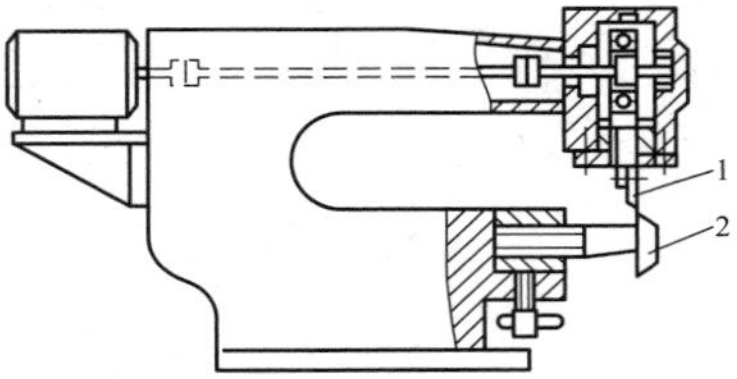 振动剪切机 1—上刀片；2—下刀片
角形剪切机	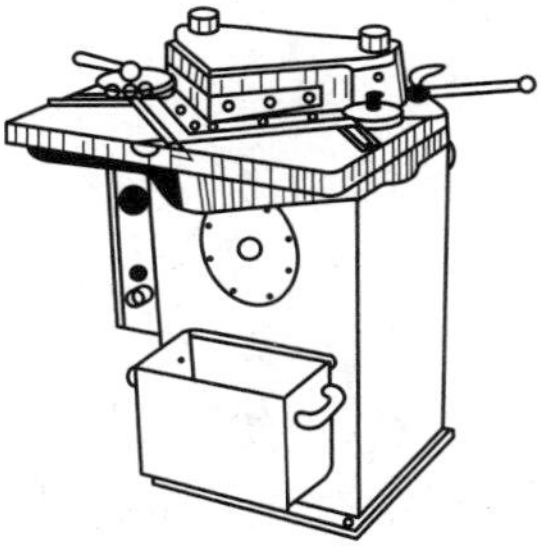 角形剪切机
龙门剪板机	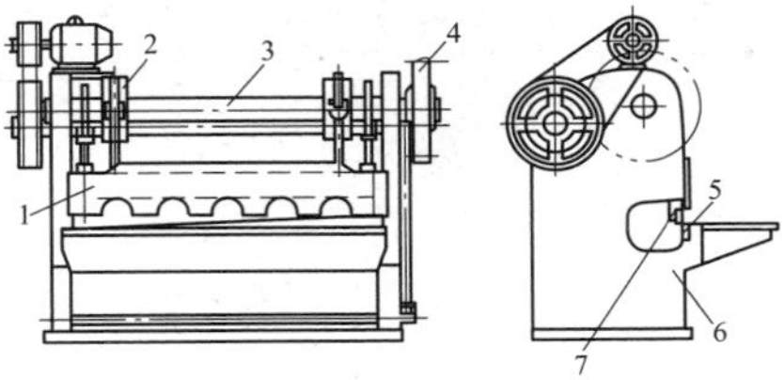 龙门剪板机 1—压紧装置；2—偏心轮；3—横轴；4—齿轮；5—下刀片及下刀座；6—床身；7—上刀架及上刀片

续表

名称	工作原理简图
联合冲剪机	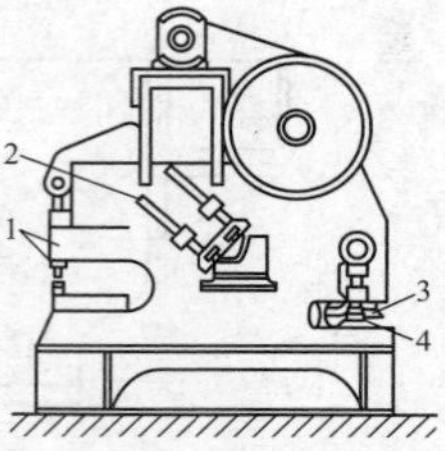 QA24-25 联合冲剪机 1—冲头；2—型材剪切头；3—上刀片；4—压杆

2. 铣切下料

铣切下料是利用高速旋转的铣刀对成叠的板料进行铣切，其工艺方法简单，生产效率高，是成批钣金零件制造的首要工序。目前在航空工业生产中，许多飞机的蒙皮、中型结构零件的展开件，某些套裁的零件都是采用铣切的下料方法。

在工业发达的国家，大多已采用计算机控制的自动铣切机床进行加工，铣切生产线示意图如图 7-21 所示，钣金铣切程序流程见表 7-10。

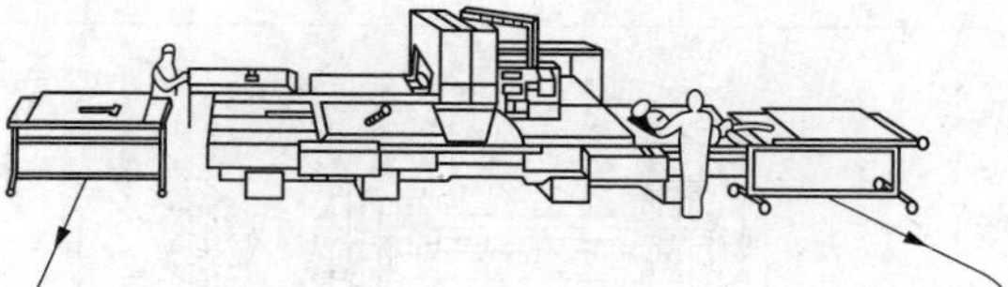

图 7-21 铣切生产线示意图

四、钣金剪切下料注意事项与操作禁忌

1. 钣金剪切下料注意事项

（1）开动剪床前，对剪床各部分要认真检查，加注润滑油。起动开关后，应检查操纵装置及剪床运转状态是否良好，确认正常方可使用。

表 7-10　　钣金铣切流程图

图　　例	说　　明
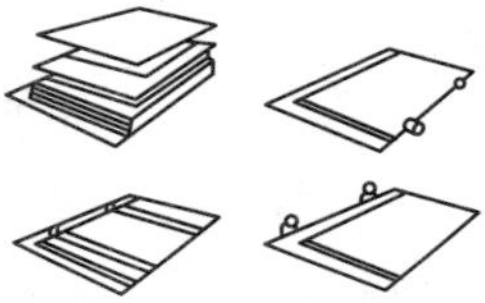	材料准备。备料，在座板上堆叠，打定位销，装在机器的弓形夹上
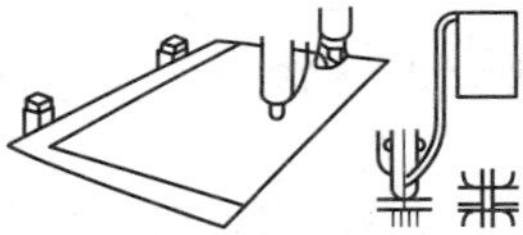	钻定位销孔，铆定位销，套裁零件的周边，定位销孔的位置已由计算机自动编程编制储存在自动控制系统中
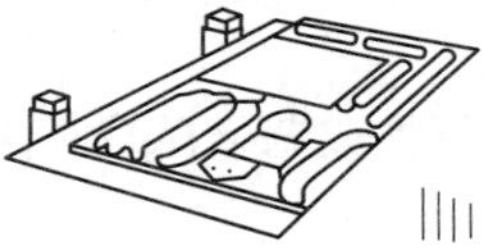	加工零件上所有孔。按程序自动更换钻头，自动加工
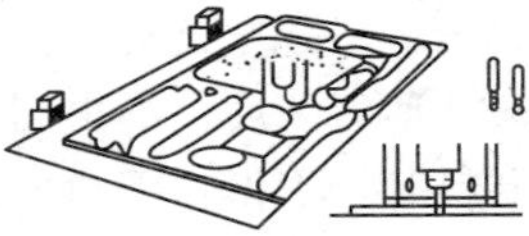	铣切零件的周边。自动更换铣刀，自动加工
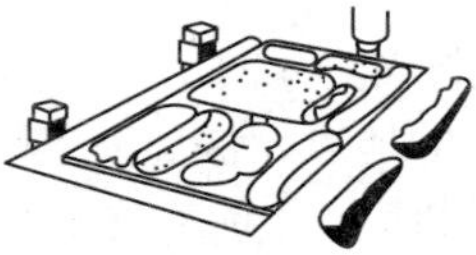	取下已加工完成的零件

（2）剪切作业中，精力要集中，多人操作时，剪切开关要由专人操纵，严禁把手伸入剪口。

（3）不得剪切过硬或经淬火的材料。

(4) 剪切前，应清理一切妨碍工作的杂物。剪床床面上不得摆放工具、量具及其他物品。

(5) 工作后，剪切工件要摆放整齐，并清理好工作现场。

2. 钣金剪切下料安全文明生产与操作禁忌

钣金冲、剪分离要使用各种冲压设备，而且在各种设备的操作中，手工操作占很大的比重，如部分冲裁件的上料、剪板机的上料、型钢剪断的操作、横入式剪切的上料以及圆盘剪切机的操作等。操作时若不注意，容易发生各种各样的人身伤害事故。

(1) 钣金冲、剪分离操作的安全生产要求。

1) 坚持未经培训不得上岗的原则。凡未经专门培训的人员，不得操作各种冲压设备。

2) 设备的安全、防护设施要齐全、有效，各种操纵、制动机件要灵敏、可靠。操作过程中，若发现异常情况，如设备运转不正常、操纵失灵、有异常响动等，应立即停机断电进行检修。严禁设备带故障运行。

3) 修理设备、清理工件或废料、更换或调整模具时，必须停机断电。

4) 操作者工作时要精力集中。两人或两人以上集体操作时，要有主有次、分工明确，相互协作配合。

5) 各类冲压设备的操作中，要特别注意手的安全。例如不得用手直接去取冲裁模内的工件或废料；开动剪床后，不得用手在剪刃和压紧装置下面取物或摆放钢板；上料时，不得将手垫放在钢板下面等。

(2) 钣金冲、剪分离操作的文明生产要求。

1) 工作场地要随时保持整洁。原材料、工件、废料以及所用的工具、夹具、量具应分类摆放在指定的地点，保证通道畅通。

2) 按要求做好设备的日常维护工作。工作前要按规定对设备加注润滑油，工作后要擦去掉设备各处的污物。

3) 严格按所用设备的操作规程和工艺要求进行操作，禁止野蛮操作。

第四节　钣金锯割、自动切割及电火花线切割下料

一、钣金锯割用锯床及主要技术参数

锯床用于切割各种型钢，也可切割管材。常用的有弓锯床、圆锯床和带锯床等。

1. 弓锯床

弓锯床结构如图 7-22 所示，其型号和主要技术参数见表 7-11。

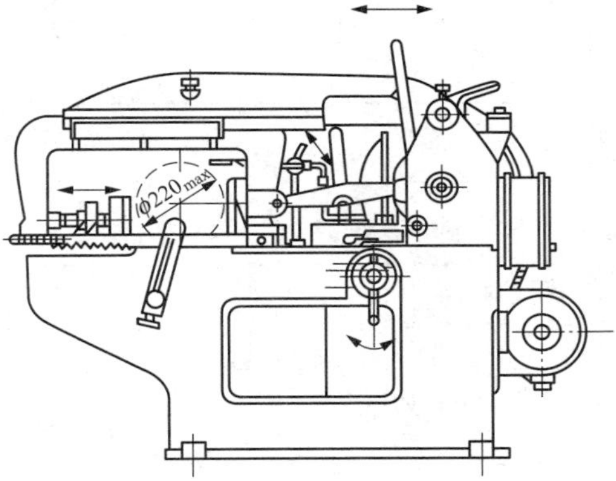

图 7-22　弓锯床结构

表 7-11　　常用弓锯床型号和主要技术参数

型号	最大锯料直径/mm	加工范围				锯片尺寸/mm		锯条行程/mm	往复次数/(次/min)	电动机功率/kW
		圆钢/mm	方钢/mm	槽钢(型号)	工字钢(型号)	长度	厚度			
G7016	160	160	160	16	16	350	1.4	100～180	85	0.37
G7025	250	250	250	25	25	450，500	2	152	91	1.5
G7116	160	160	160	16	16	350	1.8 1.4	110～170	92	0.37
G725	250	250	250	25	25	450	2	140	80，105	1.5
G72	220	220	220	22	22	450	2	152	75，97	1.5

2. 圆锯床

圆锯床结构如图 7-23 所示，其型号和主要技术参数见表 7-12。

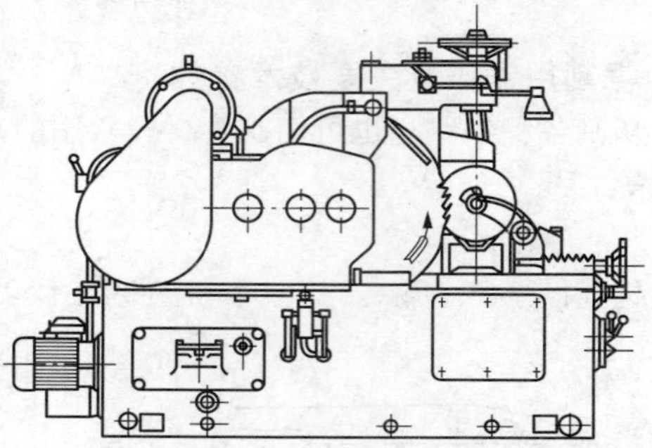

图 7-23 圆锯床结构

表 7-12 常用圆锯床型号和主要技术参数

型号	规格/mm	加工范围				锯片尺寸/mm		切削速度/(mm/min)	电动机功率/kW
		圆钢/mm	方钢/mm	槽钢（型号）	工字钢（型号）	直径	厚度		
G607	710	240	220	40	40	710	6.5	25～400	5.5
G6010	1010	350	300	60	60	1010	8	12～400	10
G6104	1430	500	350	60	60	1430	10.5	12～400	13
G6120A	2010	700	650			2010	14.5	5.6～17	30

3. 带锯床

带锯床的型号和主要技术参数见表 7-13。

表 7-13 常用带锯床型号和主要技术参数

型号	最大切料直径/mm	最大锯料厚度/mm	锯轮直径/mm	锯带长度/mm	锯带宽度/mm	切割速度/(m/min)	切断进给方式	电动机功率/kW
G5025（卧式）	250	250	280	3660	25	20～70	液动	1.1

续表

型号	最大切料直径/mm	最大锯料厚度/mm	锯轮直径/mm	锯带长度/mm	锯带宽度/mm	切割速度/(m/min)	切断进给方式	电动机功率/kW
G5030（卧式）	直割 300 斜割 200	300	400	3660	25	21～60	手动	1.1
G5120（立式）	200	200	432	3600～3700	3～18	20～800	液动	1.1
G5250（台式）	200	200	200	3440	3～10	60～120	手动	0.37

二、钣金自动和数控气割设备及主要技术参数

1. 半自动气割机

半自动气割机由切割小车、导轨、割炬、气体分配器及割圆附件等组成。切割小车采用直流电动机驱动，晶闸管控制进行无级调速。

半自动气割机主要用于低、中碳钢板的直线、弧形和圆形的气割，以及斜面和 V 形坡口的气割。

常用半自动气割机结构如图 7-24 所示，其主要技术参数见表 7-14。

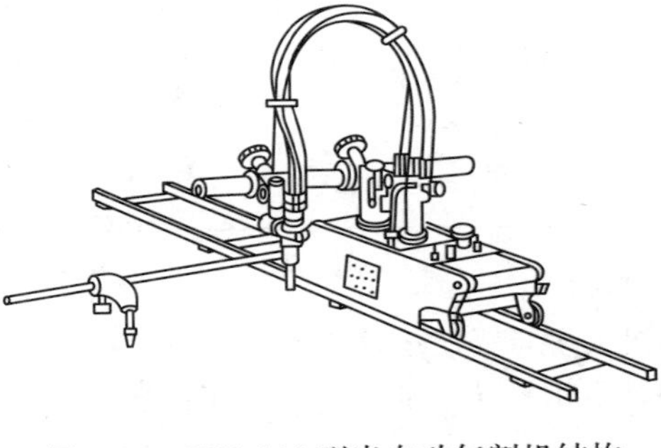

图 7-24　CG1-100 型半自动气割机结构

表 7-14 半自动气割机主要技术参数

型号	切割范围		切割速度/(mm/min)	使用割嘴/号数	电动机功率/W	用途
	厚度/mm	直径/mm				
CG1-30	5～60	200～2000	50～750	1、2、3	24	可作直线和大于 20mm 圆周、斜面、V 形坡口等形状气割
CG-7	5～50	65～1200	75～850	1、2、3	3	可作直线、圆周、任意曲线，坡口的气割
CG1-18	5～150	500～2000	50～1200	1、2、3、4、5	15	可作直线、圆周、坡口气割，尤其对 8mm 以下薄钢板切割质量好
CG1-100	10～100	540～2700	190～550	1、2、3	22	可作直线，圆周和倾角 40°以内的切割
CG1-100A	10～100	50～1500	50～650	1、2、3	24	可作直线、圆周和 V 形坡口的切割
CG-Q2	6～150	30～150	0～1000	1、2、3、4	24	可作直线、圆、长圆、方形、长方形、三角形等形状的切割，机上装有横移架能横向自动行移或旋转

2. 仿形气割机

仿形气割机大多是轻便摇臂式仿形自动气割机，适用于低、中碳钢板的切割，也可作为大批量生产中同一零件气割工作的专用设备。

仿形气割机主要由电动机、仿形机构、型臂、主臂及底座等机构组成。传动部分采用直流电动机，以晶闸管控制进行无级调速。

常用仿形气割机结构如图 7-25 所示，其主要技术参数见表 7-15。

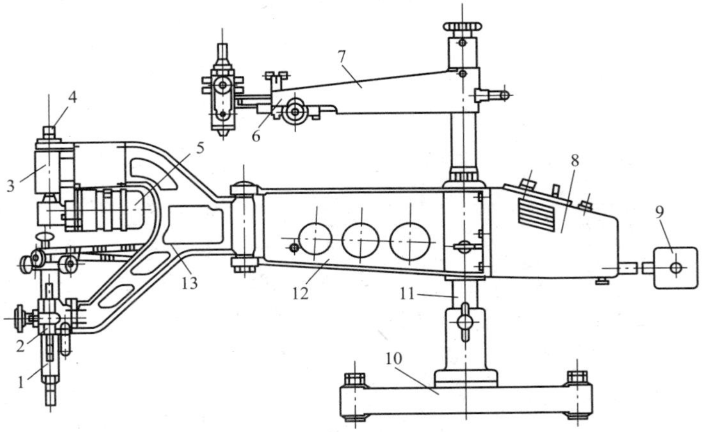

图 7-25 CG2-150 型仿形气割机结构

1—割炬；2—割炬架；3—永久磁铁装置；4—磁铁滚轮；5—电动机；6—型臂；7—样板紧定调节器；8—速度控制箱；9—平衡锤；10—底座；11—主轴；12—基臂；13—主臂

表 7-15　　仿形气割机主要技术参数

名　称		仿形气割机	仿形气割机	摇臂仿形气割机	摇臂仿形气割机
型　号		CG2～150	G2～1000	B2～900	G2～3000
切割范围/mm	厚度	5～50	5～60	10～100	10～100
	长度	1200	1200		
	最大正方形	500×500	1060×1060	900×900	1000×1000
	长方形尺寸	400×900 450×750	750×460 900×410 1200×260		3200×350
	直径	600	620，1500	930	400

续表

名称		仿形气割机	仿形气割机	摇臂仿形气割机	摇臂仿形气割机
切割速度/（mm/min）		50～750	50～750	100～660	108～722
气割精度/mm		±0.4	≤±1.75	±0.4	±0.4
割嘴号数		1、2、3	1、2、3	1、2、3	1、2、3
电动机功率/W		24 (3600r/min)	24	24	24
电源电压/V		220	220	220	220
质量/kg	平衡锤重	9	2.5		
	总重	40	38.5	400	200
用途		可按型板气割各种形状	可按型板气割各种形状	具有自动仿形任意曲线性能	具有自动仿形任意曲线性能

3. 光电跟踪气割机

光电跟踪气割机是利用光电平面轮廓仿形通过自动跟踪系统驱动割嘴，然后用氧气-乙炔火焰对金属进行切割的设备。

光电跟踪气割机采用动态扫描脉冲相位原理，对加工件图形、线条、边沿信息进行自动检测，实现了钢板带材复杂工件的按图跟踪、一次多头自动切割。整个工序无须放样划线。在工艺上可省略实尺下料，有效地提高了工效，降低了气割操作的劳动强度，提高切割质量，能最大限度地利用钢材。

图 7-26 光电跟踪气割机外形

光电跟踪气割机主要由跟踪台和自动气割执行机构两部分组成。这两部分大多为分离式，并可实现遥控操作。光电跟踪气割机外形如图 7-26 所示。

目前应用的 GD-2000 型光电跟踪气割设备装有 4 把割炬，可同时气割 4 个零件，采用 1∶1 跟踪比例，切割精度高，结构紧凑，运行平稳，操作方便，其主要性能如下：

气割范围/mm×mm	2000×2000
气割钢板厚度/mm	6～60（4组割炬）
切割速度/（mm×min）	50～1200
导轨长度/mm	7800
割缝补偿范围/mm	±2
跟踪精度/mm	＜0.3
电源/V	AC220、50Hz

4. 数控气割机

数控气割是随着电子计算机技术的发展，在气割工艺中使用的一项新技术，并得到了较为普遍的应用。这种气割机可省掉放样等工序而直接进行切割，它的出现标志着自动化气割进入了一个新时代。常用数控气割外形如图7-27所示。

目前应用的数控气割机型号和主要技术参数见表7-16。

表7-16　　　　数控气割机型号和主要技术参数

型号	控制方式	主要技术参数	
CNC-2500	单板机控制	轨距	2500min
		轨长	9205min
		割炬数	2个
		切割速度	250～750mm/min
		气割钢板厚度	8～50min
		气割钢板宽度	2000min
		气割钢板长度	6000min
		最高定位速度	1500mm/min
		割炬升降形式	手动
CNC-4A	微机控制	轨距	4000mm
		轨长	16 000mm
		割炬数	2个
		切割速度	50～1000mm/min
		气割钢板厚度	8～150mm
		机器精度、定位精度	＜±1mm/10m
		圆度	＜±0.5mm/1m
		性能及用途：计算机控制运动轨迹，氧乙炔气割钢板	

续表

型号	控制方式	主要技术参数
CNC-6000	微机控制	轨距 600mm 轨长 19 200mm 割炬数：单割炬 4 把三割炬 1 组 最高划线速度 6000mm/min 气割钢板厚度 6～200mm 割炬自动升降系统 5 套 钢板自动穿孔气路 1 套 喷粉划线装置 1 套 性能及用途：计算机控制运动轨迹、氧乙炔气割钢板

(a) (b)

图 7-27 数控气割机外形

(a) 小型数控气割机；(b) 大型数控气割机

三、钣金数控电火花线切割加工

线切割加工（Wire Electrical Discharge Machining，WEDM）是电火花线切割加工的简称，它是用线状电极（钼丝或铜丝）靠电火花放电对工件进行切割，其工作原理如图 7-28 所示，被切割的工件接脉冲电源的正极，电极丝作为工具接脉冲电源的负极，电极丝与工件之间充满具有一定绝缘性能的工作液，当电极丝与工件的距离小到一定程度时，在脉冲电压的作用下工作液被击穿，电极丝与工件之间产生火花放电而使工件的局部被蚀除，若工作台按照规定的轨迹带动工件不断地进给，就能切割出所需要的工件形状。

线切割机床通常分为两类：快走丝与慢走丝。前者是贮丝筒带

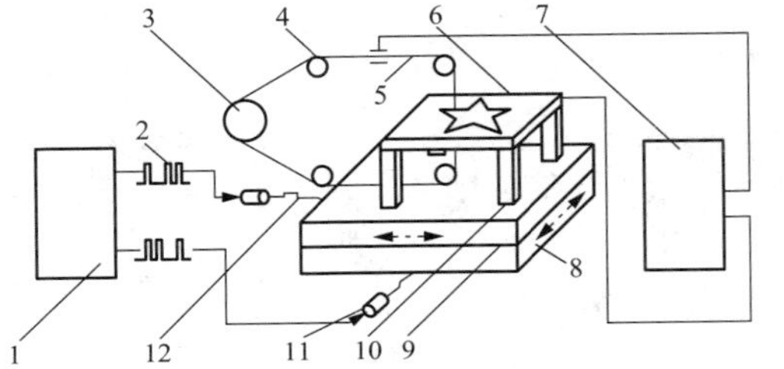

图 7-28　数控线切割加工的工作原理

1—数控装置；2—信号；3—贮丝筒；4—导轮；5—电极丝；6—工件；7—脉冲电源；8—下工作台；9—上工作台；10—垫铁；11—步进电动机；12—丝杠

动电极丝作高速往复运动，走丝速度为 8～10m/s，电极丝基本上不被蚀除，可使用较长时间，国产的线切割机床多是此类机床。由于快走丝线切割的电极丝是循环使用的，为保证切割工件的质量，必须规定电极丝的损耗量，避免因电极丝损耗过大以致电极丝在导轮内窜动。提高走丝速度有利于电极丝将工作液带入工件与电极丝之间的放电间隙、排出电蚀物，并且提高切割速度，但加大了电极丝的振动。慢走丝机床的电极丝作低速单向运动，走丝速度一般低于 0.2m/s，为保证加工精度，电极丝用过以后不再重复使用。

快走丝线切割的加工精度为 0.02～0.01mm，表面粗糙度一般为 $Ra5.0$～$2.5\mu m$，最低可达 $Ra1.0\mu m$。慢走丝线切割的加工精度为 0.005 ～ 0.002mm，表面粗糙度一般为 $Ra1.6\mu m$，最高可达 $Ra0.2\mu m$。

线切割机床的控制方式有靠模仿形控制、光电跟踪控制和数字程序控制等方式。目前，国内外 95%以上的线切割机床都已经数控化，所用数控系统有不同水平的，如单片机、单板机、微机，微机数控是当今的主要发展趋势。

快走丝线切割机床的数控系统大多采用简单的步进电动机开环系统，慢走丝线切割机床的数控系统大多是伺服电动机加编码盘的半闭环系统，在一些超精密线切割机床上则使用伺服电动机加磁尺或光栅的全闭环数控系统。

钣金数控电火花线切割加工具有如下特点：

（1）直接利用线状的电极丝作电极，不需要制作专用电极，可节约电极设计、制造费用。

（2）可以加工用传统切削加工方法难以加工或无法加工出的形状复杂的工件，如凸轮、齿轮、窄缝、异形孔等。由于数控电火花线切割机床是数字控制系统，因此加工不同的钣金工件只需编制不同的控制程序，对不同形状的工件都很容易实现自动化加工。很适合于小批量形状复杂的钣金工件、单件和钣金试制品的加工，加工周期短。

（3）电极丝在加工中不接触工件，两者之间的作用力很小，因此工件以及夹具不需要有很高的刚度来抵抗变形，可以用于切割极薄的钣金工件及在采用切削力加工时容易发生变形的工件。

（4）电极丝材料不必比工件材料硬，可以加工一般切削方法难以加工的高硬度金属材料，如碎火钢、硬质合金等。

（5）由于电极丝直径很细（0.1～0.25mm），切屑极少，且只对工件进行切割加工，故余料还可以使用，对于贵重金属加工更有意义。

（6）与一般切削加工相比，线切割加工的效率低，加工成本高，不宜大批量加工形状简单的零件。

（7）不能加工非导电材料。

由于数控电火花线切割加工具有上述优点，因此电火花线切割广泛用于加工硬质合金、淬火钢模具零件、样板、各种形状复杂的细小零件、窄缝等，特别是冲模、挤压模、塑料模、电火花加工型腔模所用电极的加工。

第八章

钣金展开计算

第一节　点、直线、平面的投影

一、点的三面投影

图 8-1 所示为空间点 A 的三面投影及展开图。点 A 在 H 面的投影记为同名小写字母 a ，点 A 在 V 面的投影记为同名小写字母 a'，点 A 在 W 面的投影记为同名小写字母 a''。

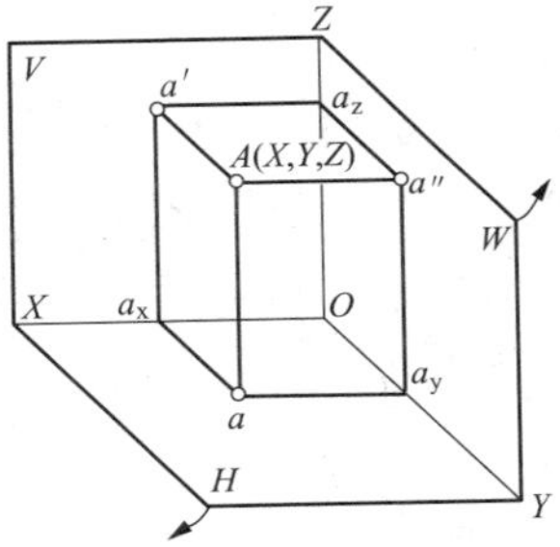

(a)

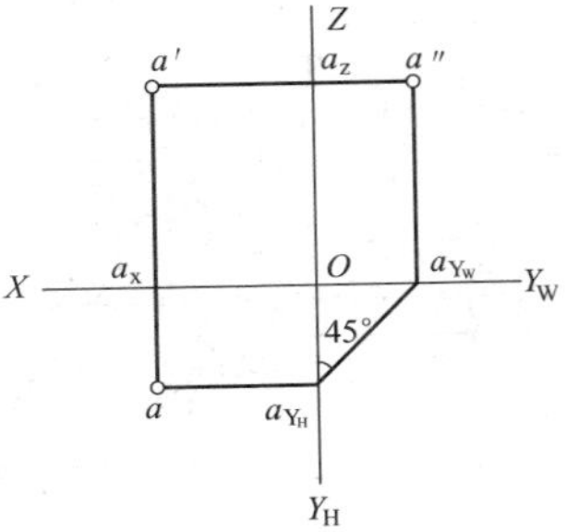

(b)

图 8-1　点的三面投影

(a) 点的空间位置；(b) 点的三面投影

总结其展开图的投影规律，可以得出点的三面投影规律：

$$a_xa' \perp OX, a_za'' \perp OZ, a_xa = a_za''$$

上述这个规律是空间点的三面投影必须保持的基本关系，也是画点的投影及识读点的投影必须遵循的基本法则。

同时，空间点到投影面的距离在投影图上也可得到反映。

(1) 点 A 到 H 面的距离 $= Aa = a'a_x = a''a_y = Z$。

(2) 点 A 到 V 面的距离 $= Aa' = aa_x = a''a_z = Y$。

(3) 点 A 到 W 面的距离 $= Aa'' = a'a_z = aa_y = X$。

有时，也可用坐标值来确定空间点，如 A（X，Y，Z）。

二、各种位置直线的投影

1. 直线的三面投影

直线的各面投影由直线上两个点的同面投影来确定。作直线投影只需做出直线上任意两点（一般是直线段的两端点）的投影，然后连接其两点的同面投影。

如图 8-2（a）、（b）所示四棱锥的侧棱边，分别求作点 S、A 三面投影 s、s'、s'' 和 a、a'、a''，然后将其同面投影连接起来，即得 SA 的三面投影 sa、sa'、sa''。

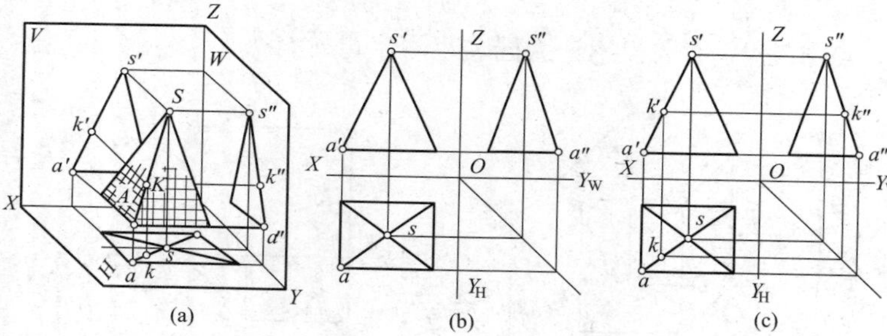

图 8-2　直线及直线上点的投影

直线上任一点的投影必在该直线的同面投影上。如图 8-2（a）、（c）所示，在侧棱 SA 上有一点 K，其投影 k，k'，k''，分别在直线 SA 的同面投影 sa、$s'a'$、$s''a''$ 上，这种点在直线上的投影特性称从属性；直线段上的点将线段分成定比，则该点的投影也将直线段的同面投影分成相同的定比。如图 8-2（a）、（c）所示，$SK:KA = sk:ka = s'k':k'a' = s''k'':k''a''$，这种点分割线段成比例的点在直线上的投影特性称定比性。

2. 各种空间位置直线的投影

空间直线与投影面的位置关系有三种：投影面平行线、投影面垂直线和一般位置直线。

（1）投影面的平行线。平行于一个投影面，而倾斜于另两个投影面的直线，称为投影面平行线。投影面平行线分为：

1）水平线。直线平行于 H 面，倾斜于 V 面和 W 面。

2）正平线。直线平行于 V 面，倾斜于 H 面和 W 面。

3）侧平线。直线平行于 W 面，倾斜于 H 面和 V 面。

投影面的平行线的投影特性是：直线平行于投影面，在该投影面上的投影反映实长，而且与在该投影面上的投影轴的夹角分别反映与其他两投影面的倾角；同时该直线在其他两投影面上的投影不反映实长。

投影面平行线的投影特性详见表 8-1。

表 8-1　投影面平行线的投影特性

名称	直观图	投影图	投影特性
水平线	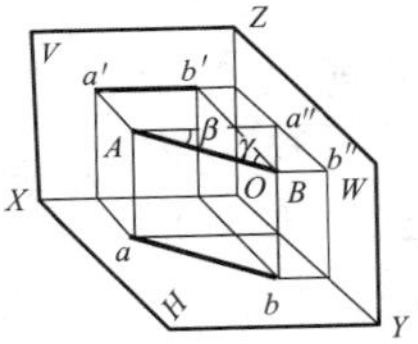	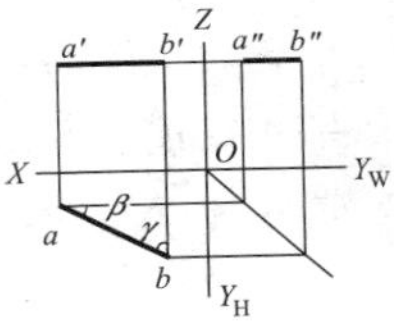	1. 水平投影反映实长 2. 水平投影与 X 轴和 Y 轴的夹角，分别反映直线与 V 面和 W 面的倾角 β 和 γ 3. 正面投影及侧面投影分别平行于 X 轴及 Y 轴，但不反映实长
正平线	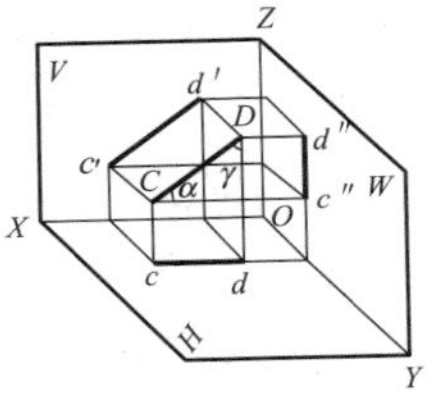	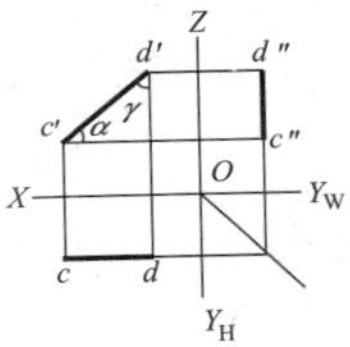	1. 正面投影反映实长 2. 正面投影与 X 轴和 Z 轴的夹角，分别反映直线与 H 面和 W 面的倾角 α 和 γ 3. 水平投影及侧面投影分别平行于 X 轴及 Z 轴，但不反映实长

续表

名称	直观图	投影图	投影特性
侧平线	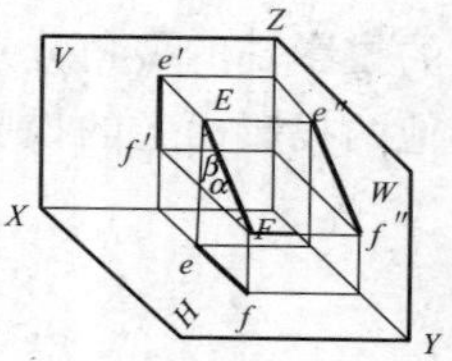	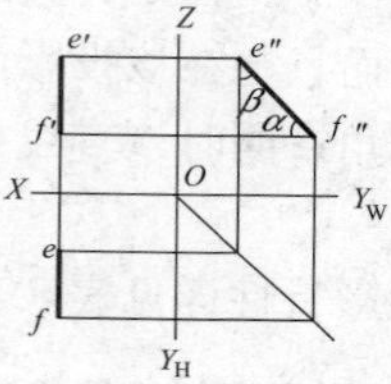	1. 侧面投影反映实长 2. 侧面投影与 Y 轴和 Z 轴的夹角，分别反映直线与 H 面和 V 面的倾角 α 和 β 3. 水平投影及正面投影分别平行于 Y 轴及 Z 轴，但不反映实长

（2）投影面的垂直线。垂直于一个投影面，同时必平行于另外两个投影面的直线，称为投影面垂直线。投影面垂直线分为：

1）铅垂线。直线垂直于 H 面，平行与 V 面和 W 面。

2）正垂线。直线垂直于 V 面，平行与 H 面和 W 面。

3）侧垂线。直线垂直于 W 面，平行与 H 面和 V 面。

投影面垂直线的投影特性是：直线垂直于投影面，在该投影面上的投影积聚成一点，在其他两面的投影垂直于投影轴而且反映实长。

投影面垂直线的投影特性详见表 8-2。

表 8-2　　投影面垂直线的投影特性

名称	直观图	投影图	投影特性
铅垂线	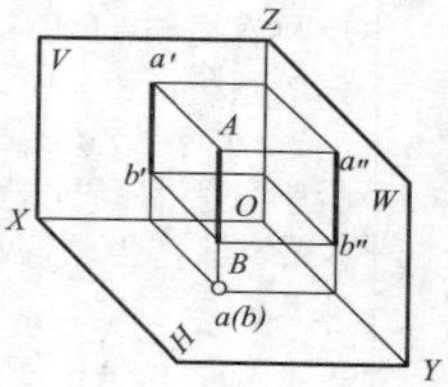	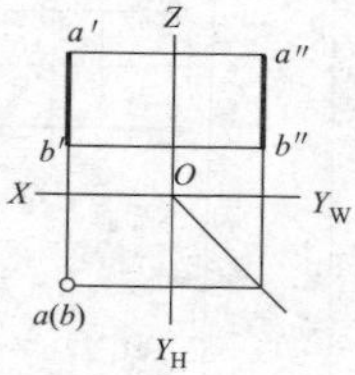	1. 水平投影积聚成一点 2. 正面投影及侧面投影分别垂直于 X 轴及 Y 轴，且反映实长

续表

名称	直观图	投影图	投影特性
正垂线	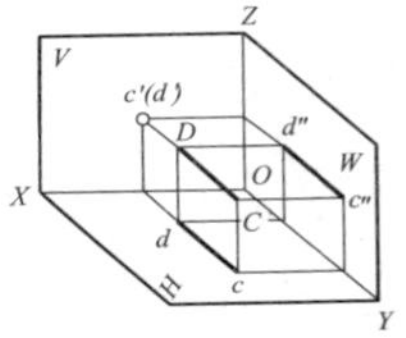	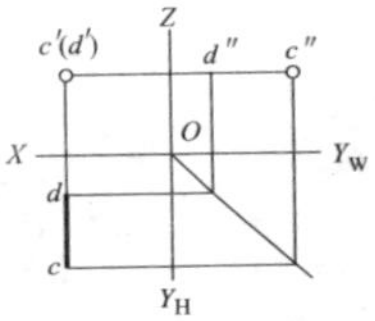	1. 正面投影积聚成一点 2. 水平投影及侧面投影分别垂直于 Y 轴及 Z 轴，且反映实长
侧垂线	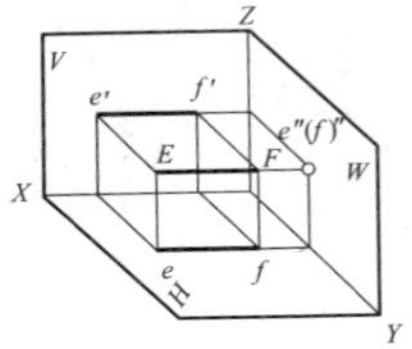	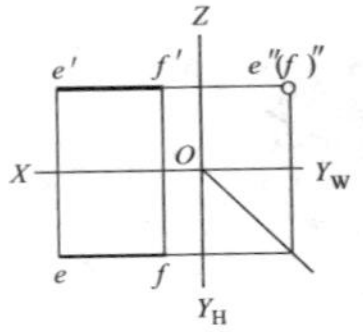	1. 侧面投影积聚成一点 2. 水平投影及正面投影分别垂于 Y 轴及 Z 轴，且反映实长

（3）一般位置直线。所谓一般位置直线指既不平行也不垂直于投影面的直线。一般位置直线的投影特性是：直线在 H、V、W 三个投影面的投影与投影轴都成倾斜位置，且不反映实长，也不反映直线对投影面的倾角。

三、求一般位置直线段实长及与投影面夹角

在钣金工程中经常需要求出一般位置直线的实长及对投影面真实倾角的大小。当在放样图上有不反映构件表面某些直线的实长时，如果不先解决这些直线的实长问题，就不可能画出构件的展开图。求实长线往往是钣金下料展开过程中不可避免的和重要的一步，下面具体分析说明求实长线的方法与技巧。

1. 用旋转法求一般位置直线段实长

一般位置直线是指直线倾斜于所有投影面，这时它在三个投影面上的投影均比实长短。用旋转法求实长的过程，实际上是把一般位置直线转化为特殊位置直线即平行线的过程。

如图 8-3（a）所示，如果将一般位置直线 AB 绕垂直于水平投

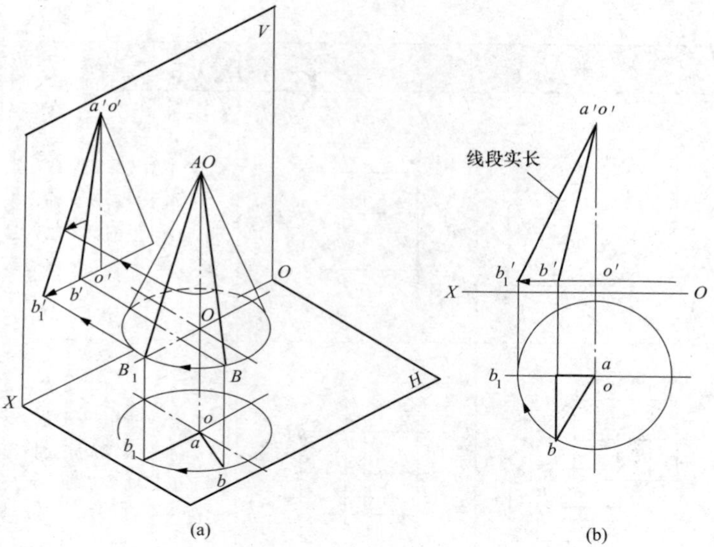

图 8-3 旋转法求一般位置直线段的实长

影面 H 面的轴 OO 旋转，并使旋转轴 OO 过直线上 A 点。直线 AB 当旋转至与正投影面 V 面平行的位置 AB_1 时，它在正投影面 V 面上的投影 $a'b_1'$ 反映线段 AB 的实长。

作图步骤如图 8-3（b）所示：

（1）在水平投影面中 AB 的投影为 ab，令 a（与 OO 轴重合）为旋转中心，将 ab 旋转到与正投影面和水平投影面的交线相平行，即如图中与投影轴 OX 轴平行的位置得 ab_1。

（2）在正投影面中过 AB 的正面投影 $a'b'$ 的 b' 点作一条 OX 轴的平行线。

（3）按投影规律找到 b_1' 点，即过 b_1 点作 OX 轴的垂线，交步骤（2）所作平行线于 b_1' 点，连接 $a'b_1'$，该线即 AB 的实长。

2. 用更换投影面法求一般位置直线段实长

如图 8-4（a）所示，如果用一个新的投影面 V_1 面代替 V 面，并使 V_1 面既平行于直线 AB 又垂直于 H 面（必须垂直），则 AB 在新投影面的投影 $a_1'b_1'$ 反映直线 AB 的实长。

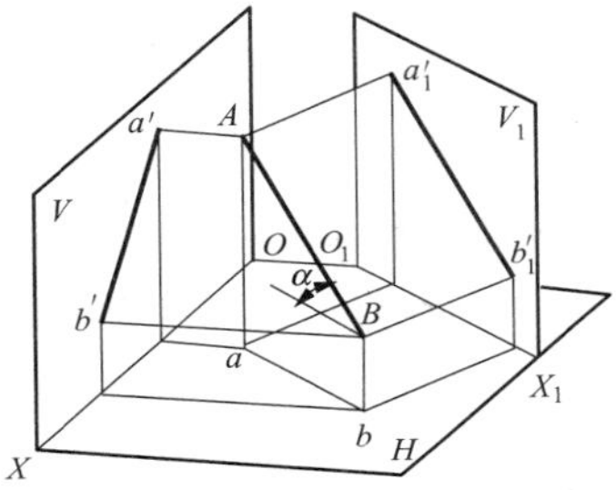

(a)

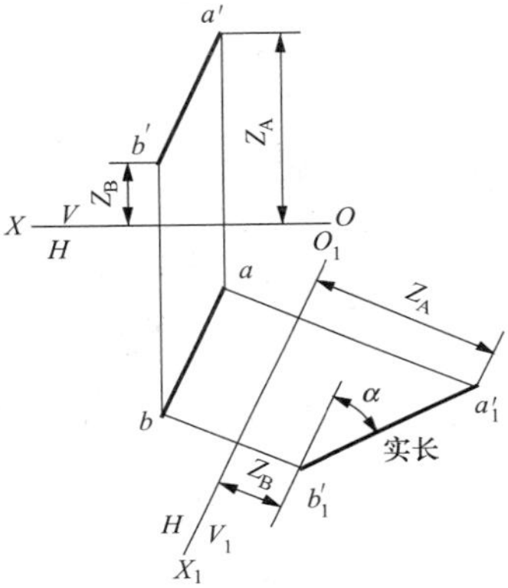

(b)

图 8-4　更换投影面法求一般位置直线段的实长

作图步骤如图 8-4（b）所示：

（1）画新投影轴 O_1X_1，使 O_1X_1 平行于 AB 在水平面 H 面的投影 ab，从而确定新投影面的位置。

（2）过 ab 两点，分别作 O_1X_1 的垂线，然后以新投影轴为起点量取图 8-4 中的 Z_A、Z_B，定出点 a'_1 和 b'_1。

（3）连接 $a'_1b'_1$，$a'_1b'_1$ 即为 AB 线段的实长。

若用新投影面 H_1 代替 H 面，其作图方法类似。

3. 用直角三角形法求一般位置直线段实长

如图 8-5（a）所示，在直角三角形 ABC 中，斜边 AB 就是空间线段本身，底边 AC 等于线段 AB 的水平投影 ab，即过一般位置直线的 A 点作 AB 在水平面 H 上的投影 ab 的平行线交于 C 点，直角边 BC 等于线段 AB 两端点的 Z 坐标差（$\Delta Z=Z_B-Z_A$），即等于 $a'b'$ 两端点到投影轴 OX 的距离之差，斜边 AB 与底边 AC 的夹角为直线对 H 面的倾角。

作图步骤如图 8-5（b）所示：

（1）以水平投影 ab 为直角三角形的底边，过点 b 作 ab 垂线为另一直角边。

（2）在这一直角边上量取 bB_1（$bB_1=\Delta Z=Z_B-Z_A$）。

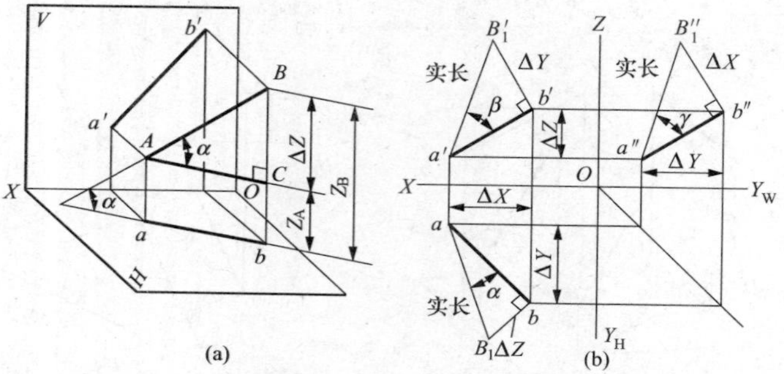

图 8-5 直角三角形法求一般位置直线段的实长

(3) 连接 aB_1，即为直线段 AB 实长，$\angle baB_1$ 为直线对 H 面的倾角 α。同理，也可以用直线段的正面 V 面投影 $a'b'$ 为底边，ΔY（$\Delta Y = Y_B - Y_A$）为一直角边，如图 8-5（b）所示，斜边 $a'B'_1$ 是 AB 的实长，这时倾角 $\angle b'a'B'_1$ 为直线段 AB 对 V 面的倾角 β。

在图 8-5（b）中，还有用直线段的侧面 W 面投影，求一般位置直线段的画法。

四、各种位置平面的投影

不在同一直线上的三点、一直线和直线外的一点、两相交直线、相互平行的两直线、任意平面图形都可以确定一个平面，一般可以用平面图形表示平面。平面在三面投影体系中可分为投影面的平行面、投影面的垂直面和一般位置平面。

1. 投影面的平行面

平行于投影面的平面，统称为投影面的平行面。平行 H 面的平面称为水平面，平行 V 面的平面称为正平面，平行 W 面的平面称为侧平面。

投影面的平行面的特性是：平面平行于投影面，在该投影面上的投影反映实形，在其他两投影面上的投影积聚为直线且平行于相应的投影轴。

投影面的平行面的投影特性详见表 8-3。

表 8-3　　投影面的平行面的投影特性

名称	水平面（//H）	正平面（//V）	侧平面（//W）
实例	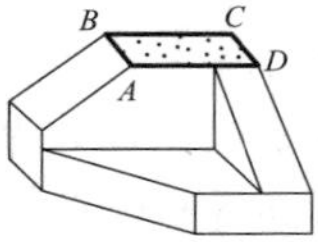	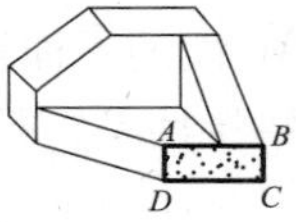	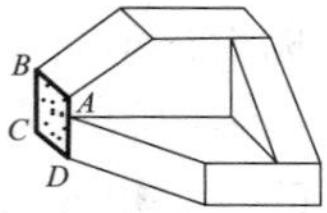
轴测图	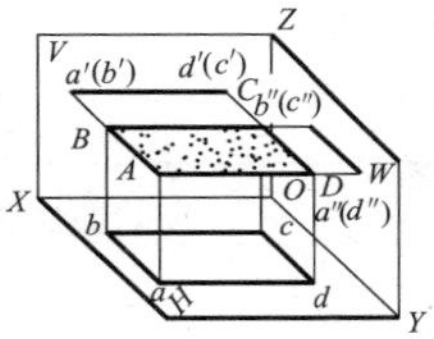	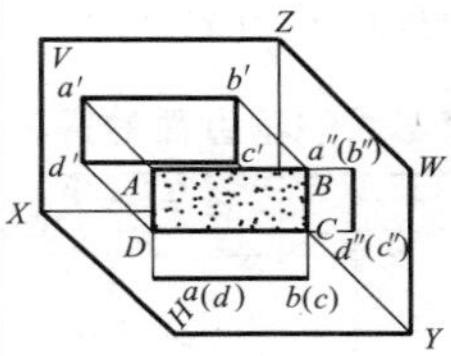	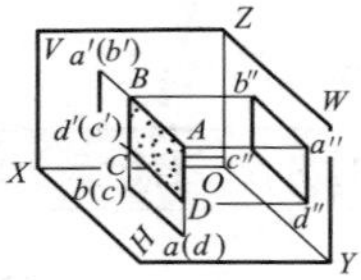
投影图	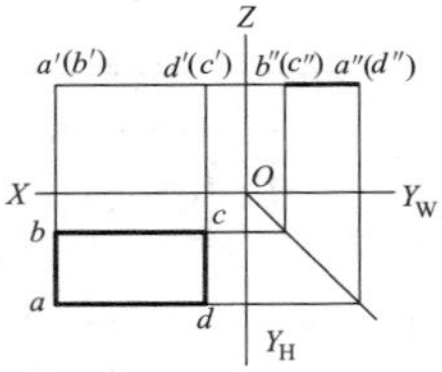	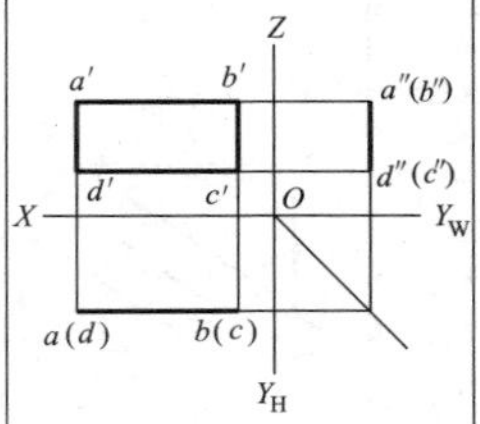	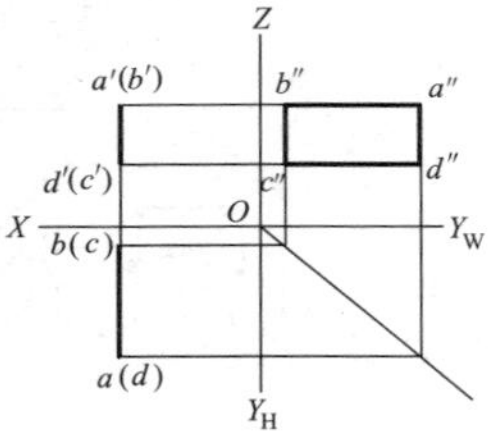
投影特性	1. 水平投影反映实形 2. 正面投影积聚成直线，且平行于 OX 轴 3. 侧面投影积聚成直线，且平行于 OY_W 轴	1. 正面投影反映实形 2. 水平投影积聚成直线，且平行于 OX 轴 3. 侧面投影积聚成直线，且平行于 OZ 轴	1. 侧面投影反映实形 2. 正面投影积聚成直线，且平行于 OZ 轴 3. 水平投影积聚成直线，且平行于 OY_H 轴
	小结：1. 在所平行的投影面上的投影反映实形； 2. 其他投影积聚成直线，且平行于相应的投影轴		

2. 投影面的垂直面

垂直于一个投影面同时倾斜于其他两个投影面的平面，统称为投影面的垂直面。垂直于 H 面的平面称为铅垂面，垂直于 V 面的平面称为正垂面，垂直于 W 面的平面称为侧垂面。

投影面的垂直面的投影特性是：平面垂直于投影面，在该投影面上的投影积聚为直线，同时在其他两个投影面的投影收缩为相应平面的类似形。

投影面的垂直面的投影特性详见表 8-4。

表 8-4　　　　投影面的垂直面的投影特性

名称	名垂面（⊥H）	正垂面（V）	侧垂面（⊥W）
实例	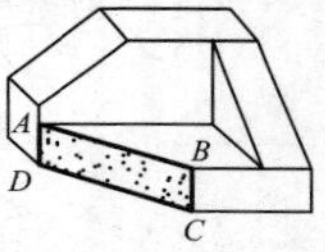	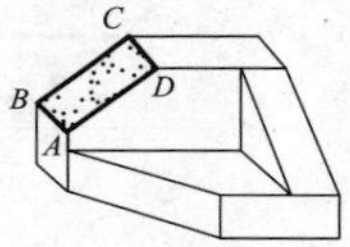	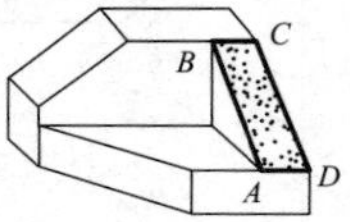
轴测图	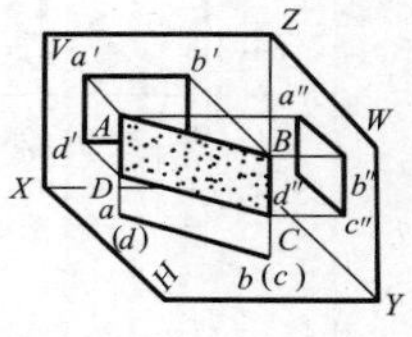	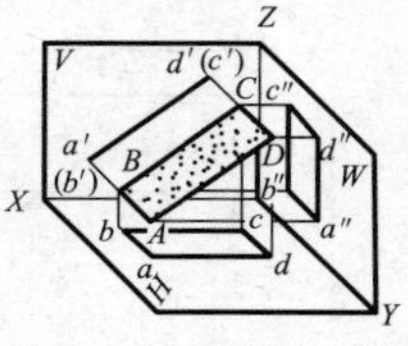	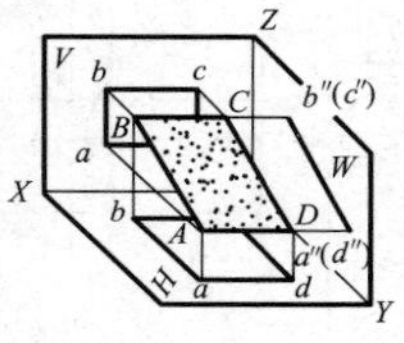
投影图	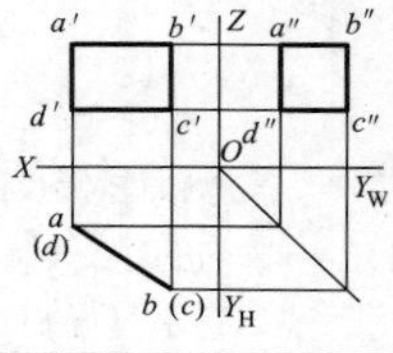	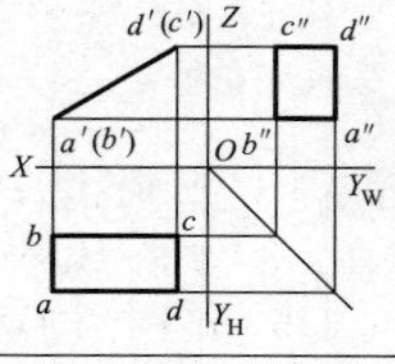	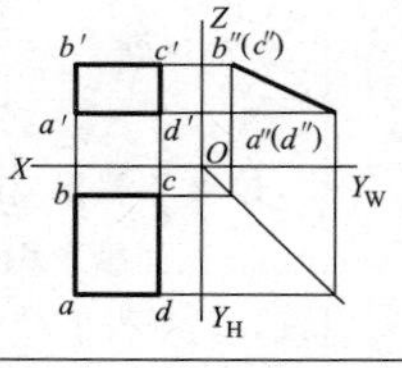
投影特性	1. 水平投影积聚成直线 2. 正面投影和侧面投影为原型的类似形	1. 正面投影积聚成直线 2. 水平投影和侧面投影为原型的类似形	1. 侧面投影积聚成直线 2. 正面投影和水平投影为原型的类似形
	小结：1. 在所垂直的投影面上的投影，积聚成直线； 2. 其他投影为原型的类似形		

3. 一般位置平面

对三个投影面都倾斜的平面称为一般位置平面。其投影特性为在三个投影面上的投影均为原图形的类似形。如图 8-6 所示，求一般位置平面 ΔABC 的平面图形在三个投影面的投影，首先确定该平面图形各顶点的投影，然后用直线依次连接各顶点的同面投影。

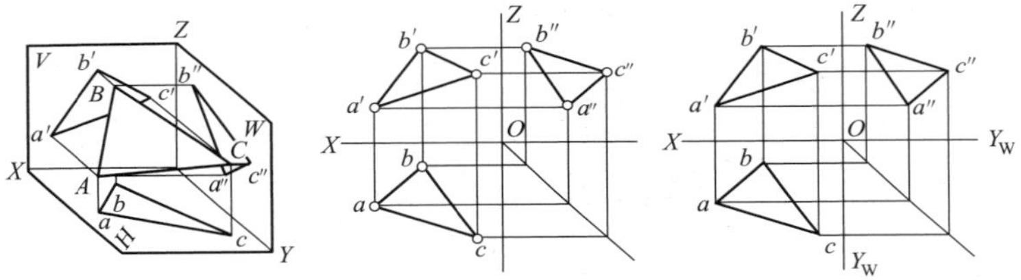

(a) (b) (c)

图 8-6 一般位置平面的三面投影

第二节 钣金展开长度的计算

一、钣金毛坯展开长度的计算

钣金毛坯展开长度的计算公式见表 8-5、表 8-6。

表 8-5 钣金毛坯展开长度的计算公式（$r>0.5t$）

序号	弯曲性质	弯曲形状	毛坯展开长度公式
1	单直角弯曲	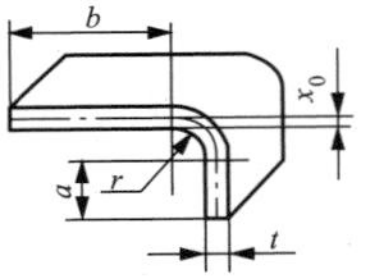	$L=a+b+\frac{\pi}{2}(r+x_0t)$
2	双直角弯曲	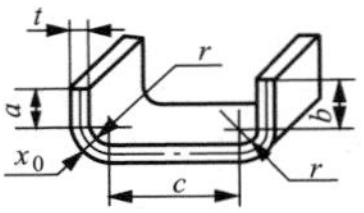	$L=a+b+c+\pi(r+x_0t)$

续表

序号	弯曲性质	弯曲形状	毛坯展开长度公式
3	四直角弯曲	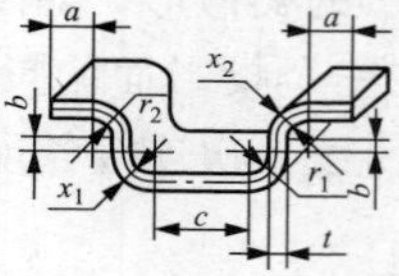	$L=2a+2b+c+\pi(r_1+x_1t)+\pi(r_2+x_2t)$
4	吊环	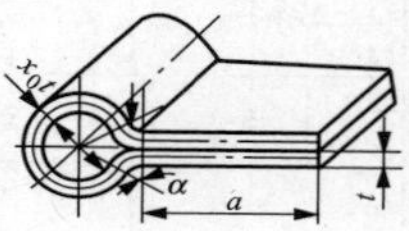	$L=2a+(d+2x_0t)\dfrac{(360°-\beta)\pi}{360°}+2\left[\dfrac{(r+x_0t)\pi\alpha}{180°}\right]$
5	半圆	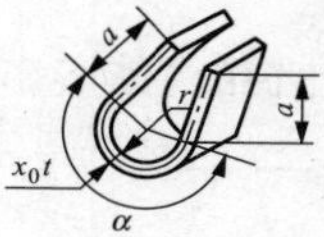	$L=2a+\dfrac{\pi\alpha}{180°}(r+x_0t)$
6	圆形	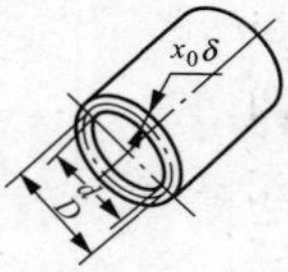	$L=\pi D=\pi(d+2x_0t)$

表 8-6　钣金毛坯展开长度的计算公式（$r<0.5t$）

序号	弯曲性质	弯曲形状	毛坯展开长度公式
1	单直角弯曲	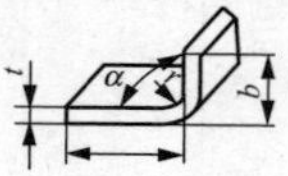	$L=a+b+0.4t$
		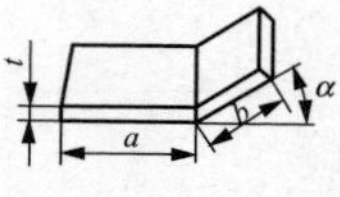	$L=a+b+\dfrac{\alpha}{90°}\times 0.5t$
		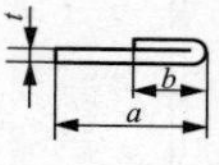	$L=a+b-0.43t$

续表

序号	弯曲性质	弯曲形状	毛坯展开长度公式
2	双直角弯曲	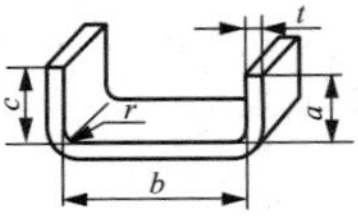	$L=a+b+c+0.6t$
3	三角弯曲	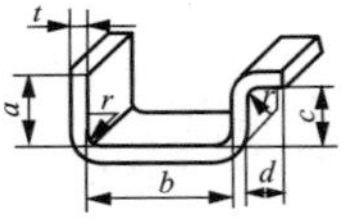	$L=a+b+c+d+0.75t$
4	四角弯曲	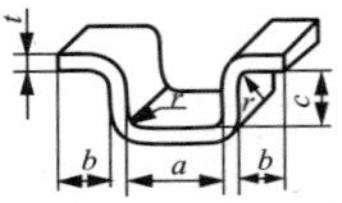	$L=a+2b+2c+t$

二、型钢重心位置的计算

钣金工在工作中所用的施工图与机械图样的绘图原理是大致一样的，但钣金作图所表示的是钢板和型钢在结构中的投影。掌握了钢板和型钢的独立投影，其组合形式也就容易掌握了，图 8-7 所示是最常见的几种型钢图例。

（1）常用型钢的符号，见表 8-7。钣金作图时，在剖视和断面图中，应采用规定的常用型钢符号表示。

表 8-7　　　　常用型钢的符号

名　称	符　号	举　例	说　明
扁钢	—	— 4×60	厚度为 4mm，宽度为 60mm 的扁钢
等边角钢	∟	∟ 50×50×6	角钢边宽为 50mm，厚度为 6mm
不等边角钢	∟	∟ 75×50×8	长边宽为 75mm，短边宽为 50mm，厚度为 8mm
球平钢	Γ	Γ 20a	型号 20a 高度为 200mm

续表

名　称	符　号	举　例	说　　明
槽　钢		 20a	型号 20a 高度为 200mm
工形钢		 18	型号 18 高度为 180mm
T 形钢		 $\frac{6\times60}{4\times100}$	面板厚度为 6mm，宽度为 60mm，覆板厚度为 4mm，高度为 100mm
圆钢		 40	直径为 40mm
半圆钢		 50×25	宽度为 50mm，断面高度为 25mm
管子	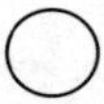	 100×8	外径为 100mm，管子壁厚为 8mm
方钢		 10	高和宽各为 10mm

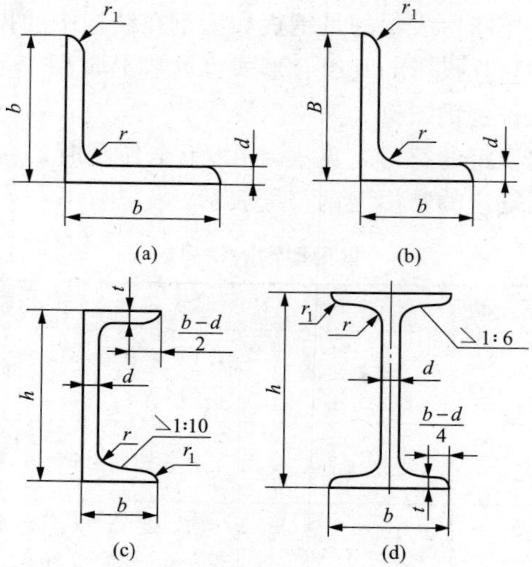

图 8-7　最常见的几种型钢图例

（2）常用钢材断面面积的计算公式，见表 8-8。

表 8-8　常用钢材断面面积 F 的计算公式

项目	钢材类别	计算公式	符号说明
1	方钢	$F=a^2$	a—— 边宽
2	圆角方钢	$F=a^2-0.8584r^2$	a—— 边宽 r—— 圆角半径
3	钢板、扁钢、带钢	$F=at$	a—— 边宽； t—— 厚度
4	圆角扁钢	$F=at-0.8584r^2$	a—— 边宽； t—— 厚度； r—— 圆角半径
5	圆钢、圆盘条、钢丝	$F=0.7854d^2$	d—— 外径
6	六角钢	$F=0.866a^2=2.598S^2$	a—— 对边距离； S—— 边宽
7	八角钢	$F=0.8284a^2=4.8284S^2$	
8	钢管	$F=3.1416t(D-t)$	D—— 外径； t—— 壁厚
9	等边角钢	$F=d(2b-d)+0.2146(r^2-2r_1^2)$	d—— 边厚； b—— 边宽； r—— 内面圆角半径； r_1—— 边端圆弧半径
10	不等边角钢	$F=d(B+b-d)+0.2146(r^2-2r_1^2)$	d—— 边厚； B—— 长边宽； b—— 短边宽； r—— 内面圆角半径 r_1—— 边端圆弧半径
11	工字钢	$F=hd+2t(b-d)+0.8584(r^2-r_1^2)$	h—— 高度； b—— 腿宽； d—— 腰厚； r—— 内面圆角半径； r_1—— 腿端圆弧半径； t—— 平均腿厚
12	槽钢	$F=hd+2t(b-d)+0.4292(r^2-r_1^2)$	

（3）几种几何图形重心位置的计算公式，见表 8-9。

（4）几种型钢重心距的简化计算公式，见表 8-10。

表 8-9　　几种几何图形重心位置的计算公式

名称	简　图	计算公式
直角形	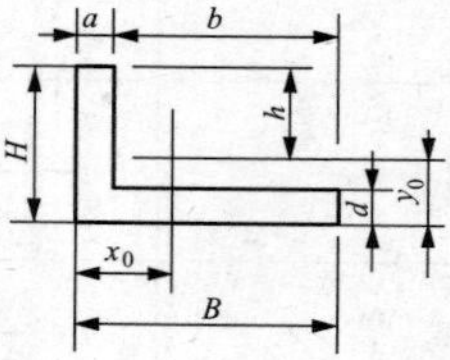	$x_0=\dfrac{dB^2+ah^2}{2(dB+ah)}$ $y_0=\dfrac{aH^2+ba^2}{2(aH+bd)}$ 当 $a=b=t$ 时： $x_0=\dfrac{B^2+Ht-t^2}{2(H+B-t)}$ $y_0=\dfrac{H^2+Bt-t^2}{2(H+B-t)}$ 当 $H=B, a=b=t$ 时： $x_0=y_0=z_0$ $z_0=\dfrac{B^2+Bt-t^2}{2(2B-t)}$
丁字形	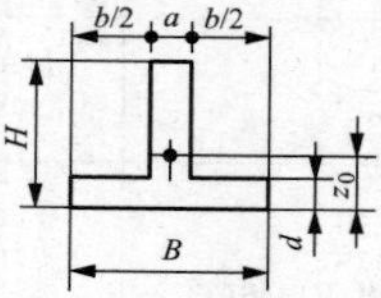	$z_0=\dfrac{aH^2+bd^2}{2(aH+bd)}$ 当 $a=b=t$ 时： $z_0=\dfrac{H^2+bt}{2(H+b)}$
槽形	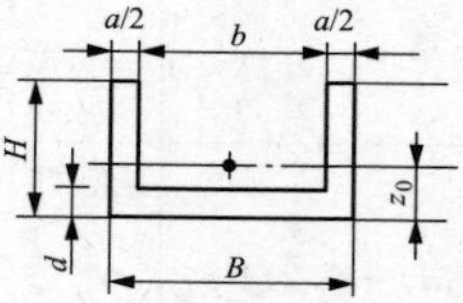	$z_0=\dfrac{aH^2+bd^2}{2(aH+bd)}$ 当 $a=2b=2t$ 时： $z_0=\dfrac{2H^2+Bt-2t^2}{4H+2B-4t}$
冠形	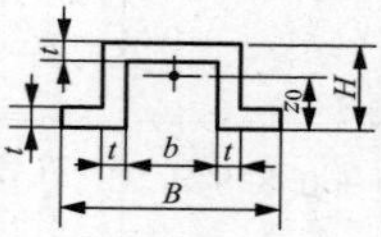	$z_0=\dfrac{H^2+bH+0.5Bt-bt-t^2}{B+2H+2t}$
等腰梯形	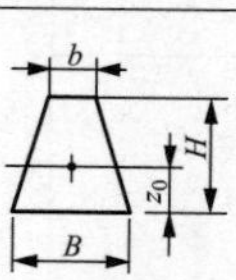	$z_0=\dfrac{B+2b}{3(B+b)}H$ $b=0$ 时为等腰三角形

续表

名称	简　　图	计算公式
斜置矩形	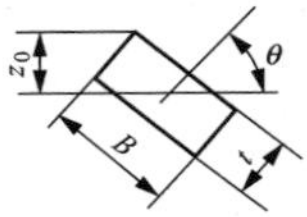	$z_0=\frac{B\cos\theta+t\sin\theta}{2}$
半圆形	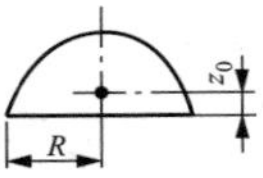	$z_0=0.2122R$
扇形	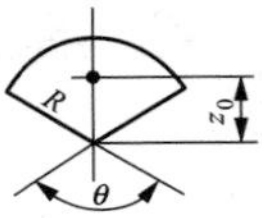	$z_0=\frac{240R}{\pi\theta}\sin\frac{\theta}{2}$ θ —— 圆心角(°)
弓形	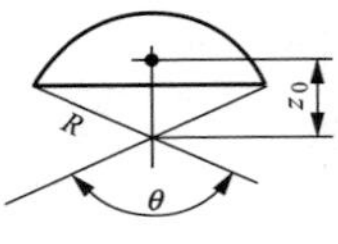	$z_0=\frac{4}{3}R\frac{\sin^3\frac{\alpha}{2}}{\alpha-\sin\alpha}$ $\alpha=\frac{\pi\theta}{180}$ θ —— 圆心角(°) 当 $\theta=180°$ 时为半圆形
扇形环	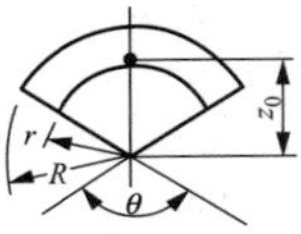	$z_0=38.197\frac{R^3-r^3}{R^2-r^2}\cdot\frac{\sin\frac{\theta}{2}}{\frac{\theta}{2}}$ θ —— 圆心角(°) 当 $\theta=180°$ 时为半圆形

续表

名称	简　图	计算公式
半圆环	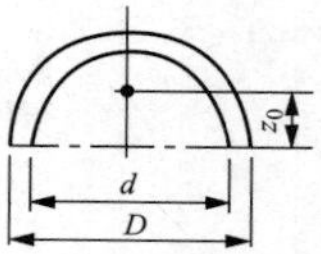	$z_0 = 2.094\dfrac{D^2+Dd+d^2}{D+d}$
新月形	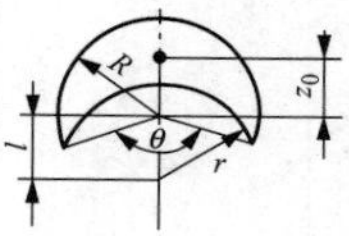	$z_0 = \dfrac{\pi-3n}{2n}l$ $n = \pi - 0.001\,745\theta + \sin\theta$ θ——圆心角(°)

表 8-10　几种型钢重心距的简化计算公式 (mm)

名称	示意图	规格	重心距简化计算式	计算误差
热轧等边角钢	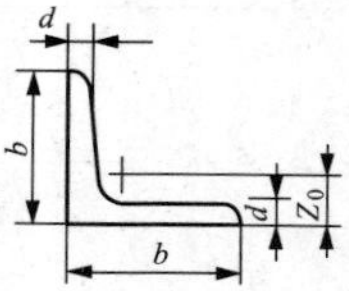	2、4、5、6.3、7、7.5、8、9、10、11、12.5、14、16、18、20	$Z_0 = 0.245b + 0.4d - 0.1$	<0.005
		4.5、5.6	$Z_0 = 0.245b + 0.4d - 0.07$	
不锈钢热轧等边角钢		2.5、3、3.6	$Z_0 = 0.245b + 0.38d$	<0.006
		25×25×4	$Z_0 = 7.9$	0
		其余	$Z_0 = 0.247b + 0.34d$	<0.01
热轧不等边角钢	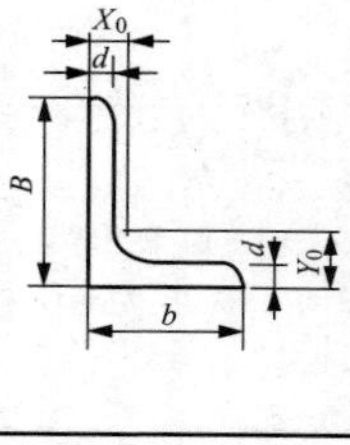	7.5/5	$X_0 = 9.8 + 0.38d$ $Y_0 = 22 + 0.4d$	<0.003
		10/8	$X_0 = 17.3 + 0.4d$ $Y_0 = 27 + 0.4d$	
		18/11	$X_0 = 20.6 + 0.38d$ $Y_0 = 54.7 + 0.42d$	
		其余	$X_0 = 0.12B + 0.37d$ $Y_0 = 0.3B + 0.41d$	<0.026 <0.016

续表

名称	示意图	规格	重心距简化计算式	计算误差
热轧普通槽钢	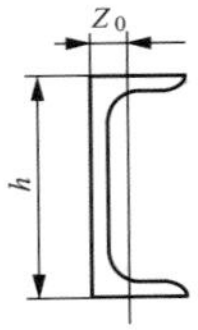	6.3、8、10、14b、18、20、22、24a	$Z_0=10.8+0.043h$	<0.008
		14a、16a、18a、20a、22a	$Z_0=9.95+0.05h$	<0.009
		16、24b、24c、25a、28a、32a 36b、36c、40a、40b	$Z_0=12.8+0.03h$	<0.02
		5、12.6、25b、25c、28b、28c、32d、32c、40c	$Z_0=11.8+0.03h$	≤0.026
热轧轻型槽钢		18a、20a 22a、24a 其余	$Z_0=5.4+0.088h$ $Z_0=9.1+0.055h$	<0.01 <0.08
冷弯等边角钢	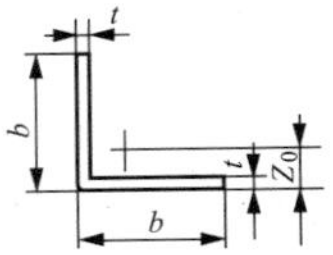	全部	$Z_0=0.25b+0.5t-0.01$	≤0.005
冷弯不等边角钢	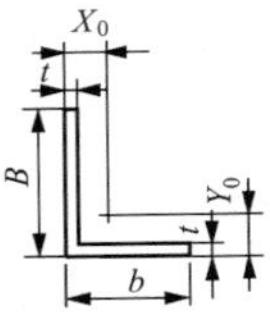	30×20	$X_0=3.98+0.46t$ $Y_0=8.97+0.57t$	0 0.000 5
		70×40	$X_0=7.21+0.44t$ $Y_0=22.25+0.59t$	<0.009 0
		其余	$X_0=0.127B+0.446t-0.49$ $Y_0=0.315B+0.58t-0.15$	<0.01 <0.05
冷弯等边槽钢	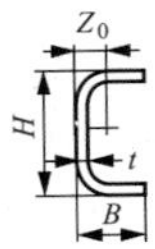	40×40×2.0	$Z_0=5.99$	0
		其余	$Z_0=0.49+0.4B-0.074\,4H$	<0.05

续表

名称	示意图	规格	重心距简化计算式	计算误差
冷弯内卷边槽钢	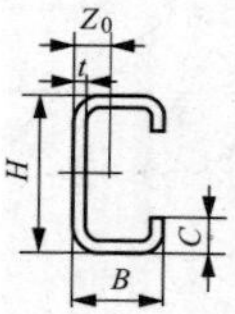	40×40×9×2.5	$Z_0=16.51$	0
		200×60×20×3	$Z_0=16.44$	
		250×40×15×3	$Z_0=7.9$	
		300×40×15×3	$Z_0=7.07$	
		其余	$Z_0=0.3(B+C)-0.028H-0.01t$	≤0.08
冷弯外卷边槽钢(造船用)	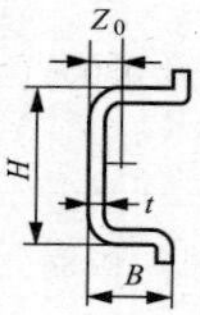	50×20×15×3	$Z_0=18.23$	0
		80×40×20×4	$Z_0=15.73$	
		30×30×16×2.5	$Z_0=17.81-0.085H$	≤0.007
		60×25×32×2.5		
		100×30×15×3		
		27a	$X_0=12.3;Y_0=166$	0
		5、27b	$X_0=2+0.04h$ $Y_0=1.48+0.6h$	≤0.024 <0.006
球扁钢	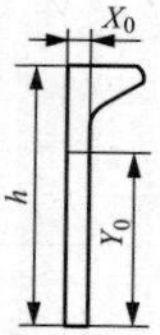	6、7、14b、16b、20b、24b	$X_0=2.6+0.04h$ $Y_0=1.48+0.6h$	≤0.024 <0.006
		其余	$X_0=2.3+0.04h$ $Y_0=1.48+0.6h$	≤0.03

三、型钢展开长度的计算

各种型钢在冶金、机械制造、化工工业、基础建设等制造业及其他各行业中应用广泛，主要用于制作各种框架型结构件，如屋顶支架、桥梁桁架、机器框架以及装饰工程中各种灯箱、广告牌的骨架等。钣金工的工作对象虽是以板形的金属材料为主，但是也经常会碰到型钢材料的加工，如制作箱体的框架、法兰圈、底盘等，因此在钣金制作中型钢也是采用较广的一种辅助材料，作为一名钣金工也必须熟悉以型钢为原料的零件的制作工作。当然首先要能看懂型钢构件的零件技术图并能进行放样。

型钢主要有扁钢、角钢、槽钢、圆钢、工字钢等类型，见表 8-7、表 8-8。钣金工接触最多的是角钢，其次是槽钢，而且由型钢构成的结构件视图有其自身独特的一些特点，如角钢和角钢、槽钢和槽钢对接（任意相交）时，由于相互连接的型钢形体都可看作平面组成的棱柱形（型钢各面间的过渡弧面很小，通常可略去不计），因此其接缝线大都是直线或由几条直线段构成的折线，所以一般情况下，其接缝线的求法比较简单。再者，因为型钢都可以被看作是各种断面不同的柱形体，所以型钢结构件的展开图一般都可用平行线法作出来，但应注意的是：某些型钢结构件还是相当复杂的，它的展开图甚至是难于理解的，所以对于复杂构件的下料制作，绘制其展开图是必不可少的工作步骤，而且，就是某些不必要作展开图的构件或经过计算就能直接在型钢料上放样下料的简单构件，如果进行大批量的生产，为了提高效率，减少误差，节省原材料，还是要作出精确的展开图，以便于制作样板（也称模板），进行快速划线。

（一）各种型钢圈展开长度的计算

1. 角钢圈

角钢圈分内弯曲和外弯曲两种，它的展开料长一般按重心距来计算，因加工方法的不同在加工后料长有所差异，所以加工前一般要留出一定的加工余量，在煨制成形后再切掉余量，各种角钢圈的净料计算公式见表 8-11。以上各种角钢重心距可由表 8-10 中查得。

2. 槽钢圈

槽钢圈和角钢圈相似，当加工条件不同时，它的展开料长有所差异，一般在加工时用经验公式展开下料，它的各种展开料长计算公式见表 8-11。槽钢重心距可由表 8-10 中查得。

3. 工字钢圈

工字钢圈和槽钢圈相同（可看作是两块槽钢叠加在一起组成工字钢），但加工条件不同时，它的展开料长有所不同，一般在加工时用经验公式展开下料，它的各种展开料长计算公式见表 8-11。各种工字钢的高度和翼缘板宽度可由表 8-10 中查得。

各种型钢圈展开下料方法及展开料长 L 的计算公式见表 8-11。

表 8-11　　型钢圈展开料长 L 的计算公式

名称	弯曲方式	弯曲简图	展开料长 L 的计算公式
角钢圈	（1）等边角钢外弯曲圈	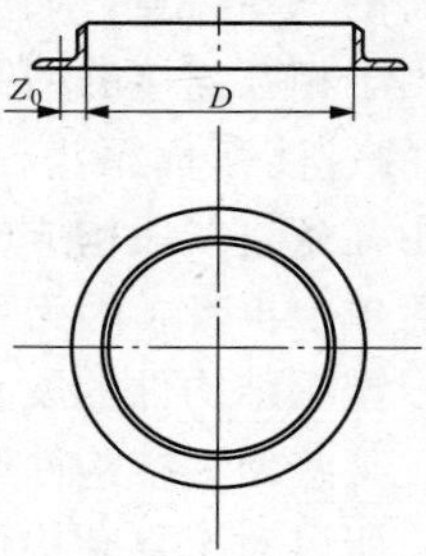	如图所示，它的展开料长 L 的计算式为 $L=\pi(D+2Z_0)$ 式中　D——角钢圈内径； Z_0——角钢重心距
	（2）等边角钢内弯曲圈	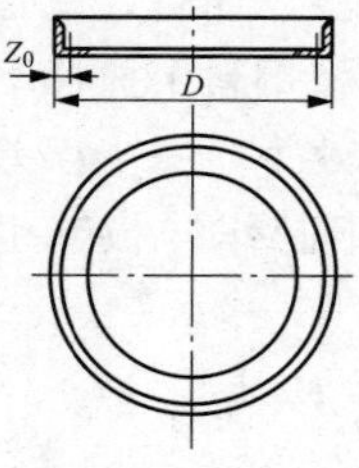	如图所示，它的展开料长 L 的计算式为 $L=\pi(D-2Z_0)$ 式中　D——角钢圈外径； Z_0——角钢重心距
	（3）内弯曲不等边角钢圈	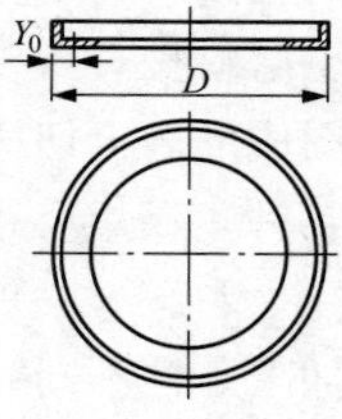	如图所示，它的展开料长 L 计算式为 $L=\pi(D-2Y_0)$ 式中　D——角钢圈外径； Y_0——角钢短边重心距
	（4）外弯曲不等边角钢圈	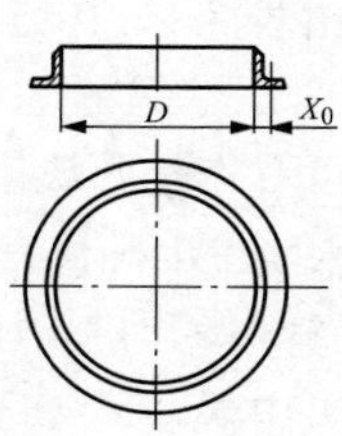	如图所示，它的展开料长 L 计算式为 $L=\pi(D+2X_0)$ 式中　D——角钢圈外径； X_0——角钢长边重心距

续表

名称	弯曲方式	弯曲简图	展开料长 L 的计算公式
槽钢圈	（1）平弯曲槽钢圈	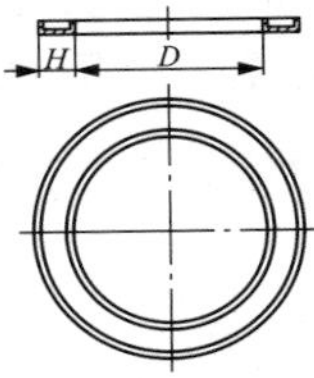	如图所示，它的展开料长 L 计算式为 $L=\pi(D+H)$ 式中　H——槽钢大面宽度； D——槽钢圈内径
	（2）外弯曲槽钢圈	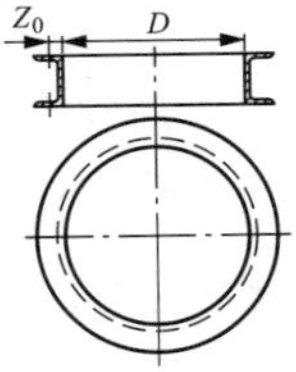	如图所示，它的展开料长 L 计算式为 $L=\pi(D+2Z_0)$ 式中　D——槽钢圈内径； Z_0——槽钢小面重心距
	（3）内弯曲槽钢圈	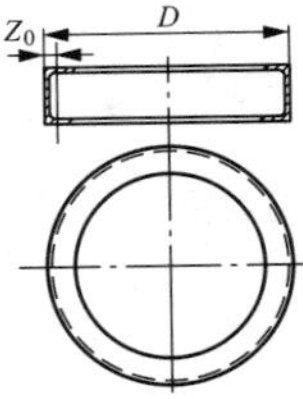	如图所示，它的展开料长 L 计算式为 $L=\pi(D-2Z_0)$ 式中　D——槽钢圈外径； Z_0——槽钢小面重心距
工字钢圈	（1）平弯曲工字钢圈	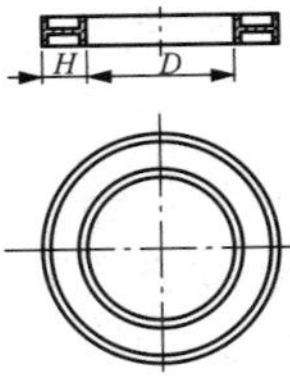	如图所示，它的展开料长 L 计算式为 $L=\pi(D+H)$ 式中　H——工字钢高度； D——工字钢圈内径
	（2）立弯曲工字钢圈	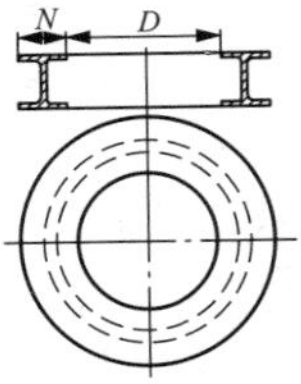	如图所示，它的展开料长 L 计算式为 $L=\pi(D+N)$ 式中　N——工字钢翼缘板高度； D——工字钢圈内径

（二）各种型钢的切角和弯曲展开下料方法

1. 槽钢大面弯折 90°直角的技巧

图 8-8（a）为槽钢大面弯折 90°直角的构件图。

展开料如图 8-8（b）所示，槽钢的下料长度为 L_1+L_2-2t，切角长度为 2（$a-t$）。切角划线样板的展开图形如图 8-8（c）所示，中心标记为弯折线。

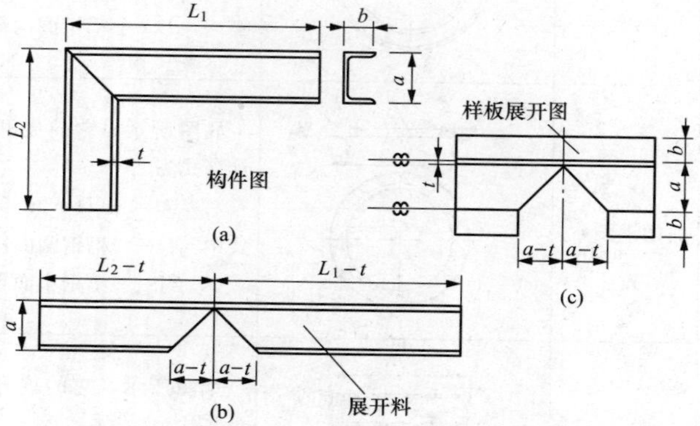

图 8-8 槽钢大面弯折 90°

槽钢组拼成形时的料长和划线样板有所不同。因槽钢的规格表中厚度 d 是指大面腹板的厚度，它的内侧面是斜面，槽钢断面的放大图形如图 8-9（a）所示，组拼成形大面弯折 90°时外角小面是内侧面接触，这时如仍用和图 8-9（b）中样板的一半来下料时，就会在组拼时出现间隙。槽钢小面内侧面的斜度是 1∶10，弯折时小面内侧接触的槽钢在这种情况制作样板时都要按如图 8-9（b）的图示进行板厚处理。处理方法是在边线上增加和小面厚度差同样的 t 值，同时下料长度也应增加 t 值。图中厚度 δ 是指槽钢小面根部较厚处的厚度。

2. 槽钢大面弯折 90°圆角的技巧

图 8-10（a）是槽钢大面弯折 90°圆角的构件图。

此构件展开料长为 $S+L_1+L_2$，如图 8-10（b）所示。L_1、L_2 为弯折内长度，S 为圆弧部分中径的弧长，$S=\pi(a-t/2)/2$，图

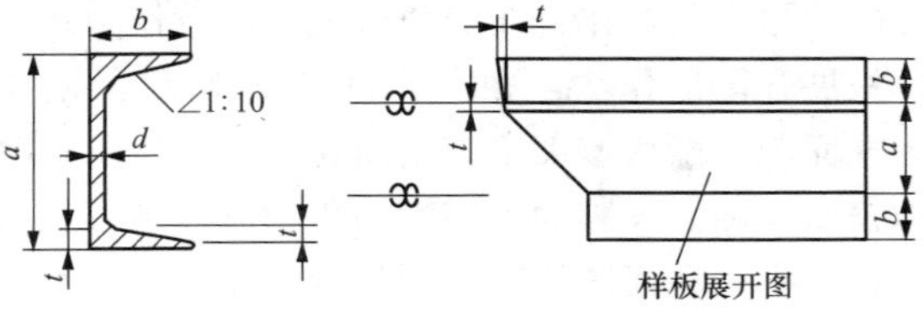

(a)　　　　(b)

图 8-9　小面弯折 90°时的板厚处理

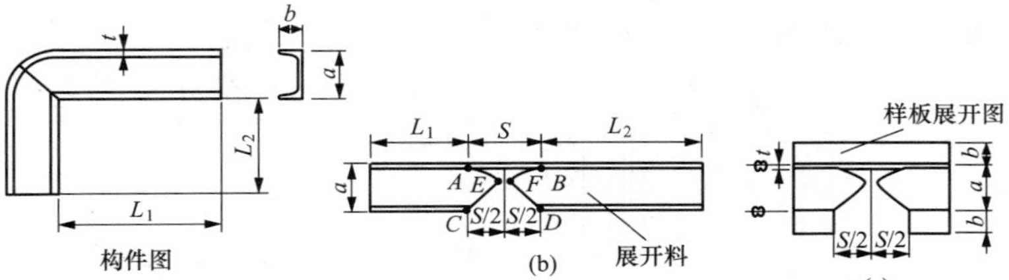

(a)　　　　(b)　　　　(c)

图 8-10　槽钢大面弯折 90°圆角

中 t 仍是指槽钢小面根部较厚处的厚度。具体做法是在槽钢内壁侧取长度为 L_1+S+L_2，在 S 线段两端 A、B 两点作边的垂线交对面边于 C、D 两点，以 C、D 为圆心、以 $a-t$ 为半径画弧，在两弧上从 A、B 两点取弧长等于 π（$a-t$）/2 得 E、F 两点，分别连接 CE 和 DF 即得到槽钢料的展开，$ABFDCEA$ 为切去部分。用样板划线时，图 8-10（c）为样板展开图形，中心标记为弯折线。

3. 工字钢切角的技巧

工字钢的切角样板制作较角钢和槽钢的制作要复杂得多。因角钢和槽钢样板展开都可在外表面进行，所以样板图形都可以按照其外表面尺寸画出，而工字钢的切角样板有翼缘板的厚度和内壁斜面在内，并且它的端部和根部有很大差距，所以切角时不仅要考虑厚度处理，还要考虑内表面的斜长对样板图形的影响。在作切角样板时一般要先把断面图画出，如图 8-11（a）中平面投影的断面图所示。断面尺寸可在有关手册中查出，现场施工时可用工字钢端头直接量取各部分尺寸来进行作图。实际作图时可不考虑工字钢翼缘板端部和根部的圆角，而当作直线交角处理来进行作图。

划线样板展开图形作法：如图 8-11（a）所示，先画工字钢大面的投影为立面图，然后按工字钢断面几何尺寸做出工字钢的断面图作为平面投影，两面投影为工字钢切角的放样图。然后如图 8-11（b）所示，在工字钢立面图的底边延长线上取线段，使线段各段长度为工字钢外表面各部分展开尺寸，过各线段的端点作垂线，与从工字钢切角端过各棱点作线段的平行线对应交于各点，用直线连接各点即得到样板的展开图形，中心标记为弯折线。样板弯折成形后的画线示意图如图 8-11（c）所示。

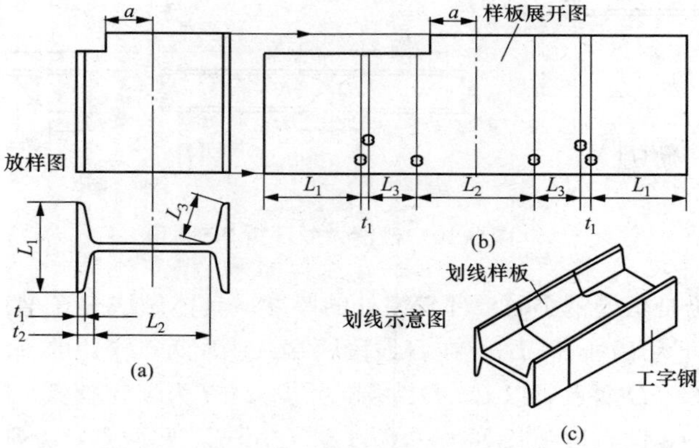

图 8-11 工字钢的切角

划线样板在用厚度为 0.5mm 以下薄铁皮制作时，展开图中可不考虑样板的板厚。

4. 工字钢一端切成 60°的技巧

图 8-12（a）为工字钢一端切成斜角的放样图，图 8-12（b）为它的展开样板图形，中心标记为样板的弯折线。展开中翼缘板的内外表面画线的棱点均在 60°的斜线上，所以加工时工字钢翼缘板厚度方向应保证同样的斜角。

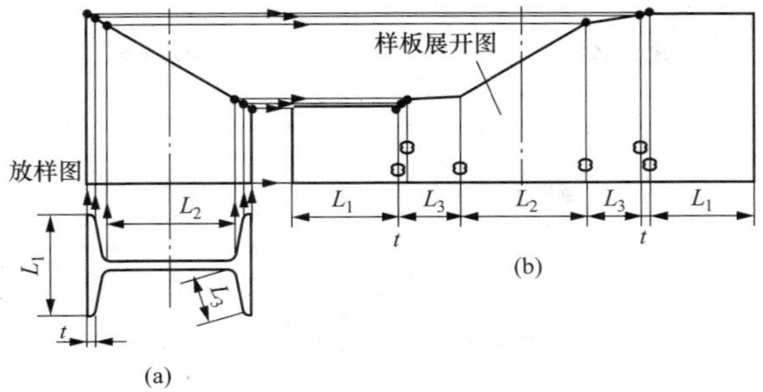

图 8-12　工字钢一端切成 60°

第三节　钣金展开线段实长计算与求解

凡属倾斜于投影面的任一线段，它在视图上都不能反映出实际长度，而是比实际长度缩短。这种线段在投影上称它为“一般位置线段”，或“空间倾斜线段”。作展开图计算时，应先求出一般位置线段的实长。求线段实长的方法有旋转法、直角三角形法、直角梯形法、辅助投影面法等。

一、旋转法求线段实长

旋转法就是将倾斜线环绕垂直于某投影面的轴线，旋转到与另一投影面平行的位置，则在该投影面上的投影线段，即为倾斜线的实长。为了做图方便，轴线一般过倾斜线的一个端点，也就是以该端点为圆心，以倾斜线为半径进行旋转。

1. 旋转法求实长的原理

图 8-13 所示是旋转法求实长的原理图。图中，AB 是一般位置线段，它倾斜于任一投影面。AB 在 V 面的投影 $a'b'$ 和在 H 面的投影 ab，都比实长缩短。假设过 AB 的一端点 A 作垂直于 H 面的轴 AO，当 AB 线绕 AO 轴线旋转到与 V 面平行的位置

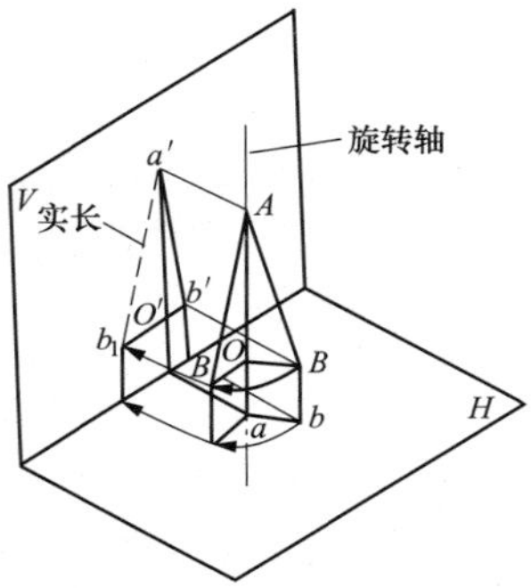

图 8-13　旋转法求实长的原理

AB_1时，它在 V 面上的投影 $a'b'_1$（图中以虚线表示实长）反映其实长。

2. 旋转法求实长的作图方法与技巧

图 8-14 所示是运用旋转法求解实长的具体作图方法。其中图 8-14（a）是将水平投影 ab 进行旋转，使之与正面投影面相平行，得出点 a_1、b_1，连接 a_1b' 或 $a'b_1$，就是线段 AB 的实长。图 8-14（b）是将正面投影 $a'b'$ 进行旋转，使之与水平投影面相平行，得出 a_1、b_1，连接 a_1b 或 ab_1 就是所求线段 AB 的实长。

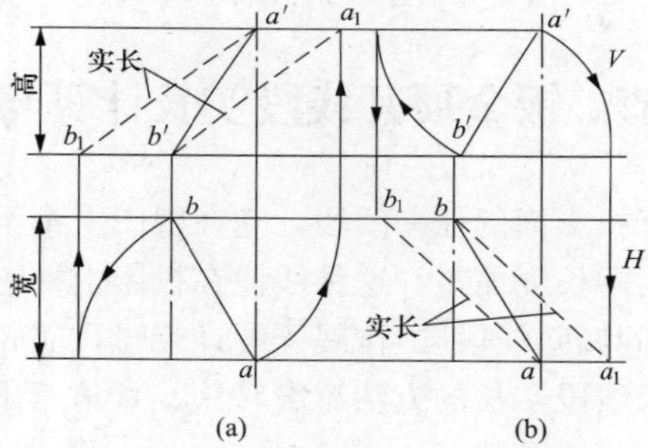

图 8-14　旋转法求实长实例

（a）将 AB 的水平投影旋转；（b）将 AB 的正立投影旋转

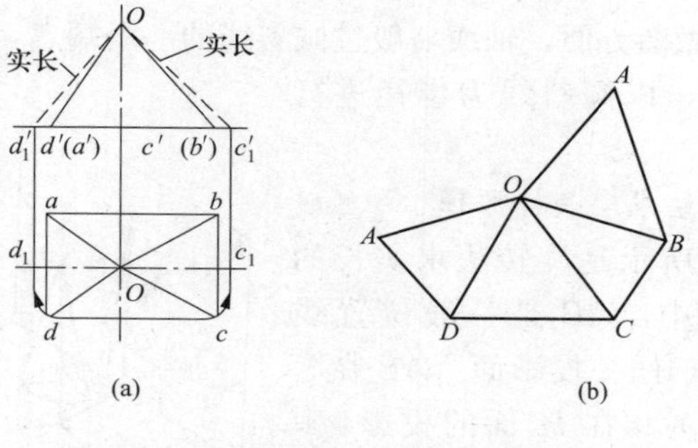

图 8-15　旋转法求斜棱锥棱线的实长

（a）投影图实长；（b）用实长作展开图

3. 旋转法求解实长应用实例

（1）用旋转法求斜棱锥棱线的实长。如图 8-15 所示，从投影图中可以看出，斜棱锥的底面平行于水平面，它的水平投影反映其实形和实长。其余的四个面（侧面）是两组三角形，其投影都不反映实形。要求得两组三角形的实形，必须求出其棱线的实长。由于形体前后对称，所以只要求出两条侧棱的实长，便可画出展开图。

实长求解具体的作图步骤如下：

1）用旋转法求侧棱 Oc、Od 的实长。如图 8-15（a）所示，以 O 为圆心，分别以 Oc、Od 为半径作旋转，交水平线于 c_1、d_1。从 c_1、d_1 向上引垂直线，与正面投影 $c'd'$ 的延长线交于 c'_1、d'_1，连接 $O'c'_1$、$O'd'_1$，就是侧棱 Oc 和 Od 的实长。

2）在图 8-15（b）上适当位置作一直线段 AD 使长度等于 ad，再分别以 A、D 两点为圆心，以 $O'd'_1$ 为半径作弧，交于 O 点，画出△AOD；再以 O 为圆心、$O'c'_1$ 为半径作弧，与以 D 为圆心、dc 为半径所做的弧交于 C 点，连接 OC、DC 得△DOC。用同样的方法画出其余两个侧面△COB 和△BOA，即得三棱锥侧面的展开图。

（2）用旋转法求斜截正圆锥素线的实长。如图 8-16 所示，求素线实长和展开时，应先补画出锥顶，使之成为完整的圆锥，然后再在锥面上作一系列素线，并用旋转法求出这些素线被截去部分素线的实长（也可用留下部分素线的实长），就可作展开图。

求解被截去正圆锥素线的实长的作图步骤如下：

1）延长外形线 $1'1''$ 和 $7'7''$，使其相交，得出锥顶 O'。

2）做出锥底的底圆，并将底圆圆周若干等分（这里把 1/2 底圆圆周进行

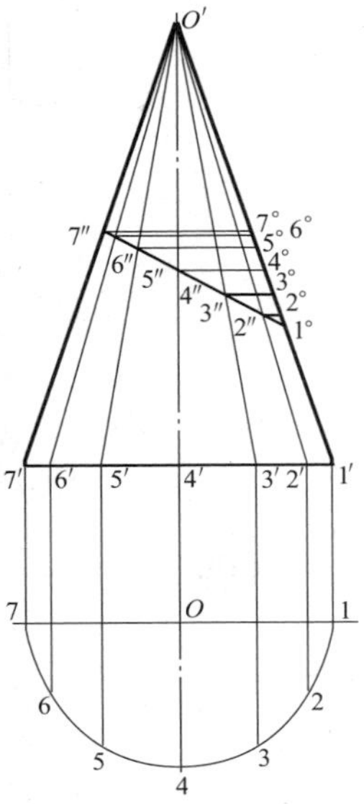

图 8-16　旋转法求解斜截正圆锥素线实长

6 等分)，得等分点 1、2、…、7，从各等分点向主视图作垂直引线，与底圆正面投影相交于 1′、2′、…、7′各点，再由各点与锥顶 O'作连线，得圆锥面各素线的投影。

3）在圆锥面的各素线投影中，只有轮廓素线投影 1″1′、7″7′平行于正面投影，反映其实长，其余都不反映实长，必须用旋转法求出其实长。方法是从 7″、6″、…、2″作 7′1′的平行线，与 O'1′轮廓素线交于 7°、6°、…、2°各点，O'6°、O'5°、…、O'2°分别为 O'6″、O'5″、…、O'2″的实长。

(3) 用旋转法求斜圆锥素线的实长。图 8-17 所示为用旋转法求解斜圆锥素线的实长方法，其作图步骤如下：

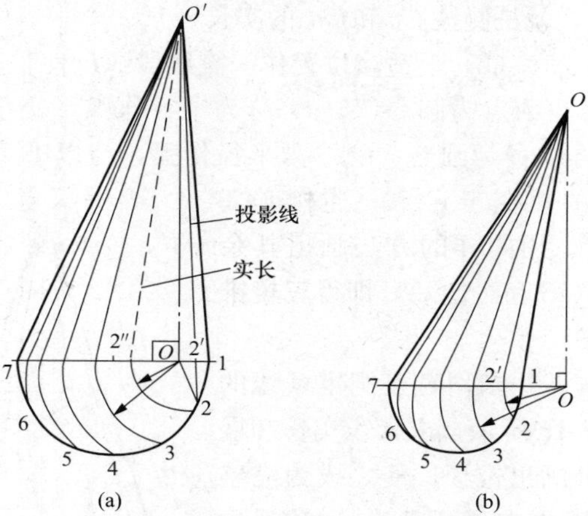

图 8-17 旋转法求解斜圆锥素线实长实例

(a) 垂足在底圆内；(b) 垂足在底圆外

1）先作 1/2 的底圆，将底圆圆周分成若干等分（图中为 6 等分）。

2）以垂足 O 为圆心，O_1，O_2，…，O_6 为半径作弧，与 1～7 线交于 2″、3″、4″等各点。

3）作 2″等各点与 O' 的连线，$O2''$ 等就是过等分点各素线的实长。也就是说，$O2'$ 是 $O2$ 素线的正面投影线，$O2''$ 是 $O2$ 素线的实长。

（4）用旋转法求解“上圆下方”接头棱线的实长。如图 8-18 所示，用旋转法求解“上圆下方”接头棱线的实长。

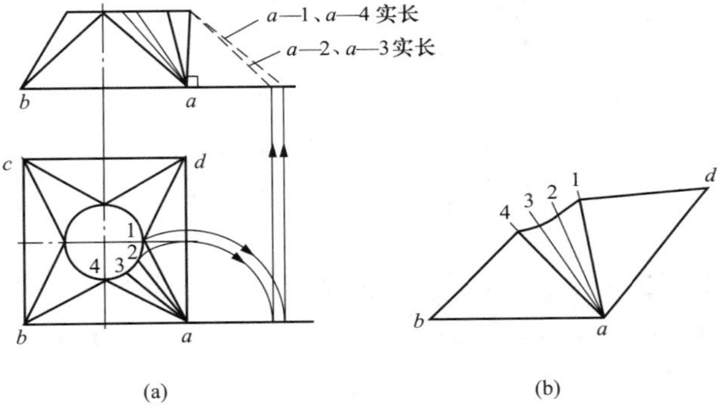

图 8-18　旋转法求解“上圆下方”接头棱线的实长

（a）投影图求实长；（b）用实长作 1/4 展开图

凡属方管与圆管相对接的过渡部位，必须要有方圆接头。方口可为正方形口，也可为矩形口，圆口可在中心位置，也可偏向一边或偏向一角。因此这类接头的形式多种多样，但求方圆接头实长的方法基本相同。其作图步骤如下：

1）画出主视图和俯视图，等分俯视图圆口，连接相应的素线。

2）将素线 $a1$（$a4$）、$a2$（$a3$）旋转，并向上引垂线，在主视图右方得出它们的实长 $a1$（$a4$）和 $a2$（$a3$）。

3）用素线实长、方口边长和圆口等分弧展开长，依次画出1/4展开图。

二、直角三角形法求线段实长

1. 直角三角形法求实长的原理

直角三角形法实质上是辅助投影面法的简便做法。直角三角形法求实长的原理图，如图 8-19 所示。

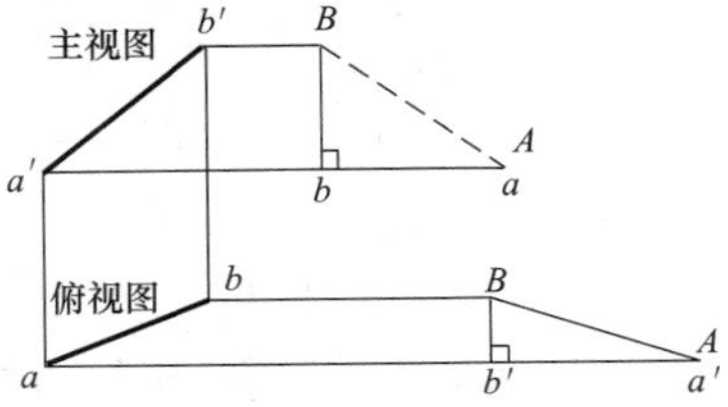

图 8-19　直角三角形法求实长的原理

2. 直角三角形法求实长的方法

已知一般位置线段 AB 的正面投影为 $a'b'$，水平投影为 ab，用直角三角形法求 AB 线段的实长，有两种办法：

（1）以 AB 线段的水平投影 ab 为一个直角边，以正面投影 $a'b'$ 线段两端点的高度差 Bb 为另一直角边，作直角三角形，其斜边 Ba 就是 AB 的实长。

（2）以 AB 线段的正面投影 $a'b'$ 为一个直角边，以水平投影 ab 线段两端点的宽度差 Bb' 为另一直角边，作直角三角形，其斜边 Ba 就是 AB 的实长。

3. 直角三角形法求实长的应用实例

如图 8-20 所示四棱锥，要求用直角三角形法求四棱锥棱线实长。

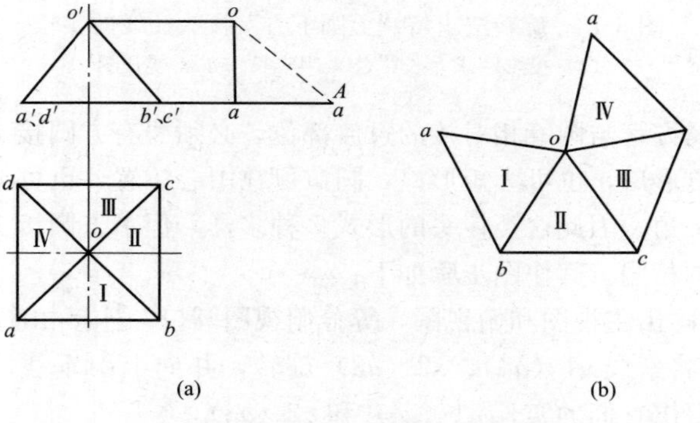

图 8-20 直角三角形法求四棱锥棱线实长

（a）投影图求实长；（b）用实长作展开图

三、直角梯形法求线段实长

1. 直角梯形法求实长原理

如图 8-21 所示，图中一般位置线段 AB 在 V 面和 H 面上都不能反映实长，但线段 AB 的两个端点与 V 面之间的距离可以在 H 面上得到，即 Aa' 和 Bb'。同样，A、B 两点与 H 面之间的距离也可以在 V 面上得到，即 Aa 和 Bb。根据这一原理，用直角梯形法，就可以求出线段 AB 的实长。

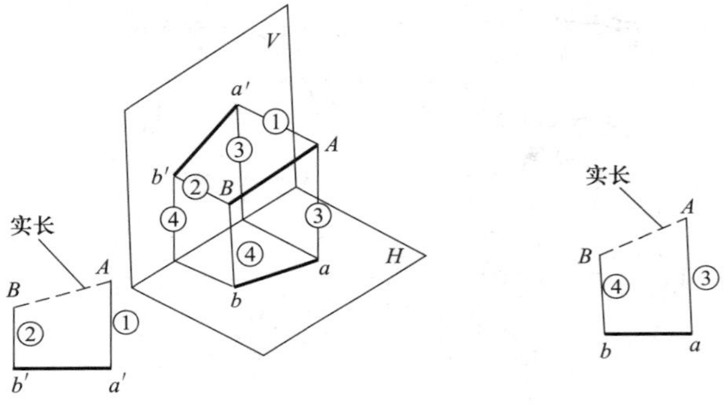

(a) (b)

图 8-21 直角梯形法求实长原理

(a) 利用主视图投影求实长；(b) 利用俯视图投影求实长

2. 直角梯形法求作实长方法

具体求实长的作图方法有以下两种：

(1) 利用正交投影求线段 AB 的实长。将 AB 的正交投影 $a'b'$ 作为直角梯形的底边，由 a'、b' 两点分别向下引垂线，截取长度为 Aa' 和 Bb'，连接 AB，即为所求。

(2) 利用水平投影求线段 AB 的实长。将 AB 的水平投影 ab 为直角梯形的底边，由 a、b 两点分别向上引垂线，截取长度为 Aa 和 Bb，连接 AB，即为所求。

3. 直角梯形法求作实长应用实例

图 8-22 所示是马蹄形变形接头，其上下口都是圆，且两圆不平行，直径不相同。

从图 8-22 (a) 可以看出，由于它的表面不是一个圆锥面，为了做出它的展开图，只能用来回线将表面分成若干个三角形，再逐个做出这些三角形的实形。其具体做图步骤如下：

(1) 将上、下口各作 12 等分，按如图所示将表面分成 24 个三角形。

(2) 求Ⅲ、ⅡⅢ、…、ⅥⅦ各线段的实长，由此再作出这一系列三角形的实形。

综上所述，可以根据不同钣金构件结构形式选择一种较好的求

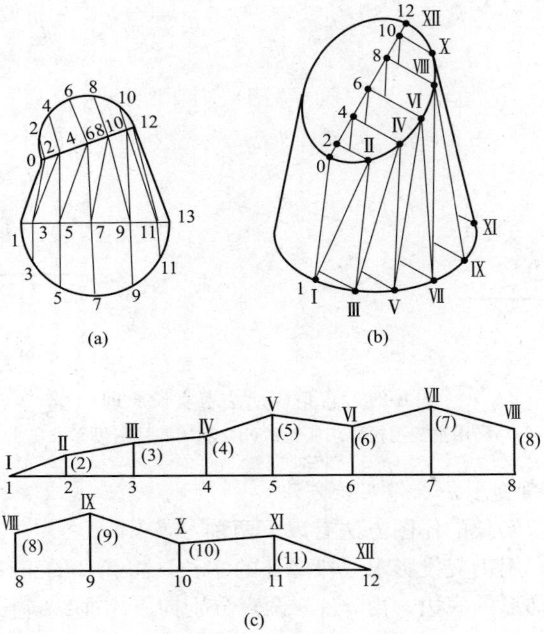

图 8-22 马蹄形变形接头

（a）投影图；（b）组成直角梯形示意图；（c）用直角梯形法求线段实长

实长方法。如果用旋转法或直角三角形法求实长，都必须作出线段在俯视图上的投影。由于马蹄形变形接头的顶面与水平投影面倾斜，因此，顶面在俯视图上反映为一椭圆，如果采用上述两种方法作展开图，就比较麻烦，宜采用第三种求实长的方法——直角梯形法。

如将图 8-22（b）中的Ⅰ（1）—Ⅱ（2）—Ⅲ（3）—…—Ⅻ（12）折叠面伸展摊平成如图 8-22（c）所示，则图中上面的折线Ⅰ—Ⅱ—Ⅲ—…—Ⅻ，即为实长Ⅲ、ⅡⅢ、…、ⅪⅫ的连线。这种求实长的方法就是采用的直角梯形法。

四、辅助投影面法求线段实长

1. 辅助投影面法求实长的原理

如图 8-23 所示，*AB* 是一般位置线段，它不平行于任一投影面，在各视图里的投影都比实长缩短。用辅助视图求解 AB 的实长方法是：保持 AB 的位置不变，设置一个新的辅助投影面 V_1，使 V_1 平行于 AB 且垂直于 H 面，这样，AB 直线在 V_1 面上的投影 a_1b_1 就反映实长（如图所示虚线）。

从图中可以看出，点 a'、A 和 a_1 距 H 面的高度差是一致的。将图摊平后得出的实长在俯视图里，即 a_1b_1。求 AB 实长时，首先在俯视图里量取宽度差，然后连接 a_1b_1，即为实长。

2. 辅助投影面法求实长的应用实例

（1）用辅助投影面法求圆柱截面的实形。用辅助投影面法求圆柱截面的实长如图 8-24 所示，其求解作步骤如下：

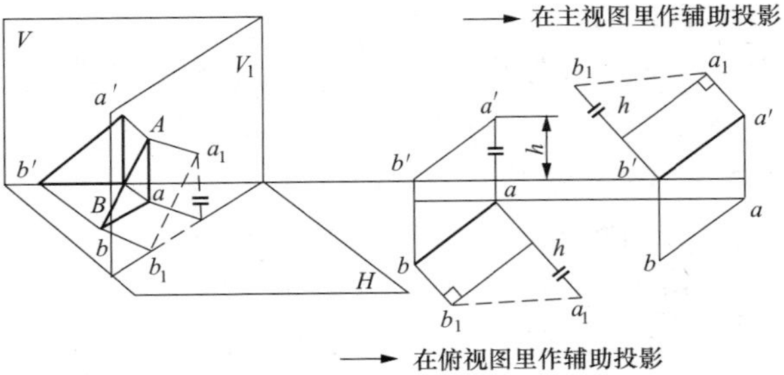

图 8-23　用辅助投影求解实长原理图

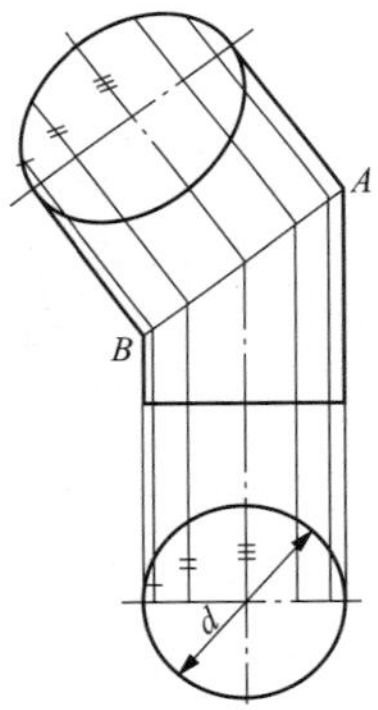

图 8-24　求圆柱截面的实形

1）做出主视图和俯视图，将俯视图的 1/2 圆周进行 6 等分。

2）过等分点向上引垂线，得出素线在主视图里的位置。

3）从等分点向下引垂线，与底中心线相交，即得截面各素线间的宽度。

4）过截面斜口上各素线交点向平行于截面斜口的长轴引垂线，然后按照“宽相等”的规则，把俯视图里各等分点与底圆中心线之间的距离，依次相对应地画到俯视图里去，得出各点。

5）顺次光滑连接各点，即为截面的实形——椭圆。

（2）用辅助投影面法求正圆锥截面的实形。图 8-25 所示是用

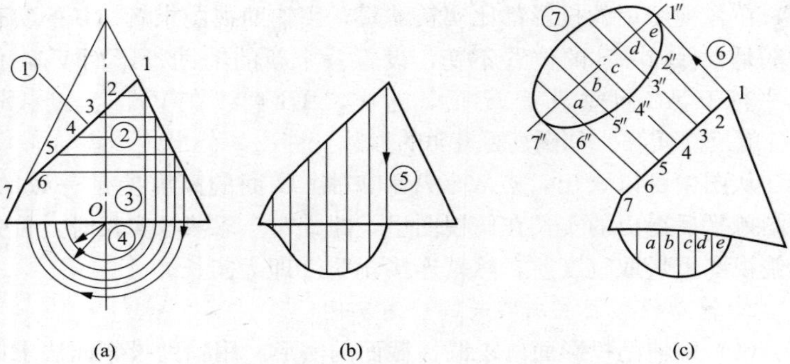

图 8-25 辅助投影面法求正圆锥截面的实形

（a）作纬圆；（b）作截面俯视图；（c）求截面实长

辅助投影面法求正圆锥截面的实形的实例。

圆锥体的截面实形一般不在锥面上引素线，而是采用纬圆法，因此用辅助投影面法求正圆锥截面的实形的操作步骤如下：

1）作纬圆。先将截面的投影线 6 等分，再将等分点的水平线与外形轮廓线相交，然后由轮廓线上各交点向下引垂线，交于锥底，最后以 O 为圆心，依次把各纬圆画出，如图 8-25（a）所示。

2）作截面俯视图。先通过主视图里截面线各等分点，向下引垂线，与相应的纬圆相交，得出一系列交点，再顺连各交点，就能得出截面的俯视投影，如图 8-25（b）所示。

3）求截面实形。作平行于截面的椭圆长轴 1″7″，再由截面各等分点 1～7 向长轴 1″7″引垂线，然后按照宽度相等的原则，把截面在俯视图里一系列的宽度 a、b、c、d、e 依次画到辅助投影图里去，得出点 2″、3″、4″、5″、6″，最后顺连各点，即为所求正圆锥截面的实形，如图 8-25（c）所示（为便于掌握，图中用①、②…⑦表示作图与连线的先后顺序）。

五、二次换面法求线段实长

1. 二次换面法原理

当物体的倾斜部分比较复杂时，只用一次辅助投影面仍不能满足表达实形的要求，就需要在一次辅助投影面上再加一个新的投影面，以解决求实形的问题。这种采用第二次投影面的方法，叫二次变换投影面，简称二次换面法。

2. 二次换面法应用实例

图 8-26（a）所示是加料斗的形状（即由斜面组成的棱台），它是用钢板焊接成的。为了增强料斗接缝处的强度，常在接缝外面加焊一块角钢。角钢原材料的断面为 90°。为将角钢加工成符合 α 角的形状，就需用“二次换面法”求出实际需要的角。

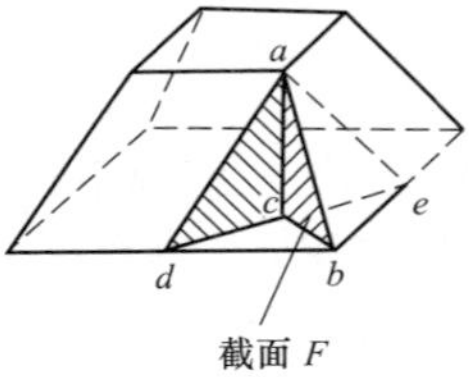

(a)

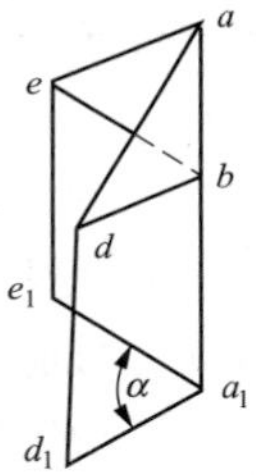

(b)

图 8-26　加料斗

（a）加料斗的形状；（b）棱线投影

（1）结构分析。α 角由两个斜面相交而成，斜面相交处的棱线为 ab，要求出实形，就须使棱线 ab 与投影面垂直，这样 α 角的真实大小才能在视图上反映出来，如图 8-26（b）所示。

图 8-26（a）是把棱锥台截去角部的 1/2，方便看到由$\triangle abc$ 围成的截面 F。再选取第一个辅助投影面 P_1，与原来的水平投影面垂直，又与截面 F 平行，与棱线 ab 也是平行。从棱锥台角部的一端斜看过去，可以看到截面 F 的实形，即$\triangle a'b'c'$。$\triangle a'b'c'$同时也是棱锥台角部的实形。这时，再取第二个辅助投影面 P_2，与棱线 ab 的实长 $a'b'$ 相垂直，就满足了求 α 角所必须具备的条件，从而做出 α 角的真实形状。

（2）求实形。操作步骤如下：

1）作出棱锥台的主视图和俯视图，如图 8-27 所示。

2）在俯视图里通过棱线 ab 的两端点，作与 ab 相垂直的引线，得出 d、e 各点。

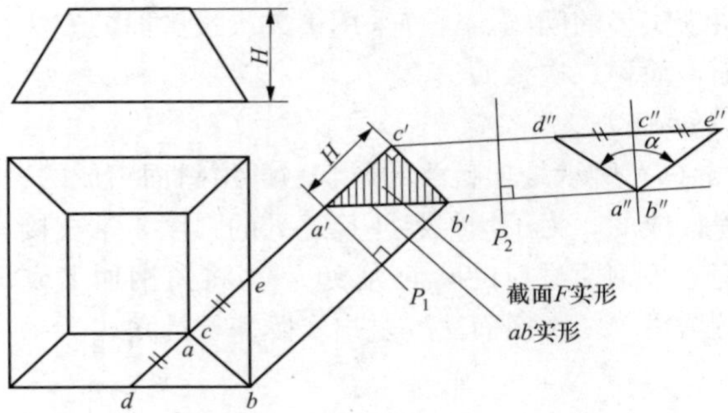

图 8-27 二交换面法求实形

3）在 de 延长线上截取 $a'c'$，使 $a'c'$ 的长度等于棱锥台的高度 H，过点 c' 作 $a'c'$ 的垂线，得点 b'，连接 $a'b'$，得直角三角形$\triangle a'b'c'$，完成第一次辅助投影。

4）取第二次辅助投影面 P_2，使之与 $a'b'$ 相垂直，$a'b'$ 积聚为一点 a''（b''）。取 $d''c''$ 等于 $c''e''$ 等于 dc（ec），连接等腰三角形$\triangle d''a''$（b''）e''，得出 a 角，完成第二次辅助投影，求出 a 角实形。

第四节 钣金加工余量的计算与确定

一、钣金加工余量的概念

钣金工用一块平板制成立体的空间构件，一定会有接缝和接口。在钣金接缝和接口的地方，要经过一定的加工工艺，如铆接、焊接或者咬口，才能使整个构件制作成一个坚固的整体。那么，在加工连接的地方，总要占用展开图以外的部分面积，这部分面积就叫加工余量。

在制作拱曲构件时，展开图的周围总要放出一定宽度的修边余量，这种修边余量也叫加工余量。另外，如法兰的翻边量、板料边缘的卷管宽度等，也是加工余量。

一般情况下，加工余量仅指展开图边线向外扩张的宽度，而把放出加工余量的展开图称为展开料。

图 8-28 所示为等径圆管 90°弯头的展开图上放出加工余量的情

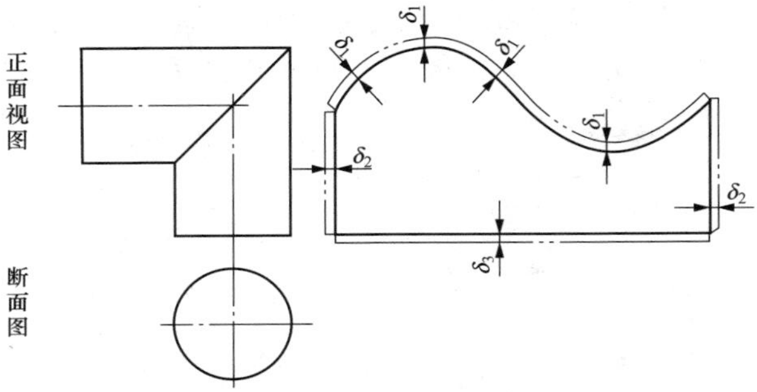

图 8-28　在展开图上放出加工余量

况。左边线和右边线以外放出余量 δ_2，用于接缝处的咬口留量；底边线以外放出余量 δ_3，用于法兰翻边的留量；展开曲线以外加放余量 δ_1，用于接口处的咬口余量。可以看出，加工余量的外边线总是和展开图相应边线平行或并行，显示出了放加工余量的一般方法。

二、钣金加工余量的选择诀窍

钣金加工连接的方法主要有三种，即铆接、焊接和咬接。钣金连接方法不同，加工余量选择也不同。

1. 焊接时加工余量的选择诀窍

(1) 对接。如图 8-29 所示，板Ⅰ、Ⅱ的加工余量 $\delta=0$。

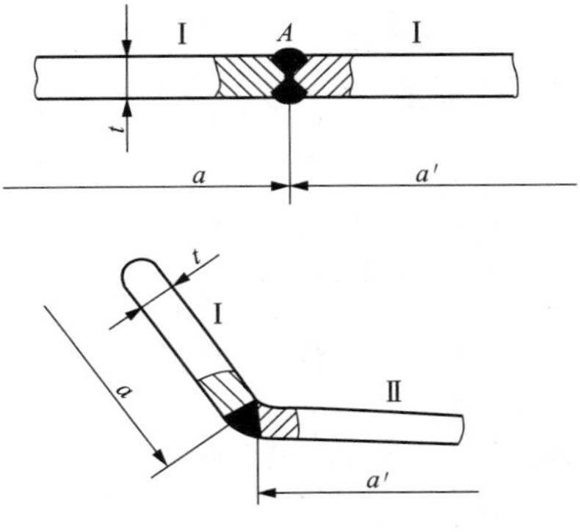

图 8-29　板Ⅰ、Ⅱ的加工余量 $\delta=0$

（2）搭接。如图 8-30 所示，设 L 为搭接量，板Ⅰ、Ⅱ的加工余量 $\delta=0$，A 居 L 中点，则板Ⅰ、Ⅱ的加工余量 $\delta=L/2$。

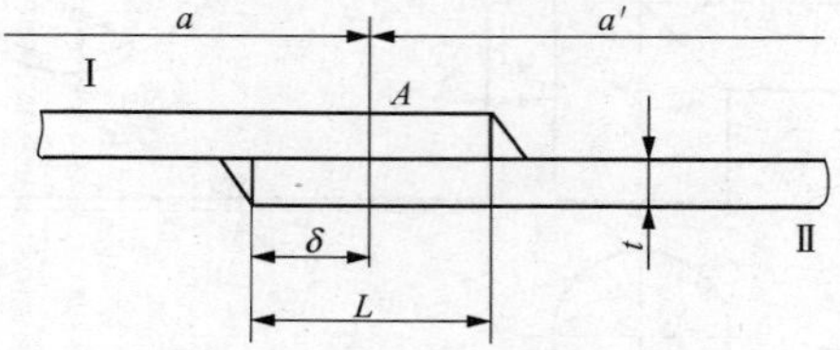

图 8-30　板Ⅰ、Ⅱ的加工余量 $\delta=L/2$

（3）薄壁铜板用气焊连接。如图 8-31(a)所示，对接时 $\delta=0$。如图 8-31(b)、(c)、(d)所示，板Ⅰ、Ⅱ的加工余量 $\delta=2\sim10$mm。

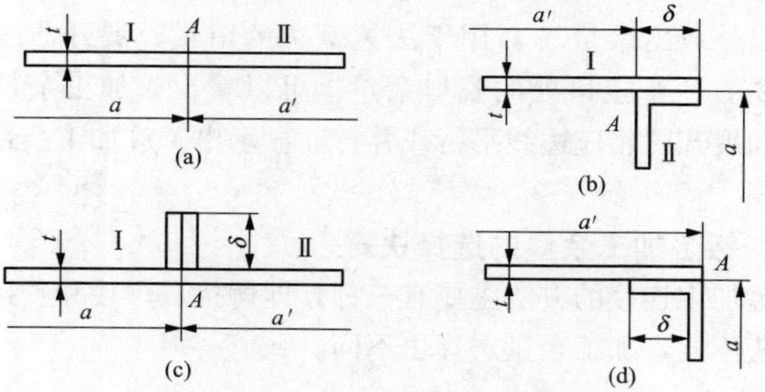

图 8-31　薄铜板气焊连接加工余量

2. 铆接时加工余量的选择诀窍

（1）用夹板对接。如图 8-32 所示，板Ⅰ、Ⅱ的加工余量 $\delta=0$。

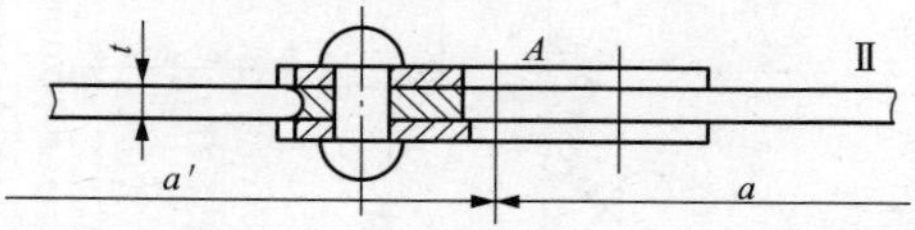

图 8-32　夹板对接，板Ⅰ、Ⅱ的加工余量 $\delta=0$

（2）搭接。如图 8-33 所示，设搭接量为 L，A 在 L 的中点处，板Ⅰ、Ⅱ的加工余量 $\delta=L/2$。

（3）角接。如图 8-34 所示，板Ⅰ的加工余量 $\delta=0$，板Ⅱ的加

工余量 $\delta=L$。L 应根据强度计算和实际需要而定。

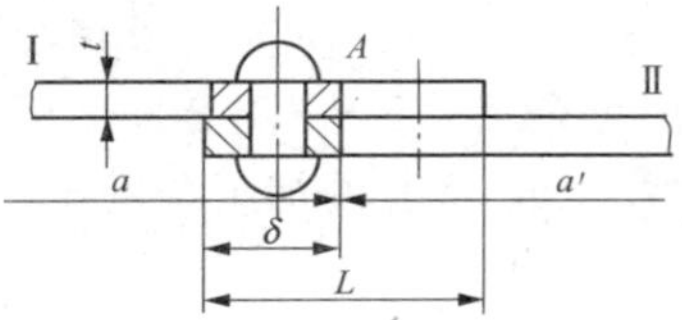

图 8-33 搭接，板Ⅰ、Ⅱ的加工余量 $\delta=L/2$

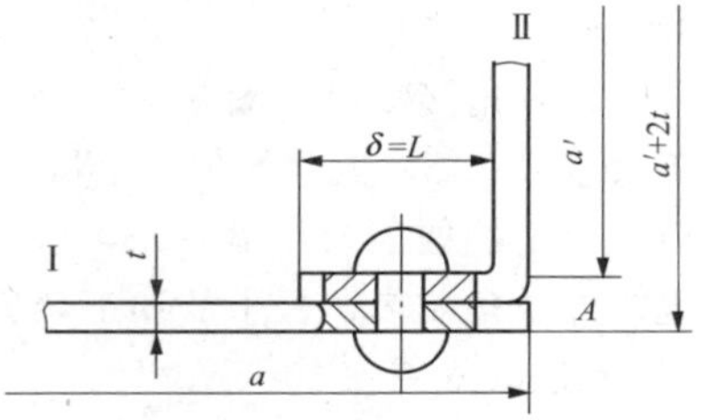

图 8-34 角接，板Ⅰ的加工余量 $\delta=0$ 和板Ⅱ的加工余量 $\delta=L$

3. 咬口时加工余量的选择诀窍

咬口连接方式适于板厚小于 1.2mm 的普通钢板、厚度小于 1.5mm 的铝板和厚度小于 0.8mm 的不锈钢板。咬口的形式不同，加工余量也就不同。下面讨论几种常见的咬口形式的加工余量。

如图 8-35 所示，S 表示咬口的宽度，叫单口量。咬口余量的大小，用咬口宽度即单口量数目来计算。咬口宽度 S 与板厚 t 有关，可用下面的经验公式表示：

$$S=(8\sim 12)t$$

式中 $t<0.7$mm 时，S 不应小于 6mm。

（1）平接咬口。图 8-35（a）所示称为单平咬口，A 点在 S 中间，板Ⅰ、Ⅱ的加工余量相等，$\delta=1.5S$；图 8-35（b）也称为单平咬口，但 A 在 S 的右边，所以板Ⅰ的加工余量 $\delta=S$，板Ⅱ的加工余量 $\delta=2S$；图 8-35（c）称为双平咬口，A

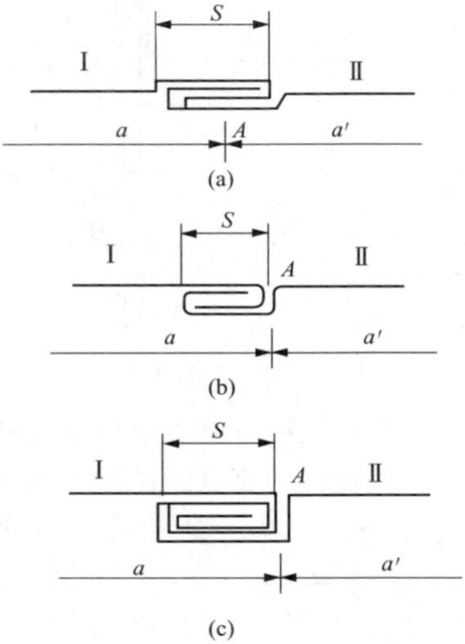

图 8-35 平接咬口

（a）单平咬口；（b）单平胶口；（c）双平咬口

点处在 S 的右边，所以板Ⅰ的加工余量 $\delta=2S$，板Ⅱ的加工余量 $\delta=3S$。

（2）角接咬口。图 8-36（a）所示称为外单角咬口，板Ⅰ的加工余量 $\delta=2S$，板Ⅱ的加工余量 $\delta=S$；图 8-36（b）称为内单角咬口，板Ⅰ的加工余量 $\delta=2S$，板Ⅱ的加工余量 $\delta=S$；图 8-36（c）也叫外单角咬口，板Ⅰ的加工余量 $\delta=2S+b$，板Ⅱ的加工余量 $\delta=S$，上述的 $b=6\sim10$mm。

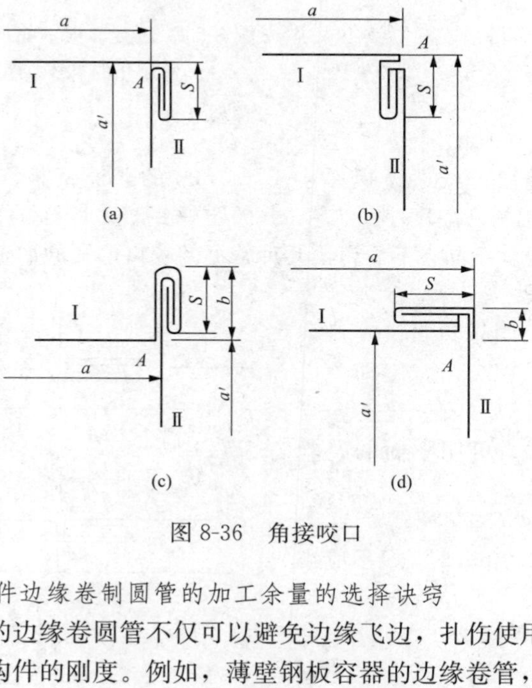

图 8-36 角接咬口

4. 构件边缘卷制圆管的加工余量的选择诀窍

构件的边缘卷圆管不仅可以避免边缘飞边，扎伤使用人员，还可以提高构件的刚度。例如，薄壁钢板容器的边缘卷管，卷管可分为两种，一种为空心卷管，一种为卷入铁丝。

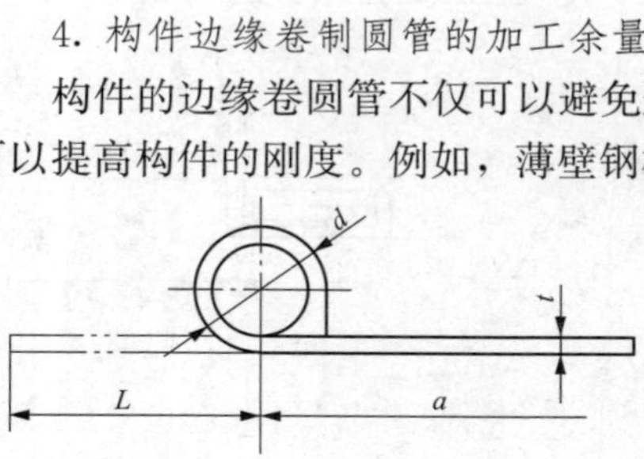

图 8-37 边缘卷管的加工余量

如图 8-37 所示，设板厚为 t，卷管内径或铁丝直径为 d，L 为卷管部分的加工余量，其大小可按下面的经验公式计算：

$$L = d/2 + 2.35(d + t)$$

要求卷管的直径 d 应大于板厚 t 的 3 倍以上，即 $d>3t$。

三、钣金加工余量选择注意事项

对钣金加工余量的选择还要注意以下两点：

（1）在厚板料或型钢焊接时，均需预先留有 1～5mm 的焊缝，这时的加工余量不再是正值，而是负值，即展开图边线应向内收缩。

（2）关于装配加工余量问题。例如，在做通风管道时，往往把个别几节管子做得长一些，以便在安装时有调节配合的余地。长出来的部分就是装配加工余量。

第五节　钣金展开计算实例

一、被平面斜截后的圆柱管计算展开实例

1. 两节直角圆管弯头计算展开实例

图 8-38 所示为两节直角圆管弯头构件图，可以直接用图解法展开作图，也可通过计算展开作图。

此构件在节点 A 处是内壁相交，在节点 B 处是外壁相交，所以须以节点 A 的内壁点和节点 B 的外壁点至圆管中心点为基准来做弯头展开曲线，因此圆管放样图分别各以 $D/2$ 和 $D/2-t$ 为半径来做图。

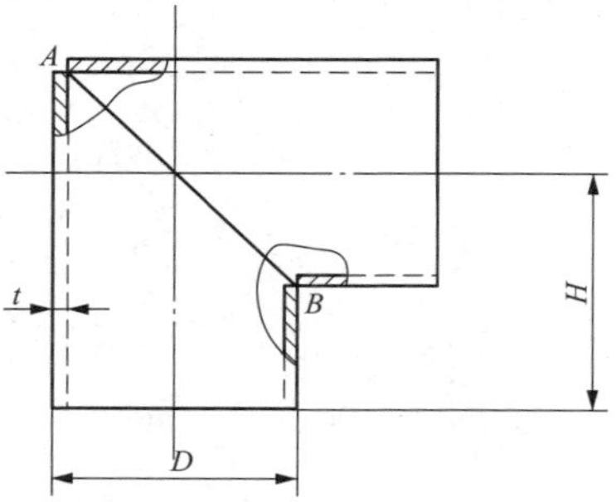

图 8-38　两节直角圆管弯头构件图

此构件用平行线法展开，做图方法如下：

（1）将两个半圆在平面图中各作 6 等分得 1、2、3、…、6、7 各点，由各点上引轴线的平行线交相贯线得 1′、2′、3′、…、6′、7′各点。

（2）沿正视图底边作平行线，在线上截取线段等于展开周长 π

$(D-t)$，并 12 等分。

（3）过各等分点作垂线与过 1′、2′、3′、…、6′、7′所作水平线交于 1″、2″、3″、…、6″、7″各点。

（4）光滑连接各点即得到构件的全部展开图形，如图 8-39 所示。

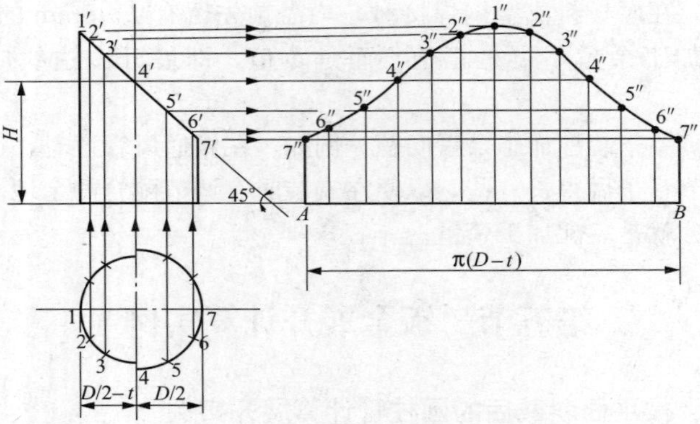

图 8-39　两节直角圆管弯头放样展开图

用计算方法展开作图过程如下：

设 $D=100\text{mm}$，$t=10\text{mm}$，$H=100\text{mm}$，$n=16$

$$x_n = \tan a\left(L - R\cos\frac{180^\circ n_x}{n}\right)$$

$$l_n = \frac{\pi m_x}{n}$$

式中　$\alpha=45^\circ$

$L = H\tan a = 100\text{mm}\times\tan45^\circ = 1000\text{mm}$

$R = \dfrac{D}{2} = \dfrac{1000\text{mm}}{2} = 50\text{mm}$（用于 $n=0\sim8$ 等分时）

$R' = \dfrac{D}{2} - t = \dfrac{1000\text{mm}}{2} - 10\text{mm} = 490\text{mm}$（用于 $n=8\sim16$ 等分时）

$n=16$［圆周展开 $\pi(D-t)=3110\text{mm}$］

$r = \dfrac{D-t}{2} = \dfrac{1000-10}{2}\text{mm} = 495\text{mm}$

将以上数据代入公式得：

$$x_n = \tan45^\circ \times \left(1000\text{mm} - 500\text{mm} \times \cos\frac{180^\circ n_x}{16}\right)(n_x = 0 \sim 8)$$

$$x_n = \tan45^\circ \times \left(1000\text{mm} - 490\text{mm} \times \cos\frac{180^\circ n_x}{16}\right)(n_x = 8 \sim 16)$$

$$l_n = \frac{495\text{mm}\pi n_x}{16}$$

因构件展开图形是对称图形，所以只要作半圆周 16 等分展开计算就可以作出全部展开图形。为了作展开图时的方便，根据 l_n 的值可作出 32 等分的全部展开图形，同时也可输入 n_x 的几个等分点对 n_x 的值进行检验或全部算出，因程编运算可十分方便地得出结果，先将上面三个计算式进行程编运算，所得结果见表 8-12。

表 8-12　　两节直角圆管弯头的展开计算值

变量 n_x 值	对应 l_n 值/mm	对应 n_x 值/mm（R=500mm）	对应 n_x 值/mm（R=490mm）
0	0	500	
1	97.2	509.6	
2	194.4	538.1	
3	291.6	584.3	
4	388.3	646.4	
5	486	722.2	
6	583.2	808.7	
7	680.4	907.5	
8	777.5	1000	1000
9	874.4		1095.6
10	971.9		1187.5
11	1069.1		1272.2
12	1166.3		1346.5
13	1263.5		1407.4
14	1360.7		1457.7
15	1457.9		1480.6
16	1555.1		1490

续表

变量 n_x 值	对应 l_n 值/mm	对应 n_x 值/mm（R=500mm）	对应 n_x 值/mm（R=490mm）
17	1652.3		1480.6
18	1749.5		1457.7
19	1846.7		1407.4
20	1943.9		1346.5
21	2041.1		1272.2
22	2138.2		1187.5
23	2235.4		1095.6
24	2332.6	1000	1000
25	2430	907.5	
26	2527	808.7	
27	2624.2	722.2	
28	2721	646.4	
29	2818.6	584.3	
30	2915.8	538.1	
31	3013	509.6	
32	3110.2	500	

根据计算结果，展开图形做法如下：取线段长度为 3110.2，并将线段按上表中 l_n 的数值进行 32 等分取点，过各点作线段的垂线，在各垂线上按上表中 32 等分的各对应 n_x 值取点，然后光滑连接各点就可得到全部展开图，如图 8-40 所示。

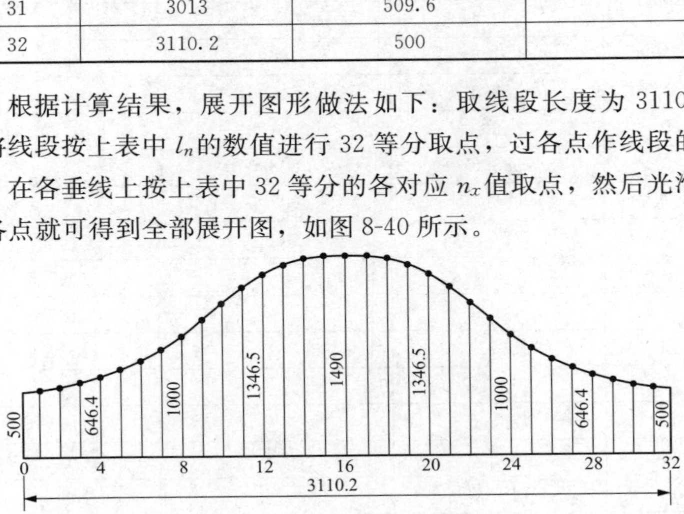

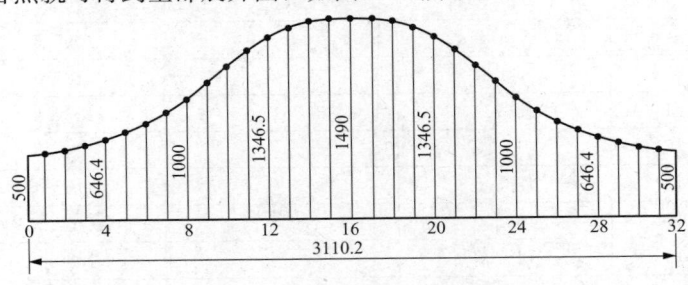

图 8-40　两节直角圆管弯头展开实例图

2. 平面任意角度三节圆管弯头计算展开实例

平面任意角度三节圆管弯头构件如图 8-41 所示。

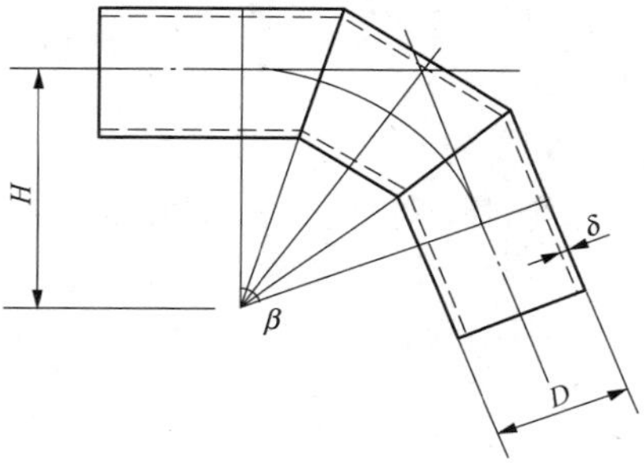

图 8-41　平面任意角度三节圆管弯头构件

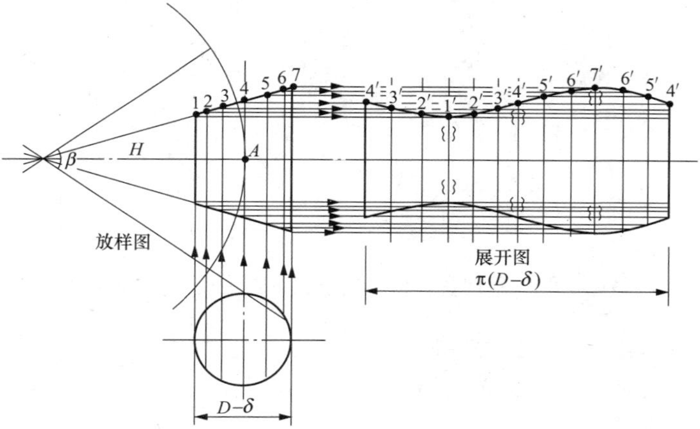

图 8-42　平面任意角度三节圆管弯头放样展开图

用平行线法展开做图，做图方法和步骤如下（见图 8-42）：

（1）做角度等于 β 的角并将其四等分。

（2）在中心等分线上从圆心截取 H 长度得点 A。过 A 点做垂线，即为中节圆管的轴线。在轴线两侧（$D-\delta$）/2 距离处作轴线的平行线交相邻两角平分线，即得到中节的放样正视图，沿轴线做出圆管的俯视图，将俯视图中的圆周 12 等分。

(3) 过各等分点作圆管的素线和相贯线交于 1、2、3、…、6、7 各点，将中心角平分线沿长截取线段长度为圆管中径展开长度并且 12 等分，过各等分点作垂线与相贯线上过 1、2、3、…各点作水平线交于 1′、2′、3′、…各点。

(4) 光滑连接各点即可得到相贯线的展开曲线。然后利用对称做图就可得到中节的全部展开图形。作展开图形时为错开相贯线处的丁字焊缝和下料时节省材料，接缝位置一般选在 4 线的位置，如图 8-43 所示。但这样下料后在制造中就要注意正曲和反曲的不同，下料时应注明正反曲面，以防止十字焊缝的出现。

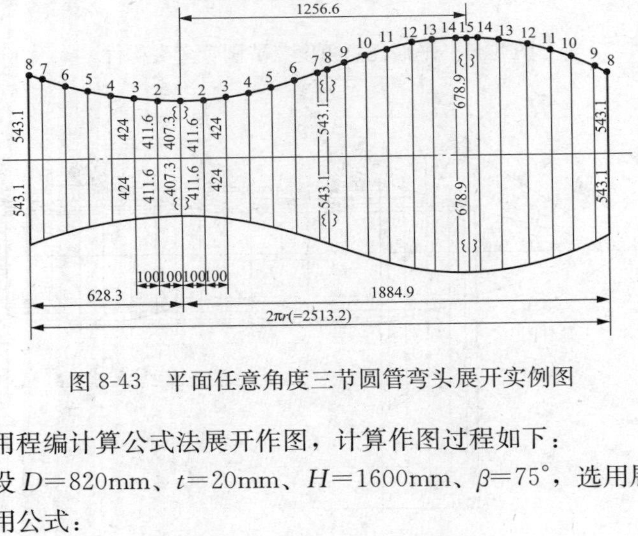

图 8-43 平面任意角度三节圆管弯头展开实例图

用程编计算公式法展开作图，计算作图过程如下：

设 $D=820\text{mm}$、$t=20\text{mm}$、$H=1600\text{mm}$、$\beta=75°$，选用展开计算通用公式：

$$x_n = \tan a\left(L - R\cos\frac{180° l_n}{\pi r}\right)$$

式中

$$a = \frac{\beta}{4} = \frac{75°}{4} 18.75°$$

$$L = H = 1600\text{mm}$$

$$R = \frac{D-t}{2} = \frac{(820-20)\text{mm}}{2} = 400\text{mm}$$

$$r = R = 400\text{mm}$$

代入公式得：

$$x_n = \tan 18.75° \times \left(1600\text{mm} - 400\text{mm}\cos\frac{180° l_n}{400\pi}\right)$$

为作图方便，将素线实长值编序号并以 l_n 为变量代入计算式程编计算结果见表 8-13。

表 8-13　　任意角度三节圆管弯头展开计算值

序号	l_n值/mm	对应 x_n值/mm
1	0	407.3
2	100	411.6
3	200	424
4	300	443.8
5	400	469.8
6	500	500.3
7	600	533.5
8	$\frac{\pi r}{2}$	543.1
9	700	567.3
10	800	599.6
11	900	628.4
12	1000	651.9
13	1100	668.3
14	1200	677.5
15	πr	678.9

表 8-13 中 $\pi r/2$ 的值为 628.3mm，πr 的值为 1256.6mm，这两个值在程编计算时可直接代入并求出，以便在作展开图时使用。

展开图作法：取线段长度等于 $2\pi r$，将线段按上表中 l_n 的值进行等分。等分时将 8 线作为接缝位置，因是对称图形，表中仅列出半圆周展开值。过各等分点作线段的垂线，在垂线上线段两面各按 l_n 对应的 x_n 值取点并将各点光滑连接，即得到中节的全部展开图形，如图 8-43 所示。

3. 等径正交三通管计算展开实例

等径正交三通管如图 8-44 所示，从构件图可以看出，此构件的相贯线处是外壁接触，在没有加工坡口要求的情况时就应以圆管外径画出放样图。

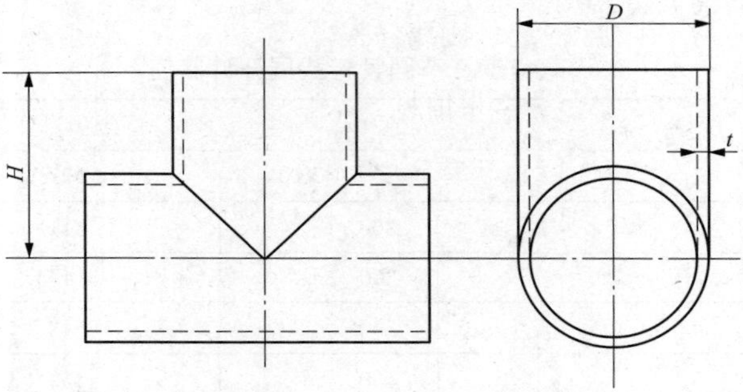

图 8-44 等径正交三通管构件图

设 $D=820$mm、$t=10$mm、$H=710$mm，因为是同径又均是外径作放样展开图，所以 $\alpha=45°$。

(1) 根据以上分析画出计算用展开草图，如图 8-45 (a) 所示。

因为是部分投影展开，并且展开半径和放样半径都不相同，所以 ϕ_n 在 1/4 圆周部分应取 0°～90°范围值，半圆周长 $\pi r=1272$mm，如展开时取 12 等分，1/4 时为 6 等分，90°分 6 等分，每等分为 15°，所以 ϕ_n 可以取 15°为一次变量值。

(2) 展开计算时如用钢板卷制，则 $r=405$mm，当用成品钢管外画线时 $r=411$mm，因主管的开孔画线一般用样板外壁画线，因此本例计算出数值供参考。选用展开计算公式：

$$x_n = R\tan\alpha(1-\cos\phi_n)$$

$$l_n = \frac{\pi r\phi_n}{180}$$

式中，已知：$\alpha=45°$

$$R = \frac{D}{2} = \frac{820\text{mm}}{2} = 410\text{mm}$$

$r=405$mm（用于钢板卷制时）

$r=411$mm（用于成品管外画线用样板时）

将已知条件代入公式得：

$$x_n = 410\tan45°(1-\cos\phi_n)\text{mm}$$

$$l_{n1} = \frac{405\pi\phi_n}{180}\text{mm}(用于钢板卷制)$$

$$l_{n2} = \frac{411\pi\phi_n}{180}\text{mm}(用于画线样板)$$

以 ϕ_n 为变量程编计算得值见表 8-14。

表 8-14　　等径正交三通管展开计算值

变量 ϕ_n 值/（°）	0	15	30	45	60	75	90
对应 l_{n1} 值/mm	0	106	212	318.1	424.1	530.1	636.2
对应 l_{n2} 值/mm	0	107.6	215.2	322.8	430.4	538	645.2
对应 x_n 值/mm	0	14	54.9	120.1	205	303.9	410

（3）展开图形和样板作法。作图时在实际施工中如曲线连接不够光滑或要求精度较高时可增加 ϕ_n 的数量，可以不按等分增加，但 x_n 值和 l_n 值计算时都应同时增加，以便于作图。如本例计算展开作图如图 8-45（a）所示，当用钢板卷制时取线段 $l_1=2\pi r=$ 2544.7mm，当用样板在外壁上画线时取 $l_2=2\pi r=2582.4$mm。计算展开作图过程如下：

1）将线段 4 等分，过各等分点作 l 线的垂线，中心等分定为 x_0 线，在其中 $l/4$ 内以 l_n 的计算值取点并作 l 线垂线，在各垂线上以 x_n 和 l_n 的对应值取点。

2）光滑连接各点即得到 1/4 部分的曲线展开。同时如图对称作其他三部分，在距离 l 线 300 处作 l 线的平行线和过 l 线两端作垂线得到直管部分的展开，和曲线展开部分合起来就是插管的全部展开图形。

（4）开孔用样板作法。

1）如图 8-45（b）所示，作十字中心线 x_0 和 y_0，距离中心点 410mm 作 y_0 线的两条平行线，并且以 x_0 为中心在 y_0 线上各取两个 $l/4$，在中间两个 $l/4$ 部分以 l_{n2} 值为长度取点，过各点作 y_0 线的垂线。

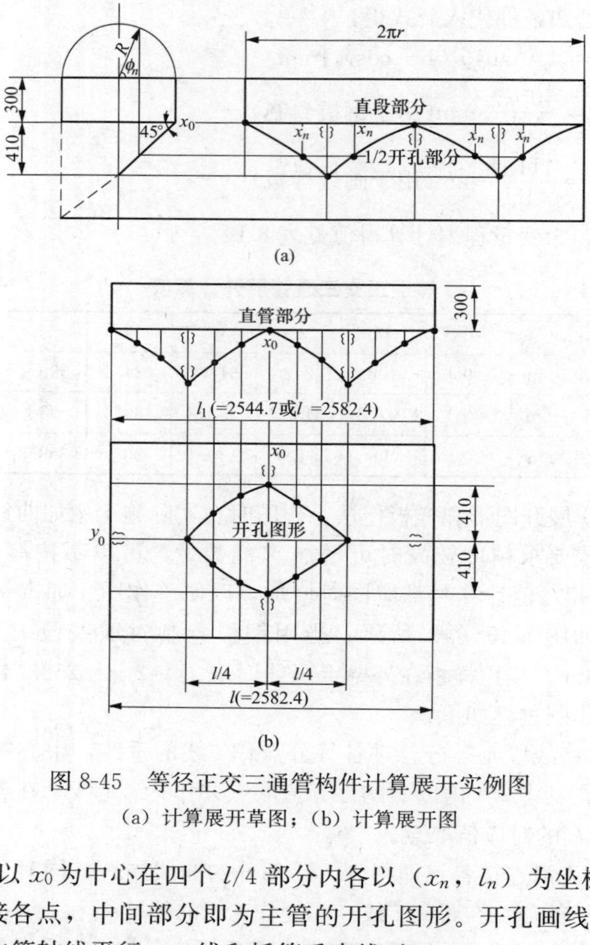

图 8-45 等径正交三通管构件计算展开实例图

（a）计算展开草图；（b）计算展开图

2）以 x_0 为中心在四个 $l/4$ 部分内各以（x_n，l_n）为坐标取点，光滑连接各点，中间部分即为主管的开孔图形。开孔画线时应以 x_0 线和主管轴线平行，y_0 线和插管垂直线对正。

4. Y 形等角等径三通管计算展开实例

Y 形等角等径三通管构件如图 8-46 所示。

此构件是由三个相同结构的圆管组成，相邻管间轴线夹角均为 120°，而每件圆管又是被两个与圆管轴线成 60°夹角的平面截切成对称图形。

由构件图分析可以看出，只要求出 1/4 圆管的展开即可得到全部的展开，此例用 $\phi426\times8$ 的成品管制造时，相贯线仍是外壁接触，画出计算和展开用草图，如图 8-47 所示。

（1）此例需用展开样板在成品管外画线，因此展开半径 $r=D/2+1\text{mm}=214\text{mm}$、放样半径 $R=D/2=213\text{mm}$，用展开计算公式：

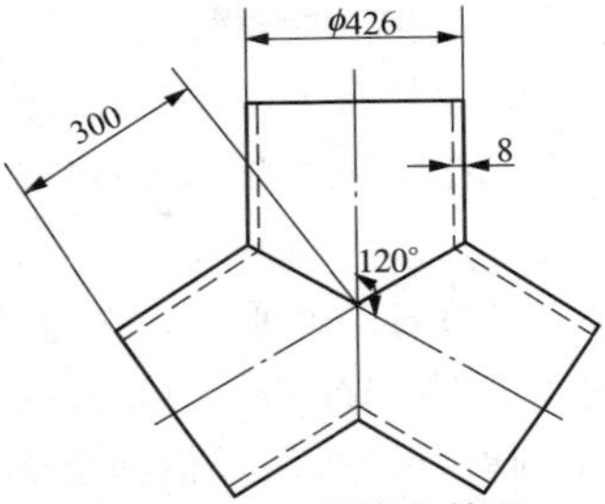

图 8-46　Y 形等角等径三通管构件

$$x_n=\tan\alpha(L-R\cos\phi_n)$$

$$l_n=\frac{\pi r\phi_n}{180}$$

式中，已知：$\alpha=90^\circ-60^\circ=30^\circ$

$$L=\frac{300\text{mm}}{\tan30^\circ}=519.6\text{mm}$$

$$r=214\text{mm},\ R=213\text{mm}$$

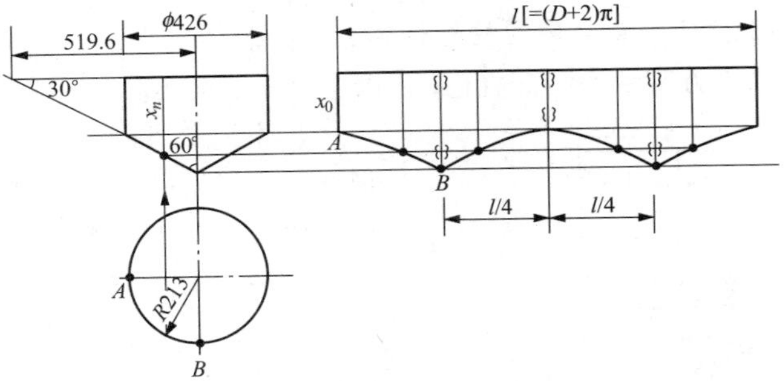

图 8-47　Y 形等角等径三通管计算展开草图

将已知数据代入公式进行程编计算，ϕ_n的范围仍是在 0°～90°内取值作变量得 l_n和 x_n的对应值，见表 8-15。

表 8-15　　Y 形等角等径三通管展开计算值

变量 ϕ_n值/（°）	0	15	30	45	60	75	90
对应 l_n值/mm	0	56	112	168	224	280	336.2
对应 x_n值/mm	177	181.2	193.5	213	238.5	268.2	300

（2）展开样板作法。

1）取线段 $l=（426\text{mm}+2\text{mm}）\pi=1344.6\text{mm}$，将 14 等分。

2）在 1/4 中以 ϕ_n 的对应 l_n 值取点，见计算展开图，如图 8-48 所示。

3）过各点作垂线，在垂线上按 l_n 的对应 x_n 值取点，光滑连接各点即得到 AB 部分的展开曲线，同时对称作出其他三个 1/4 部分即得到展开画线用样板的全部图形。

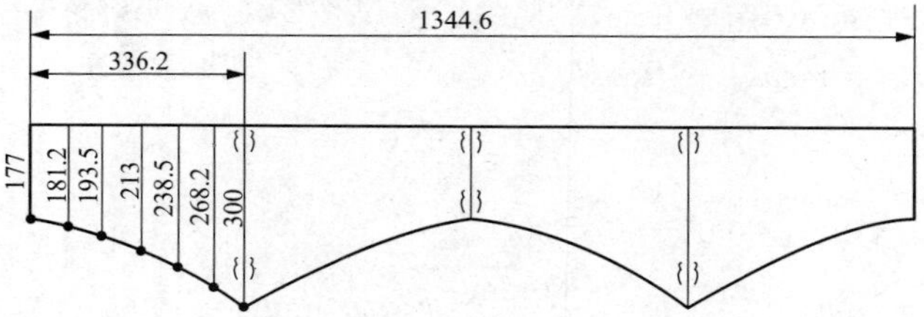

图 8-48　Y 形等角等径三通管计算展开图

5. 正插正方锥台的圆柱管计算展开实例

正插正方锥台的圆柱管构件如图 8-49 所示。

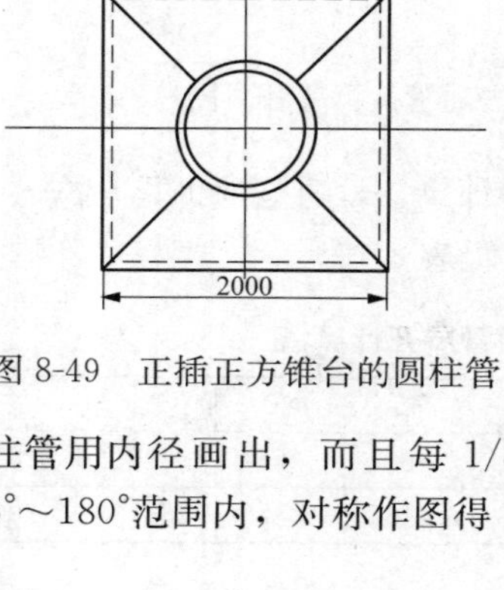

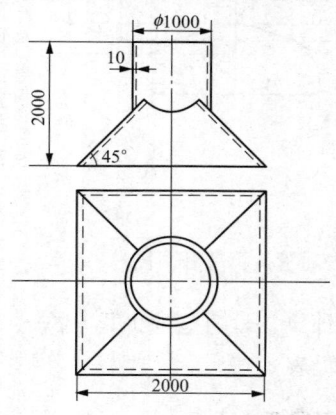

图 8-49　正插正方锥台的圆柱管

从主视图可以看出，圆管内壁与正方锥台的外壁接触，上节的圆管被 4 个与管轴线成 45°的平面同时截切，各占 1/4 圆周，从形体分析看仍然是圆柱管被平面截切的形体。此类形体的构件只作圆柱管的展开，锥台的展开可参见平板构件的实例。本例圆柱管用程编计算公式法计算展开。

（1）从形体分析结果作出计算草图，如图 8-50 所示，图中圆柱管用内径画出，而且每 1/8 截切部分在圆周上对应角度为 135°～180°范围内，对称作图得 1/4 圆周。

计算公式：

$$x_n = \tan\alpha(L - R\cos\phi_n)$$

$$l_n = \frac{\pi r \phi_n}{180}$$

式中，已知：$\alpha = 45°$

$L = 1000\tan45°\text{mm}$

$= 1000\text{mm}$

$r = 495\text{mm}$（中径）

$R = 490\text{mm}$（内径）

将已知条件代入公式以 ϕ_n 为变量求得展开计算值，见表 8-16。

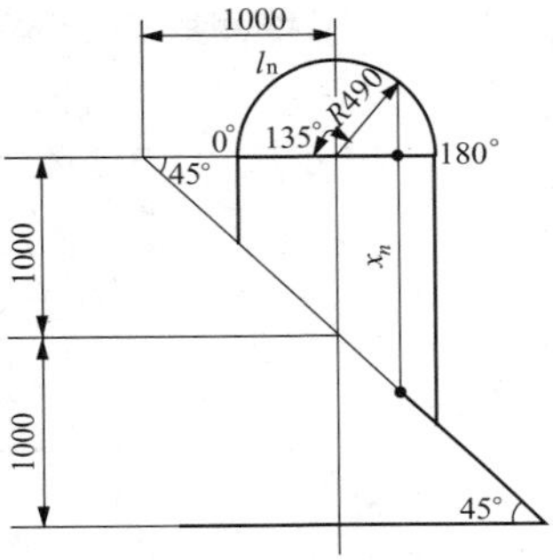

图 8-50　正插正方锥台的圆柱管计算草图

表 8-16　　正插正方锥台的圆柱管展开计算值

变量 ϕ_n 值/（°）	135	150	165	180
对应 l_n 值/mm	9805.6	1295.9	1425.5	1555.1
对应 x_n 值/mm	1346.5	1424.4	1473.3	1490

（2）展开作图法：取线段长为圆管中径展开周长 3110.2mm，将线段 4 等分，以中间等分为 180°计算展开对应线，用表中 l_n 值取点，过各点作线段的垂线，在垂线取 l_n 对应 x_n 值取点，并对称作图即得到圆周 1/4 的展开图形，对称作出其他三部分即得到圆管全部展开图形，如图 8-51 所示。

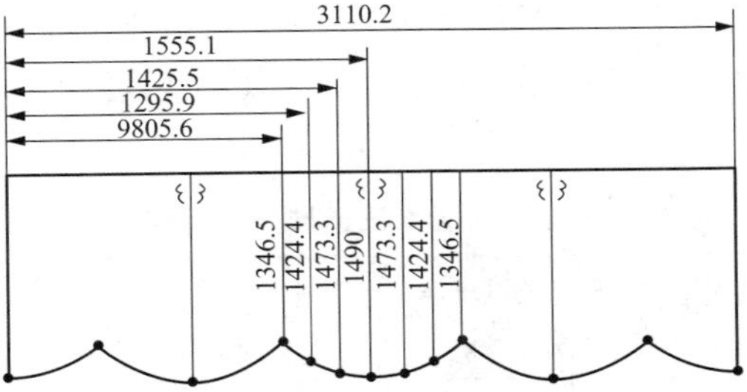

图 8-51　正插正方锥台的圆柱管计算展开图

二、被圆柱面截切后的圆柱管构件计算展开实例

1. 正交异径圆管三通管计算展开实例

正交异径圆管三通管施工图如图 8-52 所示。

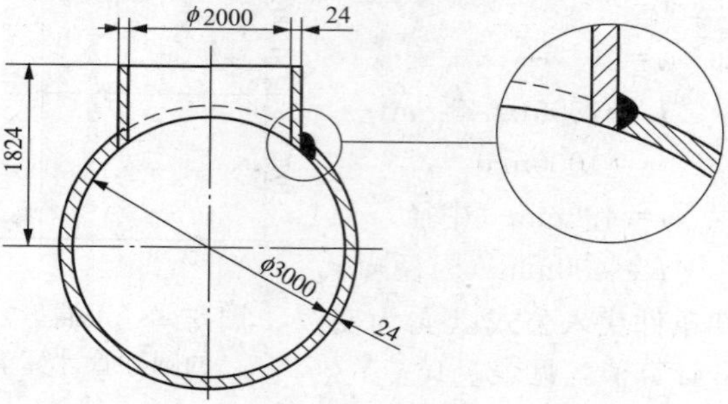

图 8-52　正交异径圆管三通管施工图

本例因三通管直径较大，在施工中用图解法放样作图工作量就十分大，故本例用程编计算公式法展开比较方便。

计算公式：

$$x_n = H - \sqrt{R^2 - (r\sin\phi_n)^2}$$

$$l_n = \frac{\pi r_1 \phi_n}{180}$$

式中，已知：H＝1824mm，R＝1500mm（放样图主管取内径），r＝1024mm（放样图支管取外径），r_1＝1012mm（支管展开取中径）。

将已知数据代入公式进行程编运算，因圆管半径较大，所以圆周取 36 等分，即圆周每等分 ϕ_n＝10°来分别计算周长展开值 l_n 和其对应圆管素线实长值 x_n，见表 8-17。

表 8-17　　正交异径圆管三通展开计算值

变量 ϕ_n 值 /（°）	对应 x_n 值 /mm	对应 l_n 值 /mm	变量 ϕ_n 值 /（°）	对应 x_n 值 /mm	对应 l_n 值 /mm
0	324	0	100	713.6	1766.3
10	334.6	176.6	110	673.3	1942.9

续表

变量 ϕ_n 值 /（°）	对应 x_n 值 /mm	对应 l_n 值 /mm	变量 ϕ_n 值 /（°）	对应 x_n 值 /mm	对应 l_n 值 /mm
20	365.5	353.3	120	614.2	2119.5
30	414.1	529.9	130	545.5	2296.2
40	476.1	706.5	140	476.1	2472.8
50	545.5	883.1	150	414.1	2649.4
60	614.2	1059.8	160	365.5	2826
70	673.3	1236.4	170	334.6	3002.7
80	713.6	1413	180	324	3179.3
90	727.9	1589.6	190	334.6	3355.9

（1）计算展开图。因是对称图形，从表中可以看出，只要作出90°以内的值就可以知道 90°～180°的对称 x_n 值。为展开作图的方便，一般求得 180°以内值就可以作出一半展开图形，再对称作另一半展开图形。利用表中 x_n 和 l_n 的对应数值取点，并光滑连接各点就可求得支管的展开图形，如图 8-53（a）所示。

（2）主管的开孔展开图。为避免较复杂的作图，在施工中对支管直径较小的情况一般以支管的实物在主管上画线开孔，既简单又实用。本例中支管直径较大，在圆管上直接开孔就较困难，尤其是为节省材料，主管在下料时先行开孔并需要钢板拼接时，就必须先作出开孔图。主管的开孔也可用程编计算展开。本例用作图法结合计算展开，如图 8-53（b）所示，将相贯线投影$\widehat{ab}$作 6 等分，过等分点作垂线交俯视图支管圆周上各点，作 ab 线的延长线，在线上取线段 l 等于弧长$\widehat{ab}$的展开长度，$l=0.017\,453R\alpha$，$\alpha=2\arcsin(r/R)$。同样作 6 等分，过各等分点作垂线，和俯视图中对应各点的水平线交 o'、d'、c'、b'各点，光滑连接各点得到开孔图。

2. 斜交异径圆管三通管计算展开实例

斜交异径圆管三通管构件如图 8-54 所示。

此构件是斜交异径三通形体，支管插入设备筒体内 15mm，塔体内径 $D=2400$mm、厚度为 28mm、接管为 $\phi530\times14$mm 钢管，

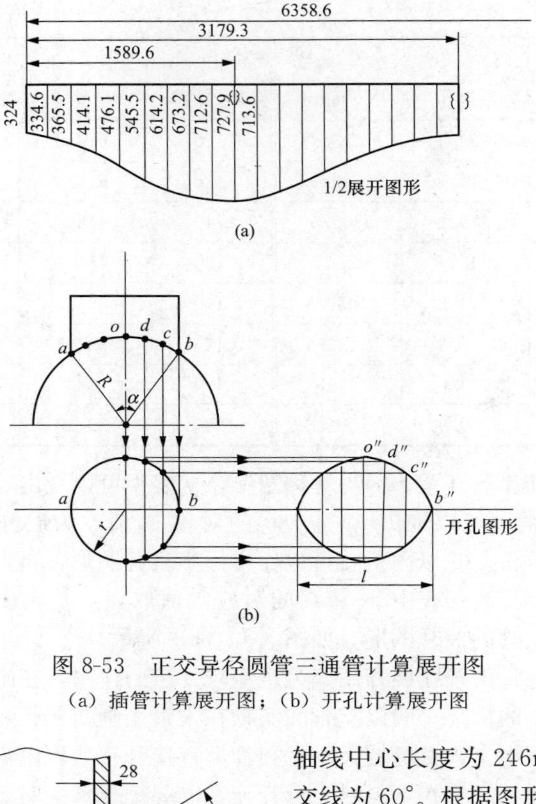

图 8-53 正交异径圆管三通管计算展开图

（a）插管计算展开图；（b）开孔计算展开图

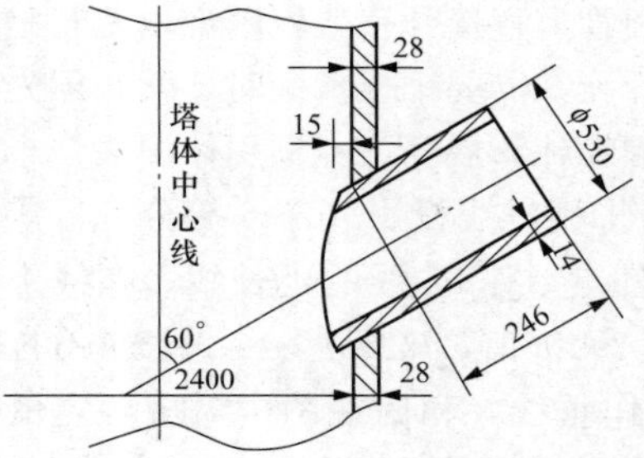

图 8-54 斜交异径圆管三通构件

轴线中心长度为 246mm、两轴交线为 60°。根据图形用计算法展开，塔体用内径，接管用外径进行计算。

计算公式：

$$x_n = H - \frac{\sqrt{R^2 - (r\sin\phi_n)^2}}{\sin a} - \frac{r\cos\phi_n}{\tan a}$$

$$l_n = \frac{\pi r_1 \phi_n}{180}$$

式中，已知：$H = 1228/\sin60^\circ\ \text{mm} + 246\text{mm} = 1664\text{mm}$，$R =$

1200mm－15mm＝1185mm，

r＝530/2mm＝265mm，r_1＝（530－12）/2mm＝258mm。

将以上数据代入公式，以15°为单位等分圆周，分别计算得 l_n 和 x_n 的对应值，见表8-18。

表8-18　　斜交异径三通支管展开计算值

变量 ϕ_n 值/（°）	对应 x_n 值/mm	对应 l_n 值/mm
0	142.7	0
15	150.2	67.5
30	171.8	135
45	204.7	202.6
60	245	270
75	288.4	337.5
90	330	405.3
105	367.6	472.8
120	398	540
135	406.2	607.9
150	437	675
165	445.7	743
180	449	810.5

因是对称图形，故仅作半圆周计算值。

展开图形作法：取线段长等于1621mm，并且四等分线段，在1/2等分内以上表内 l_n 的值取点并过各点作垂线，在垂线上以和 l_n 对应的 x_n 值取点，并光滑连接各点，即得到1/2的展开图形，对称作图即得到全部展开图，如图8-55所示。

三、被椭圆面截切后的圆柱管构件计算展开实例

以标准椭圆封头上正插圆柱管计算展开为例，标准椭圆封头上正插圆柱管构件如图8-56所示。

封头在压力容器制造中要求必须是标准椭圆曲线，作图时应先用轨迹法或计算法作出标准椭圆曲线才能进行展开作图。本例以程

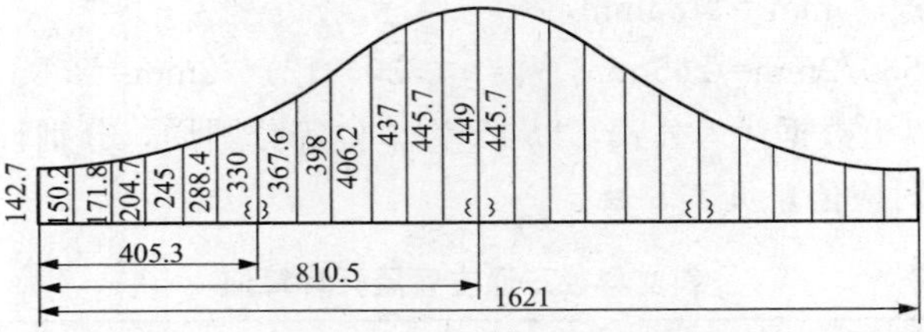

图 8-55 斜交异径圆管三通计算展开图

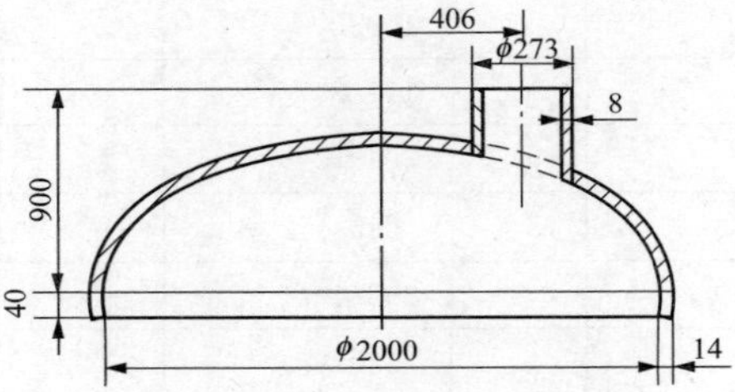

图 8-56 标准椭圆封头上正插圆柱管构件

编计算法展开，程编计算公式示意图如图 8-57 所示。

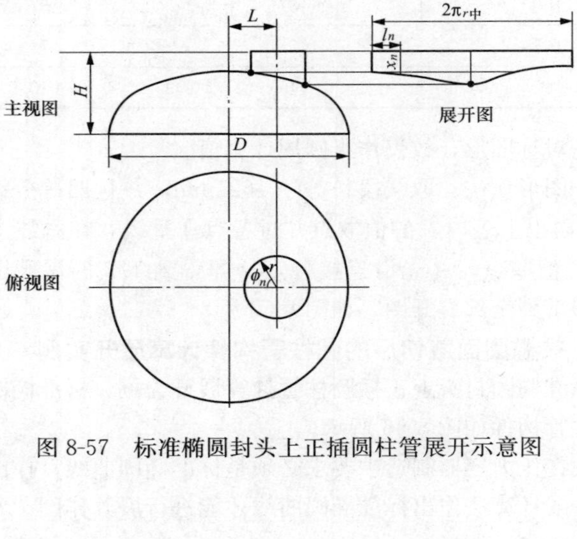

图 8-57 标准椭圆封头上正插圆柱管展开示意图

计算公式：

$$x_n = H - \frac{\sqrt{\frac{D^2}{4} - r^2 - L^2 + 2rL\cos\phi_n}}{2}$$

式中　H——椭圆长轴到插管上端口距离；

D——椭圆长轴长度；

r——放样图圆管半径；

ϕ_n——圆管上任意素线对应圆心角；

x_n——ϕ_n对应素线实长值。

$$x_n = H - \frac{\sqrt{\frac{D^2}{4} - r^2 - L^2 + 2rL\cos\phi_n}}{2}$$

$$l_n = \frac{\pi r_1 \phi_n}{180}$$

式中，已知：$H=900$mm，$D=2000$mm（封头用内径放样），$r=136.5$mm（圆管用外径放样），$L=406$mm，$r_1=132.5$mm（圆管用中径展开）。

将已知数据代入公式程编计算，以ϕ_n为变量每等分取30°，计算得x_n和l_n的对应值，见表8-19。因是对称图形，只作半圆周计算。用表中l_n和l_n对应值作图即可得到圆管一半的展开图形，然后对称作图就可以得到全部展开图形，如图8-58所示。

表8-19　　圆管展开素线实长计算值

变量ϕ_n值/（°）	对应x_n值/mm	对应l_n值/mm
0	418.4	0
30	422.4	69.4
60	433.1	138.8
90	448.2	208.1
120	463.8	277.5
150	475.6	346.9
180	480	416

四、被球面截切后的圆柱管构件计算展开实例

1. 储罐罐顶正插圆柱管计算展开实例

储罐罐顶正插圆柱管展开放样图如图 8-59 所示。

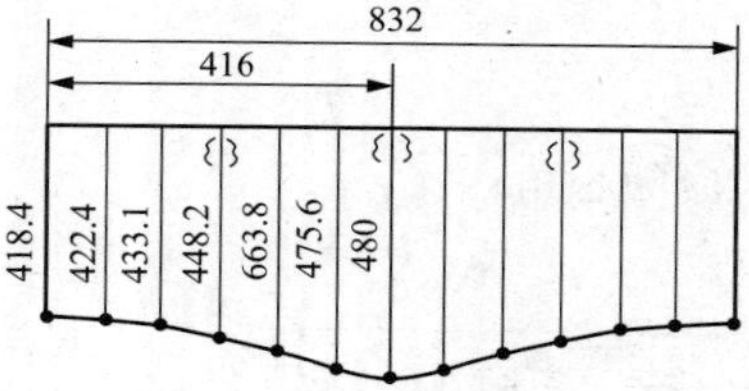

图 8-58 标准椭圆封头上正插圆柱管计算展开图

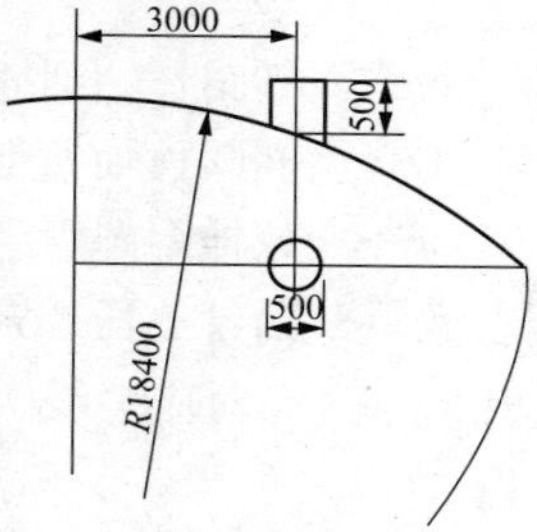

图 8-59 储罐罐顶正插圆柱管展开放样图

此类构件因储罐顶圆为球缺面而且半径一般较大，而圆管相对板厚较小，所以施工中一般不作板厚处理，用中径或外径直接作放样图计算展开，一般用展开半径作放样图半径，如图 8-60 所示。

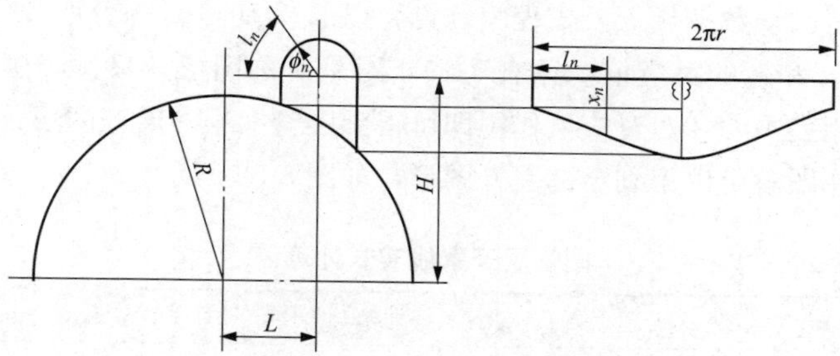

图 8-60 储罐罐顶正插圆柱管计算展开示意图

这类形体的计算展开公式为：

$$x_n = H - \sqrt{R^2 - L^2 - r^2 + 2Lr\cos\phi_n}$$

式中 H——圆管上端平面到球心距离；

R——球面半径；

L——圆管轴线到球心距离；

r——圆管展开用半径；

ϕ_n——圆管展开素线对应圆心角；

x_n——ϕ_n角对应素线实长值。

本例用程编计算法展开，选用公式：

$$x_n = H - \sqrt{R^2 - L^2 - r^2 + 2Lr\cos\phi_n}$$

$$l_n = \frac{\pi r \phi_n}{180}$$

式中，已知：$H=\sqrt{18\ 400^2-3000^2}\text{mm}+500\text{mm}=18\ 654\text{mm}$，$R=18\ 400\text{mm}$，$L=3000\text{mm}$，$r=250\text{mm}$。

将以上数值代入公式以 ϕ_n 为变量计算得值见表 8-20。对称图形只作半圆周计算。

表 8-20　　球面正插圆管展开计算值

变量 ϕ_n值/（°）	对应 x_n值/mm	对应 l_n值/mm
0	460.7	0
30	466.2	130.9
60	481.3	261.8
90	501.9	392.7
120	522.6	523.6
150	537.8	654.5
180	543.3	785.4

利用表中 l_n和 x_n的对应数值作图即得到圆管的展开图形，如图 8-61 所示。

2. 半球平插圆柱管计算展开实例

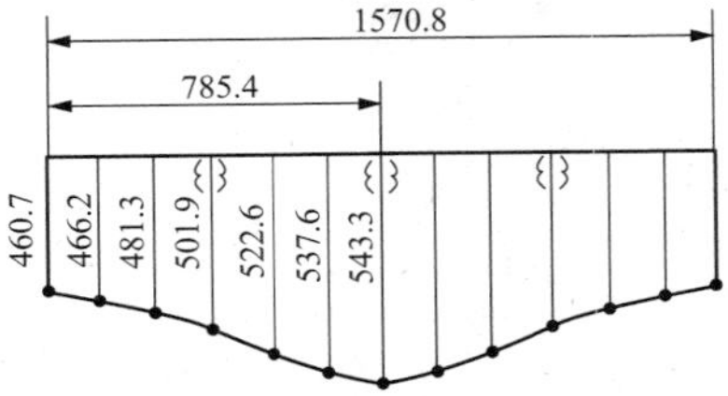

图 8-61　储罐罐顶正插圆柱管计算展开图

半球平插圆柱管截面图如图 8-62 所示。

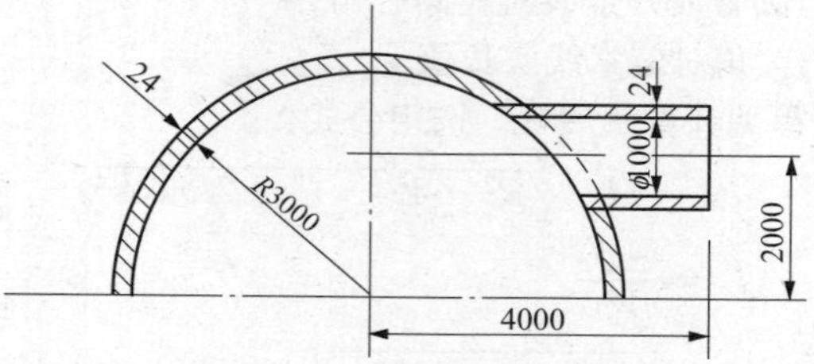

图 8-62　半球平插圆柱管截面图

此构件圆管插入半球内，从截面图可以看到圆管外壁和半球内壁接触，所以应用半球内径和圆管外径作放样图，用中径展开。用程编计算来展开此例。选用公式：

$$x_n = H - \sqrt{R^2 - L^2 - r^2 + 2Lr\cos\phi_n}$$

$$l_n = \frac{\pi r_1 \phi_n}{180}$$

式中，已知：$H = 4000$mm，$R = 3000$mm，$L = 2000$mm，$r = 524$mm，$r_1 = 512$mm。将以上数值代入公式以 ϕ_n 为变量计算得值见表 8-21。

表 8-21　　半球平插圆管展开计算值

变量 ϕ_n 值/(°)	对应 x_n 值/mm	对应 l_n 值/mm
0	1146.3	0
15	1165.2	134
30	1221	268.1
45	1312.5	402.1
60	1436.5	536.2
75	1588.9	670.2
90	1764.1	804.2
105	1954	938.3
120	2148.7	1072.3
135	2333.8	1206.4

续表

变量 ϕ_n值/(°)	对应 x_n值/mm	对应 l_n值/mm
150	2491.1	1340.4
165	2599	1474.5
180	2637.8	1608.5

展开图形作法：取线段长等于 3217mm，在线上以 l_n的值取点并过各点作垂线，在垂线上取 l_n对应的各 x_n值得各点，光滑连接各点即得到全部展开图，如图 8-63 所示。

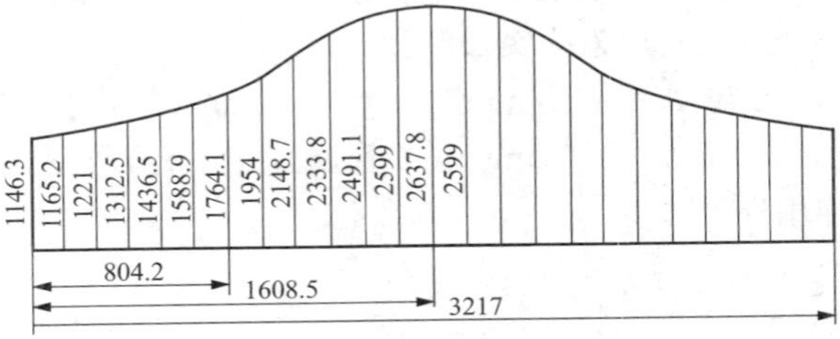

图 8-63 半球平插圆柱管计算展开图

五、被圆锥面截切后的圆柱管构件计算展开实例

以圆锥面上平插圆柱管计算展开为例，截面图如图 8-64 所示。

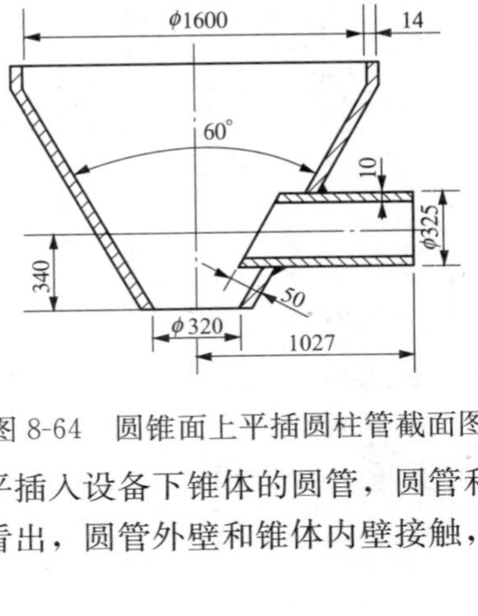

图 8-64 圆锥面上平插圆柱管截面图

此构件是水平插入设备下锥体的圆管，圆管和锥体作外坡口处理。从图中可以看出，圆管外壁和锥体内壁接触，所以用圆管外径

和锥体内径作放样图，本例用程编计算法展开，展开示意图如图8-65所示。

计算公式：

$$x_n = L - \sqrt{(H - R\cos\phi_n)^2 \tan^2 a - R^2 \sin^2\phi_n}$$

式中 L——圆管外端面到锥体轴线距离；

H——圆管轴线到锥顶距离；

R——圆管放样图半径；

a——锥体锥顶角的一半；

ϕ_n——圆锥展开任意点到最长素线点之间的夹角；

x_n——ϕ_n角对应素线实长值。

式中，已知 $L=1027$mm，$H=160/\tan30°$ mm $+340$mm $=617$mm，$a=30°$，$r=157.5$mm（圆管展开用中径），$R=162.5$mm（圆管放样用外径）。

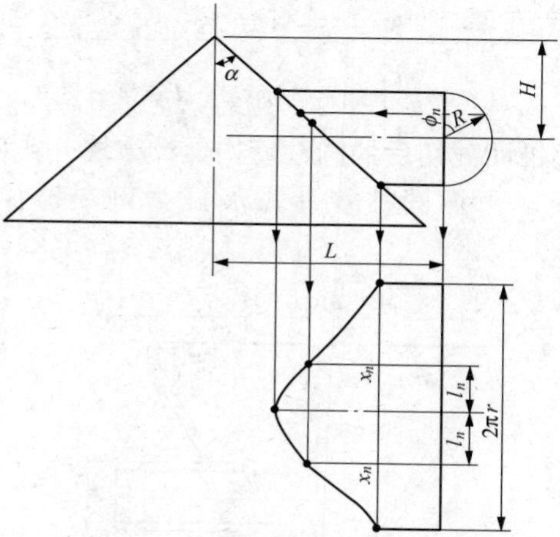

图8-65 圆锥面上平插圆柱管展开示意图

此构件因圆柱插入锥体内，插入长度为 $50/\sin60°$ mm $=57.5$mm，所以 x_n 按公式计算完后均应增加 57.5mm，将已知数值代入公式以 ϕ_n 为变量进行程编计算得对应 x_n 和 l_n 值，见表8-22。

表 8-22 圆锥上正插圆管展开计算值

变量 ϕ_n 值/（°）	对应 x_n 值/mm	对应 l_n 值/mm
0	822.3	0
30	834.9	82.5
60	814.9	164.9
90	767.8	247.4
120	711	329.9
150	662.6	412.3
180	634.7	494.8

因是对称图形只作半圆周计算。利用表中 x_n 和 l_n 的对应值对称作图就得到全部展开图形，如图 8-66 所示。

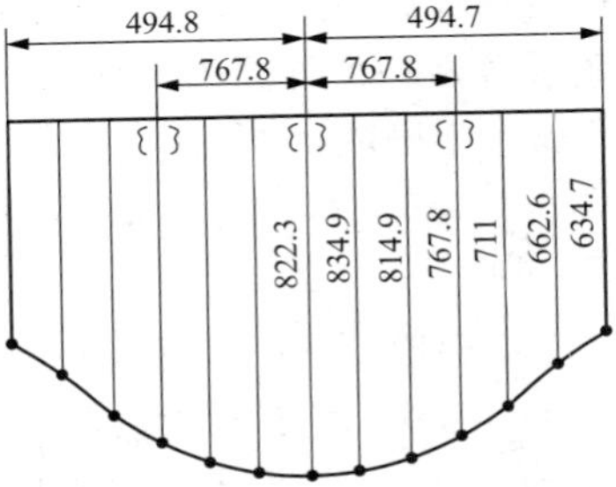

图 8-66 圆锥面上平插圆柱管计算展开图

第九章

钣金展开作图实例

第一节　钣金展开作图基础

一、钣金展开作图的板厚处理技巧

任何一个钣金制件，必然都有板料的厚度，也就是都有里皮、外皮和板厚中心层。在不同的情况下，板厚会对构件尺寸和形状产生一定的影响。为了消除板厚对构件尺寸和形状的影响，必须采取相应的措施，这些措施的实施过程就叫板厚处理。例如用 1mm 厚和 10mm 厚的两种钢板各做一个外径为 800mm 的圆管，那么两者的下料长度就不同，这种不同就是板厚处理的结果。

在实际工作中，当板厚 $t<1.5$mm 时，不妨略去板厚的影响，这样也就用不着板厚处理了。

对于任一构件，它的板厚处理往往很复杂，但还是有规律可循的。下面对板厚处理技巧与诀窍作扼要地说明。

1. 根据构件不同形状，选择不同板厚处理方法

（1）从构件断面角度考虑。构件的形状决定于它的正断面。正断面形状不同，板厚处理方法也就不同。下面按断面形状分“曲线”和“折线”两部分来说明这一问题。

1）断面形状为“曲线”形构件的板厚处理诀窍。当板料弯曲时，里皮压缩，外皮拉伸，它们都改变了原来的长度，只有板厚中心层长度不变（这里假定板厚中心层与中性层重合。实际上，弯曲时长度不变的中性层将依弯曲程度的不同而有所位移，并不总在板厚中心层），因此下料时展开长度应该以中心层的展开长度为准，如图 9-1

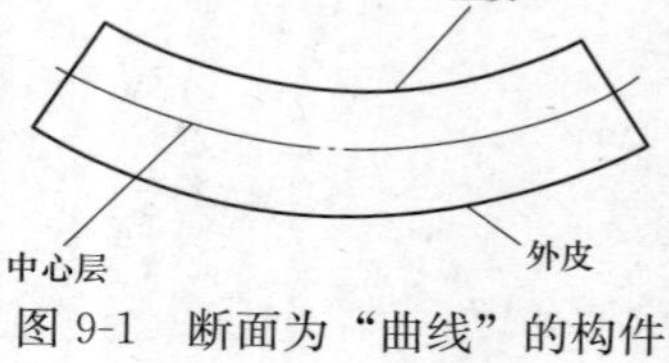

图 9-1　断面为“曲线”的构件

所示。

圆管是断面为曲线形的构件的特例，如图 9-2 所示，其展开长度必须以中径为准计算。正因为本图中圆管的内径、外径对求展开图没有用，所以放样时只要划出中径（即板厚中心层）即可。这就是放样时的板厚处理，如图 9-3 所示，这也就是为什么放样图与施工图中上下端口尺寸不一样的原因。

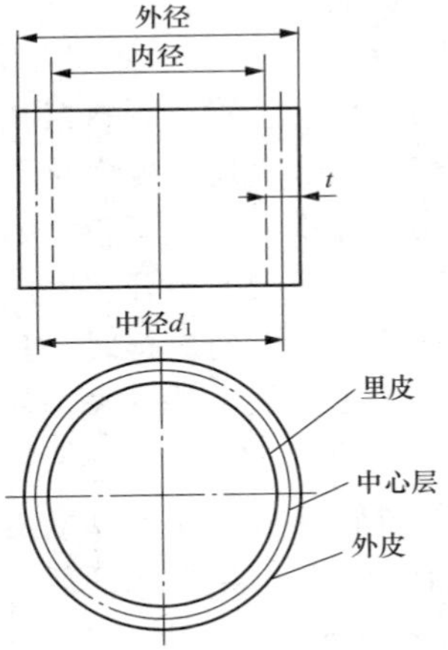

图 9-2　圆管的断面厚度

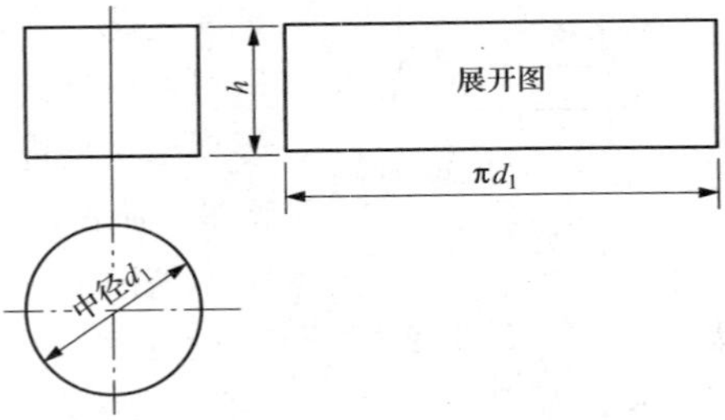

图 9-3　圆管断面放样时的厚度处理

以上所讨论的板厚处理，对于所有断面为曲线形状的构件都适用。对于成品圆管的下料，往往先做出样板，再卷在成品管上划线，这样样板的展开长度就不能以圆管的中心层（中径）为准，而必须以圆管的外径 D 与样板厚度 t 的和为准，如图 9-4 所示，样板的展开长度公式为：

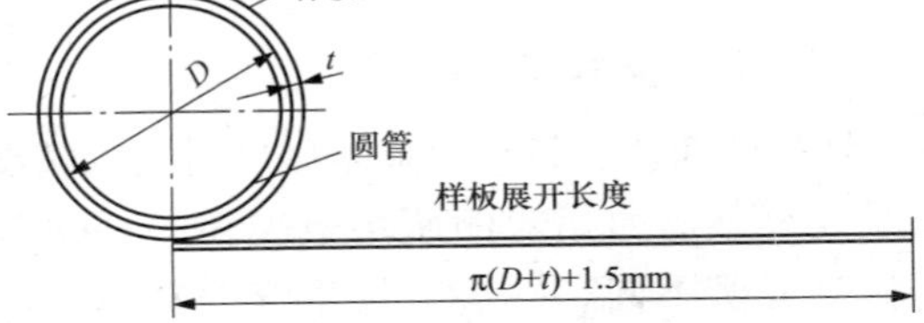

图 9-4　成品圆管的下料

$$C=\pi(D+t)+1.5\text{mm}$$

式中 C——展开长度；

D——成品圆管外径；

t——样板厚度；

1.5——由于样板不可能与圆管外皮完全贴合而加的修正值。

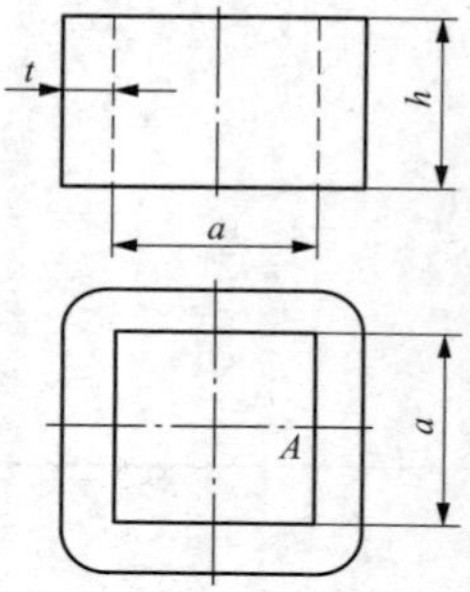

图 9-5 断面为方形的直管

2）断面为“折线”形状构件的板厚处理诀窍。板料弯折成折线形状时的变形与弯曲成弧状的变形是不同的。如图 9-5 所示，这是断面为方形的直管，板料仅在角点处发生急剧弯折，除里皮长度变化不大外，板厚中心层与外皮都发生了较大的长度变化。所以矩形断面管的展开长度应以里皮的展开长度为准，因而放样时，只要划出里皮即可，而无须划出外皮来，如图 9-6 所示。

断面为矩形的方管的板厚处理以里皮为准的原则，也适用于其他呈折线形断面的构件。如图 9-7 所示，以里皮的展开长度为准，展开长度为 $l=a+b+c$。

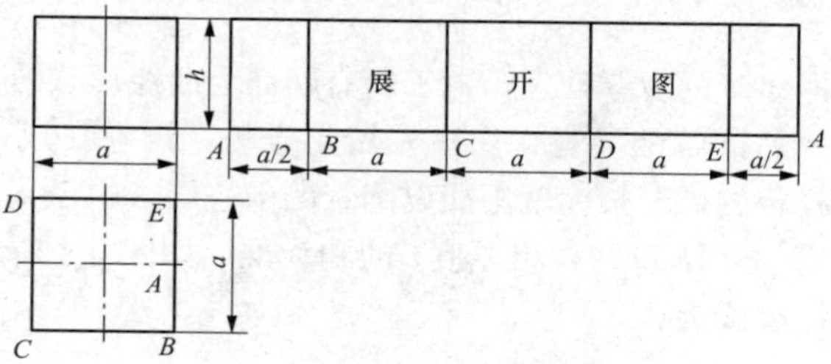

图 9-6 断面为方形直管的展开放样

如果矩形管是由四块板拼焊而成，则因拼接的情况不同而又有不同的板厚处理。例如相对的两块板夹住另两块板时，则相邻两板的下料就有所不同，一块应按里皮下料，一块应按外皮下料。

（2）从构件表面的倾斜度考虑。参看图 9-8 所示的“天圆地方”管接头，其侧表面均为倾斜状（所有锥体都是如此），因此上下口的边缘也不是平的，上下口都是外皮高里皮低。实践说明，高度取上下口板厚中心处的垂直距离为好，也就是图中 h，这就是由于对构件表面的倾斜度考虑而进行的板厚处理。倘若板并不很厚，或者将来还要进行修边加工，那么可以不取 h 为高，而取立面图上下边线的总高度为高。

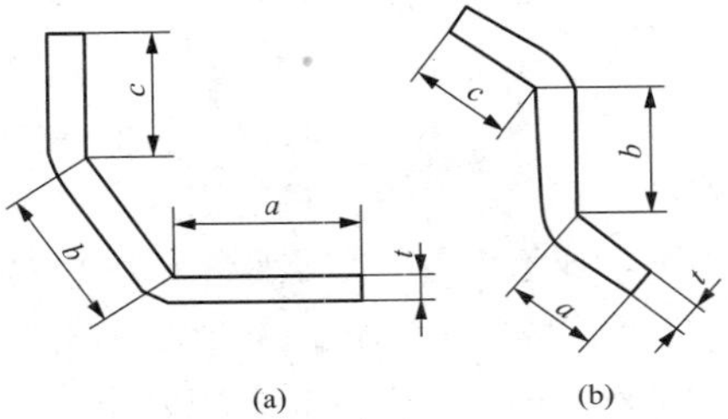

图 9-7　呈折线形断面的构件

不仅“天圆地方”的高度应作这样的板厚处理，就是一般锥形构件也应照此处理，即放样时的高度，以上下口板厚中心之间的垂直距离为准。

图 9-9 中的“天圆地方”管接头，上口为圆，故按中径放样，这里可取中径值约等于 $D-t$；下口为方形，故按里皮放样，这里可取边长值约等于 $a-2t$；高度按上下口板厚中心的垂直距离放样。考虑了板厚处理而划出的放样图见图 9-9。

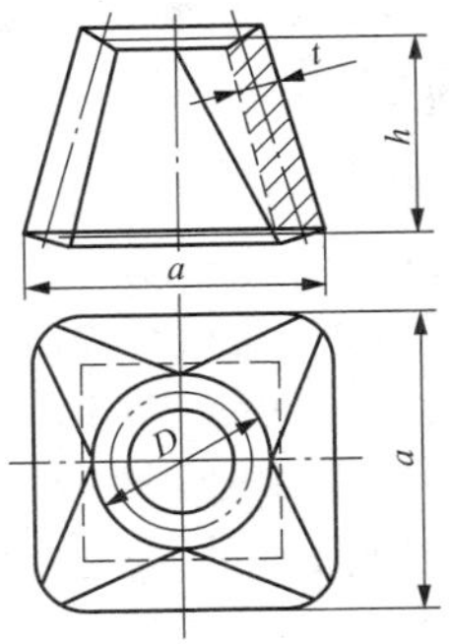

图 9-8　“天圆地方”管接头

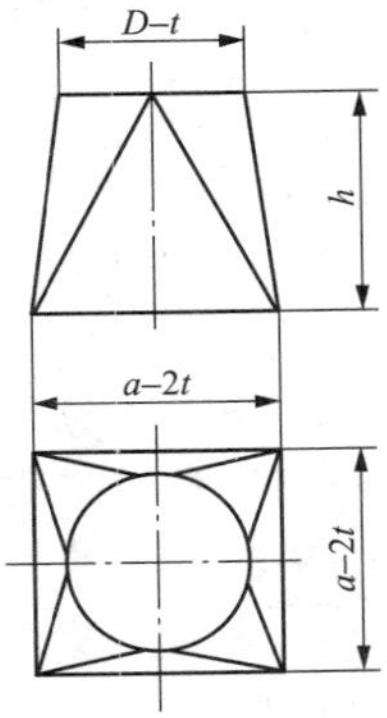

图 9-9　板厚处理后的放样图

2. 根据钣金接口处不同情况，选择不同板厚处理方法

首先提出“接缝”和“接口”是两个不同的概念。“接缝”是指一块板料（或由几块板料拼接而成的一块大板料）弯曲后，边与边对接而成的那条缝。接缝往往是展开料的相对边缘，如把一矩形板滚圆，成为圆管，那么原矩形的相对边必相对合，对合处就是接缝。图 9-5 和图 9-6 中把方管的接缝选在了 A 处。“接口”是指构件上由两个以上的形体相交构成的接合处。换句话说，接口就是构成构件不同部分的交接处，例如 90°两节圆管弯头，两个支管的接合处，就叫接口。

图 9-10 表示的是等径圆管 90°弯头。图 9-10（b）是接口处没有进行板厚处理的情形，很明显，不但弯头的角度不对，而且在接口的中部还有缝隙（俗称缺肉），这样既影响质量又浪费工时。而图 9-10（c）是经过板厚处理的接口处的情形，两个圆管在接口处完全吻合，再经过咬合或焊接后即成为成品，如图 9-10（a）所示。

在实际生产中，接口处的板厚处理可分为两类：一类是不开坡口；另一类是开坡口。分别说明如下。

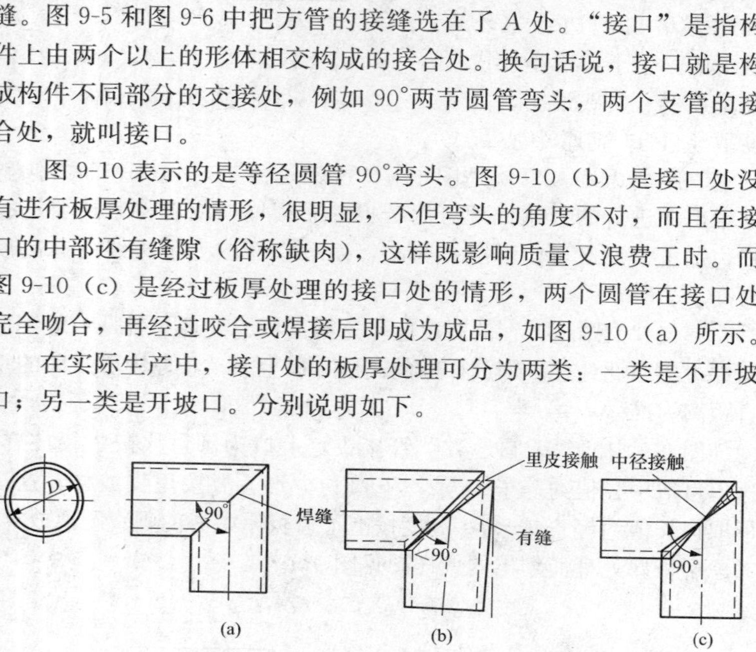

图 9-10 等径圆管 90°弯头

(1) 不开坡口的诀窍。不开坡口实例如下：

1) 图 9-10（c）就采用了不开坡口的板厚处理方式。为了清楚起见，将它再划在图 9-11 中。先看弯头内侧，圆管外皮在 A 处接触；而弯头外侧，圆管里皮在 B 处接触；中间 O 点附近，可以看成是圆管中径接触。在其他部位由 A 到 B 逐渐地由外皮接触过渡到里皮接触；由板的厚度 t 而形成的自然坡口，A 处坡口在里，B 处坡口在外，O 处里外均有坡口。在作圆管的展开图时，圆管的展开高度理论上应当处处以上述的接触部位为准，但是实际上是很难

办到的，只能做某种程度的近似。断面图上的等分点 1～8，其中 1、2、8 三点划在外皮上，因为它们离 A 点较近。同样 4、5、6 三点要划在里皮上，至于 3、7 两点划在里皮上还是划在外皮上是可以随意选择的。由等分点 1～8 向上引垂线，夹在线段 AB 和下口之间的素线长就是圆管的展开高度。本例的展开图是用平行线法展开的。展开图的长度根据前面的讨论应等于中径的展开长度。根据以上的讨论，图 9-11 所示的构件放样图划法如下：在图 9-11 中，在立面图上划出弯头内侧的外皮、弯头外侧的里皮以及两个口端的端线与 AB 连线；在断面图中划出左边的外皮半圆，右边的里皮半圆，然后再等分取点 1～8 就可以了。

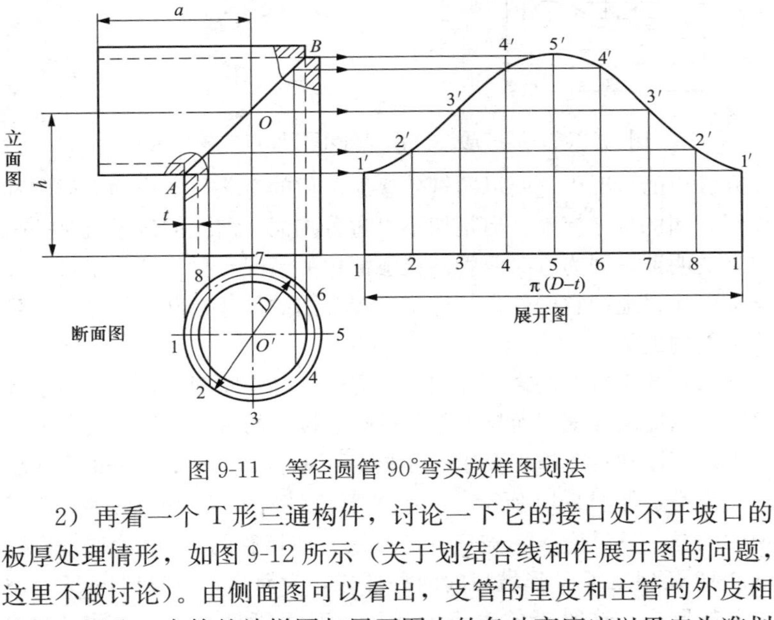

图 9-11　等径圆管 90°弯头放样图划法

2）再看一个 T 形三通构件，讨论一下它的接口处不开坡口的板厚处理情形，如图 9-12 所示（关于划结合线和作展开图的问题，这里不做讨论）。由侧面图可以看出，支管的里皮和主管的外皮相接触，因此，支管的放样图与展开图中的各处高度应以里皮为准划出，主管孔的展开图应以外皮为准划出。只有这样，才能使接口处严密而无缝隙。因此，放样时无须划出与展开无关的支管的外皮与主管的内皮。

综上所述，可归纳出一条接口处不开坡口的板厚处理规则：在

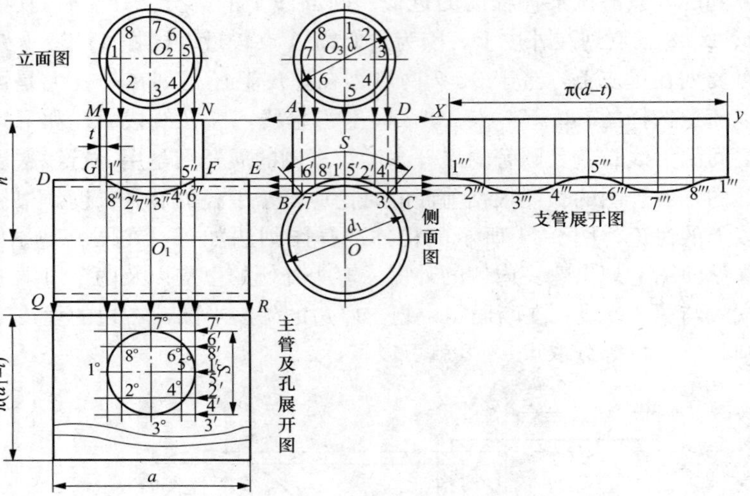

图 9-12　T 形三通构件接口处不开坡口的板后处理

不开坡口的情况下，要以两管件接触部位的有关尺寸作为放样图和作展开图的尺寸标准。但是切不可过分拘泥，前面的例子就是一个很好的明证，因为有时两管件接触部位的情况十分复杂，不可能完全准确无误地把它们作为放样和作展开图的尺寸标准，但必须做到尽可能的近似。

（2）开坡口的诀窍。开坡口的用途，对于厚钢板，不仅便于焊接，借以提高强度，而且也是取得吻合接口的重要途径。坡口的形式根据板厚和具体施工要求的不同，可以分成 X 形坡口和 V 形坡口两大类，如图 9-13 所示。图中 X 形坡口划出了 i 和 ii 两种。为了说明问题，只讨论 X 形坡口 ii 的形式，即接触的只有板厚中心层；图 9-13 还划出了 V 形坡口的两种形式，为简化，也只讨论 V 形坡口 ii 的形式，这时板的表皮相接触。对于管件，开 V 形坡口后，如果接触的是里皮，则这时的坡口势必铲去的是外皮，这样的坡口叫外 V 形坡口；如果铲去里皮而使外皮接触，这样的坡口叫里 V 形坡口。图 9-13 所示的形式，是相连接的两部分都在同一直线上的情形，假如相连接的两部分不在同一直线上，而成任意角度，那

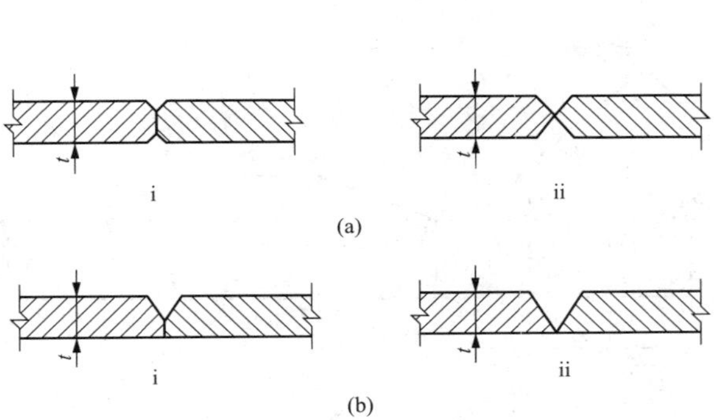

图 9-13 相连接的两部分都在同一直线上的坡口形式

（a）X 形坡口；（b）V 形坡口

么上面所叙述的概念同样有效。

接口处开坡口的板厚处理方法比较复杂，为了使问题得以简化，只讨论圆管（圆锥）开 X 形坡口和方管（棱锥）开 V 形坡口的简单情形。

1）图 9-14 所示为 90°圆管弯头，开成 X 形坡口后，显然是板厚中心层接触，因此在放样图中只划出板厚中心层（图中的双点画线）即可，展开图的高度也按板厚中心层处理。

2）图 9-15 所示为一个任意角度的方管弯头。板厚处理是单面

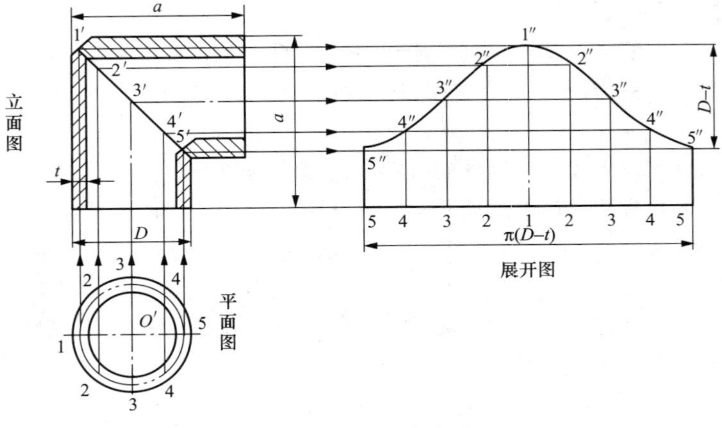

图 9-14 90°圆管弯头

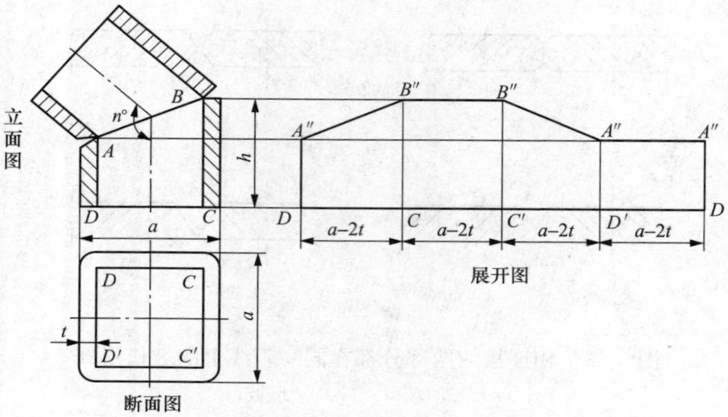

图 9-15　任意角度的方管弯头

外开 V 形坡口，可以发现接口处里皮接触，因此放样和作展开图时只要划出里皮的尺寸即可。

二、钣金展开作图的板厚处理规则

如果有一个 T 形三通，支管为方管，主管为圆管，在接口处，方管单面外开 V 形坡口，圆管开 X 形坡口。为简化，可使方管里皮与圆管中心层接触，这样处理后，放样和展开时，方管就可以里皮尺寸为准划出放样图和展开图，圆管就可以中心层尺寸为准划出放样图和展开图。

综上所述，就可得到关于板厚处理的一个有用的规则：接口处在开坡口的情况下，放样和作展开图的尺寸要以接触部位的尺寸为准。

至此，板厚处理问题的一般原则可小结如下：

（1）管件或挡板的展开长度。凡断面为曲线形时，一律以板厚中心层展开长度为准，凡断面为折线形时，一律以板的里皮伸直长度为准。

（2）侧面倾斜的构件高度。在划放样图或展开图时，一般以板厚中心层的高度为准。

（3）相交构件的放样图高度和展开高度。不论开坡口与否，一般都以接触部位尺寸为准，假如里皮接触则以里皮尺寸为准，中心层接触则以中心层尺寸为准等。

（4）在不开坡口的板厚处理情况下，某些构件的接口部分往往产生这样的情形：有的地方里皮接触，有的地方中心层接触，有的地方外皮接触。这时在放样图上（包括断面图上）要把相应的接触部位划出来，展开图上各处的高度也相应地各取接触部位的尺寸。

对于原则（4）还有如下的补充说明：在以上实例中，为使这类问题简化，在断面图上略去了不同部位接触的差别，而把它们绘成了单线条，也就是说，如果接口处接触的部位不都是中心层（或不都是外皮，或不都是里皮），那么应该在放样图的断面图上把不同的接触部位一一表示出来。例如在图 9-11 中，接口处的接触部位处处不同（里皮、外皮、中心层都有），断面图上也有近似表示，但为了简化作图，在以后各实例中类似这样的断面图将不再划成图 9-11 的样子，而只划出中径（或里皮或外皮）就行了。

图解号料法是一种独特的图上作业法。主要说明放样图与施工图的联系和区别，断面图的形成、划法及其用途，也介绍了板厚处理的一般规则，这些都是围绕着如何划放样图这一中心问题展开的。

第二节　钣金展开识图方法

一、钣金图样的识图步骤

掌握正确的识图方法，有助于进一步分析图样结构，理解图样内容。钣金图样的识读步骤和诀窍如下：

（1）把图样正确地面对自己（标题栏在图样右下角）。

（2）首先阅识图样的标题栏，注意零件的名称、图号、材料等资料是否与修配单上的要求相符。标题栏中注明的零件名称在某种程度上已说明了零件的形状，如螺钉、螺母、垫圈、铆钉等。

（3）仔细分析零件的有关视图，明确哪一个是主视图，哪一个是俯视图和左视图等（钣金的板材、管材和型材等零件图，一般只有主视图和左视图，或主视图和俯视图。因为零件形状较为简单，只需两个视图就能说明问题）。根据这些有关的图形来确定零件的形状。

(4) 看清零件各部分的大小尺寸或位置尺寸，以及这些尺寸的允许偏差与有关的代号和技术要求。

(5) 看清零件表面的粗糙度等级，然后根据图样和有关工艺卡片来考虑零件的加工过程。

二、钣金展开识图的思维方法

识读钣金构件视图除了应熟练地掌握识图思维基础和注意要点外，还应考虑到钣金制件的结构特点，如制件壁厚较薄，在视图中往往直接用线表示，而不画出壁厚，以及制件大都是管件、接头或漏斗等，一般不是全封闭，往往有进出口。因此，识图时，还应注意其与读机械零件视图的不同点。

1. 形体分析法

形体分析法是识图的基本方法。形体分析法着眼点是体，它把视图中线框分为几部分来想象，通过在相邻视图中逐个线框找对应关系，然后逐个线框想象其所示基本立体形状，并确定其相对位置，组合形式和表面连接关系，从而综合想象整体形状。

(1) 集粉筒的识图。如图 9-16 所示，识读主、俯视图，想象其立体形状。

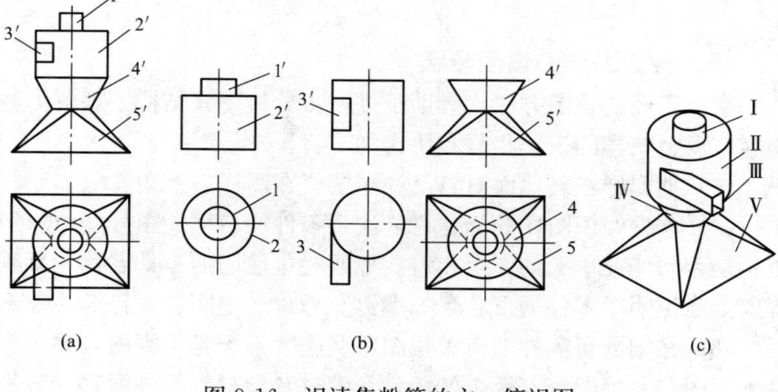

图 9-16 识读集粉筒的主、俯视图
(a) 主、俯视图；(b) 分离线框视图；(c) 立体图

从集粉筒名称可知其结构应有进口和出口，从视图上看都是由线段组成，说明是由平面所围成的。其识图思路如下：

1）对照投影视图分离线框。视图中对应关系的封闭线框，一般都表示物体上的一个基本形体。如图 9-16（a）所示，根据三视图投影关系，把主视图划分为线框 1′、2′、3′、4′、5′五个部分。

2）逐个分析线框想形状。在已分离的封闭线框中，通过逐个线框与相邻视图对应投影关系，找到与其相对应的线框，并以特征形线框为基础，想象每个线框所示基本形体的形状。

如图 9-16（b）所示，主视图的线框 1′、2′对应俯视图中的圆形线框 1 和 2，线框 1 和 2 是形，想象为小圆柱管Ⅰ大圆柱管Ⅱ；线框 3′对应线框 3，线框 3′是方形，想象为方体管Ⅲ；线框 4′对应线框 4，线框 4′为同心圆，想象为圆台筒Ⅳ；线框 5′对应线框 5，初步认定台体形状。

从俯视图的虚线圆形和矩形可知该形体上端口是圆形，下端口为矩形，其侧面不可能是单纯的综合面。要达到平面和曲面圆滑过渡，必须把其侧面分为 4 个三角形平面和 4 个椭圆锥面。椭圆锥面的锥顶是底面矩形的顶点，椭圆锥底是上端口中 1/4 圆周上。这样划分出立体形状才是合理的结构。

图中主、俯视图三角形细边线是平、曲面过渡的示意线，不是平、曲面上相接轮廓线。

3）综合想象整体形状。由各个独立线框交接和相对位置关系及视图上表示的“六方位”，便可把已想象出的各个基本立体形状综合起来，想象整体形状。

如图 9-16（c）中，除了方形管Ⅲ和圆柱管Ⅱ是相交相切外，其他 4 个形状都是同轴相接和叠加所组成的立体。

（2）裤衩形三通管的识图。如图 9-17 所示，读主、俯视图，想象其立体形状。

裤衩形三通管识图思路如下：

1）对照投影视图分离线框。该制件形状左右、前后对称。根据主、俯视图的线框的对应关系，把主视图的线框划分为线框 1′、2′(2 个)、3′(2 个)，初步判断该制件由 5 个部分组成的形体。

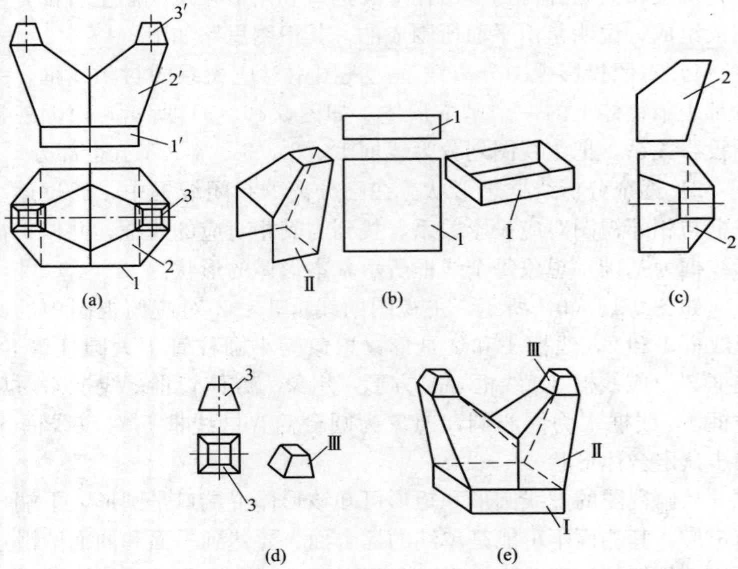

图 9-17　读裤衩形三通管主、俯视图

（a）主、俯视图；（b）分离线框图；（c）斜方台锥管线框图

（d）四棱台管线框；（e）立体图

2）逐个线框分析想形状。主视图线框 1′对应俯视图矩形线框 1，形体Ⅰ为矩形下端口，如图 9-17（b）所示；线框 2′对应线框 2，形体Ⅱ为斜方台锥管（左右两个），被侧平面（对称平面）切去一部分，如图 9-17（c）所示；线框 3′与 3 对应，形体Ⅲ为四棱台管（左右两个），如图 9-17（d）所示。

3）综合想象整体形。根据已想象出的五部分的形状，按主、俯视图上各线框相对位置的连接、相交关系，想象出图 9-17（e）所示立体图。

2. 线面分析法

当视图所表示形体较不规则或轮廓线投影相重合时，若应用形体分析法识图难以奏效时，应采用线面分析法。线面分析法着眼点不是体，而是体上的面（平面或曲面）。它把视图中的线框、线段的投影对应关系想象为表示体上的某一面。由于体都是由一些平面或曲面围成的，所以只要把视图中每个线框、线段空间含义搞清楚，想象其所表示空间线段、平面的形状和相对位置，然后再综合起来想象，并借助于立体概念，便可想象出整体形状。

在进行线、面分析法识图时，应根据点、直线、曲线、平面、曲面的投影特性来分析、想象体上面形状和所处空间位置。

(1) 斜漏斗的识图。如图 9-18(a) 所示，读其三视图，想象其立体形状。

从名称可知漏斗的结构应有进口和出口，从视图上看都是线段，说明该漏斗是由平面所围成的。

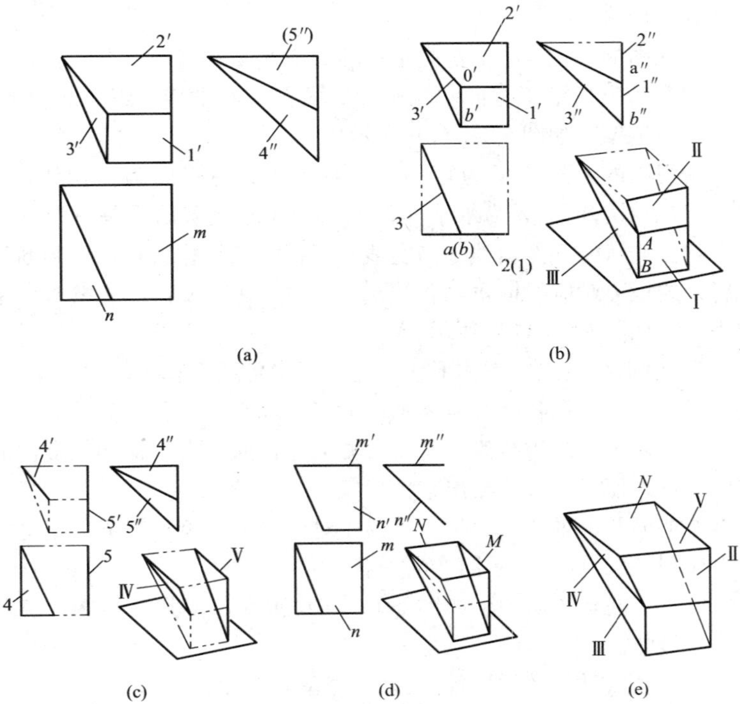

图 9-18 识读斜漏斗三视图

(a) 三视图；(b) 主视图线框图；(c) 左视图线框图；(d) 俯视图外形线框图；(e) 立体图

1）对照投影视图分离线框。在三视图中对照投影关系，把主视图分为线框 1′、2′、3′；左视图分为线框 4″、（5″）；俯视图分为线框 m、n。

2）逐个线框分析对应投影视图，想象其形状和空间位置。主视图的线框 1′、2′，对应的左视图均无类似形线框，应对应积聚性线段 1″、2″，根据相邻线框 1′、2′表示不同面，所以线框 1′应凹入，即表示漏斗出口的轮廓形状；线框 2′表示面Ⅱ为梯形正平面，是漏斗的前壁；主视图的三角形线框 3′，对应左视图的三角形类似形线框 3″，线框 3′表示三角形平面为左侧壁Ⅲ。由于 $a'b'$ 对应 $a''b''$ 都是竖向线，三角形一个边 $AB \perp H$ 面，所以侧壁Ⅲ为铅垂面，如图 9-18（b）所示。

左视图的线框 4″、5″对应主视图为斜线 4′和竖向线 5′，面Ⅳ和面Ⅴ为直角三角形正垂面和侧平面。面Ⅳ与面Ⅲ相交组成左侧壁，面Ⅴ为右侧壁，如图 9-18（c）所示。

俯视图的外形线框为矩形 m，对应主、左视图为横向线 m'、m''，可以认为矩形 M 为水平面，表示漏斗的上壁面或是进口的轮廓形状。又从俯视图斜线 3 为实线和根据漏斗结构特点，可判断为后者；线框 n 对应线框 n' 和斜线 n''，线框 n 表示梯形斜底壁 N，是侧垂面，如图 9-18（d）所示。

3）模拟组装想象整体形状。把视图中各线框和线段“立体化”后，根据各线框和各线段所表示面的形状和空间位置，分前后、左右、上下六个方向进行组装想象，并从立体所具有特征和钣金件的结构特点，便可综合想象出整体形状。

如把面Ⅱ、Ⅲ、Ⅳ、Ⅴ、Ⅵ的相对位置进行组装想象，便可想象出如图 9-18（e）所示漏斗的形状。

（2）正漏斗的识图。如图 9-19（a）所示，读其三视图，想象其立体形状。

1）确定线框和线段对应关系、想象立体形状。

主视图的梯形线框 1′和左视图的梯形线框 2″不能成对应关系（不符合相邻视图中线框相对应的类似形条件），因此，应对应积聚性线段，主视图的线框 1′对应左视图的斜线 1″，面Ⅰ为两个前后对

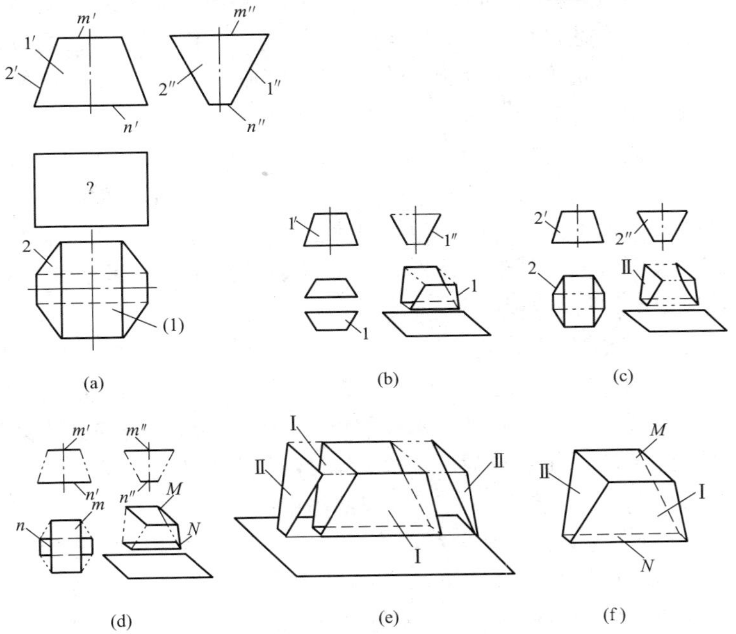

图 9-19　读正漏斗的主、左视图，求作俯视图

(a) 主、左视图；(b) 主视图线框图；(c) 左视图线框图；
(d) 三视图与立体图；(e) 立体分解；(f) 立体形状

称的梯形侧垂面，如图 9-19（b）所示；左视图的线框 2″对应主视图的斜线 2′，面Ⅱ为两个左右对称的梯形正垂面，如图 9-19（c）所示。

主视图的线 m'、n'对应左视图为线 m''、n''，不能确定线 m'和 n'的真实含义。由于漏斗的结构应有进出口，以及借助于前、后和左、右对称面形Ⅰ和Ⅱ进行组合想象，才可确定线 m'、n'表示上口、下口为矩形，但矩形长短方向错位，如图 9-19（d）所示立体形状。

综合上述的想象，便可得出图 9-19（e）、（f）所示漏斗的立体形状。

2）求作俯视图。补画视图不是目的，是进一步培养空间想象力的手段，它通过识图想象立体形状后，再应用点、线、面的投影特性，完整、正确地表示所求的视图，达到提高空间抽象思维能力和抽象想象能力的目的。

求作俯视图时，由漏斗前、后、左、右四个侧面向 H 面投影。面Ⅰ侧垂面的水平投影为两个前后对称的梯形类似形线框（1），面Ⅱ正垂面的水平投影为两个左右对称的梯形类似形线框 2。根据俯视图的投影方向，判断可见性，即下口矩形轮廓线一部分看不见，如图 9-19（a）的俯视图所示。

三、钣金视图的审核

钣金制件的制作是通过图样来组织生产的，假如给定的视图或放样图的画法错误（如错、漏画图线），而展开图又是按这种错误图样来绘制的，其下料后在组合成制件时就会出现质量问题。因此，钣金制件在制作过程中。对视图的审视应用“形体分析法”和“线面分析法”或者两种方法综合起来，先由视图想立体形状，再由立体形状印证视图。以及应用视图中的点、线、线框的含义和点、直线、平面的投影规律，确定视图的正确性，对图样错画处的图线给予纠正，是保证钣金制件合乎要求的前提条件。

1. 漏斗视图错误画法的纠正

审核图 9-20（a）所示的漏斗的视图，纠正错误的画法。

从分析图 9-20（a）视图的投影关系中，初步判断漏斗上口为矩形正垂面，下口为矩形水平面。上下口之间通过平面形连接起来，即各侧面都是平面形。为便于形体的投影分析，设想该形体是实体，即得图 9-20（b）所示的视图。

图 9-20（b）主视图的六边线框，对应左视图为线 $1''$、$2''$，初步想象六边形应划分为两部分，并从直线 $1''$、$2''$相交点 $a''(b'')$ 的空间含义，想象是面Ⅰ和面Ⅱ相交线 AB（侧垂线）的积聚性投影，主视图漏画线 $a'b'$，这样就把主视图划分为两个线框 $1'$、$2'$，如图 9-20（c）所示。

梯形线框 $2'$是否仅表示一个平面？需进一步分析判断。从上口边线 $c'd'$对应 $c''d''$和线 $a'b'$对应点 a''（b''），可判断 CD 和 AB 不在

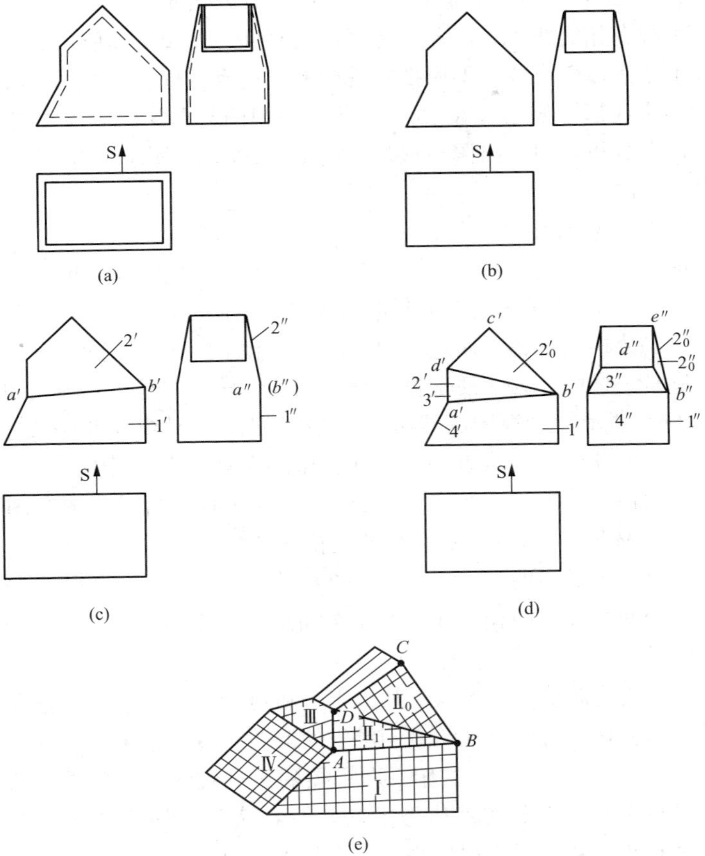

图 9-20　审核漏斗的视图

（a）错误的三视图；（b）实体视图；（c）划分主视图；

（d）正确的三视图；（e）立体图形

同一平面上，是异面两直线，所以线框 2′还应分解为两个线框，即把面Ⅰ分解为两个平面。

若连接线 d'、b'，把线框 2′再划分为两个三角形线框 $2_{1'}$ 和 $2_{0'}$，其中△$d'a'b'$（线框 $2_{1'}$）的 $a'b'$边表示 AB 为侧垂线，所以线框 $2_{1'}$所表示的面 Ⅱ_1为侧垂面，侧面投影补画漏线 $b''d''$。线框 $2_{0'}$

与 $2_{0''}$ 表示面Ⅱ，为一般平面，如图 9-20（d）所示。

主视图相交线 3′、4′表示漏斗左侧面Ⅲ、Ⅳ相交，所以左视图漏画了一条横向直线，即应把左视图的六边形线框分为矩形 4″和梯形 3″两个线框，如图 9-20（d）所示。左视图与左侧面分析类同。

根据分析，想象出漏斗形状，如图 9-20（e）所示，补画出主、左视图的漏线。

2. 碾米机漏斗图的纠错

审核如图 9-21（a）所示的碾米机漏斗三视图可知，钣金工根据图 9-21 所示三视图是肯定制造不出合格的漏斗的。

（1）分析三视图。通过三视图的投影和空间分析，确定漏斗的内外形是一样的，为了便于投影分析，设想该形体是实心体，如图 9-21（b）所示。主视图的线框 1′对应左视图为斜线 1″和竖线乙″，说明漏斗的前后壁是六边形的侧垂面和正平面。俯视图中表示前壁Ⅰ应是六边形线框（1），如图 9-21（c）前壁面Ⅰ的投影图和图 9-21（f）立体图。但图 9-21（c）的俯视图把漏斗的前壁错误画为梯形线框甲。主视图的点 a'、b'是“点中表示直线”，它是漏斗左右两侧面上两个梯形的相交线。左视图漏画了实线和虚线，如图 9-21（b）所示。

（2）正确制造漏斗形状。从以上分析可知，漏斗若按此错误线框形状图下料，就会出现质量问题，使漏斗合拢不起来。只有按图 9-21（d）和图 9-21（e）的俯、左视图的正确画法，想象漏斗的形状，把漏斗的前后壁按六边形下料，左右两侧壁均用两块梯形下料，才能使碾米机漏斗和各侧面合拢起来。

3. 壳斗三视图的纠错

审核如图 9-22（a）所示的壳斗的三视图，纠正错误的画法。

（1）识图三视图想象壳斗形状。补齐图 9-22（b）三视图和缺角线，初步想象壳斗原形是长方形，再从三个视图中的斜线段 1′、2′、3′，想象为长方形被三个不同的侧垂面Ⅰ、正垂面Ⅱ、铅垂面Ⅲ分别切去三个角后所形成的形体，如图 9-22（c）切割形成的立体形状。由于截平面截切范围不同，其截断面的形状也不相同，如切割的断面Ⅱ（正垂面）、Ⅲ（铅垂面）为梯形；切割的断面Ⅰ

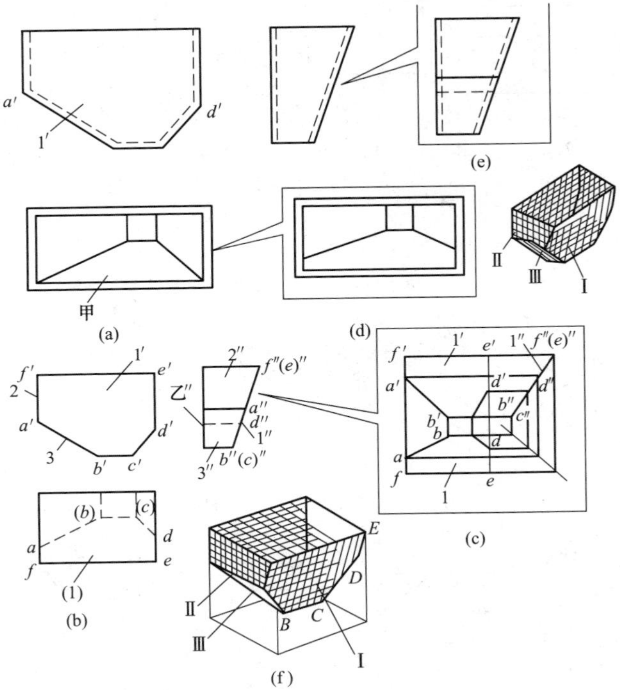

图 9-21 分析碾米机漏斗视图的错误画法

(a) 错误的三视图；(b) 设想实心形体；(c) 前壁面Ⅰ的投影分析；

(d) 正确俯视图；(e) 正确左视图；(f) 立体图

(侧垂面) 为六边形。

(2) 投影分析。在图 9-22 (b) 中，若不仔细进行三个截断面的投影分析，是不易发现画法上的错误的。如按图 9-22 (a) 所示各平面形状和相对位置进行下料，壳斗是制造不出来的。

根据投影面垂直面的投影特征：其三个图一定是“斜线对应两个类似形线框”。如截面Ⅰ，左视图是斜线 1″，主、俯视图是六边形的类似形线框 1′、1″；截面Ⅱ，主视图上是斜线 2″，俯视图是梯形的类似形线框 2′、2″；俯视图上是斜线 3，主、左视图是梯形的类似形线框 3′、3″，图 9-22 (d) 所示为三个截面Ⅰ、Ⅱ、Ⅲ的投影图。

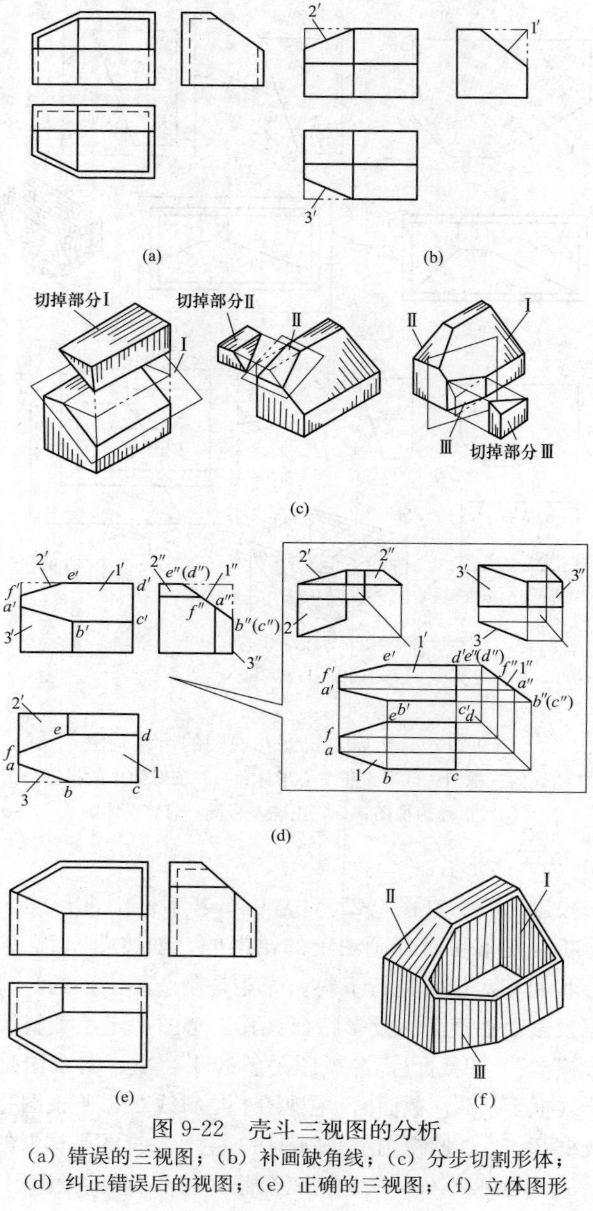

图 9-22 壳斗三视图的分析

（a）错误的三视图；（b）补画缺角线；（c）分步切割形体；（d）纠正错误后的视图；（e）正确的三视图；（f）立体图形

通过三个截面的投影分析，显然可看出图 9-22（a）、（b）的画法是错误的。

（3）纠正错误的画法。修改壳斗的三视图。应用点、线、面的投影特点，修改图 9-22（a）的错误画法，改成图 9-22（d）所示壳斗的三视图，想象为图 9-22（f）所示的立体形状。

（4）按壳斗各面形状下料。该构件上口为六边形，下口为矩形；前壁为矩形和梯形的两平面相交；后壁为五边形平面；左侧壁为直角五边形；右侧壁为直角五边形平面；顶面为直角梯形和矩形的两平面相交所组成。若按这五个平面的实际形状和大小进行下料，并按图中所示和空间位置进行合拢，便可得到如图 9-22（f）所示的壳斗形状。

四、钣金管路图的识读方法与诀窍

在工程上经常遇到管路图，需想象整条管路的走向和布局。如常见的蛇形管，应读懂蛇形管轴线的空间位置，明确其投影特性，以便确定哪段管的轴线反映实长，哪段管轴线不能反映实长，以及求作其实长的方法，为绘画放样图提供条件。

读管路投影图时，应采用线段分解法，即把整条管路分解为若干管段，然后逐个管段在投影图中找投影对应关系，并根据点、线投影特性，想象每段管段形状和空间位置，然后综合起来想象整条管路的走向和布局。

1. 钣金蛇形管的识读

识读图 9-23（a）所示的蛇形管主视图、俯视图，想象蛇形管的空间位置。

（1）对投影分离管段。通过主视图、俯视图对投影关系，初步把主视图划分为 $1'$、$2'$、$3'$线框。

（2）逐个线框对投影，想象蛇形管各段的空间位置。主视图的圆形线框 $1'$对应俯视图线框 1 及点 $a'(b')$ 对应竖向 ab，想象斜截圆柱管Ⅰ，其轴线 AB 为正垂线，ab 线反映管Ⅰ轴线 AB 的实长。

线框 $3'$对应圆形 3 及 $c'd'$对应点 $c(d)$，想象斜截圆柱管Ⅲ，轴线 CD 为铅垂线，$c'd'$反映管Ⅲ轴线 CD 的实长。

线框 $2'$与 2 对应及斜线 $b'c'$对应斜线 bc，想象斜截圆柱管Ⅱ轴

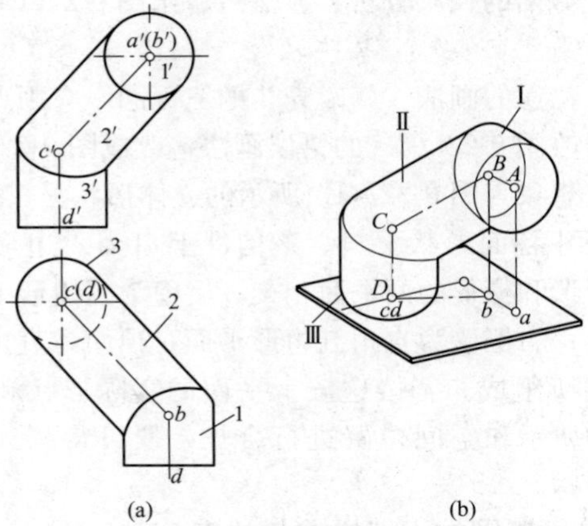

图 9-23 识读蛇形管的主视图、俯视图

(a) 主、俯视图；(b) 立体形状

线 BC 为一般位置直线，$b'c'$ 和 bc 均不反映实长。若要求得该轴线 BC 的实长，应通过旋转法或换面法求得。

(3) 综合想象蛇形管的组成。把蛇形管分为三段斜截圆柱管的空间位置想象出来后，进行综合想象，即通过一般位置斜截圆柱管Ⅱ，把垂直于正面的斜截圆柱管Ⅰ及垂直于水平面的斜截圆柱管Ⅱ连接起来，如图 9-23（b）所示。

2. 简单钣金管路轴线图的识图

读图 9-24 所示的管路轴线主、俯视图，想象管路轴线组的空间位置，求作侧面投影。

(1) 对投影分离线段。通过图中“主视图、俯视图长对正”的投影关系中，初步分离出三条轴线段，并标注每段轴线段的字母，如图 9-24（a）所示。

(2) 逐个点、线对投影，想象每段线的空间位置。俯视图的 ab 线对应主视图为点 $a'(b')$，AB 为正垂线，侧面投影为横向线 $a''b''$，如图 9-24（c）所示。线 ab 和 $a''b''$ 反映 AB 实长。

俯视图的 bc 线对应主视图的斜线 $b'c'$，BC 为正平线，侧面投影为竖向线 $b''c''$，如图 9-24（d）所示。斜线 $b''c''$ 反映 BC 线实长。

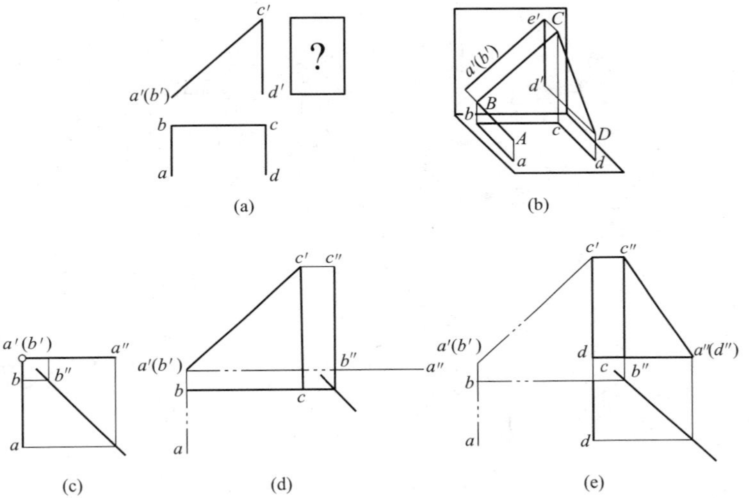

图 9-24　读管路轴线主视图、俯视图求作左视图

（a）主视图、俯视图；（b）线段空间位置；（c）*ab* 横向侧投影；
（d）*bc* 竖向侧投影；（e）*cd* 斜向侧投影

俯视图的 *cd* 线对应主视图的 $c'd'$，*CD* 为侧平线，侧面投影为斜线 $c''d''$，如图 9-24（e）所示。斜线 $c''d''$反映 *CD* 的实长。

（3）综合想象线段的空间位置，按上述步骤想象出三条线段的空间位置及线段连接顺序和相互位置，便可想象出图 9-24（b）所示的线段空间位置。

3. 复杂钣金管路轴线图的识图

读图 9-25（a）所示的管路轴线三视图，想象其走向和布局，并用铅丝弯成模型加以验证。

（1）对投影分离线段。通过三个视图对投影关系，确定反映管路走向较为明显为主、俯视图，并把俯视图划分为线 1、2、3、4，如图 9-25（a）所示。

（2）逐个线段对投影，想象其形状和空间位置。根据俯视图分离出线段 1、2、3、4，逐个线段与主、左视图对投影关系，分离出各自对应关系，并标上字母，想象各线段的形状和空间位置。

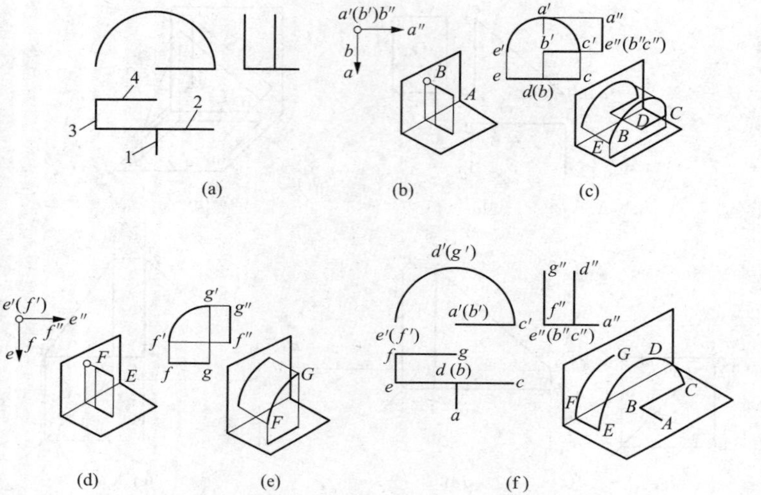

图 9-25　读管路轴线三视图

(a) 管路轴线三视图；(b) *ab* 竖向线；(c) *ed* 横向线；

(d) *ef* 竖向线；(e) *fg* 横向线；(f) 铅线弯制

竖向线 1 的 *ab* 对应点 $a'(b')$ 及横向线 $a''b''$，线 *AB* 为正垂线，如图 9-25（b）所示。

横向线 2 的 *ed*（*b*）*c* 对应带半圆弧的 $e'd'c'b'$ 及竖向线 $d''e''(b''c'')$，半圆线段 *EDC* 平行 *V* 面，线 *BC* 为侧垂线，两段线组合平行 *V* 面，如图 9-25（c）所示。

竖向线 3 的 *ef* 对应点 $e'(f')$ 及横向线 $e''f''$，线 *EF* 为正垂线，如图 9-25（d）所示。

横向线 4 的 *fg* 对应圆弧 $f'g'$ 和竖向线 $f''g''$，*FG* 圆弧平行于 *V* 面，如图 9-25（e）所示。

（3）想象整条管路轴线的空间位置（走向和布局），用弯丝验证，通过上述步骤把各线段的形状和空间位置确定后，再根据各线段连接顺序从线 1 开始找出结合点 *B*、*C*、*E*、*F*，把各段管连接为整条管路，确定其定向和布置，用铅线弯成如图 9-25（f）所示形状。

第三节 钣金展开做图方法、技巧与实例

一、钣金展开做图基本方法

1. 平行线法作图技巧

（1）棱柱体的展开作图技巧。按照棱柱体的棱线或圆柱体的素线，将棱柱面或圆柱面划分成若干四边形，然后依次摊平，做出展开图，这种方法就叫平行线法。凡属素线或棱线互相平行的几何体，如矩形管、圆管等，都可用平行线法进行表面展开。图 9-26 为棱柱面的展开图，其步骤如下：

1）做出主视图和俯视图。

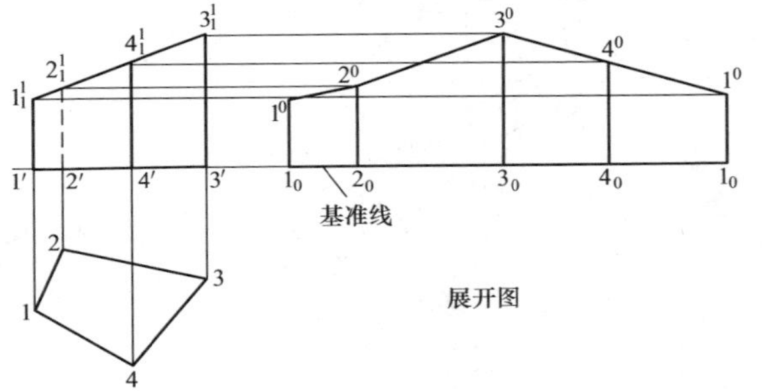

图 9-26 棱柱面的展开

2）做展开图的基准线，即主视图中 $1'$-$4'$的延长线。

3）从俯视图中照录各棱线的垂直距离 1-2、2-3、3-4、4-1，将其移至基准线上，得 1_0、2_0、3_0、4_0、1_0各点，并通过这些点画垂直线。

4）从主视图中 $1_{1'}$、$2_{1'}$、$3_{1'}$、$4_{1'}$各点向右引平行线，与相应的垂直线相交，得出 1^0、2^0、3^0、4^0、1^0各点。

5）用直线连接各点，即得展开图。

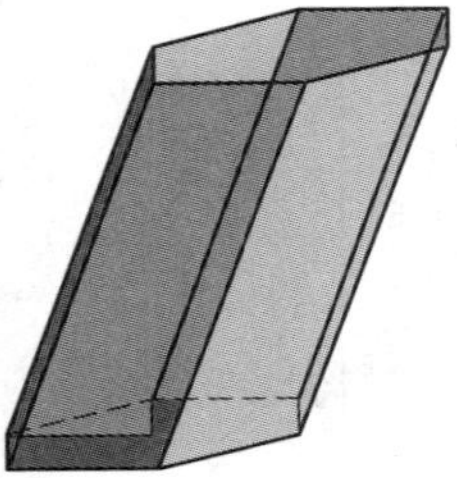

图 9-27 斜六棱柱形体

（2）斜棱柱体的展开作图步骤。如图 9-27 所示是斜六棱柱体，要求利用平行线

法画出其展开图。

斜六棱柱形体平行线法展开作图步骤见表 9-1。

表 9-1　　斜六棱柱形体平行线法展开作图步骤

步骤	图示	说明
画三视图	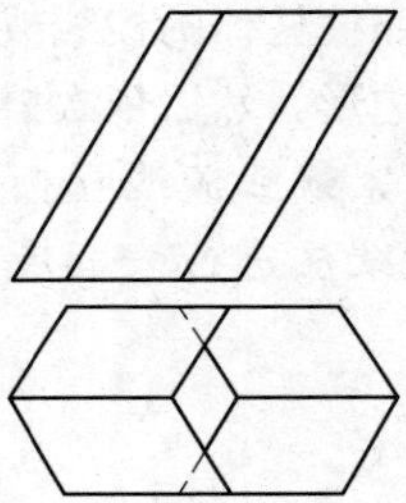	按要求画出六棱柱形体三视图
作垂线	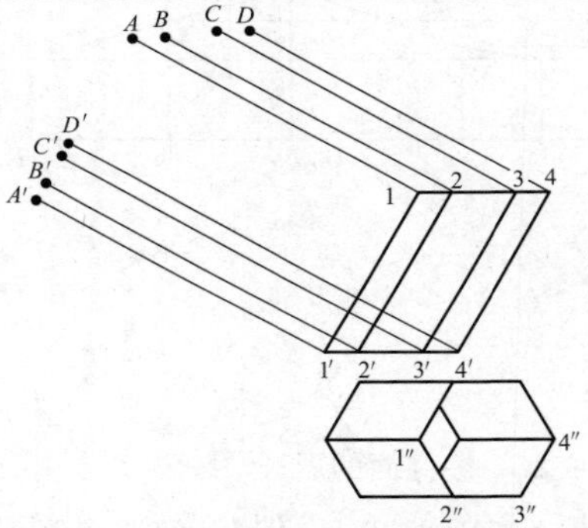	在主、俯视图上从1-1′、2-2′、3-3′、4-4′的顶点作垂线
作平行线	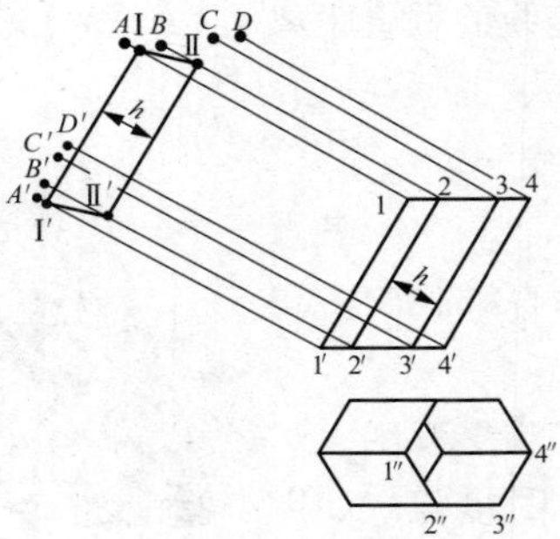	在 1-A′上任取一点Ⅰ，过Ⅰ点作Ⅰ-Ⅰ′与1-A′平行，交 1-A′于Ⅰ′。用同样的方法作Ⅱ-Ⅱ′与 2-2′平行，使Ⅰ-Ⅰ′与Ⅱ-Ⅱ′的距离等于 1-1′与 2-2′的距离 h

续表

步骤	图示	说明
作其他相关点	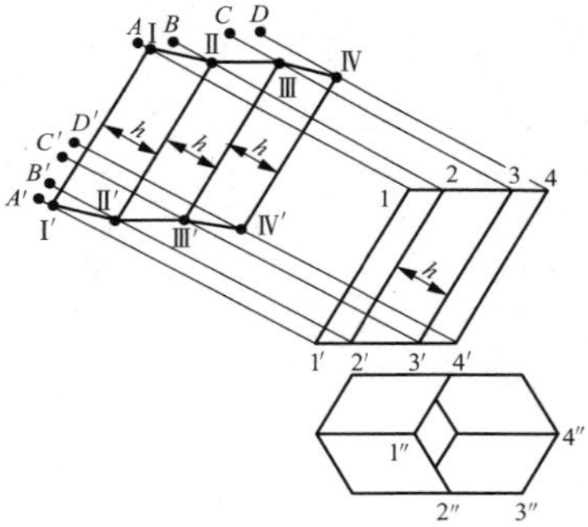	同理作Ⅲ-Ⅲ′、Ⅳ-Ⅳ′。得出Ⅰ、Ⅱ、Ⅲ、Ⅳ、Ⅰ′、Ⅱ′、Ⅲ′、Ⅳ′点
连接	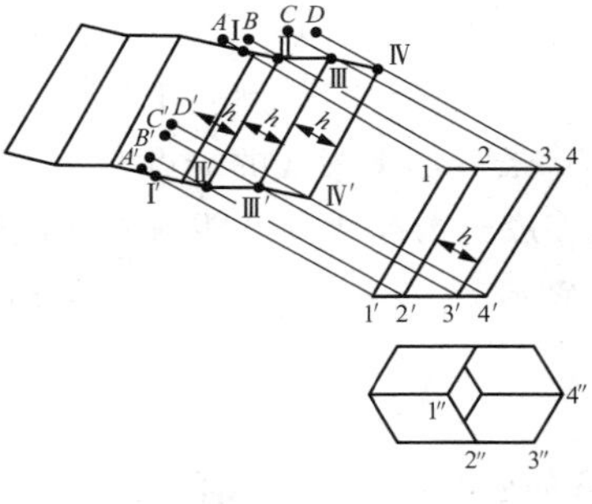	顺次连接Ⅰ、Ⅱ、Ⅲ、Ⅳ、Ⅰ′、Ⅱ′、Ⅲ′、Ⅳ′，即得到展开图

(3) 斜截圆柱体的展开作图技巧。图 9-28 为斜截圆柱体的展开图，其步骤如下：

1) 作出斜截圆柱体的主视图和俯视图。

2) 将水平投影分成若干等分，这里分为 12 等分，半圆分为 6 等分，由各等分点向上引垂直线，在主视图上得出相应的素线，并交斜截面圆周线于 1′、……、7′各点。

3) 将图柱底圆展开成一条直线（一般用 πD 计算其长度），作为基准线，将直线分成 12 等分，截取相应的等分点（如 a''、b'' 等）。

4) 自等分点向上引垂直线，即圆柱体表面上的素线。

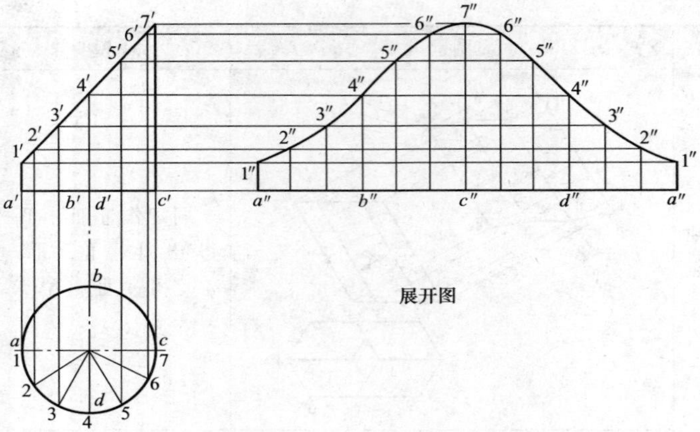

图 9-28　斜截圆柱体的展开

5）从主视图上的 1′、2′、……、7′分别引平行线，与相应的素线交于 1″、2″、……、7″即展开面上素线的端点。

6）将所有素线的端点连成光滑曲线，就能得出斜截圆柱体 1/2 的展开图。再以同样的方法画出另一半的展开图，即得所求的展开图。

2. 放射线法作图技巧

(1) 正圆锥管顶部斜截的展开作图技巧。在锥体的表面展开图上，有集束的素线或棱线，这些素线或棱线集中在锥顶一点。利用锥顶和放射素线或棱线画展开图的方法，称为放射线法。放射线法是各种锥体的表面展开法，不论是正圆锥、斜圆锥还是棱锥，只要有一个共同的锥顶，就能用放射线法展开。图 9-29 为正圆锥管顶部斜截的展开图，作图步骤如下：

1）画出主视图，把上截头补齐，形成完整的正圆锥。

2）作锥面上的素线，方法是将底圆作若干等分，这里作 12 等分，得 1、2、……、7 各点，从这些点向上引垂直线，与底圆正投影线相交，再将相交点与锥顶 O 连接，与斜面相交于 1′、2′、……、7′，各点。其中 2′、3′、……、6′几条素线都不是实长。

3）以 O 为圆心，Oa 为半径画出扇形，扇形的弧长等于底圆的

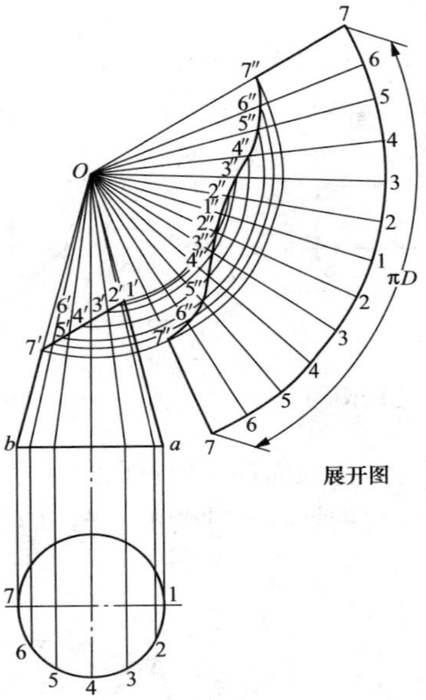

图 9-29　正圆锥管顶部斜截的展开

周长。将扇形 12 等分，截取等分点 1、2、……、7，等分点的弧长等于底圆周等分弧长。以 O 为圆心，向各等分点作引线（放射线）。

4）从 2′、3′、……、7′，各点作与 ab 相平行的引线，与 Oa 相交，即为 $O2'$、$O3'$、……、$O7'$的实长。

5）以 O 为圆心，O 至 Oa 相交点的垂直距离为半径作圆弧，与 $O1$、$O2$、……、$O7$ 等对应素线相交，得交点 1″、2″……、7″，各点。

6）用光滑曲线连接各点，即得正圆锥管顶部斜截的展开图。

（2）圆锥体孔的放样与展开作图技巧。圆锥体孔的结构图如图 9-30所示，孔开在圆锥体的表面上，即孔上的所有点都在圆锥体表面的素线上，所以同样应采用放射线法进行展开。

零件的成形样板，可按零件成形后的内径制作，其样板如图

9-31所示。

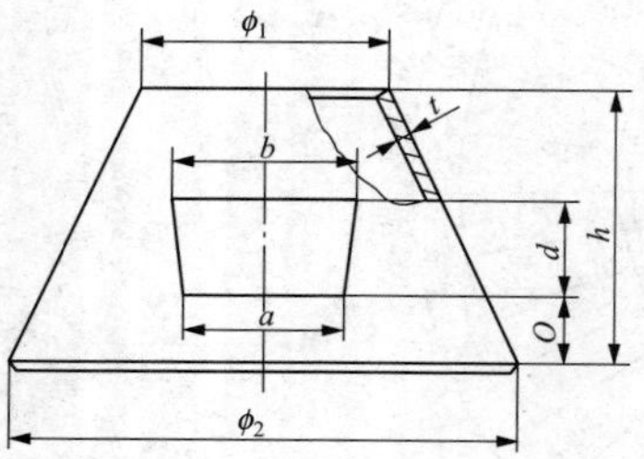

图 9-30 圆锥体孔的结构图

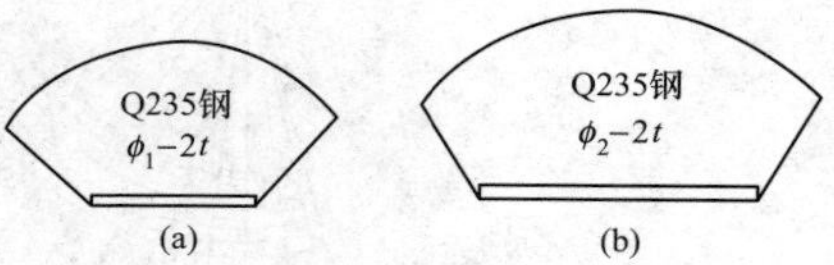

图 9-31 圆锥体孔成形样板

展开放样时，将零件表面加工后弯曲成一定的圆弧曲率，所以板厚处理时应以中性层的计算尺寸为准。图中 ϕ_1-t、ϕ_2-t 为板厚处理后的尺寸，如图 9-32 所示。

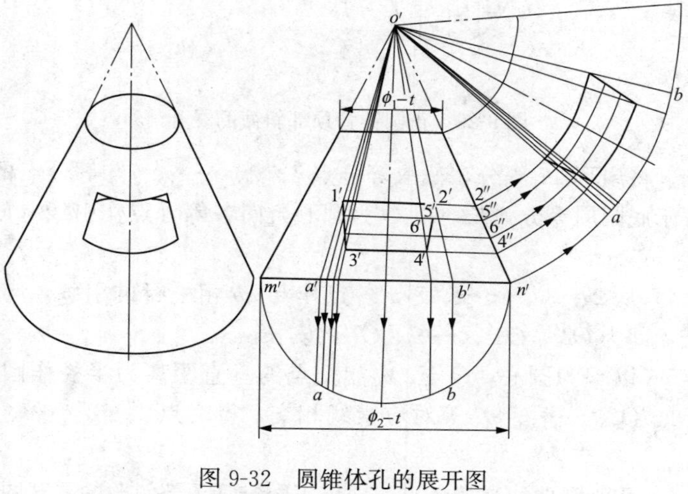

图 9-32 圆锥体孔的展开图

圆锥体孔的展开作图步骤如下：

1）先找特殊点。在图 9-32 中，由锥体顶点 o' 引与孔相切的 o'-1′与 o'-2′线，并延长与底面交于 a'、b' 点，用同样方法作出孔的 3′、4′两点。

2）增设一般点。显然仅上述四个点不能准确地描述孔的展开形状，故应增设辅助点，如图 9-32 中的 $5'$、$6'$ 两点。

3）求素线实长。过孔中的各点作平行于锥底的平行线，交 o'-n' 于 $2''$、$5''$、$6''$、$4''$，即得所求的实长。

4）孔的展开。首先以 o' 为圆心各实长线为半径划同心圆弧，将断面圆上的各点，截取在展开线上，如 a、b 两点，其次将孔上各点投影到对应的素线上，得一系列交点，最后用光滑曲线连接各点，即得孔的展开图。

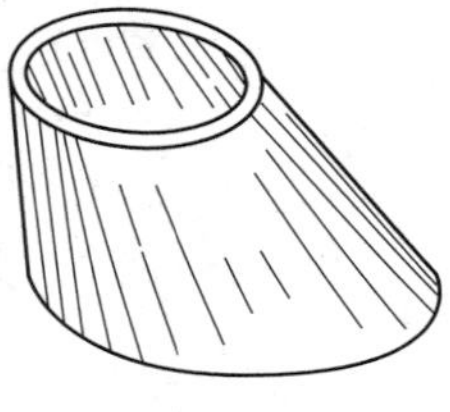

图 9-33　斜圆锥台形体

（3）斜圆锥台的展开作图步骤。斜圆锥台形体如图 9-33 所示，要求利用射线法画出其展开图。

斜圆锥台的展开作图步骤见表 9-2。

表 9-2　　斜圆锥台形体展开作图步骤

步骤	图示	说明
画三视图	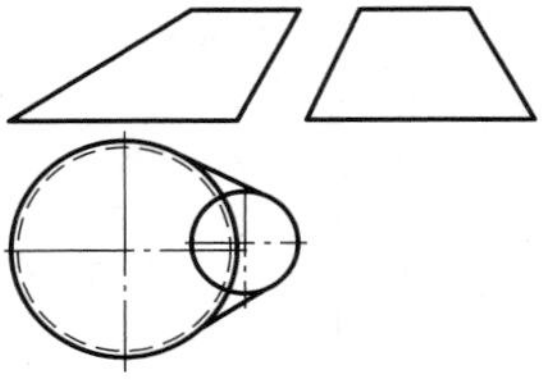	根据标准要求，画出斜圆锥台形体三视图
找交点	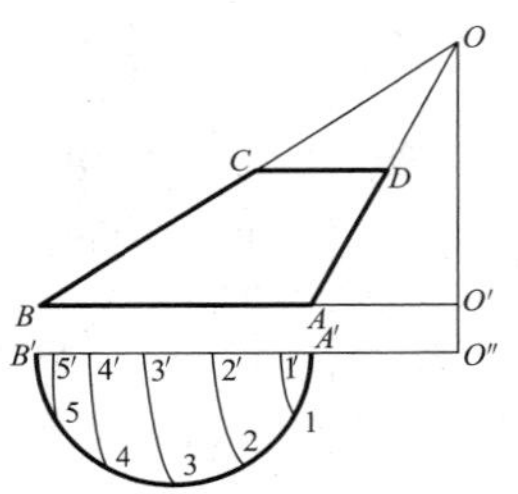	按给定尺寸画出主视图和 1/2 底面俯视图；延长 BC、AD 相交于 O；过 O 点作铅垂线与 BA 的延长线交于 O'，与 $B'A'$ 的延长线交于 O''；等分 1/2 底面圆周，得相应等分点 1、2、3、4、5；以 O'' 为圆心，分别以 O'' 到等分点 1、2、3、4、5 的距离为半径画弧，交 AB 于点 $1'$、$2'$、$3'$、$4'$、$5'$

续表

<table>
<tr><th>步骤</th><th>图示</th><th>说明</th></tr>
<tr><td>作铅垂线</td><td>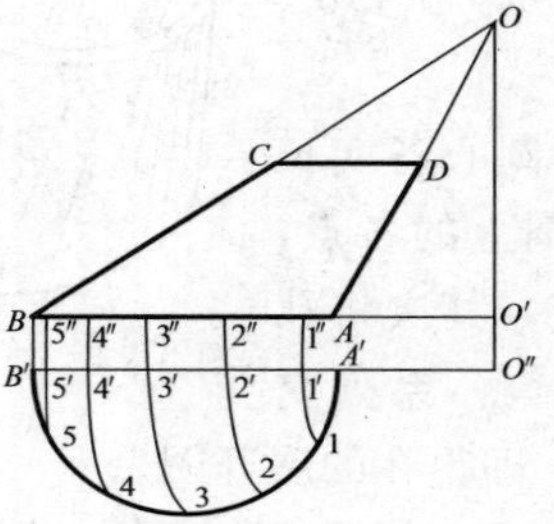
</td><td>分别过点 1′、2′、3′、4′、5′作铅垂线，交 AB 于点 1″、2″、3″、4″、5″</td></tr>
<tr><td>找交点，画圆弧</td><td>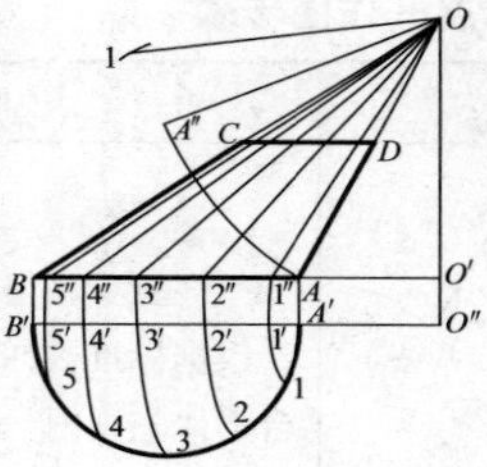
</td><td>分别连接 O 与 1″、2″、3″、4″、5″；从 O 点任意作一射线，与以 O 为圆心、以 O 到点 A 的距离为半径的弧交于 A'' 点；以 A'' 为圆心，1/6 半圆展开长度为半径画弧，与以 O 到点 1″的距离为半径所画的弧交于Ⅰ点</td></tr>
<tr><td>找底圆展开轮廓点</td><td>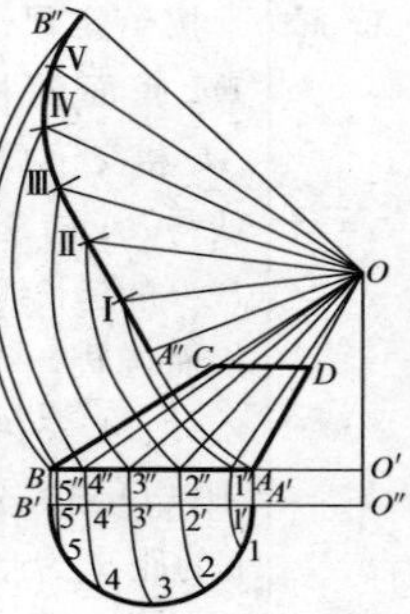
</td><td>按上述方法和步骤依次作出点Ⅱ、Ⅲ、Ⅳ、Ⅴ、B''，并作光滑连接</td></tr>
</table>

续表

步骤	图示	说明
找上口展开轮廓点	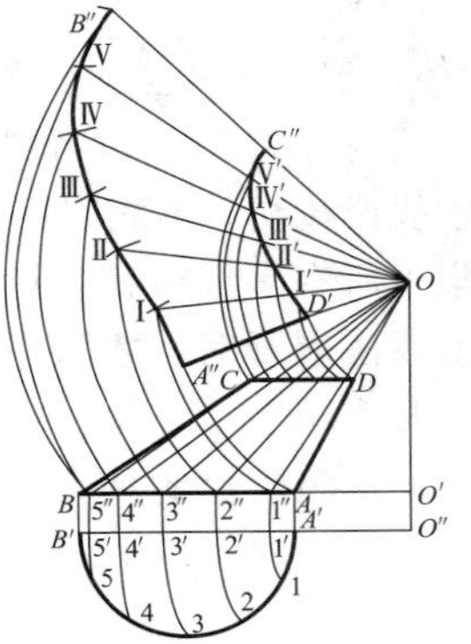	按前述方法，作出上口展开轮廓点 D′、Ⅰ′、Ⅱ′、Ⅲ′、Ⅳ′、Ⅴ′、C′，并光滑连接；同时连接 A″D′、B″C′，即得到一半展开图
作另一半展开图	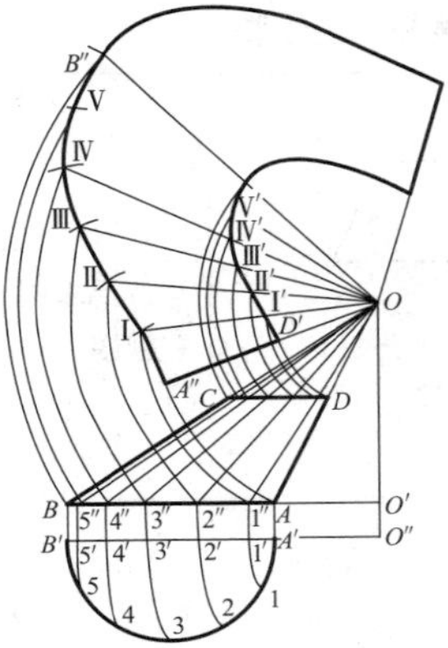	以 OB″ 为对称轴，作曲线 B″A″D′ 的对称图形，得另一半展开图

3. 三角形法作图技巧

根据钣金制品形体的特点和复杂程度，将钣金制品表面分成若干组三角形，然后求出每组三角形的实形，并将它们依次毗连排列，画出展开图，这种作展开图的方法叫三角形法。

放射线法也是将钣金制品表面分成若干三角形来展开的，它和三角形法不同的地方主要是三角形的排列方式不一样。放射线法是将一系列三角形围绕一个共同的中心（锥顶）拼成扇形来作展开图的；而三角形法是根据钣金制品的特征来划分三角形的，这些三角形不一定围绕一个共同的中心来进行排列，很多情况下是按 W 形来排列的。另外，放射线法只适用于锥体，而三角形法可适用于任何形体。

三角形法虽然适用于任何形体，但由于此法比较烦琐，所以只有在必要时才采用。如当制件表面无平行的素线或棱线，不能用平行线法展开，又无集中所有素线或棱线的顶点，不能用放射线法展开时，才采用三角形法作表面展开图。

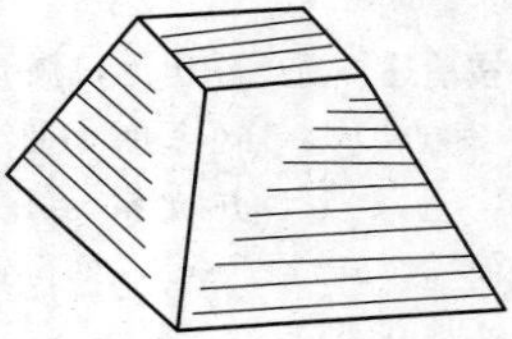

图 9-34　正四棱台形体

(1) 正四棱台的展开作图步骤。正四棱台如图 9-34 所示，其展开作图步骤见表 9-3。

表 9-3　　四棱台展开作图步骤

步骤	图示	说明
画三视图	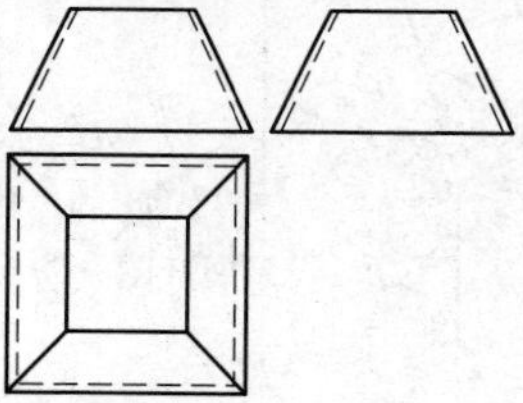	按要求画出四棱台形体三视图
求实长线	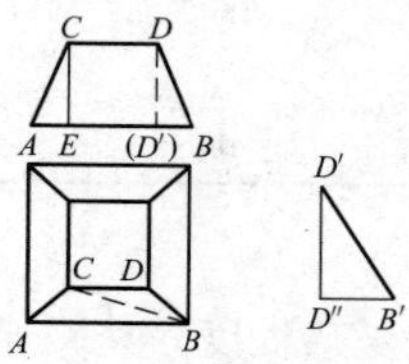	根据立体图形和三视图可知，DB 为直角$\triangle DD''B$的一直角边，据此作$\triangle D'D''B'$，则边 $D''B'$ 为边 DB 的实长
	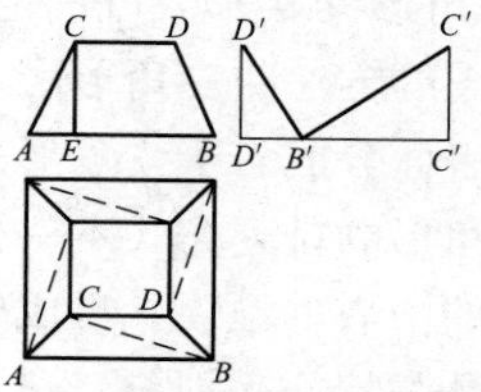	按同样的方法分析，并作出 CB 的实长 $C'B'$

续表

步骤	图示	说明
作△BCD的展开图	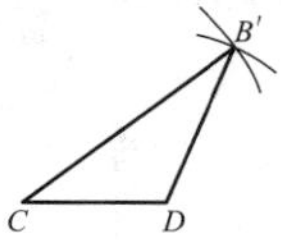	由于俯视图中CD即为实长，根据DB、CB、CD的实长作△$B'CD$，即△BCD的展开图
作△BCA的展开图	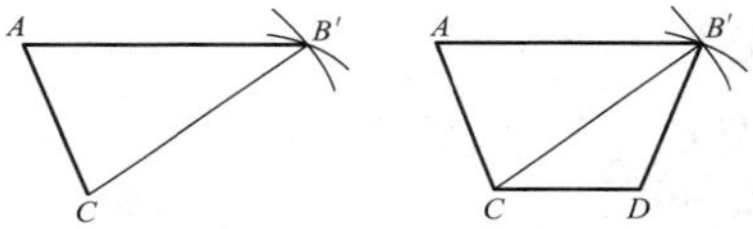	同理可作出△BCA的展开图$B'CA$；将两个三角形的边$B'C$重合，得四边形$AB'DC$，即$ABDC$的展开图
作其他展开图	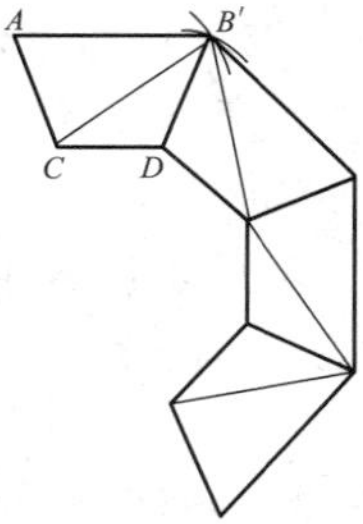	按同样的方法画出其他三个面的展开图，并将其邻边重合，即得正四棱台的展开图

（2）凸五角星的展开作图技巧。图 9-35 为凸五角星的展开图，用三角形法作展开图的步骤如下：

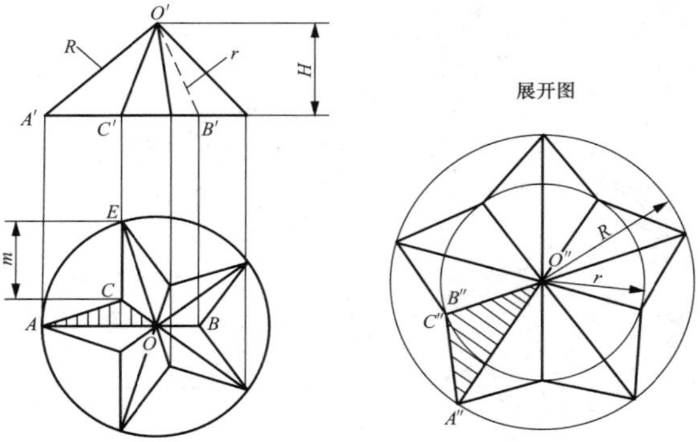

图 9-35　凸五角星的展开

1）用圆内作正五边形的方法画出凸五角星的俯视图，作为放样图。

2）在放样图上画出凸五角星的主视图。图中 $O'A'$、$O'B'$ 即 2 线的实长，CE 为凸五角星底边的实长。

3）以 $O'A''$ 为大半径 R，$O'B''$ 为小半径 r，作出展开图的同心圆。

4）以 m 的长度在大小圆弧上依次度量 10 次，分别在大小圆上得到 A'' 和 B'' 等 10 个交点。

5）连接这 10 个交点，得出 10 个小三角形（如图中 $\triangle A''O''C''$），这就是凸五角星的展开图。

（3）圆变径连接管的放样与展开作图技巧。圆变径连接管如图 9-36 所示，此圆接管的形状很像圆锥。但通过延长主视图中的中心线和两边素线，结果三条线并不相交于一点，所以不能采用放射线方法展开，而只能采用三角形方法展开。三角形法展开是先将零件的表面分成一组或多组三角形，然后求出各组三角形每边实长，并把三角形的实形依次划到平面上，即得零件表面的展开图。三角形展开方法适用任何形体的展开。

圆变径连接管零件成形样板按其成形后的内径制作，其样板尺寸如图 9-37 所示。

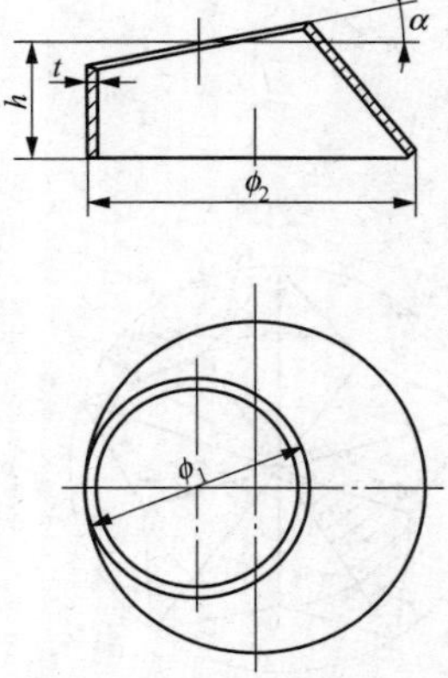

图 9-36 圆变径连接管

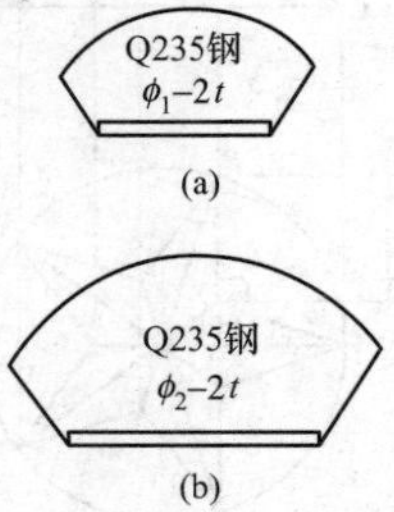

图 9-37 圆变径连接管成形样板

圆变径连接管展开放样步骤与诀窍：

1）板厚处理。因加工后的零件表面弯曲成一定的圆弧曲率，所以应以中性层的尺寸为准计算，图中 ϕ_1-t、ϕ_2-t 为板厚处理后的尺寸，如图 9-38 所示。

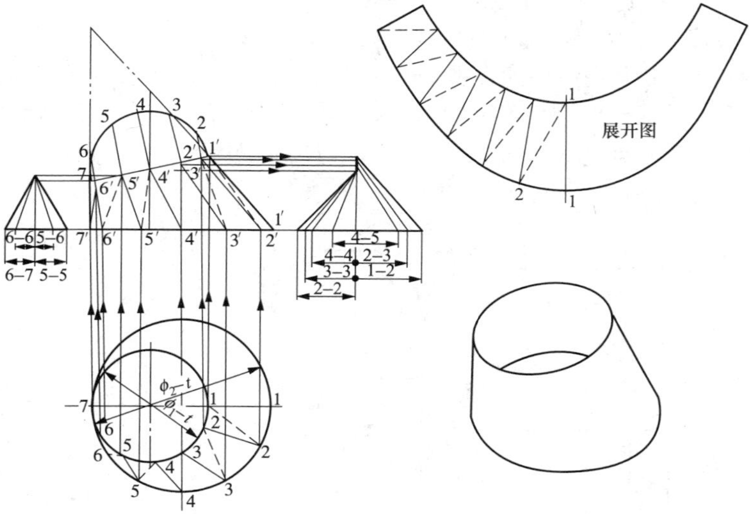

图 9-38　圆变径连接管表面展开图

2）展开作图步骤。

a. 划分形体表面。在图 9-38 俯视图上，分别将上、下口圆周作相应等分，各等分点对应连线，即得 1-1、2-2、3-3、…、7-7 连线。各连线分别将圆接管的侧表面划分成一系列的四边形，再有规律的连接四边形的对角线，即图中的 1-2、2-3、…、6-7，这样就将圆接管的侧表面划成一系列三角形，（图中只划出对称图形的一半）。

b. 求形体的素线实长。用直角三角形法求出三角形各边实长，即一直角边为所求素线在俯视图上的投影长，另一直角边为所求素线在主视图上的高度差，则斜边即为该素线的实长，见所求实长线图。

c. 形体的展开。先作一竖线并截取实长线段 1-1 长，然后分别以 1、1 为圆心，以实长线 1-2，弧长$\overset{\frown}{12}$为半径划弧，交于点 2，得展开图中一个三角形平面，用同样方法依次做出其他三角形平面的展开，然后用光滑曲线连接，即得形体表面展开图。

二、钣金展开作图实例与诀窍

1. 多面体的展开作图诀窍

当多面体各个面的投影呈水平或垂直位置时，多采用计算法。但是，多面体的投影面呈倾斜时，需要求出倾斜的投影面实际高度，才能够确定该面下料的几何形状与尺寸。因此可用三角形求实高的图解法或计算法作展开图，如图 9-39 所示。

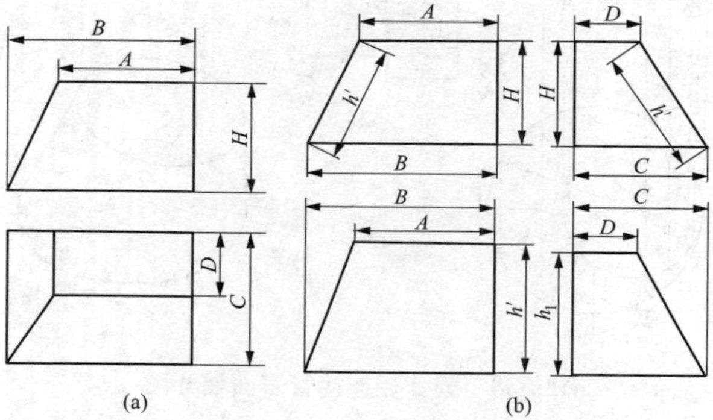

图 9-39　多面体的展开

（a）多面体；（b）多面体展开图

2. 圆柱体的展开计算与作图技巧

圆柱体的展开作图有计算法和图解法两种。正圆柱的展开采用计算法，正圆柱的斜截普遍采用图解法。其中图解法是采用平行线法，用于以素线平行的柱形几何形体表面的展开。等径弯头的展开就是圆柱斜截的典型类型（图 9-40）。

（1）常用焊接弯头展开参数计算技巧。

常用焊接弯头的构造是由两端的两个端节和若干中间节［见图 9-41（a）、（b）、（c）］或无中间节［见图 9-41（d）］构成。常用有中间节的焊接弯头的最少节数如图 9-41（a）、（b）、（c）所示。常

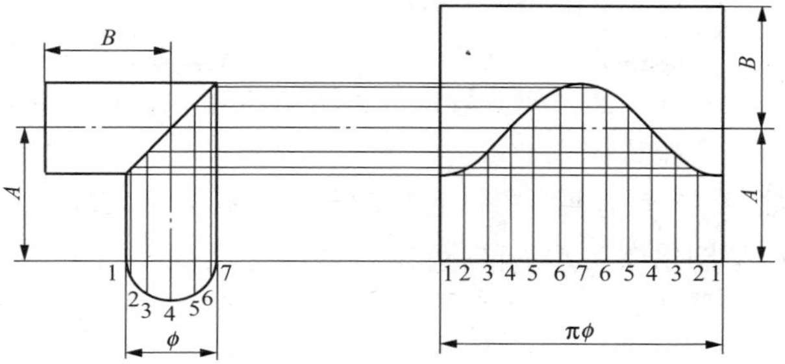

图 9-40　等径弯头的展开

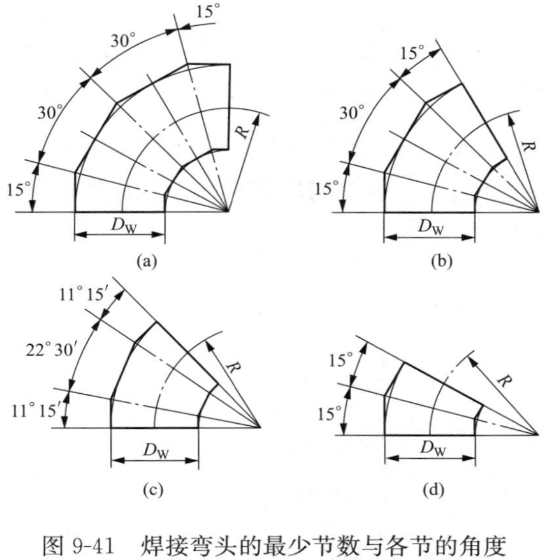

图 9-41　焊接弯头的最少节数与各节的角度

(a) 90°弯头的最少节数；(b) 60°弯头的最少节数；

(c) 45°弯头的最少节数；(d) 30°弯头的最少节数

用焊接弯头的主要处理参数是中间节的数量和中间节、端节的夹角。端节的角度正好是中间节的 1/2，即两个端节构成了一个完整的中间节。中间节角度的计算为：

$$\alpha_1 = \frac{\alpha}{n+1}$$

式中　α_1——中间节的角度（°）；

α——弯头的角度（°）；

n——弯头的中间节数量（将两端的两个端节按一个中间节计算）。

例如：$\alpha=90°$弯头，有 4 个中间节时（见图 9-42）：

中间节的角度：$\alpha_1=90°/(4+1)=18°$

端节的角度：$\alpha 2_{1/2}=18°/2=9°$

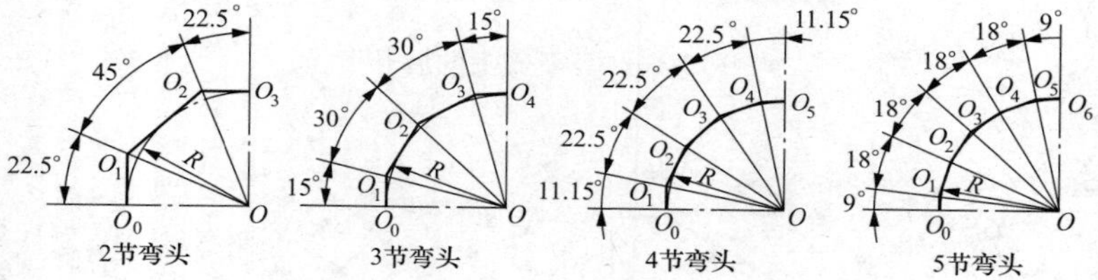

图 9-42　90°弯头节数与角度关系图

（2）不等径斜交三通管的展开技巧。不等径斜交三通管的展开，如图 9-43 所示。

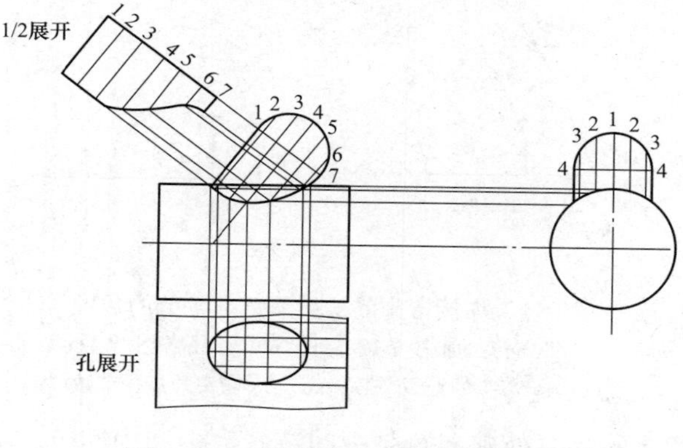

图 9-43　不等径斜交三通管的展开

（3）等径空间多弯折弯头的展开技巧。在弯头各个节的展开中，都是按照普通等径弯头的展开进行。其区别只在于相邻两节空间投影的偏转角度即错心差关系，可参照图 9-44 进行展开。

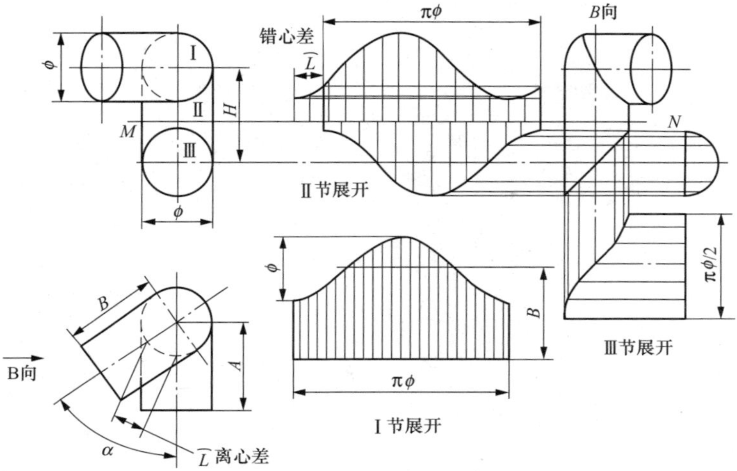

图 9-44 等径空间多弯折弯头的展开

3. 圆锥的展开作图技巧与诀窍

适用于素线能够汇交于一点的锥形立体几何形体。

(1) 正圆锥台的展开。正圆锥台的展开，如图 9-45 所示。

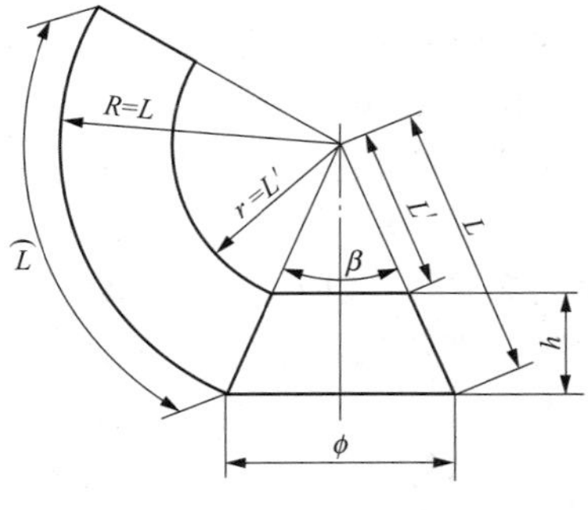

图 9-45 正圆锥台的展开

(2) 正圆锥斜截的展开。正圆锥斜截的展开同正圆锥正截的展开均不反映实长。正圆锥的斜截展开如图 9-46 所示。

(3) 斜圆锥正截的展开。斜圆锥正截的展开，如图 9-47 所示。

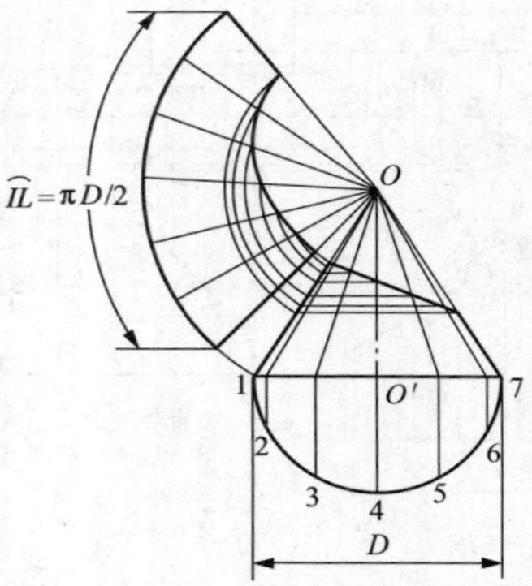

图 9-46 正圆锥斜截的展开

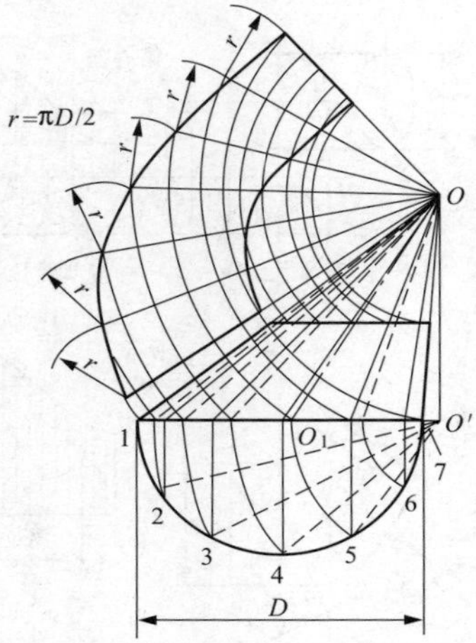

图 9-47 斜圆锥正截的展开

(4) 不等径弯头的展开技巧与诀窍。如图 9-48 所示，在展开前，首先要把它变换成一个正圆锥台，然后按正圆锥台的斜截进行展开。关键在于每节弯头中心线长度和斜截角度的确定。

已知条件：弯头的变径分别为 D、d；弯曲半径为 R；节数为 4 节（中间节 2 节，端节 2 节）；弯曲角度为 90°。首先，对所求变径弯头进行放样。它的画法如图 9-49 所示。根据已知条件，作角度依次分别为 15°、30°、30°、15°，且半径为 R 的图形，与夹角的边分别交于 O_0、O_1、O_2、O_3、O_4 各点，则 $O_0O_1+O_1O_2+O_2O_3+O_3O_4$ 为展开用圆锥体的高 h。以 D 为圆锥体的底圆直径，d 为圆锥体的顶圆直径，连接圆锥体的两条斜边分别过 O_1、O_2、O_3 各点，根据需要的方向，作与水平呈 15°夹角的斜线，交于圆锥体斜边上，得到变径弯头作展开用圆锥体，如图 9-50 所示。根据过 O_1、O_2、O_3 点的斜线，将图 9-51 圆锥体展开。

在图 9-50 中，圆锥台的高度：

$$a=O_1O_2=O_2O_3=2R\tan15°$$

$$b=O_0O_1=O_3O_4=R\tan15°$$

$$H=2a+2b$$

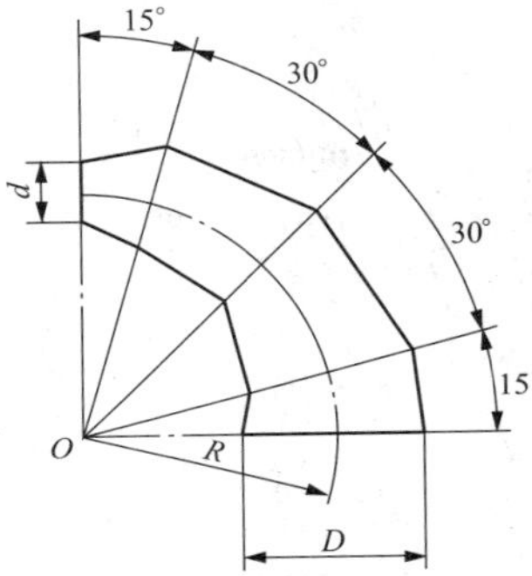

图 9-48　变径弯头展开前的画法

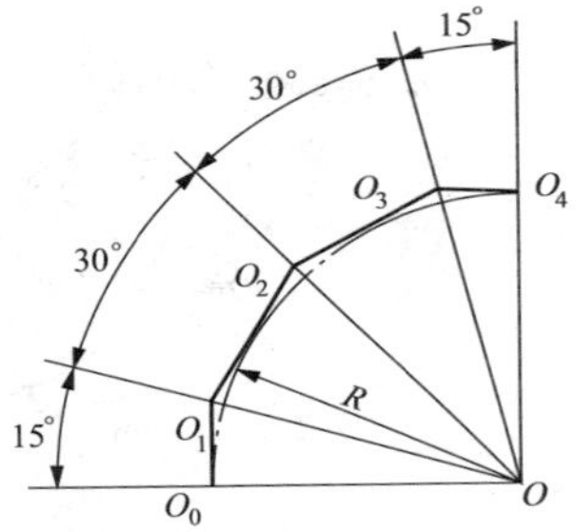

图 9-49　变径弯头中心线与各节角度

圆锥台的斜截角度如图 9-50 所示。变径弯头通过斜截转化成普通正圆锥后，每一节圆锥台的斜截面的斜截角度可用下式计算：

$$\alpha_{1/2} = \frac{90^\circ}{2n}$$

式中　n——相贯线数量；

$\alpha_{1/2}$——节端的倾斜夹角，端节为一端，中间节为两端。

根据图 9-50 圆锥台高度的确定，按正圆锥台的斜截展开如图 9-51 所示。

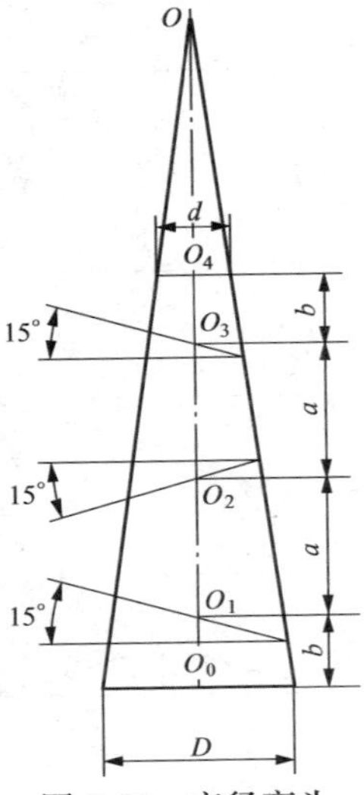

图 9-50　变径弯头中心线长

4. “天圆地方”过渡接头放样与展开技巧与诀窍

(1) 零件图。“天圆地方”过渡接头，如图 9-52 所示。

(2) 形体分析技巧。由图 9-52 分析可知，该零件的表面即不属柱面，又不属锥面，所以不能采用平行线或放射线法展开，只能选用三角形法展开。

(3) 结构放样技巧。

1) 确定零件接口形式。为使零件加

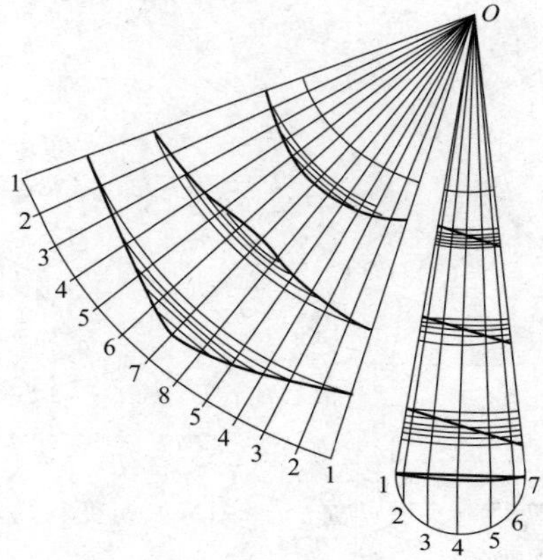

图 9-51 变径弯头展开

工成形方便，零件接口的形式如图 9-53（a）所示。

2）制作零件成形样板。零件成形样板按零件成形后的内径制作，其样板如图 9-53（b）所示。

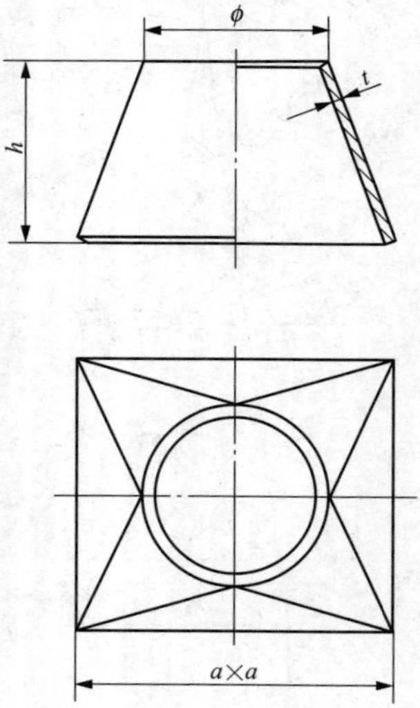

图 9-52 “天圆地方”过渡接头

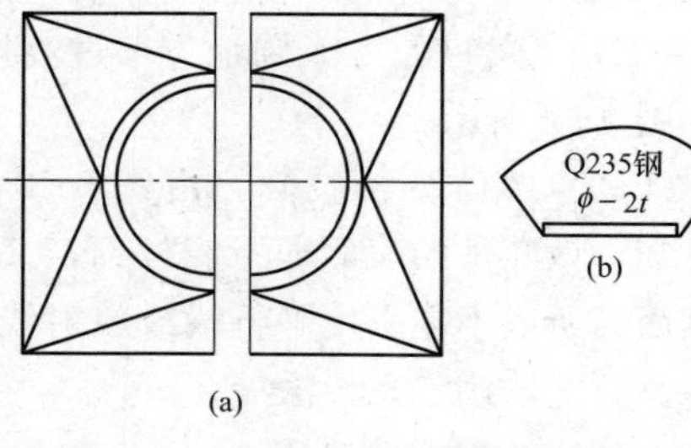

图 9-53 “天圆地方”过渡接头结构放样

（a）结构放样图；（b）成形样板图

（4）展开放样技巧。

1）板厚处理。此零件的上口为圆形，所以板厚处理以中性层的尺寸为准计算。其下口为方形，板厚处理以里皮尺寸计算，图中 $\phi-t$、$a-2t$ 为板厚处理后的尺寸，如图 9-54 所示。

2）展开作图技巧。

a. 形体表面的划分。在图 9-54 中先 3 等分零件俯视图的 1/4 圆周，等分点分别为 1、2、3、4。各点与 b 点连接，将 b 角斜圆锥面分为三个小三角形平面，其线段为 $b-1=b-4$，$b-2=b-3$。

b. 求线段实长。用直角三角形法求出各线段实长，参见求实长线的图。

c. 展开作图。作一直线，截取 bc 等于俯视图中的边长，以 b、c 为圆心，实长线 $b-4$ 为半径分别划圆弧相交于 4 点。

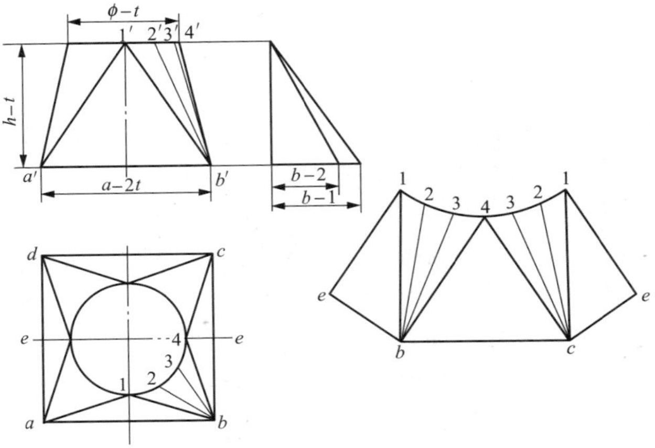

图 9-54　“天圆地方”过渡接头的展开图

再以 b、c 为圆心，以实长线 $b-3$、$b-1$ 为半径分别划圆弧，与以 4 为圆心，以顶圆等分弧长为半径向两侧依次划弧交于点 3 点，用同样的方法，即可求出展开图中 2、1 点。

以 1 为圆心，以实长线 $4'-b'$ 为半径划圆弧，以 b 为圆心，以 $(a-2t)/2$ 为半径划弧交点为 e。以下用同样方法和直线连接，得

“天圆地方”过渡接头的展开图。

5. 扭曲矩形管放样与展开技巧与诀窍

（1）零件图。扭曲矩形管的结构图，如图 9-55 所示。

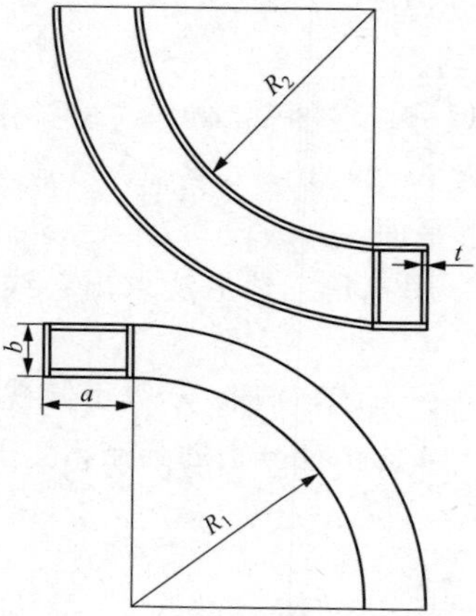

图 9-55 扭曲矩形管的结构图

（2）形体分析技巧。由图 9-55 分析可知，扭曲矩形管是由四块大小不等的钢板经加工后拼焊而成的。其上、下两个面在主视图上的投影为有积聚性的两条线，而在俯视图的投影为两个平面图形，其前、后两个面在俯视图上的投影为有积聚性的两条线，当主视图的投影为两个平面图形，从四个面的投影分析得知，四个面均可以看成是圆柱面的一部分，故应选用平行线展开法。这里只介绍一个面的展开，其余三个面的展开方法都基本相同。

（3）结构放样技巧。

1）确定各围板的连接形式。由图 9-55 分析可知，为提高零件装配质量，并留出焊缝的位置，可将扭曲矩形管围板之间连接形式按图 9-56（a）处理。侧围板板边同上、下围板的板厚中间搭接。

2）制作围板成形样板。确定扭曲矩形管围板之间连接位置后，制作围板成形样板，按零件内径尺寸制作的成形样板尺寸，如图 9-56（b）所示。

（4）展开放样技巧。

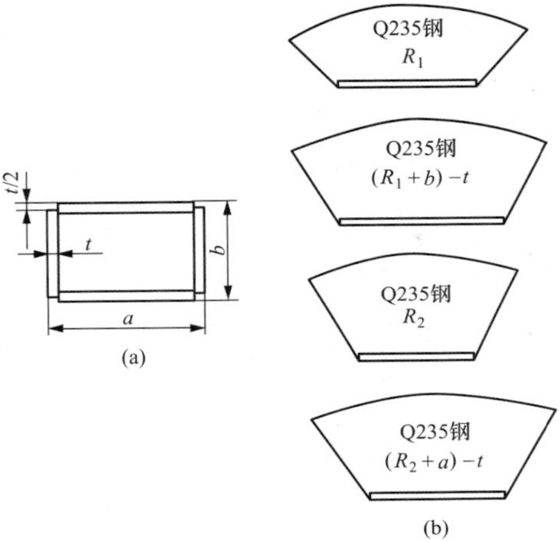

图 9-56　扭曲矩形管围板成形样板

（a）结构放样图；（b）成形样板图

1）板厚处理技巧。板厚处理的方法基本相同，图中 $a-2t$、$R_1+t/2$ 就是板厚处理后的尺寸，如图 9-57 所示。

2）展开作图技巧（见图 9-57）。

a. 适当等分俯视图上的 *be* 曲线。在俯视图 *be* 曲线上任取 1、2、3、……、7 各点，曲线 *ah* 段可借用 *be* 曲线的等分点，等分后各点向主视图投影，但主视图中有一部分曲线之间的间距太大，如曲线 $a'n'$ 和 $b'1'$，此时若将曲线 $a'n'$ 和 $b'1'$ 展开，其圆弧形状不能完全按实际形状确定，所以应再增设一些辅助点，如主视图中的 p'、m' 和 q' 点。

b. 求素线实长。通过 1、2、3、……、7 各点向主视图作投影线，与主视图相交于 $1'$、$2'$、$3'$、……、$7'$ 各点，再通过 p'、m'、q' 点向俯视图作投影线，即得各素线的实长。例如：b'-n' 段线段长即为实长线中的一条，其余各线实长的作法与 b'-n' 线相同。

c. 选取展开基准线。将主视图上的 $h'g'$ 线向右延长作为展开基准线（*a*-*e*）。

d. Ⅱ面的展开。在基准线的延长线上量取俯视图中的 *ame* 曲

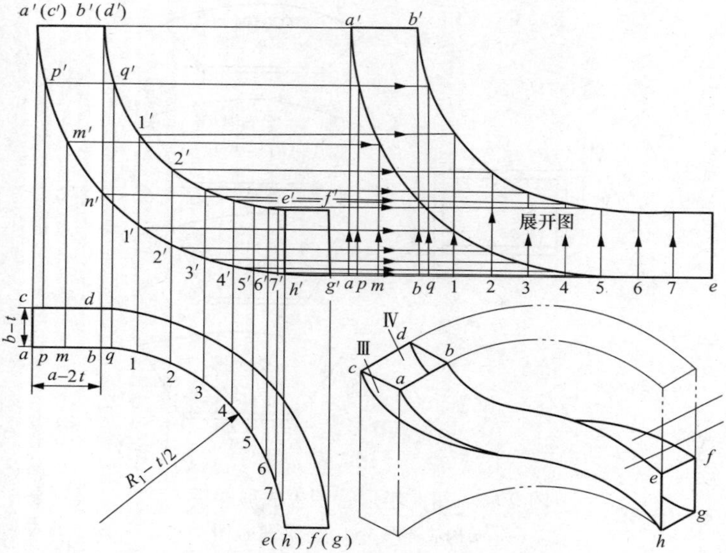

图 9-57 扭曲矩形管展开作图

线的长度，在展开图中过 a、p、m、…、e 各点作 a-e 线的垂线，再将主视图上实长线的各点平行投影到垂线上，得 a'、b'、p'、…e'各交点，最后光滑连接各点，得Ⅱ面的展开图。其余三个面也可用同样的方法展开。

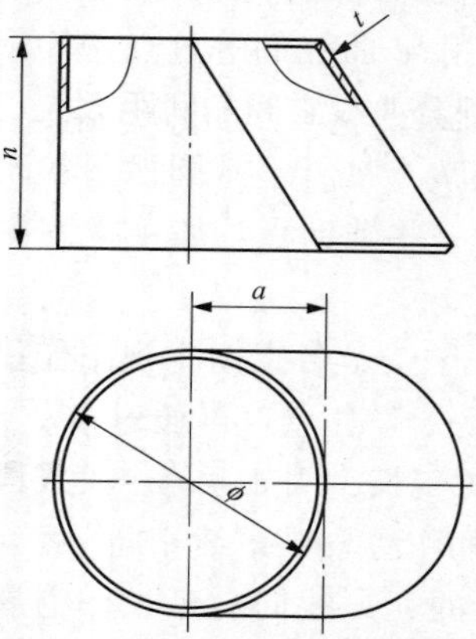

图 9-58 圆顶细长圆底连接管过渡接头

6. 圆顶细长圆底连接管过渡接头放样与展开技巧与诀窍

（1）零件图。圆顶细长圆底连接管过渡接头零件图，如图 9-58 所示。

（2）形体分析技巧。由图 9-58 分析可知，圆顶细长圆底过渡连接管是由一个半圆柱管表面，两个三角形平面和一个半斜圆柱面组合而成的。其柱面和平面三角形的展开都应采用平行线法。又因该构件有对称性，所以只需作 1/2 的展开图即可。

（3）结构放样技巧。由图 9-58 分析，可将零件表面分成两部分进行下料，便于加工，零件正圆柱面和斜圆柱面的直径相同，故只需作一个内成形样板（卡圆样板），如图 9-59 所示。

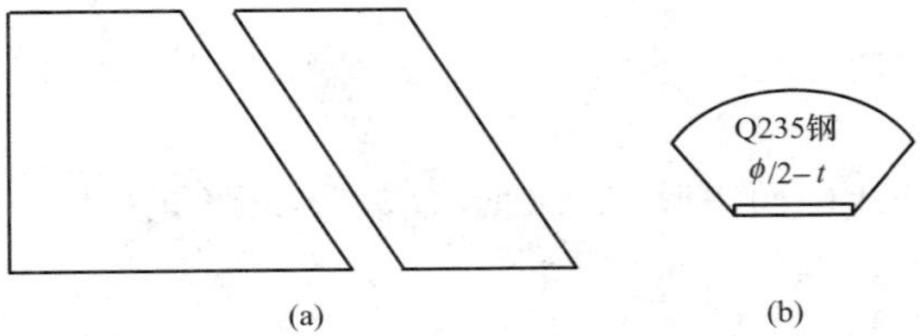

图 9-59　结构放样及成形样板图

（a）结构放样图；（b）成形样板图

（4）展开放样技巧。

1）板厚处理。零件的板厚处理方法根据中性层长度不变的原则，与上例基本相同。图中 ϕ-$t/2$ 就是板厚处理后的尺寸，如图 9-60 所示。

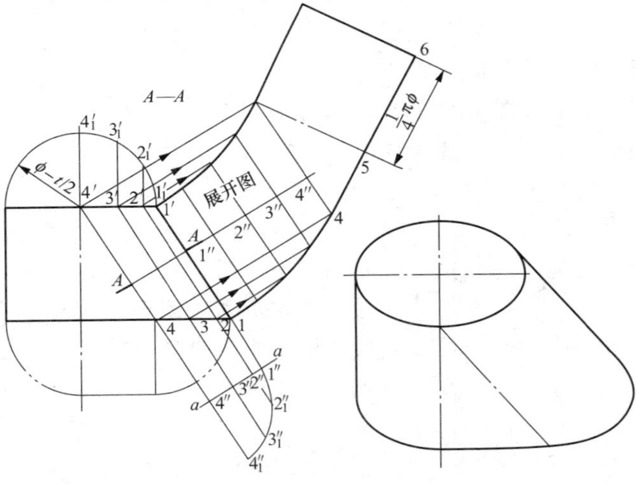

图 9-60　圆顶细长圆底连接管过渡接头展开作图

2）展开作图技巧（见图 9-60）。

a. 适当等分圆周。如图 9-60 所示，首先三等分顶端断面的1/4圆周，等分点为 $1_1'$、$2_1'$、$3_1'$、$4_1'$。由等分点引下垂线得与顶口线交点 $1'$、$2'$、$3'$、$4'$，再由顶口交点引与 $1'$-1 线段平行的素线交于底口 1、2、3、4 各点，将斜圆柱的表面用素线分为 6 个（前后对称各三个）平行四边形的小平面。

b. 选取展开基准线。作 $1'$-1 线段垂面 A-A，并向右延长作为展开基准线。

c. 求 A-A 断面实形。用换面法求 A-A 断面的实形。

• 延长 $1'$-1、$2'$-2、$3'$-3、$4'$-4 各素线。

• 作各素线的垂线 a-a 得四个交点 $4''$、$3''$、$2''$、$1''$。

• 通过四个交点分别作 a-a 的垂线，再在垂线上量取线段 $2_1'$-$2'$＝$2_1''$-$2''$、$3_1'$-$3'$＝$3_1''$-$3''$、$4_1'$-$4'$＝$4_1''$-$4''$。

• 用光滑曲线连接 $1_1''$、$2_1''$、$3_1''$、$4_1''$各点得 A-A 断面实形的 1/2。

d. 零件展开。在主视图 A-A 延长线上截取 $1''$-$4''$的直线段长等于 $1_1''$-$4_1''$曲线段长，再由所得的各素线实长向右平行投影到相应的展开图中得各交点，然后用光滑曲线连接，再以展开图上 4-4 线段为三角形斜边，照划主视图正平面位置的直角三角形。再以展开图上 4-5 线段为圆管高度，取 5-6 长等于圆管断面的周长［$\pi(\phi-t)/4$］作矩形，即得 1/2 展开图。

三、钣金相贯构件的放样及展开技巧与诀窍

1. 等径直角弯头放样与展开技巧

（1）构件图。等径直角弯头，如图 9-61 所示。

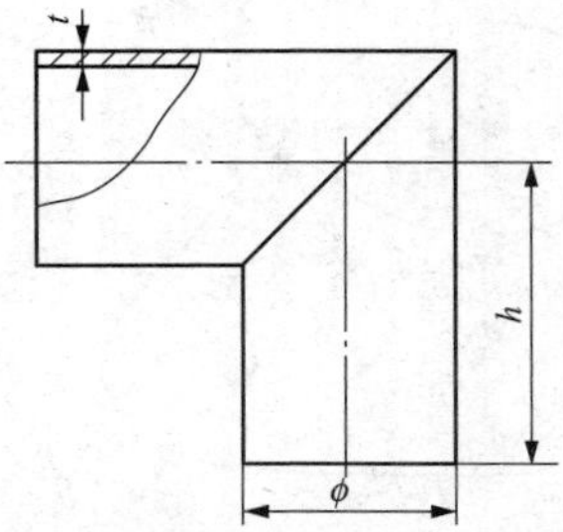

图 9-61　等径直角弯头

（2）构件相贯线的求法及形体分析技巧。由图 9-61 分析，该构件是由两个圆柱形零件组成，两零件外形尺寸相同，相贯线是一条直线，故展开时，只需用平行线方法展开其中一个零件。

（3）结构放样技巧。

1）确定零件之间接口的形式。等

径直角弯头两零件的接口形式有如下两种：

a. 等径直角弯头不加工坡口的板厚处理。如图 9-62（a）所示。该相贯线的一部分为里皮接触，而另一部分为外皮接触。

b. 等径直角弯头加工坡口的板厚处理。如图 9-62（b）所示。该弯头的相贯线是两个零件中性层的接触。

2）制作零件的成形样板。零件成形样板均按零件成形后的里皮长度为准计算，如图 9-62（c）所示。

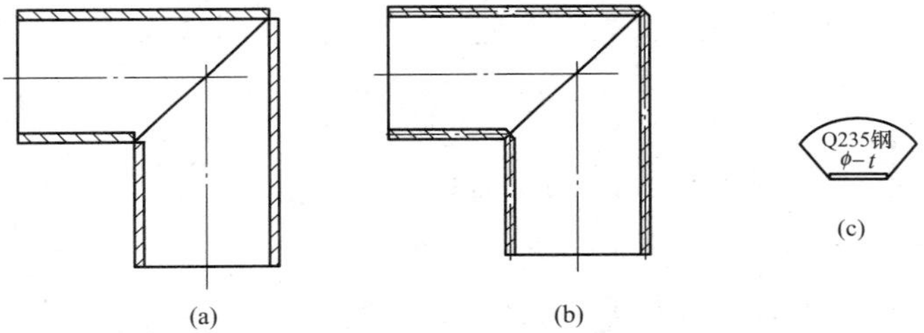

图 9-62　等径直角弯头结构放样
（a）不加工坡口的结构放样图；（b）加工坡口的结构放样图；
（c）成形样板图

（4）展开放样技巧。

1）板厚处理技巧。等径直角弯头不加工坡口板厚处理的形状及尺寸如图 9-63（a）所示。加工坡口板厚处理构件的展开长度按中性层尺寸展开，其接触高度按中性层所在的位置接触高度计算，图中 ϕ-t 为板厚处理的尺寸，如图 9-63（b）所示。

2）展开作图技巧。

a. 适当等分俯视图：4 等分内、外断面的半圆周，其等分点分别为 1、2、3、4、5。

b. 确定表面素线实长。由等分点引上垂线，得到与结合线 1′-5′的交点，在主视图上，所得出的素线都反映实长。

c. 选取展开基准线。在等径直角弯头主视图的底边向右作延长线。

d. 展开作图。在延长线上截取 $1-5=\pi(\phi-t)/2$ 并作等分。

由等分点引上垂线，与由结合线各点向右所引水平线的对应交点连成光滑曲线，即得等径直角弯头展开图的 1/2。

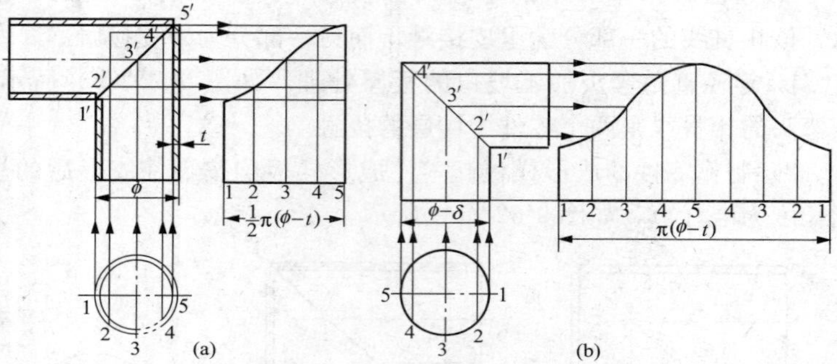

图 9-63　等径直角弯头展开作图

2. 异径直交三通管的放样与展开技巧

（1）构件图。异径直交三通管，如图 9-64 所示。

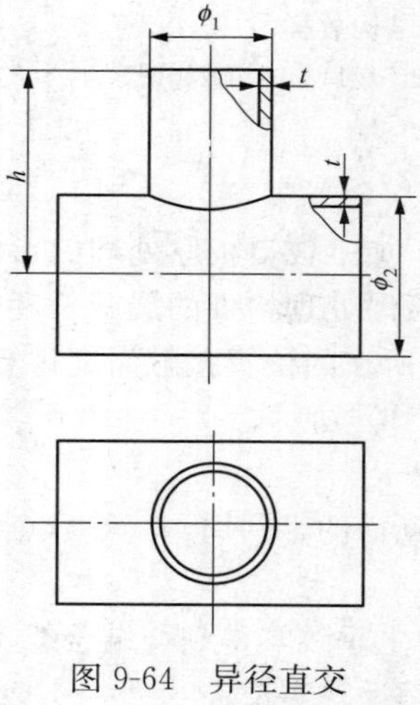

图 9-64　异径直交三通管

（2）构件相贯线的求法及形体分析技巧。由图 9-64 分析可知，该构件为异径相贯，所以构件在主视图中的相贯线投影必须是按投影规律求出，因圆柱表面素线在主、俯视图的投影为投影面的平行线或垂直线，故选用素线法求相贯线。又因两零件的表面都是圆柱表面，所以展开时，应选用平行线展开法。

（3）结构放样技巧。

1）确定零件之间的接口形式。由图 9-64 分析，异径直交三通管由插管Ⅰ和通管Ⅱ两个零件组成。从零件的加工、装配和焊接三方面考虑，插管和通管相贯时，应使插管的里皮同通管的外皮接触，如图 9-65（a）所示。

2）制作零件的成形样板。零件的成形样板按零件成形后里皮长度为准计算，如图 9-65（b）所示。

（4）求相贯线的技巧。根据构件外形尺寸，确定结构放样的接触面尺寸，如图 9-66 中的 ϕ_1-2t、ϕ_2 尺寸。

1）求特殊点。如图 9-66（a）所示，先求作相贯线的最高、最低、最左、最右点。求出主视图中 1′、3′点，将侧视图中的 1″、3″两点和俯视图中的 1、3 两点，按视图关系中的“高平齐，长对正”，便可直接求出 1′、3′点。

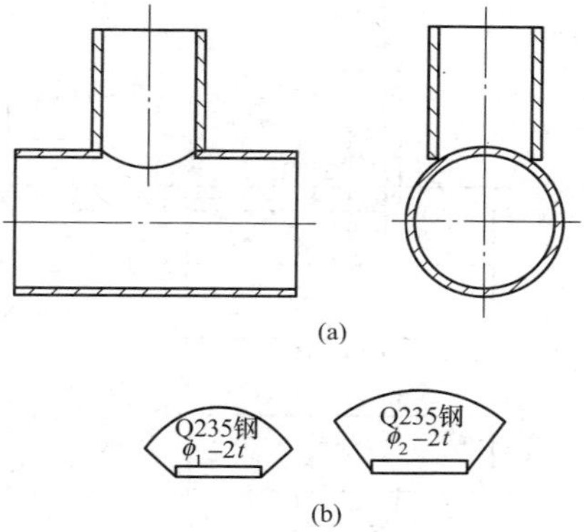

图 9-65　异径直交三通管结构放样
（a）结构放样图；（b）成形样板图

2）求一般点。将俯视图相贯线上的 2 点，按俯视图、左视图“宽相等”的投影关系，可求得其侧面的投影 2″点，再根据 2、2″点可求出主视图的 2′点，通过各点连成 1′-3′-1′曲线，即为所求的相贯线。

3）相贯线的简便划法。如图 9-66（b）所示，一般求这类构件的相贯线时多不划出俯视图、左视图，而是在主视图中划出支管的 1/2 断面，并作若干等分取代俯视图，再将支管断面分为相同等分，而后将各等分点按主视图支管断面的等分点转向 90°投至主管断面圆周上，取代俯视图，按左视图“宽相等”的投影关系，从而简化了作图过程。

（5）展开作图技巧。

1）作零件Ⅰ的展开图。在零件Ⅰ的顶口延长线上截取 1-1 等于圆管断面的中性层 $\pi(\phi_1-t)/2$，并将其作 8 等分（等分点应根据圆的大小定），得等分点为 1、2、3、…、1。从等分点引下垂线，与由相贯线各交点向右所引水平线的对应交点连成光滑曲线，即得零件Ⅰ的 1/2 展开图。

2）作零件Ⅱ的展开图。零件Ⅱ展开后的图形为一长方形，

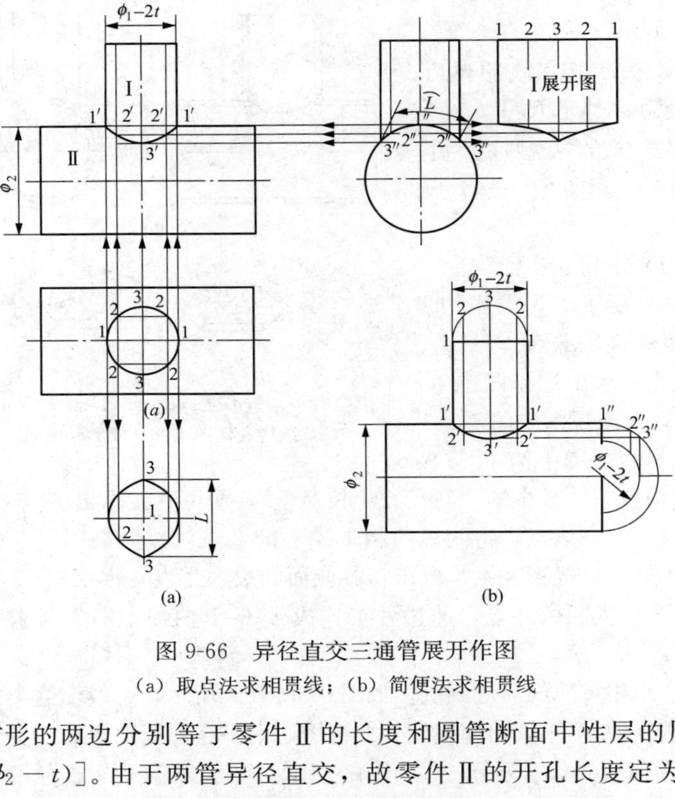

图 9-66　异径直交三通管展开作图

（a）取点法求相贯线；（b）简便法求相贯线

长方形的两边分别等于零件Ⅱ的长度和圆管断面中性层的周长［$\pi(\phi_2-t)$］。由于两管异径直交，故零件Ⅱ的开孔长度定为 L，其最大宽度等于圆管直径 ϕ_1-2t。相贯线上各点处的开孔长度及开孔宽度可通过作图得出，若在向下延长的零件Ⅱ的管轴线上，取 3-3 等于 L 长，并作 4 等分，由等分点引水平线，与由相贯线各点所引下垂线对应交点连成曲线为开孔实形，即得零件Ⅱ的展开图。

3. 异径斜交三通管的放样展开技巧与诀窍

（1）构件图。异径斜交三通管如图 9-67 所示。

（2）构件相贯线的求法及形体分析技巧。

1）相贯线求法的分析。由图 9-67 分析可知，该构件为一通管Ⅱ和插管Ⅰ的异径斜交。其中插管Ⅰ顶口在侧视图和俯视图上的投

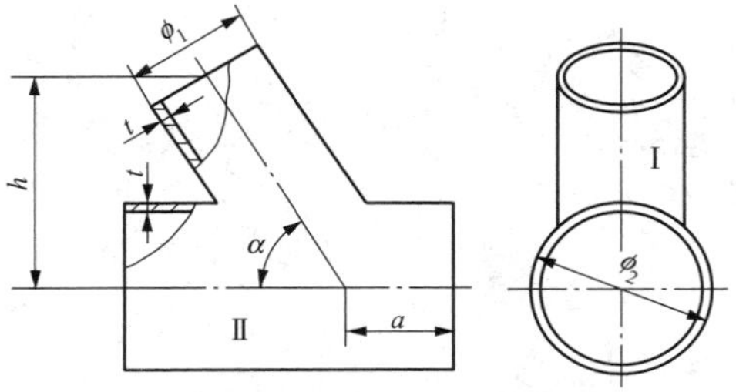

图 9-67　异径斜交三通管

影为一椭圆，所以可选用简便方法求出相贯线。

2）确定展开方法。因为插管Ⅰ和通管Ⅱ两零件的表面都是圆柱形表面，故两管件的展开应选用平行线展开法。

（3）结构放样技巧。

1）确定零件之间接口的形式。异径斜交三通管的接口形式，如图 9-68（a）所示。插管Ⅱ与通管Ⅰ相贯时一半为里皮接触，另一半为外皮接触。

2）制作零件和构件成形样板。通管Ⅱ零件和插管零件Ⅰ成形时，需要作两个成形样板，而两零件组装时又需要一个定位样板，如图 9-68（b）所示。

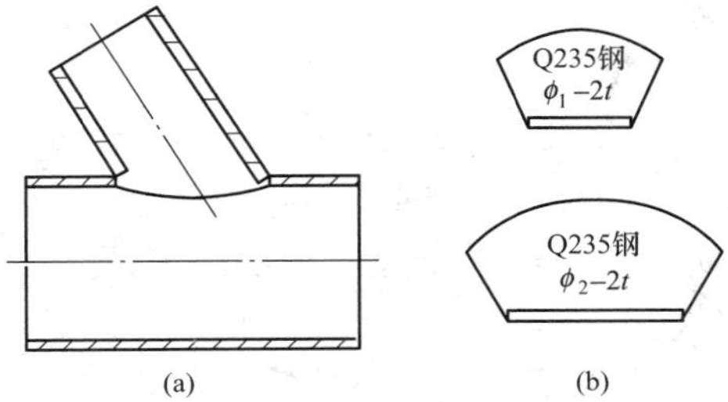

图 9-68　异径斜交三通管结构放样

（a）结构放样图；（b）成形样板图

（4）求相贯线的技巧。根据构件外形尺寸，确定结构放样的接触面尺寸，如图 9-69 中的 ϕ_1-t、ϕ_2尺寸。

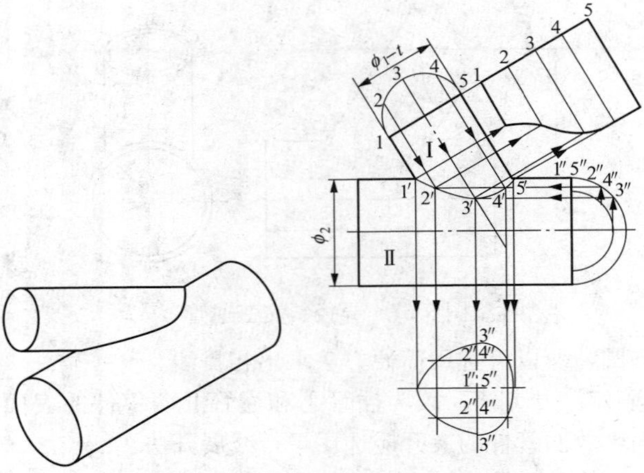

图 9-69　异径斜交三通管展开作图

求相贯线时，可用简便方法求相贯线。首先用已知尺寸划出主视图，管Ⅱ断面图和两管Ⅱ的同心断面图，用素线划分管Ⅱ表面，然后 4 等分管Ⅱ断面的半圆周，得等分点为 1、2、3、4 和 5。由同心断面转向等分点引上垂线得与通管断面圆周交点为 1″(5″)、2″(4″)、3″。由各点向左引水平线，与主视图插管断面半圆周等分点所引素线对应交点连成 1′-5′曲线，即得相贯线。

（5）展开放样技巧。

1）作插管Ⅰ的展开图。在主视图 1-5 的延长线上截取 1-5 等于插管Ⅰ断面的半圆周长，并作 4 等分，由等分点引 1-5 的直角线，与相贯线各点所引与 1-5 平行线对应交点连成光滑曲线，即得插管Ⅰ展开图的 1/2。

2）通管孔部的展开图。通管的孔长等于主视图中的 1′-5′长，孔宽近似等于 2 倍的通管断面 1″3″的弧长（相贯线的积聚投影）。孔部的具体作法：由主视图相贯线的各点引下垂线，在 3′点的垂线上任取点 1″(5″)为中心，上、下对称截取通管断面 1″2″(4″)、2″3″弧长，得 2″、3″、2″、3″点，通过各点引水平线，与由相贯线各点所引下垂线的对应交点连成光滑曲线，即得孔部展开图。

4. 圆管平交圆锥管的放样与展开技巧

（1）构件图。圆管平交圆锥管，如图 9-70 所示。

（2）构件相贯线求法及形体分析技巧。

1）相贯线的求法。由图 9-70 分析可知，该构件由圆柱管与圆锥管水平相交，其相贯线为空间曲线，根据圆锥管与圆管的投影位置，采用辅助平面法求其相贯线最为适宜，为了便于展开，辅助平面的截切位置多沿圆管断面圆周等分点的素线上。

2）形体分析技巧。由图 9-70 分析可知，该构件的圆柱管的表面为圆柱面，所以展开时，应选用平行线方法展开，而圆锥管的表面为圆锥面，可选用放射线方法展开。

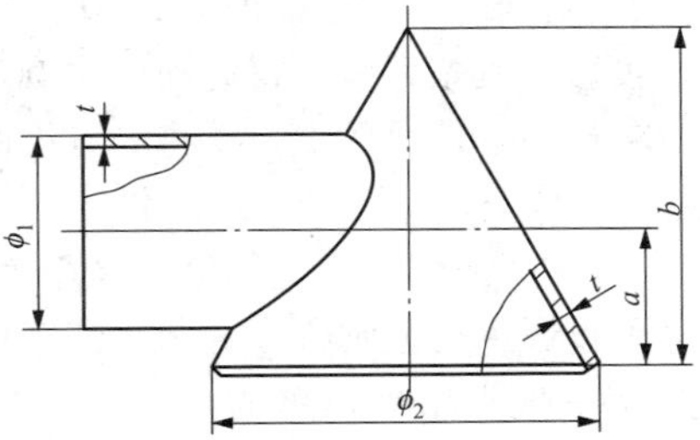

图 9-70　圆管平交圆锥管

（3）结构放样技巧。

1）确定零件之间接口的形式。由图 9-70 分析，圆管平交圆锥管由圆柱插管和圆锥管两个零件组成。从加工、装配和焊接三方面考虑，圆柱插管和圆锥管相贯时，应使圆柱插管上半部的里皮同圆锥管的外皮接触，圆柱插管的另外一半外皮同圆锥管外皮接触，如图 9-71（a）所示。

2）制作构件的成形样板。构件的成形样板均按成形后里皮尺

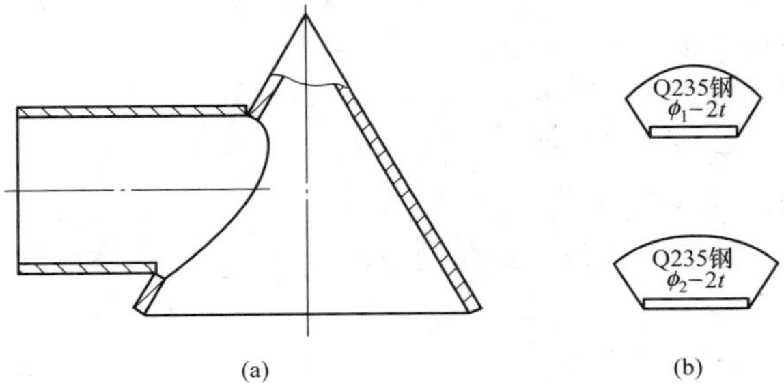

图 9-71　圆管平交圆锥管结构放样

（a）结构放样图；（b）成形样板图

寸为准计算，如图 9-71（b）所示。

（4）求相贯线。根据构件外形尺寸，确定结构放样的接触面尺寸，如图 9-72 中的 ϕ_1-t、ϕ_2-t 尺寸。

1）适当等分圆周。用已知尺寸划出主视图和 1/2 圆管的断面图，4 等分圆管断面的半圆周，得等分点 1，2，3，4，5。

2）先求特殊点。主视图相贯线的最高点和最低点为圆管轮廓线与圆锥轮廓线的交点，其正面投影为 $1'$、$5'$点（画图时可直接作出）。过主视图 3 点作辅助平面 M，则平面 M 截圆锥投影为圆，截圆柱投影为两条素线，得俯视图中圆与素线的交点 3，即为俯视图中所求最前、最后的点，再将 3 点投回圆管轴线上，即得主视图中 $3'$点。

3）求一般位置点。用 N、R 平面过 2、4 点水平截切相贯体，在水平投影上得截圆锥上的圆和截圆柱的素线，则素线与圆的交点 2、4 为一般点水平位置的投影，再按“高平齐，长对正”可求出主视图的一般位置点 $2'$、$4'$。最后通过各点连成曲线，即为所求相贯线。

（5）展开作图技巧。

1）作圆柱管的展开图。在图 9-72 的主视图 1-5 的延长线上截取 1-1 等于圆管断面的周长 $\pi(\phi_1-t)$，并作 8 等分，再由等分点作直线 1-1 的直角线，与由相贯线各点引上垂线的对应交点，将交点连成光滑曲线，即得圆管展开图。

2）作圆锥管的展开图。由锥顶 o 向 2、3、4 点连素线交圆锥底断面圆周于 $2''$、$3''$、$4''$点。以 o'为圆心 o'-A 为半径画圆弧 BC 等于底断面半圆周长 $\pi(\phi_2-t)$，由圆弧 BC 的中点 $1''$（$5''$）点左、右对称地截取底断面 $1''2''$、$2''4''$、$4''3''$的弧长，得 $1''$、$2''$、$3''$、$4''$点。由各点向 o'连素线，与 o'为圆心、到 o'-A 各点作半径画同心圆弧得对应交点，将交点连成光滑曲线，即为开孔实形，得圆锥展开图的 1/2。

5. 圆管直交圆锥管的放样与展开技巧

（1）构件图。圆管直交圆锥管，如图 9-73 所示。

（2）构件的相贯线求法及形体分析技巧。

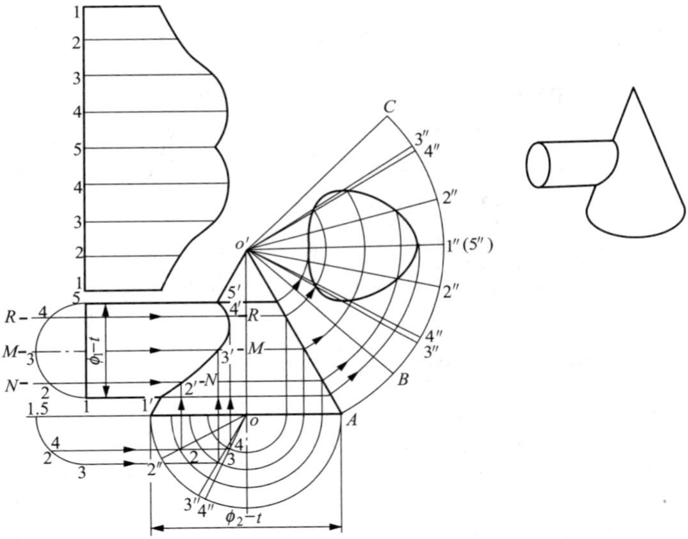

图 9-72　圆管平交圆锥管展开作图

1）相贯线求法。由图 9-73 分析，可知该构件的圆锥插管Ⅱ在俯视图有积聚性，圆柱插管Ⅰ的表面素线在视图中有积聚性，故应用辅助素线法求出相贯线。

2）形体分析。圆管直交圆锥管的形体分析与圆管平交圆锥管的形体分析相同。

（3）结构放样技巧。

1）确定零件之间接口的形式。由图 9-73 分析可知，圆柱管直交圆锥管由圆柱插管Ⅰ和圆锥插管Ⅱ两个零件组成。从加工、装配和焊接三个方面考虑，两零件相贯时，应使圆柱插管上半部的外皮与圆锥管外皮接触，圆柱插管下半部的里皮与圆锥管的外皮接触，如图 9-74（a）所示。

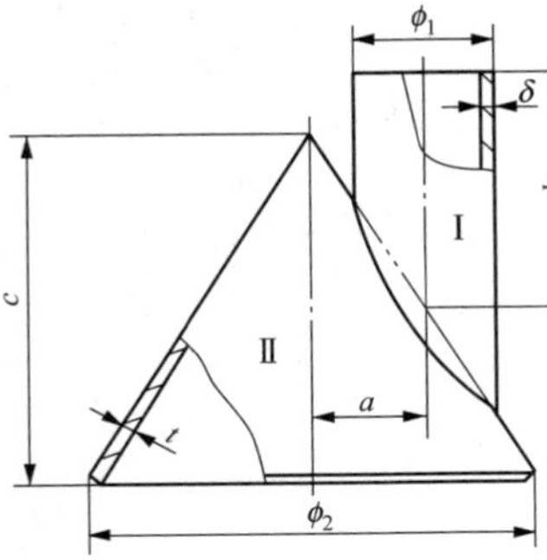

图 9-73　圆管直交圆锥管

2）制作零件成形样板。零件Ⅰ、Ⅱ成形样板均按零件成形后里皮尺寸计算，如图 9-74（b）所示。

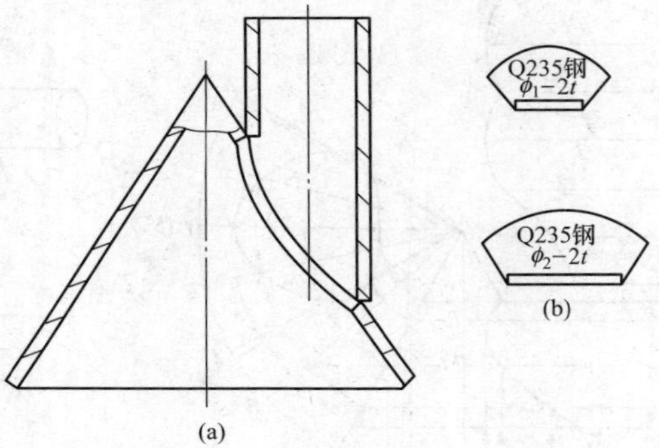

图 9-74 圆管直交圆锥管结构放样

（a）结构放样图；（b）成形样板图

（4）求相贯线。根据构件尺寸，确定结构放样的接触面尺寸，如图 9-75 中的 ϕ_2、ϕ_1-t 尺寸。

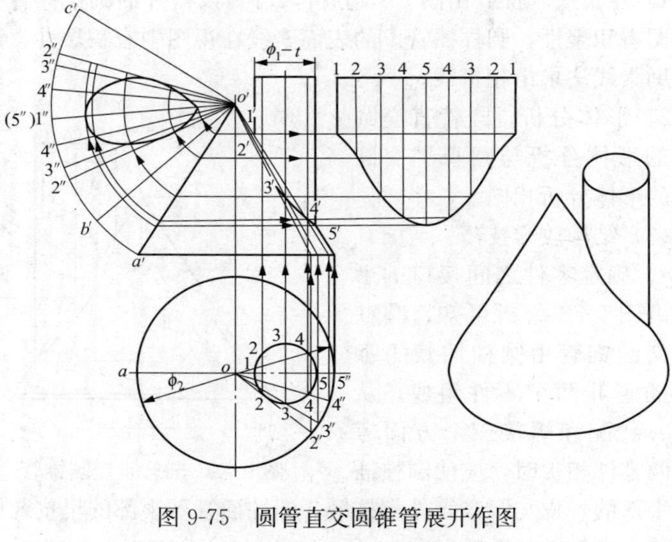

图 9-75 圆管直交圆锥管展开作图

1）作俯视图圆柱管并适当等分。圆柱管Ⅰ与圆锥管Ⅱ直交时，其相贯线在俯视图的投影为圆。将俯视图 8 等分，得等分点 1、2、3、4、……、3、2、1。

2）确定各点在圆锥管表面的位置。先通过各等分点与锥顶 o 连线交圆锥下口于 $2''$、$3''$、……、$3''$、$2''$点，然后将各点向主视图作投影，求出各辅助线在主视图上的投影，再由 1、2、3、……、3、2、1 各等分点向主视图投影，与辅助线交于点 $1'$、$2'$、$3'$、$4'$、$5'$点，然后用光滑曲线连接各点，即得主视图相贯线的投影。

（5）展开作图技巧。

1）作圆柱管的展开图。在主视图上口延长线上截取 1-1 等于圆柱管断面的周长，并作 8 等分，由等分点作直线 1-1 的直角线，与由相贯线各点引水平线的对应交点连成光滑曲线，即得圆管展开图。

2）作圆锥管的展开图。以 o'为圆心、$o'a'$为半径画圆弧 $b'e'$ 等于圆锥管底断面的半圆周长，由 $b'c'$中点 $1''(5'')$ 左、右对称截取底断面 $5''4''$、$4''3''$和 $3''2'$弧长，得 $2''$，$3''$，$4''$各点，由各点向 o' 连素线，与以 o'为圆心，以 o'到 $o'-a'$线上各点为半径画同心圆弧交一系列对应交点，用光滑曲线连接各点，即得出圆锥管的展开图。

四、不可展曲面的近似展开作图技巧与诀窍

1. 球面的分瓣展开技巧与诀窍

（1）零件图。球面的分瓣展开图，如图 9-76 所示。

（2）形体分析技巧。由图 9-76 分析可知，球面分瓣法是沿球的经线方向将球面分割为若干块，且每块的大小相同。为展开需要，把每一块球瓣都看成是沿经线单一方向的弯曲，而另一方向看作是直线，这样就把每一块的展开化成为柱体的展开，所以经线方向的球面应选用平行线法展开。

（3）结构放样技巧。

1）确定球面零件的接口形式。由图 9-76 分析可知，将球面的顶部划分为一块极帽，然后再将球面余下部分分瓣，如图 9-77（a）所示。所分的球面瓣数要根据其直径和技术要求而定。

2）制作零件成形样板。零件成形样板按零件成形后的内径计算，如图 9-77（b）所示。

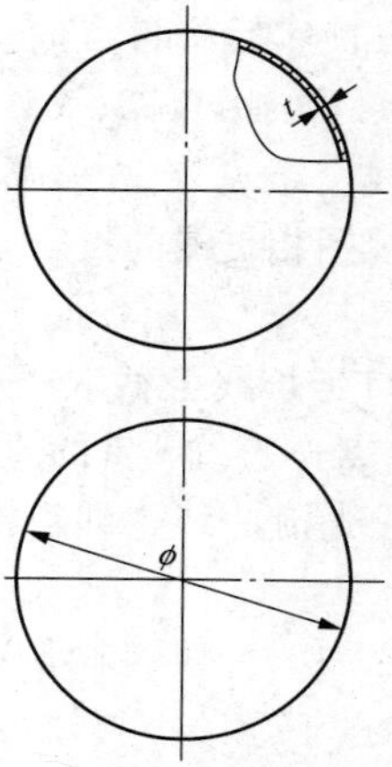

图 9-76 球面零件图

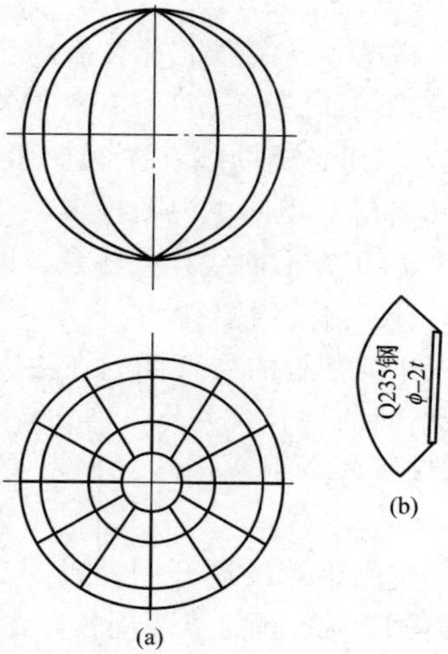

图 9-77 球面结构分瓣放样及成形样板图

（a）结构放样图；（b）成形样板图

（4）展开放样技巧。

1）板厚处理技巧。板厚处理按零件表面弯曲成形后的中性层尺寸划展开图样，图中 $\phi-t$ 为板厚处理后的尺寸，如图 9-78 所示。

2）展开作图技巧。

a. 球表面的等分。首先划出有极帽的主视图和俯视图，并 6 等分主视图的半圆周，等分点分别为 1′、2′、3、……、3′、2′、1′，由等分点向下引垂线得与结合线交点。

b. 作展开图。在曲线 2-3 上取中点 M，连接 OM 并延长之，截取 1-1 等于断面圆的半圆周长，并作 6 等分 1、2、3、……、3、2、1，通过各点引垂线，与结合线各点向右所引水平线得对应交点，分别连成光滑曲线，即得 1/12 的球面展开图。

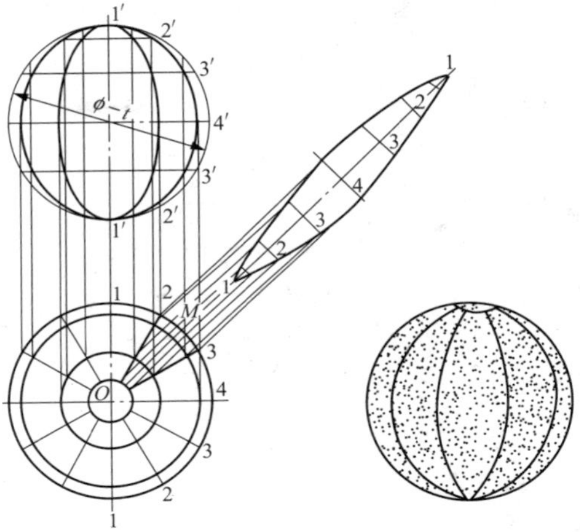

图 9-78　球面零件分瓣展开作图

2. 球面的分带展开技巧与诀窍

(1) 零件图。球面的分带展开如图 9-79 所示。

(2) 形体分析技巧。由图 9-79 分析可知，球面分带法是沿球的纬线方向将分割球面分割为若干横条带。为展开需要，把每一横条带看成为纬线单一方向的弯曲，而另一方向看作是直线，这样就把每一块的展开化成锥面和柱面的展开，所以可选用平行法和放射线两种方法展开。

(3) 结构放样技巧。

1) 确定零件接口形式。先将球面的顶部同样划分为一块极帽，然后再将球面根据其尺寸及技术要求划分，球面的划分方法如图 9-80 (a) 所示。

2) 制作零件的成形样板：零件成形样板，按其表面成形后的内皮尺寸计算，如图 9-80 (b) 所示。

(4) 展开放样技巧。

1) 板厚处理技巧。球面加工成形后，球面弯曲成一定圆弧曲率，故零件的板厚处理应以中性尺寸为准计算，图中 $\phi-t$ 为板厚处理后的尺寸，如图 9-81 所示。

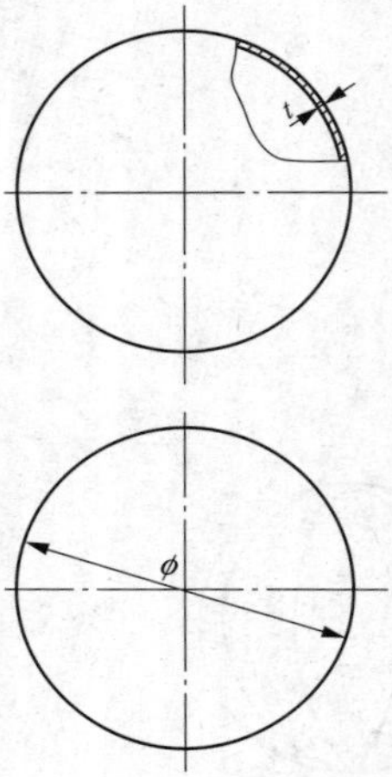

图 9-79　球面零件图

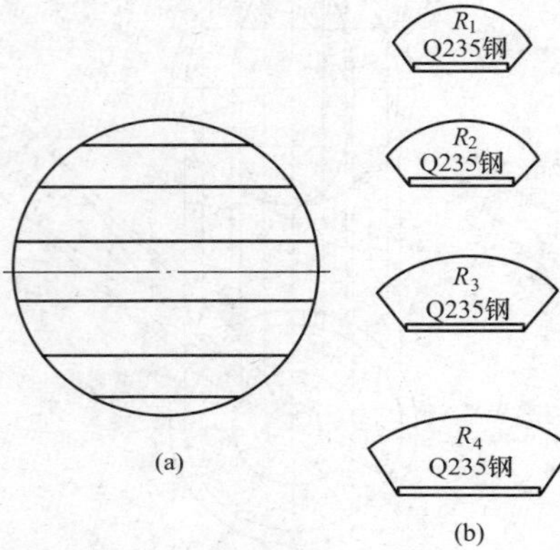

图 9-80　球面结构分带放样及成形样板图

（a）结构放样图；（b）成形样板图

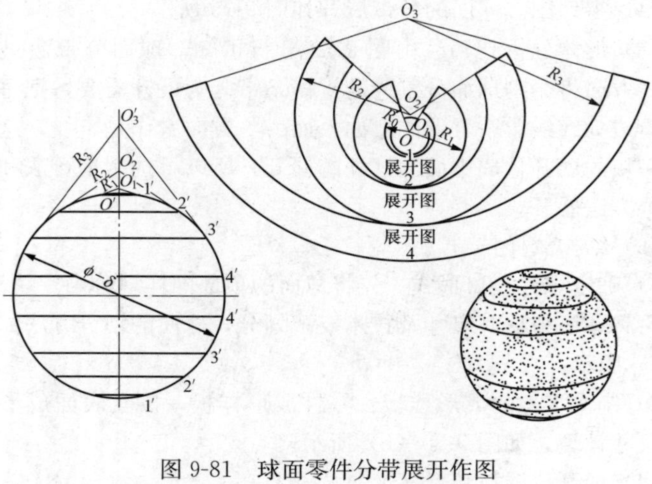

图 9-81　球面零件分带展开作图

2）展开作图技巧。

a. 球面的等分。首先划出球面带极帽的主视图和俯视图，并 16 等分球面圆周，由等分点引水平线（纬线）将球面分为两个极帽，7 个长条带。其中，中间长条带为柱面。柱面的展开为一长方形，其长边等于球面的周长，短边等于等分弧的弦长，其余各长条带的投影为正圆锥台，可用放射线法展开，展开半径分别为 R_1、R_2 和 R_3。半径的求法为过弧 $1'2'$、$2'3'$、$3'4'$的中点，作球面的切线并向上延长交中心线于 o_1'、o_2'、o_3'，即得 R_1、R_2、R_3半径。

b. 作展开图。任意地作一竖线，取一点 o，以 o 点为圆心，R（R 等于 $o'1'$弧长）为半径画圆，为球面极帽的展开图。在竖直线取点 1、2、3、4 各点，使 1-2、2-3、3-4 的各线段长等于弧 $1'2'$、$2'3'$、$3'4'$的各弦长，再以展开图上 1、2、3、4 点向上截取 R_1、R_2、R_3 得 o_1、o_2、o_3，以 o_1、o_2 和 o_3 为圆心，以从圆心到 1、2、3、4 点的距离为半径，分别划圆弧，取各弧长对应等于球面各纬线为直径的纬圆周长，得各扇形带即为所求各长条带的展开图。

3. 球面的分块展开技巧与诀窍

（1）零件图样。球面的分块展开如图 9-82 所示。

（2）形体分析技巧。球面的分块展开是联合应用分瓣和分带方法，将球表面分成若干小块。为保证接缝的强度，各块可错开位置，展开时可选用放射线方法。

（3）结构放样技巧。

1）确定零件接口形式。零件接口形式如图 9-83（a）所示。

2）制作构件成形样板。构件成形样板按构件成形后里皮计算，如图 9-83（b）所示。

（4）展开放样技巧。

1）板厚处理技巧。此零件加工后，将表面弯曲成一定曲率，故按零件的中性层尺寸为准计算，图中 $\phi-t$ 为板厚处理后的尺寸，如图 9-84 所示。

2）展开作图技巧。

a. 球面的等分。在图 9-84 划出球面带极帽的主视图和俯视图，并将球表面按径向和纬向划分成一定数量的小块，由作图可知，在同一球带中，各块的大小相同，但其顶部、中部和下部三块的大小不同，应分别作展开图。

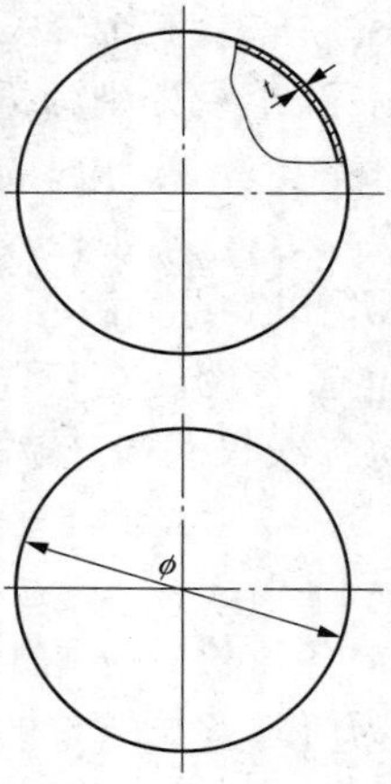

图 9-82 球面零件图

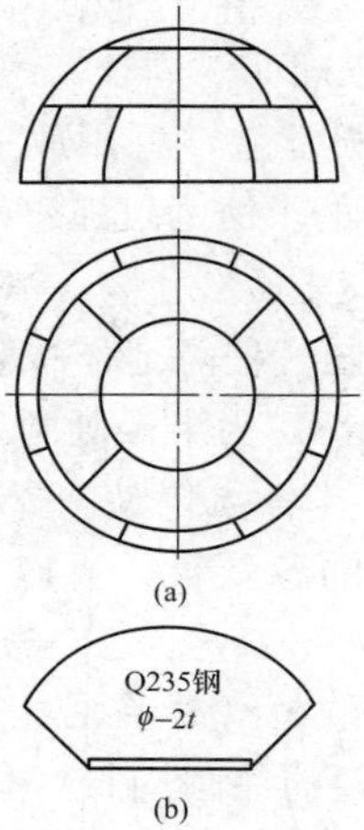

图 9-83 球面结构分块放样及成形样板图

(a) 结构放样图；(b) 成形样板图

b. 顶部的展开。球面顶部的展开为一圆板，其直径是以弧长 l 为半径的圆。

c. 中部分块的展开。将主视图中弧 $a'b'$ 段等分，得等分点 $1'$、$2'$、$3'$，再将各点投影至俯视图中并作圆弧，主视图中过 $a'b'$ 的中点 $2'$ 点，作 o-$2'$ 线的垂线得 o' 点，在展开图中的 o'-2 的长 R_1 为半径作圆弧，以 $2'$ 为基点，将主视图 $a'b'$ 展开在垂直中心线上，并以 o_1 为圆心，过各点作同心圆弧，在各圆弧上分别量取俯视图中各段弧长，得 b'、$1'$、$2'$、$3'$ 和 a' 点，用曲线连接后得中部分块的展开图。

d. 下部的分块展开。其展开方法与球体中部相同，如图 9-84 所示。

4. 正圆柱螺旋面的展开作图技巧与诀窍

（1）零件图。正圆柱螺旋面图，如图 9-85 所示。

（2）形体分析技巧。由图 9-86 分析可知，正圆柱螺旋面也是具有双向弯曲表面，所以其表面展开也只能做到近似展开，下面分

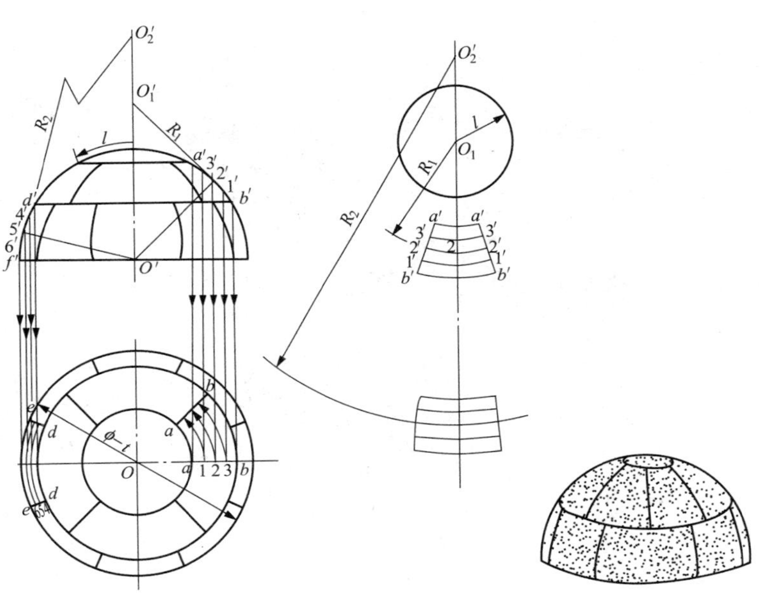

图 9-84　球面零件分块展开作图

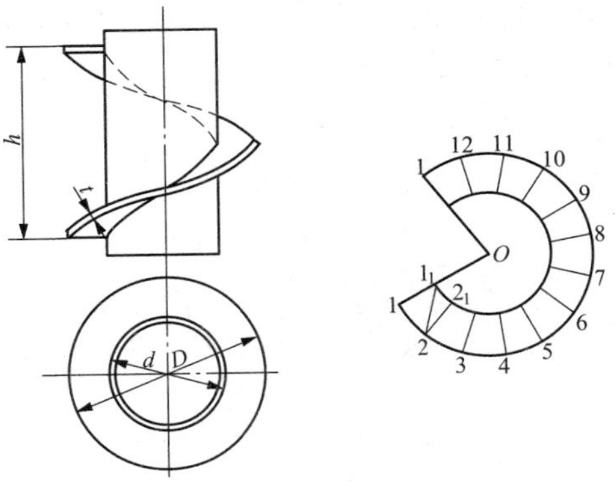

图 9-85　正圆柱螺旋面零件图

三种方法介绍正圆柱螺旋面的展开。

（3）展开放样技巧。

1）三角形法。先将正圆柱螺旋面分成若干个三角形，然后求

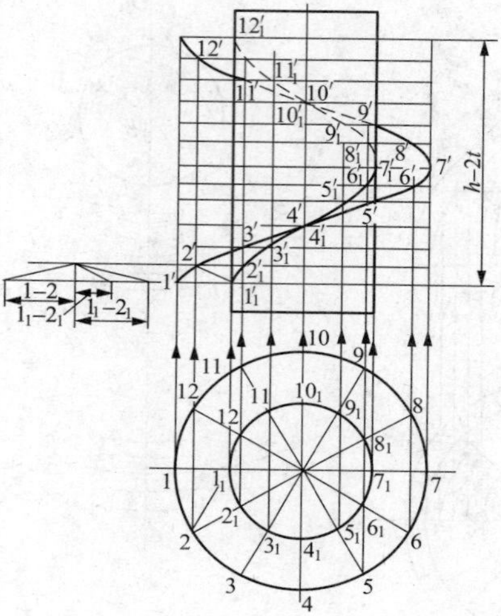

图 9-86 正圆柱螺旋面展开作图

出各个三角形的实形，依次排列划出每个三角形的展开图，就可得到正圆柱螺旋面的展开图。

a. 板厚处理。图中 h-$2t$ 为板厚处理后的尺寸，如图 9-86 所示。

b. 展开作图技巧。

● 在图 9-86 中，先在一个导程内将螺旋面分成 12 等分，作展开图时，将螺旋面的每一部分（11_1、22_1 面）可近似地看作是一个空间的四边形。连接四边形的对角线，将四边形分成两个三角形，其中 1-1_1 和 2-2_1 为实长，其余的三边用直角三角形法求实长（见图 9-86 左面的实长图）。

● 作一线段等于 1_1-2，分别以 1_1、2 为圆心，以线段 1-1_1 和 2-2_1 和 1_1-2_1、1-2 为半径做出四边形 11_122_1 的展开图，在作其余部分展开时，可将展开图中的 1-1_1 和 2-2_1 线延长交于 o，以为圆心，分别以 o-1 及 o-1_1 为半径作大圆弧，在大圆弧上截取 11 份的 12 弧长，即得一个导程螺旋面的展开图。

2）计算法。若已知螺旋面的外径 D、内径 d 和导程 h，可不划螺旋面的投影图，直接用计算法作图。

图 9-87 所示为一个导程之间螺旋面的展开图，它是一个开口的圆环，其中：

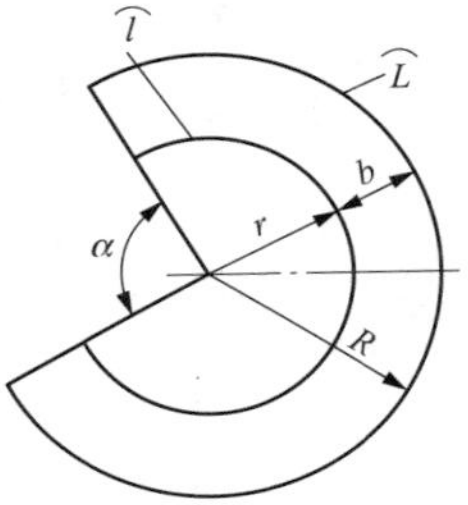

图 9-87　一个导程之间螺旋面的展开图

$$r=\frac{bl}{L-l}$$

$$R=r+b$$

$$a=\frac{2\pi R-r}{2\pi R}\times 360°$$

式中　b——螺旋面的宽度（mm）；

L、l——大、小螺旋线一个导程的展开长度（mm），即：

$$L=\sqrt{h^2+(\pi D)^2},\ l=\sqrt{h^2+(\pi d)^2}$$

3）简便面法。

a. 分别作出大、小螺旋线一半的展开长度，得和 $l/2$ 如图 9-88（a）所示。

b. 作 $AB=L/2$，过 B 作 $BD\perp AB$，并使 $BD=(D-d)/2=b$，过 D 作 $CD//AB$，并使 $CD=l/2$，连接 AC 并延长使之与 BD 的延长线交于 O 点。

c. 以 O 为圆心，分别以 oD、oB 为半径作图，则得正圆柱螺旋面一个导程多出一部分的展开图，如图 9-88（b）所示。

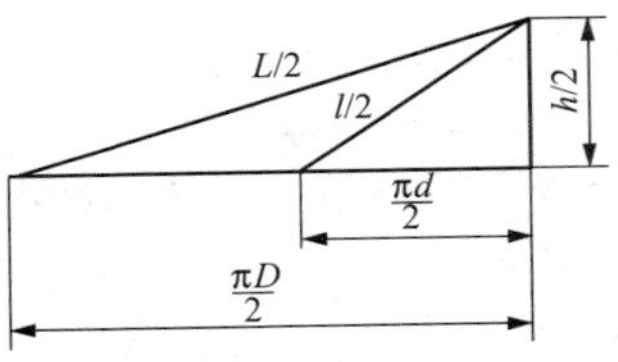

(a)

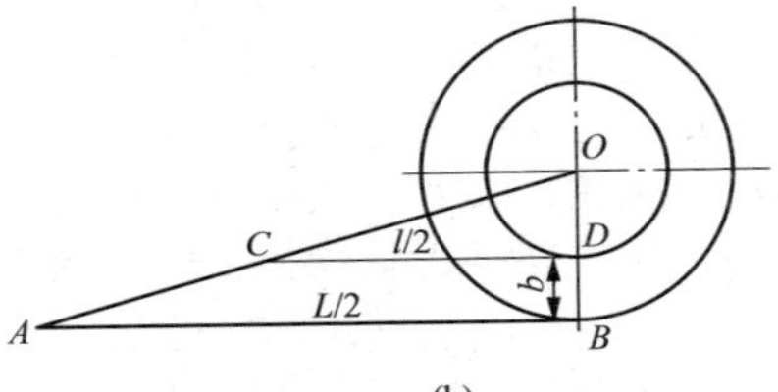

(b)

图 9-88　大、小螺旋线一半的展开长度

5. 斜螺旋面的展开作图技巧与诀窍

斜螺旋面的展开作图技巧与诀窍见表 9-4。

表 9-4　　斜螺旋面展开作图实例

斜螺旋面视图	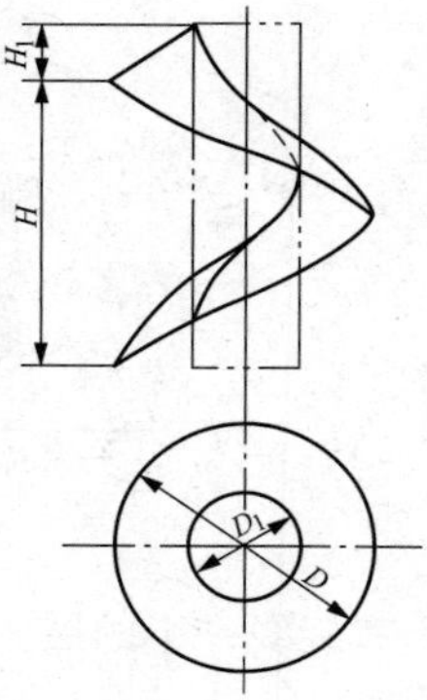
斜螺旋面投影图作法	斜螺旋面是母线的一端沿着圆柱螺旋线运动，并且母线始终保持与轴线斜交成一定角度而形成的曲面，见斜螺旋面视图。 斜螺旋面投影图作法： （1）作十字中心线，先在两视图中作内螺旋线，做法和上例相同。 （2）把导程 H 和俯视圆投影圆 D_1 画出，然后各作 12 等分，将圆上各等分点 1、2、3…向上引铅垂线，过 H 的 12 等分点分别作水平线，和铅垂线对应交得 $1'$、$2'$、$3'$…各点，光滑连接各点即得斜螺旋面内螺旋线的投影。 （3）将俯视图中的外圆 12 等分，根据内外螺旋线差距为 H_1，在正视图中作出 a' 点，$1'a'$ 为斜螺旋线的素线长度，和垂直中心线成 a 角。过 a' 点起，仍然取导程 H 长度并作 12 等分，用和内螺旋线相同的作法，作出外螺旋线，得到的图形即是斜螺旋面的投影图

续表

斜螺旋面展开图作图	斜螺旋面展开图作法： （1）斜螺旋面可用三角形法近似作图。先将俯视图中的 $ab21$ 四边形分割成 $a21$ 和 $a2b$ 两个三角形，以内外螺旋线每等分高度为一条直角边，以 $\overset{\frown}{12}$ 和 $\overset{\frown}{ab}$ 的弧长为另一直角边作两个直角三角形，求得内外螺旋线每等分的实长 l_1 和 l_2。 （2）再以导程差 H_1 为一直角边，以 $a2$ 长度为另一直角边作直角三角形，求得斜边长度为 l_3，$a'1'$ 的长度为 a_1 和 b_2 直线边的实长。 （3）先作线段 a_1 长为实长 $a'1'$，以 a 为圆心 l_3 为半径划弧，再以 1 为圆心 l_1 为半径划弧交于点 2，再以 2 为圆心 $a'1'$ 为半径划弧和以 a 为圆心 l_2 为半径所划弧交于点 b，即得到 $ab21$ 四边形，依次类推作出所有四边形，即得到斜螺旋面在一个导程内的展开图形，见展开图
展开图	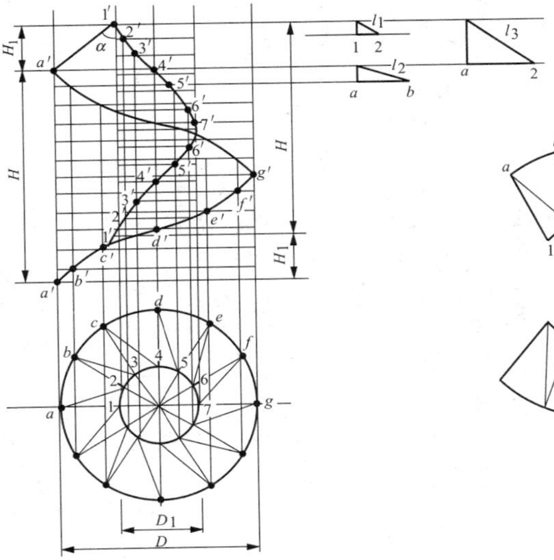 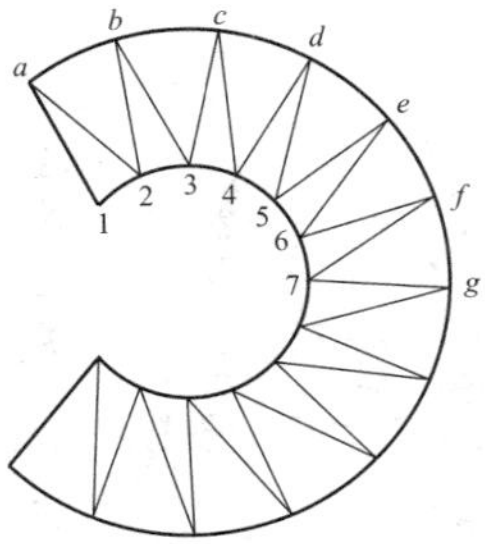 展开图

6. 回转面构件展开作图实例

曲纹回转面和螺旋面一样属于不可展曲面，这类形体的构件如储罐罐顶、球罐等都属于较大型结构，一般要多块钢板拼接起来，在制造中往往是先下毛坯料成形后再二次下料。这里只介绍用等曲线法的近似展开方法和可以一次直接下料的构件。这类构件在制造中由于冷热加工方法的不同，成形后边缘尺寸和展开尺寸有很大差距，所以往往要在展开时用经验近似展开或修正。

拱顶罐分瓣搭接顶板展开作图技巧与诀窍见表 9-5。

表 9-5　　　　拱顶罐分瓣搭接顶板展开实例

施工图	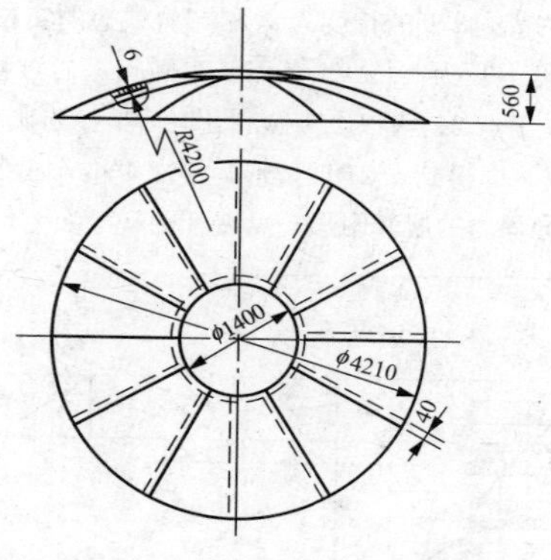
放样展开图作法	因图样要求顶盖每块顶板之间是搭接，所以可以直接近似展开下料，以中径作图和展开。顶板可用放样法作图，一般在罐底有较大面积可直接作图展开，在没有条件的情况下可用计算法展开。 放样展开图作法： (1) 如放样展开图所示，作出一块顶板的正视图和俯视图，俯视图中不包括 40mm 的搭接部分。 (2) 将正视图中分瓣搭接顶板圆弧$\widehat{AD}$作若干等分，过各等分点作圆的切线交轴线于各点得 R_1、R_2、R_3 等各半径线。将这些等分点投影到俯视图中得 B'、C'、D'点。 (3) 以 O'为圆心，以 B'、C'、D'点到 O'点距离为半径划弧，得到在一块顶板间的弧长 l_1、l_2、l_3。 (4) 在展开图中取线段 bd 等于正视图中$\widehat{BD}$长度，取线段 $bc=\widehat{BC}$，过 b、c、d 各点用对应 R_1、R_2、R_3 为半径划弧，在弧上对应俯视图中的 l_1、l_2、l_3 值取弧长得到一系列点。 (5) 光滑连接各点就得一块顶板边线的展开曲线，然后在曲线的一边加上 40mm 的搭接部分就得到顶板的全部展开图形

续表

放样展开图	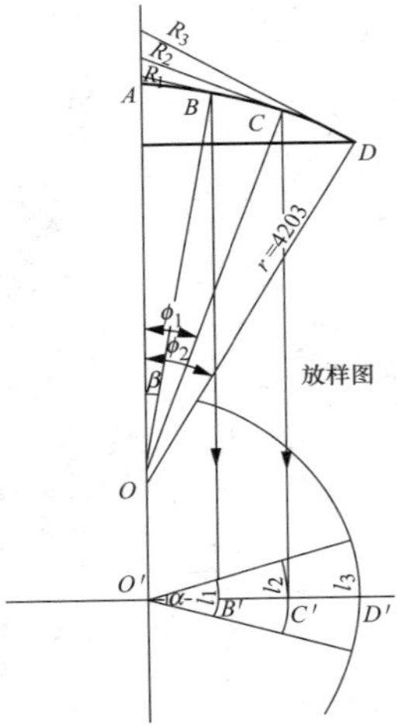 放样图 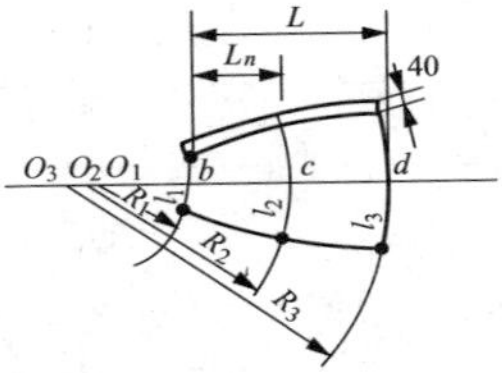 展开图
计算法展开作图	计算法作图需要计算出展开图中 R_n、L_n 和 l_n 值就可直接作展开图形。 计算公式： $R_n = r\tan\phi_n$ $l_n = 0.017\ 453\arcsin\phi_n$ $L_n = 0.017\ 453(\phi_n - \beta)$ 式中 r——球放样半径； β——球瓣径向到球轴线最小圆心角； ϕ_n——球瓣任意位置径向对应圆心角； l_n——对应 ϕ_n 任意位置纬向弧长； R_n——对应 ϕ_n 值的展开用半径。 本例已知 $r=4203$mm，顶板分 12 块即每块的对应夹角 $a=30°$，$\beta=\arcsin$ (700mm/4203mm) = 9.587 16°，而顶板 ϕ_n 的最大值在放样展开图中可看出应是 $\phi_2=\arcsin$ (2105mm/4203mm) = 30.0551°，将以上已知数值代入计算公式式中，ϕ_n 以同样等分分别计算，所得数值见下表

续表

计算法展开作图

罐顶盖板展开计算值

变量 ϕ_n 值/(°)	对应 R_n 值/mm	对应 l_n 值/mm	c 对应 L_n 值/mm
9.587 16	710	367	0
13	970	495	250
18	1366	680	617
22	1698	824	910
25	1960	930	1131
30.055 1	2432	1102	1501

因是程编计算十分方便所以 ϕ_n 可以取较多的值进行计算，如形状要求不太严时可减少计算点。此计算法展开经长期实践证明是较准确的计算展开，因此搭接顶盖可用此法直接计算展开，作图法和放样作图法相同，见计算展开图

计算展开图

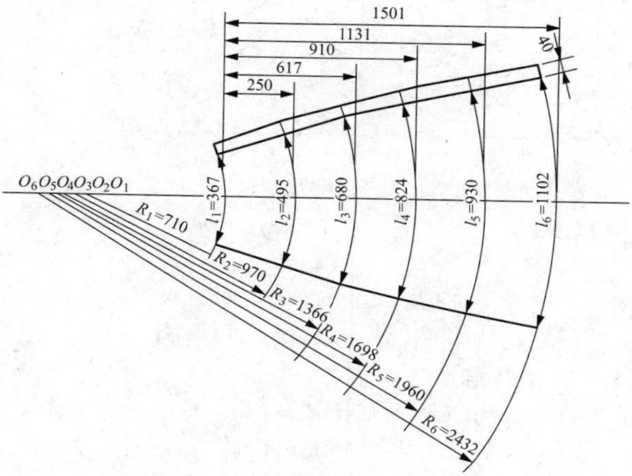

7. 不可展直纹面构件展开作图实例

很多钣金构件在设计要求中仅要求各接口的几何尺寸，对过渡面就没有严格要求，在这种情况下，很多构件是可以用不可展直纹面或可展直纹面构成，在展开时应尽量采用可展面使构件便于展开，不可展直纹面一般用三角形法展开作图。

（1）变截面方口直角弧面弯管展开作图实例，见表 9-6。

表 9-6　　　　变截面方口直角弧面弯管展开作图实例

视图	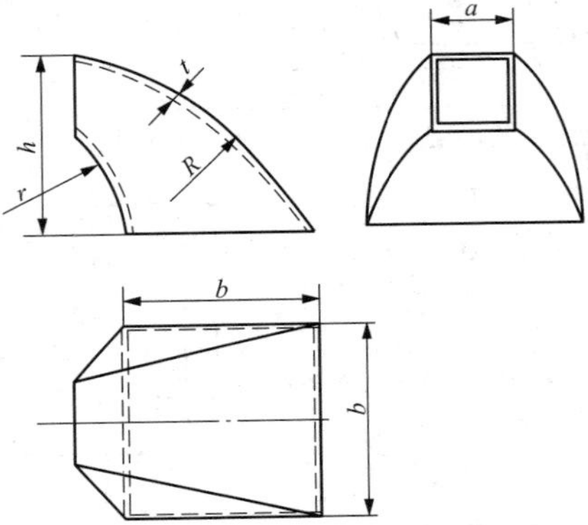
展开图作法	此弯管两端口均为正方形并且互相垂直，从正视图看前后面是未规定素线设置方法的直纹面，而弯管内外侧面是被截切的圆柱面。放样作图均用内径，两侧面展开长度应用中径展开长度。 内外侧面展开图作法： （1）在正投影中将内外圆弧各作 4 等分，过各等分点各自下引垂线交俯视图相应线上于各点，内侧为 1、2、3、4、5 各点，外侧为 a、b、c、d、e 各点。 （2）取线段 AB 和 CD 分别等于内外侧扳中径圆弧的长度，并都同样作 4 等分，过等分点作垂线，以线段为中心对应截取俯视图中各线的实长得到 $1'$、$2'$、$3'$、$4'$、$5'$和 a'、b'、c'、d'、e'各点，光滑连接各点即得到内外侧板的展开图形［见放样展开图（b）］。 前面板和后面板相同，可只作一块的展开。在正视图中将内外侧弧线等分点作 $b1$、$c2$、$d3$ 和 $a1$、$b2$、$c3$、$d4$ 等连接线，即将此面分割成许多块小三角形。 过正视图各等分点作水平投影线，利用俯视图中各点间距离用直角三角形法将各实长线求出。两边各等分弧长不可利用侧板展开弧长。然后用三角形法作出展开图［见放样展开图（c）］

续表

放样展开图	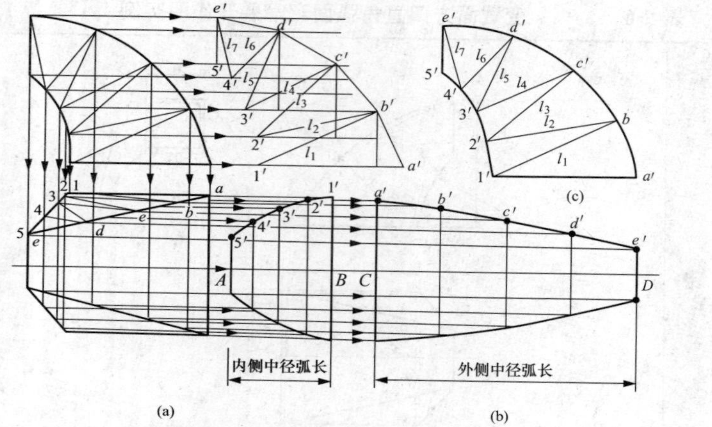 （a）放样图；（b）展开图；（c）前后面板展开

（2）变截面矩形口直角弧面弯管展开作图实例，见表 9-7。

表 9-7　变截面矩形口直角弧面弯管展开作图实例

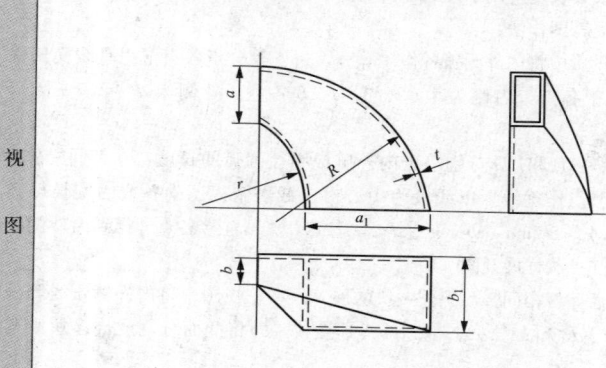

视图	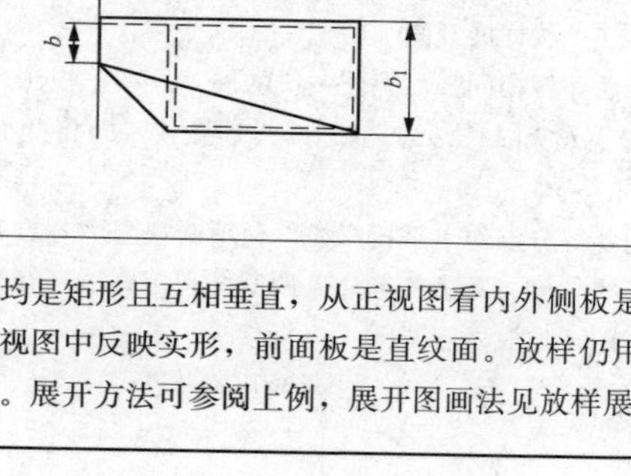
展开图作法	此构件两端口均是矩形且互相垂直，从正视图看内外侧板是被截切的圆柱面，后面板在正视图中反映实形，前面板是直纹面。放样仍用内径，内外侧板的展开用中径。展开方法可参阅上例，展开图画法见放样展开图

续表

放样展开图	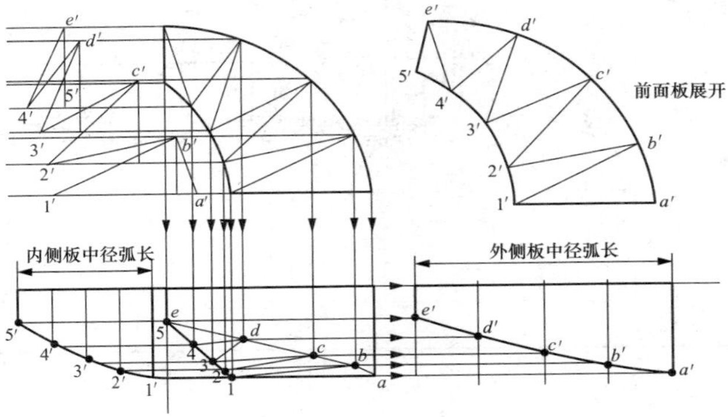

8. 被不可展椭圆面截切后的圆柱管构件展开作图实例

椭圆柱面截切后的圆柱管展开实例见表 9-8。

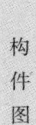

表 9-8　　　　椭圆柱面截切后的圆柱管展开实例

构件图	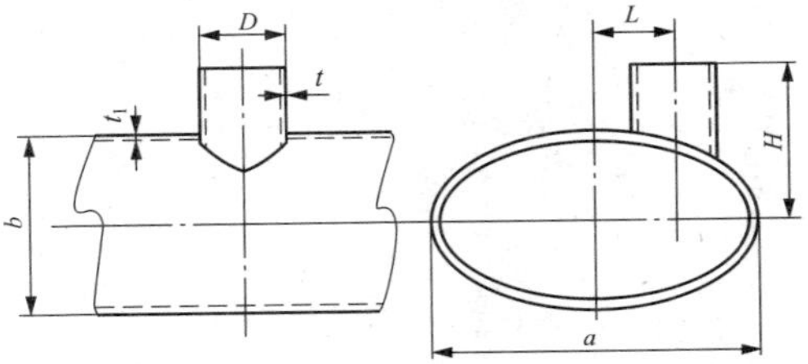
用平行线法展开	此构件中圆管直插椭圆柱面，圆管外壁和椭圆柱内壁接触，所以放样图中圆管以外径而椭圆管以内径划出。两管相贯线在左视图中的投影是椭圆柱截面的一部分，所以利用右视图可以直接求出圆管素线的实长。圆管用中径展开，利用平行线法展开可作出圆管展开的全部图形（见放样展开图）

续表

放样展开图	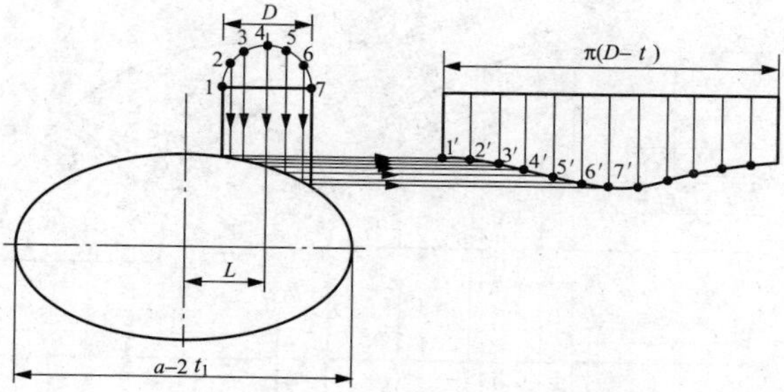D 1 2 3 4 5 6 7 π(D– t) 1′ 2′ 3′ 4′ 5′ 6′ 7′ L a–2 t1

机电工人实用技术手册系列

钣金工实用技术手册

邱言龙 王兵 赵明 编著

下册

中国电力出版社
CHINA ELECTRIC POWER PRESS

内 容 提 要

为提高机电工人综合素质和实际操作能力，根据《国家职业标准》和《职业技能鉴定规范》，特组织编写了《机电工人实用技术手册》系列，以期为读者提供一套内容新、资料全、操作内容讲解详细的工具书。

本书为其中的一本，以图表为主要载体，以实用和够用为原则，大量介绍钣金计算、展开实例、钣金加工制造实例。内容浅显易懂。全书分为上、下两册，共18章，上册为基础理论部分，下册为专业技能部分。主要内容包括钣金工常用资料与计算，介绍三角函数的计算、常用数表的应用，常用几何图形计算，测量计算和计量单位换算等；金属材料及其热处理，简要介绍了常用金属材料的力学性能和焊接性能，金属材料的热处理；几何公差，极限与配合基础知识，钣金工常用量具、工具与夹具；钣金工常用设备。钣金作图与识图基础；钣金放样、号料与下料；特别介绍钣金展开计算，钣金展开作图实例等。重点介绍钣金加工工艺，包括钣金手工成形，钣金冲裁，钣金弯曲，钣金拉深，钣金模具成形，钣金校平与矫正；钣金焊接与热切割，钣金连接方法，钣金产品装配与制造等。

本书是机电工人必备的工具书，可供钣金加工技术人员和生产一线的中高级工人、技师使用，又可供下岗、求职工人进行转岗、上岗再就业培训用，还可供相关院校机械制造专业师生参考。

图书在版编目(CIP)数据

钣金工实用技术手册/邱言龙，王兵，赵明编著. —北京：中国电力出版社，2016.4
ISBN 978-7-5123-8651-8

Ⅰ.①钣… Ⅱ.①邱… ②王… ③赵… Ⅲ.①钣金工-技术手册 Ⅳ.①TG936-62

中国版本图书馆 CIP 数据核字(2015)第 302736 号

中国电力出版社出版、发行
(北京市东城区北京站西街 19 号 100005 http://www.cepp.sgcc.com.cn)
北京丰源印刷厂印刷
各地新华书店经售
*
2016 年 4 月第一版 2016 年 4 月北京第一次印刷
850 毫米×1168 毫米 32 开本 33.75 印张 1023 千字
印数 0001—2000 册 定价 **78.00** 元(上、下册)

前 言

人类跨入 21 世纪以来，随着新一轮科技革命和产业变革的孕育兴起，全球科技创新呈现出新的发展态势和特征。这场变革是信息技术与制造业的深度融合，是以制造业数字化、网络化、智能化为核心，建立在物联网和务（服务）联网基础上，同时叠加新能源、新材料等方面的突破而引发的新一轮变革，给世界范围内的制造业带来了广泛而深刻的影响。

随着我国工业技术突飞猛进的发展，与世界先进科学技术形成高度融合，特别是加入 WTO 十几年以来，我国的汽车工业、农业机械、航天航空工业的高速发展，对钣金发展和要求提出了巨大的挑战。虽然数控技术发展迅速，但由于可以利用的数字化模型和数据采集的缺乏和严重滞后，迫使钣金加工制造大多还只能停留在手工加工和半自动化层面，同时钣金工业的发展日新月异，机电工业产品、石油化工企业生产、日常生活用品乃至汽车产品、动车高铁、船舶工业、大型飞机制造、航天航空工业生产以及空间站的建设等都必须依赖于钣金生产技术的开发、创新和应用，从而更进一步促使钣金加工制造技术向专业化、智能化、高效化方向发展。

钣金加工制造本是传统的手工加工技术，从金属加工的角度来看，钣金制造相比金属切削加工而言属于少、无切屑加工技术，在制造效率上占据优势地位，并且正向着高效、精密、大型、自动化方向发展，钣金数控加工技术的应用也日益广泛。其次钣金的发展也离不开与其相关的技术领域，包括钣金材料的热处理工艺、钣金产品零件成形工艺、钣金矫正所使用的设备及附属装置，钣金加工、装配、检测所使用的工、夹、量、刃、磨具及专业设备，以及产品零件的材料性能等。为帮助钣金工实现日常生产管理和培养钣金工的中、高级技术人才，加强工程实践能力和专业技能水平的提高，本书从钣金工基本理论着手，采用图表形式介绍了钣金工常用量具、工具、夹具与设备的使用，钣金放样、号料与下料；钣金展开计算与作图；钣金手工成形、钣金连接方法与装配工艺等知识。本书力求为基层生产者提供一套基础、全面、具有较强针对性和实用性的钣金工艺资料，处处以实例为主，加以简要的分析说明，辅以大量的图、表资料，提供实用便查的翔实数据。

本书是《机电工人实用技术手册》系列中的一本，全书共18章，主要内容包括钣金工常用资料与计算，介绍三角函数的计算、常用数表的应用，常用几何图形计算，测量计算和计量单位换算等；金属材料及其热处理，简要介绍了常用金属材料的力学性能和焊接性能，金属材料的热处理；几何公差，极限与配合基础知识，钣金工常用量具、工具与夹具；钣金工常用设备；钣金作图与识图基础，钣金放样、号料与下料；特别介绍钣金展开计算，钣金展开作图实例；重点介绍钣金加工工艺，包括钣金手工成形，钣金冲裁，钣金弯曲，钣金拉深，钣金模具成形，钣金校平与矫正；钣金焊接与热切割，钣金连接方法，钣金产品的装配与制造等。

本书根据《国家职业标准》和《职业技能鉴定规范》，由长期工作在生产一线，具有丰富实践经验的技术专家和高级技工学校、技师学院的高级教师、高级技师编写而成，旨在帮助广大钣金技术工人提高操作技能和实际工作的应变能力！

本书以图表为主要载体，介绍大量钣金计算、展开实例，钣金加工制造实例，形式不拘一格，内容浅显易懂，不过于追求系统和理论的深度和难度，以实用为原则，既是工人必备工具书，又可供钣金加工技术人员和生产一线的中高级工人、技师使用，还可供下岗、求职工人进行转岗、上岗再就业培训用。此外，相关院校机械制造专业师生也可以参考。

本书在资料搜集方面历时五年，几乎包括了除钣金旋压成形、高速（爆炸）成形、超塑成形等成形工艺以外的大部分成形技术，钣金放样、号料、下料方法，钣金展开计算、展开作图技巧，钣金焊接与热切割技术，钣金连接，钣金产品的装配与制造技术等。在资料搜集过程中，得到了许多钣金加工工具厂、钣金制品厂，特别是钣金车间，钣金设备维修厂许多钣金专业人员的大力帮助和热情支持，在此一并致谢。

本书由邱言龙、王兵、赵明编著，李文菱、雷振国、汪友英审稿，李文菱任主审。全书由邱言龙统稿。

由于编者水平有限，加上搜集资料方面的局限，所列钣金加工工艺、钣金先进加工制造技术各项参数和数据毕竟有限，加上钣金制造业的不断迅速发展，不足和错误之处在所难免，恳请广大读者批评指正，以利提高。欢迎读者通过 E-mail：qiuxm6769@sina.com 与作者联系。

编 者

2015.12

目　录

下　　册

第十章

钣金手工成形技术

第一节　弯形和绕弹簧技术

一、手工弯形技巧

（一）弯形概述

将坯料弯成所需形状的加工方法称为弯形。弯形的工作就是使材料产生塑性变形，因此只有塑性好的材料才适合弯形。

弯形工件表面金属变形严重，容易出现拉裂或压裂现象，特别是在弯形半径越变越小的情况下，为了防止弯形件拉裂或压裂，必须使工件的弯形半径大于导致材料开裂的临界弯形半径——最小弯形半径，其值由实验确定。各种型材最小弯曲半径见表 10-1。

材料弯形过程中也还有弹性变形存在，使得弯形角度和弯形半径发生变化，这种现象叫回弹。工件在弯形过程中应多弯过一些，以抵消工件的回弹。

图 10-1（a）所示为弯形前的钢板，图 10-1（b）所示为钢板弯形后的情况。从图样可看出它的外层材料伸长了（图中 *e-e* 和 *d-d*），内层材料缩短（图中 *a-a* 和 *b-b*），而中间一层材料（图中 *c-c*）在弯形时长度不变，这一层叫中性层，同时材料的断面也产生了变形，但其面积保持不变，如图 10-1 所示。

如图 10-2 所示，材料弯形变形的大小与下列因素有关：

（1）当 r/t 值愈小时，则变形愈大；反之 r/t 值愈大时，则变形愈小（r 为弯形半径，t 为材料厚度）。

（2）弯形角 α 愈小，则变形愈大；反之弯形角 α 愈大，则变形就愈小。

弯形变形引起的内应力以及弯形处的冷作硬化，可用退火的方法来消除。

表 10-1　　各种型材最小弯曲半径

名　称	简　图	状态	$R_{\min}$计算公式
等边角钢外弯	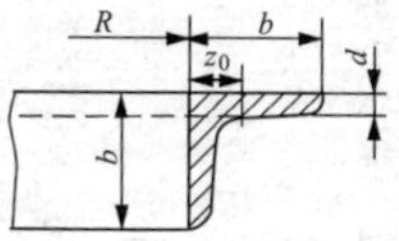	热	$R_{\min}=\dfrac{b-z_0}{0.14}-z_0\approx 7b-8z_0$
		冷	$R_{\min}=\dfrac{b-z_0}{0.04}-z_0=25b-26z_0$
等边角钢内弯	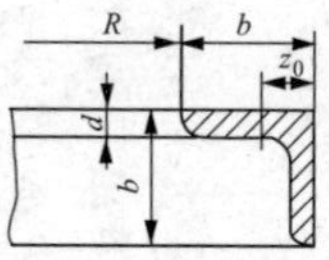	热	$R_{\min}=\dfrac{b-z_0}{0.14}-b+z_0\approx 6(b-z_0)$
		冷	$R_{\min}=\dfrac{b-z_0}{0.04}-b+z_0=24(b-z_0)$
不等边角钢小边外弯	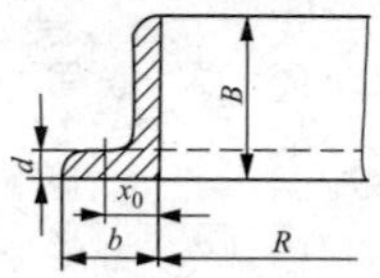	热	$R_{\min}=\dfrac{b-x_0}{0.14}-x_0\approx 7b-8x_0$
		冷	$R_{\min}=\dfrac{b-x_0}{0.04}-x_0=25b-26x_0$

续表

名　　称	简　　图	状态	R_{min}计算公式
不等边角钢大边外弯	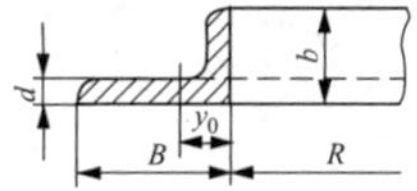	热	$R_{min}=\frac{B-y_0}{0.14}-y_0\approx 7b-8y_0$
		冷	$R_{min}=\frac{B-y_0}{0.04}-y_0=25b-26y_0$
不等边角钢小边内弯	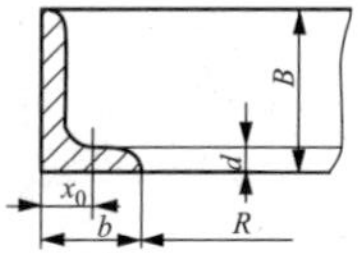	热	$R_{min}=\frac{b-x_0}{0.14}-b+x_0\approx 6(b-x_0)$
		冷	$R_{min}=\frac{b-x_0}{0.04}-b+x_0=24(b-x_0)$
不等边角钢大边内弯	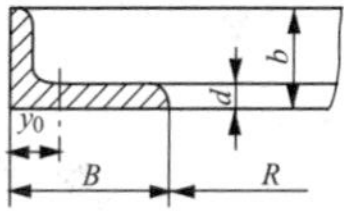	热	$R_{min}=\frac{B-y_0}{0.14}-B+y_0\approx 6(B-y_0)$
		冷	$R_{min}=\frac{B-y_0}{0.04}-B+y_0=24(B-y_0)$

续表

名　　称	简　　图	状态	R_{min}计算公式
工字钢以 y_0-y_0 轴弯曲	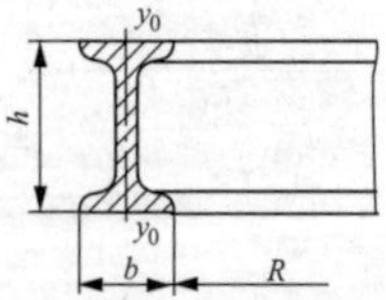	热	$R_{min}=\frac{b}{2\times 0.14}-\frac{b}{2}\approx 3b$
		冷	$R_{min}=\frac{b}{2\times 0.04}-\frac{b}{2}=12b$
工字钢以 x_0-x_0 轴弯曲	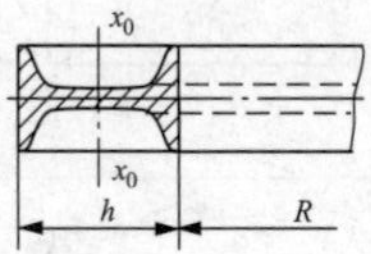	热	$R_{min}=\frac{h}{2\times 0.14}-\frac{h}{2}\approx 3h$
		冷	$R_{min}=\frac{h}{2\times 0.04}-\frac{h}{2}=12h$
槽钢以 y_0-y_0 轴外弯	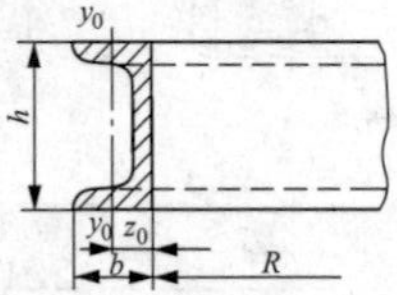	热	$R_{min}=\frac{b-z_0}{0.14}-z_0\approx 7b-8z_0$
		冷	$R_{min}=\frac{b-z_0}{0.04}-z_0=25b-26z_0$

续表

名　　称	简　　图	状态	R_{min}计算公式
槽钢以 y_0-y_0 轴内弯	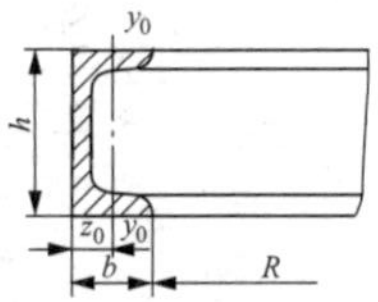	热	$R_{min}=\frac{b-z_0}{0.14}-b+z_0\approx 6(b-z_0)$
		冷	$R_{min}=\frac{b-z_0}{0.04}-b+z_0=24(b-z_0)$
槽钢以 x_0-x_0 轴弯曲	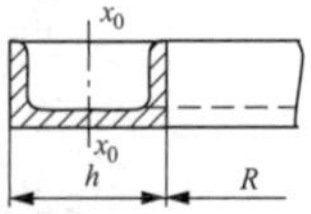	热	$R_{min}=\frac{h}{2\times 0.14}-\frac{h}{2}\approx 3h$
		冷	$R_{min}=\frac{h}{2\times 0.04}-\frac{h}{2}=12h$
圆钢弯曲	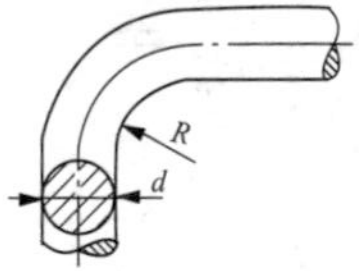	热	$R_{min}=d$
		冷	$R_{min}=2.5d$
扁钢弯曲	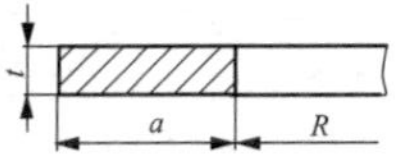当$\frac{a}{t}<10$时	热	$R_{min}=3a$
		冷	$R_{min}=12a$

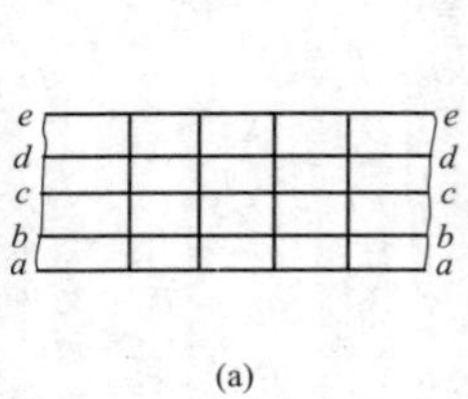

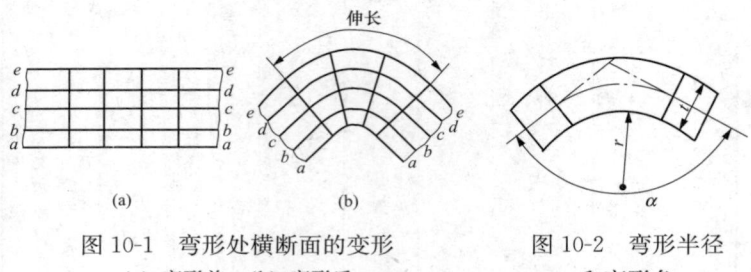

图 10-1　弯形处横断面的变形
(a) 弯形前；(b) 弯形后

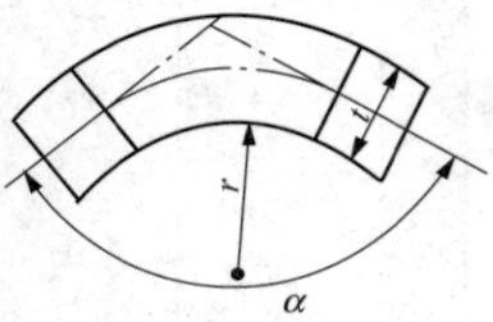

图 10-2　弯形半径和弯形角

（二）弯形工艺方法与弯形技术

1. 弯形分类

在常温下进行弯形叫冷弯形，对于厚度大于 5mm 的板料以及直径较大的棒料和管子等常把工件加热到呈樱桃红色后再进行弯形叫热弯形。热弯一般是由锻工进行的，通常情况下冷作钣金工只作冷弯操作。

此外，弯形的方法还可分为手工弯形和机械弯形。下面介绍几种手工弯形的方法。

2. 手工弯形的工艺方法

(1) 板料的弯形技巧。

1) 直角工件的弯形技巧。对于一些薄板或是扁钢，当工件尺寸不大时，可直接在台虎钳上弯成直角。但在弯曲前要在弯曲部位划好线，并把它夹持在台虎钳上，夹持时要使划线处刚好与钳口对齐，且两边要与钳口相垂直。如果钳口的宽度比工件短或是其深度不够时，则应用角铁做的夹持工具或直接用两根角铁来夹持工件，也可用 C 形夹夹持，然后用木槌敲成直角，如图 10-3 所示。

若弯曲的工件在钳口以上较长时，则应按图 10-4 所示方法，用左手压在工件上部，再用木槌在靠近弯曲部位的全长上轻轻敲击，使弯曲线以上的平面部分不受到锤击和产生回弹，这样就可以把工件逐渐弯成一个很整齐的角度，如图 10-4 (a) 所示。如敲打板料上端，如图 10-4 (b) 所示，由于板料的回跳，不但影响到平面不平整，而且角度也不易弯好。如弯曲线以上部分较短时，应如

图 10-5 所示，先用硬木块垫在弯曲处敲打，弯成直角，再直接用锤子用力敲击，使工件弯曲成形。如工件弯曲部位的长度大于钳口长度 2～3 倍，而且工件两端又较长，无法在台虎钳上夹持时，应参照如图 10-3（c）所示的方法，将一边用压板压紧在带 T 形槽的平板上，在弯曲处垫上木方条，用力敲打木方条，使其逐渐弯成需要的角度；或用角铁制作的夹具来夹持工件进行弯曲，如图 10-3（a）、（b）所示。

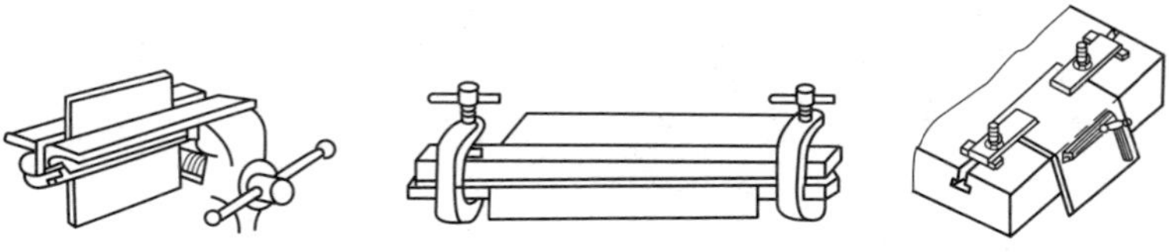

(a)　　(b)　　(c)

图 10-3　用角铁和平板夹持弯直角

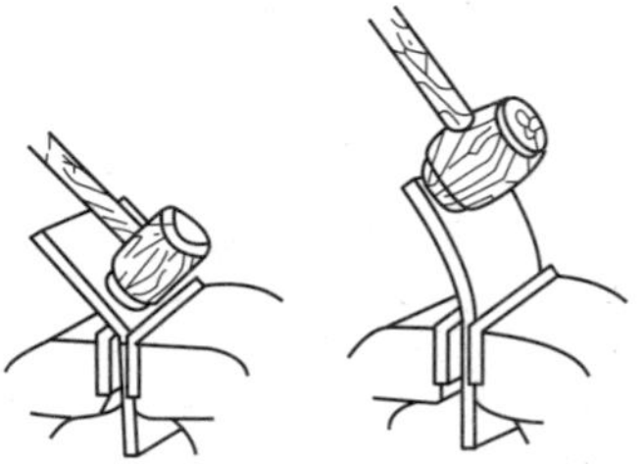

(a)　　(b)

图 10-4　弯上段较长的直角件

（a）正确的方法；（b）错误的方法

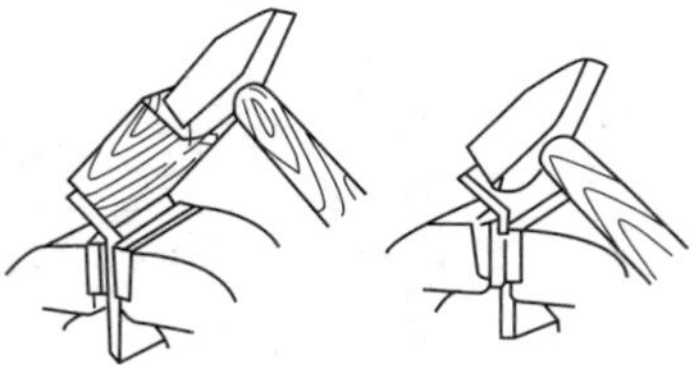

(a)　　(b)

图 10-5　弯上段较短的直角件

2）圆弧工件的弯形技巧。如图 10-6 所示。弯形时应先划线，按线夹持在台虎钳的两块角铁衬垫里，然后用方头锤子的窄头锤击所需弯曲部位，最后在半圆模上修整圆弧，使工件符合要求。

（2）管子的弯形技巧。管子的直径在 ϕ13 以下时，一般是采用冷弯的，在 ϕ13mm 以上时则采用热弯。但管子的最小弯曲半径必须大于管子直径的 4 倍。常用机械弯管方法见表 10-2，常用机械弯管芯轴及应用特点见表 10-3。

表 10-2 **常用机械弯管方法**

弯管方法		简图	设备	适用范围	备注
压（顶）弯	自由弯曲	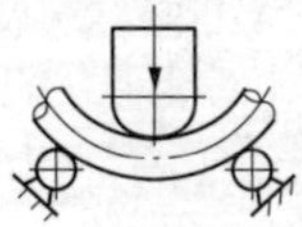	压力机或顶弯机	一般 $R_x>10$	1. 冷压或热压 2. 管内加支撑或不加支撑
	带矫正	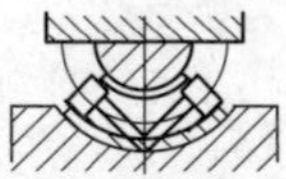		管内加特殊支撑时可用于 $R_x\geqslant1$	
滚弯		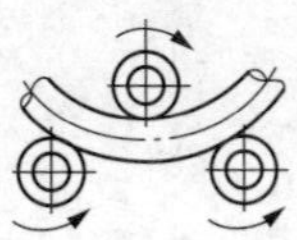	卷板机或滚弯装置	1. $R_x>10$ 2. 螺旋管	需带槽滚轮，冷弯

续表

弯管方法		简图	设备	适用范围	备注
回弯	辊压式	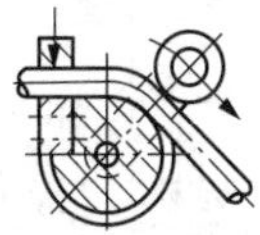	立式或卧式弯管机	冷弯： 无芯 $R_x \geqslant 1.5$　$t_x \approx 0.1$ 有芯 $R_x \geqslant 2$ 热弯： 充砂 $R_x \geqslant 4$	使用最广泛 1. 冷、热弯 2. 管内加支撑或不加支撑
	拉拔式	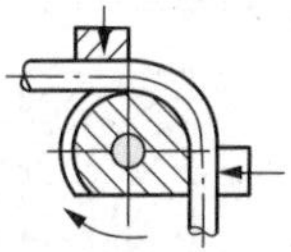			
推弯		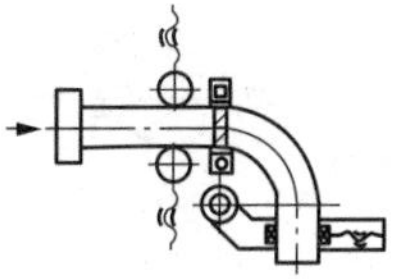	推弯机	1. 大直径厚壁管 2. 单件小批生产	1. 外壁减薄小 2. 弯曲半径可调 3. 热弯 4. 不需模具

续表

弯管方法		简图	设备	适用范围	备注
挤弯	芯棒式	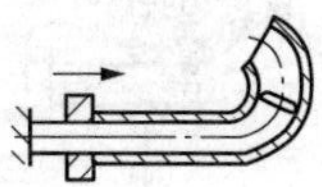	专用推挤机	$R_x \geqslant 1$	热挤
	型模式	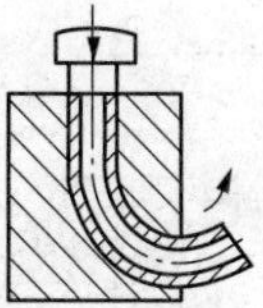	压力机	$R_x \geqslant 1$	冷挤
		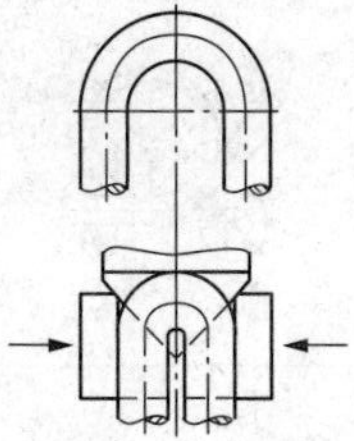	专用挤压机	$R_x \geqslant 0.5$	需加热预弯至 $R_x \leqslant 1.5$ 挤压后精整

表 10-3 常用机械弯管芯轴及应用特点

形式	简图	特点	适用范围
圆头式	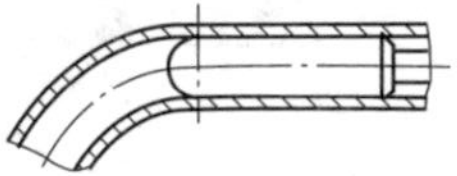	制造方便 防扁效果差	钢管 $R_x = 2$ $t_x \geqslant 0.05$ $R_x \geqslant 3$ $t_x = 0.035$ 铜管 $R_x = 1.5$ $t_x \geqslant 0.035$ $R_x \geqslant 3$ $t_x = 0.02$
尖头式	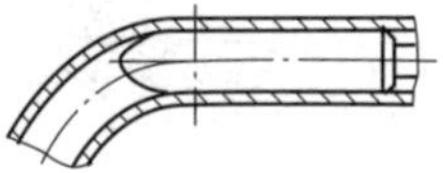	芯轴可向前伸进 防扁效果较好 有一定防皱作用	
勺式	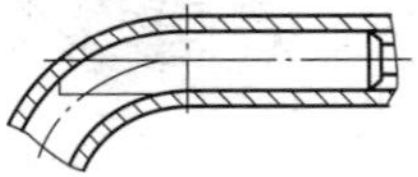	与外壁支撑面更大，防扁效果好，有一定防皱作用	钢管 $R_x=2$ $t_x\geqslant0.05$ $R_x\geqslant3$ $t_x=0.035$ 铜管 $R_x=1.5$ $t_x\geqslant0.035$ $R_x\geqslant3$ $t_x=0.02$

续表

形式	简图	特点	适用范围
单向轴节	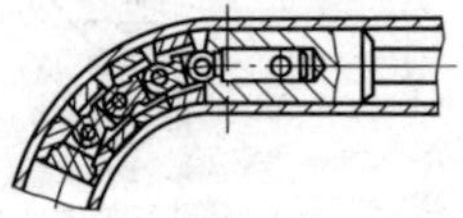	可伸入管子内部与管子一起弯曲，防扁效果更好，可对管子进行矫圆，除单向轴节有方向性外其余两种无方向性	与防皱板顶镦机构配合可用于 $R_x \geqslant 1.2$
万向轴节	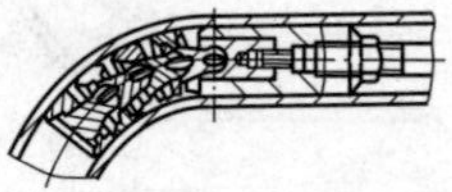		
软轴式	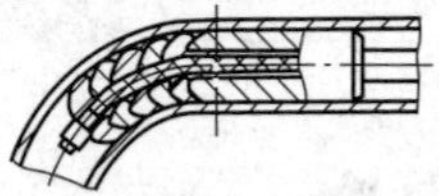		

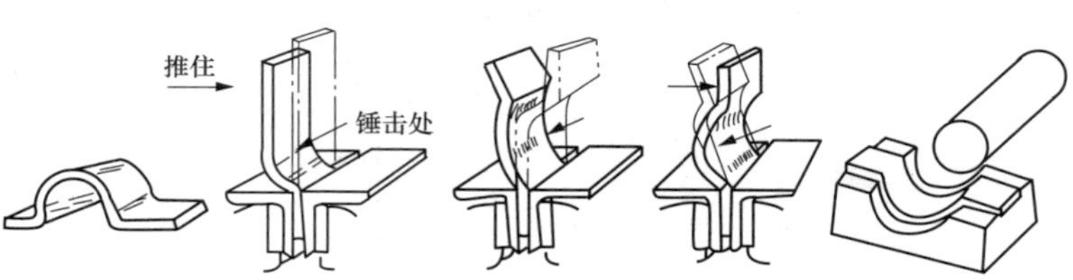

图 10-6　圆弧工件的弯形

当弯曲管子的直径在 ϕ10mm 以下时，不需要在管子内灌砂，但当直径大于 ϕ10mm 时，弯曲时则一定要在管子内灌砂，且砂子一定要装紧才好，然后用木塞将管子的两端塞紧，如图 10-7(a) 所示，这样在弯曲时管子才不会瘪下去。对于有焊缝的管子，弯曲时必须将焊缝放在中性层的位置上，否则弯曲时管子会使焊缝裂开，如图 10-7(b) 所示。

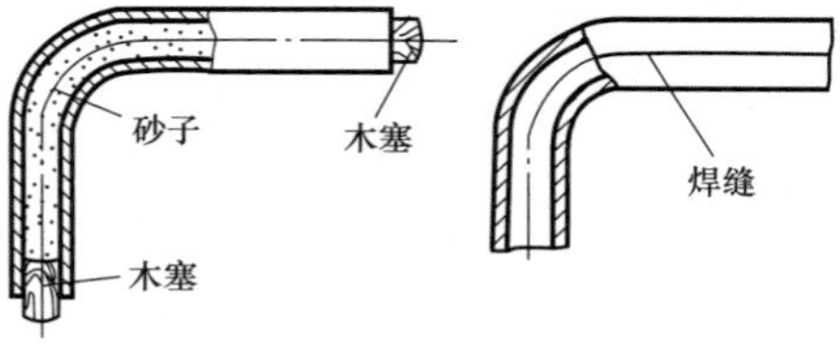

图 10-7　冷弯管子及弯前的灌砂

(a) 管子弯前的灌砂；(b) 焊缝在中性层中的位置

冷弯管子可以在台虎钳上进行或是在其他弯管工具上进行。如图 10-8 所示。管子 2 的一端置于模子的凹槽 3 中，并用压板固定，再用手扳动杠杆 4，杠杆上的滚轮 5 便会压紧管子，迫使管子按模子进行弯曲。

热弯管子时，则可在弯曲处加热，加热长度可按经验公式来计算。例如曲率半径为管子直径 5 倍时，则：

加热长度＝(弯曲角度/15)×管子直径

将管子弯曲处加热后取出放在钉好铁桩的工作台上，按规定的角度弯曲，如图 10-9 所示。若加热部位太长，可浇水冷却，使弯曲部分缩短到需要的长度。

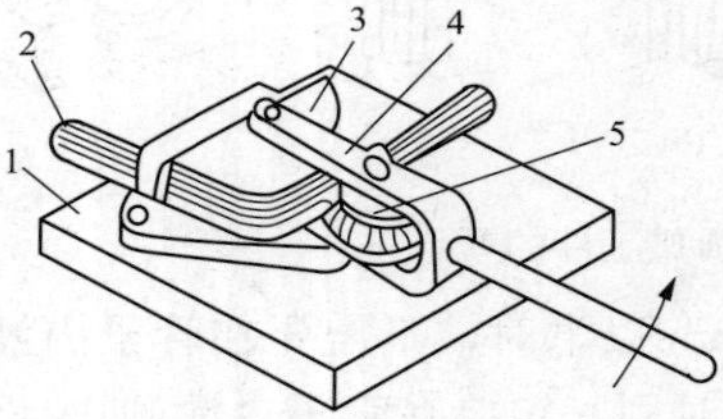

图 10-8 手工弯管子工具

1—平台；2—管子；3—模子；4—杠杆；5—滚轮

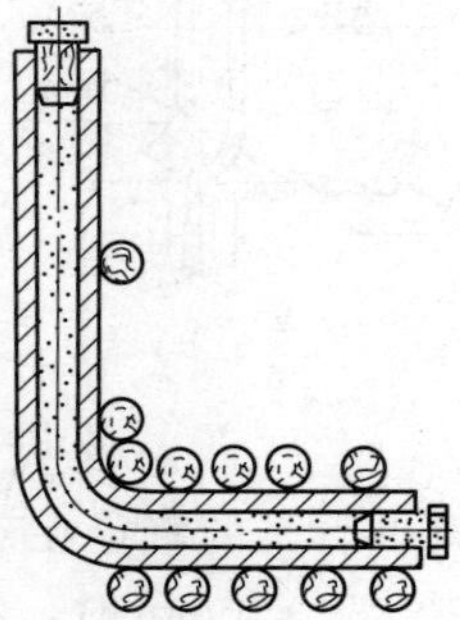

图 10-9 热弯大管子

（三）弯曲工件展开长度的计算技巧

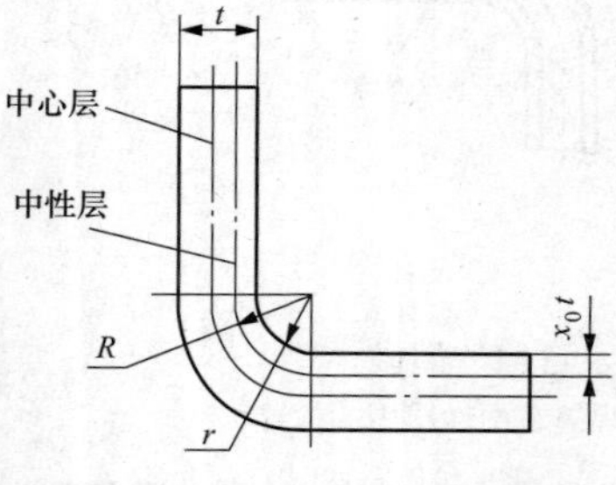

图 10-10 中性层的实际位置

工件弯曲后，只有中性层长度不变，因此计算弯曲工件展开长度时可按中性层长度计算。材料变形，中性层一般不在材料正中，而是偏向内层材料一边，如图 10-10 所示。

中性层的实际位置与材料的弯曲半径 r 和材料的厚度有关，可用下面的公式来计算：

$$R = r + x_0 t$$

式中 R——中性层的曲率半径（mm）；

r——材料弯曲半径（mm）；

t——材料厚度（mm）；

x_0——中性层位置的经验系数，其值可查表 10-4。

一般情况下，为简化计算，当 $r/t \geqslant 4$ 时，即可按 $x_0 = 0.5$ 计算。

表 10-4　　中性层位置的经验系数 x_0

r/t	0.1	0.25	0.5	1.0	1.5	2.0	3.0	4.0	>4
x_0	0.28	0.32	0.37	0.42	0.44	0.455	0.47	0.475	0.5

中性层位置确定后，弯曲工件（见图 10-11）的展开长度 L（mm）可按下式计算：

$$L = A + B + (r + x_0 t)\pi\alpha/180°$$

式中　A、B——工件直线部分长度（mm）；

α——弯曲角（°）；

r——工件弯曲内圆弧半径（mm）；

t——材料厚度（mm）。

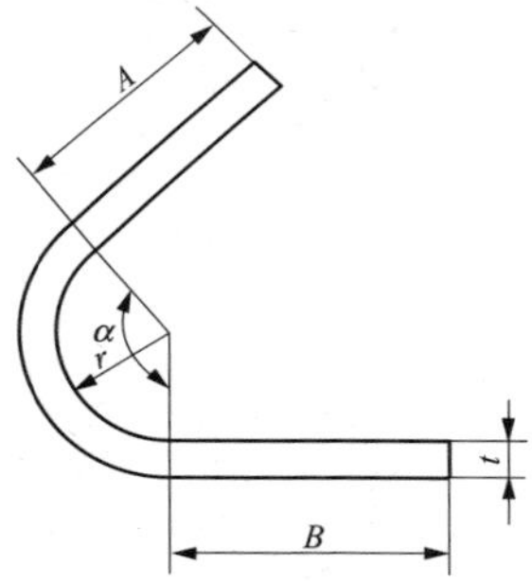

图 10-11　带圆弧的弯曲工件

圆钢（钢管）弯曲件展开长度的计算见表 10-5。

表 10-5　　圆钢（钢管）弯曲件展开长度的计算

简　图	计算公式
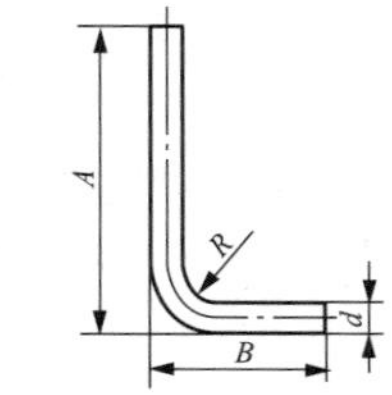	$L = A + B - 2(R + d) + \frac{\pi}{2}\left(R + \frac{d}{2}\right)$
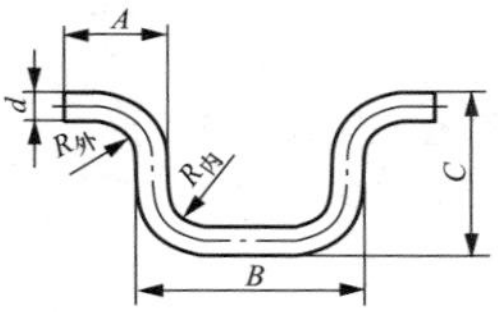	$L = 2A + B + 2C - 4R_{外} - 4R_{内} - 8d + \pi(R_{外} + R_{内} + d)$

续表

<table>
<tr><th>简　图</th><th>计算公式</th></tr>
<tr><td>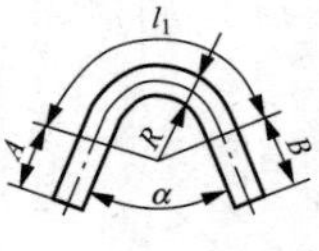
</td><td>$l_1 = 0.017\,453(R+0.5d)(180^\circ-\alpha)$
$L = A+B+l_1$</td></tr>
<tr><td>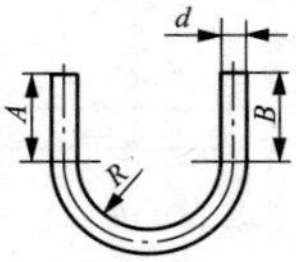
</td><td>$L = A+B+\pi(R+0.5d)$</td></tr>
<tr><td>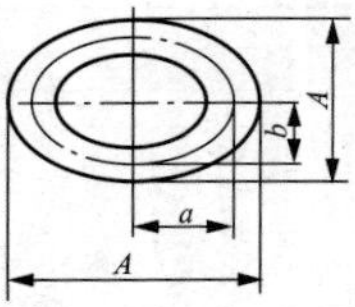
</td><td>$L = 1.57\sqrt{8(a^2+b^2)-(a-b)^2}$
或
$L \approx 1.57(A+B)$</td></tr>
<tr><td>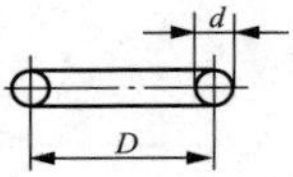
</td><td>$L = \pi D$</td></tr>
<tr><td>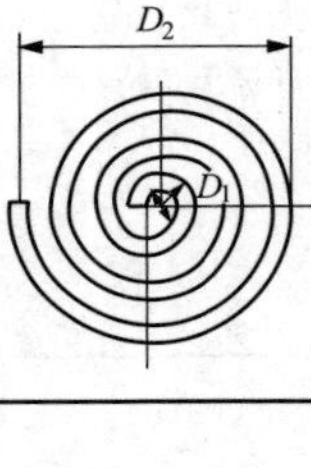
</td><td>此螺旋又称涡旋或阿基米德螺旋
$L = 1.57n(D_1+D_2)$
式中　n——弯制圈数；
D_1、D_2——管中心线尺寸</td></tr>
</table>

续表

简　　图	计算公式
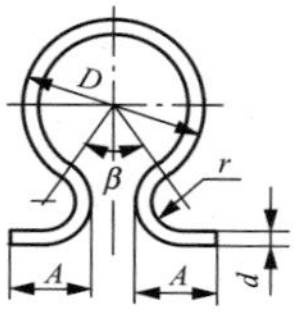	$L=2X+2Y+Z$ 式中　$X=A-(r+d)$ $Y=[0.175(r+0.5d)(180^\circ-0.5\beta)]$ $Z=[0.087(D-d)(360^\circ-\beta)]$
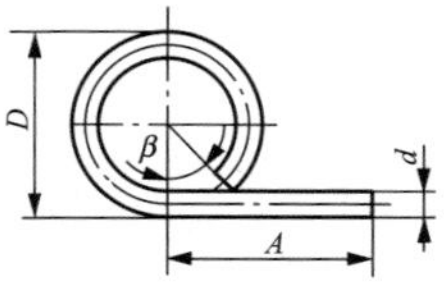	$L=A-\dfrac{\pi\beta(D-d)}{360^\circ}+\dfrac{\pi(D-d)(360^\circ-\beta)}{360^\circ}$
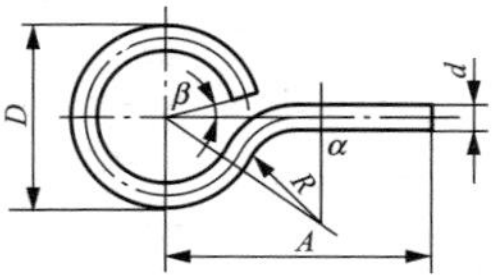	$L=A-\left(\dfrac{D}{2}+R\right)\sin\alpha+\dfrac{\pi\alpha}{180^\circ}\left(R+\dfrac{d}{2}\right)$ $+\pi(D-d)-\dfrac{\pi(D-d)[\beta-(90^\circ-\alpha)]}{360^\circ}$
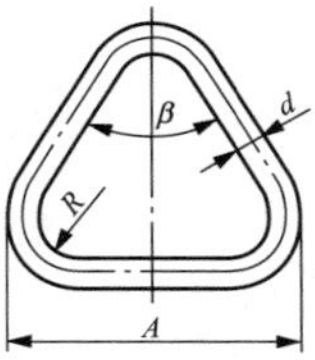	$L=3\Big[A-2(R+d)$ $+\dfrac{\pi(R+d/2)(180^\circ-\beta)}{180^\circ}\Big]$

续表

简 图	计算公式
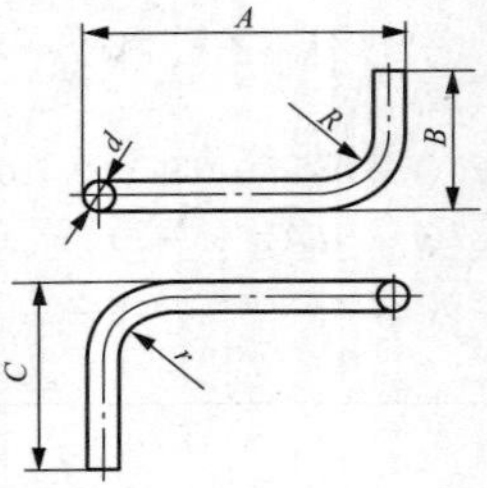	$L=A+B+C-2R-2r-4d+\frac{\pi}{2}(R+r+d)$
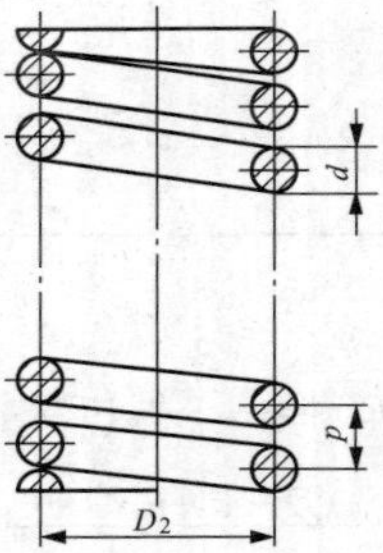	$L=n\sqrt{p^2+\pi^2D_2^2}$ 式中 n——圈数； p——节距； D_2——中径
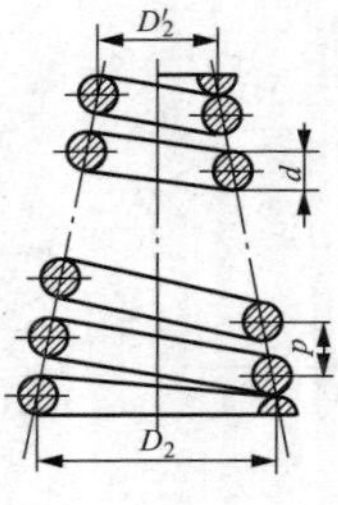	$L=n\sqrt{p^2+(\pi/2)^2(D_2+D'_2)^2}$ 式中 n——圈数； p——节距； D_2——中径（大端）； D'_2——中径（小端）

（四）弯形工艺实例及弯形技巧

1. 弯曲工件展开长度的计算实例

【例 10-1】若图 10-11 中：$A=100\text{mm}$，$B=150\text{mm}$，$t=6\text{mm}$，$r=18\text{mm}$，$\alpha=150°$，求零件展开长度。

解：$\frac{t}{\delta}=\frac{18}{6}=3$，由表 10-4 中查得 $x_0=0.47$

则展开长度为：

$$L=100\text{mm}+150\text{mm}+\frac{3.14\times150°}{180°}\times(18\text{mm}+0.47\times6\text{mm})$$

$$=100\text{mm}+150\text{mm}+54.48\text{mm}$$

$$=304.48\text{mm}$$

弯曲工件展开长度的计算诀窍：如果一个零件有几个弯形角时，可仍按上述方法计算，只要把零件所有直线部分和所有圆弧部分中性层长度相加即可。

其展开长度公式为：

$$L=\sum L_{直}+\sum L_{弯}$$

当内边弯曲成直角不带圆弧或圆弧半径很小的零件，如图 10-12 所示，其计算公式为：

$$L=A+B+0.5t$$

据上式可知，直角部分中性层长度为 $0.5t$。

【例 10-2】若图 10-12 中：$A=100\text{mm}$，$B=120\text{mm}$，$t=8\text{mm}$，求零件展开长度。

解：$L=100\text{mm}+120\text{mm}+0.5\times8\text{mm}=224\text{mm}$

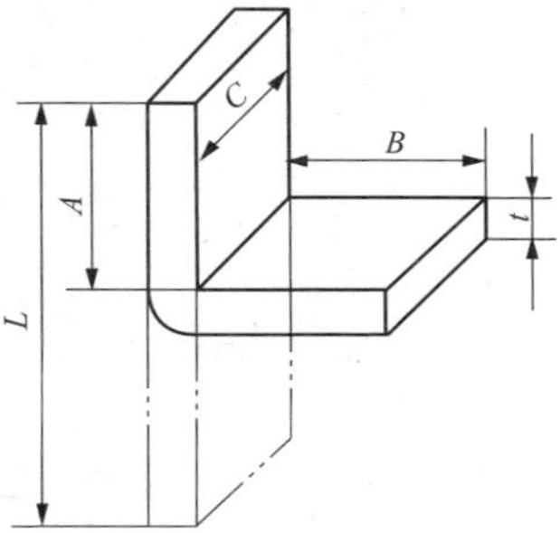

图 10-12　折角弯形零件

2. 弯圆弧和角度结合工件的技巧

弯制图 10-13（a）所示的工件，先在窄长板料上划好弯曲线。弯曲前，先将两端的圆弧和孔加工好。弯曲时用衬垫将板料夹在台虎钳内，先将两端的 1、2 两处弯好，

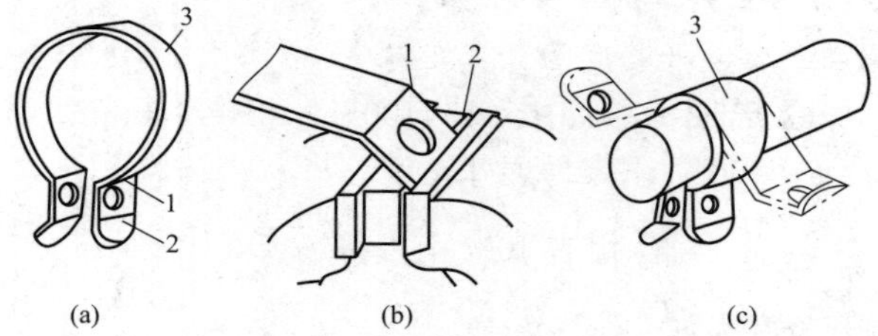

图 10-13　弯圆弧和角度结合工件的顺序

如图 10-13（b）所示，最后在圆钢上弯工件的圆弧，如图 10-13（c）所示。

3. 板料在宽度方向上弯形的技巧

板料在宽度方向上弯形可利用金属材料的延伸性能，在弯形的外弯部分进行锤击，使材料向一个方向延伸，达到弯形的目的，如图 10-14（a）所示。弯制图 10-14（b）所示的工件，可以在特制的弯形模上用锤击法，使工件弯曲变形。另外也可自制简单的弯形工具进行弯形，如图 10-14（c）所示。弯形工具中两只转盘的圆周上都有按工件厚度加工的槽，固定圆盘直径应与弯制的圆弧一致。使用时，将工件一端固定，另一端插入两转盘槽内，移动活动转盘使工件达到所要求的形状。

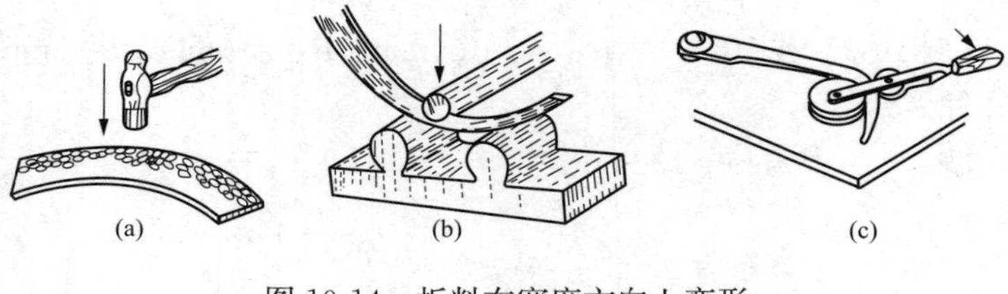

图 10-14　板料在宽度方向上弯形

4. 板料弯形的技能与技巧

板料直角弯形操作步骤以图 10-15 所示多直角零件为例，零件有四处直角需要弯形。

（1）准备工具、辅具、量具。选取台虎钳一台，角钢制作的夹具一套，与弯形尺寸有关的衬垫两块，锤子、划针、方木块、90°

角尺、钢直尺各一件。

（2）检查板料毛坯。计算图样展开长度 L，检查毛坯长宽及厚度尺寸是否正确，材料及表面质量是否合格。

（3）板料直角弯形操作步骤与技巧。

1）用钢直尺测量，在弯曲部位用钢直尺、90°角尺、划针划四条平行线，确定弯曲位置。如图 10-16 所示。

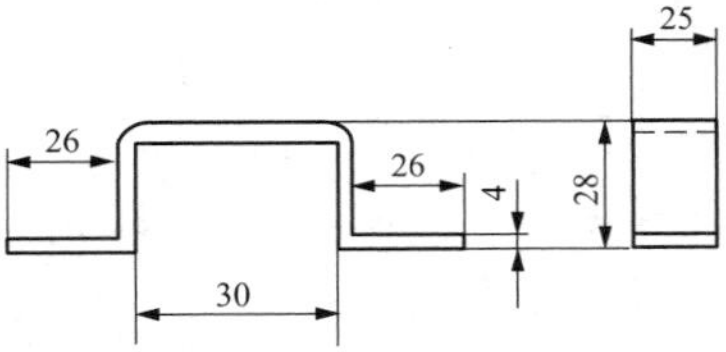

图 10-15　零件图

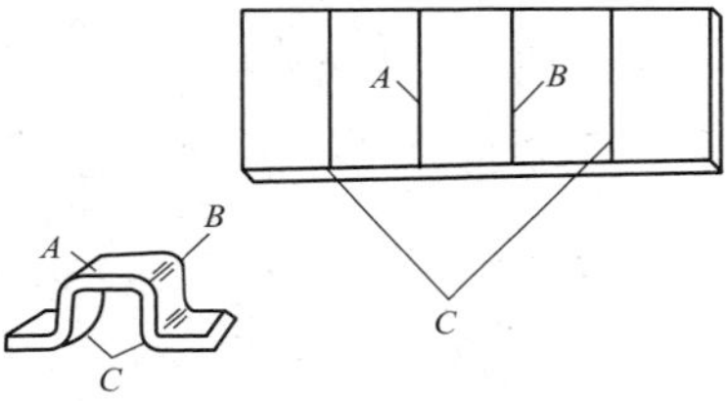

图 10-16　划弯曲位置线

2）旋转手柄，松开台虎钳，将两块角铁垫插入台虎钳的钳口上，使角铁垫块两边靠紧钳口。再将板料装入两块角铁之间，使板料的 B 线与角铁边缘对齐，旋转台虎钳手柄，夹紧板料，如图 10-17 所示。

3）将木块放在板料伸出端的顶部，用锤子敲打木块，直至将板料弯成直角为止，如图 10-18 所示。

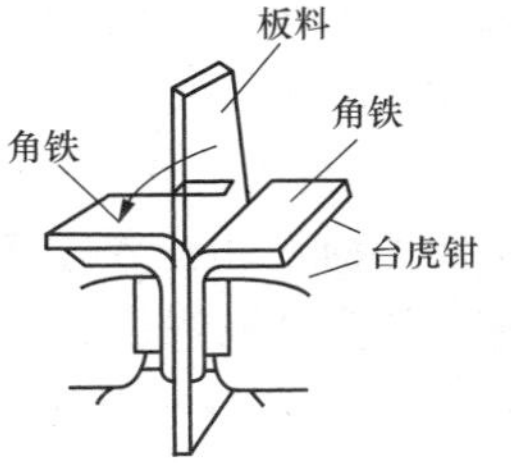

图 10-17　摆放

图 10-18　弯形

4）松开台虎钳，将角铁抽出一块，翻转工件，将弯成的直角紧靠衬垫夹紧。如图 10-19 所示。

5）重复步骤 3）的操作，将板料弯成图 10-19 所示的直角。

6）松开台虎钳，把工件再翻转 90°角，将另一个衬垫②插入工件 U 形底部，并夹紧，如图 10-20 所示。

7）重复 3）步骤的操作，将工件的两端弯曲成另两个直角，如图 10-21 所示。

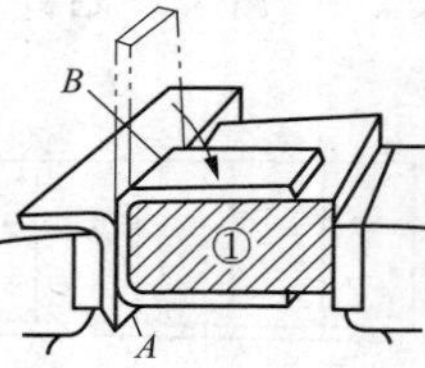

图 10-19 重新摆位

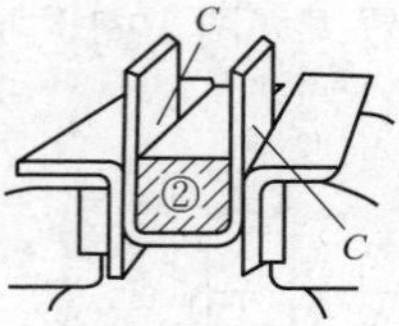

图 10-20 摆形

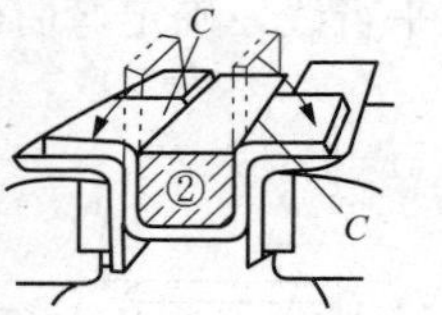

图 10-21 弯形

8）自检。用钢直尺检查弯形后的工件尺寸，是否满足图样及工艺要求。

9）工作结束，整理工作现场。

（4）弯形操作禁忌与注意事项。

1）弯曲位置线要划得清楚、准确。

2）工件装夹要对正弯曲位置线，并要牢固、可靠。

3）弯曲力要加在弯形部位上。

5. 矫正和弯形常见的废品分析

1）工件断裂。主要是由于矫正或弯形过程中多次折弯或塑性较差、r/t 值过小、材料发生较大的变形等造成的。

2）工件弯斜或尺寸不准确。主要是由于夹持不正或夹持不紧、锤击偏向一边；或用不正确的模具、锤击力过重等造成的。

3）材料长度不够。多是由于弯形前毛坯长度计算错误。

4）管子熔化或表面氧化。管子热弯形时温度太高造成。

以上几种废品形式，只要在工作中细心操作和仔细检查、计算，都是可以避免的。

二、弹簧绕制技巧

（一）弹簧的种类

弹簧是经常使用的一种机械零件，在机构中起缓冲、减振和夹紧作用。

弹簧常用类型有螺旋弹簧和板弹簧两类：按受力情况可分为压缩弹簧、拉伸弹簧和扭转弹簧等，按形状分有圆柱弹簧、圆锥弹簧和矩形断面弹簧等，常见的是圆柱弹簧。弹簧的种类如图 10-22 所示。常用弹簧钢和弹性材料的性能、用途与选择参见第二章表 2-11～表 2-15。

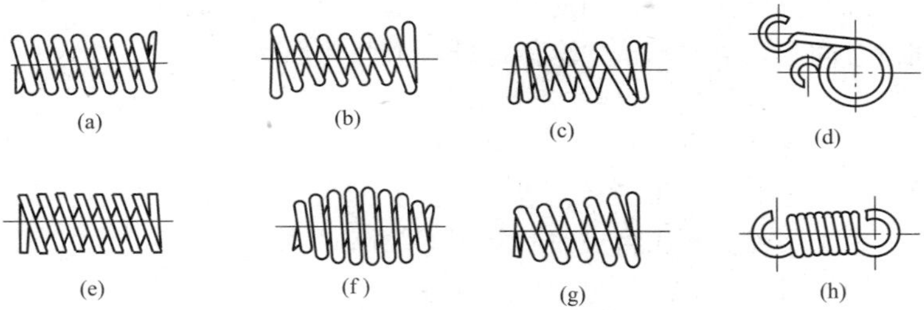

图 10-22 弹簧的种类

（a）圆柱形压缩弹簧；（b）中凹形压缩弹簧；（c）变节距压缩弹簧；（d）圆柱形扭转弹簧；（e）圆柱形压缩弹簧(矩形截面材料)；（f）中凸形压缩弹簧；（g）截锥形压缩弹簧；（h）圆柱形拉伸弹簧

（二）圆柱螺旋弹簧绕制技巧

绕制圆柱螺旋弹簧实质上是一种弯形操作，一般由绕弹簧机或车床绕制，有时因急需也在台虎钳上手工绕制。绕弹簧前，应先做好绕制弹簧的心棒（俗称摇把），如图 10-23 所示。心棒的直径可按经验公式计算：

$$D_o = KD_1$$

式中 D_o——心棒直径（mm）；

D_1——弹簧内径（mm）；

K——弹性系数（$K=0.75$～0.8）。

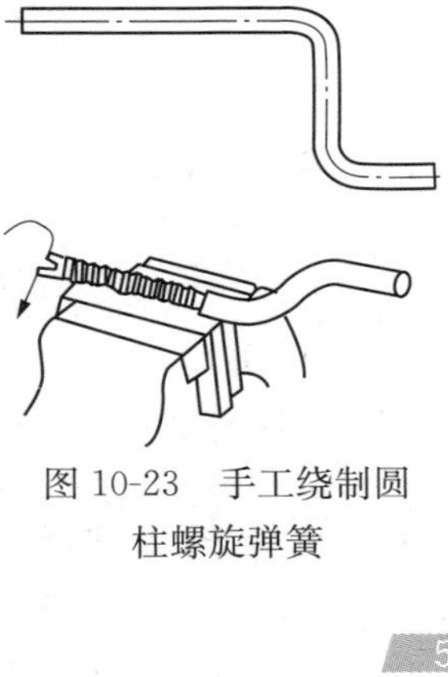

图 10-23 手工绕制圆柱螺旋弹簧

手工绕制压缩弹簧步骤与技巧如下：

（1）把钢丝一端插入心棒，另一端夹在台虎钳中。

（2）转动手柄同时使重心向前移动，即可绕出圆柱螺旋压缩弹簧。

（3）当绕到一定长度后，从心棒上取下，按规定的圈数稍长一点截断，把两端磨平。

（4）低温回火。

绕制拉伸弹簧方法与此类似。区别在于转动手柄时应使弹簧丝间没有间隙，且两端按要求做成圆环或其他形状。

（三）绕制弹簧操作方法、技巧与诀窍

弹簧的绕制方法有多种：可以在设备上冷绕，也可以在专用的胎具上加热绕制。钳工常在台虎钳上手工绕制拉簧、压簧等。

手工绕弹簧利用台虎钳和专用的绕制心轴手工将钢丝绕成各种尺寸的弹簧，绕后进行整形，热处理。

1. 绕制拉簧、压簧和扭簧的操作技巧与诀窍

手工绕制拉簧、压簧和扭簧的方法基本相同。不同点是压簧的两端需压平，拉簧的两端需弯制出拉钩，而扭簧的两端需弯制出扭钩。

（1）读图。钢丝直径 ϕ2mm，弹簧内径 $\phi 18^{-0.5}_{0}$ mm，压弹螺距 3mm，长度 80mm，如图 10-24 所示。

（2）准备工具。选择所需的台虎钳一台，软钳口一副，卡尺、锤子、錾子、钢丝钳、手锯各一件。选取直径为 ϕ14.4mm 的心轴一件，并将心轴夹持在台虎钳上，用锤子将心轴弯成手柄式直角摇把，再用手锯在摇柄的端头锯一个宽 2.5mm、深 3mm 的开口，如图 10-25 所示。

（3）检查坯料。准备

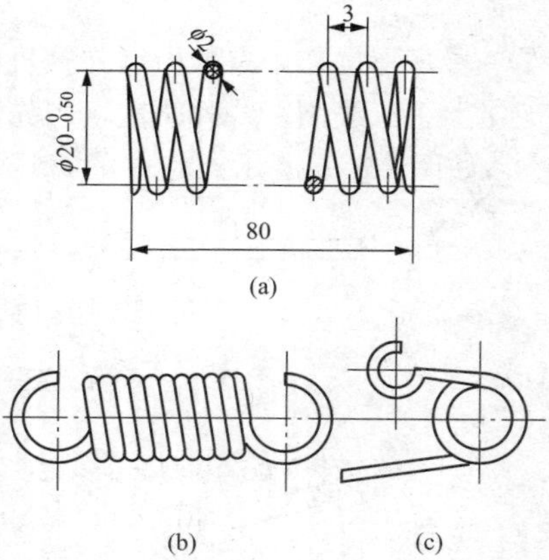

图 10-24　常用弹簧
（a）压缩弹簧；（b）拉伸弹簧；（c）扭转弹簧

ϕ2mm 钢丝，长度要适当长些。

（4）绕制弹簧的操作技巧与诀窍。

1）将软钳口放入台虎钳的钳口中，再把 ϕ2mm 钢丝的一端从台虎钳钳口的下方经台虎钳的两片软钳口中间引出，引出部分长 20mm，旋转台虎钳手柄，轻轻适度地夹住 ϕ2mm 钢丝。

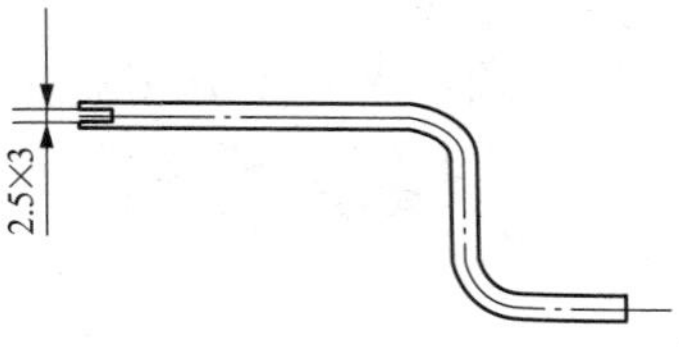

图 10-25　手柄式直角摇把

2）将心轴的端头开口卡住软钳口露出的钢丝头，试绕 2～3 圈，如图 10-26（a）所示，测量节距，调整钢丝夹紧力度。然后，左手扶正心轴，右手握住摇把，保持正确的弹簧节距，绕制弹簧。绕制时，通过右手推拉心轴控制节距，心轴不能上下及左右摆动，旋转摇柄时不能忽快忽慢，要连续绕制不停步，绕制圈数比规定的圈数多 3～4 圈，如图 10-26（b）所示。

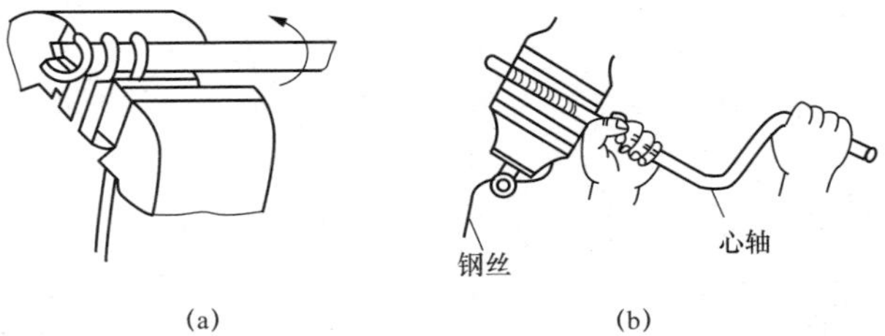

图 10-26　绕制弹簧过程

3）绕制拉簧时，为要使弹簧圈之间紧密扣接，可将心轴调整至与钳口成 90°位置进行绕制，这样便于一扣接一扣。连续绕制至规定的圈数后，再多绕 3～4 圈，供弯制拉钩用。

4）扭转弹簧圈之间也是紧密扣接的。绕制时，除保持弹簧簧圈之间扣接外，弹簧两端还应留出足够的长度供弯制扭簧两端的扭钩用。弹簧的圈数也应按图样要求如数绕制。

5）退出心轴，取下弹簧半成品，撤下软钳口，按图 10-27（b）所示的方法，用锤子、錾子截断弹簧与钢丝坯料，使弹簧截断部分保持足够的弯钩长度。

6）用钢丝钳整形压缩弹簧两端的端面，如图 10-28 所示。整形时，先磨掉钢丝头部毛刺，然后再由钢丝头部开始，逐渐将第一圈的螺旋平面扭平。

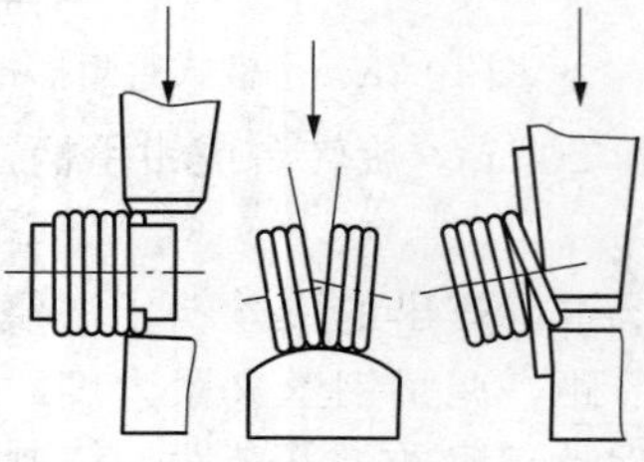
(a)　(b)　(c)

图 10-27　截断钢丝

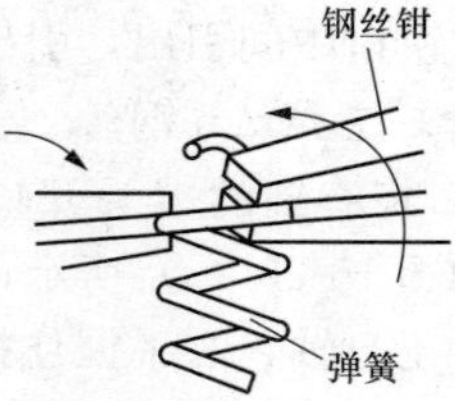

图 10-28　整形端面

7）拉伸弹簧两端的拉钩弯制方法与技巧，如图 10-29 所示。弯制时，先用钢丝钳将两端的环扣根部夹扁至弹簧中心，然后，在第一圈和第二圈之间插入一斜铁，外端放置平垫铁，并一起夹持在台虎钳钳口中，先用錾子插入，后用平板压平两端的拉钩。

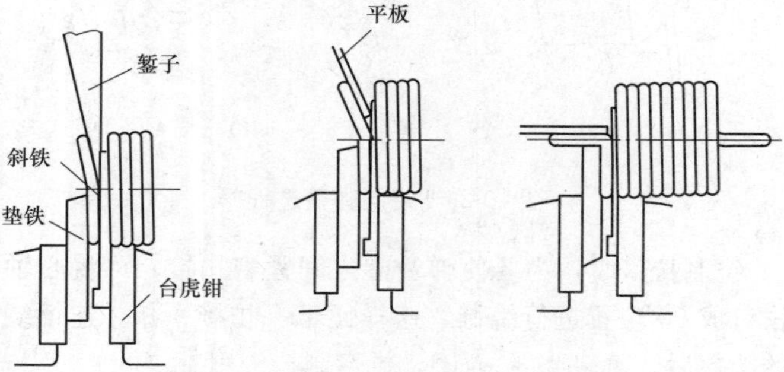

(a)　(b)　(c)

图 10-29　环钩弯制方法

8）扭转弹簧两端的扭钩，可根据扭钩的具体形状、尺寸，利用钢丝钳或其他专用辅具等，参照拉伸弹簧拉钩的弯制方法弯制成形。

9）自检。用卡尺按图样尺寸检查绕制的弹簧。

10）工作结束，整理工作现场。

2. 绕制拉簧、压簧和扭簧的禁忌与注意事项

（1）绕制弹簧的心轴尺寸要正确，对于直径、螺距尺寸要求较严的弹簧，可车制出带螺距槽的心轴进行绕制，确保弹簧各部尺寸。

（2）绕制时，要防止钢丝头从开口槽中脱出，绕制结束时，也要注意另端钢丝头滑弹出来伤人。

（3）弯形两端弯钩时，要磨掉钢丝头的尖角，并注意操作安全。

第二节　放边、收边与拔缘技术

一、放边的方法

1. 手工锤放边的方法

钣金放边是指用使零件某一边变薄伸长的方法来制造曲线弯边的零件，如图 10-30 所示。放边的方法主要有打薄放边与拉薄放边。

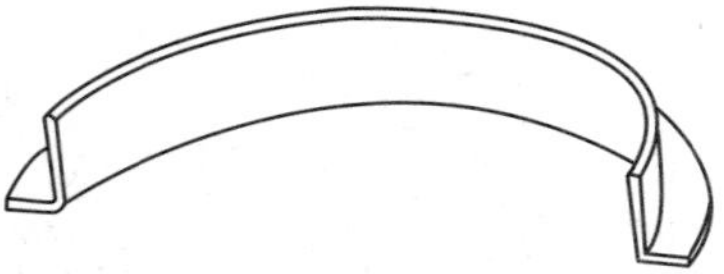

图 10-30　放边零件

制造凹曲线弯边的零件，可用直角型材在铁砧或平台上锤放角材边缘成形，如图 10-31 所示，使边缘材料厚度变薄、面积增大、弯边伸长，愈靠近角材边缘伸长愈大，愈靠近内缘伸长愈小，这样直线角材就逐渐被锤放成曲线弯边的零件。

在锤放的操作过程中，首先是计算出零件的展开尺寸，放边时角材底面必须与铁砧表面保持水平，不能太高或太低，否则在放边过程中角材要产生翘曲。锤痕要均匀并成放射形，锤击的面积占弯边宽度的 3/4，不能沿角材的 R 处敲打，锤击的位置要在弯曲部分，有直线段的角形零件，在直线段内不能敲打。在放边过程中，材料会产生冷作硬化，发现材料变硬后，要退火处理，继续锤放易

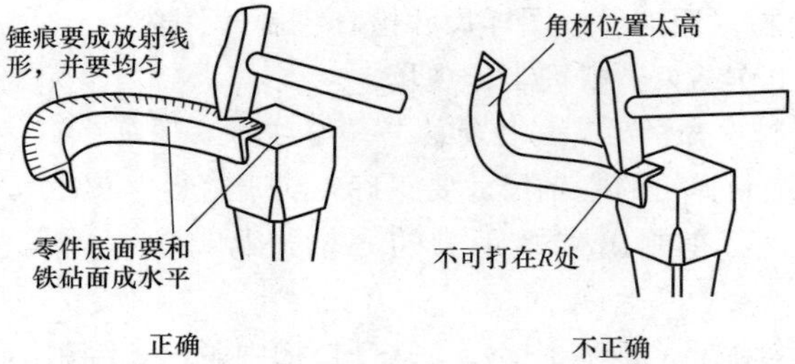

图 10-31 打薄锤放

打裂。在操作过程中，随时用样板或量具检查外形，达到要求后进行修整、校正和精加工。

2. 放边零件展开尺寸计算

放边零件展开尺寸的计算方法见表 10-6。

表 10-6 放边零件展开尺寸的计算方法

名称	简图	计算公式
角形放边成半圆形零件	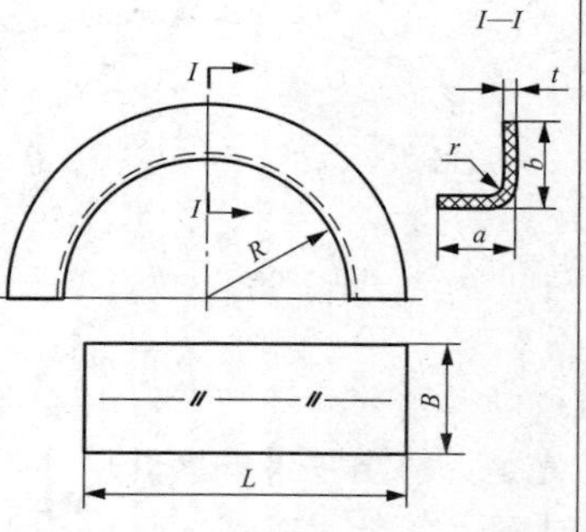 半圆形零件	如图所示半圆形零件的展开宽度可用弯曲型材展开长度的计算公式来计算。 $B=a+b-\left(\frac{r}{2}+t\right)$ 式中 B——展开料宽度； a、b——放边宽度； r——圆角半径； t——材料厚度。 展开长度由于在放边的平面中各处材料伸展程度的不同，外缘变薄量大、伸展得多，内缘变薄量小，伸展得少，所以展开料长度取放边宽度 b 一半处的弧长来计算。 $L=\pi\left(R+\frac{b}{2}\right)$ 式中 L——展开料长度（mm）； R——零件弯曲半径（mm）； b——放边一边的宽度(mm)

续表

名称	简　图	计算公式
角形放边成直角形零件	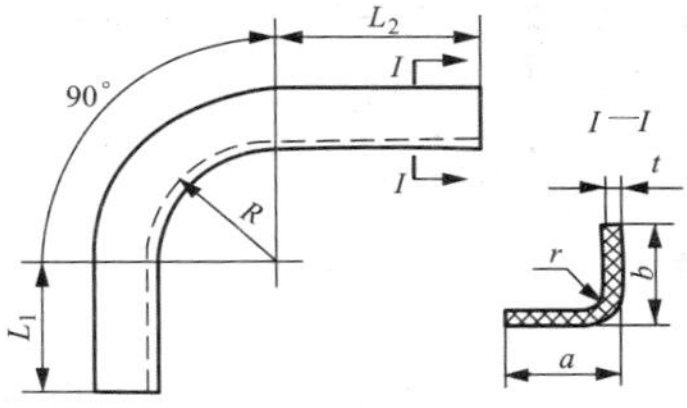 直角形零件	如图所示直角形零件展开宽度与上式相同，展开长度 L 等于直线部分和曲线部分之和。即 $L=L_1+L_2+\frac{\pi}{2}\left(R+\frac{b}{2}\right)$ 式中　L_1、L_2——展开料长度（mm）； R——零件弯曲半径（mm）； b——放边一边的宽度（mm）

二、收边的方法

1. 手工收边方法

手工收边的操作方法见表 10-7。

表 10-7　　手工收边的操作方法

名称	简　图	方　法
收边（皱缩）	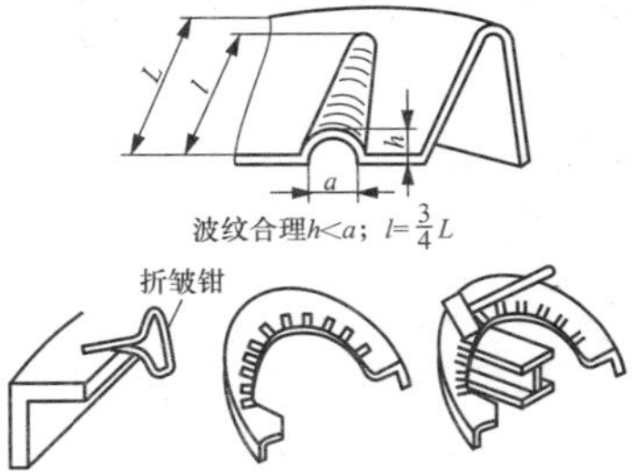	先用折皱钳使板料边缘形成皱褶波纹，使其达到所需的曲率，然后把皱褶波纹在防止伸直复原的状态下用橡胶锤锤平。此时，板料边缘皱褶消除，长度缩短，厚度增大
收边（搂）	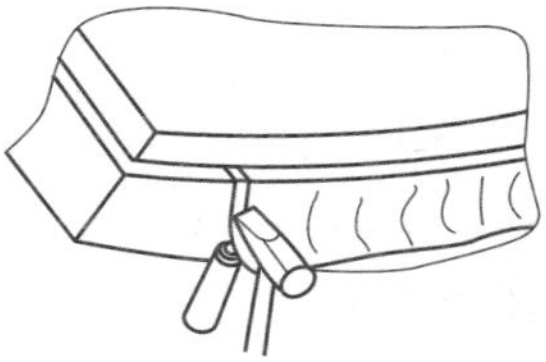	将坯料夹在型胎上，用铝锤顶住坯料，用木槌敲打顶住的部分，坯料逐渐被收缩而收边

2. 收边零件展开尺寸的计算

收边零件展开尺寸的计算方法见表 10-8。

表 10-8　　　　收边零件展开尺寸的计算方法

名称	简　图	计算公式
角形收边成半圆形零件	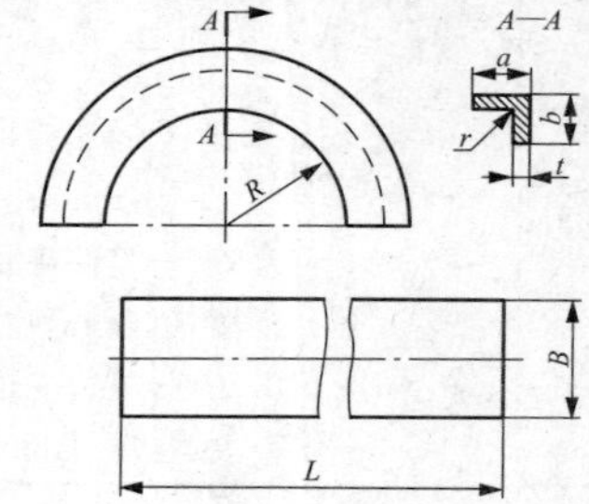 半圆形零件	如图所示，展开料的计算式为： $B=a+b-\left(\frac{r}{2}+t\right)$ $L=\pi(R+b)$ 式中　L——展开料长度（mm）； R——圆角半径（mm）； a、b——弯边宽度； B——展开料宽度（mm）； r——零件弯曲半径（mm）； t——材料厚度（mm）
角形收边成直角形零件	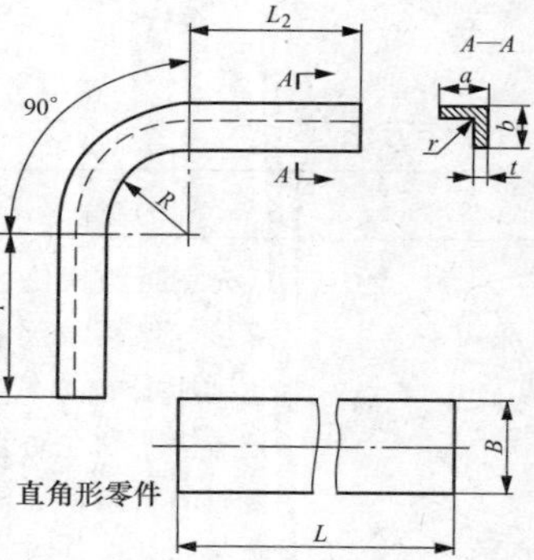 直角形零件	如图所示，展开料的计算式为： $B=a+b-\left(\frac{r}{2}+t\right)$ $L=L_1+L_2+\frac{\pi}{2}(R+b)$ 式中　L_1、L_2——展开料长度（mm）； R——圆角半径（mm）； a、b——弯边宽度； B——展开料宽度（mm）； r——零件弯曲半径（mm）； t——材料厚度（mm）

三、拔缘的方法

1. 拔缘原理、特点及应用

拔缘也叫作手工翻边，即用放边和收边的方法，把零件的边缘翻出凸缘。拔缘分为内拔缘、外拔缘和管节拔缘三种。板料拔缘是在平板封闭的边缘轮廓利用放边与收边的方法加工出凸缘的工艺，如图 10-32 所示，当此边缘为内轮廓线时，称为内拔缘；当此边缘为外轮廓线时，称为外拔缘。

平板内、外拔缘后，封闭的边缘轮廓线仍然是封闭的，但边缘的周长却改变了。内拔缘使周长变长，因此变形过程主要是拉伸；外拔缘时周长变短，因此变形过程主要是收缩。内拔缘成形的难点是板件变薄以及容易拉裂；外拔缘成形的难点是易起褶皱。

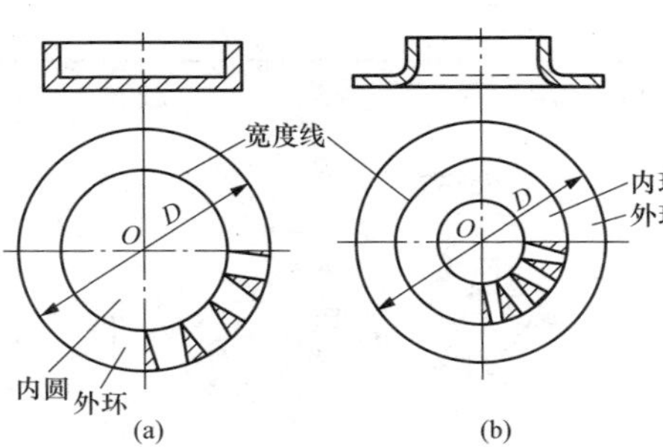

图 10-32 拔缘的类型

(a) 外拔缘折角弯边；(b) 内拔缘圆角弯边

平板经拔缘加工后，刚度提高，增强制件抗变形的能力，也可有效减轻制件的质量。这一作用与型钢类似。拔缘还可用于连接，如管制件进行咬缝加工时，需要拔缘。

2. 拔缘工艺特点

拔缘的加工方法有自由拔缘和型胎拔缘两种。拔缘工艺特点及步骤见表 10-9。

表 10-9 拔缘工艺特点及步骤

名称	简图	工艺特点及步骤
自由拔缘	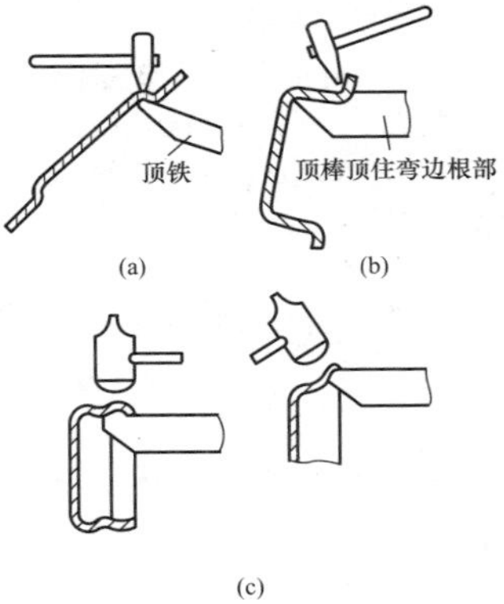 图 1 内拔缘工艺过程	(1) 内拔缘，操作步骤如下 1) 下坯料并修光边缘毛刺，划出拔缘宽度线 2) 将要拔缘的边在顶铁上敲出根部弯曲轮廓，如图 1 (a) 所示，再用锤子抛开边缘达到拔缘高度，如图 1 (b) 所示。 3) 拉薄伸展并修整弯边，如图 1 (c) 所示

续表

名称	简　　图	工艺特点及步骤
	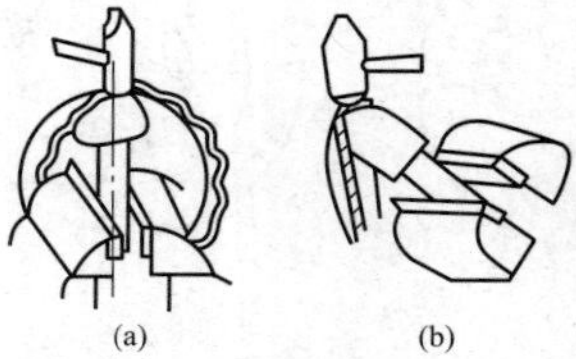 (a)　(b) 图 2　外拔缘工艺过程	（2）外拔缘，操作步骤如下： 1）下坯料并修光边缘毛刺，划出拔缘宽度线 2）将要拔缘的边在铁砧上敲出根部弯曲轮廓，再敲出波纹或用折波钳作波纹，如图 2（a）所示。 3）逐个打平波纹使边缘收缩而成凸缘弯边，如图 2（b）所示，划线修去余料
自由拔缘	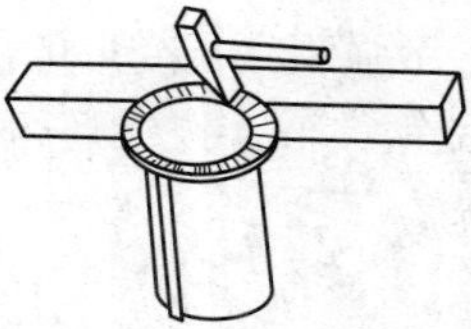 图 3　管节拔缘 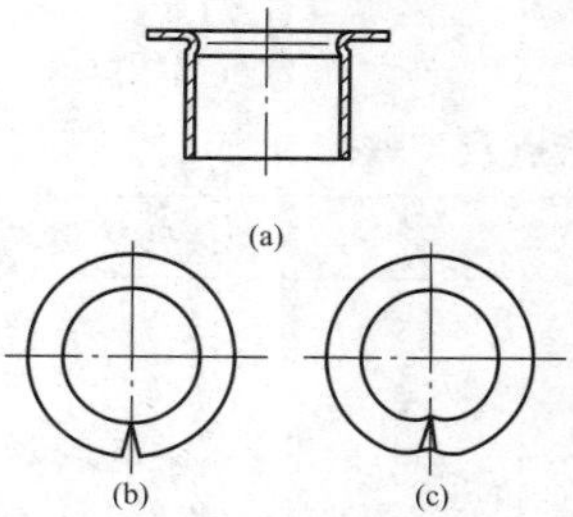 图 4　管节拔缘操作不当容易出现的问题 （a）颈缩；（b）外凸；（c）内凹	（3）管节拔缘，如图 3 所示。在管节口内侧划出拔缘线，然后按放边的锤击方法翻出凸缘，其操作过程与内拔缘相似，需要分若干次锤放才能锤放出直角凸缘。否则，会出现撕裂。管节拔缘的应用之一，是手工制作多节弯头时弯头各节的咬口连接。 在管节拔缘的操作中，若在拔缘线处錾击锤放的延伸量过大或者凸缘外端錾击的延伸量不够而硬将凸缘翻成直角时，就会出现“颈缩”的质量问题，如图 4（a）所示。当凸缘外端錾击延伸量不够时，又会出现外凸的情况，如图 4（b）所示。如果凸缘外端錾击延展量过大时，则会出现内凹的形状，如图 4（c）所示。出现内凹后，一般较难修复到正确的形状
型胎拔缘	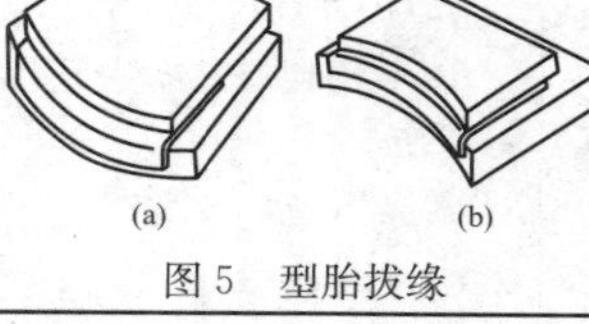 (a)　(b) 图 5　型胎拔缘	型胎拔缘，如图 5 所示，是将坯料加热（加热面略大于拔缘宽度线），固定于型胎上收放，一次成形

续表

名称	简　　图	工艺特点及步骤
型胎拔缘	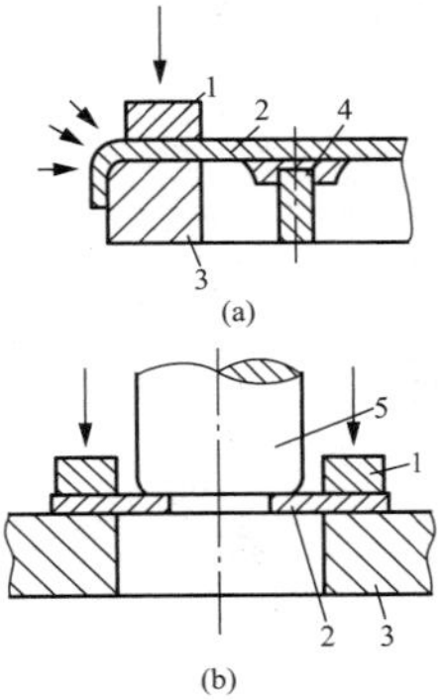 图 6　型胎拔缘实例 (a) 外拔缘；(b) 内拔缘 1—压板；2—坯料；3—型胎； 4—钢圈；5—凸块	型胎拔缘实例： (1) 型胎外拔缘。可预先在坯料的中心焊装一个钢套，用以固定拔缘的位置。拔缘过程可以分段依次进行，一次弯曲成形，如图 6(a) 所示。 (2) 型胎内拔缘。用凸模一次冲出弯边，如图 6(b) 所示

第三节　卷 边 技 术

一、卷边及操作过程

1. 卷边分类

卷边是指将板件的边缘卷过来的操作。通常是在折边或拔缘的基础上进行的。

卷边分夹丝卷边和空心卷边两种，如图 10-33 所示。夹心卷边是指在卷边内嵌入一根铁丝，以加强边缘的刚性。铁丝的粗细根据零件的尺寸和所受的力来确定，一般铁丝的直径为板料厚度的 3 倍以上。包卷铁丝的边缘应不大于铁丝直径的 2.5 倍。

2. 卷边应用实例

机器零件中各种整流罩、机罩等，日常生活中用的锅、盆、壶、桶等的边缘一般都需要卷边加强。如图 10-34～图 10-37 所示。

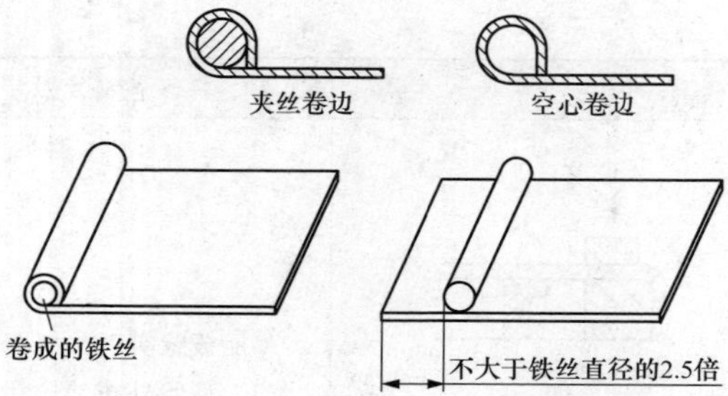

图 10-33　卷边

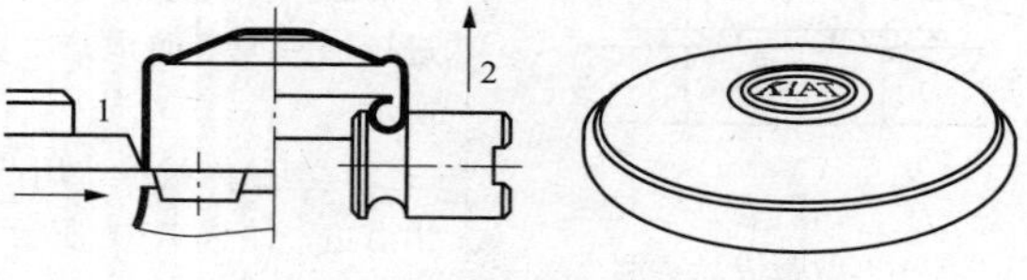

图 10-34　罩盖（1）

1—切边；2—卷边

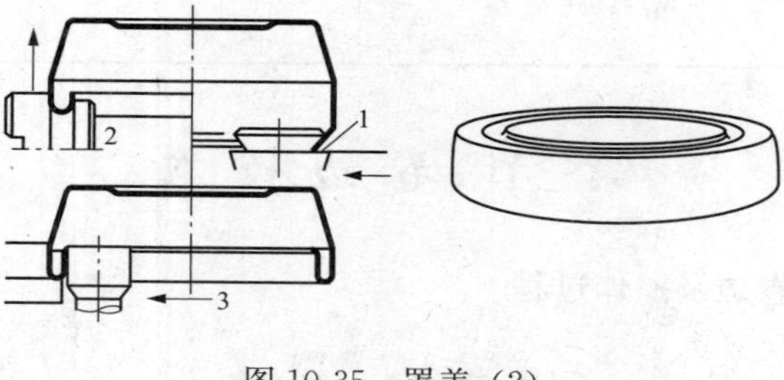

图 10-35　罩盖（2）

1—预卷边；2—初卷边；3—终卷边

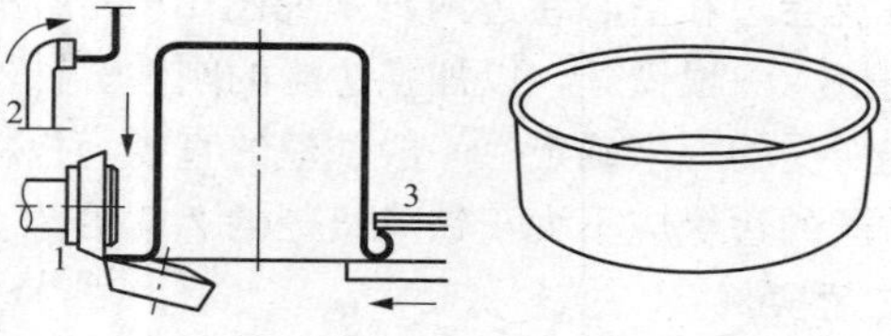

图 10-36　盆

1、2—切边；3—卷边

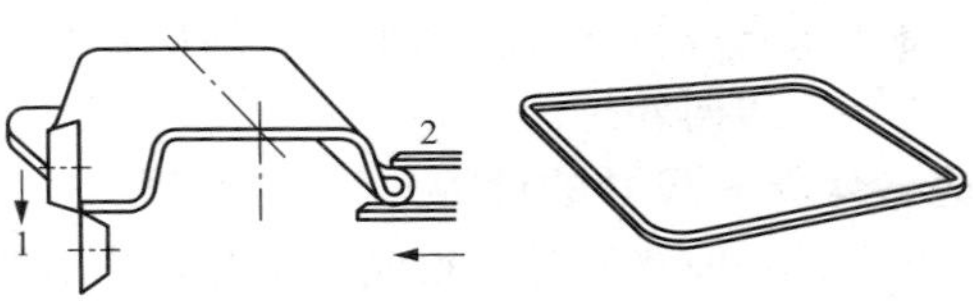

图 10-37　盘

1—切边；2—卷边

3. 卷边操作工艺过程

如图 10-38 所示，卷边操作工艺过程如下：

（1）将板料切成所需要的尺寸。

（2）沿边量出 2.5 倍铁丝直径距离划线。

（3）将板料按划线折成直角，如图 10-38（a）所示。

（4）用钢丝钳将铁丝剪为适当长度。

（5）用木槌在光滑平板上打直铁丝。

（6）把铁丝放入已折好的边内［见图 10-38（b)］，并用钳夹固定铁丝位置。

（7）用木槌或铆钉锤锤打板缘包住铁丝，如图 10-38（c)、(d）所示。

（8）用铆钉锤逐段扣紧成形，如图 10-38（e）所示。

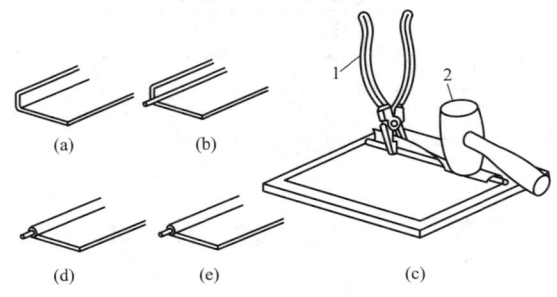

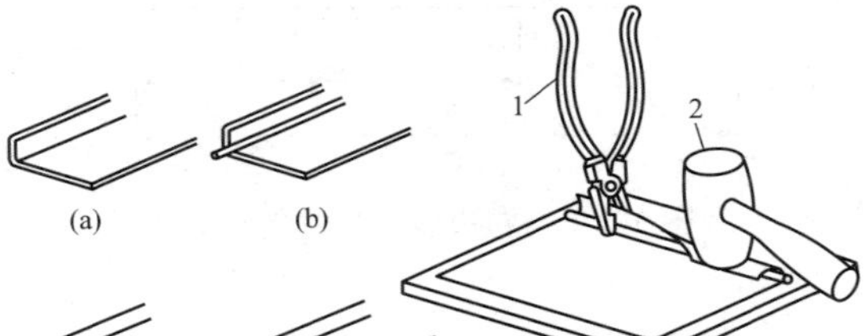

图 10-38　卷边操作

1—钢丝钳；2—木槌

4. 卷边注意事项

手工空心卷边的过程与夹丝卷边的制作过程一样，只需使卷边与铁丝不要靠得太紧，最后将铁丝抽出来，抽铁丝时把铁丝一端夹紧，将构件一边转一边向外拉。

二、卷边零件展开尺寸的计算

卷边零件由直线和曲线两部分组成，主要是算出卷曲部分的长度，然后再加上直线部分，便得出总的展开尺寸。

图 10-39 所示零件的展开长度 L 为：

$$L = L_1 + \frac{d}{2} + L_2$$

式中 L_1——板料的直线部分长度；

d——铁丝的直径；

L_2——板料加卷曲部分的长度，$L_2 = \frac{3\pi}{4}(d+t) = 2.35(d+t)$。

所以

$$L = L_1 + \frac{d}{2} + 2.35(d+t)$$

式中 t——材料厚度。

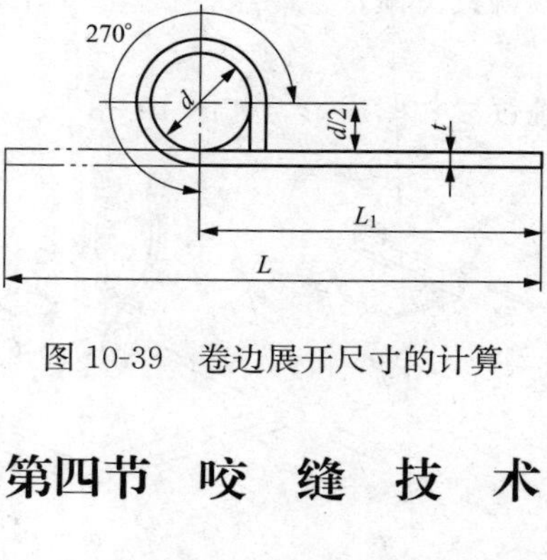

图 10-39 卷边展开尺寸的计算

第四节 咬 缝 技 术

咬缝是指把一块板料的两边或两块板料的边缘折转扣合，并彼此压紧。由于咬缝能将板料连接得很牢固，在许多地方代替钎焊。

一、咬缝的结构形式

各种咬缝的结构形式见表 10-10。

表 10-10 **咬缝的结构形式**

咬缝名称	缝扣	适用板厚/mm
 匹茨堡缝	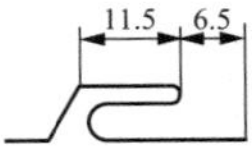	0.6～1.0 1.0～1.25
	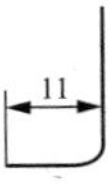	0.6～1.0 1.0～1.5
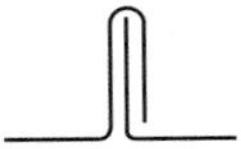 立缝	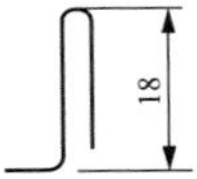	0.9～1.25
	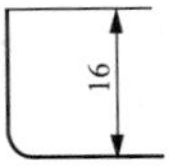	0.9～1.5
 卡扣缝	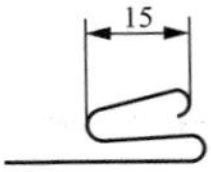	0.6～1
		0.6～1

续表

咬缝名称	缝扣	适用板厚/mm
 槽缝	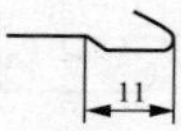	0.8～1.25 1.25～1.5
 双折底缝		0.5～1
	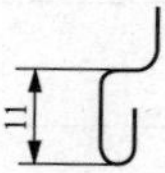	0.5～1
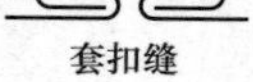 套扣缝		0.5～1.25
		0.6～1.25 1.25～1.5

二、咬缝的制作方法

各种咬缝的制作方法与技巧见表 10-11。

表 10-11　　咬缝的制作方法

咬缝名称	简　　图	制作方法
匹茨堡直缝	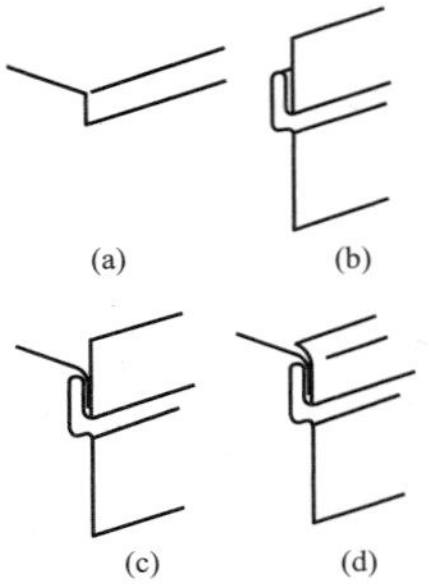 匹茨堡直缝制作过程	如图所示，此缝包括两部分，即图（a）所示的单扣和图（b）所示的袋扣。制作时，把单扣放入袋扣中［见图（c）］，然后把凸缘锤平［见图（d）］即可
匹茨堡曲缝	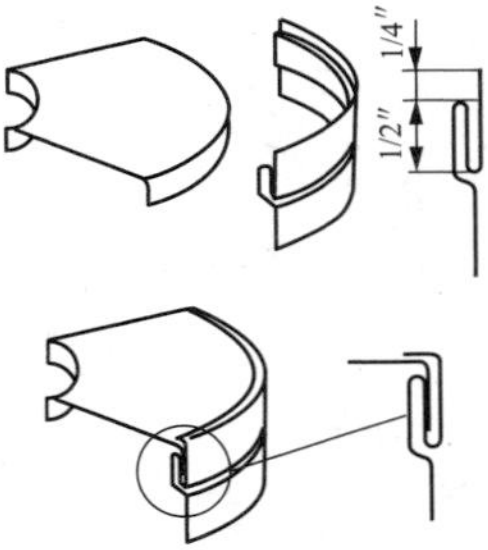 匹茨堡曲缝制作过程	匹茨堡缝应用广泛，其优点之一是单扣可以制成圆弧状，而袋扣可在平板上制好后再配合单扣展成圆弧，如图所示

续表

咬缝名称	简　　图	制作方法
立缝	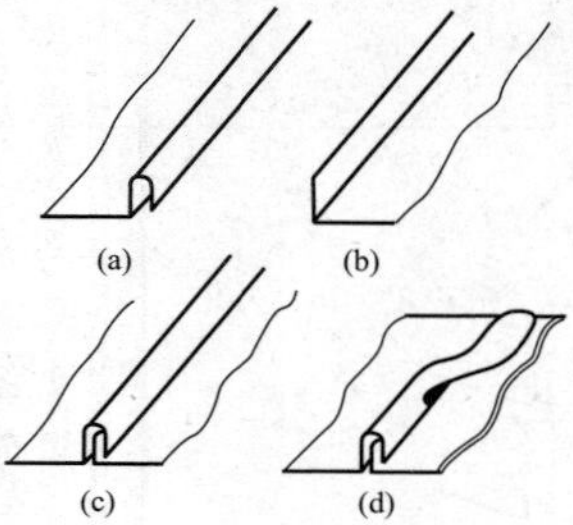 立缝制作	立缝也称便捷缝，是一种典型的纵长缝。这种缝含有一个弯成直角的双折缝［见图（a）］和一个单折边［见图（b）］。把双折边放在单折边上［见图（c）］，并用木槌打扁［见图（d）］即可
槽缝	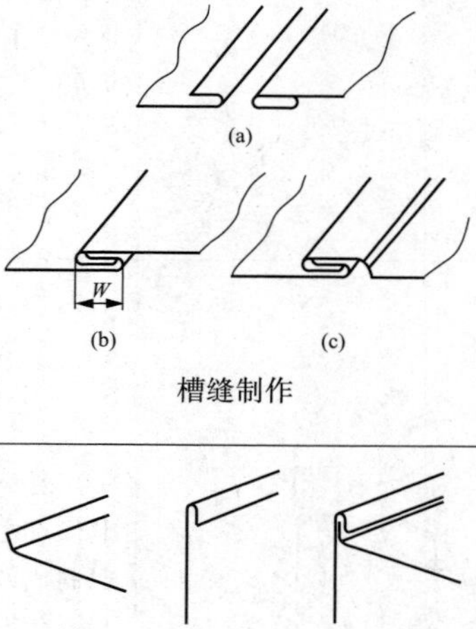 槽缝制作	槽缝是连接薄板或中等板最常用的接缝方式。这种缝有两个相同的折边［见图（a）］，这两个折边相互钩住［见图（b）］，然后用手槽砧的做槽工具或用起槽机合拢缝扣［见图（c）］
双折缝	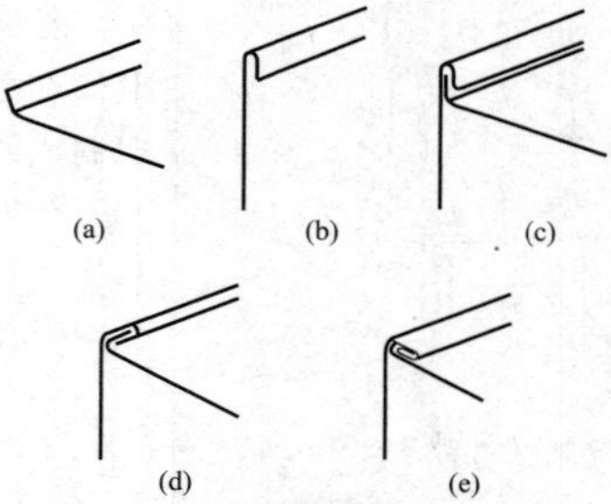 双折缝制作	单边折成直角［见图（a）］，双折边制成如图（b）所示的形状，两者结合方式如图（c）所示，然后在砧铁上弯折［见图（d）］，最终完成的接缝如图（e）所示

续表

<table>
<tr><th>咬缝名称</th><th>简　　图</th><th>制作方法</th></tr>
<tr><td>套扣缝</td><td>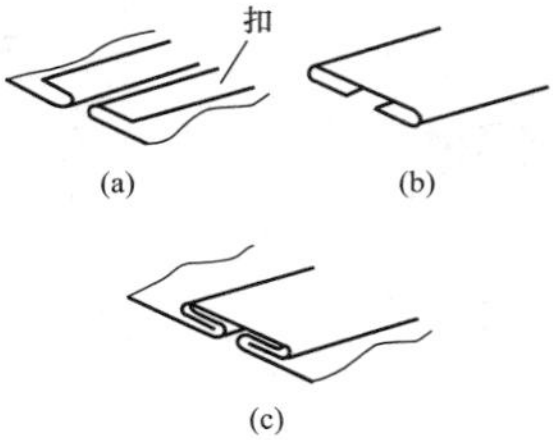

套扣缝
（a）弯扣；（b）两边已弯的套扣；
（c）已完成的套扣边</td><td>套扣缝用以连接方导管横断方向的接缝。把要连接的管件按如图方式把两边弯折成扣，其边缘的宽度视工件需要而定</td></tr>
<tr><td>滑扣缝</td><td>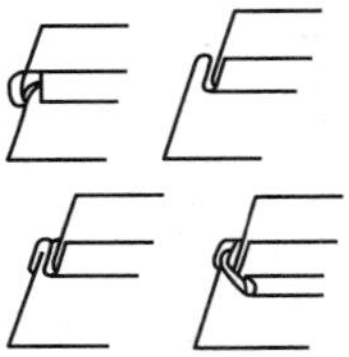
横断接缝的 S 形滑扣</td><td>套扣缝一般都和 S 形滑扣合用。S 形扣是一个做成 S 形的板条，形成两个袋扣的连接，如图所示</td></tr>
<tr><td>滑扣和套扣缝</td><td>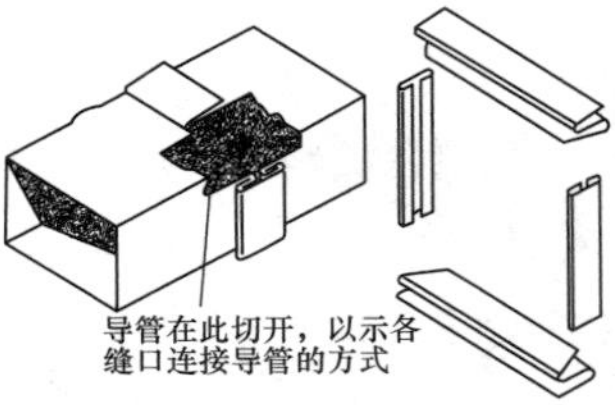

用以结合导管断面的 S 形扣和套扣</td><td>和套扣合用时，S 形扣最常用的地方是连接导管的断面，也常用在两段板片需要以平缝方式结合且无需连接强度的场合。如图所示表示如何使用 S 形扣和套扣来连接导管的断面</td></tr>
</table>

续表

咬缝名称	简　图	制作方法
套接缝	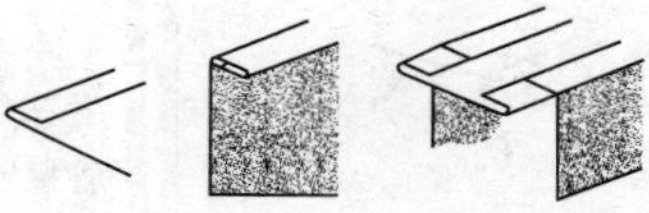 (a)　(b)　(c) 套接缝 （a）单扣；（b）双扣；（c）套接的缝扣	套接缝常用于纵长方向的角缝。其结构如图所示，由单扣［见图（a）］和双扣［见图（b）］组成套接缝［见图（c）］。
榫缝	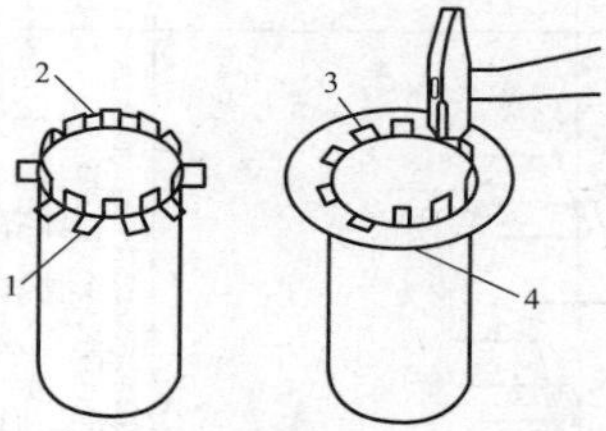 (a)　(b) 榫缝制作 1—榫片；2—开缝；3—弯包凸缘的榫片；4—凸缘	榫缝是连接圆桶和凸缘的便捷方法，主要用于圆管和椭圆管。其制作方法是把圆桶的端口开缝，并按图（a）所示方法每隔一片折成直角。弯折的榫片起止挡作用，而竖直的榫片准备弯包在欲连接的凸缘上，如图（b）所示，且接缝采用软钎焊固定，以保持密封性
导管套接缝	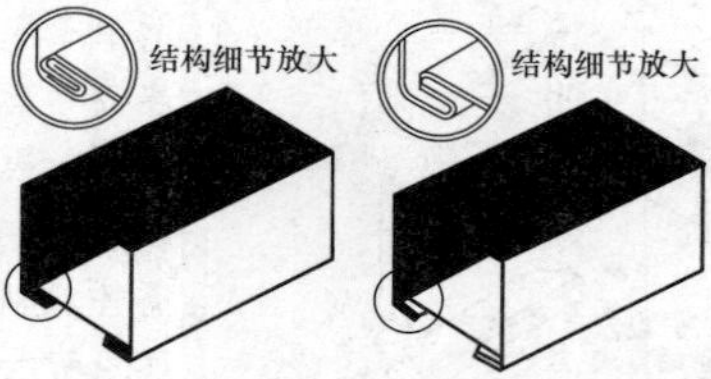 (a)　(b) 管件套接缝结构方式 （a）正确的结构；（b）不正确的结构	采用套接缝制作导管时［见图（a）］，必须注意各结合角隅是否平直，毛边是否修磨，否则整个导管会扭曲，或各导管的边缘参差不齐，如图（b）所示

第五节　拱　曲　技　术

一、拱曲特点和分类

利用顶杆或胎模将平板坯件中部锤放延展、外缘起皱收边、形成双向弯曲曲面的手工操作称为拱曲操作。拱曲过程中，零件的外缘壁厚增大，中部减薄，如图 10-40 所示。

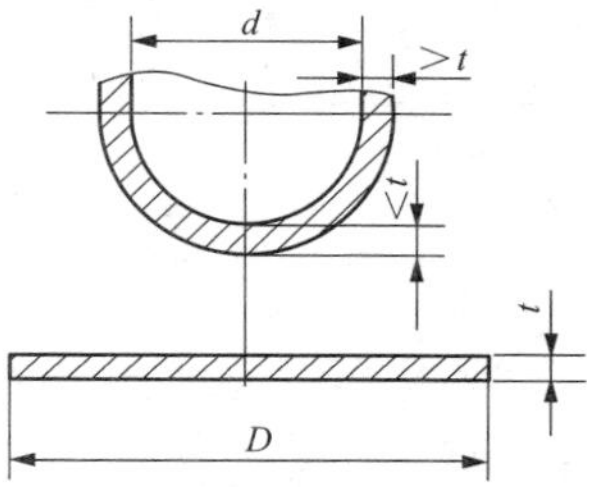

图 10-40　拱曲件的厚度变化

二、拱曲工艺方法、技巧与诀窍

钣金拱曲常用工艺方法与技巧见表 10-12。

表 10-12　　钣金拱曲工艺方法

名称	简　图	工艺方法
顶杆拱曲	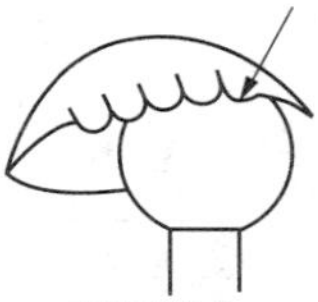 顶杆拱曲	可直接成形零件，也可作为其他拱曲的后续工序，比如胎模拱曲成形到手锤无法继续时，需套在顶杆上继续进行。大直径拱曲件在顶杆上对外缘收边可节省大的型胎，并可在顶杆上进行矫正及修光外表面。操作时先将板料边缘用起皱钳做出皱褶，在顶杆上将皱褶拍平（如左图所示），使板料向内弯曲，同时轻轻而均匀地用木槌敲击中部，使中部延展拱起，拱曲时应不断转动坯料。如此反复进行几次，拱曲到达图样要求（应计入回弹量）即可。最后的工序是切边、修边及在顶杆上将工件修光。必要时，还要在拱曲中间退火以消除硬化

续表

名称	简图	工艺方法
在凹陷的砧座上锤击拱曲	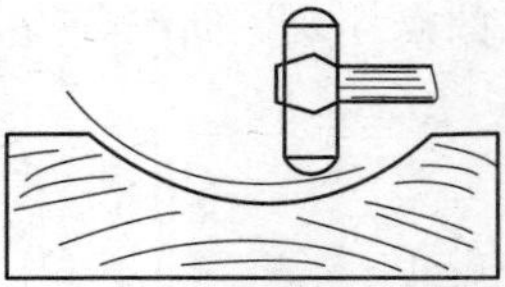 在凹陷的砧座上拱曲	如图所示，砧座可用硬木、铅等做成不同尺寸的浅坑，拱曲手锤应根据工件凹陷的程度选择合适的尺寸。拱曲步骤和要点如下： （1）从坯料的外缘开始拱曲。锤击时用力要均匀，每锤击一次转动一下坯料，由内向外逐步进行 （2）对外缘形成的褶皱，可在球形砧座上锤击修平
胎模拱曲	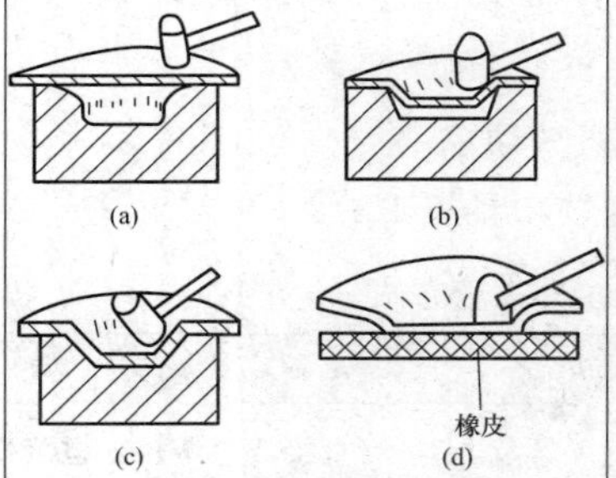 胎模上拱曲	如图所示，将坯料压紧在胎模上，用木槌从模腔的边缘开始逐渐向中心部位锤击，使坯料下凹，直至全部贴合模腔。拱曲变形量较大时，应分几次进行，每次一个模具，如图中虚线所示。拱曲过程中，可垫橡皮、沙袋、软木来使坯料伸展，这样不仅伸展较快，而且拱曲后的零件表面平滑。胎模拱曲适于尺寸较大、深度较浅的零件制作
在步冲机上手工拱曲	—	将胎模安装在步冲机的工作平台上，坯料压在胎膜上，并随工作台旋转，上模作上下的锤击运动，上模与下模间还有一个相对的径向运动。该方法的拱曲质量好，生产效率高

续表

名称	简　　图	工艺方法
热拱曲	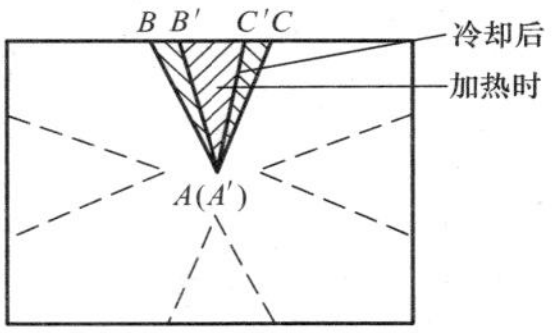 (a) （a）热拱曲原理 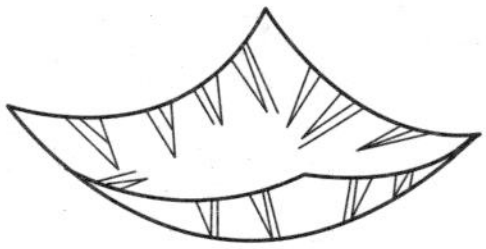 (b) （b）热拱曲后零件的形状	（1）热拱曲原理。热拱曲是利用热胀冷缩原理使金属变形并成形的工艺，变形时有时辅以外力。其原理如下： 如图（a）所示，在坯料边缘的 ABC 三角区域局部加热，该区域受热后强度下降，因周边冷态金属的强度较高，所以虽然受热，但膨胀不开，只能被压缩变厚，冷却后被收缩为 $A'B'C'$ 更小的区域 （2）热拱曲工艺 1）沿坯料的周边按原理进行加热和冷却，拱曲的程度取决于加热点的多少和每一点的加热范围。加热点越密集，加热范围越大，则拱曲程度也就越大 2）加热方法：当加热面积较大时，可采用加热炉加热；当加热面积较小时（一般认为在 $300mm^2$ 以内），一般用喷枪加热 3）热拱曲过程中可进行形状检验（如样板检验），拱曲度不够时要再次加热收缩，但加热部位不应重合，同时加热过程要配合手工修整 4）拱曲程度很难在事先准确估计，也难以在冷却中加以控制，需要操作者在实际操作中不断探索和总结经验

三、手工拱曲注意事项与操作禁忌

1. 手工拱曲的注意事项

在用顶杆手工拱曲时应注意以下几点：

（1）拱曲度较大的钣金工件，可在顶杆上用收缩和排展交错的方法进行（见图 10-41）。

（2）拱曲时，用木槌轻轻而均匀地敲打中部，使中部的坯料伸展拱曲。敲打的位置要稍稍超过支承点，敲打位置要准确，否则容易打出凹痕，甚至打破。

（3）敲打时，用力要轻而均匀，而且打击点要稠密，边敲打边旋转坯料。根据目测随时调整敲打部位，使表面光滑、均匀。凸出的部位不应再敲打，否则愈打愈凸起。

（4）敲打到坯料中心时，要不断转动，不能集中在一处敲打，以免坯料中心伸展过多而凸起。依次收边敲打中部，并配合中间检查，使其达到要求为止。考虑到最后修光时会产生回弹变形，一般拱曲度要稍大些。

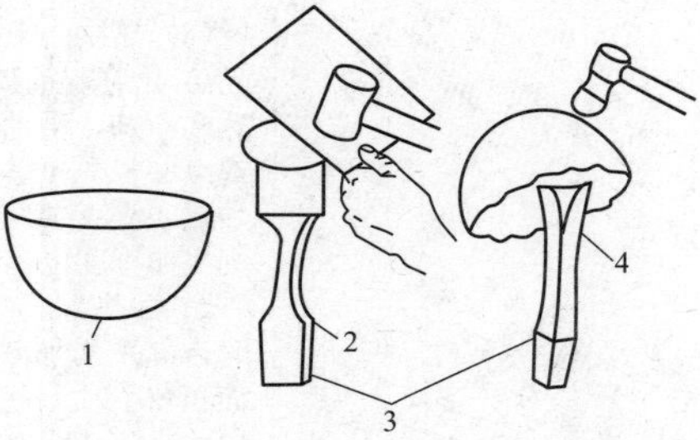

图 10-41 半球形零件的拱曲与修整

1—零件；2—皱缩；3—顶杆；4—伸展中部或修光

（5）用平头锤在圆杆顶上把拱曲成形好的零件进行修光，然后按要求划线，并进行切割，锉光边缘。在加工过程中，如发现坯料由于冷作而硬化，应及时进行退火处理，否则容易产生裂纹。

在用胎模拱曲时应注意：敲打要轻且均匀，使整个加工表面均匀地伸展形成凸起的形状。操作中不能过急，应分几次使坯料逐渐全部贴合胎模成形。最后用平头锤在顶杆上打光敲击凸痕。

2. 手工拱曲操作禁忌

为使拱曲顺利进行，毛坯料应在使用前焖火，在加热过程中，发现毛料冷作硬化时应立即进行退火处理。

第十一章

钣　金　冲　裁

第一节　钣金冲压与冲裁

一、钣金冲压

1. 冲压工艺特点

（1）冲压工艺。冲压是一种金属塑性加工方法，其钣金坯料主要是板材、带材、管材及其他型材，利用冲压设备通过模具的作用，使之获得所需要的零件形状和尺寸。

材料 、模具和设备是冲压的三要素。

冲压加工要求被加工材料具有较高的塑性和韧性，较低的屈强比和时效敏感性，一般要求碳素钢伸长率 $\delta \geqslant 16\%$ 、屈强比 $\sigma_s/\sigma_b \leqslant 70\%$；低合金高强度钢 $\delta \geqslant 14\%$、$\sigma_s/\sigma_b \leqslant 80\%$。否则，冲压成形性能较差，工艺上必须采取一定的措施，从而提高了零件的制造成本。

冲压模具是冲压加工的主要工艺装备。冲压件的表面质量、尺寸公差、生产率以及经济效益等与模具结构关系很大。冲压模具按照冲压工序的组合方式分为：单工序的简单模、多工序的级进模和复合模。

（2）冲压设备。冲压设备主要有机械压力机和液压机。在大批量生产中，应尽量选用高速压力机或多工位自动压力机；在小批量生产中，尤其是大型厚板冲压件的生产中，多采用冲压机。

（3）冲压在机械制造中的地位。冲压既能够制造尺寸很小的零件，如仪器、仪表零件等，又能够制造诸如汽车大梁、压力容器封头一类的大型零件；既能够制造一般尺寸公差和形状简单的零件，又能够制造精密（公差在微米级）和复杂形状的零件。占全世界钢产量 60%～70% 的是板材、管材及其他型材，其中大部分经过冲压制成成品。冲压在汽车、机械、家用电器、电机、仪表、航空、航天、兵器工业等制造中，具有十分重要的地位。

(4) 冲压工艺特点。冲压件质量轻、厚度薄、刚度好。它的尺寸公差是由模具保证的，所以质量稳定，一般不需再经机械切削即可使用。冷冲压件的金属组织与力学性能优于原始坯料，表面光滑美观。冷冲压件的公差等级和表面状态优于热冲压件。

大批量的中、小型零件冲压生产一般是采用复合模或多工位的级进模。以现代高速多工位压力机为中心，配置带料开卷、矫正、成品收集、输送以及模具库和快速换模装置，并利用计算机程序控制，可组成生产率极高的全自动生产线。采用新型模具材料和各种表面处理技术，改进模具结构，可得到高精度、高寿命的冲压模具，从而提高了冲压件的质量和降低了冲压件的制造成本。

总之，冲压工艺具有生产率高、加工成本低、材料利用率高、操作简单、便于实现机械化与自动化等一系列优点。采用冲压与焊接、胶接等复合工艺，使零件结构更趋合理，加工更为方便，可以用较简单的工艺制造出更复杂的结构件。

(5) 冲压常见的方式。按照冲压时的温度情况不同，有冷冲压和热冲压两种方式。这取决于材料的强度、塑性、厚度、变形程度以及设备能力等，同时应考虑材料的原始热处理状态和最终使用条件。

1) 冷冲压。金属在常温下的冲压加工，一般适用于厚度小于4mm 的坯料。优点是不需加热，无氧化皮，表面质量好，操作方便，费用较低。缺点是有加工硬化现象，严重时使金属失去进一步变形的能力。冷冲压要求坯料的厚度均匀且波动范围小，表面光洁、无斑痕、无划伤等。

2) 热冲压。将金属加热到一定的温度范围的冲压加工方法。优点是可消除内应力，避免加工硬化，增加材料的塑性，降低变形抗力，减少设备的动力消耗。

2. 冲压工艺分类

冲压工艺分为分离工序和成形工序两大类：

(1) 分离工序是在冲压过程中使冲压件与坯料沿一定的轮廓线

相互分离，同时冲压件分离断面的质量也要满足一定的要求。

冲压工艺分离工序分类见表11-1。

表11-1　　冲压工艺分离工序分类

工序名称	简　图	特点及常用范围
切断	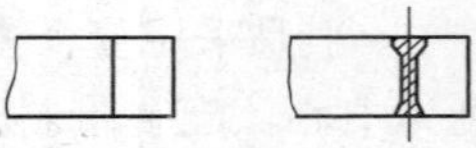	用剪刀或冲模切断板材，切断线不封闭
落料		用冲模沿封闭线冲切板料，冲下来的部分为工件
冲孔	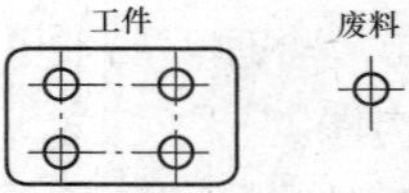	用冲模沿封闭线冲切板料，冲下来的部分为废料
切口	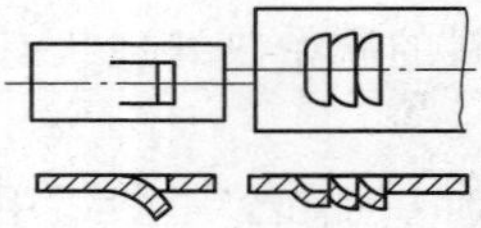	在坯料上沿不封闭线冲出缺口，切口部分发生弯曲，如通风板
切边	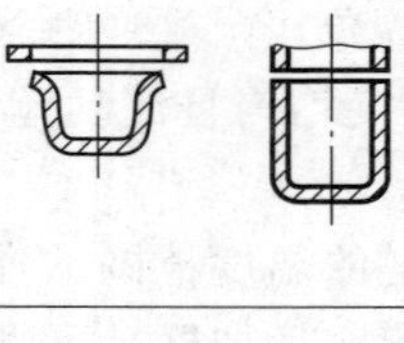	将工件的边缘部分切掉
剖切	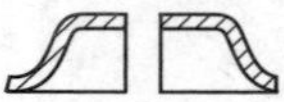	把半成品切开成两个或几个工件，常用于成双冲压

(2) 成形工序是使冲压坯料在不分离的条件下发生塑性变形，并转化成所要求的成品形状，同时也应满足尺寸公差等方面的要求。

冲压工艺成形工序分类见表 11-2。

表 11-2　　冲压工艺成形工序分类

工序名称		简　图	特点及常用范围
弯曲	压弯		把坯料弯成一定的形状
	卷板	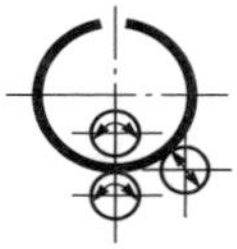	对板料进行连续三点弯曲，制成曲面形状不同的零件
	滚弯	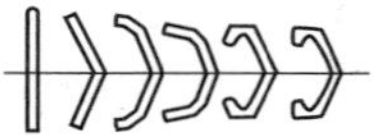	通过一系列轧辊把平板卷料滚弯成复杂形状
	拉弯	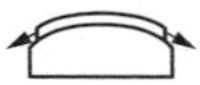	在拉力与弯矩共同作用下实现弯曲变形可得精度较好的零件
拉深	拉深	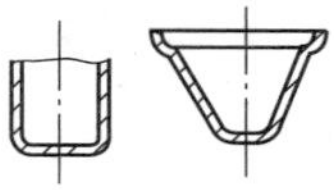	把平板形坯料制成空心工件、壁厚基本不变
	变薄拉深	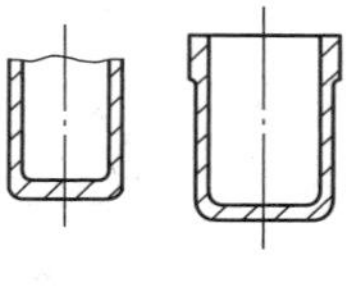	把空心工件拉深成侧壁比底部为薄的工件

续表

工序名称		简 图	特点及常用范围
成形	整形	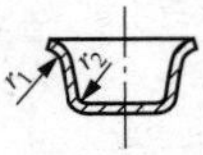	把形状不太准确的工件校正成形，如获得小的 r 等
	校平		校正工件的平直度
	缩口	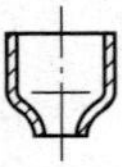	把空心工件的口部缩小
	翻边	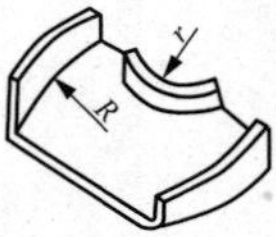	把工件的外缘翻起圆弧或曲线状的竖立边缘
	翻孔	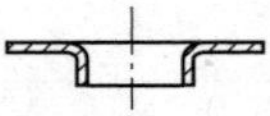	把工件上有孔的边缘翻出竖立边缘
	扩口	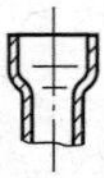	把空心工件的口部扩大，常用于管子
	起伏	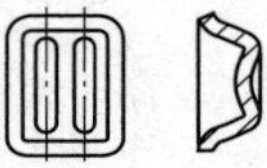	把工件上压出筋条，花纹或文字，在起伏处的整个厚度上都有变形
	卷边	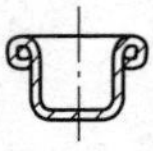	把空心件的边缘卷成一定形状
	胀形	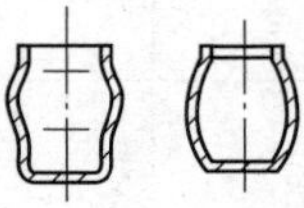	使工件的一部分凸起，呈凸肚形
	压印		在工件上压出文字或花纹，只在制件厚度的一个平面上有变形

二、冲裁及其变形过程和特点

冲裁是利用冲模使材料分离的冲压工艺，它是落料、冲孔、切断、切边、切口、剖切等工序的总称。

冲裁时，材料的变形过程分为三个阶段，其特点见表 11-3。

表 11-3　　冲裁时材料的变形过程及特点

序号	变形阶段	变形过程简图	特　　点
1	弹性变形阶段	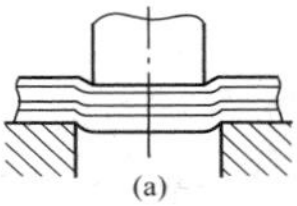 (a)	凸模加压，材料发生弹性压缩与弯曲并略有挤入凹模口，如图（a）所示
2	塑性变形阶段	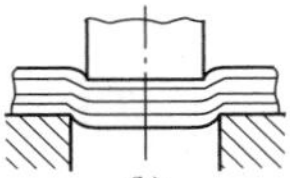 (b)	材料内应力达到屈服强度，凸模压入材料，产生纤维的弯曲和拉伸，得到光亮的剪切带，如图（b）所示
3	剪切分离阶段	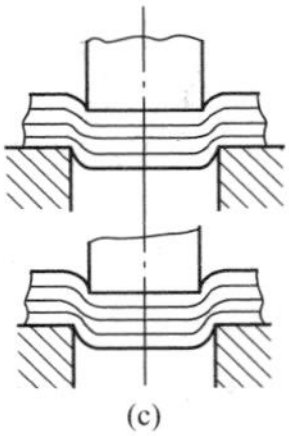 (c)	材料内应力达到抗剪强度，冲裁力达到最大值，光亮带终止。由于应力集中和出现拉应力，靠近凸、凹模刃口处的材料出现裂纹，在间隙值合理时，上、下裂纹向内扩展，最后重合，材料分离，如图（c）所示，形成粗糙锥形剪裂带

第二节　冲裁模种类及冲裁间隙的选择

冲裁时所采用的模具叫冲裁模，它是冲模的一种。冲裁模使部分材料或工序件与另一部分材料，工（序）件或废料分离。

一、冲裁模的种类

1. 落料模

落料模是沿封闭的轮廓将制件或工序件与材料分离的冲模。

图 11-1 所示为冲制锁垫的落料模。该模具有导柱、导套导向，因而凸、凹模的定位精度及工作时的导向性都较好。导套内孔与导柱的配合要求为 H6/h5。凸模断面细弱，为了增加强度和刚度，凸模上部放大。凸模与固定板紧配合，上端带台肩，以防拉下。凹模刃壁带有斜度，冲件不易滞留在刃孔内，同时减轻对刃壁的磨损，一次刃磨量较小，刃口尺寸随刃磨变化。凹模刃口的尺寸决定了落料尺寸。凸模和凹模有刃口间隙。

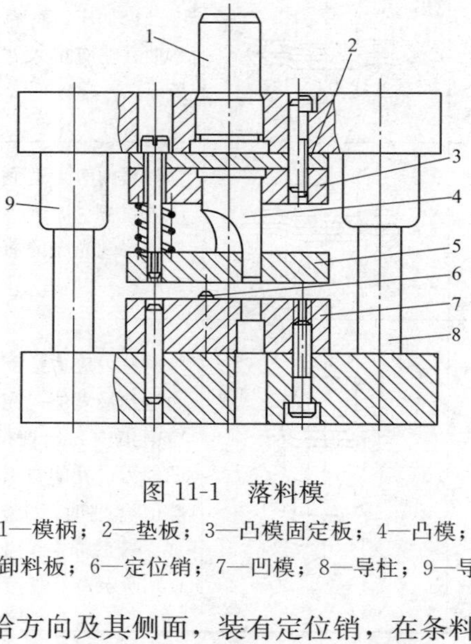

图 11-1　落料模

1—模柄；2—垫板；3—凸模固定板；4—凸模；
5—卸料板；6—定位销；7—凹模；8—导柱；9—导套

在条料进给方向及其侧面，装有定位销，在条料进给时确定冲裁位置。工件从凹模的落料孔中排出，条料由卸料板卸下，这种无导向弹压卸料板广泛用于薄材料和零件要求平整的落料、冲孔、复合模等模具上的卸料。弹压元件可用弹簧和硬橡胶板，卸料效果好，操作方便。

2. 冲孔模

冲孔模是在落料板材或成形冲件上，沿封闭的轮廓分离出废料得到带孔制件的冲模。

(1) 冲单孔的冲孔模。冲单孔的冲孔模结构大致与落料模相同。冲孔模的凸模、凹模类似于落料模。但冲孔模所冲孔与工件外缘或工件位置精度是由模具上的定位装置来决定的。常用的定位装置有定位销、定位板等。

(2) 冲多孔的冲孔模。如图 11-2 所示是印制板冲孔模，用于冲裁印制板小孔。孔径为 ϕ1.3mm，材料为覆铜箔环氧板，厚 1.5mm。为得到较大的压料力，防止孔壁分层，上部采用 6 个矩形弹簧。导板材料为 CrWMn，并淬硬至 50～54HRC。凸模采用弹簧钢丝，拉好外径后切断、打头，即可装入模具中使用。凸模与固定板间隙配合。下模为防止废料胀死，漏料孔扩大，工件孔距较近时，漏料孔可互相开通。

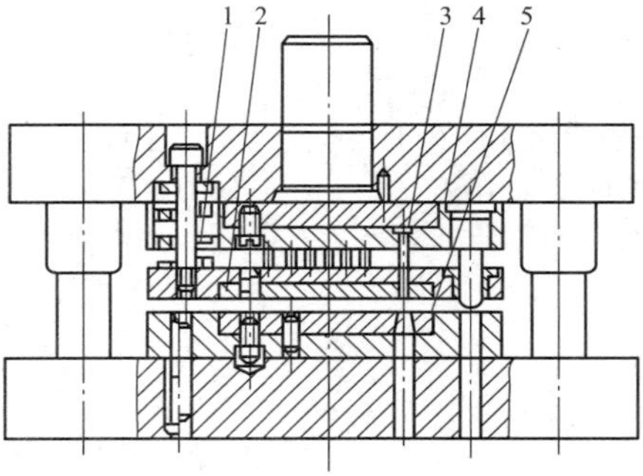

图 11-2 印制板冲孔模

1—矩形弹簧；2—导板；3—凸模；4—凸模固定板；5—凹模

(3) 深孔冲模。当孔深比 t/D（料厚/孔径）$\geqslant 1$，即孔径等于或小于料厚时，采用深孔冲模结构。图 11-3 所示是凸模导向元件在工作过程中的始末情况，该结构给凸模以可靠的导向。主要特点是导向精度高，凸模全长导向及在冲孔周围先对材料加压。

3. 冲裁复合模

冲裁复合模是只有一个工位，并在压力机的一次行程中，同时完成落料与冲孔两道冲压工序，如图 11-4 所示。

凸凹模既是落料凸模又是冲孔凹模，因此能保证冲件内外形之间的形状位置。

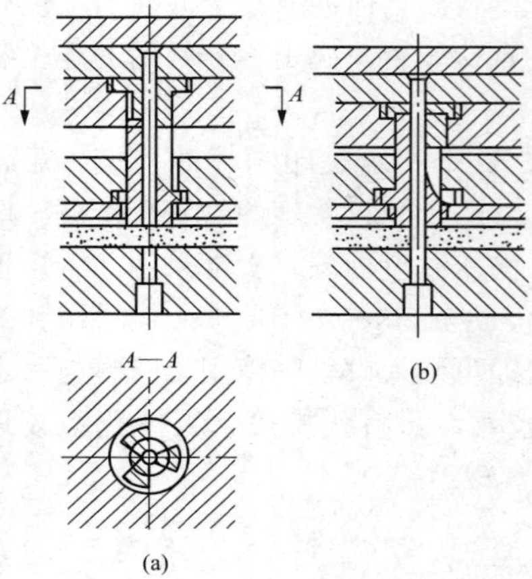

图 11-3 凸模导向元件在工作行程中的始末情况

（a）冲孔开始；（b）冲孔结束

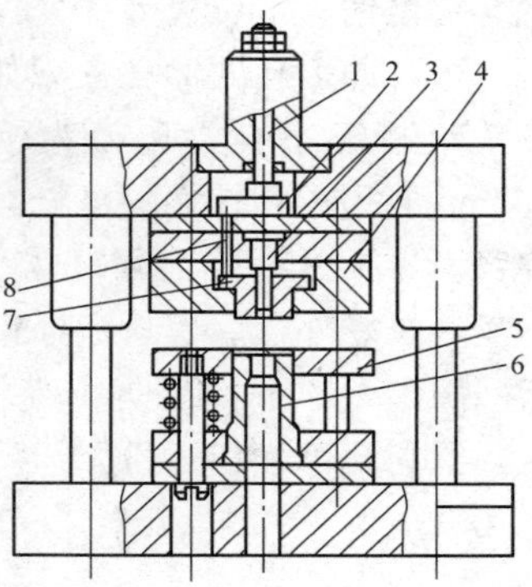

图 11-4 冲裁复合模

1—打棒；2—打板；3—冲孔凸模；4—落料凹模；5—卸料板；6—凸凹模；7—推板；8—推杆

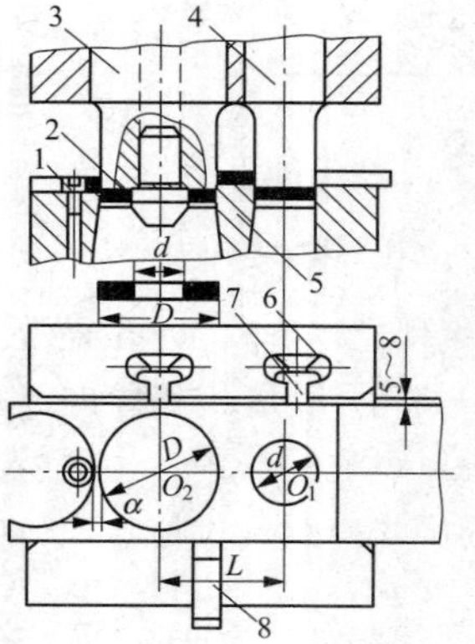

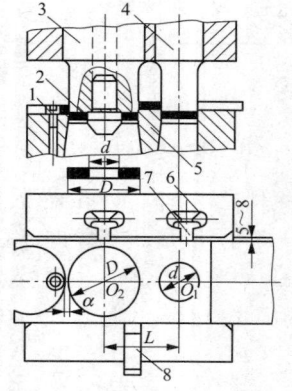

图 11-5 冲孔、落料级进模工作原理

1—挡料销；2—导正销；3—落料凸模；4—冲孔凸模；5—凹模；6—弹簧；7—侧压块；8—始用挡料销

4. 冲裁级进模

冲裁级进冲模是在条料的送料方向上，具有两个以上的工位，并在压力机一次行程中，在不同的工位上同时完成两道或两道以上的冲压工序的冲模，又称跳步模或连续模。

对孔边距较小的工件，采用复合模有困难，往往采取落料后冲孔，由两副模具来完成，如果采用级进模冲裁则可用一副模具来完成。

图 11-5 为冲孔、落料级进模的工作原理图。条料送进时，先用始用挡料销 8 定位，在 O_1 位置由冲孔凸模 4 冲出内孔 d，此时落料凸模 3 是空冲。

当第二次送进时，退回始用挡料销 8，利用挡料销 1 粗定位，送进距离 $L = D + a$，这时带孔的条料位于 O_2 处，落料凸模 3 下行时，装在凸模 3 中的导正销 2 插入内孔 d 中实现精确定位，接着落料凸模 3 的刃口部分对条料进行冲裁，得到内径为 d、外径为 D 的工件。与此同时，在 O_1 的位置上又冲出了一个内孔 d，待下次送料时，在 O_2 的位置上冲出下一个工件，如此往复进行。

级进模除了需要具有普通模具的一般结构外，还需根据要求设置始用挡料装置、侧压装置、导正销和侧刃等结构件。图 11-6 为用导正销定距、手工送料的冲孔、落料级进模。其工件见图右上角。上、下模用导板导向，模柄 6 用螺纹与上模座连接。为防止冲压中螺纹的松动，采用骑缝的紧定螺钉 5 拧紧。冲孔凸模 4 与落料凸模 3 之间的距离就是送料步距 A。

送料时，由固定挡料销 1 进行初定位，由两个装在落料凸模上的导正销 2 进行精定位。导正销与落料凸模的配合为 H7/r6，其连接的结构应保证在修磨凸模时装拆方便，因此落料凸模安装导正销的孔是一个通孔。导正销头部的形状应有利于在导正时插入已冲的孔，而且与孔的配合应略有间隙。为了保证首件的正确定距，在带导正销的级进模中，常采用始用挡料装置。始用挡料装置安装在导板下的导料板中间。在条料冲制首件时，用手推始用挡料销 7，使它从导料板中伸出抵住条料的前端，即可冲第一个件上的两个孔。以后各次冲裁时，就由固定挡料销 1 控制送料步距作初定位。

级进模是一种多工序、高效率、高精度的冲压模具，与单工序模和复合模相比，级进模构成模具的结构复杂、零件数量多、精度及热处理要求高，模具装配与制造复杂，要求精确控制步距，适用于批量较大或外形尺寸较小、材料厚度较薄的冲压件生产。由于级进模可以在一套模具中完成冲裁、弯曲、拉深等多道工序，因此生产效率高，模具的导向精度和定位精度较高，能够保证工件的加工精度。而且采用级进模冲压时，大多采用条料、带料自动送料，冲床或模具内装有安全检测装置，容易实现自动化加工，操作安全。由于级进模的生产效率高，需要的设备和操作人员较少，因此在大批量生产时，成本相对较低。

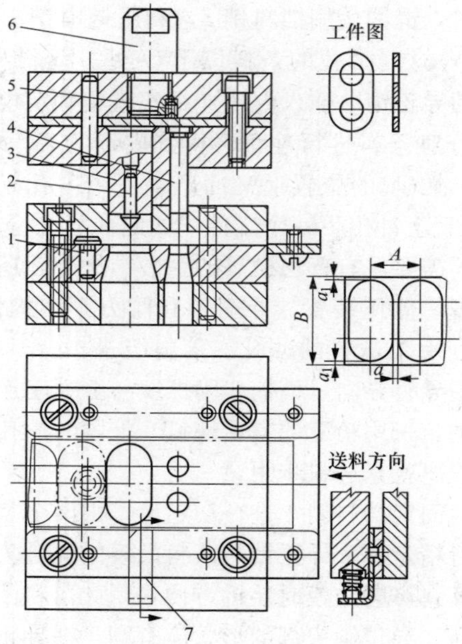

图 11-6 用导正销定距、手工送料的冲孔、落料级进模

1—固定挡料销；2—导正销；3—落料凸模；
4—冲孔凸模；5—螺钉；6—模柄；7—始用挡料销

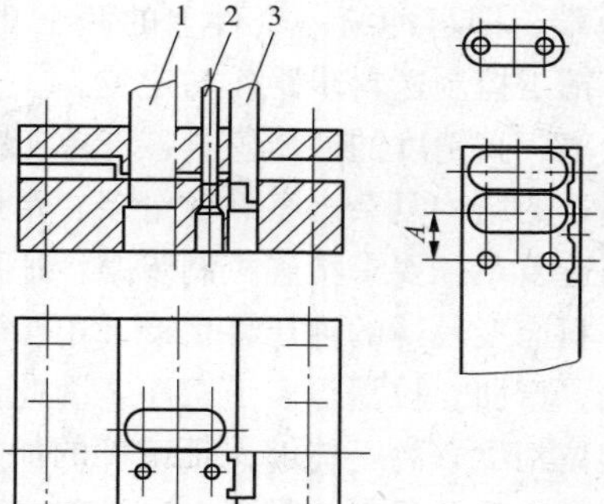

图 11-7 侧刃定距

1—落料凸模；2—冲孔凸模；3—侧刃

为了保证冲裁零件形状间的相对位置精度，常采用定距侧刃和导正销定距的结构。

(1) 定距侧刃。如图 11-7 所示，在条料的侧边冲切一定形状的缺口，该缺口的长度等于步距，条料送进步距就以缺口定距。

(2) 导正销定距。如图 11-8 所示，导正销在冲裁中，先进入预冲的孔中，导正材料位置，保证孔与外形的相对位置，消除送料误差。

在图 11-8 中，冲裁时第一步送料用手按压始用挡料销抵住条料端头，定位后进行第一次冲制，冲孔凸模在条料上冲孔。第一次冲裁后缩回始用挡料销，以后冲压不再使用。第二步把条料向前送至模具上落料的位置，条料的端头抵住固定挡料钉初步定位，此时在第一步所冲的孔已位于落料的位置上。当第二次冲裁时，落料凸模下降，装于落料凸模工作端的导正销首先插进原先冲好的孔内，将条料导正到准确的位置。然后冲下一个带孔的工件，同时冲孔凸模又在条料上预冲好孔，以后各次动作均与第二次同。

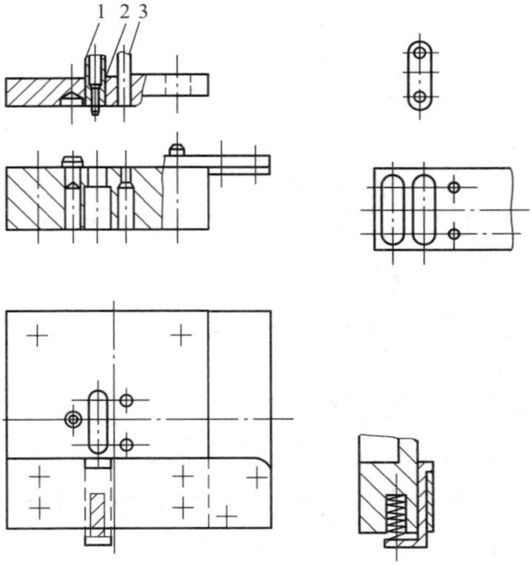

图 11-8　导正销定位

1—落料凸模；2—导正销；3—冲孔凸模

二、冲裁间隙的选择

冲裁间隙系指凸、凹模刃口间的缝隙的距离，用符号 c 表示，如图 11-9 所示。

1. 冲裁间隙选用依据

选用冲裁间隙值的主要依据是在保证冲裁件断面质量和尺寸精度的前提下，使模具寿命最高。对下列情况应酌情增减冲裁间隙：

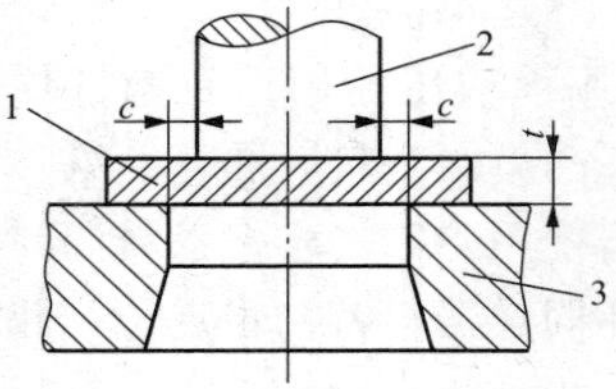

图 11-9 冲裁间隙
1—材料；2—凸模；3—凹模；
t—料厚

（1）在同样条件下，冲孔间隙可比落料时取大些。

（2）冲小孔时（$d<t$），凸模易折断，间隙易取大些，但应采取措施防止废料回升。

（3）硬质合金模具应比钢模的间隙大30%左右。

（4）凹模为斜壁刃口时间隙应比直壁刃口小。

（5）电火花加工凹模型孔时，其间隙应比磨削加工小(0.5～2)%t。

（6）复合模的凸凹模壁厚较薄时，为防止胀裂，应放大冲孔间隙。

（7）采用弹性压料装置时间隙可大些。

（8）高速冲压时，模具容易发热，间隙应增大，如果行程次数超过200次/min时，间隙应增大10%左右。

（9）热冲时间隙应减小。

2. 冲裁间隙分类

根据冲件剪切面质量、尺寸精度、模具寿命和力量消耗等因素，将冲裁间隙分为Ⅰ、Ⅱ、Ⅲ类，见表11-4。

按金属材料的种类、供应状态和厚度给出相应于表11-4的三类间隙比值见表11-5。

非金属材料红纸板、胶纸板、胶布板的间隙比值分两类。相当于表11-5中Ⅰ类时，取(0.5～2)%t；相当于Ⅱ类时取(>2～4)%t。纸、皮革、云母纸的间隙比值取(0.25～0.75)%t。

3. 冲裁间隙选用方法

选用冲裁间隙时，应针对冲裁件技术要求、使用特点和生产条件等因素，首先按表11-4确定拟采用的间隙类别，然后按表11-5相应选取该类间隙的比值，经计算便可得到间隙数值。

钣金件冲裁间隙的选择可根据工件尺寸精度要求不同参照表11-6～表11-8选择。

表 11-4　　金属板料冲裁间隙的分类（摘自 GB/T 16743—2010）

项目名称		类别和间隙值				
		Ⅰ类	Ⅱ类	Ⅲ类	Ⅳ类	Ⅴ类
剪切面特征					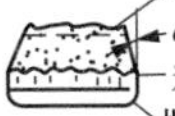	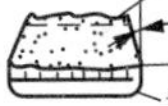
塌角高度 R		(2～5)%t	(4～7)%t	(6～8)%t	(8～10)%t	(10～20)%t
光亮带高度 B		(50～70)%t	(35～55)%t	(25～40)%t	(15～25)%t	(10～20)%t
断裂带高度 F		(25～45)%t	(35～50)%t	(50～60)%t	(60～75)%t	(70～80)%t
毛刺高度 h		细长	中等	一般	较高	高
断裂角°α		—	4°～7°	7°～8°	8°～11°	14°～16°
平面度 f		好	较好	一般	较差	差
尺寸精度	落料件	非常接近凹模尺寸	接近凹模尺寸	稍小于凹模尺寸	小于凹模尺寸	小于凹模尺寸
	冲孔件	非常接近凸模尺寸	接近凸模尺寸	稍大于凸模尺寸	大于凸模尺寸	大于凸模尺寸
冲裁力		大	较大	一般	较小	小
卸、推料力		大	较大	最小	较小	小
冲裁功		大	较大	一般	较小	小
模具寿命		低	较低	较高	高	最高

表 11-5 金属板料冲裁间隙值

材料	抗剪强度 τ MPa	初始间隙(单边间隙)/%t				
		Ⅰ类	Ⅱ类	Ⅲ类	Ⅳ类	Ⅴ类
低碳钢 08F、10F、10、20、Q235-A	≥210~400	1.0~2.0	3.0~7.0	7.0~10.0	10.0~12.5	21.0
中碳钢 45、不锈钢 1Cr18Ni9Ti、4Cr13、膨胀合金(可伐合金)4J29	≥420~560	1.0~2.0	3.5~8.0	8.0~11.0	11.0~15.0	23.0
高碳钢 T8A、T10A、65Mn	≥590~930	2.5~5.0	8.0~12.0	12.0~15.0	15.0~18.0	25.0
纯铝 1060、1050A、1035、1200、铝合金(软态)3A21、黄铜(软态)H62、纯铜(软态)T1、T2、T3	≥65~255	0.5~1.0	2.0~4.0	4.5~6.0	6.5~9.0	17.0
黄铜(硬态)H62、铅黄铜 HPb59-1、纯铜(硬态)T1、T2、T3	≥290~420	0.5~2.0	3.0~5.0	5.0~8.0	8.5~11.0	25.0
铝合金(硬态)ZA12、锡磷青铜 QSn4-4-2.5、铝青铜 QA17、铍青铜 QBe2	≥225~550	0.5~1.0	3.5~6.0	7.0~10.0	11.0~13.5	20.0
镁合金 MB1、MB8	≥120~180	0.5~1.0	1.5~2.5	3.5~4.5	5.0~7.0	16.0
电工硅钢	190	—	2.5~5.0	5.0~9.0	—	—

表 11-6 工件尺寸精度要求较高时的冲裁间隙选择 (一)

材料厚度 t/mm	软铝				纯铜、黄铜、软铜(0.08%~0.2%c)			
	初始间隙值 c							
	c_{min}		c_{max}		c_{min}		c_{max}	
	t%	单面/mm	t%	单面/mm	t%	单面/mm	t%	单面/mm
0.2	2	0.004	3	0.006	2.5	0.005	3.5	0.007
0.3		0.006		0.009		0.008		0.011
0.4		0.008		0.012		0.010		0.014
0.5		0.010		0.015		0.013		0.018
0.6		0.012		0.018		0.015		0.021
0.7		0.014		0.021		0.018		0.025
0.8		0.016		0.024		0.020		0.028
0.9		0.018		0.027		0.023		0.032
1.0		0.020		0.030		0.025		0.035

续表

材料厚度 t/mm	软铝				纯铜、黄铜、软铜(0.08%～0.2%c)			
	初始间隙值 c							
	c_{min}		c_{max}		c_{min}		c_{max}	
	t%	单面/mm	t%	单面/mm	t%	单面/mm	t%	单面/mm
1.2	2.5	0.030	3.5	0.042	3	0.036	4	0.048
1.5		0.038		0.053		0.045		0.060
1.8		0.045		0.063		0.054		0.072
2.0		0.050		0.070		0.060		0.080
2.2	3	0.066	4	0.088	3.5	0.077	4.5	0.099
2.5		0.075		0.100		0.088		0.113
2.8		0.084		0.112		0.098		0.126
3.0		0.090		0.120		0.105		0.135
3.5	3.5	0.123	4.5	0.176	4	0.140	5	0.170
4.0		0.140		0.180		0.160		0.200
4.5		0.158		0.203		0.180		0.225
5.0		0.170		0.225		0.200		0.250
6.0	4	0.240	5	0.300	4.5	0.270	5.5	0.330
7.0		0.280		0.350		0.315		0.385
8.0	4.5	0.360	5.5	0.440	5	0.400	6	0.480
9.0		0.405		0.490		0.450		0.540
10.0		0.450		0.550		0.500		0.600

表 11-7　工件尺寸精度要求较高时的冲裁间隙选择（二）

材料厚度 t/mm	硬铝，中硬钢(0.3%～0.4%c)				硬钢(0.5%～0.65%c)			
	初始间隙值 c							
	c_{min}		c_{max}		c_{min}		c_{max}	
	t%	单面/mm	t%	单面/mm	t%	单面/mm	t%	单面/mm
0.2	3	0.006	4	0.008	3.5	0.007	4.5	0.009
0.3		0.009		0.012		0.011		0.014
0.4		0.012		0.016		0.014		0.018
0.5		0.015		0.020		0.018		0.023
0.6		0.018		0.024		0.021		0.027
0.7		0.021		0.028		0.025		0.032
0.8		0.024		0.032		0.028		0.036
0.9		0.027		0.036		0.032		0.041
1.0		0.030		0.040		0.035		0.045

续表

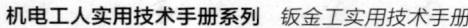

材料厚度 t/mm	硬铝，中硬钢(0.3%～0.4%c)				硬钢(0.5%～0.65%c)			
	初始间隙值 c							
	c_{min}		c_{max}		c_{min}		c_{max}	
	t%	单面/mm	t%	单面/mm	t%	单面/mm	t%	单面/mm
1.2	3.5	0.042	4.5	0.054	4	0.048	5	0.060
1.5		0.053		0.068		0.060		0.075
1.8		0.063		0.081		0.072		0.090
2.0		0.070		0.090		0.080		0.100
2.2	4	0.088	5	0.110	4.5	0.099	5.5	0.121
2.5		0.100		0.125		0.113		0.138
2.8		0.122		0.140		0.126		0.154
3.0		0.120		0.150		0.135		0.165
3.5	4.5	0.158	5.5	0.193	5	0.170	6	0.210
4.0		0.180		0.220		0.200		0.240
4.5		0.203		0.248		0.225		0.270
5.0		0.225		0.275		0.250		0.300
6.0	5	0.300	6	0.360	5.5	0.330	6.5	0.390
7.0		0.350		0.420		0.385		0.405
8.0	5.5	0.440	6.5	0.520	6	0.480	7	0.560
9.0		0.490		0.585		0.540		0.630
10.0		0.550		0.650		0.600		0.700

表 11-8　工件尺寸一般精度要求时的冲裁间隙选择

材料牌号	料厚 t/mm	c_{min}		c_{max}	
		t%	单面/mm	t%	单面/mm
0.8	0.05	无间隙			
10	0.10				
08	0.20				
50					
20	0.22				
08	0.3				
16Mn					
65Mn	0.4				
08	0.5	4	0.20	6	0.30
65Mn					
35					

续表

材料牌号	料厚 t/mm	c_{min}		c_{max}	
		t%	单面/mm	t%	单面/mm
08	0.8	4.5	0.037	6.5	0.052
20					
16Mn					
65Mn					
09Mn					
Q235	0.9	5	0.045	7	0.063
08					
09Mn					
30	1	5	0.50	7	0.070
65Mn					
10					
20	0.6	4	0.24	6	0.36
09Mn	0.7	4.5	0.032	0.65	0.046
65Mn					
45					
20	1.5	5.5	0.083	7.5	0.113
50					
16Mn					
10	1.75	6	0.105	9	0.160
Q235	2	6	0.120	9	0.180
08					
10	2	6	0.120	9	0.180
09Mn					
20		6.5	0.130	9.5	0.190
16Mn					
50	2.1	6.5	0.140	9.5	0.200
Q235	2.5	7	0.175	10	0.250
08					
20		7.5	0.188	10.5	0.262
16Mn					
09Mn		7.2	0.180	10.2	0.255
40					
08	3	7.5	0.225	10.5	0.315
Q235					
09Mn		8	0.240	11	0.330
20					

续表

材料牌号	料厚/min	c_{min}		c_{max}	
		t%	单面/mm	t%	单面/mm
08	1.2	5.5	0.066	7.5	0.090
09Mn					
Q235	1.5	5.5	0.083	7.5	0.113
08					
16Mn	3	8	0.240	11	0.330
Q235	3.5	7.5	0.262	11.5	0.402
08	4	8	0.320	11	0.440
Q235					
20		8.5	0.340	11.5	0.460
16Mn					
10	4.5	8	0.360	11	0.495
Q235					
16Mn		7.5	0.338	10	0.450
20		8.5	0.383	11.5	0.518
16Mn	5	7.5	0.375	10.5	0.525
Q235		8	0.400	11	0.550
08					
20		8.5	0.425	11.5	0.575
08	5.5	8.5	0.468	11.5	0.632
16Mn		7	0.385	10	0.550
Q235	6	9	0.540	12	0.720
08					
20		9.5	0.570	12.5	0.750
16Mn		7.5	0.450	10	0.600
16Mn	8	8	0.640	11	0.880

注 表中所列牌号较少，实际工作中可用材料性能（σ_b）为基础，对照表中材料相近的作出间隙选择。

按表 11-5～表 11-8 选取冲裁间隙值时，还要注意以下要求：

（1）表中适用于厚度为 10mm 以下的金属材料。考虑到料厚对间隙比值的影响，将料厚分成 0.1～1.0mm；1.2～3.0mm；3.5～6.0mm；7.0～10.0mm 四档。当料厚为 0.1～1.0mm 时，各类间隙比值取下限值，并以此为基数，随着料厚的增加，再逐档递增(0.5%～1.00%)t（非金属或低碳钢取小值，中碳钢或高碳钢取大值）。

（2）凸、凹模的制造偏差和磨损均使间隙变大，故新模具应取最小间隙。

（3）其他金属材料的间隙比值可参照表中抗剪强度相近的材料选取。

第三节　冲裁力、卸料力、推件力和顶件力

一、冲裁力选择

1. 冲裁力计算

冲裁力的大小取决于冲裁内外周边的总长度、材料厚度和抗拉强度，计算公式如下：

$$F_0 = f_1 L t \sigma_b \tag{11-1}$$

式中　f_1——系数，取决于材料的屈强比，可从图 11-10 求得；

L——冲裁内外周边的总长（mm）；

t——材料厚度（mm）；

σ_b——材料的抗拉强度（MPa）。

2. 降低冲裁力的方法与诀窍

（1）波形刃口。波形刃口冲裁时材料是逐步分离的，可以减小冲裁力和冲裁时的振动和噪声。其结构按冲裁要求决定，落料时为了得到平整的工件，凸模做成平刃，凹模做成波刃［见图 11-11（a）、（b）］，冲孔时则相反［见图 11-11（c）、（d）］。波形刃口应力求对称。

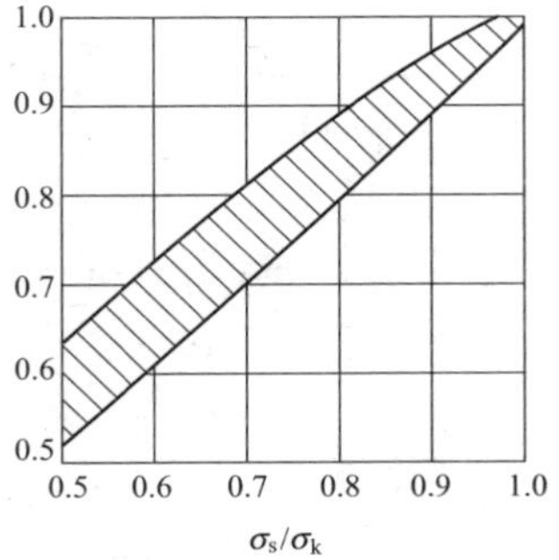

图 11-10　f_1 与材料屈强比的关系

波形刃口冲裁力 F_b 按下式计算，减力程度与波峰高度 h、波角 φ 有关

$$F_b = k F_0 \tag{11-2}$$

式中　k——减力系数（见表 11-9）；

F_0——平刃口冲裁力（N）。

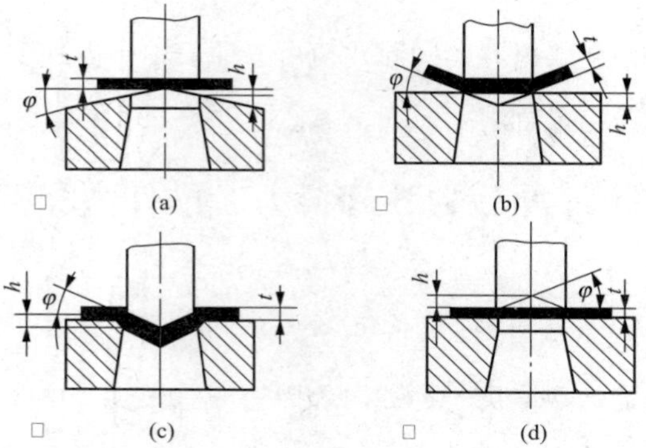

图 11-11 波刃结构

（a）、（b）落料；（c）、（d）冲孔

表 11-9 **波 刃 参 数**

t/mm	h/mm	φ/(°)	k
<3	$2t$	<5°	0.5～0.3
3～10	t	<8°	0.8～0.5

（2）阶梯凸模。在多个凸模冲裁中，凸模可设计成高低不同的阶梯形式（见图 11-12）。由于各凸模不同时接触材料，因此总冲裁力不是各凸模冲裁力之和。在决定压力机吨位时，应分别计算每个凸模的冲裁力，取其中最大的冲裁力作为确定压力机吨位的依据。

材料加热红冲也是行之有效的减力方法。

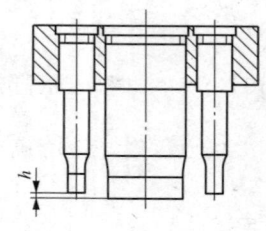

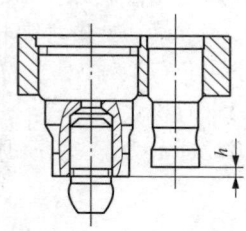

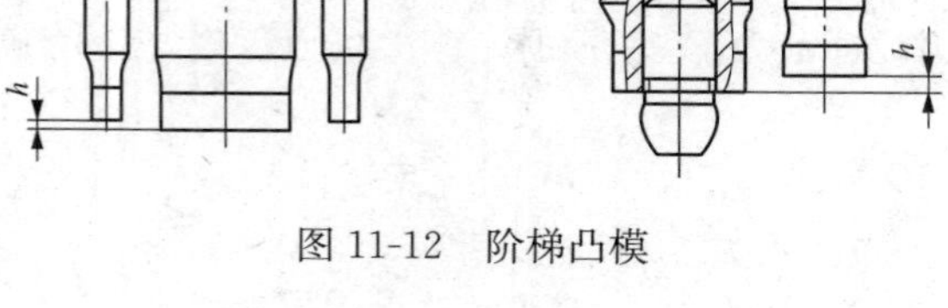

图 11-12 阶梯凸模

二、卸料力、推件力和顶件力计算与选择

冲裁时工件或废料从凸模上卸下的卸料力 F_1、从凹模内将工件或废料顺冲裁方向推出的推件力 F_2、逆冲裁方向顶出的顶件力 F_3分别按以下公式计算：

$$F_1 = k_1 F_0 \tag{11-3}$$

$$F_2 = nk_2 F_0 \tag{11-4}$$

$$F_3 = k_3 F_0 \tag{11-5}$$

式中 F_0——冲裁力（N）；

n——同时卡在凹模内的工件或废料的数目；

k_1，k_2，k_3——卸料力、推件力和顶件力系数，按表 11-10 选取。

表 11-10 卸料力、推件力和顶件力系数

材料	t/mm	k_1	k_2	k_3
钢	≤0.1	0.006 5～0.075	0.1	0.14
	>0.1～0.5	0.045～0.055	0.065	0.08
	>0.5～2.5	0.04～0.05	0.055	0.06
	>2.5～6.5	0.03～0.04	0.045	0.05
	>6.5	0.02～0.03	0.025	0.03
铝、铝合金	—	0.025～0.08	0.03～0.07	0.03～0.07
纯铜、黄铜		0.02～0.06	0.03～0.09	0.03～0.09

注 k_1 在冲多孔、大搭边和轮廓复杂时取上限值。

第四节 钣金排样和搭边的技巧

钣金合理的排样和搭边应保证钣金材料的利用率高，模具的结构简单，工件质量好，操作方便，生产率高。

一、钣金排样技巧

1. 条料上的排样技巧

有搭边的排样见表 11-11，无搭边的排样见表 11-12；条料的宽度精度（见表 11-13）和送料精度能满足零件的尺寸精度时可采用无搭边排样，它是节约材料的有效途径。

表 11-11　　有搭边排样形式

形式	简　图	用　途
直排	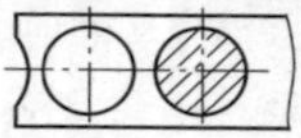	几何形状简单的零件（如圆形等）
斜排	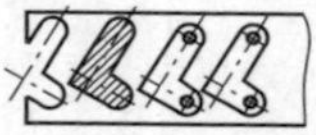	Γ形或其他复杂外形零件，这些零件直排时废料较多
对排	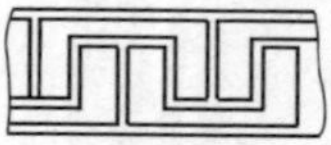	T、Π、Ш形零件，这些零件直排或斜排时废料较多
混合排	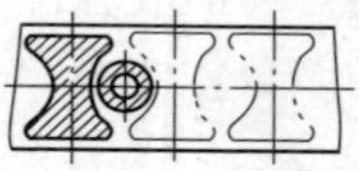	两个材料及厚度均相同的不同零件，适于大批量生产
多排	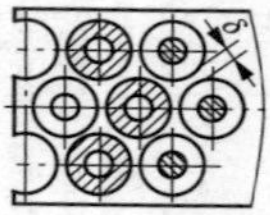	大批量生产中轮廓尺寸较小的零件
冲裁搭边	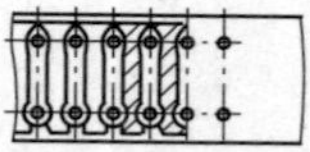	大批量生产中小而窄的零件

表 11-12　　无搭边排样形式

形式	简　图	用　途
直排	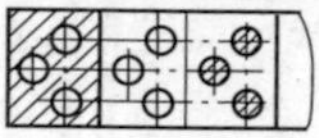	矩形零件
斜排	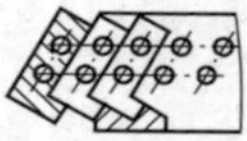	Γ形或其他形状零件，在外形上允许有不大的缺陷
对排	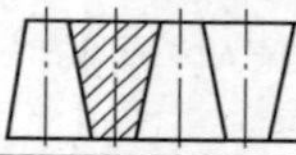	梯形零件
混合排	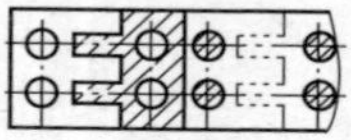	两外形互相嵌入的零件（铰链或Π-Ш形等）
多排	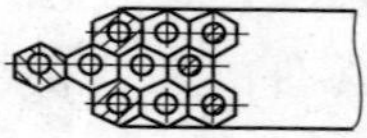	大批量生产中尺寸较小的矩形、方形及六角形零件

续表

形式	简图	用途
冲裁搭边	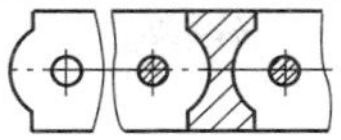	用宽度均匀的条料或卷料制造的长形件

表 11-13　剪板机下料精度　(mm)

板厚 t	宽度				
	<50	50～100	100～150	150～220	220～300
<1	+0.2 −0.3	+0.2 −0.4	+0.3 −0.5	+0.3 −0.6	+0.4 −0.6
1～2	+0.2 −0.4	+0.3 −0.5	+0.3 −0.6	+0.4 −0.6	+0.4 −0.7
2～3	+0.3 −0.6	+0.4 −0.6	+0.4 −0.7	+0.5 −0.7	+0.5 −0.8
3～5	+0.4 −0.7	+0.5 −0.7	+0.5 −0.8	+0.6 −0.8	+0.6 −0.9

2. 板料上的排样技巧

板料上排样注意事项与禁忌：

(1) 注意板料轧制纤维方向以防止弯曲类零件的开裂。

(2) 如果条料宽度就是工件的尺寸时，其所能达到的尺寸精度就是下料精度，可按表 11-11 确定。

(3) 手工送料时，条料长度不宜超过 1～1.5m。

(4) 当余料尺寸较大又无法避免时，应尽可能保留完整的余料，如图 11-13 所示，供其他冲压件应用。

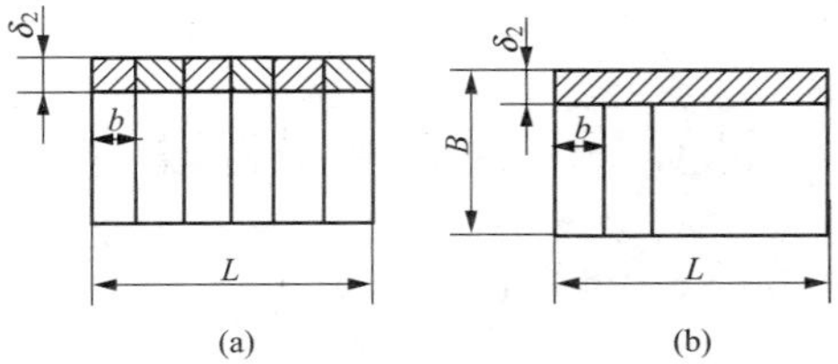

图 11-13　板料排样

(a) 余料被剪碎；(b) 余料完整

二、钣金搭边合理选择

钣金冲裁件的合理搭边值选择见表 11-14。

表 11-14　　冲裁件合理搭边值　　（mm）

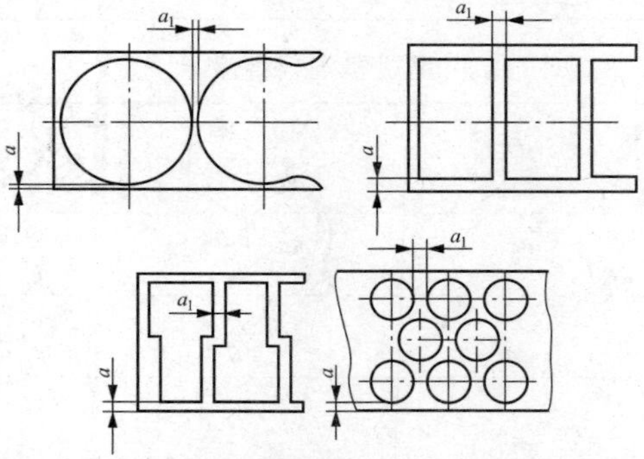

料厚 t	手送料						自动送料	
	圆形		非圆形		往复送料			
	a	a_1	a	a_1	a	a_1	a	a_1
≤1	1.5	1.5	2	1.5	3	2	2.5	2
>1～2	2	1.5	2.5	2	3.5	2.5	3	2
>2～3	2.5	2	3	2.5	4	3.5	3.5	3
>3～4	3	2.5	3.5	3	5	4	4	3
>4～5	4	3	5	4	6	5	5	4
>5～6	5	4	6	5	7	6	6	5
>6～8	6	5	7	6	8	7	7	6
>8	7	6	8	7	9	8	8	7

注　非金属材料（皮革、纸板、石棉等）的搭边值应比金属大 1.5～2 倍。

第五节　钣金冲裁件设计

一、冲裁件结构工艺性设计

冲裁件结构工艺性应考虑的原则及设计诀窍如下。

1. 形状应尽量简单

由规则的几何形状（如圆弧）与互相垂直的直线所组成，有利于节约材料，减少工序，提高模具寿命和降低工件成本。

2. 外形和内孔应避免尖角

冲裁件的外形和内孔应避免尖角，如有适当的圆角时，一般圆角半径 R 应大于料厚的一半，即 $R>0.5t$。

3. 优先选用圆形孔

由于受凸模强度的限制，冲模冲孔的最小尺寸见表 11-15。

表 11-15 **冲孔的最小尺寸** (mm)

材料	冲孔最小直径或最小边长	
	圆孔	方孔
硬钢	$1.3t$	$1t$
软钢及黄铜	$1t$	$0.7t$
铝	$0.8t$	$0.5t$
夹布胶木及夹纸胶木	$0.4t$	$0.35t$

4. 冲裁件上应避免窄长的悬臂和凹槽

悬臂和凹槽的宽度 b［见图 11-14（a）］应大于或等于料厚的 2 倍，即 $b\geqslant 2t$。对于高碳钢、合金钢等硬材允许值应增加 30%～50%，对于黄铜、铝等较软材料允许值可减少 20%～25%。

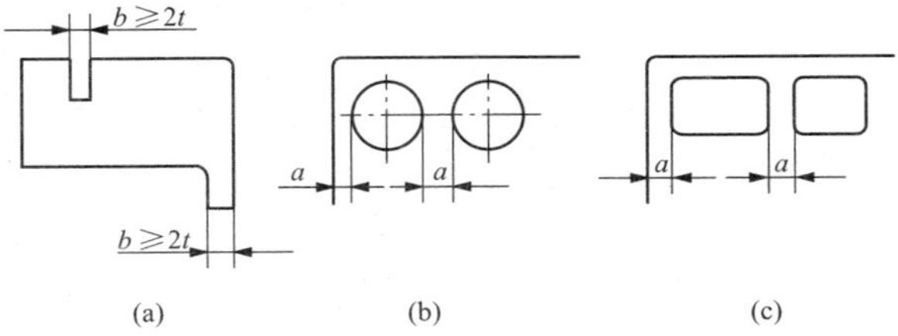

图 11-14 悬臂、凹槽、孔边距、孔间距

5. 冲裁件的孔边距和孔间距

如图 11-14（b）、（c）所示，孔间距 a 应大于或等于料厚的 2 倍，即 $a\geqslant 2t$。但要保证 $a>3$～4mm。用连续模冲裁且工件精度要求不高时，a 可适当减小，但是不小于 t。

二、冲裁件尺寸公差选择

1. 冲压件的尺寸公差要求

钣金冲压加工的主要材料是板材，主要有板料和卷料两种。金属板料都是用轧制的方法得到的。按轧制方法分为热轧和冷轧。冷轧板比热轧板具有更高的表面质量、较准确的尺寸以及某些更好的物理性能，但冷轧板的成本较高，并且仅限于薄板。

板料的长度和宽度公差，是为了确保冲压下料能按设计的排样进行，不至于浪费材料。条料的长度和宽度也是如此，它使条料在冲模上定位正确，冲压后得到不缺边缺角的合格冲压件。板料的厚度公差直接影响到冲压件的质量，冲模的间隙和冲床的选择都和板料的厚度有直接关系。所以在冲压作业中，要求板料的厚度不得超出公差范围，否则会使冲压件报废，或者造成模具和设备的损坏。冷轧钢板和钢带的厚度允许偏差见表11-16。

表11-16　　冷轧钢板和钢带的厚度允许偏差　　(mm)

厚度＼宽度	A级精度		B级精度	
	≤1500	＞1500～2000	≤1500	＞1500～2000
0.20～0.50	±0.04	—	±0.05	—
＞0.50～0.65	±0.05	—	±0.06	—
＞0.65～0.90	±0.06	—	±0.07	—
＞0.90～1.10	±0.07	±0.09	±0.09	±0.11
＞1.1～1.2	±0.09	±0.10	±0.10	±0.12
1.5	±0.11	±0.13	±0.12	±0.15
1.8	±0.12	±0.14	±0.14	±0.16
2.0	±0.13	±0.15	±0.15	±0.17
2.5	±0.14	±0.17	±0.16	±0.18
3.0	±0.16	±0.19	±0.18	±0.20
3.5	±0.18	±0.20	±0.20	±0.21
4.0	±0.19	±0.21	±0.22	±0.24
4.0～5.0	±0.20	±0.22	±0.23	±0.25

2. 冲压件的公差等级选择

冲压件的尺寸精度，是由模具、冲压设备和其他有关工艺因素决定的。冲压件的尺寸公差要求合理，就能够在一般工作条件下达到尺寸精度要求，这样的精度叫作经济精度。

一般来说，金属冲裁件内外形的经济精度为 IT12～IT14，一般要求落料件精度最好低于 IT10，冲孔件精度最好低于 IT9。冲裁件精密级的公差等级为 IT9～IT12。冲裁件普通级的角度公差等级为 c 级。冲裁件精密级的角度公差等级为 m 级。

弯曲件的尺寸，由于受到多种因素的影响，精度较低。一般弯曲件的尺寸经济公差等级最好在 IT13 级以下，增加整形等工序可以达到 IT11。

拉深的尺寸精度也不高，并且材料愈厚，精度愈低。一般合适的精度在 IT11 级以下。

3. 冲压件的尺寸公差选择

冲裁件长度、孔间距、孔边距、直径的极限偏差按表 11-17 确定，分为 A、B、C、D 四个精度等级。

表 11-17　冲裁件长度 *L*、直径 *D*、*d* 的极限偏差　(mm)

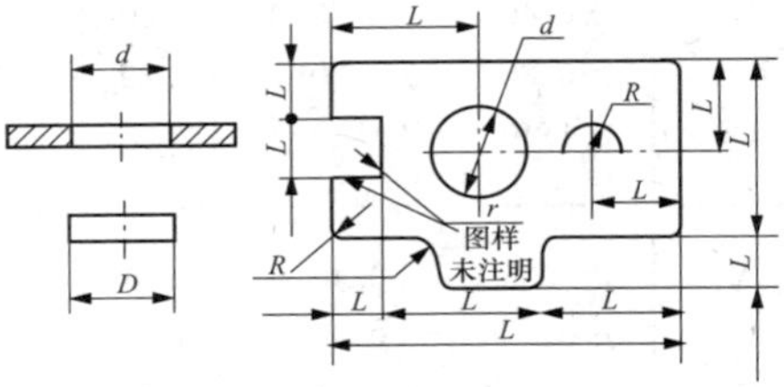

基本尺寸	精度等级	厚度尺寸范围				
		>0.1～1	>1～3	>3～6	>6～10	>10
>1～6	A	±0.05	±0.10	±0.15	—	—
	B	±0.10	±0.15	±0.20	—	—
	C	±0.20	±0.25	±0.30	—	—
	D	±0.40	±0.50	±0.60	—	—

续表

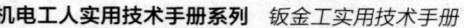

基本尺寸	精度等级	厚度尺寸范围				
		>0.1～1	>1～3	>3～6	>6～10	>10
>6～18	A	±0.10	±0.13	±0.15	±0.20	—
	B	±0.20	±0.25	±0.25	±0.30	—
	C	±0.30	±0.40	±0.50	±0.60	—
	D	±0.60	±0.80	±1.00	±1.2	—
>18～50	A	±0.12	±0.15	±0.20	±0.25	±0.35
	B	±0.25	±0.30	±0.35	±0.40	±0.50
	C	±0.50	±0.60	±0.70	±0.80	±1.00
	D	±1.00	±1.20	±1.40	±1.60	±2.00
>50～180	A	±0.15	±0.20	±0.25	±0.30	±0.40
	B	±0.30	±0.35	±0.45	±0.55	±0.65
	C	±0.60	±0.70	±0.90	±1.10	±1.30
	D	±1.20	±1.40	±1.80	±2.20	±2.60
>180～400	A	±0.20	±0.25	±0.30	±0.40	±0.50
	B	±0.40	±0.50	±0.60	±0.80	±1.00
	C	±0.80	±1.00	±1.20	±1.60	±2.00
	D	±1.40	±1.60	±2.00	±2.60	±3.20
>400～1000	A	±0.35	±0.40	±0.45	±0.50	±0.70
	B	±0.70	±0.80	±0.90	±1.00	±1.40
	C	±1.40	±1.60	±1.80	±2.00	±2.80
	D	±2.40	±2.60	±2.80	±3.20	±3.60
>1000～3150	A	±0.60	±0.70	±0.80	±0.85	±0.90
	B	±1.20	±1.40	±1.60	±1.70	±1.80
	C	±2.40	±2.80	±3.00	±3.20	±3.60
	D	±3.20	±3.40	±3.60	±3.80	±4.00

冲裁件圆弧半径 R（表 11-17 中的图）极限偏差按表 11-18 确定。

表 11-18　　冲裁件圆弧半径 R 的极限偏差　　(mm)

基本尺寸	精度等级	厚度尺寸范围				
		>0.1～1	>1～3	>3～6	>6～10	>10
>1～6	A、B C、D	±0.20 ±0.40	±0.30 ±0.50	±0.40 ±0.60	—	—
>6～18	A、B C、D	±0.40 ±0.60	±0.50 ±0.80	±0.50 ±1.00	±0.60 ±1.20	—
>18～50	A、B C、D	±0.50 ±1.00	±0.60 ±1.20	±0.70 ±1.40	±0.80 ±1.60	±1.00 ±2.00
>50～180	A、B C、D	±0.60 ±1.20	±0.70 ±1.40	±0.90 ±1.80	±1.10 ±2.20	±1.30 ±2.60

国家标准 GB/T 15055—2007《冲压件未注公差尺寸极限偏差》规定了各种加工工序未注尺寸公差的数值，见表 11-19～表 11-24。

表 11-19　　未注公差冲裁件线性尺寸的极限偏差　　(mm)

基本尺寸		材料厚度		公差等级			
>	至	>	至	f	m	c	v
0.5	3	—	1	±0.05	±0.10	±0.15	±0.20
		1	3	±0.15	±0.20	±0.30	±0.40
3	6	—	1	±0.10	±0.15	±0.20	±0.30
		1	4	±0.20	±0.30	±0.40	±0.55
		4	—	±0.30	±0.40	±0.60	±0.80
6	30	—	1	±0.15	±0.20	±0.30	±0.40
		1	4	±0.30	±0.40	±0.55	±0.75
		4	—	±0.45	±0.60	±0.80	±1.20
30	120	—	1	±0.20	±0.30	±0.40	±0.55
		1	4	±0.40	±0.55	±0.75	±1.05
		4	—	±0.60	±0.80	±1.10	±1.50

续表

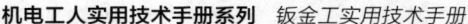

基本尺寸		材料厚度		公差等级			
>	至	>	至	f	m	c	v
120	400	—	1	±0.25	±0.35	±0.50	±0.70
		1	4	±0.50	±0.70	±1.00	±1.40
		4	—	±0.75	±1.05	±1.45	±2.10
400	1000	—	1	±0.35	±0.50	±0.70	±1.00
		1	4	±0.70	±1.00	±1.40	±2.00
		4	—	±1.05	±1.45	±2.10	±2.90
1000	2000	—	1	±0.45	±0.65	±0.90	±1.30
		1	4	±0.90	±1.30	±1.80	±2.50
		4	—	±1.40	±2.00	±2.80	±3.90
2000	4000	—	1	±0.70	±1.00	±1.40	±2.00
		1	4	±1.40	±2.00	±2.80	±3.90
		4	—	±1.80	±2.60	±3.60	±5.00

注 对于≤0.5mm的尺寸应标注公差。

表 11-20 未注公差成形件线性尺寸的极限偏差 (mm)

基本尺寸		材料厚度		公差等级			
>	至	>	至	f	m	c	v
0.5	3	—	1	±0.15	±0.20	±0.35	±0.50
		1	4	±0.30	±0.45	±0.60	±1.00
3	6	—	1	±020	±0.30	±0.50	±0.70
		1	4	±0.40	±0.60	±1.00	±1.60
		4	—	±0.55	±0.90	±1.40	±2.20
6	30	—	1	±0.25	±0.40	±0.60	±1.00
		1	4	±0.50	±0.80	±1.30	±2.00
		4	—	±0.80	±1.30	±2.00	±3.20

续表

基本尺寸		材料厚度		公差等级			
>	至	>	至	f	m	c	v
30	120	—	1	±0.30	±0.50	±0.80	±1.30
		1	4	±0.60	±1.00	±1.60	±2.50
		4	—	±1.00	±1.60	±2.50	±4.00
120	400	—	1	±0.45	±0.70	±1.10	±1.80
		1	4	±0.90	±1.40	±2.20	±3.50
		4	—	±1.30	±2.00	±3.30	±5.00
400	1000	—	1	±0.55	±0.90	±1.40	±2.20
		1	4	±1.10	±1.70	±2.80	±4.50
		4	—	±1.70	±2.80	±4.50	±7.00
1000	2000	—	1	±0.80	±1.30	±2.00	±3.30
		1	4	±1.40	±2.20	±3.50	±5.50
		4	—	±2.00	±3.20	±5.00	±8.00

注 对于≤0.5mm的尺寸应标注公差。

表 11-21 未注公差圆角半径线性尺寸的极限偏差 (mm)

基本尺寸		材料厚度		公差等级			
>	至	>	至	f	m	c	v
0.5	3	—	1	±0.15		±0.20	
		1	4	±0.30		±0.40	
3	6	—	4	±0.40		±0.60	
		4	—	±0.60		±1.00	
6	30	—	4	±0.60		±0.80	
		4	—	±1.00		±1.40	
30	120	—	4	±1.00		±1.20	
		4	—	±2.00		±2.40	

续表

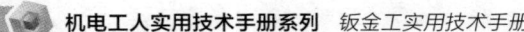

基本尺寸		材料厚度		公差等级			
＞	至	＞	至	f	m	c	v
120	400	—	4	±1.20		±1.50	
		4	—	±2.40		±3.00	
400	—	—	4	±2.00		±2.40	
		4	—	±3.00		±3.50	

表 11-22　未注公差成形圆角半径线性尺寸的极限偏差　(mm)

基本尺寸	≤3	＞3～6	＞6～10	＞10～18	＞18～30	＞30
极限偏差	+1.00～-0.30	+1.50～-0.50	+2.50～-0.80	+3.00～-1.00	+4.00～-1.50	+5.00～-2.00

表 11-23　未注公差冲裁角度尺寸的极限偏差

公差等级	短边长度/mm						
	≤10	＞10～25	＞25～63	＞63～160	＞160～400	＞400～1000	＞1000～2500
f	±1°00′	±0°40′	±0°30′	±0°20′	±0°15′	±0°10′	±0°06′
m	±1°30′	±1°00′	±0°45′	±0°30′	±0°20′	±0°15′	±0°10′
c v	±2°00′	±1°30′	±1°00′	±0°40′	±0°30′	±0°20′	±0°15′

表 11-24　未注公差弯曲角度尺寸的极限偏差

公差等级	短边长度/mm						
	≤10	＞10～25	＞25～63	＞63～160	＞160～400	＞400～1000	＞1000～2500
f	±1°15′	±1°00′	±0°45′	±0°35′	±0°30′	±0°20′	±0°15′
m	±2°00′	±1°30′	±1°00′	±0°45′	±0°35′	±0°30′	±0°20′
c v	±3°00′	±2°00′	±1°30′	±1°15′	±1°00′	±0°45′	±0°30′

一般说来，各企业都依据国家标准 GB/T 15055—2007《冲压件未注公差尺寸极限偏差》的要求，并结合自身产品的需要和实际加工能力，通过企业标准规定了本企业各种冲压工艺所能保证的经济精度，规定了不同材料厚度和不同基本尺寸以及不同形状和不同材质的冲裁、弯曲、拉深等冲压工件的合理尺寸公差和角度公差。因此，具体到某企业的冲压件加工，一般可按相关企业标准及其相应的工艺规程参照执行。

三、冲裁件的质量分析

冲裁件的质量分析见表 11-25。

表 11-25　　钣金冲裁件的质量分析

序号	缺陷	消除方法
1	工件上部形成侧锤形的齿状毛刺	合理调整凸模和凹模的间隙及修磨工作部分的刃口
2	工件有较厚的拉断毛刺，切断边缘上斜角显著，断面粗糙，且上下裂缝不重合而有凹坑现象	
3	工件的一边有显著带斜角的毛刺	
4	落料、冲孔件上产生毛刺，圆角大	
5	工件有凹形圆弧面	修磨凹模口
6	落料外形和冲孔位置不正成偏位现象	修正挡料钉或更换导正销和侧刃
7	工件内小孔孔口破裂及工件有严重变形	修对导正销尺寸

第六节　钣金冲裁模设计

一、冲裁模的结构设计

表 11-26 列出了冲裁模结构设计需要注意的因素。

表 11-26　　冲裁模结构设计中需要注意的因素

因素	注意事项
排样	冲裁件的排样（参见表 11-8 和表 11-9）

续表

因素	注意事项
模具结构	为何采用单工序冲裁模而不用复合模或级进模
	模具结构是否与冲裁件批量相适应
模架尺寸	模架的平面尺寸，不仅与模块平面尺寸相适应，还应与压力机台面或垫板开空孔大小相适应。用增加或除去垫板的办法使压力机容纳模具时，注意压力机台面（垫板）开孔的改变
送料方向	送料方向（横送、直送）要与选用的压力机相适应
冲裁力	冲裁力计算及减力措施
操作安全	冲孔模应考虑放入和取出工件方便、安全
防止失误	冲孔模的定位，宜防止落料平坯正反面都能放入
凸模强度	多凸模的冲孔模，邻近大凸模的细小凸模，应比大凸模在长度上短一冲件料厚，若做成相同长度则容易折断
防止侧向力	单面冲裁的模具，应在结构上采取措施，使凸模和凹模的侧向力相互平衡，不宜让模架的导柱套受侧向力
限位块	为便于校模和存放，模具安装闭合高度限位块，模具工作时限位块不应受压

二、冲裁模与压力机关系确定

为了合理设计模具和正确选用压力机，就必须进行冲裁力计算［参见式（11-1），式（11-2）］。选择压力机吨位时，应将冲裁力乘以安全系数，其值一般取1.3。

冲模与压力机的闭合高度也有一定的配合关系，即：

$$(H_{\min}-h_1)+10\leqslant h\leqslant(H_{\max}-h_1)-5 \tag{11-6}$$

式中 $H_{\max}$——压力机最大闭合高度（mm）；

$H_{\min}$——压力机最小闭合高度（mm）；

h_1——压力机垫板厚度（mm）；

h——模具的闭合高度（mm）。

三、冲裁模设计前的准备工作

1. 熟悉图样，理解设计意图

在熟悉冲裁件图样和技术要求时，若发现图样上的尺寸公差、形位公差在制造上有困难要及时同冲裁件设计人员联系，进行修改。对于模具的结构、性能、制造及使用上的问题，模具设计人员也可征求工艺人员和操作者的意见，必要时还可进行交底和会审。

2. 根据生产批量对模具选型

模具的结构与批量有关，对单件小批量和新产品试制，结构要尽量简单，用料也不必考究。只有在批量较大的情况下，模具的结构较复杂，既要求生产率高，又要保证模具寿命。

3. 按模具结构和冲裁力选择压力机的诀窍

选择压力机时，应了解以下内容：

(1) 压力机闭合高度。即调节螺栓至上限，曲轴处于下限时，滑块端面至压力机工作台之距离。

(2) 模柄孔的直径尺寸。安装模具柄部的相配尺寸，如不用模柄则为采用滑块压板槽的距离及形状。

(3) 工作台尺寸。安装模具（下模）参考尺寸。

(4) 压力机冲裁力。明确压力机的冲裁力。

4. 模具结构工艺性应符合制造能力

模具结构工艺性应合理，要符合各企业自行制造能力，尽量避免外协，设计上要多采用标准件和外购件，降低制造费用。

四、冲裁模的设计要素

1. 冲裁件的精度及技术要求

设计时，首先考虑模具的结构和形式，要在保证冲裁件的精度的前提下，使模具结构简单，制造和维修方便。

2. 操作安全

模具的操作要安全，使用要方便。设计的模具一定要符合安全生产要求，特别是进料和出料部位，要有良好的安全措施，冲模的安装与拆卸也必须方便、可靠。

3. 冲模的选材

模具的材料、种类较多，要根据冲模的不同要求、批量大小、加工设备的能力来考虑。

若模具形状适宜，冲裁件批量大，则要考虑模具的使用寿命，最好采用硬质合金材料。

一般模具要求高硬度和高耐磨性，可选用铬系模具钢如 Cr12，Cr12MoV，CrWMo。

用于热状态下的冲裁模应选用热模钢，如 3Cr2W8V，5CrMnMo。

五、简单冲裁模设计实例

1. 板模设计实例

板模主要用于分离薄板料和有色金属板料，且加工质量要求不高、批量较小的冲裁件。其突出特点是凹模板很薄，可分为结构简单的夹板模，凹模板厚度为 0.5～0.8mm 薄片组成的薄片模，凹模板厚度为 5～6mm 薄板模，以及凹模板厚度为 15～20mm 的板模。

板模结构如图 11-39 所示，当小批量或试生产时，凹模（有时甚至包括凸模）不必整体都采用模具钢的材料，只要上模板为优质材料，底模为一般性的材料即可。通常的板模都是用通用模架与专用模芯组成，所以可以缩短模具设计与制造生产的准备周期，降低成本，节省模具钢材料。

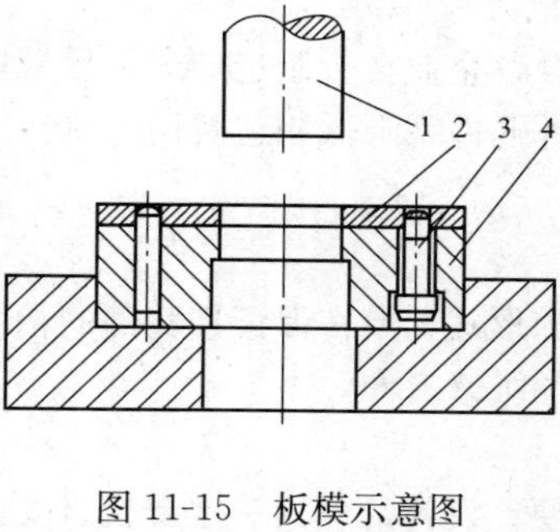

图 11-15　板模示意图

1—凸模；2—凹模；3—螺钉、销钉连接件；4—底模

（1）夹板模。夹板模是一种只有模芯而不用模架结构形式非常简单的板模，如图 11-15 所示。这种落料夹板模采用 1.5～3mm 厚的普通材料（如 Q235）钢板作垫板，弹簧钢板为凸模固定板，相应的模具钢板为凹模（板），将凸模铆接在夹板上，再加导料销和挡料销组成。夹板和凹模板通常采用销子和螺栓进行定位连接。凸、凹模的厚度比冲裁件的厚度要厚 1mm，一般情况下，凸模的厚度为 2～2.5mm，凹模的厚度为 2～3.5mm。工作时将板料置于凸、凹模之间，用挡料

销定位，压力机直接打击上夹板即可完成冲裁工作。

夹板模的一些关键尺寸与冲裁件尺寸如图 11-16 所示，尺寸关系见表 11-27，但其中 R 的尺寸必大于 200mm。

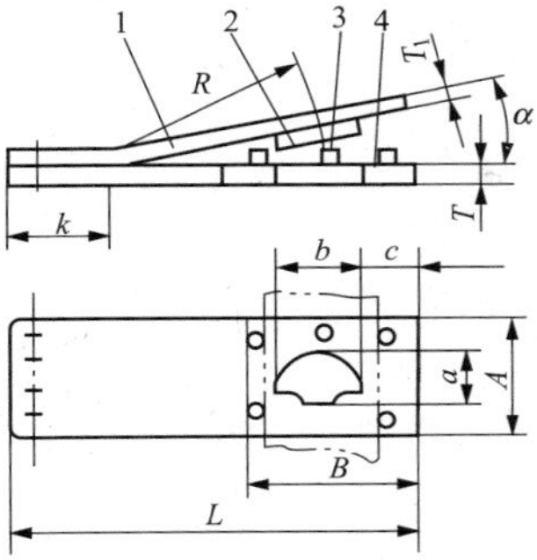

图 11-16 简单落料夹板模示意图

1—上夹板（凸模固定板）；2—凸模；3—挡料销；4—凹模

表 11-27 **夹板模推荐尺寸** (mm)

工件尺寸		凹模或下模		冲模尺寸					
a	b	A	B	L	c	T_{min}	T_{1min}	k	R
10	20	50	60	125	20	1	1	20	>200
10	35	50	75	150					
10	80	50	125	200					
25	25	75	75	150	30	2	1.5	30	
25	50	75	100	200					
25	75	75	125	250					
50	50	100	100	200					
50	75	100	125	250					
50	100	100	150	300					
75	75	125	125	250					
75	100	125	150	300					
75	150	125	200	350					

续表

工件尺寸		凹模或下模		冲模尺寸					
a	b	A	B	L	c	T_{min}	T_{1min}	k	R
100	100	200	200	350	50	2.5	2	40	>200
100	150	200	250	400					
100	200	200	300	500					
200	200	300	300	500					
200	300	300	400	600					
200	400	300	400	700					
300	400	420	500	750	60	3	2	50	
300	500	420	520	850					
400	500	540	620	850	80	3	2.5	55	
400	600	540	700	1000					
500	700	650	860	1000	90	3.5	2.6	60	

夹板模制造简单，模具耗材小，成本较低廉。但由于冲裁加工时，夹角 α 由大变小，凸模刃口不是同时接触板料，两者会同时受到侧向力，冲裁间隙不易保证，板料也极易离开正常的送料位置。为避免凹、凸模相撞，常采用大间隙；又由于间隙大且不均匀，所以冲裁件质量差，不平整、有毛刺；只能用于加工尺寸精度要求不高的工件，或为后续工序做准备的毛坯。

夹板模的使用寿命不高，一般冲 $\delta \leqslant 3$mm 的有色金属板约 1000 件左右，或 $\delta \leqslant 2$mm 的有软料钢板约 500 件左右。

夹板模的凸、凹模材料可采用 T7A、T8A 或 65Mn 制造，热处理后硬度达 52～56HRC。

(2) 薄片模。薄片模指凹模板厚为 0.5～0.8mm 的冲裁模，用于冲裁较薄的材料，凹模型腔是由凸模直接冲裁所得到的，不需要专门加工或配间隙。凹模板的材料多选用贝氏体合金钢。通常是利用通用模架与专用模芯所组成，也有不采用通用模架的简易薄片模，适用于冲裁件尺寸较小、厚度不大（一般厚度 $\delta \leqslant 1.5$mm）冲孔、落料、复合、连续等多种冲裁模。图 11-17 所示为撞击式薄片

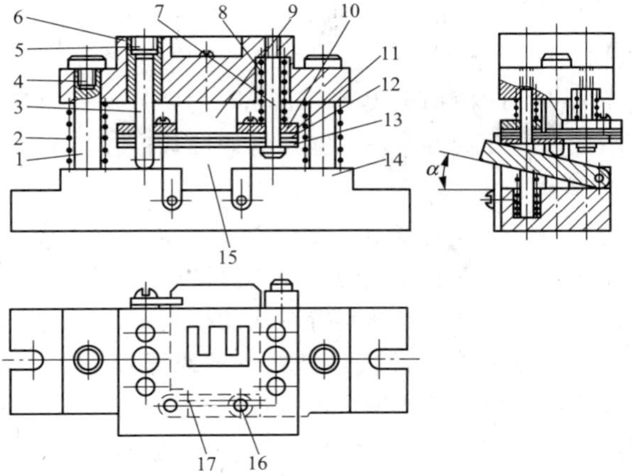

图 11-17　撞击式薄片冲裁模

1—导柱；2—支撑弹簧；3—小导柱；4—螺钉；5—螺塞；6—上模座；7—卸料螺钉；8—卸料弹簧；9—凸模；10—导板；11—导料板；12—凹模板；13—垫板；14—下模板；15—垫板；16—挡料销；17—弹簧片

冲裁模，这种模具除凸模、导板、凹模板、垫板和挡料销是专用模具元件外，其余都是通用模架元件，成本较低，且模具上模部分不必连接在冲模滑块上，可完全避开冲床精度对冲裁间隙的影响。图 11-18 所示为简易薄片冲孔模，其结构与普通冲裁模基本相同，应用也比较广泛。一块凹模板磨损后可再换上一块，用凸模冲出型腔，即可投入使用。

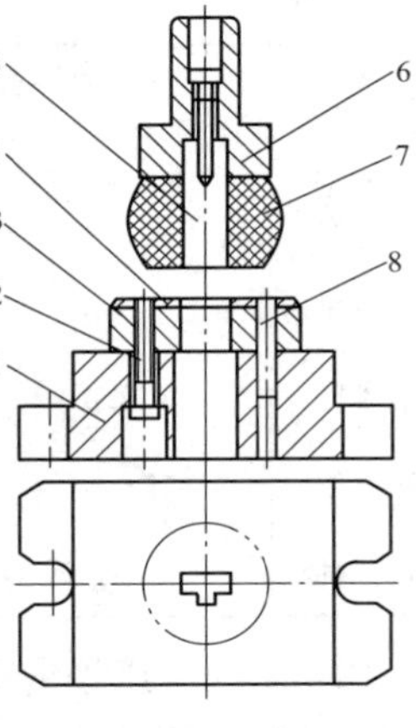

图 11-18　简易薄片冲孔模

1—下模座；2—螺钉；3—垫块；4—凹模板；5—凹模；6—模柄；7—橡胶块；8—销钉

(3) 薄板模与厚板模。这两种模除凹模外的其他结构设计、间隙设计等级同常规冲裁模具相似。薄板模是由厚度为 5～6mm 的凹模与其固定板所组成的，适用于小批量的中、小型尺寸的金属板料的分离工序，一般用于料厚 δ=0.2～2mm 的有色金属和软钢板的冲裁。

厚板模的凸、凹模均采用 15～20mm 的模具钢板加工而成，适用于中、小批量的冲裁件生产，相对常规冲裁模较为节省模具钢。

2. 钢带模结构实例

（1）钢带冲裁模结构特点。钢带冲裁模又称钢皮模或钢片模，主要用于冲裁加工。它的冲裁刃口使用淬硬的钢带，并将钢带嵌入木质层压板、低熔点合金或塑料等制成的模板中，通过橡胶件卸料或卸件。这类模具适用于冲裁尺寸精度要求不高而轮廓较大的制件。其优点是：作凸凹模的钢带可以弯制而成，且以层压板或低熔点合金固定刃口，所以制造简单、周期短，成本比普通钢模下降 80%左右。产品更换时，旧模具容易改造成新模具，模具元件标准化程度高，设计简单。但这种模具的缺点是，不宜冲制厚度过薄、精度偏高的制件。另外，冲裁件必须从上方退出，生产效率低。钢带模适用于材料应用范围见表 11-28。

表 11-28　钢带冲模的应用范围

材料种类	冲裁厚度 t/mm	模具一次刃磨寿命 n		冲件尺寸/mm
软钢板	0.35～8.0	钢板		50×50
有色金属板	0.35～8.0	t=0.5～1.0	n=1 万次	2500×2500
塑料板	≤3.0	t=1.6～3.2	n=0.4 万次	
纤维板	≤6.0	t=4.5	n=0.1 万次	
不锈钢板	0.5～1.7	有色金属板	n=2 万次	

（2）木质层压板钢带模结构特点。如图 11-19 所示是木质层压板钢带冲模，模具的上、下模刃口均为钢带。在木质层压板上锯出宽度为钢带厚度的刃槽，将钢带立镶到刃槽内，再固定安装到通用模架上。该类模具的顶料和卸料均采用弹性较大的聚氨酯橡胶。

（3）低熔点合金钢带模结构特点。图 11-20 所示是低熔点合金

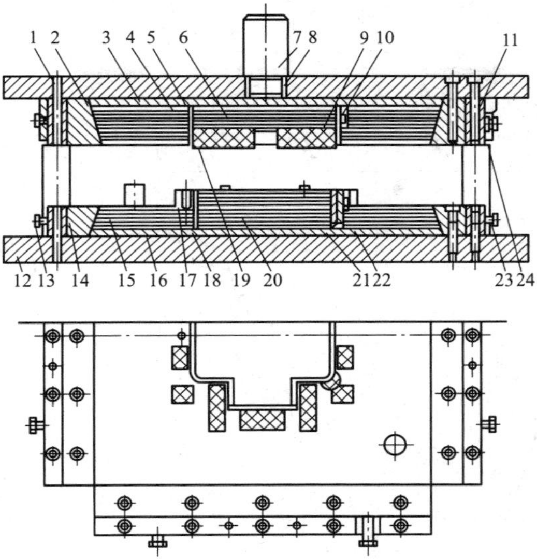

图 11-19 木质层压板钢带模

1—上模板；2、14—压板；3—上垫板；4—上、外模板；5—钢带凹模；6—上、内模板；7—模柄；8—止动螺钉；9—紧固螺钉；10—低熔点合金；11—挡铁；12—模座；13—调节螺钉；15—下、外模板；16—下垫板；17—聚氨酯橡胶卸料板；18—挡料销；19—聚氨酯橡胶顶件器；20—下、内模板；21—导销；22—钢带凹模；23—导柱；24—导套

钢带模。这种模具与层压板钢带模结构的区别是用低熔点合金代替木质层压板。制造模具时，先将钢带通过螺钉连接在支撑板上，钢带的位置可通过螺钉调节并固定，然后浇注低熔点合金。合金冷却凝固后，将钢带紧固在模座上。这种模具制造简单、方便，除低熔点合金外，还可用锌合金、环氧树脂塑料代替层压板用于固定钢带。

（4）半钢模钢带冲模结构特点。图 11-21 所示是半钢模钢带冲模，模具的凹模采用钢带层压板结构，凸模则采用普通的钢模结

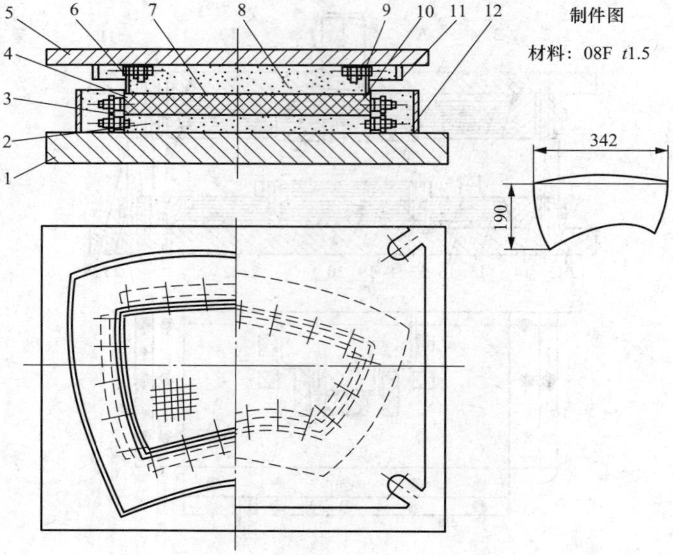

图 11-20 低熔点合金钢带模

1—凹模板；2、8—低熔点合金；3、9—钢带支撑板；4—凹模钢带；5—凸模座；6—凸模钢带；7—制件；10—橡胶垫；11、12—容框

构。因为钢凸模容易加工制造，所以这种模具除用于冲孔外，一般多用于冲孔、落料的复合加工。

3. 叠层钢板冲模

钢板冲模一般适用于冲压中等尺寸、精度要求不高的零件，可冲制有色金属与 10 钢以下的黑色金属。根据凸凹模钢板的厚度，可分为叠层薄板冲模和单板式冲模。叠层薄板冲模又称积层薄钢板冲模，它是在模具工作刃口处覆盖一层或多层具有高硬度、高韧性、高耐磨性、其厚度为 0.5～1.2mm 的薄钢板。常用的材料是高硅贝氏体钢板或薄弹簧钢板（60Si2Mn）。它与钢带冲模的区别是强化刃口的薄钢板可以单片或多片平镶在基模上。

叠层薄钢板冲模的结构如图 11-22 所示，其凸模部分与普通钢模相同，而凹模部分则是由基模和叠层薄钢板刃口组成。

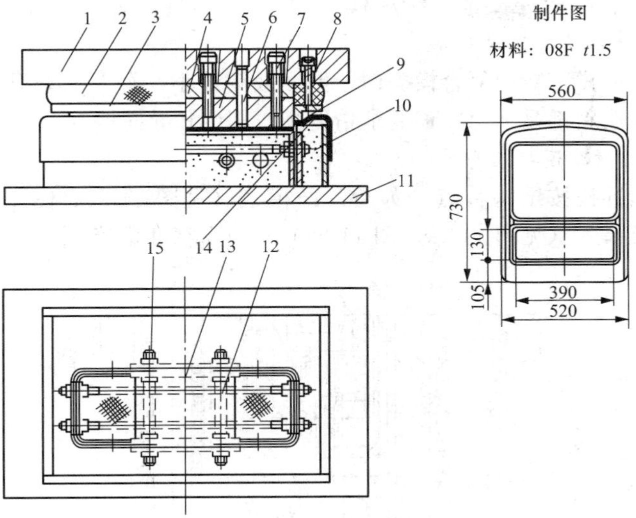

图 11-21 半钢模钢带冲模

1—凸模座；2—橡胶；3—退料板；4—垫板；5—凸模镶块；6—定位销；7—内六角螺钉；8—柱头螺钉；9—制件；10—凹模钢带；11—熔箱；12—螺母；13—短夹板；14—长双头螺柱；15—短双头螺柱

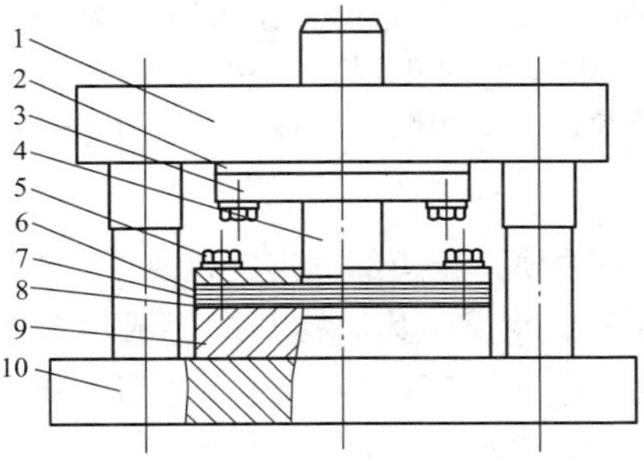

图 11-22 叠层钢板冲模

1—上模座；2—垫板；3—凸模固定板；4—凸模；5—卸料板；6、7—凹模钢板；8—垫板；9—凹模；10—下模座

六、精密冲模及特种冲模实例

（一）精冲模结构实例

精冲模和普通复合模类似，但冲裁间隙小，有V形环压边圈，工件和废料都是上出料，要求精度高，刚性和导向性好。

1. 精冲模结构分类

精冲模按结构特点分为活动凸模式（见图11-23、图11-24）、固定凸模式（见图11-25、图11-26）和简易精冲模等。

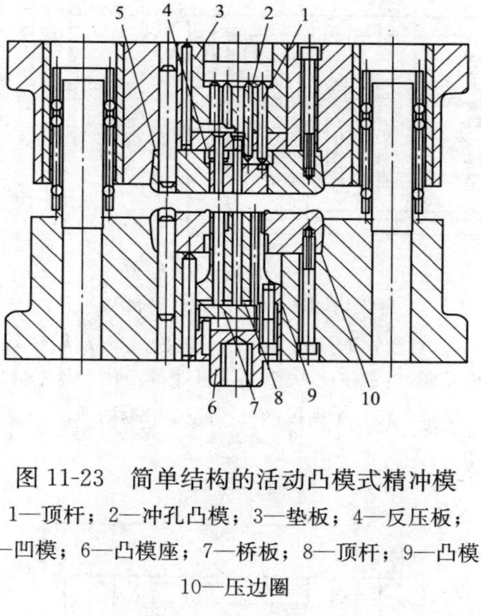

图11-23　简单结构的活动凸模式精冲模

1—顶杆；2—冲孔凸模；3—垫板；4—反压板；
5—凹模；6—凸模座；7—桥板；8—顶杆；9—凸模；
10—压边圈

活动凸模式精冲模，压边圈固定在模座上，凸模与模座有相对运动。固定凸模式精冲模，其结构与顺装或倒装弹压导板模相类似，凸模固定在模座上，压边圈与模座有相对运动。精冲中小件时，宜选用活动凸模结构；精冲轮廓较大或窄而长的工件以及采用级进模时，宜选用固定凸模结构。

活动凸模式精冲模常采用倒装结构形式，如图11-23所示。其凹模固定于上模座，凸模和齿形压板（压边圈）装在下模座上，凸模的上、下运动靠下模座内孔和齿形压板的型孔导向，其

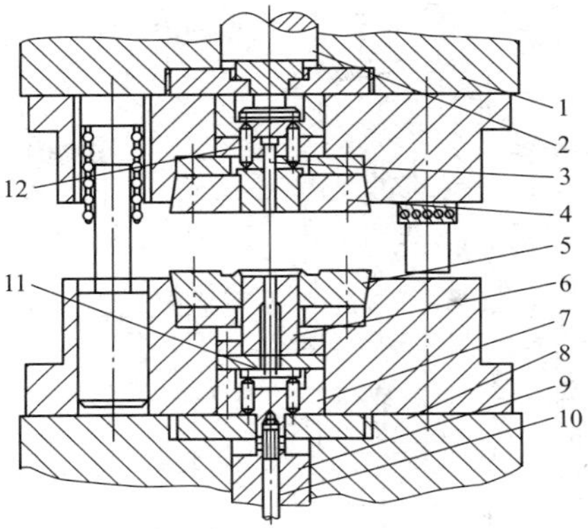

图 11-24　柱塞活动凸模式精冲模

1—滑块；2—上柱塞；3—冲孔凸模；4—落料凹模；5—齿圈压板；6—凸凹模；7—凸模座；8—工作台；9—滑块；10—凸模拉杆；11—桥板；12—顶杆

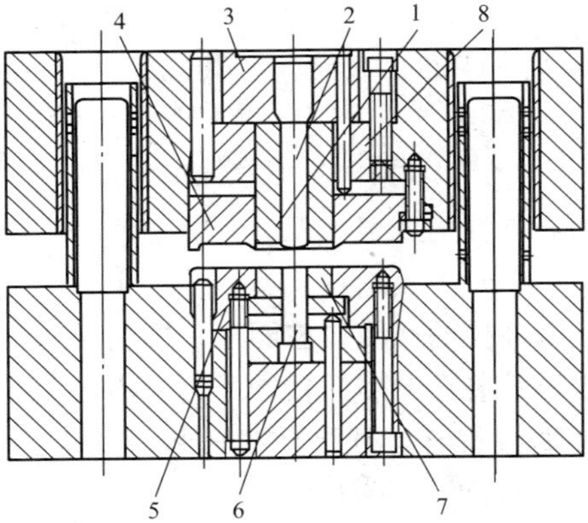

图 11-25　简单结构的固定凸模式精冲模

1—凸模；2—顶杆；3—垫板；4—压边圈；5—凹模；6—冲孔凸模；7—反压板；8—凸模座

冲裁力和辅助压力由专用精冲压力机提供，故模架承载面积大，不易变形。

活动凸模式精冲模适用于精冲中小冲件。冲裁件外形尺寸较大

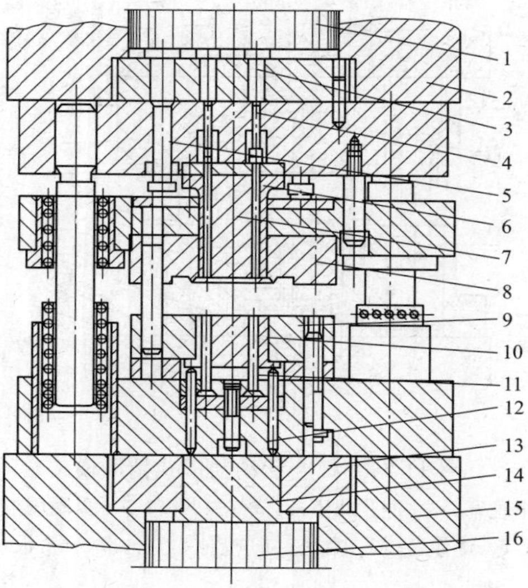

图 11-26 顺装固定凸模式精冲模

1—上柱塞；2—上工作台；3、4、5—传力杆；6—推杆；7—凸凹模；8—齿圈压板；9—凹模；10—顶板；11—冲孔凸模

时，活动凸模的对中性精度很难保证。柱塞活动凸模式精冲模如图 11-24 所示。

固定凸模式精冲模的凸模以齿圈压板型孔导向。这种结构的模具刚度好，由于模具装在专用的精冲压力机上，上模座和下模座均受承力环支承，通过推杆、顶杆传递辅助压力，故受力平稳。图 11-25 所示为简单结构的固定凸模式精冲模；图 11-26 所示为顺装固定凸模式精冲模。

固定凸模式精冲模适用于精冲轮廓较大的大型、窄长、厚料、外形复杂不对称及内孔较多的精冲件或需级进精冲的零件。

简易精冲模在单动机械压力机或液压压力机上获得主要冲裁力，其他辅助压力靠模具的弹压和顶推装置完成，使冲裁变形区处于三向受压的应力状态。由于简易精冲模的辅助压力要求很大，齿圈压边力为冲裁力的 40%～60%，而普通冲裁的卸料力只有冲裁力的 1%～6%，因而在简易精冲模具中常用碟形弹簧或聚氨酯橡胶作为弹性元件。聚氨酯简易精冲模的结构如图 11-27 所示。

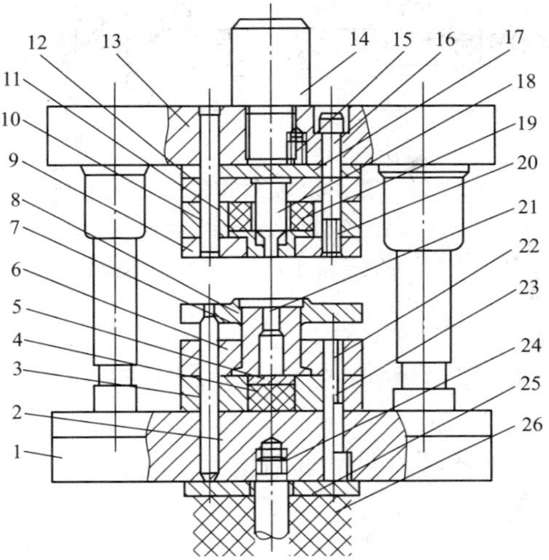

图 11-27　聚氨酯简易精冲模

1—下模座；2、21—顶杆；3、5、11、17—垫板；4、19—聚氨酯橡胶；6—凸凹模固定板；7—凸凹模；8—齿圈压板；9—凹模；10、22—销钉；12—凸模固定板；13—上模座；14—模柄；15、16、23—螺钉；18—冲孔凸模；20—推件板；24—螺杆；25—垫圈；26—聚氨酯弹顶器

简易精冲模主要用于板厚 4mm 以下、批量不大、多品种的小型精冲零件。

2. 精冲凸模和凹模尺寸

在正常情况下，精冲件的外形比凹模刃口稍小，精冲件的内孔比冲孔凸模的刃口也稍小，在确定凸模和凹模尺寸时，必须考虑这一特点。另外还应注意模具磨损对零件尺寸的影响，分为三种情况，如图 11-28 所示。

1）随模具刃口磨损零件尺寸逐渐增大，如图 11-28 中尺寸 A。

2）随模具刃口磨损零件尺寸逐渐减小，如图 11-28 中尺寸 B。

3）模具磨损对零件尺寸基本无影响，如图 11-28 中尺寸 C。

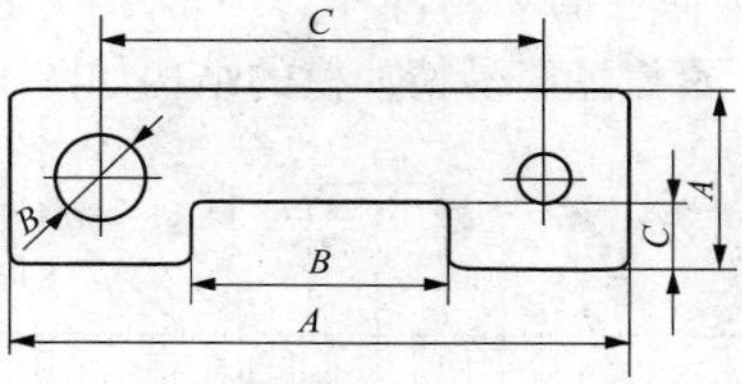

图 11-28 模具磨损对零件尺寸的影响

A—零件尺寸逐渐增大；

B—零件尺寸逐渐减小；C—零件尺寸基本不变

3. 精冲落料模的尺寸

落料时，精冲件的外形尺寸取决于凹模，因此间隙应取在凸模上。

随着凹模的磨损零件尺寸逐渐增大，应按第一类情况确定，精冲凹模刃口的尺寸 A 为：

$$A=\left(L_{\min}+\frac{\Delta}{4}\right)^{+\delta}_{0} \tag{11-7}$$

如果零件外形有内凹部分，则该处零件尺寸随凹模的磨损而逐渐减小，属第二类情况，此处精冲凹模刃口的尺寸 B 为：

$$B=\left(L_{\max}-\frac{\Delta}{4}\right)^{0}_{-\delta} \tag{11-8}$$

式中 $L_{\min}$ ——零件的最小极限尺寸（mm）；

$L_{\max}$ ——零件的最大极限尺寸（mm）；

Δ ——零件的公差（mm）；

δ ——模具的制造公差（mm）。

4. 精冲冲孔模的尺寸

冲孔时，精冲件的内形尺寸取决于凸模，因此间隙应取在凹模上。

随着凸模的磨损零件尺寸逐渐减小，属第二类情况，精冲凸模的尺寸 B 应确定为：

$$B=\left(L_{\max}-\frac{\Delta}{4}\right)_{-\delta}^{0} \tag{11-9}$$

如果零件内形上有凸出的部分，则该处零件尺寸将随凸模的磨损而增大，属第一类情况，此处精冲凸模刃口的尺寸 A 为：

$$A=\left(L_{\min}+\frac{\Delta}{4}\right)_{0}^{+\delta} \tag{11-10}$$

对于第三类情况，应使新模具的刃口尺寸等于零件的平均尺寸，即取刃口公称尺寸为：

$$C=(L_{\min}+L_{\max})/2 \quad (\text{mm})$$

5. 精冲模结构的特殊要求

(1) 反压板和凹模、压边圈和凸模、冲孔凸模和反压板等模具零件之间应为无间隙配合。

(2) 压边圈内平面应高出凸模平面 δ 值，精冲压力机上的精冲模 δ 值一般为 0.2mm 左右。在通用压力机上采用自制压边系统时，δ 值视系统刚性而定，一般应适当增大，应保证冲裁前 V 形环已压入坯料。

(3) 反压板应高出凹模面 0.1～0.2mm，顶杆头部倒圆以利清除废料。

(4) 垫板应高出板座表面 0.01～0.03mm，使凹模或凸模确实得到支承。

(5) 凸模由压边圈定位，冲孔凸模由反压板定位。

(6) 护齿垫在压边圈上，其高度小于料厚而大于 V 形环齿高。

(7) 应注意排气。

(8) 试模时如在制件的剪切面上发现有撕裂，增加压边力不能克服时，可将模具对应部位的刃口倒圆，圆角半径一般为0.01～0.03mm。

(二) 特种冲模结构实例

1. E 形硅钢片硬质合金冲裁模

图 11-29 所示为 E 形硅钢片硬质合金冲裁模，其结构采用滚动导向模架和浮动模柄，模具由硬质合金圆凸模 3、凹模 2 和凸凹模

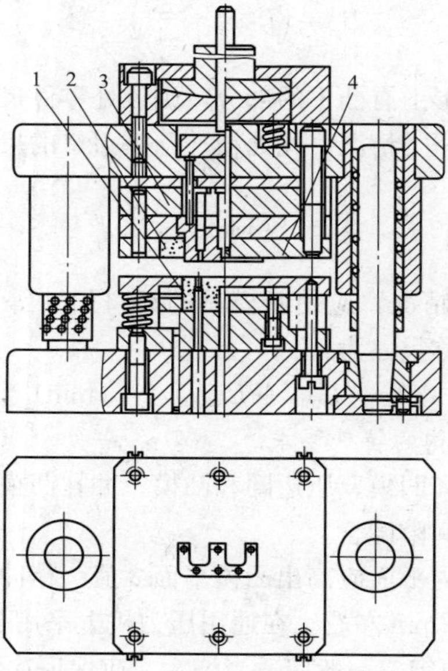

图 11-29 E 形硅钢片复合冲模

1—凸凹模；2—凹模；3—圆凸模；4—凹模固定板

1 组成，4 为凹模固定板。

2. 锌合金冲模

(1) 锌合金冲裁模的特点。锌合金冲裁模的结构形式与普通钢模基本相同。用锌合金可制造冲裁模的凹模及模具的结构件，如凸模固定板、导向板、卸料板等。为了保证制件的精度和模具的使用寿命，工作刃口要保证一定的硬度差，既模具的成形零件凸模或凹模中的一个为锌合金材料，另一个为模具钢材料。在生产中，锌合金主要用来制造凹模。

(2) 锌合金冲裁模的类型及结构特点。用锌合金可制作成落料模、修边模、剖切模以及冲孔模等，也可制成复合模。

简单落料模结构如图 11-30 所示。落料冲孔复合模结构如图 11-31 所示。

(3) 锌合金冲裁模凹模结构形式。锌合金冲裁模凹模的结构形

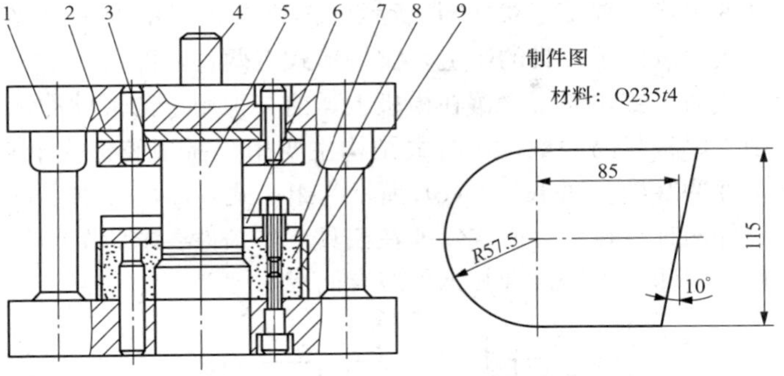

图 11-30 简单落料模

1—模架；2—垫板；3—凸模固定板；4—模柄；5—凸模；6—卸料板；7—导板；8—锌合金凹模；9—凹模框

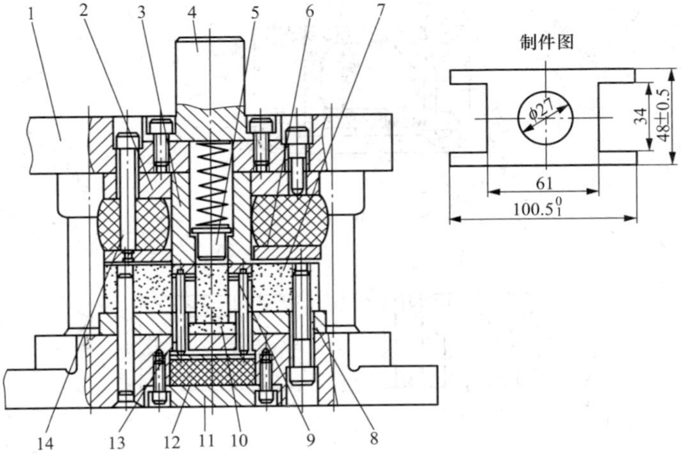

图 11-31 落料冲孔复合模

1—模架；2—凸模固定板；3—凸模；4—模柄；5—退料杆；6—卸料板；7—锌合金凹模；8—凸模固定板；9—顶料板；10—锌合金凸模；11—下盖板；12—顶料托板；13—顶料杆；14—柱头螺钉

式有三种，如图 11-32 所示，图 11-32（a）所示为整体式，多用于中小件的生产。图 11- 32（b）所示为镶拼式，凹模由多块锌合金镶件组成，以便于模具的制造，镶拼形式有两种，即镶块平镶拼在模板上或通过镶块支架立镶在模板上，前一种用于薄板件冲裁，后一种用于厚板料的冲裁；镶拼式结构主要用于撒型修边或落料模，如汽车件冲裁模。图 11-32（c）所示为组合式，凹模分别由锌合金及钢镶件两种材料组合而成，即在模具工作条件要求苛刻的部位采用钢件，或凹模由锌合金和钢件组合而成。

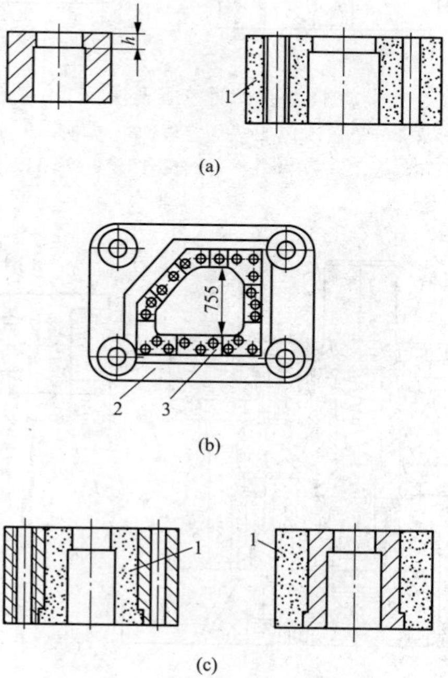

图 11-32　冲裁模凹模的结构形式

（a）整体式；（b）镶拼式；（c）组合式

1—锌合金；2—下模座；3—锌合金凹模镶块

（4）锌合金整体式拉深成形模结构特点。与冲裁模相比，这类模具在结构方面有较大的区别，它的凸、凹模可以全部由锌合金制成，此外还可以用锌合金制成模板等各类零件。在结构形式方面，整体式模具的上、下模由锌合金材料分别制成一个整体的零件，可使模具零件减少到最少。其结构如图 11- 33 所示，主要用于弯曲与成形。

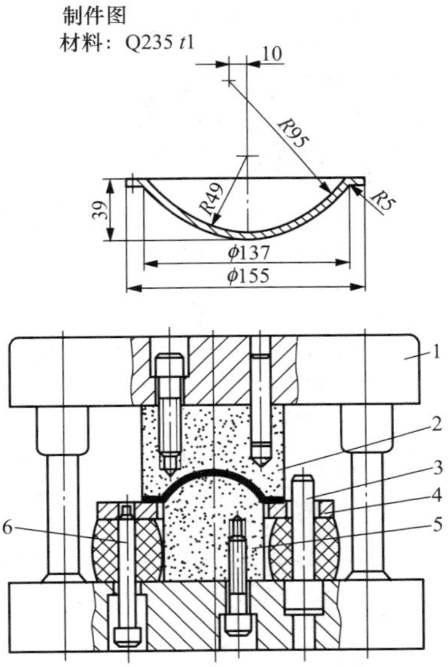

图 11-33　整体式拉深成形模

1—模架；2—锌合金凹模；3—导销；
4—压料板；5—锌合金凸模；6—柱头螺钉

（5）钢凸模锌合金凹模拉深模结构特点。模具的凸模和凹模可由锌合金和其他材料共同组成复合材料镶件结构，如用锌合金做凸模，而凹模由锡铋合金或环氧树脂塑料制成。也可以由铸铁制成凸模，而凹模由锌合金制成。在某种情况下，可由锌合金构成模具凸、凹模主体，在某些局部凸台、棱缘等尺寸精度要求高的部位镶入钢或填注环氧树脂塑料。用钢做凸模、锌合金做凹模的拉深模结构如图 11-34 所示。

3. 聚氨酯橡胶冲裁模

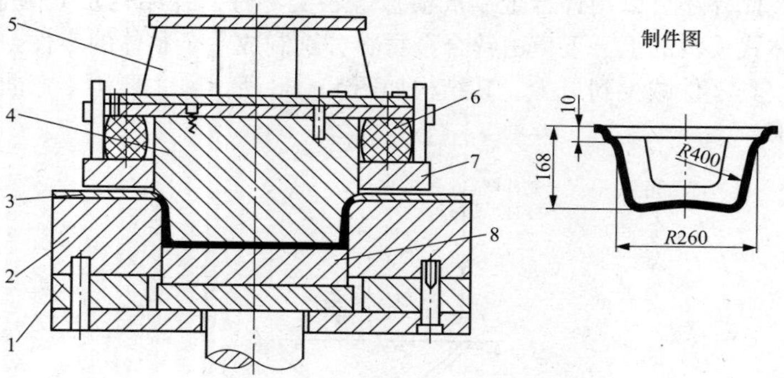

图 11-34 钢凸模锌合金凹模拉深模结构

1—凹模固定板；2—锌合金凹模；3—模口衬板；4—铸铁凸模；5—上模架；6—压边圈橡胶块；7—压边圈；8—锌合金底部成形模（顶件器）

聚氨酯橡胶冲裁模的结构形式很多，图 11-35 所示是带弹压式卸料板的复合冲模，凸凹模与容框型孔的间隙（单边）$z=0.5\sim1.5$mm，有效压料宽度 $b\geqslant12t$（t 为料厚），凸台的宽度 $B=b+z$，容框口圆角半径 $R=0.1\sim0.2$mm。

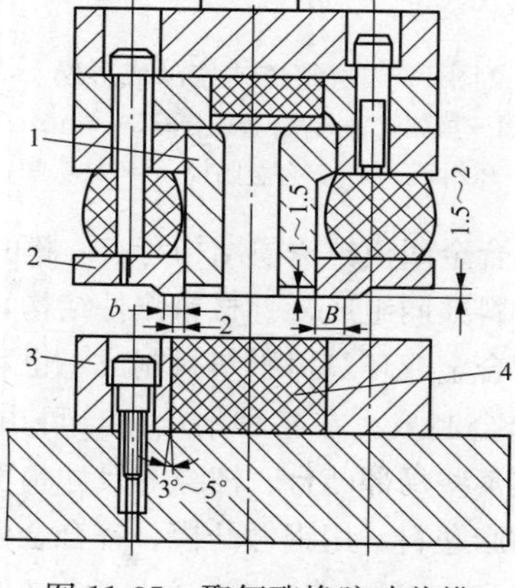

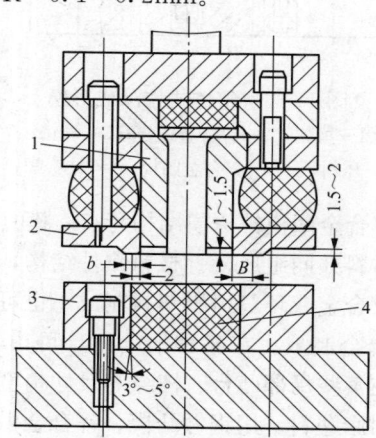

图 11-35 聚氨酯橡胶冲裁模

1—凸凹模；2—卸料模；3—容框；4—聚氨酯橡胶

第十二章

钣　金　弯　曲

根据采用的设备和工具的不同，钣金弯曲分为压弯、滚弯、拉弯和转板等。

将毛坯或半成品钣金制件沿弯曲线弯成一定角度和形状的冲模，叫弯曲模。

第一节　弯曲变形过程及弯曲回弹的预防

一、弯曲变形过程

1. 弯曲变形过程

弯曲过程变形区切向应力的变化如图 12-1 所示。变形区集中在曲率发生变化的部分，外侧受拉，内侧受压。受拉区和受压区以中性层为界。初始阶段变形区内、外表层的应力小于材料的屈服强度 σ_s，这一阶段称为弹性弯曲阶段，如图 12-1(a)所示。弯曲继续进行时，变形区曲率半径逐渐减小，内、外表层首先由弹性变形状态过渡到塑性变形状态，随后塑性变形由内、外两侧继续向中心扩展，最后达到塑性变形过程，切向应力的变化，如图 12-1(b)、(c)所示。

弹性弯曲时，中性层位于料厚的中心，塑性弯曲时，中性层的位置随变形程度的增加而内移。

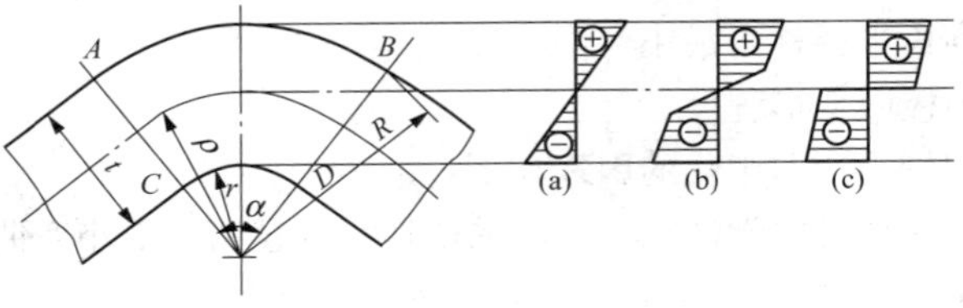

图 12-1　弯曲过程变形区切向应力分布发生的变化

(a) 弹性弯曲；(b) 弹—塑性弯曲；(c) 塑性弯曲

对于相对宽度（料宽 b 和料厚 t 的比值）$b/t<3$ 的窄板，宽向和厚向材料均可自由变形。弯曲时横截面将产生很大的畸变，如图 12-2 所示，其应变状态是立体的，宽度方向应力为 0，为平面应力状态。

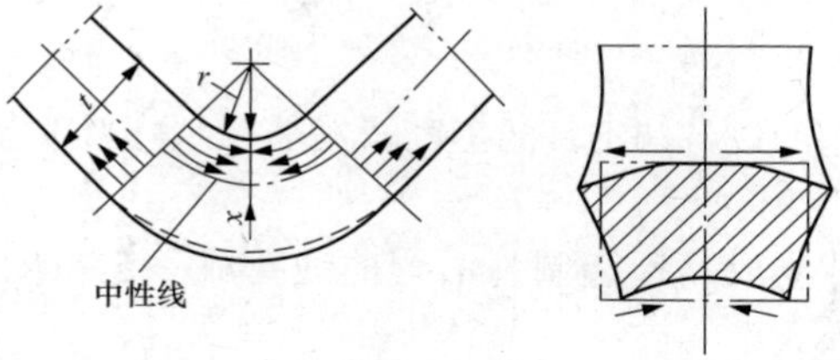

图 12-2　窄板弯曲时横截面的畸变

对于相对宽度 $b/t>3$ 的宽板，宽度方向受到材料的约束，不能自由变形，为平面应变状态，其应力状态是立体的。

2. 最小弯曲半径

弯曲时毛坯变形外表面在切向拉应力作用下产生的切向伸长变形用下式计算：

$$\varepsilon=\frac{1}{2\frac{r}{t}+1} \tag{12-1}$$

式中　r——弯曲零件内表面的圆角半径（mm）；

t——料厚（mm）。

从式（12-1）可以看出，相对弯曲半径 r/t 越小，弯曲的变形程度越大。

在使毛坯外层纤维不发生破坏的条件下，能够弯成零件内表面的最小圆角半径称为最小弯曲半径 $r_{\min}$，实际生产中用它来表示弯曲工艺的极限变形程度。

影响最小弯曲半径的因素如下：

（1）材料的力学性能。材料的塑性指标越高、最小弯曲半径的数值越小。

（2）弯曲线的方向。弯曲线与材料轧纹方向垂直时，最小弯曲半径的数值最小。平行时，数值最大。

（3）板材的表面质量和剪切面质量。质量差会使材料最小弯曲半径增大，清除毛刺和剪切面硬化层有利于提高弯曲的极限变形程度。

（4）弯曲角。弯曲角较小时，变形区附近的直边部分也参与变形，对变形区外层濒于拉裂的极限状态有缓解作用，有利于降低最小弯曲半径。弯曲角对最小弯曲半径的影响如图 12-3 所示。$\alpha<70°$ 时影响显著。

（5）材料厚度。厚度较小时，切向应变变化梯度大，邻近的内层可起到阻止外表面金属产生局部的不稳定塑性变形作用。这种情况下可获得较大的变形和较小的最小弯曲半径。料厚对最小弯曲半径的影响如图 12-4 所示。

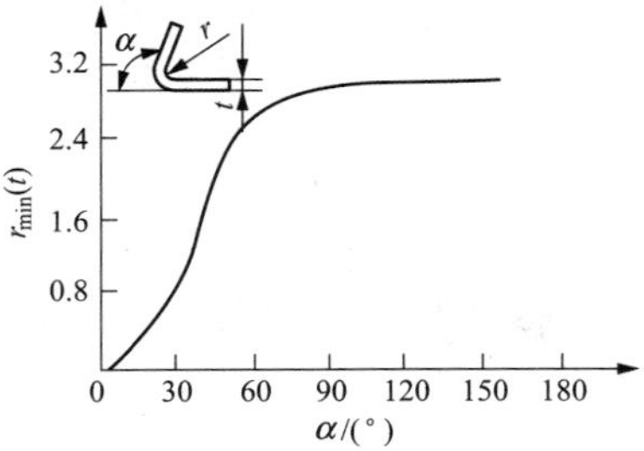

图 12-3　弯曲角对最小弯曲半径的影响

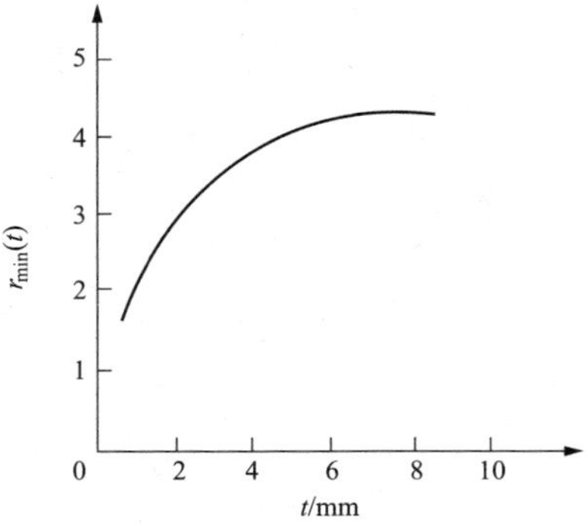

图 12-4　料厚对最小弯曲半径的影响

各种钣金材料的最小弯曲半径见表 12-1。

表 12-1　　各种钣金材料的最小弯曲半径

材　料		弯曲线与轧纹方向垂直	弯曲线与轧纹方向平行
牌　号	状态		
08F、08Al		0.2t	0.4t
10、15		0.5t	0.8t

续表

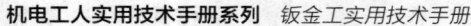

材料		弯曲线与轧纹方向垂直	弯曲线与轧纹方向平行
牌号	状态		
20		0.8t	1.2t
25、30、35、40、10Ti、13MoTi、16MnL		1.3t	1.7t
65Mn	退火	2.0t	4.0t
	硬	3.0t	6.0t
1Cr18Ni9	硬	0.5t	2.0t
	半硬	0.3t	0.5t
	软	0.1t	0.2t
1J79	硬	0.5t	2.0t
	软	0.1t	0.2t
3J1	硬	3.0t	6.0t
	软	0.3t	6.0t
3J53	硬	0.7t	1.2t
	软	0.4t	0.7t
TA1	硬	3.0t	4.0t
TA5	硬	5.0t	6.0t
TB2	硬	7.0t	8.0t
H62	硬	0.3t	0.8t
	半硬	0.1t	0.2t
	软	0.1t	0.1t
HPb59-1	硬	1.5t	2.5t
	软	0.3t	0.4t
BZn15-20	硬	2.0t	3.0t
	软	0.3t	0.5t
QSn6.5-0.1	硬	1.5t	2.5t
	软	0.2t	0.3t

续表

材料		弯曲线与轧纹方向垂直	弯曲线与轧纹方向平行
牌号	状态		
QBe2	硬	0.8t	1.5t
	软	0.2t	0.2t
T2	硬	1.0t	1.5t
	软	0.1t	0.1t
L3（1050）、L4（1035）	硬	0.7t	1.5t
	软	0.1t	0.2t
LC4（7A04）	淬火加人工时效	2.0t	3.0t
	软	1.0t	1.5t
LF5（5A05）、LF6（5A06）、LF21（3A21）	硬	2.5t	4.0t
	软	0.2t	0.3t
LY12（2A12）	淬火加自然时效	2.0t	3.0t
	软	0.3t	0.4t

注 1. t 为材料厚度。

2. 括号内为对应材料新牌号。

3. 表中数值适用于下列条件：原材料为供货状态，90°角 V 形校正压弯，材料厚度小于 20mm，宽度大于 3 倍料厚，剪切面的光亮带在弯角外侧。

二、弯曲回弹及预防措施与诀窍

塑性弯曲和任何一种塑性变形一样，外载卸除以后，都伴随有弹性变形，使工件尺寸与模具尺寸不一致，这种现象称为回弹。回弹的表现形式有两种，如图 12-5 所示。

第一种，曲率减小。曲率由卸载前的 $\frac{1}{\rho}$ 减小至卸载后的 $\frac{1}{\rho'}$。回弹量 $\Delta R=\frac{1}{\rho}-\frac{1}{\rho'}$。

第二种，弯角减小。弯曲角由卸载前的 α 角减少至卸载后的 α'。回弹角 $\Delta\alpha=\alpha-\alpha'$。

1. 影响回弹的因素

（1）材料的力学性能。材料的屈服点 σ_s 越大，硬化指数 n 越大，弹性模量 E 越小，回弹量越大。

（2）相对弯曲半径减小，变形程度增大时，回弹量减小。

（3）弯曲角 α。α 越大，变形区长度越大，$\Delta\alpha$ 越大，对曲率的回弹无影响。

（4）弯曲条件。

1）弯曲方式及模具结构。不同的弯曲方式和模具结构，对毛坯弯曲过程、受力状态及变形区和非变形区都有关系，直接影响回弹的数值。

2）弯曲力。弯曲工艺经常采用带有一定校正成分的弯曲方法，校正力对回弹量有影响，但单角弯曲和双角弯曲影响各不相同。

3）模具的几何参数。凸、凹模间隙，凸模圆角半径，凹模圆角半径对回弹的影响如图 12-6～图 12-8 所示。

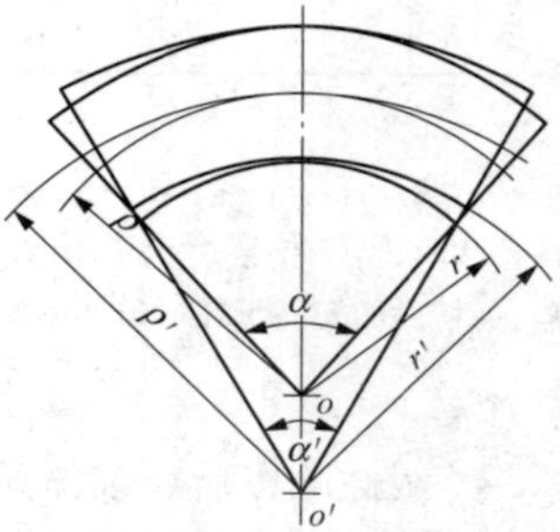

图 12-5　弯曲时的回弹

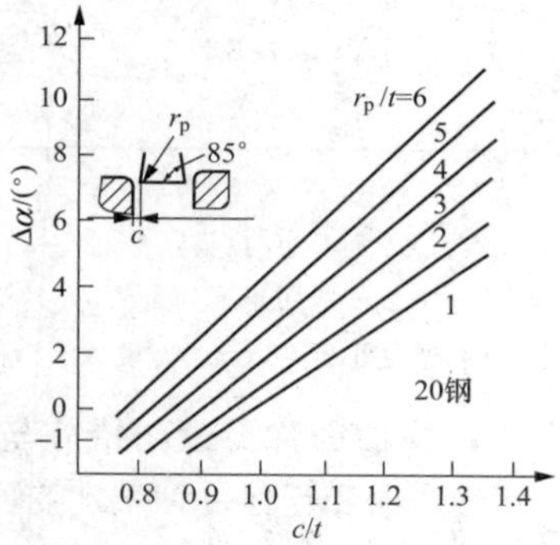

图 12-6　凸、凹模间隙对回弹的影响

2. 回弹量计算技巧

几种碳钢作 V 形弯曲时，不同弯曲角、不同相对弯曲半径时的回弹角 $\Delta\alpha$，如图 12-9～图 12-12 所示。

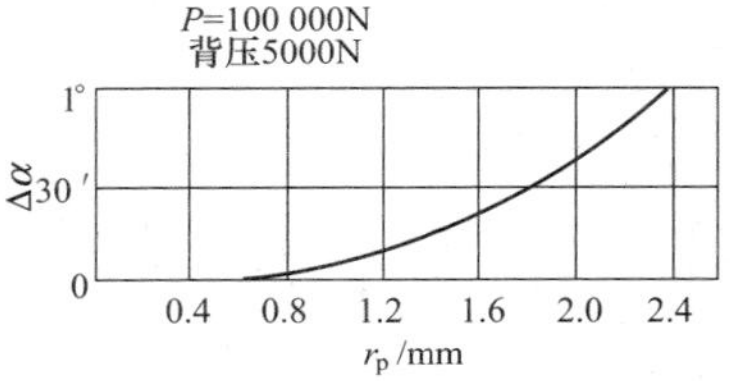

图 12-7　凸模圆角对回弹的影响

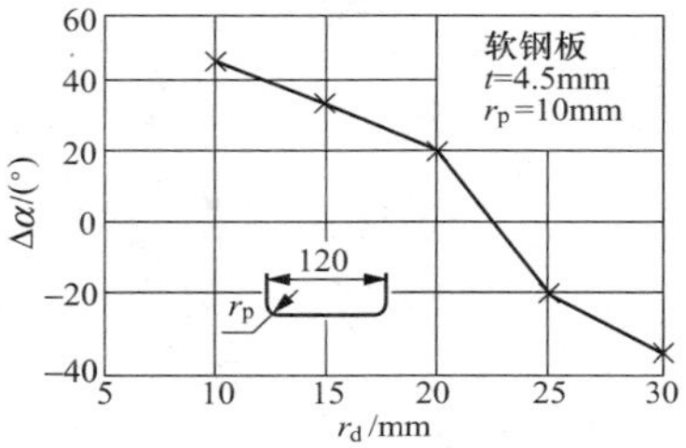

图 12-8　凹模圆角对回弹的影响

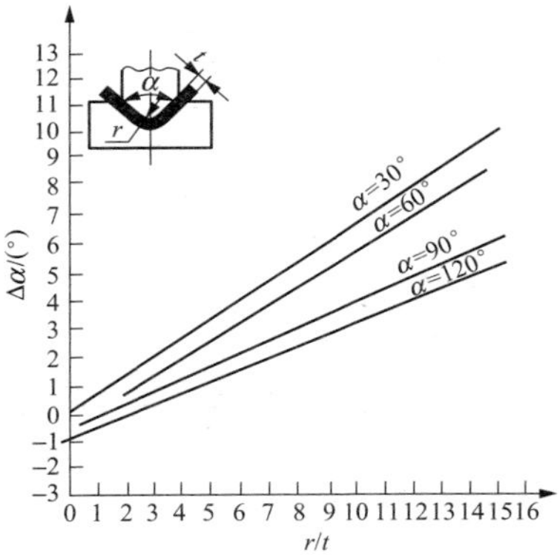

图 12-9　08～10 钢弯曲时的回弹角 Δα

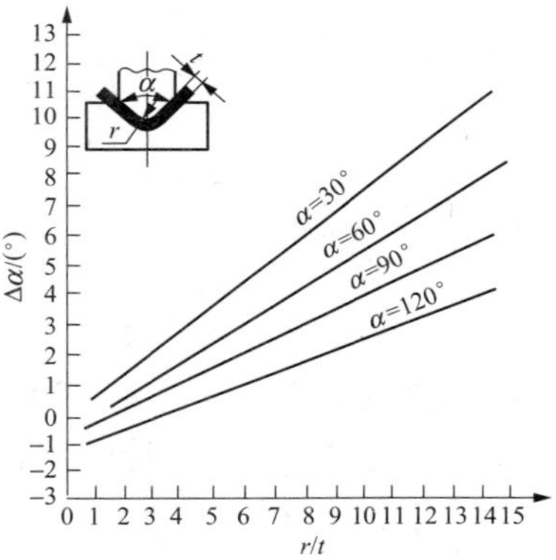

图 12-10　15～20 钢弯曲时的回弹角 Δα

3. 减小回弹的措施与诀窍

(1) 修正工作部分的几何形状。根据有关资料提供的回弹值，对模具工作的部分的几何形状作相应的修正。

(2) 调整影响因素。利用弯曲毛坯不同部位回弹的规律，适当地调整各种影响因素（如模具的圆角半径、间隙、开口宽度、顶件板的反压，校正力等）来抵消回弹。图 12-13 是将凸模端面和顶件板做成弧形。卸载时利用弯曲件底部的回弹来补偿两个圆角部分的回弹。

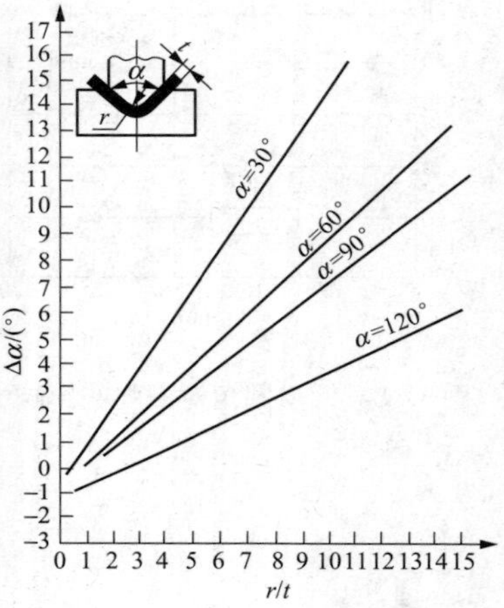

图 12-11　25～30 钢弯曲时的回弹角 Δα

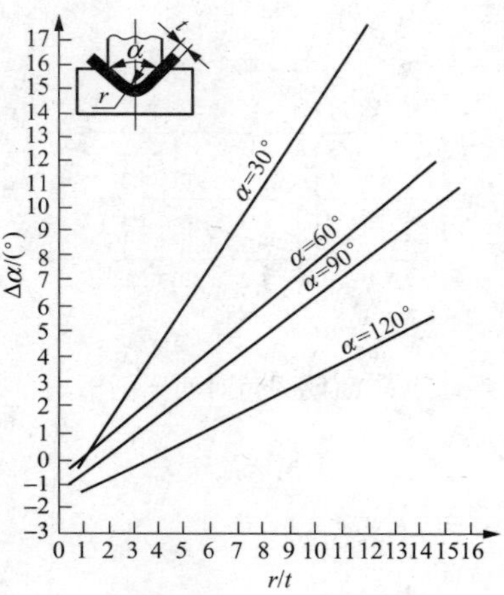

图 12-12　35 钢弯曲时的回弹角 Δα

(3) 控制弯曲角。利用聚氨酯橡胶等软凹模取代金属刚性凹模，采用调节凸模压入软凹模深度的方法来控制弯曲角，使卸载回弹后零件的弯曲角符合精度要求，如图 12-14 所示。

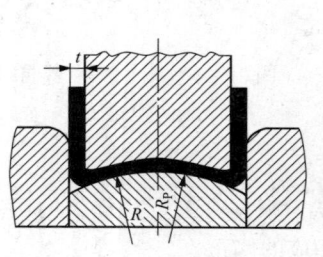

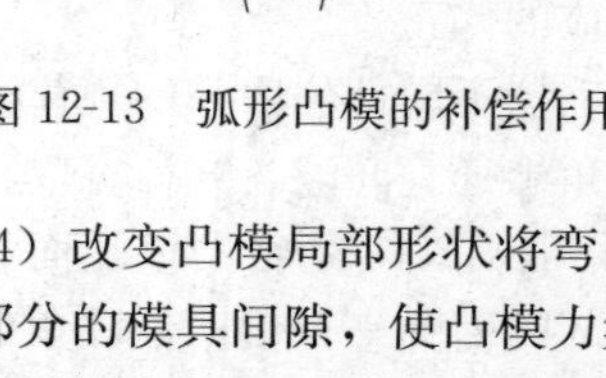

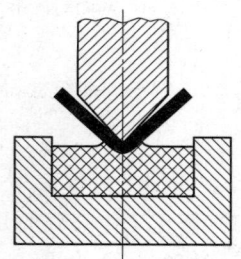

图 12-13　弧形凸模的补偿作用

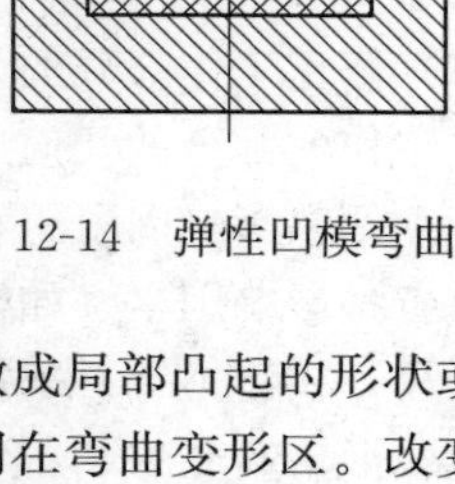

图 12-14　弹性凹模弯曲图

(4) 改变凸模局部形状将弯曲凸模做成局部凸起的形状或减小圆角部分的模具间隙，使凸模力集中作用在弯曲变形区。改变变形区外侧受拉内侧受压的应力状态，变为三向受压的应力状态，改变了回弹性质，达到减小回弹的目的，如图 12-15～图 12-17 所示。

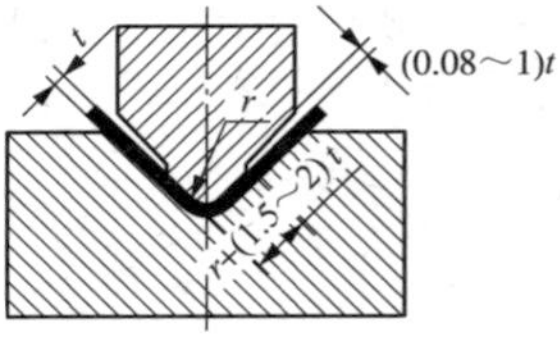

图 12-15 凸模局部凸起的单角弯曲

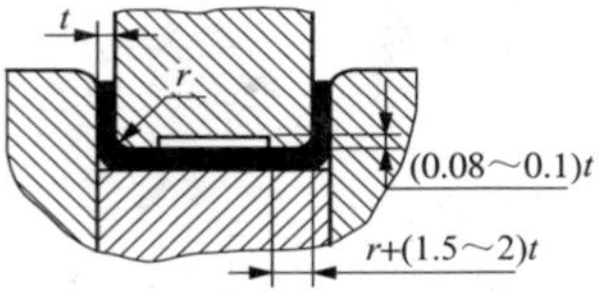

图 12-16 凸模局部凸起的双角弯曲

（5）采用带摆动块的凹模结构。如图 12-18 所示，可以采用带摆动块的凹模结构。

（6）采用提高工件结构刚性的办法。如图 12-19～图 12-21 所示，可以采用提高工件结构刚性的办法减小回弹量。

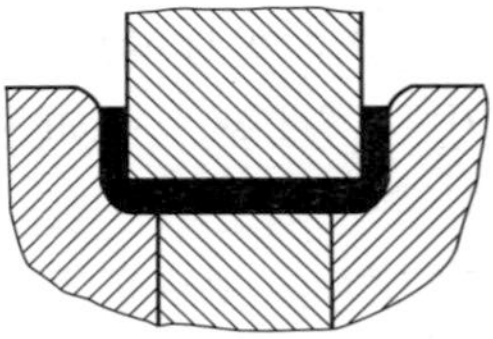

图12-17 圆角部分间隙减小的弯曲

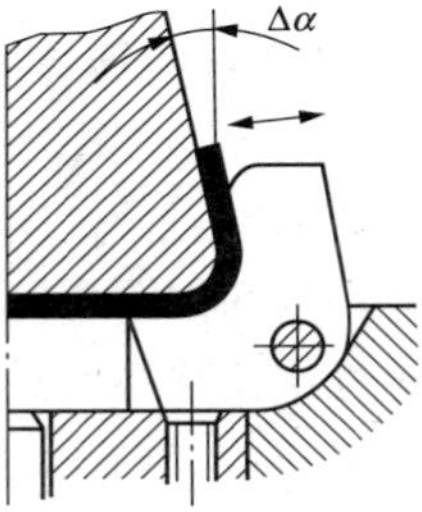

图12-18 带摆动块的凹模结构

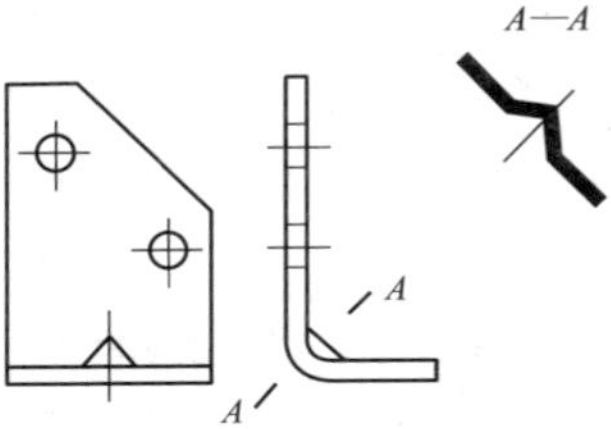

图 12-19 在弯角部位加三角筋

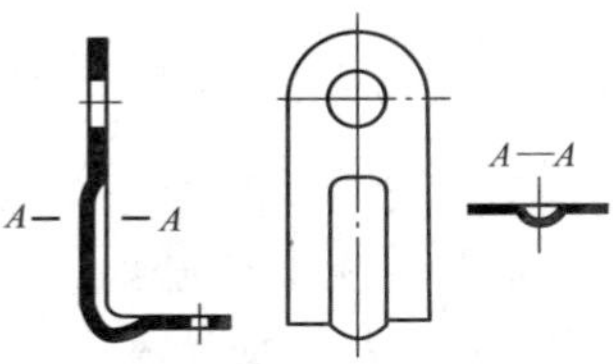

图 12-20 在弯角部位加条形筋

(7) 采用拉弯。拉弯如图 12-22 所示。毛坯弯曲时加以切向拉力改变毛坯横截面内的应力分布，使之趋于均匀，内、外两侧都受拉，以减少回弹。

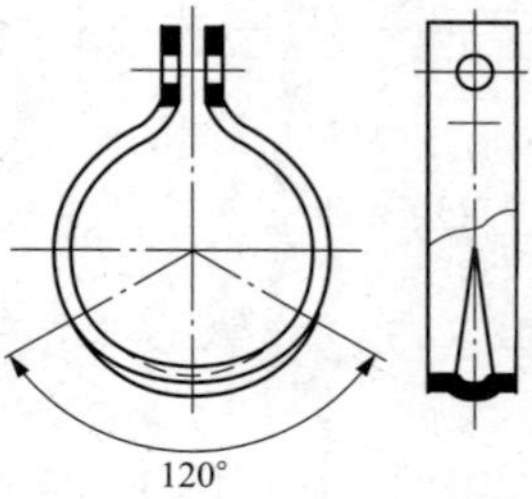

图 12-21　在环箍上加筋

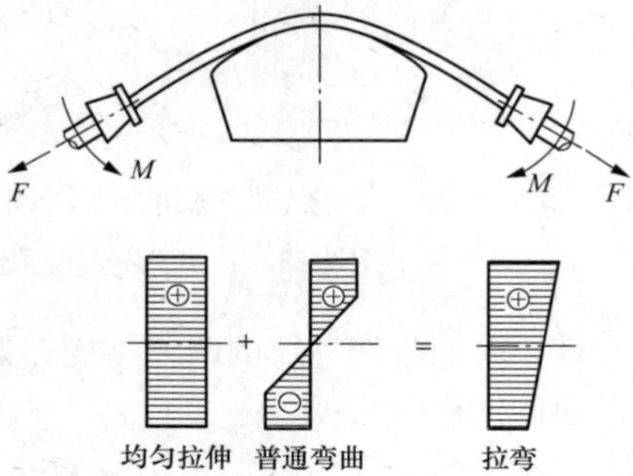

图 12-22　拉弯

三、弯曲有关计算

1. 弯曲毛坯展开长度的计算

由于弯曲前后中性层的长度不变，因此弯曲毛坯的展开长度为直线部分和弯曲部分中性层长度之和。中性层曲率半径如图 12-23 所示。中性层位移系数见表 12-2。

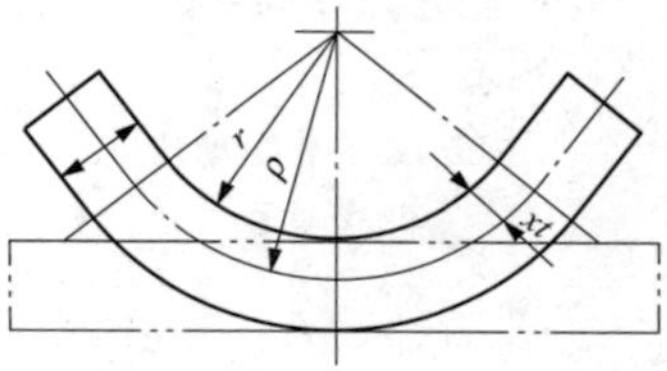

图 12-23　中性层的曲率半径 ρ

中性层曲率半径按下式计算：

$$\rho = r + xt \tag{12-2}$$

式中　x——中性层位移系数，按表 12-2 选取；

ρ——中性层曲率半径（mm）；

t——毛坯的厚度（mm）。

2. 弯曲力的计算诀窍

弯曲力是设计模具和选择压力机的重要依据。影响弯曲力的因素很多，包括材料的性能、工件的形状、弯曲的方法以及模具结构等。很难用理论方法准确计算，在生产中通常采用表 12-3 所列的经验公式进行弯曲力估算。

表 12-2　　　　**中性层位移系数**

$\frac{r}{t}$	弯曲形式			
		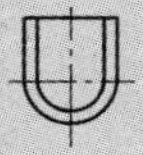		
0.3	0.1	0.21	—	—
0.5	0.14	0.23	0.1	0.77
0.6	0.16	0.24	0.11	0.76
0.7	0.18	0.25	0.12	0.75
0.8	0.2	0.26	0.13	0.73
0.9	0.22	0.27	0.14	0.72
1	0.23	0.28	0.15	0.70
1.1	0.24	0.29	0.16	0.69
1.2	0.25	0.30	0.17	0.67
1.3	0.26	0.31	0.18	0.66
1.4	0.27	0.32	0.19	0.64
1.5	0.28	0.33	0.20	0.62
1.6	0.29	0.34	0.21	0.60
1.8	0.30	0.35	0.23	0.56
2.0	0.31	0.36	0.25	0.54
2.5	0.32	0.38	0.28	0.52
3	0.33	0.41	0.32	0.50
4	0.36	0.45	0.37	0.50
5	0.41	0.48	0.42	0.50
6	0.46	0.50	0.48	0.50

注　1. 本表适用于低碳钢。

2. 表中 V 形压弯角度按 90°考虑，当弯曲角 $\alpha<90°$时，x 应适当减小，反之应适当增大。

表 12-3 计算弯曲力的经验公式

弯曲方式	简图	经验公式	备注
V形自由弯曲	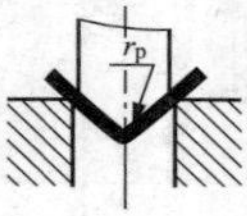	$p=\frac{Cbt^2\sigma_b}{2L}=Kbt\sigma_b$ $K\approx\left(1+\frac{2t}{L}\right)\frac{t}{2L}$	p——弯曲力，N； b——弯曲件宽度，mm； σ_b——抗拉强度，MPa； t——料厚，mm； $2L$——支点内距离，mm； r_p——凸模圆角半径，mm； C——系数，$C=1\sim1.3$； K——系数
V形接触弯曲	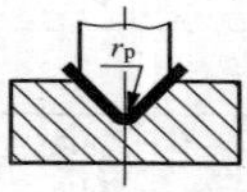	$p=0.6\frac{Cbt^2\sigma_b}{r_p+t}$	
U形自由弯曲	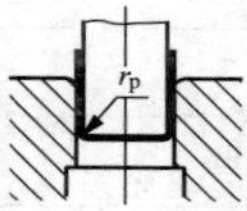	$p=Kbt\sigma_b$	p——弯曲力，N； b——弯曲件宽度，mm； σ_b——抗拉强度，MPa； t——料厚，mm； r_p——凸模圆角半径，mm； C——系数，$C=1\sim1.3$； K——系数，$K\approx0.3\sim0.6$； F——校形部分投影面积，mm^2； q——校形所需单位压力，MPa，见表 12-4
U形接触弯曲	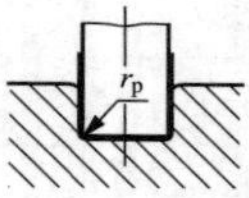	$p=0.7\frac{Cbt^2\sigma_b}{r_p+t}$	
校形弯曲的校形力		$p_c=F\cdot q$	

表 12-4　　校形弯曲时的单位压力 q　　(MPa)

材　　料	材料厚度 t/mm	
	<3	3～10
铝	30～40	50～60
黄铜	60～80	80～100
10～20 钢	80～100	100～120
25～35 钢	100～120	120～150
钛合金 BT1	160～180	180～210
钛合金 BT3	160～200	200～260

第二节　钣金弯曲件设计

一、弯曲件结构工艺性设计

弯曲件结构工艺性直接影响产品的质量和生产成本，是设计弯曲零件的主要依据。

1. 弯曲半径设计诀窍

弯曲件的圆角半径应大于表 12-1 所示最小弯曲半径，但也不宜过大。弯曲半径过大时，受回弹的影响，弯曲角度和弯曲半径的精度都不易保证。

2. 弯边高度设计诀窍

弯直角时，为了保证工件的质量，弯边高度 h 必须大于最小弯边高度 h_{min}，如图 12-24 所示，即：

$$h > h_{min} = r + 2t$$

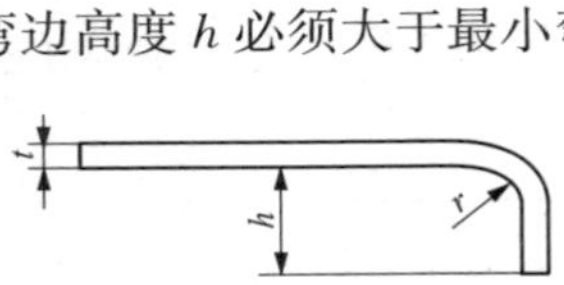

图 12-24　弯边高度

3. 局部弯曲根部结构设计诀窍

局部弯曲根部由于应力集中容易撕裂，需在弯曲部分和不弯曲部分之间冲孔［见图 12-25 (a)］、切槽［见图 12-25 (b)］或将弯曲线位移一定距离［见图 12-25 (c)］。

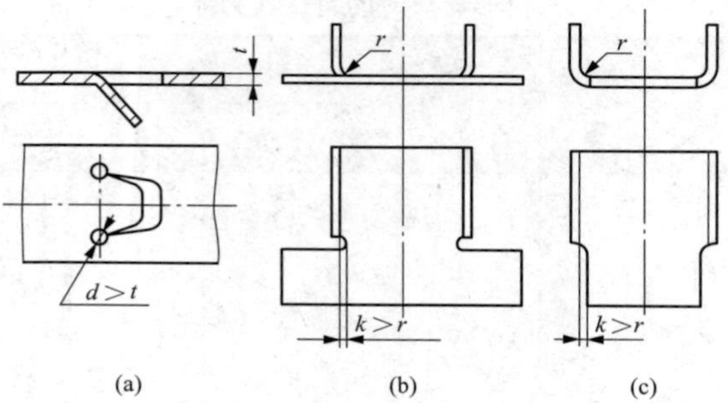

图 12-25 局部弯曲根部结构

（a）冲孔；（b）切槽；（c）弯曲线位移一定距离

4. 弯曲件的孔边距设计诀窍

孔位过于靠近弯曲区时孔会产生变形，图 12-26 所示孔边到弯边的距离 t 满足以下条件时，可以保证孔的精度。

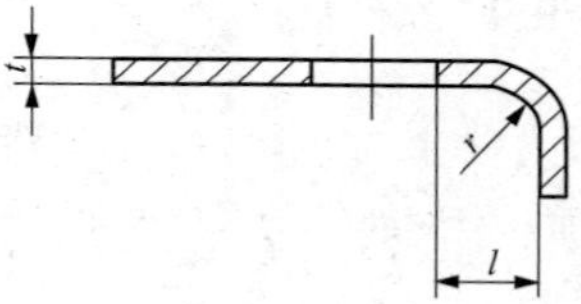

图 12-26 弯曲件的孔边距

$t<2\text{mm}$ 时　$l\geqslant r+t$

$t\geqslant 2\text{mm}$ 时　$l\geqslant r+2t$

二、弯曲件公差选择

弯曲件的精度要求应合理。影响弯曲件精度的因素很多，如材料厚度公差、材料性质、回弹、偏移等。对于精度要求较高的弯曲件，必须减小材料厚度公差，消除回弹。但这在某些情况下有一定困难，因此，弯曲件的尺寸精度一般在 IT13 级以下。角度公差最好大于 15′；一般弯曲件长度的自由公差见表 12-5，角度的自由公差见表 12-6。

表 12-5　弯曲件长度的自由公差　mm

长度尺寸		3～6	>6～18	>18～50	>50～120	>120～260	>260～500
材料厚度	≤2	±0.3	±0.4	±0.6	±0.8	±1.0	±1.5
	>2～4	±0.4	±0.6	±0.8	±1.2	±1.5	±2.0
	>4	—	±0.8	±1.0	±1.5	±2.0	±2.5

表 12-6 弯曲件角度的自由公差

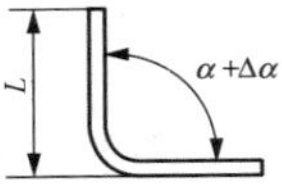

L/mm	≤6	>6～10	>10～18	>18～30
$\Delta\alpha$/(°)	±3°	±2°30′	±2°	±1°80′
L/mm	>30～50	>50～80	>80～120	
$\Delta\alpha$/(°)	±1°15′	±1°	±50°	
L/mm	>120～180	>180～260	>260～360	
$\Delta\alpha$/(°)	±40′	±30′	±25′	

三、钣金弯曲件的工序安排技巧

1. 弯曲件工序的确定原则与诀窍

除形状简单的弯曲件外，许多弯曲件都需要经过几次弯曲成形才能达到最后要求。为此，就必须正确确定工序的先后顺序。弯曲件工序的确定，应根据制件形状的复杂程度、尺寸大小、精度高低、材料性质、生产批量等因素综合考虑。如果弯曲工序安排合理，可以减少工序，简化模具。反之，安排不当，不仅费工时，且得不到满意的制件。工序确定的一般原则如下：

（1）对于形状简单的弯曲件，如 V 形、U 形、Z 形件等，尽可能一次弯成。

（2）对于形状较复杂的弯曲件，一般需要二次或多次弯曲成形，如图 12-27、图 12-28 所示。多次弯曲时，应先弯外角后弯内角，并应使后一次弯曲不影响前一次弯曲部分，以及前一次弯曲必须使后一次弯曲有适当的定位基准。

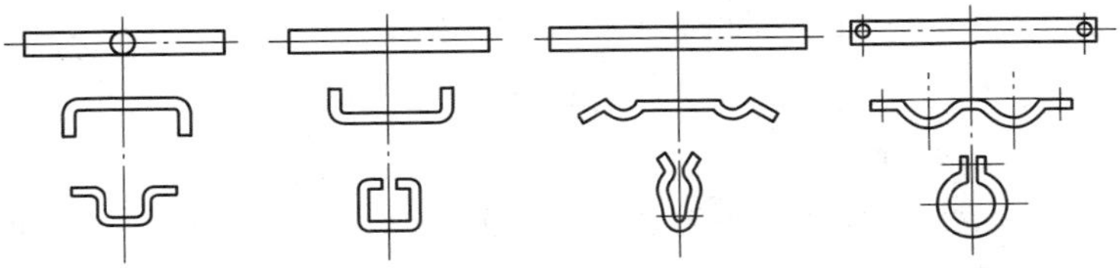

图 12-27 二次弯曲成形

（3）弯曲角和弯曲次数多的制件，以及非对称形状制件和有孔或有切口的制件等，由于弯曲很容易发生变形或出现尺寸误差，为此，最好在弯曲之后再切口或冲孔。

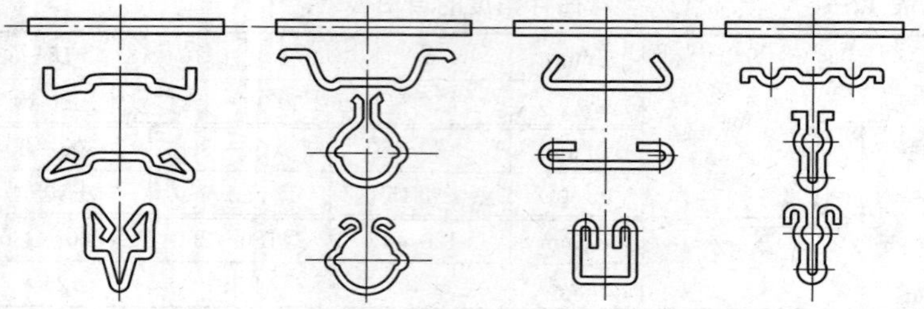

图 12-28 三次弯曲成形

（4）对于批量大、尺寸小的制件，如电子产品中的接插件，为了提高生产率，应采用有冲裁、压弯和切断等多工序的连续冲压工艺成形，如图 12-29 所示。

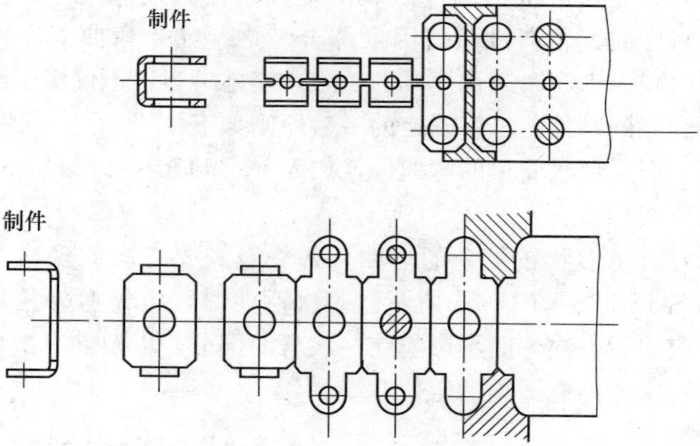

图 12-29 连续工艺成形

（5）非对称的制件，若单件弯曲时毛坯容易发生偏移，应采用成对弯曲成形，弯曲后再切开，如图 12-30 所示。

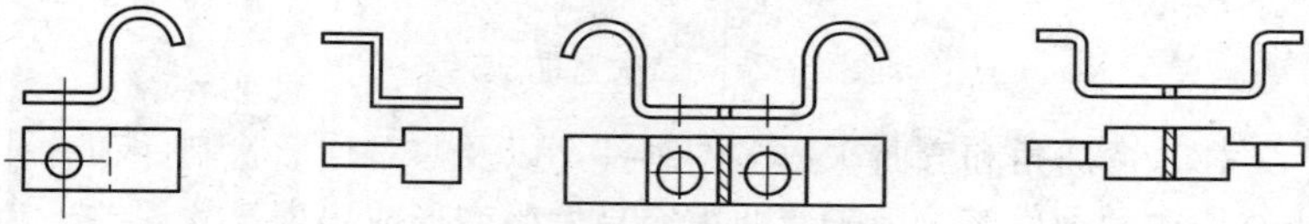

图 12-30 成对弯曲成形

2. 弯曲件的工序安排技巧

对弯曲件安排弯曲工序时，应仔细分析弯曲件的具体形状、精度和材料性能。特别小的工件，尽可能采用一次弯曲成形的复杂弯曲模，这样有利于定位和操作。当弯曲件本身带有单面几何形状，在结构上宜采用成对弯曲，这样既改善模具的受力状态，又可防止弯曲毛料的滑移（见表 12-7）。

表 12-7　　　　弯曲件的工序安排

分　类	简　　图
二道弯曲工序	 展开图　第一道弯曲　第二道弯曲
三道弯曲工序	 展开图　第一道弯曲　第二道弯曲　第三道弯曲
对称弯曲	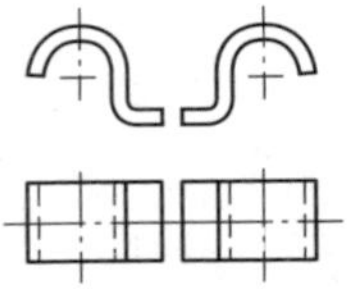

第三节　钣金弯曲模结构设计

一、弯曲模的设计要点

弯曲模的结构与一般冲裁模很相似，也有上模和下模两部分，并由凸模、凹模、定位件、卸料件、导向件及紧固件等组成。但是，弯曲模有它自己的特点，如凸、凹摸的工作部分一般都有圆角，凸、凹模除一般动作外，有时还有摆动或转动等动作。设计弯模是在确定弯曲工序的基础上进行的，为了达到制件要求，设计时必须注意的有：

(1) 毛坯放置在模具上应有准确的定位。首先，应尽量利用制件上的孔定位。如果制件上的孔不能利用，则应在毛坯上设计出工艺孔。图 12-31 所示是用导正销定位。图 12-31（a）是以毛坯的外形作粗定位，用凸模上的导正销作精定位，它适合平而厚的板料弯曲，所得部件精度好，生产率也高。对于采用外形定位有困难或制件材料较薄时，应利用装在压料板上的导正销定位，［见图 12-31 (b)］，但此时压料板与凹模之间不允许有窜动。在不得已的情况下，要使用发生变形的部位作定位时，应有不妨碍材料移动的结构［见图 12-31（c)］。应该说明的是，当多道工序弯曲时，各工序要有同一定位基准。

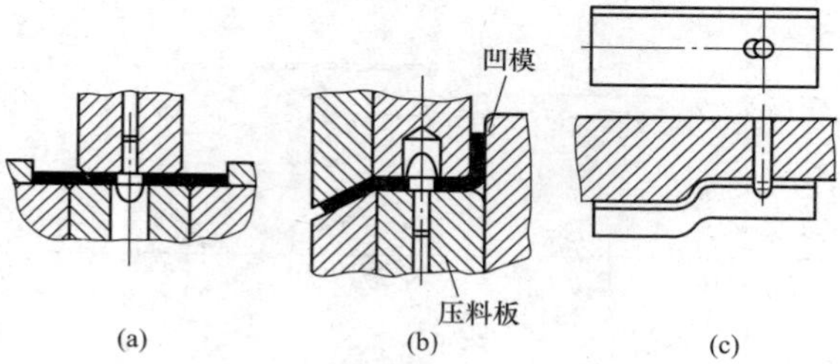

图 12-31 用导正销定位

(2) 在压弯过程中，应防止毛坯滑动或偏移。对于外形尺寸很大的制件，毛坯的压紧装置尽可能地利用压力机上的气垫。它与弹簧相比，易于获得较大的行程，且力量大，在工作中可保持恒定压力。但缺点是受所用压力机类别的限制，且会给模具的安装调整带来一些困难。当压力垫为浮动结构时，为了安全，必须防止因强大的弹力作用使某些板件飞出的危险，而应将其设计成图 12-32 所示的限程装置。在弯曲小件时，可以用专用弹簧式压力垫（有时也兼作定位用)。对于上模，通常采用弹簧或橡皮压料装置。

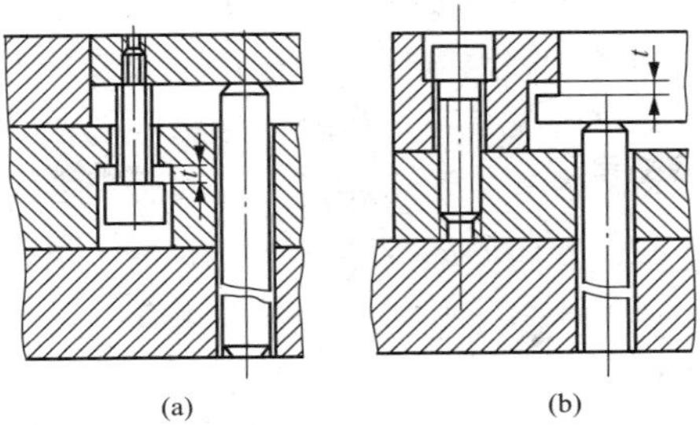

图 12-32 限程装置

(3) 消除回弹。为了消除回弹，在行程结束时，应使制件在模具中得到校正或在模具结构上考虑到能消除回弹的具体措施。

(4) 要有利于安全操作，并保证制件质量。毛坯放入和压弯后从模具中取出，均应迅速方便；为尽量减少制件在压弯过程中的拉长、变薄和划伤等现象（这对于复杂的多角弯曲尤为重要），弯曲模的凹模圆角半径应光滑，凸、凹模间的间隙不宜过小；当有较大的水平侧向力作用于模具零件上时，应尽量予以均衡掉。

二、钣金常见弯曲模结构设计

钣金弯曲模随弯曲件的不同，而有各种不同结构。这里主要介绍一些常见的单工序结构模具。

1. V 形件弯曲模设计

V 形件即单角弯曲件，可以用两种方法弯曲。一种是按弯角的角平分线方向弯曲，称为 V 形弯曲；另一种是垂直于一条边的方向弯曲，称为 L 型弯曲。

V 形弯曲模的基本形式如图 12-33 所示，图中弹压顶杆是为了防止压弯时毛坯偏移而采用的压料装置。如

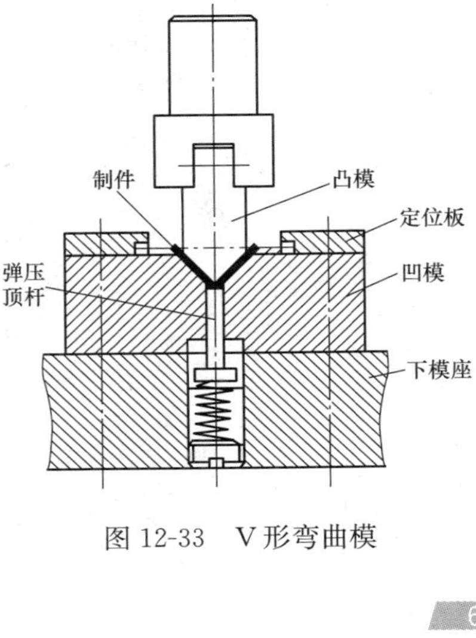

图 12-33 V 形弯曲模

果弯曲件的精度要求不高，压料装置可不用。这种模具结构简单，在压力机上安装和调整都很方便，对材料厚度公差要求也不严。制件在行程末端可以得到校正，回弹较少，制件平整度较好。

图 12-34 所示为通用 V 形弯曲模。这种通用模因装有定位装置和压顶件装置，而使弯曲的制件精度较一般通用弯曲模高。该模具的特点是：两块组合凹模 7 可配合成四种角度，并与四种不同角度的凸模相配使用，弯曲成不同角度的 V 形件。毛坯由定位板 4 定位，其定位板可以根据毛坯大小作前后、左右调整。凹模 7 装在模座 1 内由螺钉 8 固紧。凹模与模座的配合为 J7/js6，从而保证了制件的弯曲质量和精度。制件弯曲时，先由顶杆 2 通过缓冲器使毛坯在凸模力的作用下紧紧压住，防止移动；弯曲后，还由顶杆 2 通过缓冲器把制件顶出。

L 形弯曲模用于两直边相差较大的单角弯曲件，如图 12-35 所

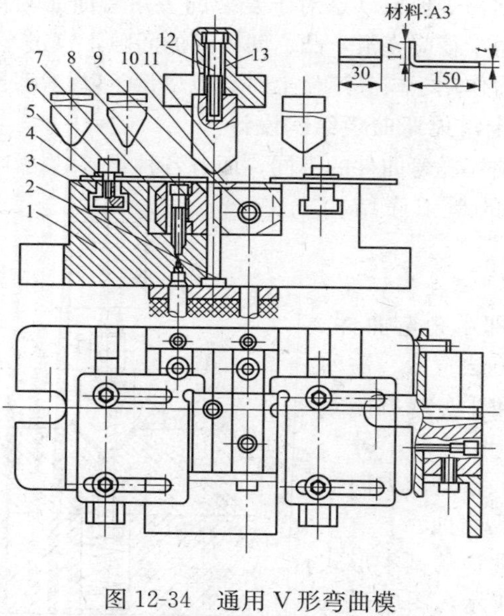

图 12-34　通用 V 形弯曲模

1—模座；2—顶杆；3—T 形块；4—定位板；5—垫圈；
6、8、9、12—螺钉；7—凹模；10—托板；11—凸模；13—模柄

示。制件面积较大的一边被夹紧在压料板与凸模之间，另一边沿凹模圆角滑动而向上弯起。压料板的压力大小可通过调整缓冲器得到。对于材料较厚的制件，因压紧力不足而容易产生坯料滑移。如果在压料板上装设定位销，用毛坯上的孔定位，则可防止滑移并能得到较高精度的弯曲件［见图 12-35（a）］。然而，由于校正力未作用于模具所弯曲的制件直边所以有回弹现象。图 12-35（b）为带有校正作用的 L 形弯曲模，它由于压料板和凹模的工作面都有斜面，从而使 L 形制件在弯曲时倾斜一个角度，校正力作用于竖边，因此可以减少回弹。图中倾斜角 α，对于厚料可取 10°，薄料取 5°。当 L 形制件的一条边很长时，可采用图 12-35（c）所示结构。

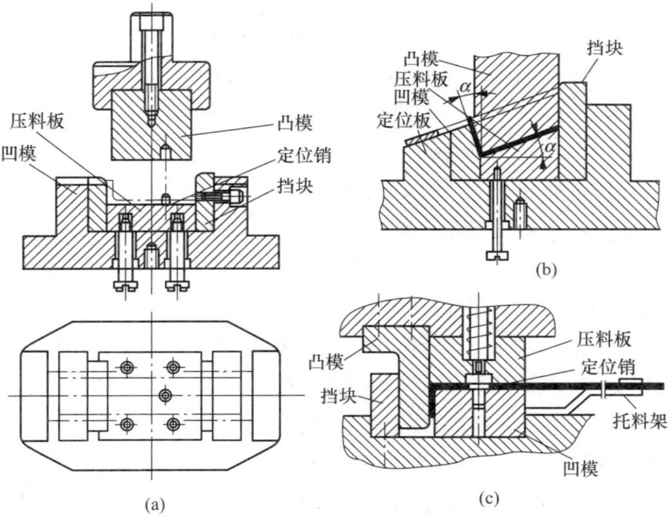

图 12-35　L 形件弯曲模

2. ⊔ 形件弯曲模设计

图 12-36 所示为⊔形件弯曲模。其中图 12-36（a）为一种最基本的⊔形件弯曲模，弯曲时压料板将毛坯压住，一次可弯两个角。只要左右凹模的圆角半径相等，毛坯在弯曲时就不会滑移。弯曲后，制件由压料板顶起。如果制件卡在凸模上，可在凸模里装设推

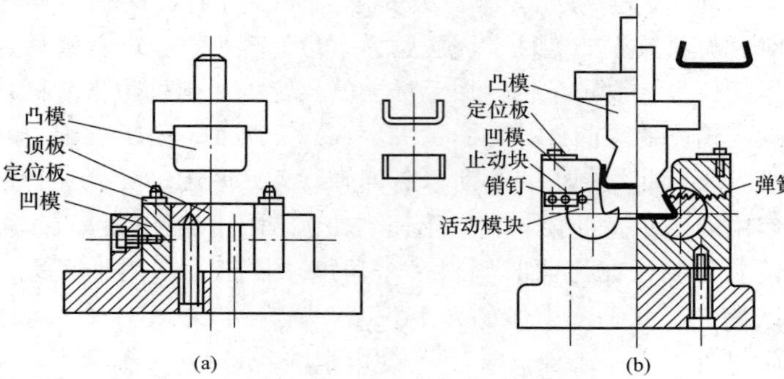

图 12-36 ⊔形件弯曲模

杆或设置固定卸料装置。图 12-36（b）为用于夹角小于 90°的⊔形件弯曲模，它的下模座里装有一对有缺口的转轴凹模，缺口与制件外形相适应。转轴的一端由于拉簧的作用而经常处于图的左半部位置，凸模具有制件内部形状，压弯时毛坯用定位板定位。凸模下降时，先将毛坯弯成 90°夹角的⊔形件，然后继续下压，使制件底部压向转轴凹模缺口，迫使转轴凹模向内转动，。将制件弯曲成形。当凸模上升时，带动转轴凹模反转，转轴凹模上的销钉因拉簧的拉力而紧靠在止动块上，制件从垂直于图面方向取下。

图 12-37 为圆杆件⊔形弯曲校正模。使用时，毛坯用定位块 11 及顶板（兼压料板）12 的凹槽定位。上模下行时，先由凸模 2 与成形滑轮 3 将毛坯压成⊔形。上模继续下行，凸模 2 通过毛坯压住顶板 12 继续往下运动，它与滑轮架摆块 5 的斜面作用，使滑轮架摆块 5 带动成形滑轮 3 向中心摆动，将坯料压成△形，用以克服制件脱模后的回弹。将凹模做成滑轮，是为了减少毛坯与凹模的摩擦力，并在压弯时使坯料得到定位。凸模与圆杆件压紧部分加工成半圆槽。这种模具的特点是，滚轮凹模使用寿命长，磨损后便于维修。

3. ⅂⅃形件弯曲模设计

如图12-38所示，对于⅂⅃形件，可一次压弯成形，也可两次

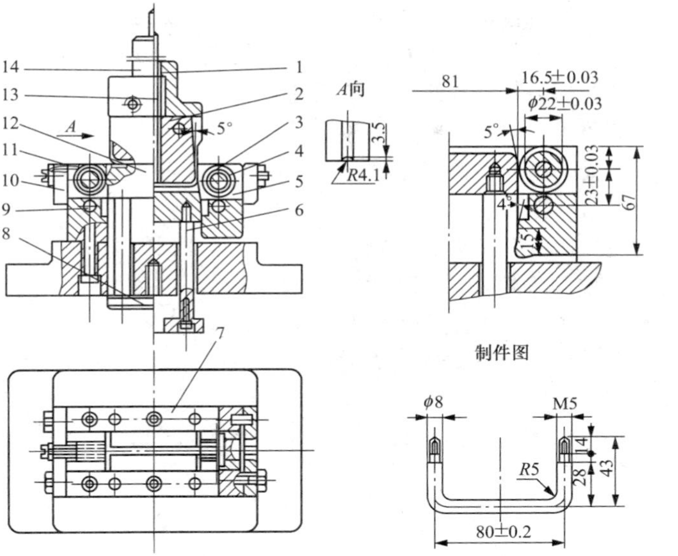

图 12-37 圆杆件⊔形弯曲校正模

1—打杆；2—凸模；3—成形滑轮；4—轴销；5—滑轮架摆块；6、13—顶杆；7—侧挡块；8、12—顶板；9—轴销；10—挡板；11—定位块；14—模柄

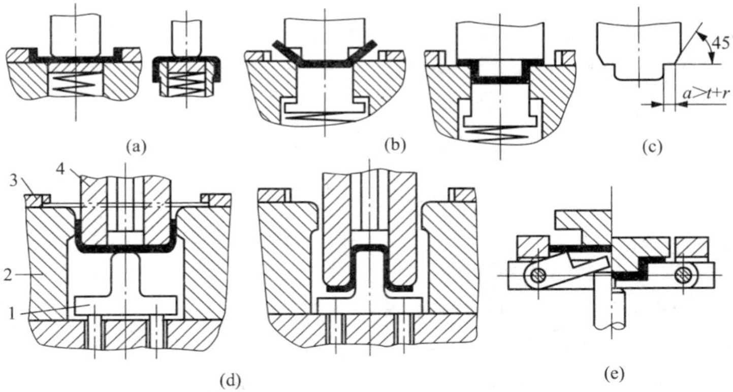

图 12-38 ⅂⊔Γ形件弯曲模示意图

压弯成形。图 12-38（a）为二次弯曲成形，第一次先弯成⊓形，第二次弯成乚厂形。弯曲成形前，坯料由压料板压住，第二次压弯凹模的外形兼作坯料的定位作用，结构很紧凑。图 12-38（b）为一次弯曲成形的模具工作原理，因其毛坯在弯曲过程中受到凸模和凹模圆角处的阻力，材料有拉长现象，因此弯曲件的展开长度存在较大的误差。如果把弯曲凸模改成如图 12-38（c）所示，则材料拉长现象有所改善。图 12-38（d）所示为将两个简单模复合在一起的弯曲模，它主要由上模部分的凸凹模 4、下模部分的固定凹模 2 与活动凸模 1 组成。弯曲时，毛坯由定位板 3 定位，凸凹模 4 下行，先弯成⊔形，继续下行与活动凸模 1 作用，将毛坯弯成乚厂形。这种结构需要在凹模下腔有足够大的空间，以便在弯曲过程中制件侧边的摆动。图 12-38（e）为采用摆动式的凹模结构，其两块凹模可各自绕轴转动，不工作时缓冲器通过顶杆将摆动凹模顶起。

4. Z 形件弯曲模设计

Z 形件因两条直边的弯曲方向相反，所以弯曲模必须有两个方向的弯曲动作，如图 12-39 所示。其中图 12-39（a）所示的弯曲模，冲压前利用毛坯上的孔和毛坯的一个端面，由定位销对毛坯定位。由于橡皮 7 的弹力，使压块 3 与凸模 2 的端面齐平，或压块 3 略高一点。冲压时，压块 3 与顶块 5 将毛坯夹紧。由于托板 6 上橡皮 7 的弹力大于顶块 5 上缓冲器的弹力，毛坯随凸模 2 和压块 3 下行，顶块 5 下移，先使毛坯的左端弯曲。当顶块 5 与下模座 4 接触时，托板 6 上的橡皮 7 压缩，使凸模 2 相对压块 3 下降，将毛坯的右端弯曲成形。当限位块 8 与上模座 1 相碰时，整个制件得到校正。这种弯曲模动作称为双向弯曲。图 12-39（b）所示结构与图 12-39（a）相似，不同处只是将制件倾斜 20°～30°。此结构适宜冲制折弯边较长的制件，冲压终了时制件受到校正作用，回弹较小。图 12-39（c）所示 Z 形件弯曲模用于弯曲直边较短的薄料制件，其定位板 11 为整体式，上凸模 10 铆接在固定板 13 上，上凸模 9 和下凸模 12 的非工作端设有弹压装置，压弯过程中毛坯始终被压紧，不会滑移，制件弯曲精度较高。

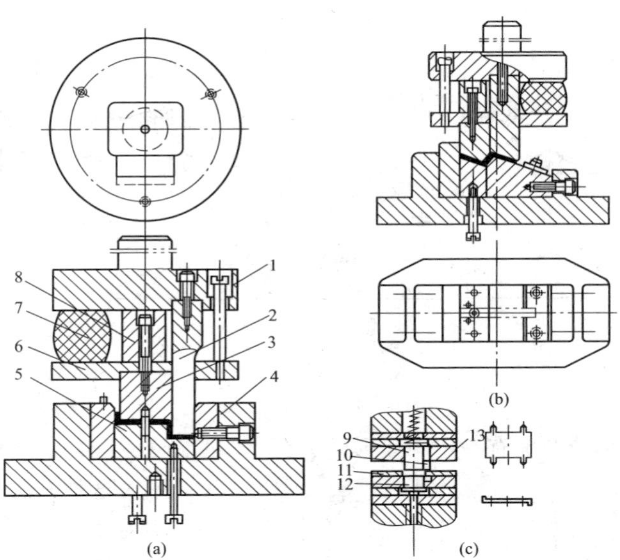

图 12-39 Z形件弯曲模

1—上模座；2—凸模；3—压块；4—下模座；5—顶块；6—托板；7—橡皮；8—限位块；9—上凸模；10—上凸模；11—定位板；12—下凸模；13—固定板

5. 弯圆模设计

弯圆成形一般有三种方法。第一种方法是把毛坯先弯成U形，然后再弯成O形，这种模具结构比较简单，如图12-40所示。如果制件圆度不好，可以将制件套在芯模上，旋转芯模连续冲压几次进行整形。这种方法适用于弯 ϕ10mm 以下的薄料小圆。如果是厚料，且对圆度的要求较高，可用三道工序进行弯曲。图12-41所示是第二种弯圆方法，先把毛坯弯

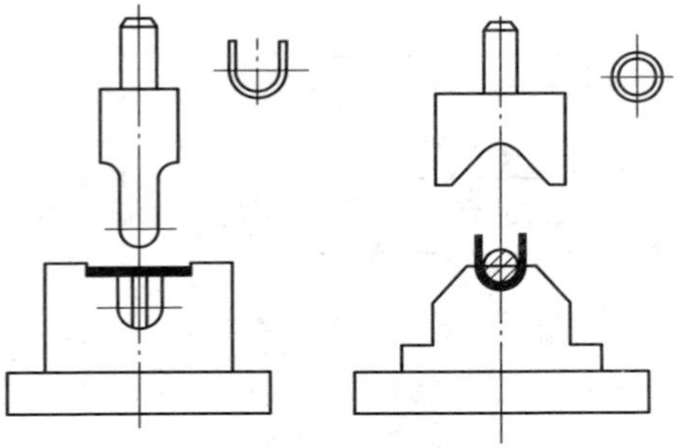

图 12-40 小圆弯曲模

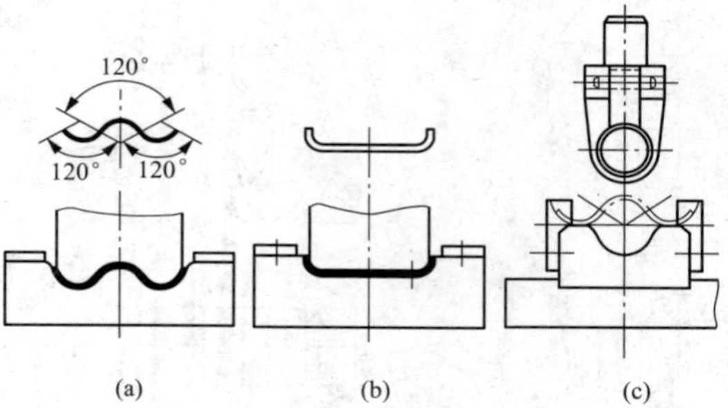

图 12-41 圆管弯曲模

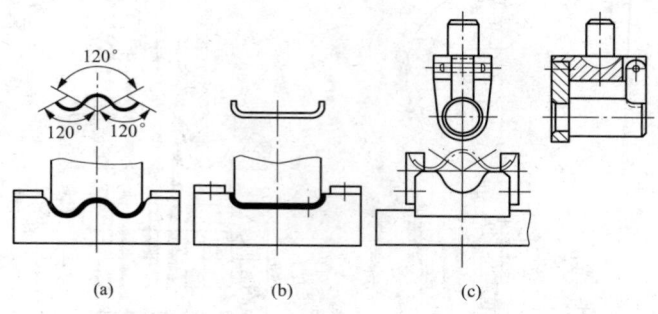

成波浪形或两头有一定圆弧形［见图 12-41（a），（b）］，然后弯成O形，这种方法一般用于直径大于 ϕ40mm 的圆环。其模具结构如图 12-41（c）所示，波浪形状由中心角 120°的三等分圆弧组成。首次弯曲的波浪部分的形状尺寸，必须经试验修正。末次弯曲后，可推开支撑，将制件从凸模上取下。模料很薄、冲压力不大时，支撑可以不用。第三种弯圆方法是采用摆动式凹模一次弯成，此法一般用于直径 ϕ10～ϕ40mm、材料厚度为 1 mm 左右的圆环。其模具结构如图 12-42 所示，一对活动

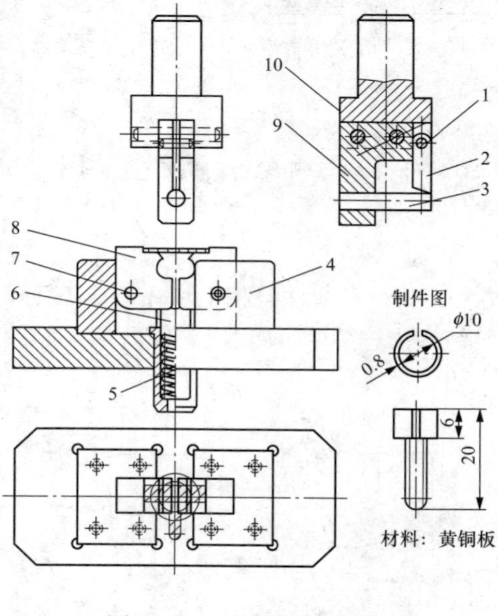

图 12-42 一次弯成的弯圆模

1—轴；2—支撑；3—凸模；4—座架；5—弹簧；6—顶柱；7—轴销；8—凹模；9—上模座；10—模柄

凹模8安装在座架4中，它能绕轴销7转动。在非工作状态时，由于弹簧5作用于顶柱6，两块活动凹模处于张开位置。模柄体10上固定凸模3，工作时，毛坯放置在凹模上定位；凸模下行，把毛坯弯成U形。凸模继续下压，毛坯压入凹模底部，迫使活动凹模绕轴7转动，压弯成O形件。支撑2对凸模3起稳定加强作用，它可绕轴1旋转，从而可将制件从凸模3上取下。

第十三章

钣　金　拉　深

第一节　钣金拉深件分类及拉深技巧

一、钣金拉深工艺特点

把钣金毛坯拉压成空心体，或者把钣金空心体拉压成外形更小而板厚没有明显变化的空心体的冲模叫拉深模。

圆筒形件拉深过程如图 13-1 所示。从直径 D_0 的平板坯料拉深成高度 h、直径 d 的工件时，坯料凸缘部分是变形区，其扇形单元经切向收缩与径向伸长的变形，逐渐转变为工件筒壁上的长方形单元。筒壁是传力区，它将外力传递给变形区。当拉深所需的变形力大于工件筒壁的承载能力时，将产生工件拉裂现象。

凸缘起皱和筒壁拉裂是拉深过程顺利进行的两个主要障碍。防止起皱的措施，是采用有压边装置的拉深模。为避免出现拉裂，应使坯料的变形程度不超出拉深材料允许的最大变形程度。

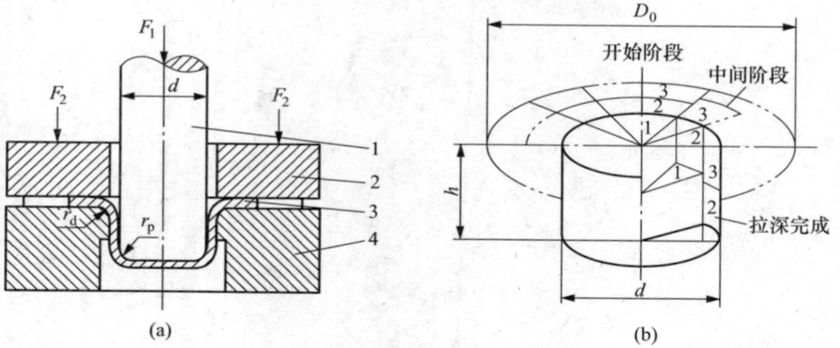

图 13-1　圆筒形件的拉深过程

（a）拉深；（b）变形特点

1—凸模；2—压边圈；3—坯料；4—凹模

二、钣金拉深件分类及拉深技巧

拉深是主要的冲压工艺方法之一，应用非常广泛。用拉深工艺，可以制成各种直壁类或曲面类零件，见表 13-1。若与其他冲压成形工艺配合，可以制造出其他形状更为复杂的零件。

表 13-1　　钣金拉深零件的分类（按变形特点）

拉深件名称			拉深件简图	变形特点
直壁类拉深件	旋转体零件	圆筒形件 带凸缘边圆筒形件 阶梯形件		（1）拉深过程中变形区是坯料的法兰边部分，其他部分是传力区，不参与主要变形 （2）坯料变形区在切向压应力和径向拉应力的作用下，产生切向压缩与径向伸长的一向受拉一向受压的变形 （3）极限变形参数主要受到坯料传力区的承载能力的限制
	非旋转体零件	盒形件 带凸缘边的盒形件 其他形状的零件	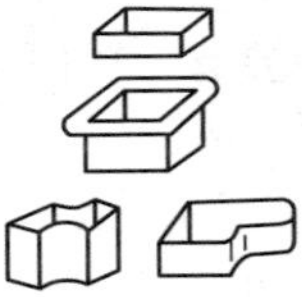	（1）变形性质与旋转体零件相同，差别仅在于一向受拉一向受压的变形在坯料的周边上分布不均匀，圆角部分变形大，直边部分变形小 （2）在坯料的周边上，变形程度大与变形程度小的部分之间存在着相互影响与作用
		曲面凸缘边的零件	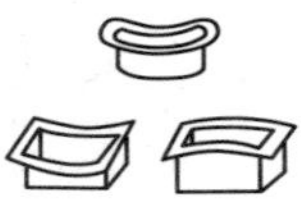	除具有与前项相同的变形性质外，还有下边几个特点： （1）因为零件各部分的高度不同，在拉深开始时有严重的不均匀变形 （2）拉深过程中坯料变形区内还要发生剪切变形

续表

拉深件名称			拉深件简图	变形特点
曲面类拉深件	旋转体零件	球面类零件 锥形件 其他曲面零件		拉深时坯料的变形区由两部分组成： （1）坯料的外周是一向受拉一向受压的拉深变形区 （2）坯料的中间部分是受两向拉应力作用的胀形变形区
	非旋转体零件	平面凸缘边零件 曲面凸缘边零件	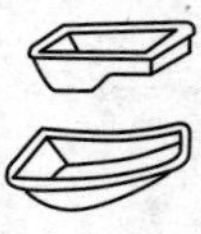	（1）拉深坯料的变形区也是由外部的拉深变形区与内部的胀形变形区所组成，但这两种变形在坯料周边上的分布是不均匀的 （2）曲面法兰边零件拉深时，在坯料外周变形区内还有剪切变形

（一）旋转体零件拉深

直壁类旋转体零件主要有：圆筒形件、带凸缘圆筒形件和阶梯形件等。曲面类旋转体零件主要有：球面类零件、锥形件和抛物面零件等。

1. 坯料尺寸计算

坯料尺寸应按加上修边余量 δ，见表 13-2 和表 13-3，然后对拉深件尺寸进行展开计算。

表 13-2　　无凸缘拉深件的修边余量 δ　　(mm)

简　图	拉深件高度 h	拉深相对高度 $\frac{h}{d}$			
		>0.5～0.8	>0.8～1.6	>1.6～2.5	>2.5～4
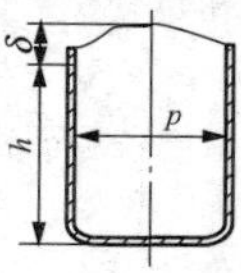	≈25	1.2	1.6	2	2.5
	25～50	2	2.5	3.3	4
	50～100	3	3.8	5	6
	100～150	4	5	6.5	8

续表

简　　图	拉深件高度 h	拉深相对高度 $\frac{h}{d}$			
		>0.5～0.8	>0.8～1.6	>1.6～2.5	>2.5～4
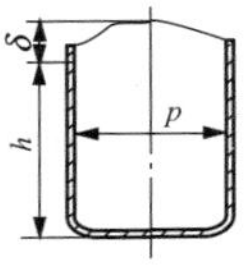	150～200	5	6.3	8	10
	200～250	6	7.5	9	11
	>250	7	8.5	10	12

表 13-3　　　有凸缘拉深件的修边余量 δ　　　(mm)

简　　图	凸缘直径 d_f	凸缘的相对直径 $\frac{d_f}{d}$			
		<1.5	1.5～2	2～2.5	2.5
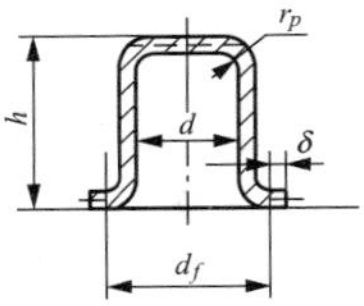	≈25	1.8	1.6	1.4	1.2
	25～50	2.5	2	1.8	1.6
	50～100	3.5	3	2.5	2.2
	100～150	4.3	3.6	3	2.5
	150～200	5	4.2	3.5	2.7
	200～250	5.5	4.6	3.8	2.8
	>250	6	5	4	3

（1）简单形状。根据拉深件与坯料的表面积相等的原则，坯料直径计算公式为：

$$D_0 = \sqrt{\frac{4}{\pi}A} = \sqrt{\frac{4}{\pi}\sum A_i} \qquad (13\text{-}1)$$

式中　A——拉深件面积，mm^2。

例如图 13-2 所示的圆筒形拉深件，可将其先分解成三个简单

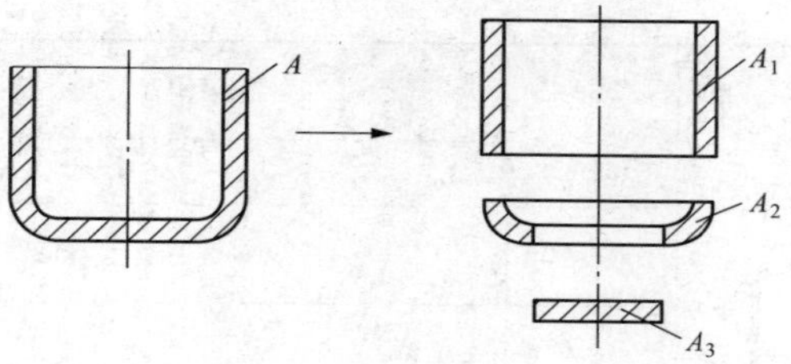

图 13-2 圆筒形拉深件

的几何形状，分别计算它们的面积 A_1、A_2、A_3，然后再按式（13-1）计算其坯料直径 D_0。

（2）复杂形状。复杂形状的拉深件，可用形心法计算坯料的尺寸。具体方法是：

1）先将拉深件按适当比例放大，然后将母线分段，求出每一段母线的展开长度 l_i和形心至轴线的距离 x_i（见图 13-3），再按下式计算每段母线绕轴线旋转的面积：

$$A_i = 2\pi x_i l_i \tag{13-2}$$

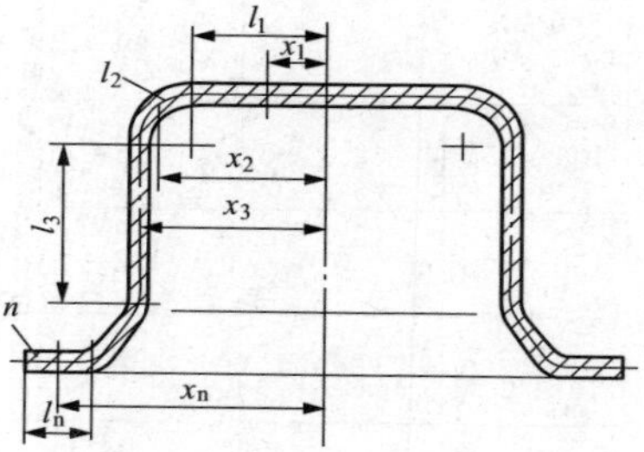

图 13-3 旋转体拉深件

2）整个拉深件的表面积为：

$$A = \sum A_i = 2\pi \sum x_i l_i \tag{13-3}$$

3）坯料直径

$$D_0 = \sqrt{8 \sum x_i l_i} \tag{13-4}$$

母线为圆弧段时，形心至轴线的距离 x 按表 13-4 计算。

表 13-4　　形心至轴线的距离 *x*

类　别	图　示	计算公式
中心角 $\alpha=90°$	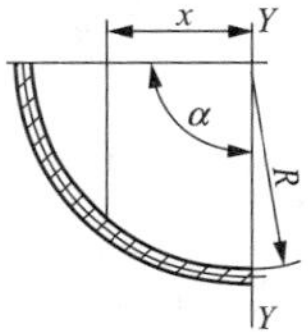	$x=\frac{2}{\pi}R$
中心角 $\alpha<90°$	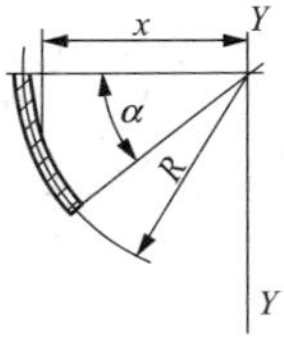	$x=R\frac{180°\sin\alpha}{\pi\alpha}$
中心角 $\alpha<90°$	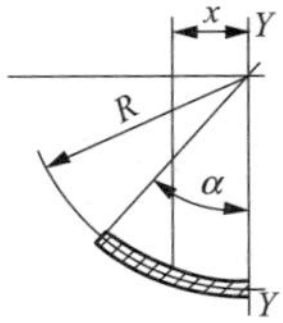	$x=R\frac{180°(1-\cos\alpha)}{\pi\alpha}$

2. 拉深系数与次数确定诀窍

直壁类拉深件的拉深系数为：

$$m=d/D_0 \tag{13-5}$$

式中　D_0——平板坯料直径（mm）；

　　　d——拉深后的圆筒直径（mm）。

m 越小，筒壁承受的载荷就越大。当 m 过小时，为防止拉裂，应分两道或多道拉深。拉深系数是一个很重要的工艺参数，通常用它来决定拉深次数。再次拉深时，拉深系数 m_n 为本工序与前工序筒部的直径之比，即

$$m_n=d_n/d_{n-1}$$

（二）盒形件拉深

盒形件包括方形盒拉深件和矩形盒拉深件等，拉深时的变形特点见表 13-1。沿坯料周边应力与变形均不均匀分布，不均匀程度随相对高度 h/B 及相对圆角半径 r/B（见图 13-5）的大小而变化，也与坯料的形状有关。

1. 展开坯料尺寸与形状

一次拉深成形的无凸缘方形盒拉深件（修边余量按表 13-5 取）展开坯料的尺寸（见图 13-4）：

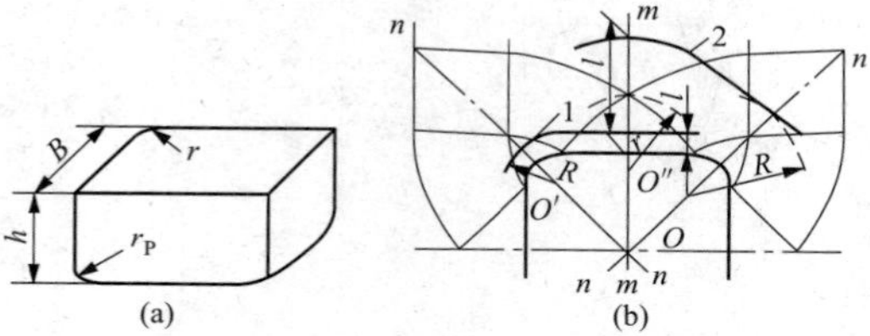

图 13-4　方形盒及展开坯料

（a）方形盒；（b）展开坯料

表 13-5　　无凸缘方形盒拉深件修边余量 δ

		工件的相对高度 $\frac{h_0}{r}$			
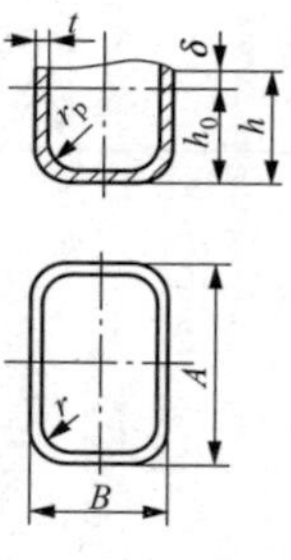	图中： h—计入修边余量的工件高度 h_0—图样要求的盒形件高度 δ—修边余量 r—盒形件侧壁间的圆角半径 $h=h_0+\delta$	2.5～6	7～17	18～44	45～100
		修边余量 δ/mm			
		$(0.03\sim0.05)h_0$	$(0.04\sim0.06)h_0$	$(0.05\sim0.08)h_0$	$(0.06\sim0.1)h_0$

圆角部分

$$R=\begin{cases}\sqrt{r^2+2rh-0.86r_P(r+0.16r_P)} & (R\leqslant 2.19r)\\ 1.32r+0.46h & (R\geqslant 2.19r)\end{cases}\tag{13-6}$$

直边部分

$$l=\begin{cases}h+0.57r_P & \left(l\leqslant \dfrac{B}{2}-r\right)\\ \sqrt{r'^2+2r'\left[h-\left(\dfrac{B}{2}-r\right)\right]}+0.21B-\sqrt{2}r & \left(l>\dfrac{B}{2}-r\right)\end{cases}$$

(13-7)

$$r'=r+\sqrt{2}e^{-\frac{\pi}{4}}\left(\frac{B}{2}-r\right)$$

2. 拉深系数与次数确定诀窍

由滑移线场理论分析，可定义方形盒（见图 13-5）拉深件的拉深系数为：

$$m_s=\frac{r'}{\sqrt{r'^2+2r'\left[h-\left(\dfrac{B}{2}-r\right)\right]}} \tag{13-8}$$

$$1-R<2.19r, l<\frac{B}{2}-r;\ 2-R>2.19r, l>\frac{B}{2}-r$$

（1）一次拉深。方形盒一次拉深的极限拉深系数 $M_{s1}=1\sim1.1m_1$（m_1 由表 13-6 查得）。一般来说，若计算 $M_s\geqslant M_{s1}$（r/B 较小时取大值，反之取小值）时，可一次拉成；反之，应多次拉深。

表 13-6　无凸缘筒形件用压边圈拉深时的极限拉深系数

拉深道次	拉深系数	坯料相对厚度 $\frac{t}{D_0}\times100$					
		2～1.5	<1.5～1.0	<1.0～0.6	<0.6～0.3	<0.3～0.15	<0.15～0.08
1	m_1	0.48～0.50	0.50～0.53	0.53～0.55	0.55～0.58	0.58～0.60	0.60～0.63

注　1. 凹模圆角半径大时（$r_d=8t\sim15t$），拉深系数取小值，凹模圆角半径小时（$r_d=4t\sim8t$），拉深系数取大值。

2. 表中拉深系数适用于 08、10S、15S 钢与软黄铜 H62、H68。当拉深塑性更大的金属时（05、08Z 及 10Z 钢、铝等），应比表中数值减小 1.5%～2%。而当拉深塑性较小的金属时（20、25、Q215A、Q235A、A2、A3、酸洗钢、硬铝、硬黄铜等），应比表中数值增大 1.5%～2%（符号 S 为深拉深钢；Z 为最深拉深钢）。

(2) 多次拉深。方形盒多次拉深，是将直径 D_0 的坯料中间各次拉深成圆筒形的半成品，在最后一道工序得到方形盒拉深件的形状尺寸［见图 13-5 (a)］。第 $n-1$ 道工序所得圆筒形半成品直径为：

$$D_{n-1}=1.41B-0.82r+2\delta \tag{13-9}$$

式中 δ——角部壁间距离，取值范围为 0.2～0.25mm。

(3) 矩形盒多次拉深时的中间半成品形状为椭圆（或圆）筒［见图 13-5 (b)］。第 $n-1$ 道工序所得椭圆筒尺寸为：

$$R_{a(n-1)}=0.705A-0.41r+\delta$$
$$R_{b(n-1)}=0.702B-0.41r+\delta$$

第 $n-2$ 道工序拉深系由椭圆变椭圆，这时应保证：

$$\frac{R_{a(n-1)}}{R_{a(n-1)}+a}=\frac{R_{b(n-1)}}{R_{b(n-1)}+b}=0.75\sim0.85$$

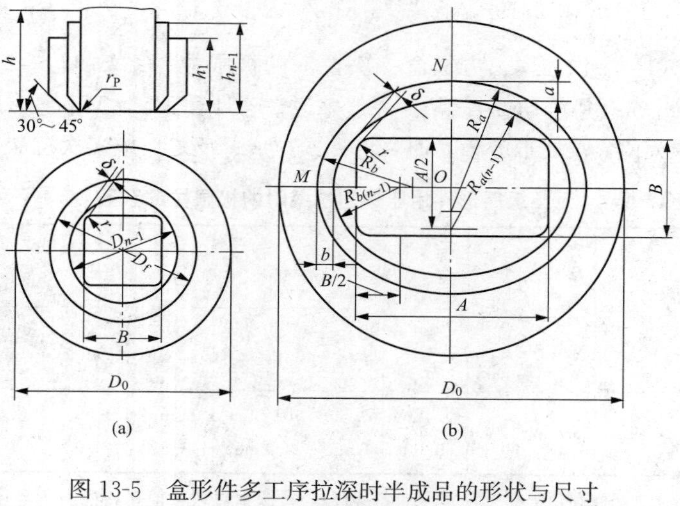

图 13-5 盒形件多工序拉深时半成品的形状与尺寸
(a) 方形盒拉深件；(b) 矩形盒拉深件

(三) 带料连续拉深

带料连续拉深系利用多工位连续模在带料进行多道拉深，最后将工件与带料分离的冲压工艺。还可以在一些工位上安排冲孔、弯曲、翻边、胀形和整形等，加工形状极为复杂的零件。它适合大批量生产的小件，但模具结构比较复杂，如图 13-6 所示。

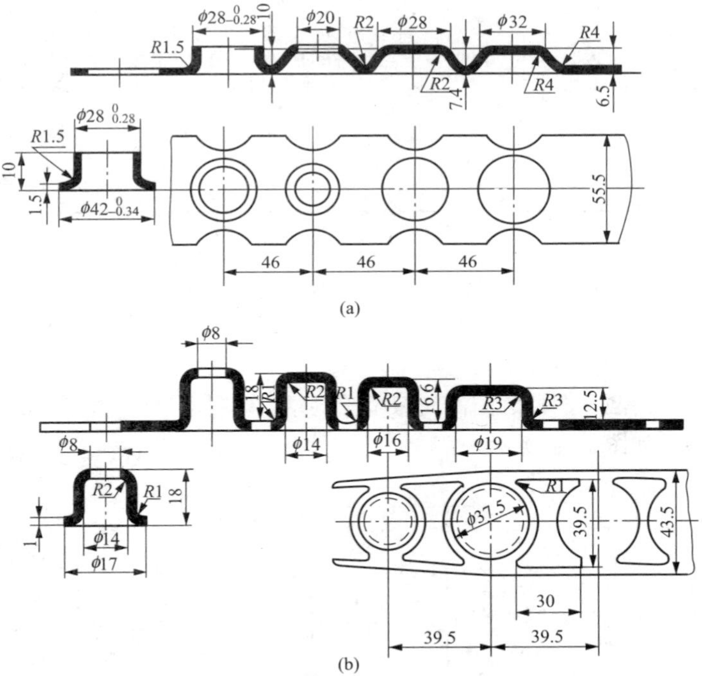

图 13-6　带料连续拉深

(a) 无工艺切口；(b) 有工艺切口

带料连续拉深时，要求材料有较好的塑性。

带料连续拉深的分类及应用范围见表 13-7。

表 13-7　　带料连续拉深的分类及应用范围

分类	图示	应用范围	特　点
无工艺切口	图 13-6(a)	$\frac{t}{D_0}\times 100>1$ $\frac{d_f}{d}=1.1\sim 1.5$ $\frac{h}{d}<1$	(1) 拉深时，相邻两个拉深件之间互相影响，使得材料在纵向流动困难，主要靠材料的伸长 (2) 拉深系数比单工序大，拉深工序数需增加 (3) 节省材料

续表

分类	图示	应用范围	特　点
有工艺切口	图 13-6(b)	$\frac{t}{D_0}\times100<1$ $\frac{d_f}{d}=1.3\sim1.8$ $\frac{h}{d}>1$	(1) 有了工艺切口，相似于有凸缘零件的拉深，但由于相邻两个拉深件间仍有部分材料相连，因此变形比单工序凸缘零件稍困难 (2) 拉深系数略大于单工序拉深 (3) 费料

（四）变薄拉深

变薄拉深用来制造壁部与底厚不等而高度很大的零件，如氧气瓶等。

变薄拉深有如下特点：

(1) 凸、凹模之间的间隙小于料厚，坯料通过间隙时受挤压而变薄，如图 13-7 所示。

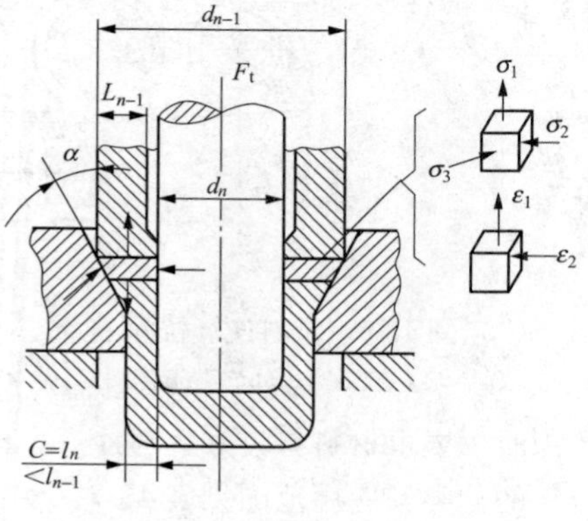

图 13-7　变薄拉深

(2) 可得到质量高的工件，壁厚偏差在±0.01mm 以内，表面粗糙度 Ra 值小于 0.2μm。

(3) 没有起皱问题，使用模具结构简单。

(4) 工件壁部残余应力较大，有时甚至在储存期间产生开裂，应采用低温回火解决。

三、钣金拉深件有关计算

1. 简单几何体表面积计算

钣金拉深件简单几何体表面积计算公式见表 13-8。

表 13-8　　　　　　　　简单几何体表面积计算公式

序号	名称	简　　图	表面积
1	圆片	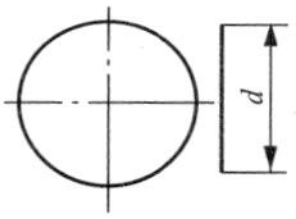	$\frac{\pi d^2}{4}$
2	环	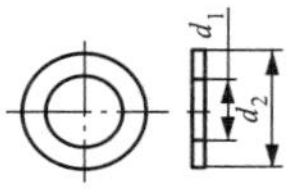	$\frac{\pi}{4}(d_2^2 - d_1^2)$
3	圆筒	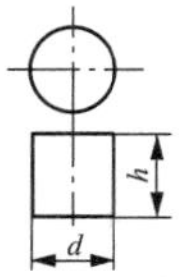	πdh
4	圆锥	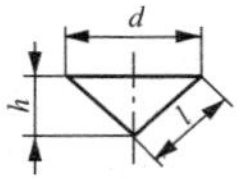	$\frac{\pi dl}{2}$
5	圆锥台	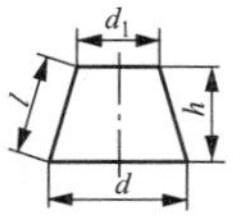	$\frac{\pi l}{2}(d + d_1)$
6	半圆球	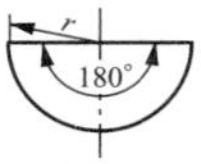	$2\pi r^2$

续表

序号	名称	简　图	表面积
7	球面片	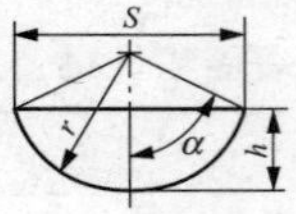	$2\pi rh$
8	球面带	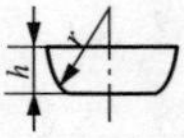	$2\pi Rh$
9	1/4 凸圆环	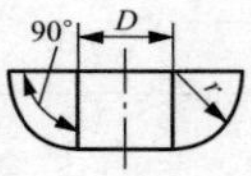	$\frac{\pi}{4}(2\pi Dr+8r^2)$
10	1/4 凹圆环	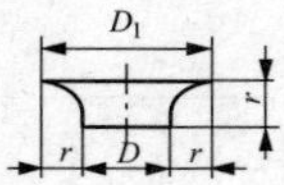	$\frac{\pi}{2}(\pi Dr+2.28r^2)$ 或$\frac{\pi}{4}(2\pi D_1 r-8r^2)$
11	部分凸圆环	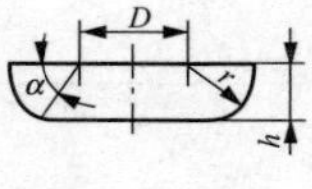	$\pi(DL+2rh)$ 其中 $L=\frac{\pi r\alpha}{180}=0.017\ 2r\alpha$
12	部分凹圆环	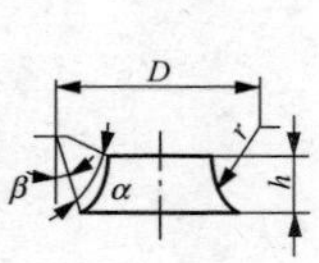	$\pi(DL-2rh)$ 其中 $L=\frac{\pi r\alpha}{180}=0.017\ 2r\alpha$

2. 规则旋转体毛坯直径计算

钣金拉深规则旋转体毛坯直径计算公式见表 13-9。

表 13-9　　规则旋转体毛坯直径计算公式

序号	工件形状	毛坯直径
1	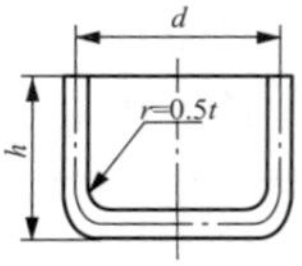	$\sqrt{d^2+4dh}$
2	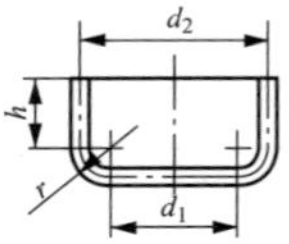	$\sqrt{d_1^2-4d_2h+2\pi d_1r+8r^2}$
3	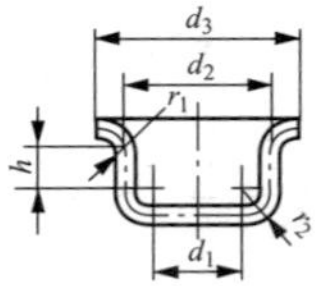	$\sqrt{d_1^2+2\pi r_2d_1+8r_2^2+4d_2h+2\pi r_1d_2+4.56r_1^2}$ 若 $r_1=r_2=r$，则 $\sqrt{d_1^2+4d_2h+2\pi r(d_1+d_2)+4\pi r^2}$
4	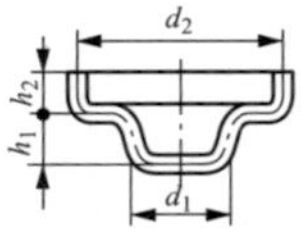	$\sqrt{d_2^2+4(d_1h_1+d_2h_2)}$
5	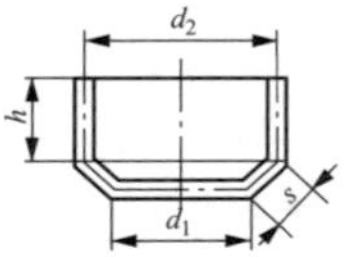	$\sqrt{d_1^2+2s(d_1+d_2+4d_2h)}$
6	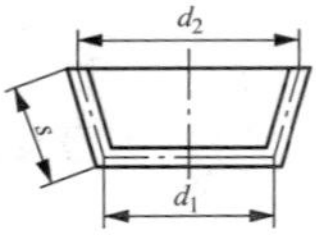	$\sqrt{d_1^2+2s(d_1+d_2)}$

续表

序号	工件形状	毛坯直径
7	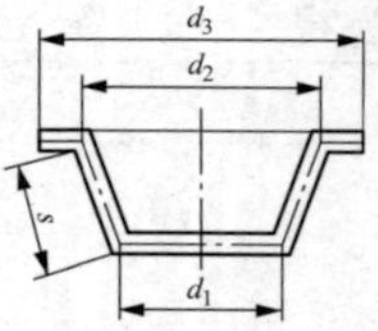	$\sqrt{d_1^2+2s(d_1+d_2)+d_3^2-d_2^2}$
8	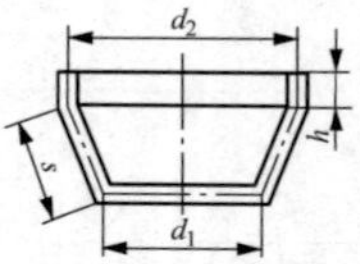	$\sqrt{d_1^2+2[s(d_1+d_2)+2d_3^2h]}$
9	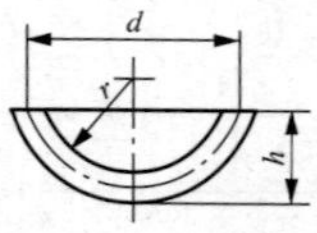	$\sqrt{d^2+4h^2}$
10	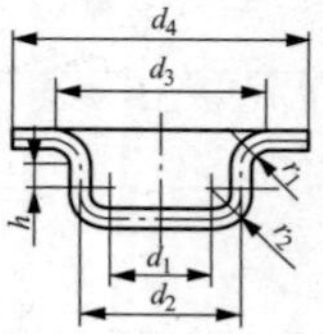	$\sqrt{d_1^2+2\pi r_2d_1+8r_2^2+4d_2h+2\pi r_1d_2+4.56r_1^2}$ 若 $r_1=r_2=r$,则 $\sqrt{d_1^2+4d_2h+2\pi r(d_1+d_2)+4\pi r^2}$
11	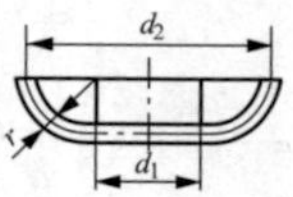	$\sqrt{d_1^2+2\pi d_1r+8r^2}$
12	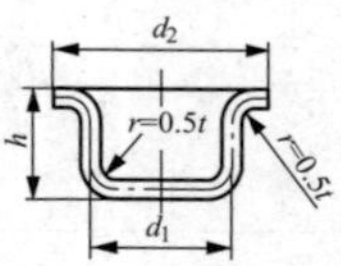	$\sqrt{d_2^2+4d_1h}$
13	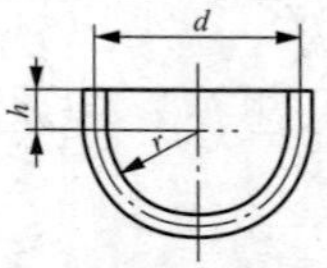	$1.414\sqrt{d^2+2dh}$

续表

序号	工件形状	毛坯直径
14	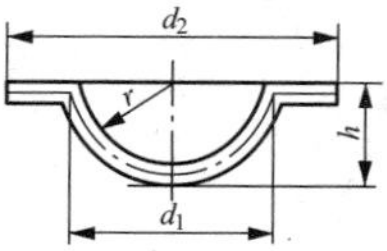	$\sqrt{d_2^2+4h}$
15	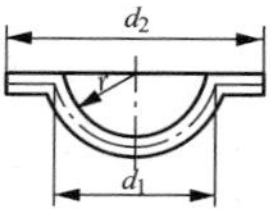	$\sqrt{d_1^2+d_2^2}$
16	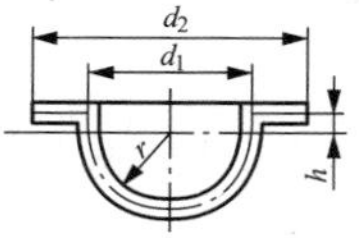	$\sqrt{d_1^2+d_2^2+4d_1h}$
17	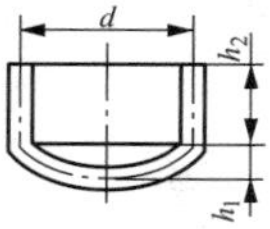	$\sqrt{d^2+4(h_1^2+dh_2)}$
18	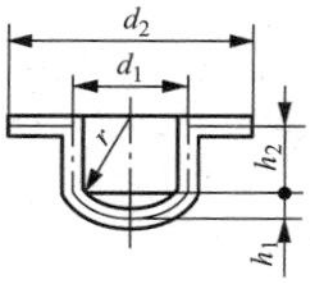	$\sqrt{d_2^2+4(h_1^2+d_1h_2)}$
19	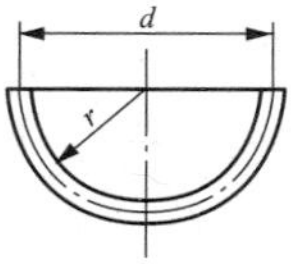	$\sqrt{2d^2}=1.414d$

第二节 钣金拉深件的润滑和清洗

一、钣金拉深中润滑的方法、作用和技巧

1. 钣金拉深中润滑的作用

在拉深过程中，坯料与模具的表面直接接触，应保持它们之间的良好润滑状态，这样可以减少摩擦对拉深过程的不利影响，防止工件的拉裂和模具的过早磨损。

2. 钣金拉深润滑方法、技巧与诀窍

钣金拉深常用的润滑剂及使用特点和方法见表 13-10～表 13-12。

表 13-10 拉深低碳钢用的润滑剂

简称号	润滑剂		附 注
	成分	质量分数/%	
5号	锭子油 鱼肝油 石 墨 油 酸 硫 黄 绿肥皂 水	43 8 15 8 5 6 15	用这种润滑剂可得到最好的效果，硫黄应以粉末状态加进去
6号	锭子油 黄 油 滑石粉 硫 黄 酒 精	40 40 11 8 1	硫黄应以粉末状态加进去
9号	锭子油 黄 油 石 墨 硫 黄 酒 精 水	20 40 20 7 1 12	将硫黄溶于温度约为 160℃的锭子油内。其缺点是保存时间太久时会分层

续表

简称号	润滑剂		附注
	成分	质量分数/%	
10号	锭子油 硫化蓖麻油 鱼肝油 白垩粉 油酸 苛性钠 水	33 1.5 1.2 45 5.6 0.7 13	润滑剂很容易去除，用于重的压制工作
2号	锭子油 黄油 鱼肝油 白垩粉 油酸 水	12 25 12 20.5 5.5 25	这种润滑剂比以上的略差
8号	绿肥皂 水	20 80	将肥皂溶在温度为60～70℃的水里。是很容易溶解的润滑剂，用于半球形及抛物线形工件的拉深中
	乳化液 白垩粉 焙烧苏打 水	37 45 1.3 16.7	可溶解的润滑剂，加入占润滑剂质量分数3%的硫化蓖麻油后，可改善其效用

表 13-11　　低碳钢变薄拉深用的润滑剂

润滑方法	成分含量	附注
接触镀铜化合物： 硫酸铜 食盐 硫酸 木工用胶 水	 4.5～5kg 5kg 7～8L 200kg 80～100L	将胶先溶解在热水中，然后再将其余成分溶进去。将镀过铜的坯料保存在热的肥皂溶液内，进行拉深时才由该溶液内将坯料取出

续表

润滑方法	成分含量	附注
先在磷酸盐内予以磷化，然后在肥皂乳浊液内予以皂化	磷化配方 马日夫盐：30～33g/L 氧化铜：0.3～0.5g/L	磷化液温度：96～98℃，保持15～20min

表 13-12　　拉深非铁金属及不锈钢用的润滑剂

金属材料	润滑方式
铝	植物油（豆油）、工业凡士林
硬　铝	植物油乳浊液
纯铜、黄铜及青铜	菜油或肥皂与油的乳浊液（将油与浓肥皂水溶液混合）
镍及其合金	肥皂与油的乳浊液
2Cr13不锈钢 1Cr18NiTi不锈钢 耐热钢	用氧化乙炔漆（GO1-4）喷涂板料表面，拉深时另涂机油

拉深时润滑剂要涂抹在凹模圆角部位和压边面的部位，以及与此部位相接触的坯料表面上。涂抹要均匀，间隔时间要固定，并经常保持润滑部位的清洁。切忌在凸模表面或与凸模接触的坯料面上涂润滑剂，以防材料沿凸模滑动并使材料变薄。

二、钣金件的清理与清洗方法和技巧

1. 钣金件与毛坯表面常用的清洗方法

钣金件与毛坯表面常用的清理和清洗方法见表 13-13。

表 13-13　　钣金件与毛坯表面常用的清理方法

清洗方法	浸渍擦刷	喷洗喷淋	机械清理	气相清洗	电解清洗	超声清洗	联合清洗
配用清洗液或介质	有机溶剂、水基清洗液、碱液、酸液	有机溶剂、各种清洗液（除多泡品种）、清水	磨具、磨料、抛光膏、砂布、清水	氮化烃类（蒸气）	碱液、酸液、水基清洗液、其他电解液	各种相应清洗液	各种清洗液

续表

清洗方法	浸渍擦刷	喷洗喷淋	机械清理	气相清洗	电解清洗	超声清洗	联合清洗
设备与工具	浸渍槽、擦刷工具	喷淋设备、喷洗装置	砂轮机、砂带机、喷丸机、抛丸机、液磨机、刷光机	气相清洗设备	电解设备	超声清洗设备	多步清洗设备
用途	除油、除锈、去小毛刺	除油、除锈、去小毛刺	除油、除锈、去各种毛刺	除油	除油、除锈、去小毛刺	除油、除锈、去微小毛刺、去粘附物	除油、除锈、去毛刺、综合效果好

2. 钣金除油清洗液

清洗液对污物有吸附、卷离、湿润、溶解、乳化、分散及化学腐蚀等多种作用。一种清洗液可能只有其中几种或一种作用。加热可促进清洗过程；机械力、液力或界面电二重作用存在，则增强清洗效果；污物的性质与数量、工件表面状况、清洗方法和清洗液浓度也影响清洗速度和清洗效果。

在清洗液中，含表面活性剂的乳化液（代号 E）、助剂（B）、溶剂（S）及水（W）是四种基本组分。按它们存在与否，可将清洗液分成四大类共十个类型（又称 BESW 分类法）计有：

(1) 单组分清洗液，有 W 型（即水，水对电解质、无机盐、有机盐有最高的溶解力和分散力）和 S 型（即对油溶性污物清洗能力很强的各种溶剂，它适用于各种金属材料），见表 13-14。

(2) 双组分清洗液，有 BW 型，即价格低廉、但使用时常要加热的碱液，见表 13-15；酸液，见表 13-16，如硫酸废液和稀硝酸等，常用于铝材，因易引起氢脆而不用于钢材；还有 EW 型、BS 型和 ES 型，见表 13-17。

表 13-14 常用有机溶剂金属清洗剂

分类	名称	分子式	密度/(g/cm^3)	沸点/℃	闪点/℃	K_g①	可燃性	爆炸性	毒性
石油类	汽油 煤油		0.69～0.74 0.78～0.88	60～120 36～108	−17 +53	30 30	易可		
苯类	苯 二甲苯	C_6H_6 $C_6H_4(CH_3)_2$	0.895 0.861	80 138～144	−11 +29	100 94	易 可	易 易	有 有
酮类	丙酮	C_3H_6O	0.79	56.1	−18	130	易	易	无
压燃氯化烃类	三氯甲烷 三氯乙烷 三氯乙烯 全氯乙烯 三氯三氟乙烷(即氟里昂 113)	CH_2Cl_2 $C_2H_3Cl_3$ C_2HCl_3 C_2Cl_4 $CClF$ $CClF_2$	1.316 1.322 1.456 1.613 1.564	39.8 74.1 86.9 121 47.6	−14 无	136 124 132 90 31	不	不	无 无 有② 无 无

注 1. K_g 值即贝壳松酯丁醇值，表示该溶剂对污物的溶解能力，其值愈大则溶解能力愈强。

2. 三氯乙烯蒸气受强光照射产生剧毒光气（$COCl_2$），距槽 6m 内严禁抽烟、点火与强光。

（3）三组分清洗液，有 BES 型、BEW 型和 ESW 型。

（4）四组分清洗液，即 BESW 型，亦称多功能清洗液，综合性能良好。

以上十个类型中，EW 和 BEW 总称水基金属清洗液，常以粉剂、膏剂或胶剂供货，使用时加入 95％水即可使用。它对水溶性、油溶性污物都能清洗，而且作用安全，对环境污染小，成本不及汽油的 1/3，技术经济效果显著，在国内外取得了广泛应用。

表 13-15　几种化学除油用碱液配方和使用　(g/L)

序	苛性钠	磷酸三钠	碳酸钠	水玻璃	其他成分	工艺渗数，温度时间	适用范围
1	50～55	25～30	25～30	10～15	—	90～95℃浸、喷 10min	钢铁重油污
2	40～60	50～70	20～30	5～10	—	80～90℃浸、喷至净	
3	60～80	20～40	20～40	5～10	—	70～90℃浸至净	
4	70～100	20～30	20～30	10～50	—	70～95℃浸、喷 2～10min	镍铬合金钢
5	—	—	2%～3%	—	重铬酸钾 0.1%～0.2%	60～90℃ 浸、喷 5～10min	黑色、有色金属轻油污
6	750	—	—	—	亚硝酸钠 225	250～300℃浸 15min	钛合金
7	5～10	50～70	20～30	10～15	—	80～90℃浸 5～8min	铜、铜合金
8	—	70～100	—	5～10	OP-1 乳化剂 1～3	70～80℃浸至净	
9	—	20～40	50～60	—	皂粉 1～2	70～80℃浸至净	黄铜、锌等
10	5～10	≈50	≈30	—	—	60～70℃浸喷 10min	铝及其合金属油污
11	—	40～60	40～50	2～5	海鸥湿润剂 3～5ml/L	70～90℃浸 5～10min	
12	—	20～25	25～30	5～10	—	60～80℃浸、喷至净	铝、镁、锌、锡及其合金

注　1. 除油后用冷水或 40～60℃热水漂洗或喷淋，除尽表面残液。

2. 电解除油碱液配方略有变化。

目前国产水基金属清洗牌号较多，其中供黑色金属常温除油的牌号有 8112、XA-1、77-1、WP81-4、812-A、SF-1（粉）、JS-A、8310（粉）、HX-1、NZ-A、PA30-1A、SHA-10A、RD-1-95、RD-3、XH-16、XH-17、XH-23、D-2 等；供有色金属常温除油用的有：JH-2、JH-B、BESW-3Ⅲ、8313（粉）、HX-2、DD-Ⅲ、XH-14、XH-16A（铝）、S201（铜）等，还有如 D-5、SF-2（粉）等对各种金属都适用。表 13-17 介绍了几种水基金属清洗液配方及使用。

表 13-16　几种典型化学除锈浸蚀液

序	槽液	配比/（g/L）	温度/℃	时间/min	适用与说明
1	盐酸 若丁	200～350 0.5～1	室温	至净	钢　铁
2	硝酸 若丁	700～1000 0.5～1	室温	至净	钢铁、磁性氧化皮
3	A. 硝酸 B. 盐酸 若丁 C. 硝酸 过氧化氢	100～150 400～450 0.3～0.8 40～60 30%	室温 45～55 室温	30～60 36～60 30～60	不锈钢除锈顺序 A—松动氧化皮 B—浸蚀去氧化皮 C—清除浸蚀残渣
4	硝酸 硫酸 盐酸	120～170 600～800 4～60	室温	3～5	黄铜
5	硫酸 硫酸高铁	100 100	40～50	1～5	薄壁铜材
6	硫酸（$d=1.84$） 水	5%～10% 余量	室温	5～10	紫铜
7	硝酸 重铬酸钾 水	5% 1% 余量	10～35	1～10	铝及其合金

续表

序	槽液	配比/（g/L）	温度/℃	时间/min	适用与说明
8	苛性钠	40～60	45～60	2	铝及其合金
9	硝酸	15～30	15～30	1～2	镁合金
10	苛性钠	350～400	室温	8～15	镁及其合金
11	醋酸铵饱和液		室温	1～15	锌及镀锌件、铅、镉
12	醋酸铵 水	5% 余量	室温	1～10	锡、镀锡件
13	A. 苛性钠 亚硝酸钠 重铬酸钾 B. 氢氟酸 硫酸铁	1000 12.5 12.5 50～60 200～230	138～143 室温	30 浸泡约60s	钛合金去氧化皮先用A液预处理（松皮）再用B液蚀除约去除0.006mm金属

3. 除锈

锈是金属表面的腐蚀物。在不同的贮运、使用环境和加工条件下，各种金属会生成不同的腐蚀物——多为氧化物、氢氧化物和金属的盐类。从外观上看，轻度腐蚀的金属表面一般特征都失去原有光泽而变暗，腐蚀程度加重时，钢铁表面呈黑色、棕色，甚至出现麻点和疤痕；铜及铜合金表面则出现黑色或绿色堆积物；铝合金、镁合金则出现白色粉末甚至锈坑；镀锌板表面出现白色粉状膜。这些腐蚀物对钣金质量影响较大。清除的方法常用机械方法和化学方法。化学方法系用酸液或碱液浸蚀，其工艺顺序为：除油→清水洗净→除锈→清水冲洗→中和残液→清水洗净→后处理（如钝化）。除锈浸蚀液见表13-16。对表面油污不太严重的坯件，可将除油除锈合并为下一步进行，称为除油除锈联合处理。满足这一要求的市售多功能金属清洗液品牌繁多，如NZ1＋1等还可进行磷化、钝化等后处理。

表 13-17　几种 EW 型和 BEW 型水基清洗液配方及使用

组分（余量为水）		主要工艺参数	适用范围
名称	含量/%		
XH-16	3～7	常温浸渍	钢铁
SL9502	0.1～0.3	常温、浸、擦、喷	
664 清洗剂	2～3	75℃，3～4min 浸漂	钢铁脱脂，不宜铜锌
105 清洗剂 NA 乳化剂 荷性钠 碳酸钠 磷酸钠 煤油	0.08 0.1 0.2 1.2 0.2 0.15	常温、浸洗 喷洗、超声 6～10min	钢铁
664 清洗剂 平平加清洗剂 油酸 三乙醇胺 亚硝酸钠	0.8 0.6 1.6 0.8 0.6	35～45℃ 浸洗 （上下窜动） 1～2min	钢铁脱脂兼有中间防锈作用
平平加清洗剂	1～3	60～80℃浸漂 5min	铝、铜及其合金镀锌钢件
105 清洗剂 TX-10 清洗剂	0.3 0.2	60～90℃喷洗 4～6min	铝及其合金
8201	2～5	常温浸漂至净	铜及其合金

第三节　钣金拉深模结构设计

一、拉深模的结构形式及设计

1. 第一次拉深工序的模具设计（见表 13-18）

表 13-18　　第一次拉深工序的模具

分类	简单拉深模	落料拉深复合模	双动压力机用拉深模
简图	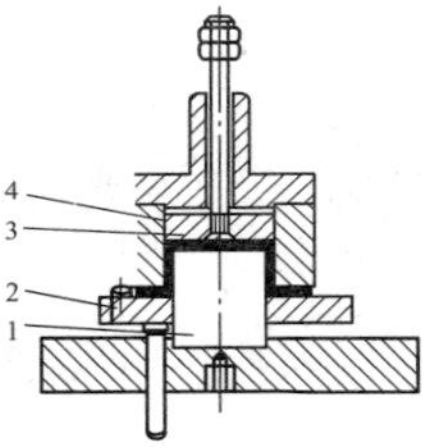 1—凸模；2—压料圈；3—推件板；4—凹模	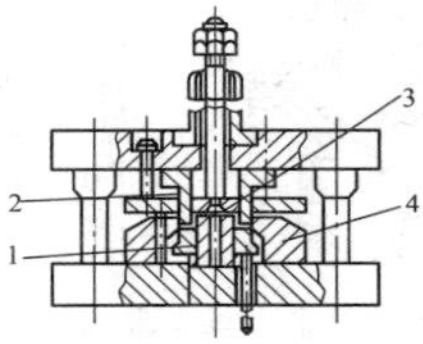 1—拉深凸模；2—凸凹模；3—推件板；4—落料凹模	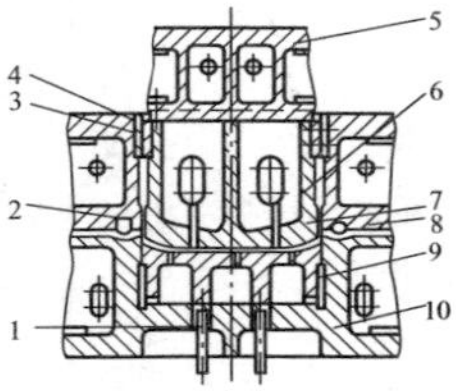 1—顶棒；2—拉深肋；3、4—导板；5—凸模固定座；6—凸模；7—出气管；8—压料圈；9—凹模；10—凹模座
特点	凸模装于下模，坯料由压料圈定位，推料板推下拉深件	首先落料出拉深坯料，再由拉深凸模和凸凹模将坯料拉深	根据拉深工艺使用双动压力机。凸模通过固定座安装在双动压力机的内滑块上，压料圈安装在双动压力机的外滑块上，凹模安装在双动压力机的下台面上，凸模与压料圈之间有导板导向

2. 后续拉深工序用的模具（见表 13-19）

3. 反拉深模设计

将工序件按前工序相反方向进行拉深，称为反拉深。反拉深把工序件内壁外翻，工序件与凹模接触面大，材料流动阻力也大，因而可不用压料圈。图 13-8 是反拉深示例。图 13-9 所示是反拉深模，凹模的外径小于工序件的内径，因此反拉深的拉深系数不能太大，太大则凹模壁厚过薄，强度不足。

表 13-19 后续拉深工序的模具

分　　类	简　　图	特　　点
在单动压力机上的拉深模	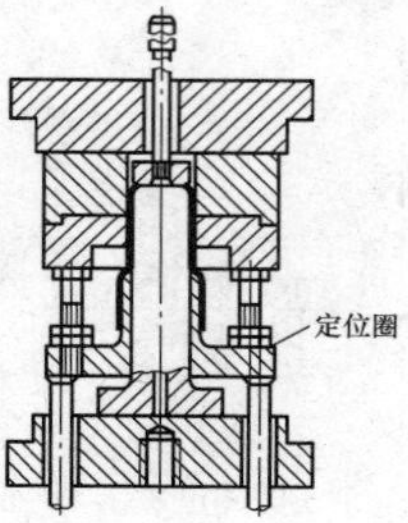	定位圈使工序件定位，而该定位圈又是压料圈
在双动压力机上的拉深模	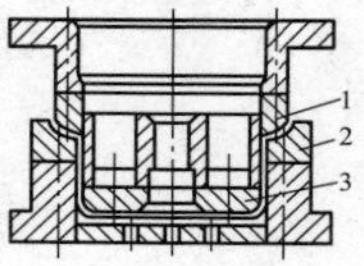 1—压料圈；2—凹模；3—凸模	压料圈将坯料压紧，凸模下降进行拉深

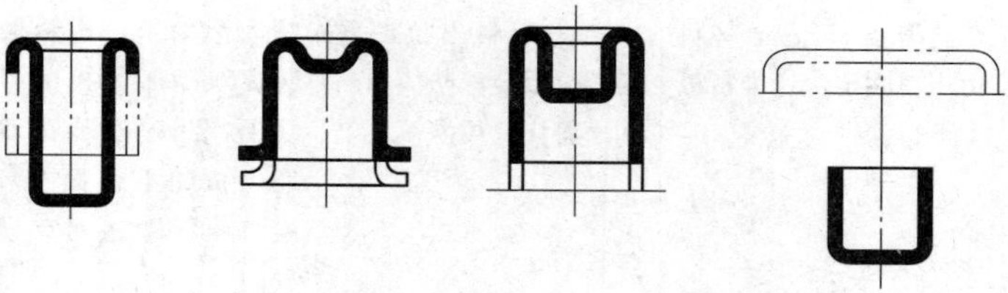

图 13-8 反拉深示例

4. 变薄拉深模设计

变薄拉深与一般拉深不同，变薄拉深时工件直径变化很小，工件底部厚度基本上没有变化。但是工件侧壁壁厚在拉深中加以变薄，工件高度相应增加。变薄拉深凹模形式见表 13-20。变薄拉深的凸模形式见表 13-21。

图 13-10 所示变薄拉深模，凸模下冲时，经过凹模（两件），对坯料进行两次变薄拉深。凸模上升时，卸料圈拼块把拉深件从凸

模上卸下。

二、拉深模间隙、圆角半径与压料肋设计

1. 拉深模间隙设计

拉深模凸、凹模间隙过小时，使拉深力增大，从而使材料内应力增大，甚至在拉深时可能产生拉深件破裂。但当间隙过大时，在壁部易产生皱纹。

拉深模在确定其凸、凹模间隙的方向时，主要应正确选定最后一次拉深的间隙方向。在中间拉深工序中，间隙的方向是任意的。而最后一次拉深的间隙方向应按下列原则确定：

表 13-20　　变薄拉深凹模形式

简　图	参　数	
	凹模的锥角/(°)	工作带高度/mm
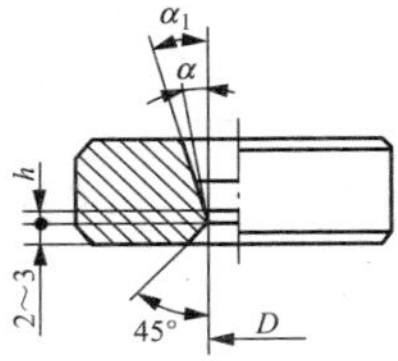	$\alpha=7°\sim10°$ $\alpha_1=2\alpha$	$D=10\sim20$ 时 $h=1$ $D=20\sim30$ 时 $h=1.5\sim2$

表 13-21　　变薄拉深的凸模形式

简　图	参　数
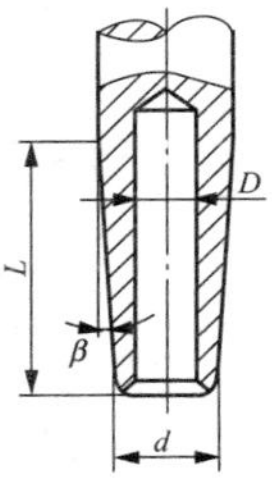	$\beta=1°$，$L>$工件长度（加上修边留量） $D=\left(\frac{1}{3}\sim\frac{1}{6}\right)d$

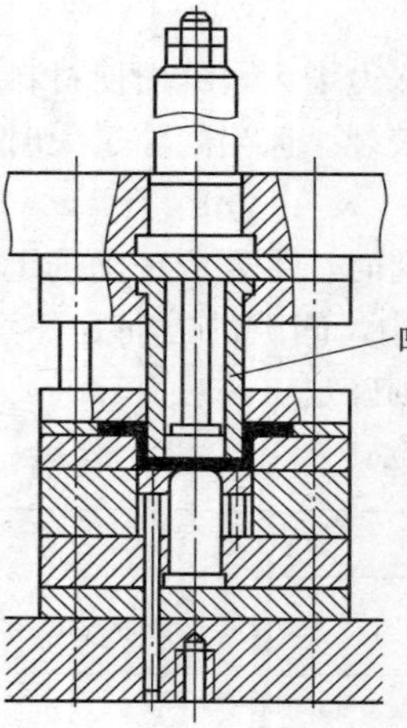

图 13-9 反拉深模

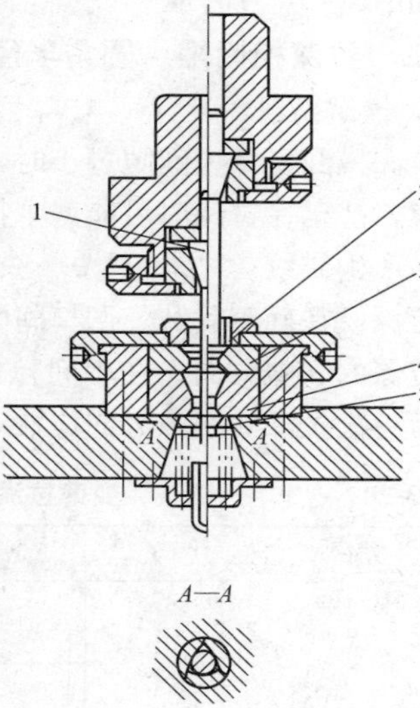

图 13-10 变薄拉深模

1—凸模；2—定位圈；3、4—凹模；5—卸料圈拼块

(1) 当拉深件要求外形尺寸正确时，间隙应由缩小凸模取得，当拉深件要求内形尺寸正确时，间隙应由扩大凹模取得。

(2) 矩形件拉深时，由于材料在拐角部分变厚较多，拐角部分的间隙应比直边部分的间隙大 0.1t（t 为拉深件材料厚度）。

(3) 拉深时，凸模与凹模每侧间隙 $c/2$ 可按下式计算：

$$c/2 = t_{max} + Kt \qquad (13\text{-}10)$$

式中 t_{max}——材料的最大厚度（mm）；

t——材料的公称厚度（mm）；

K——间隙系数，见表 13-22。

2. 圆角半径设计

凸模圆角半径增大，可减低拉深系数极限值，应该避免小的圆角半径。过小的圆角半径显然将增加拉应力，使得危险剖面处材料发生很大的变薄。在后续拉深工序中，该变薄部分将转移到侧壁上，同时承受切向压缩，因而导致形成具有小折痕的明显的环形圈。

表 13-22　　拉深模间隙系数 K

材料厚度 t/mm	一般精度		较精密拉深	精密拉深
	一次拉深	多次拉深		
<0.4	0.07～0.09	0.08～0.10	0.04～0.05	0～0.04
≥0.4～1.2	0.08～0.10	0.10～0.014	0.05～0.06	
≥1.2～3	0.10～0.12	0.14～0.16	0.07～0.09	
≥3	0.12～0.14	0.16～0.20	0.08～0.10	

注　1. 对于强度高的材料，K 取较小值。

2. 精度要求高的拉深件，建议最后一道采用拉深系数 $m=0.9\sim0.95$ 的整形拉深。

凹模圆角半径对拉深力和变形情况有明显的影响。增大凹模圆角半径，不仅降低了拉深力，而且由于危险剖面的应力数值降低，增加了在一次拉深中可能的拉深深度，亦即可以减小于拉深系数的极限值。但过大的圆角半径，将会减少毛坯在压料圈下的面积，因而当毛坯外缘离开压料圈的平面部分后，可能导致发生皱折。

多道拉深的凸模圆角半径，第一道可取与凹模半径相同的数值，以后各道可取工件直径减少值的一半。末道拉深凸模的圆角半径值，决定于工件要求，如果工件要求的圆角半径小时，需增加整形模，整小圆角。

拉深凹模的圆角半径为：

$$r_A = 0.8\sqrt{(d_0 - d)t} \tag{13-11}$$

式中　d_0——坯料直径或上一次拉深件的直径（mm）；

d——本次拉深件直径（mm）；

t——材料厚度（mm）。

3. 压料肋和压料装置设计

复杂曲面零件拉深时，为控制坯料的流动，根据拉深件的需要增加或减少压料面上各部位的进料阻力，需要在模具上设置压料肋。

拉深模的压料装置见表 13-23。

三、拉深模压边力选择

拉深时，若坯料的相对厚度较小而变形程度又较大，就会在变形区出现起皱现象，防止起皱的措施是采用有压边装置的拉深模。拉深中是否采用压边圈的条件见表 13-24。

压边力 F_2 的计算式为：

$$F_2 = K_2 A p \tag{13-12}$$

式中　A——压边面积（mm^2）；

p——单位压边力（MPa）（见表 13-25）；

K_2——系数，取 1.1～1.4（m 小时取大值）。

为避免拉裂，在保证坯料不起皱的前提下，压边力应尽量取较小的数值。

表 13-23　　拉深模的压料装置

结构简图	特　点
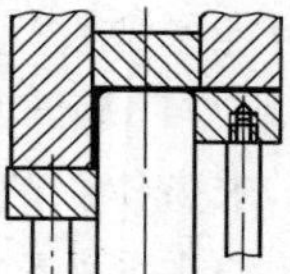	用于单动压力机的首次拉深模。由弹顶器或气垫等提供压料力，故压料力较大
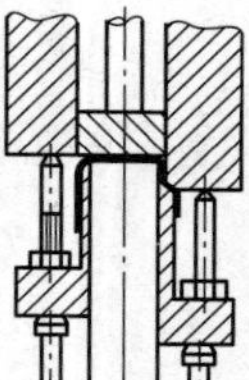	用于单动压力机的后道拉深工序的压料装置，压料接触面积较小，为限制压料力，采用限位柱

表 13-24　　采用或不采用压边圈的条件

拉深方法	第一次拉深		以后各次拉深	
	$t/D_0\times100$	m_1	$t/d_{n-1}\times100$	m_n
用压边圈	<1.5	<0.6	<1	<0.8
可用可不用	1.5～2.0	0.6	1～1.5	0.8
不用压边圈	>2.0	>0.6	>1.5	>0.8

表 13-25　　单位压边力 *p*　　（MPa）

材　　料	单位压边力 p
铝	0.8～1.2
纯铜、硬铝（退火的或刚淬好火的）	1.2～1.8
黄铜	1.5～2
压轧青铜	2～2.5
20 钢、08 钢、镀锡钢板	2.5～3
软化状态的耐热钢	2.8～3.5
高合金钢、高锰钢、不锈钢	3～4.5

第十四章

钣金模具成形

第一节 钣金起伏成形

一、钣金起伏成形特点

1. 钣金成形工序及特点

所谓钣金模具成形，是指在钣金冲压生产中，除冲裁、弯曲和拉深工序外，用各种不同性质的局部变形来改变钣金及坯料形状的各种工序，主要有缩口、外凸曲线翻边、内凹曲线翻边、翻孔、扩口、起伏、卷边、胀形、整形、校平、压印等。

(1) 伸长类成形工艺。钣金翻孔、内凹曲线翻边、起伏、胀形、液压（橡皮）成形等属于伸长类成形工艺，如图 14-1 所示，变形区材料受切向拉应力作用，产生伸长变形，厚度减薄，容易发生开裂。此类工艺的极限变形程度主要受材料塑性的限制。当材

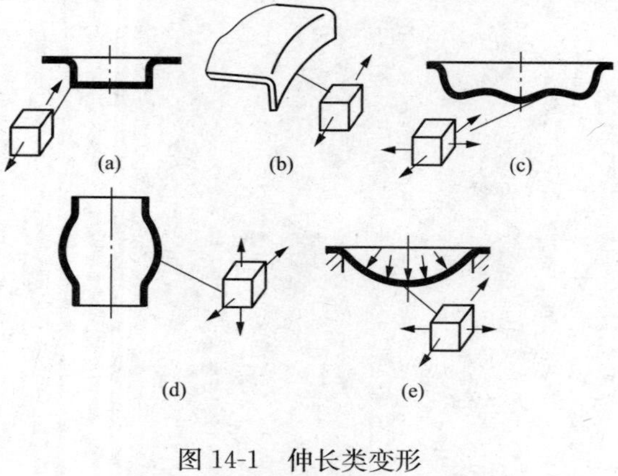

图 14-1 伸长类变形

(a) 翻孔；(b) 内凹曲线翻边；(c) 起伏；

(d) 胀形；(e) 液压（橡皮）成形

料硬化指数 n 和厚向异性系数 r 较大时，极限变形程度也较大。

（2）压缩类成形工艺。钣金缩口和外凸曲线翻边工艺属于压缩类成形工艺，如图 14-2、图 14-3 所示。变形区材料受切向压应力作用，产生压缩变形，厚度增加。此类工艺的极限变形程度不受材料塑性的影响，而受压缩失稳的限制，即有变形区的起皱和非变形区（例如缩口时的刚性支承区）的失稳两种。

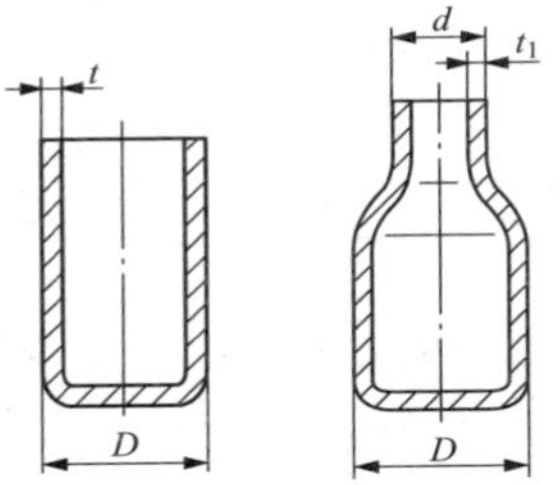

(a)　(b)

图 14-2　开口空心件缩口

（a）缩口前；（b）缩口后

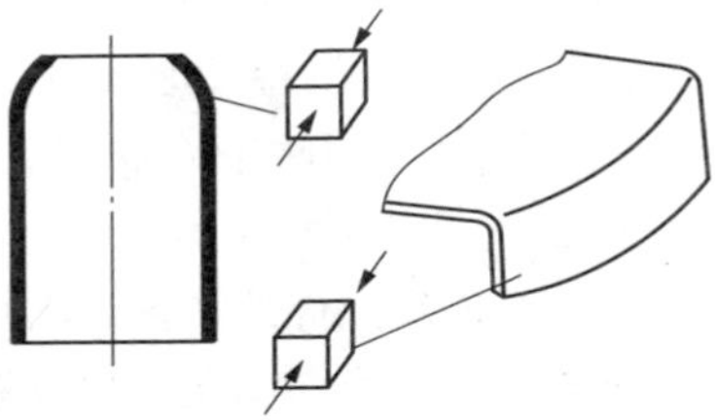

(a)　(b)

图 14-3　压缩类成形

（a）缩口；（b）外凸曲线翻边

2. 钣金起伏成形特点

钣金起伏成形是使钣金材料发生拉深，形成局部凸起或凹下，从而改变毛坯或制件形状的一种工艺方法。这种方法不仅可以增强制件的刚性，也可用作表面装饰或标记，如加强筋、花纹、文字等，如图 14-4 所示。其变形特点是靠局部变薄成形，所以开裂决定它的成形极限。一般来说，材料的伸长率 δ 越大，可能达到的极限变形程度就越大。

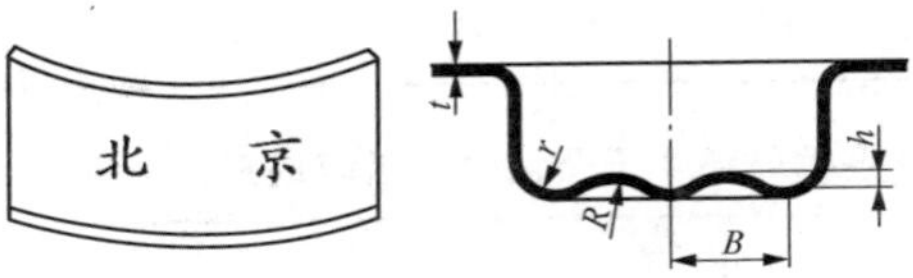

(a)　(b)

图 14-4　起伏成形

（a）压文字；（b）压加强筋

二、钣金起伏成形工艺

1. 钣金冲压所需要压力

钣金冲压加强筋所需要的压力 F（N）可近似用下式进行计算：

$$F = Lt\sigma_b K$$

式中 L——加强筋的周长（mm）；

t——材料厚度（mm）；

σ_b——材料的抗拉强度（MPa）；

K——系数，由筋的宽度及深度决定，一般取 0.7～1。

2. 钣金成形几何参数的选择

钣金一次成形允许的加强筋的几何参数见表 14-1；平板局部冲压凸包时的极限成形高度 h_{max} 可参照表 14-2 确定。

表 14-1　加强筋的形式和尺寸　(mm)

名　称	简　图	R	h	b	r_p	α
半圆形筋	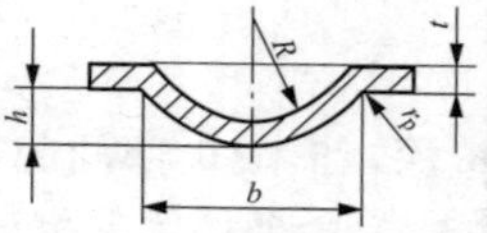	(3～4) t	(2～3) t	(7～10) t	(1～2) t	—
梯形筋	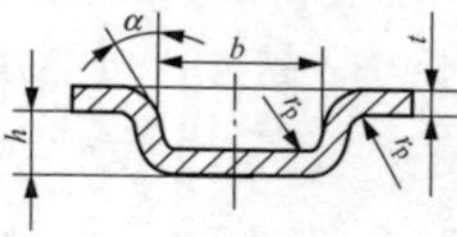	—	(1.5～2) t	≥3h	(0.5～1.5) t	15°～30°

表 14-2　平板局部冲压凸包时的极限成形高度 h_{max}　(mm)

	材料	h_{max}
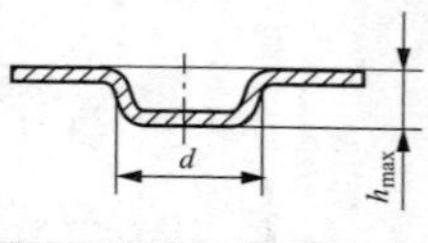	软钢	(0.15～0.2) d
	铝	(0.1～0.15) d
	黄铜	(0.15～0.22) d

钣金起伏成形的间距和边距的极限尺寸可参照表 14-3 选择确定。

表 14-3　　　　起伏成形的间距和边距的极限尺寸

简　图	D	l_1	l
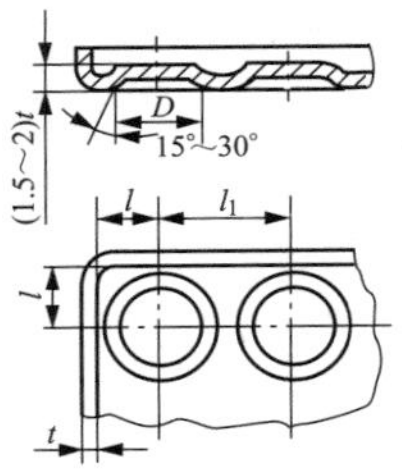	6.5	10	6
	8.5	13	7.5
	10.5	15	9
	13	18	11
	15	22	13
	18	26	16
	24	34	20
	31	44	26
	36	51	30
	43	60	35
	48	68	40
	55	78	45

第二节　钣金翻边与翻孔

翻边和翻孔在钣金冲压生产中应用较为广泛，尤其是在汽车、拖拉机等领域应用极为普遍。所谓翻边和翻孔是利用模具把板材上的孔缘或外缘翻成竖边的冲压加工方法，主要用于制出与其他零件的装配部位，或是为了提高零件的刚度而加工出特定的形状，如图 14-5 所示。

（1）翻边是使钣金材料沿不封闭的外凸或内凹曲线，弯曲而竖起直边的方法，如图 14-5（a）所示；翻边分为外凸曲线翻边（见图 14-6）和内凹曲线翻边［见图 14-7（b）］。外凸曲线翻边的变形性质和应力状态类似于浅拉深，变形程度用 $K_{fb}=r/R_0$ 表示；内凹曲线翻边变形程度用翻边系数 $K'_{fb}=\dfrac{r_0}{r_0+b}$ 来表示，当曲线的中心角 $\alpha\leqslant180°$ 时，$K'_{fb}=\dfrac{K_{fk}\alpha}{180°}$（翻孔系数 K_{fk} 按表 14-4 选取），当 $\alpha>180°$ 时，$K'_{fb}=K_{fk}$。

表 14-4　　翻孔系数 K_{fk}

材料	K_{fk}	K_{min}
白铁皮	0.70	0.65
碳钢	0.74～0.87	0.65～0.71
合金结构钢	0.80～0.87	0.70～0.77
镍铬合金钢	0.65～0.69	0.57～0.61
软铝	0.71～0.83	0.63～0.74
钝铜	0.72	0.63～0.69
黄铜	0.68	0.62

注　1. 竖边允许有不大的裂纹时可用 K_{min}。
2. 钻孔、冲孔毛刺朝凸模一侧时 K_{fk} 取较小值。
3. 采用球形凸模及 t/d_0 较大时 K_{fk} 取较小值。

(2) 翻孔是在钣金毛坯上预先加工孔（或不预先加工孔），使孔的周围材料弯曲而竖起凸缘的冲压方法，如图 14-5（b）、图 14-7（a）所示。

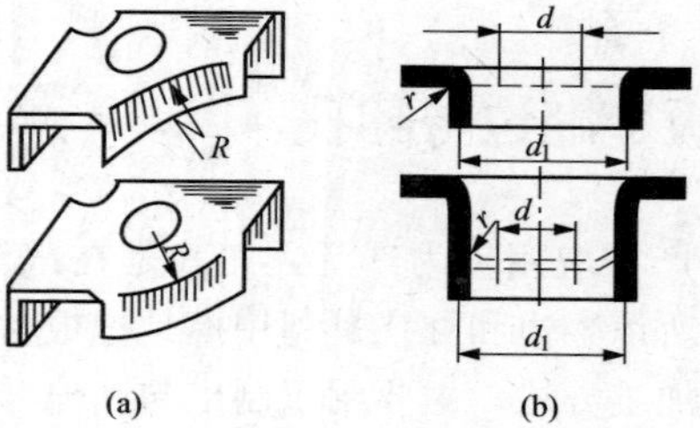

图 14-5　翻边与翻孔
（a）翻边；（b）翻孔

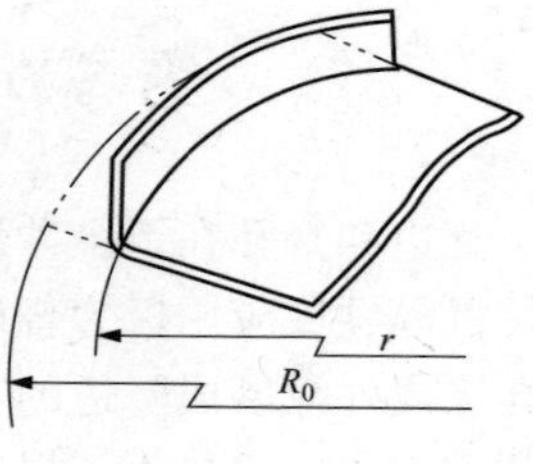

图 14-6　外凸曲线翻边

一、钣金翻边工艺与翻边模

1. 钣金翻边

(1) 外凸曲线翻边。外凸曲线翻边是指沿着具有外凸形状的不封闭外缘翻边，如图 14-8 所示。

外凸曲线翻边的变形程度 $\varepsilon_{凸}$ 可用下式表示；外凸曲线翻边的极限变形程度见表 14-5。

$$\varepsilon_{凸} = b/R + b$$

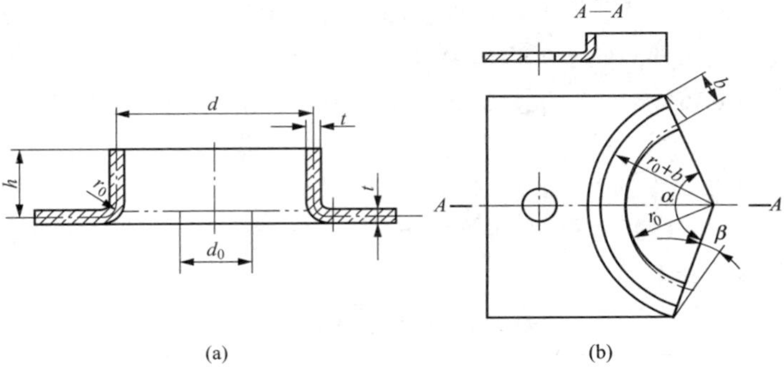

图 14-7　翻孔及内凹曲线翻边

（a）翻孔；（b）内凹曲线翻边

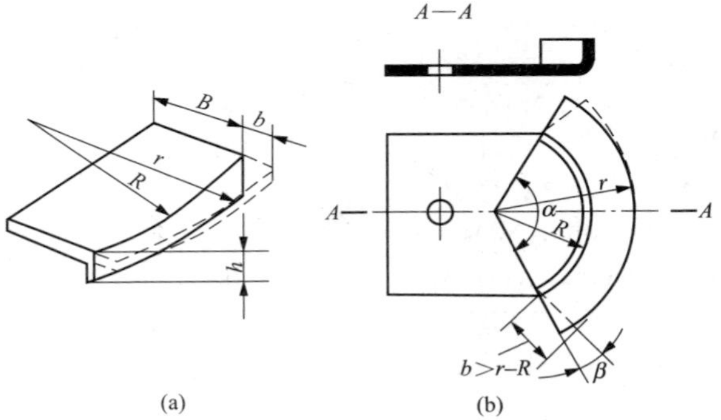

图 14-8　外凸曲线翻边及坯料修正

（a）外凸曲线翻边；（b）外凸曲线翻边坯料修正

式中　b——翻边的宽度（mm）；

R——翻边的外凸圆半径（mm）。

外凸曲线翻边的毛坯形状可参照浅拉深方法的计算。但是，外凸曲线翻边是沿不封闭曲线边缘进行的局部非对称的变形，变形区各处的切向压应力和径向拉应力的分布是不均匀的，因而变形也是不均匀的。如果采用翻边外缘宽度 b 一致的毛坯形状，则翻边后零件的高度为两端低中间高的形状，而且竖边的两端边缘线与不变形平面不垂直（向外倾斜）。为了得到平齐的高度和平面垂直的端线，需对毛坯形状修正。修正方向与内凹曲线翻边相反，如图 14-8（b）虚线所示。外凸曲线翻边的模具设计要考虑防止起皱问题。当零件翻边高度较大时，应设置防皱的压紧装置压紧坯料的变形区。

（2）内凹曲线翻边。内凹曲线翻边是指沿着有凹形状的曲线翻边，如图 14-9 所示。

内凹曲线翻边程度 $\varepsilon_{凹}$ 可用下式表示；内凹曲线翻边的极限变形程度见表 14-5。

表 14-5　　翻边允许的极限变形程度

材料名称及牌号		$\varepsilon_{凸}$/%		$\varepsilon_{凹}$/%	
		橡皮成形	硬模成形	橡皮成形	硬模成形
铝合金	1035（软）（L4M）	25	30	6	40
	1035（硬）（L4Y1）	5	8	3	12
	3A21（软）（LF21M）	23	30	6	40
	3A21（硬）（LFY1）	20	8	3	12
	5A02（软）（LF2M）	5	25	6	35
	5 A03（硬）（LF3Y1）	14	8	3	12
	5 A12（软）（LY12M）	6	20	6	30
	5 A12（硬）（LY12Y）	14	8	0.5	9
	2 A11（软）（LY11M）	5	20	4	30
	2 A11（硬）（LY11Y）		6	0	0
黄铜	H62（软）	30	40	8	45
	H62（半硬）	10	14	4	16
	H68（软）	35	45	8	55
	H68（半硬）	10	14	4	16
钢	10	—	38	—	10
	120	—	22	—	10
	1Cr18Ni9（软）	—	15	—	10
	1Cr18Ni9（硬）	—	40	—	10
	2 Cr18Ni9	—	40	—	10

$$\varepsilon_{凹} = b/R - b$$

式中　b——翻边的宽度（mm）；

R——翻边的内凹圆半径（mm）。

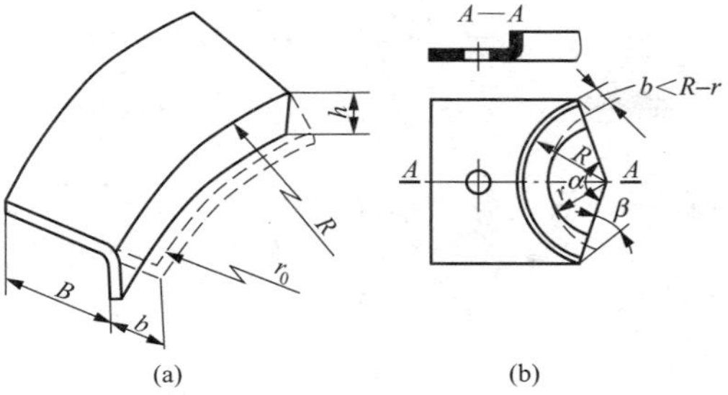

图 14-9　内凹曲线翻边及坯料修正

（a）内凹曲线翻边；（b）内凹曲线翻边坯料修正

因为内凹曲线翻边变形区各处的切向拉深变形不均匀，两端部的变形程度小于中间部分［见图 14-9（b）］，因此采用翻边宽度 b 一致的毛坯形状在翻边后的零件竖边会呈两端高中间凹的形状，而且竖边的两端边缘线与不变形的平面向内倾斜。为了得到平直一致的竖边，需要对毛坯轮廓进行修正。修正的方法是：使竖边毛坯宽度 b 逐渐变小；使坯料端线按修正角 β 下料，如图 14-9 虚线所示。β 取 25°～40°，r/R 值和 α 角越小，修正量就越大。如果 r/R 值较大且 α 角也很大，坯料形状可按照翻孔确定。

内凹曲线翻边模具设计时要注意设置定位压紧装置，压紧平面不变形区部分。还可以采用两件对称的冲压的方法，使水平方向冲压力平衡，以减少坯料的窜动趋势。

2. 钣金翻边模

（1）外凸、内凹曲线翻边模，既可以用刚性冲模实现，也可以用软模或其他方法实现。图 14-10 所示为用橡皮模翻边的方法。

（2）图 14-11 所示为圆筒形工件的翻边模，坯件套在定位芯上，当压力机滑块下降时，凸模 5 压下坯料，顶板 7 下降，进入凹模 8，对坯料进行翻边。压力机滑块上升时，压力机在弹顶器的作用下，顶板 7 升至原来的位置。推杆 2、推件板 4 把工件从凸模上顶下。

（3）图 14-12 所示是对矩形孔翻边问题的解决方法。对矩形孔

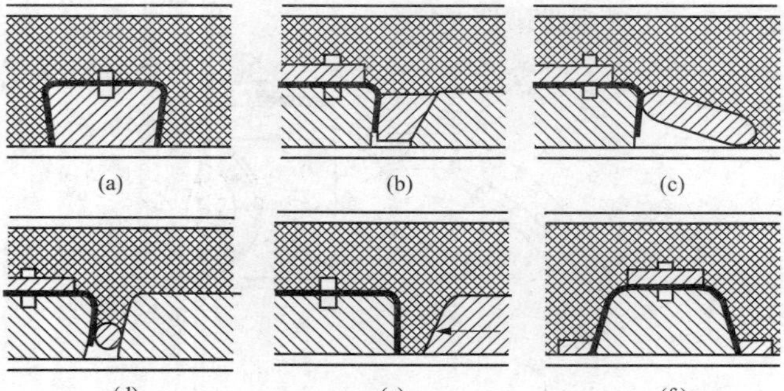

图 14-10　橡皮模翻边方法

(a)用橡皮；(b)用楔块；(c)用铰链压板；(d)用棒；(e)用活动楔块；(f)用圈

用冲孔翻边方法会在 X 角部发生撕裂现象，克服的方法是先压窝，再将底部冲掉。如果仍有撕裂现象，可先将图示虚线部分冲掉后再翻边。如果仍无收效，就应该考虑增加拐角与圆角半径。

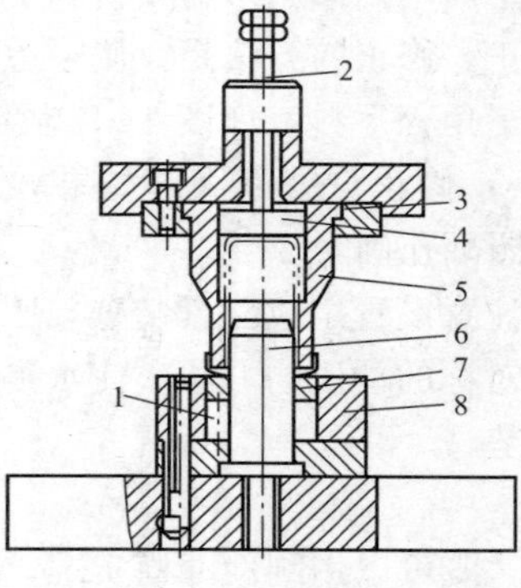

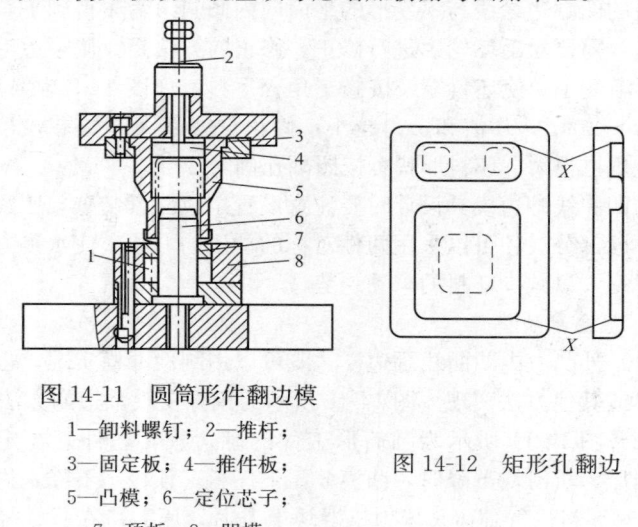

图 14-11　圆筒形件翻边模

1—卸料螺钉；2—推杆；
3—固定板；4—推件板；
5—凸模；6—定位芯子；
7—顶板；8—凹模

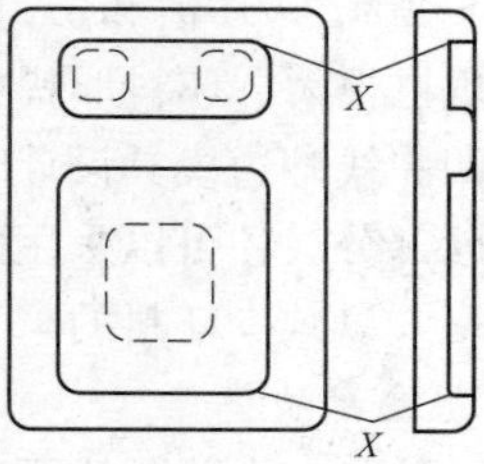

图 14-12　矩形孔翻边

(4) 图 14-13 所示为面板翻边模，凸模、凹模、凸凹模对工序件进行内外翻边，生产效率较高。

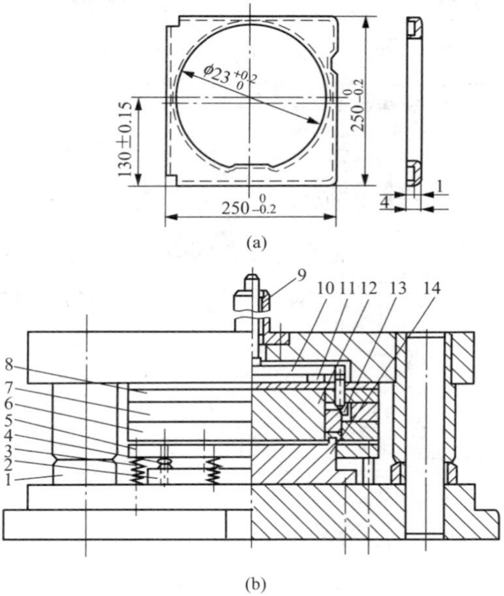

图 14-13 面板翻边模

（a）制件；（b）模具

1—限位套；2—凸凹模；3—弹簧；4—活动挡料装置；5—卸料板；
6—凹模；7—空心垫板；8—凸模固定板；9—推杆；10、13—推件板；
11—垫块；12—凸模；14—凸凹模

（5）图 14-14 所示为内外缘翻边复合模。这是典型的翻边复合模，其加工工件如图 14-14（b）所示。工件内、外缘均需要翻边。毛坯套在内缘翻边凹模 7 上，并由它定位，而它装在压料板 5 上。为了保证它的位置准确，压料板需与外缘翻边凹模 3 按照 H7/h6（间隙配合）装配。压料板既起压料作用又起整形作用。所以压至下止点时应与下模座刚性接触，最后还起顶件作用。内缘翻边后，在弹簧作用力下，顶件块 6 将工件从内缘翻边凹模 7 中顶起。推件板 8 由于弹簧的作用，冲压时始终与毛坯保持接触。到下止点时，与凸模固定板 2 刚性接触，因此推件板 8 也起整形作用，冲出的工件比较平整。上模出件时，为了防止弹簧力的不足，最终采用刚性推件装置将工件推出。

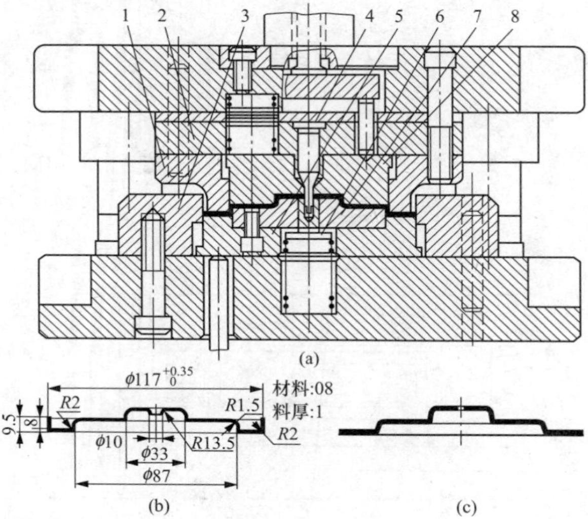

图 14-14 内外缘翻边复合模

(a) 模具结构；(b) 工件图；(c) 毛坯图

1—外缘翻边凸模；2—凸模固定板；3—外缘翻边凹膜；4—内缘翻边凸模；5—压料板；6—顶件块；7—内缘翻边凹模；8—推件板

二、钣金翻孔工艺与翻孔模

1. 钣金翻孔

(1) 变形分析。翻孔的主要变形是变形区内材料受切向和径向拉伸，越接近预冲孔边缘变形就越大。因此，翻孔失败的原因往往是边缘拉裂，但拉裂与否主要取决于拉伸变形程度的大小。翻孔的变形程度，一般用坯料预冲孔直径 d_0 与翻孔后的平均直径 D 的比值 K_0 表示，称为翻孔系数。显然，翻孔系数越大变形程度就越大。翻孔系数 K_0 与竖边边缘厚度变薄量的关系是非常密切的。也就是说翻孔系数越小，坯料边缘变形就越严重。当翻孔系数减小到使孔的边缘濒于拉裂时，这种极限状态下的翻孔系数就称为极限翻孔系数。

影响翻孔系数的因素及提高变形程度的主要措施有：

1）孔边的加工性质及状态。翻孔前孔边表面质量高（无撕裂、无毛刺）并无加工硬化层时有利于翻孔，极限翻孔系数可小些。对于冷轧低碳钢板、冲裁边缘的伸长变形能力比切削边缘减少30%～80%，因此，为了提高冲裁边缘的翻孔变形能力，可考虑以切削孔、钻孔代替冲孔，也可对坯料退火以消除硬化；以铲刺或刮削的方法去除毛刺也可以提高材料的变形能力；采用锋利刃口和大于料厚的间隙，可使剪切面近似拉伸断裂，因此，加工硬化与损伤都较少，有利于翻孔；采用图 14-15 所示的压印法，从毛刺一侧压缩挤光剪切带，可提高材料伸长率 1 倍左右，是改善孔边缘状态的有效方法；采用图 14-16 所示的翻孔方向与冲孔方向相反的方法，也可提高材料的翻孔变形能力。由坯料的一侧预先稍加翻边，然后由相反的一侧用圆锥凸模再翻边，可以提高翻边极限，在允许边缘折痕的情况下，可得到与切削边缘相同的翻孔系数。

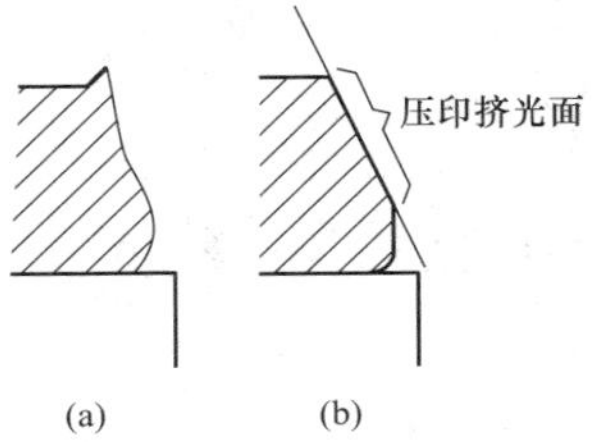

图 14-15　压印法
（a）压印前；（b）压印后

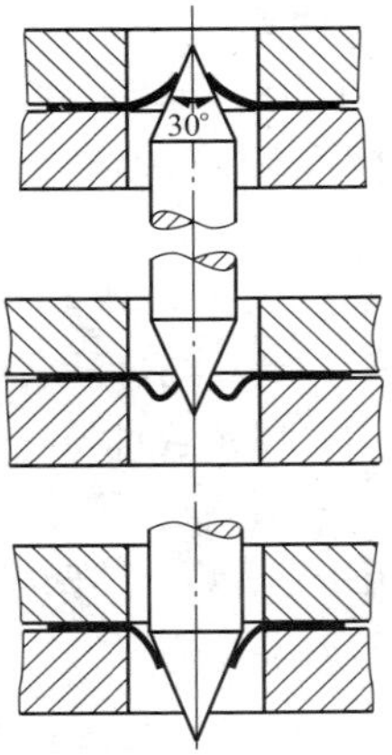

图 14-16　反向再翻边

2）材料的种类和力学性能。材料的塑性越好，翻孔系数 K_0 就可以小一些。

3）材料的相对厚度（t/d）。翻孔前材料的厚度 t 和孔径 d 的比值 t/d 越大，即材料相对厚度较大时，在断裂前材料的绝对伸长量可以大些。因此，较厚材料的极限翻孔系数 K_0 可以小些，如图 14-17 所示。

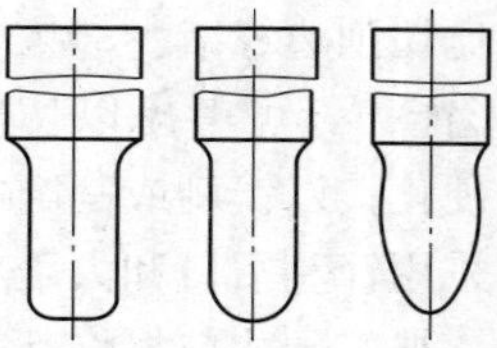

图 14-17 翻孔凸模的头部形状

(2) 工艺计算。

1) 平板毛坯翻孔的工艺计算。翻孔的毛坯计算是利用板料中性层长度不变的原则近似地进行预冲孔直径大小和翻边高度计算的；平板毛坯翻孔预冲孔直径 d_0 可以近似地按照弯曲展开计算。

2) 在拉深件底部翻孔的工艺计算。在拉深件底部的翻孔是一种常见的冲压方法。当翻孔高度较高，一次翻孔难以达到要求时，可将平板毛坯先进行拉深，再在拉深件底部冲孔后再翻孔。其工艺计算过程是：先计算允许翻孔高度 h，然后按照零件的要求高度 H 及 h 确定拉深高度 h_1 及预冲直径 d_0。

3) 翻孔力的计算。翻孔力一般不是很大，其大小与凸模形式及凸、凹模间隙有关，当使用平底凸模时，翻孔力可以按下式计算：

$$F = 1.1\pi(D - d_0)t\sigma_s$$

式中 d_0——翻孔前冲孔直径（mm）；

D——翻孔后直径（mm）；

σ_s——材料屈服强度（MPa）。

4) 凸凹模间隙。凸凹模单边间隙可取（0.75～0.85）t，也可按照表 14-6 选取。

表 14-6 翻孔凸、凹模单边间隙 (mm)

材料厚度	0.3	0.5	0.7	0.8	1.0	1.2	1.5	2.0
平毛坯翻边	0.25	0.45	0.6	0.7	0.85	1.0	1.3	1.7
拉深后翻边	—	—	—	0.6	0.75	0.9	1.1	1.5

2. 钣金翻孔模

翻孔模具的结构与拉深模十分相似，不同之处就是翻孔模的凸模圆角半径一般比较大，甚至有的翻孔凸模的工作部分做成球形或抛物线形，以利于翻孔工作的进行。翻孔凹模的圆角半径对材料变形影响不大，一般可取工件的圆角半径。

图 14-18 和图 14-19 分别给出了冲孔、翻边连续模和落料、翻孔、冲孔复合模的示意图。

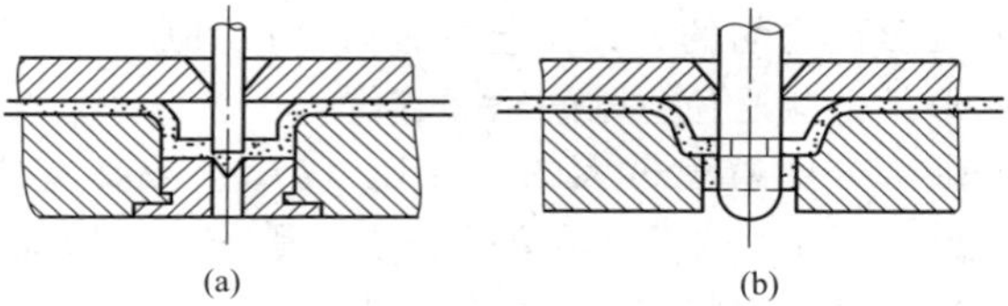

图 14-18　冲孔、翻孔连续模示意图

（a）冲孔；（b）翻孔

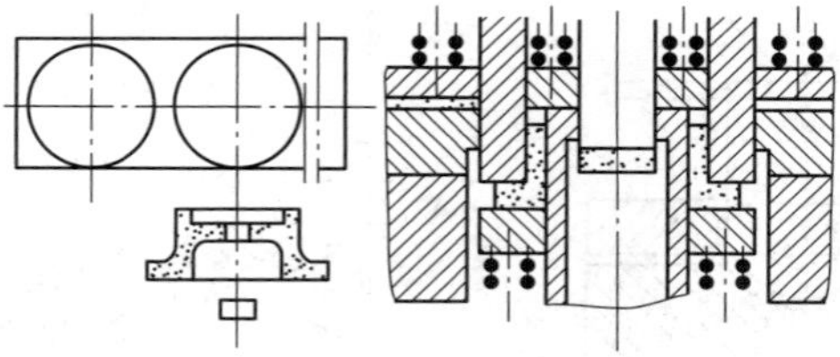

图 14-19　落料、翻孔、冲孔复合模

第三节　钣 金 胀 形

钣金胀形是利用模具对板料或管状毛坯的局部施加压力，使变形区内的材料厚度减薄和表面积增大，以获取制件几何形状的一种变形工艺。其变形情况如图 14-20 所示。在凸模力 F 的作用下，变形区内的金属处于两向（径向 σ_1 和切向 σ_2）拉应力状态（忽略料厚度方向的应力 σ_3）。其应变状态为两向（径向 ε_1 和切向 ε_2）受拉，一向受压（厚度方向 ε_3）的三向应变状态。其成形极限将受到拉裂的限制。材料的塑性越好，硬化指数值越大，则极限变形程度就越大。在大型覆盖件的冲压成形过程中，为使毛坯能够很好地贴模，提高成形件的精度和刚度，必须使零件获得一定的胀形量。因此，胀形是冲压变形的一种基本的方法。

一、钣金胀形工艺及特点

1. 钣金胀形件的特点

在制定冲压工艺和设计模具时，需要考虑胀形件的以下特点：

（1）胀形件的形状应尽可能地简单、对称。轴对称胀形件在圆周方向上的变形是均匀的。其工艺性最好，模具加工也比较容易；非轴对称胀形件也应避免急剧的轮廓变化。

（2）胀形部分要避免过大的高径比（h/d）或高宽比（h/b），如图 14-21 所示。过大的 h/d 和 h/b 将引起破裂，一般需要增加预成形工序，通过预先聚料来防止破裂的发生。

（3）胀形区过渡部分的圆角不能太小，否则该处材料厚度容易严重减薄而引起破裂，如图 14-22 所示。

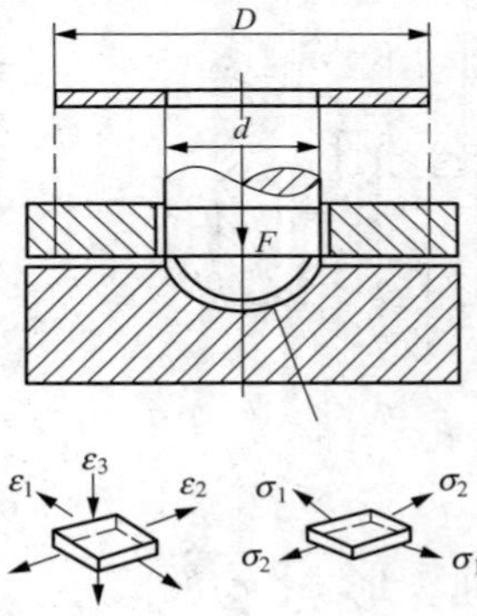

图 14-20 胀形变形方式

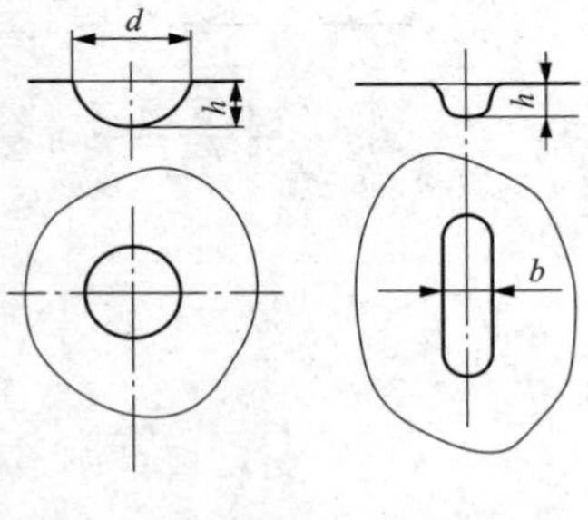

图 14-21 局部胀形的高径比和宽径比

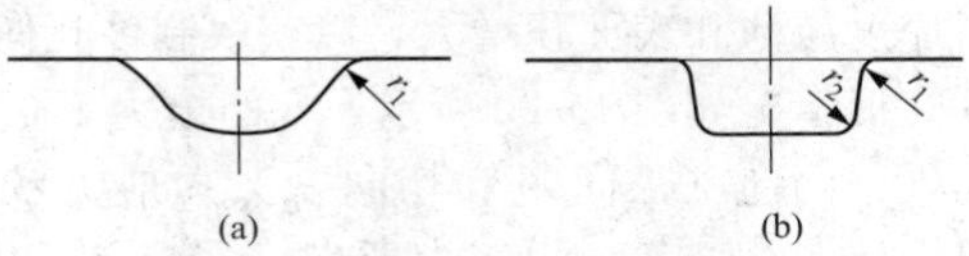

图 14-22 局部胀形区的过渡圆角

（a）$r_1 \geqslant (1 \sim 2)\ t$；（b）$r_2 \geqslant (1 \sim 1.5)\ t$（$t$ 为材料的厚度）

（4）对胀形件壁厚均匀性不能要求太高。因为胀形时材料必然变薄，在极限变形的情况下，对于平板局部胀形，中心部分变薄可

达到 $0.5t_0$ 以上，对于空心管件胀形，最大变薄可达到 $0.3t_0$ 以上（t_0 为平板毛坯或空心毛坯胀形前的厚度）。

2. 钣金胀形工艺方法

（1）平板毛坯的局部胀形。平板毛坯的局部胀形是板料在模具作用下，通过局部胀形而产生凸起或凹下的冲压加工方法。这种成形工艺的主要目的是用来增强零件的刚度和强度，也可用作表面装饰或标记。常见的有压加强筋、压凸包、压字和压花等，如图 14-23 所示。

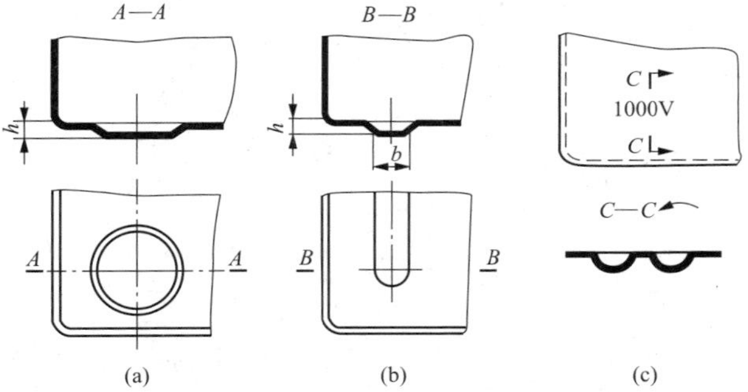

图 14-23　平板毛坯局部胀形的几种形式

（a）压凸包；（b）压加强筋；（c）压字

（2）圆柱形空心毛坯胀形。圆柱形空心毛坯胀形是通过模具的作用，将空心毛坯材料向外扩张成曲面空心零件的成形方法，如图 14-24 所示，胀形时，变形区钣金材料厚度变薄。用这种方法可以制造成许多形状复杂的零件，如波纹管、带轮等。

常用圆柱形空心毛坯胀形一般要用可分式凹模，常用胀形方法见表 14-7。

常用分式凹模胀形模如图 14-25 所示。凸模材料为聚氨酯橡胶，有一定的弹性、强度和寿命，适宜制造各种成形模零件。由于工件的形状要求，凹模 2、3 分成上下两部分，以便取出，凸模 1 则制成相似工件的形状，略小于工序件的内径。

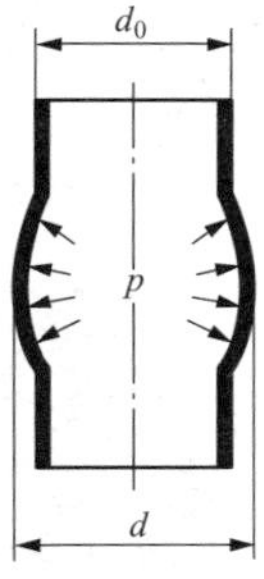

图 14-24　空心胀形

表 14-7　　钣金空心胀形方法

序号	1	2	3	4	5	6
简图	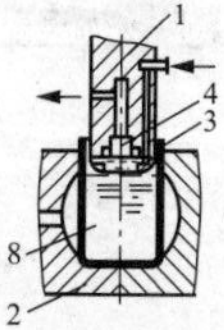	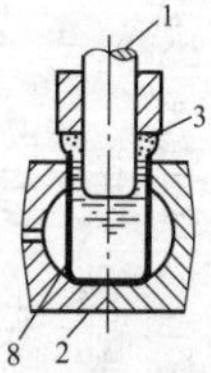	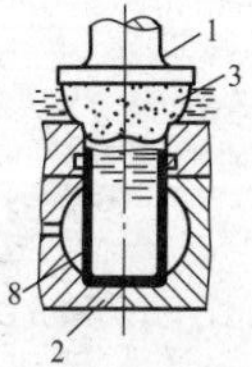	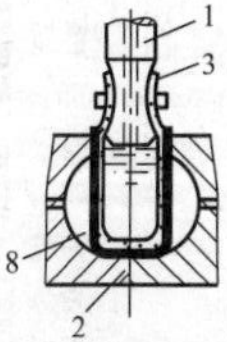	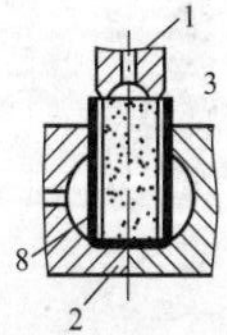	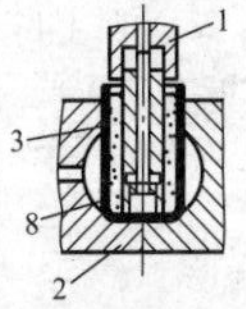
特点	工件与液体直接接触			采用液压橡胶膜	直接采用橡胶	

序号	7	8	9	10	11
简图	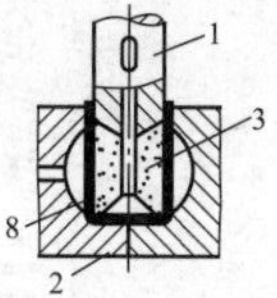		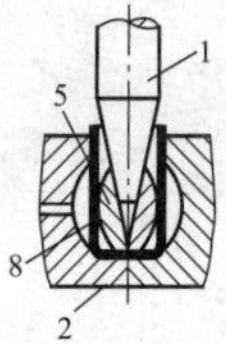	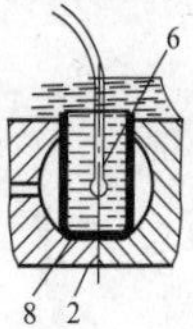	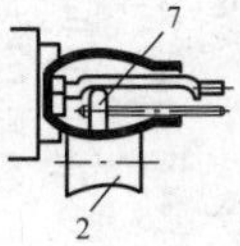
特点	直接采用橡胶	采用钢球	采用刚性分瓣模	采用炸药	采用旋压

注　表中 1—凸模；2—凹模（或型胎）；3—橡胶；4—阀；5—胀形模；6—炸药；7—滚轮；8—工件。

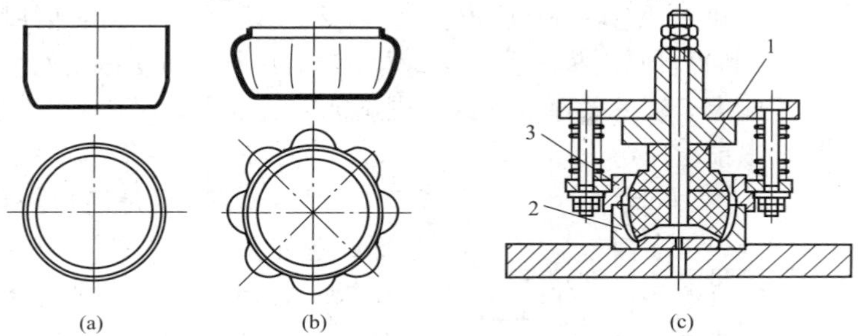

图 14-25　分式凹模胀形模
(a) 工序件；(b) 成品；(c) 模具
1—凸模；2、3—凹模

二、钣金常用胀形方法与模具

钣金常用的胀形方法主要有刚模胀形、固体软模胀形等方法。

(1) 刚模胀形。图 14-26 所示为刚模胀形。为了获得零件所要求的形状，可采用分瓣式凸模结构，生产中常采用 8～12 个模瓣。当胀形变形程度小，精度要求低时，采用较少的模瓣，反之采用较多的模瓣，一般情况模瓣数目不少于 6 瓣。模瓣圆角一般为（1.5～2）t（t 为毛坯厚度）。半锥角 α 一般选用 8°、10°、12°或 15°，较小的半锥角有利于提高力比，但却增大了工作行程，半锥角的选取应该由压力机的行程决定。

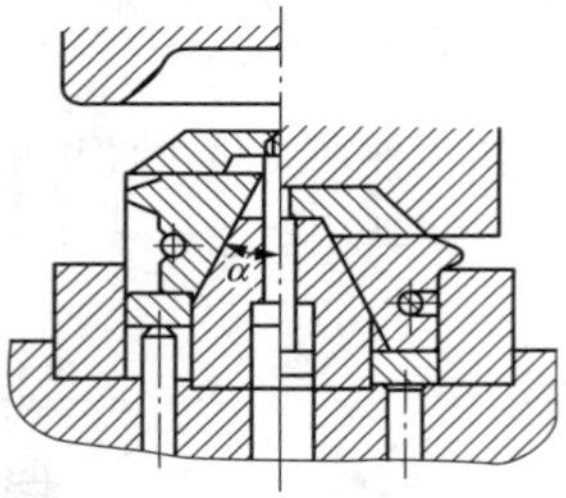

图 14-26　刚体分瓣凸模胀形

刚模胀形时，模瓣和毛坯之间有着较大的摩擦力，材料的切向应力和应变的分布很不均匀。成形之后，零件的表面上有时会有明显的直线段和棱角，很难得到高精度的零件，而且模具结构也复杂。

图 14-27 是轴向加压胀形模。此模具用于杯形工件的腰部胀形。毛坯放在下模 2 内，置于顶板 4 上，压力机滑块下降时，由

上、下模 1 和 2 对毛坯进行胀形。当压力机滑块上升时，由卸件块 3 和顶板 4 将冲件从上模 1 和下模 2 内退出。用这种方法胀出的埂，其高度不能大于管壁的厚度，其范围不能超过 90°，否则，管子会在胀出埂以前被压垮。

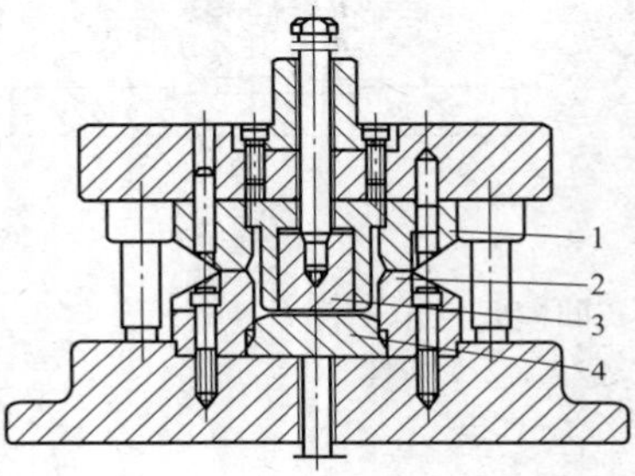

图 14-27　轴向加压胀形模

1—上模；2—下模；3—卸件块；4—顶板

图 14-28 所示是筒形件局部凸包胀形模。冲头下行时，压板 6 将筒件压在心轴 7 上，在上模斜楔的作用下，三个小凹模 2 向中心推进，将筒件压紧在心轴 7 上，形成刚性压边，接着顶销 5 的圆锥头压向凸模 3 斜面，使其向外伸出，将筒件压出凸包。冲头上行时，凹模 2 由弹簧恢复到原来位置。螺栓 8 带动顶板 10、顶杆 9 和顶件环 1 将工件顶出。这时三个凸模 3 向中心收缩，由限位钉 4 限制其位置。

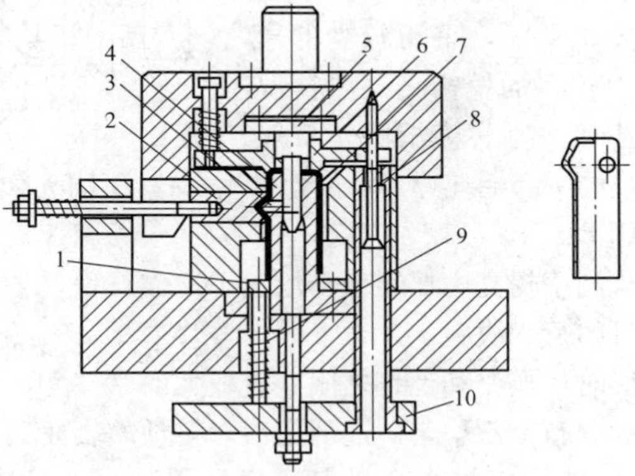

图 14-28　筒形件局部凸包胀形模

1—顶件环；2—凹模；3—凸模；4—限位钉；5—顶销；6—压板；7—心轴；8—螺柱；9—顶杆；10—顶板

(2) 固体软模胀形。用固体软模胀形可以改善刚模胀形的某些不足（如工件变形不均匀、模具结构复杂等）。此时凸模可采用橡胶、聚氨酯或 PVC（聚氯乙烯）等材料。胀形时利用软凸模受压变形并迫使板材向凹模型腔贴靠。根据需要，钢质凹模可做成整体式与可分式两种形形式，图 14-29 所示。

软体模的压缩量与硬度对零件的胀形精度影响很大，最小压缩量一般在 10%以上才能确保零件在开始胀形时具有所需的预压力，但最大不能超过 35%，否则软凸模很快就会损坏。一般常采用聚氨酯橡胶制作凸模。为了使毛坯胀形后能充分贴模，应在凹模壁上适当位置开设通气孔。

对于不同材料，胀形后的回弹也各不相同。有的材料，如钛合金，回弹量不可忽视（约占公称尺寸的 0.35%）。但是由于回弹量与零件形状密切相关，针对不同形状的零件，要经过多次修模和试模之后才能够比较稳定地生产合格的产品。

图 14-30 是用石蜡的胀形方法。在凸模 1 压力下，筒件和其中的石蜡 4 受轴向压缩，在上、下凹模 3 和 5 内成形。在压缩过程中，当单位压力 p 超过一定数值后，石蜡从凸模 1 中的溢流孔 A

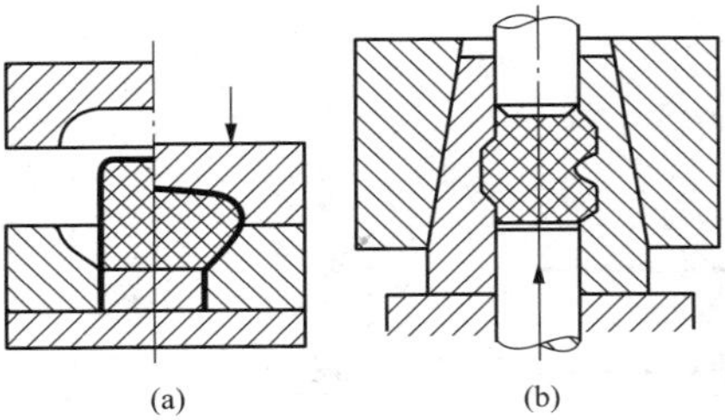

图 14-29　固体软模胀形

(a) 整体式；(b) 可分式

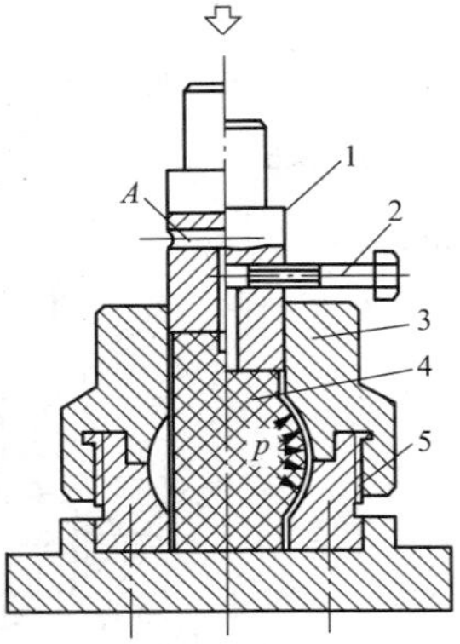

图 14-30　石蜡胀形模

1—凸模；2—螺钉；
3—上凹模；4—石蜡；
5—下凹模；A—溢流孔

溢出，由螺钉 2 调节溢流孔的大小，以控制石蜡对筒件的压力。

第四节 钣金缩口

缩口模广泛地运用于国防工业、机械制造业和日用工业生产中。所谓缩口就是将先拉深好的圆筒形件或管件坯料通过缩口模具使口部直径缩小的一种成形工序。若用缩口代替拉深工序来加工某些零件，可以减少成形工序。

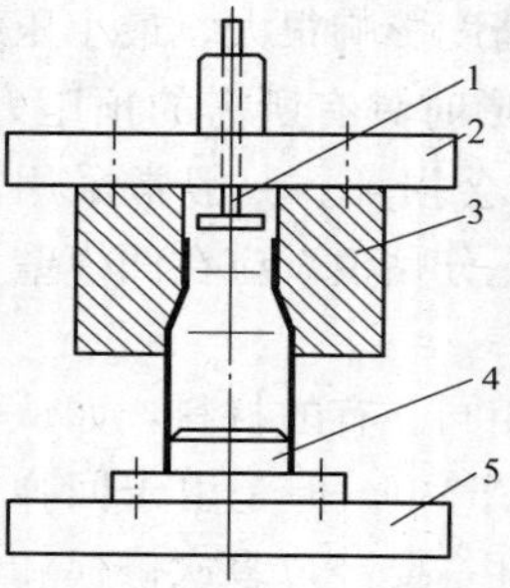

图 14-31 整体凹模缩口

1—推料杆；2—上模板；3—凹模；4—定位器；5—下模板

一、钣金缩口工艺特点

1. 钣金缩口变形的方式

根据零件的特点，在实际的生产过程中，可以采用不同的缩口方式。常见的缩口方式有以下几种。

（1）整体凹模缩口。这种方式适用于中小短件的缩口。如图 14-31 所示。

（2）分瓣凹模缩口。这种方式多用于长管口。图 14-32 所示是将管端缩口成球形的工艺实例，分瓣凹模安装在快速短行程通用偏心压力机上，此时，管材要一边送进一边旋转。

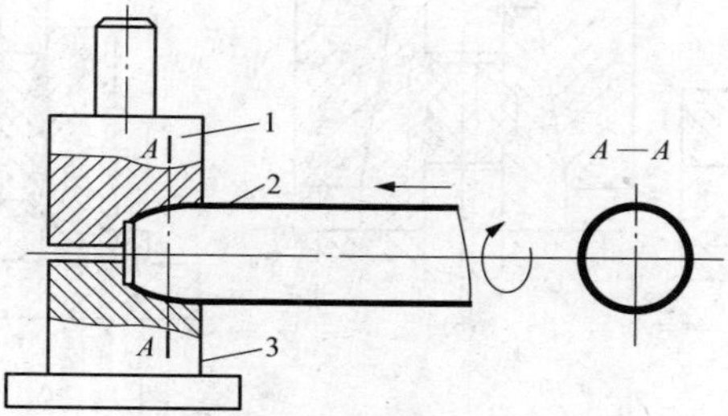

图 14-32 分瓣凹模缩口

1—上半模；2—零件；3—下半模

（3）旋压缩口。这种方式适用于相对料厚小的大中型空心坯料的缩口，如图 14-33 所示。

2. 钣金缩口的变形程度

钣金缩口变形主要是毛坯受切向压缩而使直径减小，厚度与高度都略有增加。因此在缩口工艺中毛坯发生失稳起皱。同时，在未变形区的筒壁，由于承受全部缩口压力，也易产生失稳变形。所以，防止失稳是缩口工艺的主要问题。钣金缩口的极限变形程度主要受失稳条件的限制，它是以切向压缩变形的大小来衡量的，一般采用缩口系数 K 表示，其计算公式为：

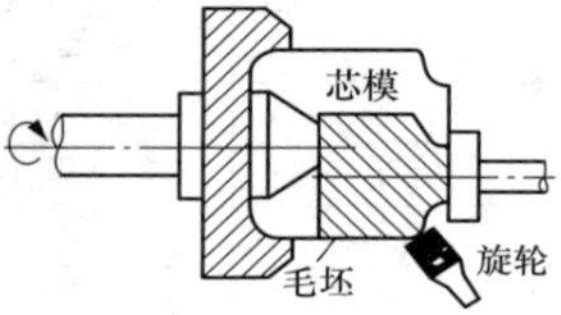

图 14-33　旋压缩口

$$K = d/D$$

式中　D——缩口前口部直径（mm）；

d——缩口后口部直径（mm）。

由上式可以知道，缩口系数 K 越小，变形程度越大。如果零件要求总的缩口变形很大，那么就需要进行多次缩口了。

缩口系数的大小主要与材料的种类、厚度以及模具结构形式有关。表 14-8 是不同材料、不同厚度的平均缩口系数。表 14-9 给出了不同材料和不同模具形式的平均缩口系数。

从表 14-8 和表 14-9 所列举的数值可以看出：材料塑性越好，厚度越大，或者模具结构中对筒壁有支撑作用的，缩口系数就小些。多道工序缩口时，一般第一道工序的缩口直径系数 K_1 为 $0.9k_i$，以后各道工序的缩口系数 K_n 为（1.05～1.1）k_i（k_i 为每一道工序的平均缩口系数；K_n 为缩口 n 次后的缩口系数）。

表 14-8　　不同材料、不同厚度的平均缩口系数

材　料	材　料　厚　度/mm		
	～0.5	>0.5～1	>1
黄　铜	0.85	0.8～0.7	0.7～0.65
钢	0.85	0.75	0.7～0.65

表 14-9 不同材料和不同模具形式的平均缩口系数

材料名称	模具形式		
	无支承	外部支承	内部支承
软铜	0.7～0.75	0.55～0.60	0.30～0.35
黄铜 H62、H68	0.65～0.70	0.50～0.55	0.27～0.32
铝	0.38～0.72	0.53～0.57	0.27～0.32
硬铝（退火）	0.73～0.80	0.60～0.63	0.35～0.40
硬铝（淬火）	0.75～0.80	0.68～0.72	0.40～0.43

二、钣金常用缩口模

1. 钣金缩口模具的种类

缩口模具按照支承形式一般可以分为三种。

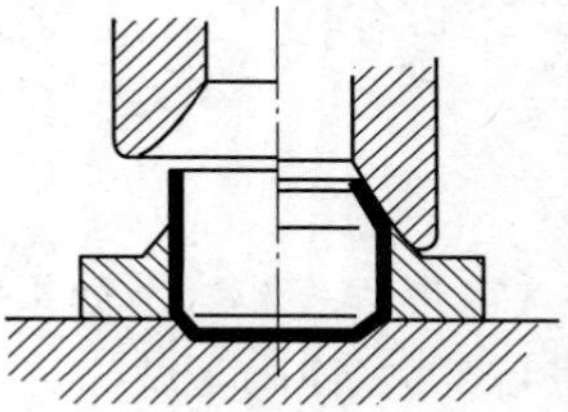

图 14-34 无支承的缩口模

(1) 无支承形式。这种模具结构简单，但是毛坯稳定性差，如图 14-34 所示。

(2) 外支承形式。这种模具比无支承缩口模复杂，但是毛坯稳定性较好，允许的缩口系数可以小些，如图 14-35 (a) 所示。

(3) 内外支承形式。这种模具较前两者都复杂，但是稳定性更好，允许缩口系数可以取得更小，如图 14-35 (b) 所示。

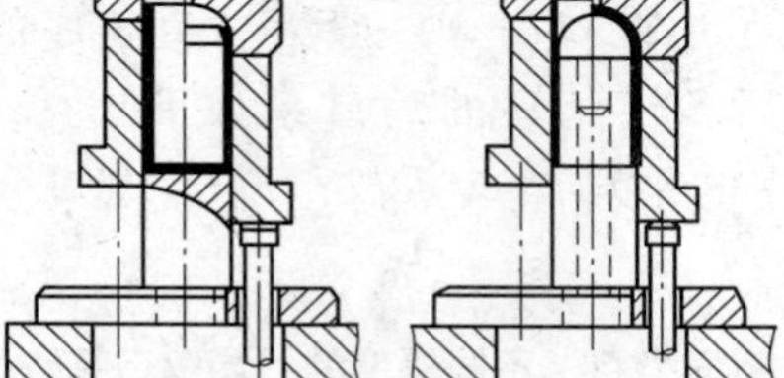

(a) (b)

图 14-35 有支承的缩口模

(a) 外支承；(b) 内外支承

2. 典型的钣金缩口模

(1) 薄壁压延件缩口模。图 14-36 是对薄壁压延件的缩口模。将压延件置入配合良好的下模 1，放入粘在钢板 3 上的橡胶柱 2。上模下行时，先由有锥尖的模块 4 将钢板 3 和橡胶柱 2 定位，如图 14-36（a）所示；接着对工件上端进行缩口，如图 14-36（b）所示。

(2) 非圆形件的缩口模。图 14-37 所示是非圆形件的缩口模。上模下行时，由弹簧 3 作用的侧压板 2 将菱形盒紧靠在下模 5 上，由压块 1 压住，此时上模 4 进行缩口，但要用不同形状的缩口模分几次完成一个工件四个角和四条直边的缩口工作。

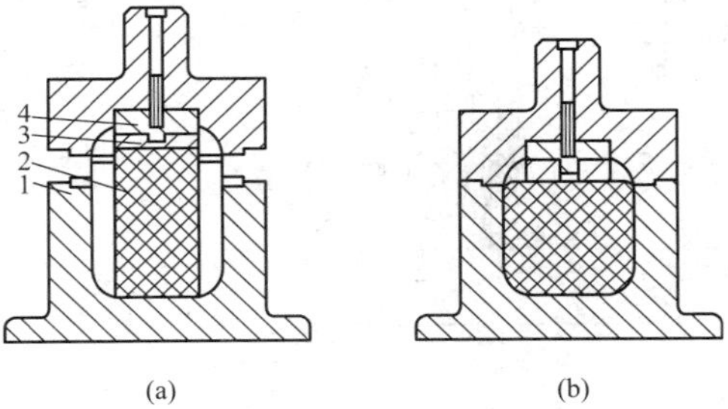

图 14-36 薄壁压延件的缩口模

(a) 工件定位；(b) 缩口

1—下模；2—橡胶柱；3—钢板；4—模块

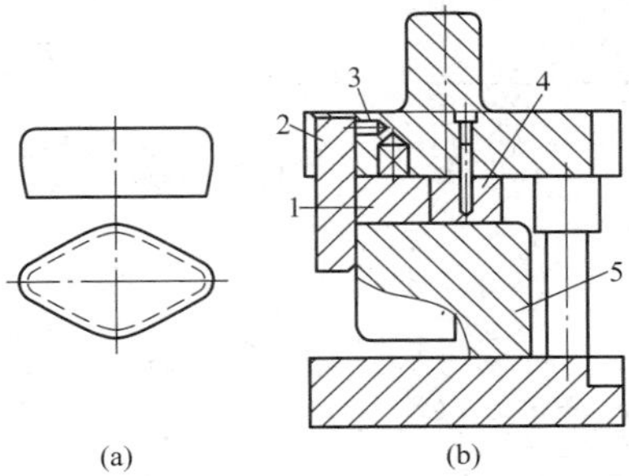

图 14-37 非圆形件缩口模

(a) 工件图；(b) 缩口模

1—压块；2—侧压板；3—弹簧；4—上模；5—下模

(3) 缩口镦头模。图 14-38 所示为缩口镦头模，此模具对圆管料进行缩口镦头。圆管放置在凸模 5 和顶杆 6 的卸料板 4 上，当压力机滑块下降时，在凹模 3、7 和卸料板 4 的作用下，圆管被缩口镦头。当压力机滑块上升时，卸料板 4 在顶杆 6 的作用下，将冲件顶起。如冲件被凹模 3 和 7 带起，推销 2、推杆 1 把冲件推下。

(4) 灯罩缩口模。如图 14-39 所示，由模芯保证缩口尺寸，在缩口前，工件由斜楔推动的下模夹紧，上模下降进行缩口。

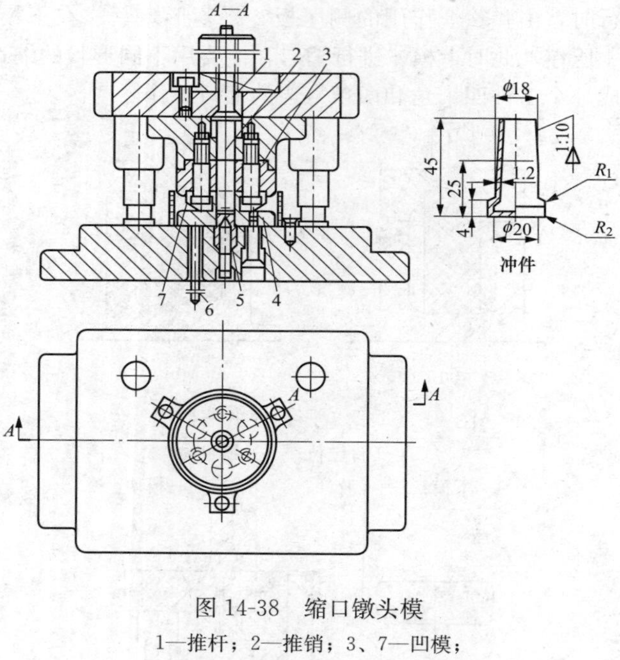

图 14-38 缩口镦头模

1—推杆；2—推销；3、7—凹模；

4—卸料板；5—凸模；6—顶杆

(5) 空心球缩口成形过程。如图 14-40 所示，是由管子经多次缩口，最后经过点焊、抛光成为空心球。

(6) 缩口与扩口复合模。缩口与扩口复合工艺是管形制件两端直径差较大时，将管子两端同时进行缩口和扩口的工艺方法。可用管子制成空心阶梯形或锥形的工件，如图 14-41 所示。此工艺简单，消耗材料少，模具成本低。最后加一道整形工序，可提高工件

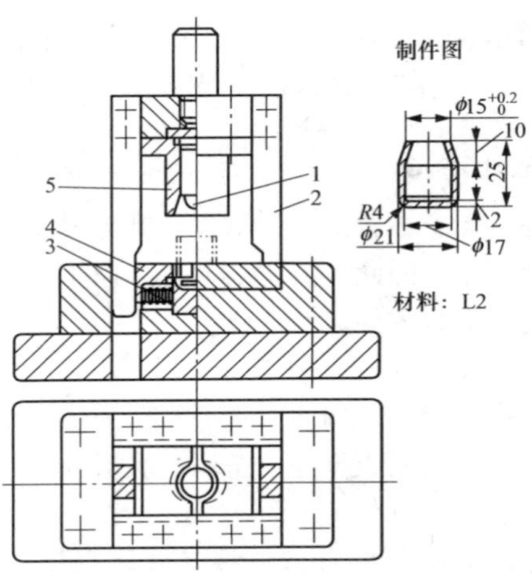

图 14-39　灯罩缩口模

1—模芯；2—斜模；3、4—下模；5—上模

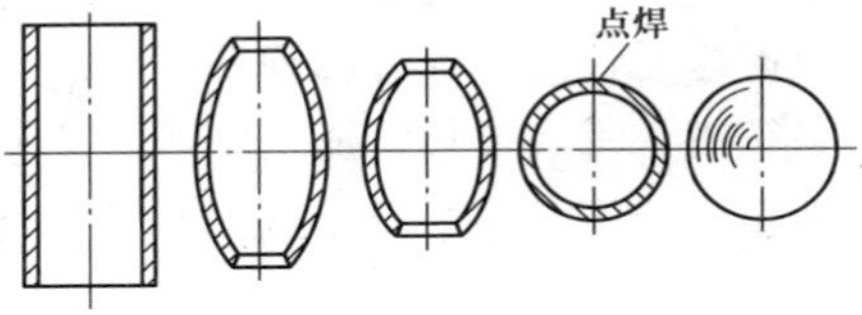

图 14-40　空心球缩口成形过程

质量。缩口与扩口复合模如图 14-41 所示。

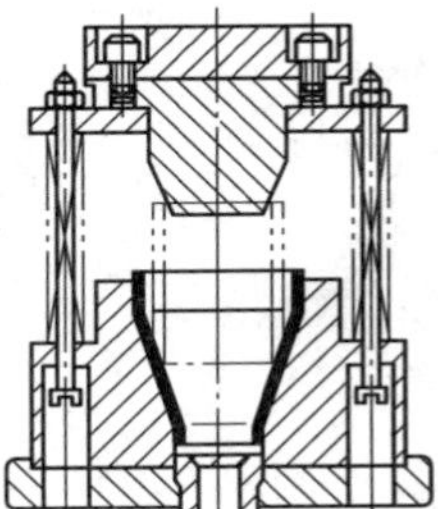

图 14-41　缩口与扩口复合模

第五节 钣金其他成形方法

一、钣金液压成形

液压成形是在无摩擦状态下成形，与其他成形方法相比，极少出现变形不均匀现象。因此，液压成形法多用于生产表面质量和精度要求较高的复杂形状零件。

1. 液压成形特点

液压成形是指用液体（如油、水等）作为传压介质来成形零件的一种工艺方法，可以完成拉深、挤压、胀形等工序。

2. 液压成形方法

液压成形方法大致有两种：一种是液体直接作用在成形零件上；另一种是液体通过橡胶囊间接地作用在成形零件上。图 14-42 是直接加压液压成形法，用这种方法成形之后还需将液体倒出，生产效率较低。图 14-43 是橡皮囊充液成形。工作时向橡皮囊内打入高压液体，皮囊成形之后迫使毛坯向凹模贴靠成形。这种方法的优点是密封问题容易解决，每次成形时压入和排除的液体量小。因此生产效率比直接加压面成形法高。缺点是橡皮囊的制作比较麻烦，使用寿命较短。

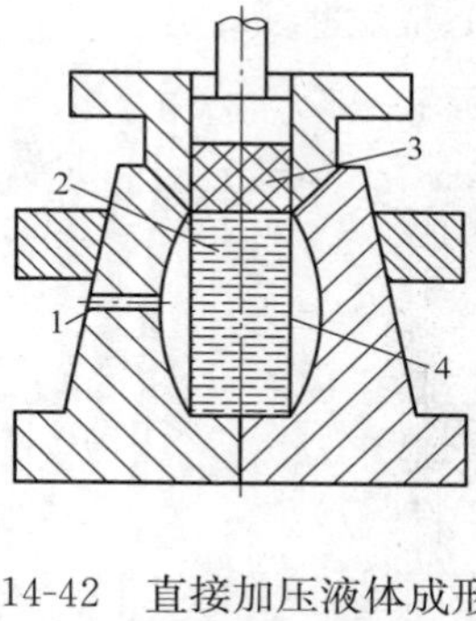

图 14-42 直接加压液体成形法

1—凹模；2—液体；

3—橡胶垫；4—坯料

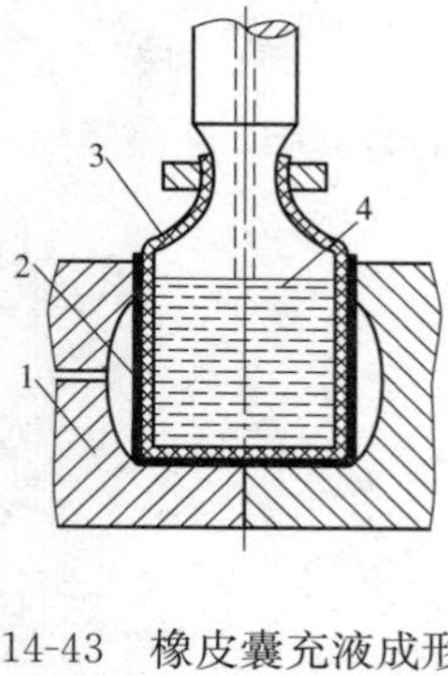

图 14-43 橡皮囊充液成形法

1—凹模；2—毛坯；

3—橡皮囊；4—液体

在设计模具时，应根据零件的形状和大小，并考虑操作的方便程度及取件难易等因素，将凹模设计成整体式与分块式两种。在凹模壁上也需开设不大的排气孔，以便毛坯充分贴模。

图 14-44 是在双动冲床上使用的成形模具。可自行确定一定的液体量。将盛满液体的杯形件置于下模 1 内，外冲头下行，上模 2 和凸模外套 4 先下降，将多余的液体排出，接着内冲头下行，凸模 3 插入外套 4 内成形。

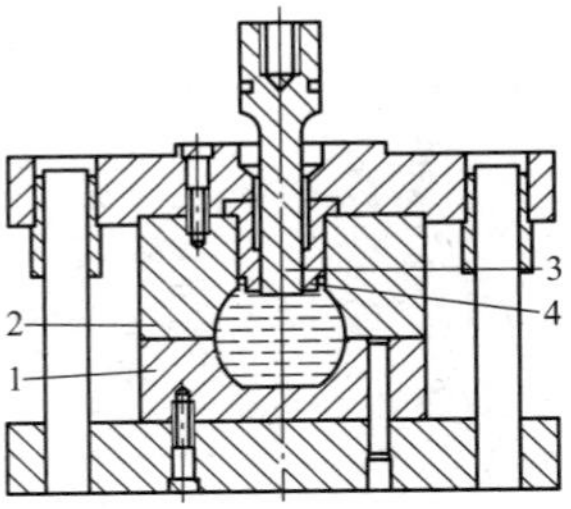

图 14-44　双动冲床用液压成形模

1—下模；2—上模；3—凸模；4—凸模外套

二、钣金旋压成形

旋压属于回转加工，是利用钣金坯料随芯模旋转（或旋压工具绕坯料与芯模旋转）和旋压工具与芯模相对进给，使坯料受压力作用并产生连续、逐点的变形，从而完成工件的加工。

1. 旋压的分类

根据坯料厚度变化情况，旋压可分为不变薄旋压（普通旋压）和变薄旋压（强力旋压）两大类，见表 14-10。

2. 旋压成形的特点

旋压成形的特点主要有：

（1）旋压属于局部连续塑性变形加工，瞬间的变形区小，所需的总变形力较小。

（2）有一些形状复杂的零件或高强度难变形的材料，传统工艺很难甚至无法加工，用旋压成形却可以方便地加工出来。

（3）旋压件的尺寸公差等级可达 IT8 左右，表面粗糙度值 *Ra*

<3.2μm，强度和硬度均有显著提高。

表 14-10　　旋压成形分类

类别			图例
不变薄旋压	拉深旋压		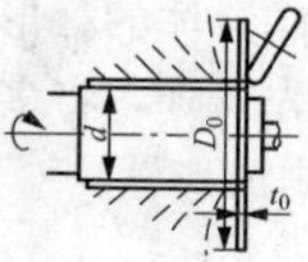
	缩口旋压		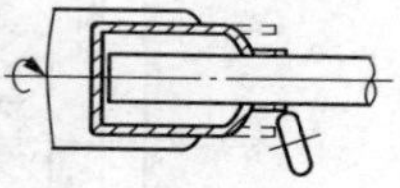
	扩口旋压		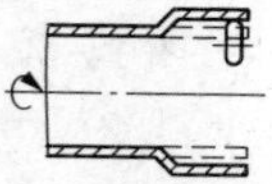
变薄旋压	锥形件变薄旋压（剪切旋压）		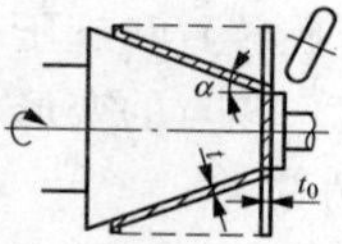
	筒形件变薄旋压	正旋	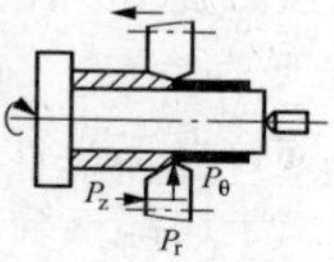
		反旋	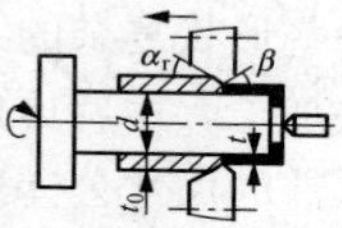

（4）旋压加工材料利用率高，模具费用低。

3. 旋压材料的种类及工件形状特点

可旋压的钣金材料见表 14-11。

表 14-11　　旋压加工常用材料

材　料	牌　　号
优质碳素钢	20 钢、30 钢、35 钢、45 钢、60 钢、15Mn、16Mn
合金钢	40Cr、40Mn2、30CrMnSi、15MnPV、15MnCrMoV、14MnNi、40SiMnCrMoV、28CrSiNiMoWV、45CrNiMoV、PCrNiMo
不锈钢	1Cr13、1Cr18Ni9Ti、1Cr21Ni5Ti
耐热合金	CH-30、CH128、Ni-Cr-Mo
非铁金属及其合金	T2、HNi65-5、HSn62-1、LG2（1A90）、LD8（2A80）、LF3（5A03）、LF5（5A05）、LF6（5A06）、LF12（5A12）、LF21（3A21）、LY12（2A12）、LD2（6A02）、LD10（2A14）、LC4（7A04）、LD7（2A70）、LG4（1A97）、LG3（1A93）
难熔金属稀有金属	烧结纯钼、纯钨、纯钽、铌合金 C-103、Cb-275、纯钛、TC_4、TB_2、6Al-4V-Ti、纯锆、Zr-2

注　括号内为材料新牌号。

可旋压的工件只能是旋转体，主要有筒形、锥形、曲母线形和组合形（前三种相互组合而成）四类，如图 14-45 所示。

4. 旋压成形完成的工序

旋压成形可以完成旋体工件的拉深、缩口、扩口、胀形、翻边、弯边、叠缝等不同工序。见表 14-9。

各种旋轮的形状如图 14-46 所示。对应旋轮的主要尺寸可参考表 14-12 选择确定。

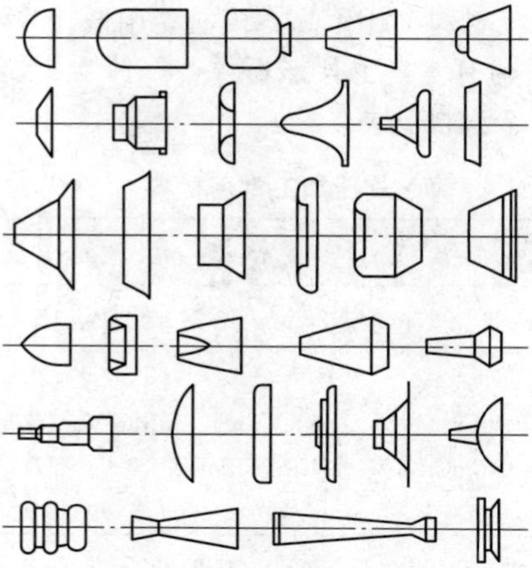

图 14-45　旋压件的形状示例

表 14-12　　**旋轮的主要尺寸**　　（mm）

旋轮直径 D	旋轮宽度 b（旋压空心件用）	旋轮圆角半径 R				
		a	b	c	d	e/（°）
140	45	22.5	6	5	6	4（2）
160	47	23.5	8	6	10	4（2）
180	47	23.5	8	8	10	4（2）
200	47	23.5	10	10	12	4（2）
220	52	26	10	10	12	4（2）
250	62	31	10	10	12	4（2）

注　表内的 a、b、c、d、e 见图 14-46。

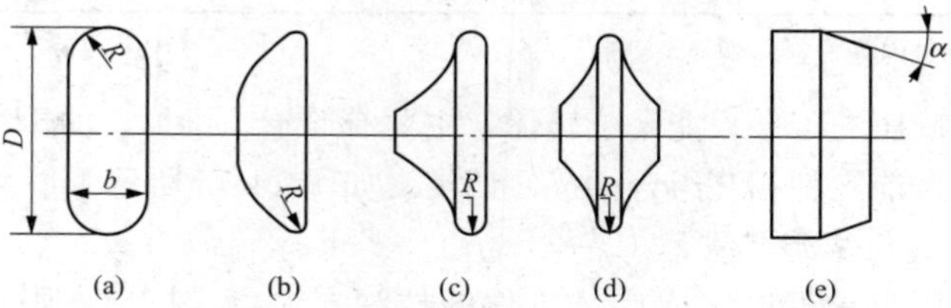

图 14-46　旋轮的形状

（a）旋压空心件用；（b）变薄旋压用；

（c）缩口、滚波纹管用；（d）、（e）精加工用

5. 钣金旋压加工实例

(1) 航空和宇宙工业是钣金旋压产品的主要用户。例如，发动机整流罩、燃烧室、机匣壳体、涡轮轴、导弹和卫星的鼻锥和封头、助推器壳体、喷管等，都是旋压成形的。图 14-47 所示是卫星鼻锥，用不锈钢经两次变薄旋压和一次不变薄旋压而成。

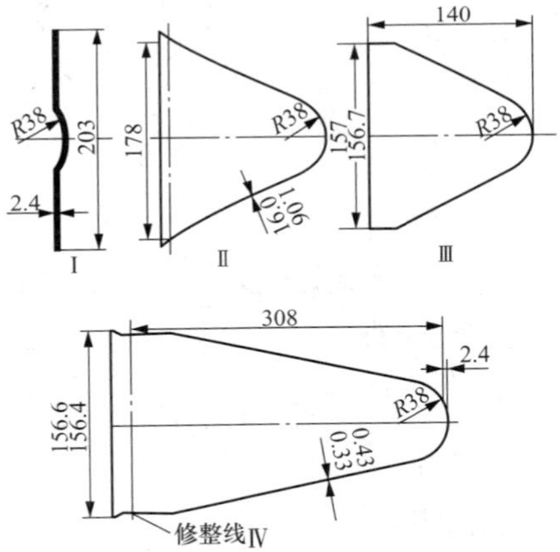

图 14-47　卫星“探险者”1 号鼻锥

(2) 旋压成形技术在机电工业中的应用正在日益扩大，主要用于制造汽车和拖拉机的车轮、制动器缸体、减振管等，各种机械设备的带轮、耐热合金管、复印机卷筒、雷达屏和聚光镜罩等。图 14-48 所示是汽车轮辐，其厚度向外周渐薄，原用普通冲压成形，工序较多，改用旋压工艺后，用圆板坯料直接旋压成形。

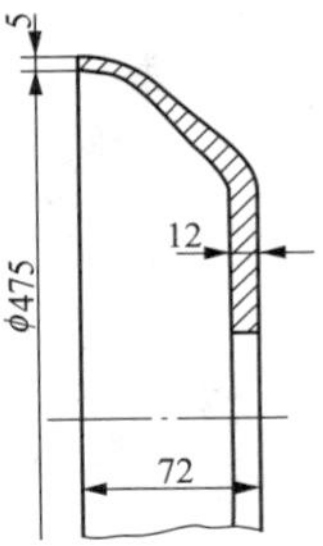

图 14-48　汽车轮辐

(3) 大型封头零件的传统工艺为拉深，也有采用爆炸成形的。但作为主要加工手段，现已转为旋压工艺。图 14-49 所示是容器或锅炉常用的平底封头和碟形封头的旋压成形，借助旋压机上可作纵向和横向调节的辅助旋轮，可旋压不同直径的封头。图 14-50 是平边拱形封头的两种旋压法。半

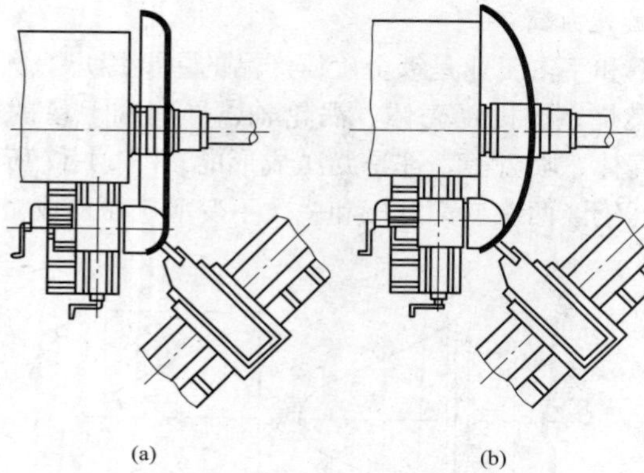

图 14-49 平底封头和碟形封头旋压

（a）平底封头；（b）碟形封头

球形封头可一次装夹或两次装夹旋压而成，如图 14-51 所示，前者用于硬化指数不大的材料（如铝板和钢板）。

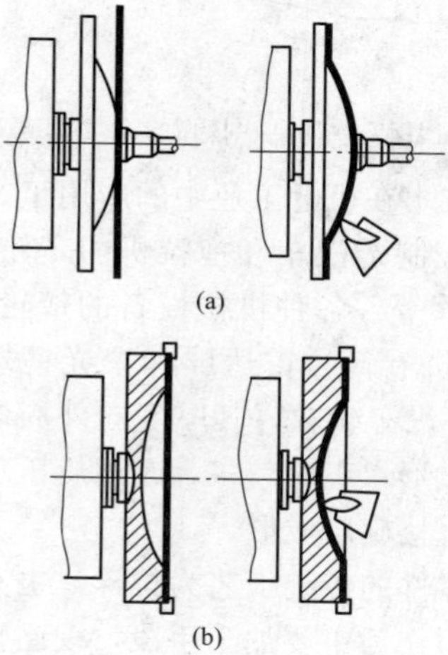

图 14-50 平边拱形封头旋压

（a）外旋压法；（b）内旋压法

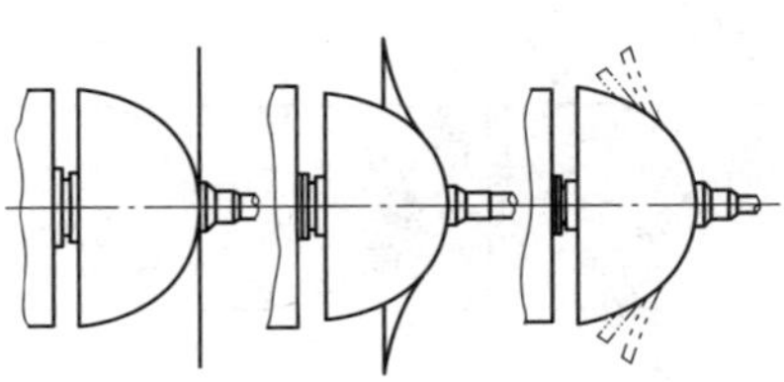

(a)

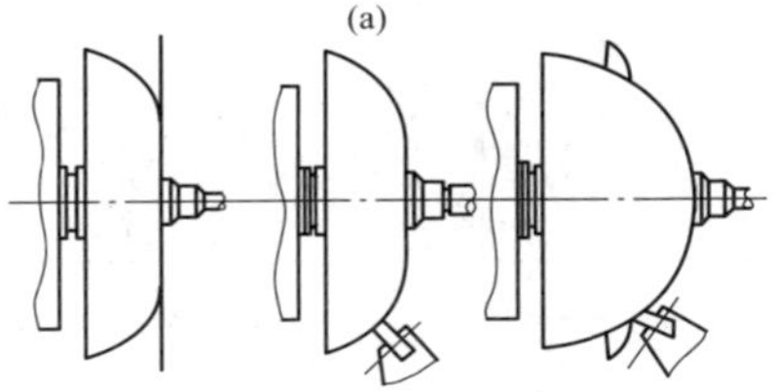

(b)

图 14-51　半球形封头旋压

(a) 一次装夹旋压法；(b) 两次装夹旋压法

三、钣金高速成形

高速成形（又叫高能成形）是利用炸药或电装置在极短的时间（低于数十微秒）内释放出的化学能或电能，通过介质（空气或水等）以高压冲击作用于坯料，使其在很高的速度下变形和贴模的一种方法。它包括爆炸成形、电水成形和电磁成形（见表 14-13）。

表 14-13　　高速成形方法比较

加工方法		能源形式	所用设备	成形方法的多样性与灵活性	工件形状的复杂程度	成形工件尺寸	生产效率	组织生产的难易程度	适用生产规模
爆炸成形	井下	炸药	简单	较大	较复杂	尺寸较大，但受井限制	低	困难	小批量
	地面	炸药	非常简单	大	复杂	不受限制	很低	困难	小批量、单件
电水成形		高压电源	复杂	小	一般	尺寸不大，受设备功率限制	较高	容易	较大批量

续表

加工方法	能源形式	所用设备	成形方法的多样性与灵活性	工件形状的复杂程度	成形工件尺寸	生产效率	组织生产的难易程度	适用生产规模
电磁成形	高压电源	复杂	小	一般	尺寸不大，受设备功率限制	高	最容易	较大批量

高速成形是用传压介质——空气或水代替刚体凸模或凹模，适用于加工某些形状复杂、难以用成对钢模制造的工件。用高速成形可以进行拉深、胀形、起伏、弯曲、扩孔、缩口、冲孔等冲压加工工序。在高速变形的条件下，冲压件的精度很高，而且使某些难加工的金属也能变得很容易成形了。

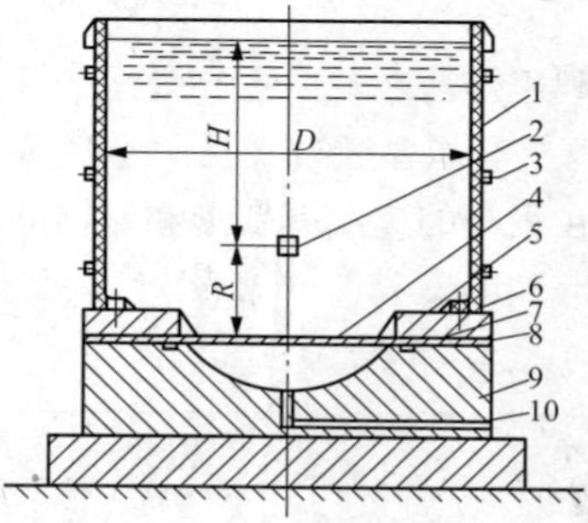

图 14-52　爆炸拉深

1—纤维板；2—炸药；3—绳索；4—坯料；5—密封袋；6—压边圈；7—密封圈；8—定位圈；9—凹模；10—抽真空孔

(1) 爆炸成形。爆炸成形装置简单，操作容易，可能加工工件的尺寸一般不受设备能力限制，在试制或小批量生产大型工件时经济效益尤其显著。

爆炸拉深与爆炸胀形如图 14-52 和图 14-53 所示。在地面上成形时，可以采用一次性的简易水筒（见图 14-52）或可反复使用的金属水筒（见图 14-53）。为了保证工件的质量，除用无底模成形外，都必须考虑排气问题。

爆炸成形的工艺参数：

1) 炸药与药包形状。常用的炸药有梯恩梯（TNT）、黑索金（RDX）、泰安（PETN）、特屈儿等。药包可以是压装、铸装和粉装的。药包形状选择见表 14-14。

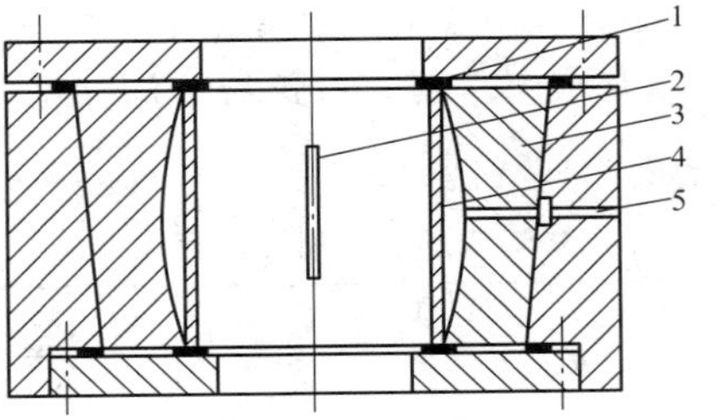

图 14-53　爆炸胀形

1—密封圈；2—炸药；3—凹模；4—坯料；5—抽真空孔

表 14-14　　　　　　**药包形状选择**

零件特点	药包形状
球形、抛物面形零件拉深	球形、短圆柱形、锥形
大型封头零件拉深	环形
筒形或管子类零件胀形与整形	长圆柱形（长度与零件长度相适应）
大中型平面零件的成形与整形	平板形、网格形、环形

2）药位与水头。药位是指药包中心至坯料表面的距离（图 14-52 中的 R）。它对工件成形质量影响极大，药位过低导致坯料中心部位变形大、变薄严重；过高的药位，必须靠增加药量弥补成形力能的不足。生产中常用相对药位 R/D（D——凹模口直径）的概念。

短圆柱形、球形、锥形药包：$R/D=0.2\sim0.5$

环形药包：$R/D=0.2\sim0.3$

药包中心至水面的距离称为水头（图 14-52 中的 H）。一般取 $H=1/2\sim1/3$

常用爆炸成形模具体材料见表 14-15。

（2）电水成形和电爆成形。电水成形原理如图 14-54 所示。由升压变压器和整流器得到的 20～40kV 的高压直流电向。电容器充电，当充电电压达到一定数值时，辅助间隙击穿，高压加在由两个电极板形成的主间隙上，将其击穿并放电，形成的强大冲击电流

（达 3×10^4 A 以上）在介质（水）中引起冲击波及液流冲击，使金属坯料成形。与爆炸成形一样，可进行拉深（见图 14-54）、成形（见图 14-55）、校形、冲孔等。

表 14-15　爆炸成形模具材料的选用

模具材料	特　点	适用范围
锻造合金钢	抗冲击性能好，尺寸稳定，成形工件精度高，表面质量好，寿命长，但加工困难，制造周期长，成本高	适用于形状非常复杂、尺寸精度要求高、厚度大、强度高而尺寸不大的工件的成形与胀形。批量较大
铸钢	基本同前项，但冲击能力稍差，成本稍低于锻钢	适用于形状复杂、尺寸精度要求较高、厚度较大的黑色金属或高强度的非铁金属工件的成形与胀形。批量较大
球墨铸铁	成本低，易于制造，能保证一定的成形尺寸公差，但抗冲击能力差	适用于一定批量的黑色金属与非铁金属的成形模
锌合金	可反复熔铸，加工方便，制造周期短，成本低，但强度低，受冲击后尺寸容易变化，成形精度不高，而且寿命较低	中小型工件、小装药量、精度要求不严格的成形模。单件试制与小批量生产
水泥本体用玻璃钢或环氧树脂衬里	成本低，容易制造，不要求模具加工设备，但抗冲击能力差，寿命很低	适用于大型、厚度小的工件成形。单件试制与小批量生产

电水成形的加工能力为：

$$W = 1/2Cu^2$$

式中　C——电容器的容量度，F；

u——充电电压，V。

假如把两个电极用细金属丝连接起来，放电时产生的强大电流将使金属丝迅速熔化和蒸发成高压气体，并在介质中形成冲击波使金属成形，这就是电爆成形的原理。

常用放电电极形式有对向式（见图 14-54 和图 14-55）和同轴式（见图 14-56）。

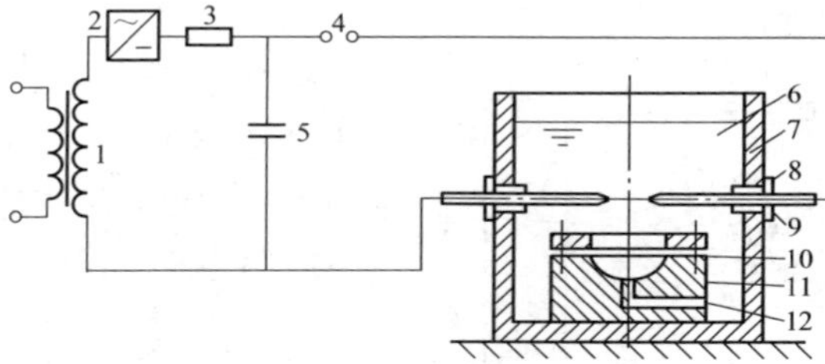

图 14-54　电水成形原理

1—升压变压器；2—整流元件；3—充电电阻；4—辅助间隙；5—电容器；6—水；7—水箱；8—绝缘；9—电极；10—坯料；11—凹模；12—抽气孔

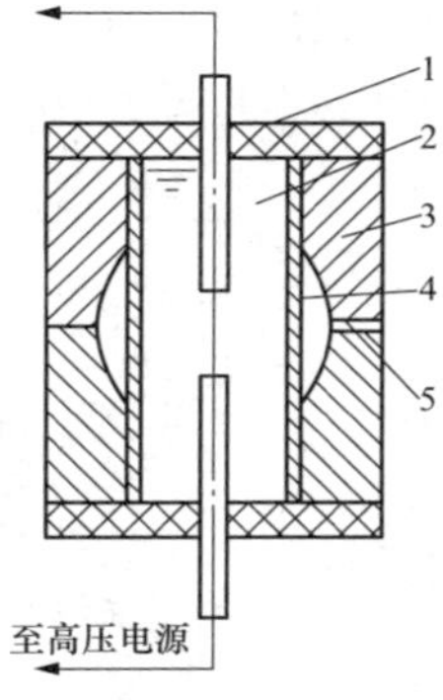

图 14-55　电水胀形

1—电极；2—水；3—凹模；4—坯料；5—抽气孔

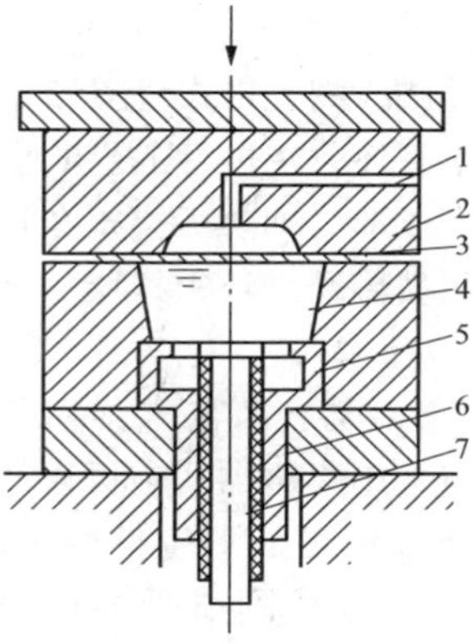

图 14-56　用同轴电极的闭式电水成形装置

1—抽气孔；2—凹模；3—坯料；4—水；5—外电极；6—绝缘；7—内电极

（3）电磁成形。工作原理如图 14-57 所示。与电水成形一样，电磁成形也是利用储存在电容器中的电能进行高速成形的一种加工方法。当开关闭合时，将在线圈中形成高速增长和衰减的脉冲电流，并在周围形成一个强大的变化磁场，处于磁场中的坯料内部会产生感应电流，与磁场相互作用的结果是使坯料高速贴模成形。

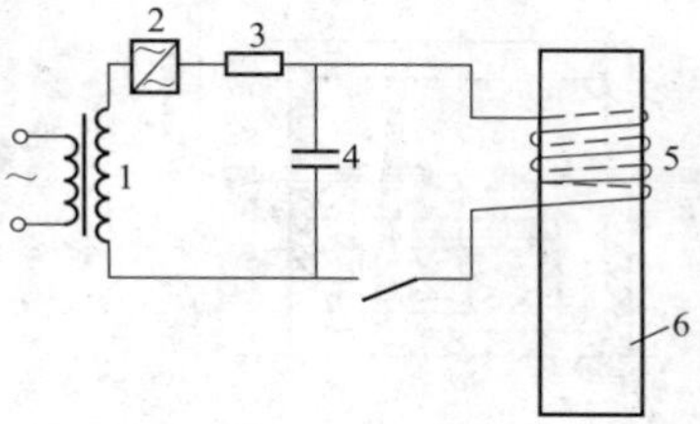

图 14-57　电磁成形原理

1—升压变压器；2—整流元件；3—限流电阻；4—电容器；5—线圈；6—坯料

电磁成形工艺对管子和管接头的连接装配特别适用，目前在生产中得到推广应用。

应用电磁成形工艺需注意的问题：

1）线圈。线圈是电磁成形中最关键的元件，它直接与坯料作用，其参数及结构直接影响成形效果。线圈的结构应根据工件的形状和变形特点设计。常用的结构形式有：平板式线圈、多叠式线圈、带式线圈和螺管线圈。前两种适用于板坯，后两种适用于管坯。在进行工艺试验或单件生产时，可采用一次性简易线圈，即成形时即烧毁。永久性线圈则应用玻璃纤维环氧树脂绝缘及固定。

2）集磁器。若要求强而集中磁场，应采用集磁器。它可以改善磁场分布以满足成形工件的要求，并且分担部分线圈所受的机械负荷。集磁器一般应采用高电电率、高强度材料（如铍青铜等）制成，放在线圈内部。根据不同工件的要求，集磁器可以设计成各种形状。图 14-58 是一局部缩颈用集磁器的

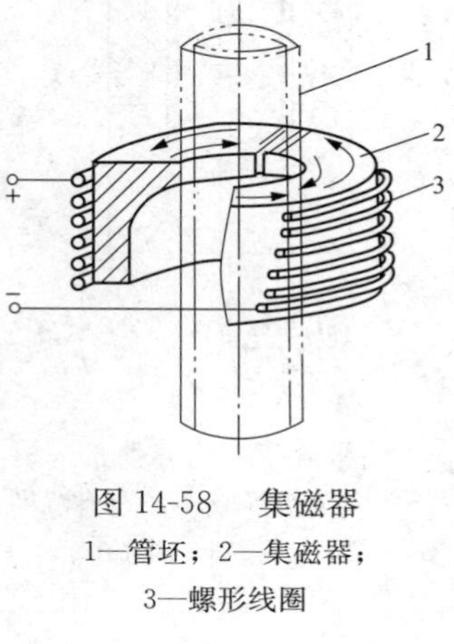

图 14-58　集磁器

1—管坯；2—集磁器；3—螺形线圈

实例。

3）工件材料电导率。电磁成形加工的材料应具有良好的电导率。若坯料的电导率小，应于坯料与线圈之间放置高电导率的材料作驱动片。

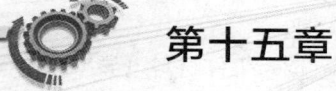

第十五章

钣金校平与矫正

第一节　钣金校平及压印

一、钣金校平技巧与诀窍

钣金校平是钣金校形的一种方法，是作为成形后的补充加工，虽然使工序有所增加，但从整个工艺设计考虑却往往是经济合理的。有了这一环节，前面的成形工序就可以更好地满足成形规律的要求。

所谓钣金校平就是将冲压件或钣金毛坯的不平面，放在两个平光面或带有齿形刻纹的表面之间进行校平的一种工艺方法。

钣金校平时，板料在上下两块平模板的作用下产生反向弯曲变形，出现微量塑性变形，从而使板料压平。当冲床处于下止点位置时，上模板对材料进行强制压紧，使材料处于三向应力状态，卸载后回弹小，在模板作用下的平直状态就被保留下来。

1. 钣金校平方法

根据板料的厚度和对表面的要求，钣金校平可采用光面模校平、齿形校平以及加热校平等方法，其钣金校平方法及工艺特点如下。

（1）光面模校平。光面模校平如图 15-1 所示。

一般对于薄料和表面不允许有压痕的钣金零件，采用光面校平模。由于材料回弹的影响，对材料强度较高的零件，校平效果较差。为了使校平不受压力机滑块导向精度的影响，校平模最好采用如图 15-1 所示浮动式结构。

（2）齿形校平。当零件平面度要求较高或采用钣金材料较厚、较硬时，通常采用齿形校平模，如图 15-2 所示。齿形校平模可分为细齿校平模和粗齿校平模。如图 15-2（a）所示，细齿校平是将

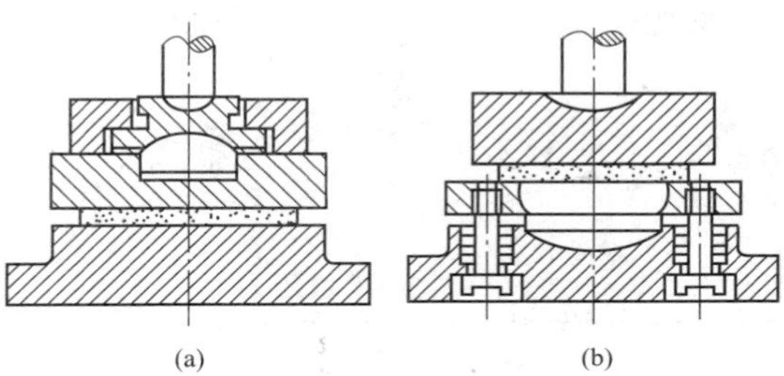

图 15-1　光面校平模

（a）上模浮动式；（b）下模浮动式

齿尖挤压进入零件表面一定的深度，使之形成很多塑性变形的小网点，改变了零件材料原有的应力状态，故能减少回弹，校平效果较好；但由于细齿校平零件表面压痕较深，而且又易粘在模板上，造成操作上的困难，因此细齿校平多用于材料较厚，强度高，表面允许有压痕的零件。而粗齿校平模适用于厚度较薄的铝、青铜、黄铜等表面不允许有压痕的零件，如图 15-2（b）所示。安装齿形校平模时，要使上下模齿形相互交错，其形状和尺寸可参考如图 15-2 给定数值选择。

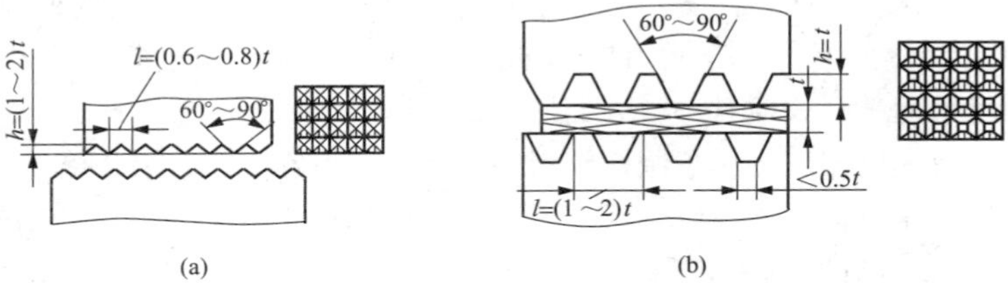

图 15-2　齿形校平模

（a）细齿校平；（b）粗齿校平

（3）加热校平。当零件的平面度要求较高且又不允许有压痕或零件尺寸较大时，也可采用加热校平的方法。加热校平是指把要校平的零件迭成叠，用夹具压紧成平直状态，放入加热炉内加热，因温度升高而使屈服强度降低、回弹减小，从而校平零件的整形方法。一般情况下，铝材加热温度为 300～320℃，黄铜（H62）为

400～450℃。

2. 钣金校平力选择

钣金校平的工作行程不大，但校平力却很大，可参照表 15-1 选择确定。

表 15-1 校平和整形单位压力 (MPa)

方法	P 值
光面校平模校平	50～80
细齿校平模校平	80～120
粗齿校平模校平	100～150
敞开形制件整形	50～100
拉深件减小圆半径及对底、侧面整形	150～200

二、钣金压印技巧

钣金压印是使钣金材料厚度发生变化，将挤压的材料充塞在有起伏的模腔内，使钣金零件上形成起伏花纹或字样。在大多数情况下压印是在封闭模内进行的，从而避免了金属被挤压到型腔外面，如图 15-3 所示。对于尺寸较大或形状特殊需要切边的钣金零件，则可采用敞开式模具进行表面压印。

钣金压印广泛用于制造钱币、纪念章以及在餐具和钟表等钣金零件上压出标记或花纹。钣金零件压印的厚度精度一般可以达到±0.1mm，高的可以达到±0.05mm。设计压印模时应该注意花纹的凸起宽度不要高而窄，更要避免尖角。如图 15-4 所示，如果压印花纹深度 $h \leqslant (0.3 \sim 0.4)t$，则压印花纹工作可在光面凹模上进行。如果 $h > 0.4t$，需按凸模形状作相应的凹槽，其宽度比凸模的凸出部分大，深度则比较小。

计算压印毛坯尺寸时，可以用钣金零件与毛坯体积相等的原则确定，对于事后需要切边的钣金零件，还需在计算时考虑加飞边余量。

在压印加压过程中，虽然金属的位移不会太大，但为了得到理

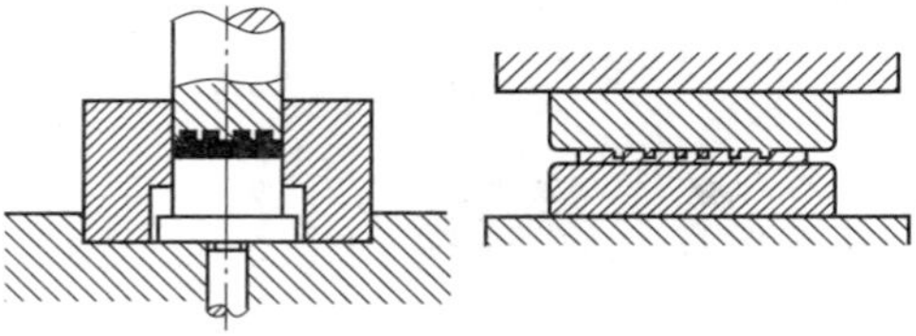

图 15-3　压印模简图

（a）封闭式；（b）敞开式

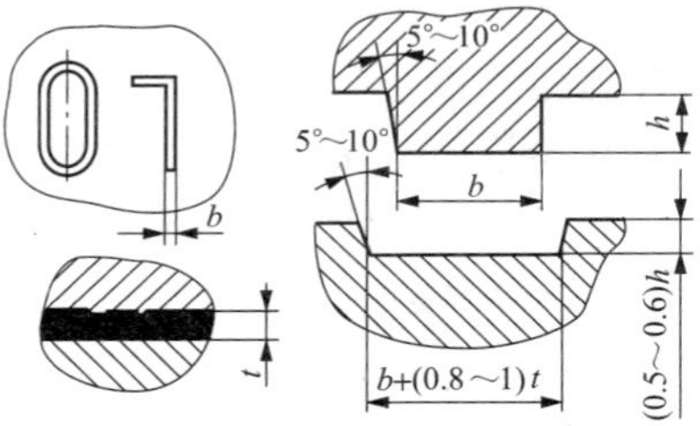

图 15-4　压印花纹时模具成形部分尺寸

想清晰的花纹则需要相当大的单位压力，压印力可按下式计算：

$$F = Ap \tag{15-1}$$

式中　F——压印力，N；

A——零件的投影面积，mm^2；

p——单位面积压力，MPa，其试验值见表 15-2。

表 15-2　　　　压印时单位压力的试验值

工　作　性　质	单位压力 p/MPa
在黄铜板上敞开压凸纹	200～500
在 t<1.8mm 的黄铜板上压凸凹图案	800～900
用淬得很硬的凸模，在凹模上压制轮廓	1000～1100
金币的压印	1200～1500
银币或镍币的压印	1500～1800
在 t<0.4mm 的薄黄铜板上压印单面花纹	2500～3000
不锈钢上压印花纹	2500～3000

第二节 钣金机械矫正

一、钣金矫正概述

1. 矫正的定义及特点

钣金工消除条料、棒料、管材或板材的弯形、翘曲和凹凸不平等变形缺陷的作业过程叫作矫正。

钣金工件材料的变形主要是由于在轧制或剪切等外力作用下，内部组织发生变化产生的残余应力所引起的。另外，原材料在运输和存放过程中处理不当时，也会引起变形缺陷。

此外，轧制材料及金属压力加工半成品的瓢曲、弧弯、波浪形或弯曲等缺陷，应矫正后才能划线、切割或转其他工序。一般轧制材料下料前的允许偏差见表 15-3。

表 15-3　　轧材下料前的允许偏差　　（mm）

偏差名称	简　图	允许偏差/mm
钢板局部平面度	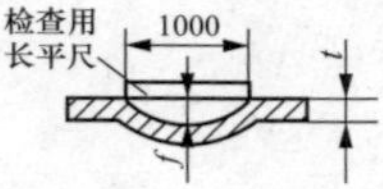	在 1m 范围内：$t \leqslant 14$，$f \leqslant 1$；$\delta > 14$，$f = 2$
角钢局部波状及平面度	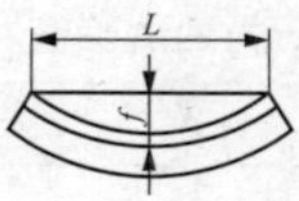	全长直线度 $f \leqslant (1/1000) L$，且局部波状及平面度在每米长度内不超过 2mm
	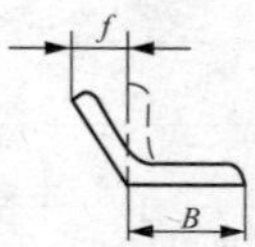	腿宽不成 90°按腿宽 B 计算：$f \leqslant (1/100) B$，但不大于 1.5mm（不等边角钢按长腿宽度计算），且局部波状及平面度在每米长度内不超过 2mm

续表

偏差名称	简　图	允许偏差/mm
槽钢与工字钢直线度	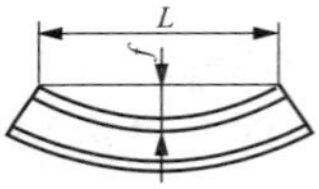	全长直线度 $f \leqslant (1.5/1000) L$，且局部波状及平面度在每米长度内不超过 2mm
槽钢与工字钢歪扭	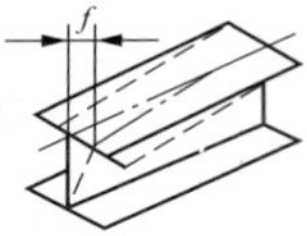	歪扭：$L \leqslant 1000$，$f \leqslant 3$；$L \leqslant 10000$，$f \leqslant 5$。且局部波状及平面度在每米长度内不超过 2mm
	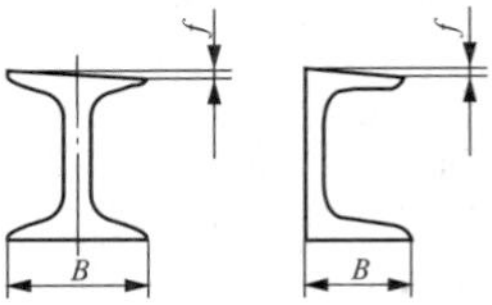	腿宽倾斜 $f \leqslant (1/100) B$，且局部波状及平面度在每米长度内不超过 2mm

矫正的目的就是使钣金材料发生塑性变形，实质是使钣金材料产生新的塑性变形来消除原有的不平、不直或翘曲变形，将原来不平直的变为平直。矫正时不仅改变了工件的形状，而且使钣金材料的性质也发生了变化。矫正后金属材料内部组织也要发生变化，金属材料表面硬度增大，性质变脆。这种在冷加工塑性变形过程中产生的钣金材料变硬的现象叫作冷硬现象。冷硬后的钣金材料将会给进一步的矫正或其他冷加工带来一定的困难，必要时应进行退火处理，使钣金材料恢复到原来的力学性能。

2. 矫正的分类

（1）按矫正时工件的温度不同可分为冷矫正和热矫正。

（2）按矫正时产生矫正力的方法不同可分为手工矫正和机械矫正。

本章介绍的主要内容有机械矫正、手工矫正和火焰矫正。其中手工矫正主要是指钣金工用手锤在平台、铁砧或在台虎钳等工具上进行，包括扭转、弯形、延伸和伸张等四种操作方法。根据工件变形情况，有时单独用一种方法，有时几种方法并用，使工件恢复到原来的平面度要求。因此只有塑性好的钣金材料（材料在破坏前能发生较大的塑性变形）才能进行矫正，而塑性较差的钣金材料，如：铸铁、淬硬钢等就不能进行矫正，否则工件就会断裂。

二、钣金机械矫正技巧

1. 机械矫正方法与技巧

机械矫正是在矫正机上通过弯曲或拉深完成的，主要用于冷矫正；当变形程度大或设备能力不足时或采用热矫正。

机械矫正的分类及适用范围见表15-4；常用矫正设备的矫正精度见表15-5。

表15-4　　机械矫正的方法及适用范围

类别	简　图	适用范围
拉伸机矫正	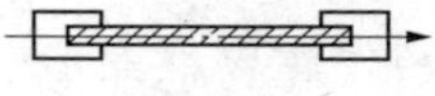	（1）薄板瓢曲矫正； （2）型材扭曲矫正； （3）管材、带材、线材的矫直
压力机矫正	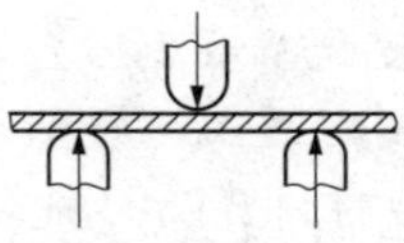	板材、管材、型材的局部矫正
辊式机矫正　正辊	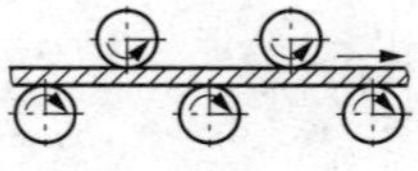	板材、管材、型材的矫正

续表

类别		简　　图	适用范围
辊式机矫正	斜辊		圆截面管材、棒材的矫正
		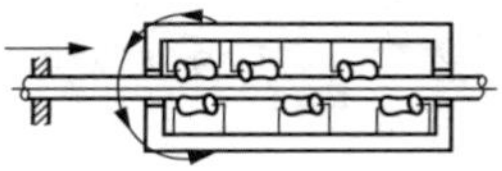	圆截面薄壁细管的精矫
		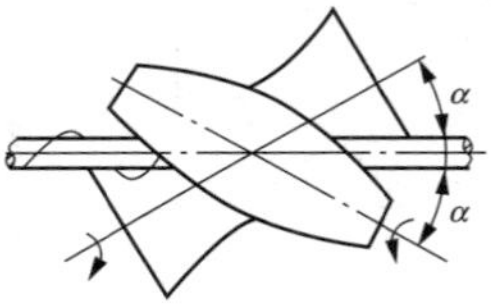	圆截面厚壁管、棒材的矫直

表 15-5　　常用矫正设备的矫正精度　　(mm/m)

类型	设　备	矫正范围	矫正精度
辊式矫正机	多辊板材矫平机	板材矫平	1.0～2.0
	多辊角钢矫正机	角钢矫直	1.0
	矫直切断机	卷材（棒材、扁钢）矫直切断	0.5～0.7
	斜辊矫正机	圆截面管材及棒材的矫正	毛料 0.5～0.9 精料 0.1～0.2
压力机	卧式压力弯曲机	工字钢、槽钢的矫直	1.0
	立式压力弯曲机	工字钢、槽钢的矫直	1.0
	摩擦压力机	坯料的矫直	精料模矫时 0.05～0.15
	手动压力机	坯料的矫直	
	液压机	大型轧材的矫正	

2. 板材和带材的矫平技巧

(1) 多辊矫平机矫平技巧。用多辊矫板机矫板时，板材由轴辊的转动而咬入。当其通过这些轴辊时，受到多种原始曲率伸长和再向相反方向的多次正反交变再弯曲，使弯曲部分产生塑性变形，最终将板材矫平。多辊矫板机矫板如图 15-5 所示。

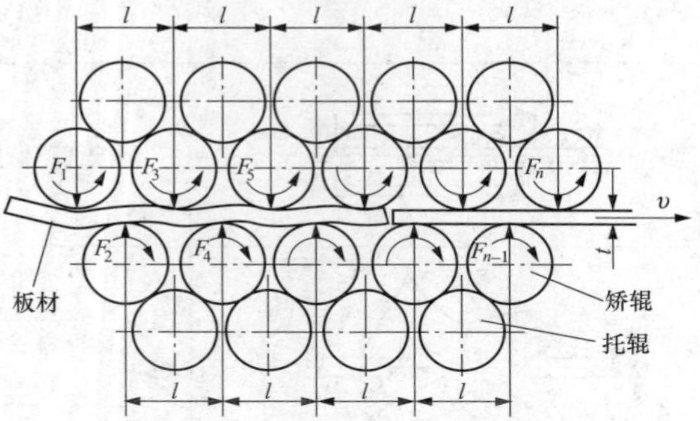

图 15-5　多辊矫板机矫板

多辊矫板机矫平的最小曲率半径：

$$\rho_{\min} = Cp \qquad (15\text{-}2)$$

式中的常数 C 与矫平机的辊数有关，五辊时，$C=1.17$；七辊时，$C=0.9$；九辊时，$C=0.8$。p 为辊轴距。矫板质量与矫板机辊数有关，矫板机的辊数越多，材料的弹性模量与屈服极限之比越大，或矫正的曲率 $1/\rho$ 越大，板材越厚，矫平的质量越高，反之则相反。一般情况下，矫平过程要反复多次，方可获得很好的矫平质量。

在多辊矫板机上矫平有特殊变形缺陷的板料或较小的坯料或零件时，可采取表 15-6 中的一些特殊措施。

(2) 压力机矫平技巧。压力机矫平的方法是：将坯料放在压力机工作台上，使其凸起部位向上，在两个最低部位垫上两块等厚垫板作为支点，如坯料变形曲率较小、可减小支点间距，然后在凸起部位上方加一方钢，下压方钢直至坯料原变形部位变平后再稍许下凹，控制下凹量等于回弹量，去压后板料变平为止，如图 15-6 所示。为防止过压，可在坯料下方加一适当厚度的垫铁，当坯料被压下抵住垫铁时，即不再压下。

表 15-6　　几种特殊情况下的板料矫平

钢板特征	简　图	矫平方法
松边钢板（中部较平，两侧纵向呈波浪形）		调整托辊，使上辊向下挠曲
	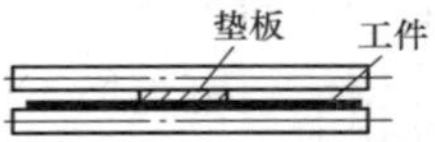	在钢板的中部加垫板
紧边钢板（中部纵向呈波浪形，两侧较平）		调整托辊，使上辊向上挠曲
		在钢板两侧加垫板
单边钢板（一侧纵向呈波浪形，另侧较平）		调整托辊，使上辊倾斜
	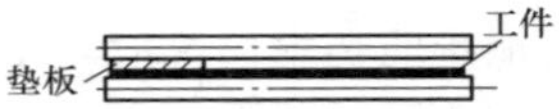	在紧边一侧加垫板
小块钢板	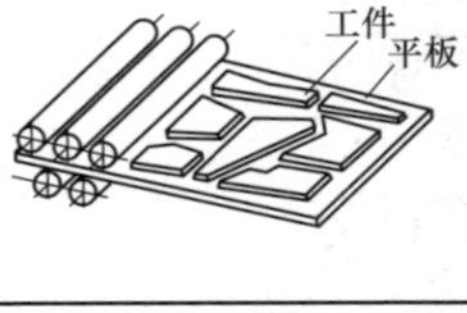	将厚度相同的小块钢板布于大平板上矫正后翻转再矫

用压力机矫平操作的顺序是：先局部后整体；先扭曲后弯曲。

3. 管材、型材的校直技巧

（1）用多辊型材校直机校直技巧。用多辊型材校直机校直工作原理类似于板材矫平，不同之处是型材校直机中的校直辊具有与被矫型材断面相应的外轮廓形状，如图 15-7 所示。校直不同型材时，

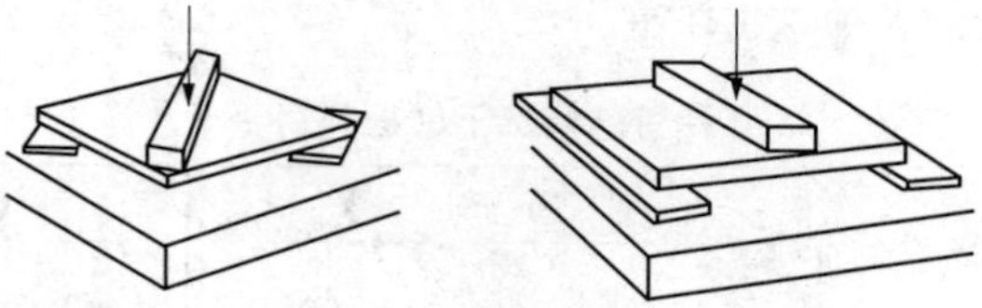

(a)　　　　(b)

图 15-6　压力机上矫平板材扭曲

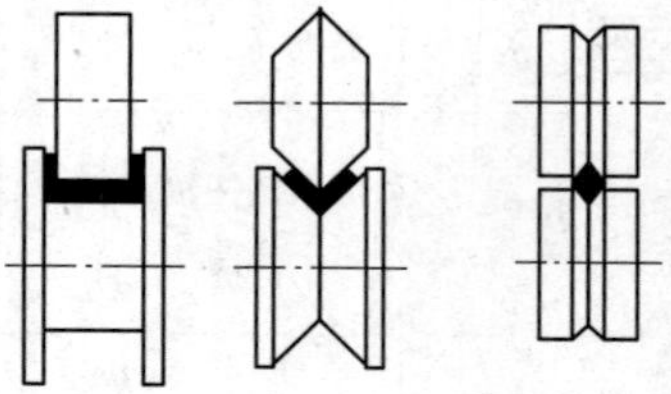

图 15-7　型材冷矫

可更换不同轮廓的校直辊。校直时，型材通过上下两列校直辊而受到反复弯曲，使纤维拉长，从而得到校直。该类校直机有正辊、斜辊之分。正辊校直机的各校直辊轴线互相平行，适用于各种型材的校直。斜辊校直机校直辊外轮廓为双曲线，上下校直辊轴线互相倾斜，使被矫圆材产生附加旋转运动，增强了校直效果；适用于管、棒、线材的校直。其中，斜辊校直机的矫正效率和精度最高，应用最广。常用斜辊机的结构见表 15-7。

一般型材可冷矫的最小曲率半径及最大挠度见表 15-8。超出此范围应当采取适当措施防止型材截面畸变和扭转。

表 15-7　　常用斜辊机构的结构特点

型　式	简　图	特　　点
2-2-2 型	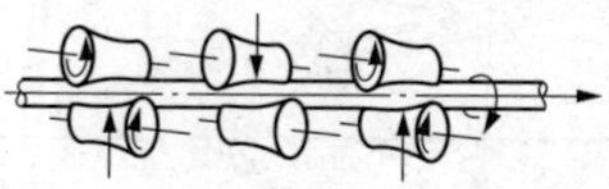	1. 主动辊成对布置以保证对称施加圆周力，使工件保持稳定 2. 具有一个矫正循环
2-2-2-1 型	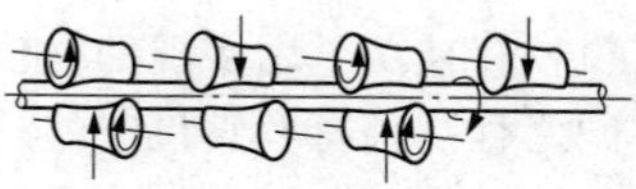	1. 主动辊成对布置以保证对称施加圆周力，使工件保持稳定 2. 具有两个矫正循环，矫正质量较高

续表

型　式	简　图	特　点
3-1-3 型	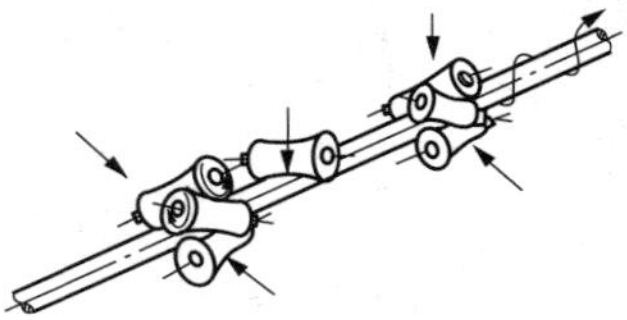	1. 具有一个矫正循环 2. 由三个辊子构成夹持孔型，比两个辊子的夹持力大，矫正能力大，矫正圆度效果好

表 15-8　　型材冷矫最小曲率半径及最大挠度　　(mm)

型材名称	简　图	中性轴	最小弯曲半径	最大挠度	备注
扁钢	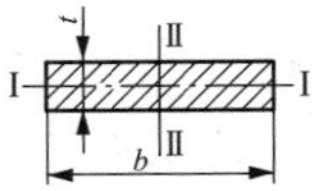	Ⅰ-Ⅰ Ⅱ-Ⅱ	$50t$ $100b$	$L^2/400t$ $L^2/800b$	L——弯曲弦长
角钢	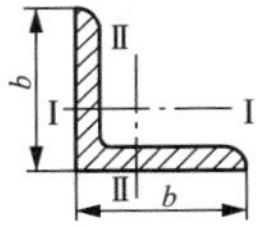	Ⅰ-Ⅰ Ⅱ-Ⅱ	$90b$	$L^2/720b$	
槽钢	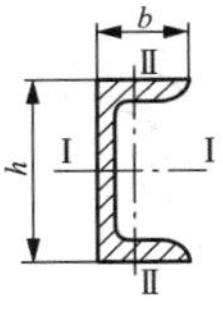	Ⅰ-Ⅰ Ⅱ-Ⅱ	$50h$ $90b$	$L^2/400b$ $L^2/720b$	
工字钢	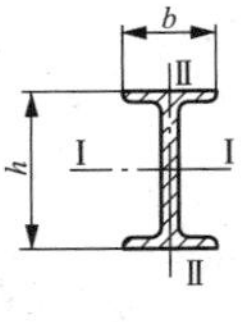	Ⅰ-Ⅰ Ⅱ-Ⅱ	$50h$ $50b$	$L^2/400h$ $L^2/400b$	

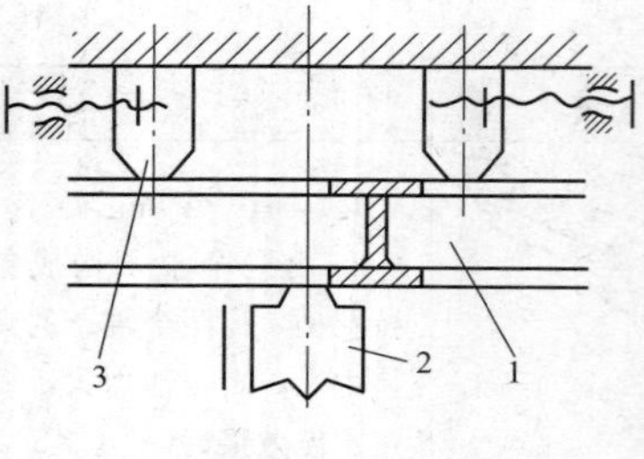

图 15-8　撑直机的工作部分

1—型钢；2—推撑；3—支撑

(2) 用型材撑直机校直技巧。用型材撑直机校直时，型材平放在滚轴上，置于一个推撑和两个支撑之间，凸出部位由推撑挡住，压向支撑，两支撑沿垂直于推撑压力方向作往复水平张开收拢运动，坯料受到推撑和支撑周期性的作用力而产生周期性的反复弯曲，从而达到矫直的目的。两支撑间的距离可按需要调整，但工件的两端各有一段矫不到的盲区。除校直外，撑直机还有弯曲的功能。

撑直机的工作部分如图 15-8 所示。型钢 1 放置在推撑 2 与支撑 3 之间，两支撑的间距由操纵手轮进行调节，间距的大小由型钢弯曲程度而定。当推撑 2 由电动机驱动作水平往复运动时，周期性地加力于被矫正的型钢 1 上，从而产生反方向的弯曲。推撑的位置可以调节，以调节撑力的大小，即型钢的弯曲程度，这样逐段进行矫正，直到全部矫直为止。为减轻型钢来回移动的力，调直机的两旁设有滚轮装置，型钢就搁于该轮上。

4. 矫正力与矫正机基本参数选择

(1) 矫正力计算。矫正力可按表 15-9、表 15-10 中公式近似计算。

(2) 矫正机基本参数。矫正机型号及基本参数可参考“第五章　钣金工常用设备”表 5-30～表 5-34 选择。

三、钣金机械矫正注意事项与操作禁忌

1. 注意事项

矫正工作包括四方面的内容：

(1) 下料前对原材料的矫正。例如卷筒板料，要经过开卷、矫平，才能下料。其他板材、型材，由于运输、存放不得法，其中一些可能产生了畸变，也要调平矫直后才能下料。

(2) 对钢结构零件的矫正。如对板件的矫平、型钢件的矫直，一般是在下料以后或成形以后进行。

表 15-9　　矫正力的计算公式

受力简图	适用设备	公式	备注
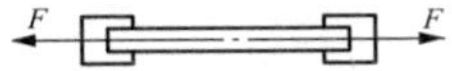	拉伸矫正机	$F=\sigma_s A$	F——矫正力，N； F_{max}——单根矫正辊最大矫正力（N）； $\sum F$——各矫正辊总矫正力（N）； M——塑性弯曲力矩（N·mm）； K_1——型材截面形状系数（见表 15-10）； A——材料横截面积（mm^2）； l——辊距（mm）； n——辊数
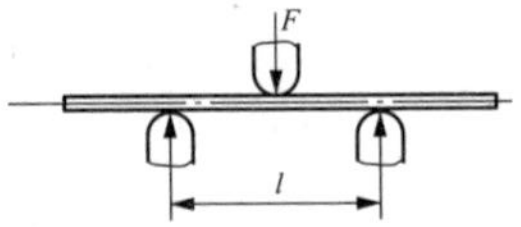	弯曲矫正压力机，2-2-2 型斜辊机（不计夹持工件力）	$F=\frac{4M}{l}$	
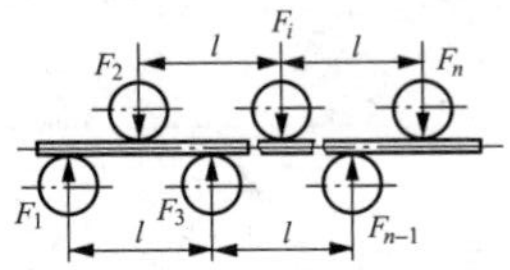	正辊机 2-2-2-1 型斜辊机（不计夹持工件力）	$F_{max}=F_3=\frac{8M}{l}$ $\sum F=\frac{4(n-2)}{l}\left(\frac{1}{K_1}+1\right)M$ $M=K_1\sigma_s W$	
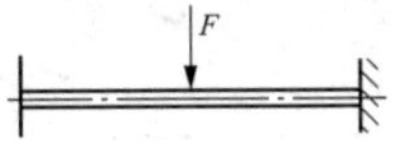	3-1-3 型斜辊机	$F=\frac{8M}{l}$	

表 15-10 型材截面形状系数 K_1

截面形状及弯曲方式	简图	公式	数值
矩形	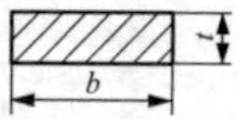		$K_1=1.5$
正方形侧放	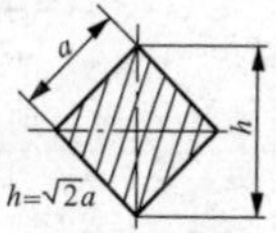		$K_1=2.0$
圆形	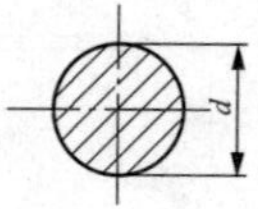		$K=1.7$
工字形及槽形竖放	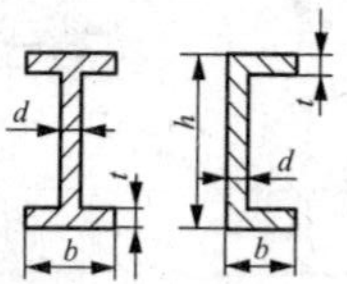	$K_1=1.5h\frac{bh^2-(b-d)(h-2t)^2}{bh^3-(b-d)(h-2t)^3}$	标准截面时 $K_1=1.2$

续表

截面形状及弯曲方式	简　图	公　式	数　值
工字形横放	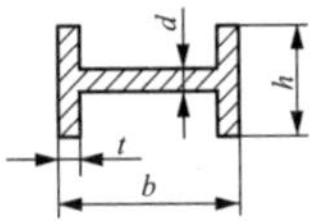	$K_1=1.5h\frac{2th^2+(b-2t)d^2}{2th^3+(b-2t)d^3}$	标准截面时 $K_1=1.8$
槽形横放	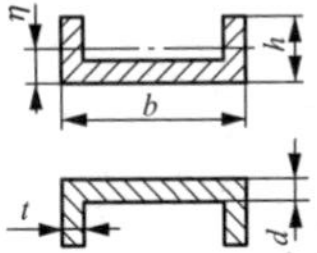	$K_1=\frac{3ht(h-\eta)^2}{b\eta^3-(b-2t)(\eta-d)^3+2t(h-\eta)^3}$	标准截面时 $K_1=1.55$
T字形翼缘朝内或朝外	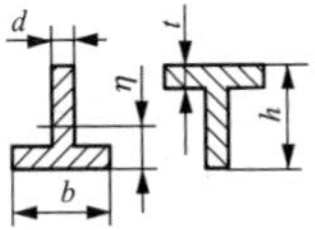	$K_1=\frac{1.5hd(h-\eta)^2}{b\eta^3-(b-d)(\eta-t)^3+d(h-\eta)^3}$	

续表

截面形状及弯曲方式	简图	公式	数值
等边角形翼缘朝内或朝外 等边角形侧放	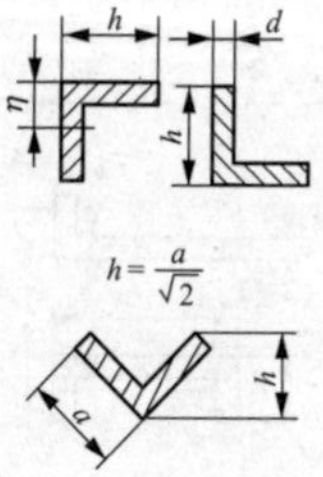	$K_1=\dfrac{1.5hd(h-\eta)^2}{h\eta^3-(h-d)(\eta-d)^3+d(h-\eta)^3}$	标准截面时 $K_1=1.5$ $K_1=1.5$
管子	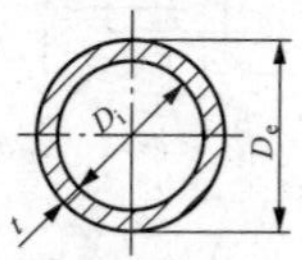	$K_1=\dfrac{4(3-6t_x+4t_x^2)}{3\pi(1-t_x)(1-2t_x+2t_x^2)}$ 或 $K_1\approx1.7(1-\beta^3)/1-\beta^4$ $t_x=\dfrac{t}{D_e}\quad\beta=\dfrac{D_i}{D_e}$	t_x K_1 β 0～0.05 1.3 0.9～1 0.06～0.12 1.4 0.75～0.89 0.13～0.20 1.5 0.6～0.74 0.21～0.30 1.6 0.4～0.59

（3）对焊接变形的矫正。包括部件及产品的焊接变形，都要进行矫正。

（4）对变形部位的修正。钢结构产品在使用过一段时期以后进行修理，对所有变形部位进行修正。

在加工工艺过程中，根据变形的可能性，矫正工序常常是伴随着下料、组装、焊接等工序而多次进行的。

2. 操作禁忌

压力机操作规程有以下内容：

（1）开机前。

1）准备好个人防护用品和所用工具。

2）查看交接班记录，注意前一班是否有遗留问题。

3）检查设备上易松动部位是否紧固。

4）检查油、气路系统中的压力是否合适，管路有无漏油、漏气。

5）按要求对设备加注润滑油。

6）查看工艺文件、生产任务单，核查所用模具及其安装情况，核查冲裁件的材料规格、牌号、零件数量及工艺文件中规定的有关事项。

（2）开机后。

1）接通电源，待飞轮旋转正常后，使压力机空冲几次，检查离合器、制动器及控制系统是否灵敏可靠；检查安全防护装置是否有效；同时，注意观察模具的工作情况是否正常。

2）试冲几个工件，自检并交检查员检查，合格后方可进行正常生产。

3）工作时，如出现质量问题、冲床运转不正常、操纵失灵、离合器及制动器反应不灵敏等问题，应立即停机，严禁设备带故障运行。

（3）工作完毕后。

1）脱开离合器，关闭电源。

2）清扫工作场地，擦拭压力机及模具，按要求涂保护油。

3）认真记好交接班记录。

第三节 钣金手工矫正

一、钣金手工矫正工具

手工矫正所用的工具分如下三大类，若干个品种，可参见第二章钣金工常用工具。

（1）支承矫正件的工具，如铁砧、矫正用平板和V形块等。

（2）加力用的工具，如锤子、铜锤、木槌和压力机等。

（3）检验用的工具，如平板、90°角尺、钢直尺和百分表等。

二、钣金手工矫正方法与诀窍

手工矫正常用方法及特点见表15-11。

表15-11 手工矫正常用方法及特点

名称	简图	工艺特点
扭转法		扭转法是用来矫正条料扭曲变形的，如图所示。它一般是将条料夹持在台虎钳上，左手扶着扳手的上部，右手握住扳手的末端，施加扭力，把条料向变形的相反方向扭转到原来的形状
伸张法	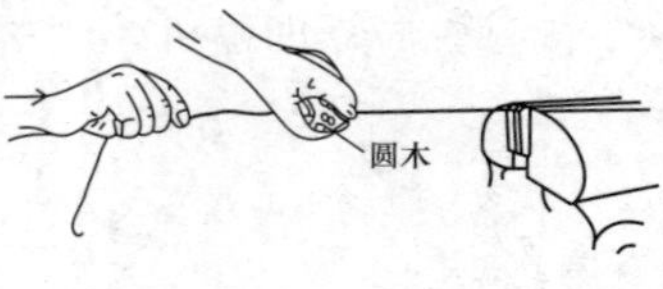	伸张法是用来矫正细长线材的，矫正时将线材一头固定，然后从固定处开始，将弯形线材绕圆木一周，紧握圆木向后拉，使线材在拉力作用下绕过圆木得到伸长矫直，如左图所示

续表

名称	简　图	工 艺 特 点
弯形法	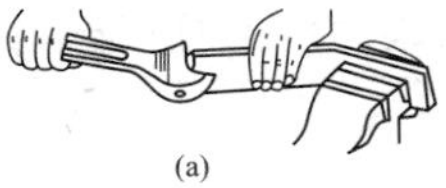 (a) 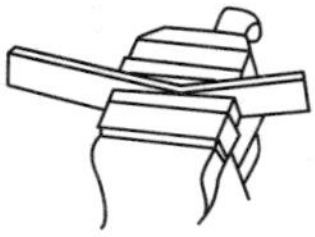 (b)	弯形法用来矫正钣金棒料、轴类和条形钣金工件的弯形变形。 直径较小的棒料和钣金薄条料可夹在台虎钳上用扳手弯制，如左图所示
	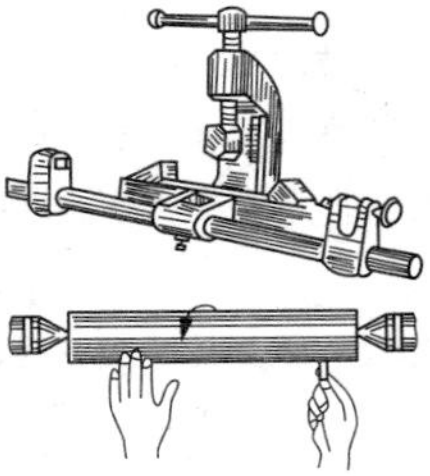 (a) (b)	直径大的棒料和较厚的钣金条料，则用压力机矫正，如左图所示。矫正前，先把轴架在两块 V 形块上，两 V 形块的支点和距离可以按需要调节。将轴转动检测，用粉笔画出弯形变形部分，然后转动压力机的螺杆，使压块压在圆轴最高凸起部分。为了消除因弹性变形所产生的回翘现象，可适当压过一些，然后检查。边矫正，边检查，直至符合要求
延展法	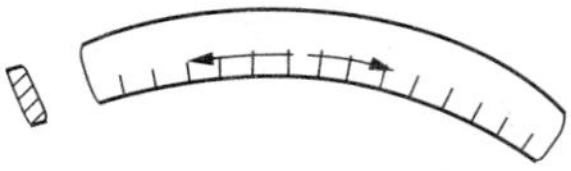	延展法用来矫正各种型钢和钣金板料的翘曲等变形，是用锤子敲击工件材料，使其延展伸长来达到矫正目的。 如左图所示为宽度方向上弯形变形的钣金条料，如果利用弯形法矫正，就会发生裂痕或折断，如果采用延展法，即锤击弯形里边的材料，使里面材料延展伸长就能得到矫正

三、钣金手工矫正工艺实例与技巧

钣金手工矫正工艺实例及技巧与诀窍见表15-12。

表15-12　　手工矫正工艺实例与技巧

名称	简　图	工　艺　特　点
板料矫正	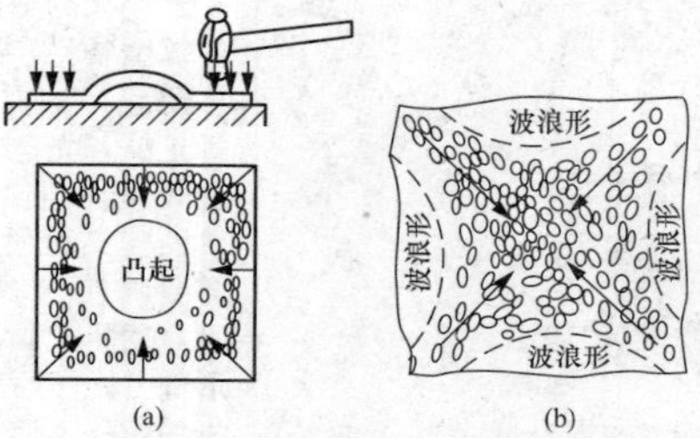 图1　延展法矫正薄板	钣金板料最容易产生中部凸凹、边缘呈波浪形、以及对角翘曲等变形，其矫正方法分别如下： 钣金板料中间凸起，是由于变形后中间材料变薄引起的，矫正时可锤击板料边缘，使边缘材料延展变薄。锤击时，由外向里逐渐由重到轻，由密到稀，如图1（a）所示。若表面有相邻几种凸起，应先在凸起的交界处轻轻锤击，使几处凸起合成一处，然后再锤击四周而矫平。 钣金板料四周呈波浪形但中间平整时，说明板料四周变薄而伸长，此时应按图1（b）所示方法锤击。 钣金板料发生对角翘曲时，就应沿另外没有翘曲的对角线方向锤击使其延展而矫平
	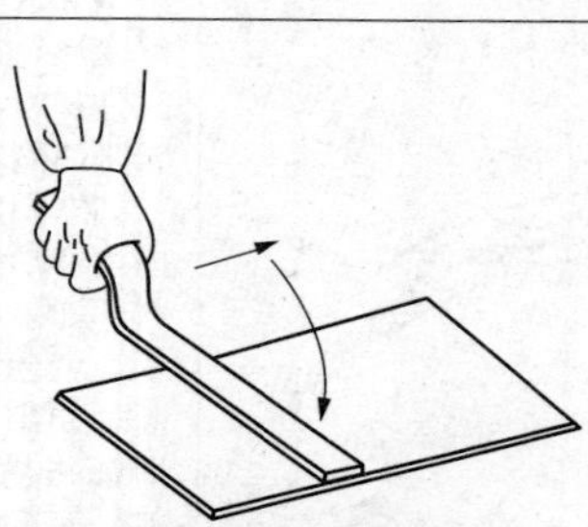 图2　用抽条抽平薄板料	钣金薄板有微小扭曲时，可用抽条从左到右（或从右到左）反复抽打，但抽打用力要均匀，直到薄板平整，如图2所示

续表

名称	简　　图	工　艺　特　点
板料矫正	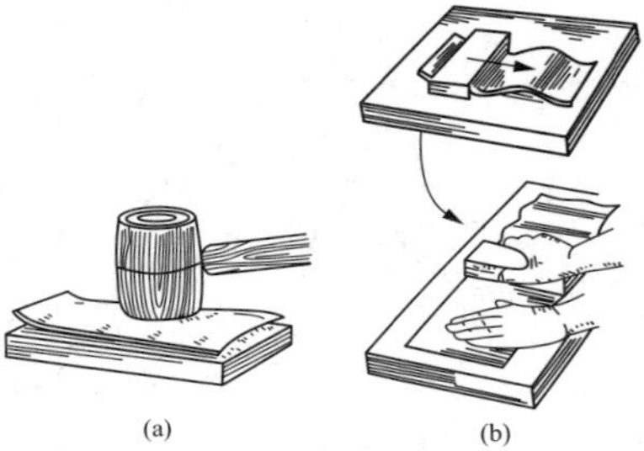 图 3　薄板扭曲矫正	厚度很薄、材质较软的铜箔或铝箔的矫平，应该用木槌轻轻地矫平，或用平整的木块在平板上推压材料的平面，使其达到平整，如图 3 所示
	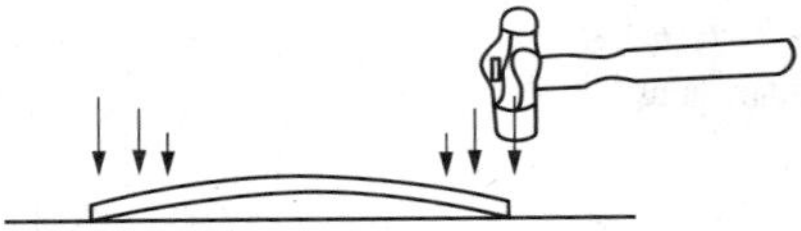 图 4　气割板料的矫平方法	用氧-乙炔气割下料的圆盘板料，板料外圆因在气割过程中冷却较快，致使收缩较为严重，造成割下的板料不平。矫正一般用锤击法进行，且锤击时，边缘重而密，第二、三圈轻而稀，这样很快就能使板料达到平整，如图 4 所示
角钢扭曲和翘曲矫正	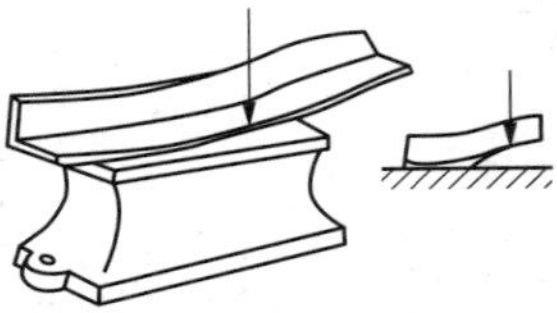 图 5　角钢扭曲矫正	角钢扭曲矫正如图 5 所示，将角钢平直部分放在铁砧上，锤击上翘的一面。锤击时应由边向里、由重到轻（见图 5 中箭头）。锤击一遍后，反过方向再锤击另一面，方向相同，锤击几遍可使角钢矫直

续表

名称	简　　图	工　艺　特　点
角钢扭曲和翘曲矫正	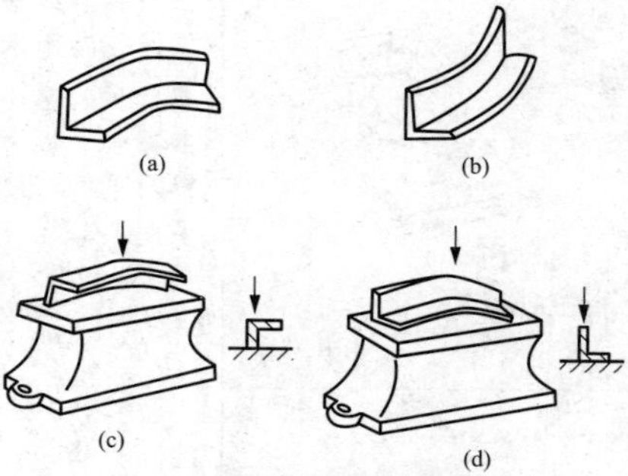 图 6　在铁砧上矫直角钢翘曲 （a）角钢里翘；（b）角钢外翘； （c）矫直角钢里翘方法； （d）矫直角钢外翘方法	角钢翘曲一种是向里翘如图 6（a）所示，一种是向外翘如图 6（b）所示。 矫正的方法和技巧：将角钢翘曲的高起处向上平放在砧座上。若向里翘，则应锤击角钢一条边凸起处，如图 6（c）箭头所指处，锤击力量由重到轻，角钢的外侧面会逐渐趋于平直。但须注意，角钢与砧座接触的一条边必须和砧面垂直，锤击时，不至于使角钢歪倒，否则要影响锤击效果。若向外翘，则应锤击角钢凸起的一条边，如图 6（d）箭头所指处，不准锤击凸起的面。经过锤击，角钢凸起的内侧面也会随着角钢的边一起逐渐平直。翘曲现象基本消除后，可用手锤锤击微曲的面，作进一步修正
条料矫直	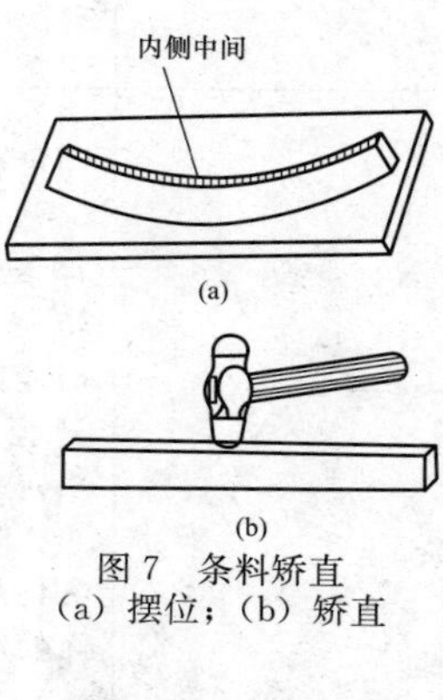 图 7　条料矫直 （a）摆位；（b）矫直	钣金条料在宽度方向发生弯曲时，可用延展法矫正。以条料在宽度方向弯曲的矫正为例，如图 7（a）所示，条料在宽度方向上发生弯曲，直线度允差为 1mm。将条料摆放在平板上，用锤子击打变形的内曲面（弯曲处凹面部分），锤击点从中间向两端展开。越靠里侧，锤击点越密，锤击力越大，使它的延展量为最大，直至里侧伸长后的长度和外侧相等为止，如图 7（b）所示

续表

名称	简　　图	工 艺 特 点
光杠矫直	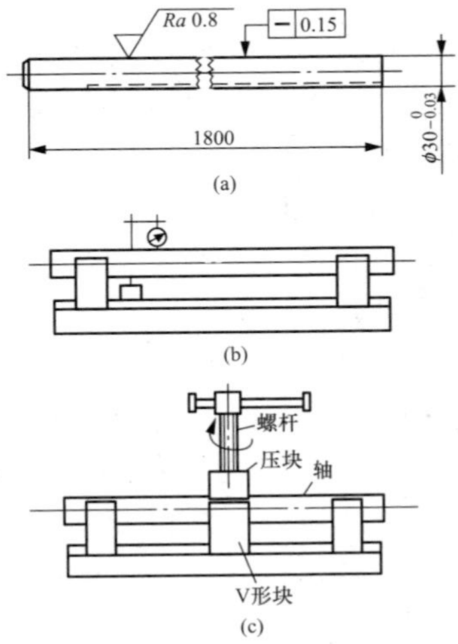 图 8　光杠矫直 (a) 光杠；(b) 检测；(c) 矫直	如图 8（a）所示，光杠的直线度允差 0.15rnm/全长。 根据光杠的实际长度将两个 V 形块相隔一段距离摆放在平板上，将光杠安放在 V 形块上，转动光杠，用百分表找出光杠弯曲最大值及弯曲点，如图 8（b）所示。用粉笔在最大弯曲点作出标记。光杠校直步骤如下： （1）将光杠从平板上的 V 形垫块中移至矫直压力机的 V 形块上，使光杠凸起部位朝上，调正支承 V 形块至最大凸起部位，如图 8（c）所示，旋转压力机螺杆，使压力机压块压在光杠最大凸起的部位上。 （2）本着“矫枉过正”的原则，转动螺杆进行加压，可适当地压“过头”一点，但应注意不可过分。 （3）旋松螺杆，使压头与光杠脱开。将光杠移至平板上的 V 形块上，用百分表复检矫直情况。 （4）若仍未达到要求，再重复 1）、2）步骤，直至矫直合格为止。 （5）自检。将光杠放入平板上的 V 形块中，均匀转动光杠，用百分表最终检查光杠的直线度是否在允差之内

第四节 钣金火焰矫形技术

火焰矫正是手工矫形中的一种特殊形式，在焊接结构的变形矫正中，得到了极为广泛的应用。

一、钣金火焰矫形的原理

1. 火焰矫形的原理

火焰矫形是利用加热点有选择、有规范地进行局部加热，使其冷却后产生收缩来实现矫形的。由于加热部位、加热形状、加热温度和加热时间的严格限制，加热部位受周边未变形部位的压缩，它的热膨胀只能向空中进行，这就是平板中点状加热表面不平的根本原因。但当冷却时，加热部位同一厚度的各向收缩却是均等的（不同厚度由于受热温度的不均匀，在不同的厚度上，应力是有一定的差别）。这样，加热部位的收缩对周边产生一个拉力。这个拉力随着加热温度的下降而增大，产生的应力与变形规律和焊接是相同的。因此，需要火焰矫形的板状构件其加热部位一般都在弯曲部位中弧长较长的外侧。

为了获得更好的矫形效果和工作效率，可在火焰矫形的基础上，再实施强制水冷、锤击和施加外力，如图 15-9 、图 15-10 所示。

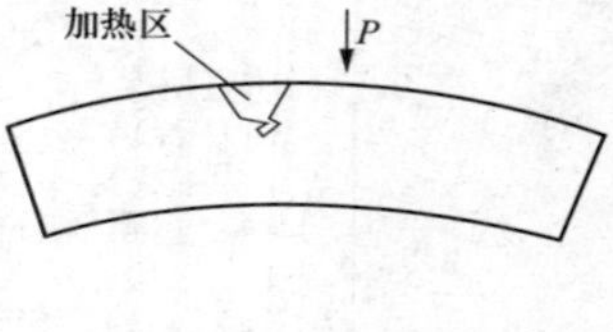

图 15-9 施加外力

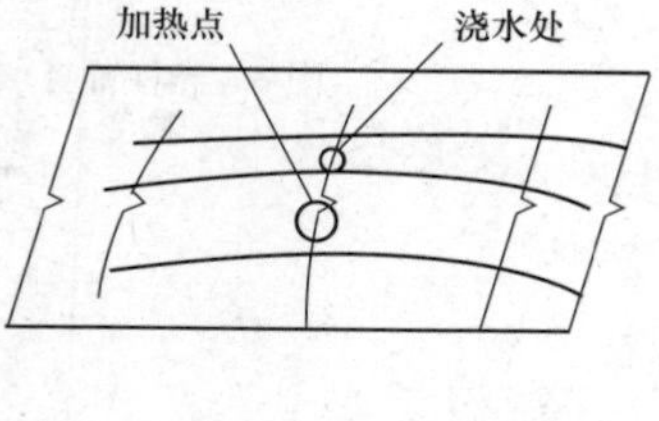

图 15-10 浇水冷却

2. 火焰矫形的条件与诀窍

火焰矫形的条件见表 15-13。

表 15-13　　火焰矫形的条件

序号	名　称	影响条件和因素
1	淬硬倾向	对淬硬倾向较为敏感的钢种，要注意加热温度，尤其是加热后的冷却速度不能过快，以免产生淬硬组织。因此，这类钢材不能采用水火矫正，矫正后的环境温度也不能过低
2	处理状况	由于火焰矫正是通过局部应力的不均匀性来达到矫形的目的，因此，经过热处理的构件由于已经做了消除内应力的处理，采用水火矫形很难达到预期效果。因此凡是采用水火矫形的构件，必须在水火矫形进行完毕之后，方可进行热处理
3	焊接结束时间	引起变形的焊接应力，经过一段时间后能够得到部分或大部分甚至全部的释放，随之的火焰矫形效果也因矫形前的应力较低而达不到预期的效果。进行火焰矫形应当在焊接结束后尽快进行，以提高矫正效果
4	影响火焰矫形的因素	影响火焰矫形的因素有加热位置、加热形状、加热能量。这些因素在热矫形中起着关键作用。不合理的热矫形会产生过矫形的相反后果，不仅增加了需要进行反矫形的工作，还有可能造成因无法再进行矫正而使焊接结构件报废的可能。因此，恰当地选择火焰加热部位、火焰加热形状、控制火焰加热能量是达到快速、准确矫正目的的主要措施。对于普通碳素结构钢和普通低合金高强度结构钢，火焰加热温度一般取 600～700℃，加热金属表面颜色为暗樱红色至樱红色。温度过低，效果不佳，温度过高，超过相变温度线时，使金属晶粒增大，会有损金属的组织

二、钣金火焰矫形的操作技巧与诀窍

1. 钣金火焰矫形的操作方法与技巧

（1）被矫构件的摆放技巧。被矫构件的摆放不得由于局部加热、自重等因素产生其他变形。对于弯曲和板的凸凹不平的矫正，其弯曲和凸凹部位应向上。

（2）加热位置的选择诀窍。加热位置是关系到矫形效果的关键，应为焊缝或收缩最严重地方的对称部位。确定加热位置时既需要掌握热矫形原理，同时也需要有对焊接变形、应力分布进行判断的经验。

（3）加热形状的选择诀窍。需要矫形的构件几何形状、焊缝分布、材料断面的不同，决定了加热形状的不同。常用的加热形状、特点及选择实例见表 15-14。

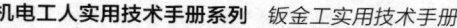

表 15-14　　　　火焰矫形加热形状、特点及选择实例

名称	简　　图	实例及工艺特点
点状加热	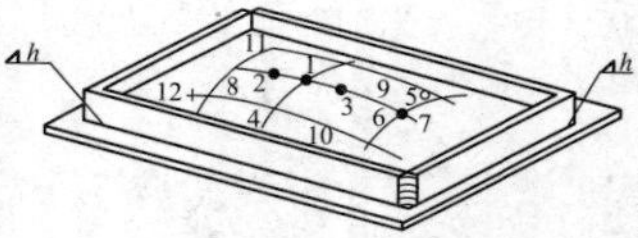 图 1　平板凸凹的点状加热	(1) 点状加热特点：点状加热适用于变形总量大，但变形分散相对均匀、单位变形量相对较小的焊缝分布在板类周围的焊接变形的构件。点状加热主要应用于对板的局部矫平。 (2) 点状加热原理：将不平的板面随机地划成若干小区后，依次对当前凸起最高的小区进行加热。通过若干矫平小区的积累，实现整体不平的矫正，因此，加热点宜小不宜大。当加热的点数达到 3～5 点或更多点时，被矫正构件一般会发出一声沉闷的“砰”声。这是钢板内局部应力释放的一种现象，说明了该加热矫形部位已部分达到目的。但在整体矫形后，还要进行全面检查，对仍然未达到理想的部位，重新进行矫形，但加热点应选择未加热的地方。 (3) 点状加热实例与诀窍：以如图所示的盖板为例，由于四周均布焊缝，盖板中间向上凸起。变形特点为大面积地向一侧凸起。点状加热时，应当保持凸起面向上，加热顺序为从凸起最高的点开始。待第一点冷却后，再以新出现的最高凸起点加热(见图 1 中的加热序号)。当被矫形钢板的厚度为 4～8mm 时，为了提高矫正效果，加热停止时，立即锤打加热点的周围数锤，然后再击打加热点。打击用锤的锤顶应呈圆弧形，锤顶边缘不应存在棱角，以免产生锤痕。对于能够进行水火矫形的钢种，锤击加热点结束后，立即用水浇在加热点，进行强化冷却，达到提高矫形效果和工作效率的目的。在作业环境能承受的前提下，用水量大比用水量小强，水的压力大比水流量大冷却效果好一些。加热点的位置、间距、顺序等不是一成不变的，要根据焊接应力大小、变形程度等许多因素确定

续表

名称	简　　图	实例及工艺特点
线状加热	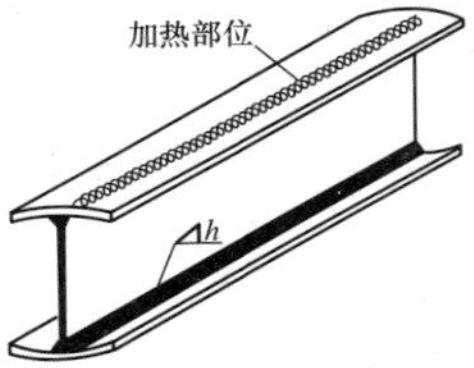 图 2　角变形的线状加热 h—加热宽度 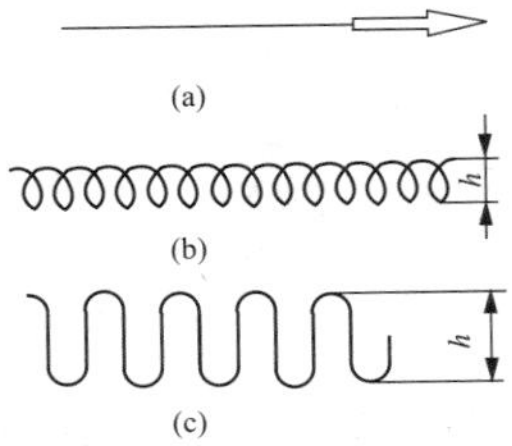 图 3　线状加热方式 （a）直线加热；（b）螺旋线加热；（c）U 形曲线加热	（1）线状加热适用场合：线状加热主要应用于呈角（弧形）变形焊接构件的矫正，工字梁的上下翼缘板矫正，如图 2 所示。 （2）线状加热的特点：加热线的横向收缩大于纵向收缩，横向收缩随着加热线的宽度增加而增加。加热线的宽度要据实际情况而定，一般为钢板厚度的 0.5～2 倍。线状加热采取浇水强制冷却的原则，和点状加热不同之处在于线状加热和浇水为连续进行。浇水位置以不明显影响加热的前提下，距离越近越好。 （3）线状加热分类：线状加热分为直线、U 形曲线、螺旋线三种，如图 3 所示，直线加热宽度最窄。虽然 U 形线和螺旋线的加热宽度是直线的一倍至数倍，但从整体上来讲，仍然属于线状
三角形加热	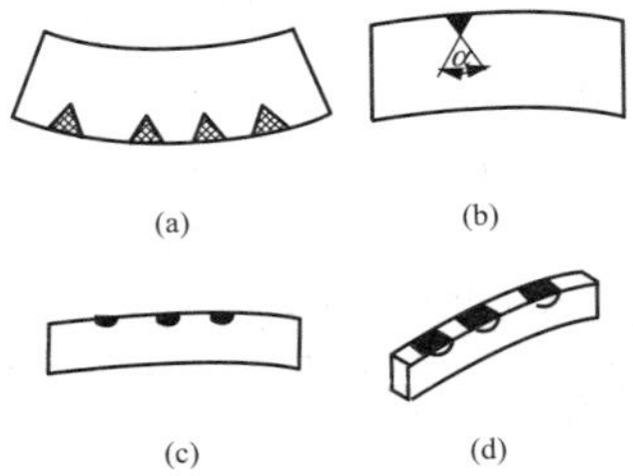 图 4　三角形加热的几种形式	（1）三角形加热主要适用场合：三角形加热主要适用于侧弯变形，如图 4（a）所示，其加热区为三角形。由于加热区面积大，收缩量大，常用于矫正厚度较大、刚性较强的焊接构件。由于加热面积大，可同时用两个或多个烤炬进行加热。 （2）三角形加热的工艺特性：三角形加热的横向深度与三角形的顶角 α［图 4（b）］随矫形板由宽到窄而由小到大变化。当板窄到一定程度时，加热的三角形就呈弓形［图 4（c）］。当板变得更窄时，加热形状就变成带状［图 4（d）］

（4）加热能量选择诀窍。加热能量不同，矫正变形的能力和矫正效果也不同。加热不足，达不到矫正的目的；加热过量，则容易产生矫正过量的后果。

（5）加热次数选择诀窍。同一部分的加热次数一般只加热一次，最多不应超过两次。因为第三次加热的效果不及总效果的20%甚至更低。

2. 注意事项

局部加热矫正时应注意以下几点：

（1）厚度小于8mm的钢板，加热后可浇水急冷，而厚度过大的钢板不宜水冷，以防表里温差过大而产生裂纹。

（2）应根据材料厚度来确定加热面积、加热速度和加热温度。加热温度一般取500～800℃。温度过低，矫正效果不明显；温度过高，易损伤金属的组织结构。

（3）应正确选择加热区形状和加热厚度，这样才能取得最好的矫正效果。

（4）需要进行重复加热矫正时，应尽量避免与原来的加热位置重合。

3. 操作禁忌

（1）加热速度要快，热量要集中，尽力缩小加热区外的受热范围。这样可以提高矫正效果，在局部获得较大的收缩量。

（2）加热时，焊嘴要做圈状或线状晃动，不要只烤一点，以免烧坏被矫钢材。

（3）当第一遍矫正过后，需重复进行局部加热矫正时，加热区不得与前次加热区重合。

（4）为了加快加热区收缩，有时常辅之以锤击，但要用木槌或铜锤，不得用铁锤。

（5）为了加快冷却速度，可采用浇水急冷的方法。但要注意被矫材料的材质，具有淬硬倾向的材料（如中碳钢、低合金结构钢等），不可浇水急冷。较厚材料在其表层和内部冷却速度不一致时，容易在交界处出现裂纹，故也不宜采用浇水急冷。

第十六章

钣金焊接与热切割

第一节　金属焊接与热切割的基本知识

一、焊接原理、分类和特点

1. 焊接原理

在金属结构及其他机械产品的制造中，需将两个或两个以上零件连接在一起，使用的方法有螺栓连接、铆钉连接和焊接等，如图16-1所示。前两种连接都是机械连接，是可拆卸的，而焊接则是利用两个物体原子间产生的结合作用来实现连接的，连接后不能再拆卸，成为永久性连接。

焊接不仅可以使金属材料永久地连接起来，而且可以使某些非金属材料达到永久连接的目的，如塑料焊接等，但生产中主要是用于金属的焊接。

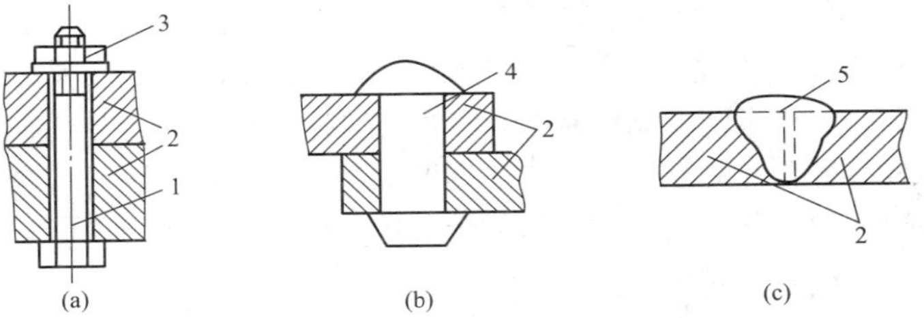

图16-1　零件的连接方式

(a) 螺栓连接；(b) 铆钉连接；(c) 焊接

1—螺栓；2—零件；3—螺母；4—铆钉；5—焊缝

焊接就是通过加热或加压，或两者并用，并且用或不用填充材料，使工件达到结合的一种方法。为了获得牢固接头，在焊接过程中必须使被焊工件中原子彼此接近到原子间的引力能够相互作用的程度。因此，对需要结合的地方通过加热使之熔化，或者通过加压（或者先加热到塑性状态后再加压），使原子或分子间达到结合与扩散，形成牢固的焊接接头。

焊接不仅可以应用于在静载荷、动载荷、疲劳载荷及冲击载荷下工作的结构，而且可以应用于在低温、高温、高压及有腐蚀介质条件下使用的结构。

随着社会生产和科学技术的发展，焊接已成为机械制造工业部门和修理行业中重要的加工工艺，也是现代工业生产中不可缺少的加工方法，如石油的勘探、钻采、输送；迅速发展的石油、化纤工业中的金属容器、塔、杆构件；造船、锅炉、汽车、动车和高铁、飞机、矿山机械、冶金、电子、原子能及宇航等工业部门都广泛采用焊接工艺。

2. 焊接方法的分类

按照焊接过程中金属所处的状态不同，可以把焊接方法分为熔焊（俗称熔化焊）、压焊和钎焊三种类型。

（1）熔焊。熔焊是将待焊处的母材金属熔化以形成焊缝的焊接方法。当被焊金属加热至熔化状态形成液态熔池时，原子间可以充分扩散和紧密接触，因此冷却凝固后，即可形成牢固的焊接接头。

（2）压焊。压焊是在焊接过程中，对焊件施加压力（加热或不加热）以完成焊接的方法。这类焊接有两种形式：①将被焊金属接触部分加热至塑性状态或局部熔化状态，然后施加一定的压力，以使金属原子间相互结合形成牢固的焊接接头；②不进行加热，仅在被焊金属的接触面上施加足够大的压力，借助于压力所引起的塑性变形，使原子间相互接近而获得牢固的挤压接头。

（3）钎焊。钎焊是硬钎焊和软钎焊的总称。采用比母材熔点低的金属材料作钎料，将焊件和钎料加热到高于钎料的熔点，低于母材熔化温度，利用液态钎料润湿母材，填充接头间隙并与母材相互扩散实现连接焊件的方法。

焊接方法分类如图16-2所示。各种焊接方法的基本原理及用途见表16-1。

为了适应工业生产和新兴技术中新材料、新产品的焊接需要，

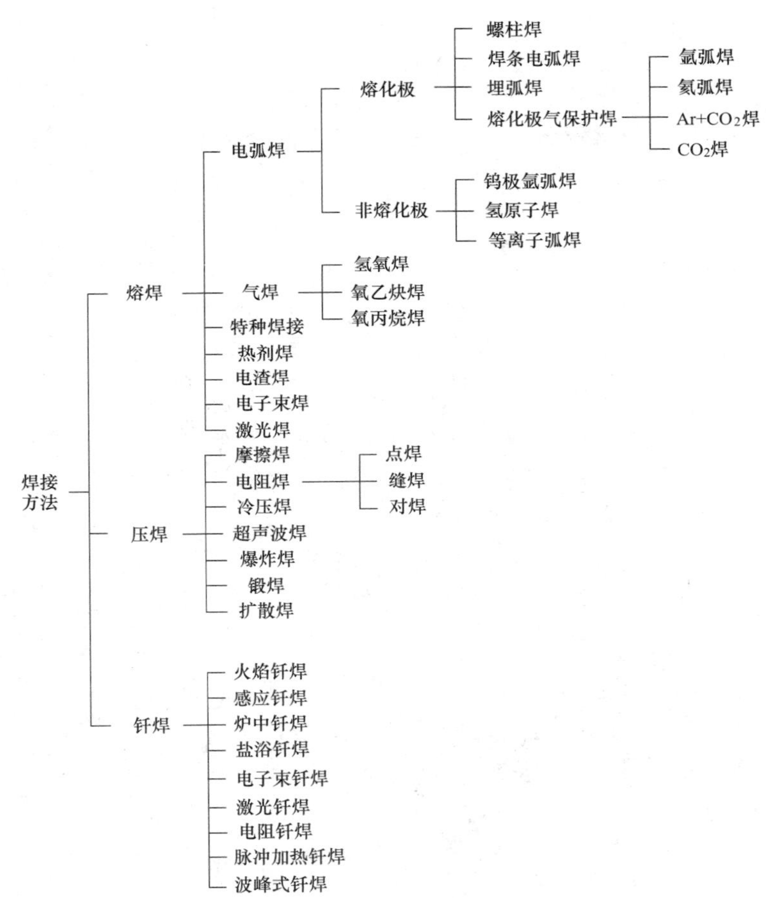

图 16-2　焊接方法的分类

将不断研究出新的焊接工艺方法和先进的焊接技术。

3. 焊接工艺特点

(1) 节约金属材料。用焊接比用钢接制成的金属结构可省去很多零件，因此能够节约金属 15%～20%。另外，同样的构件也可比铸铁、铸钢件节约很多材料。

(2) 减轻结构质量。采用焊接制成的构件可以在节省材料的同时减轻自身的质量，从而可以加大构件的承载能力。

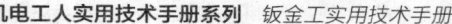

表 16-1 各种焊接方法基本原理及用途

焊接方法		基本原理	用途
熔焊	螺柱焊	将金属螺柱或类似的其他紧固件焊于工件上的方法统称为螺柱焊	在造船或机车制造中焊接将木板固定于钢板上的螺柱，在大型建筑钢结构上焊接T形钉，以制造钢梁混凝土结构等
	焊条电弧焊	利用电弧作为热源熔化焊条和母材而形成焊缝的一种焊接方法	应用广泛，适用于焊短小焊缝及全位置焊接
	埋弧焊	以连续送进的焊丝作为电极和填充金属，焊接时，在焊接区的上面覆盖一层颗粒状焊剂，电弧在焊剂层下燃烧，将焊丝端部和母材熔化，形成焊缝	适用于长焊缝焊接，焊接电流大，生产效率高，广泛应用于碳钢、不锈钢焊接，也可用于纯铜板焊接，易于实行自动化
	氩弧焊（熔化极）	采用焊丝与被焊工件之间的电弧作为热源来熔化焊丝与母材金属，并向焊接区输送氩气，使电弧、熔化的焊丝及附近的母材金属免受空气的有害作用，连续送进的焊丝不断熔化过渡到熔池，与熔化的母材金属熔合形成焊缝	用于焊接不锈钢、铜、铝、铁等金属
	CO_2焊	原理与熔化极氩弧焊基本相同，只是采用CO_2作为焊接区的保护气体	主要用于焊接黑色金属
	氩弧焊（钨极）	采用钨极和工件之间的电弧使金属熔化而形成焊缝，焊接过程中钨极不熔化，只起电极作用，同时由焊炬的喷嘴送出氩气保护焊接区，还可根据需要另外添加填充金属	用于焊接不锈钢、铜、铝、铁等金属
	氢原子焊	是靠氢气在高温中的化学反应热以及电弧的辐射热来熔化金属和焊丝的一种焊接方法	主要用于碳钢、低合金钢及不锈钢薄板的焊接
	等离子弧焊	利用气体在电弧内电离后，再经过热收缩效应和磁收缩效应产生的一束高温热源来进行熔化焊接，等离子体能量密度大、温度高，通常可达20 000℃左右	用于焊接不锈钢，高强度合金钢，低合金耐热钢、铜、铁及合金等，还可焊接高熔点及高导热性材料

续表

焊接方法		基本原理	用途
熔焊	气焊	利用气体火焰作为热源来熔化金属的焊接方法，应用最多的是以乙炔为燃料的氧一乙炔焰，以氢气为燃料的氢氧焰及液化石油气、天然气为燃料的氧丙烷焰、氧甲烷焰等	适用焊接较薄的工件，有色金属及铸铁等
	热剂焊	将留有适当间隙的焊件接头装配在特制的铸型内，当接头预热到一定温度后，采用经热剂反应形成的高温液态金属注入铸型内，使接头金属熔化实现焊接的方法	主要用于钢轨的连接或修理，铜电缆接头的焊接等
	电渣焊	利用电流通过熔渣产生电阻热来熔化母材和填充金属进行焊接，它的加热范围大，对厚的工件能一次焊成	焊接大型和很厚的零部件，也可进行电渣熔炼
	电子束焊	利用电子枪发射高能电子束轰击焊件，使电子的动能变为热能，以达到熔化金属形成焊缝的目的。电子束焊分真空电子束焊和非真空电子束焊两种	真空电子束焊主要用于尖端技术方面的活泼金属、高熔点金属和高纯度金属。非真空电子束焊一般用于不锈钢焊接
	激光焊	利用聚焦的激光光束对工件进行加热熔化的焊接方法	适用于铝、铜、银、不锈钢、钨、钼等金属的焊接
压焊	电阻点焊、缝焊	使工件处在一定的电极压力作用下，并利用电流通过工件所产生的电阻热将两工件之间的接触表面熔化而实现连接的焊接方法	适用于焊接薄板、板料
	电阻对焊	将两工件端面始终压紧，利用电阻热加热至塑性状态，然后迅速施加顶端压力（或不加顶端压力，只保持焊接时压力）完成焊接的方法	主要用于型材的接长和环形工件的对接

续表

焊接方法		基 本 原 理	用 途
压焊	摩擦焊	利用焊件表面相互摩擦所产生的热，使端面达到塑性状态，然后迅速顶锻完成焊接的方法	几乎所有能进行热锻且摩擦系数大的材料均可焊接，且可焊接异种材料
	闪光对焊	对接工件接通电源，并使其端面移近到局部接触，利用电阻热加热这些接触点（产生闪光），使端面金属熔化，直至端面在一定深度范围内达到预定温度时，迅速施加顶锻力完成焊接的方法	用于中大截面工件的对接，不但可对接同种材料，也可对接异种材料
	冷压焊	不加热，只靠强大的压力，使两工件间接触面产生很大程度的塑性变形，工件的接触面上金属产生流动，破坏了氧化膜，并在强大的压力作用下，借助于扩散和再结晶过程使金属焊在一起	主要用于导线焊接
	超声波焊	利用超声波向工件传递超声波振动产生的机械能并施加压力而实现焊接的方法	点焊和缝焊有色金属及其合金薄板
	爆炸焊	以炸药爆炸为动力，借助高速倾斜碰撞，使两种金属材料在高压下焊接成一体的方法	制造复合板材料
	锻焊	焊件在炉内加热至一定温度后，再锤锻使工件在固相状态下结合的方法	焊接板材
	扩散焊	在一定的时间、温度或压力作用下，两种材料在相互接触的界面发生扩散和界面反应，实现连接的过程	能焊弥散强化高温合金，纤维强化复合材料、非金属材料、难熔和活泼性金属材料

续表

焊接方法	基本原理	用途
钎焊	采用比母材熔点低的材料作填充金属，利用加热使填充金属熔化，母材不熔化，借液态填充金属与母材之间的毛细现象和扩散作用实现工件连接的方法	一般用于焊接薄的、尺寸较小的工件

(3) 减轻劳动强度、提高生产率。焊接与铆接相比，劳动强度减轻。由于简化了生产准备工作，缩短了生产周期，从而提高了生产率。

(4) 构件质量高。焊接可以将两块材料连接起来，同时焊缝是连续的，具有和母材相同或更高的力学性能，并且能够获得较高致密性（容器能达到水密、气密、油密），因而提高了产品结构的质量。

(5) 焊接的材料厚度基本不受限制。金属焊接的方法很多，同一种焊接方法也可采用多种焊接工艺，因而焊接的材料厚度一般不受限制。

(6) 金属焊接的不足之处

1) 由于焊接是局部的、不均匀的加热、冷却或加压，所以焊后的金属易产生焊接变形及焊接应力。

2) 焊接接头的材质要发生一定的变化。

3) 焊接接头的裂纹在受力时会有延伸倾向，从而导致构件破坏。

4. 焊接方法的选择

(1) 选择焊接方法首先应能满足技术要求及质量要求，在此前提下，尽可能地选择经济效益好，劳动强度低的焊接方法。表16-2给出了不同金属材料适用的焊接方法，不同焊接方法所适用材料的厚度不同。

(2) 不同焊接方法对接头类型、焊接位置的适应能力是不同的。电弧焊可焊接各种形式的接头，钎焊、电阻点焊仅适用于搭接接头。大部分电弧焊接方法均适用于平焊位置，而有些焊接方法，如埋弧焊、射流过渡的气体保护焊不能进行空间位置的焊接。表16-3给出了常用焊接方法所适用的接头形式及焊接位置。

表 16-2 不同金属材料适用的焊接方法

材料	厚度/mm	焊条电弧焊	埋弧焊	熔化极气体保护焊				管状焊丝气体保护焊	钨极气体保护焊	等离子弧焊	电渣焊	气电立焊	电阻焊	闪光焊	气焊	扩散焊	摩擦焊	电子束焊	激光焊	硬钎焊							软钎焊
				喷射过渡	潜弧	脉冲喷射	短路过渡													火焰钎焊	炉中钎焊	感应加热钎焊	电阻加热钎焊	浸渍钎焊	红外线钎焊	扩散钎焊	
碳钢	≤3	△	△			△	△		△				△	△	△			△	△	△	△	△	△	△	△	△	△
	3～6	△	△	△	△	△	△	△	△				△	△	△		△	△	△	△	△	△	△	△	△	△	△
	6～19	△	△	△	△	△		△					△	△	△		△	△	△	△	△	△					△
	≥19	△	△	△	△	△		△			△	△		△	△		△	△			△					△	
低合金钢	≤3	△	△			△	△		△				△	△	△	△		△	△	△	△	△	△	△	△	△	△
	3～6	△	△	△		△	△	△	△				△	△		△	△	△	△	△	△	△				△	△
	6～19	△	△	△		△								△		△	△	△	△	△	△	△				△	
	≥19	△	△	△		△					△					△	△	△			△					△	
不锈钢	≤3	△	△			△	△		△	△					△	△		△	△	△	△	△	△	△	△	△	△
	3～6	△	△	△		△	△		△	△						△	△	△	△	△	△	△				△	△
	6～19	△	△	△		△				△						△	△	△	△	△	△	△				△	△
	≥19	△	△	△		△					△					△	△	△				△					△

续表

材料	厚度/mm	焊条电弧焊	埋弧焊	熔化极气体保护焊				管状焊丝气体保护焊	钨极气体保护焊	等离子弧焊	电渣焊	气电立焊	电阻焊	闪光焊	气焊	扩散焊	摩擦焊	电子束焊	激光焊	硬钎焊							软钎焊
				喷射过渡	潜弧	脉冲喷射	短路过渡													火焰钎焊	炉中钎焊	感应加热钎焊	电阻加热钎焊	浸渍钎焊	红外线钎焊	扩散钎焊	
铸铁	3～6	△													△					△	△	△				△	△
	6～19	△	△	△				△							△					△	△	△				△	△
	≥19	△	△	△				△							△						△					△	
镍及其合金	≤3	△				△	△		△	△			△	△	△			△	△	△	△	△	△	△	△	△	△
	3～6	△	△	△		△	△		△	△			△	△			△	△	△	△	△	△				△	△
	6～19	△	△	△		△				△				△			△	△	△	△	△					△	
	≥19	△		△		△					△			△			△	△			△					△	
铝及其合金	≤3			△		△			△	△			△	△	△	△	△	△	△	△	△	△	△	△	△	△	△
	3～6			△		△			△				△	△		△	△	△	△	△	△		△		△	△	
	6～19			△					△					△			△	△		△	△			△		△	
	≥19			△							△	△		△				△			△					△	
钛及其合金	≤3					△			△	△			△	△		△		△	△		△	△			△	△	
	3～6			△		△			△	△				△		△	△	△	△		△					△	
	6～19			△		△			△	△				△		△	△	△	△		△					△	
	≥19			△		△								△		△		△			△					△	

续表

材料	厚度/mm	焊条电弧焊	埋弧焊	熔化极气体保护焊				管状焊丝气体保护焊	钨极气体保护焊	等离子弧焊	电渣焊	气电立焊	电阻焊	闪光焊	气焊	扩散焊	摩擦焊	电子束焊	激光焊	硬钎焊							软钎焊
				喷射过渡	潜弧	脉冲喷射	短路过渡													火焰钎焊	炉中钎焊	感应加热钎焊	电阻加热钎焊	浸渍钎焊	红外线钎焊	扩散钎焊	
铜及其合金	≤3			△		△			△	△				△				△		△	△	△	△			△	△
	3～6			△		△				△				△			△	△		△	△		△			△	△
	6～19													△			△	△		△	△					△	
	≥19													△				△			△					△	
镁及其合金	≤3			△		△			△									△	△	△	△					△	
	3～6			△		△			△					△			△	△	△	△	△					△	
	6～19			△		△								△			△	△			△				△		
	≥19			△		△								△				△									
难熔金属	≤3					△			△	△				△				△		△	△	△	△		△	△	
	3～6			△		△				△				△				△		△	△					△	
	6～19													△				△									
	≥19																										

注 △—被推荐的焊接方法。

表 16-3　常用焊接方法所适用的接头形式及焊接位置

适用条件		焊条电弧焊	埋弧焊	电渣焊	熔化极气体保护焊				氩弧焊	等离子焊	气电立焊	电阻点焊	缝焊	凸焊	闪光对焊	气焊	扩散焊	摩擦焊	电子束焊	激光焊	钎焊
					喷射过渡	潜弧	脉冲喷射	短路过渡													
碳钢	对接	A	A	A	A	A	A	A	A	A	A	C	C	C	A	A	A	A	A	A	C
	搭接	A	A	B	A	A	A	A	A	A	C	A	A	A	C	A	A	C	B	A	A
	角接	A	A	B	A	A	A	A	A	A	B	C	C	C	C	A	C	C	A	A	C
焊接位置	平焊	A	A	C	A	A	A	A	A	A	C					A			A	A	
	立焊	A	C	A	B	C	A	A	A	A	A					A			C	A	
	仰焊	A	C	C	C	C	A	A	A	A	C					A			C	A	
	全位置	A	C	C	C	C	A	A	A	A	C					A			C	A	
设备成本		低	中	高	中	中	中	中	低	高	高	高	高	高	高	低	高	高	高	高	低
焊接成本		低	低	低	中	低	中	低	中	中	低	中	中	中	中	中	高	低	高	中	中

注　A—好；B—可用；C——一般不用。

（3）尽管大多数焊接方法的焊接质量均可满足实用要求，但不同方法的焊接质量，特别是焊缝的外观质量仍有较大的差别。产品质量要求较高时，可选用氩弧焊、电子束焊、激光焊等；质量要求较低时，可选用焊条电弧焊、CO_2焊、气焊等。

（4）自动化焊接方法对工人的操作技术水平要求较低，但设备成本高，管理及维护要求也高。焊条电弧焊及半自动CO_2焊的设备成本低，维护简单，但对工人的操作技术水平要求较高。电子束焊、激光焊、扩散焊设备复杂，辅助装置多，不但要求操作人员有较高的操作水平，还应具有较高的文化层次及知识水平。选用焊接方法时应综合考虑这些因素，以取得最佳的焊接质量及经济效益。

二、热切割的原理和分类

热切割是利用热能将材料分离的方法。热切割方法的分类如图16-3所示。按照加热能源的不同，金属热切割大致可分为气体火焰的热切割、气体放电的热切割和高能束流的热切割三种。

1. 气体火焰的热切割

气体火焰的热切割是由金属氧化燃烧产生切割所需热量，氧化物或熔融物被切割氧流驱出的热切割方法。

（1）气割。气割是采用气体火焰的热能将工件切口处预热到燃烧温度后，喷出高速切割氧流，使其燃烧并放出热量实施切割的方法。

气体火焰有氧-乙炔焰、氧-丙烷焰、氧-液化石油气焰等。

（2）氧熔剂切割。氧熔剂切割是在切割氧流中加入纯铁粉或其他熔剂，利用它们的燃烧和造渣作用实现切割的方法。

氧熔剂切割有金属粉末-火焰切割、金属粉末-熔化切割、矿石粉末-火焰切割等。

采用气体火焰的热切割的方法还有火焰气刨、火焰表面清理、火焰穿孔、火焰净化等。

2. 气体放电热切割

（1）电弧-氧切割。电弧-氧切割是利用电弧加切割氧进行切割的热切割方法。电弧在空心电极与工件之间燃烧，由电弧和材料燃烧时产生的热量使材料能通过切割氧进行连续燃烧，熔融物被切割

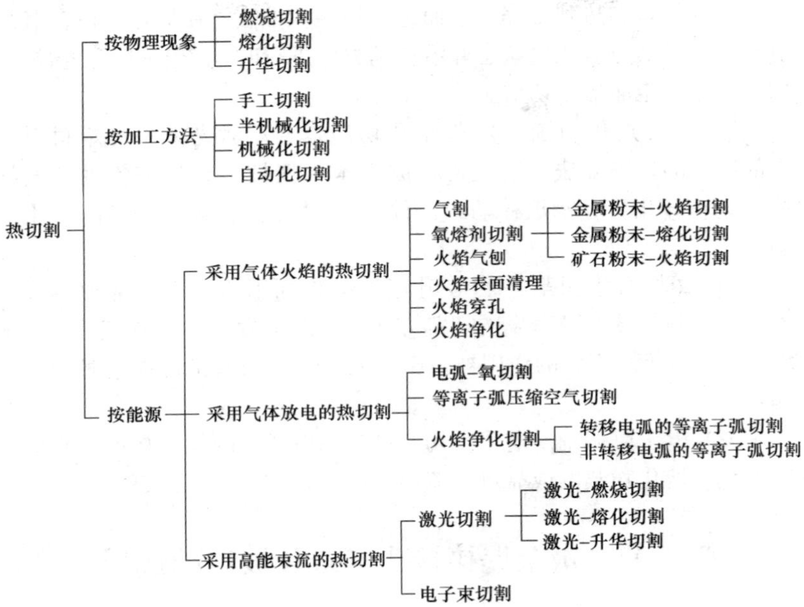

图 16-3　热切割方法的分类

氧排出，反应过程沿移动方向进行而形成切口。

（2）电弧-压缩空气气刨。电弧-压缩空气气刨是利用电弧及压缩空气在表面进行切割的热切割方法。

（3）等离子弧切割。采用等离子弧的热能实现切割的方法，分如下两种：

1）转移电弧的等离子弧切割。转移电弧进行等离子弧切割时，工件处于切割电流回路内，故被切割的材料必须是导电的。

2）非转移电弧的等离子弧切割。非转移电弧进行等离子弧切割时，工件不须处于切割电流回路内，故可以切割导电及不导电的材料。

3. 高能束流的热切割

（1）激光切割。采用激光束的热能实现切割的方法。

1）激光-燃烧切割。激光-燃烧切割是利用激光束将适合于火焰切割的材料加热到燃烧状态而进行切割的方法。在加热部位含氧射流将材料加热至燃烧状态并沿移动方向进行时，产生的氧化物被切割氧流驱走而形成切口。

2）激光-熔化切割。激光-熔化切割是利用激光束将可熔材料局部熔化的切割方法。熔化材料被气体（惰性的或反应惰性的气体）射流排出，在割炬移动或工件（金属或非金属）进给时产生切口。

3）激光-升华切割。激光-升华切割是利用激光束局部加热工件，使材料受热部位蒸发的切割方法。高度蒸发的材料受气体（压缩空气）射流及膨胀的作用被驱出，在割炬移动或工件进给时产生切口。

（2）电子束切割。电子束切割是利用电子束的能量将被切割材料熔化，熔化物蒸发或靠重力流出而产生切口。

第二节　钣金焊接接头形式及坡口的选择

一、焊接接头和坡口的基本形式及应用特点

（一）焊接接头的特点及作用

用焊接的方法连接的接头称为焊接接头（俗称接头）。熔焊时，不仅焊缝在焊接电弧作用下发生熔化到固态相变等一系列的变化，而且焊缝两侧相邻的母材，即熔合区和热影响区，也要发生一定的金相组织和力学性能的变化。所以说，焊接接头主要是由焊缝、熔合区和热影响区三部分组成的，如图16-4所示。

1. 焊接接头的主要作用

焊接接头在焊接结构中的作用主要有三点：

（1）工作接头。主要进行工作力的传递，该接头必须进行强度计算，以确保焊接结构的安全可靠。

（2）联系接头。虽然也参与力的传递，但主要作用是用焊接的办法使更多的焊件连接成一个整体，主要起连接作用。这类接头通常不作强度计算。

（3）密封接头。保证焊接结构的密封性、防止泄漏是其主要作

用，可以同时是工作接头或是联系接头。

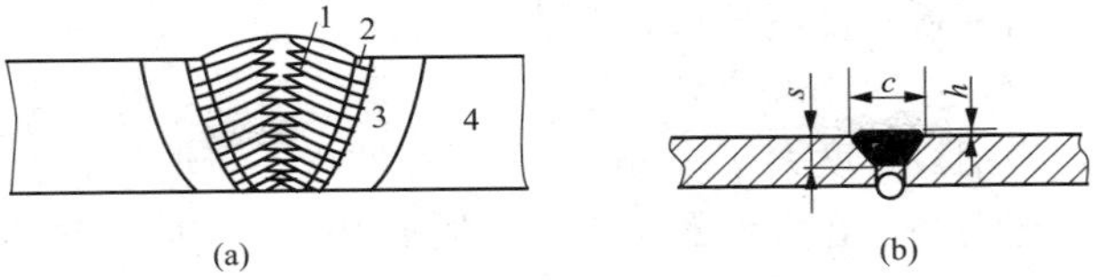

图 16-4　焊接接头示意图

(a) 焊接接头的组成部分；(b) 焊接接头尺寸

1—焊缝；2—熔合区；3—热影响区；4—母材；

c—焊缝宽度；*h*—焊缝高度（余高）；*s*—焊缝熔深

2. 焊接接头的特点

焊接接头有如下三个主要特点：

(1) 焊缝是焊件经过焊接后所形成的结合部分。通常由熔化的母材和焊材组成，有时也全由熔化的母材构成。

(2) 热影响区是在焊接过程中，母材因受热的影响（但是没有被熔化）金相组织和力学性能发生了变化的区域。

(3) 熔合区是焊接接头中焊缝向热影响区过渡的区域。它是刚好加热到熔点和凝固温度区间的那部分。

(二) 焊接接头及坡口基本形式与应用特点

在焊接过程中，由于焊件的厚度、结构的形状及使用条件不同，其接头形式及坡口形式也不相同。根据 GB/T 985.1—2008《气焊、焊条电弧焊、气体保护焊和高能束焊的推荐坡口》，焊接不同的接头形式采用不同的焊接坡口。焊接接头的基本形式可分为：对接接头、T 形接头、角接接头、搭接接头四种。有时焊接结构中还有一些其他类型的接头形式，如十字接头、端接接头、卷边接头、套管接头、斜对接接头、锁底对接接头等。

1. 对接接头

两焊件端面相对平行的接头称为对接接头，对接接头在焊接结构中是采用最多的一种接头型式。

根据焊件的厚度、焊接方法和坡口准备的不同，对接接头可分为：

(1) 不开坡口对接接头。不开坡口对接接头也称为Ⅰ形坡口对接接头，当钢板厚度在6mm以下，一般不开坡口，只留1～2mm的根部间隙，如图16-5所示。但这也不是绝对的，在有些重要的结构中，当钢板厚度大于3mm时要求开坡口。所谓坡口就是根据设计或工艺需要，在焊件的待焊部位加工出一定几何形状的沟槽。

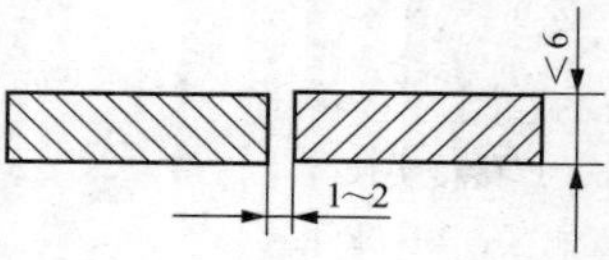

图16-5 Ⅰ形坡口的对接接头

(2) 开坡口的对接接头。开坡口就是用机械、火焰或电弧等加工坡口的过程。将接头开成一定角度叫坡口角度，其目的是为了保证最电弧能深入接头根部，使接头根部焊透，以便于清除熔渣获得较好的焊缝成形，而且坡口能起到调节焊缝金属中母材和填充金属比例的作用。钝边（焊件开坡口时，沿焊件厚度方向未开坡口的端面部分）是为了防止烧穿，但钝边的尺寸要保证第一层焊缝能焊透。根部间隙（焊前，在接头根部之间预留的空隙）也是为了保证接头根部能焊透。

板厚大于6mm的钢板，为了保证焊透，焊前必须开坡口。坡口主要形式分为：

1) V形坡口。钢板厚度为7～40mm时，采用V形坡口。V形坡口有V形坡口、钝边V形坡口、单边V形坡口、带钝边单边V形坡口四种，如图16-6所示。V形坡口的特点是加工容易，但焊后焊件易产生角变形。

2) 双V形坡口。钢板厚度为12～60 mm时可采用双Y形或双V形坡口，也称为X形坡口，如图16-7所示。X形坡口与V形坡口相比较，具有在相同厚度下，能减少焊着金属量约1/2，焊件焊后变形和产生的内应力也小些。所以它主要用于大厚度及要求变形较小的结构中。

3) U形坡口。U形坡口有带钝边U形坡口、带钝边双U形坡口、带钝边J形坡口，如图16-8所示。当钢板厚度为20～60mm时，采用带钝边U形坡口，当厚度为40～60mm时采用带钝边双U形坡口。

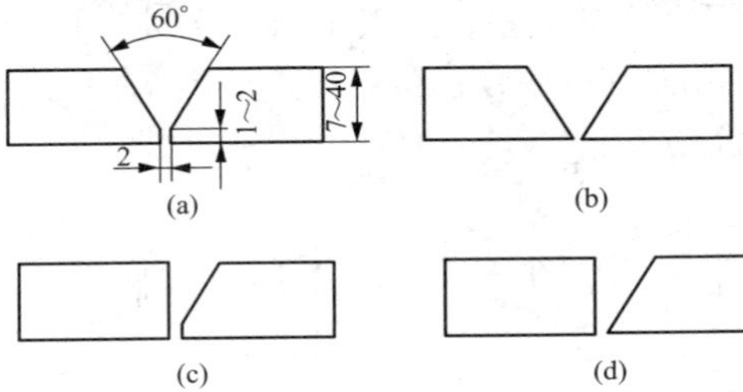

图 16-6　V形坡口

（a）钝边V形坡口；（b）V形坡口；（c）带钝边单边V形坡口；（d）单边V形坡口

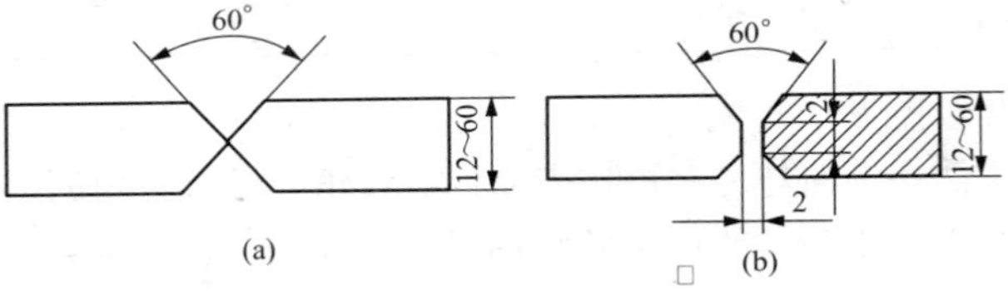

图 16-7　X形坡口对接接头

（a）双V形坡口；（b）双Y形坡口

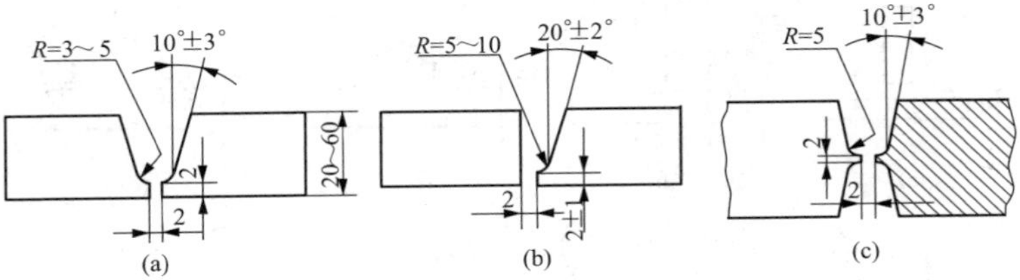

图 16-8　U型坡口

（a）带钝边U形坡口；（b）带钝边J形坡口；（c）带钝边双U形坡口

U形坡口的特点是焊着金属量最少，焊件产生的变形也较小，焊缝金属中母材金属占的比例也比较小。但这种坡口加工较困难，一般应用于较重要的焊接结构。

不同厚度的钢板对接焊接时，如果厚度差（$t-t_1$）不超过表16-4的规定时，则接头基本形式与尺寸应按较厚板的尺寸数据选取。如果对接钢板的厚度差超过表 16-4 的规定，则应在较厚的板上开出单面［见图 16-9（a）］和双面［见图 16-9（b）］的削薄部分，其削薄长度为 $L\geqslant 3\ (t-t_1)$。

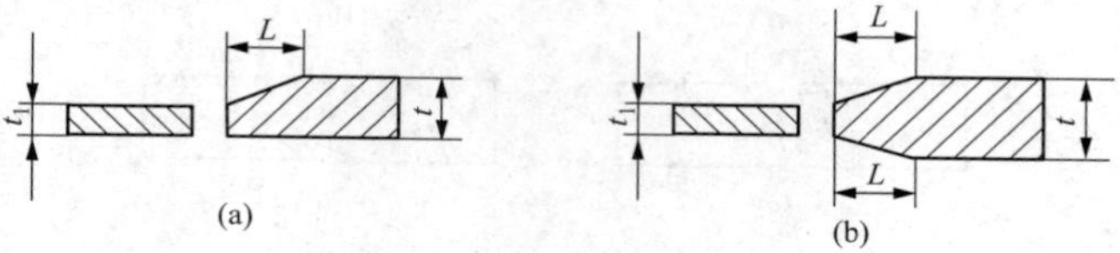

图 16-9　不同厚度板的对接要求

表 16-4　　不同厚度钢板对接的厚度差范围表　（mm）

较薄板的厚度 t_1	≥2～5	>5～9	>9～12	>12
允许厚度差（$t-t_1$）	1	2	3	4

2. T 形接头

一焊件的端面与另一焊件表面构成直角或近似直角的接头，称为 T 形接头，T 形接头的形式如图 16-10 所示。T 形接头在焊接结构中被广泛地采用。特别是造船厂的船体结构中，约 70％的焊缝是这种接头形式。按照焊件厚度和坡口准备的不同，T 形接头可分为不开坡口、单边 V 形、K 形及带钝边双 J 形四种形式。

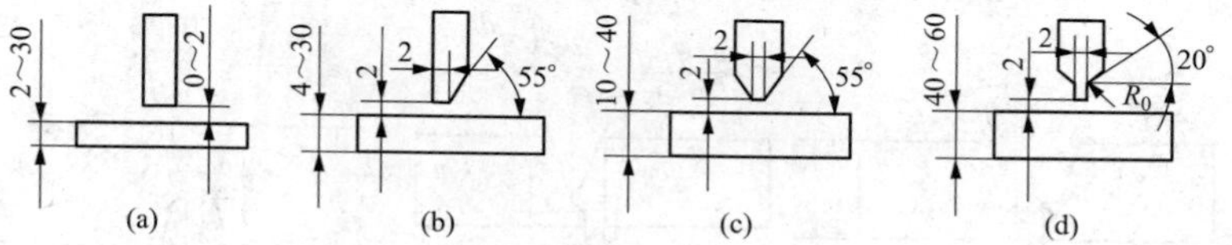

图 16-10　T 形接头

（a）I 形接头；（b）单边 V 形坡口；（c）带钝边双单边 V 形坡口；（d）带钝边双 J 形坡口

T 形接头作为一般联系焊缝，钢板厚度在 2～30mm 时，可采用不开坡口，它不需要较精确的坡口准备。若 T 形接头的焊缝要求承受载荷，则应按照钢板厚度和对结构强度的要求，可分别选用单边 V 形、带钝边双单边 V 形或带钝边双 J 形等坡口形式，使接头能焊透，保证接头强度。

3. 角接接头

两焊件端面间构成角度大于 30°，但小于 135°夹角的接头，称为角接接头。角接接头形式如图 16-11 所示。

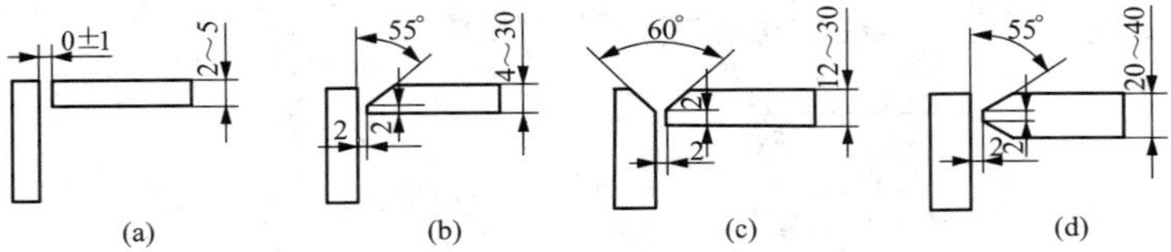

图 16-11　角接接头
（a）I 形坡口；（b）单边 V 形坡口；（c）带钝边 V 形坡口；
（d）带钝边双单边 V 形坡口

角接接头一般用于不重要的焊接结构中。根据焊件厚度和坡口准备的不同，角接接头可分为 I 形坡口、单边 V 形坡口、带钝边 V 形坡口及带钝边双单边 V 形坡口四种形式，但开坡口的角接接头在一般结构中较少采用。

4. 搭接接头

两焊件部分重叠构成的接头称为搭接接头。搭接接头根据其结构形式和对强度的要求不同，可分为不开坡口、塞焊缝或槽焊缝，如图 16-12 所示。

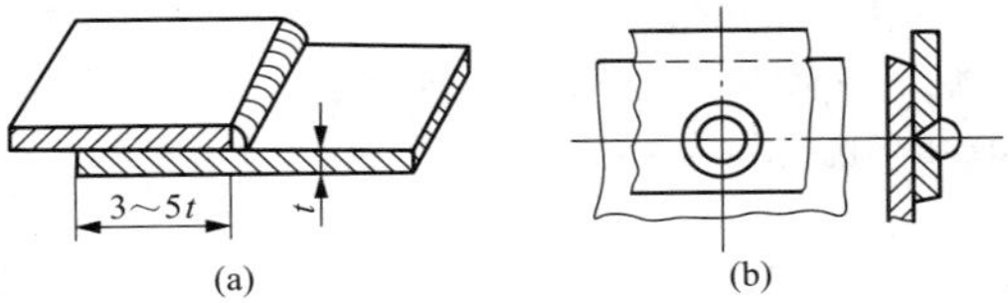

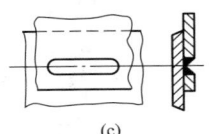

图 16-12　搭接接头
（a）不开坡口；（b）塞焊缝；（c）槽焊缝

不开坡口的搭接接头，一般用于 12mm 以下钢板，其重迭部分为 3～5 倍板厚，并采用双面焊接。这种接头的装配要求不高，也易于装配，但这种接头承载能力低，所以只用在不重要的结构中。

当遇到重叠钢板的面积较大时，为了保证结构强度，可根据需要分别选用圆孔塞缝和长孔槽焊缝的接头形式。这种形式特别适合于被焊结构狭小处及密闭的焊接结构，塞焊缝和槽焊缝的大小和数量要根据板厚和对结构的强度要求而定。

5. 板料接头

气焊过程中常用的板料接头形式如图 16-13 所示。

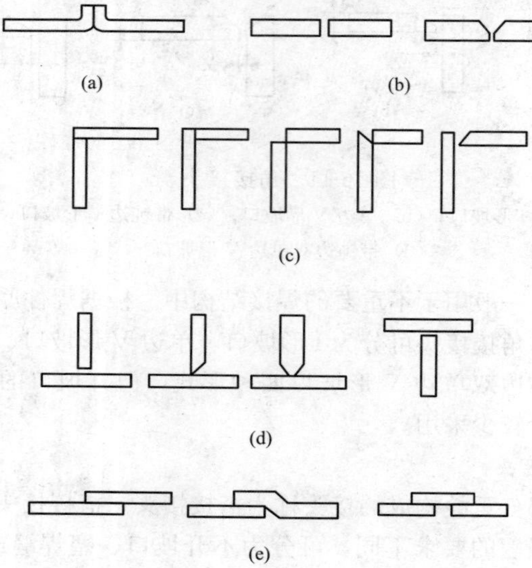

图 16-13 板料接头形式

(a) 卷边接头；(b) 对接接头；(c) 角接接头；(d) T 形接头；(e) 搭接接头

6. 棒料接头

气焊过程中常用的棒料接头形式如图 16-14 所示。

7. 坡口的名称及几何尺寸

(1) 坡口面。待焊件上的坡口表面称为坡口面。

(2) 坡口面角度和坡口角度：

1) 坡口面角度：待加工坡口的端面与坡口面之间的夹角称为坡口面角度，如图 16-15 所示。

2) 坡口角度：两坡口面之间的夹角称为坡口角度，如图 16-15 所示。

(3) 根部间隙。焊前在接头根部之间预留的空隙称为根部间

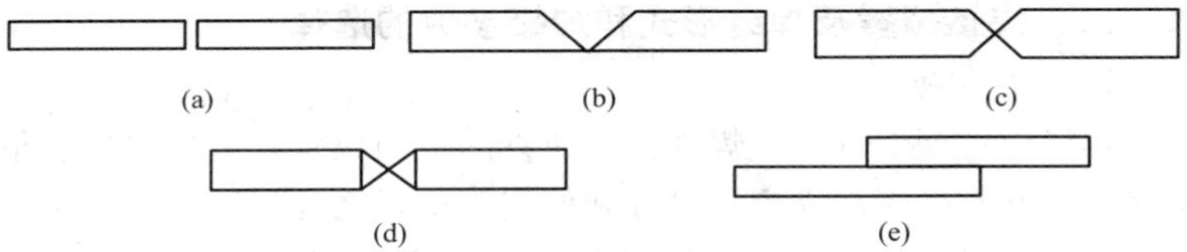

图 16-14　棒料接头接头形式

（a）不开坡口接头；（b）开坡口对接接头；（c）X 形坡口对接接头；（d）圆周坡口对接接头；（e）搭接接头

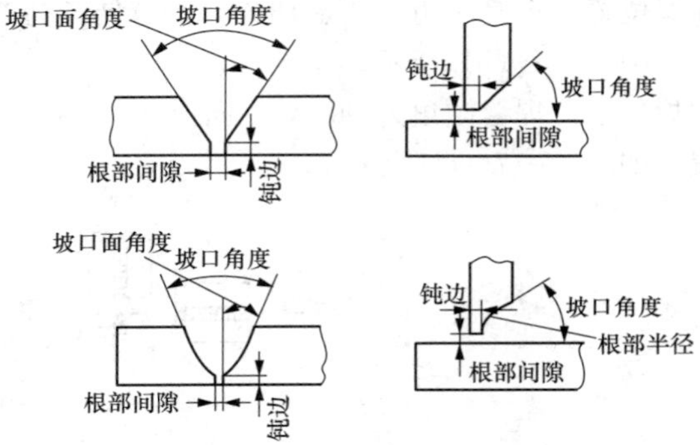

图 16-15　坡口的几何尺寸名称

隙。其作用是打底焊时能保证根部焊透。

（4）钝边。焊件开坡口时，沿焊件接头坡口根部的端面直边部分称为钝边。钝边的作用是防止根部烧穿。

（5）根部半径。在 J 形、U 形坡口底部的圆角半径称为根部半径，如图 16-15 所示。它的作用是增大坡口根部的空间，使焊条或焊丝伸入根部，有利于根部焊透。

气焊、手工电弧焊及气体保护焊焊缝坡口的基本形式与尺寸可参阅 GB/T 985.1—2008《气焊、焊条电弧焊、气体保护焊和高能束焊的推荐坡口》标准；埋弧焊焊缝坡口的基本形式与尺寸可参阅 GB/T 985.2—2008《埋弧焊的推荐坡口》标准；铝及铝合金气体保护焊焊缝坡口的基本形式与尺寸可参阅 GB/T 985.3—2008《铝及铝合金气体保护焊推荐坡口》标准。

二、焊接位置及焊缝形式和焊接参数的选择

1. 焊接位置

焊接位置即熔焊时，焊件接缝所处的空间位置，可用焊缝倾角来表示，并有平焊、立焊、横焊和仰焊等位置之分。

焊缝倾角，即焊缝轴线与水平面之间的夹角，如图 16-16 所示。

（1）平焊位置。焊缝倾角为 0°，焊缝转角为 90°的焊接位置，如图 16-17（a）所示。

（2）横焊位置。焊缝倾角为 0°、180°，焊缝转角为 0°、180°的对接位置，如图 16-17（b）所示。

（3）立焊位置。焊缝倾角为 90°（立向上）、270°（立向下）的焊接位置，如图 16-17（c）所示。

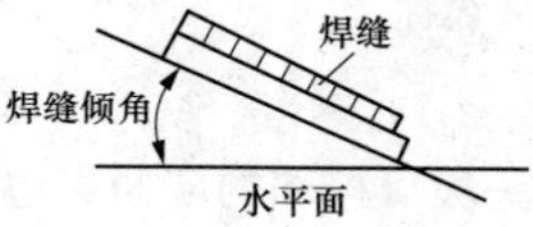

图 16-16 焊缝倾角

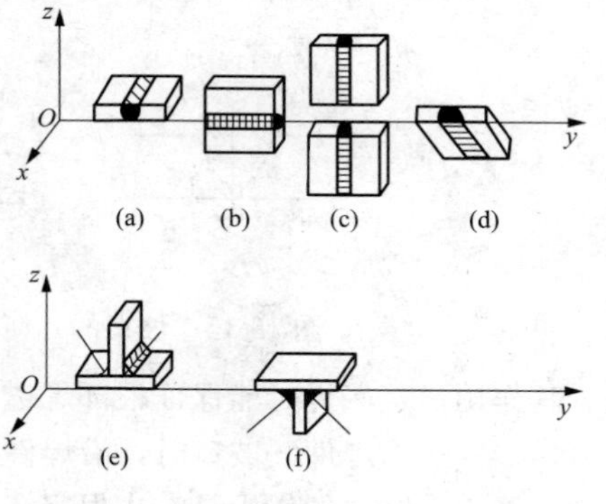

图 16-17 各种焊接位置

（a）平焊；（b）横焊；（c）立焊；（d）仰焊；（e）平角焊；（f）仰角焊

（4）仰焊位置。对接焊缝倾角为 0°、180°，转角为 270°的焊接位置，如图 16-17（d）所示。

（5）平角焊位置。角焊缝倾角为 0°、180°，转角为 45°、135°的角焊位置，如图 16-17（e）所示。

（6）仰角焊位置。角焊缝倾角为 0°、180°，转角为 45°、315°的角焊位置，如图 16-17（f）所示。

在平焊位置、横焊位置、立焊位置、仰焊位置进行的焊接，分别称为平焊、横焊、立焊、仰焊。T形、十字形和角接接头处于平焊位置进行的焊接称为船形焊。工程上常用的水平固定管焊接（管子360°焊接）有仰焊、立焊、平焊，所以称为全位置焊接。当焊件接缝置于倾斜位置（除平、横、立、仰焊位置以外）时进行的焊接称为倾斜焊。

2. 焊缝形式及形状尺寸

（1）焊缝形式。焊缝是焊件经焊接后所形成的结合部分。

按不同的分类方法，焊缝可分为下列几种形式：

1）按焊缝在空间所处的位置不同可分为平焊缝、立焊缝、横焊缝、仰焊缝四种形式。

2）按焊缝结合形式不同可分为对接焊缝、角焊缝、塞焊缝。

3）按焊缝断续情况可分为定位焊缝、连续焊缝、断续焊缝。

（2）焊缝形状尺寸。焊缝的形状用几何尺寸来表示，不同形式的焊缝，其形状参数也不一样。

1）焊缝宽度。焊缝表面与母材的交界处称为焊趾，焊缝表面两焊趾之间的距离称为焊缝宽度，如图16-18所示。

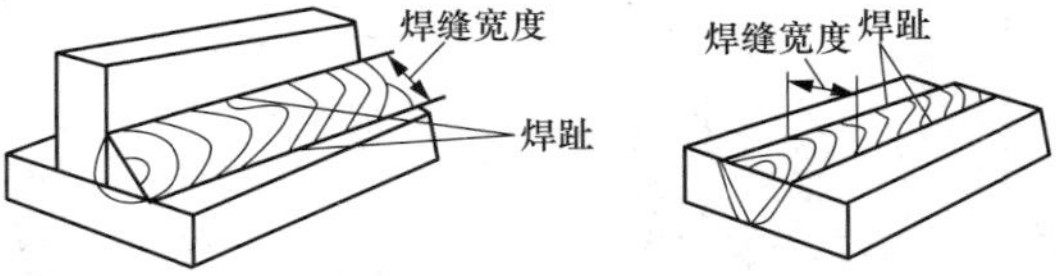

图16-18　焊缝宽度

2）余高。超出母材表面焊趾连线上面的那部分焊缝金属的最大高度称为余高。在静载下它有一定的加强作用，所以它又称加强高。但在动载或交变载荷下，它非但不起加强作用，反而因焊趾处应力集中而易于使其脆断。所以余高不能低于母材但也不能过高。焊条电弧焊时的余高值为0～3mm。

3）熔深。在焊接接头横截面上，母材或前焊道焊缝熔化的深度称为熔深，如图16-19所示。

4）焊缝厚度。在焊缝横截面中，从焊缝正面到焊缝背面的距离称为焊缝厚度，如图 16-20 所示。焊缝计算厚度是设计焊缝时使用的焊缝厚度。对接焊缝焊透时它等于焊件的厚度；角焊缝时它等于在角焊缝横截面内画出的最大等腰直角三角形中，从直角的顶点到斜边的垂线长度习惯上也称喉厚，如图 16-20 所示。

5）焊脚。角焊缝的横截面中，从一个直角面上的焊趾到另一个直角面表面的最小距离称为焊脚。在角焊缝的横截面中画出的最大等腰直角三角形中直角边的长度称为焊脚尺寸，如图 16-20 所示。

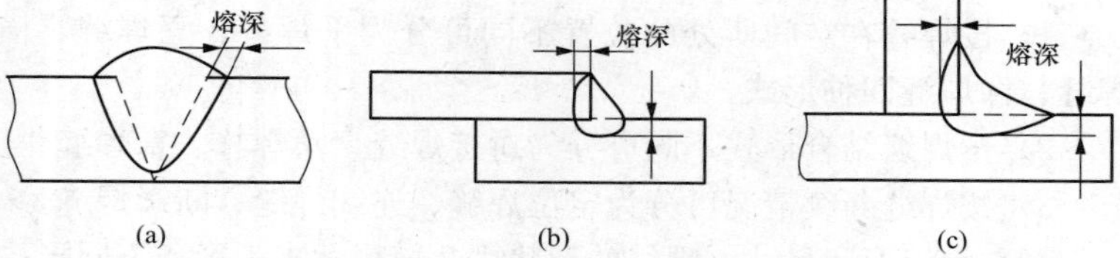

图 16-19 熔深

（a）对接接头熔深；（b）搭接接头熔深；（c）T 形接头熔深

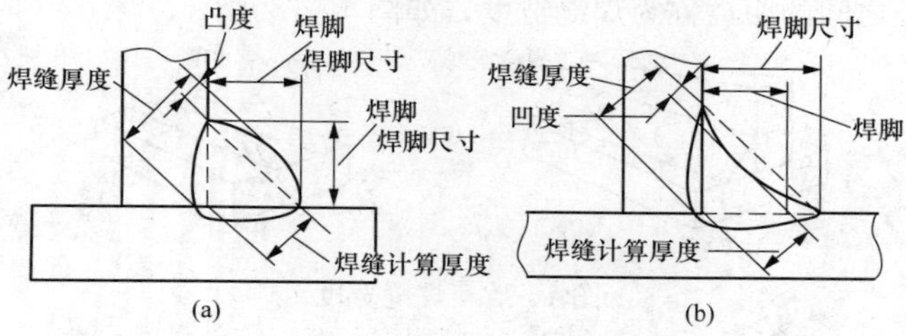

图 16-20 焊缝厚度及焊脚

（a）凸形角焊缝；（b）凹形角焊缝

6）焊缝成形系数。熔焊时，在单道焊缝横截面上焊缝宽度（B）与焊缝计算厚度（H）的比值 φ（$\varphi = B/H$）称为焊缝成形系数。该系数值小，则表示焊缝窄而深，这样的焊缝中容易产生气孔和裂纹，所以焊缝成形系数应该保持一定的数值，例如埋弧自动焊的焊缝成形系数 φ 要大于 1.3 。

7）熔合比。熔合比是指熔焊时，被熔化的母材在焊道金属中所占的百分比。

焊缝形式及形状尺寸在图样上的表示法可参阅 GB/T 324—2008《焊缝符号表示方法》。

3. 焊接参数及其对焊缝形状的影响

焊接参数是指焊接时为保证焊接质量而选定的诸多物理量（例如，焊接电流、电弧电压、焊接速度、线能量等）的总称。

焊接参数选择得正确与否，直接影响焊缝的形状、尺寸、焊接质量和生产率，因此选择合适的焊接参数是焊接生产不可忽视的一个重要问题。

（1）焊接电流。焊接时，流经焊接回路的电流称为焊接电流。焊接电流的大小是影响焊接生产率和焊接质量的重要因素之一。

增大焊接电流能提高生产率，但电流过大易造成焊缝咬边、烧穿等缺陷，同时增加了金属熔渣飞溅，也会使接头组织因过热而发生变化。而电流过小也易造成夹渣、未焊透等缺陷，降低焊接接头的力学性能 ，所以应适当选择其电流。焊接时决定电流强度的因素很多，如焊条类型、焊条直径、焊件厚度、接头形式、焊缝位置和层数等，但主要因素是焊条或焊丝直径、焊缝位置和焊条类型。

焊接电流对焊缝形状的影响，以埋弧自动焊为例，由埋弧自动焊实验得出：焊接过程中，当其他因素不变时，增加焊接电流则电弧吹力增强，使焊缝有效厚度增大，但电弧摆动小，所以焊缝宽度变化不大。另外由于焊接电流增大，填充金属（ 焊丝 ）的熔化速度也相应增快，因此焊缝余高稍有增加。

（2）电弧电压。电弧电压与电弧长度成正比关系。电弧长，电弧电压高；电弧短 ，电弧电压低。在焊接过程中，电弧不宜过长，否则会出现下列几种不良现象：

1）电弧燃烧不稳定，易摆动，电弧热能分散，金属熔渣飞溅增多，造成金属和电能的浪费。

2）焊缝有效厚度小，容易产生咬边、未焊透、焊缝表面高低不平整、焊波不均匀等缺陷。

3）对熔化金属的保护差，空气中氧、氮等有害气体容易侵入，使焊缝产生气孔的可能性增加，焊缝金属的力学性能降低。

电弧电压对焊缝形状的影响：当其他条件不变时，电弧电压增加焊缝宽度显著增加，而焊缝有效厚度和余高将略有减少。这是因为电弧电压增加意味着电弧长度的增加，因此电弧摆动范围扩大而导致焊缝宽度增加。其次，弧长增加后，电弧的热量损失加大，所以用来熔化母材和焊丝的热量减少，相应焊缝厚度和余高就略有减小。

焊接电流是决定焊缝有效厚度的主要因素，而电弧电压则是影响焊缝宽度的主要因素。为得到良好的焊缝形状，即得到符合要求的焊缝成形系数，这两个因素是互相制约的，即一定的电流要配合一定的电压，不应该将一个参数在大范围内任意变动。

（3）焊接速度。焊接速度对焊缝有效厚度和焊缝宽度有明显的影响。当焊接速度增加时，焊缝有效厚度和焊缝宽度都大为下降。这是因为焊接速度增加时，焊缝中单位时间内输入的热量减少了。

从焊接生产率考虑，焊接速度愈快愈好。但当焊缝有效厚度要求一定时，为提高焊接速度，就得进一步提高焊接电流和电弧电压，所以，这三个工艺参数应该在一起进行综合考虑并选用。

（4）其他工艺参数及因素对焊缝形状的影响。电弧焊除了上述三个主要工艺参数外，其他工艺参数及因素对焊缝形状也有一定的影响。

1）电极（焊丝）直径和焊丝外伸长度。当焊接电流不变时，随着焊丝直径的增大，电流密度减小，电弧吹力减弱，电弧的摆动作用加强，使焊缝宽度增加而焊缝有效厚度稍减小；焊丝直径减小时，电流密度增大，电弧吹力加大使焊缝有效厚度增加。故用同样大小的电流焊接时，小直径焊丝可获得较大的焊缝有效厚度。

当焊丝外伸长度增加时，则电阻热作用增大，使焊丝熔化速度增快，以致焊缝有效厚度稍有减少，余高略有增加。

2）焊丝倾斜的影响。焊接时焊丝位置有垂直，也有倾斜方式，焊丝倾斜对焊缝形状具有一定的影响。

焊丝向焊接方向倾斜称为后倾，反焊接方向倾斜则称为前倾，如图 16-21 所示。焊丝后倾时，电弧吹力对熔池液态金属的作用加强，有利于电弧的深入，故焊缝有效厚度和余高增大，而焊缝宽度明显减小。焊丝前倾时，电弧对熔池前面的焊件预热作用加强，使焊缝宽度增大，而焊缝有效厚度减小。

3）焊件倾斜的影响。有时焊件因处于倾斜位置，因此有上坡焊和下坡焊之分，如图 16-22 所示。

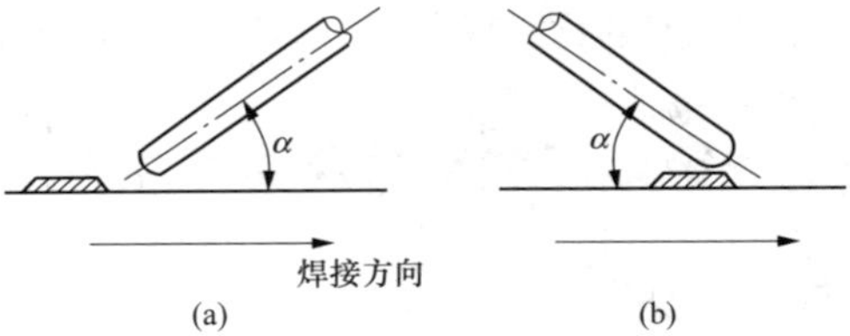

图 16-21　焊丝倾斜

（a）焊丝后倾；（b）焊丝前倾

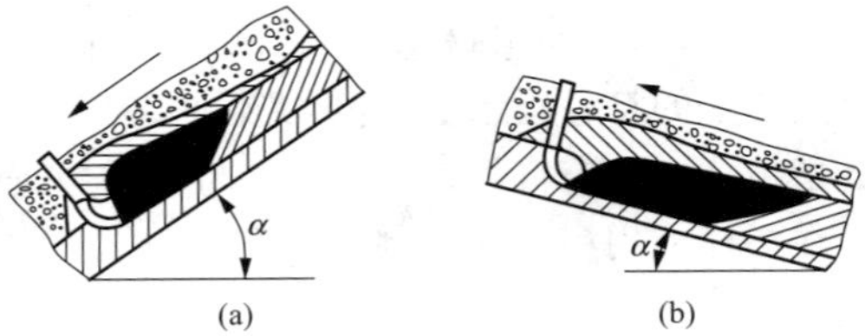

图 16-22　焊件倾斜

（a）下坡焊；（b）上坡焊

当进行上坡焊时，熔池液体金属在重力和电弧力作用下流向熔池尾部，电弧能深入到加热熔池底部的金属，从而使焊缝有效厚度和余高都增加。同时，熔池前部加热作用减弱，电弧摆动范围减小，因此焊缝宽度减小。上坡角度愈大，影响也愈明显。当上坡角度 $\alpha=6^{\circ}\sim12^{\circ}$时，焊缝就会因余高过大，两侧出现咬边而使成形恶化。因此，在自动电弧焊时，尽量避免采用上坡焊。

下坡焊的情况正好相反，即焊缝有效厚度和余高略有减小，而焊缝宽度略有增加。因此倾角 $\alpha=6^{\circ}\sim8^{\circ}$的下坡焊可使表面焊缝成形得到改善，焊条电弧焊焊薄板时，常采用下坡焊。这是因为一方面它能避免焊件烧穿，另一方面可以得到光滑的焊缝表面成形。如果倾角过大，则会导致未焊透和熔池铁水溢流，使焊缝成形恶化。

4）装配间隙与坡口大小。当其他条件不变时，增加坡口深度和宽度或增加装配间隙，焊缝有效厚度、宽度均略有增加，而余高显著减小。

除了上述因素外，焊剂的成分、密度、颗粒度及堆积高度，保护气体的成分，母材金属的化学成分等对焊缝的形状均有影响。

第三节　钣金焊缝符号及其标注方法

一、焊缝符号及组成

在图样上标注焊接方法、焊缝形式和焊缝尺寸的符号称为焊缝符号。

焊缝符号参照国家标准 GB/T 324—2008《焊缝符号表示方法》，标准等效采用国际标准 ISO 2553：1992《焊接、硬钎焊及软钎焊接头　在图样上的符号表示法》（英文版）。完整的焊缝符号包括基本符号、指引线、补充符号、焊缝尺寸符号及数据等。基本符号和补充符号在图样上用粗实线绘制，指引线用细实线绘制。

1. 基本符号

基本符号是表示焊缝横截面形状的符号，它采用近似于焊缝横截面形状符号来表示，见表 16-5。

表 16-5　　基 本 符 号

序号	名　称	示意图	符　号
1	卷边焊缝 （卷边完全熔化）		
2	I 形焊缝		||
3	V 形焊缝		V

续表

序号	名　称	示意图	符　号
4	单边 V 形焊缝		
5	带钝边 V 形焊缝		
6	带钝边单边 V 形焊缝	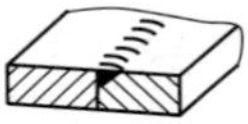	
7	带钝边 U 形焊缝		
8	带钝边 J 形焊缝		
9	封底焊缝		
10	角焊缝		

续表

<table>
<tr><th>序号</th><th>名　称</th><th>示意图</th><th>符　号</th></tr>
<tr><td>11</td><td>塞焊缝或槽焊缝</td><td></td><td></td></tr>
<tr><td>12</td><td>点焊缝</td><td>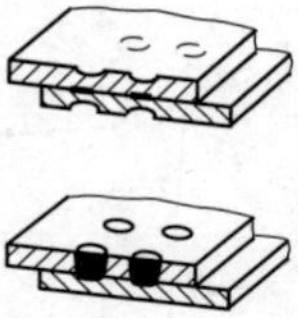</td><td></td></tr>
<tr><td>13</td><td>缝焊缝</td><td>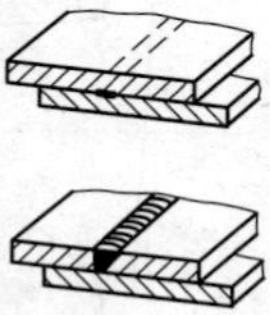</td><td>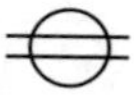</td></tr>
<tr><td>14</td><td>陡边 V 形焊缝</td><td></td><td></td></tr>
<tr><td>15</td><td>陡边单 V 形焊缝</td><td></td><td></td></tr>
<tr><td>16</td><td>端焊缝</td><td></td><td></td></tr>
<tr><td>17</td><td>堆焊缝</td><td></td><td></td></tr>
</table>

续表

序号	名　称	示意图	符　号
18	平面连接（钎焊）	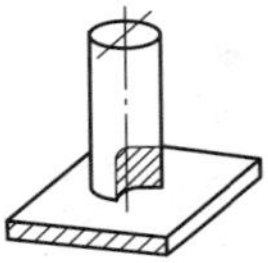 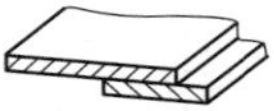	=
19	斜面连接（钎焊）	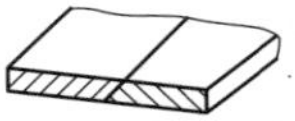	//
20	折叠连接（钎焊）	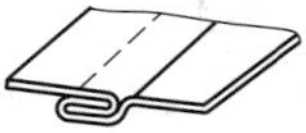	

2. 基本符号的组合形式

标注双面焊焊缝或接头时，基本符号可以组合使用，见表 16-6。基本符号的应用示例见表 16-7。

3. 补充符号

（1）补充符号是为了补充说明焊缝或接头的某些特征（如表面形状、衬垫、焊缝分布、施焊地点等）而采用的符号，补充符号见表 16-8。

（2）补充符号应用示例，见表 16-9。

（3）补充符号标注示例，见表 16-10。

表 16-6　　基本符号的组合形式

序号	名　称	示　意　图	符　号
1	双面 V 形焊缝（X 焊缝）	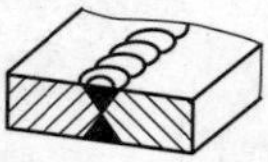	
2	双面单 V 形焊缝（K 焊缝）	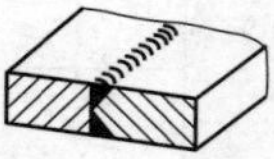	
3	带钝边的双面 V 形焊缝		
4	带钝边的双面单 V 形焊缝	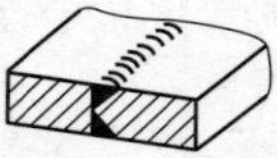	
5	双面 U 形焊缝		

表 16-7　　基本符号的应用示例

序号	符　号	示　意　图	标注示例	备注
1			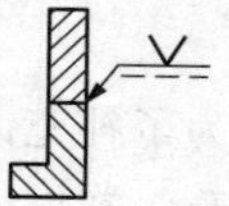 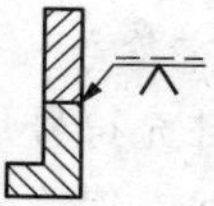	
2		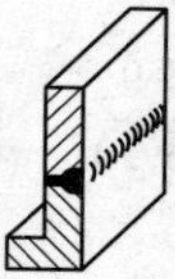	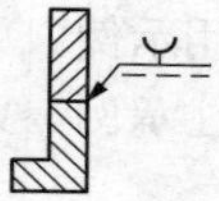 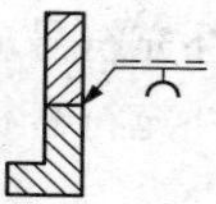	

续表

序号	符 号	示 意 图	标注示例	备注
3		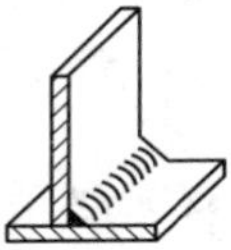	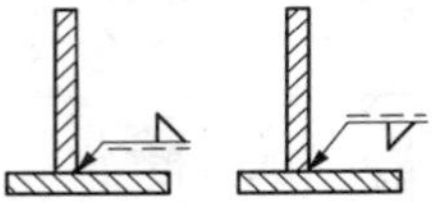	
4		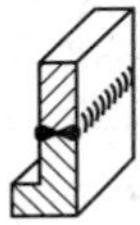	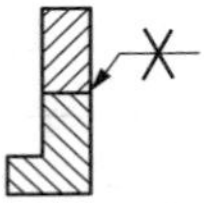	
5		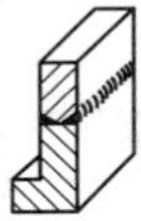	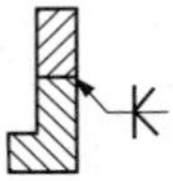	

表 16-8 **补充符号**

序号	名 称	符 号	说 明
1	平面		焊缝表面通常经过加工后平整
2	凹面		焊缝表面凹陷
3	凸面		焊缝表面凸起
4	圆滑过渡		焊趾处过渡圆滑
5	永久衬垫	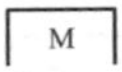	衬垫永久保留
6	临时衬垫	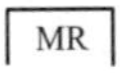	衬垫在焊接完成后拆除
7	三面焊缝		三面带有焊缝

续表

序号	名称	符号	说明
8	周围焊缝		沿着工件周边施焊的焊缝 标注位置为基准线与箭头线的交点处
9	现场焊缝		在现场焊接的焊缝
10	尾部		可以表示所需的信息

表 16-9　　补充符号应用示例

序号	名称	示意图	符号
1	平齐的 V 形焊缝		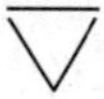
2	凸起的双面 V 形焊缝		
3	凹陷的角焊缝	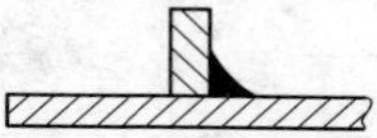	
4	平齐的 V 形焊缝和封底焊缝		
5	表面过渡平滑的角焊缝	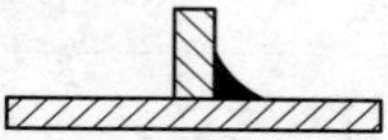	

表 16-10　　补充符号标注示例

序号	符号	示意图	标注示例	备注
1		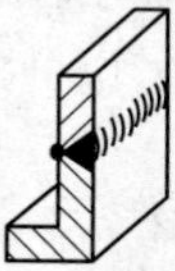	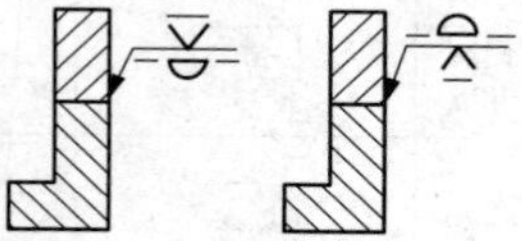	

续表

序号	符号	示意图	标注示例	备注
2		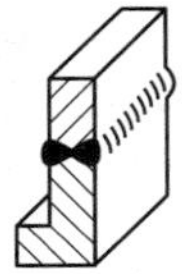	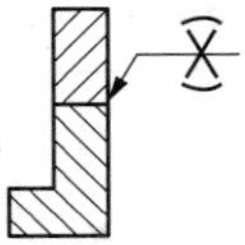	
3		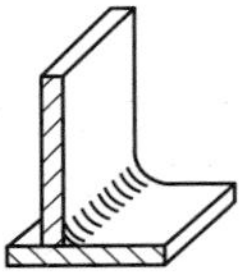	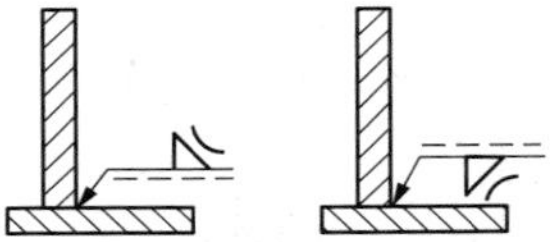	

二、焊缝基本符号及指引线的位置规定

1. 基本要求

在焊缝符号中，基本符号和指引线为基本要素。焊缝的准确位置通常由基本符号和指引线之间的相对位置决定，基本位置包括箭头线的位置、基准线的位置和基本符号的位置。

2. 指引线

指引线一般由带有箭头的指引线（俗称箭头线）和两条基准线（一条为实线；另一条为虚线）两部分组成，如图 16-23 所示。

3. 箭头线

箭头线直接指向接头侧为“接头的箭头侧”，与之相对的一侧为“接头的非箭头侧”，如图 16-24 所示。

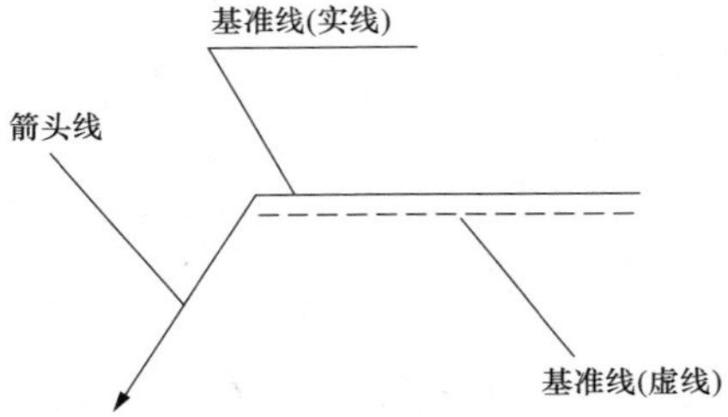

图 16-23　指引线

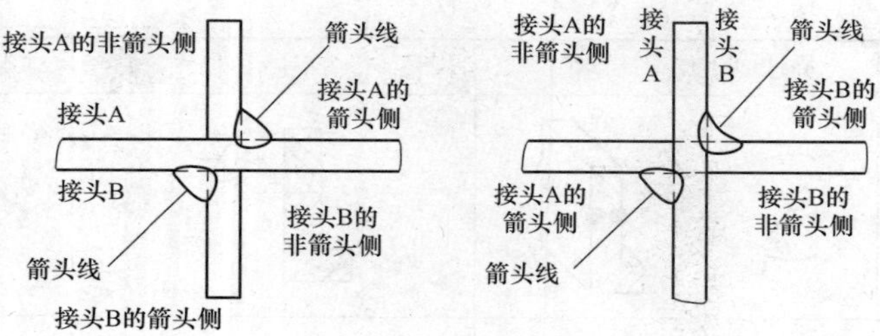

图 16-24 接头的“箭头侧”及“非箭头侧”示例

4. 基准线

基准线一般应与图样的底边相平行，必要时亦可与底边相垂直。实线和虚线的位置可根据需要互换。

5. 基本符号与基准线的相对位置

为了能在图样上确切地表示焊缝的位置，特将基本符号相对基准线的位置作如下规定：

(1) 基本符号在实线侧时，表示焊缝在箭头侧，如图 16-25

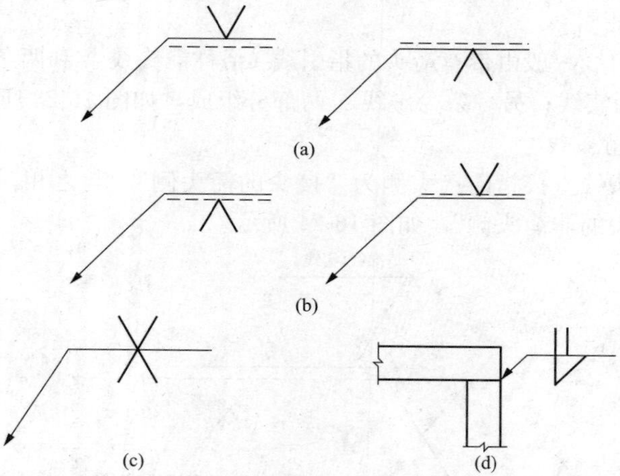

图 16-25 基本符号相对基准线的位置

(a) 焊缝在接头的箭头侧；(b) 焊缝在接头的非箭头侧；

(c) 对称焊缝；(d) 双面焊缝

（a）所示。

（2）基本符号在虚线侧时，表示焊缝在非箭头侧，如图 16-25（b）所示。

（3）对称焊缝允许省略虚线，如图 16-25（c）所示。

（4）在明确焊缝分布位置的情况下，有一些组织双面焊缝也可以省略虚线，如图 16-25（d）所示。

三、焊缝尺寸符号及其标注示例

1. 一般要求

必要时可在焊缝符号中标注尺寸。焊缝尺寸符号见表 16-11。

表 16-11　　焊缝尺寸符号

符号	名　称	示意图	符号	名　称	示意图
t	工件厚度	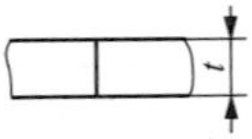	R	根部半径	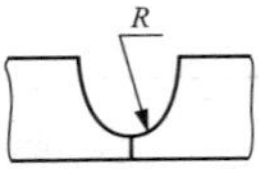
α	坡口角度	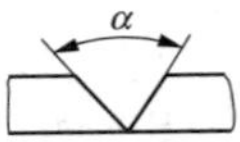	H	坡口深度	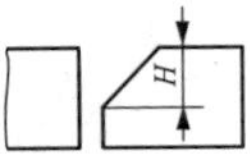
β	坡口面角度	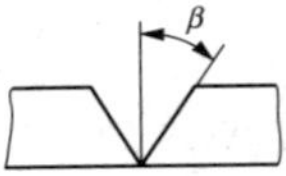	S	焊缝有效厚度	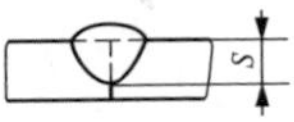
b	根部间隙	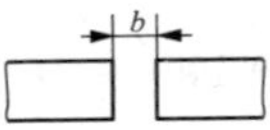	c	焊缝宽度	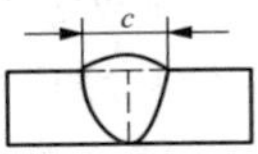
p	钝边	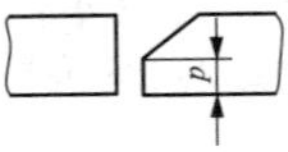	K	焊脚尺寸	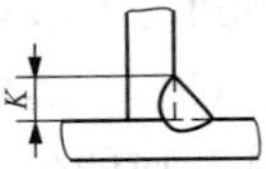

续表

符号	名 称	示意图	符号	名 称	示意图
d	点焊：熔核直径 塞焊：孔径	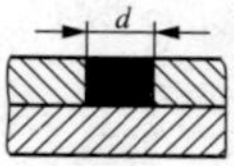	e	焊缝间距	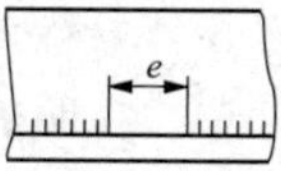
n	焊缝段数	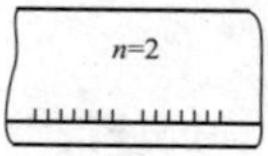	N	相同焊缝数量	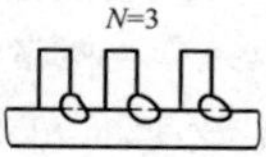
l	焊缝长度	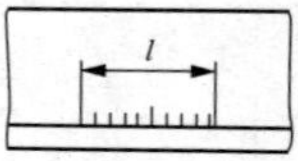	h	余高	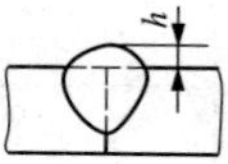

2. 标注规则

焊缝尺寸符号的标注方法，如图 16-26 所示。

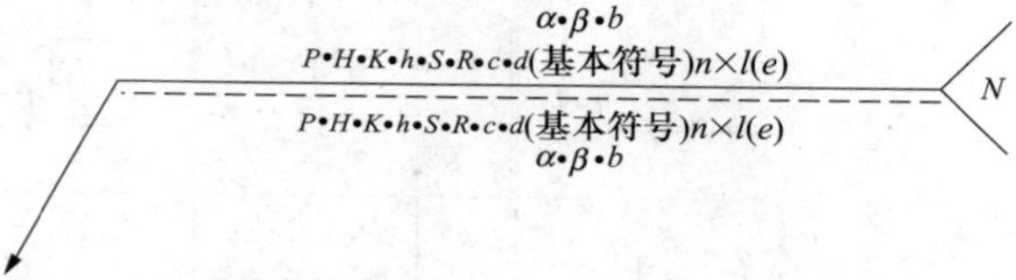

图 16-26 焊缝尺寸的标注方法

（1）焊缝横向尺寸，标在基本符号的左侧。

（2）焊缝纵向尺寸，标在基本符号的右侧。

（3）坡口角度、坡口面角度、根部间隙等尺寸，标在基本符号的上侧或下侧。

（4）相同焊缝数量符号，标在尾部（国际标准 ISO 2553 对相同焊缝数量及焊缝段数未作明确区分，均用 n 表示）。

（5）当需要标注的尺寸较多又不易分辨时，可在尺寸数据前面标注相应的尺寸符号。

当箭头线方向变化时，上述原则不变。

3. 焊缝尺寸的标注示例

焊缝尺寸的标注示例，见表 16-12。

4. 焊缝符号应用举例

焊缝符号应用举例，见表 16-13。

表 16-12　　焊缝尺寸的标注示例

序号	名称	示意图	尺寸符号	标注方法
1	对接焊缝	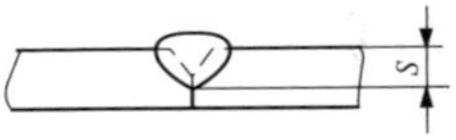	S：焊缝有效厚度	
2	连续角焊缝	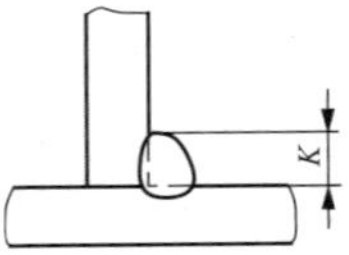	K：焊脚尺寸	
3	断续角焊缝	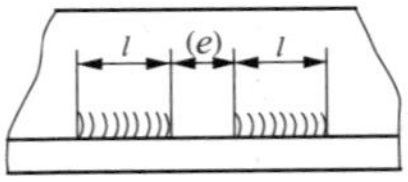	l：焊缝长度 e：间距 n：焊缝段数 K：焊脚尺寸	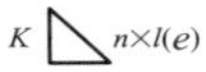
4	交错断续角焊缝	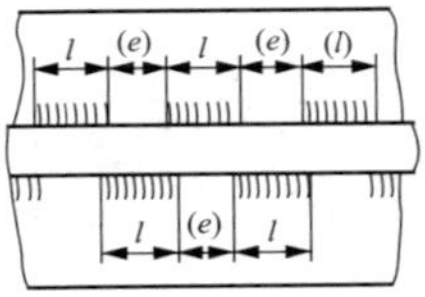	l：焊缝长度 e：间距 n：焊缝段数 K：焊脚尺寸	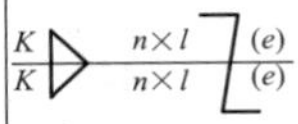
5	塞焊缝或槽焊缝	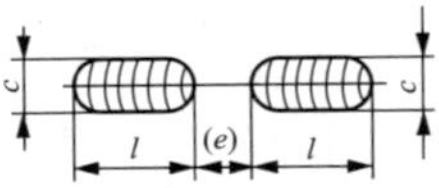	l：焊缝长度 e：间距 n：焊缝段数 c：槽宽	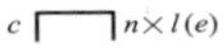
		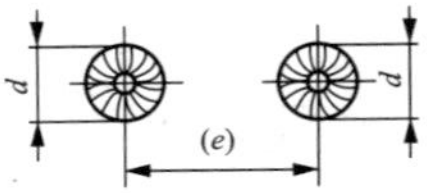	e：间距 n：焊缝段数 d：孔径	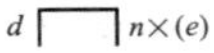

续表

序号	名称	示意图	尺寸符号	标注方法
6	点焊缝	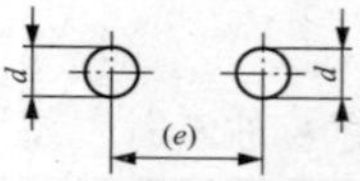	n：焊点数量 e：焊点距 d：熔核直径	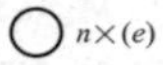
7	缝焊缝	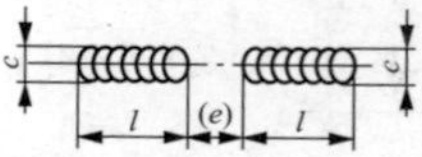	l：焊缝长度 e：间距 n：焊缝段数 c：焊缝宽度	

表 16-13　焊缝符号应用举例

序号	符号	示意图	图示法	标注方法	
1	‖	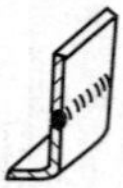	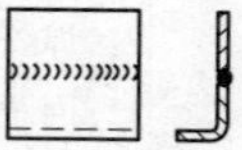	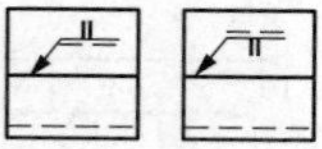	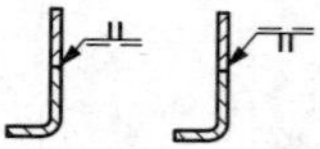
2	∨		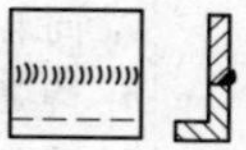	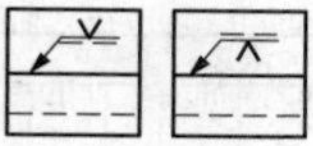	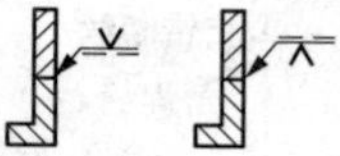
3		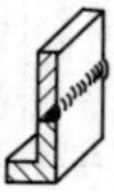	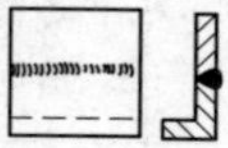		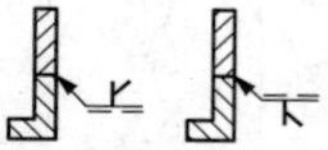
4	◺		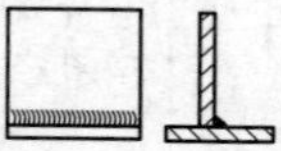	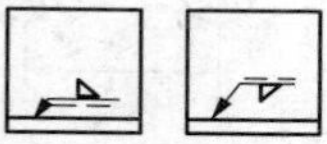	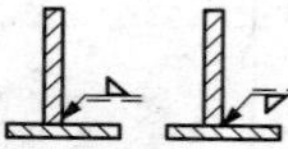

续表

序号	符号	示意图	图示法	标注方法	
5	◺	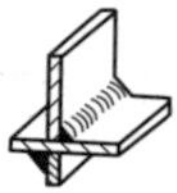	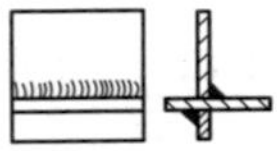	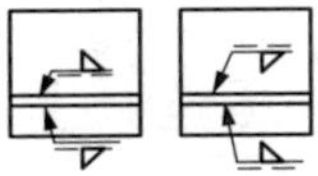	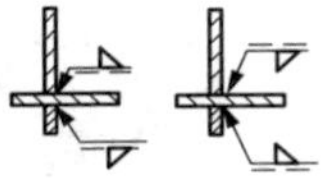
6	双面 ‖		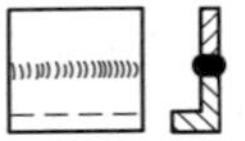	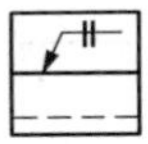	
7	V ◡	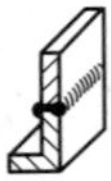	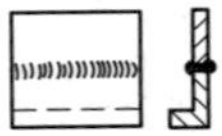	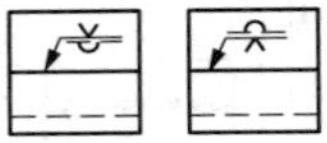	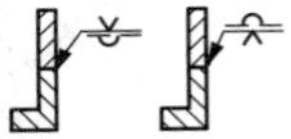
8	双面 レ		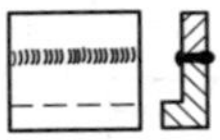		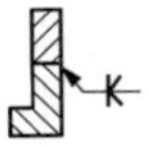
9	双面 Y		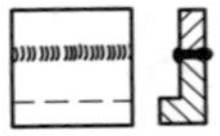	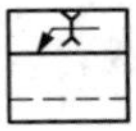	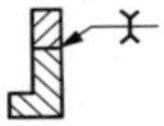
10	V Y		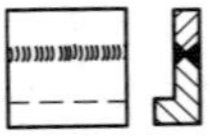	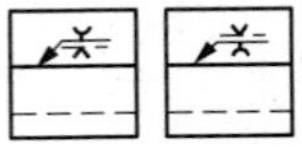	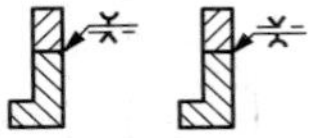

续表

序号	符号	示意图	图示法	标注方法	
11		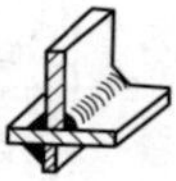	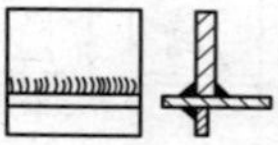	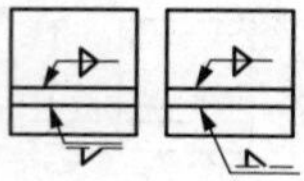	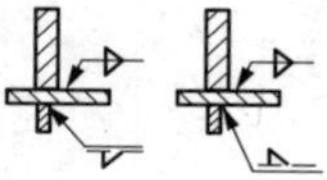
12			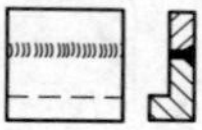	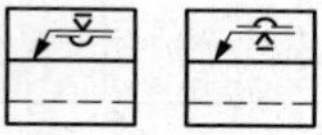	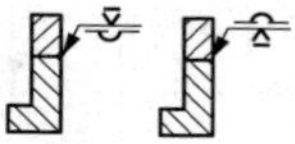
13		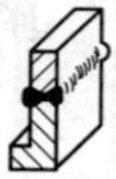	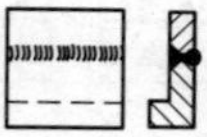		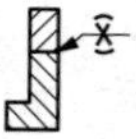
14			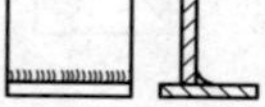	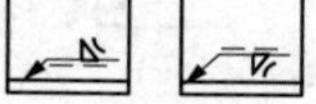	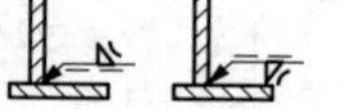
15				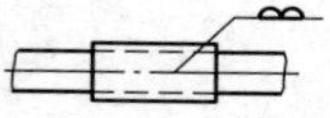	

续表

序号	符号	示意图	图示法	标注方法	
16	⊓	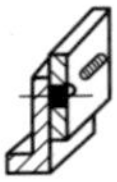	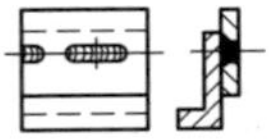	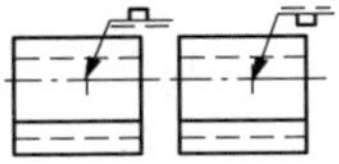	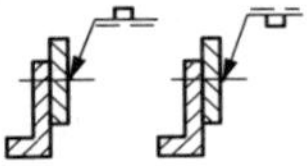
17		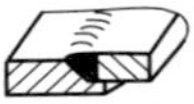	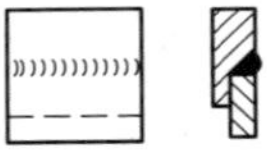	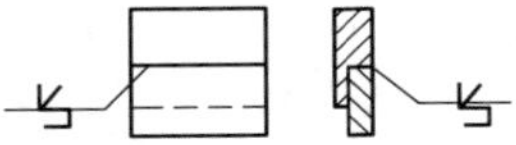	
18	⊖	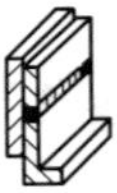	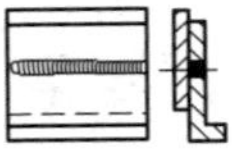	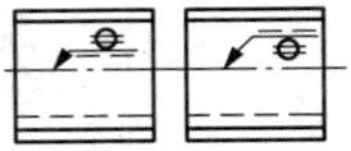	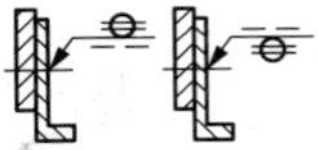
19	○	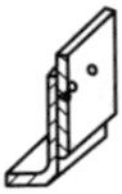	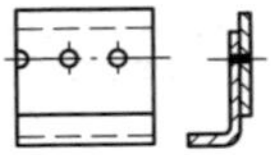	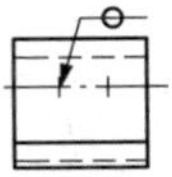	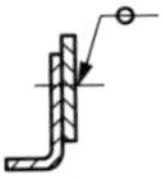
		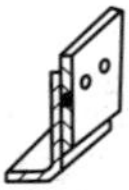	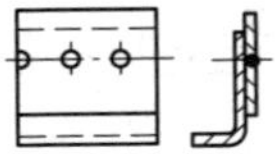	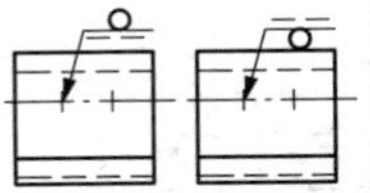	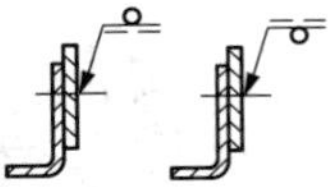

5. 焊缝符号的简化标注

焊缝符号的简化标注方法，见表16-14。

表 16-14　　　　焊缝符号的简化标注方法

序号	视图或剖视图的画法示例	焊缝符号及定位尺寸的简化注法示例	说　明
1	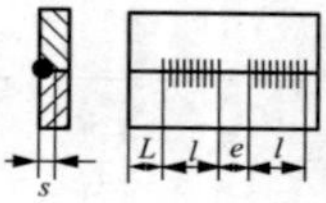	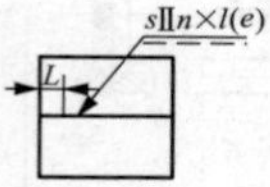	断续Ⅰ形焊缝在箭头侧，其中 L 是确定焊缝起始位置的定位尺寸
		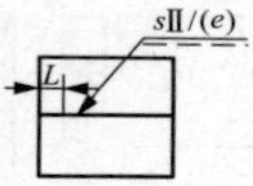	焊缝符号标注中省略了焊缝段数和非箭头侧的基准线（虚线）
2	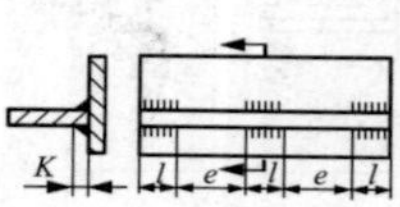	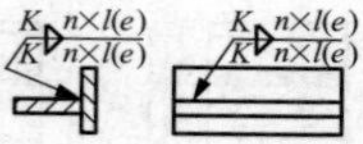	对称断续角焊缝，构件两端均有焊缝
		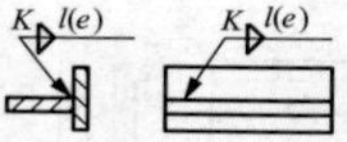	焊缝符号标注中省略了焊缝段数，焊缝符号中的尺寸只在基准线上标注了一次
3	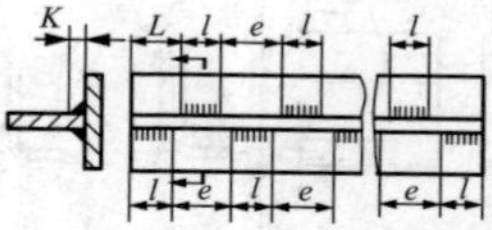		交错断续角焊缝，其中 L 是确定箭头侧焊缝起始位置的定位尺寸；工件在非箭头侧两端均有焊缝
			说明见序号 2

续表

序号	视图或剖视图的画法示例	焊缝符号及定位尺寸的简化注法示例	说　明
4		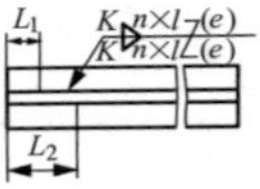	交错断续角焊缝，其中 L_1 是确定箭头侧焊缝起始位置的定位尺寸；L_2 是确定非箭头侧焊缝起始位置的定位尺寸
		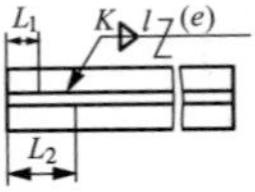	说明见序号 2
5	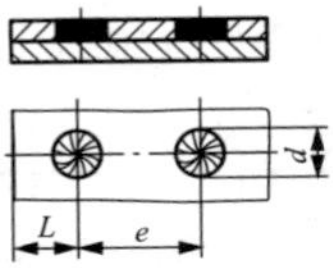	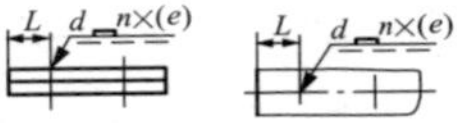	塞焊缝在箭头侧；其中 L 是确定焊缝起始孔中心位置的定位尺寸
		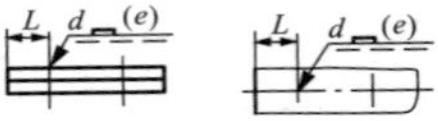	说明见序号 1
6	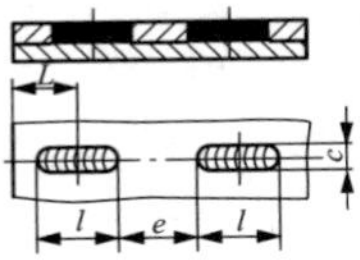	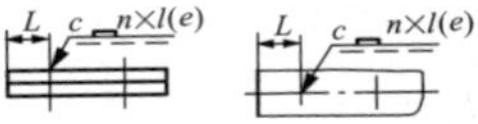	槽焊缝在箭头侧；其中 L 是确定焊缝起始槽对称中心位置的定位尺寸
		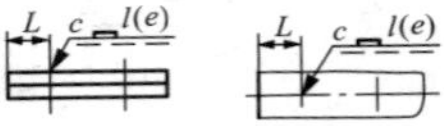	说明见序号 1

续表

序号	视图或剖视图的画法示例	焊缝符号及定位尺寸的简化注法示例	说明
7	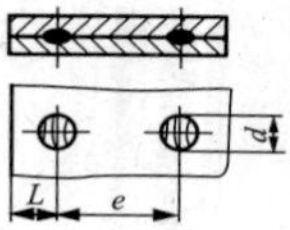	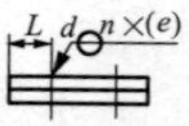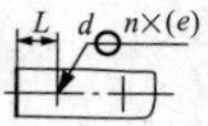	点焊缝位于中心位置；其中 L 是确定焊缝起始焊点中心位置的定位尺寸
		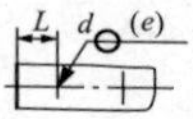	焊缝符号标注中省略了焊缝段数
8	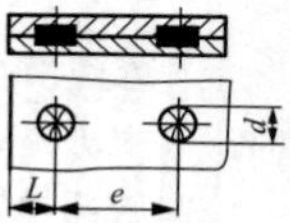	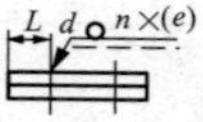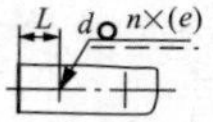	点焊缝偏离中心位置，在箭头侧
		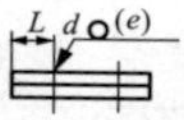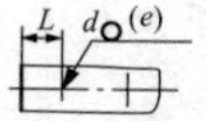	说明见序号 1
9	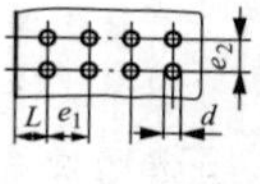	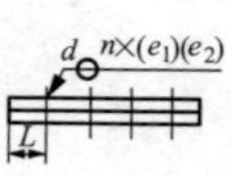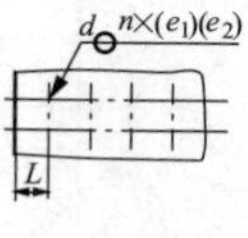	两行对称点焊缝位于中心位置；其中 e_1 是相邻两焊点中心的间距；e_2 是点焊缝的行间距；L 是确定第一列焊缝起始焊点中心位置的定位尺寸
		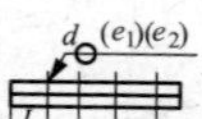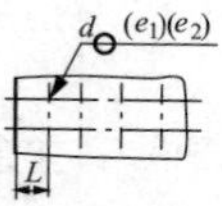	说明见序号 7

续表

序号	视图或剖视图的画法示例	焊缝符号及定位尺寸的简化注法示例	说　明
10	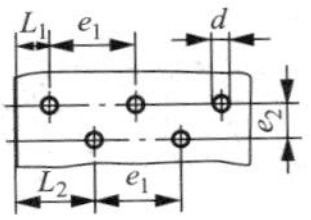	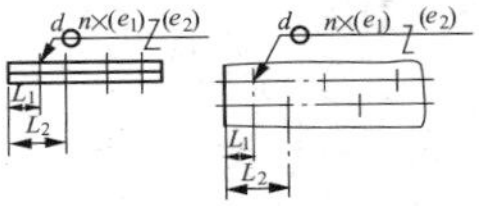	交错点焊缝位于中心位置，其中 L_1 是确定第一行焊缝起始焊点中心位置的定位尺寸；L_2 是确定第二行焊缝起始焊点中心位置的定位尺寸
		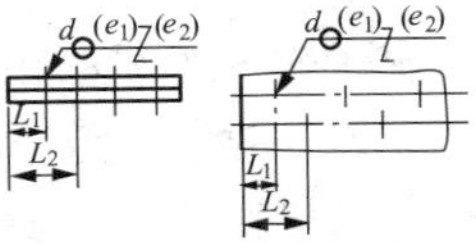	说明见序号 2
11	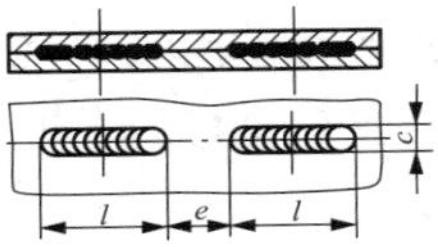	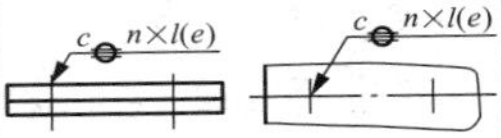	缝焊缝位于中心位置，其中 l 是确定起始缝对中心位置的定位尺寸
		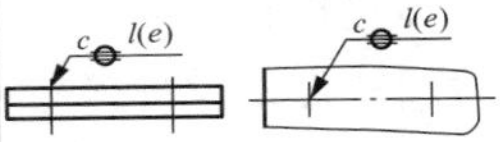	说明见序号 7
12	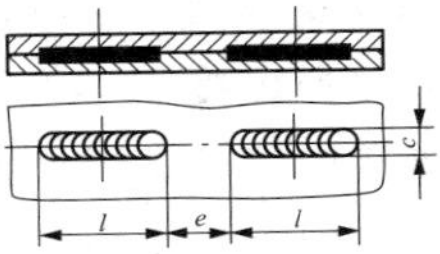	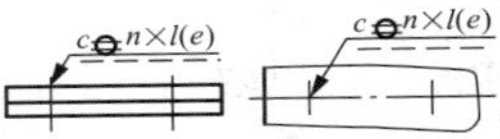	缝焊缝偏离中心位置，在箭头侧；说明见序号 11
		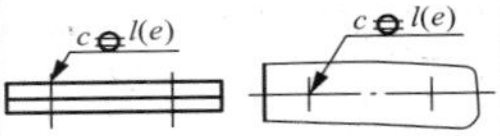	说明见序号 1

注　1. 图中 L、L_1、L_2、l、e、e_1、e_2、s、d、c、n 等是尺寸代号，在图样中应标出具体数值。

2. 在焊缝符号标注中省略焊缝段数和非箭头侧的基准线（虚线）时，必须认真分析，不得产生误解。

第四节　钣金焊接操作工艺与操作技巧

一、焊条电弧焊引弧技巧

焊条电弧焊时，引燃电弧的过程称为引弧。引弧是焊条电弧焊技能操作中最基本的动作，如果引弧的方法不当会产生气孔、夹渣等焊接缺陷。

1. 引弧步骤、技巧与诀窍

（1）因为焊条电弧焊是特殊作业，所以必须加强劳动保护。工作开始前必须按照焊工操作的严格要求，穿好特定的工作服，戴好专用工作帽，两手都要戴上电焊用的手套。

（2）在进行引弧操作前还要准备好焊接用的工件、合适的焊条和各种辅助工具（如锉刀、錾子、敲渣锤、手锤、钢丝刷等）。

（3）将等待进行引弧操作的焊件表面进行除水、除锈、除油污的处理，以避免在焊接时产生不必要焊接缺陷，保证焊接引弧的质量。

（4）当以上工作都进行完毕后，就要对焊接使用的焊钳和焊机的各接线处是否接触良好进行检验了，只有接触良好的焊钳和各接线柱才能保证正常的焊接过程。

（5）经过检验后确认焊钳及各接线柱都接触良好了，才能进合上电源，启动焊机开关，并根据引弧的要求调整好焊接电流的大小。

（6）把焊机的搭铁线（地线）与焊接用支架连接在一起，并把工件平放到焊接支架上。也可以把焊接电缆的地线固定在一块方钢上，便于使用时随时移动，如图16-27所示。

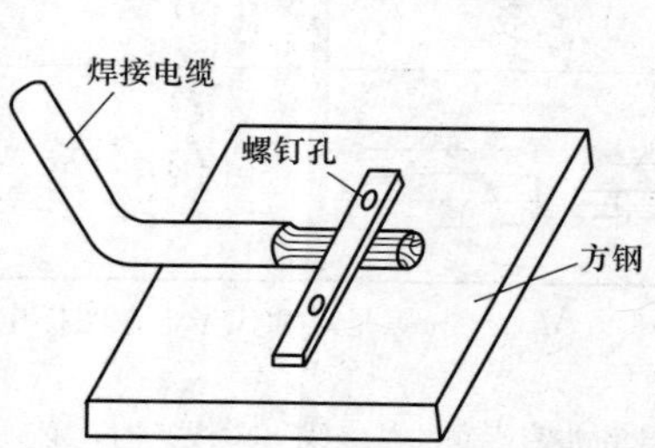

图16-27　固定焊接电缆的方钢

（7）引弧准备工作完成后，通常左手从焊条筒中取出适合焊接的焊条，右手手持焊钳，用大拇指按下焊钳的弯臂，用力打开焊钳的夹持部位，左手把焊条裸露的夹持端放进焊钳钳口夹持位置的凹槽内，这时立即松开焊钳的弯臂。不得夹在槽外或夹在焊条的药皮上，防止夹持不牢固或接触不良而影响焊接正常焊接。经过这四个连续的动作，焊条的装夹工作就完成了。

(8) 焊条装夹完成后，就要开始进行引弧操作了。右手四个手指由下自上握住焊钳手柄，握住的位置尽量靠前，但也不能太靠近焊条端，以免焊接产生的热量烧伤手腕，大拇指放在与焊钳手柄方向一致的位置上。不要过分用力，以免焊接时右手的过度疲劳。左手手持焊接面罩，作准备引弧的保护姿势。焊接面罩一定要拿稳定，以免晃动产生焊接错觉。

(9) 当焊钳握好，并找准了引弧的位置且保持稳定时，开始进行引弧。引弧开始时立即同步的用焊接面罩遮住操作者的整个面部，以免焊接弧光伤害到操作者的眼睛和面部。

2. 引弧方法与技巧、诀窍与禁忌

焊条电弧焊一般不采用不接触引弧方法，主要采用接触引弧方法。引弧的方法有两种即划擦法和直击法。

(1) 直击法技巧。焊条电弧焊开始前，先将焊条的末端与焊件表面垂直轻轻一碰，便迅速将焊条提起，保持一定的距离，通常是2～4mm，电弧随之引燃并保持一定的温度燃烧，如图16-28所示。

直击法引弧的优点是：不会使焊件表面造成电弧划伤的缺陷，又不受焊件表面大小及焊件形状的限制，不足的地方是引弧成功率比较低，焊条与焊件往往要碰击几次才能使电弧引燃并保持稳定燃

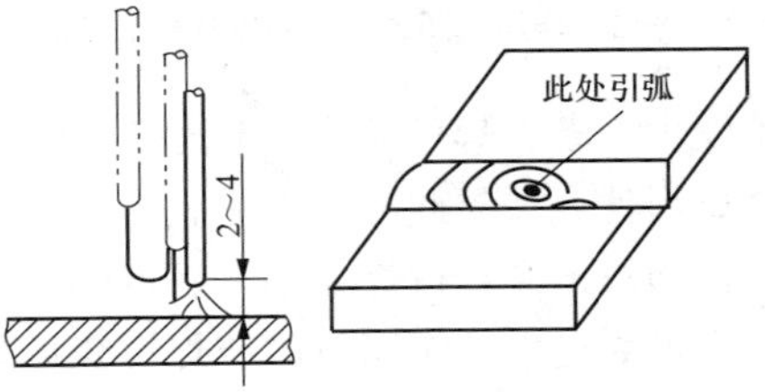

图16-28　直击法引弧

(a) 直击法操作示意图；(b) 直击法接头处的引弧

烧，操作不容易掌握。

（2）划擦法技巧。将焊条末端对准引弧处，然后将手腕扭动一下，像划火柴一样，使焊条在引弧处轻微划擦一下，划动长度一般为 20mm 左右，电弧引燃后，立即使弧长保持在 2～4mm，并保持电弧燃烧稳定，如图 16-29 所示。

这种引弧方法的优点是电弧容易燃烧，操作简单，引弧效率高，缺点是容易损坏焊件的表面，有电弧划伤的痕迹，在焊接正式产品时应该尽量少用。

以上两种方法相比，划擦法比较容易掌握，但是在狭小工作面上或不允许烧伤焊件表面时，应该采用直击法引弧。直击法对初学者较难掌握，一般容易发生电弧熄灭或造成短路的现象，这是没有掌握好离开焊件时的速度或保持距离不适当的原因。如果操作时焊条上拉太快或提得太高，都不能引燃电弧或电弧只燃烧一瞬间就熄灭了。相反，动作太大则可能使焊条与焊件粘在一起，造成焊接回路的短路。

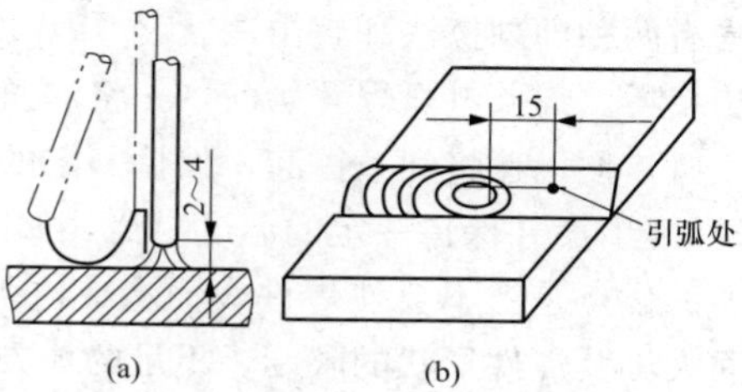

图 16-29 划擦法引弧

（a）划擦法操作示意图；（b）划擦法接头处的引弧

引弧时如果发生焊条和焊件粘在一起时，只要将焊条左右摆动几下，就可以脱离焊件。如果此时还不能脱离焊件，就应该立即将焊钳放松，使焊接回路断开，待焊条稍冷后再拆下。如果焊条粘住的时间过长，就会因为过大的短路电流使焊机烧坏。因此，引弧时手腕动作必须灵活和准确，而且要选择好引弧起始点的位置。

酸性焊条引弧时可以采用直击法或划擦法，但是碱性焊条引弧时，最好采用划擦法引弧，因为直击法引弧容易在焊缝中产生气孔。为了引弧方便，焊条的末端应该裸露出焊芯，如果焊条的端部有药皮套筒，可用戴手套的手捏除。

二、焊条电弧焊运条技巧与诀窍

焊接过程中，焊条相对焊缝所做的各种动作的总称叫运条。运条是整个焊接过程的重要环节，运条的好坏直接影响到焊缝的外表成形和内在的质量，也是衡量焊接操作技术水平的重要标志之一。

1. 运条的基本动作技巧

运条分三个基本的动作，即焊条沿中心线向熔池送进、焊条沿焊接方向的移动和焊条在焊缝宽度作横向的摆动（平敷焊时可不作横向摆动），如图 16-30 所示。

（1）焊条沿中心线向熔池送进的技巧。焊接时要保持电弧的长度不变，则焊条向熔池方向送进的速度要与焊条熔化的速度相等（见图 16-31）。如果焊条送进的速度小于焊条熔化的速度相等，则电弧的长度将逐渐增加，导致断弧的现象发生［见图 16-32（a）］；如果焊条送进的速度太快，就会导致电弧迅速的缩短，使焊条末端与焊件接触发生短路的现象，同时电弧也会随之而熄灭［见图 16-32（b）］。如果运送过快，焊条就会粘在焊件上。

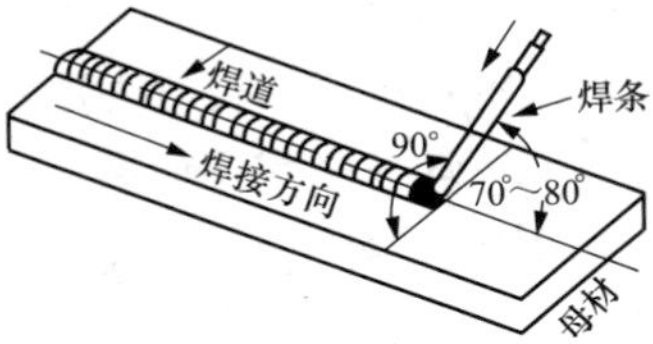

图 16-30　运条的基本动作

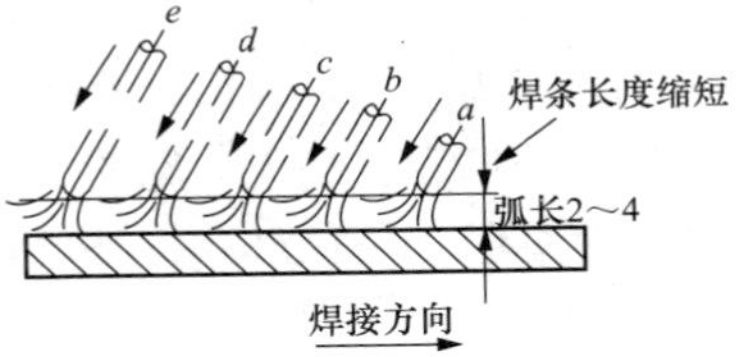

图 16-31　电弧长度始终相等

实际操作中焊条的送进速度代表着焊条熔化的快慢，可以通过改变电弧长度来调节焊条熔化的快慢，弧长的变化将影响焊缝的熔深及熔宽，长弧（弧长大于焊条的直径）焊接时，虽然可以加大熔宽，但电弧却飘忽不定，保护效果也差，飞溅大，熔深浅，焊接质量也会下降。所以一般情况下，应该尽量采用短弧（弧长等于或小于焊接直径）焊接。

（2）焊条沿焊接方向移动的技巧。焊条沿焊接方向移动逐渐形成了焊道（见图 16-33）。焊条沿焊接方向移动的快慢代表着焊接速度，即每分钟焊接的焊缝长度。焊条的移动速度对焊缝质量、焊接生产效率有很大的影响。如果焊条移动的速度太快，电弧还来不及足够的熔化焊条与母材金属，产生未熔透或焊缝较窄的不良现象；如果焊条移动的速度太慢，就会造成焊缝过高、过宽、外形不整齐；在焊接较薄焊件时容易烧穿。因此，移动的速度要根据具体的焊接情况而适当进行，使焊缝均匀美观。

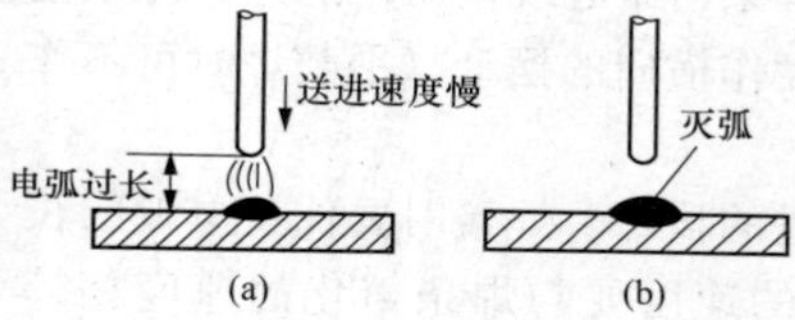

图 16-32　焊条送进速度

(a) 送进速度慢；(b) 送进速度快

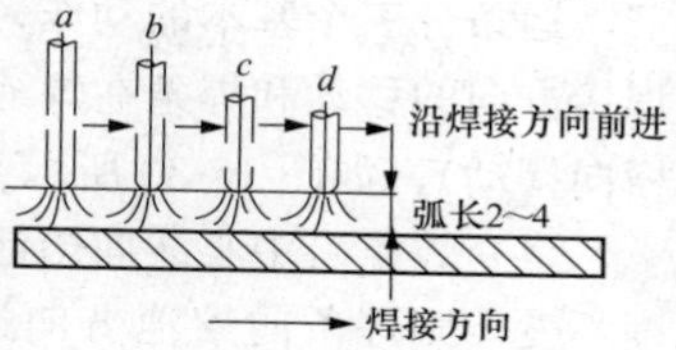

图 16-33　焊道的形成

(3) 焊条在焊缝宽度作横向摆动的技巧。焊条横向的摆动作用是为了获得一定的焊缝宽度，如图 16-34 所示，并保证焊缝两侧熔合良好。其摆动幅度应根据焊缝宽度的要求（如焊件的厚度、坡口的形式、焊缝层次）和焊条直径的大小来决定，一般情况焊件越厚焊条摆动的幅度就越大［见图 16-35 (a)］，V 形坡口比 I 形坡口摆动要大［见图 16-35 (b)］，外层焊要比内层焊摆动要大［见图 16-35 (c)］。

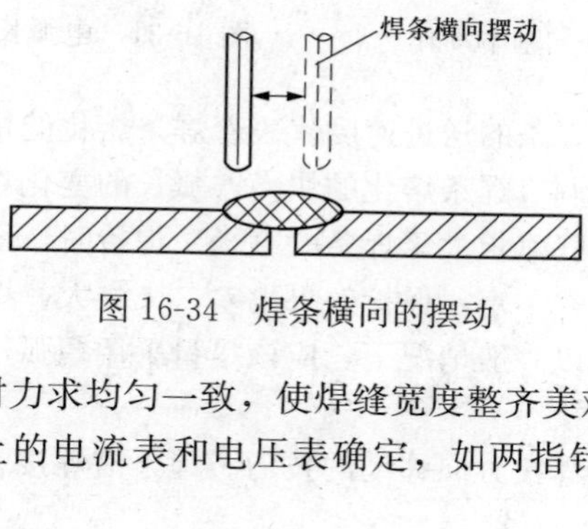

图 16-34　焊条横向的摆动

横向摆动时力求均匀一致，使焊缝宽度整齐美观。这一点可以通过观察焊机上的电流表和电压表确定，如两指针只作微小的摆动，就表明动作十分均匀了；如果两指针摆动的幅度很大，表明动作还不够熟练，需要进一步的加强训练。

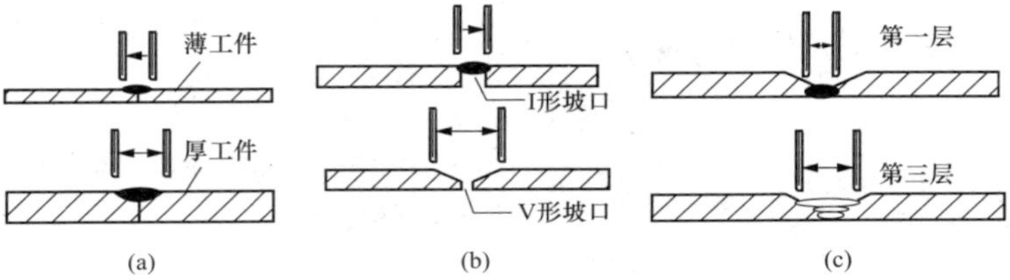

图 16-35　焊条横向摆动幅度

2. 运条的基本方法、技巧与诀窍

运条的方法有很多，操作者可以根据焊接接头形式、装配间隙、焊缝的空间位置、焊条直径与性能、焊接电流及操作熟练程度等因素合理地选择各种运条方法。运条常用的方法有直线形运条法、直线往复运条法、锯齿形运条法、月牙形运条法、斜三角形运条法、正三角形运条法、正圆圈形运条法、斜圆圈形运条法、八字形运条法等，见表 16-15。

表 16-15　　运条的基本方法、技巧与诀窍

序号	运条方法	图示	说　明
1	直线形		焊条沿焊接方向直线运动，电弧燃烧很稳定，可获得较大熔深
2	直线往复		焊接过程中，焊条末端沿着焊缝的纵向作往复直线运动
3	锯齿形		焊条末端在向前移动同时，连续在横向作锯齿摆动，焊条末端摆动到焊缝两侧应稍停片刻，防止焊缝出现咬边的缺陷
4	月牙形		焊条末端沿着焊接方向作月牙形横向摆动，摆动的幅度要根据焊缝的位置、接头形式、焊接宽度和焊接电流的大小来决定

续表

序号	运条方法	图示	说　　明
5	斜三角性	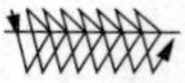	焊条末端作连续的斜三角形运动，并不断地向前移动
6	正三角形	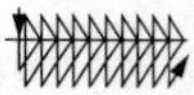	焊条末端作连续的正三角形运动，并不断地向前移动
7	正圆圈形	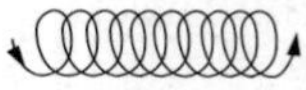	焊条末端连续作正圆环形运动，并不断地向前移动，只适用于焊接较厚焊件的平焊缝
8	斜圆圈形		焊条末端在向前移动的过程中，连续不断地作斜圆环运动，适用于平、仰位置的T形焊缝和对接接头的横焊缝焊接
9	8字形	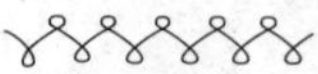	焊条末端作8字形运动，并不断向前移动

3. 平敷焊运条操作实例

平敷焊主要以直线形运条、直线往复运条和锯齿形运条为主，操作者在运条的过程中要特别仔细地观察焊接熔池的状态，要学会区分铁水和熔渣，操作实例见表16-16。

表16-16　　平敷焊主要运条方法与实例

运条方法	示　意　图	说　　明
直线形运条法	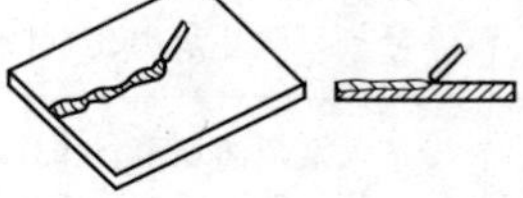	（1）焊接电流调至100～110A，操作姿势和焊条角度保持不变 （2）焊缝不美观、焊缝宽度和熔深不一致是主要缺陷

续表

<table>
<tr><th>运条方法</th><th>示 意 图</th><th>说 明</th></tr>
<tr><td>直线往复运条法</td><td>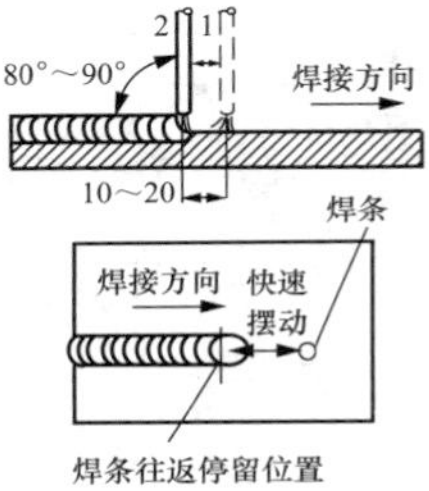
</td><td>(1) 焊接电流调至 100～130A，姿势保持不变
(2) 电弧长度为 2～4mm，焊条沿着焊缝纵向快速往复摆动
(3) 容易出现焊条摆动速度过慢、向前摆动幅度过大、向后摆动停留位置靠前的现象，造成焊缝脱节</td></tr>
<tr><td>锯齿形运条</td><td>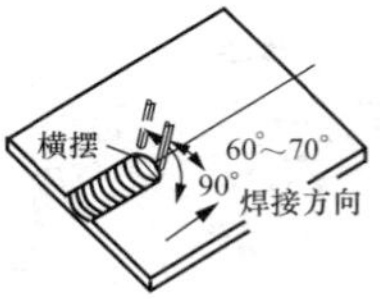

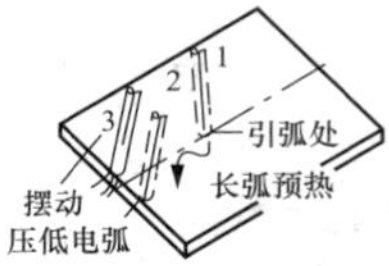

</td><td>(1) 焊接电流调至 100～120A，姿势保持不变
(2) 采用短弧，焊条在一般情况下要摆动 6～8mm，焊条在两侧停留的时间要相等，摆动的排列要尽量密集
(3) 容易出现焊条横摆过宽现象导致的焊缝过宽、焊波粗大、熔合不良等；横摆前进幅度过大（摆动排列稀疏），导致焊缝两侧不整齐，局部缺少填充金属、咬边等现象，焊缝可能呈蛇形</td></tr>
</table>

三、焊缝起头和接头技巧与诀窍

1. 焊缝的起头技巧

焊接刚开始时由于焊件的温度较低，引弧后不能马上使焊件的温度迅速的升高，因此，焊接起头的位置焊道会较窄，且余高也稍微显高，甚至会出现熔合不良和夹渣的缺陷。因此，为了避免产生这样的现象，在开始焊接时，引弧后先将电弧稍微拉长，对焊缝起点进行预热，然后适当的缩短电弧，进行正常的焊接，如图 16-36 所示。

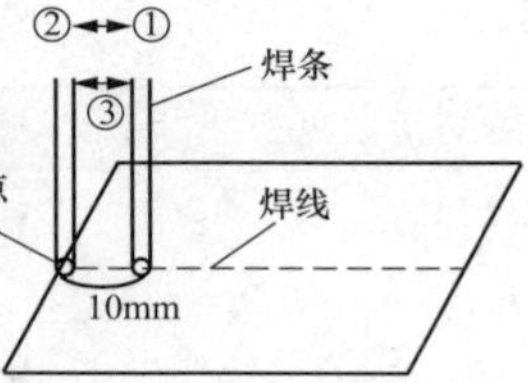

图 16-36　焊缝起头的方法

2. 焊缝的接头技巧

后焊接的焊缝与先焊接的焊缝的连接处称为焊缝的接头。焊条电弧焊时，由于受到焊条长度的限制或焊接位置的限制，在焊接过程中产生两段焊缝接头的情况是不可避免的，接头处的焊缝应力求均匀，防止产生过高、脱节、宽窄不一致等缺陷。

（1）接头的种类。焊缝接头的种类有四种，即中间接头、相背接头、相向接头和分段退焊接头，见表 16-17。

表 16-17　焊缝接头的种类

接头名称	示意图	焊接方法	说明
中间接头	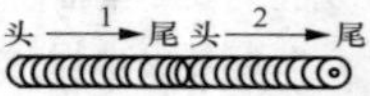	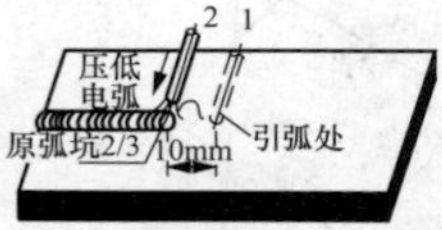	后焊焊缝从先焊焊缝收尾处开始焊接
相背接头		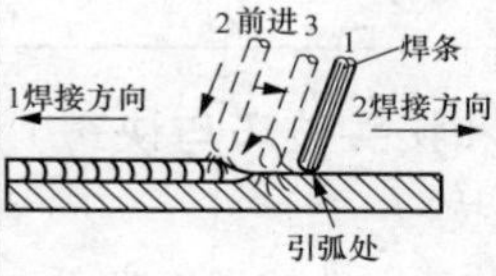	两端焊缝起头处接在一起。要求先焊焊缝起头稍低，后焊焊缝应在先焊焊缝起头处前 10mm 左右引弧，然后稍拉长电弧，并将电弧移至接头处，覆盖住先焊焊缝端部，待熔合好再向焊接方向移动

续表

接头名称	示意图	焊接方法	说　　明
相向接头		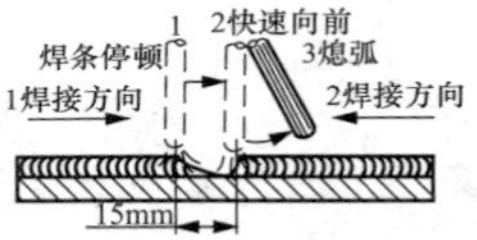	两段焊缝的收尾处接在一起。当后焊焊缝焊到先焊焊缝收弧处时，应降低焊接速度，将先焊焊缝弧坑填满后，以较快速度向前焊一段，然后熄弧
分段退焊接头		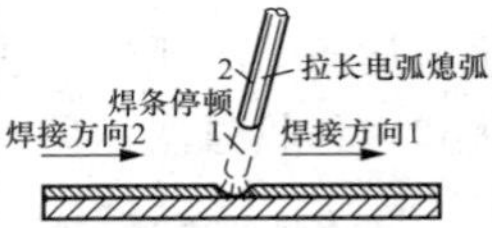	后焊焊缝的收尾与先焊焊缝起头处连接

（2）接头注意事项与操作禁忌。

1）接头要快。接头是否平整，与操作者技术水平有关，同时还和接头处的温度有关。温度越高，接头处熔合得越好，填充的金属合适（不多不少），接头平整。因此，中间接头时，熄弧时间越短越好，换焊条越快越好。

2）接头要相互错开。多层多道焊时，每层焊道和不同层的焊道的接头必须相互错开一段距离，不允许接头相互重叠或在一条线上，以免影响接头强度。

3）要处理好接头处的先焊焊缝。为了保证好接头及接头质量，接头处的先焊焊道必须处理好，没有夹渣及其他缺陷，最好焊透，接头区呈斜坡状。如果发现先焊焊缝太高，或有缺陷，最好先将缺陷清除掉，并打磨成斜坡状。

四、焊缝收弧的方法与技巧

收弧是指一条焊缝焊接完成后如何填满弧坑的操作。收弧是焊接过程中的关键动作，焊接结束时，如果立即将电弧熄灭，就会在焊缝收尾处产生凹陷很深的弧坑，如图 16-37 所示，不仅会降低焊缝收尾处的强度，还容易产生弧坑裂纹，如图 16-38 所示。过快的拉断电弧，使熔池中的气体来不及逸出，就会产生气孔等缺陷。为了防止出现这些缺陷，必须采取合理的收弧方法，填满焊缝收尾处的弧坑。

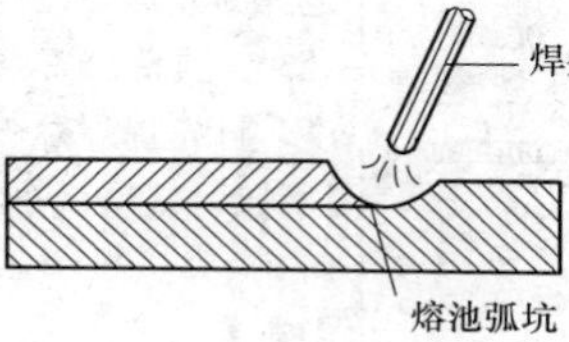

图 16-37 焊缝收尾处弧坑

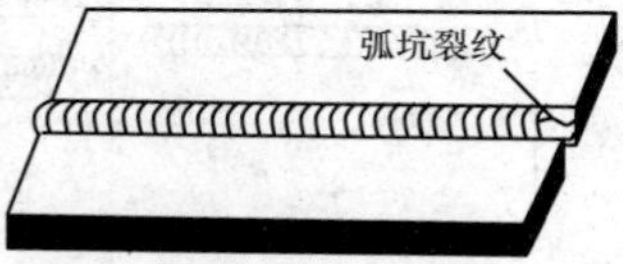

图 16-38 弧坑裂纹

（1）收弧的方法与技巧。收弧的方法主要有反复断弧法、划圈收弧法、回焊收弧法和转移收弧法，见表 16-18。

表 16-18　收弧的方法与技巧

收弧方法	示意图	说明
反复断弧法	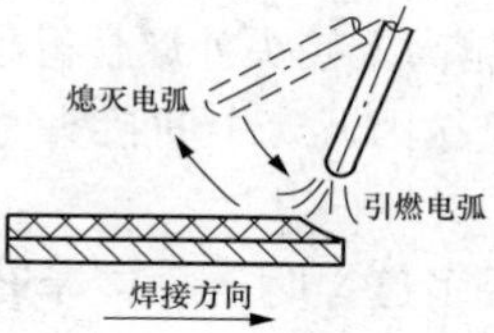	反复断弧法也称灭弧法。焊条移到焊缝终点时，在弧坑处反复熄弧、引弧数次，直到填满弧坑为止
划圈收弧法	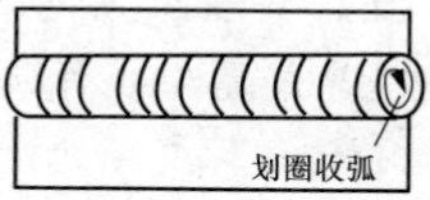	焊条移至焊缝终点处，沿弧坑作圆圈运动，直到填满弧坑再拉断电弧，此法适用于厚板收弧

续表

收弧方法	示意图	说明
回焊收弧法	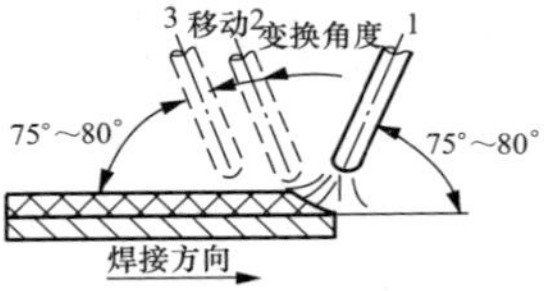	焊条移至焊缝终点时，电弧稍作停留，并向与焊接相反的方向回烧一段很小的距离（约10mm），然后立即拉断电弧
转移收弧法	—	焊条移至焊缝终点时，在弧坑处稍作停留，将电弧慢慢抬高，引到焊缝边缘母材坡口内，这时熔池会逐渐缩小，凝固后一般不出现缺陷

（2）注意事项与操作禁忌。

1）连弧收弧方法可分为焊接过程中更换焊条的收弧方法和焊接结束时焊缝收尾处的收弧方法。更换焊条时，为了防止产生缩孔，应将电弧缓慢地拉向后方坡口一侧约10mm后再衰减熄弧。焊缝收尾处的收尾应将电弧在弧坑处稍作停留，待弧坑填满后将电弧慢慢地拉长，然后熄弧。

2）采用断弧法操作时，焊接过程中的每一个动作都是起弧和收弧的动作。收弧时，必须将电弧拉向坡口边缘后再熄弧，焊缝收尾处应采取反复断弧的方法填满弧坑。

五、薄板管焊焊接工艺、操作技巧与实例

厚度不大于2mm的板焊接时一般都要采用薄板焊接技术。常见的薄板焊接主要方法是指对接焊、平角焊和搭接焊，如图16-39所示。薄板焊接的主要困难是很容易被烧穿、变形大及焊缝的成形不良。因此，薄板在采用搭接焊时比对接焊和平角焊容易把握一些。

1. 焊前准备技巧

（1）将焊件焊接处的油污、铁锈、水垢和剪边的毛刺棱角用清洁工具清除干净。油污、铁锈和水垢可用毛刷或钢丝刷清理，毛刺

和棱角可用锉刀、砂布及磨光机进行打磨。

（2）清理好的焊件要进行装配，因为焊件较薄，所以装配时的间隙越小越好，最大装配间隙不应该超过 0.5mm，焊件的接头处错边量也不应超过板厚的 1/3，重要的焊件还要更小（一般不超过板厚的 1/6）。

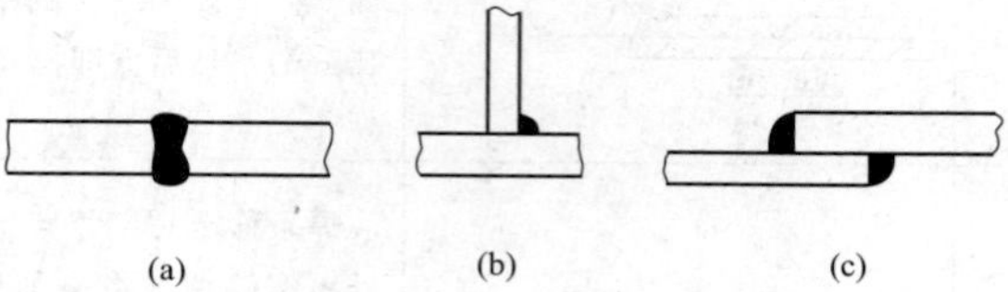

图 16-39 薄板焊接主要方法

（a）对接焊；（b）平角焊；（c）搭接焊

（3）装配完成后，进行焊件的定位焊。定位焊缝要小，且呈现点状，虽然焊缝的装配间隙小，但是焊件两端的定位焊缝可以稍长一些，一般在 10～15mm，定位焊的要求见表 16-19。

表 16-19 定位焊的要求

板厚/mm	接头形式	定位焊缝长度/mm	定位焊缝间距/mm
1.5～2	对接接头	3～4	40～60
	T形接头、搭接接头	5～6	60～80

2. 焊接参数选择

由于薄板在焊接时很容易被烧穿，所以在焊接时要采用小直径的焊条和较小的焊接电流。薄板焊接的主要参数见表 16-20。

表 16-20 薄板焊接的主要参数

焊接形式	板厚/mm	正面焊缝		背面焊缝	
		焊条直径/mm	焊接电流/A	焊条直径/mm	焊接电流/A
对接平焊缝	1.5～2	2.5	55～60	2.5	60～65
T形接头平角焊缝		2.5	60～70	3.2	100～120
搭接接头平角焊缝		2.5	55～60	—	—

3. 薄板管焊接定位焊技巧

薄板管焊接定位焊的目的是固定工件间的相互位置，防止焊接时产生过大的变形。

（1）薄板管气焊的定位焊技巧。在进行气焊前，应当对焊件在适当的位置实施一定间距的点焊进行必要的定位。对于不同类型的焊件，点焊定位的方式略不相同。

1）直缝的定位焊。若工件较薄时，定位焊应从工件中间开始。定位焊的长度一般为5～7mm，间隔为50～100mm，定位焊顺序应由中间向两边交替点焊，直至整条焊缝布满为止，其顺序如图16-40所示。若工件较厚（$t \geqslant 4$mm）时，可从两头开始向中间进行。定位焊的长度应为20～30mm，间隔为200～300mm，其顺序如图16-41所示。

薄板定位焊焊缝不宜过长，更不宜过高和过宽。对较厚工件的定位焊要有足够的熔深，否则会造成正式焊缝高低不平、宽窄不一和熔合不良等现象。对定位焊的要求如图16-42所示，若定位焊产生焊接缺陷，应当铲除或修补。

遇到两种不同厚度薄板工件定位焊时，火焰要侧重于较厚工件一边加热，否则薄件容易被烧穿。

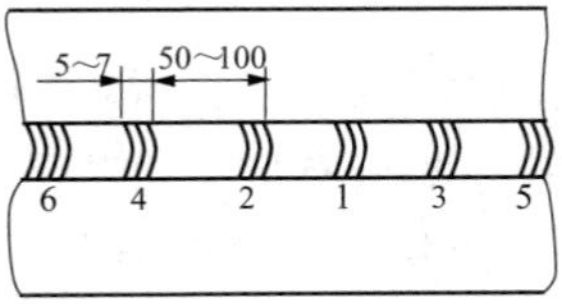

图16-40 薄工件定位焊顺序

1～6—焊接顺序号

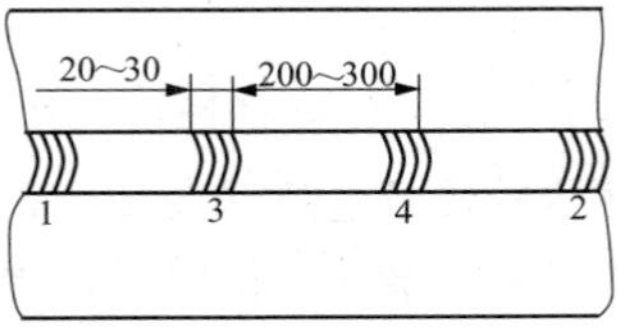

图16-41 较厚工件定位焊顺序

1～4—焊接顺序号

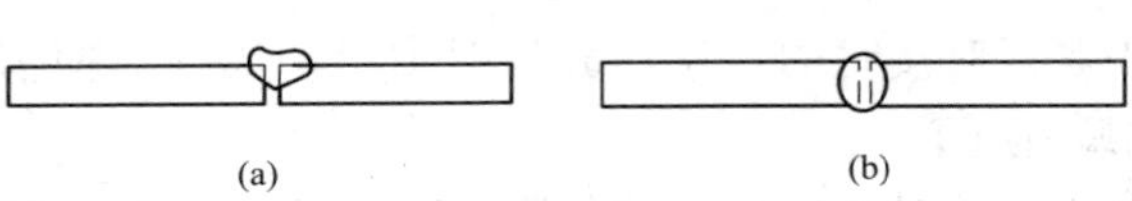

图16-42 对定位焊的要求

（a）不合格；（b）合格

2）薄管定位焊。直径不超过100mm的管子，一般只需定位焊两处，焊缝长度为5～15mm，将管子均分三处，定位焊接两处，另一处作为起焊处，其位置如图16-43（a）所示。若直径较大，在100～300mm时，将管周均分四处，对称定位四处，在定位两点之间起焊，如图16-43（b）所示。管子的直径在300～500mm时，需沿管子周围点焊数处。不论直径大小，起焊点应在两个定位焊的中间开始，如图16-43（c）所示。

定位焊缝的质量应与正式施焊质量相同，否则应该铲除或重新修磨后再进行定位焊接。

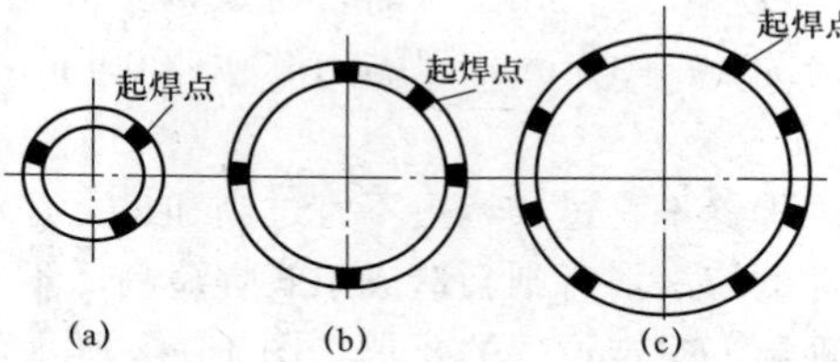

图16-43　不同管径的薄管定位焊及起焊点示意图
（a）直径小于100mm定位焊两处；
（b）直径100～300mm定位焊3～4处；
（c）直径300～500mm定位焊5～7处

（2）CO_2气体保护焊板对接的定位焊技巧。由于CO_2气体保护焊时热量较焊条电弧焊大，因此要求定位焊缝有足够的强度。通常定位焊缝都不磨掉，仍保留在焊缝中，焊接过程中很难全部重熔，因此应保证定位焊缝的质量，定位焊缝既要熔合好，其余高又不能太高，还不能有缺陷，要求操作者像正式焊接那样焊接定位焊缝，定位焊缝的长度和间距应符合下述规定：

1）中厚板对接时的定位焊缝如图16-44所示。焊件两端应装引弧、收弧引出板。

2）薄板对接时的定位焊缝如图16-45所示。焊工进行实际操作考试时，更要注意试板上的定位焊缝，具体要求还需要在每个考试项目中作详细的规定。

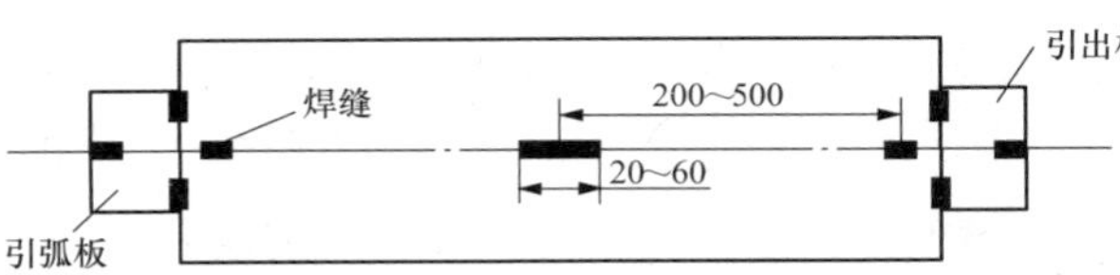

图 16-44　中厚板的定位焊缝

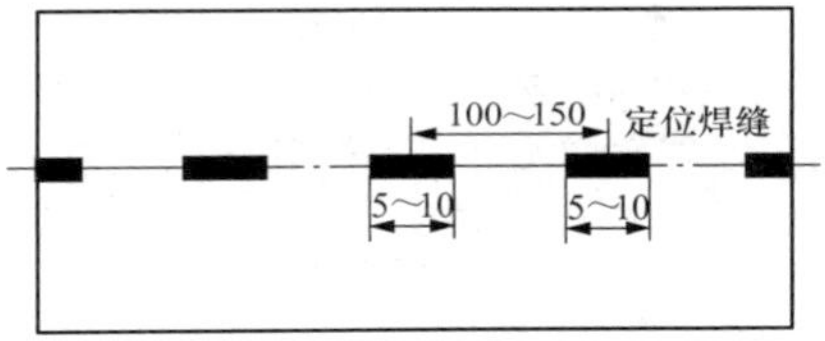

图 16-45　薄板对接时的定位焊缝

4. 对接平焊操作技巧与诀窍

对接平焊的焊接角度如图 16-46 所示。焊接时采用直线形或直线往复运条形运条方法。焊接过程中发现定位焊缝开裂或焊件变形使错边量加大时，应该停止焊接，用手锤将错边进行修复，再次定位牢固后继续开始焊接。可以移动的焊件，最好将焊件的一头垫起，使其倾斜一个角度（一般为 15°～20°）后再进行焊接，如图 16-47 所示。这样的措施可以有效提高焊接速度和减小熔深，对防止焊件的烧穿和减小变形量有利。有条件的薄板焊件都可以采取这种下坡焊，因为向下焊接时熔池较浅，焊接速度高，操作也比较简便，焊件不易被烧穿，所以，对有条件的薄板都要尽量采用这样的方法。焊接时采用短弧和快速直线运条法，运条的时候如发现有混

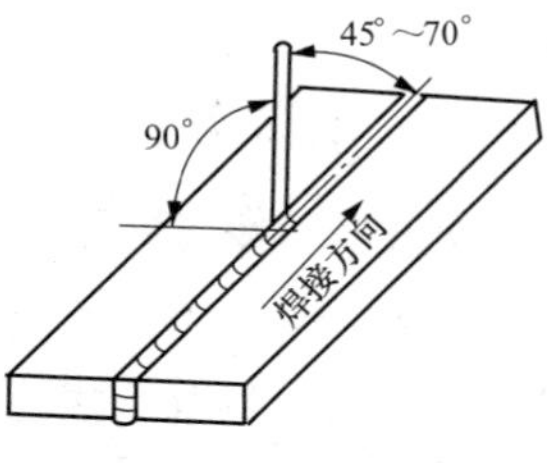

图 16-46　对接平焊时的焊接角度

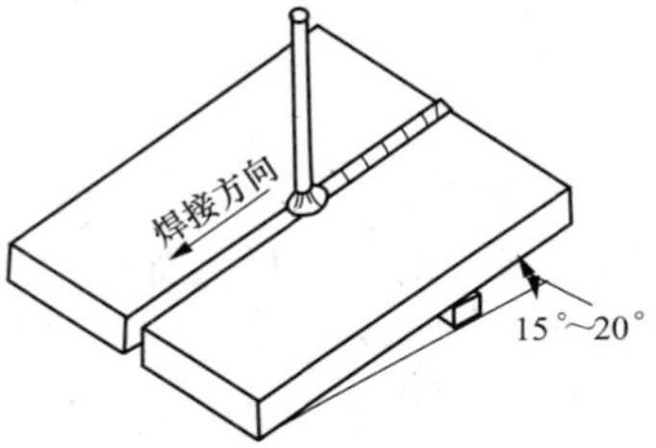

图 16-47　下坡焊

渣的现象出现时，可以适当地拉长电弧，做向后推送熔渣的动作，防止产生夹渣的焊接缺陷。施焊过程中发现熔池温度过高将要塌陷时，应立即灭弧或采取跳弧的手段，使焊接熔池的温度降低，然后再次进行正常的焊接，以防止焊接时被烧穿。另外，为了避免较大焊接变形量的产生，可采用分段跳弧法或分段退焊法进行焊接。

对于不能移动的焊件，可采用灭弧的方法进行焊接。就是焊一段后发现熔池将要烧穿时，立即灭弧，使焊缝处的温度得到降低，待温度降低后再进行焊接。也可以采用直线前后往复摆动进行焊接，注意向前时将电弧稍提高一些。

5. T形接头平角焊操作技巧

T形接头平角焊的焊接角度如图16-48所示。焊接时采用短弧和快速直线运条法，运条的时候如发现有混渣的现象出现时，可以适当地拉长电弧，做向后推送熔渣的动作，防止产生夹渣的焊接缺陷。施焊过程中发现熔池温度过高将要塌陷时，应立即灭弧或采取跳弧的手段，使焊接熔池的温度降低，然后再次进行正常的焊接，以防止焊接时被烧穿。另外，为了避免较大焊接变形量的产生，可采用分段跳弧法或分段退焊法进行焊接。

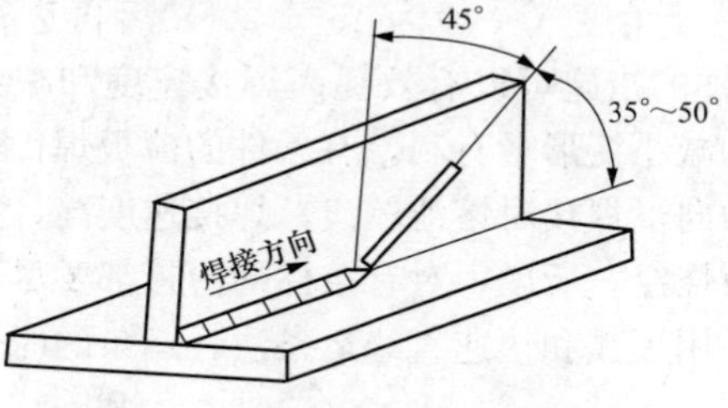

图16-48　T形平角焊焊接角度

6. 搭接接头平角焊

搭接接头的焊接形式如图16-49所示，搭接接头平角焊的方法与T形接头基本相似。所不同的是焊接过程当中搭接的钢板边缘容易鼓起，如果发生这样的情况，一定要及时地进行修复，然后再进行焊接，焊接时要注意将接缝处的钢板边缘整齐地熔化掉，防止产生咬边和焊脚不齐等缺陷的产生。

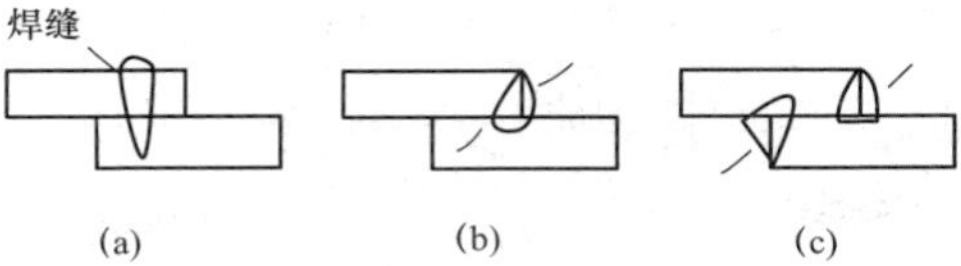

图 16-49　搭接接头的焊接形式

六、板对接平焊焊接工艺与操作实例

（一）V 形坡口平对接焊技巧与诀窍

板对接平焊，当焊件的厚度超过了 6mm 时，由于电弧的热量较难深入到焊件的根部，必须开单 V 形坡口或双 V 形坡口，采用多层焊或多层多道焊，如图 16-50 所示。

1. 焊接特点及工艺参数的选择

（1）焊接特点。V 形坡口的平对接焊重点是根部的打底焊，打底焊很容易产生烧穿、夹渣等焊接缺陷。每一层之间也会出现夹渣、未熔合、气孔等缺陷。

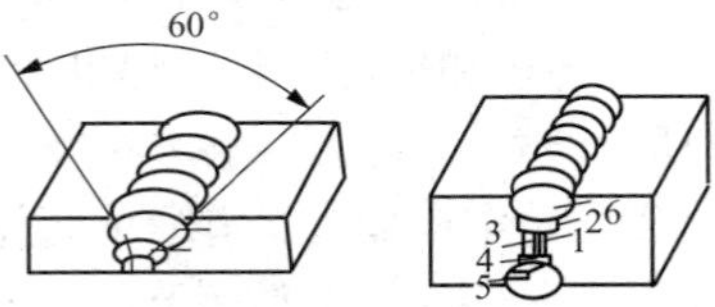

图 16-50　V 形和双 V 形的多层焊

工件在装配点固时要预留 2.5mm 的间隙，有利于焊件的焊透。在对焊件两端进行点固的时候，焊点长应在 10mm 左右，而且点焊缝不宜过高。更值得注意的是，为了防止焊接完成后的变形，应对焊件装配时留有 1°～2°的反变形量，如图 16-51 所示。

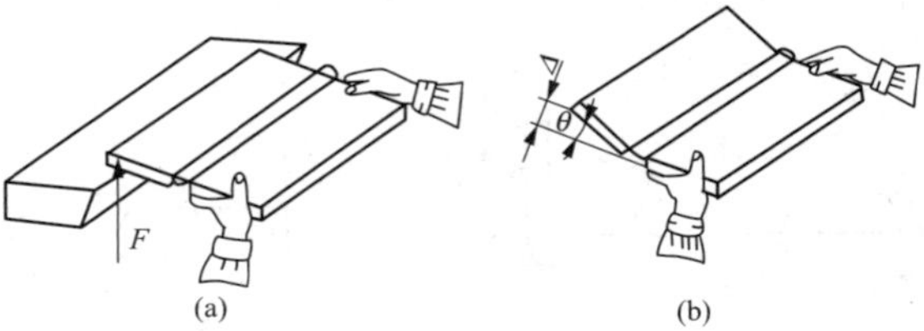

图 16-51　预留反变形量

（2）焊接工艺参数的选择。V 形坡口的平对接焊焊接工艺参数可参见表 16-21。

表 16-21　　V 形坡口的平对接焊（8mm 厚）焊接工艺参数

板厚/mm	坡口形式	钝边/mm	装配间隙/mm	焊条直径/mm	焊接电流/A	焊接层次	运条方法
8	V	0.5～1	2.5～3	3.2	90～110	打底层	小锯齿形
				3.2～4.0	140～160	填充层	锯齿形
				4.0	140～150	盖面层	锯齿形

2. 焊接操作过程与操作要点

V 形坡口的平对接焊操作过程与要点如下：

（1）焊前准备。

1）工件。低碳钢板两块，其选择准备标准为 300mm×100mm×8mm。

2）焊条。采用牌号为 E4303 酸性系列。

3）焊机和辅助工具。焊机额定电流应大于 300A。辅助工具有钢丝刷、錾子、锉刀、磨光机及敲渣锤等。

（2）操作步骤。焊道分单面焊三层三道，即打底焊、填充焊和盖面焊。焊件放在水平面上，间隙小的一端放在左侧。

1）打底焊。打底焊时选用直径为 ϕ3.2mm 的焊条进行操作。装配间隙较小时，采用小幅度锯齿形横向摆动，并在坡口两侧稍作停留，连续向前焊接，即采用连弧焊法打底，打底焊时的焊条角度如图 16-52（a）、（b）所示；间隙较大时，用直线往复运条法，防止焊件被烧穿。如果间隙很大，按照图 16-52（c）所示焊接顺序进

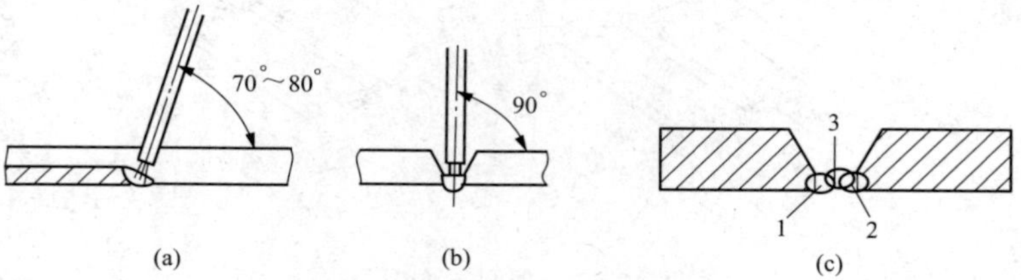

图 16-52　打底焊

（a）焊条与运条方向成 70°～80°角；（b）焊条与板料成 90°角；（c）大间隙焊接顺序

1、2、3—大间隙焊接顺序

行焊接。

2）填充焊。先将焊缝的熔渣、飞溅物清除干净，将打底层焊缝接头的焊瘤打磨平整，然后才能进行填充焊。填充焊时的焊条角度如图 16-53（a）、（b）所示。

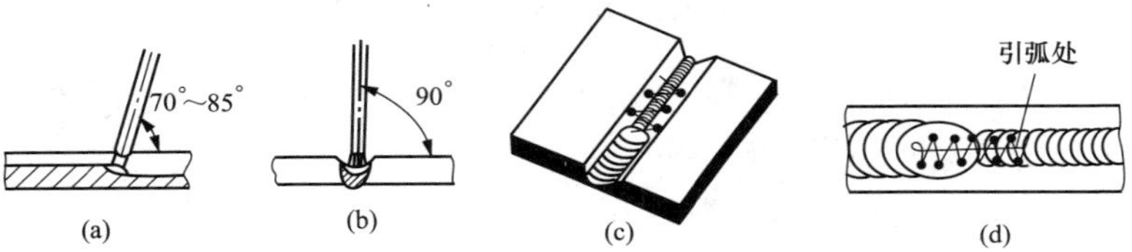

图 16-53　填充焊的焊条角度

（a）焊条与运条方向成 70°～85°角；（b）焊条与板料成 90°角；（c）运条方法；（d）接头方法

填充焊时的焊接电流应比打底焊时稍大一些，选用直径 ϕ3.2mm 焊条进行焊接，用锯齿形运条法短弧施焊，摆动到两坡口侧面时，焊条稍作停留，待坡口两侧与母材熔合良好后方可移动，如图 16-53(c)所示。焊接时应控制好焊接的速度，使填充层焊道在 3～4mm的厚度，各层之间的焊接方向应该相反为好，接头相互错开不大于 30mm，接头的方法如图 16-53(d)所示。收尾时填满弧坑。

3）盖面焊。焊缝正面的最后一层和背面焊缝都属于盖面焊，正面焊选择直径为 ϕ4.0mm 的焊条采用锯齿形运条的方法，横向摆动以熔合坡口两侧 1～1.5mm 的边缘，以控制焊缝宽度，两侧要充分的停留，防止咬边现象产生。背面盖面层焊条选直径为 ϕ3.2mm 焊条，也用锯齿形运条方法进行焊接，但是要小幅度横向摆动。

（二）I 形坡口平对接焊技巧与诀窍

当焊件的厚度在 4mm 左右时（一般为 3～6mm），没有必要开坡口，直接进行装配后就可以开始正常焊接，如图 16-54 所示。

1. 焊接操作过程与操作要点

I 形坡口平对接焊操作过程与要点如下：

（1）焊前准备。

1）工件。低碳钢板两块，标准为 300mm×100mm×4mm。

2）焊条。焊条采用酸性焊条，牌号为 E4303 系列。

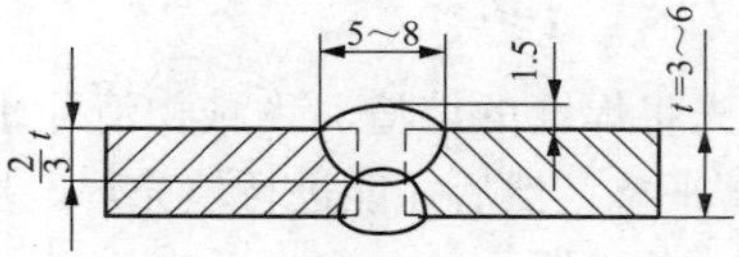

图 16-54　I 形坡口平对接焊

3）焊机和辅助工具。焊机额定电流应大于 160A。辅助工具有钢丝刷、錾子、锉刀及敲渣锤等。

（2）具体操作步骤与操作诀窍。

1）由于焊件的厚度很小，因此很容易变形。为了防止装配时焊口的错边，必须对焊件进行矫正。

2）板材经过矫正后，铁锈、油污和其他痕迹用钢丝刷（磨光机更好）打磨干净，露出金属的本来光泽。

3）进行装配和定位。装配时要保证两板对接处平齐，无错边现象。对口间隙在 0～1mm。定位焊时要选择好焊点，一般 4mm 左右的对板有两个定位点焊就可以了，如图 16-55（a）所示。

4）将定位焊装配好的焊件平放在焊接台架上，将焊接电流调节到 100A 左右，安装好搭铁线（地线），将焊条安装在焊钳上，

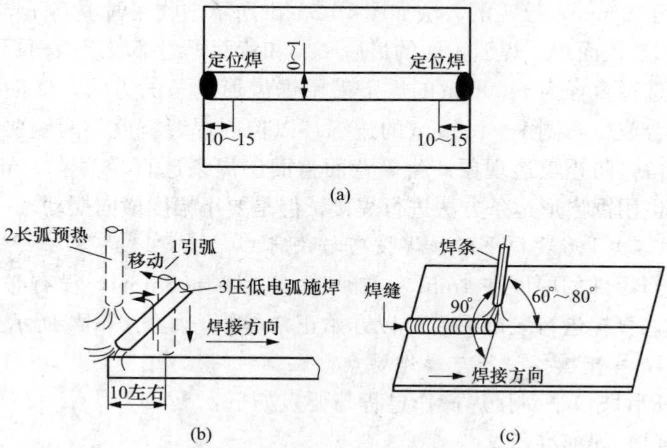

图 16-55　平板对接焊

（a）装配和定位焊；（b）引弧和运条；（c）焊条的角度

夹持的方法既可以平夹也可以斜夹。

5）起头焊接时在板端内焊缝上 10～15mm 处引燃电弧，引燃的电弧立即移向焊缝的起焊部位，此时可以借助弧光的亮度找到焊接起始处，如图 16-55（b）所示，拉长电弧 1～2s 的时间后，随即把电弧压低，采用直线形或往复直线形运条的方法向前施焊。为了获得较大的熔深和宽度，运条的速度可以慢一些或焊条作微微的搅动。焊接时焊条的角度如图 16-55（c）所示。

6）焊接中要仔细观察熔池的状态，正常情况下铁水与熔渣是处于分离状态的，如图 16-56(a)所示。熔渣覆盖铁水区域量的大小，取决于焊接电流大小、焊接角度、电弧长度变化。没有被熔渣覆盖而显露的明亮清澈的铁水部分是“熔池形状”，如图 16-56(b)所示。

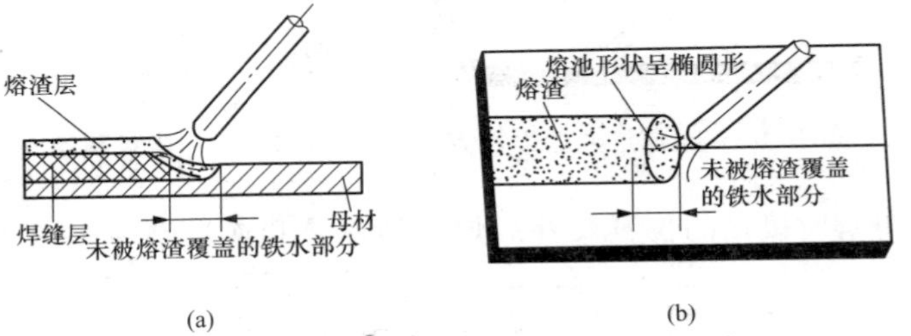

图 16-56　熔渣的产生和熔池的形成

（a）熔渣的产生；（b）熔池的形成

7）若产生熔渣超前，应立即减小焊条的倾斜角度，如图 16-57 所示，必要时还可以增加焊接电流，或选用 $\phi2.5$mm 的焊条。如果焊件装配间隙过大，可以采用直线往复运条的方法避免烧穿，提高工作的效率，操作方法如图 16-58 所示。

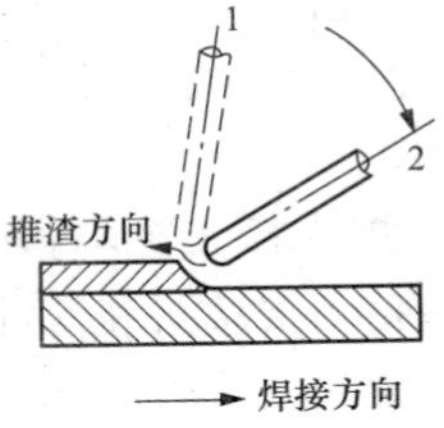

图 16-57　减小焊条的倾角

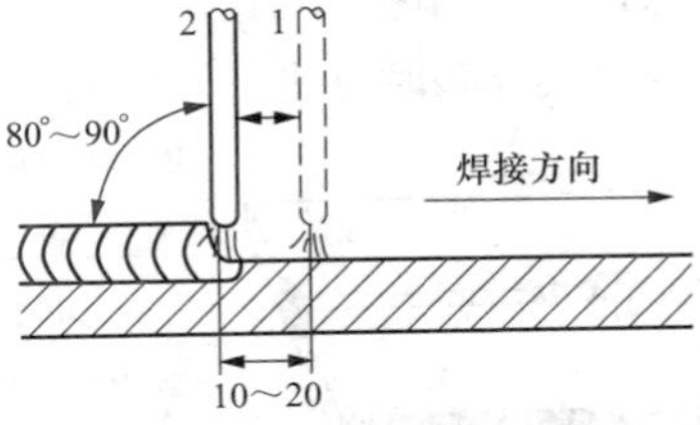

图 16-58　直线往复运条

8）焊接收尾采用灭弧法，节奏要稍慢一点，直到填满弧坑后方可收弧。

2. 注意事项与操作禁忌

（1）先将两板的边缘用直线形或直线往复形运条的方法进行敷焊，清理焊渣后再用锯齿形运条进行连接焊，具体的操作顺序如图16-59 所示。

（2）厚度在 4mm 左右的钢板由于钢板薄、间隙较大时，平焊时很容易产生烧穿的现象，如图 16-60 所示。当出现这样的情况时可以进行必要的补焊。

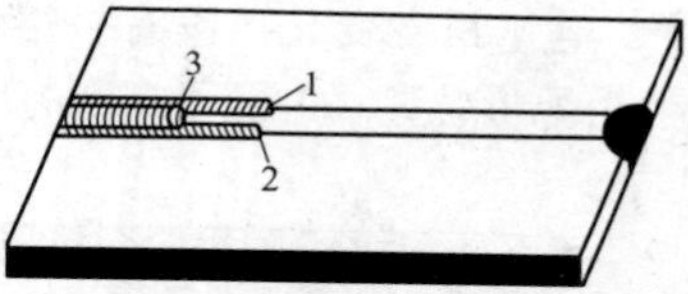

图 16-59 间隙过大的焊接方法

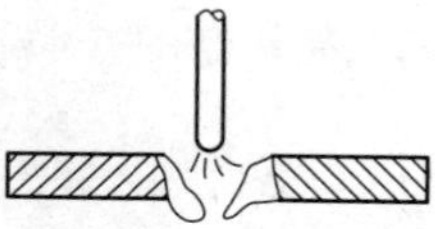

图 16-60 烧穿现象

补焊时接弧的位置及补焊焊点的重叠和连接顺序如图 16-61

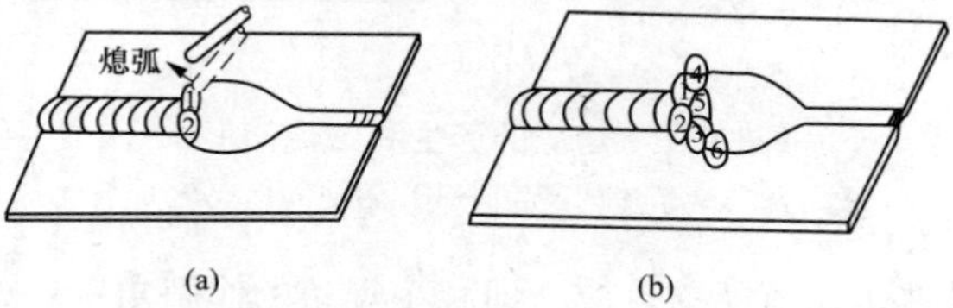

图 16-61 补焊的方法

（a）所示。补焊的原则是先焊外、后焊内，并使接弧的位置及温度分布对称均匀，如图 16-61（b）所示。补焊过程中如果产生的熔渣较多，或更换焊条时可进行必要的清渣处理，然后继续补焊，补焊好的焊缝如图 16-62 所示。

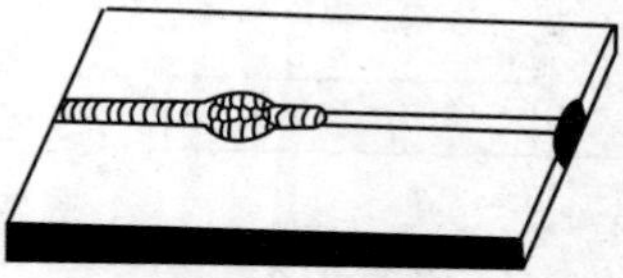

图 16-62 补焊焊缝

七、平角焊焊接工艺与操作实例

平角焊包括角接接头和 T 字接头平焊以及搭接接头平焊，如图16-63所示。因角接接头、搭接接头和 T 字接头平焊的操作方法类似，所以只介绍 T 字接头的操作方法。角焊接头所形成的焊缝称为角焊缝，角焊缝各位置的名称如图16-64所示。角焊缝按照其截面的形状可分为四种，如图 16-65 所示，应用最多的是截面为直角等腰的角焊缝，焊接操作中应力求焊出这样的形状。

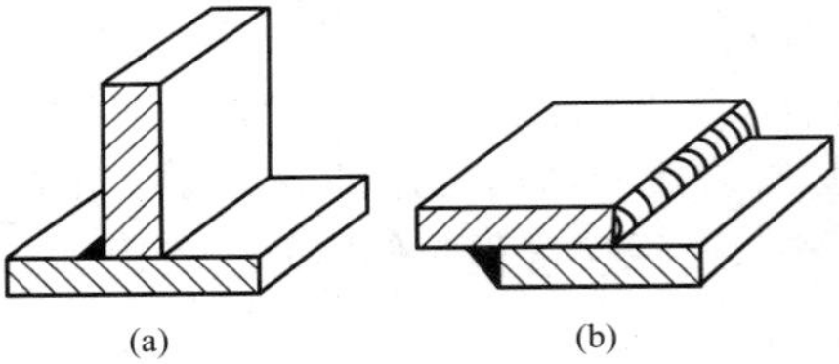

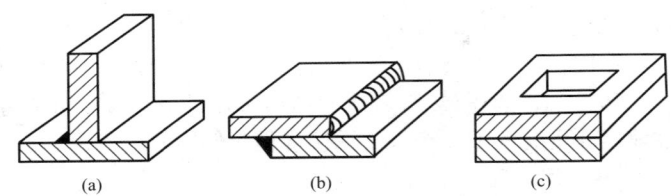

图 16-63 平角焊的接头形式

(a) T形接头；(b) 搭接接头；(c) 角接接头

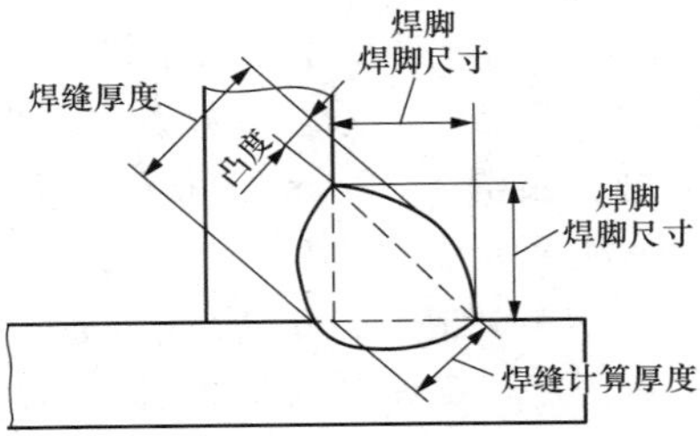

图 16-64 角焊缝各部位的名称

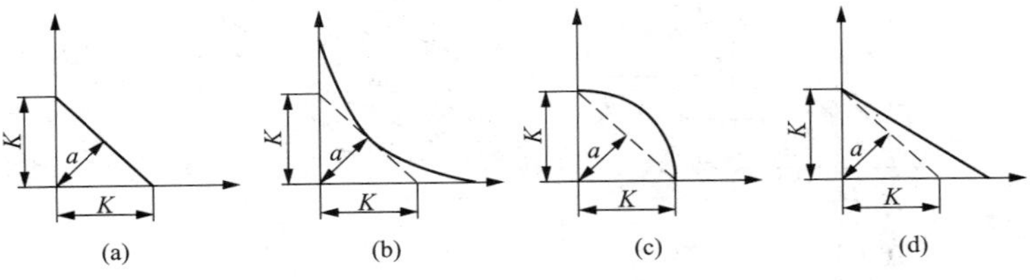

图 16-65 角焊缝的截面形状

(a) 直角等腰角焊缝；(b) 凹形角焊缝；(c) 凸形角焊缝；(d) 不等腰角焊缝

1. 焊前准备

平角焊前准备主要包括工件、焊条、焊机和辅助工具的准备等。

（1）工件。工件采用适合于焊接的低碳钢板两块，其选择准备标准为 300mm×100mm×8mm。如果没有 8mm 厚的钢板，也可以选择 12mm 的钢板进行多层焊或多层多道焊训练，

（2）焊条。焊条采用酸性焊条，牌号为 E4303 系列，焊条直径最好为 ϕ3.2mm 和 ϕ5mm 两种。

（3）焊机和辅助工具。焊机选用交流或直流焊机，其额定电流应大于 300A。主要辅助工具包括清理焊件用的钢丝刷、角向磨光机，整理焊件用的錾子、锉刀及焊接过程中使用的敲渣锤等。

2. 焊接操作过程与技巧

（1）工件清理。将水平板的正面中心向两侧 50～60mm 处清理铁锈、油污及其他斑点后，再将垂直板接口的边缘 30mm 内的铁锈油污等清理干净。

（2）装配定位。将清理干净的水平板平放在焊接支架上，用钢直尺测出工件两端的中心点，把垂直板放置在水平板中心划线处，在水平板和立板之间要预留 1～2mm 的间隙，以增加熔透的深度。用直角尺测量以保证两板的夹角为 90°，如图 16-66 所示，用 ϕ3.2mm 焊条进行定位焊，如图 16-67 所示。定位焊的位置应在焊件的两端且对称的点固定，点焊的顺序如图 16-68 中的 1→2→3→4，定位焊缝长为 10mm 左右，而且要求焊缝薄而牢固。

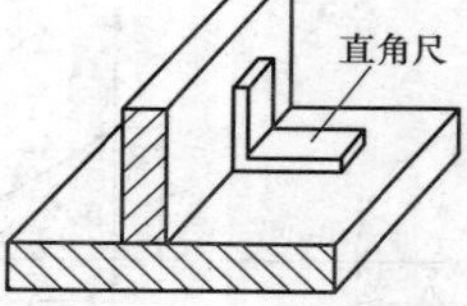

图 16-66 T 形接头的装配

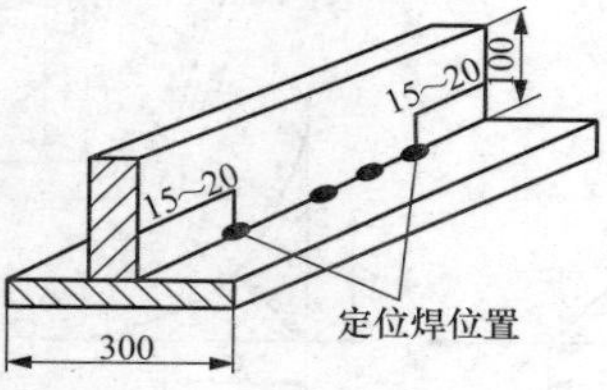

图 16-67 定位焊的位置

（3）焊接特点。角焊焊接时首先要保证足够的焊接尺寸。焊脚尺寸值在设计图样上均有明确的规定，也可参照表 16-22 进行选择。角焊缝尺寸决定焊层次数与焊缝道数，一般当焊脚尺寸在 8mm 以下时，多采用单层焊，如图 16-69（a）所示；焊脚尺寸为

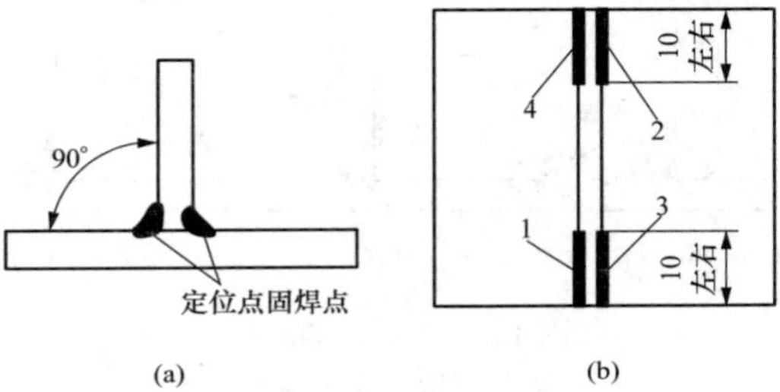

图 16-68　点焊的形式和顺序

8～10mm时，采用多层焊，如图 16-69（b）所示；焊脚尺寸大于10mm 时，采用多层多道焊，如图 16-69（c）所示。焊脚的分布要对称，焊脚尺寸大小要均匀。从焊脚的断面分析，呈圆滑过渡状焊脚，应力集中最小，能提高接头的承载能力，如图 16-70 所示。角焊的操作容易产生咬边、未焊透、焊脚下垂等缺陷，如图 16-71 所示。

表 16-22　　角焊的焊角尺寸

钢板厚度/mm	＞8～9	＞9～12	＞12～16	＞16～20	＞20～24
最小焊脚尺寸/mm	4	5	6	8	10

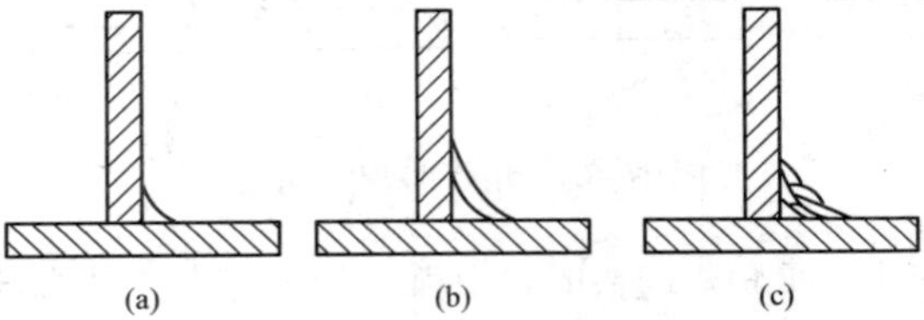

图 16-69　焊层次数与焊缝道数

（a）单层焊；（b）多层焊；（c）多层多道焊

（4）焊条角度。由于角焊的焊接热量是向板的三个方向进行扩散的，所以散热快，不容易烧穿。因此焊接时采用的焊接电流比相同板厚的对接平焊大 10%左右。当两板的厚度相等时焊条的角度为 45°，两板的厚度不等时应偏向厚板一侧，如图 16-72 所示，保证两板的温度趋向均匀。

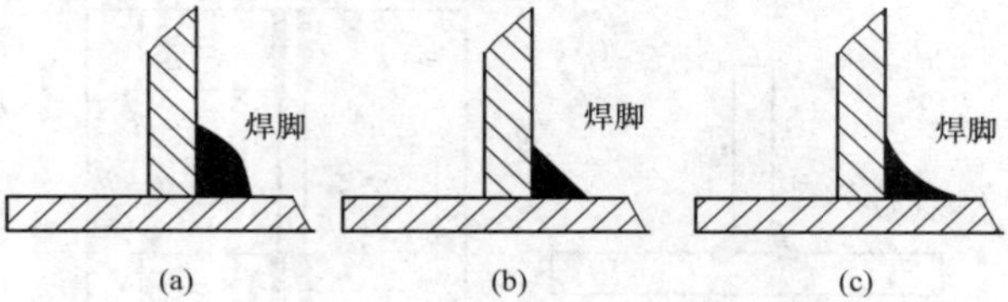

图 16-70　焊脚的断面

（a）最差；（b）尚可；（c）最佳

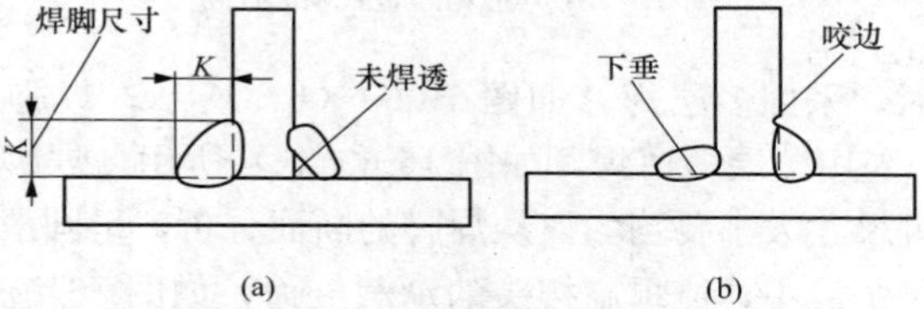

图 16-71　角焊产生的缺陷

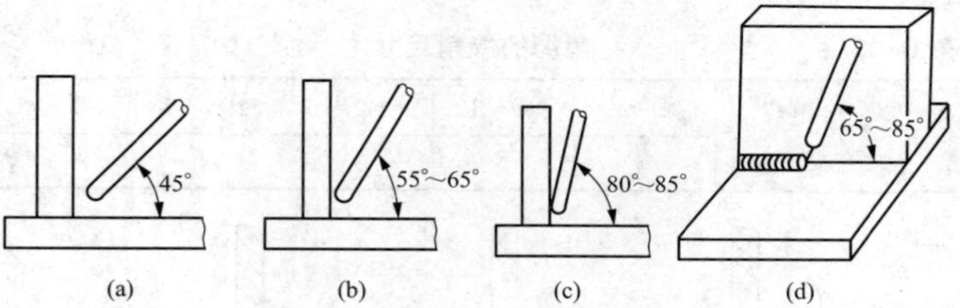

图 16-72　角焊时焊条角度

（5）起头。平角焊起头时，引弧点的位置在工件端部内 10mm 左右处引弧，引燃电弧后稍拉长电弧，移到工件始焊端部，这样电弧可以起到预热的作用，减少焊接缺陷的产生，然后压低电弧，开始正常的焊接，如图 16-73 所示。

（6）单层焊。当焊脚的尺寸较小时（一般小于 5mm），进行单层焊，焊条的直径根据板厚可选择 ϕ3.2mm 和 ϕ4mm 两种，焊接工艺参数可参见表 16-8，选用直线形运条方法进行单层施焊，如图 16-74 所示。单层焊中多采用短弧运条，焊接速度要均匀一致。焊

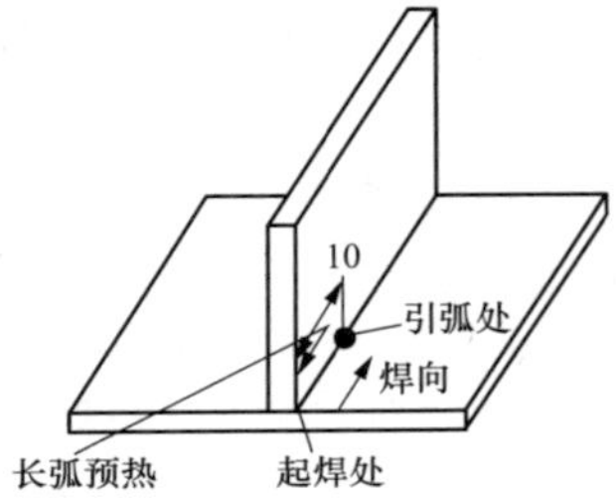

图 16-73　平角焊起头的引弧点

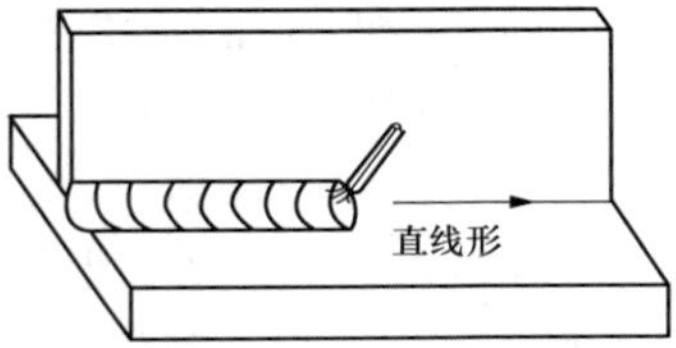

图 16-74　单层焊运条方法

条与水平板的夹角为 45°，与焊接方向成 60°～70°夹角，如图 16-75 所示。其具体的操作方法是，将焊条端部的套管靠在焊缝上，并轻轻地压住它，随着焊条的熔化，会逐渐沿着焊接方向移动，如图 16-76 所示。这种方法不但方便操作，而且还能获得很大的熔深，焊缝表面既美观又纹路均匀。角平焊的接头和收尾与平对接焊相同，可参考前面的具体操作方法。

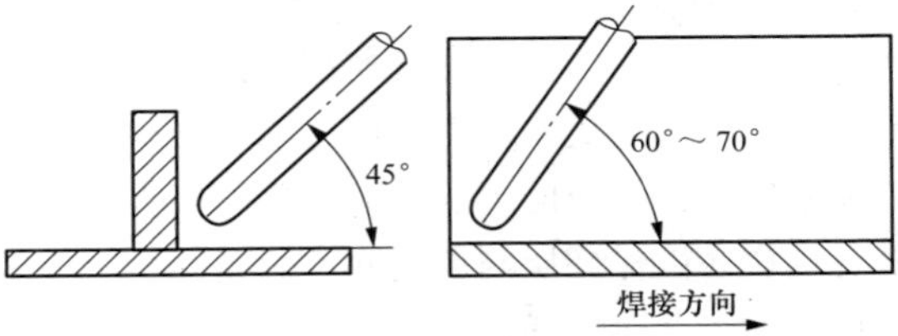

(a)　(b)

图 16-75　单层焊焊接角度

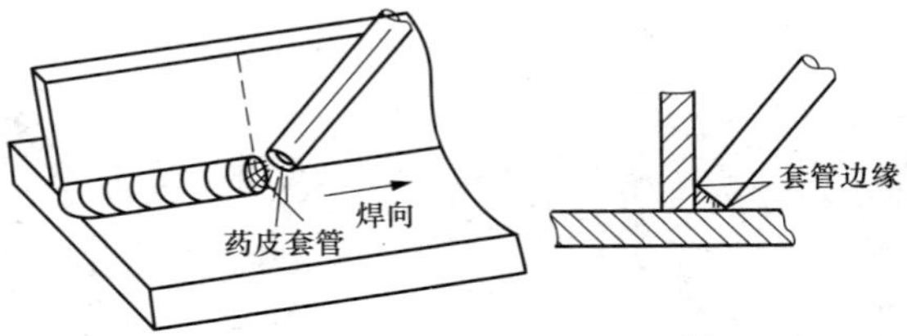

(a)　(b)

图 16-76　单层焊操作方法

平角焊焊接过程中很容易出现向前施焊速度过快的现象，导致焊脚的尺寸过小及没有焊透。有时还易出现长弧焊接的现象，导致焊缝立板咬边或夹渣。当焊脚尺寸为5～8mm时，可采用斜圆圈形或锯齿形运条方法，如图16-77所示。运条时必须要有规律，防止产生咬边、夹渣、边缘熔合不良等焊接缺陷。具体的操作是：由$a \to b$要慢速度，以保证水平焊件的熔深；由$b \to c$稍快，以防止熔化金属的下淌；在c处稍作停留，以保证垂直焊件的熔深，避免咬边；由$c \to d$稍慢，以保证根部的焊透和水平焊件的熔深，防止夹渣；由$d \to e$稍快，到e处作停留。如此反复的按照这样的规律用短弧进行，注意收弧时填满弧坑，获得良好的焊接质量。

焊接过程中由于运条速度过快，还会出现在c处停留时间短或无停留的现象，从而导致焊缝与水平板熔合不良，垂直板产生咬边现象。

(7) 多层焊。当焊脚尺寸为8～10mm时，可采用两层两道焊法进行焊接。焊接第一层时采用直径$\phi 3.2$mm的焊条，焊接电流稍大（100～120A），以获得较大的熔深。运条时采用直线形，收尾时应把弧坑填满或略高些，这样在第二层收尾时，不会因焊缝温度增加而产生弧坑过低的现象。焊第二层之前，必须将第一层的熔渣清除干净，如果发现有夹渣的情况，应用小直径焊条修补后才可焊第二层，只有这样才能保证层与层之间的紧密结合。在焊接第二层用斜圆圈或锯齿形运条时，如发现第一层焊道有咬边现象时，应适当多停留一些时间，以消除咬边缺陷，如图16-78所示。

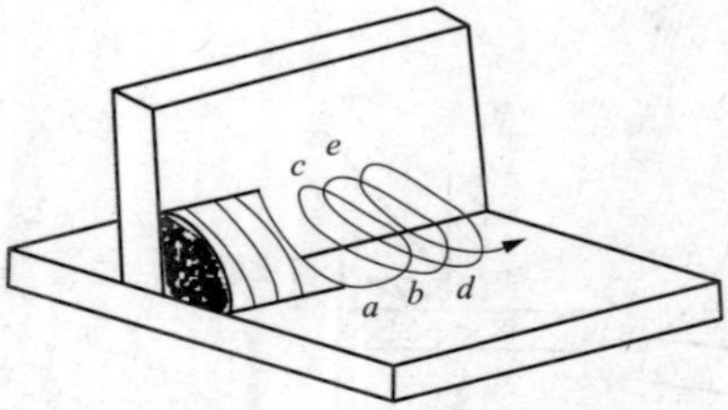

图16-77 斜圆圈运条方法

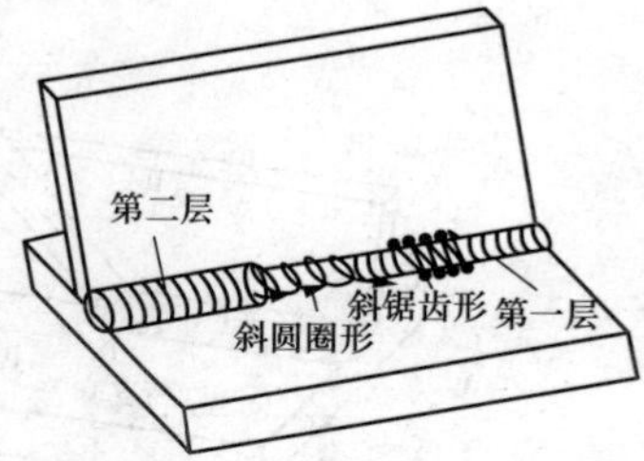

图16-78 多层焊接

(8) 多层多道焊。当焊脚尺寸大于10mm的角焊缝，采用多层焊时，由于焊脚表面较宽，坡口较大，熔化金属容易下淌，给操作带来一定的困难，所以，采用多层多道焊较为合适，如图16-79所示。第一层（第一道）焊接时，操作的方法与单层焊接相同，焊后要清理干净的熔渣。焊接第二层第一道（总第二道）焊道时，焊条与水平板的夹角为50°～60°间，如图16-80所示，以保证水平板与焊道良好的熔合，一般采用直线形或小斜圆圈形运条法，也可用小锯齿形运条法，使第二道焊道覆盖第一层焊道2/3以上，如图16-81所示。此焊道要保持平直而且宽窄一致，收尾填满弧坑不需要清渣。第二层第二道（总第三道）焊接时，焊条的前端在第二道焊道与垂直板夹角处，且与水平板的夹角为35°～40°，如图16-82所

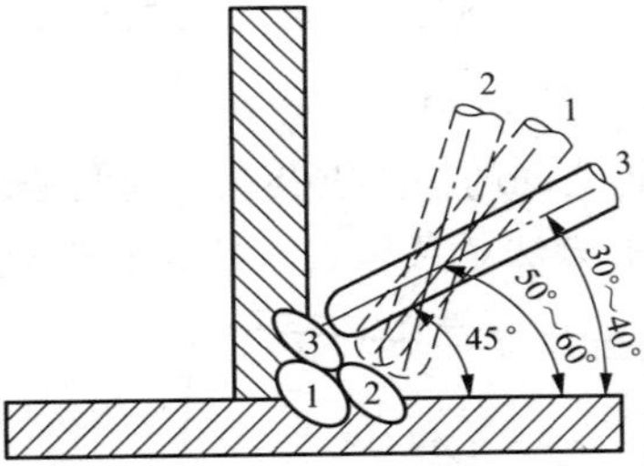

图16-79 多层多道焊各焊道的焊条角度

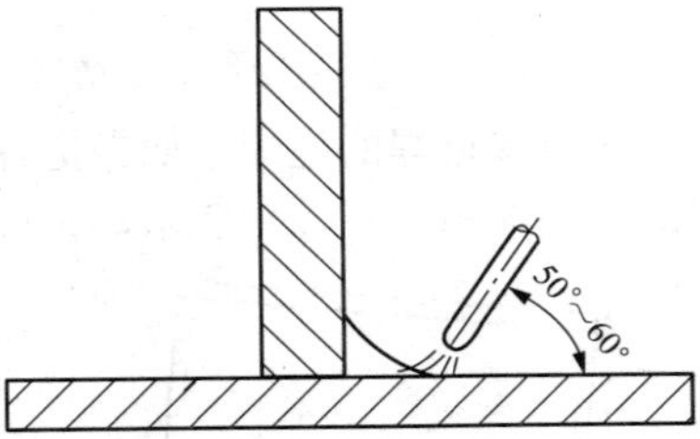

图16-80 第二层第一道焊条与水平板的夹角

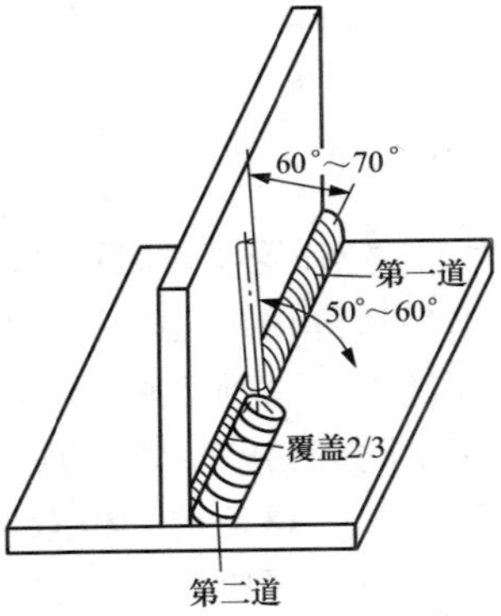

图16-81 第二道焊道覆盖第一层焊道2/3以上

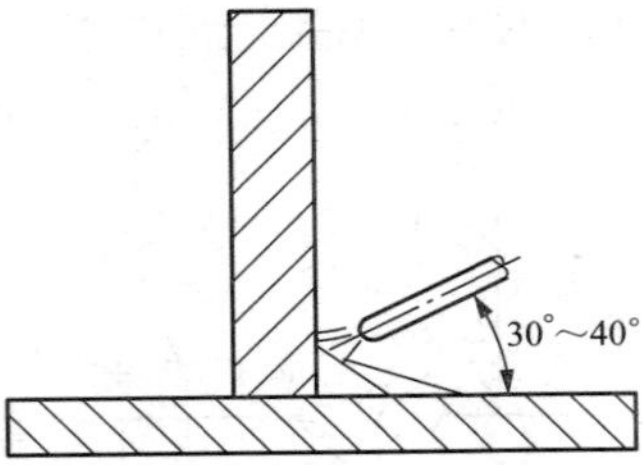

图16-82 第二层第二道焊条角度

示。采用直线形运条，覆盖第二道焊道 1/3～1/2，如图 16-83 所示。速度稍快且均匀一致，短弧焊接，以防止产生咬边和焊脚下垂缺陷，收尾时填满弧坑。当焊脚尺寸大于 12mm 时，一般还要采用三层六道焊接，如图 16-84 所示。

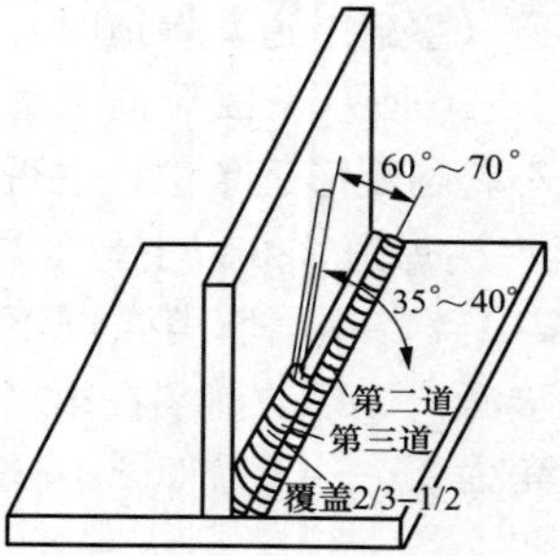

图16-83 第二层第二道覆盖情况

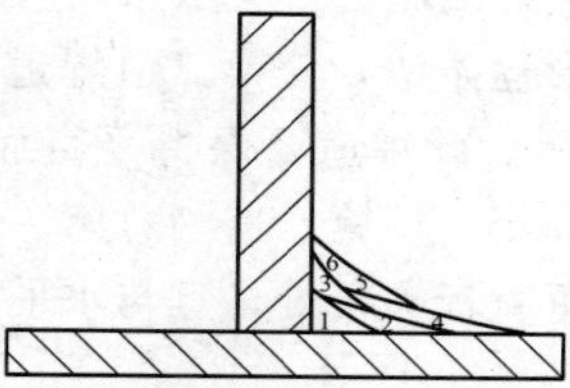

图 16-84 三层六道焊接

多层多道焊的施焊中如果把各道之间的接头重叠在一起就是错误的，如图 16-85（a）所示，正确的方法是各道之间接头不重叠，

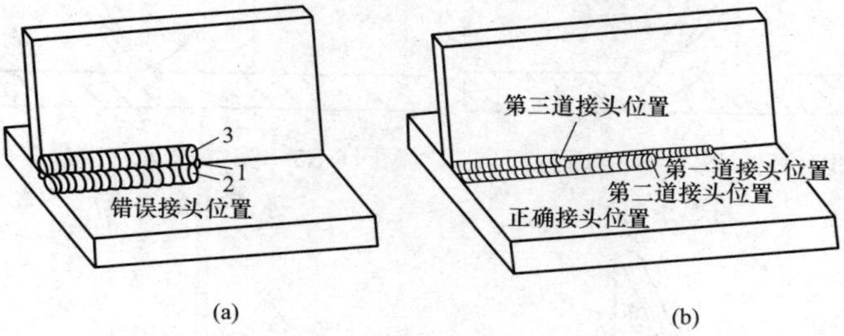

图 16-85 错误和正确的接头重叠

且间隔不小于 30mm，如图 16-85（b）所示。开始操作时可能会出现第二道焊道焊偏的现象，焊接时要注意仔细地观察前方的焊道。第三道焊接时容易出现焊条角度不当，电弧过长，焊条前端位置不正确而造成咬边和焊脚下垂现象，如图 16-86 所示。

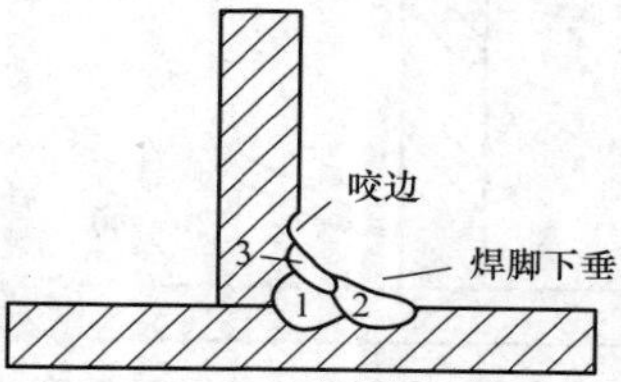

图 16-86 咬边和焊脚下垂

平角焊焊接时不同焊脚的焊接工艺参数可参看表 16-23。

表 16-23　不同焊脚的焊接工艺参数对照

焊接方法	焊脚尺寸/mm	焊层/道	焊条直径/mm	焊接电流/A	运条方法
单层焊	<5	一层一道	3.2	120～140	直线形
两层焊	8～10	第一层	3.2	120～140	直线形
		第二层	4.0	160～180	斜圆圈形
两层三道焊	>10	第一道	3.2	120～140	直线形
		第二、三道	4.0	160～180	直线形

八、二氧化碳气体保护焊管板焊接技巧

管板焊接接头是锅炉压力容器、压力管道焊接结构和金属焊接结构焊接接头形式之一，根据管板接头结构的不同，管板焊接主要可以分为插入式管板对接和骑座式管扳对接两种情况。插入式管板较好焊，只需保证焊根有一定的熔深和焊脚尺寸，焊缝内部缺陷在允许范围内就能能合格。骑座式管板的焊接，除要求焊根背面成形外，还要保证焊脚尺寸，焊缝内部没有允许范围以外的缺陷才能合格。

焊接管板接头的最大难点是操作者必须根据焊接处管子圆周的曲率变化及时连续地转动手腕。并需要不断地调整焊枪的倾斜角度和电弧对中位置，才能保证获得背面成形良好、内部无缺陷、外部无咬边、焊脚尺寸合格的焊缝，需要反复练习，不断总结经验才能掌握。

（一）插入式管板对接焊技巧

CO_2气体保护焊插入式管板对接焊是焊接插入式管板的基本焊接方法，在练习过程中应掌握转腕技术、焊枪角度和电弧对中位置，焊出对称的焊脚。为节约焊件材料，插入式管板焊训练时可以采用如图 16-87 所示的方式进行装配，利用一块孔板焊两条焊缝。

1. 焊前准备

插入式管板焊焊前准备主要包括工件、焊丝、CO_2气体、焊机和辅助工具的准备等。

（1）工件。工件采用适合于焊接的低碳钢管、钢板各一件，其选择标准为管 ϕ60mm×100mm×6mm（管厚），如果没有 6mm 厚

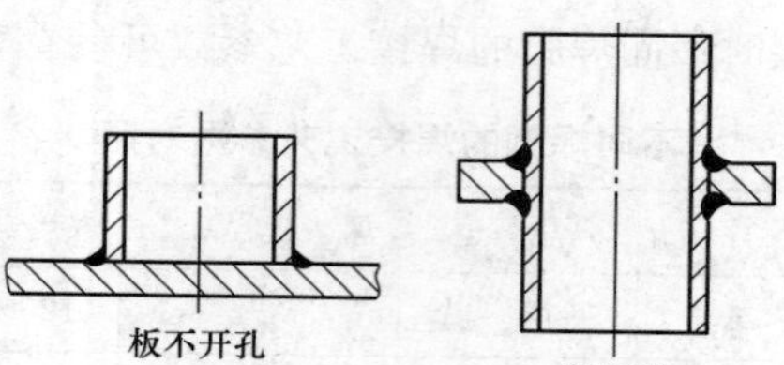

图 16-87 训练时插入式管板装配方法

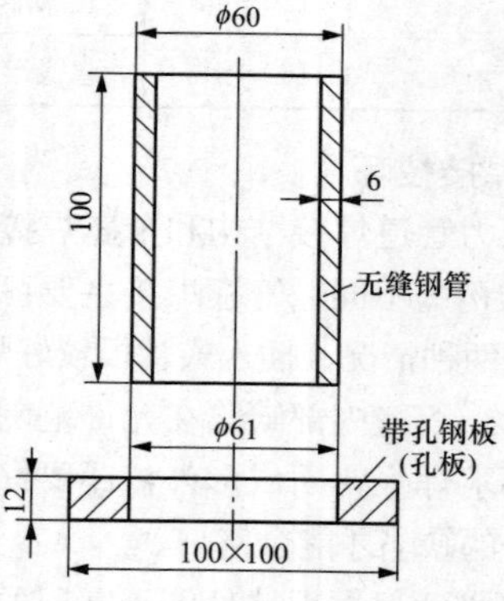

图 16-88 焊件的准备

的钢管，也可以选择厚度为 4mm 左右的无缝钢管来代替进行训练；钢板为 100mm×100mm×12mm，先在板上加工出 ϕ61mm 的插入孔，如果没有 12mm 厚的钢板，也可以用 10mm 左右的钢板来替代，如图 16-88 所示。

（2）焊丝和 CO_2 气体。焊接时选择 H08Mn2SiA 焊丝，焊丝直径为 ϕ1.0mm，焊丝使用前要对焊丝表面进行清理；CO_2 气体纯度要求达到 99.5％。

（3）焊机和辅助工具。焊接采用 CO_2 气体保护焊半自动焊机进行焊接。主要辅助工具包括清理焊件用的钢丝刷，整理焊件用的錾子、锉刀、磨光机及焊接过程中使用的敲渣锤等。

2. 操作过程与操作技巧

（1）焊接参数选择。CO_2 气体保护焊插入式管板焊的焊接参数，操作时可以选择表 16-24 中的数据作为焊接时的参考。

表 16-24　　插入式管板焊的焊接参数

焊丝直径 /mm	焊丝伸出长度 /mm	焊接电流 /A	电弧电压 /V	气体流量 /（L/min）
1.2	15～20	130～150	20～22	15

(2) 焊接要领与诀窍。

1) 焊枪角度与焊法。插入式管板焊接采用左向焊法，单层单道，其焊枪角度与电弧对中位置如图 16-89 所示。

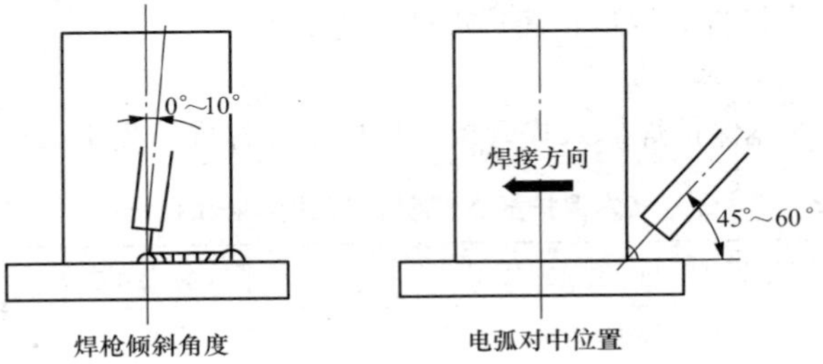

图 16-89　焊枪角度与电弧对中位置

2) 焊件位置摆放。调整好焊接架的高度，将管板垂直放在焊接架上。保证操作者站立时焊枪能很顺手地沿待焊处移动，使一个定位焊缝位于右侧的准备引弧处。

3) 焊接步骤。

a. 在焊件右侧定位焊缝上引弧，从右向左沿管子外圆焊接，焊完圆周的 1/4～1/3 后收弧，按图 16-90 所示的要求将收弧处磨成斜面。

b. 迅速将弧坑转到始焊处，趁热接头引弧立即再焊接管子圆周的 1/4～1/3。如此反复，直焊到剩下最后的一段封闭焊缝为止。

c. 焊接封闭焊缝前，需将已焊好的焊缝两头都打磨成斜面，如图 16-91 所示。

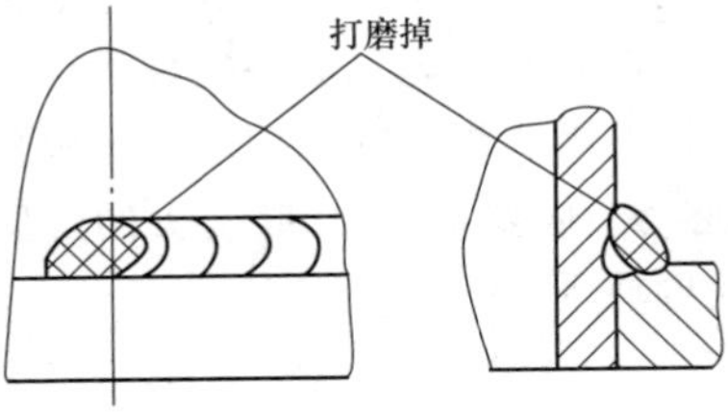

图 16-90　接头处打磨

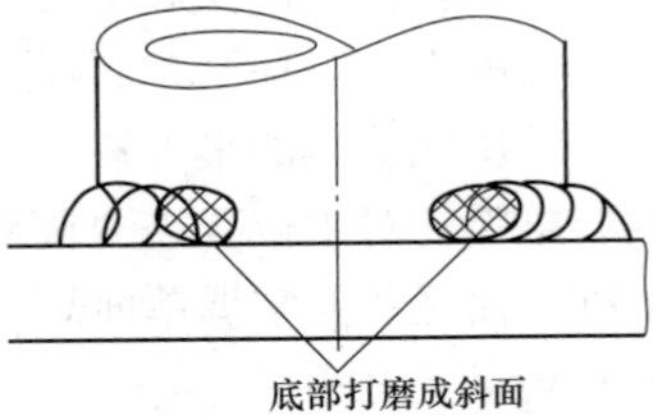

图 16-91　封闭焊接头处打磨要求

d. 将打磨好的焊件转到合适的位置焊完最后的一段焊缝，结束焊接时必须填满弧坑，并使接头不要太高。

e. 清除焊道表面的焊渣及飞溅，特别要除净焊道两侧的焊渣。用角向磨光机打磨焊道正面局部凸起过高处。

3. 焊接要求和标准

CO_2气体保护焊插入式管板焊接要求和标准见表16-25。

表16-25 CO_2气体保护插入式管板焊的要求和标准

焊接项目		焊接标准和要求
焊缝外观检查	板侧焊脚尺寸	5mm≤K≤7mm
	板侧焊脚尺寸差	≤2mm
	管侧焊脚尺寸	5mm≤K≤7mm
	管侧焊脚尺寸差	≤2mm
	咬边	深度≤0.5mm
	焊缝成形	要求波纹细腻、均匀、光滑
	起焊熔合	要求起焊饱满熔合好
	接头	要求不脱节，不凸高
	夹渣或气孔	缺陷尺寸≤3mm
	裂纹、烧穿	不明显

（二）骑座式管板对接焊技巧与诀窍

焊接骑座式管板的焊接技术难度较高，操作过程中要反复掌握转动手腕动作，以及焊枪的角度和电弧的对中位置，能够熟练地根据熔孔的大小，控制背面焊道的成形，并焊出匀称美观的焊脚。

骑座式管板的平焊技巧较难掌握，因为焊缝在圆周上，焊枪角度、电弧的对中位置需要随时改变，不仅要保证T形接头的焊脚对称，而且还要掌握单面焊双面成形技术。

1. 焊前准备

骑坐式管板对接焊前准备主要包括工件、焊丝、CO_2气体、焊机和辅助工具的准备等。

(1) 工件。工件采用适合于焊接的低碳钢管、板各一件，其选择标准为管 ϕ60mm×100mm×6mm（管厚），如果没有 6mm 厚的钢管，也可以选择厚度为 4mm 左右的无缝钢管来代替进行训练；板为 100mm×100mm×12mm，先在板上加工出 ϕ48 与管内径同样直径的孔，如果没有 12mm 厚的钢板，也可以用 10mm 左右的钢板来替代，如图 16-92 所示。

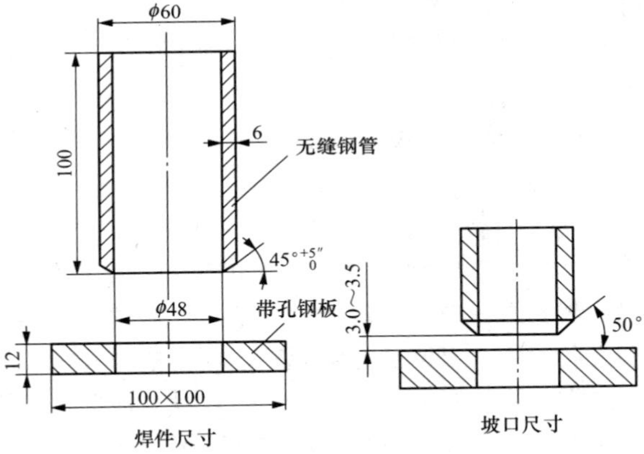

图 16-92 焊件的准备

(2) 焊丝和 CO_2 气体。焊接时选择 H08Mn2SiA 焊丝，焊丝直径为 ϕ1. 0mm，焊丝使用前要对焊丝表面进行清理；CO_2 气体纯度要求达到 99. 5%。

(3) 焊机和辅助工具。焊接采用 CO_2 气体保护焊半自动焊机进行焊接。辅助主要工具包括清理焊件用的钢丝刷，整理焊件用的錾子、锉刀、磨光机及焊接过程中使用的敲渣锤等。

2. 操作过程与操作技巧

(1) 焊接参数选择。CO_2 气体保护骑座式管板焊的焊接参数，操作时可以选择表 16-26 中的数据作为焊接时的参考。

(2) 焊接要领与诀窍。

1) 焊枪角度与焊法。CO_2 气体保护焊骑座式管板焊采用左向焊法，两层两道，焊枪角度和电弧对中位置如图 16-89 所示。

表 16-26 骑座式管板焊焊接参数

焊接层次	焊丝直径/mm	焊丝伸出长度/mm	焊接电流/A	电弧电压/V	气体流量/（L/min）
打底焊	ϕ1.2	15～20	90～110	19～21	12～15
盖面焊			130～150	22～24	

2）焊件位置摆放。调整好焊接架的高度，将管板垂直放在试板架上，保证操作者站立时焊枪能很顺手地沿管子外圆转动，一个定位焊缝处于右侧的待引弧处。

3）打底焊。调整好打底层焊道的焊接参数后，按下述步骤焊打底层焊道。

a. 在定位焊缝上引弧，形成熔孔后，从右至左沿管子外圆焊接，焊枪稍上下摆动，保证熔合良好，并根据间隙调整焊接速度，尽可能地保持熔孔直径一致；焊接过程中，操作者的上身最好跟着焊枪的移动方向前倾，以便清楚地观察焊接熔池，直至不易观察熔池处断弧，通常能焊完圆周的1/4～1/3，若没有把握保证焊道与原定位焊缝熔合好，也可在定位焊缝的前面断弧。

b. 用薄砂轮将收弧处打磨成斜面，并将定位焊缝磨掉。注意打磨时不能扩大间隙。

c. 将待焊管板转个角度，使打磨好的斜面处于引弧处。在斜面上部引弧，并继续沿管子外圆进行焊接，直至适当的位置断弧。

d. 焊接最后一段封闭焊道前，将焊道两端都打磨成斜面，不得扩大间隙。

e. 将打底层焊道接头处凸出的焊肉磨掉，尽可能地保证焊脚尺寸的一致。

4）盖面焊。调试好盖面层焊道的参数后，按焊打底层焊道的步骤焊完盖面层焊道，焊接时特别注意以下两点：

a. 保证焊缝两侧熔合良好，焊脚大小对称。

b. 焊枪横向摆动幅度和焊接速度，尽可能地保持均匀，保证焊道外形美观，接头处平整。

5）清除焊道表面的焊渣及飞溅，特别要除净焊道两侧的焊渣。

用角向磨光机打磨焊道正面局部凸起太高处。

3. 焊接要求和标准

CO_2气体保护焊骑座式管板焊接要求和标准见表 16-27。

表 16-27　CO_2气体保护焊骑座式管板焊的要求和标准

焊接项目		焊接标准和要求
焊缝外观检查	板侧焊脚尺寸	5mm≤K≤7mm
	板侧焊脚尺寸差	≤2mm
	管侧焊脚尺寸	5mm≤K≤7mm
	管侧焊脚尺寸差	≤2mm
	咬边	深度≤0.5mm
	焊缝成形	要求波纹细腻、均匀、光滑
	起焊熔合	要求起焊饱满熔合好
	接头	要求不脱节，不凸高
	夹渣或气孔	缺陷尺寸≤3mm
	裂纹、焊瘤、未焊透	不明显

九、有色金属及其合金气焊工艺实例

1. 铜及铜合金的气焊工艺

冷凝器壳体的气焊，如图 16-93 所示。其焊接工艺要点如下：

（1）采用 V 形坡口，单边坡口角度为 30°，卷筒后双边达 75°左右，根部间隙为 4mm，钝边为 2mm。

（2）用丙酮将焊丝及坡口两侧各 30mm 范围内的油、污清理干净，用钢丝刷清除焊件表面氧化膜，直至露出金黄色。

（3）选用焊丝 HS212，ϕ4mm，CJ301。

（4）使用 H01-12 焊炬，接头处预热 350℃，并边预热边焊接，火焰为微弱氧化焰。

（5）采用双面焊、左向焊法直通焊，焊接方向如图 16-93 箭头所示。

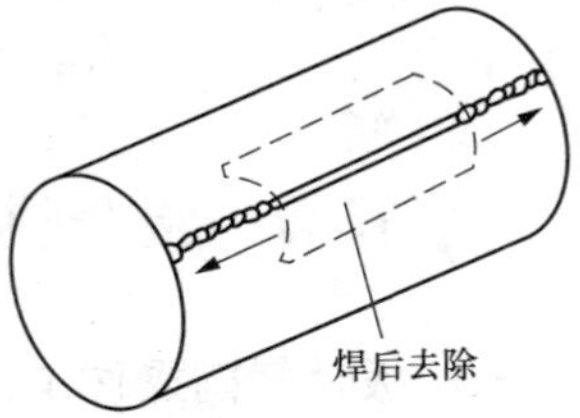

图 16-93　冷凝器壳体的气焊

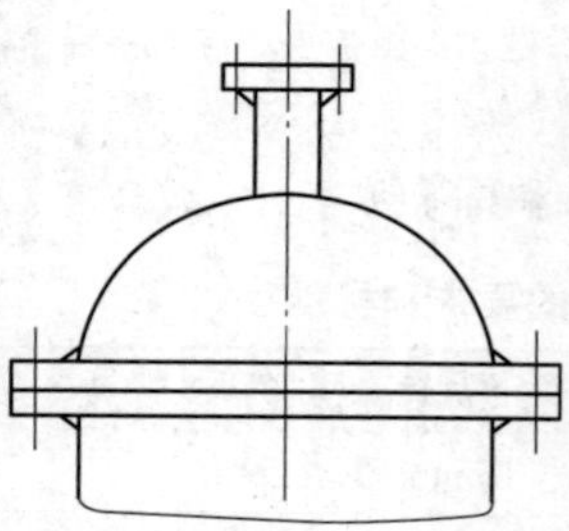

图 16-94 铝冷凝器端盖示意图

(6) 焊后局部退火 400℃。

2. 铝及铝合金的气焊工艺

铝冷凝器端盖的焊接。其结构如图 16-94 所示。焊接工艺要点如下:

(1) 采用化学清洗的方法将接管、端盖、大小法兰、焊丝清洗干净。

(2) 焊丝选用 SAlMg5Ti, ϕ4mm,熔剂选用 CJ401。用气焊火焰将焊丝加热,在熔剂槽内将焊丝蘸满 CJ401 备用。

(3) 采用中性焰,右向焊法焊接。焊炬选用 H01-12,选用 3 号焊嘴。

(4) 焊接小法兰与接管。用气焊火焰对小法兰均匀加热,待温度达 250℃左右时组装定位焊接管。定位焊两处,从第三点进行焊接。为避免变形和隔热保护,在预热和焊接时小法兰应放在耐火砖上。

(5) 焊接端盖与大法兰。切割一块与大法兰等径的厚度 20mm 的钢板,并将其加热到红热状态,将大法兰放在钢板上,用两把焊炬将其预热到 300℃左右,快速将端盖组合到大法兰上。定位焊三处,从第四点开始施焊。焊接过程中保持大法兰的温度,并不间断实施焊接。

(6) 焊接接管与端盖焊缝,预热温度为 250℃。

(7) 焊后清理:先在 60～80℃热水中用硬毛刷刷洗焊缝及热影响区,再放入 60～80℃、质量分数为 2%～3%的铬酐水溶液中浸泡 5～10min,再用硬毛刷刷洗,然后用热水冲洗干净并风干。

第五节 钣金热切割操作工艺与操作实例

一、钣金气割操作工艺与操作实例

(一) 气焊与气割用气体

气焊、气割所用的气体分为两类,即助燃气体(氧气)和可燃气体（如乙炔、液化石油气等）。可燃气体的种类很多，但目前采用最普遍的是乙炔气体，其次是液化石油气，也有的地方根据本地区、本单位的自然条件，使用氢气、天然气及煤气等。

因为乙炔的发热量较大，火焰的温度最高，是目前气焊与气割中应用最广泛的一种可燃气体。但是制取乙炔要消耗电石，而且生产电石要消耗大量的电力，且电石是重要的合成化学原料，因此，乙炔有逐渐被液化石油气等所替代的趋势。因此，在气割中要积极推广液化石油气等乙炔代用气体。

可燃气体与氧气混合燃烧时，放出大量的热，形成热量集中的高温火焰（火焰中的最高温度一般可达 2000～3000℃），可将金属加热和熔化。

1. 氧气

氧气在常温、常压状态下呈现的是气态。其分子式为 O_2。氧气是一种无色、无味、无毒的气体，密度略比空气大。在标准的状态下（0℃，0.1MPa），氧气的密度是 1.429kg/m^3（空气为 1.293kg/m^3）。当温度降到－183℃时，氧气由气态变成了淡蓝色的液体。当温度降到－218℃时，液态氧就会变成淡蓝色的固体。

氧气的纯度对气焊与气割的质量、生产效率和氧气本身的消耗量都有直接的影响，气焊与气割对氧气的要求是纯度越高越好。氧气纯度越高工作质量和生产效率越高，而氧气的消耗量却大为降低。

气焊与气割用的工业用氧气一般分为两级，一级氧氧气含量≥99.2%，二级氧氧气含量≥98.5%，水分的含量每瓶都必须＜10ml。对于质量要求较高的气焊与气割应采用一级纯度的氧。

氧气在室内积聚，其体积分数超过 23%时有发生火灾的危险。因此，在堆放氧气瓶的仓库里应该保持通风，并设有通风的装置。

2. 乙炔

乙炔是可燃性气体，它与空气混合燃烧时所产生的火焰温度为2350℃，而与氧气混合燃烧时所产生的火焰温度为 3000～3300℃，足以迅速熔化金属进行焊接和切割。乙炔是一种具有爆炸性的危险气体，当压力在 0.15MPa 时，如果气体温度达到 580～600℃时，乙炔就会自行爆炸，压力越高乙炔自行爆炸所需要的温度就越低；温度越高则乙炔自行爆炸所需要的压力也越低。乙炔与空气或氧气混合而成的气体也具有爆炸性，乙炔的含量（按体积计算）在2.2%～81%范围内与空气形成的混合气体，以及乙炔的含量（按体积计算）在2.8%～93%范围内与氧气形成的混合气体，只要遇到火星就会立刻爆炸。

乙炔与铜或银长期接触后，会生成一种爆炸性的化合物，即乙炔铜和乙炔银。当它们受到剧烈振动或者加热到110～120℃时就会引起爆炸。所以，凡是与乙炔接触的器具设备禁止用银或铜制造，只准用含铜量不超过70%的铜合金制造。乙炔和氧、次氯酸盐等化合会发生燃烧和爆炸，所以，乙炔燃烧时绝对禁止用四氯化碳来灭火。

3. 氢气

氢气是无色无味的气体，其扩散的速度极快，导热性很好，在空气中的自燃点为560℃，在氧气中的自燃点为450℃，是一种极危险的易燃、易爆气体。氢气与空气混合其爆炸极限为4%～8%，氢气与氧气混合其爆炸极限为4.65%～93.9%。氢气极易泄漏，其泄漏速度是空气的2倍，氢气一旦从气瓶或导管中泄漏被引燃，将会使周围的人员遭受严重的烧伤。

由于氢气的密度小（0.08kg/m^3），装瓶后的运输效率很低，而且氢和氧的混合气体也容易爆炸，加之火焰温度较低，所以，在气割作业中的运用并不是很多，主要用于水下的切割。

4. 液化石油气

液化石油气是油田开发或炼油工业中的副产品，其主要成分是丙烷（占50%～80%）、丁烷、丙烷、丁烯和少量的乙烯、乙烷、戊烷等。它是一定的毒性，当空气中液化石油气的体积分数（含量）超过0.5%时，人体吸入少量的液化石油气，一般不会中毒，若在空气中其体积超过10%时，停留2min，人体就会出现头晕等中毒症状。

液化石油气的密度为1.6～2.5kg/m^3，气态时比同体积空气、氧气重，是空气密度的1.5倍，易于向低洼处流动、滞流积聚。液态时比同体积的水和汽油轻。液化石油气中，当体积分数为 2%～10%的丙烷与空气混合就会发生爆炸，与氧气混合的爆炸极限为 3.2%～64%。丙烷挥发点为－42℃，闪点为－20℃，与氧气混合燃烧的火焰温度为 2200～2800℃。液化石油气从容器中泄漏出来，在常温下会迅速挥发成 250～300 倍的体积的气体向四周快速扩散。液化石油气达到完全燃烧所需的氧气比乙炔需氧气量大。采用液化石油气替代乙炔后，消耗的氧气量较多，所以，不能直接用氧乙炔焊（割）炬进行焊（割）工作，必须对原有的焊（割）炬进行改造。

5. 天然气

天然气也叫甲烷（CH_4），是碳氢化合物，也是油气田的产物，其成分随产地而异。甲烷在常温下为无色、有轻微臭味的气体，其液化的温度为－162℃，与空气或氧气的混合气体也会爆炸，其混合气体的爆炸范围为 5.4%～59.2%（体积分数）。它在空气中的燃烧温度约为 2540℃，比乙炔低得多，因此，切割时预热时间长。通常在天然气比较丰富的地区作为气割的燃气。

（二）气焊与气割气体火焰

1. 可燃气体的发热量及火焰温度

自己本身能够燃烧的气体称为可燃气体。工业上常常采用的可燃气体有氢和碳氢化合物。如乙炔、丙烷、丙烯、天然气（甲烷）、煤气、沼气等。可燃气体的发热量与火焰温度见表 16-28。

表 16-28　可燃气体的发热量与火焰温度

气体名称	发热量/(kJ/m^2)	火焰温度℃	气体名称	发热量/(kJ/m^2)	火焰温度℃
乙炔	52 963	3100	天然气（甲烷）	37 681	2540
丙烷	85 764	2520	煤气	20 934	2100
丙烯	81 182	2870	沼气	33 076	2000
氢	10 048	2660	—	—	—

2. 氧-乙炔焰种类与应用

目前，采用气焊与气割的可燃气体主要是乙炔气体，乙炔与氧气混合燃烧形成的火焰称为氧-乙炔焰。根据氧和乙炔混合比的不同，可分为中性焰、碳化焰和氧化焰三种，如图16-95所示。

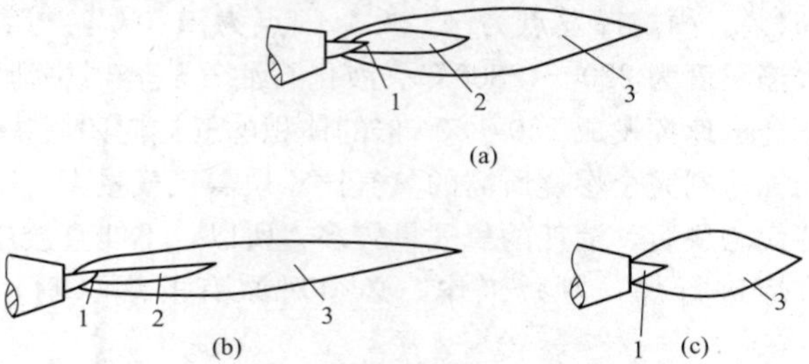

图16-95 氧-乙炔焰
(a) 中性焰；(b) 碳化焰；(c) 氧化焰
1—焰芯；2—内焰；3—外焰

(1) 碳化焰。碳化焰又称为还原焰，是氧气与乙炔的混合比小于1时的火焰。火焰中含有游离碳，具有较强的还原作用，也有一定的渗碳作用。

碳化焰整个火焰比中性焰长，碳化焰中有过剩的乙炔，并分解成游离状态的碳和氢，它们会渗透到熔池中，使焊缝的含碳量增加，塑性下降；过多的氢进入熔池，可使焊缝产生气孔和裂纹。由于碳化焰对焊缝金属具有渗碳作用，故碳化焰只适用于含碳量较高的高碳钢、铸铁、硬质合金及高速钢的焊接。碳化焰的最高温度为2700～3000℃。

(2) 中性焰。在焊炬或割炬的混合气室内，氧与乙炔的混合体积比为1.1～1.2时，乙炔气体被完全燃烧，无过剩的游离碳和氧，这种火焰称为中性焰。中性焰由焰心、内焰和外焰三部分组成。

1) 焰心。呈尖锥形，色白而亮，轮廓清晰。焰心的长度与混合气体的流速有关，流速快则焰心长，流速慢则焰心短。焰心的光亮是由碳的颗粒发光所致，亮度较高，但是温度不高，一般不到1000℃。

2) 内焰。内焰紧靠焰心的末端，呈杏核形，蓝白色，并带有深蓝色线条，微微闪动。焰心中分解出的碳在该区域内与氧剧烈燃烧，生成CO，故温度较高，在距离焰心末端3mm处的温度最高，可达到3100℃。气焊与气割主要利用这部分火焰，该处火焰的CO较多，在气焊时对熔池有一定的还原氧化作用。

3）外焰。外焰与内焰无明显的界限，主要靠颜色来区分。外焰的颜色由内向外由蓝白色变为淡紫色和橘黄色。外焰的温度比焰心高，可以达到2500℃，具有一定的氧化性，由于外焰内含有较多的CO_2气体，因此在气焊时外焰对熔池有一定的保护作用。

中性焰的乙炔在氧气中得到了充分的燃烧，没有乙炔和氧的过剩，是焊接和气割经常使用的火焰。一般焊接低碳钢、低合金钢和有色金属材料都采用中性焰。

（3）氧化焰。氧气和乙炔的混合比大于1.1时（一般在1.2～1.7），混合气体的燃烧加剧，出现过剩的氧，这种火焰称为氧化焰。氧化焰中整个火焰和焰心都明显缩短，内焰消失，只能看到焰心和外焰。焰心呈蓝白色，外焰呈蓝紫色。火焰挺直，并带有“呼呼”的响声。氧的比例越大，火焰就越短，响声就越大。

由于氧化焰的氧化性较强，不适合于焊接钢件。一般焊接黄铜时采用此火焰。

气焊与气割中火焰的调节是很重要的，它直接影响气焊与气割产品的内部和外在的质量。在点火和焊接、切割中发现火焰异常的情况时，一定要对火焰异常现象进行消除。

（三）气割的基本原理、应用范围及特点

1. 气割的基本原理

气割是利用金属在纯净的氧气中能够剧烈的燃烧，生成熔渣和放出大量热量的原理而进行的金属切割工艺。因此，利用气体火焰的热能将工件切割处预热到一定温度后，喷出高速切割氧气流，使其燃烧并放出热量实现切割的方法称为气割。

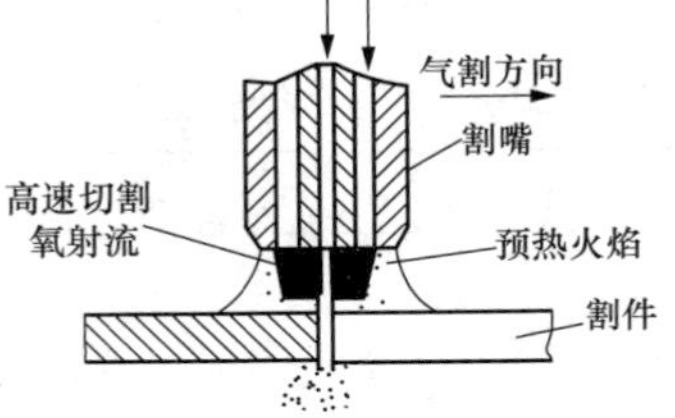

图16-96　氧气切割过程示意图

（1）氧气气割的过程。氧气气割的过程示意图如图16-96

所示。

1）用预热火焰（中性焰）将金属切割处预热到能使金属燃烧的温度（燃点）。碳钢的燃点为1100～1150℃。

2）向加热到燃点的被切割金属开放切割氧气，使金属在纯净的氧气中剧烈的燃烧。

3）金属开始燃烧后，生成熔渣并放出大量的热量，熔渣被切割氧气吹走，产生的热量和预热火焰一起又将下一层金属预热到燃点，这样的过程一直继续下去，直到将金属切割到底（割穿）为止。

4）移动割炬就可得到各种形状不同的割缝。

因此，金属气割的过程，实际上就是预热→燃烧→吹渣的连续过程；其实质就是金属在纯净的氧气中燃烧的过程，而不是金属熔化的过程。

(2) 氧气切割的条件。以上气割过程说明，并不是所有的金属都能用氧气进行切割，为使切割过程顺利地进行，被切割的金属材料一般应满足以下条件：

1）金属在氧气中燃点低于金属的熔点，否则，不能实现氧气切割，而变成了熔割。

2）金属在氧气流内能够剧烈地燃烧，燃烧时产生的氧化物（熔渣）的熔点应低于金属的熔点，而且在液态下的流动性要好。

3）金属在氧气中燃烧时应放出较多的热量。

4）金属的导热性不应太高。

5）金属氧化物的黏度低、流动性应较好，否则，会粘在切口上，很难吹掉，影响切口边缘的整齐。

6）金属中含阻碍切割过程进行和提高淬硬性的成分及杂质要尽量的少。金属中的合金元素对切割性能的影响见表16-29。

表16-29 合金元素对金属的切割性能的影响

元素	影　响
碳	含碳＜0.25%，气割性能良好；含碳＜0.40%，气割性能尚好；含碳＞0.50%，气割性能显著变坏；当含碳＞0.70%，必须将割件预热到400～700℃才能进行切割；含碳＞1%，则不能气割

续表

元素	影　　响
锰	含锰<4%，对气割性能无明显影响，随着含锰量的增加，气割性能将变差，含锰≥14%时就不能气割；当钢中含碳>0.30%且含锰>0.80%时，淬硬倾向和热影响区的脆性增加，不宜气割
铬	铬的氧化熔点高，使熔渣黏度增加。含铬≤5%时，气割性能尚可；当含量大时，应采用特种气割的方法
硅	硅的氧化物使熔渣黏度增加。含硅<4%时可以气割；含量再增大，气割性能显著变坏
镍	镍的氧化物熔点高，使熔渣黏度增加。含镍<7%时气割性能尚可；含量较高时，应采用特种气割的方法
钼	钼可以提高钢的淬硬性，含钼<0.25%时对气割性能无影响
钨	钨能增加钢的淬硬倾向，氧化物熔点高。含量接近10%时气割困难，超过20%时不能气割
铜	含铜<0.70%时，对气割性能没有影响
铝	含铝<0.50%时，对气割性能影响不大，超过10%时则不能气割
钒	含少量的钒对气割性能没有影响
硫、磷	在允许的含量内，对气割性能没有影响

2. 气割的应用范围

目前，气割主要用于切割各种碳钢和普通低合金钢，其中淬火倾向大的高碳钢和强度等级高的普通低合金钢气割时，为了避免切口淬硬或产生裂纹，应采取适当加大预热火焰能率和放慢切割速度，甚至在割前先对钢材进行预热等处理措施。厚度较大的不锈钢板和铸铁件冒口可以采用特种气割法进行气割。

随着各种自动、半自动气割设备以及新型割嘴的应用，特别是数控火焰切割技术的发展，使得气割可以代替部分机械加工。有些焊接坡口可一次性直接用气割的方法切割出来，切割后可直接进行焊接。因此，气体火焰切割的精度和效率得到了大大的提高，使气体火焰切割的应用技术领域更加广阔。

3. 气割的特点

（1）气割的优点。气割的优点是设备（施）简单、使用灵活、操作方便，而且生产效率高，成本较低，能在各种位置上进行切割，并能在钢板上切割各种形状复杂的零件。

（2）气割的缺点。气割的缺点是对切口两侧金属的成分和组织能产生一定的影响，并会引起工件的变形等。

常用材料的气割特点见表16-30。

表16-30　常用材料的气割特点

材料类别	气　割　特　点
碳钢	低碳钢的燃点（约1350℃）低于熔点，易于气割；随着含碳量的增加，燃点趋近熔点，淬硬倾向增大，气割的过程恶化
铸铁	碳、硅含量较高，燃点高于熔点；气割时生成的二氧化硅熔点高，黏度大，流动性差；碳燃烧生成一氧化碳和二氧化碳会降低氧气流的纯度；不能采用普通的气割方法，可采用振动气割的方法进行切割
高铬钢和铬镍钢	生成高熔点的氧化物（Cr_2O_3、NiO）覆盖在切口的表面，阻碍气割过程的进行；不能采用普通的气割方法，可采用振动气割的方法进行切割
铜、铝及其合金	导热性好，燃点高与熔点，其氧化物熔点高，金属在燃烧（氧化）时，释放出的热量少，不能进行气割

4. 气割前的准备工作

（1）按照零件图样要求放样、备料。放样划线时应考虑留出气割毛坯的加工余量和切口宽度。放样、备料时应采用套裁法，可减少余料的消耗。

（2）根据割件厚度选择割炬、割嘴和气割参数。

（3）气割之前要认真检查工作场所是否符合安全生产的要求。乙炔瓶、回火防止器等设备是否能正常进行工作。检查射吸式割炬的射吸能力是否正常，然后将气割设备按操作规程连接完好。开启乙炔气瓶阀和氧气瓶阀，调节减压器，使氧气和乙炔气达到所需的工作压力。

(4) 应尽可能将割件垫平，并使切口处悬空，支点必须放在割件以内。切勿在水泥地面上垫起割件气割，如确需在水泥地面上切割，应在割件与地板之间加一块铜板，以防止水泥爆溅伤人。

(5) 用钢丝刷或预热火焰清除切割线附近表面上的油漆、铁锈和油污。

(6) 点火后，将预热火焰调整适当，然后打开切割阀门，观察风线形状，风线应为笔直和清晰的圆柱形，长度超过厚度的 1/3 为宜，切割气流的形状和长度如图 16-97 所示。

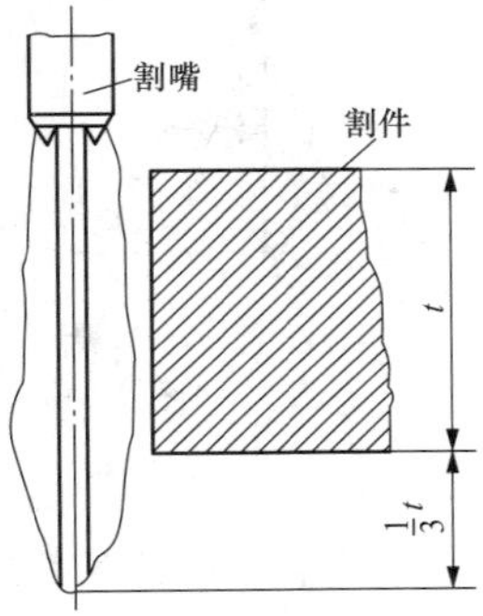

图 16-97　切割气流的形状和长度

(四) 典型金属材料的气割工艺要点

1. 叠板气割工艺要点

大批量薄板零件气割时，可将薄板叠在一起进行切割。切割前将每块钢板的切口附近仔细清理干净，然后叠合在一起，薄板之间不能有缝隙，因此必须采用夹具夹紧的方法装夹。为使切割顺利，可使上下钢板错开，造成端面叠层有 3°～5°的倾角。

叠板切割可以切割厚度在 0.5mm 以上的薄板，总厚度不应大于 120mm。切割时的氧压力应增加 0.1～0.2MPa，速度应该慢些。采用氧丙烷切割比氧乙炔要优越。

2. 大厚度钢板气割工艺要点

大厚度钢板是指厚度在 300mm 以上的钢板。其主要问题是在工件厚度方向上的预热不均匀，下部的比上部的慢，切口后拖量大，甚至切不透，切割速度较慢。

因此大厚度钢板切割时应采用相应的工艺措施：

(1) 采用大号的割炬和割嘴。切割时氧气要保证充足的供应，可将数瓶氧气汇集在一起使用。

(2) 切割时的预热火焰要大。要使钢板厚度方向全部均匀的加热，如图 16-98 (a) 所示，否则产生未割透，如图 16-98 (c) 所示。

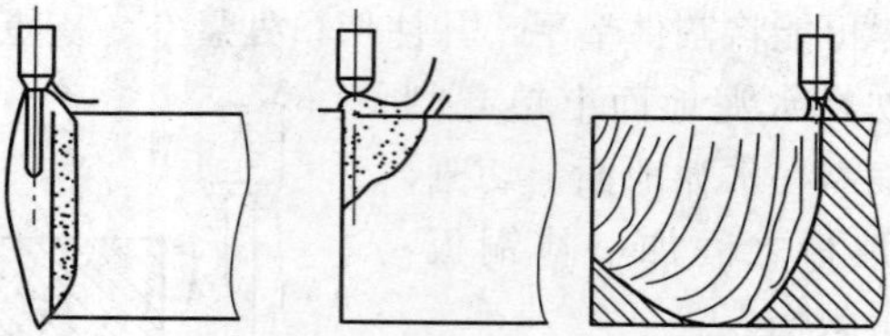

图 16-98　大厚度钢板的切割预热

(a) 正确；(b) 不正确；(c) 未割透

3. 不锈钢的振动气割工艺要点

不锈钢振动气割的特点是在切割过程中使割炬振动，以冲破切口处产生的难熔氧化膜，达到逐步分离切割金属的目的。

振动切割不锈钢时预热火焰应比切割碳素钢大而集中，氧气压力也要增大 15%～20%，采用中性火焰。切割过程如图 16-99 所示。

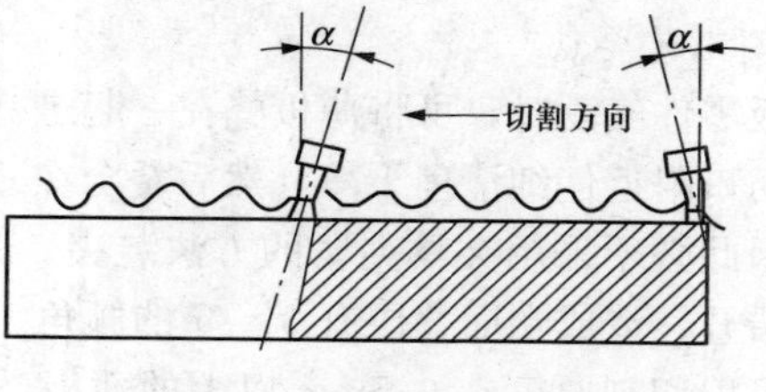

图 16-99　不锈钢的振动气割

切割开始时将工件边缘预热到熔融状态，打开切割氧阀门，少许提高割炬，熔渣即从切口处流出，这时割炬作一定幅度的前后、上下摆动。振动的切割氧气气流冲破切口处产生的高熔点氧化铬，使铁继续燃烧，并通过氧气流的上下、前后冲击研磨作用，把熔渣冲掉，实现连续切割。

振动气割的振幅为 10～15mm，前后振幅应大些。频率为每分钟 80 次左右。切割时保持喷嘴一定的后倾角。

4. 铸铁的振动气割工艺要点

铸铁的整动气割与不锈钢振动气割类似。不同的是割炬不仅可以作上下、前后摆动，而且可以作左右的摆动。横向摆动振幅在

8～16mm，振动频率为每分钟 60 次左右。当切割一段后振幅频率可逐渐减小，甚至可以不振动，像一般的气割一样。

（五）手工气割操作技术

1. 操作准备

（1）设备。氧气瓶、乙炔瓶、气路、氧气减压器、乙炔减压器等。

（2）割炬。在切割操作中一般采用的割炬为 G01-30 型的割炬，割嘴为 2 号环形割嘴。

（3）工件。准备低碳钢钢板一块，长×宽×厚为 450mm×300mm×8mm。如果没有合适的厚度的板材，厚度也可以取 6～10mm。

（4）辅助工具。钢丝刷、手锤、扳手、通针、点火枪或打火机、防护眼镜等。

2. 操作方法与操作技巧

（1）割件清理。在进行切割之前应用准备好的钢丝刷把割件的表面铁锈、污垢和氧化皮等彻底的清除干净。把清理好的待割件放在耐火砖或专用的支架上，并用小块耐热材料将其搁空。在切割工件的下面放一块薄铁板，防止在切割时火焰的高温把水泥地烤裂或炸开。

（2）工艺参数的选择。气割工艺参数主要是根据被割材料的厚度来进行选择的，具体的基本参数可参考表 16-31 进行适当的选择。

表 16-31　　不同板厚的气割工艺参数

板厚/mm	割炬型号	割嘴型号及切割孔径/mm	割嘴形状	氧气压力/MPa	乙炔压力/MPa	割嘴倾角	割嘴距工件距离/mm
＜5	G01～30	1 号 0.6	环形	0.2～0.3	0.01～0.06	后倾 25°～45°	3～5
6～10	G01～30	2 号 0.8	环形	0.3～0.4	0.01～0.08	后倾 80°或垂直	3～5
12～20	G01～30	3 号 1.0	环形	0.4～0.5	0.01～0.10	垂直	3～5

（3）点火。点火前先检查一下割炬的射吸力是否正常，方法是

拔下乙炔气管，打开混合阀门，此时应有氧气从割嘴中吹出，再打开乙炔阀门，用手指按住乙炔进气口，若感觉有吸力，则为正常。然后，关闭所有的阀门，安装好乙炔胶管。

点火时，先打开乙炔阀门少许，放掉气路中可能存有的空气，然后打开预热氧阀门少许，乙炔阀门开启一般要比氧气阀门开启略微大些，这样可以防止点火时的“放炮”。准备点火时手要避开火焰，也不能把火焰对准其他的人或易燃易爆的物品，防止造成烧伤或引发火灾，火焰点燃后调整为中性焰或轻微氧化焰。

火焰调整好后，再开启切割氧阀门，看火焰中心切割氧产生的圆柱状风线是否正常，若风线直而长，并处在火焰中心，说明割嘴良好。否则，应关闭火焰，用通针对割嘴喷孔进行修理后再试。

（4）操作姿势。点燃割炬调好火焰之后就可以进行切割。操作姿势如图 16-100 所示，双脚成外八字形（见图 16-101）蹲在工件的一侧，右臂靠住右膝盖，左臂放在两腿之间，便于气割时移动，但是因为个人的习惯不同操作姿势也可以多种多样，一般初学者常用的姿势就是这种“抱切法”。右手握住割炬手把并以右手大拇指和食指握住预热氧调节阀，便于调整预热火焰能率，一旦发生回火时能及时切断预热氧。左手的大拇指和食指握住切割氧调节阀，便于切割氧的调节，其余三指平稳地托住射吸管，使割炬与割件保持垂直，气割时的手势如图 16-102 所示。气割过程中，割炬运行要均匀，割炬与割件的距离保持不变。每割一段需要移动身体位置时，应关闭切割氧调节阀，等重新切割时再度开启。

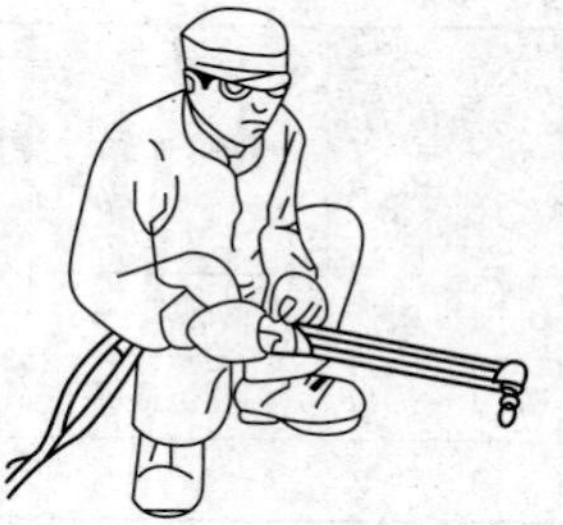

图 16-100　操作姿势

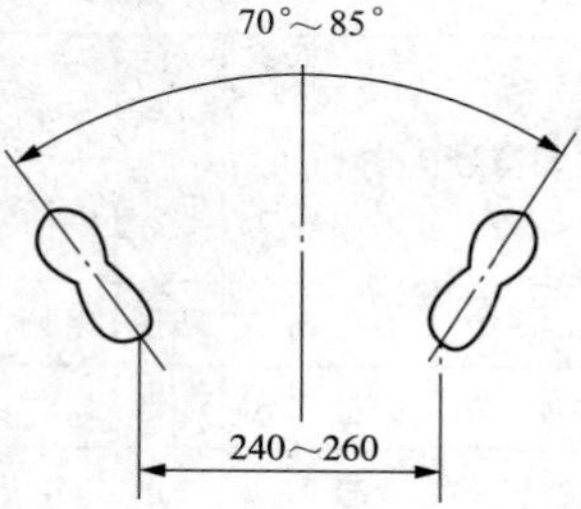

图 16-101　双脚成外八字

（5）预热技巧。开始气割时，将起割点材料加热到燃烧温度（割件发红），称为预热。起割点预热后，才可以慢慢开启切割氧调节阀进行切割。预热的操作方法，应根据零件的厚度灵活掌握。

1）对于厚度<50mm 的割件，可采取割嘴垂直于割件表面的方式进行预热。对于厚度>50mm 的割件，预热分两步进行，如图 16-103 所示。开始时将割嘴置于割件边缘，并沿切割方向后倾 10°～20°加热，如图 16-103（a）所示。待割件边缘加热到暗红色时，再将割嘴垂直于割件表面继续加热，如图 16-103（b）所示。

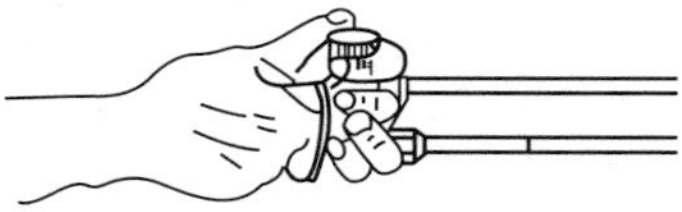

图 16-102　气割时的手势

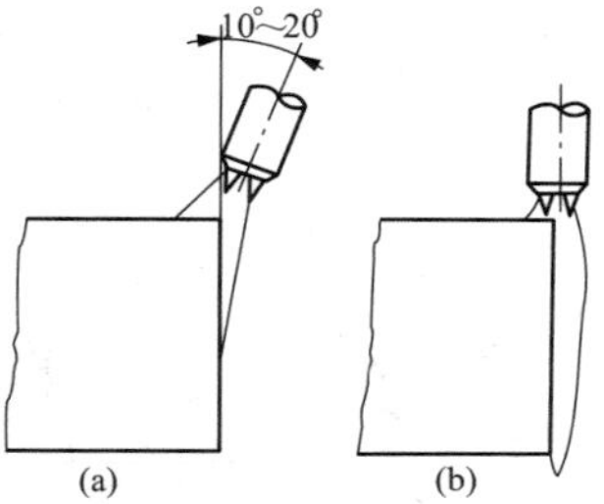

图 16-103　厚割件的预热

2）气割割件的轮廓时，对于薄件可垂直加热起割点；对于厚件应先在起割点处钻一个孔径约等于切口宽度的通孔，然后再加热割件，该孔边缘作为起割点预热。

（6）起割技巧。

1）首先应点燃割炬，并随即调整好火焰（中性焰），火焰的大小，应根据钢板的厚度调整适当。

2）将起割处的金属表面预热到接近熔点温度（金属呈红色或"出汗"状，有火星冒出），此时将火焰局部稍移出割件边缘并缓缓开启切割氧气阀门，当看到钢水被氧射流吹掉，再加大切割气流，待听到"噗、噗"声时，更可按所选择的气割参数进行切割。

3）起割薄件内轮廓时，起割点不能送在毛坯的内轮廓线上，应选在内轮廓线之内被舍去的材料上，待该割点割穿之后，再将割嘴移至切割线上进行切割。起割薄件内轮廓时，割嘴应向后倾料 20°～40°，如图 16-104 所示。

（7）正常切割。气割后割嘴的移动速度要均匀平稳，割嘴与割件之间的距离一般保持在 5～8mm（见图 16-105），托稳割炬的同

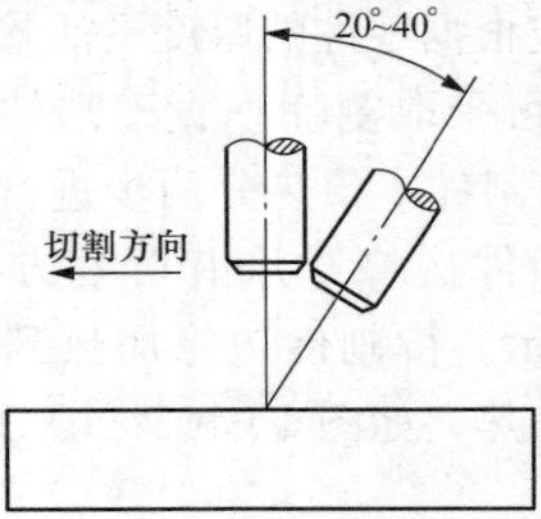

图 16-104　起割薄件内轮廓割嘴的倾角

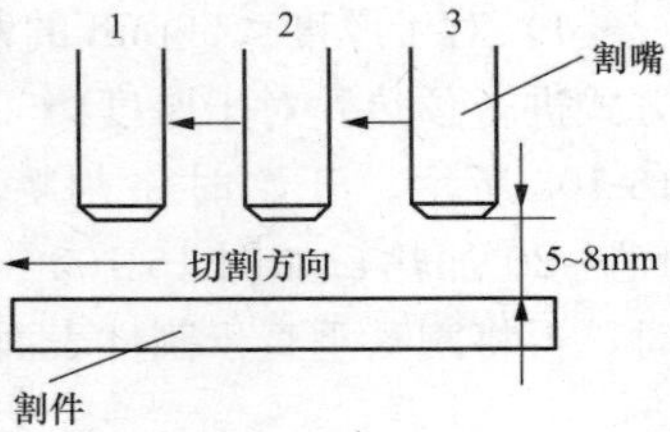

图 16-105　割嘴与割件的距离

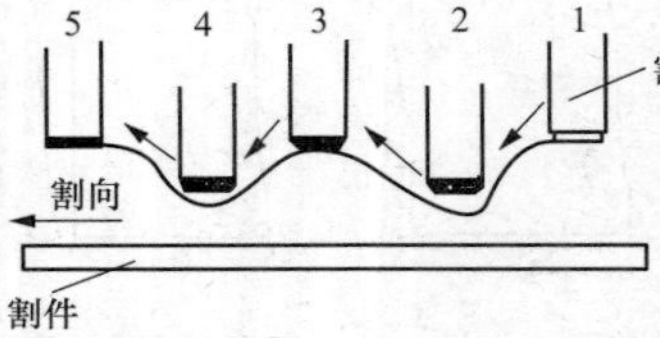

图 16-106　割嘴与割件距离抖动

时要严格控制割嘴在行走过程中的高低起伏，防止因割嘴距离割件过大（见图 16-106）而造成回火。如果割缝很长，那么就需要适当的移动身体的位置再进行切割，移动身体时应先关闭高压切割氧的阀门，身体的位置移动到合适范围后，再在预热前割缝的末端接着继续向前进行切割。

在气割过程当中，有时会因为割嘴过热或割嘴距离工件的位置太近，氧化铁渣的飞溅而堵住了割嘴的喷射孔，这时的火焰会伴有“啪啪”的爆鸣声或造成突然的熄灭，同时会有“呼呼”的火焰倒流的声音，说明已经发生了回火的现象。此时千万不要慌张，应立即关闭气割氧的阀门，并迅速关闭预热氧和乙炔阀门，用手摸割嘴和混合管，有烫手的感觉。待割嘴和混合管稍微冷却后对割嘴进行修理，重新点火后再进行切割。

（8）收尾。气割临近终点即将完成切割时，割嘴可沿着气割的方向后倾一定的角度，使割件下部提前割透，割缝在收尾处比较平整。当切割全部结束时，应迅速关闭高压切割氧阀门，并将割炬抬起，准备下一次的切割。如果工作结束或较长时间停止切割，就应将氧气阀门关闭，松开减压调节螺钉，将氧气从胶管中放净，同时

关闭乙炔瓶阀，放松减压螺钉，将乙炔管中的乙炔放净。

（9）注意事项与操作禁忌。

1）在切割进程中，应经常注意调预热火焰，保持中性焰或轻微的氧化焰，焰芯尖端与割件表面距离为3～5mm。同时应将切割氧孔道中心对准钢板边缘，以利于减少熔渣的飞溅。

2）保持熔渣的流动方向基本上与切口垂直，后拖量尽量小。

3）注意调整割嘴与割件表面间的距离和割嘴倾角。

4）注意调节切割氧气压力与控制切割速度。

5）防止鸣爆、回火和熔渣溅起、灼伤。

6）切割厚钢板时，因切割速度慢，为防止切口上边缘产生连续珠状渣、上边缘被熔化成圆角和减少背面的黏附挂渣，应采取较弱的火焰能率。

7）注意身体位置的移动。切割长的板材或做曲线形切割时，一般在切割长度达到300～500mm时，应移动一次操作位置。移位时，应先关闭切割氧调节阀，将割炬火焰抬离割件，再移动身体的位置。继续施割时，割嘴一定要对准割透的接割处并预热到燃点，再缓慢开启切割氧调节阀继续切割。

（10）手工气割质量和效率。为了有效提高手工气割的切割质量和效率，可按照以下几点进行。

1）提高工人操作技术水平。

2）根据割件的厚度，正确选择合理的割炬、割嘴、切割氧压力、乙炔压力和预热氧压力等气割参数。

3）选用适当的预热火焰能率。

4）气割时，割炬要端平稳，使割嘴与割线两侧的夹角为90°。

5）要正确操作，手持割炬时人要蹲稳。操作时呼吸要均匀，手勿抖动。

6）掌握合理的切割速度，并要求均匀一致。气割的速度是否合理，可通过观察熔渣的流动情况和切割产生的声音加以判别，并灵活控制。

7）保持割嘴整洁，尤其是割嘴内孔要光滑，不应有氧化铁渣的飞溅物粘到割嘴上。

8）采用手持式半机械化气割机，它不仅可以切割各种形状的割件，具有良好的切割质量，还由于它保证了均匀稳定的移动，所以可装配快速割嘴，大大提高切割速度。如将 G01-30 型半自动气割机改装后，切割速度可从原来 7～75cm/min 提高到 10～124cm/min，并可采用晶闸管无级调整。

9）手工割炬如果装上电动匀走器，如图 16-107 所示，利用电动机带动滚轮使割炬沿割线匀速行走，既减轻劳动强度，又提高了气割质量。

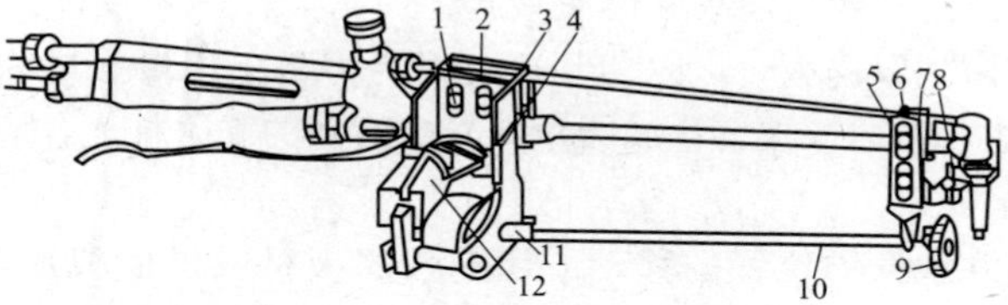

图 16-107 手工气割电动匀走器结构

1—螺钉；2—机架压板；3—电动机架；4—开关；5—滚轮架；6—滚轮架压板；7—辅轮架；8—辅轮；9—滚轮；10—轴；11—联轴器；12—电动机

10）手工割炬使用辅助装置，如手动割圆磁力引导装置或手动直线切割磁力引导装置，这些辅助装置都能较好地提高气割质量和效率。

（六）中厚板气割操作技巧与诀窍

厚度在 4～25mm 的板材一般为中厚板，在气割这样厚度的钢板时一般选用 G01-100 型割炬和 3 号环形割嘴，割嘴与工件表面的距离大致为焰芯长度加上 2～4mm，切割氧的风线长度应超过工件板厚的 1/3。气割时，割嘴向后倾斜 20°～30°。切割的钢板越厚后倾角应越小。

（1）中板气割。厚度在 4～20mm 的钢板进行气割时一般不会产生很大的变形，或变形不十分的明显，比较容易形成割缝，操作的难度也不是很大。但是值得注意的是，切割时的割嘴倾斜的角度保持垂直，切割快要完成时割嘴应后倾 10°～20°，如图 16-108 所示。

另外，切割速度的快慢也直接影响割口的质量，切割速度正常时氧化铁渣的流动性好，切割的纹路与工件的表面基本是垂直的（见图 16-108），如果切割速度过快，就会产生很大的后拖量（见图 16-109），有时甚至会出现割不透的现象（见图 16-110），造成切割质量的明显降低。

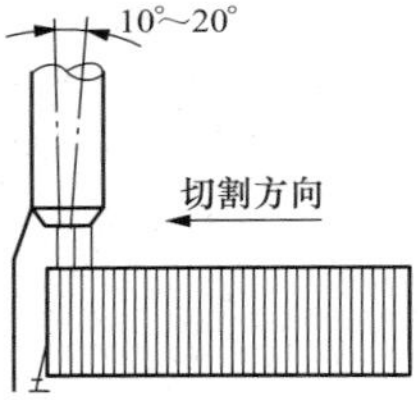

图 16-108 中板气割

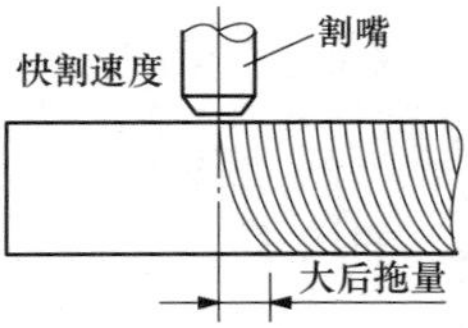

图 16-109 后拖量增大

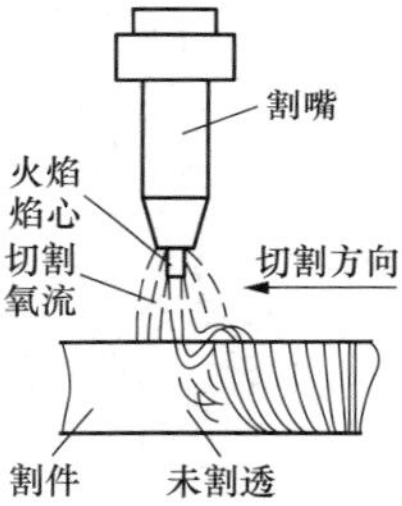

图 16-110 切割不透

（2）厚板气割。气割厚度为 25mm 以上的大厚板时，要选用大型的割炬和割嘴，氧气和乙炔的压力也要相应的加大，对于风线的质量要求也必须提高。一般情况下风线的长度应该比割件的厚度至少长 1/3，并且要有较强的流动力量，如图 16-111 所示。预热时首先从割件的边缘棱角处开始预热，当达到切割的温度后，再打开切割氧的阀门并增大切割氧的流量，同时割嘴与割件前倾 5°～10°，然后开始正常的切割，如图 16-112 所示。当割件的边缘几乎全部割透以后，割嘴就要垂直于割件了，如图 16-113 所示，并沿横向作月牙形的摆动。

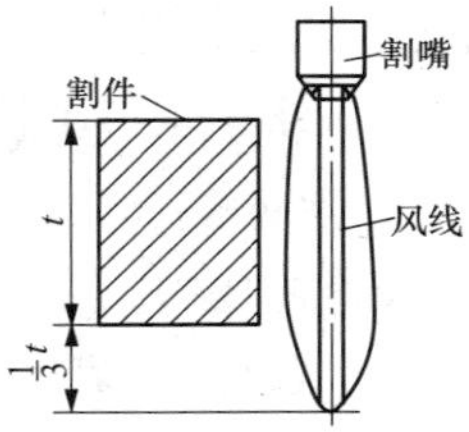

图 16-111 风线的要求

（3）大厚板气割。大厚板也称为特厚板，通常把厚度超过 100mm 的工件切割称为大厚板的切割。气割大厚板时由于工件的上下受热不均匀不一致，所以下层金属燃烧比上层金属要慢，切口容易形成较大的后拖量，有时可能会割不透，熔渣也容易堵塞切口的下部，影响气割过程的顺利进行。因此气割大厚板时应该采取以

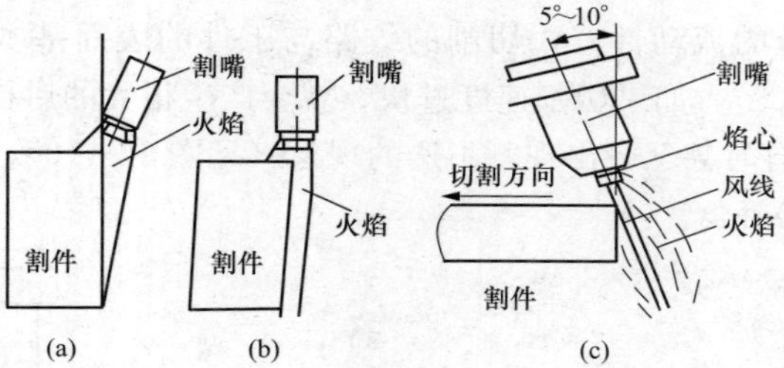

图 16-112　厚板的切割

（a）开始预热；（b）起割前预热；（c）切割开始

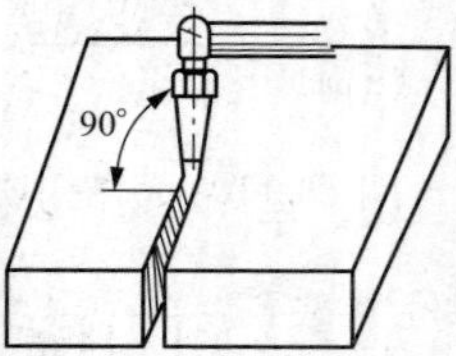

图 16-113　割嘴与割线两侧垂直

下的措施：

1）选用切割能力较大的 G01-300 型割炬和大号的割嘴，以最大限度地提高火焰的能率。

2）氧气和乙炔要充分的保证供应，氧气的供应不能中断，通常可以将多个氧气瓶并联起来供气，同时使用流量较大的双吸式氧气减压阀。

3）气割前要调整好割嘴与工件的垂直度，即割嘴与割线两侧平面成 90°的夹角。

4）开始气割时预热火焰要大，先从割件的边缘棱角处开始进行预热，如图 16-114 所示。并使上下层全部预热均匀，如图 16-114（a）所示。如果上下预热不均匀，就会产生图 16-114（c）所

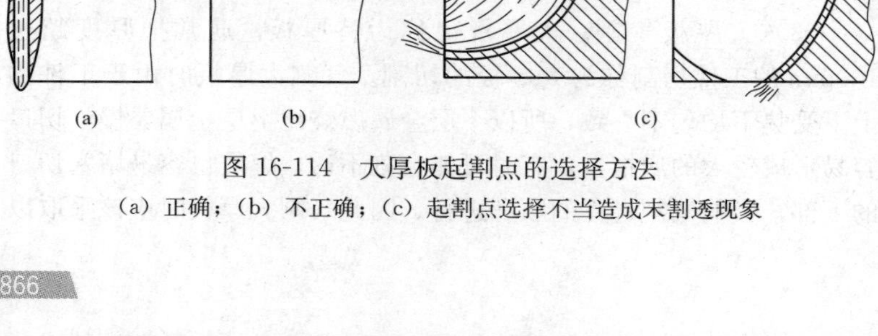

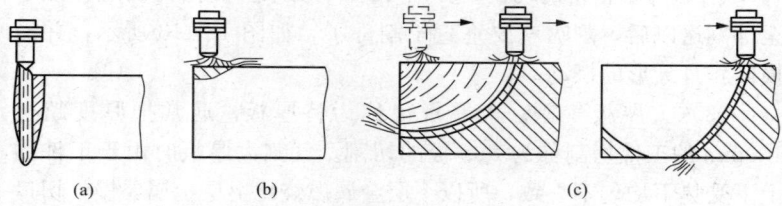

图 16-114　大厚板起割点的选择方法

（a）正确；（b）不正确；（c）起割点选择不当造成未割透现象

示的未割透的现象。

操作时注意要让上下层全部均匀预热到切割温度，逐渐开大切割氧气的阀门并将割嘴后倾，如图 16-115（a）所示，等割件的边缘被全部切透时，马上加大切割气流，且将割嘴垂直于割件，再沿割线向前移动割嘴。切割的过程中还要注意切割的速度不能太快，而且割嘴应作横向的月牙形的小幅度摆动，如图 16-115（b）所示，此时割缝表面的质量会略有下降。当气割完成时可使速度适当的放慢，尽量减小后拖量，而且容易使整条割缝完全割断。

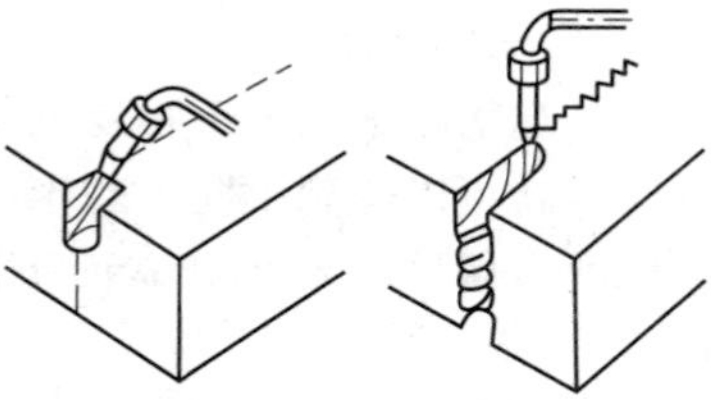

图 16-115　大厚度割件切割过程

有时，为了加快气割的速度，可先将整个气割线预热一次，然后再进行正常的气割。

如果被割件的厚度超过了 300mm，可以选用重型割炬或自行改装，将原收缩式割嘴内嘴改制成缩放式割嘴内嘴，如图 16-116 所示。

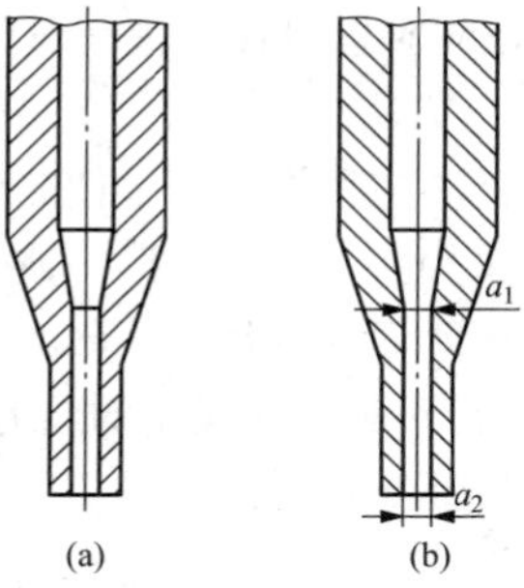

图 16-116　割嘴的改制

（a）收缩式割嘴内嘴；

（b）缩放式割嘴内嘴（$a_2>a_1$）

5）在气割的过程当中，如果遇到气割不透的情况，应立即停止气割，以免气涡或熔渣在割缝中旋转而使割缝产生凹坑。重新起割时最好是选择另一方向作为起割点。整个气割的过程必须是均匀一致的气割速度，以免影响割缝的宽度和表面粗糙度值。并应随时注意乙炔压力的变化，及时调整预热的火焰，保持一定的火焰能率。

（七）叠板气割操作技巧与诀窍

叠板气割也称多层钢板气割，就是将大量的薄钢板（一般厚度≤1mm）叠放在一起进行切割，以提高切割的生产效率和质量。

1. 叠板气割的特点

（1）起割困难。由于每层的板厚都只有1mm左右，叠合在一起的厚度就可以达到了几十毫米（见图16-117），预热时往往会出现表面的金属层已经熔化，而下层的金属温度还没有达到要求的温度。

（2）上沿易熔化。造成上沿容易熔化的原因就是上下层温差过大，切割时由于温差过大很容易影响切割的速度，使上层板受到的热量过多，形成了上沿易熔化，给切割带来了不利。

（3）切割不透。因为存在多层的问题，加上上层金属燃烧的热量不能有效地向下层金属进行传递，因此如果操作不当，非常容易出现下面几层切割不透的现象，出现所谓的“反浆”或“放炮”，甚至出现回火的现象，使切割的质量受到影响。

2. 操作方法与诀窍

（1）切割前应仔细清理每件钢板切口附近的氧化皮、污垢和铁锈，这样有利于各层钢板之间的导热良好，同时也可保证氧气气流直接与金属接触，顺利的燃烧氧化。

（2）将钢板紧紧地叠合在一起，钢板之间不应留有空隙，使热量的传递更加有效和防止不必要的烧熔。可以采用夹具（如弓形夹或螺栓）夹紧的方法进行必要的紧固，也可在上下两面加两块5～8mm厚的盖板一起叠压。为了使切割更顺利，可使上下钢板有规律的错开，形成端面叠层有3°～5°的倾角，如图16-117和图16-118所示。

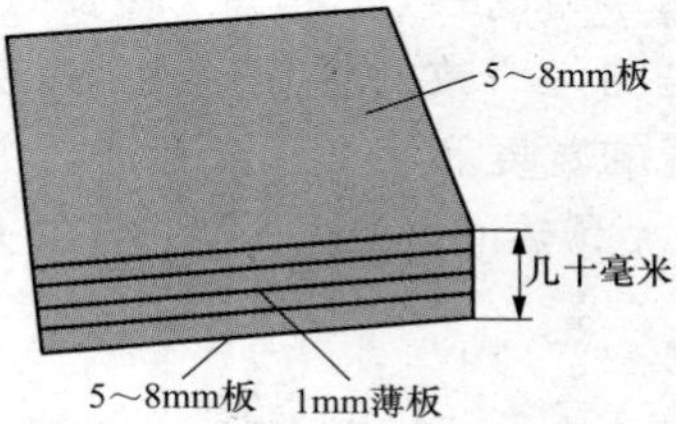

图16-117 叠板的形式

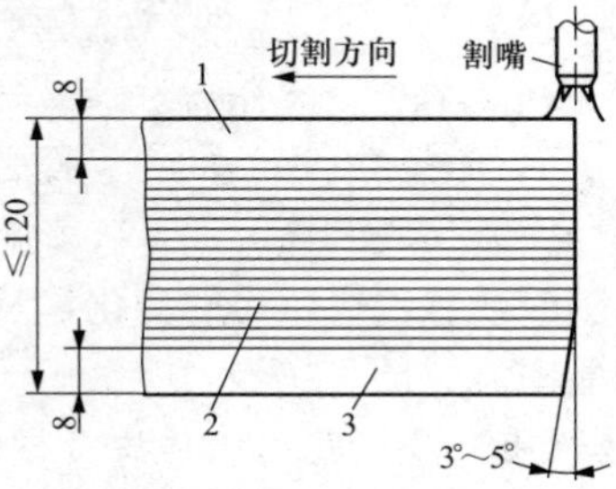

图16-118 多层钢板的叠合方式

1—上盖板；2—钢板；3—下盖板

值得注意的是，叠板气割虽然可以切割厚度在 0.5mm 以上的薄钢板，但是总的厚度应不大于 120mm；同时，叠板气割与气割同样厚度的钢板相比较，其切割氧的压力应增加 0.1～0.2MPa，切割的速度也要慢些。如果采用氧丙烷进行叠板切割，其切割的质量优于氧乙炔焰的气割。

（3）起割前要对叠层钢板进行充分的预热，最好是对割件的上表面和下表面同时进行预热，这样对起割后的顺利割透有十分重要的意义。

（4）叠板圆环的切割。除了方形的叠板切割之外，经常还会遇到叠板圆环形的切割。如将 60 块 1mm 厚的方形钢板叠合在一起，气割成圆环形的割件，图 16-119 所示。其切割的顺序是：先将 60 块 1mm 厚的钢板及上下两块 8mm 厚的钢板，按照图 16-119 所示的方式叠合在一起，再用多个弓形夹或螺钉及中间的一个螺钉将钢板夹紧，用钻床在图 16-119 所示的 A、B 两处位置钻通孔，当这些准备工作完成后，选用 G01-100 型割炬和 3 号割嘴进行切割，氧气的压力在选择 0.8MPa，从 A 处起割圆环内圆，从 B 处起割外圆环。

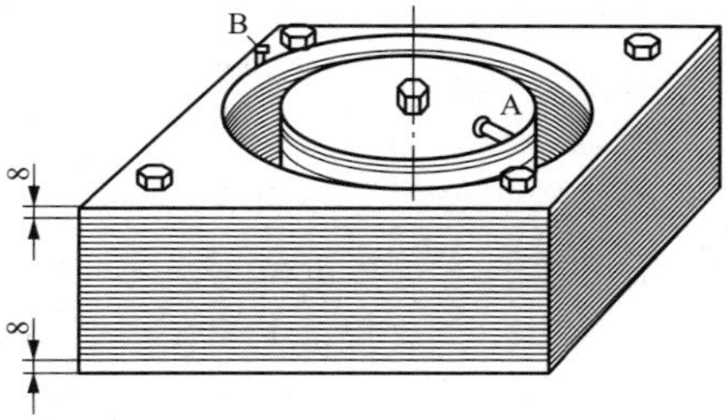

图 16-119　圆环的成叠切割

A—内圆起割点；B—外圆起割点

（八）法兰气割技巧与诀窍

法兰是圆环形的，用钢板气割法兰要借助划规式割圆器进行切割，图 16-120 所示，采用此方法切割法兰，只能先气割外圆，后切内圆，否则将会失去中心位置。

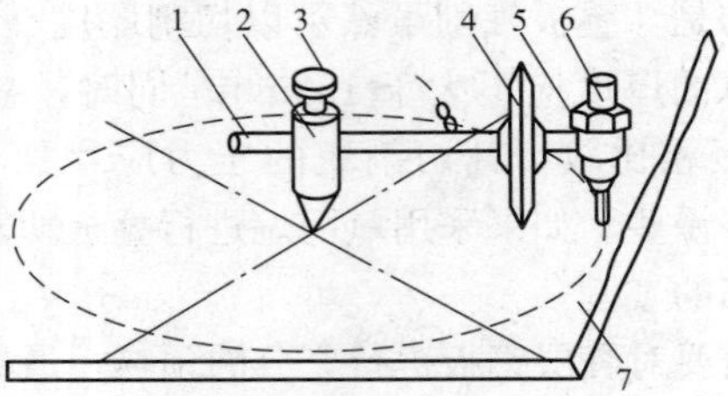

图 16-120 用割圆器切割法兰

1—圆规杆；2—定心锥；3—顶丝；4—滚轮；
5—割炬箍；6—割炬；7—被割件

1. 气割外圆

(1) 先将工件清理干净后，在工件上找到内外圆的中心位置，用样冲打上样冲眼，再用划规划出若干个同心圆，并用样冲打出所需要切割圆的形状。

(2) 把工件放在支架上垫好，再将割圆器的锥体置于圆中心的样冲眼内，通过拉动定位杆让割嘴套的中心正对待割圆的割线上或样冲眼上，然后拧紧锥体上的锁紧螺杆。

(3) 气割开始时把割嘴套在套嘴内，点燃火焰，再把锥体尖放在圆心的样冲眼内，手持好割炬并对起焊点进行预热。

(4) 当预热点的金属温度达到能够切割的温度后，割嘴稍微倾斜一些，便于氧化铁渣吹出，再打开切割氧的阀门，随着割炬的移动割嘴角度的逐渐转为垂直于钢板进行切割，此时的氧化铁渣将朝割嘴倾斜相反的方向飞出，有效防止了喷孔被堵塞的现象。当氧化铁渣的火花不再向上飞时，说明已经将钢板割透，再增大切割氧沿圆线进行切割，直至外圆被全部切割下来为止。

2. 气割内圆

(1) 将从钢板上掉下来的法兰垫起，支架应离开内圆切割线的下方。

(2) 在距离内切割线 5～15mm 的地方，先气割出一和孔，气割孔割穿后就可将割炬慢慢移到内圆的切割线上，定位线进入定位眼后，移动割炬就可割下内圆。

值得注意的是在整个气割的过程中，割嘴的下端应向圆心的方向稍微靠紧一些，以免割嘴脱套；要保持割嘴的高度始终如一，切割速度均匀，不得时快时慢。

如果是采用手工的方法气割法兰，那么就应先割内圆再割外圆，并且要留有加工的余量对法兰进行切削加工。

（九）钣金坡口气割技巧与诀窍

坡口就是指为了保证焊接质量，在焊接前对工件需要进行焊接处的特殊加工，可以气割，也可以通过机械加工切削而成，一般为斜面，有时候也有曲面。例如两块厚10mm的钢板要对焊在一起，为了焊接的牢固就可以在钢板的边缘用铣床倒角，这就叫开坡口，如图16-121所示。

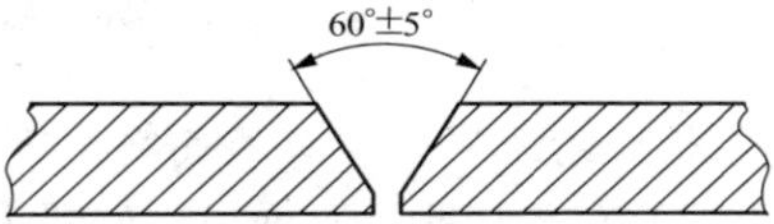

图16-121　坡口

1. 无钝边V形坡口的气割技巧

（1）根据钢板的厚度δ和单面坡口的角度α，按照公式$b=t\tan\alpha$算出单面坡口的宽度b，并进行划线，如图16-122V形坡口的气割。

（2）调整割嘴的角度，使之符合α角的要求，然后采用后拖或向前推移的操作方法进行切割，如图16-123是手工气割坡口的方法。

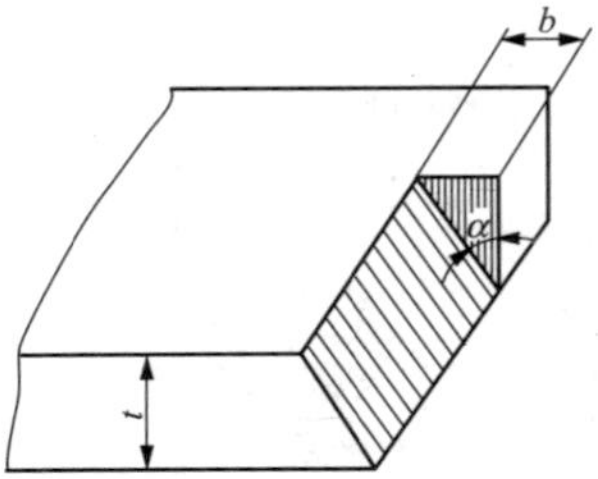

图16-122　V形坡口的手工气割

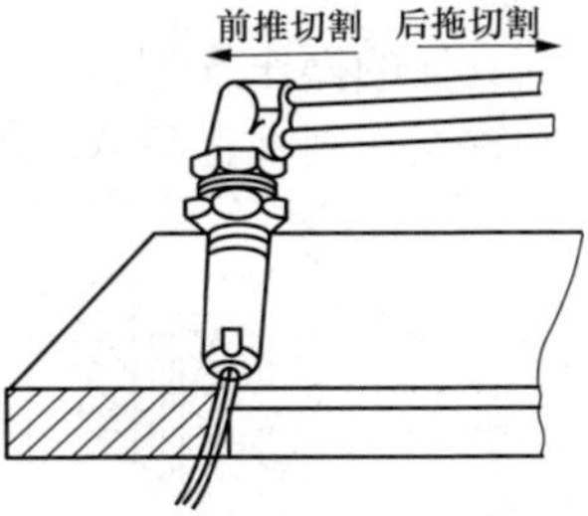

图16-123　手工气割坡口

（3）为了得到宽窄和角度都一致的坡口，气割时可将割嘴靠在角钢的一边进行切割，如图16-124（a）所示；也可把割嘴装在角度可以调节的滚轮架上进行切割，如图 16-124（b）所示。

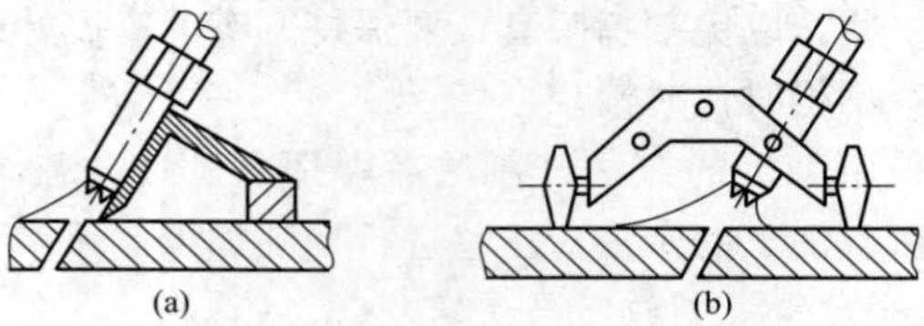

图 16-124 用辅助工具进行手工气割坡口
（a）用角钢气割；（b）用滚轮架气割

2. 带钝边 V 形坡口的气割技巧

（1）首先切割垂直面 A，如图 16-125 所示。

（2）根据钢板的厚度 δ、钝边的厚度 p 和单面坡口角度 α，根据公式 $b=(t-p)\tan\alpha$ 算出单面坡口的宽度 b，然后在钢板上划线。

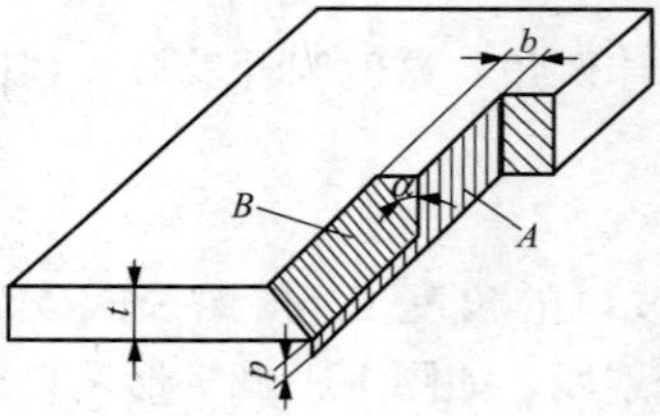

图 16-125 带钝边 V 形坡口的气割

（3）调整好割嘴的倾角至 $90°-\alpha$，沿划出的线，采用无钝边 V 形坡口的气割方法切割坡口的斜面 B。

3. 双面坡口的气割技巧

双面坡口的形式如图 16-126 所示，其具体的操作方法如下：

（1）首先切割垂直面 A，如图 16-126（a）所示。

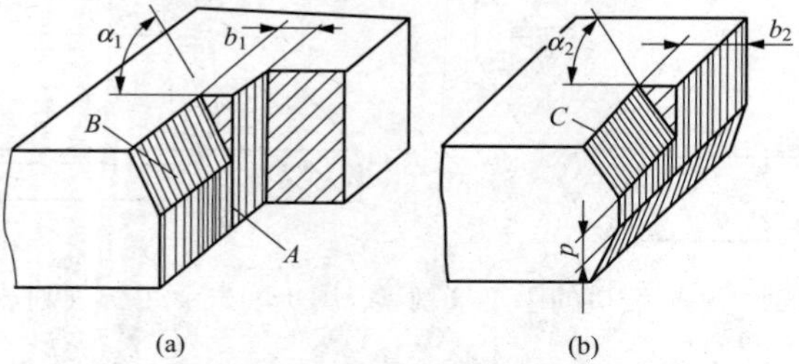

图 16-126 双面坡口的气割
（a）气割正面坡口；（b）气割背面坡口

（2）按照宽度 b_1 划好线，调整好割嘴的倾角至 α_1，并沿线切割背面坡口的 B 面，如图 16-126（a）所示。

（3）割好正面坡口 B 面后，将割件翻转，按照宽度 b_2 划线。

（4）调整好割嘴的倾角至 α_2，并沿线切割背面的坡口 C 面，如图 16-126（b）所示。

（5）为了保证坡口的切割质量，气割时可用角铁的等辅助工具进行切割，如图 16-124 所示。

4. 钢管坡口的气割技巧

如图 16-127 所示为钢管坡口切割示意图，其操作步骤如下。

（1）根据公式 $b=(t-p)\tan\alpha$ 计算划线的宽度 b，并沿着管子的外圆划出切割线。

（2）调整割炬的角度到 α，沿着切割线进行切割。

（3）切割时除保持割炬的倾角不变之外，还要根据在钢管上的不同位置，不断地调整好割炬的角度。

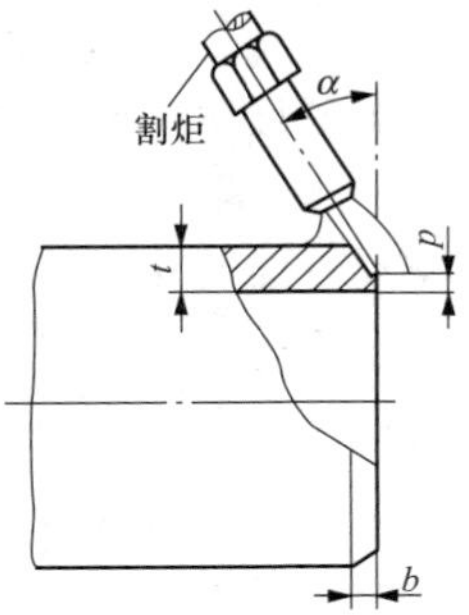

图 16-127　钢管坡口的气割

二、钣金等离子弧切割工艺与操作实例

（一）等离子弧切割原理及应用

利用等离子弧的热能实现切割的方法，称为等离子弧切割。等离子弧切割的原理是以高温、高速的等离子弧为热源，将被切割件局部熔化，并利用压缩的高速气流的机械冲刷力，将已熔化的金属或非金属吹走而形成狭窄切口的过程，如图 16-128 所示。

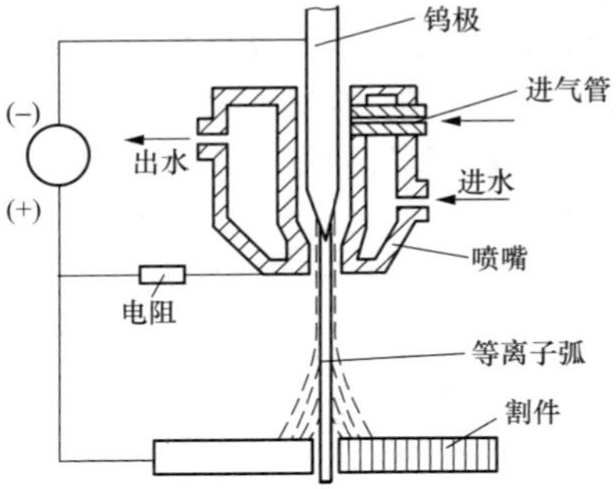

图 16-128　等离子切割示意图

等离子弧是一种比较理想的切割热源，它可以切割氧-乙炔焰和普通电弧所不能切割或难以切割的铝、铜、

镍、钛、铸铁、不锈钢和高合金钢等，并能切割任何难熔金金和非金属。而且切割速度快，生产效率高，热影响区变形小，割口比较狭窄、光洁、整齐、不粘渣，质量好。

等离子弧切割均采用具有陡降外特性的直流电源，要求具有较高的空载电压和工作电压，一般空载电压在150～400V。通用电源类型有两种；一种是专用弧焊硅整流器电源：另一种可用两台以上普通弧焊发电机串联。电极采用钍钨极或铈钨极。工作气体采用氮、氩、氢以及它们的混合气体，常用的是氮气。

等离子弧切割的工艺参数，主要有空载电压、切割电流、工作电压、气体流量、切割速度、喷嘴到割件的距离、钨极到喷嘴端面的距离及喷嘴尺寸等。工艺参数的选择方法是：首先根据割件厚度和材料性质选择合适的功率，根据功率选用切割电流大小，然后决定喷嘴孔径和电极直径，再选择适当的气体流量及切割速度，便可获得质量良好的割缝。

等离子弧切割原理与一般氧-乙炔焰切割原理有本质上的不同。它主要是依靠高温高速的等离子弧及其焰流，把被切割的材料局部熔化及蒸发并吹离基体，随着等离子弧割炬的移动而形成狭窄的切缝。

等离子弧柱的温度高，远远超过所有金属和非金属的熔点，因此等离子切割过程不是依靠氧化反应，而是靠熔化来切割材料，因而比氧-乙炔焰切割方法的适用范围大得多，能够切割大部分金属和非金属材料。

采用转移型等离子弧切割金属材料时，其热源来自三个方面：切口上部的等离子弧柱的辐射能量，切口中部的阳极斑点的能量和切口下部的等离子弧焰流的热传导能量（见图16-129）其中以阳极斑点的能量对切口的热作用最为强烈。

（二）等离子弧切割分类

等离子弧切割分普通等离子弧切割、水再压缩等离子弧切割和空气等离子弧切割三种。

1. 普通等离子弧切割及使用场合

普通等离子弧切割又有转移弧和非转移弧之分，非转移弧适宜切割非金属材料。图16-130为等离子弧切割原理示意图，等离子弧切割的离子气与切割气共用一路气体，所以割炬结构简单。为提高等离子弧能量，切割气宜采用双原子气体。切割薄板可采用小电流等离子弧（微束等离子弧）。

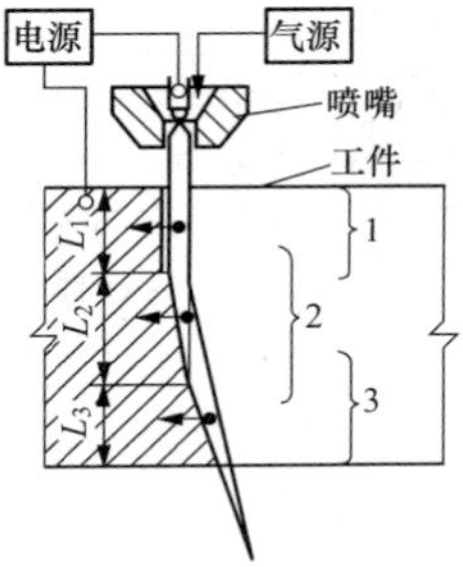

图16-129 切割时能量分布示意图

1—弧柱作用区；2—活性斑点作用区；3—等离子火焰作用区

L_1—弧柱切割区的长度；L_2—活性斑点切割区的长度；L_3—等离子火焰切割区的长度

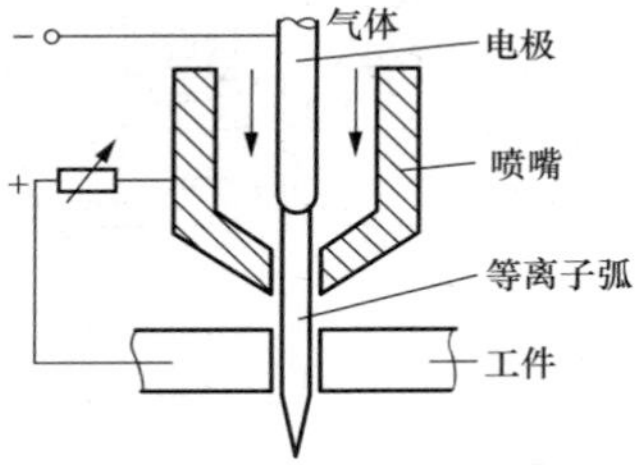

图16-130 等离子弧切割原理

2. 水再压缩等离子弧切割使用场合

水再压缩等离子弧除切割气流外，还从喷嘴中喷出高速水流。高速水流有三种作用：增加喷嘴的冷却，从而增强电弧的热收缩效应；一部分压缩水被蒸发，分解成氢与氧一起参与构成切割气体；由于氧的存在，特别在切割低碳钢和低合金钢时，引起剧烈的氧化反应，增强了材质的燃烧和熔化。

水再压缩等离子弧切割通常在水中进行，这样不仅减小了割件的热变形，而且水还吸收了切割噪声、电弧紫外线、灰尘、烟气、飞溅等，因而大大改善了工作环境。图16-131（a）、（b）分别表示压缩水的两种喷射形式，其中径向喷水式对电弧的压缩作用更强烈。水再压缩等离子弧切割的缺点是：由于割枪置于水中，引弧时先要排开枪体内的水，因而离子气流量增大，引弧困难，必须提高电源的空载电压；水对引弧高频电有强烈的吸收作用，因而在割枪结构上要增强枪体与水的隔绝，必须提高高频振荡器的功率；水的电阻比空气小得多，因而易于发生双弧现象。

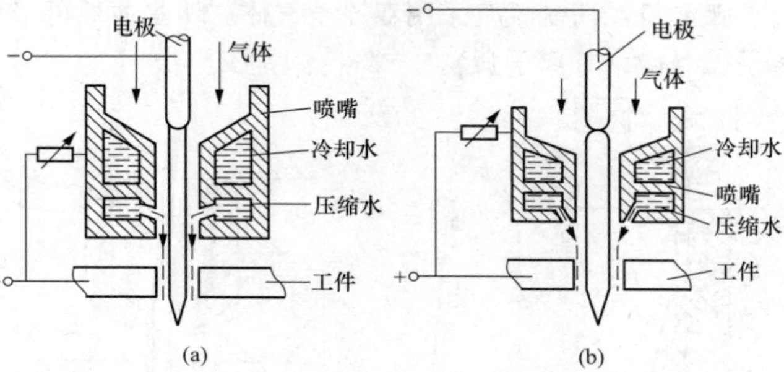

图 16-131 水再压缩等离子弧切割原理

（a）径向喷水式；（b）环形喷水式

3. 空气等离子弧切割及使用场合

空气等离子弧切割分为两种形式，图 16-132（a）所示的离子气和切割气都为压缩空气，因而割枪结构简单，但压缩空气的氧化性很强，不能采用钨极，而应采用纯锆、纯铪或其合金做成镶嵌式电极。图 16-132（b）所示的等离子气为惰性气体，切割气为压缩空气，因而割枪结构复杂，但可以采用钨极。空气等离子弧的温度为（18 000±1000)℃，分解和电离后的氧会与割件金属产生强烈的氧化反应，因而适宜切割碳钢和低合金钢。

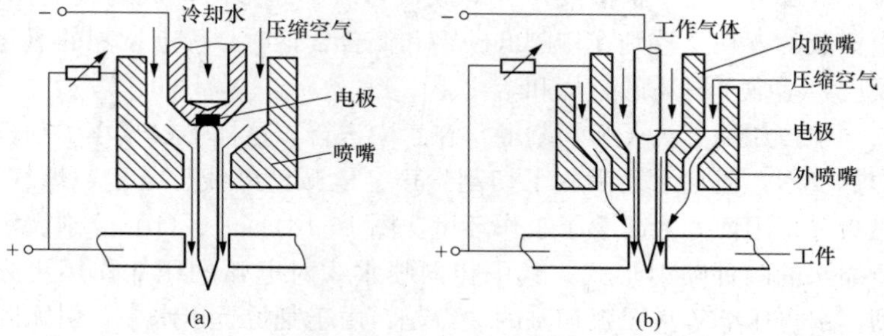

图 16-132 空气等离子弧切割原理

（a）单一空气式；（b）复合式

空气等离子弧切割摒弃了传统的惰性气体作离子气，采用取之不尽的干燥空气经压缩后直接接入喷嘴作为工作气体。空气是氮的体积分数约为80%和氧的体积分数约为20%的混合气，其切割性能介于氮等离子弧和氧等离子弧之间。因此既可用于切割不锈钢和铝合金，也适合于切割碳素钢和低合金钢等。

由于等离子弧中含有氧气，切割碳素钢时，切口中氧与铁的放热反应提供附加的热量，同时生成表面张力低、流动性好的FeO熔渣，改善了切口中熔融金属的流动特性，因此不但切割速度快，而且切割面较光洁，切口下线基本上不粘渣，切割面的倾斜角也小（一般在3°以下）。但是，空气对高温状态的钨会产生氧化反应，为此，采用锆、铪或其合金作电极。为了提高电极寿命，电极一般做成直接水冷的镶嵌式形状。小电流时，也可不用水冷。

空气等离子弧切割法的主要缺点是：

（1）切割面上附有氧化物层，焊接时焊缝中会产生气孔。因此，用于焊接的切割边，需用砂轮打磨，耗费工时。

（2）电极和喷嘴易损耗，使用寿命短，需经常更换。

由于压缩空气成本低，尤其是加工工业中应用最多的碳素钢和低合金钢的切割速度快，热变形小，颇受工业部门的重视。切割不锈钢和铝合金时，氧与铝和不锈钢中的铬起反应，形成高熔点氧化物，因此切割面比较粗糙。

空气等离子弧切割与气割法的切割速度比较如图16-133所示。由图可见，空气等离子弧切割速度比低压扩散形喷嘴快好几倍。

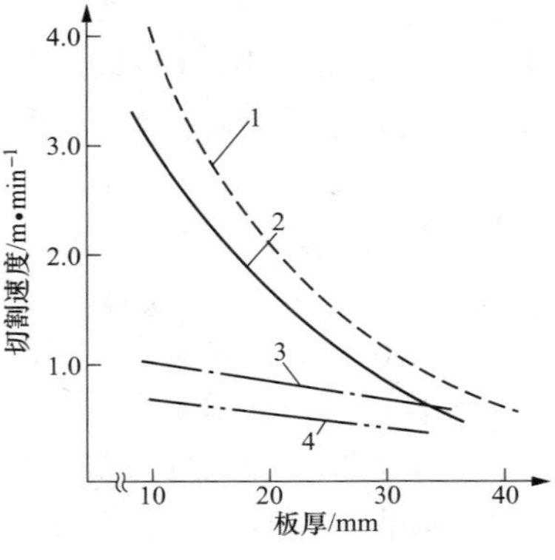

图16-133　空气等离子弧切割速度与气割速度比较

1—250A空气等离子弧切割（割断速度）；2—250A空气等离子弧切割（实用切割速度）；3—高压扩散形割嘴（切割氧压力1.57MPa）气割；4—低压扩散形割嘴（切割氧压力0.69MPa）气割

空气等离子弧切割按所使用的工作电流大小一般分大电流切割法和小电流切割法。大电流空气等离子弧切割，其工作电流在100A以上，实用上多为150～300A，采用水冷式割炬结构，其应用面并不很广。

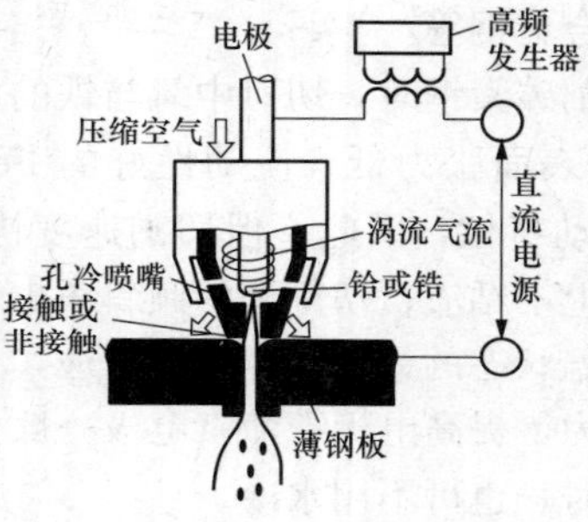

图 16-134　小电流空气等离子弧切割原理图

小电流空气等离子弧切割，其工作电流小于100A。因切割电流低，喷嘴和电极等受热减少，一般不需使用水冷却，而用空气冷却即可，从而使割炬结构简化、质量减轻、体积缩小，甚至可制成微型笔状割炬。图16-134所示为小电流空气等离子弧切割的原理图。

由于小型割炬既可手持切割又可安装到各种小型切割机上使用，耗电量也小，而且能用同一把割炬切割碳素钢、不锈钢及有色金属，适应性好，特别适合多品种、小批量生产的中小企业使用。

小电流空气等离子弧切割的工艺特点：

（1）可切割厚0.1mm的薄金属，包括镀锌板和表面预先涂装的彩色板，切割后不影响涂装层的质量。因此在钣金及薄板零件的裁切中可替代剪切、锯切等机械切割法，提高零件的加工精度，可解决机械切割难以加工的曲线边和内部开孔等困难。

（2）切割质量好，切口宽度小，熔渣黏附少。在采用接触式工艺切割薄板时，其质量甚至优于气割，而且切割变形大大减小。

（3）可施行接触式切割。通过适当地选择喷嘴孔径和气体流量，某些切割电流低于70A的割炬可将喷嘴直接靠在工件进行切割（即接触式切割），且不会产生“双弧”现象，大大改善了切割性能以及操作性和安全性。

小电流等离子弧接触式与非接触式切割的工艺操作性能对比见表16-32。

表 16-32　　接触式与非接触式切割的工艺操作性比较

项目	接触式切割	非接触式切割
切割性能	切口宽度小 切口上缘不熔塌 切割面近于垂直 熔渣黏附很少	切口宽度大 切口上缘出现熔塌 切割面有斜角 略有黏渣现象
操作性	电弧长度固定 割炬抖动少	电弧长度有波动 割炬抖动较大
安全性	遮光好，不刺人眼 喷嘴与工件同电位，防触电性好	弧光强、刺眼 需借助保护罩绝缘

（三）等离子弧切割特点

由于等离子弧能量集中，温度高，具有很大的机械冲击力，并且电弧稳定，因而等离子弧切割具有下列特点：

(1) 可以切割目前所示的任何金属。包括黑色金属、有色金属及各种高熔点金属，如不锈钢、耐热钢、铸铁、钨、钼、钛、铜、铝及它们的合金等。切割不锈钢、铝等达 200mm 以上。采用非转移型等离子弧还可以切割各种非金属材料，如耐火砖、混凝土、花岗岩、碳化硅等。

(2) 切割速度快，生产率高。例如切 10mm 厚的铝板，速度可达 200～300m/h，切 12mm 厚的不锈钢板，速度可达 100～130m/h。

(3) 切割质量高。切口狭窄，光洁整齐，切口的变形及热影响区小，硬度及化学成分变化小，通常可以切后直接进行焊接，无须再对坡口进行加工清理等。

(4) 切割厚板的能力不及气割，切口宽度和切割面斜角较大。但切割薄板时采用特种切割炬或工艺可获得接近垂直的切割面。

（四）等离子弧切割设备的使用

等离子弧切割装置的构成如图 16-135 所示，通常由电源、高频发生器、供气系统、冷却水（气）系统、控制系统（控制箱）、割炬和切割工作台等装置和部件组成。其主要装置和部件的功能和组成见表 16-33。

表 16-33 手工等离子弧切割装置的主要部件及其功能

装置和部件	功能及组成
电　源	供给切割所需的工作电压和电流，并具有相应的外特性。目前基本上使用直流电源
高频发生器	引燃等离子弧，通常设计成能产生 3～6kV 高电压、2～3MHz 高频电流。一旦主电弧建立，高频发生器电路自行断开。现在某些国产小电流空气等离子弧采用接触引弧方式，则不需高频发生器
供气系统	连续、稳定地供给等离子弧工作气体。通常由气瓶（包括压力调节器、流量计）或小型空气压缩机、供气管路和电气阀等组成，使用两种以上工作气体时需设气体混合器和储气罐
冷却水（气）系统	向割炬（和电源）供给冷却水，冷却电极、喷嘴（和电源）等使之不致过热。通常可以使用自来水，当需要量大或采用内循环冷却时，需配备水泵。 水再压缩等离子弧切割装置，还要供给喷射水，需配高压泵。同时对冷却和喷射水的水质要求较高，有时需配冷却水软化装置。 对小电流空气等离子弧和氧等离子弧割炬只采用气冷时，不设水冷系统，由供气系统供给
割炬	产生等离子弧并实行切割的部件，对切割效率和质量有直接的影响
控制装置（控制箱）	控制电弧的引燃、工作气体和冷却水的压力和流量，调节切割参数等

1. 电源的选择

（1）等离子弧切割电源的类型。现有等离子弧切割用的电源品种有：

1）三相磁饱和放大器硅整流电源。

2）三相动铁分磁式整流电源。

3）饱和电抗器整流式电源。

4）晶闸管桥式整流电源。

5）漏磁变压器加抽头电抗器整流电源。

6）晶体管逆变电源。

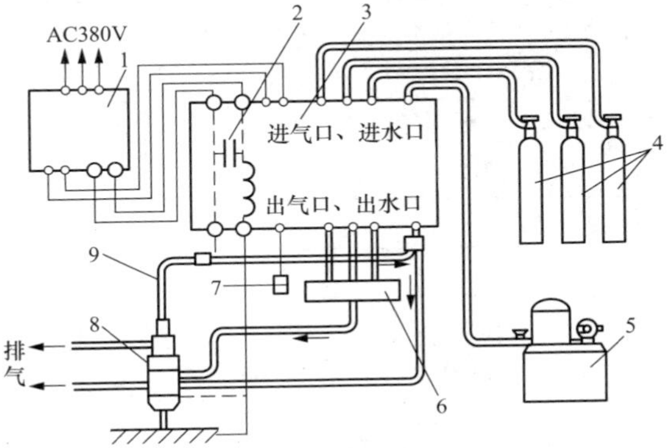

图 16-135 等离子弧切割设备组成示意图

1—直流电源；2—高频发生器；3—控制箱；4—气瓶；5—冷却水泵；6—气体混合器；7—启动开关；8—割炬；9—水冷电缆

(2) 典型手工等离子弧切割机的技术数据。

非氧化性气体等离子弧切割机。非氧化性气体（Ar、Ar + H_2、N_2、N_2 + H_2、N_2 + Ar 等）等离子弧主要适用于厚度较大的不锈钢和铝合金等有色金属。这类国产切割机的型号有 LG-400-1 型（自动切割和手工切割两用）及 LG3-400-1 型、LG-500 型和 LG-250 型（手工切割用）等，主要技术数据见表 16-34。

表 16-34 LG-400-1 型等离子切割机技术数据

项 目	数 值	备 注
控制箱电源电压/V	220（交流）	—
切割电源空载电压/V	330（交流）	—
额定切割电流/A	400	—
电流调节范围/A	100～500	—
额定负载持续率/%	60	—
工作电压/V	100～150	—
引弧电流（小电弧电流）/A	30～50	—
电极直径/mm	5.5	—

续表

项目		数值	备注
自动切割速度/（m/h）		3～150	—
切割厚度/mm	碳钢、铝、	80	最大切割 100mm
	不锈钢、纯铜	50	—
引弧气体流量/（L/h）		400	—
提前通引弧电流时间/s		2	—
滞后关闭气流时间/s		3	—
切割（主电弧）气体流量/（L/h）		约 3000	进气压为 0.3～0.4MPa
气体及成分		工业纯氮气（99.9%）	也可用工业纯氩气或氩氢、氮氢混合气体
冷却水流量/（L/h）		3 以上	—
切割圆弧直径/mm		120 以上	—
切缝左右方向/mm		250	—
切缝高低方向/mm		150	—
沿切缝垂直的侧面倾角/（°）		向内向外各 10	—
沿切缝前后倾角/（°）		任意角度	—

（五）等离子弧切割用气体及电极的选择诀窍

1. 等离子弧切割用气体及其选择诀窍

等离子弧切割金属材料时，可用氩、氮、氢、氧或它们的混合气体作为切割用气体。依据被切割材料的种类及厚度、切割工艺条件，择合适的气体种类。等离子弧切割常用气体的选择及其适用性见表 16-35 和表 16-36。

表 16-35　　等离子弧切割常用气体的选择

工件厚度/mm	气体种类、组成（体积分数）	空载电压/V	切割电压/V
≤12	N_2	250～350	150～200
≤150	Ar+N_2（$N_2$60%～80%）	200～350	120～200
≤200	N_2+H_2（$N_2$50%～80%）	300～500	180～300
≤200	Ar+H_2（H_2约 35%）	250～500	150～300

表 16-36　　各种气体在等离子弧切割中适用性

气体	主要作用	备　注
Ar、$Ar+H_2$、$Ar+N_2$、$Ar+H_2+N_2$	切割不锈钢、有色金属及合金	Ar 仅用于切割薄金属
N_2、N_2+H_2		N_2作为水再压缩等离子弧的工作气体，也可用于切割碳素钢
O_2（或粗氧）、空气	切割碳素钢和低合金钢，也用于切割不锈钢和铝	重要的铝合金构件一般不用

（1）氩气。氩气为单原子气体，原子量大，热导率小，且电离势低，因此易形成电离度高且稳定性好的等离子弧。氩气是惰性气体，它对防止电极、喷嘴烧损有益。用单纯氩气作切割气体时，空载电压较低，但其携热性差，热导率小和弧柱较短，不适宜于切割厚度较大的工件。尤其是氩气成本较高，因此通常并不单独使用。

（2）氮气。氮气的电离势虽也较低，但原子量较氩气小，它是双原子气体，分子分解时吸收热量较大，导热和携热性较好，加之氮气等离子弧的弧柱长、切割能力大，故常单独用作工作气体。但因原子量较氩气小，要求电源具有很高的空载电压。

氮气在高温时会与金属起反应，对电极的侵蚀作用较强，尤其在气体压力较高的场合，宜加入氩或氢。另外，用氮气做工作气体时会使切割面氮化，在切割时产生的氮氧化物较多。

（3）氢气。氢气原子量最小，热导性能好，分解时吸收大量的分解热，故单纯氢气不宜形成稳定的等离子弧，因此通常不把氢气单独作为切割气体。另外氢具有还原性，有助于改善切割面的质量。

（4）氧气。氧气是双原子气体，离解热高、携热性好，在切割时投入工件的热量多，故可单独用作工作气体。它具有氧化性，尤其在切割铁基金属时，既发生高温等离子弧的熔割过程，又有铁—氧燃烧放热过程，增加热量，能加速切割进程。但是，一般的钨极会被迅速烧损，故须采用特种电极材料和割炬结构。

（5）空气。空气是氮和氧等的混合物。空气中含约80%的氮和约20%的氧，它的主要特性与氮接近，又具有氧化性的一些特点，是应用最多的一种工作气体。但它兼有氮气和氧气的不足之处。

氩气、氮气、氢气中任意两种气体混合使用，它们之间相互取长补短，各自发挥其特长。用氢气时，必须重视使用安全问题，除注意管路、接头、阀门等一定不能漏气外，还应注意切割完毕后及时关闭。使用氮—氢混合气体进行切割时，为使引弧容易，一般先通氮气，引燃电弧后再打开氢气阀。切割完毕后，应先闭氢气。

2. 等离子弧切割电极的选择诀窍

等离子弧切割时，通常采用直流正接，即电极接负，工件接正。选择电极材料时，应选择电子发射能力强、逸出功小、在切割时电极烧损小的材料。实践证明，用高熔点的钨作电极，其烧损仍相当严重。在钨中加入少量的氧化钍而制成的钍钨极，其烧损量比纯钨极小且电弧稳定。但钍钨极内含质量分数为1.2%～2.0%的氧化钍，由于钍是放射性元素，对制造者和使用者都有一定的危害。目前国内已不采用。近年来，国内已广泛生产和采用了铈钨极（含氧化铈的质量分数为3%）。这种材料的电极，其电子发射能力和抗烧损情况都比钍钨极好，它烧损后电极端部仍能保持尖头，这对于维持长时间稳定地切割及保持电弧压缩效果，提高切割效率都是有利的。同时铈钨极没有放射性，这有利于操作者的劳动保护。因此，应尽量采用铈钨极。

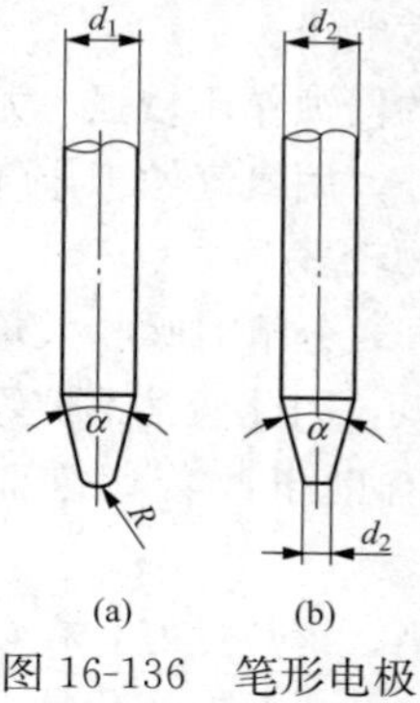

图 16-136　笔形电极端部形状
（a）尖头（圆形）电极；（b）平头电极

等离子弧切割用电极有笔形和镶嵌结构两种。除电极材料的性质外，电极直径、形状也影响电极的烧损和电弧的稳定性。电极端部不宜太尖或太钝。太尖钨极易烧损，太钝则阴极斑点容易漂移，影响切割的稳定性，甚至产生“双弧”或烧坏喷嘴。笔形电极如图 16-136

所示。也有的使用单位，把电极磨成尖形，燃烧后把尖头烧去，自然形成一种最合适的电极形状。

镶嵌结构电极由纯铜座和发射电子电极金属组成，其结构形式如图 16-137 所示，电极金属使用铈钨、钇钨合金及锆和铪等，通常采用直接水冷方式，可以承受较大的工作电流，并减少电极损耗。

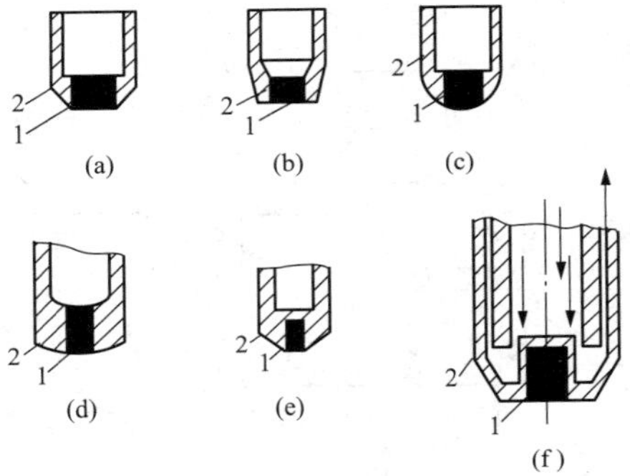

图 16-137　直接水冷式镶嵌电极的形状和结构形式

1—电极；2—纯铜座

（六）等离子弧切割不锈钢法兰操作实例

以 1Gr18Ni9Ti 不锈钢法兰的切割为例：法兰的外径为 219mm，内径为 60mm，厚度为 20mm。切割机型号 LG-400-1，工作台采用多柱式支架，如图 16-138 所示，以防止切割时将支架割断，避免工件切割到最后时由于被切下部分的重力作用，使工件下垂而发生错口。

（1）切割方法：手工切割。

（2）切割工艺参数切割电流 320A；切割电压 160V；气体体积流率 2400L/h；切割速度 25～30m/h；铈钨棒直径 ϕ5.8mm；喷嘴孔径 ϕ5.0mm；喷嘴与工件距离 8～10mm。

（3）操作步骤。

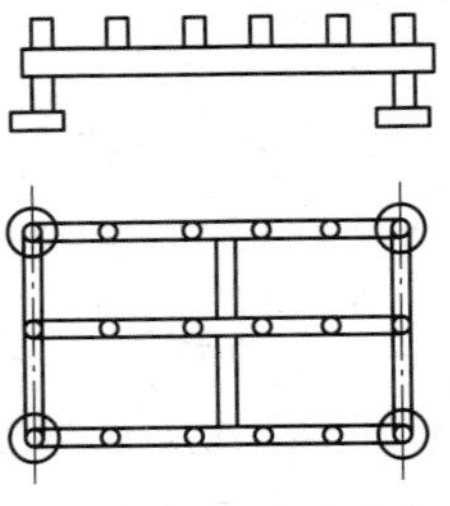

图 16-138　多柱支架

1）将 LG-400-1 型等离子弧切割机安装好，由于采用手工切割，故把连接小车控制电缆多芯插头“Z”断开，将手动切割的控制电缆多芯插头“S”接通（图 16-139 中的虚线所示）。

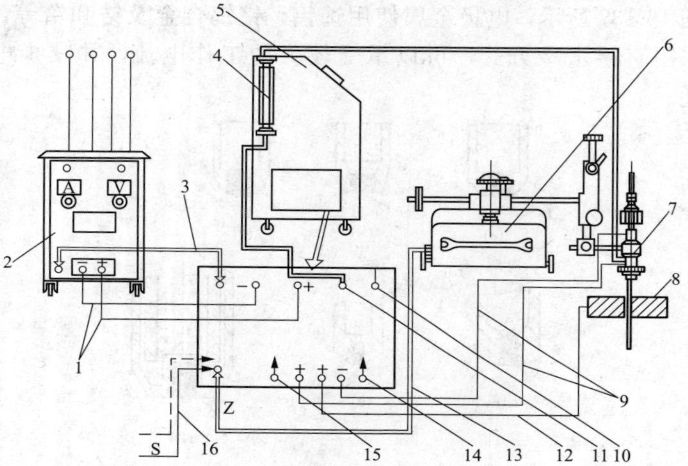

图 16-139　LG-400-1 型等离子弧切割机外部安装接线图

1—电源电缆（$A=70mm^2$）；2—切割电源（ZX400）；3—多芯电缆；4—流量计；5—控制箱（LG-400-1）；6—自动行走机构；7—割炬；8—工件；9—水冷电缆；10—进气；11—出气；12—电源电缆（$A=70mm^2$）；13—多芯电缆；14—出水；15—进水；16—手动割炬控制电缆

2）检查切割机安装接线无误，再进行水、电、气以及高频引弧等的检测。检测完毕即可准备切割。

3）按待切割零件的图样设计工艺尺寸，在不锈钢板上先划好线，如图16-140所示。划线时要留出切口余量。余量按下列经验公式计算：

$$b=\delta/5+8$$

式中　b——切口宽（mm）；

δ——被切工件厚度（mm）。

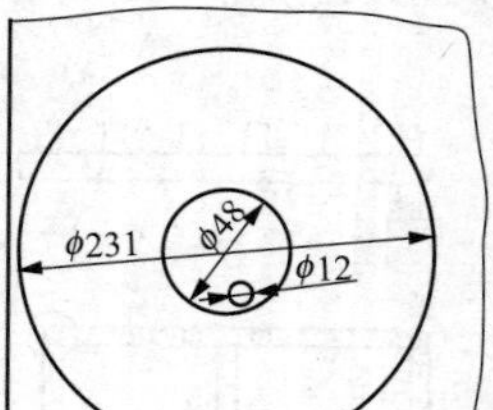

图 16-140　法兰切割工艺尺寸设计

在离法兰内圆切割线一定距离钻一

个 ϕ12mm 的孔，作为切割内圆时的起弧孔。

4）将已划好线的钢板放在多柱式支架上，注意放平。

5）先切割法兰的内圆。接通电源，手持割炬，使割炬喷嘴距离工件 8～10mm，将割炬上的开关扳向前，这时电路被接通，切割机各部分动作程序与自动切割相同。起弧从起切点开始，由小电弧转到大电弧后进入正常切割。

若电弧引燃后因故不能进行切割，需要将电弧断开时，只要将手动割炬远离切割工件，将拨动开关从前面的位置上拨回来，随即推向前，然后再拨回，电弧即被切断。注意在这种断开引弧过程中，开关的拨动按钮第一次扳回后所停留的时间必须短，否则会烧坏割炬的喷嘴和水冷电阻。停止切割时，将拨动开关推向前，随后再拨回，即可停止切割。

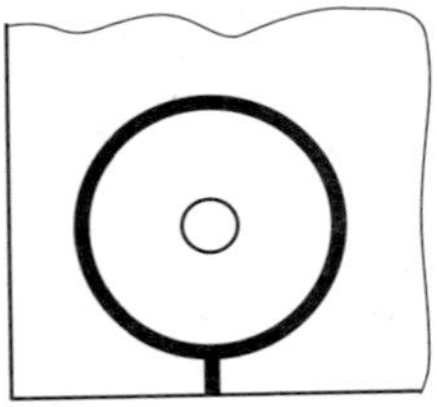
图 16-141　切割法兰外圆示意图

6）切割好法兰内圆后再切割其外圆，切割方法同前，但是引弧时可不必钻孔，而从离被切工件一定距离的边缘起切，如图 16-141 所示。

7）切割完毕，关掉电源开关和气源，关闭冷水和总电源开关。

（七）螺旋焊管水再压缩式空气等离子弧在线切割工程实例

高频焊接制造的螺旋钢管尺寸为 ϕ219～ϕ377mm，壁厚为 7mm。螺旋焊管的生产过程如图 16-142 所示。焊接速度为 5m/min，其圆周速度约等于 3.5m/min，为了保证螺旋焊制钢管的连续生产，要求采用空气等离子弧快速切割，切割速度应≥

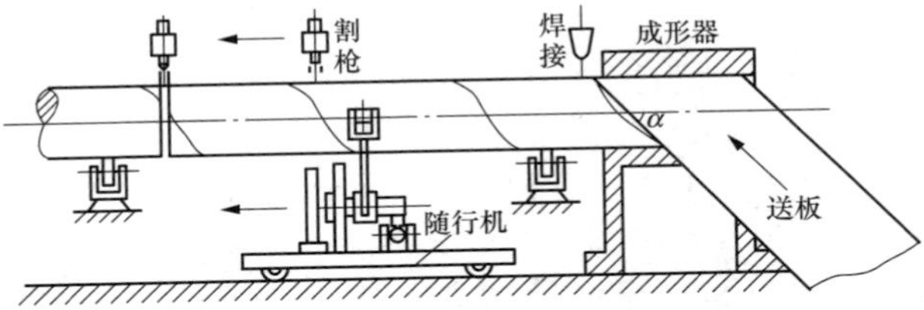

图 16-142　螺旋焊管生产线及在线切割

3.5m/min。

1. 切割方法

采用水再压缩式空气等离子弧切割，并且采用刀轮夹紧式切管随行机及有关辅助装置。

2. 切割工艺参数

通过试验找出最佳工艺参数为 $I=260\text{A}$，$U=230\text{V}$，喷嘴孔径 $d=3.5\text{mm}$；

气体流量 $Q=1.5\text{L/min}$，压力 $p=0.5\text{MPa}$。

3. 切割结果

切割速度可达 3.9m/min，管端切斜小于 1.5mm/2π，坡口等于 30°，符合产品要求，并且验收合格。

第十七章

钣金连接方法

第一节 钣金铆接

一、钣金铆接概述

钣金工借助铆钉将金属结构的零件和组合件连接在一起形成不可拆卸的连接方法称为铆接。

1. 铆接过程

如图 17-1 所示，铆接的过程是：将铆钉插入被铆接工件的孔内，铆钉预制钉头 2 紧贴工件表面，下面用顶模 1 支承，然后将铆钉杆的一端用罩模 4 墩粗为铆合头 3。

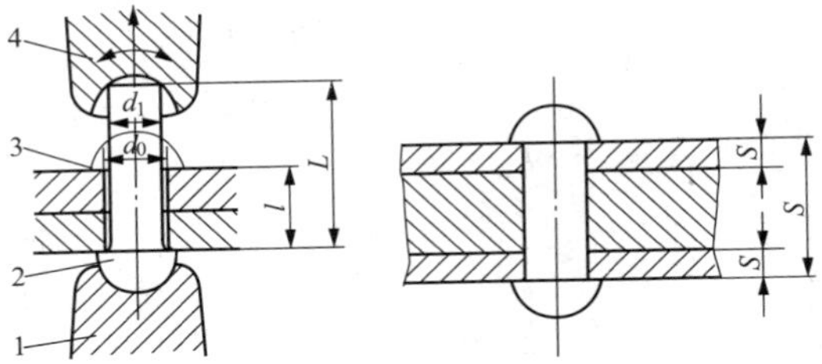

图 17-1 铆接过程

1—顶模；2—预制钉头；3—铆合头；4—罩模

目前，在很多零件连接中，随着焊接技术的不断进步，铆接已被焊接代替，但因铆接具有韧性和塑性好、传力均匀、使用方便、连接可靠以及易于检查质量和检修等特点，所以仍广泛地应用在桥梁、机车、船舶和机器设备、工具制造等方面。

2. 铆接种类及使用

(1) 按使用要求不同可分为如下几种：

1）结合部分可以相互转动的活动铆接，如剪刀、划规的铆接等。

2）结合部分是固定不动的固定铆接。它还可分为：强固铆接，应用于结构需要有足够的强度、承受强大作用力的地方，如桥梁、车辆等；紧密铆接，应用于低压容器装置，这种铆接只能承受很小的均匀压力，但要求接缝处非常严密，以防止渗漏，如气筒、水箱、油罐等；强密铆接，这种铆接不但能承受很大的压力，而且要求接缝非常紧密，即使在较大压力下，液体或气体也保持不渗漏，一般应用于锅炉、压缩空气罐以及其他高压容器的铆接。

特别是强固结合用半圆头铆钉和密固结合用半圆头铆钉应用最为广泛，其尺寸规格见表 17-1。

表 17-1　　强固、密固结合用半圆头铆钉　　(mm)

公称直径 D	头部尺寸		钉杆长度 L	公称直径 D	头部尺寸				钉杆长度 L
	直径 D	高度 H			直径 D		高度 H		
	强固结合用	强固结合用			强固结合用	强固结合用	强固结合用	强固结合用	
1	1.8	0.6	2～6	8	14	14	4.8	4.8	16～60
(1.2)	2.1	0.7	3～8	10	16	17	6.0	6.0	16～85
1.4	2.5	0.8	3～10	(11.5)	19	21	7.0	8.0	20～90
(1.7)	3.0	1.0	3～12	13	21	24	8.0	9.0	22～100
2	3.5	1.2	3～14	16	25	29	9.5	10.0	26～110
2.5	4.6	1.6	5～20	19	30	34	11.0	12.0	32～150
3	5.3	1.8	6～20	22	35	39	13.0	14.0	38～180
(3.6)	6.3	2.1	8～24	25	40	44	15.0	16.0	52～180
4	7.1	2.4	8～28	28	45	50	17.0	18.0	55～180
5	8.8	3.0	8～35	30	50	55	19.0	20.0	55～180
6	11.0	3.6	10～42	34	55	60	21.0	22.0	70～200
7	12.8	4.2	14～50	38	60	65	23.0	24.0	75～200

注　括号内的直径为推荐值，这几种铆钉都尽可能不采用。

3）在小型结构中，常用空心或开口铆钉，如图 17-2 所示。半空心式铆钉在技术条件和装配合适时，这种铆钉本质上变成了实心元件，因为孔深刚够形成铆钉头。空心铆钉用于纤维、塑料板和其他软材料时，可自行冲孔。分叉或开口式铆钉的双叉要做成叉尖，当通过纤维板、木材、塑料或金属时，能戳穿自身需要的铆孔。

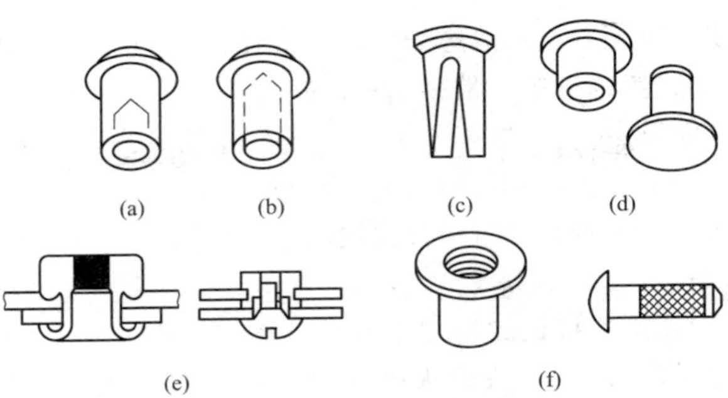

图 17-2　空心铆钉

（a）半空心式；（b）空心式；（c）开口式；（d）压合式；（e）螺纹式；（f）钻通式

压合式铆钉包括实心元件（阳模）和空心元件（阴模）。把它们放在一起，在适当位置上加压可形成压力配合。因为可以从两边控制钉头，所以常把它们用到刀具上，外形的一致性对刀具来说是很重要的。齐平的钉头显出整洁的外观，且可防止灰尘的聚积。

4）暗铆钉只在装配件的一边形成钉头，其操作是在已封闭的产品上进行的。大多数暗铆钉都有被拉成的中心钉体，在机械或爆炸的作用下，使之镦粗以便把零件牢固地连接到一起，如图 17-3 所示。因所用工具轻便，并能以最少的时间和最小的力装配起来，暗铆钉的应用日益广泛。

（2）按铆接的方法不同来分，则可分为冷铆、热铆和混合铆。

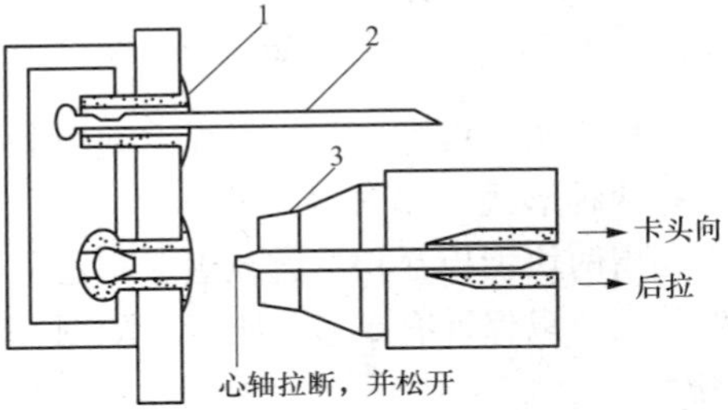

图 17-3　暗铆钉的铆接

1—空心铆钉；2—心轴；3—定位器

1）铆接时铆钉不加热称为冷铆，直径在8mm以下的钢铆钉和纯铜、黄铜、铝铆钉等，常用这种铆接法。

2）把铆钉全部加热到一定温度后进行铆接的方法称为热铆，直径大于8mm以上的钢铆钉常采用热铆。

3）铆接时热铆和冷铆结合使用的方法称为混合铆。

3. 铆接形式

铆接形式按连接板的相对位置不同分类，可分为以下几种：

（1）搭接。是把一块钢板搭在另一块钢板上进行铆接，如图17-4所示。

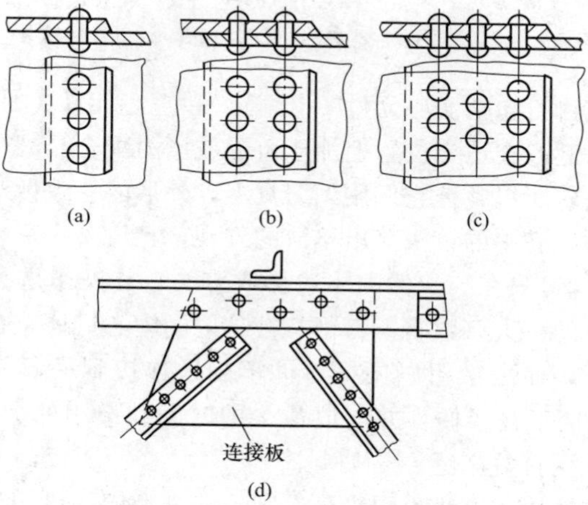

图17-4 搭接

（a）单排；（b）双排；（c）多排（交错）；（d）板材与型钢搭接

（2）对接。是将两块钢板置于同一平面，利用盖板铆接。盖板有单盖板和双盖板两种形式，如图17-5所示。

（3）角接。是指两块钢板互相垂直或组成一定角度的连接。角接可采用角钢做盖板，以保证有足够的刚度，如图17-6所示。

4. 铆道及铆距

（1）铆道就是铆钉的排列形式，分类如下：

1）根据铆接强度和密封性能的要求，铆道有单排、双排和多

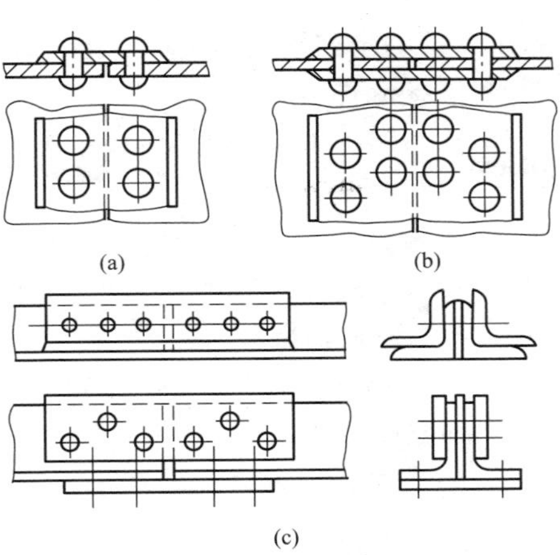

图 17-5　对接

（a）单排单盖板；（b）双排双盖板；（c）型钢对接

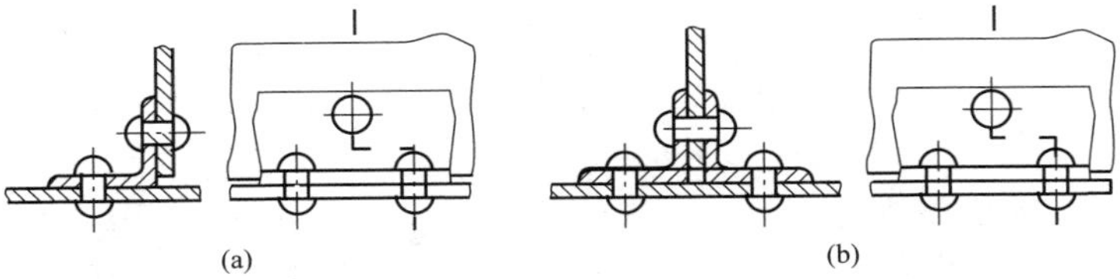

图 17-6　角接

（a）单面角接；（b）双面角接

排等，如图 17-7 所示。

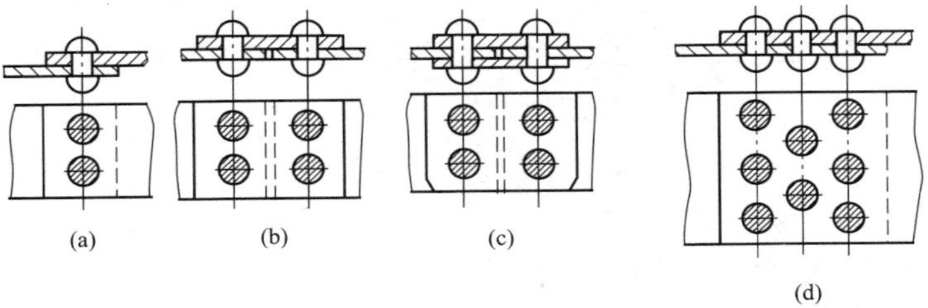

图 17-7　铆钉的排列形式

（a）单排搭接；（b）双排单盖板对接；（c）双排双盖板对接；（d）三排交错搭接

2）按连接板上铆钉的排列形式分类，多排铆接还可分为平行排列和交错排列两种连接形式。

（2）铆距是指铆钉与铆钉间或铆钉与铆接板边缘的距离，包括铆钉距、排距和边距，如图 17-8 所示。

1）铆钉距 s。一排铆钉中，相邻两个铆钉中心的距离。

按结构和工艺的要求，铆钉的排列距离有一定规定。如并列排列时，铆钉距 $s \geqslant 3d$（d 为铆钉直径）。

铆钉单行或双行平行排列时 $s \geqslant 3d$（d 为铆钉杆的直径）。铆钉交错式排列时，其对角距离 $c \geqslant 3.5d$，为了板件连接严密，应使相邻两个铆钉孔中心的最大距离 $s \leqslant 8d$ 或 $s \leqslant 12t$（t 为板件单件厚度）。

2）排距 a。指相邻两排铆钉中心的距离，一般 $a \geqslant 3d$。

3）边距 L。指外排铆钉中心至工件板边的距离。在沿受力方向上，应使铆钉中心离板边的距离 $L \geqslant 2d$。在垂直受力方向上铆钉中心到板边的距离 $L_1 \geqslant 1.5d$［见图 17-8（a)］。为使板边在铆接后接触紧密，应使由铆接中心到板边的最大距离 L 和 L_1 小于或等于 $4d$，L 和 L_1 小于或等于 $8t$。

各种型钢铆接时，若型钢面宽度 b 小于 100mm，可用一排铆钉。型钢面宽度 b 等于或大于 100mm，应用两排铆钉连接，如图 17-8（b）所示，且应使 $a_1 \geqslant 1.5d + t$、$a_2 = b - 1.5d$。

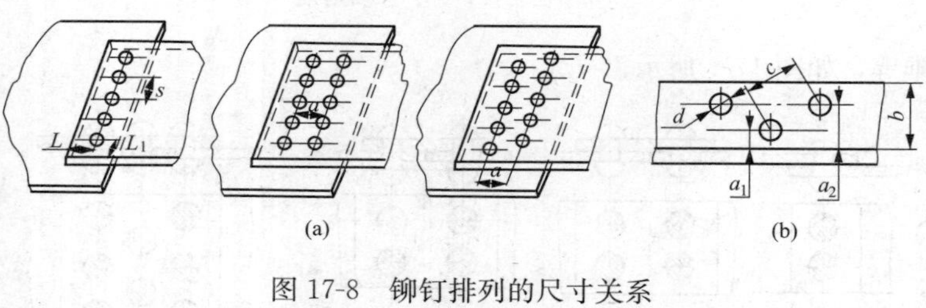

图 17-8 铆钉排列的尺寸关系

二、钣金手工铆接工具与铆钉

1. 手工铆接工具及使用技巧

铆接工具有以下几种：

（1）锤子。常用圆头锤子，规格为0.25～0.5kg。

（2）压紧冲头。如图17-9（a）所示，用来消除被铆合的板料之间的间隙，使之压紧。

（3）罩模和顶模。如图17-9（b）、（c）所示，多数是制成半圆头的凹球面，用于铆接半圆头铆钉，也有按平头铆钉的头部制成凹形的，用于铆接平头铆钉。罩模用于铆接时镦出完整的铆合头；顶模用于铆接时顶住铆钉原头，这样既有利于铆接，又不损伤铆钉原头。

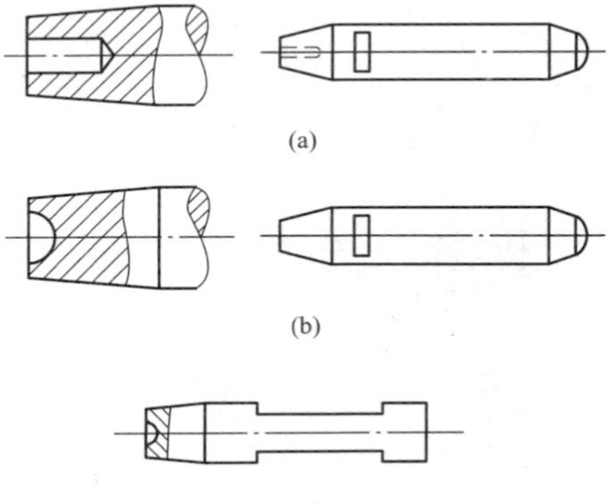

图17-9　手工铆接工具

（a）冲头；（b）罩模；（c）顶模

2. 铆钉的种类及选用

铆钉的各部名称如图17-10所示。原头是已制成的铆钉头，铆合头是铆钉杆在铆接过程中做成的第二铆钉头。

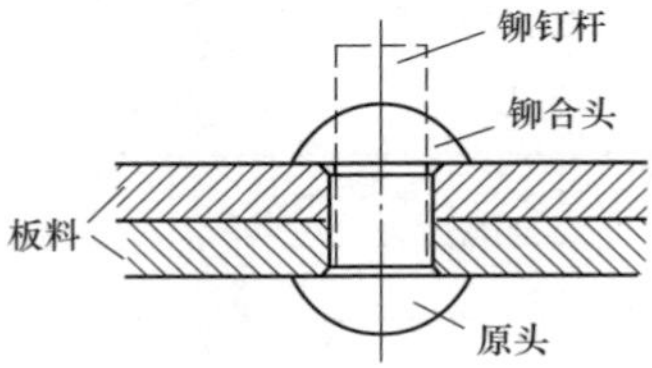

图17-10　铆钉的各部分名称

铆钉的种类很多，按铆钉的形状分有平头、半圆头、沉头、半圆沉头、管状空心和皮带铆钉等，见表17-2。按材料分有钢铆钉、铜铆钉和铝铆钉等。

表 17-2　　　　　　　　　　铆钉的种类及应用

名称	形　　状	应　　用
平头铆钉	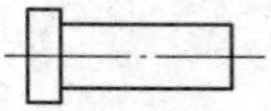	铆接方便，应用广泛，常用于一般无特殊要求的铆接中，如铁皮箱盒、防护罩壳及其他结合件中
半圆头铆钉	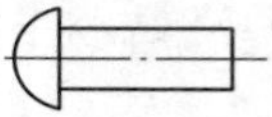	应用广泛，如钢结构的屋架、桥梁和车辆、起重机等，常用这种铆钉
沉头铆钉	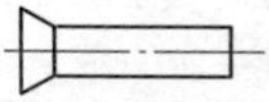	应用于框架等制品表面要求平整的地方，如铁皮箱柜的门窗以及有些手用工具等
半圆沉头铆钉	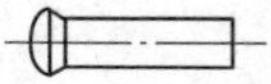	用于有防滑要求的地方，如踏脚板和走路梯板等
管状空心铆钉	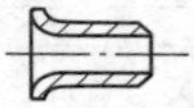	用于在铆接处有空心要求的地方，如电器部件的铆接等
皮带铆钉	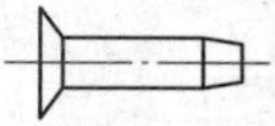	用于铆接机床制动带以及铆接毛毡、橡胶、皮革材料的制件

3. 铆钉直径的确定

铆钉直径的大小与被连接板的厚度有关。当被连接板材厚度相同时，铆钉直径等于板厚的 1.8 倍，当被连接板材厚度不同时，铆钉直径等于最小板厚的 1.8 倍。铆钉直径也可按表 17-3 选择确定。

表 17-3　　　　　　铆钉直径与板件厚度的关系　　　　　　(mm)

板厚 t	5～6	7～9	9.5～12.5	13～18	19～24	>25
铆钉直径 d	10～12	14～25	20～22	24～27	27～30	30～36

标准铆钉及钻孔直径还可按表 17-4 来选取。

表 17-4　　　　　　标准铆钉的直径计算　　　　　　(mm)

铆钉直径 d	2	2.5	3	4	5	6	7	8	10	12	16
孔径 D	2.2	2.8	3.2	4.3	5.3	6.4	7.4	8.4	11	13	17

4. 铆钉长度的确定

铆接时铆钉所需长度，除了被铆接件的总厚度外，还要为铆合头留出足够的长度。铆钉长度 L 可用下列方法算出：

（1）半圆头铆钉长度：

$$L=(1.65\sim1.75)d+1.1\sum\delta$$

（2）沉头铆钉长度：

$$L=\sum\delta+(0.8\sim1.2)d$$

式中　$\sum\delta$——铆接件的总厚度（mm）；

d——铆钉直径（mm）。

铆钉的长度计算还可参见表 17-5 中的经验公式。

表 17-5　　铆钉长度计算经验公式

<table>
<tr><th>名称</th><th>简　图</th><th colspan="8">计算公式</th></tr>
<tr><td>半圆头铆钉</td><td>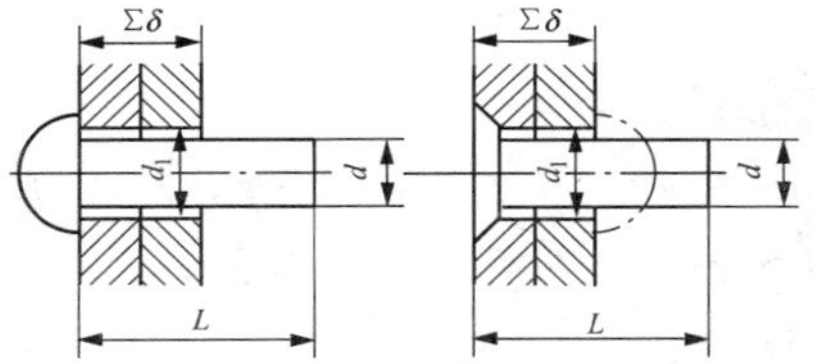
</td><td colspan="8">$L=(1.65\sim1.75)d+1.1\sum\delta$</td></tr>
<tr><td rowspan="3">沉头铆钉</td><td rowspan="3">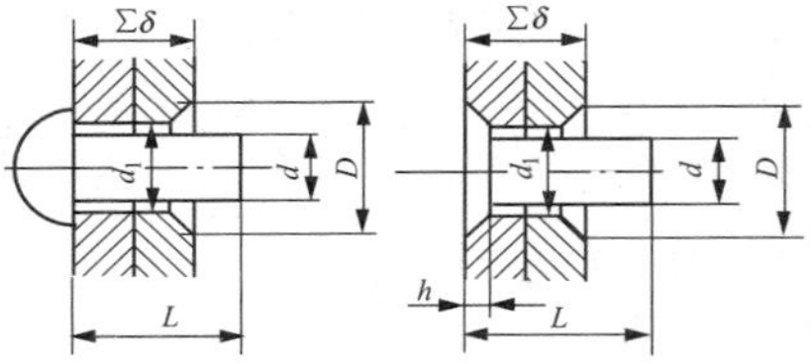
</td><td colspan="8">$L=A\delta+B+C$
$A=d_1^2/d^2$
$B=\dfrac{K(D^2+Dd_1-2d_1^2)}{3d_1^2}$</td></tr>
<tr><td>铆钉直径 d</td><td>13</td><td>16</td><td>19</td><td>22</td><td>25</td><td>29</td><td>30</td></tr>
<tr><td>C</td><td>4～7</td><td>5～9</td><td>5～10</td><td colspan="2">6～11</td><td colspan="2">7～12</td></tr>
</table>

5. 通孔直径的确定

铆接时，通孔直径的大小应随着连接要求不同而有所变化。如孔径过小，使铆钉插入困难；过大，则铆合后的工件容易松动。合适的通孔直径应按表 17-6 选取。

表 17-6　　铆接用通孔直径（GB/T 152.1—1988）　　（mm）

铆钉直径 d		2	2.5	3	3.5	4	5	6	8	10	12
钉孔直径 d_0	精装配	2.1	2.6	3.1	3.6	4.1	5.2	6.2	8.2	10.3	12.4
	粗装配	2.2	2.7	3.4	3.9	4.5	5.5	6.5	8.5	11	13

铆钉直径 d		14	16	18	20	22	24	27	30	36
钉孔直径 d_0	精装配	14.5	16.5	—	—	—	—	—	—	—
	粗装配	15	17	19	21.5	23.5	25.5	28.5	32	38

三、钣金手工铆接工艺方法

铆接按铆接件是否加热分热铆、冷铆和混合铆三类。铆接按操作方式又可分为手工铆接和机械铆接两种。

铆钉直径在 8mm 以下的均采用冷铆，一般钣金工工作范围内的铆接多为冷铆。

1. 固定铆接的操作步骤

（1）把板料互相贴合试配铆接件，在铆接件上划好铆钉孔的位置，最好用 C 形夹等工具夹持固定。

（2）划线钻孔，为了使铆钉头紧密贴在工件表面上，钻孔后最好在孔口倒角；如果是沉头铆钉钻孔后要锪孔口，锪孔的角度和深度要正确。

（3）确定并修整铆钉杆的长度，装入铆钉。

（4）将铆钉预制钉头放置在顶模上，用压紧冲头压紧板料，如图 17-11（a）所示。

（5）铆接铆钉时，用锤子镦粗铆钉杆，做出铆合头，并初步锤击成形，如图 17-11（c）所示；在铆接开始时锤击力量不能太大，以防止铆钉被打弯，如图 17-11（b）所示。

（6）用罩模修整铆合头，如图 17-11（d）所示。沉头铆钉还须除去高出部分，使两面平整，如图 17-12 所示。

铆制半圆头铆合头和沉头铆合头的方法如图 17-11、图 17-12 所示。

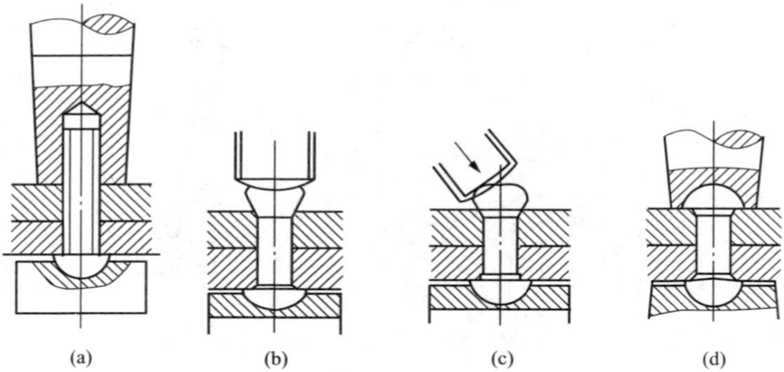

图 17-11　铆制半圆头铆合头的方法

（a）镦紧板料；（b）镦粗铆钉头；（c）把铆钉头锤成圆形；（d）修成铆合头

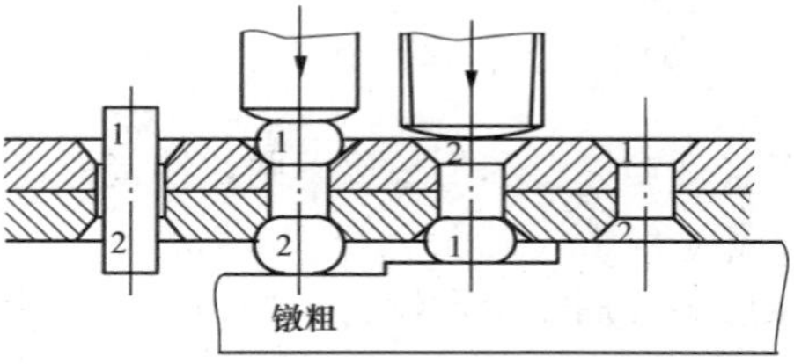

图 17-12　铆沉头铆钉的方法

沉头铆钉的铆接，一种是用现成的沉头铆钉铆接，另一种是用圆钢按铆钉长度的确定方法，留出两端铆合头部分后截断作为铆钉。用截断的圆钢作铆钉的铆接过程如图 17-12 所示。前四个步骤与半圆头铆钉的铆接相同，之后在正中镦粗面 1 和面 2、铆面 2、铆面 1，最后修平高出的部分。如果用现成的沉头铆钉铆接，只需要将铆合头一端的材料，经铆打填平沉头座即可。

2. 活动铆接的操作技巧

活动铆接的形式如图 17-13 所示。

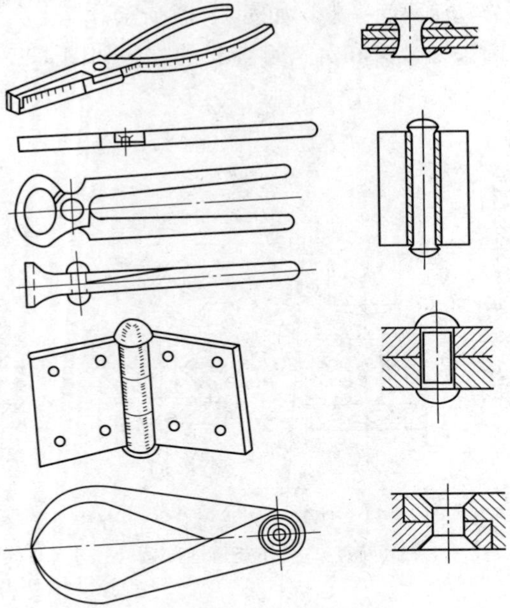

图 17-13 活动铆接的形式

铆接时要轻轻锤击铆钉和不断扳动两块铆接件，要求铆好后仍能活动，又不松旷。

在活动铆接时最好用二台形铆钉，如图 17-14 所示，大直径的

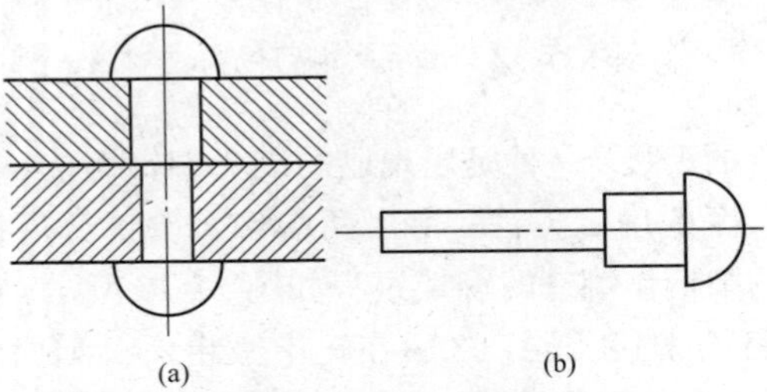

图 17-14 活动铆接

(a) 活动铆接；(b) 二台形铆钉

一台可使一块铆接件活动，小直径的一台可铆紧另一块铆接件，这样能达到铆接后仍能活动的要求。

3. 铆空心铆钉的操作技巧

有些工件是不能重击的，如木料、胶板、量具等上面的绝热手柄，不适合使用上述两种方法进行铆接，因此，就要使用空心铆接（即翻边铆钉）进行铆接。

其操作方法和技巧如下：

（1）空心铆钉插入孔后，先用冲子将铆钉口冲成翻边，使铆钉孔口张开与工件孔口贴紧，如图 17-15（a）所示。

（2）再用钉头型冲子冲铆，使翻开的铆钉孔口贴平于工件孔口，如图 17-15（b）所示。

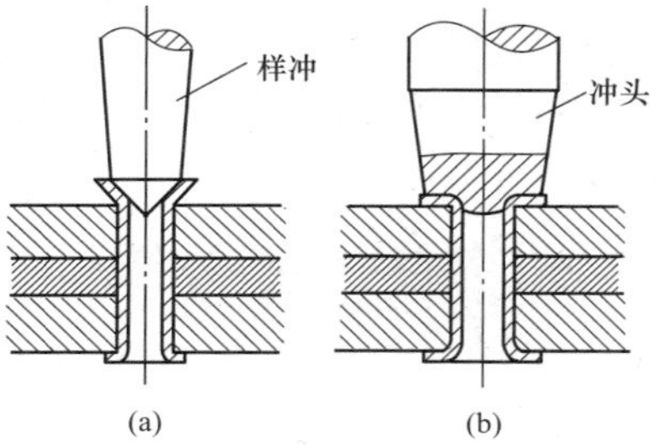

图 17-15 空心铆钉的铆接方法

4. 铆钉的拆卸技巧与诀窍

要拆除铆接件，只有毁坏铆钉的头部，并把铆钉从孔中冲出。对于一般较粗糙的铆接件，直接用錾子把铆钉头錾去，再用样冲冲出铆钉。当铆接件表面不允许受到损伤时，可用钻孔的方法拆卸。对于沉头铆钉的拆卸，先用样冲在铆钉头上冲出中心眼，再用小于铆钉直径 1mm 的钻头钻孔，深度略超过铆钉头的高度，然后用直径小于孔径的冲头将铆钉冲出，如图 17-16 所示 。对于半圆头铆钉的拆卸，拆卸前先把铆钉的顶端略微敲平或锉平，用样冲冲出中心眼，钻孔的深度为铆合头的高度，然后用一合适的铁棒插入孔中，将铆钉头折断，最后用冲头冲出铆钉，如图 17-17 所示。

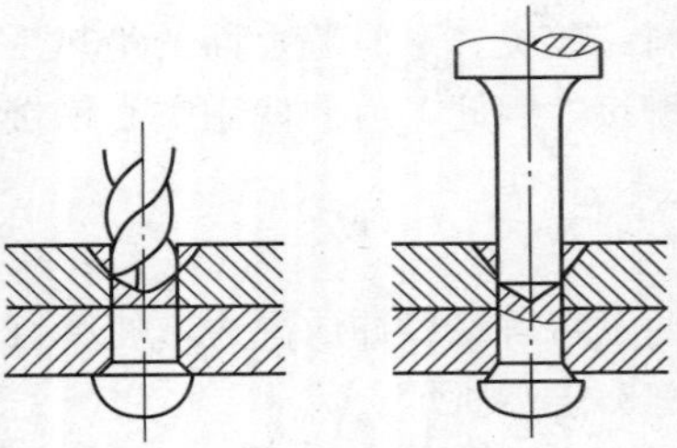

图 17-16　拆卸沉头铆钉

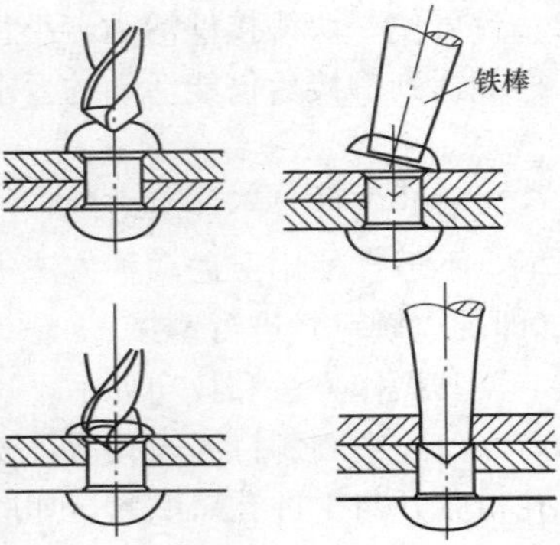

图 17-17　拆卸半圆头铆钉

四、钣金铆接件的质量分析

铆接时若铆钉直径、长度、通孔直径选择不适或操作不当，都会影响质量。钣金铆接常见的废品形式和产生原因见表 17-7。

表 17-7　　铆接常见的废品形式和原因

废品形式	图　　示	产　生　原　因
铆合头偏歪	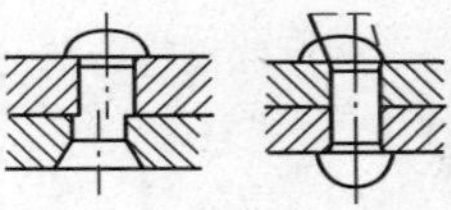	（1）铆钉太长 （2）铆钉歪斜，铆钉孔未对准 （3）镦粗铆合头时不垂直造成铆钉歪斜
半圆头铆合头不完整		铆钉太短
沉头孔未填满	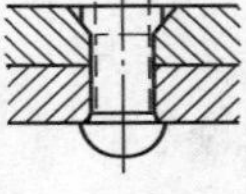	（1）铆钉太短 （2）镦粗时锤击方向与板材不垂直

续表

废品形式	图　示	产 生 原 因
铆钉头 未贴紧工件	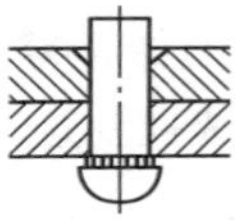	（1）铆钉孔直径太小 （2）铆钉孔口未倒角
工件上有凹痕	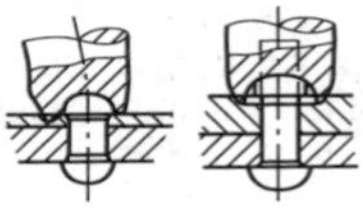	（1）罩模修整时歪斜 （2）罩模直径太大 （3）铆钉太短
铆钉杆 在孔内弯曲		（1）铆钉孔太大 （2）铆钉直径太小
工件之间 有间隙	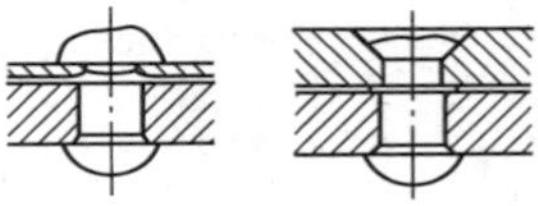	（1）工件板材连接面不平整 （2）压紧冲头未将板材压紧

第二节　钣金管板胀接

一、胀接原理及结构形式

1. 胀接原理

胀接是利用管子和管板变形来达到密封和紧固的一种连接方法，它可采用机械、爆炸和液压等方法来扩胀管子直径，使管子产生塑性变形和管板孔壁产生弹性变形，并利用管板孔壁的回弹对管子施加径向压力，使管子与管板的连接头具有足够的胀接强度（拉脱力），保证接头工作时，管子不会被从管板孔中拉出来。同时，它还具有较好的密封强度（耐压力），在工作压力下保证设备内的介质不会从接头处泄漏出来。

管板胀接技术广泛用于锅炉、石油化工容器产品及空调、制冷设备的热交换装置中的管、板连接。

2. 胀接的结构形式及适用场合选择诀窍

管板胀接结构形式及适用场合选择诀窍见表 17-8。

表 17-8　　管板胀接的结构形式

名称	简　图	工作压力/MPa	温度/℃	胀接长度/mm	应用场合与作用
光孔胀接	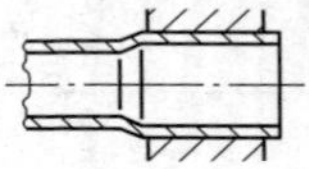	<0.6	<300	<6	用于低压锅炉加强抗拉强度
扳边胀接	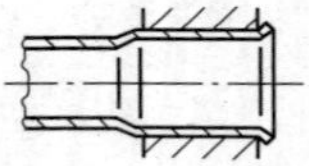	<0.6	<300	<6	用于低压锅炉提高接头胀接强度
翻边胀接	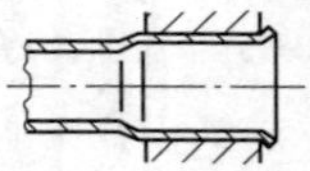	<0.6	<300	<6	用于火管锅炉烟管提高胀接强度和密封性能
开槽胀接	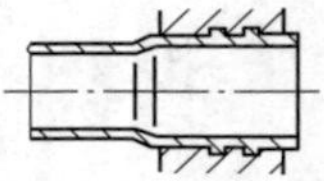	<3.6	<300	≥20	用于中、低压设备制造提高接头的抗拉强度
光孔胀接加端面焊	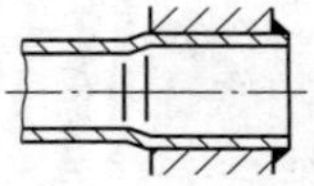	<7	<350	>6	用于换热器制造保证接头密封性能
开槽胀接加端面焊	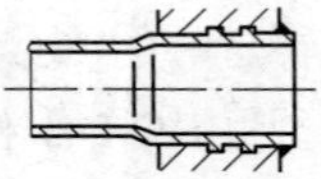	>7	>400	≥20	用于高压容器和换热器制造提高和加强接头的密封性能

二、胀接方法分类及胀接工具使用

1. 胀接方法分类及特点

根据使用动力不同，机械胀接可分为手动胀接、风动胀接、液压风动胀接和电动胀接等。机械胀接装置的组成如图 17-18 所示。机械胀管器的分类与特点见表 17-9。

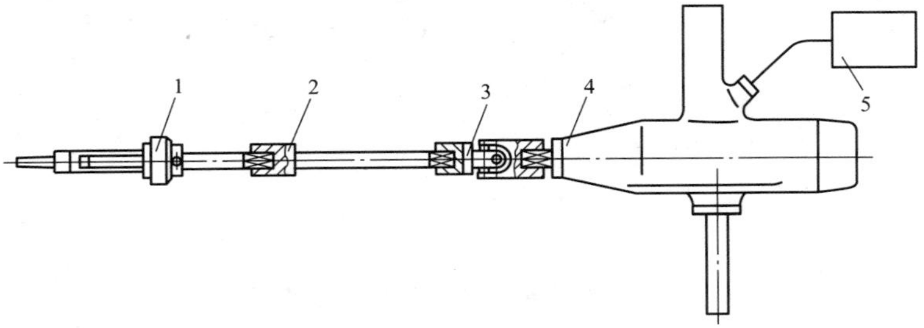

图 17-18　机械胀接装置的组成

1—胀管器；2—接头；3—活接头；4—胀管机；5—控制仪

表 17-9　　机械胀管器的分类与特点

类型		结构特点	适用范围
前进式胀管器	Ⅰ型 不翻边	结构简单，使用方便	管径较小 管板较薄
	Ⅱ型 翻边	可翻边	
后退式胀管器	Ⅲ型 双向转动	管子对管板的轴向力较低，管板变形较小	管径较小 管板较厚
	Ⅳ型 单向转动	α 角为右旋偏角，胀杆锥度较大，始终顺转，结构简单，轻便，参数易控制，操作方便，胀接均匀	管径较小 管板较厚

2. 胀接方法与诀窍

（1）胀接工作原理及特点。胀接的方法很多，常用的方法有机械胀接、液压胀接、橡胶胀接和爆炸胀接等，其工作原理和工艺特点如下。

1）机械胀接。机械胀接主要是用机械的滚柱胀管器扩胀管子。图 17-19 所示为前进式胀管器滚柱胀接的工作原理图。由于胀杆和胀子形状都是圆锥形，但两者锥度不同，胀杆锥度 K 为胀子锥度 K 的 2 倍，这样配合起来的外侧面正好为圆柱形。当胀杆推进时，胀子外侧直径 D_n 增加到 D'_n，胀杆进给越多，胀子外侧直径增加越大。

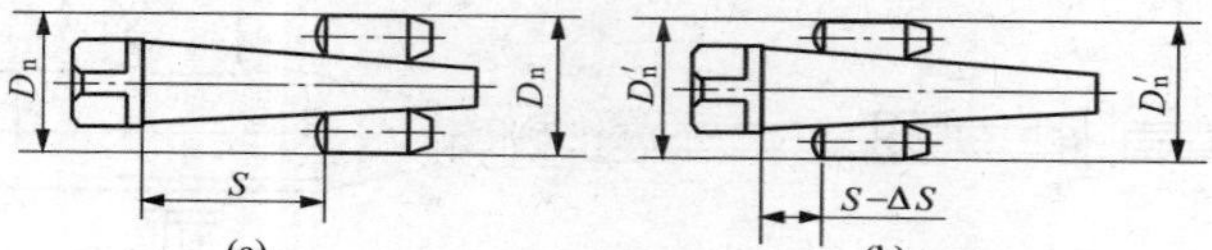

图 17-19　机械胀接胀杆和胀子的组合

（a）进给前的组合；（b）进给后的变化

胀管时，将胀管器塞入管内，然后推进胀杆，使胀杆、胀子和管子内壁都相互紧贴后初胀定位，以便在管子内壁进行碾压，迫使管壁金属延展而管径增大，使管壁与孔壁基本紧密接触。

2）液压胀接。液压胀接是依靠液压传动装置控制液压胀管器（胀头）进行胀接的，其工作原理如图 17-20 所示。胀管前，液体经油路 1 送入胀头 a，并将增压器活塞推向右方的原始位置，转换控制阀使油路 2 接通，于是高压泵产生的一次压力，由增压器 b 转换成需要的两次压力进行胀管，两次压力从一次压力表上间接显

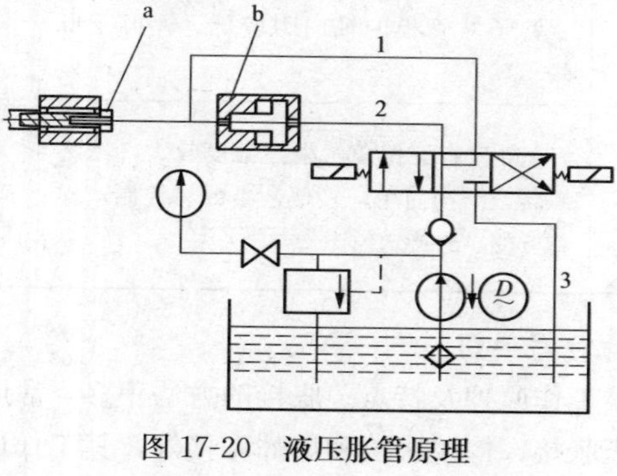

图 17-20　液压胀管原理

示，压力的大小由调节溢流阀来控制。如转换控制阀使液压系统与油路 3 接通即可卸载，便可将胀头从管中取出。

液压胀头的工作原理，如图 17-21 所示。当高压油通过接头和拉杆油孔进入压力油腔，弹性膜在高压油的作用下，使挤压环胀开扩胀管子（挤压环分为 4 片，如图 17-21 所示的 *A*—*A* 断面图）。

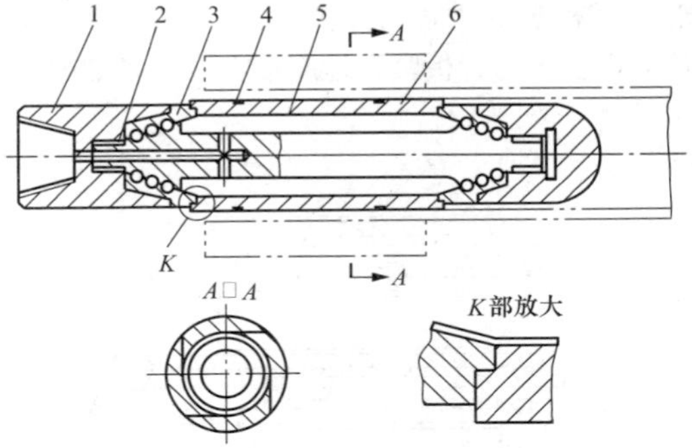

图 17-21　液压胀头

1—接头；2—拉杆；3—压盖；4—弹性圈；5—弹性膜；6—挤压环

液压胀接的特点是：胀管区管子与管孔的贴合均匀，胀接长度基本不受限制，不会损伤管子，效率高，一次可同时胀接许多根管子，而且变形量也小。

3）橡胶胀接。橡胶胀接胀管器，如图 17-22 所示，胀管器装有软质橡胶管制成的胀管媒介体。借助于液压缸的牵引力，通过加

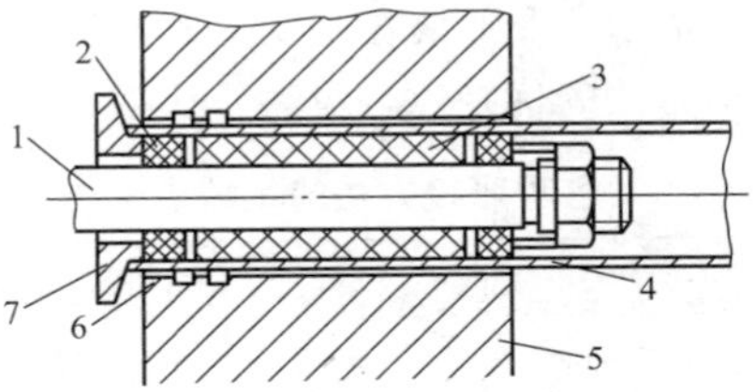

图 17-22　橡胶胀管

1—加压杆；2—密封圈；3—软质橡胶；4—管子；5—管板；6—辅助密封圈；7—支承套

压杆使软质橡胶受到轴向力。软质橡胶两端装有密封圈，阻止软质橡胶轴向移动，则在径向产生鼓胀力并施加于管子内壁上，进行胀接。

4）爆炸胀接。爆炸胀接的基本原理是用一个条形高能炸药，塞入待胀管内，在引爆雷管激发的瞬间，炸药爆炸产生高压、高温冲击波，迫使管子在极短的时间内膨胀，产生塑性变形，而管孔仍处于弹性变形，从而把管子与管板紧密地胀接在一起，如图 17-23 所示。

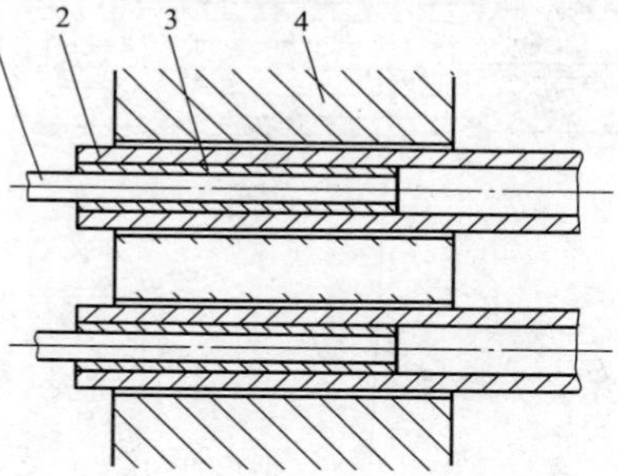

图 17-23　爆炸胀管

1—导爆束；2—管子；3—定位套；4—导板

爆炸胀接的特点是：管子直径的大小、胀接长度、胀接位置都不受限制，劳动强度低，效率高，可以单根或多根甚至半个和整个加热器的管子都可在同一次爆炸中进行胀接，而且质量稳定，管子轴向伸长量少，管板变形小，尤其适合多种金属的结合，对双金属管板不会产生较大的变形或剥离。但是爆炸时要注意安全，尤其是对炸药用量要计算适当，否则很容易发生人身事故、质量事故。

（2）各种胀接方法的优缺点，见表 17-10。

表 17-10　各种胀接方法的优缺点

方法	优点	缺点
机械胀接	（1）胀管器制造、维护、使用简便 （2）各种动力均适用 （3）控制胀接程度方便	胀接为线接触金属碾压变形，残余应力大，劳动强度大，效率较低，胀接质量不理想

续表

方　法	优　　点	缺　　点
液压胀管	（1）胀管区结合均匀 （2）胀接长度、深度不受限制 （3）不损伤管子 （4）一次可胀多根管子 （5）管板变形小 （6）液压胀后再机械胀，可在一定程度上消除轴向力 （7）参数可以精确控制，胀口质量好、生产效率高	辅助工作多，适用于 ϕ50mm 以下管径，对管孔加工要求较高
爆炸胀管	（1）操作简单，不需设备，成本低 （2）胀接长度不受限制，可胀小直径厚管壁、厚管板，生产效率高 （3）可同时胀多根管子 （4）管板轴向力、变形小 （5）适合先焊后胀工艺	质量不易控制，安全性差、噪声大，密封性不易达到，一般仅用于贴胀
橡胶胀管	（1）可胀各种直径管子的任何部位 （2）不损伤管子 （3）胀接较安全 （4）对临近管子影响较小，宜采用先焊后胀工艺	胀接程度不易掌握，辅助设备较多

3. 胀接工具及使用技巧

胀接工具及其使用特点如下。

（1）手提式胀管机。轻便手提式胀管机是机械胀管时的主要动力工具，如图 17-24 所示。手提式胀管机产生的推动力大，而且还可以借助手柄，使胀管器产生进给推力。胀管器正转是将管子和管板向胀紧方向推进，反转是将胀管器从已胀好的管内退出。

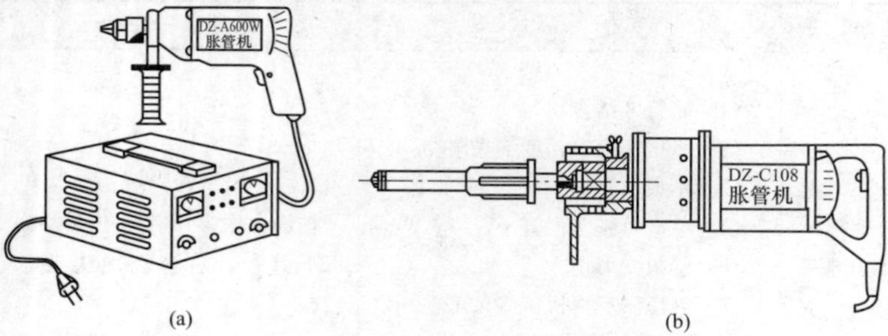

图 17-24　轻便手提式胀管机

（a）DZ-A600W 轻型电动胀管机；（b）DZ-C108 型钢管电动胀管机

如图 17-24（a）所示 DZ-A600W 轻型电动胀管机，用于将金属管口扩大与管板紧密胀接，使之不漏水、不漏气，并能承受一定压力。广泛用于电力、石化、制冷等行业的凝气管、冷凝器、换热器、加热器等金属管的安装、修理；如图 17-24（b）所示 DZ-C108 型钢管电动胀管机用于厚壁、大口径不锈钢、碳钢、合金钢类钢管与管板孔的胀接，广泛用于锅炉制造、钢管热交换器、冷凝器及造船等行业。

（2）胀管器。胀管器的种类很多，常用的有前进式胀管器、前进式扳边胀管器和后退式胀管器。胀接前要选择合适胀管器，以保证胀接质量，胀管器结构组成如图 17-25 所示。

前进式胀管器的特点是：结构简单，操作灵活方便，可扩胀和扳边，适宜于管壁不太厚的构件。在胀接管板厚度大、管子直径小的情况下，胀管器必然呈细长形，胀子越长则受到的阻力越大，纤细的胀杆承受的扭矩也越大，所以容易折断。如果采用较短的胀子分段胀接，胀接长度又不好控制，质量不稳定。另外，若管子受胀后伸长方向指向管板里面，则产生轴向力，影响装配质量。

后退式胀接是由内至外进行胀接的，其特点是：胀管器在工作时是由管内向外拉出，使胀杆在受拉状态下进行工作，可弥补前进式胀管器的不足。其缺点是胀接要分两次进行，工作效率比前进式胀管低。

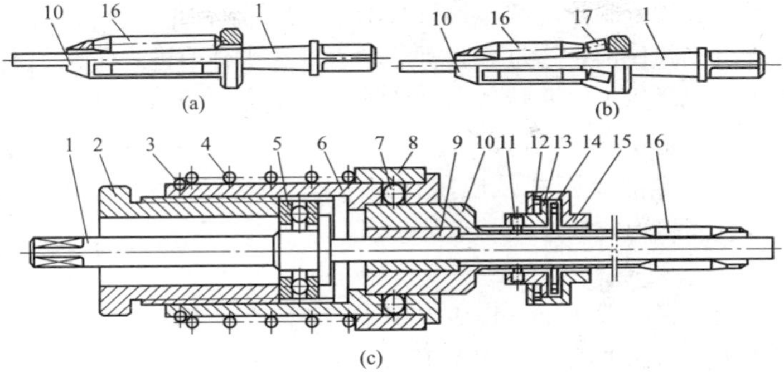

图 17-25　胀管器的组成结构

（a）前进式胀管器；（b）前进式扳边胀管器；（c）后退式胀管器

1—胀杆；2—定位螺母；3、12—弹簧圈；4—弹簧；5—推力球轴承；6—套管；7—钢球；8—外套壳；9—定位圈；10—胀锥；11—螺钉；13—定位盖；14—轴承；15—轴承外壳；16—胀子；17—扳边滚子

胀管器主要由胀杆、胀壳、胀子和扳边滚子组成，如图 17-26 所示。其胀子经机械加工后，镶嵌于胀壳上（一般 3 枚胀子）和

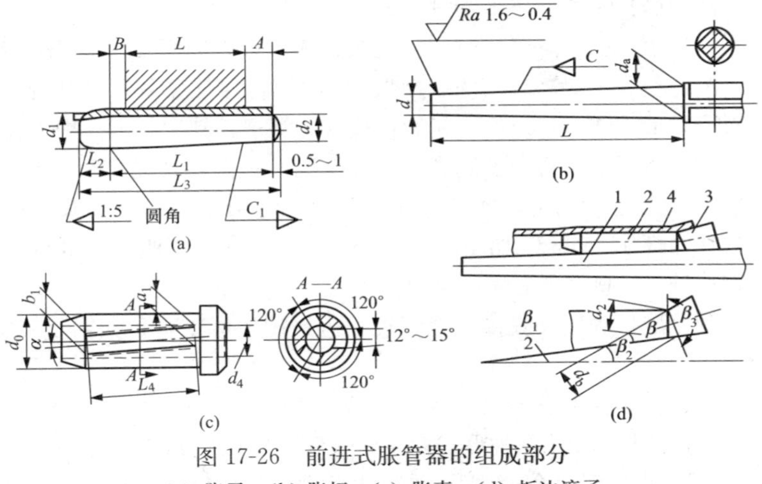

图 17-26　前进式胀管器的组成部分

（a）胀子；（b）胀杆；（c）胀壳；（d）扳边滚子

1—胀杆；2—胀子定位螺母；3—扳边滚子；4—胀壳

胀壳光滑过渡。胀子呈圆锥形和胀杆（也呈圆锥形）成反向并通过胀壳组成圆柱形，通过胀管机的动力锥动胀杆前进，将胀子由胀壳内向外逐渐挤出，并转动前进使管子管壁产生径向蠕动而进行胀管；扳边滚子使管子端口翻边，以增强管板的胀接强度。

三、钣金胀接形式及应用特点

钣金胀接形式及应用特点如下。

1. 光孔胀接

光孔胀接一般用于工作压力小于 0.6MPa 、温度低于 300℃ 、长度小于 20mm 的胀接，如图 17-27 所示。

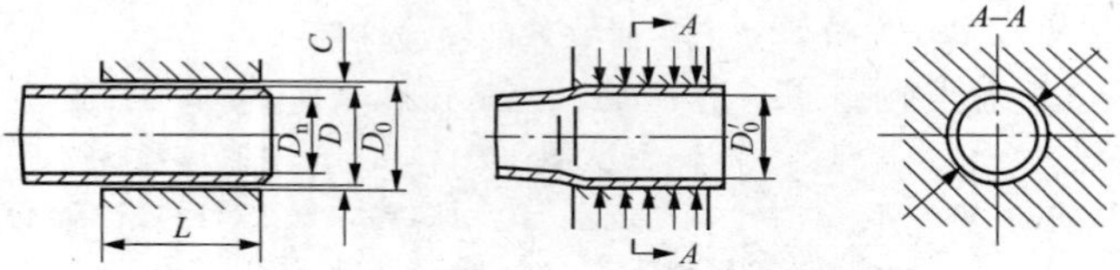

图 17-27 光孔胀接

2. 翻边胀接

翻边胀接主要有下面两种形式：

（1）扳边胀接。胀接时，管端扳成喇叭口，如图 17-28（a）所示。扳边是为了提高接头的胀接强度，通常除了胀紧外，还进行管端扳边，形成喇叭形。经胀紧和扳边后的管子，其拉脱力是未扳边管子的 1.5 倍。扳边角度越大，强度越高，一般扳边角度取 12°～15°。但应注意扳边时，喇叭口根部应在管板孔的边缘上，甚至伸入管孔内部 1～2mm，如图 17-28（b）所示。如果喇叭根部的位置在管孔外，就起不到加强连接的作用。

（2）翻打胀接。胀接时，管端翻边采用压脚工具，如图 17-28（d）所示。

把压脚装在铆钉枪上，将管端已扳边的管口翻打成如图 17-28（c）所示的半圆形，这种形式多用于火管锅炉的烟管，主要是为了防止管端被高温烟气烧坏，并减少烟气流动阻力，以增加接头强度。

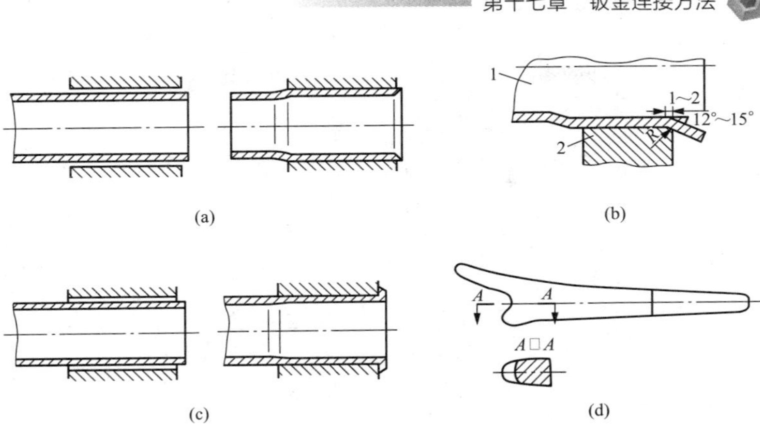

图 17-28　翻边胀接

（a）扳边胀接；（b）喇叭口根部位置；（c）翻打胀接；（d）翻边用压脚

1—管子；2—管板

3. 开槽胀接

开槽胀接用于胀接长度大于 20mm 、温度低于 300℃ 、压力小于 3.9MPa 的设备上，由于工作压力较高，管子的轴向拉力增大，故一方面采取加大胀接长度，另一方面在管板上开槽胀接，如图 17-29 所示。在胀接时能使管子金属镶嵌到槽中去，以提高接头的抗拉脱力。

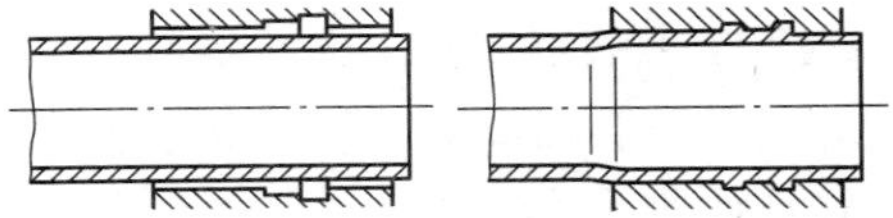

图 17-29　开槽胀接

4. 胀接加端面焊

锅炉管道随着锅炉工作压力和温度的提高，单靠胀接方法不能满足要求，因此必须采取胀接后再加端面焊的方法，以提高接头的密封性能。它有以下两种形式：

（1）光孔胀接加端面焊。一般在工作压力低于 7MPa 、温度低于 350℃或介质极易渗透的场合，此时胀接接头强度虽能达到，但密封性能达不到要求，因此接头端面还要增加密封焊来保证其密封性，如图 17-30（a）所示。

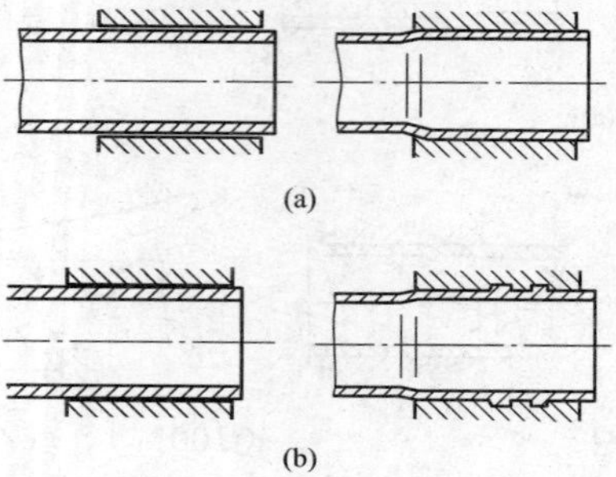

图 17-30　胀接加端面焊

（a）光孔胀接加端面焊；（b）开槽胀接加端面焊

（2）开槽胀接加端面焊。当温度进一步提高后，如果仍旧采用光孔胀接加端面焊时，由于温度升到 400℃以上，会引起金属蠕变，使胀管所造成的径向压力松弛，导致胀接接头失效，所以要用开槽胀接的方法。在胀接时让金属镶嵌到槽中，此时虽然高温蠕变能使胀接失效，但由于开槽的结果，镶嵌在孔中的凸缘能形成足够的抗拉脱力，再加上端面焊，则密封性能得到进一步的提高，如图 17-30（b）所示。但在操作中是先胀后焊，还是先焊后胀？如果先胀后焊，则难免胀管用的润滑剂会进入间隙内，在焊接的高温下，会产生气体，引起焊缝气孔而影响质量；如先焊后胀，胀接时是否会使焊缝开裂？实践证明，只要胀管过程控制得当，是不会产生焊缝开裂的，因此一般采用先焊后胀比较好。

四、影响胀接质量的因素及胀紧程度的控制技巧

1. 胀管率的计算

胀接质量指标主要有胀接强度（拉脱力）和密封性两项。该两项指标通过胀紧程度来保证。胀紧程度用胀管率 H 表示：

$$H=\frac{d_1-d_2-\delta}{d_3}\times 100\%$$

式中　d_1——胀后管子实测内径（mm）；

d_2——未胀时管子实测内径（mm）；

d_3——未胀时管板孔实测直径（mm）；

δ——未胀时管孔实测直径与管子实测外径之差（mm）。

一般控制在 $H=1\%\sim2.1\%$ 范围内。对厚壁管和非铁金属管采用较大值。

对于管子材料为 10、20 钢，管板材料为 20g、管板厚度为 12～16mm、管子直径为 51mm 、管壁厚为 3mm，管端采用铅浴退火且为水管锅炉，胀管率 H 亦可按下式计算：

$$H=\frac{D-d_3}{d_3}\times100\%$$

式中 D——胀后紧贴管板外侧管子外径（mm）；

d_3——未胀时管板孔实测直径（mm）。

由此式可见胀管率是由控制管子胀后外径的方法实现的。故具有控制方便、精度高的优点。若不符合上述适用条件而采用该公式，应进行试验验证工作来扩大该公式的使用范围。

2. 影响管板胀接质量的因素及控制措施

（1）胀紧程度不足（欠胀）或过量（过胀）都不能保证胀接质量。过胀还会因管壁减薄过大而导致管子断裂和管板变形。

（2）对光孔，增加胀接长度可增加拉脱力和密封性。对开槽胀接，拉脱力主要由沟槽承受，增加胀接长度，拉脱力并无显著增加。

（3）光洁的胀接表面，胀接强度稍低而密封性较高。一般孔的表面粗糙度值以 $Ra12.5\sim3.2\mu m$ 为宜。

（4）管孔表面有纵向及螺旋形贯穿性刻痕会严重降低密封性。环向刻痕深度小于 0.5mm 可允许存在。

（5）换热器管板孔间距 $t\geqslant1.25D_0$（D_0 为管板孔直径）；锅炉上孔间距应保证孔桥减弱系数不小于 0.3（按 GB/T 9222—2008 规定）。

（6）管子硬度及屈服极限高于管板材料会引起过胀；过低于管板也会使胀接强度下降。一般管端可退火使硬度略低于管板硬度。

(7) 管子与管孔间隙过小穿管困难，过大易引起管子冷作硬化。管板孔径与允许偏差可参考表 17-11 所列数值选择。

表 17-11　　管板孔直径与公差　　(mm)

管子外径	管板孔直径	直径公差
14 16	14.3 16.3	+0.24 0
19 22 25	19.3 22.3 25.3	+0.28 0
32 38 42	32.3 38.3 42.3	+0.34 0
51 57 60 63.5 70 76	51.3 57.3 60.4 64 70.5 76.5	+0.4 0
83 89 102 108	83.6 89.6 102.7 108.8	+0.46 0

3. 胀紧程度的控制技巧

控制胀紧程度的方法和技巧见表 17-12 。

表 17-12　　　　控制管板胀紧程度的方法和技巧

控制方法	控　制　项　目	备　　注
经验控制	听胀管机器运转声音，观察管子变形情况	需要有经验的操作人员
测量控制	控制胀后管子内径 d_1	d_1 按给定的 H 值计算
自动控制	用液压或电动控制仪控制胀管扭矩，自动停胀或退出	用液压驱动或电动胀接

五、钣金胀接应用实例及胀接质量分析

1. 常压钣金构件的胀接实例

常压构件的胀接是管子和管板在压力较小的要求下的胀接。换热器的工作压力不高，属于常压容器，如图 17-31 所示。其管子和管板的连接按常压容器进行胀接，由于管壁较薄（2mm 以下），管板（汽包、集箱及平面管板等）板料较厚，如采用焊接易使管壁烧穿，而采用胀接要优于焊接。胀接时，只须先将管子排序（编号）、清理（抛光）、管端退火、管板孔口清理（去毛刺、油污、抛光），然后将管子装入管板孔内，并用楔形扁铁定位（如有上下管板和左右管板时）。管子两端从管板孔伸出的长度一般不超过 10mm，然后在管口内塞入胀管器，胀管器接上胀管机，打开压缩空气，使胀管机带动胀杆和胀子进行胀接工作。胀接一般有初胀和复胀两个过

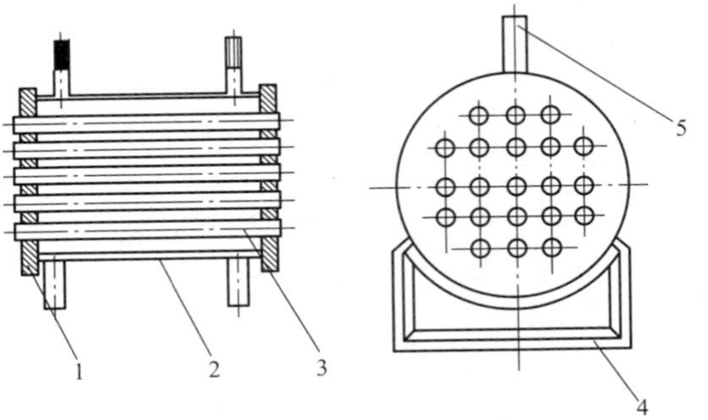

图 17-31　　换热器的胀接

1—管板；2—容器；3—管子；4—支架；5—输入、输出管道

程，初胀时不宜胀得太紧，胀得过紧，复胀时会使管子胀裂，一般以管子两端与管板接触部分不松动为宜；复胀时则应胀紧，但不能使管端胀裂。管子与管板接触部分的管壁也不能胀得太薄，太薄会影响管壁强度，并缩短管子的使用寿命。胀接后要将胀接的管端逐一检查，检查有无胀裂或超薄，如有以上情况，则应该调换管子，重新胀接。胀接好以后，还要对管子伸出的超长部分进行刮平，以达到规定的长度，以免藏纳污垢，影响胀接部分的质量。

2. 钣金管板胀接质量分析及控制诀窍

管板胀接前，胀管部分要进行退火处理，退火长度为管厚加100mm，以降低硬度、提高塑性；胀管前要对管端和管板进行清理，不允许有油污、铁锈、水分和杂质，有时要用刚玉砂布或抛光砂轮进行打磨，然后再进行焊接和胀管；首件胀接工作完成后要检验胀接质量，找出影响质量和产生缺陷的原因，进行改正并能得到合格的胀接件后才能进行正式胀接工作。

由于胀管器不良或操作不当造成的缺陷大多数可凭经验作出判断而采取措施予以补救。胀接缺陷的产生原因及预防措施见表17-13。

表 17-13　　钣金胀接缺陷的产生原因及预防措施

缺陷名称	简　图	现　象	产生原因	消除办法
未胀牢	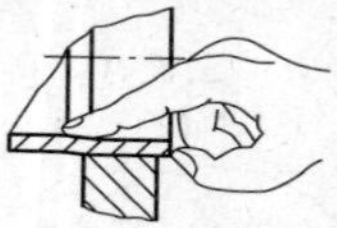	手摸管子内壁无凹凸感觉	欠胀	补胀
胀口有间隙	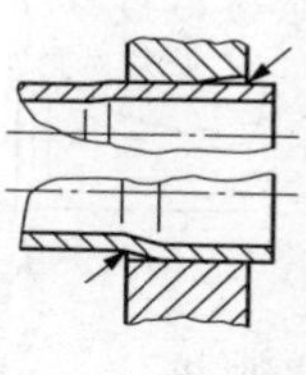	胀口上端或下端有间隙	（1）胀管器取出太早，或装入距离太小 （2）胀子太短 （3）胀杆和胀子锥度不合适	（1）换用合格胀管器 （2）补胀

续表

缺陷名称	简　　图	现　　象	产生原因	消除办法
胀偏	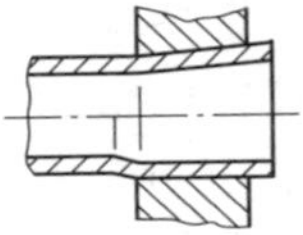	管子一边大一边小	胀管器未装正	装正胀管器重胀，严重时应换管重胀
切口	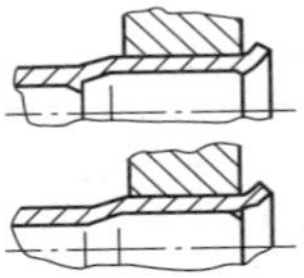	管子内壁过渡部分有棱角式深痕	（1）胀子下端锥度太小 （2）胀子与翻边滚子结合处过渡不圆滑	（1）采用合格胀管器 （2）换管重胀
过胀	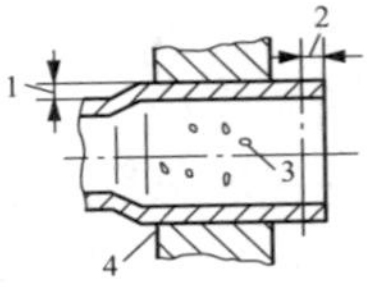	（1）管子下端鼓出太大 （2）管端伸长量太大 （3）管子内壁起皮 （4）孔壁下端管子外表面被切	胀接率过大	换管重胀
圈边裂开	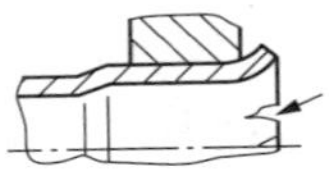	翻边有裂纹或裂开	（1）管端未退火 （2）管端伸出太长	（1）管端退火 （2）换管重胀

第三节 钣金螺纹连接

螺纹连接是一种可拆卸的固定连接，它可以把钣金零件紧固地连接在一起。螺纹连接具有结构简单、连接可靠、拆卸方便及成本低等优点，但紧固动作缓慢、装卸用的时间较长。

一、螺纹连接的种类及特点

1. 普通螺栓的连接

常见普通螺栓的连接形式如图 17-32 所示。

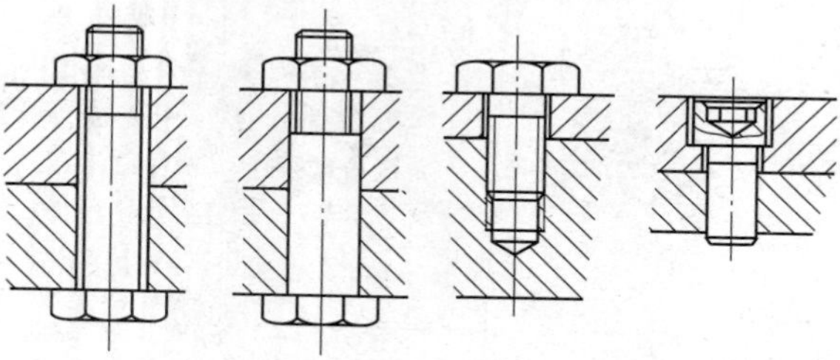

(a) (b) (c) (d)

图 17-32 普通螺栓连接

(1) 图 17-32 (a) 中，通过螺栓、螺母把两个零件连接起来。这种连接多用于通孔连接，损坏后更换很容易。

(2) 图 17-32 (b) 中，用螺栓、螺母把零件连接起来，其零件的孔和螺栓的直径配合精密，主要用于承受零件的切应力。

(3) 图 17-32 (c) 中，采用螺钉直接拧入被连接件的形式。被连接件很少拆卸。

(4) 图 17-32 (d) 中，采用内六角螺钉拧入零件的连接形式。用于零件表面不允许有凸出物的场合。

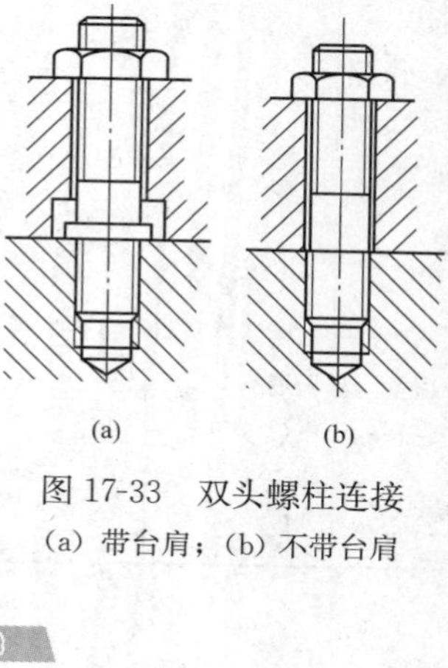

(a) (b)

图 17-33 双头螺柱连接

(a) 带台肩；(b) 不带台肩

2. 双头螺柱连接

常见的连接形式如图 17-33 所

示，即用双头螺柱和螺母将零件连接起来。这种连接形式要求双头螺柱拧入零件后，要具有一定的紧固性。多用于盲孔、被连接零件需经常拆卸的场合。

3. 机用螺栓连接

常见的连接形式如图 17-34 所示。采用半圆头、圆柱头及沉头螺钉等将零件连接起来。用于受力不大，质量较轻零件的连接。

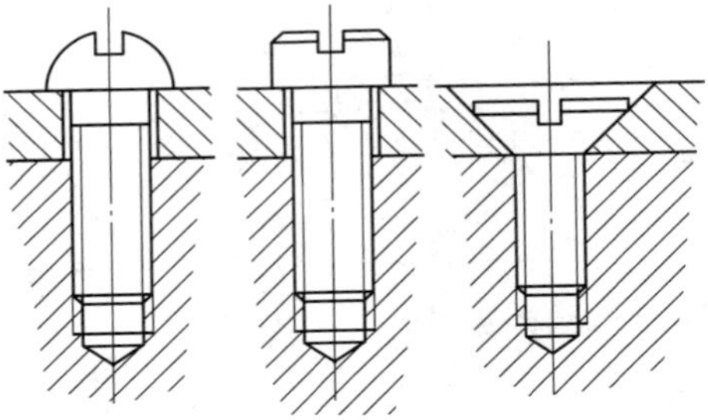

图 17-34 机用螺栓连接

常见的螺纹连接形式及特点见表 17-14。

表 17-14 **螺纹连接形式及特点**

连接形式		图 示	特 点
螺栓连接	粗制螺栓连接	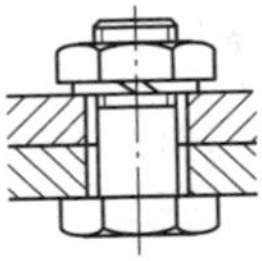	一般情况下，螺栓的杆径比孔径小 1～1.5mm，对螺栓孔的精度要求不高，在一般钢结构中应用较广
	精制螺栓连接		螺栓杆径略大于孔径，靠螺栓与孔的紧配合来传递外力
	高强度螺栓连接		靠连接件之间的摩擦阻力来承受载荷。安装时，必须将螺母拧得很紧，使螺栓产生较大的预应力

续表

连接形式	图　示	特　点
双头螺栓连接	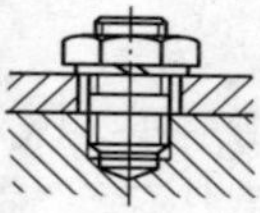	两头有螺纹的杆状连接件，用于盲孔、经常装拆结构较紧凑或工件较厚不宜用单头螺栓的场合
螺钉连接	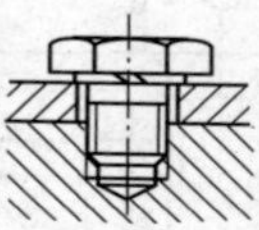	不用螺母，直接将螺钉拧入被连接件螺孔中实现连接

二、螺纹连接时的预紧技巧

1. 预紧定义

为了使螺纹连接紧固和可靠，对螺纹副施加一定的拧紧力矩，使螺纹间产生相应的摩擦力矩，这种措施称为对螺纹连接的预紧。

拧紧力矩可按下式求得：

$$M_1 = KP_0 d \times 10^3$$

式中　M_1——拧紧力矩；

K——拧紧力矩系数（有润滑时 K=0.13～0.15，无润滑时 K=0 .18～0 .21)；

P_0——预紧力 (N)；

d——螺纹公称直径 (mm)。

拧紧力矩可按表 17-15 查出后，再乘以一个修正系数（30 钢为 0.75；35 钢为 1；45 钢为 1.1）求得。

表 17-15　螺纹连接拧紧力矩

基本直径 d/mm	6	8	10	12	16	20	24
拧紧力矩 M/（N·m）	4	10	18	32	80	160	280

2. 控制螺纹拧紧力矩的方法与诀窍

（1）利用专门的装配工具。如指针式力矩扳手，电动或风动扳手等。这些工具在拧紧螺纹时，可指示出拧紧力矩的数值，或到达预先设定的拧紧力矩时，自动终止拧紧。

（2）测量螺栓伸长量。如图 17-35，螺母拧紧前，螺栓的原始长度为 L_1，按规定的拧紧力矩拧紧后，螺栓的长度为 L_2，根据 L_1 和 L_2 伸长量的变化可以确定（按工艺文件规定或计算的）拧紧力矩是否正确。

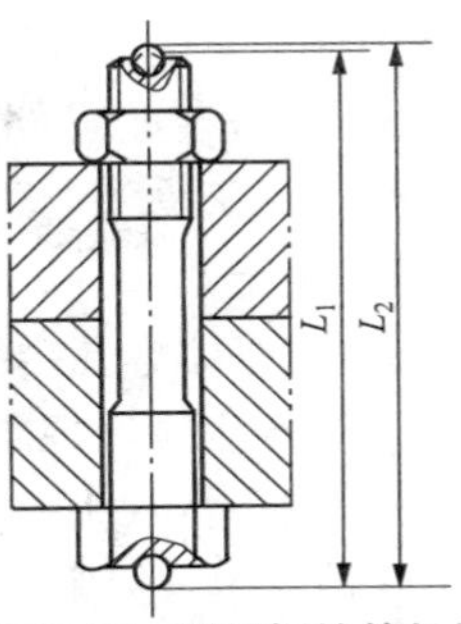

图 17-35　测量螺栓伸长量

（3）扭角法。其原理与测量螺栓伸长法相同，只是将伸长量折算成螺母被拧转的角度。

三、螺纹连接的损坏形式和修理方法

螺纹连接的损坏形式一般有：螺纹有部分或全部损坏、螺钉头损坏及螺杆断裂等。对于螺钉、螺栓或螺母任何形式的损坏，一般都以更换新件来解决；螺孔滑牙后，有时需要修理，大多是扩大螺纹直径或加深螺纹深度，而镶套重新攻螺纹，只是在不得已时才采用。

螺纹连接修理时，常遇到锈蚀的螺纹难于拆卸，这时可采用煤油浸润法、振动敲击法及加热膨胀法松动螺纹后再拆卸。

四、螺纹连接的装配技巧

1. 双头螺柱的装配技巧。

以图 17-36 所示压盖装配为例。

（1）装配要点。

1）双头螺柱与机体螺纹的连接必须紧固。

2）双头螺柱的轴心线必须与机体表面垂直。

3）双头螺柱拧入时，必须加注润滑油。

（2）装配步骤。

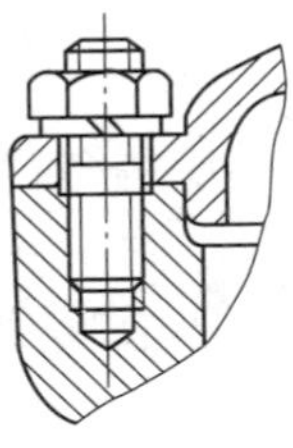
图 17-36　压盖装配

1）读装配图。在图 17-36 中双头螺柱与机体螺孔的螺纹配合性质属过渡配合，双头螺柱拧入机体螺孔后应紧固，压端与机体间有密封要求，螺母防松措施采用弹簧垫圈。

2）准备装配工具。选取规格合适的呆扳手、活扳手、90°角尺各一把，L-AN32 全损耗系统用油适量。

3）检查装配零件。零件配合表面尺寸正确，无毛刺，无磕、碰、伤，无脏物等，具备装配条件。

4）装配。

a. 在机体螺孔内加注 L-AN32 全损耗系统用油润滑，以防螺柱拧入时产生拉毛现象，同时防锈。

b. 用手将双头螺柱旋入机体螺孔，并将两个螺母旋在双头螺柱上，相互稍微锁紧。再用一个扳手卡住上螺母，用右手顺时针旋转，用另一个扳手卡住下螺母，用左手逆时针方向旋转，锁紧双螺母。如图 17-37 所示。

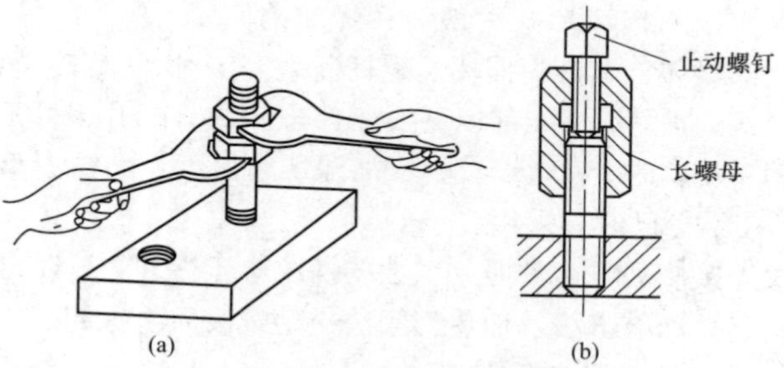

图 17-37 双头螺柱装拆方法

c. 用扳手按顺时针方向扳动上螺母，将双头螺柱锁紧在机体上，用右手握住扳手，按逆时针方向扳动上螺母，再用左手握住另一个扳手，卡住下螺母不动，使两螺母松开，卸下两个螺母。

d. 用 90°角尺检验或目测双头螺柱的中心线与机体表面垂直。若稍有偏差时，可用锤子锤击光杆部位校正，或拆下双头螺柱用丝锥回攻校正螺孔。若偏差较大，不要强行以锤击校正，否则影响连接的可靠性。

e. 按装配关系，装入垫片、压盖及弹簧垫圈，并用手将螺母旋入螺柱压住法兰盖。

f. 用扳手卡住螺母，顺时针方向旋转，对角、均匀、渐次地压紧压盖。

5）检查装配质量。按装配图检查零件装配是否满足装配要求。

6）装配结束，整理现场。

（3）注意事项与操作禁忌。

1）双头螺柱本身不要弯曲，以保证螺母拧紧后的连接紧固可靠。

2）机体螺孔及双头螺柱的螺纹要除去表面毛刺、碰伤及杂质、污物，防止拧入时，阻力增大。

3）拧入时，不要损坏螺纹外圆及螺纹表面。

4）螺纹误差及垂直度误差较大时，不要强行装配，应修正后再行装配。

2. 螺母和螺栓的装配技巧

以图 17-38 所示的普通螺母和螺栓的装配为例。

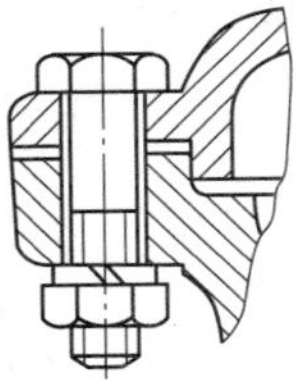

图 17-38　螺母、螺栓的装配

（1）装配要点。

1）零件的接触表面应光洁、平整。

2）压紧连接件时，要拧螺母，不拧螺栓。

（2）装配步骤。

1）读装配图。在图 17-38 中，防松装置为弹簧垫圈，部件有密封要求。

2）准备工具。选取规格合适的活扳手、呆扳手。

3）检查装配零件。尺寸正确，无毛刺，无磕、碰、伤，若螺栓或螺母与零件相接触表面不平整、不光洁，应用锉刀修至符合要求，并清洗零件。

4）装配。

a. 将垫片、端盖按图中位置，对正光孔中心，压入止口。

b. 将六角螺栓穿入光孔中，并用手将垫圈套入螺栓，再将螺母拧入螺栓。拧时，左手扶螺栓头，右手拧螺母、轻压在弹簧垫圈上。

c. 用活扳手卡住螺栓头，用呆扳手卡住螺母，逆时针、对角、顺次拧紧。

5）检查装配。按图自检部件装配符合技术要求。

6）装配工作结束，整理装配现场。

（3）注意事项与操作禁忌。

1）螺栓、螺母连接的防松装置必须安全、可靠，尤其在发生振动的机械装配中更为重要。

2）螺栓、螺母连接一般情况下不使用测力扳手，而凭经验用扳手紧固。对拧紧力矩有特殊要求时，则用测力扳手扳紧。

3）沉头螺栓拧紧后，螺栓头不应高于沉孔外面。

3. 成组螺栓或螺母的装配技巧

以图 17-39 中长方形零件上 10 个成组螺母装配为例。

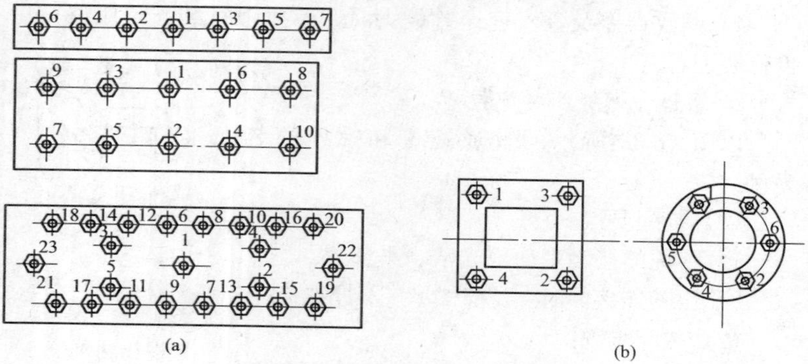

图 17-39 成组螺母的拧紧顺序

（1）装配要点：

1）拧紧要按一定的顺序进行。

2）拧紧力要均匀，分几次逐步拧紧。

（2）装配步骤。

1）读装配图。成组螺母 10 件，按长方形规律排列。

2）准备工具。选取规格合适的套筒扳手一套。

3）检查装配零件。零件尺寸正确，清洗干净，无影响装配的缺陷。

4）装配。

a. 按装配图装配关系，左手拿螺栓从连接件孔中穿出，右手拿垫圈套入螺栓后，再将螺母拧入螺栓，并逐个轻轻压紧连接零件。

b. 将套筒扳手组件装好，套入成组螺母，按图中序号，由 1～10 拧紧螺母。拧紧时，不要一次拧到位，而是分几次逐步拧紧。以避免被连接零件产生松紧不均匀或不规则变形。

5）检查装配。按装配图技术条件自检成组螺母装配满足要求。

6）装配结束，整理现场。

（3）注意事项与操作禁忌。

1）成组螺栓螺母的装配中，零件上的螺栓孔与机体上的螺孔有时会出现不同心，孔距有误差，角度有误差等。当这些误差都不太大时，可用丝锥回攻借正，不得将螺栓强行拧入。回攻时，先拧紧两个或两个以上螺栓，保证零件不会偏移。

2）若装配时有螺孔位置的尺寸精度要求时，则应进行测量，达到要求后，再依次回攻。

3）若误差较大，且零件允许修整，可将零件或部件上的螺栓孔加工成腰形孔后再进行装配。

4. 高强度螺栓连接的装配技巧

高强度螺栓连接是依靠连接件之间的摩擦阻力来承受载荷的。高强度的螺栓连接副有大六角头和扭剪型两种。两种连接副中虽然螺栓各不相同，但其螺母和垫圈可相互换用。

高强度螺栓材料有合金钢（35VB、35CrMo）和优质碳素结构钢（45 钢），粗牙螺纹共有 M12～M30 等 7 种规格，见表 17-16。

表 17-16　　高强度螺栓规格　　（mm）

螺纹大径 d		M12		M16		M20		M22		M24		M27		M30	
螺距 p		1.75		2		2.5		2.5		3		3		3.5	
钉径 d_0	max	12.43		16.43		20.52		22.52		24.52		27.84		30.84	
	min	11.57		15.57		19.48		21.48		23.48		26.16		29.16	
钉长 L		<5	≥5	<55	≥55	<65	≥65	<70	≥70	<75	≥75	<80	≥80	<85	≥85
螺纹长 b		25	30	30	35	35	40	40	45	45	50	50	55	55	60

高强度螺栓的力学性能和硬度见表 17-17。

表 17-17　　高强度螺栓的力学性能和硬度

项目 / 等级	力学性能				洛氏硬度 HRC	
	σ_b/MPa	$\sigma_{0.2}$/MPa	δ/%	ψ/%	min	max
10.9S	1040～1240	940	10	42	33	39
8.8S	830～1030	660	12	45	24	31

五、螺纹连接的防松诀窍及注意事项

1. 螺栓连接的注意事项

螺栓至少要分两次拧紧，同时还要选择适当的拧紧顺序。螺栓按顺序拧紧是为了保证螺栓群中的每一个螺栓的受力都均匀一致。螺栓的拧紧顺序有两项要求：一个是螺栓本身的拧紧次数；另一个是螺栓间的拧紧顺序。螺栓的拧紧顺序分为压力容器［见图 17-40（a)］和建筑结构［见图 17-40（b)、(c)］两种类型。

(1) 压力容器的螺栓拧紧顺序。压力容器的螺栓分布多呈环状，在法兰连接中，是为了螺栓的均匀受力以保证稳定的密封性能，压力试验时的盲板螺栓拧紧顺序如图 17-40 所示。

预拧主要是把密封圈与法兰盲板通过仅仅拧上，但又未拧紧螺母，只是正确地摆放固定在接管法兰上。呈垂直和倾斜的法兰对摆放法兰盲板尤其是密封圈质量的影响更是不可忽略的。对于凸凹形法兰，要确认保证密封垫圈镶入准确后，方可进入加载拧紧的程序。

(2) 板式、箱型节点高强度螺栓拧紧顺序与诀窍。板式、箱型节点高强度螺栓拧紧顺序［见图 17-40（b)、(c)］是周扩展，或从节点板接缝中间向外、向四周依次对称拧紧。

预拧经检验，确认密封垫圈放置合乎要求，各个螺栓都均匀地

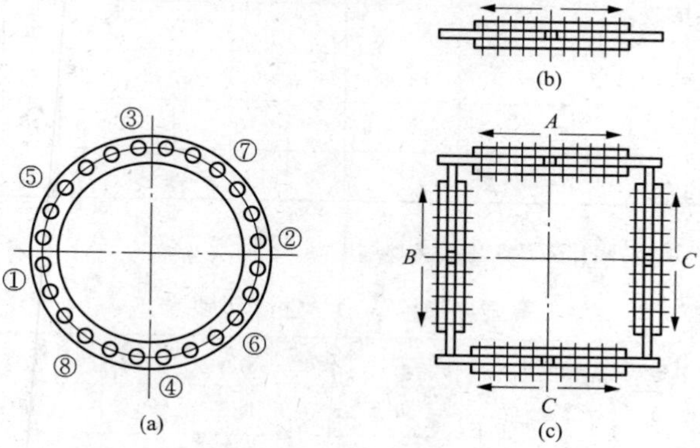

图 17-40 法兰、板式、箱型节点高强度螺栓拧紧顺序

(a) 法兰；(b) 板式节点；(c) 箱型节点

处于刚刚受力的状态后进行加载拧紧。其特点是螺栓的拧紧顺序为呈对角线进行，如图 17-41（b）所示。加载拧紧的次数与螺栓的直径和螺纹的牙型有关。拧紧次数随直径增大而增多，齿形为梯形或锯齿形的螺纹需增加拧紧次数。

在最终拧紧过程中，拧紧顺序是从第一点开始依次进行的。在这一点上，与加载拧紧顺序是截然不同的。最终拧紧的次数与加载拧紧的规律相同。

（3）高强度螺栓的拧紧顺序与诀窍。初拧和终拧顺序一般都是从螺栓群的中部向两端、四周进行。阀门、疏水阀、膨胀节、截止阀、减压阀、安全阀、节流阀、止回阀、锥孔盲板等一些管路上的控制元件，在管路的连接中，必须保证这些元件安装方向与介质的流动方向是一致的。

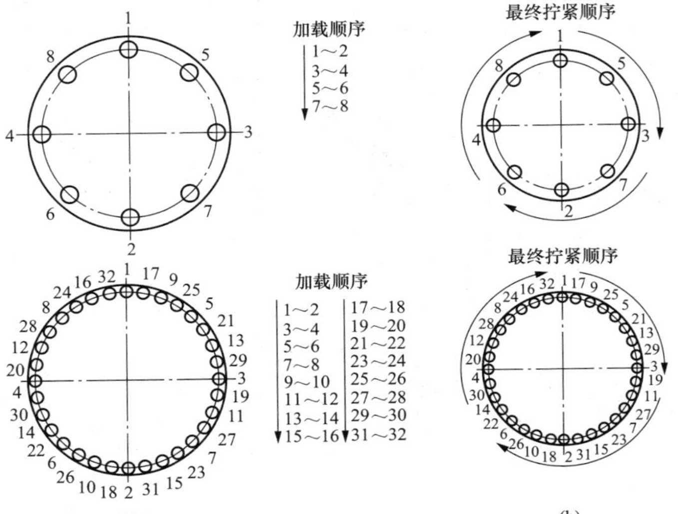

图 17-41　螺栓的拧紧顺序

（a）加裁拧紧时的对角拧紧顺序；（b）最终拧紧时的依次拧紧顺序

2. 螺纹连接的防松装置与诀窍

螺纹本身有自锁作用，正常情况下不会脱开。但在冲击、振动、变负荷或工作温度变化很大的情况下，为了保证连接的可靠，必须采取有效的防松措施，常用螺纹连接的防松措施见表 17-18。

表 17-18　　螺纹连接的防松措施

防松措施		简　图	防松原理	说　明
摩擦防松	弹簧垫圈	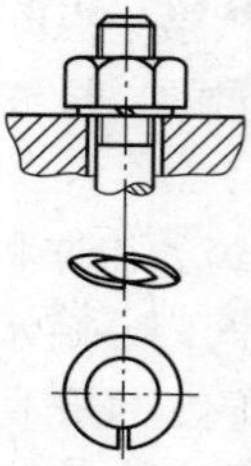	弹簧垫圈被压平后，弹性反力使螺纹副保持一定的摩擦阻力，另外垫圈斜口尖端阻止螺母反转	结构简单尺寸小、工作可靠、应用广泛。 装卸后的弹簧垫圈不能重复使用
	双螺母	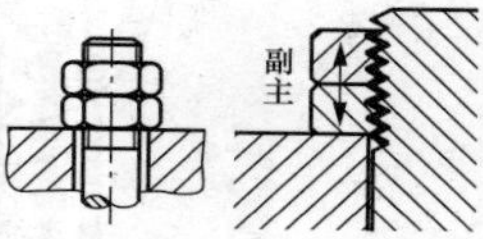	双螺母对顶拧紧，确保螺栓旋合段受拉而螺母受压产生附加摩擦力，即使外力消失，拉力仍存在	双螺母配置，上面螺母受力较大，应取厚的。但下面螺母太薄时，扳手不易伸入，所以双螺母取相同的厚度，但外廓尺寸大，不十分可靠，已很少应用
机械防松	开口销	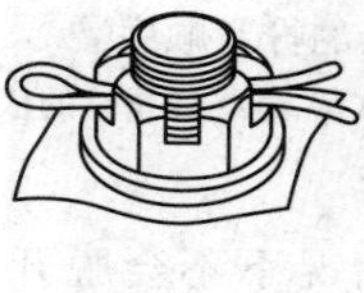	开口销插入螺栓尾部的通孔和槽形螺母的槽内，分开尾叉，使螺栓、螺母约束在一起不松脱	防松安全可靠，广泛用于高速的有振动的机械

续表

防松措施		简图	防松原理	说明
机械防松	外舌止动垫圈	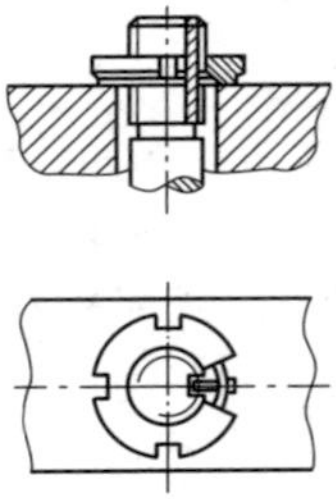	将垫圈外舌一边向上敲弯与螺母紧贴，另一边向下敲弯与被连接件贴紧，使螺母锁紧	防松安全可靠、装拆较麻烦，用于较重要或受力较大的场合
	六角螺母用止退垫圈	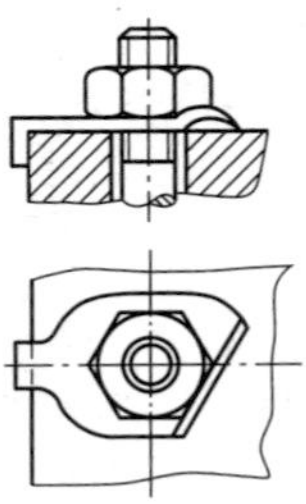	把带翅垫片内舌嵌入轴上的轴向槽内，拧紧六角螺母后将外舌折入螺母槽内，使螺母锁紧	防松安全可靠，常用于固定滚动轴承
	金属丝	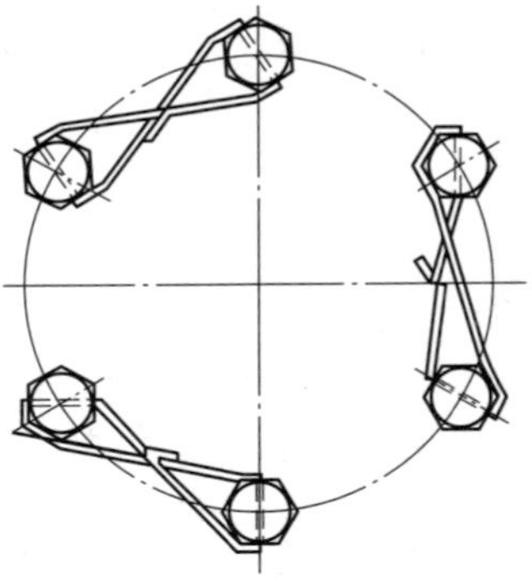	将金属丝依次穿入一组螺钉头部小孔内，相互约束防止松脱	捆扎时应注意金属丝的穿绕方向，应使螺钉旋紧，结构简单、安全可靠，常用于无螺母的螺钉组连接

续表

防松措施		简图	防松原理	说明
破坏螺纹副防松	点焊点铆黏结	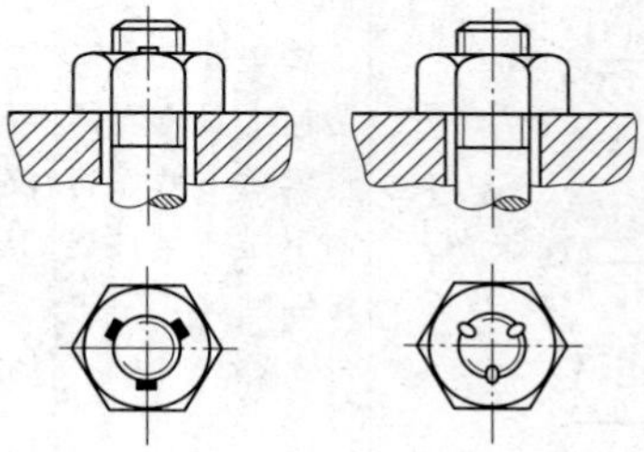	利用点焊、点铆或黏结方法，将破坏螺纹副关系	一次性永久防松

第十八章

钣金产品装配与制造

第一节　钣金装配工艺基础

一、钣金装配方法概述

按产品规定的技术要求，将零件或部件进行配合和连接，使之成为半成品或成品的工艺过程称为装配。

（一）钣金装配基本方法

冷作钣金件装配常用的基本方法有：划线装配法、仿形装配法和模具装配法等。在装配工作中，应结合实际情况，灵活采用多种方法，可提高结构件的装配质量和装配效率。

1. 划线装配法

划线装配法（又称划样装配法）有两种：一种是在零件上画出与有关连接件的结合线进行装配，如图 18-1 所示；第二种是在工作台上将图样按照 1∶1 的比例画出实样来，再在实样上进行装配，这种方法也称打地样（或划样）。用地样作装配线基准是一种常用的方法，如桥梁、屋架、型材构件等，大多采用这种方法。部分板材制造的结构件也可采用这种方法。

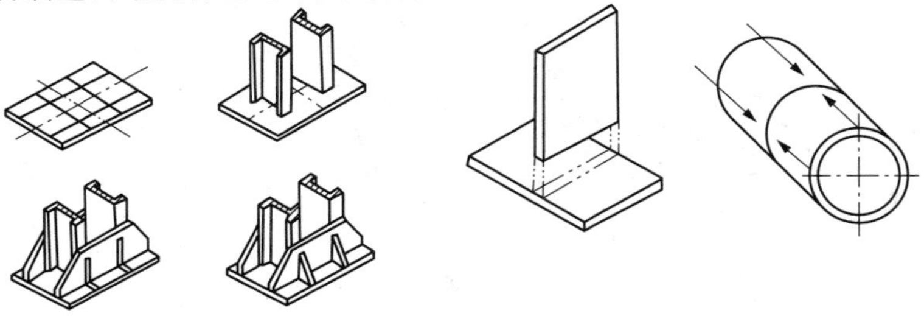

(a)　(b)　(c)

图 18-1　划线定位与装配示例

图 18-2 所示为一典型的适用于划线装配的屋架构件。装配前，将图样展示的各零件的位置、实际尺寸在平台上一一画出，成为构件实样，再在实样上逐渐进行装配。

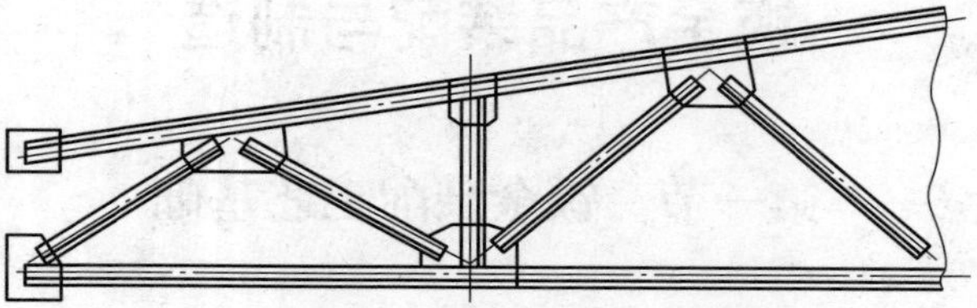

图 18-2 划线装配屋架

如果在实样中的各件轮廓边设置有足够数量的挡铁，便成为可反复使用的地样。其在提高生产效率的同时，还可保证装配出来的部件具体较好的同一性。

图 18-3（a）所示为分瓣封头的图样，图 18-3（b）为划线装配法示例，其装配过程如下。

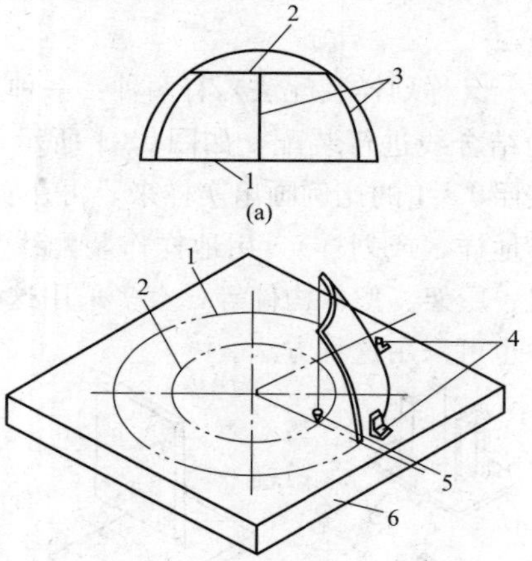

图 18-3 划线装配分瓣封头

1—下口线；2—上口线；3—接缝线；4—挡铁；5—吊线锤；6-平台

（1）装配前，在平台上划出封头的中心线，上、下口轮廓线和分瓣位置线。

（2）在大口轮廓线处设置挡铁，有孔平台用平台卡、T 形槽平台用螺钉和压板固定。

（3）取一件封头分瓣沿大口线摆好并靠紧挡铁定位，其上沿小口垂直落在平台的小口轮廓线上。检验方法为：小型工件用 90°角尺检验；大型工件用吊线锤检验（但要保证平台的水平度）。图中是用吊线锤进行的定位检查。

（4）定位无误后便可进行工艺性的支承和装夹。方法为：用临时性的构架进行支承。

（5）依次定位所有瓣片，检查无误后装配上极板，便可进行点焊固定连接了。

图 18-4 所示为一典型的、由四块梯形板构成的大小口构件装配示意图，方法与上例类似。

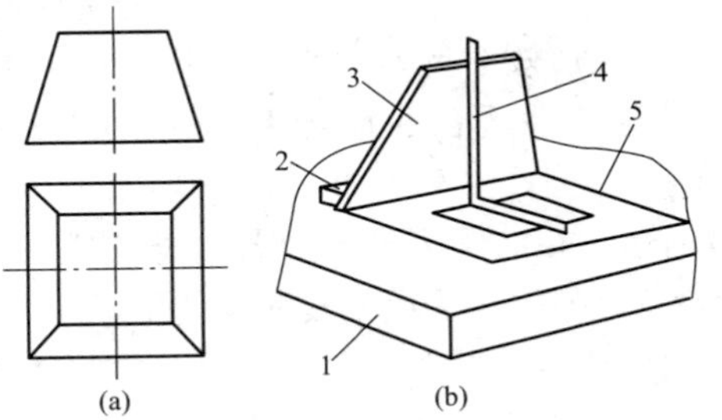

图 18-4　划线装配板制大小口

（a）大小口图样；（b）单块板的定位

1—平台；2—挡铁；3—工件；

4—90°角尺；5—工件实样

2. 仿形装配法

对于一些截面对称或两侧对称的平面图形结构件，如屋架等桁架结构，可以采用先制出一件作为形状基准，在其上装配其他件的方法。这种方法称为仿形装配法。

图 18-2 所示的屋架除可采用划线装配法外，也可采用仿形装

配法，具体作图方法如下：

（1）先用划线装配法装配出第一个单面的桁架，焊后矫形，经检验无误后便可作装配基准了。

（2）翻转桁架底面朝上，找平，在其上进行第二个桁架装配。第一个桁架在这里就起到了底样的作用。

采用仿形法装配需要指出的是：不要轻易更换作底样的桁架，以免产生装配误差。同时，也要对作底样的桁架定期进行检验，以保证其可靠性。

仿形法装配具有成本低、效率高的特点，也是一种大量采用的装配方法。

3．模具（胎具）装配法

加工生产中用以限制生产对象的形状和尺寸的装置称为模具。钣金装配模具也称为钣金装配胎具。

模具（胎具）装配顾名思义就是指在符合工件几何形状或轮廓的胎具或模型（内模或外模）内进行装配。用模具装配焊接结构，具有产品质量好、生产效率高等优点。对于冷作结构件的装配，在产品结构和批量等条件适合的情况下，应当尽量考虑采用模具装配。

如图 18-2 所示，在装配屋架时，若内外挡铁数量足够，再配以适当的卡紧设置，便可作为屋架装配模使用了。

图 18-5 所示为典型的封头装配模，图 18-5（a）所示是以封头外皮尺寸为准的凹形装配模，图 18-5（b）所示是以封头内皮尺寸为准的凸形装配模。

在设计制作凹形装配模时，支承板的数量和排列位置应根据封头的大小和分瓣数量来确定。当封头的瓣数较多、瓣片又较大时，每一个瓣片都应考虑由两个支承板支承。

凸形装配模的关键是上、下口圈，对其支承板的数量没有特殊要求，除要求其符合封头的弧度外，只要保证有足够的强度即可。

通常，直径较小的封头可采用凹形装配模；直径较大的封头应采用凸形封头装配模。

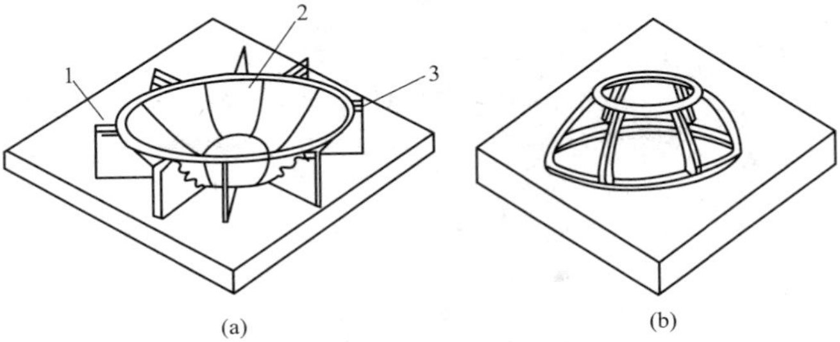

图 18-5 封头装配模
(a) 凹形装配模；(b) 凸形装配模
1—底板；2—封头；3—支承板

不管是使用何种形式的装配模，装配前对每一分瓣片都应当进行矫形和检查，使其形状和尺寸符合要求，以保证装配的顺利进行。

图 18-6 所示为一典型的、由四块梯形板构成的大小口构件，用组装模进行装配的情形。与如图 18-4 所示的划线装配的方法相比，显然装配的质量更有保证，工作效率也会大大提高。

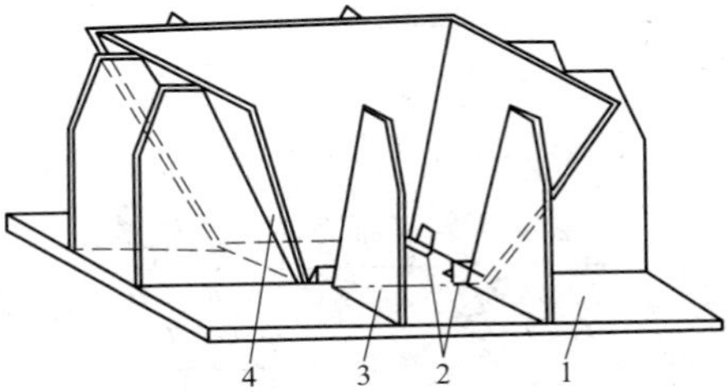

图 18-6 模具装配板制大小口
1—底板；2—挡铁；3—定位模板；4—工件

(二) 钣金不同装配方法的特点比较

1. 钣金常用装配方法及其特点

钣金几种常用装配方法的特点见表 18-1。

表 18-1 钣金常用装配方法及特点

名称		特点
按定位方式	复制装配（仿形装配）	利用对称断面形状，先装配成单面（一半）结构，再以此为样板装配另一面。适于断面形状对称的结构件，如梁、柱、屋架
	地样装配（划样装配）	在底板（或地面）上划出“十”字线为装配基准，再将构件以 1∶1 的实际尺寸绘制出轮廓位置线与接合线，然后按线装配，适于桁、框架类
	模具装配（胎模装配）	在拼装模具（又称组合模具，由模座和各种夹紧、定位支架组合而成）上摆好相应装配零件，定位并夹紧后进行焊装。装配质量与效率高，适于批量生产。若采用专用胎模，适于大量生产。桁架类制件最适宜，靠模装配法是其中一种
按装配方位	卧装（平装）	将细长构件水平放置进行装焊，适于断面不大但较细长的构件
	立装（正装）	构件自上而下进行装配，适于高度不大或下部基础较大的构件
	倒装	将构件按使用状态倒 180°进行焊装，适于上部体积大的结构和装配时正装不易放稳，或上盖板无法施焊的箱形梁构件

2. 钣金不同装配方法的比较

钣金不同装配方法的比较见表 18-2。

表 18-2 钣金不同装配方法的比较

特点 装配方法 项别	自由装配	模具（胎具）装配	
		简单胎具的装配	复杂胎具的装配
适用范围	适用于单项产品或其他特定产品	适用于中、小批量生产和采用成组技术	适用于大批量生产
工装制作	设计和制作出一些单个独立的夹具或其他工具，成本较低	设计和制作出比较简单的装配胎具，成本较低	经过周密设计，制作出高效率的装配胎具，工装成本较高

续表

特点 装配方法 项别	自由装配	模具（胎具）装配	
		简单胎具的装配	复杂胎具的装配
定位方式	进行划线定位和样板定位，需要边装配边定位	有定位元件，不般不需要划线定位和找正	完全自动定位，不需划线
夹紧方式	采用各种丝杠、斜楔等形式的简单夹具或通用夹具	主要采用螺旋夹紧器，也可用气压增加压力	主要采用风动、液压等形式的快速夹紧机构，少数辅以其他夹具
上、下料方式	大件吊装，其他件手工操作	大件吊装，小件手工或半自动进料	大件吊装，其他件自动进料
操作特点	要由技术很熟练的工人进行操作	可由一定熟练程度的工人进行操作	要由熟练本胎具特点的工人进行操作

二、钣金装配技术基础

1. 钣金装配的三要素

无论采用什么方法进行钣金结构件的装配，对单个零件或部件来讲，冷作钣金件在装配过程中首先必须满足支承、定位和夹紧这三个基本条件，才能将零件固定在准确的位置上，然后才能顺利进行装配。支承、定位和夹紧称为装配三要素。

（1）支承。选用某一基准面来支持所装配的钣金结构零配件的安装表面，称为支承。例如，表面具有平面的产品，一般放在平台上或放在某一构架上进行装配。表面形状复杂的产品，则可放在某种特制的模具上进行装配。这里所用的平台、构架、模具都是用来支持装配产品的零件表面，起装配时的支承作用。

支承是装配的第一要素，是解决钣金件在何处装配这一首要问题的。此外，当支承同时又起定位作用时，又称定位支承。

（2）定位。对钣金零件或部件找准其工作时应占据的准确位置，称为定位。图 18-7 所示是在平台 6 上装配工字梁的定位方法。工字梁的两个翼板 4 的相对位置是由腹板 3 与挡板 5 来定位的，而腹板的高低位置则由垫板 2 来实现定位，整个工字梁由平台支承定位。

（3）夹紧。钣金零件定位后还不能固定其位置，为此必须先进行夹紧。夹紧就是借助于外力将定位后的钣金件固定在某一位置上。这种外力（即夹紧力）通常是由刚性夹具来实现的，也可利用气动夹具的气压力和液压夹具的液压力来进行夹紧。图 18-7 所示翼板与腹板间夹紧是通过旋转调节螺杆 1 来实现的。

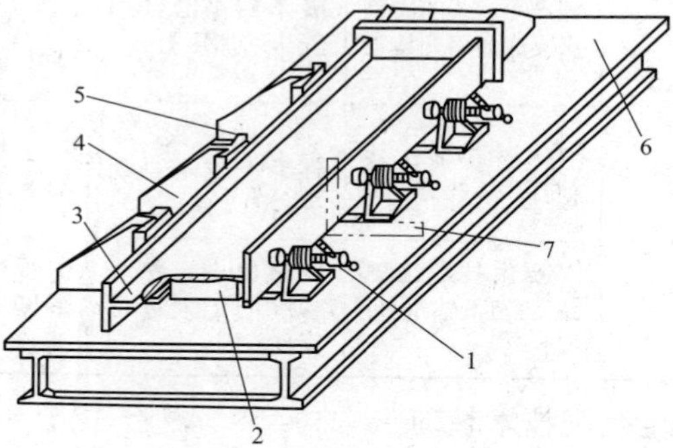

图 18-7　工字梁的定位与装配技巧

1—调节螺杆；2—垫块；3—腹板；4—翼板；

5—挡板；6—平台；7—直角尺

冷作钣金件装配常用的夹具有手动夹具、气动夹具、液压夹具和电磁夹具等，参见第三章。常用工具、夹具的使用如图 18-14～图 18-26 所示。

2. 钣金装配测量技术

在钣金装配过程中，随时随地要对工件进行测量，以保证装配质量符合设计图样的要求。多数情况下，测量基准应选择设计基准或工艺基准，个别情况下也可选择辅助基准来对工件进行测量。测量项目包括主要的尺寸、角度、水平度、垂直度、平面度、倾斜度等。

（1）钣金零件的主要技术要求。

1）钣金零件的材料除按有关零件标准定使用材料外，允许代用，但代用材料的力学性能不得低于原规定的材料。

2）零件图上未注公差尺寸的极限偏差按 GB/T 1804—2000《公差与配合·未注公差尺寸的极限偏差》规定的 IT14 级精度。孔尺寸按 H14，轴尺寸按 h14，长度尺寸按 JS14。

3）零件上未注明的倒角尺寸，除锋口外所有锐边和锐角均应倒角或倒圆，视零件大小，倒角尺寸为 $C0.5 \sim C2$（即 $0.5\times45^\circ \sim 2\times45^\circ$），倒圆尺寸为 $R0.5 \sim R1$。

4）零件图上未注明的铸造圆角半径为 $R3 \sim R5$。

5）零件图上未注明的钻孔深度的极限偏差取（$^{+0.05}_{-0.25}$）mm。

6）螺纹长度表示完整螺纹长度，其极限偏差取（$^{+1.0}_{-0.5}$）mm。

7）中心孔的加工按 GB/T 145—2001《中心孔》标准中的规定。

8）滚花按 GB/T 6403.3—2008《滚花》标准中的规定。

（2）钣金零件线性尺寸的检测。

钣金零件线性尺寸包括：长、宽、高、沟槽长、宽、深、圆弧半径、圆柱直径、孔径等。其检测方法和常用量具如下：

1）游标量具，包括游标卡尺，游标深度尺和游标高度尺等。主要用来测量零件长、宽、高及沟槽，圆柱直径，孔径等。

2）测微量具，包括千分尺、内径千分尺、深度千分尺、内测千分尺和杠杆千分尺等。可测量零件的直径、孔径等的更高精度。

3）指示式量具，包括杠杆百分表、杠杆千分表、内径百分表等。主要用于对零件长度尺寸，轴的直径的直接测量和比较测量，或用比较法测量孔径或槽深。

4）量块。主要用于鉴定和校准各种长度计量器具和在长度测量中作为比较测量的标准，还可用于钣金件制造中的精密划线和定位。

（3）钣金零件角度和锥度的测量。钣金零件角度和锥度的测量方法与技巧如下：

1）角度和锥度的相对测量。将具有一定角度或锥度的量具和被测量的角度或锥度相比较，用光隙法或涂色法测量被测角度或锥度。所用的量具有角度量块、角尺、圆锥量规等。

2）角度和锥度的绝对测量。用分度量具、量仪来测量零件的角度，可以直接读出被测零件角度的绝对数值。常用的量具、量仪有万能角度尺和光学分度头等。

3）角度和锥度及有关长度的间接测量。其特点是利用万能量具和其他辅助量具，测量出和角度或锥度有关的线性尺寸，通过三角函数关系计算得到要检验的角度或锥度。

测量方法及采用的量具主要有：

a. 用正弦规间接测量角度（或维度）。

b. 用精密钢球和圆柱规间接测量圆锥孔和圆锥的圆锥半角。

c. 用精密钢圆柱量规和游标高度尺测 V 形槽角度。

d. 用精密圆柱量规和万能角度尺测量 V 形槽槽口宽度

e. 用两个等直径的精密圆柱量规和万能角度尺测量燕尾槽底面宽度。

f. 用游标卡尺间接测外圆弧面半径。

g. 用三个等直径精密圆柱量规和一个游标深度尺间接测量内圆弧面半径。

h. 用两个等直径的精密圆柱量规和一个万能角度尺间接测量对称形状圆锥体大端尺寸。

冷作钣金件在制作或装配有一般角度的零部件时，通常用预先制作的角度卡样板来测量。也可经计算，用测量相对要素的线性尺来保证角度。

在制作或装配矩形零配件时，除对其线性尺寸进行测量外，常用测量对角线来检测零部件的垂直度。无论是正方形还是长方形，只要其对角线相等，就能保证其四角均为 90°，如图 18-8（a）所示。

此外，对于一些具有轴线两侧对称的工件，如等腰梯形、扇形等，也可用测量对角线的方法进行测量，如图 18-8（b）所示。

小型工件的垂直度检测可直接用 90°角度尺进行；大型工件垂直度的检测，经常用吊线锤的方法，如图 18-9 所示。通过测量线锤上下距离工件的尺寸 a，便可判断工件是否垂直。

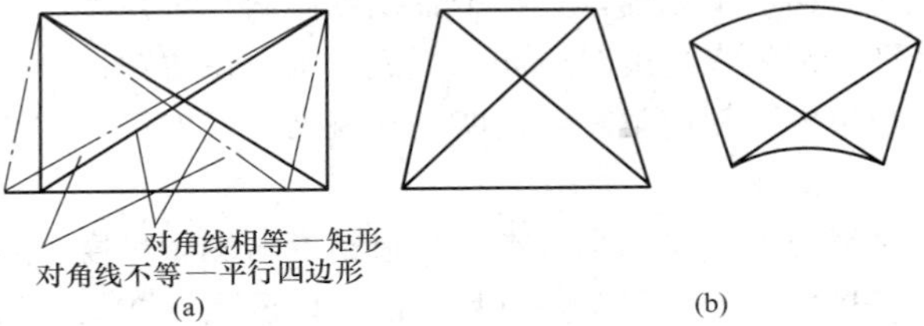

图 18-8　钣金件测量对角线的应用

(a) 测量矩形零件的垂直度；(b) 测量对称形状的准确度

(4) 钣金件水平度的测量。与铅垂线成垂直关系的位置叫水平。检测水平度最常用的量具和仪表有水平仪、水准仪、水平软管等。

水准仪可用来测量构件的水平线和高度，主要用在大型结构件的现场装配。普通结构件在冷作钣金件装配需要找水平时，大多用水平仪或水平软管测量。

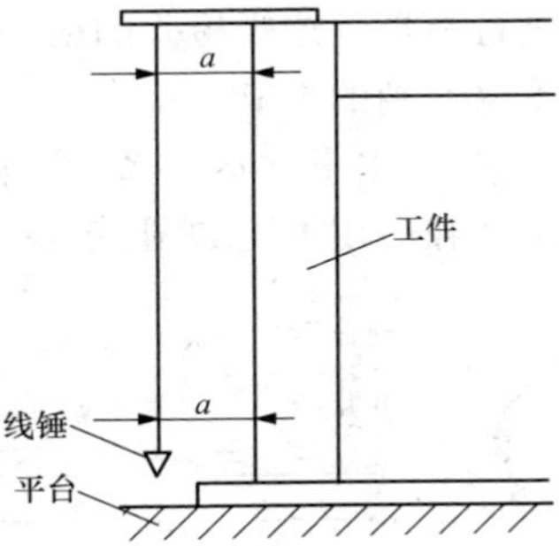

图 18-9　钣金件用线锤测量垂直度

1) 水平仪。水平仪是用来检测水平度的量具。水平仪的主要构件是水平管，也称水准管，如图 18-10 所示。

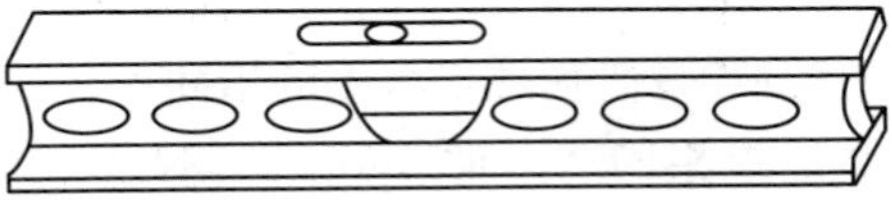

图 18-10　水平仪图

水平管用玻璃管制成，在管子内装有一定量的液体（酒精或乙醚），形成一个灵活移动的气泡。由于气、液密度相差悬殊，所以气泡总是居于水平管内液体的最高处。

当水平管处于水平位置时，水平气泡则处于玻璃管内壁圆弧中心处，此点称为水准零点。在零点的两边对称地按一定间隔标明刻度，当气泡偏移一个刻度，其水平轴线则倾斜一定角度。

用水平仪测量水平度时，如果气泡居中，说明被检测的制件表面处于水平位置；气泡偏左，说明左边偏高；气泡偏右，说明右边偏高。

检测时，为了减少水平仪本身制造精度对测量精度的影响，往往在同一测量位置上，双向各测量一次，以两次读数的平均值作为该处的水平度。

当检测大型制件的水平度时，由于被测件的尺寸大而水平仪小，可在被测件上放置平尺作为辅助基准，再将水平仪放在平尺上进行测量，这样检验的结果，可部分补偿因被测面尺寸大和局部不平而受到的影响。

2）水平软管。水平软管是一种简易的测量水平度的量具，其结构和使用方法如图 18-11 所示。

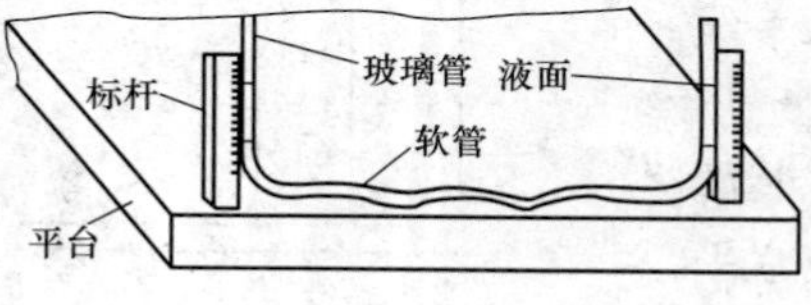

图 18-11　水平软管及使用方法

水平软管是由一根较长的橡皮管和两根短玻璃管组成的，管内注入液体。加注液体时，要从其中一端管口注入，不能双管口齐注，以免橡皮管内有气泡而造成测量误差。

测量时，取两根高度相同的标杆，标杆上应有相同的刻度，将玻璃管分别固定在标杆上，把其中的一根标杆置于检验的平台一角，另一根标杆连同橡皮管放在平台上的不同点，观察两根玻璃管内的水平面高度是否相同，以此来判断所测各点水平高度是否相同。

3. 钣金装配的特点

冷作钣金装配与其他工种的装配原理大致相同，但由于冷作钣金结构的特殊性，冷作钣金装配具有以下特点：

（1）冷作钣金结构件由于精度低，互换性差，故装配时多数需要选配或调整。

（2）装配过程中和装配后常伴有大量的焊接工作，所以，应该掌握焊接产生应力和构件产生变形的规律，在装配时采取适当措施，以防止或减少构件的焊后变形和矫正工作量。

（3）对于体积较大的金属结构件，由于其刚性较差而容易变形，装配时考虑加固措施。

（4）某些大型的产品需要分组出厂到工地装配时，为了保证总装进度和质量，应先在厂内试装，必要时将不可拆连接改为临时的可拆卸连接。

（5）金属结构件虽属单件生产，但也可根据其重复生产的多少、产品结构相似的情况以及产品本身零部件批量生产等特点，装备适当的专用或通用工、夹、模具等，采用机械化、自动化的装配技术，以提高产品质量和生产效率。

4. 工、夹、模具的准备

装配前对所需的工、夹、模具（包括个人必备的量具），要做周密的准备。例如常用的90°角度尺、划规、样冲、锤子、錾子和各种卡、压、拉等夹具，应进行校正、检查和试用，以保证其性能完好。对于首次使用的装配模，必须通过工艺验证后才能投入正式生产。

装配模主要用于批量生产、表面形状比较复杂、不便于定位和夹紧的冷作结构件的装配。装配模可以简化零件的定位工作，保证产品零配件的形位精度，提高装配的生产效率和产生质量。

装配模应符合下列要求：

（1）模具应有足够的强度和刚性。

（2）模具应便于对工件实施装、卸、定位等装配操作。

（3）模具上应划出中心线、位置线、边缘线等基准线。

（4）较大尺寸的装配模应安装在相当坚固的基础上，以避免基础下沉导致模具变形。

5. 装配工作台的准备

装配工作台因装配条件和装配对象的不同而有多种形式。装配平台是冷作钣金工常用的工作台。对装配平台的要求是：平面度和水平度要符合要求，同时要具备对零配件定位和夹紧的要求。

（1）铸铁平台。铸铁平台是由一块或多块经表面加工的铸铁制成的，上平面精度较高。装配用的平台上有均布的圆孔或T形槽，以便于安装夹具夹压工件。

（2）导轨平台。导轨平台是由多条导轨安装在水泥基础上制成的，设置简单，成本相对低廉，在装配大型构件时经常用到这种工作台。每条导轨的上表面都经过机械加工，并开有用螺栓、压板夹紧工件的T形槽。

（3）水泥平台。水泥平台是用钢筋混凝土制成的。制作时，在适当位置预埋上拉环和交叉设置的带有T形槽的导轨等，作为装配作业中固定工件所用。这种平台同样适用于大型构件的装配作业。

此外，在一些特殊情况下，还可以采用一些临时性质的平台和具有特殊用途的平台，如用厚钢板作平台、电磁平台等。

6. 钣金装配操作方法及步骤

（1）阅读产品图样和工艺规程。规定产品或零部件制造工艺过程和操作方法的技术文件，统称为工艺规程。

产品图样和工艺规程是指导装配工作的主要依据，因此首先要读懂产品和图样的工艺规程，通过产品图样和工艺规程主要了解以下问题：

1）按图样上提供的几何尺寸、形位公差及技术要求，弄清楚钣金产品的特性和用途以及各零件之间的相对位置、尺寸和连接方法，有利于装配工艺所采用的装配方法。

2）了解装配工艺所选择的装配方法，了解各工件或部件的相互配合关系，明确装配的基准、支承、定位和夹紧等要素。

3）了解产品所使用的材料及特性，以便在装配过程中加以注意。

4）了解工艺规程所选用的工艺装备，包括其性能、特点和使用方法等，以便装配工作的顺利进行。

（2）划分部（组）件。将大型复杂的冷作钣金件划分为若干个部（组）件、合件，形成装配系统，选择装配基准面，确定装配次序。

钣金装配系统图如图18-12所示，钣金装配次序图如图18-13所示。

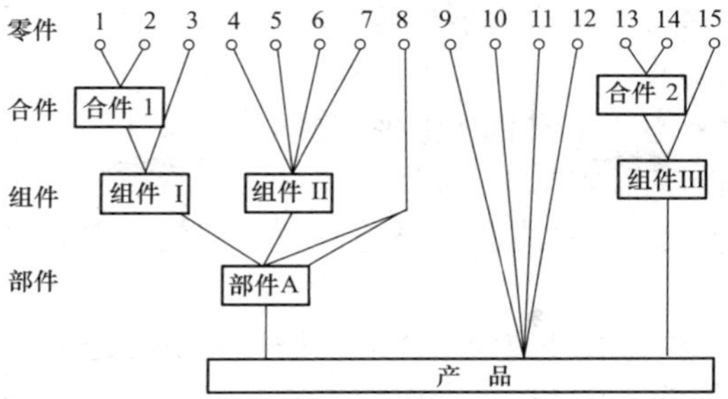

图 18-12　装配系统图

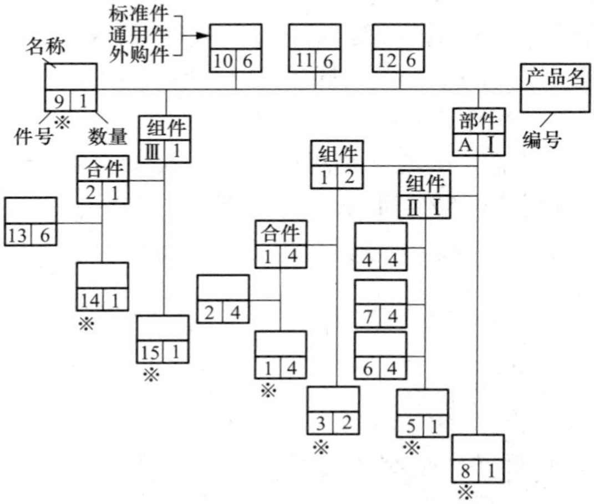

图 18-13　装配次序图

钣金装配系统图表达了钣金零件、合件、组件、部件、产品五者的关系；钣金装配次序图则表达了各钣金零件、合件、组件、部件装配的先后顺序（由左到右、由下到上或由上到下）。图中※为各合件、组件、部件或该产品装配时的基准件。对装修（拆卸）操作而言，在拆卸的同时绘制装配次序图十分重要。

（3）选择装配基准面。钣金常用的装配基准面选择诀窍如下：

1）冷作钣金件外形有平面，也有曲面时，应以平面作为装配基准面。

2）冷作钣金件上有大小平面时，应选择较大的平面作为装配基准面。

3）冷作钣金件上有机加工平面或毛坯面时，应选择机加工后平面作为装配基准面。

4）所选取的装配基准面，应最便于对零件的支承、定位和夹紧。

在实际冷作钣金件装配中，应根据具体情况选出最佳基准面。对于复杂的构件，其装配基准面常常不止一个，而是有多个。

（4）装配现场的设置。装配现场内的地面应平整、清洁、便于安置装配平台。焊接装配所使用的铸铁或铸钢平台的平面度≤$1mm/m^2$，整块平台的平面度≤$1.5mm/m^2$，两块以上平台拼装成的平台的平面度≤$2mm/m^2$。焊接装配时所使用的工、夹、量、吊具应保证安全、准确、使用可靠。

（5）拼装与部件组装。按图样要求对需拼接的大零件进行拼装，对外形较规范的部件进行组装，焊后分别矫正。

1）拼装与部件组装、总装常用工具、夹具的使用如图 18-14～图 18-20 所示。

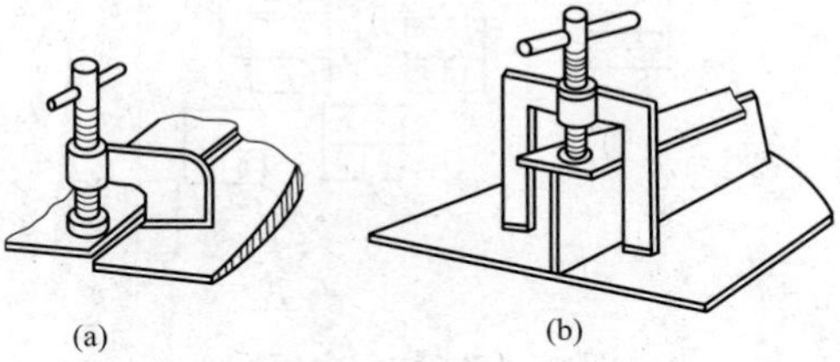

图 18-14　螺旋压紧器的使用

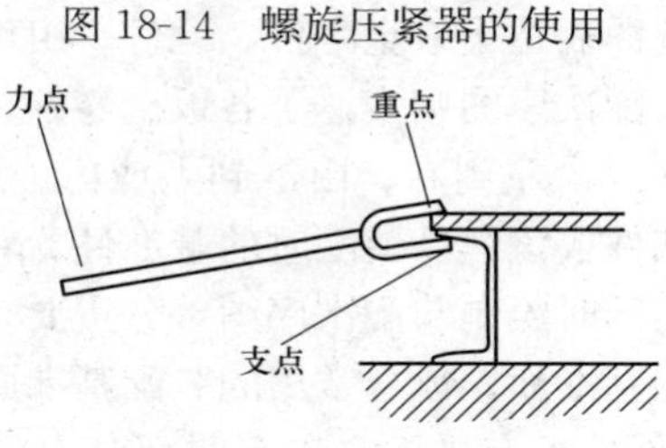

图 18-15　杠杆夹具的使用

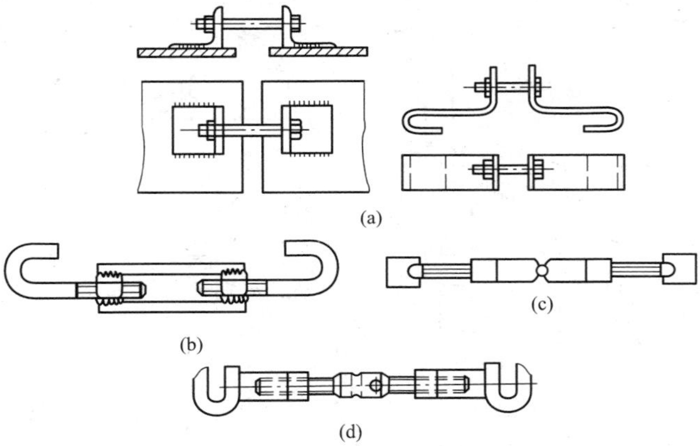

图 18-16　螺旋拉紧器的使用

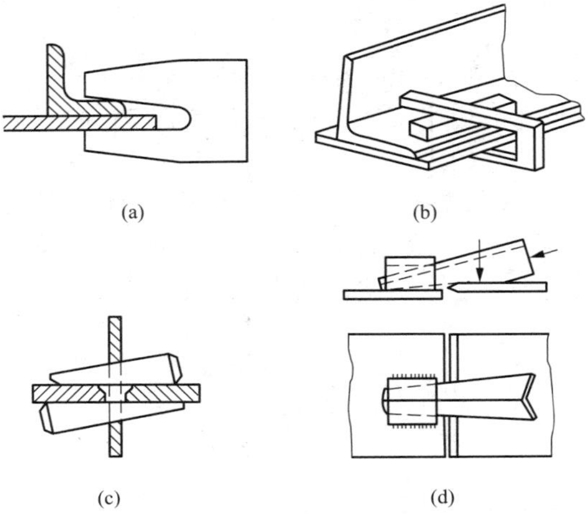

图 18-17　楔形夹具的使用技巧

2）圆筒类钣金件定位、装配实例如图 18-21～图 18-25 所示。

3）梁、箱体类钣金件定位、装配实例如图 18-26 所示。

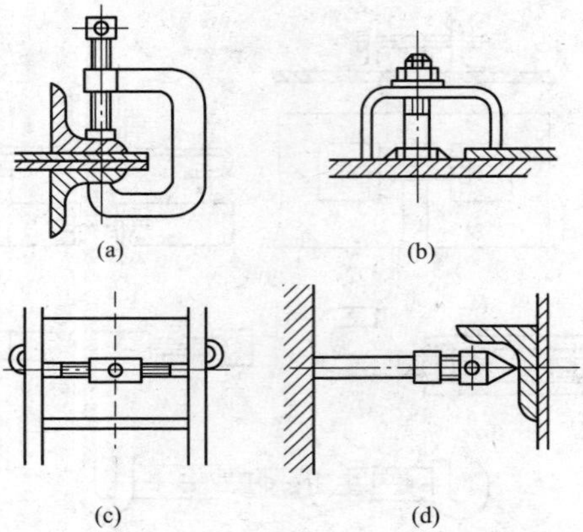

图 18-18 装配夹具的夹紧方式

（a）C 型夹头夹紧；（b）螺旋压紧器压紧；
（c）螺旋拉紧器拉紧；（d）螺旋顶紧器顶紧

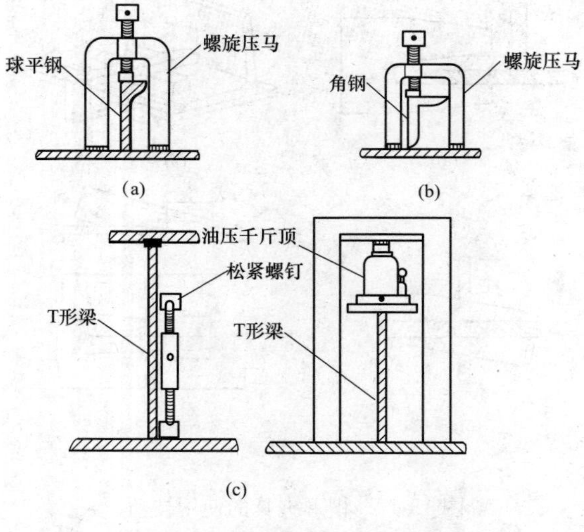

图 18-19 各种型钢装配工具及夹具的使用

（a）装配球平钢；（b）装配角钢；（c）装配 T 形梁

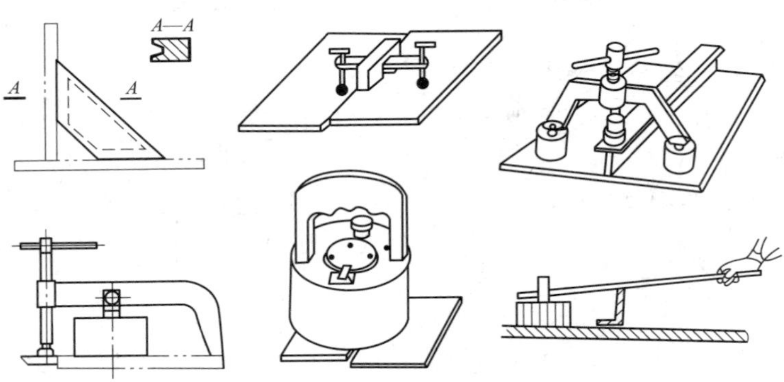

图 18-20　磁力夹具及其使用

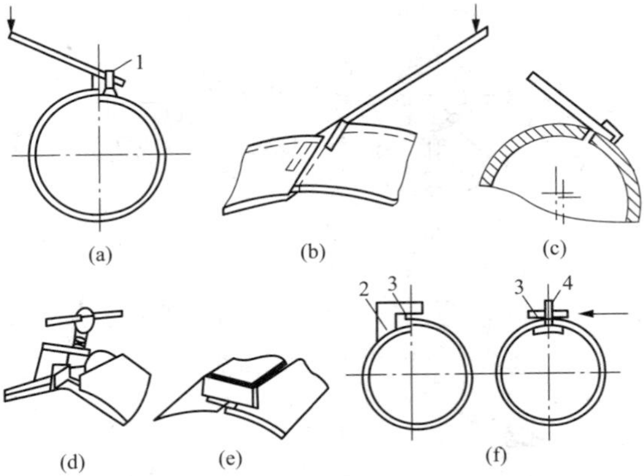

图 18-21　对齐圆筒板边的方法与技巧

(a)、(b)、(c) 用杠杆；(d) 用螺旋压马；

(e) 用楔条压马；(f) 用门形铁

1—杠杆；2—压马；3—楔条；4—门形铁

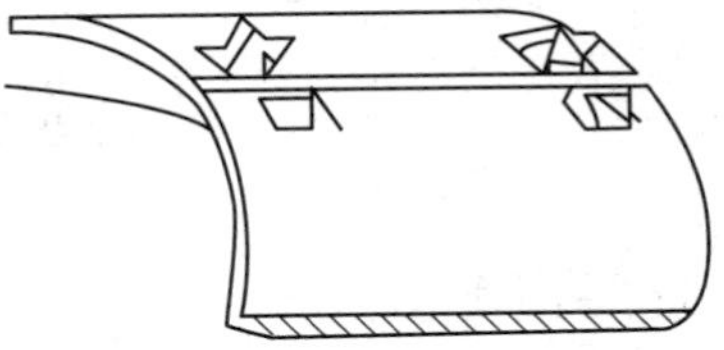

图 18-22　用螺旋拉紧器装配圆筒纵缝

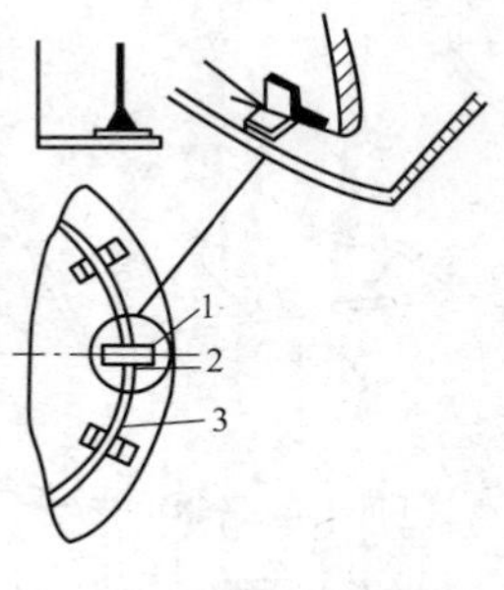

图 18-23 圆筒与底板环缝的装配

1—挡块；2—楔条；3—角钢

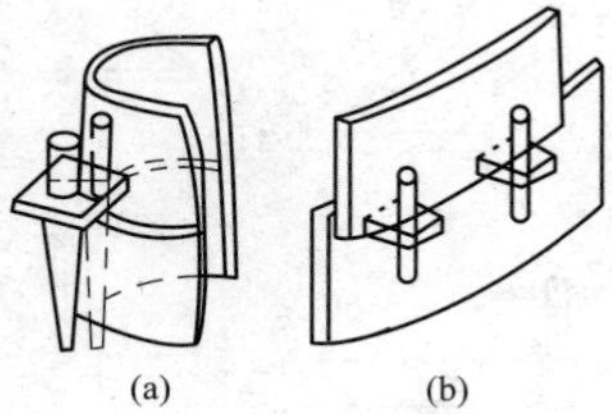

图 18-24 立装圆筒环缝的方法

（a）连接板法；（b）挡铁法

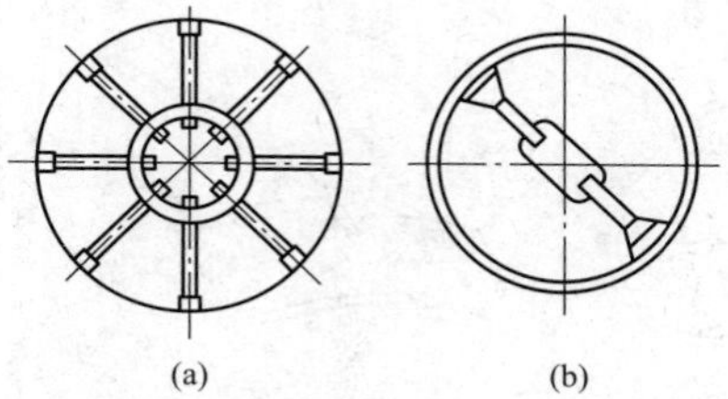

图 18-25 用径向推撑器装配圆筒

（a）多焊；（b）单焊

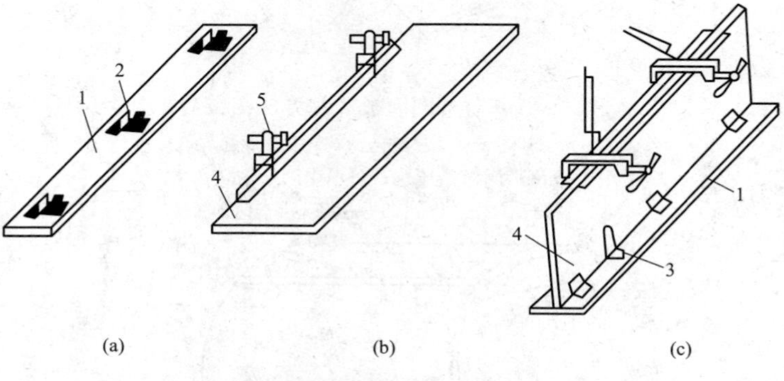

图 18-26 梁、箱体类零件装配方法（T 形梁的拼焊）

1—翼板；2—挡铁；3—直角尺；4—腹板；5—弓形螺旋夹

（6）总装技巧与诀窍。按图样要求将各组件总装，常用的钣金件定位方法见表18-3，钣金组装方法见表18-4。

表18-3　　钣金件定位方法

类型	简　图	类型	简　图
划线定位	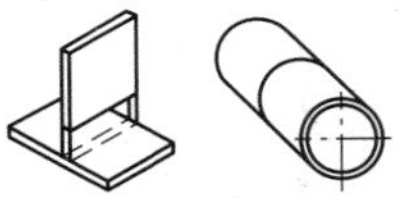	挡铁定位	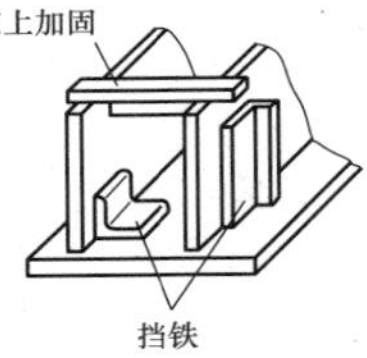
销轴定位		样板定位	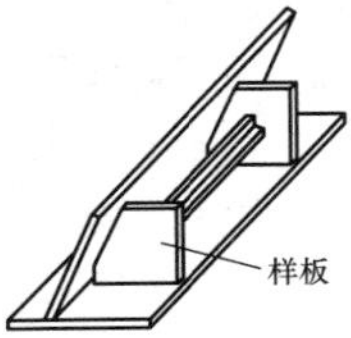

表18-4　　钣金组装方法

名称	简　图
地样组装（划线装配）	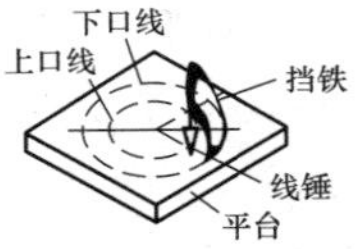
仿形复制	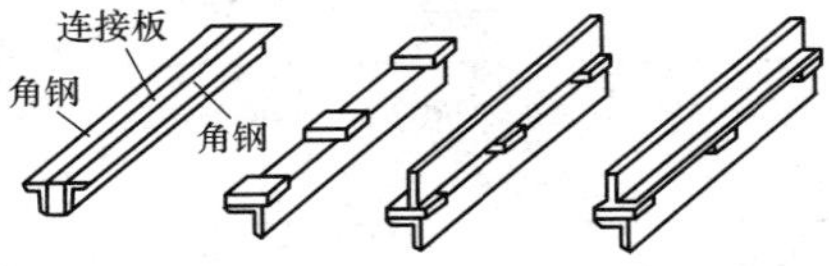

续表

名称	简图
胎具组装（模具装配）	
卧装	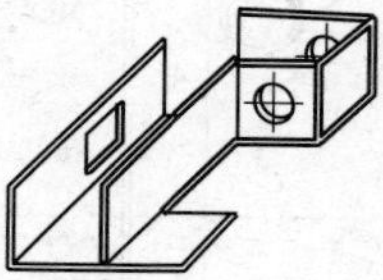
立装	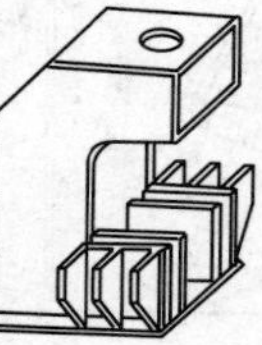

总装中应注意的工艺要领如下：

1）装配用的量具应经常测定，保证精度。工、夹、胎具使用前要有专人负责检查，合格后才能使用。

2）对需放实样的构件，必须划出中心线，且偏差不大于0.5mm，并打好样冲标记，以便检查各尺寸的正确性。

3）对尺寸精度要求较高的焊件，应考虑焊件的装配间隙（见表18-5）和焊件收缩量（见表18-6）控制。

表18-5　　一般焊件的装配间隙　　(mm)

焊缝种类	机加工后端面接触	角焊缝	型钢接头
装配间隙	0～1.5	≤2	≤3

注　1. 装配间隙超过上述尺寸，必须采取堆焊，不得在间隙中加填充物。

2. 角焊缝允许局部间隙为3mm，但其长度必须小于焊缝长度的15%。

表 18-6　　焊件收缩量控制技巧

简　图	焊接收缩量
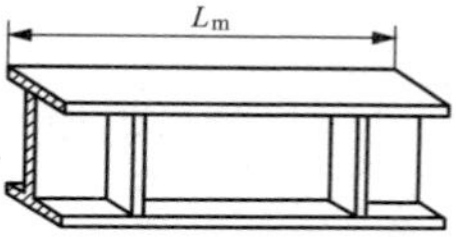 适用板厚为 16～40mm	长度方向的收缩量为（1）、（2）、（3）项的总和： （1）L_m×0.3mm/m。 （2）与主体焊接的加强版数量，取左、右加强板数多的数量 A 个（A×0.2mm/个）。 （3）消除应力热处理的收缩量（L_m×0.1mm/m）
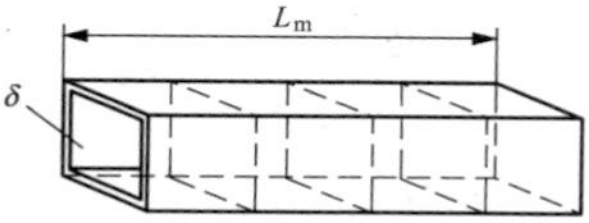 适用板厚为 16～40mm	长度方向的收缩量为（1）、（2）、（3）项的总和： （1）L_m×0.3mm/m。 （2）与主体焊接的间隔板数 B 个（B×0.2mm/个）。 （3）消除应力热处理的收缩量（L_m×0.1mm/m）
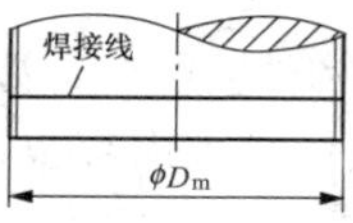 适用直径 300～500mm 的筒体	圆周长的收缩量为（1）、（2）两顶的总和： （1）$D_m\pi$×0.4mm/m。 （2）消除应力热处理的收缩量（$D_m\pi$×0.3mm/m）

4）装配中的零件允许修正，修正前应先划线，后修割。

5）焊接装配应考虑焊接时焊工操作的难易程度，需制定出最合理的装配顺序。对少量总装后不能焊接与油漆的部位，必须预先进行焊接与油漆。

6）装配过程中要配钻的构件，先组装定位焊，后钻孔，再拆除定位焊，用手提砂轮磨平焊疤后再用螺栓固定。

7）对刚性差的构件，应适当加撑挡或支承工具等工艺加固。

8）对需焊后热处理的构件，若有封闭内腔组件和四周密封焊接的贴合钢板，热处理前需留出气孔（位置），且在热处理后补焊。

9）对刚性差的构件，为了防止运输中变形，焊后应保留刚性支（胎）架。

10）考虑到焊后变形，应采用预防或减少焊接变形的措施。

三、钣金装配注意事项与操作禁忌

1. 钣金装配注意事项

(1) 钣金装配大多属于单件或小批量生产，生产效率低；但若按相似性原则成组生产，可降低成本，提高效率。

(2) 装配过程伴有大量焊接或其他连接加工，焊后变形与矫正量较大。

(3) 不可拆连接多，难以返修，需采取合理的装配方法与装配程序，以减少或避免废品。

(4) 选配、调整与检验工作较多。

(5) 产品体积大、局部刚度低，易变形，必要时要加固。

(6) 大型或特大型产品常要现场装配，应先在厂内试装，试装中宜用可拆卸连接临时代替不可拆卸连接。

2. 钣金装配操作禁忌

装配工序涉及的工种较多，尤其在大型构件装配时，涉及的不安全因素也比较多。因此，对装配的安全操作要求内容也比较多，概括起来，有以下几方面内容：

(1) 认真做好装配场地的准备工作。

(2) 气割所用的乙炔气瓶、氧气瓶，要安放在远离人行道、火源、作业区的指定地点，其安全距离为10m。

(3) 操作者要熟记安全用电常识，使用的电焊机要安全可靠，安放在固定电源附近，一次电缆线长度不得超过3m。

(4) 所有零件、工具和其他辅助设备都要有指定的存放地点，并摆放整齐。不得在通道上作业和摆放物件。

(5) 操作者要学习、掌握吊运的基本知识。工作中要随时检查吊索、夹具、吊具是否完好、安全可靠，不合格的严禁使用。

（6）装配时要根据构件的特点，采用先进的工艺方法，避免零、部件往返运送和过多的翻转构件。

（7）多人进行集体作业时，要分工明确，配合协调，并指定专人指挥作业。

（8）需要登高作业时，要有相应的安全措施。如构件支承牢固、扶梯安全可靠，个人用的安全带等要经严格检查合格方可使用。

（9）操作时应按规定穿戴齐全劳动保护用品。

第二节　钣金装配工艺规程的制定

一、工艺规程基本知识

（一）工艺规程概述

将原材料或半成品转变成产品的方法和过程，称为工艺。

改变生产对象的尺寸、形状、相对位置和性质等，使其成为成品或半成品的过程称为工艺过程。

规定产品或零部件制造工艺过程和操作方法的文件称为工艺文件。工艺文件是指导性技术文件，其作用是指导工人操作、管理生产。

生产中实用的工艺过程的全部内容，是长期生产实践的总结。把工艺过程按一定的格式用文件的形式固定下来，便成为工艺规程。

编制工艺规程的目的在于有计划地组织起稳定、合理、先进的生产秩序，以优质、低耗、少污染或无污染和高效的生产来满足市场需求，参加市场竞争。

工艺规程是一切生产和管理人员必须严格执行的纪律性文件。

（二）工艺规程的作用

工艺规程具有以下主要作用：

(1) 编制工艺规程是生产技术准备的主要内容之一，是组成生产的重要依据，如原材料的采购、工艺装备的设计与制造、生产进度的安排与调度、质量检验的内容和要求等，都可在工艺规程中反映出来。编制合理的工艺规程，可以稳定生产秩序，使生产有序进行。

(2) 对生产过程起技术指导作用。工艺规程中对各工序的操作方法和步骤、关键部位的难点及应注意的事项等，都做了详细的规定，是生产过程中的指导性技术文件。

(3) 内容翔实的工艺规程，不仅可以对操作者提供技术指导，还可对基层生产单位（如车间、班组）计划组织生产、充分利用人力资源和设备能力，起到纲领性的指导作用。

(4) 为保证产品质量提供保证。工艺规程中对各工序的检查方法和要领都有详细规定，有章可循，可有效防止漏检，加强了对生产过程中的质量控制。

(5) 有利于技术进步。通过生产实践，不断改进和完善工艺规程，有利于提高产品的技术水平和质量水平；有利于企业的整体技术进步。

(三) 工艺规程的形式

由于机械产品的结构形式种类繁多，工艺过程差别很大，所以，工艺规程很难有统一的格式。各企业大多都根据本企业的具体情况，如：产品种类、生产类型、技术条件等自行确定。但比较常见的有以下几种。

1. 工艺路线卡

工艺路线卡以工序为单位，说明产品在生产制造的全过程中，所必经的全部工艺过程，是工艺过程中的纲领性文件。工艺路线卡可指导管理人员和技术人员了解产品制造的全过程，以便组织生产和编制工艺文件。工艺路线卡也可使操作者了解前后工序之间的搭配关系，有利于加深对本工序工艺过程的理解。

工艺路线卡可以是单一工种编制，也可跨工种编制。

工艺路线卡通常包含产品的名称、规格、工种、工序和使用的工艺装备、各工序的工时定额等，其格式见表 18-7。

表 18-7　　　　　　　　工艺路线卡

×××××厂工艺处		工艺路线卡				共　页　第　页	
产品名称		产品代号		零部件名称		零部件代号	
序号	作业区	工序名称	工序内容	设备工装	代号	工时	备注
更改记录							
编制	年　月　日	审核	年　月　日	批准	年　月　日	编号	

2. 工艺过程卡

工艺过程卡是以单个零件、部件的制作为对象，详细说明整个工艺过程的工艺文件，是用来指导操作者的具体操作方法，以及帮助管理人员、质量检查人员了解零件加工过程的主要技术文件。工艺过程卡通常包含零件的工艺特性（材料、形状和尺寸大小）、工艺基准的选择、各工步的基本操作方法、所应用的工艺装备以及工时定额等，其格式见表 18-8。

表 18-8　　装配工艺过程卡

<table>
<tr><td rowspan="2"></td><td rowspan="2">装配工艺
过程卡片</td><td>产品型号</td><td></td><td>部件图号</td><td></td><td>共　页</td></tr>
<tr><td>产品名称</td><td></td><td>部件名称</td><td></td><td>第　页</td></tr>
<tr><td>工序号</td><td>工序名称</td><td>工序内容</td><td>装配部门</td><td>设备及工艺装备</td><td>辅助材料</td><td>工时定额/min</td></tr>
<tr><td>(1)</td><td>(2)</td><td>(3)</td><td>(4)</td><td>(5)</td><td>(6)</td><td>(7)</td></tr>
<tr><td></td><td></td><td></td><td></td><td></td><td></td><td></td></tr>
<tr><td></td><td></td><td></td><td></td><td></td><td></td><td></td></tr>
</table>

3. 装配工序卡

装配工序卡片是以工序为单元详细说明组件或部件在某一装配工艺阶段中的工序号、工序名称、工序内容、工艺要点以及采用的工艺装备、辅助材料等。工序卡片一般带有工艺简图。装配工序卡的格式见表 18-9。

4. 典型工艺卡

当批量生产结构相同或相似、规格不一的产品时，逐个规格去编制工艺路线卡和工艺过程卡显然是不科学的，这时可以采用编制典型工艺卡的形式。

典型工艺卡的格式和工艺过程卡类似，其作用和工艺过程卡相同，但典型工艺卡的内容相对于工艺过程卡要简单一些，对每一个工序只强调其工艺过程和使用的工艺装备，量化指标少，也没有工时定额等内容。

5. 工艺规程的其他形式

工艺规程的其他形式主要有工艺过程综合卡、工艺流程图、工艺守则、工艺规范等。

表 18-9　　　　**装配工序卡片**

<table>
<tr><td rowspan="2" colspan="2"></td><td rowspan="2" colspan="2">装配工序卡片</td><td colspan="2">产品型号</td><td colspan="2"></td><td colspan="2">部件图号</td><td></td><td>共　页</td></tr>
<tr><td colspan="2">产品名称</td><td colspan="2"></td><td colspan="2">部件名称</td><td></td><td>第　页</td></tr>
<tr><td>工序号</td><td>(1)</td><td>工序名称</td><td>(2)</td><td>车间</td><td>(3)</td><td>工段</td><td>(4)</td><td>设备</td><td>(5)</td><td>工序工时</td><td>(6)</td></tr>
<tr><td colspan="12">简图（7）</td></tr>
</table>

工序号	工步内容	工艺装备	辅助材料	工时定额/min
(8)	(9)	(10)	(11)	(12)

〔按格式 1〕

(1) 工艺过程综合卡类似工艺路线卡，但比工艺路线卡的内容要细一些，它包括一些跨工种的工艺过程内容。工艺过程综合卡适用于单件、小批量或一次性生产作技术指导文件用。

(2) 工艺流程图是用平面坐标来表达工艺路线的一种形式，其作用也和工艺路线卡相似，但更直观。工艺流程图具有可以平行反映不同部件进度、不同工序关系等特点，常用来作组织生产、协调安排进度的依据。

(3) 工艺守则是工艺纪律性文件。工艺守则详细规定了在生产过程中，有关人员应遵守的工艺纪律。工艺守则通常按工种或工序进行编制，如车工工艺守则、装配钳工工艺守则、钣金工工艺守则等。

（4）工艺规范是对工艺过程中有关技术要求所做的一系列统一规定。工艺规范的作用类似典型工艺过程卡，但内容却十分详细。工艺规范适用于大批量生产、产品单一或工艺过程不变的场合下使用。

二、工艺规程编制原则

工艺规程编制的总原则是：在一定条件下，以最低的成本、最好的质量，可靠地加工出符合图样和技术要求的产品。

编制出的工艺规程首先要能保证产品质量，同时争取最好的经济效益。

工艺规程的编制要从以下三个方面加以注意：

（1）技术上的先进性。在制定工艺规程时，要了解国内外本行业工艺技术的发展方向。通过必要的工艺试验，积极采用适用的先进工艺和工艺装备。

（2）经济上的合理性。在一定的生产条件下，可能会出现几个保证工件技术要求的工艺方案。此时就应考虑全面，通过核算和对比，选择最经济的方案，使生产的成本达到最低。

（3）有良好的劳动条件。编制工艺规程时，要注意保证操作者有良好而安全的操作条件，因此，在工艺方案上要注意采取机械化或自动化措施，将工人从笨重繁杂的体力劳动中解放出来。

三、工艺规程编制步骤

（1）对产品进行工艺性分析。包括熟悉产品性能、使用要求、相互装配关系、关键技术；审查装配图和零件图的工艺性、完备性、先进性、标准化程度，必要时进行符合手续的修正补充。

（2）拟定工艺路线，即确定加工顺序、装配顺序以及方法。必要时还可绘制装配系统图（产品或部件的）与装配次序图。应准备多套方案进行对比选择，互相补充，选择一套最优方案。必要时，还需进行工艺试验加以验证。

（3）选择和设计制造所用设备、夹具（胎具、模具）、工具和辅具。

（4）制定技术要求与检验、试验规范。

（5）确定工时定额、材料定额。

（6）预算成本。

（7）填写工艺文件，如工艺过程卡、工序卡、工艺守则、各种明细表等。工艺文件可以是文字的、表格的、框图的、图文的多种形式，其简繁程度与生产方式、产品复杂程度、生产复杂程度、生产厂的管理习惯等因素有关，例如，单件生产较简单产品，往往只需一些粗略的文字说明即可；而大批生产则应有多种详尽的文件。目前，工艺文件尚未标准式样，各厂家可自行决定。

第三节　钣金装配工艺规程编制实例

一、煤斗构件组装工艺规程的制定

煤斗构件组装工艺规程如下（构件图如图 18-27 所示）：

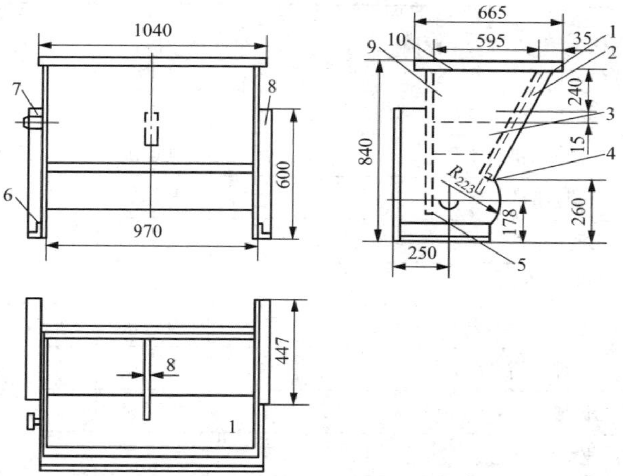

图 18-27　煤头结构图

（1）零件工艺性分析。煤斗共有 10 个零件组成（图上略去零件名称），这 10 个零件都是由 Q235 钢板制成，其制造工艺见表 18-10。

（2）构件工艺性分析。薄板壳体结构，局部刚度较差，焊接时易产生变形。宜采用立装，一次装配成形，以避免装配中的翻身。

可先组装部件再进行总装，以达到增加刚度减少变形的目的。

表 18-10　　煤斗零件的制造工艺

件号	材料	数量	加工工序	件号	材料	数量	加工工序
1	钢板	2	划线、剪切、矫直	6	固定板	1	划线、气割、除渣、划线、钻孔
2	钢板	1	划线、剪切、矫平	7	角钢	2	划线、气割、矫直
3	钢板	1	划线、剪切、矫平	8	钢板	2	划线、剪切、矫平
4	钢板	1	划线、剪切、矫直	9	钢板	2	矫平、划线、气割、矫平
5	钢板	1	划线、剪切、矫平	10	钢板	2	划线、剪切、矫直

（3）组装工艺规程见表 18-11。

表 18-11　　煤斗装配工艺规程

工序号	工序内容	设备	工装	
			名称	图号
1	划线：按图划出零部件定位线			
2	点焊：拼装组件	电焊机		
3	焊接组件	电焊机		
4	矫正组件			
5	拼装划线			
6	点焊：拼装部件	电焊机	平台	
7	点焊：拼装组件	电焊机	销轴	×××
8	焊接	电焊机		
9	检验：焊接质量			
10	矫正			
11	检验			

二、单臂压力机机架的制造与装配工艺

（1）单臂压力机机架的装配构件图。单臂压力机机架的装配，如图 18-28 所示，机架零件的制造工艺见表 18-12。

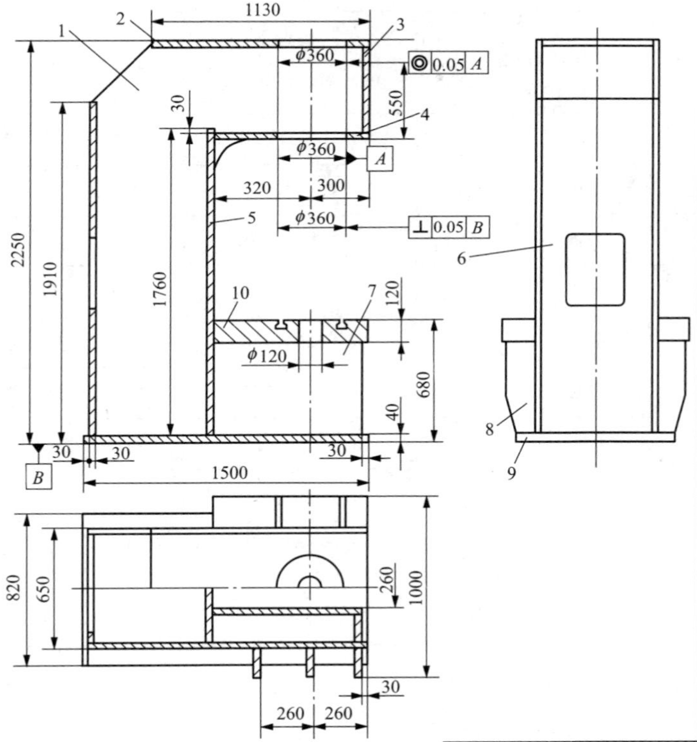

技术要求

1.压力机工作台装配前，应矫正支承板和肋板。

2.必须保证上、下盖板孔的形位公差。

序号	名称	数量	材料
10	工作台	1	Q235
9	底板	1	
8	肋板	6	
7	支承板	2	
6	后盖板	1	
5	前盖板	1	
4	下盖板	1	
3	前盖板	1	
2	上盖板	1	
1	侧板	1	
单臂压力机机架		件数	
		图号	

图 18-28 单臂压力机机架的装配图

表 18-12　　单臂压力机机架零件的制造工艺

序号	名称	材料	数量	零件尺寸/（mm×mm×mm）	加工内容
1	侧板	Q235	2	30×1470×2210	划线、气割、矫正
2	上盖板		1	30×590×1130	划线、气割、矫正
3	前盖板		1	30×490×590	划线、气割、矫正
4	下盖板		1	30×590×620	划线、气割、矫正
5	前盖板		1	30×590×1760	划线、气割、矫正
6	后盖板		1	30×590×1870	划线、气割、矫正
7	支承板		2	30×290×520	划线、气割、矫正
8	肋板		6	30×175×520	划线、气割、矫正
9	底板		1	40×820×1500	划线、气割、矫正
10	工作台		1	120×620×1000	划线、气割、矫正、刨平、划线、钻孔

（2）装配前的准备。

1）熟悉图样。识读图 18-28，对单臂压力机机架进行简单工艺分析，可知压力机机架是由侧板 1、上盖板 2、下盖板 4、前盖板 3 和 5、后盖板 6、支承板 7、肋板 8、底板 9 和工作台 10 共 17 个零件组成，是一种典型的板架结构。在单臂压力机架进行装配时，一定要保证上盖板和下盖板上两圆孔的同轴度、圆孔轴线与机架底面的垂直度，以及工作台面与机架底面的平行度等技术要求。

此外，还可从构件图 18-28 的外形尺寸看出，这种单臂压力机的工作重心位置较高，故采用先卧装后立装的方法，这样能使各零件装配时的稳定性要好一些。

a. 构件长、宽尺寸的分析。图 18-28 中尺寸 1500、1000mm 和 2250mm 为单臂压力机装配后的长、宽和高的尺寸。

b. 工作台装配尺寸的分析。图 18-28 中 680mm 为工作台装配高度的尺寸，装配工作台时除保证高度尺寸外，还应注意工作台 ϕ120mm 孔的中心线与上、下盖板孔中心线的同轴度。

c. 同轴度公差的分析。被测要素（即上盖板孔的中心线）相对基准要素 A（即下盖板孔的中心线）的同轴度公差为 0.05mm，由于位置公差要求较高，所以装配时要特别注意。

d. 垂直度公差的分析。被测要素（即上、下盖板孔的中心线）相对基准要素 B（即底板平面）的垂直度公差为 0.05mm。

2）装配现场的设置。装配现场除设置装配平台、电焊机、气割设备和大锤等外，还应将装配现场设置在起重设备工作的范围内，以便于立装时吊起部件进行装配。

3）检查零件质量。装配前，除核对零件的数量外，还应根据图样尺寸用钢卷尺检查各零件的尺寸，以避免装配后返工。

（3）装配步骤与装配诀窍。

1）卧装技巧。将一块机架侧板平放在装配平台上，划出各零件的定位线后，将各零件按划出的定位线分别装配到侧板上，用 90°角尺校正中间板与侧板的垂直度，以及上、下盖板两个 ϕ360mm 圆孔的同轴度后，再用钢卷尺校正零件间各部尺寸，最后完全定位，如图 18-29（a）所示。

2）装配另一侧板的技巧。将另一侧板吊放至图样要求的位置后，用 90°角尺校正两侧板的装配位置及其平行度，以免因两侧板的错位或不平行而引起构件装配后产生扭曲变形或外形尺寸超差，如图 18-29（b）所示。

3）立装技巧。将底板平放在装配平台上，并划出各零件的位置线后，将卧装部分吊至底板上，按其位置线对正，并用 90°角尺检查各盖板与底面的垂直度，校正后可初步定位，如图 18-30 所示。

4）装配肋板及支承板的技巧。在底板和侧板表面划出支承板及肋板的定位线后，将支承板、肋板按图样要求初步固定，检查无误后，再完全定位并进行焊接。

5）装配工作台的技巧。在装配工作台前，先将构件产生焊接变形的部分矫正，再装配工作台，如图 18-31 所示。

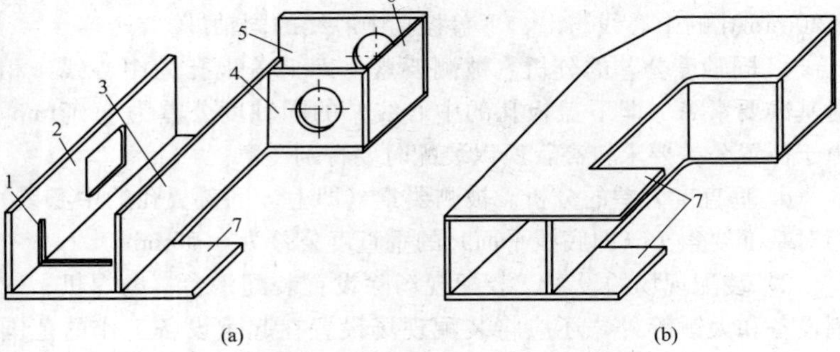

图 18-29 卧装时的校正和定位

1—90°角尺；2—后盖板；3、6—前盖板；

4—下盖板；5—上盖板；7—侧板

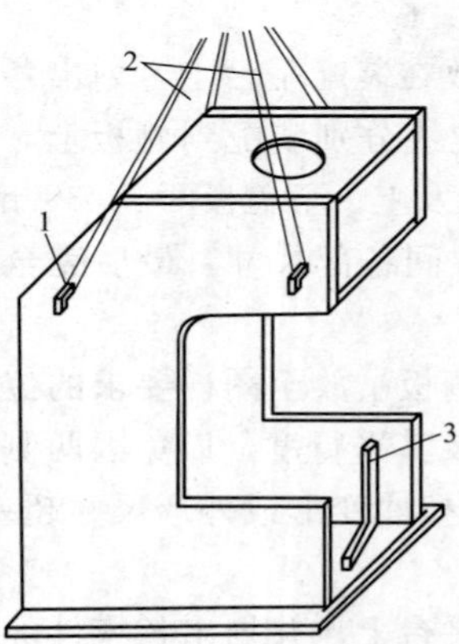

图 18-30 立装时的校正及初步定位

1—挂钩；2—钢丝绳；3—90°角尺

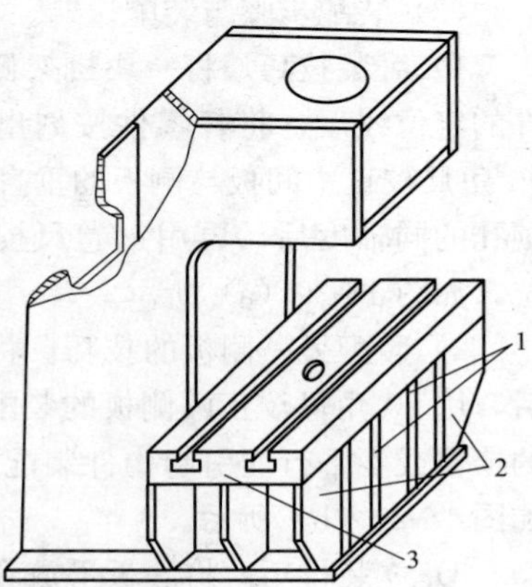

图 18-31 工作台的矫正及定位

1—支承板；2—肋板；3—工作台

由于工作台焊后矫正困难，且要求工作台面与机架底面保持平行，故装配时应使各支承板与工作台的接触面保持水平，另外，工作台定位时，还必须严格检查工作台与底板的平行度，才能初步定位。

6）测量、检查。构件装配结束后，应根据图样要求对构件进行全面质量检查，符合图样要求后，才可进行完全定位。

单臂压力机机架的装配及焊接工艺顺序见表 18-13。

表 18-13　　单臂压力机机架的装配及焊接工艺顺序

序号	名称	简要说明
1	装侧板、上盖板、前盖板、下盖板、后盖板	将侧板平放在装配平台上，划出上盖板、前盖板、下盖板、后盖板的位置线，并按线装配，用 90°角尺检查其垂直度，并定位焊固定，然后装配另一侧板，如图 18-29 所示
2	装肋板、底板、支承板	将底板平放作为基准，并在其上划出侧板、前盖板、后盖板、肋板、支承板的位置线，然后按线装配定位焊，如图 18-31 所示
3	焊接	焊接所有焊缝，焊缝高度不得小于最小板厚
4	热处理	退火处理，以消除焊接应力
5	矫正	消除焊接变形
6	装工作台	将预先已经切割加工好的工作台按图示尺寸装配定位，使工作台台面与底板保持平行，然后定位焊，如图 18-31 所示
7	焊接	焊接所有焊缝，焊缝高度不得小于最小板厚

三、数控机床集屑箱制造工艺规程的编制

（1）集屑箱装配图。如图 18-32 所示。

（2）编制工艺规程前的图样分析。

1）熟悉图样。由图 18-32 分析，可知数控机床集屑箱是由前、后围板 1、2，立板 3，底板 4，内板框 5，外板框 6，搬把 7，搬把

夹 8，板框 9 等零件组成。

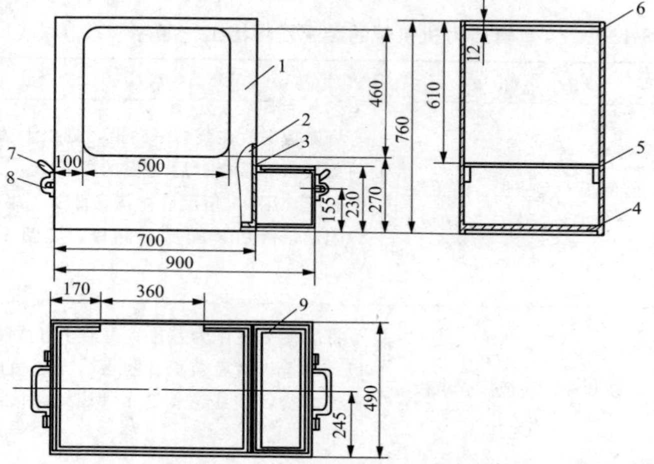

技术要求

集屑箱制造完毕后，应加水试验，检查是否有漏水之处。

序号	名称	数量	材料
9	板框	1	Q235
8	搬把夹	4	
7	搬把	2	
6	外板框	1	
5	内板框	1	
4	底板	1	
3	立板	1	
2	后围板	1	
1	前围板	1	
集屑箱		件数	
		图号	

图 18-32　集屑箱装配图

2）分析集屑箱的结构特点：整个构件由板料围成，所以焊接时要尽可能地减小焊接变形。

（3）编制工艺规程。

1）集屑箱零件的放样工艺卡见表 18-14。

2）集屑箱零件的号料工艺卡见表 18-15。

3）集屑箱零件的制造工艺卡见表 18-16。

4）集屑箱零件的装焊工艺卡见表 18-17。

5）集屑箱制造工艺流程图如图 18-33 所示。

表 18-14　　集屑箱零件的放样工艺卡　　（mm）

序号	零件名称	线性放样	结构放样	展开放样
1	前围板	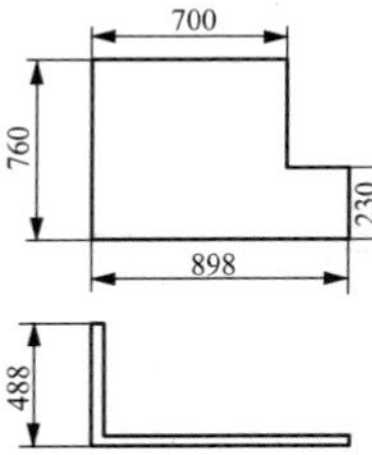700 760 230 898 488	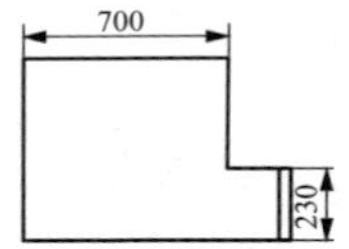700 230	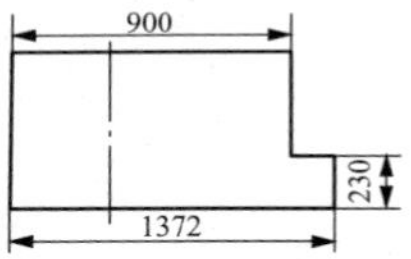900 230 1372
2	后围板		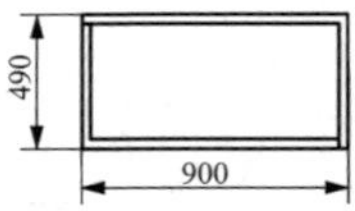490 900	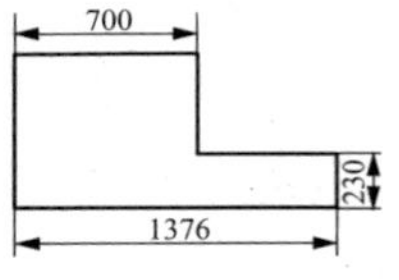700 230 1376
3	立板		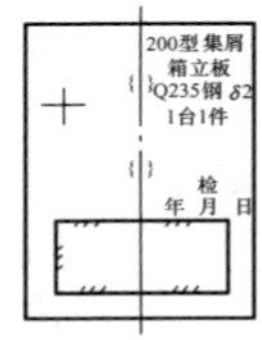200型 集屑 箱立板 Q235钢 δ2 1台1件 检 年 月 日	
4	底板	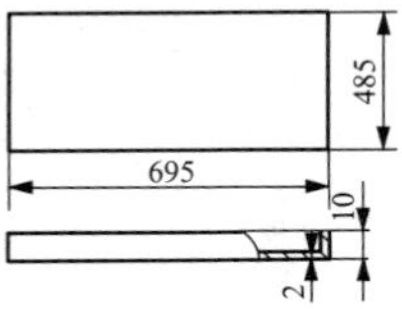485 695 10 2		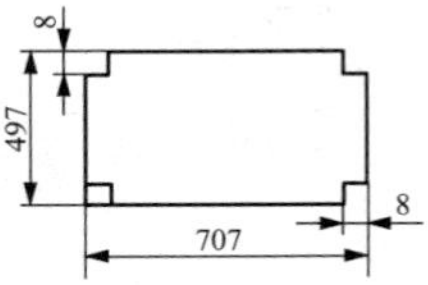8 497 8 707

续表

序号	零件名称	线性放样	结构放样	展开放样
5	内板框	,	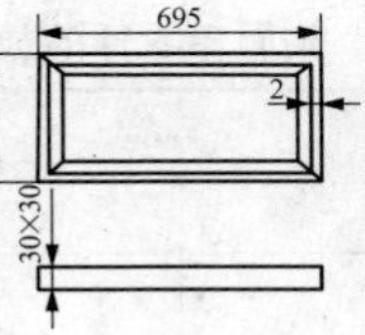	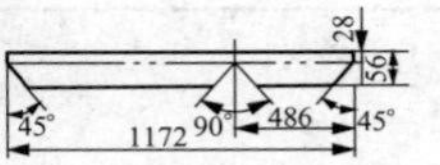
6	外板框		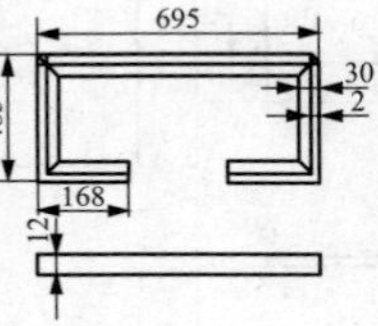	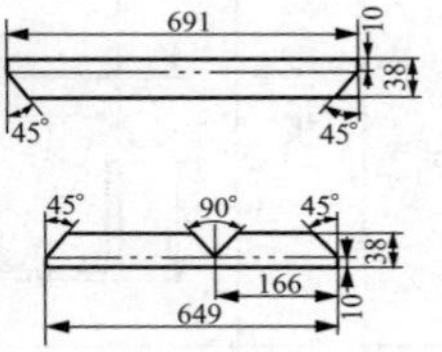
7	搬把		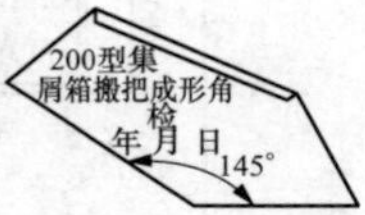	
8	搬把夹			
9	板框		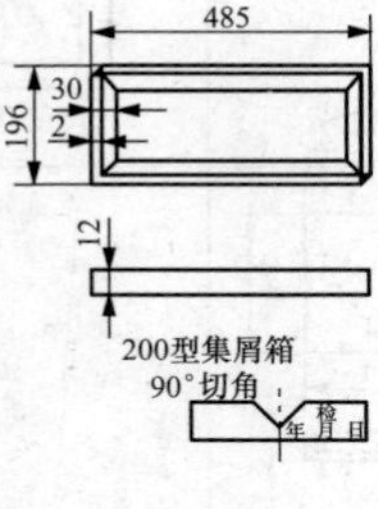	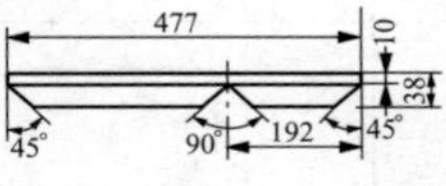

表 18-15　　**集屑箱零件的号料工艺卡**　　（mm）

序号	零件名称	材料	数量	零件尺寸/mm	号料方法
1	前围板		1	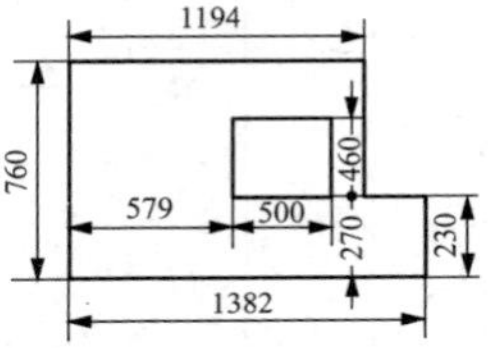	
2	后围板		1	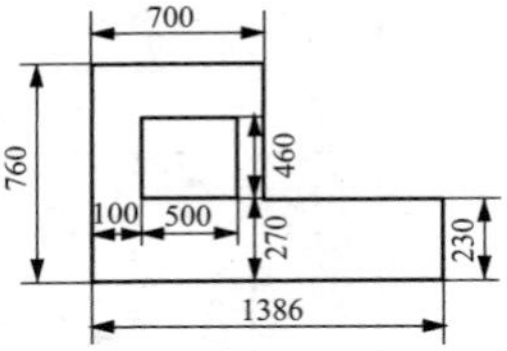	
3	立板	Q235	1	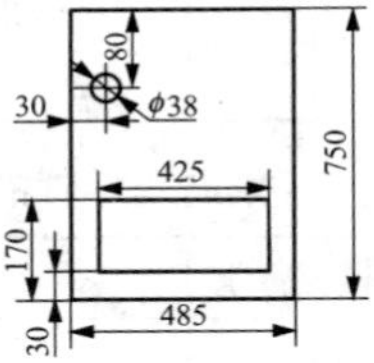	剪切
4	底板		1	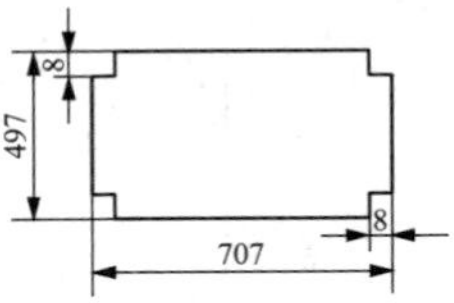	
5	内板框		1	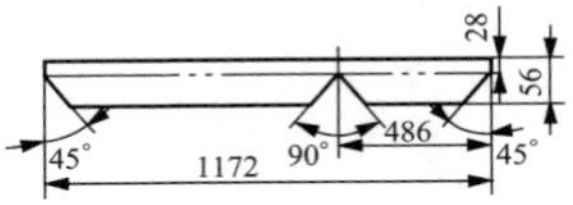	

续表

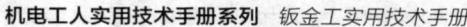

序号	零件名称	材料	数量	零件尺寸/mm	号料方法
6	外板框	Q235	1	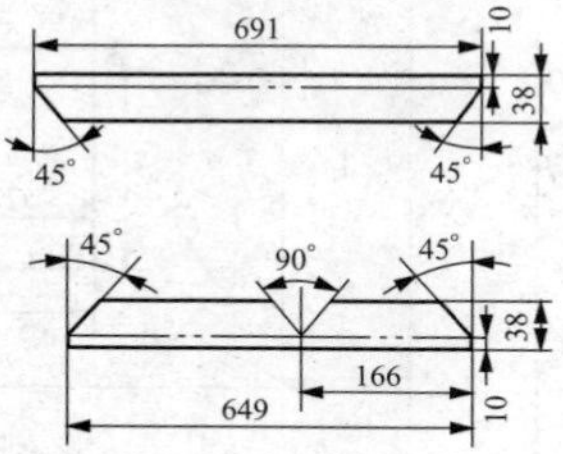	剪切
7	搬把		2	$\phi10\times300$	
8	搬把夹		4	$\delta3\times80\times30$	
9	板框		1	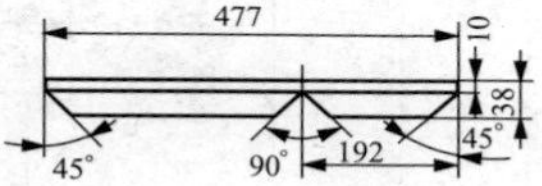	

表 18-16 集屑箱零件的制造工艺卡 (mm)

序号	零件名称	材料	数量	零件尺寸/mm	加工方法
1	前围板	Q235	1	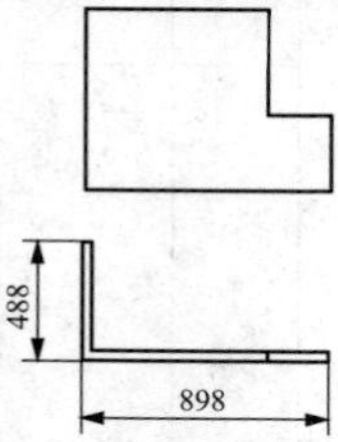	压弯
2	后围板		1	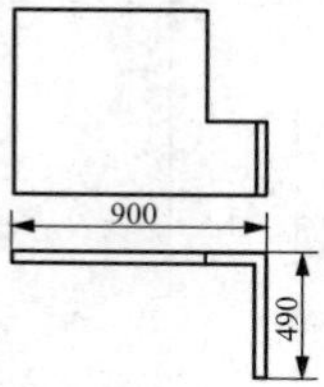	

续表

<table>
<tr><th>序号</th><th>零件名称</th><th>材料</th><th>数量</th><th>零件尺寸/mm</th><th>加工方法</th></tr>
<tr><td>3</td><td>立板</td><td rowspan="5">Q235</td><td>1</td><td>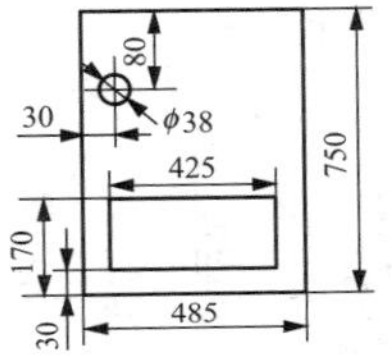
</td><td>钻孔剪刀</td></tr>
<tr><td>4</td><td>底板</td><td>1</td><td>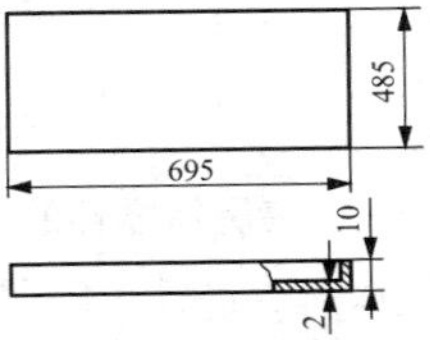
</td><td rowspan="4">压弯</td></tr>
<tr><td>5</td><td>内板框</td><td>2</td><td>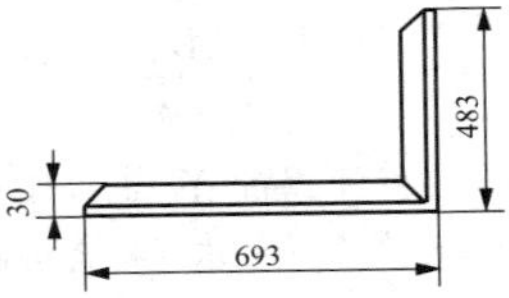
</td></tr>
<tr><td>6</td><td>外板框</td><td>3</td><td>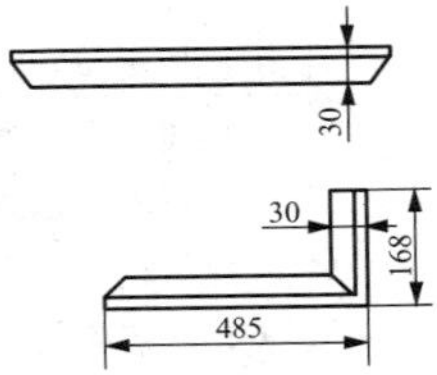
</td></tr>
<tr><td>7</td><td>搬把</td><td>2</td><td>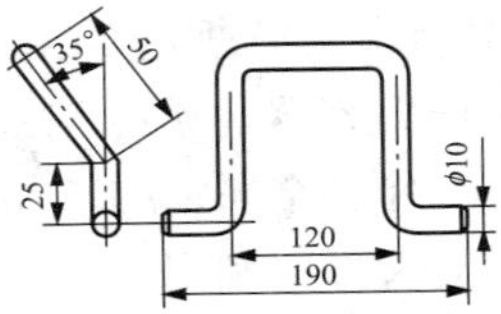
</td></tr>
</table>

续表

序号	零件名称	材料	数量	零件尺寸/mm	加工方法
8	搬把夹	Q235	4	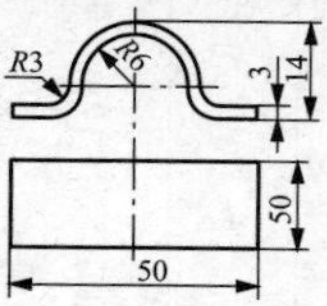	冲压
9	板框		2	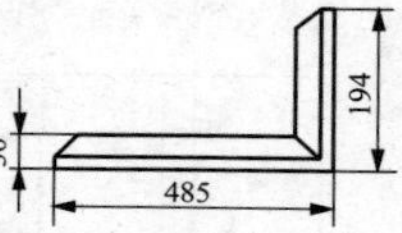	压弯

表 18-17　　集屑箱零件的装焊工艺卡

	序号	零件名称	简要说明
部件装焊	1	板框	先在地样上划出三种板框地样图，并在定位线上放置一定数量的定位挡铁，然后将加工成形的角钢按定位线固定，经校正后，可完全定位并施焊
	2	围板、底板、立板	先将底板放置平台上，装配一面围板，并施焊，再装配另一面围板同样施焊，然后在集屑箱中放置一定量的水，检查是否有漏水现象，若无漏水现象，装配立板，只作初步定位
总装	1	内板框	在围板里面划出板框位置线，将板框打入集屑箱中，按定位线定位
	2	外板框	集屑箱内板框装配结束后，再将前围口板框装配到图样要求的位置
	3	辅件装配	最后在围板表面划出搬手夹位置，先固定一个搬手夹，然后将搬手放入搬手夹中，固定另一搬手夹，便完成整个构件的装配

四、储气罐装配工艺规程的编制

储气罐属于压力容器，是冷作钣金工作场地必备的基础设施，也是冷作钣金工制作的金属结构产品对象之一。对于压力容器的制作和使用，国家有关部门制定了一系列标准和管理条例。在制作和使用时，必须严格执行相关标准和遵守这些管理条例。

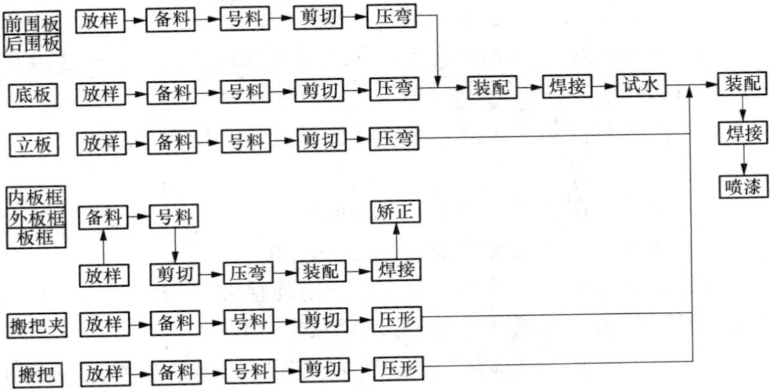

图 18-33　集屑箱制造工艺流程图

图 18-34 所示为一压缩空气储气罐结构图样，压缩空气通过进气管路输入罐内，通过出气管和连接管路输出到工作地点。储气罐在此起到了储藏和稳压作用，同时，利用扩容和离心作用分离出压缩空气中的油和水。

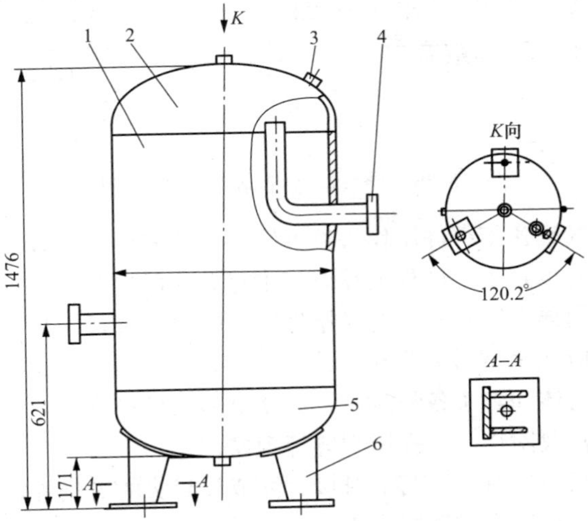

图 18-34　储气罐

1—筒体；2、5—封头；3—阀座；4—法兰；6—支座储气罐由下列一些主要零部件构成：

（1）罐体。由筒体和封头组成，是储气罐的主体，也是主要的受压部件。

（2）进、出气管。由插管和连接法兰构成，用于连通进、出气管路。

（3）支座。用于支承和安装固定储气罐整体。

（4）阀座。用于安装安全阀、压力表和排污阀。

（5）入孔组件。由盖板、把手、固定连接装置构成，用于制作和检修时操作者出入罐体的通道。小型储气罐也可不设。

图 18-35 所示是制造储气罐的工艺流程图，通过工作流程图可以简要了解储气罐的加工制造工艺过程。

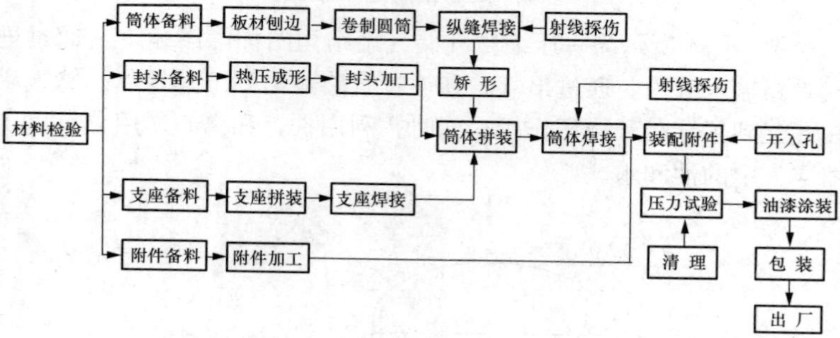

图 18-35 储气罐加工制造工艺流程图

以储气罐各零部件制作为例，简要介绍制造压力容器应注意的事项，同时也是工艺规程编写时应重点关注的内容。

（1）图样上所有标注的受压件必须按要求进行材料检验，在各道工序还应注意材料标注和移植。

（2）筒体和封头备料时，要注意材料的拼接位置，防止出现焊缝距离超标及附件、开孔压焊缝等现象。

（3）板与板对接、筒节对接、筒节与封头的对接等，要严格控制错边量在标准要求范围之内。

（4）冷作作用的焊接材料要符合该产品焊接工艺规程的规定。

简单筒体制作的冷作工艺过程卡见表 18-18。储气罐的冷作装配工艺过程卡见表 18-19。

表 18-18　　筒体制作冷作工艺过程卡

×××××厂工艺处		（冷作）工艺过程卡				共　页　第　页	
产品名称	储气罐	产品代号	××××	零部件名称	筒体	零部件代号	××××
序号	作业区	工序名称	工序内容	设备工装	型号编号	工时	备注
1	冷作车间	剪切	按展开尺寸×××××剪切，在规定位置打上材料标记钢印。检后转序	剪板机	××××		材质证明齐全
2	加工车间	刨边	按图样刨削焊接坡口。检后转序	龙门刨	××××		
3	冷作车间	弯曲	卷制圆筒	滚板机卡样板	××××		
4	焊接车间	焊接	焊接圆筒纵缝。检后转序	焊机	××××		焊接规范××××
5	冷作车间	矫形	矫正单节圆筒。检后转序	卡样板			
6	射线室	检测	按图样规定进行射线检测。合格后转序	射线探伤机	××××		出具探伤报告
7							
8							
更改记录							
编制	年　月　日	审核	年　月　日	批准	年　月　日	编号	

表 18-19　　　储气罐制作冷作装配工艺过程卡

×××××厂工艺处			(冷作装配)工艺过程卡			共　页　第　页	
产品名称	储气罐	产品代号	××××	零部件名称		零部件代号	
序号	作业区	工序名称	工序内容	设备工装	编号	工时	备注
1	冷作车间	装配	按图样拼接筒节、封头。注意所有纵缝和开孔位置。检后转序	拼装轮架	××××		附材质证明、探伤报告
2	焊接车间	焊接	环缝焊接。检后转序	焊机	××××		焊接规范××××
3	射线室	检测	按图样要求进行射线检测	射线探伤机	××××		出具探伤报告
4	冷作车间	装配	配装支座，注意其方位和其他接管的位置				
5			配装所有接管、阀座。检后转序				
6	焊接车间	焊接	焊接所有附件	焊机			焊接规范××××
7	冷作车间		全面修磨、清理，终检				
8							
更改记录							
编制　年　月　日		审核　年　月　日		批准　年　月　日		编号	

五、桥式起重机主梁装配工艺规程的编制

桥式起重机是一种循环、间歇运动机械，其运动形式为小车纵向运动、大车横向运动构成的平面运动。负荷通过吊索—小车—主

梁和装在主梁两端端梁上的行走轮，作用于悬臂装有轨道梁的厂房立柱上。

桥式起重机的主要承重构件是起重机桥架，桥架又分单梁和双梁两种。在跨度较大、承重较重的场合，又多采用箱形双梁结构。

下面主要以桥式起重机箱形主梁的制作工艺过程为例编制工艺规程。

1. 箱形主梁的结构特点和主要技术要求

图 18-36 所示为起重质量 15t、跨度 22.5m 的箱形主梁结构。主梁的截面呈箱形，由箱体主体上、下盖板 1、2 和两块腹板 3 构成。内部有起加强和稳定薄壁作用的长、短肋板 4 和 5 以及两行水平角钢 6、7。长肋板的上面和左右侧面分别与上盖板和腹板焊接在一起，肋板的下面与下盖板间留有一定的间隙，以使主梁工作时能够自由地向下弯曲。上边一行水平角钢除与短肋板焊接外，还要与腹板焊接。下边一行角钢仅与腹板焊接。两行角钢的装配方向不同。主梁上下盖板的厚度均为 8mm。

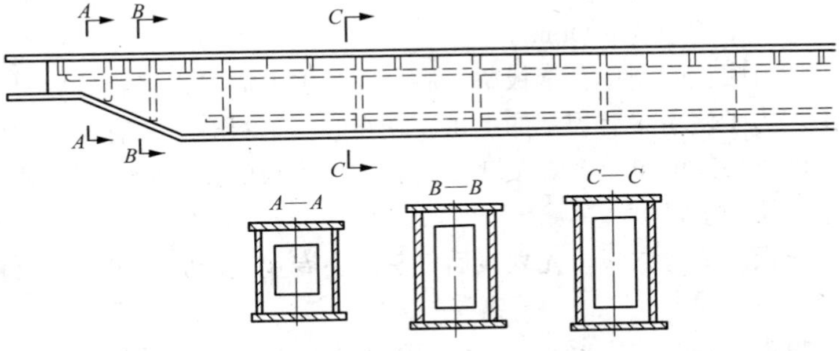

图 18-36　箱形主梁结构图

箱形主梁的主要技术要求如下：

（1）主梁的长度公差：跨度 $L\pm 8$mm。

（2）主梁上拱度：$F\leqslant L/1000$。

（3）主梁旁弯：$F'\leqslant L/2000$（只能弯向走台一侧）。

（4）主梁扭曲：以第一块长肋板的上盖板为准$\leqslant$3mm。

（5）主梁腹板平面度：在1m长度内允许的最大波峰值，对受压区为0.7δ；受拉区为1.2δ（δ为腹板厚度）。

（6）主梁盖板水平倾斜度：$\leqslant B/250$（B为盖板宽度）。

（7）主梁腹板垂直倾斜度：$\leqslant H/200$（H为盖板高度）。

2. 主梁各主要构件的制作工艺过程和要求

（1）盖板的制作。板厚小于8mm的盖板，应先将钢板矫正，对接拼焊至要求的长度，再划线、气割。对接可采用单面焊双面成形工艺，可省掉开坡口和焊后翻面的麻烦。对接拼焊时应留有一定间隙，板厚小于8mm时间隙为2.5～3mm；板厚大于8mm时间隙为3～4mm。焊接应无缺陷。

板厚大于8mm的盖板，应先下料气割成要求的宽度，再在长度方向上对接拼焊而成。

上、下盖板气割或拼接时，可事先预制成一定的旁弯度。预制旁弯度的值应大于技术条件的规定，一般小于$L/1300$（L为跨度）。但也有不预制旁弯度的，等待装配焊接时使其形成一定的旁弯。

盖板对接后在长度方向应放出一定的工艺余量，上盖板为200mm，下盖板为400mm。

（2）腹板的制作。钢板矫平后，在长度方向先拼接，然后对称气割。为了使主梁有规定的上拱度，在腹板下料时必须有相应的侧弯。由于桥架的自重及焊接变形的影响，腹板的预制侧弯量应适当大于主梁的上拱度。

腹板的侧弯曲线可先划线后气割。在专业生产时也可应用靠模气割。

腹板下料时，应留有$1.05L/1000$的余量，中心两侧2m内不应有接头。同时，要和上下盖板综合考虑，防止焊接集中。

（3）肋板的制作。肋板多为长方形，有长肋板和短肋板之分，长肋板中部开有长方形的减重孔。

下料时，肋板的宽度尺寸取负公差，只能小不能大。长度尺寸可取自由公差。

肋板的四角应保证90°，尤其是肋板与上盖板连接处的两角更应严格保持直角，以使装配后主梁的腹板与上盖板垂直，保证主梁在长度方向不会发生扭曲变形。

3. 箱形主梁的装配

（1）装配肋板。将上盖板平放在平台上作装配基准，在上盖板划出长、短肋板的位置线，同时划出两腹板的位置线。

装配大小肋板，保证两侧平齐，肋板与盖板的垂直度用 90°角尺检验。

肋板焊接后，上盖板会产生一定的波浪变形和翘曲变形。对于波浪变形应加以矫形，对于长度方向上的翘曲变形，可利用其作为箱形梁的上拱度。

（2）装配水平角钢及腹板。将水平角钢装配点焊在小肋板上，将腹板吊装在上盖板上，用夹具将腹板临时固定，如图 18-37（a）所示。调整腹板的位置，使其紧靠肋板，装配时可用 Π 形专用工具和撬杠，如图 18-37（b）所示。定位焊应两面同时进行。

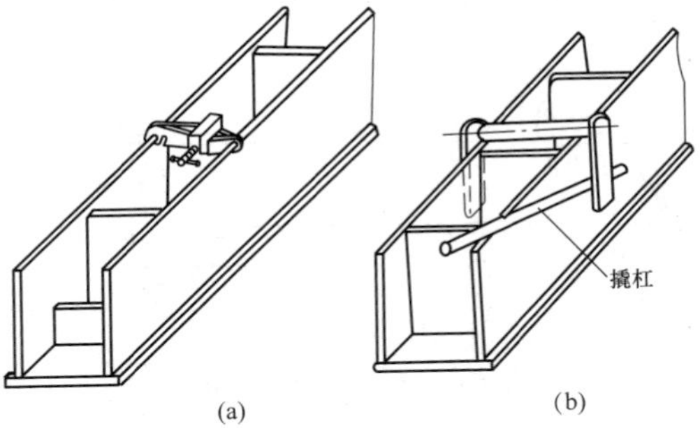

图 18-37　装配箱形主梁腹板

（a）用夹具固定腹板；（b）调整腹板间隙

（3）装配腹板上的补强角钢。腹板装配后，接着装配补强角钢，角钢要预先矫直。装配时，在与腹板接触处先点焊，对于间隙较大处可用斜支承抵住，使缝隙减小，再施定位焊。

（4）焊接。腹板、肋板与补强角钢安装后，可对内部焊缝进行焊接。焊接时应考虑梁的旁弯，若旁弯过大，应先焊拱出对面。焊接时，可将梁卧置于两支座上，从中间开始向两边对称焊接，焊好一面后，再翻转焊另一面。如图 18-38 所示。

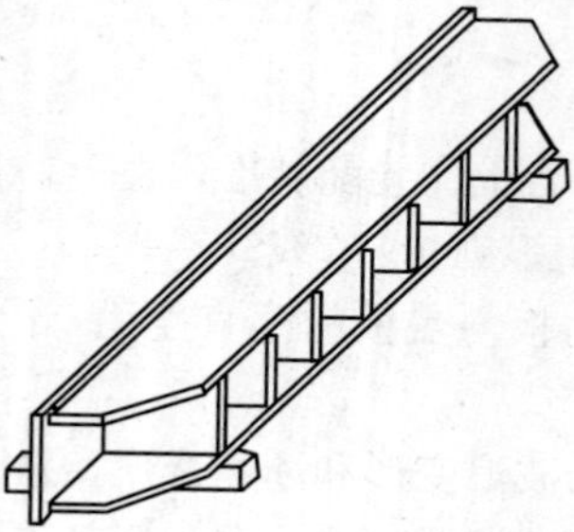

图 18-38 半成品梁的施焊位置

焊后应检查梁的旁弯和变形，若超差则应进行矫形。

(5) 装配下盖板。下盖板的装配关系到主梁的最后成形质量。拼装前，由于盖板的长宽比较大，其上拱度可不用预制，但在折弯处应事先压制成形。拼装时，将下盖板垫放在平台上，在下盖板上划出腹板线，将半成品梁吊装在下盖板上，两端用双头螺杆将其压紧固定，如图 18-39 所示。

用水平尺和线锤检验梁的中部和两端的水平、垂直度和拱度，如有倾斜或扭曲时，应进行调整，调整后从中间向两端、两面同时进行定位焊。

主梁两端弯头处的下盖板可借助起重机的拉力进行装配点焊。

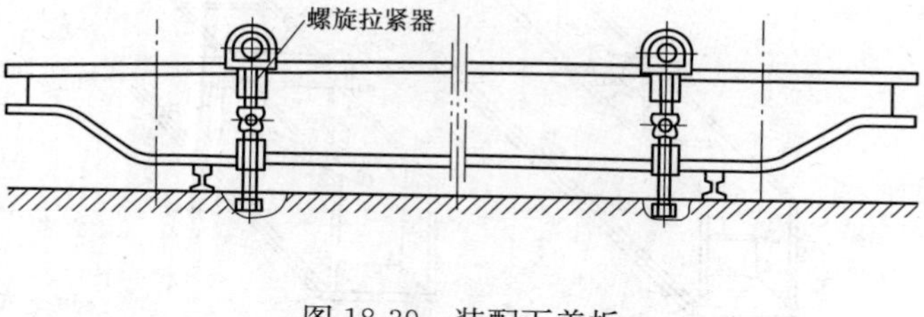

图 18-39 装配下盖板

(6) 整体焊接。主梁有四条焊缝，焊接顺序由拱度和旁弯的情况而定。

当拱度不够时，应先焊下盖板左右两条纵焊缝，从中间开始向两边对称焊接。拱度过大时，应先焊上盖板左右两条纵焊缝。旁弯过大时应先焊外侧焊缝，旁弯过小时应先焊内侧焊缝。

4. 主梁整形

主梁焊接完成后，按图样要求进行矫形和清理，完成箱形主梁的制作。箱形主梁的冷作装配工艺过程卡见表 18-20。

表 18-20　　箱形主梁冷作装配工艺过程卡

×××××厂工艺处			(冷作装配)工艺过程卡			共　页　第　页	
产品名称	桥式起重机	产品代号	×××××	零部件名称	箱形主梁	零部件代号	×××××
序号	作业区	工序名称	工序内容	工装名称	工装代号	工时	备注
1	冷作车间	装配	1. 在上盖板上划出肋板、腹板的位置线 2. 装配肋板,注意两端平齐 3. 装配水平角钢,点焊在短肋板上 4. 装配腹板,注意靠紧肋板 5. 装配补强角钢,注意与腹板间的间隙检后转焊接	专用夹具	×××		
2	冷作车间	矫形	焊后转回,矫形				
3	冷作车间	装配	1. 在下盖板上划出腹板位置线 2. 将主梁半成品吊放至下盖板上,夹紧 3. 检查无误后,由中间向两端,两面同时施定位焊	专用夹具	×××		
更改记录							
编制	年　月　日	审核	年　月　日	批准	年　月　日	编号	

六、通风机装配工艺规程的编制

风机是一种通用机械设备,在国民经济各领域的应用都较为广泛,如石油化工、采矿、电力、冶炼、建筑等。由于风机的主要结构是由钢板制造的,所以风机也是一种比较典型的钣金冷作结构产品。

图 18-40 所示为 4-73 型(№16)离心通风机,其主要结构由风箱 1、叶轮 2、进风口 3、轴承座 4 和调节门 5 构成。

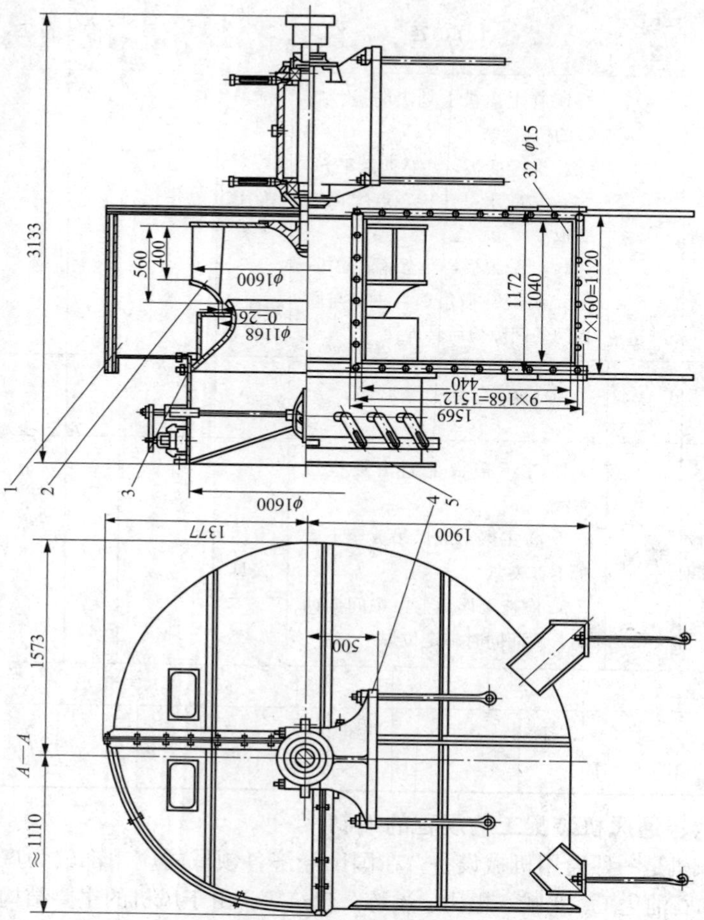

图 18-40 4-73 型离心通风机

1—风箱；2—叶轮；3—进风口；4—轴承座；5—调节门

1. 风箱制作

风箱是风机的主体，内部装有叶轮，设有进风口。风箱的特殊形状可以使旋转叶轮产生的气流扩散，使输出压力稳定，同时，通过不同风箱角度的设置，还可得到不同的出风方向，以适应各种不同场合的应用。

风箱主要由前侧板 11、后侧板 4、2 和蜗壳板 9、7 组成，如图 18-41 所示。

前侧板开有大孔，用来安装进风口；后侧板开有小孔用来悬挂安装叶轮。前、后侧板的轮廓均基于阿基米德螺旋线而形成，由此决定了风箱的形状。根据风机的大小，前后侧板上适当设置有补强角钢。

蜗壳板沿侧板外侧连接，构成封闭风箱。在蜗壳板一端和侧板外缘，形成出风口，由带孔的出风口框 12 和风管道连接。蜗壳板在螺旋线的起始处和出风口连接的一段，形成独立的舌板 13。

由后侧板的一部分活动侧板 2 和相应位置的活动蜗壳板 7，通过对口角钢 1 和 3，构成了风箱的可拆卸部分，用来装卸叶轮和实施检修。

如图 18-42 为 4-73 型离心通风机风箱制作的工艺流程图。通过阅读工艺流程图中各件的工艺过程，应能很容易地编写出各零件的工艺过程卡。

2. 叶轮制作

叶轮是风机的重要部件，风机运转是否平稳，效率是否符合要求，主要取决于叶轮的制作质量。所以，在叶轮的制作过程中，工艺规范的制定和能否得到正确的贯彻实施显得尤其重要。同时，出于特殊要求，还要采取一些特殊的检验手段，如静平衡、动平衡、无损探伤等。

图 18-43 所示为 4-72 型离心通风机的叶轮结构图，由前盘 1、后盘 3、叶片 2 和轴盘 4 构成。其中，除轴盘是由铸件经加工制成外，其余均用钢板制成。

图 18-44 所示为 4-72 型离心通风机的叶轮制作的工艺流程图。

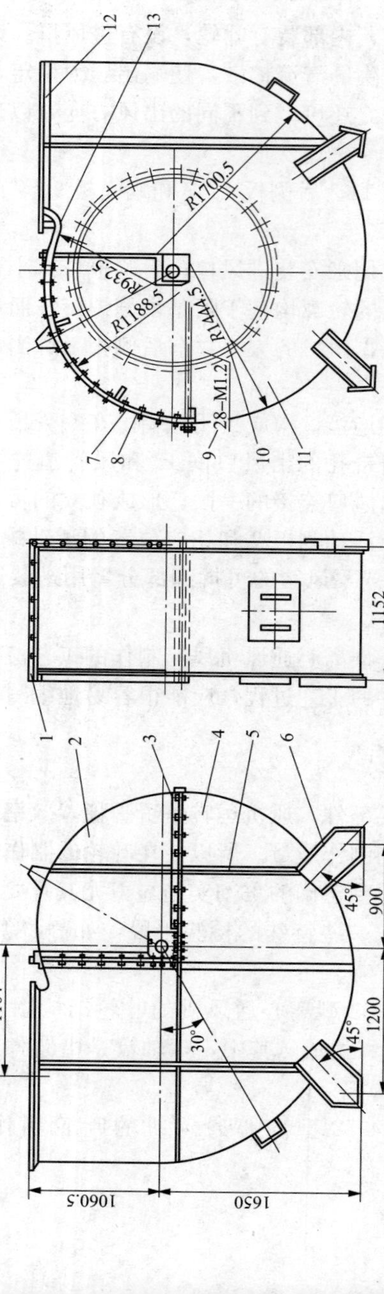

图 18-41 4-73 型离心通风机风箱

1、3、5—角钢；2、4—后侧板；6—槽钢支承脚；7、9—蜗壳板；

8—盖板；10—补强圈；11—前侧板；12—出风口框；13—舌板

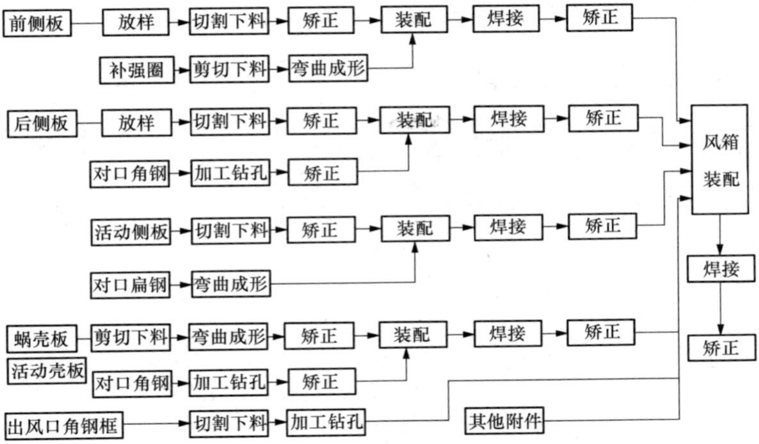

图 18-42　风箱制作流程图

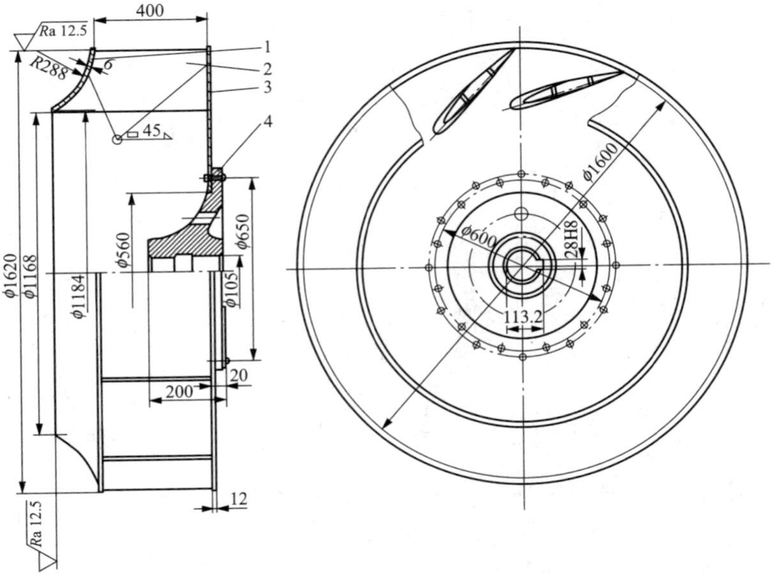

图 18-43　4-73 型离心通风机叶轮结构图

1—前盘；2—叶片；3—后盘；4—轴盘

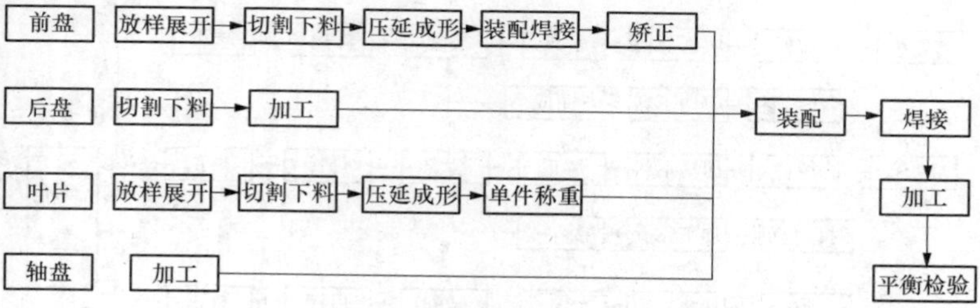

图 18-44　离心通风机叶轮制作工艺流程图

3. 进风口制作

进风口装在风箱的前侧板上，其作用是导流气体进入叶轮。为了减少气体流动损失，进风口的截面为圆滑收缩的喇叭中状。进风口的大口与调节门连接，小口与叶轮的进口端相对。

进风口由进风口筒板 4、挡圈 3、整流筒板 2、槽形法兰圈 1 共 4 个零件组成，如图 18-45 所示。现在通过分析结构和各零件的制作工艺过程进行工艺规程的编制。

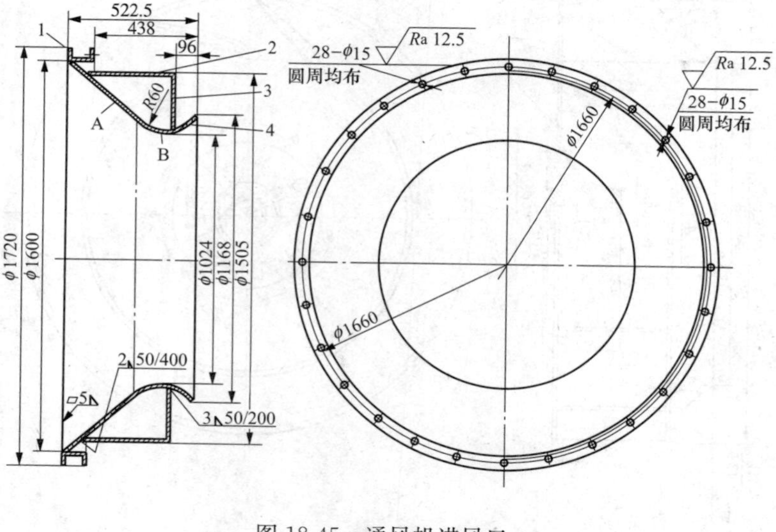

图 18-45　通风机进风口

1—槽形法兰圈；2—整流筒板；3—挡圈；4—进风口筒板

（1）进风口筒板。进风口筒板由锥形筒翻边而成，为了制造方便，可将此件分为A、B两件。制作此件需经放样展开、下料、弯曲、拼接、压弧、整形等几道工序。

1）A件按正圆锥截得的大小口进行展开、下料，本例由三块板料拼按而成，接缝要平齐，错边量要限制在规定的公差范围之内。

2）卷制锥形筒如图18-46所示。焊后矫形，用卡样板检查大小口径。小口直径由放出的实样中得到。

3）B件按圆柱侧表面展开、下料，本例整件由四块料拼接而成。

4）分段冷压双向圆弧，用卡样板检查。

5）拼装B件，如图18-46（b）所示。焊后矫形。

6）装配A、B两件，控制高度，如图18-46（c）所示。

7）焊后矫形，完成进风口筒板的制作。

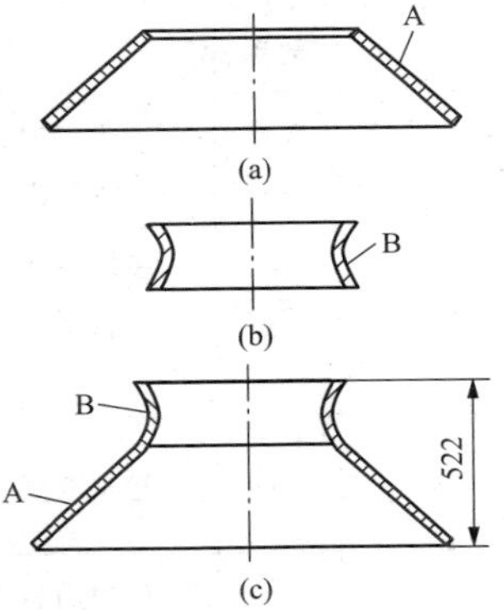

图18-46　通风机进风口筒板的制作

进风口筒板的典型工艺过程卡见表18-21。

（2）挡圈。挡圈呈圆环状，外径已给出，内径在进风口实样中截取。挡圈经下料、切割、平料就可成形了，装配工艺要求将其制成1/2。

（3）整流筒板。直径由图样给出，高度也需在进风口实样中截取。经过下料、拼接、弯曲、焊后整形等工序。

（4）槽形法兰圈。经过下料、压形、焊后整形等工序。

（5）进风口装配。

1）将法兰圈平放在平台上作装配基准，装入进风口筒板，控制两件的同轴度，检查无误后点焊固定。

2）在进风口筒板上划出整流筒板的位置线，定位整流筒板。

3）在进风口筒板上划出挡圈的位置线，定位挡圈，检查无误后与整流筒板实施点焊固定。

4）交检。合格后转入焊接工序。

5）焊后矫形、交检，完成进风口装配。

表 18-21　　进风口筒板的典型工艺过程卡

×××××厂工艺处			(冷作)典型工艺过程卡			共　页　第　页	
产品名称	Y4-Y3离心通风机	产品代号	××××	零部件名称	进风口筒板	零部件代号	
序号	作业区	工序名称	工序内容	设备工装	代号	工时	备注
1	冷作车间	放样展开	详见放样展开工艺。放样时制取锥筒大、小口卡样板				
2		拼接	拼接A坯料，拼接前应对钢板进行矫平，拼接时注意对口错边	平尺			
3		弯曲	卷制锥筒	三轴卷板机	××××		
4		矫形	对焊后锥筒进行矫形，控制大、小口直径	卡样板			
5		压弯	单件压制B件成形，控制双向压弯半径	液压机卡样板	××××		
6		拼接	拼装B件成形，控制内、外口直径	卡样板			
7		拼装	拼装A、B两件为一体，控制整体高度				
8		矫形	对筒板进行焊后矫形	卡样板			
9							
更改记录							
编制	年　月　日	审核	年　月　日	批准	年　月　日	编号	

进风口装配典型工艺过程卡见表18-22。

表18-22　　进风口装配工艺过程卡

×××××厂工艺处			(冷作)典型工艺过程卡			共　页	第　页
产品名称	Y4-Y3离心通风机	产品代号	××××	零部件名称	进风口	零部件代号	
序号	作业区	工序名称	工序内容	工装设备	编号	工时	备注
1	冷作车间	装配	定位法兰圈在平台上作装配基准				
2			装入进风口筒板，控制两件的同轴度，无误后实施定位焊	弧焊变压器			
3			在进风口筒板上划出整流筒板的位置线，定位整流筒板				
4			在进风口筒板上划出挡圈的位置线，定位挡板				
5			检查挡圈和整流筒板，无误后一起实施定位焊	弧焊变压器			
6			交检，合格后转焊接				
7			焊后矫形、交检，完成进风口装配				
8							
9							
更改记录							
编制	年　月　日	审核	年　月　日	批准	年　月　日	编号	

第四节 钣金产品装配制造实例

一、冷作钣金件结构图样的识图

图样是沟通设计者和制造者之间的桥梁，是制造过程中的重要技术文件。冷作钣金件结构图样是机械加工图样中较复杂的一种。

由于冷作结构有别于其他结构，因此掌握冷作结构及其图样的特点，是读懂设计图样，保证顺利进行放样展开和装配工作的基础。

（一）冷作钣金结构件的特点

（1）冷作结构件的制作过程相对机械加工的机件制造过程来说，要求的加工精度较低，一般不需要加工，或者是为加工前做准备工作。

（2）冷作结构件所用的材料多数是板材和各种不同种类、不同规格的型材。所用材料的材质大多是焊接性能较好的低碳钢。

（3）冷作结构一般都是不可拆卸的永久性连接，只有特殊的组、部件之间是用螺栓连接的。

（4）组成冷作结构的零件数量较多。

（5）冷作结构多用于设备、机器的外露表面或使用在自然环境中。因此，这种结构都要进行防腐蚀处理。

（6）有些冷作结构件的外形尺寸比较大、几何形状比较复杂。因此，制作冷作结构件的工艺较为复杂。

（7）冷作结构件的焊接工作量较大。

（二）冷作钣金结构图的特点

基于冷作结构的种种特点，绘制出的冷作结构图也比较复杂，冷结构装配图样也是机械图样中比较复杂的一种。其特点如下：

（1）冷作结构装配图的图样幅面较大，图中所表达的组、部件和零件也比较多，而单件图较少。

（2）冷作结构装配图中所表达的零部件的形状有时很不规则，视图也比较复杂。要从图中找出每一件的几何形状、尺寸大小也比较困难。

(3) 冷作结构图中部分零部件不能直接从图中给定的尺寸下料，还需进行放样展开；所以相贯线、截交线较多，也是比较难以绘制和读懂的。

(4) 由于冷作结构件中组、部件较多，单单用几个基本视图是不能完整地表达清楚零件之间的相互关系的；所以必须经常借助于许多辅助视图、局部放大视图来帮助看图。

(5) 冷作结构图中经常用到一些简便画法和特殊画法，如轴测方式画管路图等。

(6) 目前，焊接是冷作结构的主要连接方式，图中焊接符号特别多。

(三) 识图钣金图样的方法和步骤

若对一张冷作钣金图样进行认真识读，通常应按以下的方法和步骤进行：

1. 通读

(1) 通过标题栏了解构件的名称和用途。

(2) 通过图样的主要视图了解构件的大致轮廓，形成一个整体的概念。

(3) 通过明细表结合图样，了解构件的组件、部件或主要零件的基本概况。

(4) 结合技术要求了解构件的制造要求和制造特点。

2. 详读

(1) 通过多方位的视图，结合明细表和技术要求，对主要组件、部件或主要零件进行进一步的详细研读。包括其形状、尺寸、结构特点、相互间的连接关系等。

(2) 如果有部件图，应对部件图进行详细阅读；如果有装配工艺等指导性文件，应结合图样和技术文件进行详细的分析。

通常，在经过详读后，对图样了解后便可进行下一步工作了。

3. 细读

按明细表顺序对每一个零件进行图—表对应的研读，要清楚每一件的形状、尺寸、材料、位置以及相互间的连接关系等。

特别要强调的是：识读零件图样是冷作钣金工必须掌握的基本

技能，首先必须读懂图样、明确要求，然后才能开始实施放样展开或装配操作。切忌在未读懂图样就盲目地动手操作，以免使工作无法正常地进行下去。

总之，由于冷作结构的复杂性，因此决定了冷作结构图的复杂程度。要想熟练地、准确地读懂冷作结构图，除了要掌握机械制图的基本知识外，还需要通过大量实践，不断增强三维空间概念，积累经验，才能提高识读图样的水平。

二、典型钣金结构件的装配

（一）钢板拼接

钢板的拼接是冷作结构制造中基本的操作。不管是板材结构还是板材—型钢混合结构，都需要进行这种操作。

1. 厚钢板拼接

图 18-47 所示为普通厚钢板的拼接。拼接前要对钢板的平面度进行检查，合格后方可进行拼接。

拼接钢板多在平台上进行，对于经矫平后的钢板，可以在平台上直接进行对接。

由于是厚钢板拼接，开坡口焊接是必需的，而焊后可能产生的变形，也是在拼接钢板时要必须加以考虑的。

图 18-47（a）所示是焊缝开双面对称坡口（双面 K 形、V 形或 U 形）时的对接情形，采用平面对接。只要合理地安排双面交替焊接的顺序，便可有效地抵消焊接产生的收缩变形。

图 18-47（b）所示是焊缝开单面对称坡口时的对接情形，采用的是预留变形量的对接。由于影响焊接变形的因素很多，如钢板的幅面、坡口的大小、焊接参数等都可能影响到变形的大小，所以预留的变形量要因零件而异。

冷作工在拼接钢板时要实施定位焊，定位焊缝的数量、大小、间距也要因零件而异。通常定位焊的焊缝长为 20～35mm，间隔为 200～350mm。

厚板拼接的其他注意事项：

（1）要严格按照工艺文件执行。包括焊机、焊接材料的选择，焊接参数的确定等。

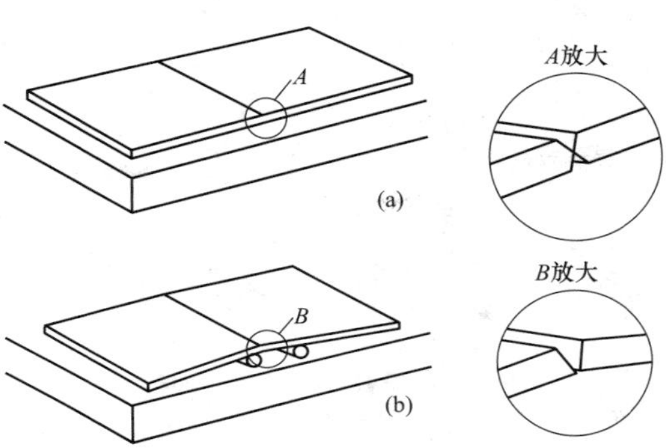

图 18-47　厚钢板拼接

（a）平面对接；（b）预留变形量对接

（2）对于可能要吊动转序的构件，要保证定位焊的强度。

（3）如果采用的是自动焊，要注意定位焊缝的高度，防止影响焊接质量。

（4）为了保证焊缝两端的焊接质量，要按照规定设置引弧板和息弧板。

2. 薄钢板拼接

由于不开坡口，薄钢板的拼接相对于厚钢板的拼接要简单一些。

薄钢板拼接的焊缝大多采用双面焊，引起对接钢板角变形的可能相对比较小。但由于薄钢板的刚性差，容易引起波浪变形，这可以在施焊时采取措施加以控制，如采用刚性固定、分段焊接等。

薄钢板拼接的注意事项除了不需设置引弧板、息弧板外，其他与厚钢板拼接的注意事项类似。

（二）T 形钣金构件的装配

T 形构件是冷作结构件的基本结构形式之一，由于两块板呈 T 形排列、相互制约，因而使得结构本身具有一定的抵抗变形的能力。但由于结构简单，抵抗变形的能力有限，焊接后容易引起变形，特别是翼板的角变形。

1. 划线装配

在小批量或单件生产时，T 形构件的装配一般采用划线装配法，如图 18-48 所示。

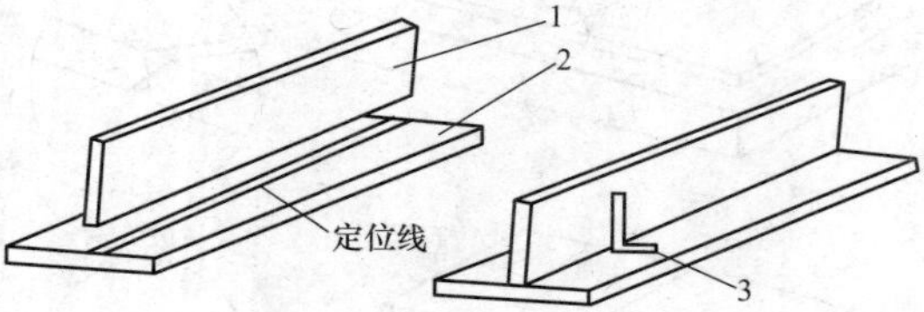

图 18-48 划线装配 T 形构件

1—腹板；2—翼板；3—90°角尺

（1）先将两块板矫直、矫平，清除焊缝边缘上的毛刺，开了坡口的要修磨好坡口，然后在翼板上划好腹板的位置线。

（2）将腹板按线装配在翼板上，并用 90°角尺校正垂直度，然后进行定位焊。在实施定位焊的过程中，垂直度的矫正和定位焊应交替进行，防止腹板可能产生的偏斜。

T 形构件在焊后极易产生角变形，所以，有时工艺要求在 T 形构件装配成形后，在腹板两侧适当加焊支承，在 T 形构件焊好后再割去。这种做法不仅增加了工作量，而且还容易影响工件的外观质量，所以不如在带有刚性固定的模架中装配和施焊效果好。

2. 模具装配实例

批量生产时，通常采用模具装配的方法，既能保证 T 形构件装配质量，又能提高生产效率。如图 18-49 所示，用模具装配 T 形构件是一种典型的模具装配法应用实例。

装配模具由模座、水平压紧支架及垂直压紧支架构成，支架下部开有豁槽，起腹板的定位作用。支架上装有活动可调的压紧螺栓，可将定位后的翼板和腹板分别压紧和夹紧。使用这种拼装模具装配 T 形构件可以不用划线，操作方法简便。其装配方法如下：

（1）扳起水平压紧支架上的活动夹紧螺栓，升起垂直压紧支架上的夹紧螺栓。

（2）将经矫平、矫直的翼板沿豁槽摆好，腹板在翼板上沿支架摆好。

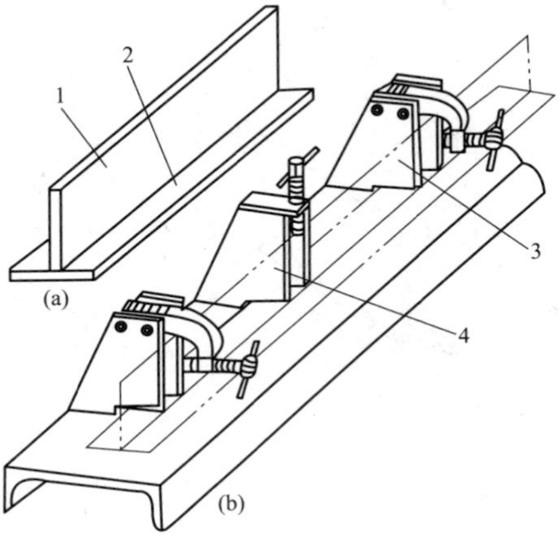

图 18-49　用模具装配 T 形构件应用实例

1—腹板；2—翼板；3—水平支架；4—垂直支架

(3) 放下水平压紧螺栓，交替拧紧水平和垂直压紧螺栓，使翼板、腹板固定，定位要准确，结合要严密。

(4) 在翼板、腹板结合处两侧分别进行定位焊，然后松开各压紧螺栓，取出 T 形构件，即完成一件 T 形构件的装配。

该装配模还可作为 T 形构件的焊接模架使用。即在装配完成后，直接在装配模架上对 T 形构件进行焊接操作。这样，拼装模可以对 T 形构件起刚性固定的作用，防止焊接所引起的变形。

(三) 工字形钣金构件的装配

工字形构件是由两块翼板和一场腹板装配组合成的。与 T 形构件比较，工字形构件结构多了一块翼板，其抵抗变形的能力也有很大提高。由于多一块翼板限制的原因，也能减少一些焊接变形。

工字形构件也是常见的冷作结构件之一。

1. 挡铁定位划线装配

当单件或小批量生产时，采用挡铁定位划线装配工字形构件的方法，如图 18-50 所示。

(1) 将腹板和两翼板矫平、矫直，清除焊缝边缘的毛刺。

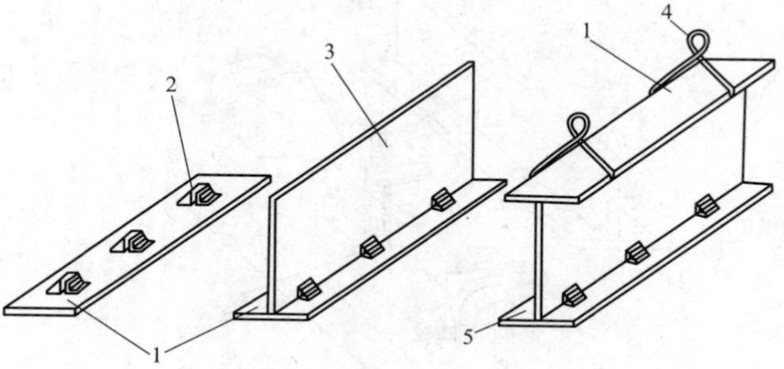

图 18-50 挡铁定位划线装配工字形构件

1、5—翼板；2—挡铁；3—腹板；4—专用吊具

（2）将翼板放平在平台上，划腹板的位置线。在两块翼板上临时焊上挡块。

（3）把腹板吊到翼板 1 上，利用 90°角尺检查腹板与翼板是否垂直，校正合格后定位焊固定，组成 T 形构件。

（4）将 T 形构件翻转吊到翼板 2 上，利用 90°角尺检查垂直度，校正合格后立位焊固定，完成工字形构件的装配。

这种装配方法是划线加挡铁定位法的结合应用，比单独用划线法装配在质量和效率上都有提高。但挡铁要事先焊到翼板上，装配完成后还要逐个拆除，容易在翼板上留下疤痕，影响到产品的外观质量。此外，腹板和翼板的垂直度，用 90°角尺校验也不够精确，而且效率也不高。

2. 模具装配

当工字形构件为批量生产或者尺寸规格多变时，可采用如图 18-51 所示的简易装配模来装配。这种装配模结构简单、灵活，可以有效地保证装配质量和提高生产效率。

装配时，调整好装配模具的支承螺钉和楔铁，使腹板和翼板夹紧，尺寸和垂直度靠模具来保证。然后就可进行定位焊了。

这种装配模具也可作刚性固定焊接模架使用。焊好一侧的焊缝后，将制件从模具中取出，再在平焊位置焊另一侧的焊缝。

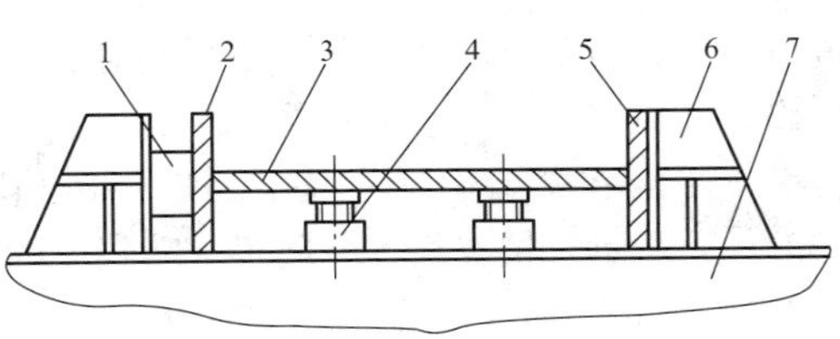

图 18-51 模具装配工字形构件

1—楔铁；2、5—翼板；3—腹板；

4—支承螺钉；6—模架；7—工作台

三、箱壳类钣金制品的装配

（一）箱形钣金构件的装配

箱形构件也是常见冷作结构形式之一。箱形构件主要由两块翼板、两块腹板构成，需要时。也可在箱内设置肋板。

图 18-52 所示箱形构件的装配方法如下：

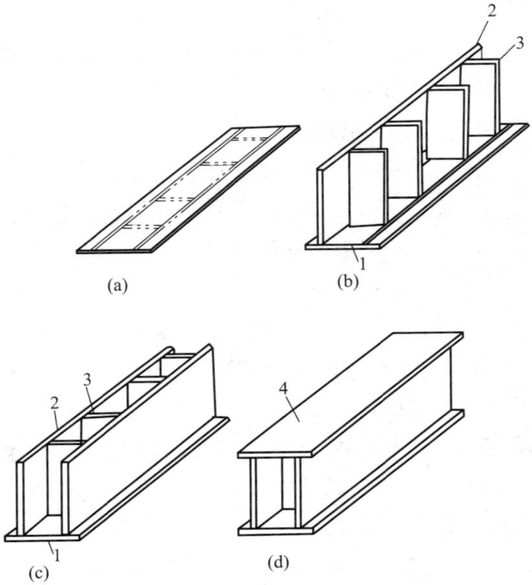

图 18-52 箱形构件的装配

1—翼板 1；2—腹板；3—肋板；4—翼板 2

(1) 将腹板和两翼板矫直、矫平，清除焊缝边缘的毛刺，如有焊接坡口，应修好坡口。

(2) 将翼板 1 平放在平台上，在其上划出腹板和肋板的位置线，如图 18-52 (a) 所示。按翼板 1→肋板→翼板 2 的顺序逐件装配，如图 18-52 (b)、(c) 所示。检测垂直度无误后，便可进行定位焊了。

(3) 交付焊接。由于结构特点要求，箱体内的焊缝必须在第二块翼板装配前完成。

(4) 清理好箱体内部，需要时还要进行矫形。装配第二块翼板，如图 18-52 (d) 所示，最后完成箱形构件的装配。

(二) 工具箱的制作

如图 18-53 所示为小型工具箱的外形，它由顶板 1、箱壁 2、门 3、底板 4 和箱脚 5 等组成。对于尺寸较小的箱体，箱壁常用一块板料制成；尺寸较大的箱体，箱壁则需要用两块以上的板料制成。由于工具箱尺寸较小，箱壁一般采用一块板料制成。工具箱的顶板和底板形状、尺寸均相同。

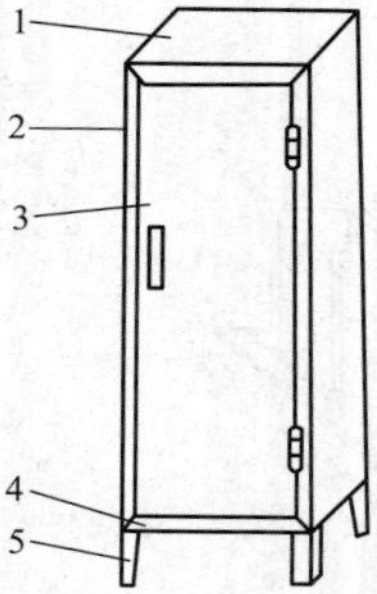

图 18-53 工具箱
1—顶板；2—箱壁；3—门；4—底板；5—箱脚

制作时，先加工各零部件，然后装焊成一个整体。其制作方法如下：

(1) 根据图样将顶板（或底板）、箱壁、门和箱脚分别展开放样，其结合处切口如图 18-54 所示。

(2) 将剪切后的顶板、底板、箱壁、门等坯料分别折弯成形，折弯顺序一般为先两边后中间。

(3) 将顶板 1、底板 4 嵌入箱壁 2 中，用 90°角尺检测，使箱壁分别与顶板、底板呈直角，定位后焊接。再将底板朝上，以箱壁为基准安装箱脚 5，定位后焊接。

(4) 将门 3 放入箱体门框中，调整门与框间隙，装上铰链、门把手等。最后进行修整、磨平焊缝。

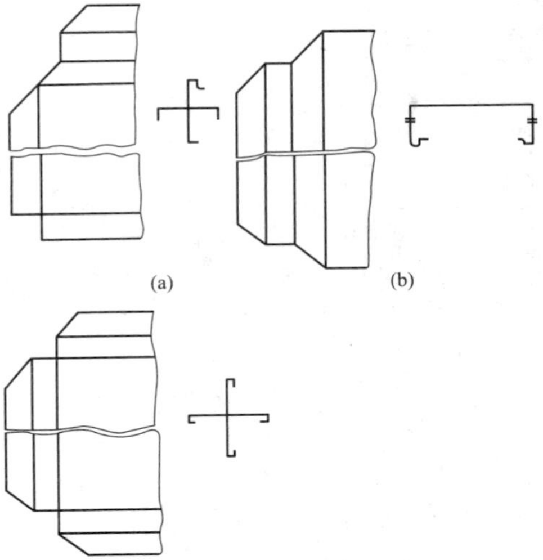

(a) (b) (c)

图 18-54 工具箱结合切口示意图

(a) 顶板和底板切口；(b) 箱壁切口；(c) 门切口

(三) 罩壳体的制作

图 18-55 所示为带传动防护罩。制作时，可采用整体展开放样，如图 18-55 (b) 所示，把接缝布置在上下两圆弧的中间位置，这样展开图左右对称，接缝较短。剪切后沿上、下圆弧的切线处折弯，再将折弯板料的两端弯曲成形，然后焊接、矫形。

四、桁架类钣金构件的装配制造

以内弯正五边形角钢框的装配为例，分析说明其装配制造工艺过程如下：

(1) 装配构件图。内弯正五边形角钢框，如图 18-56 所示。

(2) 装配前的准备技巧。

1) 熟悉图样。识读图 18-56。对角钢框进行简单工艺分析，可知整个构件先是用一根角钢在其一边切成直角口，然后沿角钢的另一边弯曲加工，最后焊接而成。

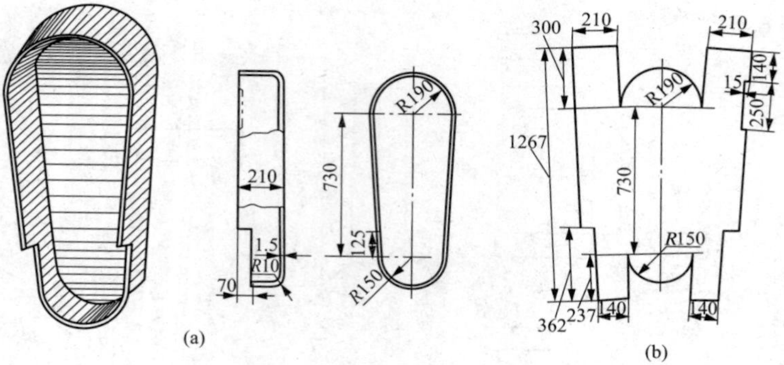

图 18-55 防护罩

(a) 外形和图样；(b) 展开图样

a. 角钢框边长尺寸的分析。图 18-56 中的 320mm±1.5mm 尺寸为角钢框去切口后，成形的外框边长尺寸，边长尺寸公差为±1.5mm，即五边形角钢框装配成形后，边长尺寸控制在 318.5～321.5mm 范围内为合格。

b. 形状公差分析。从构件底平面给出的平面度分析，装配后的角钢框架底平面还要与其他构件面接触连接，因此，角钢框架装配成形后一定要将底平面放置在平台上矫平，以保证构件底平面的平面度公差小于 1.5mm。

c. 位置公差分析。若角钢没有扭曲或角钢两边的垂直度符合出厂要求，则在保证图样形状公差平面度的前提下，被测平面（角钢一边）相对于基准平面 A（角钢框底平面）的垂直度公差 1mm 即可得到保证。

2）装配现场的设置技巧。装配现场必须设置装配平台或用钢板垫铺平台，以保证构件图样的平面度要求。为避免装配后因构件堆放不当引起的构件变形，要求构件的堆放一定要整齐。

在装配场地周围适当位置放置电焊机、气割设备和工具箱，以及装配时所必需的挡铁、样板和模子等。

3）检查零件质量。装配前，除检查角钢的长度和切口尺寸外，还应目测角钢的平直度和两边垂直度，以避免装配后构件有扭曲现象。

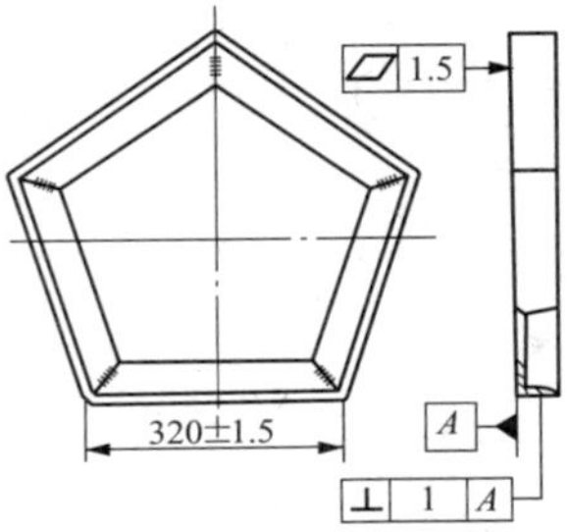

技术要求

1.框架对角线相差 1.5mm。

2.对接缝间隙为 1mm。

3.角钢框的立边只允许有1处焊缝。

1	角钢		Q235	∟ 63×63×4
序号	名称	数量	材料	备注
五边形角钢框		件数		
		图号		

图 18-56 五边形角钢框

(3) 装配步骤、技能、技巧与诀窍。

1) 在装配平台上划出装配地样的技巧。图 18-56 所示装配图中给定的尺寸为角钢外框线的尺寸，故划装配地样时以外框线为依据，在平台地样框线的一边应焊上一定数量的定位挡铁，如图 18-57 所示。

2) 加工成形技巧与诀窍。采用热加工方法，加工角钢框。

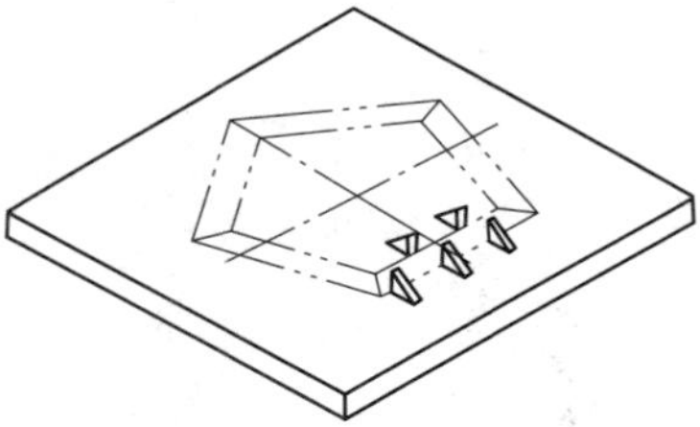

图 18-57 平台地样焊定位挡铁

a. 先将去除切口的角钢放在焊有定位挡铁地样图的位置线上，然后用火焰加热角钢的弯曲位置线［见图 18-58 (a)］，当加热线位置呈樱红色（800 ～

900℃）时，迅速弯曲角钢，注意弯曲时要使角钢的底边紧贴平台。待切口线重合后，用两把锤子垫锤角钢的弯曲线两面，锤击时要保证弯曲线的直线度。最后用成形样板校正弯曲角后可初步实施定位焊，如图 18-58（b）所示。

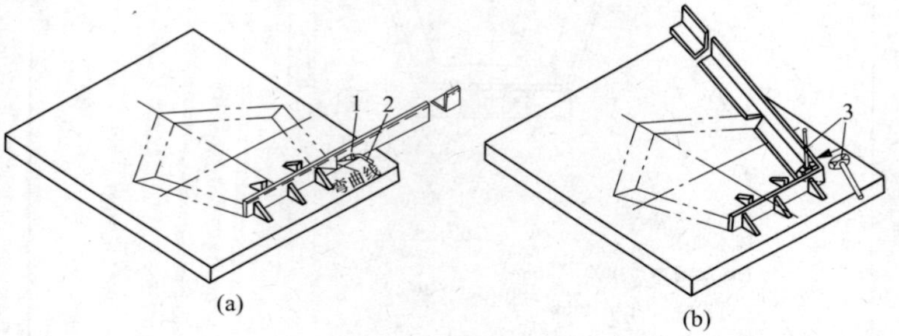

图 18-58 用火焰加热弯曲角钢

1—角钢；2—焊炬；3—锤子

b. 将弯曲后的角钢转置。另一切口同样用火焰加热弯曲线，待加热温度在 800～900℃时，迅速弯曲角钢，两切口线重合后，再用成形样板校正弯曲角，即可实施定位焊，如图 18-59 所示。

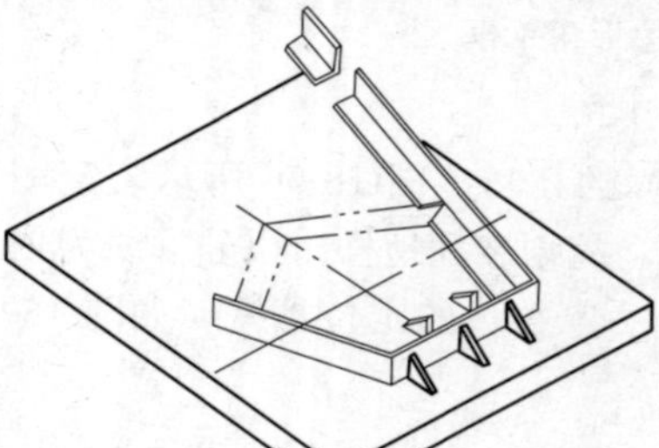

图 18-59 角钢转置后用火焰加热弯曲

c. 依次顺序加工角钢上的每一接口，最后即可加工出五边形角钢框。

d. 装配后对五边形角钢框的各棱线进行修整。用 12mm 厚的两块钢板焊成 108°的夹角后，定位到平台上，用专用平锤和锤子修整构件的棱线，如图 18-60 所示。

3）测量、检查、校正技巧与诀窍。先用钢卷尺检查加工后的五边形角钢框边长，再用成形样板检查角钢框的弯曲角，最后将角钢放置于平台上检查其平面度。

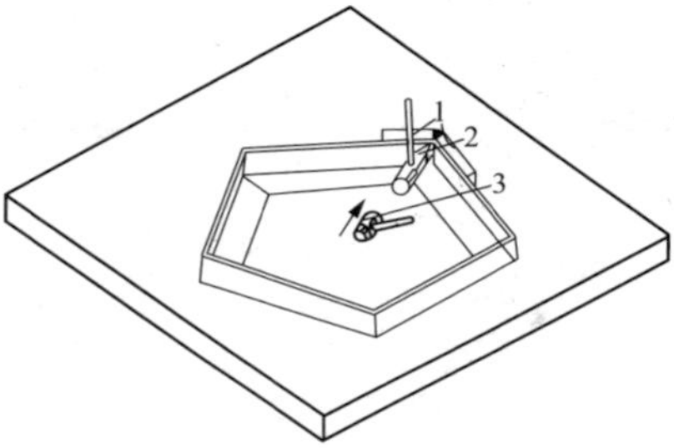

图 18-60　角钢框的各棱线修整

1—钢板；2—专用平锤；3—手锤

经检验若发现角钢的弯曲角度有大有小时，可割开角度大的焊缝，将构件放置平台上锤击弯曲角度小的定位焊缝（见图 18-61），待弯曲角度符合要求后，即可重新定位。

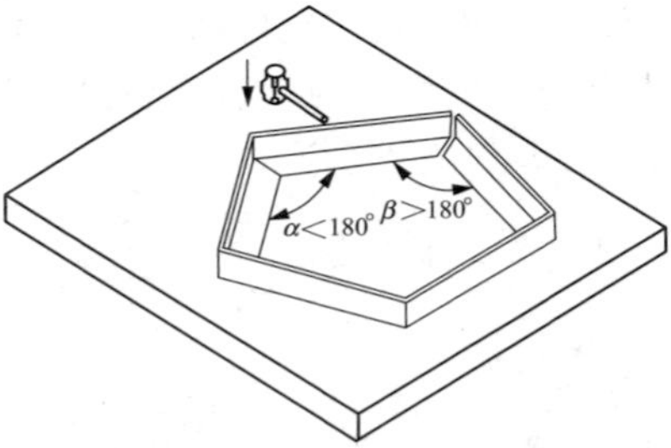

图 18-61　角钢框重新定位

经检验若角钢框扭曲，可将角钢框的向上扭曲部分垫起，用大锤锤击翘起处，即可矫平，如图 18-62 所示。锤击时注意不要直接锤击角钢边，以免引起新的变形。

4）完全定位。构件经检查、校正后符合图样要求的，即可完全定位。完全定位时，每条焊缝至少焊接两段定位焊缝。若焊缝缝隙较大，还应在缝隙中添加焊条头或铁条，以免焊后产生较大的收缩应力，而引起框架的扭曲和角变形。

5）清理平台。成批量生产时，框架每次装配后，应及时清理平台表面，否则极易造成角钢平面错位不平。

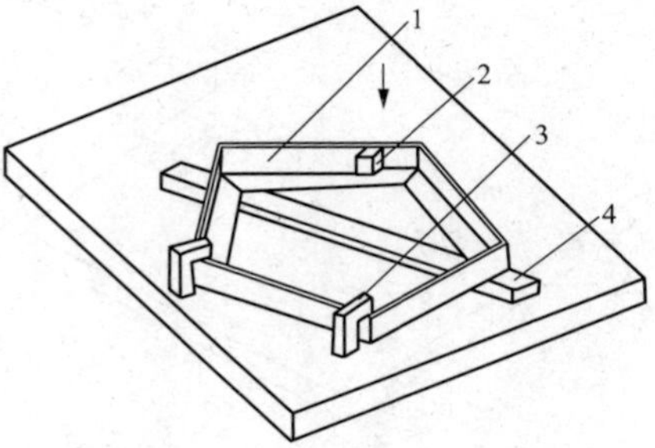

图 18-62　锤击矫平

1—角钢框；2、4—垫铁；3—L 形铁

(4) 模子加工五边形角钢框。如图 18-63 所示，这种加工方法适合于大批量生产。

1）加工前准备：先在装配平台上划出装配地样图，同样在地样的角钢位置线上焊上一定数量的定位挡铁，然后将模子用定位焊固定在平台上，使模子的工作面与焊有定位挡铁的角钢位置线平行，如图 18-63 所示。

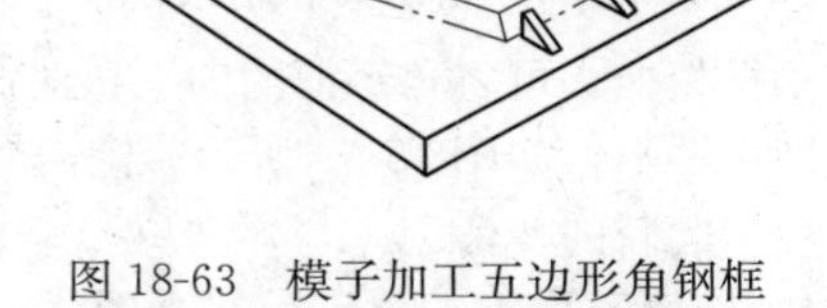

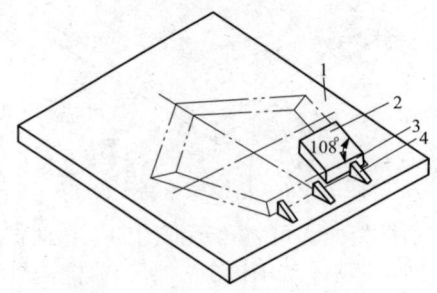

图 18-63　模子加工五边形角钢框

1—平台；2—模子；3—模子工作面；4—定位挡铁

2）加工成形：采用热加工方法。

a. 先用火焰加热角钢弯曲线后，迅速将角钢放置在定位挡铁和模子之间，使弯曲线与模子棱线对齐，如图 18-64 (a) 所示。然后迅速弯曲成形，弯曲后用锤子锤击弯曲线的两面，注意不要锤击弯曲线，如图 18-64（b）所示。

b. 角钢其余三个接口的装配方法以及加工后的检查、校正与前述相同。

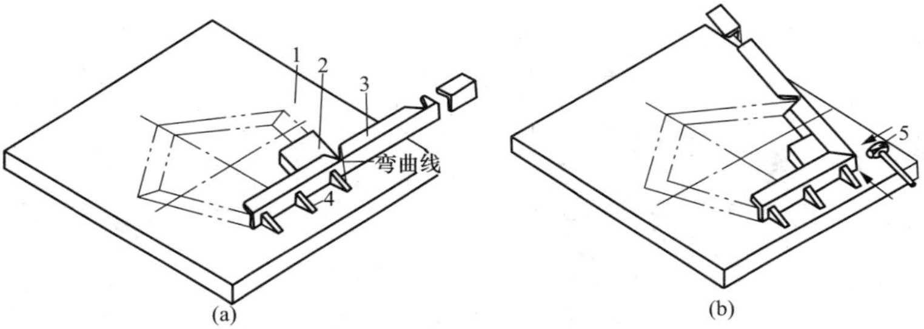

图 18-64　火焰加热角钢弯曲线

1—平台；2—模子；3—角钢；4—定位挡铁；5—锤子

（5）带孔平台上加工五边形角钢框。模子用螺栓固定于平台上后，将加热后的角钢，用羊角卡和定位钢桩固定于模子上，并迅速弯曲成形。成形后，为使角钢的弯曲线突出，应及时用锤子锤击弯曲线的两面，如图 18-65 所示。其余各接口的加工方法完全相同。

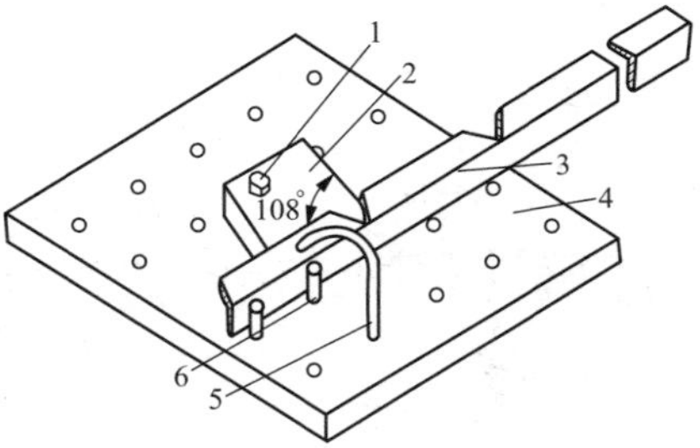

图 18-65　带孔平台上加工五边形角钢框

1—螺栓；2—模子；3—角钢；4—孔平台；

5—羊角卡；6—钢桩

五、管道和普通容器类钣金构件的装配制造

（一）圆管的制作

圆管是常见的钣金制品之一。对于直径小于 150mm 的圆管，通常采用 0.5～1mm 的钢板制作，其接缝常用平式单咬缝连接制作。

图 18-66（a）所示为外径 ϕ150mm、长度为 1000mm 圆管，板厚为 0.5mm，咬缝为 5mm，且内平口，其制作步骤如下：

（1）按图样尺寸展开放样，连接处放出 3 倍于咬缝宽度的余量（约 15mm），然后剪切、矫平，并将咬缝处板边折弯，如图 18-66（b）所示。

（2）由于板料较薄，可将板料置于圆管上，用手压变成形，如图 18-66（c）所示；也可放在方杠上用木锤敲弯。

（3）将两板边扣合，用木槌敲击压紧，如图 18-66（d）所示，然后用压缝器将咬缝压成内平口，如图 18-66（e）所示，最后进行矫圆、修光，使之达到预定要求。

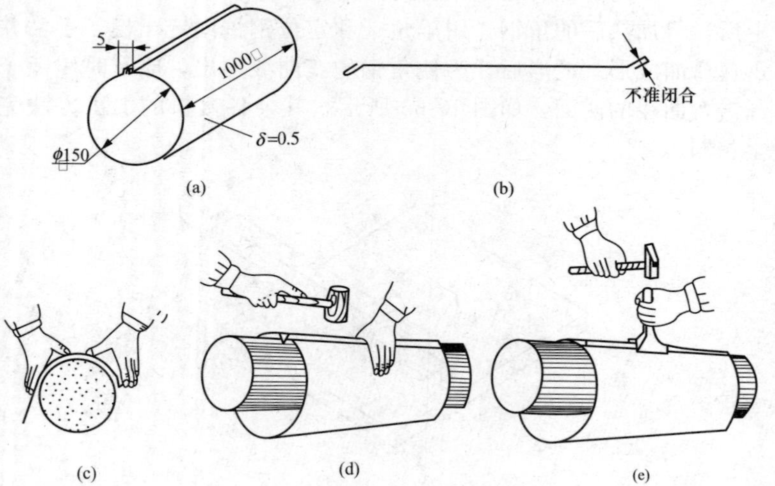

图 18-66　圆管的制作

（二）矩形管的制作

矩形管的尺寸不大时，可用一块钢板制成，其咬缝可采用平式单咬缝，也可采用双折角咬缝；当其尺寸较大时，通常用两块或两块以上的板料制作。图 18-67（a）所示是采用一块板料制成的矩形管，板厚为 0.8mm，咬缝宽度为 6mm，位于管壁中部。矩形管的制作方法如下：

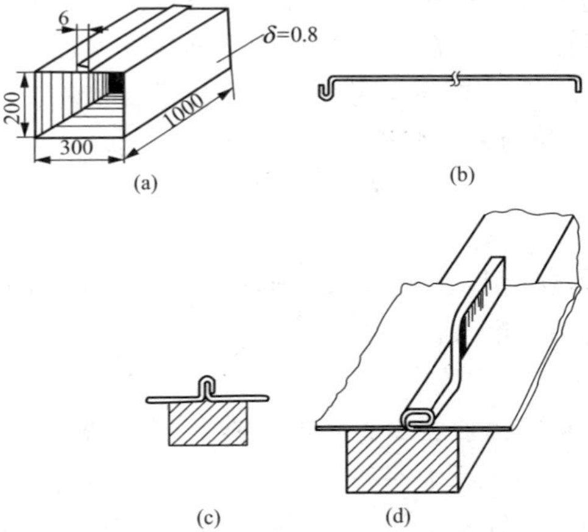

图 18-67　矩形管的制作

（1）根据矩形管的尺寸放样，连接处放出 3 倍于咬缝宽度（约 18mm）的余量，并划出折弯线，然后剪切、矫平。

（2）咬缝先按立式单咬缝的咬接方法折弯板边，如图 18-67（b）所示，然后将板料置于方杠上，按线折弯成形。

（3）将咬缝扣全，如图 18-67（c）所示，用衬铁压紧，然后用方杠衬垫把立咬缝折弯压紧，如图 18-67（d）所示，最后进行矫形，达到规定的要求。

（三）普通容器类钣金制品制作

用薄板制成的容器品种很多，如盘、盆、桶等。图 18-68（a）所示为用镀锌钢板制作的圆桶，它由桶体和桶底构成，其制作方法如下：

（1）按图样尺寸放样，桶体上口放出卷边余量，下部放出的余量等于咬缝宽度，桶底边缘则放出2倍于咬缝宽度的余量，如图18-68（b）所示，然后剪切、矫平。

（2）将桶体上口进行夹丝卷边，连接处板边折弯，然后将桶体弯曲成形，两板边的咬缝扣合、压紧。

（3）将桶体下口向外锤展拔缘，如图18-68（c）所示；然后再将桶底的周边按线拔缘成直角，如图18-68（d）所示。

（4）将桶体嵌入桶底凸缘内，扣合凸缘，并压紧，如图18-68（e）、（f）所示，然后矫形、修光，达到技术要求。

（四）三通管的装配制造

以异径斜交三通管的装配为例，说明其装配制造工艺过程如下：

（1）装配构件图。异径斜交三通管的装配图如图18-69所示。

（2）装配前的准备。

1）熟悉图样。识读图样，如图18-69，对构件进行简单工艺分析，可知该构件是由通管1和插管2两个零件。这种构件实际上是两个圆筒体的结构，属于容器类。

接口装配工艺较复杂，故装配时既要注意接口间隙的装配，又要保证插管轴线与通管轴线的倾角符合图样要求。

a. 零件之间装配尺寸的分析。图18-69中$\phi1200^{\circ}-2$mm的这一尺寸，要求插管的上口中心到通管轴线之间的装配尺寸控制在1198～1200mm之间，另外图中400mm±2mm这一尺寸，要求从插管轴线与通管轴线交点到通管右端的装配尺寸控制在398～402mm之间。

b. 零件之间装配倾角的分析。图18-69中要求零件装配后，插管轴线与通管的轴线成60°角。

c. 零件外形的分析。图18-69中$\phi1200$mm±2mm这一尺寸要求插管接口装配后，通管的直径尺寸控制在1198～1202mm之间为符合图样要求，又图18-69中800mm±2mm这一尺寸，要求通管接口装配后，插管的直径尺寸控制在798～802mm之间为符合图样要求。

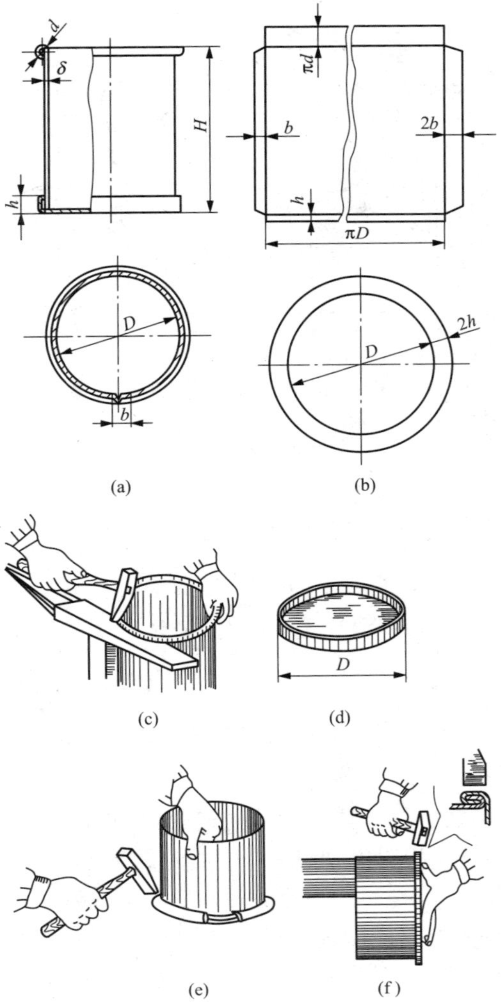

图 18-68　圆桶的制作

2）装配现场设置。装配现场需放置规格较大的槽钢、杠杆夹具和螺旋夹具等，并在装配现场附近放置电焊机、气割设备和工具箱等。

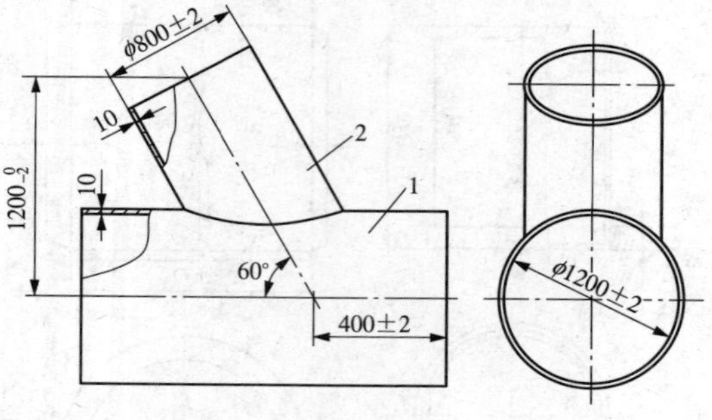

技术要求

1. 焊接时焊接坡口间隙小于1mm。
2. 焊接时进行双面焊。
3. 构件加工后，内外涂刷防锈漆两遍。

2	插管	1	Q235	δ=10
1	通管	1	Q235	δ=10
序号	名称	数量	材料	备注
异径三通管		件数		
		图号		

图 18-69　异径斜交三通管

（3）装配步骤与措施。

1）插管与通管的装配。插管与通管经过滚板机滚制成形后，经常会出现的缺陷为“接口搭头”、“接口装配不合”、“接口不平”和“管件扭曲”，如图 18-70 所示。

a. 接口搭头的装配。接口搭头装配时，先用两筒体的内卡样板测量筒体各处的圆弧曲率，找出筒体圆弧曲率大于样板的曲率处，然后用大锤锤击外壁，使锤击处的圆弧曲率变小，直至与圆弧样板的曲率相符。当筒体各处的圆弧曲率达到标准值时，接口搭头便会自然放开，如图 18-71（a）所示。

b. 接口不合。在圆筒体纵缝两边的对应处，分别焊上钻有光孔的角钢，然后穿入螺栓，拧上螺母［见图 18-71（b)］，随着螺母

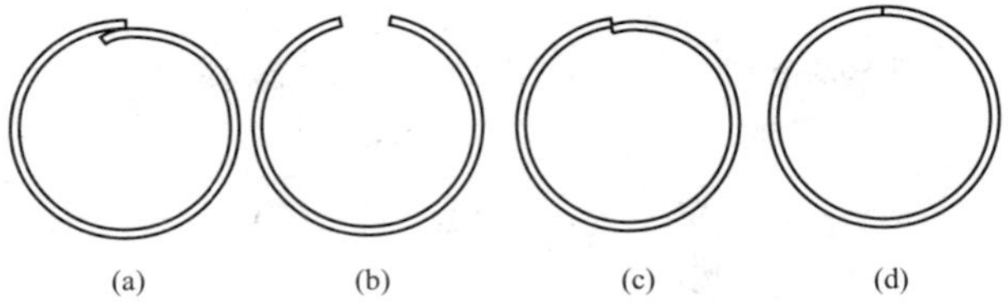

图 18-70 插管与通管装配缺陷形式

(a) 圆柱筒体接口搭头；(b) 圆柱筒体接口不合；
(c) 圆柱筒体接口不平；(d) 圆柱筒体接口扭曲

的逐渐旋紧，即可消除接口不合，还要注意若接口的不合尺寸较大时，应在滚板机上进行滚制加工，直至接口的不合尺寸减小到容易使接口结合为止。

c. 接口不平。将杠杆夹具插在筒体板缝处，由上向下向杠杆施加压力，即可调平接口的不平，如图 18-71（c）所示。

d. 接口扭曲。先在筒体接口处的一边焊上一角钢，而另一边焊上一圆钢桩，然后将撬杠放入角钢与圆钢桩之间进行扭转，便可矫正构件的扭曲，若筒体刚性较大，则可用螺旋拉紧器矫正，如图 18-71（d）所示。

2）装配前零件的质量检查。装配前除先对两筒体零件的直径尺寸用钢卷尺检查外，还应检查其接口线的质量。

3）总装。先将通管、插管按其表面的两中心线位置进行对接后，用定位样板校正两管的轴线交角符合要求后（见图 18-72），方可初步定位。

4）测量、检查。用钢直尺、钢卷尺和圆弧样板检查通管、插管两管的装配尺寸，经检查符合图样要求后，便可实施完全定位焊，定位焊时，要对称进行焊接，避免焊接缺陷的产生。

六、支承座装配制造实例

（一）支承座钣金件结构图样识图

图 18-73 所示为一支承座的结构图图样，识读方法和步骤如下。

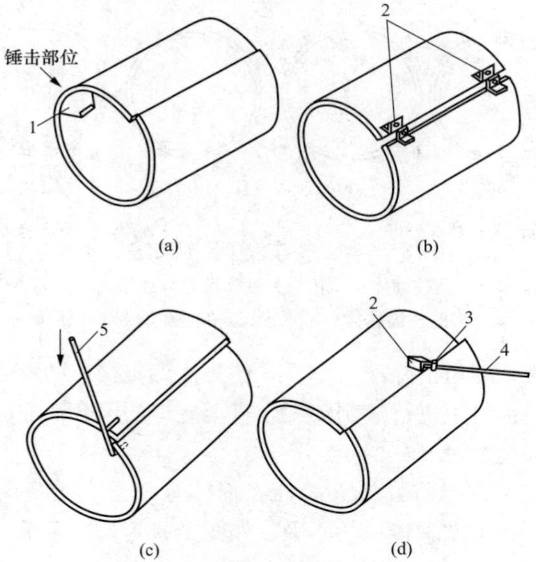

图 18-71 三通管接口搭头及缺陷形式

(a) 三通管接口搭头；(b) 接口不合；(c) 接口不平；(d) 接口扭曲

1—圆弧样板；2—角钢；3—钢桩；4—撬杠；5—杠杆夹具

1. 通读

(1) 首先明确部件图，借助总图（未画出）和部件图的标题栏，可以了解构件的名称为支承座，位置处于设备的下部，其用途为支承主轴。

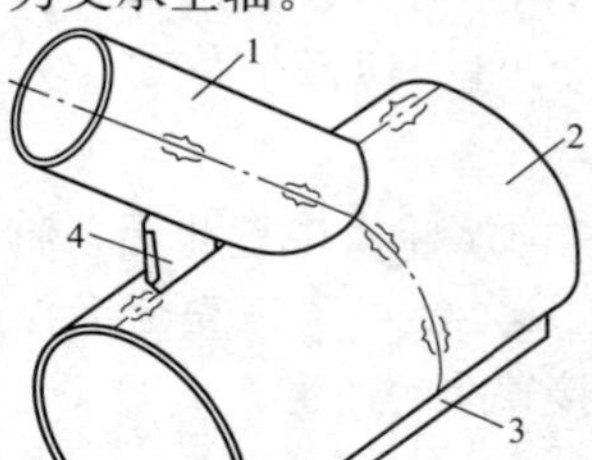

图 18-72 三通管总装

1—插管；2—通管；3—槽钢；4—样板

(2) 通过图样的主视图了解到构件的轮廓是：由两件槽钢立放在底板上，是这一部分的主体，两块侧板和四块肋板对其构成支承，为保证支承座平稳，底板面积较大。

(3) 通过读明细表结合图样，了解到主要零件是两件槽钢和底板。

(4) 在技术要求中提到该部件焊后要进行消应力处理，这是由于其用于支

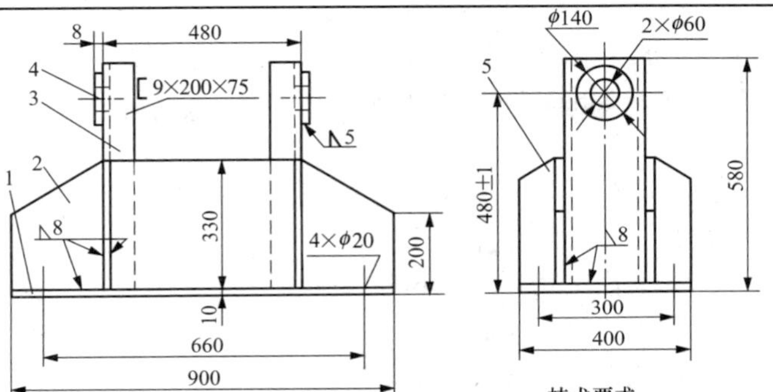

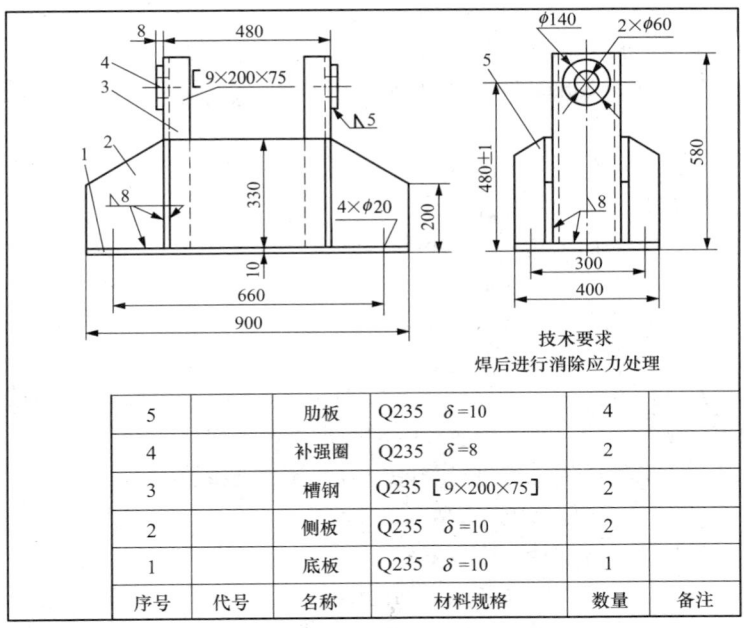

技术要求
焊后进行消除应力处理

5		肋板	Q235　δ=10	4	
4		补强圈	Q235　δ=8	2	
3		槽钢	Q235 [9×200×75]	2	
2		侧板	Q235　δ=10	2	
1		底板	Q235　δ=10	1	
序号	代号	名称	材料规格	数量	备注

图 18-73　支承座结构图样

承主轴，因此要求其在使用过程中保持稳定。

2. 详读和细读

由于该部件结构比较简单，可结合详读和细读一起进行。

(1) 底板 1 尺寸为 10mm×400mm×900mm，上面开有地脚螺栓孔，用以通过地脚螺栓固定在地基上，其他各件均装焊在底板上。

(2) 槽钢 3 长度为 580mm－10mm＝570mm，立放，凹槽相对安装放于底板中心线上。以槽钢背部确定装配尺寸，两槽钢相距为 480mm。

(3) 从左视图纵向看去，侧板 2 两件夹着槽钢立装焊于底板之上，侧板的长度与底板相同，高度为 330mm，两角割去 130mm×210mm 的斜角。

(4) 四块肋板 5 装焊于侧板外侧与底板的交角处，装焊位置如左视图所示。

（5）补强圈 4 装焊在槽钢上部开孔处。

从该构件的作用和特点来看，应注意以下几点：

（1）槽钢 3 与底板 1 之间的垂直度很重要，两槽钢直边的间距也很重要，装配线时应特别加以注意。

（2）所有焊接均为连续焊，为保证支承座牢固，焊脚尺寸应符合图样要求。

（3）支承轴座孔 $2\times\phi60$mm 及其位置高度因牵扯到安装主轴，其位置精度很重要。但由于要采取进一步的机械加工，冷作装配时，只要保证有足够的加工余量即可。

（4）技术要求中，要求支承座在焊后进行消除应力处理。因此，支承座在装配、焊接后要进行矫正，矫正的重点是底板和侧板的焊后变形。同时也要检查槽钢间距是否发生变化。

矫正后转下道工序进行消除应力处理和机械加工。

（二）支承座划线、装配工艺过程

支承座可在底板上直接划样、装配，具体做法如下：

（1）划样。首先在底板上划出中心十字线作装配其他零件的基准线。以十字线为基准，划出槽钢、侧板和肋板的位置线，槽钢位置可只划出两槽钢腹板的外轮廓线 480mm 和宽度 200mm，如图 18-74（a）所示。因侧板的内侧与槽钢翼边外侧重合，肋板外侧与槽钢腹板外侧在一条直线上，故不需另行划出，将槽钢外轮廓线延长即可。

（2）装配。

1）先装配一件槽钢。装配前需将槽钢端部修磨平齐，无毛刺和切割熔渣。沿底板上所划的轮廓线摆好，用定位焊在槽钢腹板外侧中间位置与底板连接处焊一点。然后用 90°角尺沿槽钢两翼边检查 y 方向上的垂直度，可用手锤沿 y 方向进行锤击修正，找正后再在槽钢腹板外侧均匀地定位焊。然后再用 90°角尺沿槽钢腹板检查 x 方向上的垂直度，可用手锤沿 x 方向进行锤击修正，找正后再在腹板内侧和两翼边与底板连接处均匀地定位焊，如图 18-74（b）所示。

2）用同样的做法装配第二件槽钢，测量时要兼顾槽钢顶端的间距 480mm。

3）装配侧板。因槽钢的垂直度已矫正好，所以装配侧板比较简单，将侧板周边修磨平齐，沿线靠紧槽钢即可。定位焊时，应先从侧板内侧沿侧板与槽钢接缝处和侧板与底板接缝处均匀焊接，注意每条焊缝的起点和拐角处不要焊接。然后再在侧板外侧定位焊，焊点要避开肋板的位置，如图 18-74（c）所示。

4）装配肋板。将肋板沿线摆好，在一侧的底边先定位焊一点，用 90°角尺找正后，再均匀地定位焊。

5）以底板为基准，划出槽钢开孔的位置，割孔并装配上补强圈，完成支承座的装配，如图 18-74（d）所示。经定位焊，检查合格后，即可提供焊接工序进行焊接。

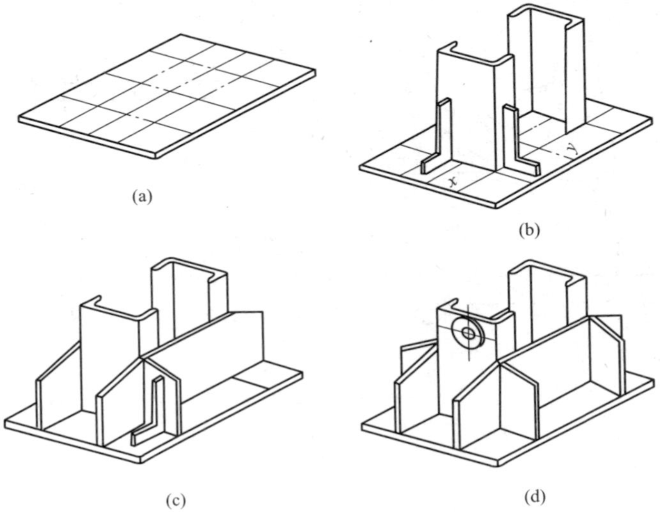

图 18-74　支承座划线装配示例

（a）在底上座划线；（b）装配槽钢；（c）装配侧板和肋板；（d）装配补强板

七、板架类构件的装配制造实例

以悬架的装配为例，说明其装配制造过程如下：

（1）装配构件图。悬架的装配图如图 18-75 所示。

（2）装配前的准备工作。

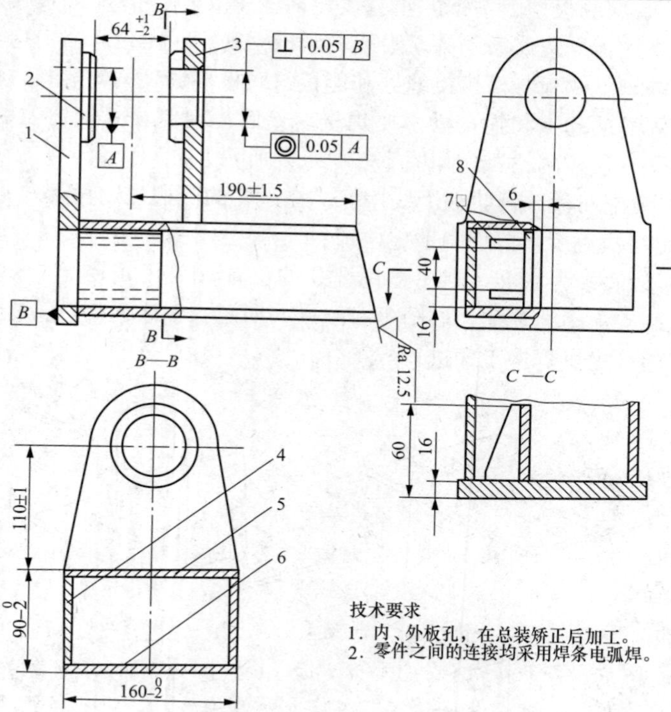

技术要求

1. 内、外板孔，在总装矫正后加工。
2. 零件之间的连接均采用焊条电弧焊。

序号	名称	数量	材料	备注
8	支承板	1	Q235	δ=8
7	肋板	2		
6	底板	1		
5	上盖板	1		
4	侧板	2		
3	内板	1		
2	垫圈	2		
1	外板	1		
悬架		件数		
		图号		

图 18-75 悬架的装配图

1）熟悉图样。识读图 18-75，对构件作简单工艺分析，可知这种构件由外板 1、垫圈 2、内板 3、侧板 4、上盖板 5、底板 6、肋板 7 和支承板 8 共 11 个零件组成。由图可知，此构件的外形尺寸虽不大，但零件数量较多，且零件之间的连接都是用焊接的方法。有些零件间焊接还需待总装后才能施焊。

另有一些部位整体装配后，还会产生焊接变形，这就给矫正带来困难。因此，为提高生产效率和装配质量，可将构件总体划分为几个部件进行装配，可先对部件施焊，最后再总装。

a. 内板、外板装配尺寸的分析。图 18-75 中 64^{+1}_{-2}mm 为内板、外板之间内端面的尺寸，装配成形时，其内端面尺寸控制在 62～65mm 之间为符合图样要求。

b. 侧视图 6mm 的尺寸分析。这一尺寸为支承板与外板的焊接尺寸，其作用是焊接时用。

c. 俯视图 110mm±1mm 尺寸的分析。这一尺寸为内板孔的中心线到上盖板的距离，所以装配时要保证上盖板到孔中心线尺寸控制在 109～111mm 之间，以保证悬架的工作尺寸。

d. 同轴度公差的分析。被测要素（即内板、孔的中心线）相对基准 A（即外板孔的中心线）的同轴度为 0.05mm，由于位置公差的要求较高，所以孔的加工应在装配后进行。

e. 垂直度公差的分析。被测要素（即内、外板孔的公共轴线）相对基准 B（即外板表面）的垂直度公差为 0.05mm，由于对垂直度要求较高。故钻孔前一定要将构件放平夹紧。

f. 方箱长、宽尺寸的分析。图 18-75 中 $160^{\ 0}_{-2}$mm 和 $90^{\ 0}_{-2}$mm 为方箱断面尺寸，装配时要求长度尺寸控制在 158～160mm 之间，而宽度尺寸控制在 88～90mm 之间为符合图样要求。

2）装配现场设置。由于构件外形尺寸较小，所以只需选一块钢板，作装配平台即可。并将装配平台设置在电焊机、气割设备和工具箱附近，还需准备 6mm 厚的几块垫铁，以备总装时使用。

3）检查零件的质量。装配前检查零件的各部位尺寸，特别是各零件表面的平面度应严格检查，以免装焊后矫正困难。

（3）装配步骤与措施。

1）划分部件。为提高生产效率，保证装配质量，可将构件部件分为A、B、C三个部分进行装配。部件A部分由外板1、支承板8、肋板7、垫圈2四个零件组成。部件B部分由内板3、垫圈2两个零件组成。部件C部分由上盖板5、侧板4和底板6四个零件组成。

a. 部件A部分的装配。先在外板上划出支承板、肋板与垫圈的定位线，如图18-76（a）所示，然后将各零件按定位线装配到外板上［见图18-76（b）］，经检验各部尺寸符合图样要求后即可施焊。

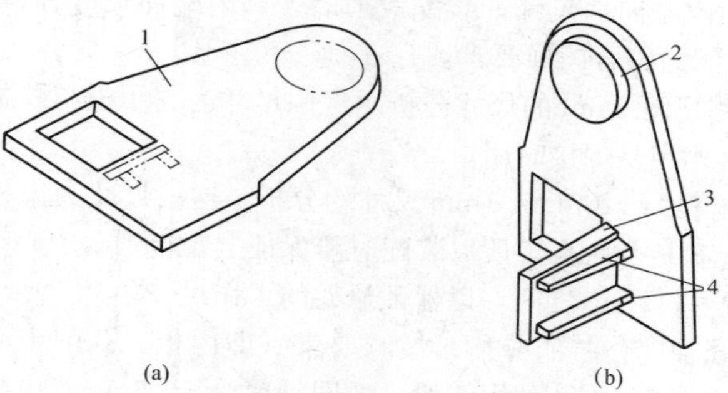

图18-76 部件A部分的装配
1—外板；2—垫圈；3—支承板；4—肋板

b. 部件B部分的装配。在内板上划出垫圈的定位线，并将垫圈按定位线初步定位，如图18-77所示。经检查符合图样要求后，即可施焊，焊接后若产生了焊接变形，应在构件装配前进行矫正，以免总装后矫正困难。

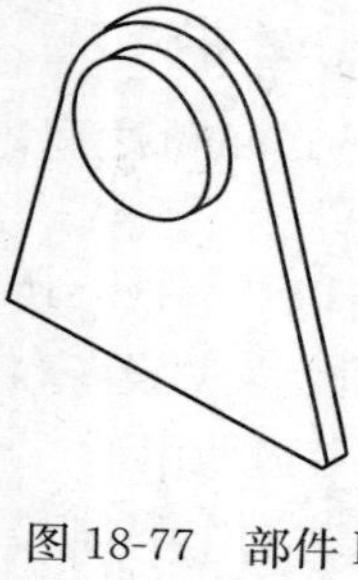

图18-77 部件B部分的装配

c. 部件C部分的装配。将方箱侧板放在底板的定位线上固定后，用90°角尺校正两板的垂直度，并可完全定位，最后铺上盖板，即完成C部分的装配，如图18-78所示。

在总装前进行部件C的焊接，为减小焊接变

形，每道焊缝应采用断续焊。若部件 C 焊后会产生焊接变形，应先矫正焊接变形后，再加工方箱的另一端。

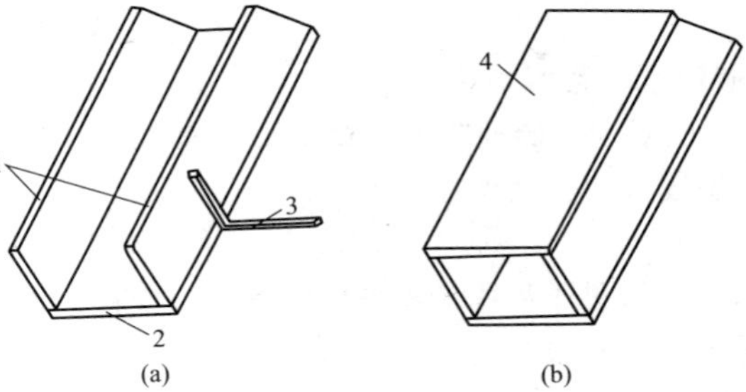

图 18-78　部件 C 部分的装配

1—方箱侧板；2—方箱底板；3—90°角尺；4—上盖板

2）总装。在悬架的外板上划出与方箱连接的位置线，将方箱装配到外板上为初步定位［见图 18-79（a)］，再将构件翻转 90°，在方箱上划出内板的位置线后，再装配内板，即完成总装，如图 18-79（b）所示。

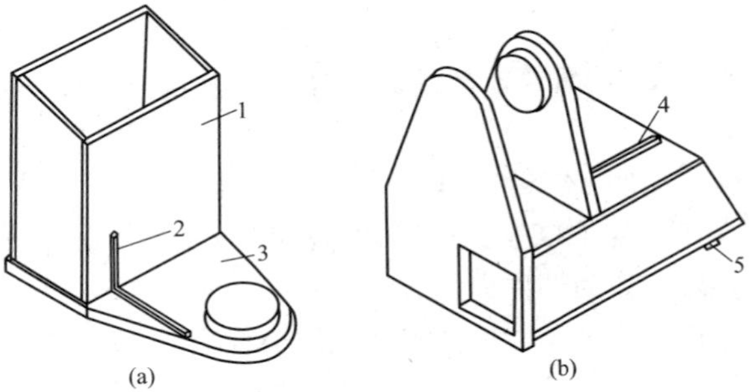

图 18-79　悬架总装

1—方箱；2、4—90°角尺；3—外板；5—垫铁

3）测量、检查。悬架总装后，要检查各部分的装配尺寸。经检查符合图样要求后，方可进行完全定位，若有不符之处，应将其剖开重新装配。

八、压力容器类钣金制品装配制造实例

储油罐为一典型的压力容器钣金制品，以其为例说明其装配制造工艺过程。

（一）储油罐结构图样的识读

图 18-80 所示为一储油罐的结构图样，是一张比较典型的冷作结构图样。识读方法步骤如下。

1. 通读

通过标题栏和图样及技术要求可以看出，这是一个储存油品的储油罐，属于压力容器。

这种结构是两端连接有椭圆封头的圆柱形容器，罐体上部开有各种用途的管口，下部配有用于安装的鞍式支座，管体一端有用于安装液位显示器的接管。

2. 详读

对照零件编号和零件明细表，可以看出罐体主要由以下几部分构成：

（1）筒体 12 由多节圆筒对接而成。筒体两端与椭圆封头对接，下部焊有鞍式支座，上部开有一系列的孔，焊有各种不同用途的接管。筒体有部件图。

（2）封头 13 共两件，都是标准件。其中左边一件开孔焊有液位计接管。

（3）鞍式支座 14 共两件，作为部件提供。

（4）入孔法兰 4、5 是施工和检修的出入口。装配前将接管与管口法兰焊好，作为部件提供装配。

（5）补强板 6 则作为单独零件提供给装配。

（6）液位计接管 1、2 的法兰规格相同，管子的规格也相同，只是长度不同，也是预先装配焊好提供的部件。

（7）接管 7、8、9、10、15 法兰相同而管子长度不同，同样需预先装配焊好后，作为部件提供装配。

3. 细读

结合总图、部件图和工艺文件，进一步地查清一些重要的交接关系、装配尺寸等细节。

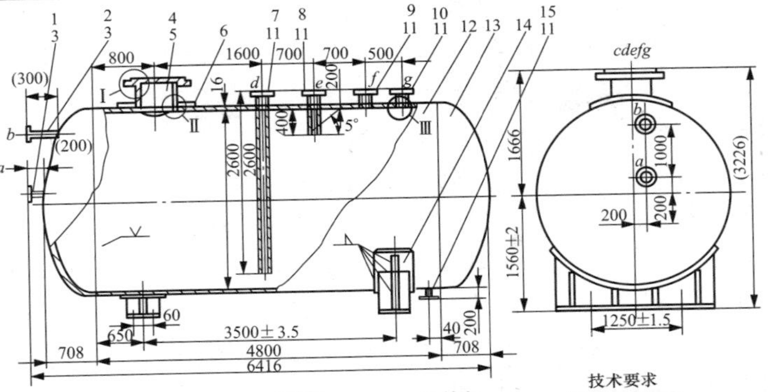

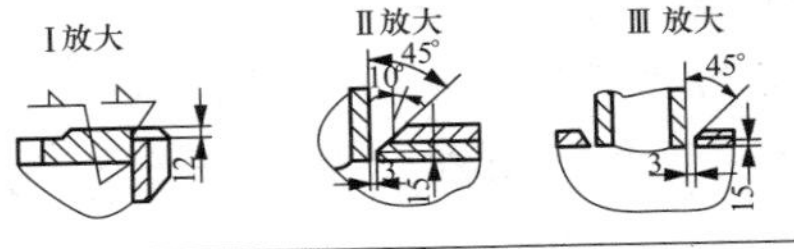

技术要求

1. 本设备国家标准 GB150.1~150.4－2011
2. 壳体焊缝应进行无损检测检查，检测长度占总长的15%
3. 设备制造完毕后，进行0.8MPa水压试验

序 号	名 称	材 料 规 格	数 量	
15	排污接管	20ϕ57mm×3.5mm	1	
14	鞍式支座		2	
13	封 头	Q345 DN2600mm×16mm	2	
12	筒 体	Q345	1	
11	法 兰	Q235pN16MPaD$_g$50mm	6	
10	放空管接管	20ϕ57mm×3.5mm	1	
9	安全阀接管	20ϕ57mm×3.5mm	1	
8	进料接管	20ϕ57mm×3.5mm	1	
7	出料接管	20ϕ57mm×3.5mm	1	
6	补强板	Q345	1	
5	入孔法兰		1	
4	入孔接管		1	
3	法 兰	Q235 pN16MPaD$_g$3.2mm	2	
2	接 管	20ϕ38mm×3.5mm	1	
1	接 管	20ϕ38mm×3.5mm	1	

图 18-80　储油罐结构图

（1）标准中规定：相邻焊缝间隔必须大于 50mm。因为筒体 12 在制造时，由于钢板宽度、长度所限，有时要用多节筒节对接而成，必然存在着筒节对接的纵焊缝和环焊缝。在号料和制作筒体这一大部件时，要考虑将这些焊缝安排在合适位置，以免和接管孔焊

缝、补强圈焊缝、鞍式支座焊缝重叠或相距太近。

（2）技术要求中提到的焊接标准要明确，以备零件焊接时加工焊接坡口，装配时核查焊接坡口和预留焊缝间隙。这些内容往往在结构图样中采用局部放大视图加以表达。如：图 18-80 中局部放大视图Ⅰ表达了入口的接管与管口法兰之间的装配关系和焊接形式。局部放大视图Ⅱ表达了入口的接管与筒体及补强圈的交接关系和焊接形式。局部放大视图Ⅲ则表达了其余同规格接管与筒体的交接关系和焊接形式。

（3）构件的装配尺寸中，标有公差的尺寸是比较重要的尺寸。例如，图中鞍式支座地脚孔的尺寸和罐体中心高度，因与提供给用户的安装尺寸有关，所以应加以保证。至于其他没有标注公差的尺寸，应按图样展示的尺寸基准进行装配。装配过程中和装配后的检查，可按标准公差 IT14 级来做要求。

（二）储油罐圆筒形工件对接与装配工艺

圆筒类构件是冷作钣金结构常见结构形式之一。圆筒类构件在两端接上法兰、盖板或封头后，具有较好的刚性。圆筒类构件用作管道，可减少气、液流动损失；用作容器，可用相同单位质量的材料制取较大容积的结构。

圆筒类构件除了圆筒的卷制和纵缝的对接工艺外，两件或两件以上圆筒还有环缝对接等工艺。

圆筒对接的质量要求有两点：一是环缝的错边，二是对接后整体的直线度。环缝的错边量可由单节的下料和制作来保证；对接后整体的直线度则要在装配过程中加以控制。

多节圆筒的对接有卧装和立装两种。卧装适用于直径不大和较细长的产品，立装适用于直径较大和较短粗的产品。

1. 卧装

卧装的首要条件是要保证各圆筒节能够获得准确的定位。根据圆筒的形体特点，一条两边等宽、平行的沟槽，便可使圆筒获得定位。

在进行圆筒对接装配时，为了使各节圆筒在获得同心的同时便于翻转，装配工作常在滚轮架上进行。图 18-81（a）所示为简易滚轮架示意图，滚轮架每个滚轮的直径要相同，每一对滚轮的横向距离和高低位置要相等，这样才能保证每一个滚轮都处在同一水平面上，为装配圆筒产品的直线度提供保证。

由于各圆筒节有一定质量，加之滚轮的限制，工件获得有效地支承定位，不必再施加外力夹紧。圆筒节的转动可以用手推动或借助于杠杆撬动，也可安装机械驱动。

如果圆筒节的数量较多而单节长度又较短时，就要求有较多的支承滚轮，不利于保证整体的直线度。图 18-81（b）所示是用是由两根长圆管构成的辊筒式滚架，可有效地解决这一问题。

图 18-81（c）所示采用固定型钢作定位支架，是最简单的一种定位方式，用两根直线度符合要求的型钢将其平行固定，便可在其上进行圆筒对接的装配了。

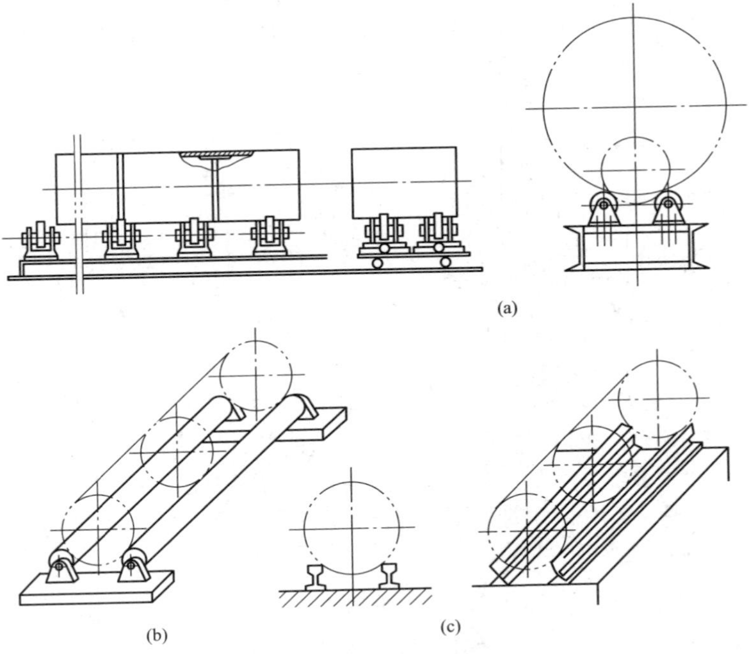

图 18-81　圆筒环缝的平装示例

（a）在短滚轮架上装配圆筒；（b）在长辊筒架上装配圆筒；

（c）在长固定型钢上装配圆筒

筒体对接时的注意事项如下：

（1）每一节圆筒在对接前都要经过检查，检查的内容主要有：圆筒节的直径、圆度、焊接坡口等。

（2）对接时要严格控制错边量。

（3）要注意各圆筒节对接的顺序，合理安排每一条焊缝的位置，以免在装配时出现焊缝重叠等问题。

（4）定位焊应遵照相应的焊接规范执行。

2. 立装

当圆筒节直径较大、长度较短和钢板厚度相对较薄时，采用立装是一种比较合理的装配方法。

图 18-82 和图 18-83 所示为圆筒立装的定位和对接，它是一种实际生产中经常应用的简便立装法，其操作方法和注意事项如下：

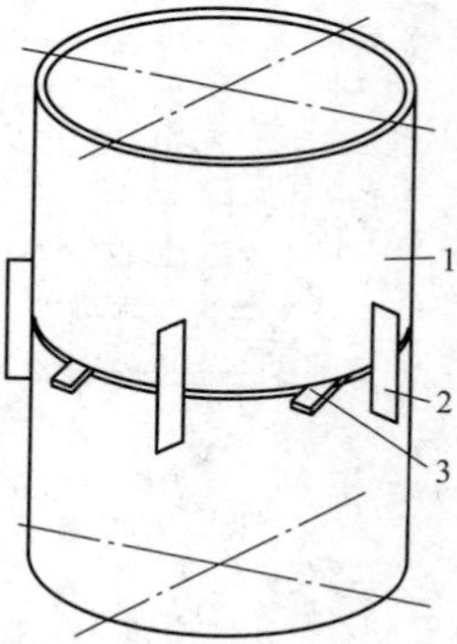

图 18-82　圆筒环缝的立装定位技巧

1—圆筒节；2—钢直尺或直线卡板；3—垫板

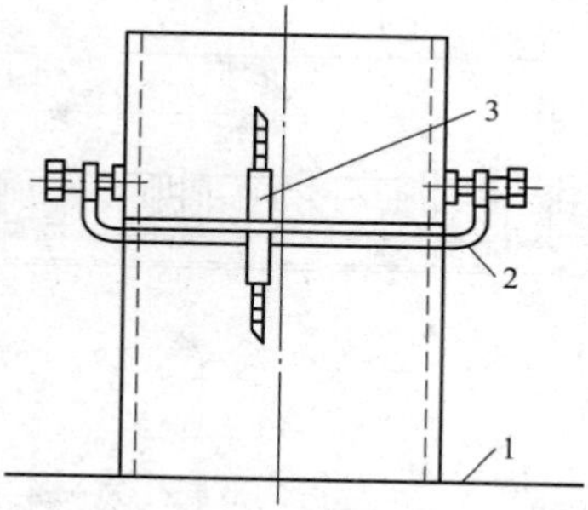

图 18-83　圆筒环缝的立装对接技巧

1—平台；2—螺旋压马；3—松紧螺钉

（1）对所要装配的圆筒节进行检查，检查的项目有：圆度、对接口端圆周的平面度。修磨好对接坡口，对微量椭圆变形可在圆筒内加焊支承来找正。最后，划装配基准线。

（2）将下圆筒节立放在平台上，放置要平稳。在上口端垫上 2～3 条钢板条，钢板条的厚度应与对缝间隙尺寸相等，宽度可根据圆筒节直径在 30～150mm 之间来选择，以不影响定位焊为原则。长度以能探出圆筒节为准。钢板条间的距离应保证能使上圆筒节放置平稳。

(3) 用专用吊具垂直吊起上圆筒节，使其对准下圆筒节，慢慢落在下垫板上。可用短的钢直尺立边或直线卡板来检查、调整四周的错边量，待其均匀后，落下起重机的吊钩，取下吊具。必要时，也可在落下吊钩后，不摘下吊具，让其停在一定高度上起保险作用。

(4) 对两圆筒节作直线度检查，可用拉粉线的方法进行，也可用吊线锤的方法进行。检查合格后，就可在环缝四周均匀地进行定位焊了。

图 18-84 所示为装配圆筒体对接法兰和封头的操作实例，是实际生产中经常采用的装配方法。

图 18-84 (a) 所示为平装圆筒体端部法兰的操作实例。装配时，用桥式起重机吊起法兰，法兰下部垫以合适的垫铁 1（可用薄钢板加以调整）。90°角尺在这里既可校准法兰平面的垂直度，也可对法兰起定位作用。环焊缝隙中可以夹厚度与焊缝尺寸相等的铁片来保证间隙。调整工件四周对口错边量均匀合格后，即可在环缝四周均匀地进行定位焊了。

在整个装配过程中，不能卸下桥式起重机的吊索，以防封头倾倒。

图 18-84 (b) 所示为在滚轮架上平装圆筒体端部封头的操作实例。装配时，在封头的直边上加焊临时吊耳，用桥式起重机吊起封头，合封头的下直边落在一个滚轮上，以使其与圆筒体保持同轴。若封头与圆筒体的对接错边量不均匀时，可在两侧滚轮上加垫铁予以调整。焊缝的装配间隙仍可用垫片加以保证。

同样，在整个装配过程中，不可卸下桥式起重机吊索，以防封头倾倒。

图 18-84 (c)、(d) 所示为立装圆筒体端部法兰、封头的操作实例，其做法与图 18-83 所示的圆筒环缝立装的做法相同。

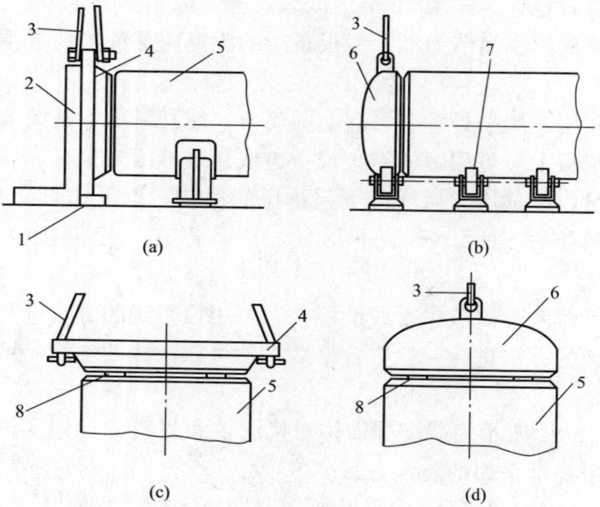

图 18-84 压力容器环缝装配示例

(a) 平装圆筒体端部法兰；(b) 平装圆筒体端部封头；

(c)、(d) 立装圆筒体端部法兰和封头

1—垫铁；2—90°大角尺；3—吊索；4—法兰；

5—圆筒体；6—封头；7—滚轮；8—垫片

参 考 文 献

[1] 黄祥成、邱言龙、尹述军. 钳工技师手册. 北京：机械工业出版社，1998.

[2] 邱言龙、李文林、谭修炳. 工具钳工技师手册. 北京：机械工业出版社，1999.

[3] 邱言龙、陈德全、张国栋. 模具钳工技术问答. 北京：机械工业出版社，2001.

[4] 机械工业职业教育研究中心. 冷作钣金工技能实战训练(提高版). 北京：机械工业出版社，2005.

[5] 夏巨谌. 钣金工手册. 北京：化学工业出版社，2006.

[6] 王维中. 冷作钣金工. 北京：化学工业出版社，2008.

[7] 王洪光. 冷作钣金工工作手册. 北京：化学工业出版社，2008.

[8] 施晓芳. 钣金工快速入门. 北京：北京理工大学出版社，2008.

[9] 许超. 高级钣金工技术与实例. 南京：江苏科技出版社，2009.

[10] 陈忠民. 钣金工操作技法与实例. 上海：上海科技出版社，2009.

[11] 刘光启. 钣金工速查速算手册. 北京：化学工业出版社，2009.

[12] 杨海明. 冷作钣金工. 北京：化学工业出版社，2009.

[13] 高忠民. 冷作钣金工技术手册. 北京：金盾出版社，2009.

[14] 周宇辉. 钣金工简明实用手册. 南京：江苏科技出版社，2009.

[15] 陈华杰、李宪麟. 简明冷作钣金工手册. 上海：上海科技出版社，2009.

[16] 周宇辉. 钣金工简明速查手册. 北京：国防工业出版社，2010.

[17] 邱言龙. 模具钳工实用技术手册. 北京：中国电力出版社，2010.

[18] 人力资源和社会保障部教材办公室. 冷作钣金工. 北京：中国劳动社会保障出版社，2011.

[19] 上岗就业百分百系列丛书编委会. 钣金工上岗就业百分百. 北京：机械工业出版社，2011.

[20] 邢玉晶. 冷作钣金工. 北京：化学工业出版社，2011.

[21] 李德富、王兵. 钣金展开实用手册. 上海：上海科技出版社，2011.

［22］ 邱言龙．巧学模具钳工技能．北京：中国电力出版社，2012．
［23］ 邱言龙、雷振国．钣金工速查表．上海：上海科技出版社，2013．
［24］ 邱言龙、雷振国．模具钳工技术问答．2版．北京：机械工业出版社，2013．
［25］ 王兵．钣金展开放样方法与实例．上海：上海科技出版社，2014．
［26］ 王兵．钣金展开下料方法与实例．上海：上海科技出版社，2014．
［27］ 王兵．钣金展开计算方法与实例．上海：上海科技出版社，2014．
［28］ 王兵．钣金识图作图方法与实例．上海：上海科技出版社，2014．
［29］ 邱言龙、赵明、雷振国．巧学钣金工技能．北京：中国电力出版社，2015．